Conceitos de Computação com o
Essencial de Java

H823c   Horstmann, Cay
            Conceitos de computação com o essencial de Java/ Cay Horstmann; trad. Werner Loeffler. – 3.ed. – Porto Alegre: Bookman, 2005.

            1. Computação – linguagem de programação. I. Título.

            CDU 004.03/.057.8:681.3.06

Catalogação na publicação: Mônica Ballejo Canto – CRB 10/1023

ISBN 85-363-0443-X

Cay Horstmann
San Jose State University

Conceitos de Computação com o
Essencial de Java

Tradução:
Werner Loeffler

Consultoria, supervisão e revisão técnica desta edição:
Luciana Porcher Nedel
Doutora em Ciência da Computação pela École Polytechnique Fédérale de Lausanne (Suíça)
Professora do Instituto de Informática da UFRGS

Bookman

2005

Obra originalmente publicada sob o título
Computing Concepts with Java Essentials, 3/e
© 2003, John Wiley & Sons, Inc.

ISBN 0-471-24371-X

Tradução autorizada da edição em língua inglesa publicada por John Wiley & Sons, Inc.

Capa: *Amarilis Barcelos*

Leitura final: *Fábio Grespan Godinho*

Supervisão editorial: *Arysinha Jacques Affonso*

Editoração eletrônica e fotolitos: *Laser House*

Reservados todos os direitos de publicação, em língua portuguesa, à
ARTMED® EDITORA S.A.
(BOOKMAN® COMPANHIA EDITORA é uma divisão da ARTMED® EDITORA S.A.)
Av. Jerônimo de Ornelas, 670 – Santana
90040-340 – Porto Alegre RS
Fone: (51) 3027-7000   Fax: (51) 3027-7070

É proibida a duplicação ou reprodução deste volume, no todo ou em parte, sob quaisquer formas ou por quaisquer meios (eletrônico, mecânico, gravação, fotocópia, distribuição na Web e outros), sem permissão expressa da Editora.

SÃO PAULO
Av. Angélica, 1.091 – Higienópolis
01227-100 – São Paulo – SP
Fone: (11) 3667-1100   Fax: (11) 3667-1333

SAC 0800 703-3444

IMPRESSO NO BRASIL
PRINTED IN BRAZIL

Prefácio

Este livro é um texto introdutório em ciência da computação, focalizado nos princípios e práticas de programação. Por que você deveria escolher este livro para sua primeira disciplina em ciência da computação? As razões principais são as seguintes:

- Adoto uma abordagem focada em conceitos da ciência da computação que vai além da sintaxe da linguagem.
- Enfatizo o paradigma da orientação a objetos, desde o primeiro exemplo – uma versão orientada a objetos do tradicional programa "Alô, pessoal".
- Incentivo os estudantes a dominar os aspectos práticos de programação através de inúmeras dicas úteis e um capítulo sobre testes e depuração.
- Apresento um subconjunto da biblioteca Java cuidadosamente escolhido, o qual é acessível a iniciantes e suficientemente rico para se criar programas interessantes.
- Utilizo a linguagem, biblioteca e ferramentas Java padrão – não um ambiente de treinamento especializado.

O Uso de Java

Este livro baseia-se na linguagem de programação Java. Escolhi Java por quatro razões:

- Orientação a objetos
- Segurança
- Simplicidade
- Amplitude da biblioteca padrão

Neste momento, a orientação a objetos é o paradigma predominante no projeto de *software*. Estou convicto de que a orientação a objetos capacita os estudantes a dispender mais tempo no projeto de seus programas e menos tempo codificando e depurando. Neste livro inicio logo com objetos e classes. Os estudantes aprendem a manipular objetos e construir classes simples no Capítulo 2.

Raramente uso métodos estáticos que não o `main`. Conseqüentemente, os estudantes pensam em termos de objetos desde o início – eles não precisam gastar a segunda metade do curso desaprendendo os maus hábitos adquiridos na primeira.

Ao projetar classes, separo rigorosamente as classes dos programas de teste. (Na verdade, se utilizarmos um ambiente como BlueJ, então nem precisaremos dos programas de teste. Este livro não exige que você use Bluej nem outro ambiente especial, mas ele trabalha muito bem com BlueJ. Experimente e você também poderá se tornar um aficcionado – meus alunos gostaram muito de interagir com seus objetos de uma forma intuitiva.)

Outro aspecto notável deste livro é que abordo interfaces antes de subclasses. Isso tem uma grande vantagem: os alunos vêem o potencial do polimorfismo antes de terem de se preocupar com os aspectos técnicos de estender classes.

Naturalmente, há muitas linguagens orientadas a objetos além de Java. Em princípio pode-se ensinar programação orientada a objetos usando a linguagem C++. No entanto, Java tem uma vantagem fundamental sobre C++: segurança. Os alunos podem cometer – e cometem mesmo – um número incrível de erros ao usar C++, muitos dos quais levam a um comportamento misterioso e irreproduzível do programa. Ao usar C++, o instrutor tem de gastar boa parte do tempo das aulas tratando de hábitos seguros de programação; caso contrário os alunos acabarão com uma falta de confiança enorme em suas criações – o que menos se espera de um curso inicial.

Outra vantagem principal de Java é sua simplicidade. Embora não seja um objetivo razoável abordar todos os comandos de Java na primeira disciplina, os instrutores conseguem ministrar toda a sintaxe e a semântica da linguagem Java e podem responder às perguntas dos alunos com plena confiança. Por outro lado, a linguagem C++ é tão complexa que poucas pessoas conseguem verdadeiramente afirmar que entendem todas suas características. Embora eu tenha usado C++ extensivamente por mais de doze anos, freqüentemente sou abordado por calouros que me mostram mensagens de erro do compilador especialmente misteriosas. A simplicidade é importante, especialmente em um curso introdutório. Não é uma boa prática escolher como ferramenta básica uma linguagem de programação que os alunos e professores não dominem com segurança.

Finalmente, a biblioteca Java padrão possui fôlego suficiente para ser usada na maioria das disciplinas do currículo de ciência da computação. Gráficos, construção de interfaces com o usuário, acesso a banco de dados, multitarefa e programação em rede fazem parte da biblioteca padrão. Assim, as habilidades que os alunos adquirem nesta disciplina inicial lhes serão úteis ao longo de todo o curso. Novamente, C++ perde sensivelmente nesse aspecto. Não há ferramentas padrão para nenhum dos domínios de programação mencionados anteriormente em C++. O subconjunto da biblioteca Java que este livro abrange capacita os alunos a tratar de uma grande variedade de tarefas comuns de programação.

Um Passeio pelo Livro

Este livro pode ser dividido em três partes. A Figura 1 mostra as dependências entre os capítulos.

Parte A

Os capítulos 1 a 8 abordam os aspectos básicos da programação orientada a objetos: objetos, métodos, classes, variáveis, tipos numéricos, *strings* e estruturas de controle. Os alunos aprendem a construir classes muito simples no Capítulo 2. O Capítulo 7 aborda o projeto de classes de uma forma mais sistemática.

A partir do Capítulo 7, utilizo um subconjunto muito pequeno da notação UML – apenas diagrama de classes e quatro tipos de flechas para dependência, realização de interfaces, herança e associação dirigida. Esse pequeno subconjunto é útil para visualizar os relacionamentos entre classes, mas minimiza tópicos que os iniciantes acham complicado, como por exemplo, quando escolher associação, agregação ou atributos.

Abordo gráficos já no Capítulo 4, porque muitos alunos gostam de escrever programas que criam desenhos, e como retângulos, elipses e linhas são bons exemplos de objetos, uso as classes "gráficos 2D" do pacote `java.awt.geom` todo o tempo, e não os métodos procedurais desatualizados da classe `Graphics`. Chamar `g.drawRect(x,y,w,h)` *não* é orientado a objetos.

PREFÁCIO vii

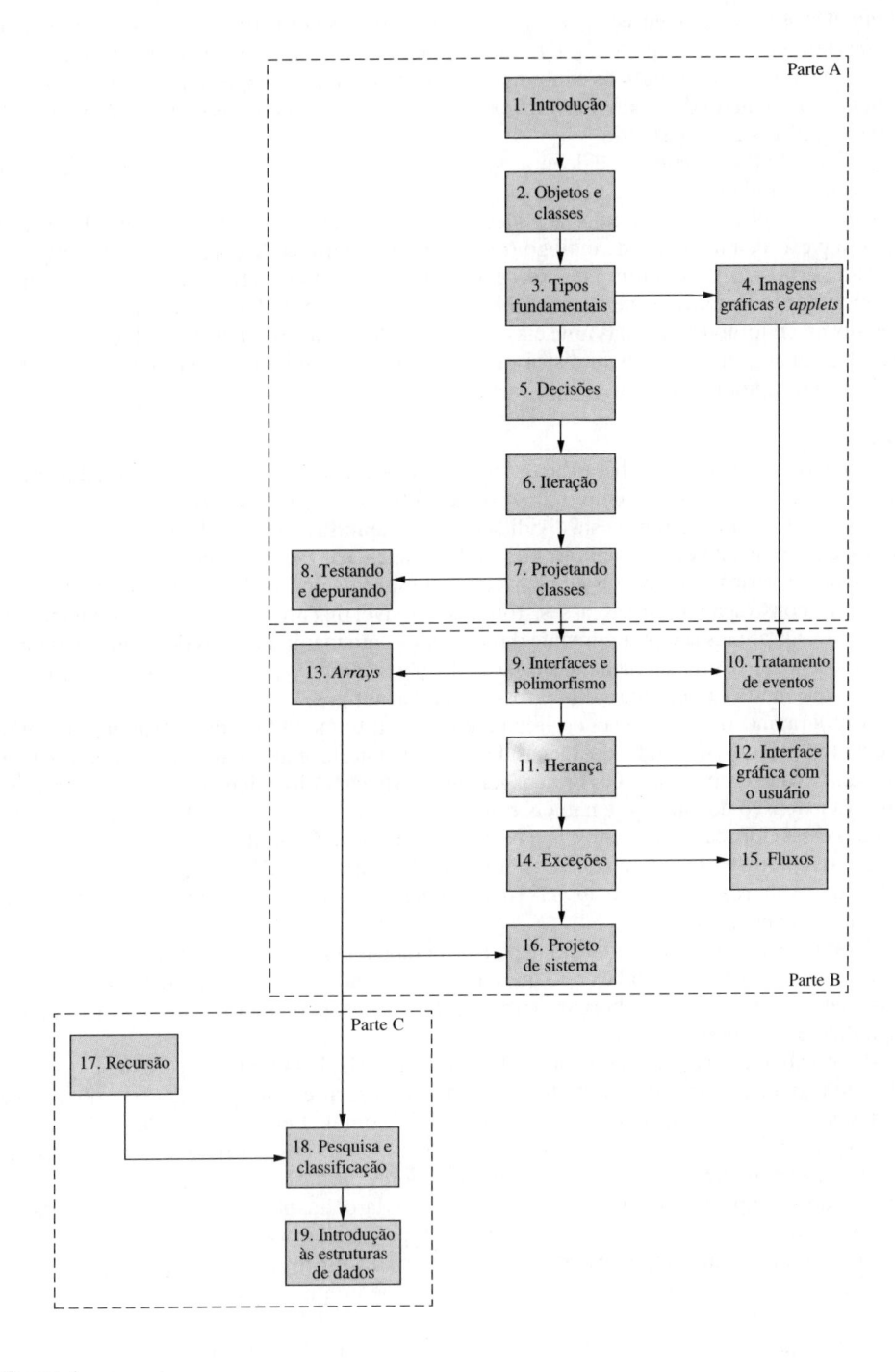

Figura 1
Dependências entre os capítulos.

Manipular objetos geométricos é tanto orientado a objetos como divertido para os alunos. Utilizo *applets* porque os alunos podem programá-las com muito pouco conhecimento técnico.

No entanto, abordar gráficos é inteiramente opcional, uma vez que todo o material foi cuidadosamente apresentado de modo que você pode pular todos os capítulos que abordam gráficos e interfaces gráficas com o usuário.

O Capítulo 8 aborda testes e depuração, um assunto que infelizmente recebe pouco espaço em muitos livros didáticos.

Como é explicado no Capítulo 3, podemos usar a classe `JOptionPane` para ler a entrada de dados a partir de uma caixa de diálogo (mesmo num programa de console), ou podemos usar um `BufferedReader`. O último nos força a rotular o método `main` com `throws IOException`, o que costumava achar inaceitável até que reorganizei todos os programas de modo que o método `main` tornou-se apenas uma classe de testes "throwaway". Não considero problemático se métodos em uma classe de testes dispararem exceções. (No fim do primeiro semestre os alunos saberão como capturar exceções.)

Parte B

Os capítulos 9 a 16 abordam herança, *arrays*, exceções, fluxos (*streams*), e, opcionalmente programação de interfaces gráficas com o usuário – GUI (*graphical user interface*).

A discussão sobre herança está dividida em dois capítulos. O Capítulo 9 aborda interfaces e polimorfismo, enquanto que o Capítulo 11 aborda herança. Apresentar interfaces antes de herança vale a pena por vários motivos. Os alunos vêem o polimorfismo imediatamente, antes de serem retidos com a construção de superclasses. Torna-se possível discutir programação orientada a eventos mais cedo. Os alunos são naturalmente direcionados para manipuladores de eventos nas classes internas locais, que é uma técnica mais robusta do que a compreensão "oportunista" de interfaces de eventos que ainda encontramos em livros-texto mais antigos.

A programação de GUI está dividida em dois capítulos. O Capítulo 10 aborda programação orientada a eventos, dependendo apenas da noção de interface apresentada no Capítulo 9. O Capítulo 12 aborda componentes GUI e seus leiautes. Este capítulo exige algum conhecimento de herança (a extensão de quadros e painéis e a invocação de `super.paintComponent`). Pode-se abordar esses dois capítulos juntos, seja antes ou depois do Capítulo 11.

Quero enfatizar novamente que a abordagem de gráficos e GUI é inteiramente opcional. Uma alternativa é abordar gráficos e *applets* (que são bastante simples de se programar) e pular GUIs e tratamento de eventos.

Abordo *arrays* e fluxos (*streams*) depois de herança. Do ponto de vista de orientação a objetos, herança é um conceito crucial e creio que é de grande ajuda apresentá-lo tão cedo quanto possível. Entretanto, se você preferir abordar *arrays* e fluxos antes, pode simplesmente trocar a ordem dos capítulos sem problema algum.

Preferi abordar listas de *arrays* antes de abordar *arrays*. Pela minha experiência, os alunos consideram a sintaxe `get`/`set` perfeitamente natural e, surpreendentemente, têm pouco apego ao operador []. Eles nem mesmo se preocupam muito com a coerção exigida ao se usar o método `set`. Ao usar listas de *arrays* evitamos totalmente a chatice dos *arrays* parcialmente preenchidos – não é de se admirar que a maioria dos programadores profissionais usam listas de *arrays* (ou vetores) todo o tempo e raramente recorrem a *arrays*. Claro que necessitamos de *arrays* para números, mas listas de números não são tão comuns em programas orientados a objetos.

Recomendo veementemente que se aborde fluxos de objetos e serialização, especialmente se o curso envolve um número significativo de projetos de programação. Pela minha experiência, os alunos gostam de descobrir que podem armazenar todo o estado de sua aplicação com uma simples chamada `writeObject` e recuperá-lo novamente com a mesma facilidade.

Parte C

Os capítulos 17 a 19 contêm uma introdução aos algoritmos e às estruturas de dados, abordando recursividade, classificação e pesquisa, listas encadeadas, árvores binárias e tabelas *hash*. Esses tópicos provavelmente estão fora do escopo de uma disciplina de um semestre.

Ao discutir recursividade descobri que o paradigma da orientação a objetos é de muita ajuda. Nos exemplos iniciais, um objeto que resolve um problema recursivamente constrói outro objeto da mesma classe que resolve um problema mais simples. Fazer com que o outro objeto realize o serviço mais simples é algo muito mais plausível para os alunos do que fazer uma função chamar a si mesma.

Coloquei as estruturas de dados no contexto da biblioteca de coleções Java padrão. Entretanto, uma discussão detalhada da implementação de estruturas de dados está além do escopo deste livro.

Apêndices
O Apêndice A1 contém um guia de estilos para ser utilizado com este livro. Descobri que é altamente benéfico exigir um estilo consistente para todos os deveres de casa. Se esse guia de estilo conflitar com o sentimento do instrutor ou com costumes locais, ele pode ser modificado. O guia de estilo está disponível em formato eletrônico com esse objetivo. Os outros apêndices contêm uma visão geral sobre as partes da biblioteca padrão que este livro aborda, bem como uma tabela do subconjunto Latin-1 de Unicode e um glossário.

A Estrutura Pedagógica

> Para ajudar os alunos a localizar facilmente os conceitos mais importantes, notas de margem mostram o lugar onde novos conceitos são introduzidos.

O início de cada capítulo tem a visão geral costumeira dos objetivos do capítulo e uma introdução motivacional. Ao longo de cada capítulo, as notas na margem mostram os lugares onde novos conceitos são introduzidos. As notas são resumidas no final do capítulo.

Ao longo dos capítulos há cinco conjuntos de notas para ajudar os seus alunos, nominalmente são "Erros Comuns", "Dicas de Produtividade", "Dicas de Qualidade", "Tópicos Avançados" e "Fatos Históricos". Essas notas são especialmente marcadas de modo que não interrompam o fluxo do material principal. Espero que a maioria dos professores aborde apenas algumas dessas notas em aula e designe outras para serem lidas em casa. Algumas notas são bem curtas, outras se estendem por uma página. Decidi dar à cada nota o espaço que ela necessitava para uma explicação plena e convincente, em vez de tentar encaixá-la em "dicas de um parágrafo".

- **Erros Freqüentes** descreve os tipos de erros que os alunos cometem freqüentemente, com uma explicação de por que esses erros ocorrem e o que fazer a respeito deles. A maioria dos alunos descobre rapidamente as seções de Erros Freqüentes e as lê por sua própria conta.

- **Dicas de Qualidade** explica as boas práticas de programação. Como a maioria delas exige um esforço inicial, essas notas cuidadosamente motivam a razão por trás do conselho e explicam porque o esforço será recompensado mais adiante.

- **Dicas de Produtividade** ensina aos alunos como usar suas ferramentas mais eficientemente. Muitos alunos iniciantes refletem pouco sobre o uso que fazem do computador e do *software*. Eles muitas vezes desconhecem truques do ramo como teclas de atalho, "localizar e substituir" globais ou automação de tarefas comuns através de *scripts*.

- **Tópicos Avançados** abordam material não essencial ou mais difícil. Alguns desses tópicos apresentam construções sintáticas alternativas que não necessariamente são tecnicamente avançadas. Em muitos casos, o livro usa um determinado comando da linguagem, mas expõe alternativas em Tópicos Avançados. Os professores e alunos devem ter a liberdade de usar em seus programas os comandos que preferirem. Contudo, minha experiência tem mostrado que muitos alunos são gratos à abordagem "não vamos complicar", porque isso reduz em muito o número de decisões gratuitas que eles têm de tomar.

- **Fatos Históricos** fornece informações históricas e sociais sobre computação, conforme exigido para se preencher o requisito "contexto histórico e social" do guia de currículos da ACM, bem como a análise suscinta de tópicos avançados em ciência da computação. Muitos alunos irão ler esses tópicos por sua conta enquanto fingirem estar acompanhando a aula.

? • A novidade nesta edição é o conjunto de seções **Como Fazer**, inspirado nos guias HOWTO do Linux. Essas seções visam a responder à famosa pergunta do aluno: "E agora, o que é que eu faço?", dando-lhe instruções passo-a-passo para tarefas comuns.

Recursos da Web

Recursos adicionais são encontrados no *site* do livro* no endereço http://www.wiley.com/college/horstmann. Esses recursos incluem:

- Soluções dos exercícios selecionados (acessível aos alunos).
- Soluções de todos os exercícios (apenas para os professores)**.
- Um banco de testes.
- Um manual de laboratório.
- Uma lista das perguntas mais freqüentes.
- Ajuda com compiladores comuns.
- *Slides* para apresentar em aula.
- Grupos de discussão para professores e alunos.
- Código fonte de todos os exemplos do livro.
- O guia de estilo de programação em formato eletrônico, de modo que você possa modificá-lo para adequar-se a preferências locais.
- Um curso rápido de C++ que leva os alunos rapidamente do material abordado neste livro para a programação em C++.

Agradecimentos

Muitos agradecimentos a Paul Crockett, Bill Zobrist, Katherine Hepburn, e Lisa Gee da John Wiley & Sons e Jerome Colburn, Lori Martinsek, e a equipe da Publication Services pelo trabalho duro e pelo suporte ao projeto deste livro.

Sou muito grato aos muitos indivíduos que revisaram o manuscrito, fizeram valiosas sugestões e me fizeram ver um grande número de erros e omissões. Eles incluem:

Sven Anderson, University of North Dakota, Robert Burton, Brigham Young University, Bruce Ellinbogen, University of Michigan-Dearborn, John Franco, University of Cincinnati, Rick Giles, Acadia University, John Gray, University of Hartford, Joann Houlihan, John Hopkins University, Richard Kick, Hinsdale Central High School, Michael Kölling, University of Southern Denmark, Miroslaw Majewski, Zayed University, Blaine Mayfield, Oklahoma State University, Hugh McGuire, University of California-Santa Barbara, Jim Miller, Bradley University, Jim Miller, University of Kansas, Don Needham, US Naval Academy, Ben Nystin, University of Colorado at Colorado Springs, Hugh O'Brien, University of California-Santa Barbara, Kathleen O'Brien, West Valley College, Richard Pattis, Carnegie Mellon University, Pete Peterson, Texas A&M University, Sarah Pham, SGI, Stuart Reges, University of Arizona, Jim Roberts, Carnegie Mellon University, John Rose, University of South Carolina-Columbia, Kenneth Slonneger, University of Iowa, e Monica Sweck, University of Florida.

Finalmente, como sempre, minha gratidão vai para minha família – Hui-Chen, Thomas e Nina – pelo encorajamento e paciência intermináveis.

---

* N. de R.: *Site* mantido pela editora original da obra. Em função disso, o conteúdo é todo em inglês.
** N. de R.: Material disponível em inglês. Os professores interessados em ter acesso a ele devem entrar em contato com a Bookman Editora pelo endereço producaoeditorial@artmed.com.br.

Sumário

Capítulo 1 Introdução 17
    1.1 O que é um Computador? 18
    1.2 O que é Programa? 18
    1.3 A Anatomia de um Computador 19
    1.4 Traduzindo Programas Legíveis ao Homem para Código de Máquina 24
    1.5 Linguagens de Programação 25
    1.6 A Linguagem de Programação Java 26
    1.7 Familiarizando-se com seu Computador 28
    1.8 Compilando um Programa Simples 31
    1.9 Erros 37
    1.10 O Processo de Compilação 39

Capítulo 2 Introdução a Objetos e Classes 45
    2.1 Usando e Construindo Objetos 46
    2.2 Variáveis de Objeto 49
    2.3 Definir uma Classe 53
    2.4 Testando uma Classe 55
    2.5 Campos de Instância 57
    2.6 Construtores 59
    2.7 Projetando a Interface Pública de uma Classe 60
    2.8 Comentando a Interface Pública 63
    2.9 Especificando a Implementação de uma Classe 67
    2.10 Tipos de Variáveis 73
    2.11 Parâmetros Explícitos e Implícitos de Método 75

Capítulo 3 Tipos de Dados Fundamentais 85

- 3.1 Tipos Numéricos 86
- 3.2 Atribuição 91
- 3.3 Constantes... 94
- 3.4 Funções Aritméticas e Matemáticas 98
- 3.5 Chamando Métodos Estáticos. 103
- 3.6 Conversão de Tipos... 104
- 3.7 *Strings* 110
- 3.8 Leitura de Entradas 113
- 3.9 Caracteres 118
- 3.10 Comparando Tipos Primitivos com Objetos 121

Capítulo 4 Applets e Gráficos................................... 133

- 4.1 Por que *Applets*? 134
- 4.2 Uma Breve Introdução à HTML................................... 136
- 4.3 Um *Applet* Simples 139
- 4.4 Formas Gráficas 144
- 4.5 Cores 145
- 4.6 Fontes 146
- 4.7 Desenhando Formas Complexas 152
- 4.8 Lendo Entrada de Texto.. 161
- 4.9 Comparando Informação Visual e Numérica 163
- 4.10 Transformações de Coordenadas 168

Capítulo 5 Decisões 181

- 5.1 O Comando `if` 182
- 5.2 Comparando Valores 186
- 5.3 Múltiplas Alternativas.. 191
- 5.4 Usando Expressões Booleanas 203

Capítulo 6 Iteração 219

- 6.1 Laços `while` 220
- 6.2 Laços `for` 227
- 6.3 Laços Aninhados 234
- 6.4 Processando Entradas 236
- 6.5 Números Aleatórios e Simulações 250

Capítulo 7 Projetando Classes 267

- 7.1 Escolhendo Classes 268
- 7.2 Coesão e Acoplamento 269
- 7.3 Métodos de Acesso e Métodos Modificadores 272
- 7.4 Efeitos Colaterais 273
- 7.5 Pré e Pós-Condições 277
- 7.6 Métodos Estáticos 281
- 7.7 Campos Estáticos 282
- 7.8 Escopo 287
- 7.9 Pacotes 292

Capítulo 8 Teste e Depuração 311

- 8.1 Testes de Unidades 312
- 8.2 Avaliação de Casos de Teste 318
- 8.3 Teste de Regressão e Abrangência do Teste 320
- 8.4 Rastreamento de Programas, Registro em *Log* e Assertivas 323
- 8.5 O Depurador 325
- 8.6 Exemplo de Sessão de Depuração 328

Capítulo 9 Interfaces e Polimorfismo 341

- 9.1 Desenvolvendo Soluções Reutilizáveis 342
- 9.2 A Conversão entre Tipos 347
- 9.3 Polimorfismo 349
- 9.4 Usando uma Estratégia de Interface para Melhorar a Capacidade de Reutilização 350
- 9.5 Processando Eventos de Temporizador 356

Capítulo 10 Tratamento de Eventos 369

- 10.1 Eventos, Escutadores de Eventos e Fontes de Eventos 370
- 10.2 Processando Entradas de Mouse 372
- 10.3 Processando Entrada de Texto 377
- 10.4 Vários Botões com Comportamento Semelhante 381
- 10.5 Janelas de *Frames* 389
- 10.6 Componentes de Texto 391

Capítulo 11 Herança 401

- 11.1 Uma Introdução à Herança 402
- 11.2 Hierarquias de Herança 406

11.3	Herdando Campos e Métodos de Instância	408
11.4	Construção da Subclasse	412
11.5	Convertendo Subclasses em Superclasses	414
11.6	Controle de Acesso	420
11.7	`Object`: A Superclasse Cósmica	423

Capítulo 12 Interface Gráfica com o Usuário ... 441

12.1	Usando Herança para Personalizar Painéis	442
12.2	Gerenciamento de Leiaute	447
12.3	Usando Herança para Personalizar *Frames*	449
12.4	Opções	456
12.5	Menus	466
12.6	Explorando a Documentação do Swing	472

Capítulo 13 *ArrayLists* e *Arrays* ... 485

13.1	Listas de *Arrays*	486
13.2	Algoritmos Simples de *ArrayLists*	489
13.3	Armazenando Números em *ArrayLists*	493
13.4	Declarando e Acessando *Arrays*	493
13.5	Copiando *Arrays*	497
13.6	*Arrays* Parcialmente Preenchidos	499
13.7	*Arrays* Bidimensionais	506

Capítulo 14 Tratamento de Exceções ... 519

14.1	Disparando Exceções	520
14.2	Exceções Verificadas	523
14.3	Projetando seus Próprios Tipos de Exceção	526
14.4	Capturando Exceções	527
14.5	A Cláusula `finally`	529
14.6	Um Exemplo Completo	530

Capítulo 15 Fluxos ... 541

15.1	Fluxos, Leitores e Gravadores	542
15.2	Lendo e Gravando Arquivos Texto	544
15.3	Caixas de Diálogo de Arquivo	545
15.4	Um Programa de Criptografia	546
15.5	Argumentos da Linha de Comando	551
15.6	Fluxos de Objetos	553
15.7	Acesso Aleatório	557

Capítulo 16 Projeto de Sistemas 571

- 16.1 O Ciclo de Vida do *Software* 572
- 16.2 Descobrindo Classes.. 577
- 16.3 Relacionamentos entre Classes 579
- 16.4 Exemplo: Imprimindo uma Fatura 584
- 16.5 Exemplo: Um Caixa Automático 595

Capítulo 17 Recursão 619

- 17.1 Números Triangulares 620
- 17.2 Permutações 623
- 17.3 Métodos Auxiliares Recursivos 632
- 17.4 Recursões Mútuas... 633
- 17.5 A Eficiência da Recursão.. 638

Capítulo 18 Classificação e Pesquisa...................................... 651

- 18.1 Classificação por Seleção 652
- 18.2 Estabelecendo o Perfil do Algoritmo de Classificação por Seleção....... 655
- 18.3 Análise do Desempenho do Algoritmo de Classificação por Seleção 658
- 18.4 Classificação por Intercalação.................................... 660
- 18.5 Análise do Algoritmo de Classificação por Intercalação............... 663
- 18.6 Pesquisa.. 669
- 18.7 Pesquisa Binária 671
- 18.8 Pesquisa e Classificação de Dados Reais 673

Capítulo 19 Uma Introdução às Estruturas de Dados 683

- 19.1 Usando Listas Encadeadas... 684
- 19.2 Implementando Listas Encadeadas 687
- 19.3 Tipos de Dados Concretos e Abstratos............................. 698
- 19.4 Pilhas e Filas 701

Apêndice 1 Guia para Codificação na Linguagem Java............ 711

Apêndice 2 A Biblioteca Java 718

Apêndice 3 Os Subconjuntos Basic Latin e Latin-1 do Unicode... 754

Apêndice 4 Glossário 757

Índice... 767

Crédito das fotos 779

Capítulo 1

Introdução

Objetivos do capítulo

- Entender a atividade de programação
- Aprender sobre arquitetura de computadores
- Aprender sobre código de máquina e linguagens de programação de alto nível
- Familiarizar-se com seu ambiente de computação e seu compilador
- Compilar e executar seu primeiro programa em Java
- Reconhecer erros de sintaxe e erros de lógica

Sumário do capítulo

1.1 O que é um Computador? 18
1.2 O que é Programação? 18
1.3 A Anatomia de um Computador 19
    Fato Histórico 1.1: O ENIAC e a Aurora da Computação 21
1.4 Traduzindo Programas Legíveis ao Homem para Código de Máquina 24
1.5 Linguagens de Programação 25
1.6 A Linguagem de Programação Java 26
1.7 Familiarizando-se com seu Computador 28
    Dica de Produtividade 1.1: Cópias de Segurança 31
1.8 Compilando um Programa Simples 31
    Sintaxe 1.1: Chamada de Método 35
    Erro Freqüente 1.1: Omitir os Ponto-e-vírgulas 35
    Tópico Avançado 1.1: Sintaxe Alternativa de Comentário 36
    Tópico Avançado 1.2: Seqüências de Escape 36
1.9 Erros 37
    Erro Freqüente 1.2: Erro de Digitação 25
1.10 O Processo de Compilação 39

1.1 O que é um Computador?

Você provavelmente já usou um computador para trabalhar ou se divertir. Muitas pessoas usam o computador para tarefas do dia-a-dia, como calcular o saldo da conta bancária ou escrever um texto. Os computadores são bons para essas tarefas. Eles conseguem realizar tarefas repetitivas, como somar números ou dispor palavras numa página, sem que fiquem entediados nem exaustos. Melhor ainda, o computador apresenta o extrato bancário ou a versão final do texto na tela e lhe permite fazer correções com facilidade. Eles também se mostram como boas máquinas para jogos, uma vez que conseguem reproduzir seqüências de sons e imagens, envolvendo o usuário humano no processo.

> O computador precisa ser programado para realizar tarefas. Tarefas diferentes exigem programas diferentes.

O que torna tudo isso possível não é só o computador. O computador precisa ser *programado* para realizar essas tarefas. Em si mesmo, o computador é uma máquina que armazena dados (números, palavras, imagens), interage com dispositivos (o monitor de vídeo, o sistema de som, a impressora) e executa programas. Programas são seqüências de instruções e decisões que o computador executa para realizar uma tarefa. Um programa calcula o saldo bancário; outro, talvez projetado e construído por outra empresa, processa palavras; e um terceiro, provavelmente de uma terceira empresa, executa um jogo.

> Um programa de computador executa uma seqüência de operações muito básicas com muita rapidez.

Os programas atuais são tão sofisticados que é difícil acreditar que eles são compostos de operações extremamente primitivas. Uma operação típica pode ser uma das seguintes:

- Colocar um ponto vermelho nesta posição da tela.
- Enviar a letra A para a impressora.
- Obter um número desta posição de memória.
- Somar esses dois números.
- Se esse valor for negativo, continue o programa a partir desta instrução.

Como o programa contém um número imenso desse tipo de operações e porque o computador pode executá-las a uma grande velocidade, o usuário tem a ilusão de que ocorre uma interação suave.

A flexibilidade do computador é um fenômeno surpreendente. A mesma máquina pode calcular o seu saldo bancário, imprimir o seu texto e executar um jogo. Já outras máquinas executam uma gama de ações bem menor: o automóvel anda, a torradeira torra, etc. O computador pode executar uma grande gama de tarefas porque ele executa diferentes programas, sendo que cada um deles dirige o computador para realizar determinada tarefa.

1.2 O que é Programa?

> Os programadores desenvolvem programas de computador para fazer com que o computador realize novas tarefas.

O programa diz ao computador, nos mínimos detalhes, a seqüência de passos que são necessários para realizar uma tarefa. O ato de projetar e implementar esses programas é chamado de programação de computadores. Ao longo deste livro você irá aprender a programar um computador – isto é, como dirigir o computador para executar tarefas.

Para usar um computador você não precisa programar nada. O processador de textos, pacote de *software* que você usa ao escrever um texto, foi programado pelo fabricante e está pronto para ser usado. Isso é o esperado – pode-se dirigir um carro sem ser mecânico e torrar pão sem ser eletricista. Muitas pessoas que usam computadores diariamente em seu trabalho nunca precisam programar nada.

Naturalmente, um cientista de computadores ou um engenheiro de *software* faz muita programação. Como você está lendo este livro introdutório em ciência da computação, seu objetivo talvez seja tornar-se um desses profissionais. Programar não é a única habilidade exigida de um cientista da computação ou engenheiro de *software*; realmente, programação não é a única habilidade exigida para se criar programas de sucesso. Entretanto, programar é uma parte importante da ciência da computação. Também é uma atividade fascinante e agradável, que continua a atrair e a motivar alunos. A ciência da computação é particularmente afortunada por poder fazer de uma atividade tão interessante a base do caminho do aprendizado.

Criar um jogo de computador com efeitos de som e imagem ou um processador de textos que aceita figuras e fontes extravagantes são tarefas complexas que exigem uma equipe de muitos programadores altamente capacitados. Seu primeiro contato com a programação será mais simples. Os conceitos e técnicas que você irá aprender neste livro formam uma base importante; portanto, não fique desapontado se seus primeiros programas não forem tão complexos como o *software* sofisticado que lhe é familiar. Na verdade, você vai descobrir que mesmo tarefas de programação muito simples são muito empolgantes. São experiências divertidas ver o computador realizar rápida e precisamente uma tarefa que lhe levaria horas de trabalho monótono, fazer pequenas mudanças que levam a melhorias imediatas em um programa e vê-lo tornar-se uma extensão de nossas faculdades mentais.

1.3 A Anatomia de um Computador

Para entender o processo de programação, você precisa ter um entendimento básico das partes de um computador. Vamos falar de computador pessoal. Computadores maiores possuem componentes mais rápidos, maiores e mais poderosos, mas fundamentalmente eles possuem as mesma partes.

> No coração do computador está a UCP (unidade central de processamento).

No coração do computador está a *unidade central de processamento* (UCP) (veja a Figura 1). Ela consiste em um único *chip* (circuito integrado) ou um número pequeno de *chips*. Um *chip* de computador é um componente com uma embalagem plástica ou metálica, conectores de metal e fiação interior feita principalmente de silício. No caso de um *chip* de UCP, a fiação interior é enormemente complicada. Por exemplo, o *chip* Pentium III (uma UCP popular de computadores pessoais quando esta edição foi escrita) contém mais de 28 milhões de elementos estruturais chamados de *transistores* – elementos que permitem aos sinais elétricos controlar outros sinais elétricos, tornando a computação automática possível. A UCP realiza controle de programas, aritmética e movimentação de dados. Isto é, a UCP localiza e executa as instruções do programa; realiza operações aritméticas como adição, subtração, multiplicação e divisão; busca dados da memória externa ou dispositivos ou armazena dados de volta. Todos os dados têm de passar pela UCP sempre que forem movidos de um lugar para o outro. Existem algumas exceções técnicas a essa regra: alguns dispositivos podem interagir diretamente com a memória.

> Dados e programas são armazenados em armazenamento primário (memória) e armazenamento secundário (como o disco rígido).

O computador mantém os dados e programas em *armazenamento*. Há dois tipos de armazenamento: um primário e um secundário. *O armazenamento primário*, também chamado de *memória de acesso randômico* (random-access-memory – RAM) ou simplesmente *memória*, é rápido, mas caro, e consiste em *chips* de memória (veja a Figura 2). O armazenamento primário tem duas desvantagens: é comparativamente caro e perde todos os seus dados quando a energia é desligada. *O armazenamento secundário*, geralmente um disco rígido (veja a Figura 3), fornece um armazenamento mais barato, e que persiste sem estar energizado. O disco rígido consiste em pratos que giram, os quais são revestidos de um material magnético e cabeças de leitura/escrita, as quais podem detectar e mudar os padrões do fluxo magnético nos pratos. Em essência, é o mesmo processo de gravação e reprodução utilizado em fitas de áudio e vídeo.

Alguns computadores são unidades independentes, enquanto outros estão interconectados em *rede*. Computadores domésticos geralmente estão intermitentemente conectados à Internet por meio de um *modem*. Computadores em um laboratório de computação provavelmente estão permanentemente conectados a uma rede local. Por meio do cabeamento da rede, o computador con-

Figura 1
Unidade central de processamento.

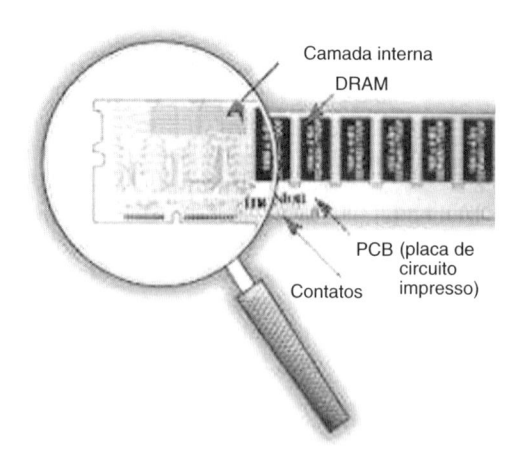

Figura 2
Módulo de memória com chips de memória.

segue ler programas armazenados em um computador dedicado ao armazenamento centralizado ou enviar dados para outros computadores. Para o usuário de um computador ligado em rede, pode não ser óbvio quais dados residem no próprio computador e quais são transmitidos por meio da rede.

A maioria dos computadores tem dispositivos *removíveis de armazenamento*, os quais podem acessar dados ou programas em meios como disquete, fitas ou discos compactos (CDs).

O uso mais comum de um disquete é para mover dados de um computador para outro. Você pode copiar dados do seu computador doméstico e trazer o disco para a escola para continuar trabalhando com ele. Agora que conexões de rede se tornaram comuns, alguns fabricantes descontinuaram o uso de acionadores de disquete, porque o correio eletrônico ou o serviço de compartilhamento de arquivos baseado em rede pode transportar dados entre computadores ligados em rede muito mais fácil e rapidamente.

Figura 3
Disco rígido.

Os CDs originalmente serviam como memórias só de leitura (CD-ROMs), as quais, como um CD de áudio comercial, só podiam ser "reproduzidos" carregando os dados que eles continham para a memória. Entretanto, mais e mais novos computadores suportam CDs que o usuário de computador pessoal pode gravar (CD-Rs) ou até mesmo regravar com novos dados (CD-RWs).

Para interagir com um usuário humano, o computador exige outros periféricos. O computador transmite informações ao usuário através de uma tela, alto-falantes e impressoras. O usuário pode introduzir informações e direções ao computador usando um teclado ou um apontador, um *mouse*, por exemplo.

A UCP, a RAM e a eletrônica que controla o disco rígido e outros dispositivos estão interconectados por meio de um conjunto de linhas elétricas chamadas de *barramento*. Os dados viajam através do barramento da memória do sistema e dos periféricos para a UCP e depois voltam. A Figura 4 mostra uma *placa-mãe*, a qual contém a UCP, a RAM e *slots de placas*, através dos quais as placas que controlam periféricos se conectam ao barramento.

Fato Histórico 1.1

O ENIAC e a Aurora da Computação

O ENIAC (*Electronic Numerical Integrator And Computer*) foi o primeiro computador eletrônico utilizável. Foi projetado por J. Presper Eckert e John Mauchly na Universidade da Pennsylvania e concluído em 1946. Em vez de transistores, que só foram inventados dois anos mais tarde, o ENIAC continha cerca de 18 mil *válvulas* em muitos gabinetes colocados em uma grande sala (veja a Figura 5). Várias válvulas queimavam a cada dia. Um funcionário com um carrinho de supermercado cheio de válvulas constantemente verificava e substituía as queimadas. O computador era programado através de cabos conectados em painéis. Cada configuração dos cabos "programava" o computador para de-

Figura 4
Placa-mãe.

Figura 5
O ENIAC.

▼ terminado problema. Para que o computador trabalhasse em um problema diferente, os cabos tinham de ser reorganizados.

▼ O trabalho com o ENIAC foi patrocinado pela marinha americana, que estava interessada nos cálculos de tabelas balísticas que dessem a trajetória de um projétil, dependendo da resistência do vento, da velocidade inicial e das condições atmosféricas. Para calcular as trajetórias, é necessário encontrar as soluções numéricas de certas equações diferenciais, daí o nome "integrador numérico". Antes de existirem máquinas como o ENIAC, as pessoas é que faziam esse tipo de trabalho, e até a década de 1950 a palavra "computador" se referia a essas pessoas. Mais tarde o ENIAC foi utilizado para fins pacíficos como a tabulação dos dados do censo dos EUA.

A Figura 6 dá uma visão esquemática geral da arquitetura de um computador. Instruções de programa e dados (como texto, números, áudio ou vídeo) são armazenados no disco rígido, num CD ou em outro lugar da rede. Quando um programa é iniciado, ele é colocado na memória, de onde a UCP pode lê-lo. A UCP lê o programa, uma instrução por vez. Conforme for direcionada por essas instruções, a UCP lê dados, modifica-os e os escreve de volta para a RAM ou para armazenamento secundário. Algumas instruções do programa farão com que a UCP coloque pontos na tela ou faça vibrar o alto-falante. Como essas ações se repetem muitas vezes e à alta velocidade, o usuário humano perceberá imagens e som. Semelhantemente a UCP pode enviar instruções para a impressora, a fim de que ela marque o papel com padrões de pontos bem próximos uns dos outros, os quais o homem reconhece como caracteres de texto e imagens. Algumas instruções de programa lêem a entrada do usuário por meio do teclado ou do mouse. O programa analisa a natureza dessas entradas e então executa as próximas instruções adequadas.

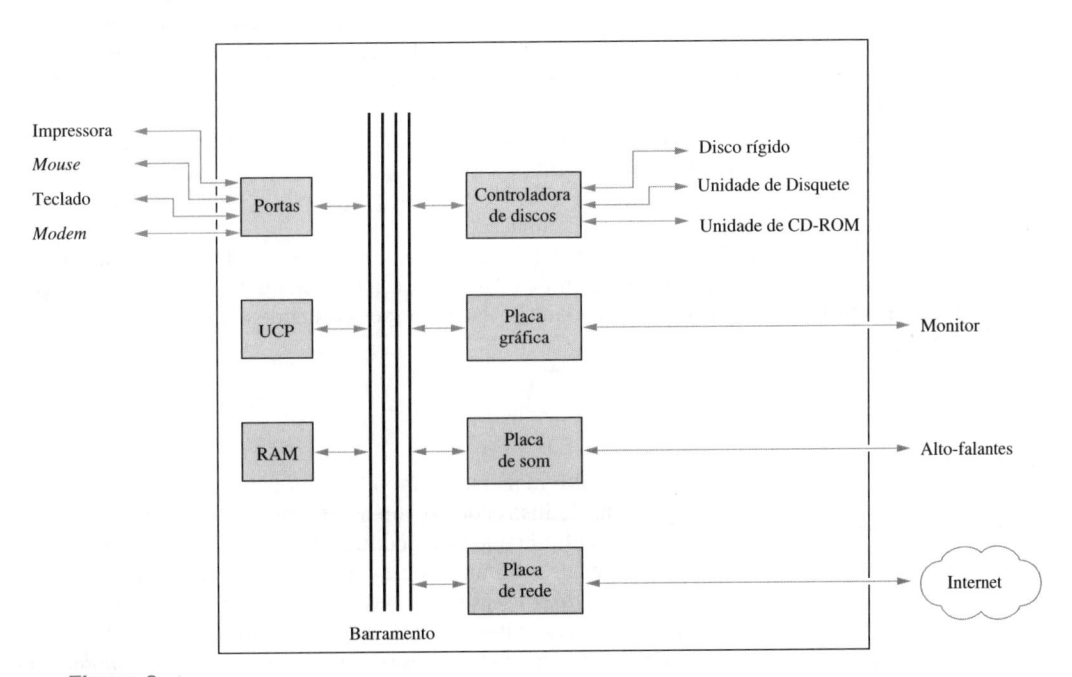

> A UCP lê instruções de máquina da memória. As instruções conduzem a UCP a comunicar-se com a memória, com o armazenamento secundário e com os periféricos.

Figura 6
Diagrama esquemático de um computador.

1.4 Traduzindo Programas Legíveis ao Homem para Código de Máquina

> Geralmente o código de máquina depende do tipo de UCP. Entretanto, o conjunto de instruções da máquina virtual Java (JVM) pode ser executado em muitas UCPs.

No nível mais básico, as instruções do computador são extremamente primitivas. O processador executa *instruções de máquina*. UCPs de marcas diferentes, tais como o Pentium da Intel ou o SPARC da Sun, têm conjuntos de instruções de máquina diferentes. Para capacitar as aplicações Java a executar em múltiplas UCPs sem modificações, a maioria dos programas Java contém instruções de máquina para uma assim chamada "máquina virtual Java" (JVM), uma UCP idealizada que é então simulada por um programa que executa na UCP real. A diferença entre as instruções da máquina virtual e da máquina real não é importante para nós – tudo que precisamos saber é que instruções de máquina são muito simples e podem ser executadas com muita rapidez.

Uma típica seqüência de instruções é

1. Carregue o conteúdo da posição de memória 40.
2. Carregue o valor 100.
3. Se o primeiro valor for maior do que o segundo, continue com a instrução armazenada na posição de memória 240.

Na realidade, as instruções de máquina são codificadas como números, de modo que elas possam ser armazenadas na memória. Na máquina virtual Java, essa seqüência de instruções é codificada como a seqüência de números

```
21 40 16 100 163 240
```

> Uma vez que as instruções de máquina são codificadas como números, é difícil escrever programas em código de máquina.

Em um processador como o Pentium ou o SPARC, a codificação seria bem diferente.

Quando a máquina virtual busca essa seqüência de números, ela a decodifica e executa a seqüência de comandos associada.

Como podemos comunicar a seqüência de comandos ao computador? O método mais simples é colocar os próprios números na memória do computador. Essa, na verdade, era a forma como os primeiros computadores funcionavam. No entanto, um programa longo é composto de milhares de comandos individuais, e é chato e sujeito a erros pesquisar o código numérico de todos os comandos e colocá-los manualmente na memória. Como dissemos antes, os computadores são realmente bons para se automatizar atividades chatas e sujeitas a erros, e não levou muito tempo para que os programadores de computadores percebessem que os próprios computadores poderiam ser utilizados para auxiliar no processo de programação.

O primeiro passo foi atribuir nomes curtos para os comandos. Por exemplo, `iload` denota "*integer load*" (carregar inteiro), `bipush` significa "*push* (inserir) constante inteira" e `if_icmpgt` significa "se o primeiro valor inteiro for maior". Usando esses comandos, a seqüência de instruções fica assim

```
iload 40
bipush 100
if_icmpgt 240
```

> A linguagem *assembly* torna mais fácil gerar instruções de máquina pela tradução de mnemônicos e nomes simbólicos.

Isso é muito mais fácil para o homem ler. Porém, para que as seqüências de instruções sejam aceitas pelo computador, os nomes têm de ser traduzidos para código de máquina. Os primeiros computadores usavam um programa de computador chamado *assembler* para fazer essas traduções. O *assembler* pega uma seqüência de caracteres como `iload`, a traduz para o código 21 e realiza operações semelhantes nos outros comandos. Os *assemblers* ainda possuem outra característica: podem dar nomes, não só para instruções, mas para *posições de memória* também. Nossa seqüência de programa pode ter descoberto que algumas taxas de juros eram maiores do que 100 porcento e a taxa de juros foi armazenada na posição de memória 40. Geralmente não é importante onde um valor é armazenado, qualquer posição de memória disponível está bem. Quando nomes simbólicos são usados em vez de endereços de memória, o programa fica mais fácil ainda de ler:

```
iload       intRate
bipush      100
if_icmpgt   intError
```

É função do programa *assembler* achar endereços numéricos adequados para os nomes simbólicos e colocar esses endereços na seqüência de código gerada.

> Linguagens de alto nível nos permitem descrever tarefas num nível conceitual mais elevado do que código de máquina.

As instruções assembler foram um grande avanço em relação a programar com instruções de máquina cruas, mas elas sofrem de dois problemas: ainda gastam muitas instruções para realizar até mesmo os objetivos mais simples, e a seqüência exata de instruções difere de um processador para o outro.

Em meados dos anos 50, começaram a aparecer as linguagens de programação de *alto nível*. Nessas linguagens, o programador expressa a idéia por trás da tarefa que precisa ser realizada, e um programa especial, chamado *compilador*, traduz a descrição de alto nível para instruções de máquina de um determinado processador.

Por exemplo, em Java, a linguagem de programação de alto nível que vamos usar neste livro, podemos escrever a seguinte instrução:

```
if (intRate > 100)
    System.out.print("Interest rate error");
```

Isso significa: "Se a taxa de juros for superior a 100, mostre uma mensagem de erro". Portanto, é tarefa do programa compilador olhar para a seqüência de caracteres `if (intRate > 100)` e traduzi-la para

```
21 40 16 100 163 240
```

> O compilador traduz programas escritos em uma linguagem de alto nível para código de máquina.

Os compiladores são programas bastante sofisticados. Eles têm de traduzir comandos lógicos, como o `if`, em seqüências de cálculos, testes e saltos, e precisam encontrar posições de memória para *variáveis* – itens de informação identificados por nomes simbólicos – como `intRate`. Neste curso, vamos geralmente considerar que existe um compilador. Caso você decida se tornar um cientista da computação profissional, você irá aprender mais sobre técnicas de como escrever programas compiladores mais adiante em seus estudos.

1.5 Linguagens de Programação

> Cada linguagem de programação possui o seu próprio conjunto de regras para formar as instruções. Os compiladores cobram rigidamente essas regras.

Linguagens de programação de alto nível são independentes de uma arquitetura de computador específica, mas são criações humanas. Como tais, elas seguem certas convenções. Para facilitar o processo de tradução, essas convenções são muito mais rígidas do que as da linguagem humana. Ao falar com outra pessoa, se você misturar ou omitir uma ou duas palavras, geralmente o seu interlocutor ainda irá entender o que você quer dizer. Os compiladores são menos misericordiosos. Por exemplo, se você esquecer de fechar as aspas, próximo ao final da instrução,

```
if (intRate > 100)
    System.out.print("Interest rate error);
```

O compilador Java ficará bem confuso e reclamará que não consegue traduzir uma instrução com esse erro. Na verdade, isso é algo bom. Se o compilador fosse tentar adivinhar onde você errou e tentasse consertar, ele poderia não adivinhar corretamente suas intenções. Nesse caso, o programa resultante faria a coisa errada – muito possivelmente com resultados desastrosos caso esse programa controlasse algum dispositivo de cujas funções o bem-estar de uma pessoa dependesse. Quando o compilador lê as instruções em uma linguagem de programação, ele irá traduzi-las para código de máquina apenas se a entrada seguir exatamente as convenções da linguagem.

Assim como há muitas linguagens humanas, há também muitas linguagens de programação. Vamos considerar a instrução

```
if (intRate > 100)
    System.out.print("Interest rate error");
```

Essa é a maneira como devemos expressar uma decisão em Java. Java é uma linguagem de programação muito popular e é a que usamos neste livro. Mas em Pascal (outra linguagem de programação que era muito usada nas décadas de 1970 e 1980) a mesma instrução seria escrita como

```
if intRate > 100 then write ('Interest rate error');
```

Nesse caso, as diferenças entre Java e Pascal são pequenas. No caso de outras construções haverá diferenças muito mais substanciais. Os compiladores são específicos para uma linguagem. O compilador Java só traduz código Java, enquanto que o compilador Pascal rejeitará tudo que não seja código Pascal legal. Por exemplo, se um compilador Java ler a instrução `if intRate > 100 then ...`, ele irá reclamar, porque a condição do comando `if` não está envolvida por parênteses () e o compilador não espera a palavra `then`. A escolha do leiaute de uma concepção da linguagem como o comando `if` é um tanto quanto arbitrária, e os projetistas de linguagens diferentes escolhem diferentes compromissos entre legibilidade, facilidade de tradução e consistência com outras linguagens.

1.6 A Linguagem de Programação Java

> Originalmente Java foi projetada para programar dispositivos de consumo, mas foi usada pela primeira vez com sucesso para escrever *applets* para Internet.

Em 1991, um grupo liderado por James Gosling e Patrick Naughton da Sun Microsystems projetaram uma linguagem que chamaram de "Green" para ser usada em dispositivos de consumo como caixas "*set-top*" de televisão inteligente. A linguagem foi projetada para ser simples e de arquitetura neutra, de modo que pudesse ser executada em diferentes *hardwares*. Nunca se encontrou clientes para essa tecnologia.

Gosling lembra que em 1994 a equipe percebeu: "Poderíamos escrever um navegador realmente bom. Era uma das poucas coisas na tendência dominante cliente/servidor que precisava algumas das esquisitices que nós projetamos: arquitetura neutra, temporeal, confiável, segura". O navegador HotJava, que foi mostrado para uma multidão entusiástica na exposição da SunWorld em 1995, possuía uma propriedade singular: conseguia fazer *download* de programas, chamados *applets*, da Web e executá-los. Os *applets*, escritos na linguagem agora chamada Java, permitiram aos desenvolvedores fornecer uma variedade de animações e interações que podem expandir grandemente as qualidades de uma página da Web (veja a Figura 7). Desde 1996, tanto a Netscape como a Microsoft suportam Java em seus navegadores.

Java cresceu a uma taxa fenomenal. Os programadores escolheram a linguagem porque ela é mais simples do que sua rival mais próxima, C++. Além da linguagem em si, Java possui uma rica *biblioteca* que torna possível escrever programas portáveis que podem driblar sistemas operacionais proprietários – um recurso que era ansiosamente buscado por aqueles que queriam ser independentes desses sistemas proprietários e que foi fortemente combatido pelos seus fornecedores.

Algumas das expectativas iniciais para com a linguagem Java foram otimistas demais e o *slogan* "escreva uma vez, rode em qualquer lugar" virou "escreva uma vez, depure em todos os lugares" para os primeiros que adotaram Java, que tinham de lidar com implementações não-perfeitas. De lá para cá, Java andou um longo caminho. A linguagem e biblioteca Java 2, liberada em 1998,

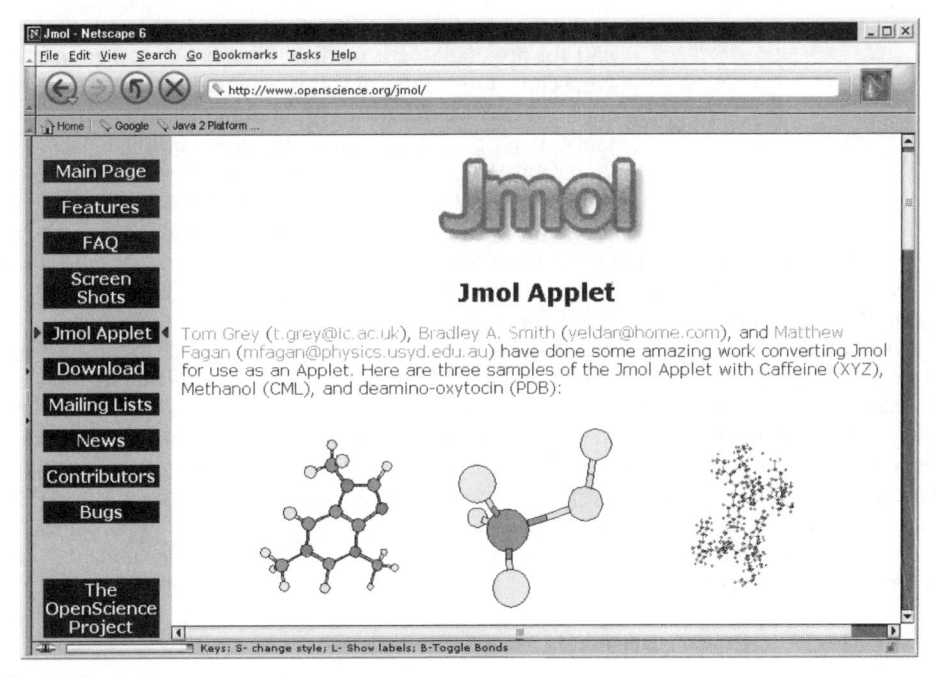

Figura 7
Um *applet* para visualização de moléculas (http://www.openscience.com/jmol).

> Java foi projetada para ser segura e portável, beneficiando tanto usuários da Internet como estudantes.

trouxeram um nível de estabilidade muito maior para o desenvolvimento em Java. Uma "edição micro" e uma "enterprise edition" da biblioteca Java faz com que os programadores se sintam em casa em termos de *hardware*, indo desde os menores dispositivos embarcados aos maiores servidores da Internet.

Como Java foi projetada para a Internet, ela possui dois atributos que a tornam muito adequada para iniciantes: segurança e portabilidade. Se você visitar uma página que contenha *applets*, elas automaticamente começarão a ser executadas. É importante que você possa confiar que *applets* sejam inerentemente seguras. Se uma *applet* pudesse fazer algo de ruim, como perder dados ou ler informações pessoais de seu computador, então você realmente estaria em perigo toda vez que navegasse na Web – um projetista sem escrúpulos poderia montar uma página contendo código perigoso que executaria em sua máquina assim que você visitasse a página. A linguagem Java possui uma variedade de características de segurança que garantem que nenhuma *applet* maligna possa rodar em seu computador. Como benefício adicional, essas características também nos ajudam a aprender a linguagem mais rapidamente. A máquina virtual Java consegue pegar muitos tipos de erros de iniciantes e reportá-los corretamente. Em contraste, muitos erros de iniciantes na linguagem C meramente geram programas que agem de forma aleatória e confusa. A outra vantagem de Java é a portabilidade. O mesmo programa Java rodará, sem mudanças, no Windows, UNIX, Linux ou Macintosh. Essa também é uma exigência para as *applets*. Quando você visitar uma página na Web, o servidor que fornece os conteúdos da página não tem nenhuma idéia de qual computador você está usando para navegar. Ele simplesmente lhe retorna o código portável que foi gerado pelo compilador Java. A máquina virtual em seu computador executa aquele código portável. Novamente, há um benefício para o estudante. Você não precisa aprender a escrever programas para diferentes sistemas operacionais de diferentes computadores.

Nesse momento, Java já se estabeleceu como uma das mais importantes linguagens de programação geral, bem como para ensino em ciência da computação. No entanto, embora Java seja uma boa linguagem para iniciantes, ela não é perfeita por duas razões.

> Java possui uma vasta biblioteca. Concentre-se em aprender aquelas partes da biblioteca que você precisa para seus projetos de programação.

Como não foi especificamente projetada para estudantes, ela não foi projetada para facilitar a escrita de programas básicos. Uma certa dose de mecanismos técnicos em Java é necessária para se escrever até mesmo os programas mais simples. A fim de entender o que esses mecanismos técnicos fazem, você precisa saber algo sobre programação. Isso não é problema para um programador profissional com experiência anterior em outras linguagens de programação, mas o fato de não ter uma trajetória de aprendizado é uma dificuldade para o estudante. À medida que vai aprendendo a programar em Java, haverá momentos em que pediremos que você se satisfaça com uma explicação preliminar e aguarde pelos detalhes completos em um capítulo posterior.

Além disso, você não pode esperar aprender tudo sobre Java em um semestre. A linguagem Java em si é relativamente simples, mas Java contém um vasto conjunto de *pacotes de biblioteca* que são necessários para se escrever programas úteis. Há pacotes para gráficos, projeto de interfaces com o usuário, criptografia, redes, som, armazenamento em bancos de dados e muitos outros propósitos. Nem mesmo programadores Java experientes conhecem o conteúdo de todos os pacotes – eles apenas usam aqueles que necessitam para determinados projetos. Ao usar este livro, você deve esperar aprender bastante sobre a linguagem Java e sobre os pacotes mais importantes. Lembre-se que o objetivo principal deste livro não é fazê-lo memorizar detalhes de Java, mas ensiná-lo como pensar sobre programação.

1.7 Familiarizando-se com seu Computador

> Separe um tempo para familiarizar-se com o sistema computacional e com o compilador Java que você irá usar em seus trabalhos de aula.

Talvez você esteja tendo sua primeira disciplina de programação ao ler este livro, e talvez esteja trabalhando em um sistema computacional que não lhe é familiar. Então, você deve gastar algum tempo para familiarizar-se com o computador. Uma vez que os sistemas computacionais variam muito, só podemos dar-lhe um esboço dos passos que você precisa seguir. O uso de um sistema computacional novo, com o qual você não está familiarizado, pode ser frustrante, especialmente se você estiver sozinho. Procure treinamentos em sua Universidade, ou simplesmente peça a um amigo para lhe fazer uma breve apresentação do sistema.

Passo 1. **Efetuar *Login***

Caso você esteja utilizando seu computador doméstico, provavelmente não precisará se preocupar com este passo. Os computadores em um laboratório, no entanto, geralmente não estão disponíveis para todos. Geralmente o acesso é restrito àqueles que pagaram as taxas necessárias, e freqüentemente cada conta de estudante tem permissões e restrições que habilitam o estudante a fazer seus trabalhos escolares mas não o permitem desorganizar o sistema para outros.

Passo 2. **Localize o Compilador Java**

Os sistemas computacionais diferem consideravelmente a esse respeito. Em alguns sistemas temos de abrir uma *janela de shell* (veja a Figura 8) e digitar comandos para iniciar o compilador. Outros sistemas têm um *ambiente integrado de desenvolvimento*, no qual podemos escrever e testar nossos programas (veja a Figura 9). Muitos laboratórios de universidades possuem folhas de informações e tutoriais que o conduzem pelas ferramentas que estão instaladas no laboratório. O *site* que serve de apoio a este livro (referência [1] ao final deste capítulo) contém instruções para diversos compiladores populares.

Passo 3. **Entenda Arquivos e Pastas**

Como programador, você irá escrever programas, testá-los e melhorá-los. Será fornecido a você um lugar no armazenamento secundário para armazená-los e você precisa descobrir onde é este lugar. As informações no armazenamento secundário são guardadas em *arquivos*. Um arquivo é uma

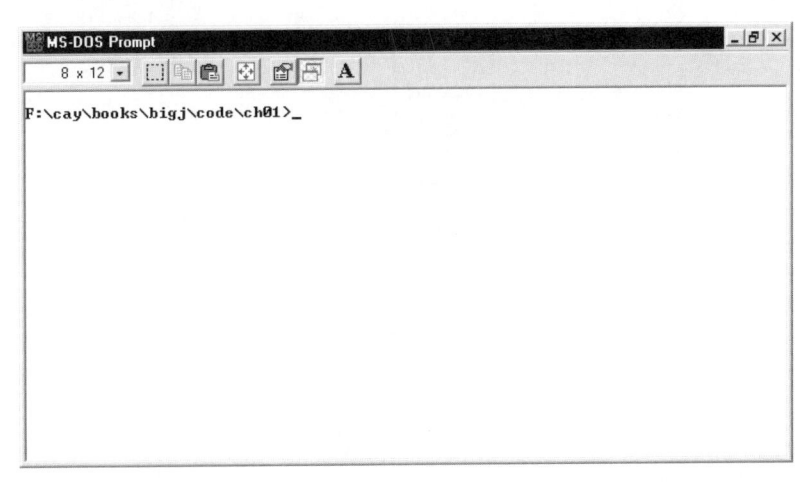

Figura 8
Janela *shell*.

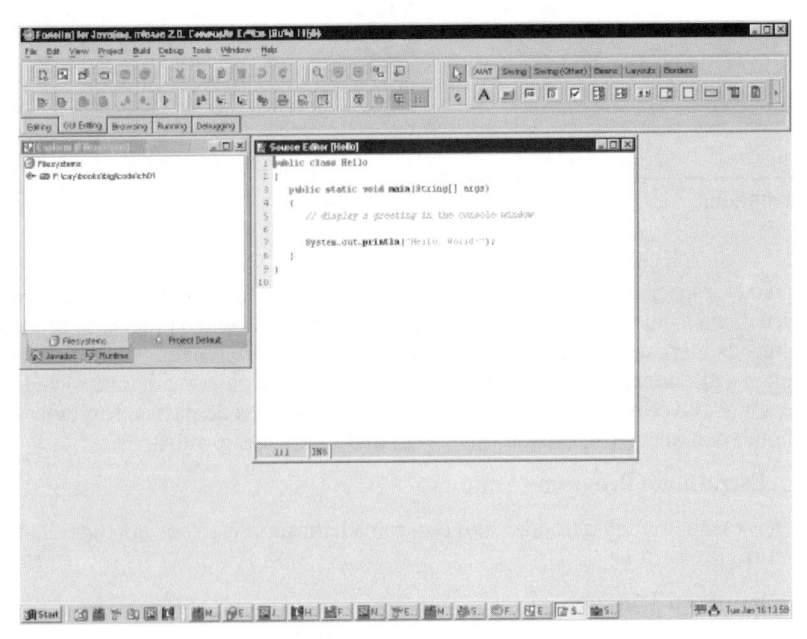

Figura 9
Ambiente de desenvolvimento integrado.

coleção de itens de informações que são mantidas juntas, como o texto de um documento de um processador de texto ou as instruções de um programa Java. Os arquivos têm nomes e as regras para nomes legais diferem de um sistema para o outro. Alguns sistemas permitem espaços nos nomes de arquivos, outros não. Alguns distinguem entre maiúsculas e minúsculas, outros não. A maioria dos compiladores Java exigem que os arquivos Java terminem com uma *extensão* .java: por exemplo, Test.java. O nome de um arquivo Java não pode conter espaços e a distinção entre maiúsculas e minúsculas é importante.

Os arquivos são armazenados em *pastas* ou *diretórios*. Esses contêineres de arquivos podem estar *aninhados*. Isto é, uma pasta pode conter não apenas arquivos mas também outras pastas, as quais, por sua vez, podem conter mais arquivos e pastas (veja a Figura 10). Essa hierarquia pode

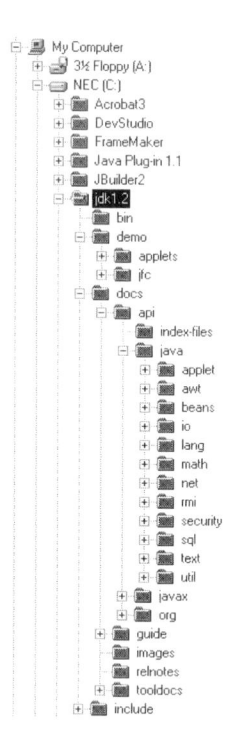

Figura 10
Pastas aninhadas.

ser bem grande, especialmente no caso de computadores em rede, onde alguns dos arquivos podem estar no seu disco local e outros em outros lugares da rede. Você não precisa se preocupar com todos os ramos da hierarquia, mas deve familiarizar-se com seu ambiente local. Sistemas diferentes usam maneiras diferentes de mostrar arquivos e diretórios. Alguns usam uma visualização gráfica e permitem nos movermos clicando com o *mouse* sobre ícones de pastas. Em outros sistemas, temos de digitar comandos para visitar ou inspecionar diferentes localizações.

Passo 4. **Escreva um Programa Simples**

Na próxima sessão, iremos introduzir um programa bem simples. Você aprenderá a digitá-lo, executá-lo e corrigir os erros.

Passo 5. **Salve seu Trabalho**

Você irá gastar muitas horas digitando código de programas Java e melhorando-os. Os arquivos de programa resultantes têm algum valor e você deve tratá-los como trata outra propriedade importante. Uma estratégia de segurança consciente é especialmente importante no caso de arquivos de computador. Eles são mais frágeis do que documentos de papel ou outros objetos mais tangíveis. É fácil excluir um arquivo por acidente e ocasionalmente arquivos são perdidos devido a problemas de mau funcionamento do computador. A menos que você tenha outra cópia, você terá de digitar novamente o conteúdo. Como provavelmente não vai se lembrar de todo o arquivo, você irá gastar quase o mesmo tempo que usou da primeira vez para digitá-lo e melhorá-lo. Isso custa tempo e pode fazê-lo perder prazos. Portanto, é crucialmente importante que você aprenda a proteger os arquivos e que se habitue a fazê-lo *antes* que o desastre aconteça. Você pode fazer cópias de segurança ou cópias *backup* de arquivos salvando cópias em um disquete, em outra pasta, ou em outro computador de sua rede local ou na Internet.

Dica de Produtividade 1.1

Cópias de Segurança

Fazer cópias de segurança em disquetes é a maneira mais fácil e o método mais conveniente para a maioria das pessoas. Outra forma de *backup* que está ganhando muita popularidade é armazenar arquivos na Internet. A seguir vemos alguns pontos para nos lembrarmos.

> Desenvolva uma estratégia de manter *backup* de seu trabalho antes que o desastre aconteça.

- *Faça cópias de segurança freqüentemente.* Fazer cópia *backup* de um arquivo leva apenas alguns segundos, e você irá se odiar se tiver de gastar muitas horas recriando trabalho que você poderia ter salvado facilmente. Faça *backup* de seu trabalho a cada trinta minutos e toda vez que for testar um de seus programas.

- *Faça rotação dos backups.* Use mais de um disquete para fazer *backups* e alterne-os. Isto é, primeiro faça *backup* no primeiro disquete e coloque-o de lado. Então faça o *backup* no segundo disquete. Daí use o terceiro, e então volte ao primeiro. Dessa forma sempre temos três *backups* recentes. Mesmo que um dos disquetes tenha um defeito, ainda podemos usar um dos outros.

- *Só faça* backup *de arquivos fonte.* O compilador traduz os arquivos que você escreve em arquivos de código de máquina. Não há necessidade de se fazer cópia de segurança dos arquivos de código de máquina, uma vez que podemos recriá-los facilmente executando novamente o compilador. Concentre a sua atividade de *backup* naqueles arquivos que representam o seu esforço. Dessa maneira os seus disquetes de *backup* não ficarão cheios de arquivos que você não precisa.

- *Preste atenção à direção do* backup. Fazer *backup* envolve copiar arquivos de um lugar para o outro. É importante que você faça isso direito – isto é, copie da sua localização de trabalho para a localização de *backup*. Se você fizer o contrário, estará sobrescrevendo um arquivo mais novo com uma versão mais velha.

- *Confira seus* backups *de vez em quando.* Confira duas vezes se seus *backups* estão onde você imagina que eles estejam. Não há nada mais frustrante do que descobrir que os *backups* não estão no lugar quando você precisar deles. Isso é especialmente verdadeiro se você utilizar um programa de *backup* que armazena os arquivos em um dispositivo não familiar (como uma fita de dados) ou em um formato compactado.

- *Primeiro relaxe, depois restaure.* Quando você perde um arquivo e precisa restaurá-lo do *backup*, geralmente você está descontente e nervoso. Respire fundo e pense no processo de restauração antes de iniciar. Não é incomum que um agitado usuário de computador exclua seu último *backup* ao tentar restaurar um arquivo danificado.

1.8 Compilando um Programa Simples

Agora você está pronto para escrever e executar seu primeiro programa em Java. A escolha tradicional para o primeiríssimo programa em uma nova linguagem de programação é um programa que mostra uma saudação simples: "Olá, pessoal!". Vamos seguir essa tradição. A seguir temos o programa "Hello, World" em Java.

Arquivo Hello.java

```
1  public class Hello
2  {
3      public static void main(String[] args)
4      {
```

```
5          // mostra uma saudação na janela da console
6
7          System.out.println("Hello, World!");
8      }
9  }
```

> Java diferencia maiúsculas de minúsculas. Você precisa tomar cuidado para distinguir entre letras maiúsculas e minúsculas.

Já vamos examinar esse programa, por enquanto, gere um novo arquivo de programa e denomine-o de `Hello.java`. Digite as instruções do programa, compile-o e o execute, seguindo os procedimentos adequados para o seu compilador.

Java diferencia entre letras maiúsculas e minúsculas. Você precisa digitar maiúscula ou minúscula exatamente como aparece na listagem do programa. Não podemos digitar `MAIN` nem `PrintLn`. Se você não for cuidadoso, terá problemas – veja Erro Comum 1.1.

Por outro lado, Java tem *leiaute de formato livre*. Podemos usar qualquer número de espaços e quebras de linha para separar palavras. Podemos colocar quantas palavras conseguirmos em cada linha.

```
public class Hello{public static void main(String[]
args){// mostra uma saudação na janela da console
System.out.println("Hello, World!");}}
```

Também podemos escrever cada palavra e símbolo em uma linha separada:

```
public
class
Hello
{
public
static
void
main
(
...
```

> Faça o leiaute do seu programa de modo que ele seja fácil de ser lido.

No entanto, o bom gosto nos diz para fazermos o leiaute do nosso programa de modo que ele seja facilmente legível. Os capítulos 2 e 3 contêm recomendações para um bom leiaute.

Ao executar o programa, a mensagem

```
Hello, World!
```

aparecerá em algum lugar da tela (veja as Figuras 11 e 12). A localização exata vai depender do seu ambiente de programação.

Agora que você viu o programa funcionando, é hora de entender a sua constituição. A primeira linha:

```
public class Hello
```

> As classes são os blocos de construção fundamentais dos programas Java.

inicia uma nova *classe*. As classes são um conceito fundamental em Java, e você começará a estudá-las no Capítulo 2. Em Java, cada programa consiste em uma ou mais classes.

A palavra-chave `public` denota que a classe é utilizável pelo "público". Mais tarde você irá encontrar características `private`, as quais não são públicas.

> Cada classe contém definições de métodos. Cada método contém uma seqüência de instruções.

A essa altura, você deve simplesmente considerar

```
public class ClassName
{
    ...
}
```

como uma parte necessária da estrutura que é exigida para se escrever qualquer programa Java. Em Java, cada arquivo fonte pode conter no máximo uma classe pública, e o nome da classe pública tem de corresponder ao nome do arquivo que contém a classe. Por exemplo, a classe `Hello` *tem de ser contida* em um arquivo Hello.java. É muito importante que os nomes *e as maiúsculas* confiram exatamente. Podemos receber mensagens de erro estranhas se chamarmos a classe de HELLO ou o arquivo de `hello.java`.

A construção

```
public static void main(String[] args)
{
}
```

define um *método* chamado `main`. Um método contém uma coleção de instruções de programação que descrevem como levar a cabo determinada tarefa. Toda aplicação Java tem de ter um método `main`. A maioria dos programas Java contém outros métodos além de `main`, e no Capítulo 2 veremos como se escrevem outros métodos.

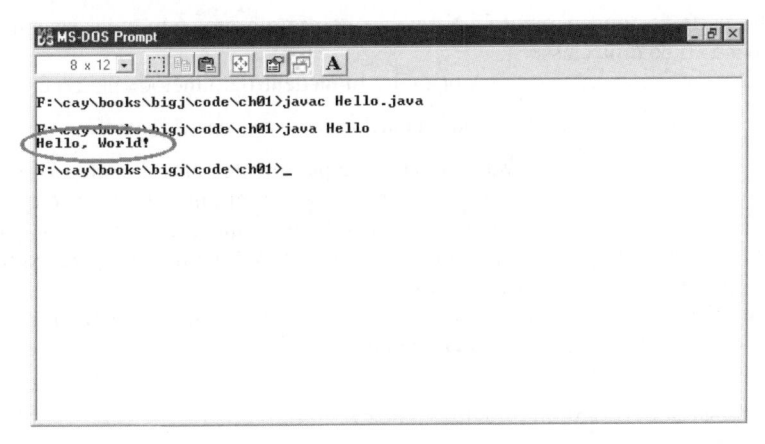

Figura 11
Execução do programa `Hello` em uma janela de console.

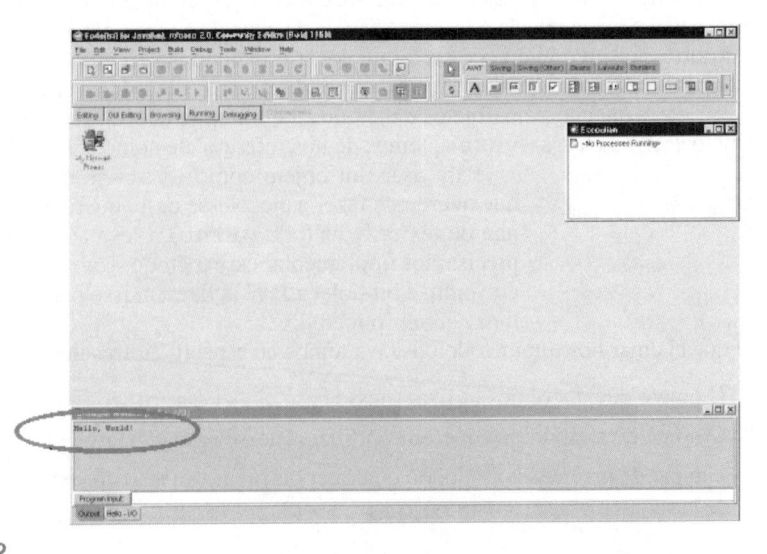

Figura 12
Execução do programa `Hello` em um ambiente integrado de desenvolvimento.

> Toda aplicação Java contém uma classe com um método `main`. Quando a aplicação inicia, as instruções do método `main` são executadas.

O parâmetro `String[] args` é uma parte obrigatória do método `main`. Ele contém *argumentos da linha de comando*, os quais só iremos discutir no Capítulo 16. A palavra-chave `static` indica que o método `main` não opera sobre um *objeto*. (Como veremos no Capítulo 2, a maioria dos métodos em Java operam sobre objetos, e métodos `static` não são comuns em grandes programas Java. Contudo, `main` sempre tem de ser `static`, porque ele começa a executar antes que o programa possa criar objetos.)

Por enquanto, simplesmente considere

```
public class ClassName
{
    public static void main(String[] args)
    {
        ...
    }
}
```

como outra parte do "encanamento". Nosso primeiro programa tem todas suas instruções dentro do método `main` de uma classe.

A primeira linha dentro do método `main` é um *comentário*

> Use comentários para ajudar as pessoas a entender seu programa.

```
// mostra uma saudação na janela da console
```

Este comentário é puramente para o benefício de quem está lendo o programa, para explicar em mais detalhes o que o próximo comando faz. Qualquer texto que estiver entre `//` e o fim da linha é completamente ignorado pelo compilador. Os comentários são utilizados para explicar o programa para outros programadores ou para você mesmo.

As instruções ou *comandos* no *corpo* do método `main` – isto é, os comandos dentro das chaves `{ }` – são executados um a um. Cada comando termina com um ponto-e-vírgula `;`. Nosso método só tem um comando:

```
System.out.println("Hello, World!");
```

Esse comando imprime uma linha de texto, ou seja "Hello, World!". Entretanto, há muitos lugares para onde o programa pode mandar esse *string*: para uma janela, um arquivo, ou para um computador ligado em rede do outro lado do mundo. Você precisa especificar que o destino do *string* é a *saída padrão*, isto é, uma janela de console. A janela da console é representada em Java por um objeto chamado `out`. Assim como você precisa colocar o método `main` em uma classe `Hello`, os projetistas da biblioteca Java precisavam colocar o objeto `out` em uma classe. Eles o colocaram na classe `System`, a qual contém objetos e métodos úteis para se acessar recursos do sistema. Para usar o objeto `out` na classe `System`, temos de nos referir a ele como `System.out`.

> Chamamos um método especificando um objeto, o nome do método e seus parâmetros.

Para usar um objeto como `System.out`, especificamos o que queremos fazer a ele. Nesse caso, queremos imprimir uma linha de texto. O método `println` leva a cabo essa tarefa. Não precisamos implementar esse método – os programadores que escreveram a biblioteca Java já fizeram isso para nós – mas precisamos *chamar* o método.

Sempre que chamarmos um método em Java temos de especificar três itens:

1. O objeto que queremos utilizar (nesse caso, `System.out`)
2. O nome do método que queremos utilizar (nesse caso, `println`)
3. Um par de parênteses contendo qualquer outra informação que o método precise (nesse caso, `("Hello, World!")`)

Observe que os dois pontos em `System.out.println` têm significados diferentes. O primeiro ponto significa "localize o objeto `out` na classe `System`". O segundo significa "aplique o método `println` a esse objeto".

Sintaxe 1.1: Chamada de Método

objeto.nomeDoMétodo (parâmetros)

Exemplo:

`System.out.println("Hello, Dave!");`

Objetivo:

Chamar um método sobre um objeto e fornecer quaisquer parâmetros adicionais.

Uma seqüência de caracteres entre aspas
```
"Hello, World!"
```
é chamada de *string*. Temos de colocar o conteúdo do *string* entre aspas, a fim de que o compilador saiba que queremos literalmente exibir `"Hello, World!"`. Há uma razão para essa exigência. Suponha que necessitemos imprimir a palavra *main*. Ao colocá-la entre aspas `"main"` o compilador sabe que estamos nos referindo à seqüência de caracteres m a i n, e não ao método chamado `main`. A regra é simplesmente que temos de colocar todos os *strings* de texto entre aspas, de modo que o compilador os considere como texto puro e não tente interpretá-los como instruções de programa.

> Um *string* é uma seqüência de caracteres entre aspas.

Podemos também imprimir valores numéricos. Por exemplo, o comando
```
System.out.println(3 + 4);
```
exibe o número 7.

O método `println` imprime um *string* ou um número e então vai para uma nova linha. Por exemplo, a seqüência de comandos
```
System.out.println("Hello");
System.out.println("World!");
```
imprime duas linhas de texto:
```
Hello
World!
```
Há um segundo método, chamado `print`, que podemos usar para imprimir um item sem iniciar nova linha depois. Por exemplo, a saída dos dois comandos
```
System.out.println("00");
System.out.println(3 + 4);
```
é uma única linha
```
007
```

⊗ Erro Freqüente 1.1

Omitir os Ponto-e-vírgulas

Em Java todo comando deve terminar com ponto-e-vírgula. O esquecimento do ponto-e-vírgula é um erro comum, o qual confunde o compilador, porque o compilador usa o ponto-e-vírgula para descobrir onde um comando termina e começa o outro. Ele não usa quebras de linha nem fechamentos de chaves como reconhecimento de fim de comandos. Por exemplo, o compilador considera

```
System.out.println("Hello")
System.out.println("World!");
```

como um único comando, como se você tivesse escrito

```
System.out.println("Hello") System.out.println("World!");
```

Como o compilador não espera a palavra `System` depois de fechar parênteses após `"Hello"`, ele não entende esse comando. O remédio é simples. Verifique todos os comandos para ver se terminam com ponto-e-vírgula, assim como você confere toda sentença em português para ver se ela termina com ponto.

▣ Tópico Avançado 1.1

Sintaxe Alternativa de Comentário

Em Java há duas maneiras de se escrever comentários. Já aprendemos que o compilador ignora qualquer coisa digitada entre `//` e o fim da linha atual. O compilador também ignora qualquer texto entre `/*` e `*/`.

```
/* Um programa Java simples */
```

O comentário usando `//` é mais fácil de se digitar caso ele ocupe apenas uma linha. Se ele for maior do que uma linha, então o comentário usando `/*...*/` é mais simples.

```
/*
Este é um programa Java simples que podemos usar para experimentar
nosso compilador e interpretador.
*/
```

Seria um pouco cansativo acrescentar as `//` no início de cada linha e movê-los toda vez que o texto do comentário mudasse.

Neste livro, usamos `//` para comentários que nunca irão passar de uma linha e `/*...*/` para comentários maiores. Se você preferir, pode usar sempre o estilo `//`. Os leitores de seu código ficarão contentes em ler seus comentários, independentemente do estilo que você usar.

▣ Tópico Avançado 1.2

Seqüências de Escape

Suponha que você queira mostrar na tela um *string* que contenha aspas, como

```
Hello, "World"!
```

Não podemos usar

```
System.out.println("Hello, "World"!");
```

Assim que o compilador lê `"Hello, "`, ele pensa que o *string* terminou, e então fica confuso com `World` seguida de duas aspas. Uma pessoa provavelmente perceberia que as segundas e terceiras aspas devem fazer parte do *string*, mas os compiladores possuem uma mente limitada. Se uma análise simples da entrada não fizer sentido para eles, simplesmente se recusam a prosseguir e reportam um erro. Bem, então como podemos mostrar aspas na tela? Precedendo as aspas de dentro do *string* com um caractere barra invertida. Dentro de um *string*, a seqüência \" denota uma citação literal, não o fim de um *string*. O comando correto para esse caso é portanto

```
System.out.println("Hello, \"World\"!");
```

O caractere barra invertida é utilizado como caractere de *escape* e a seqüência de caracteres \" é chamada de seqüência de escape. A barra invertida não denota a si mesmo, mas é utilizada para codificar caracteres que de outra forma seriam difíceis de se incluir em um *string*.

Agora, o que faremos se quisermos realmente imprimir uma barra invertida (por exemplo, para especificar o nome de um arquivo do Windows)? Temos de digitar duas \\ seguidas, assim:

```
System.out.println(
    "The secret message is in C:\\Temp\\Secret.txt");
```

Esse comando imprime

```
The secret message is in C:\Temp\Secret.txt
```

Outra seqüência de escape que é usada ocasionalmente é \n, a qual denota um caractere *nova linha* ou *line feed*. Imprimir um caractere nova linha faz com que seja iniciada uma nova linha na tela. Por exemplo, o comando

```
System.out.print("*\n**\n***\n");
```

imprime os caracteres

```
*
**
***
```

em três linhas separadas. Naturalmente, poderíamos ter conseguido o mesmo efeito com três chamadas separadas a `println`.

Finalmente, as seqüências de escape são úteis para se incluir caracteres internacionais em um *string*. Por exemplo, suponha que quiséssemos imprimir "All the way to San José!", com um acento agudo na letra *e*. Se estivermos usando um teclado dos EUA, podemos não ter uma tecla para gerar essa letra acentuada. Java usa o esquema de codificação *Unicode* para denotar caracteres internacionais. Por exemplo, o caractere *é* tem a codificação Unicode 00E9. Podemos incluir esse caractere em um *string* escrevendo \u seguido de sua codificação Unicode:

```
System.out.println("All the way to San Jos\u00E9!");
```

Você pode consultar os códigos dos caracteres para o inglês dos EUA e para idiomas da Europa Ocidental no Apêndice A3, e códigos para milhares de caracteres na referência [2].

1.9 Erros

Vamos fazer algumas experiências com o programa Hello. O que acontecerá se fizermos um erro de digitação do tipo

```
System.ouch.println("Hello, World!");
System.out.println("Hello, World!);
System.out.println("Hell, World!");
```

> Um erro de sintaxe é uma violação das regras da linguagem de programação. O compilador detecta erros de sintaxe.

No primeiro caso o compilador irá reclamar. Ele dirá que não tem idéia do que você quer dizer com `ouch`. As palavras exatas da mensagem de erro dependem do compilador, mas pode ser algo do tipo "Undefined symbol ouch". Esse é um *erro em tempo de compilação* ou *erro de sintaxe*. De acordo com as regras da linguagem, algo está errado, e o compilador percebe. Quando o compilador encontra um ou mais erros, ele se recusa a traduzir o programa para instruções da máquina virtual Java e como conseqüência você não terá programa para executar. Temos de corrigir o erro e compilar novamente. Na verdade, o compilador é bastante exigente e é comum passar por vários estágios de correção de erros durante a compilação, antes que o programa compile corretamente pela primeira vez.

Se o compilador encontrar um erro, ele não irá simplesmente parar e desistir. Ele vai tentar reportar tantos erros quantos ele puder encontrar, de modo que você possa corrigi-los todos de uma vez. Às vezes, entretanto, um erro o tira do caminho certo. É provável que isso aconteça com o erro da segunda linha. Como estão faltando as aspas que fecham (fecha aspas), o compilador irá pensar que os caracteres); ainda fazem parte do *string*. Nesses casos é comum que o compilador gere mensagens de erro falsas a respeito das linhas vizinhas. Corrija apenas aqueles erros que fazem sentido para você e então recompile.

O erro da terceira linha é de um tipo diferente. O programa irá compilar e será executado, porém a sua saída estará errada. Ele irá imprimir

```
Hell, World!
```

> Um erro de lógica faz com que o programa faça algo que o programador não queria. Temos de testar nossos programas para encontrar erros de lógica.

Este é um erro em tempo de execução ou erro de lógica. O programa está sintaticamente correto e faz alguma coisa, mas não faz o que queremos que ele faça. O compilador não consegue achar o erro. Você, o programador, tem de resolver esse tipo de erro. Execute o programa e cuidadosamente olhe sua saída.

Durante o desenvolvimento do programa os erros são inevitáveis. Uma vez que o programa é maior do que apenas algumas linhas, ele requer concentração sobre-humana para entrar com o programa corretamente sem nenhum deslize. Você vai descobrir que omite ponto-e-vírgulas e aspas mais freqüentemente do que imaginava, mas o compilador vai encontrar esses problemas para você.

Erros de lógica são mais problemáticos. O compilador não irá encontrá-los – na verdade, ele irá traduzir todo programa que tiver a sintaxe correta – mas o programa resultante irá fazer algo errado. É responsabilidade do autor do programa testar o programa e encontrar os erros de lógica. Testar programas é um tópico importante que você vai encontrar muitas vezes neste livro. Outro aspecto importante da boa técnica de programação se chama *programação defensiva*: estruturar os programas e os processos de desenvolvimento de maneira que um erro em algum lugar do programa não gere um resultado desastroso.

Os exemplos de erros vistos até agora não são difíceis de diagnosticar nem de consertar, mas a medida que você for aprendendo técnicas de programação mais sofisticadas, haverá muito mais chances de erros. Localizar erros em um programa é muito difícil, o que é um fato desconfortável. Mesmo que você verifique que um programa exibe um comportamento inadequado, pode não ser nada óbvio detectar qual parte do programa causou esse problema e como podemos consertá-lo. Ferramentas especiais de *software* (chamadas de *depuradores*) permitem que vasculhemos um programa para achar os *bugs* – isto é, os erros de lógica. Neste curso você irá aprender como usar eficientemente um depurador.

Veja que todos esses erros são diferentes do tipo de erros que estamos propensos a fazer em cálculos manuais. Se for totalizar uma coluna de números, talvez você erre um sinal de menos ou acidentalmente esqueça do "vai um", talvez por estar entediado ou cansado. Os computadores não cometem esse tipo de erro. Ao somar números o computador irá chegar ao resultado correto. Sim, os computadores podem fazer erros de estouro (*overflow*) ou de arredondamento, assim como as calculadoras de bolso fazem quando você lhes solicita cálculos cujo resultado excede sua faixa numérica. Ocorre um erro de estouro se o resultado dos cálculos for muito grande ou muito pequeno. Por exemplo, a maioria dos computadores e calculadoras de bolso "estouram" quando você tenta calcular 10^{1000}. Ocorre um erro de arredondamento quando um valor não pode ser representado precisamente. Por exemplo, 1/3 pode ser armazenado no computador como 0,3333333, um valor que é próximo, mas não exatamente igual a 1/3. Se você calcular 1-(3 x 1/3), poderá obter 0,0000001, e não 0 como conseqüência do erro de arredondamento. Vamos considerar esses erros como erros de lógica, porque o programador deveria ter escolhido uma estratégia de cálculo mais adequada, que tratasse corretamente de arredondamentos ou estouros.

Vamos aprender neste livro uma estratégia de administração de erros em três partes. Primeiro, vamos aprender sobre erros comuns e como evitá-los. Depois, vamos aprender a estratégia da programação defensiva para minimizar a possibilidade e o impacto de erros. Finalmente, vamos aprender estratégias de depuração para eliminar aqueles erros que permanecerem.

⊗ Erro Comum 1.2

Erros de Digitação

Se você acidentalmente errar uma palavra, coisas estranhas podem acontecer, e pode não ser completamente óbvio, a partir das mensagens de erro, descobrir o que deu errado. A seguir, temos um bom exemplo de como simples erros de grafia podem causar problema:

```
public class Hello
{
    public static void Main(String[] args)
    {
        System.out.println(Hello, World!");
    }
}
```

Essa classe define um método chamado `Main`. O compilador não irá considerar esse método como sendo o `main`, porque `Main` inicia com letra maiúscula e a linguagem Java faz diferença entre maiúsculas e minúsculas. Letras maiúsculas e minúsculas são consideradas completamente diferentes uma da outra, e, para o compilador, `Main` não corresponde a `main`, da mesma forma que `rain` também não corresponde. O compilador irá compilar seu método `Main` sem problemas, mas quando o interpretador Java ler o arquivo compilado, irá reclamar a ausência do método `main`, e se recusará a executar o programa. Naturalmente, a mensagem *"missing main method"* (método main ausente) deve dar-lhe uma dica de onde procurar o erro.

Se você receber uma mensagem de erro que pareça indicar que o compilador está no caminho errado, é uma boa idéia procurar erros de digitação (grafia e maiúsculas/minúsculas). Todas as palavras-chave em Java usam apenas letras minúsculas, assim como os nomes de métodos e variáveis. Os nomes de classes geralmente iniciam com letra maiúscula. Se você digitar errado o nome de um símbolo (por exemplo, `ouch` em vez de `out`), o compilador irá reclamar sobre um *"undefined symbol"* (símbolo indefinido). Essa mensagem de erro geralmente é uma boa dica de que cometemos um erro de digitação.

1.10 O Processo de Compilação

Alguns ambientes de desenvolvimento Java são muito fáceis de usar. Você simplesmente entra com o código em uma janela, clica sobre um botão para compilar e clica em outro para executar seu programa. As mensagens de erro aparecem em uma segunda janela, e o programa é executado em uma terceira janela. Com esse tipo de ambiente você está completamente isolado dos detalhes do processo de compilação. Em outros sistemas, precisamos realizar cada passo manualmente, digitando comandos como

```
edit Hello.Java
javac Hello.Java
java Hello
```

em uma janela de *shell*.

> Um editor é um programa para criar e modificar texto, como um programa Java, por exemplo.

Independentemente do ambiente de compilação que usemos, iniciamos nossa atividade digitando os comandos do programa. O programa que usamos para criar e modificar o texto do programa é chamado de *editor*. Lembre-se de *salvar* seu trabalho para o disco freqüentemente, porque o editor de textos só armazena o texto na memória do computador. Se der algum problema com o computador, e você precisar re-inicializá-lo, o conteúdo da memória primária (incluindo o texto de seu programa) será perdido, mas aquilo que for armazenado no disco rígido ou no disquete é permanente, mesmo que você precise reinicializar o computador.

> O compilador Java traduz o código fonte para instruções da máquina virtual Java, chamadas de *bytecode*.

Quando compilamos nosso programa, o compilador traduz o *código fonte* Java (isto é, o comando que escrevemos) para *bytecode*, que consiste em instruções para a máquina virtual e alguns outros itens de informações sobre como carregar o programa na memória antes da execução. O *bytecode* do programa é armazenado em um arquivo separado, com a extensão .class. Por exemplo, o *bytecode* do programa Hello será armazenado no arquivo Hello.class. No entanto, o compilador só gera um arquivo .class depois de corrigidos todos os erros de sintaxe.

O arquivo .class contém a tradução apenas das instruções que nós escrevemos. Na verdade, isso não é suficiente para se executar o programa. Para mostrar um *string* numa janela, uma boa quantidade de atividade de baixo-nível é necessária. Os autores das classes System e PrintStream (as quais definem o objeto out e o método println) implementaram todas as ações necessárias e colocaram o *bytecode* necessário em uma *biblioteca*. Biblioteca é uma coleção de códigos programados e traduzidos por uma terceira pessoa, pronta para que você use em seu programa. Programas mais complicados são construídos a partir de mais de um arquivo .class e de mais de uma biblioteca.

O *interpretador Java* carrega o *bytecode* do programa que você escreveu, inicia seu programa, e carrega os arquivos de biblioteca necessários à medida que eles são exigidos.

> O interpretador Java executa o programa, carregando o *bytecode* necessário dos arquivos .class e dos arquivos de biblioteca.

Os passos para se compilar e executar seu programa estão esboçados na Figura 13. Sua atividade de programação está centralizada nesses passos. Você começa no editor, escrevendo o arquivo fonte; compila o programa e confere as mensagens de erro; volta ao editor e corrige os erros de sintaxe. Quando o compilador tem sucesso na compilação, você executa seu programa. Se encontrar um erro, você pode utilizar o depurador para executar seu programa linha a linha. Uma vez que descobriu a causa do erro, você volta ao editor e o conserta. Você compila e executa novamente para ver se o erro foi resolvido. Se não foi, volta para o editor. Isso é chamado de *laço edita-compila-testa* (veja a Figura 14). Você irá gastar um tempo substancial nesse laço sempre que trabalhar em tarefas de programação.

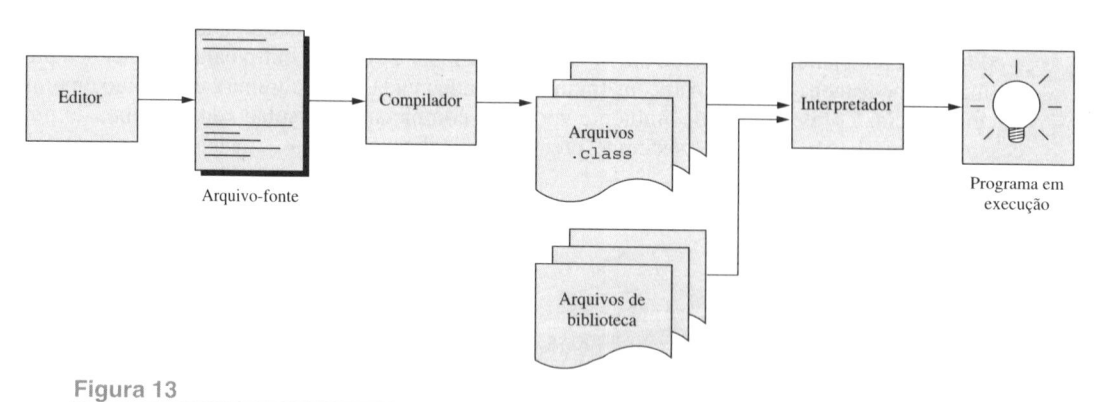

Figura 13
Do código fonte à execução do programa.

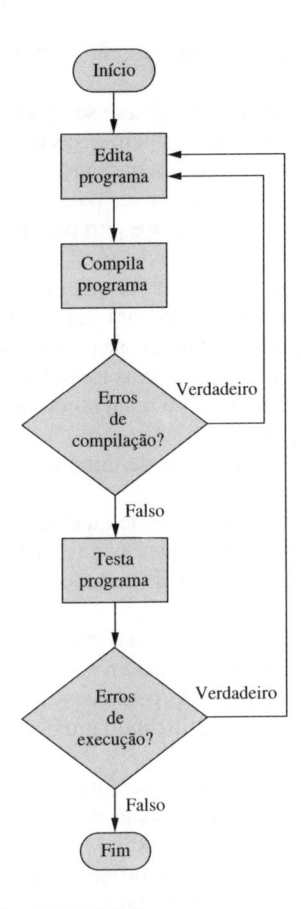

Figura 14
Laço edita-compila-testa.

Resumo do Capítulo

1. O computador tem de ser programado para que realize tarefas. Tarefas diferentes exigem programas diferentes.
2. Um programa de computador executa uma seqüência de operações muito básicas, numa sucessão muito rápida.
3. Os programadores desenvolvem programas para que os computadores realizem novas tarefas.
4. No coração do computador está a unidade central de processamento (UCP).
5. Dados e programas são armazenados no armazenamento primário (memória) e no secundário (como um disco rígido, por exemplo).
6. A UCP lê instruções de máquina da memória. As instruções dirigem a UCP a comunicar-se com a memória, com o armazenamento secundário e com os periféricos.
7. Em geral, o código de máquina depende do tipo de UCP. Entretanto, o conjunto de instruções da máquina virtual Java (JVM) pode ser executado em muitas UCPs.
8. Como as instruções de máquina são codificadas como números, é difícil escrever programas em código de máquina.
9. A linguagem *assembly* torna mais fácil a geração de instruções de máquina, traduzindo mnemônicos e nomes simbólicos.
10. As linguagens de alto nível nos permitem descrever tarefas em um nível conceitual mais elevado do que o código de máquina.

11. O compilador traduz programas escritos em linguagem de alto nível para código de máquina.
12. Cada linguagem de programação tem seu próprio conjunto de regras para formar as instruções. Os compiladores seguem essas regras estritamente.
13. Java foi originalmente projetada para programar dispositivos de consumo, mas foi usada com sucesso pela primeira vez para escrever *applets* da Internet.
14. Java foi projetada para ser segura e portável, beneficiando tanto usuários da Internet como estudantes.
15. Java possui uma biblioteca muito grande. Concentre-se em aprender aquelas partes da biblioteca que você necessita para seus projetos de programação.
16. Separe um tempo para familiarizar-se com o sistema computacional e com o compilador Java que você irá usar em seus trabalhos de aula.
17. Desenvolva uma estratégia para manter cópias *backup* de seu trabalho antes que um desastre possa acontecer.
18. Java distingue letras maiúsculas de minúsculas. Temos de ter cuidado para também fazer essa distinção.
19. Faça o leiaute de seus programas de modo que eles sejam fáceis de ler.
20. As classes são os blocos de construção fundamentais dos programas Java.
21. Cada classe contém definições de métodos. Cada método contém uma seqüência de instruções.
22. Toda aplicação Java contém uma classe com um método `main`. Quando a aplicação inicia, as instruções do método `main` são executadas.
23. Use comentários para ajudar as pessoas a entender seu programa.
24. Chamamos um método especificando um objeto, o nome do método, e os seus parâmetros.
25. Um *string* é uma seqüência de caracteres entre aspas.
26. Um erro de sintaxe é uma violação das regras da linguagem de programação. O compilador detecta erros de sintaxe.
27. Um erro de lógica faz com que o programa tenha comportamentos que o programador não desejava. Você tem de testar seu programas para achar os erros de lógica.
28. Editor é um programa para gerar e modificar textos, como por exemplo um programa Java.
29. O compilador Java traduz código fonte para instruções da máquina virtual Java, chamados de *bytecode*.
30. O interpretador Java executa um programa, carregando os *bytecodes* necessários, a partir dos arquivos `.class` e dos arquivos de biblioteca.

Leituras Adicionais

[1] http://www.horstmann.com/bigjava/help/compilers.html Instruções para o uso de diversos compiladores Java populares.

[2] http://www.unicode.org/ O *site* do Unicode Consortium contém tabelas de caracteres que mostram os valores Unicode de caracteres de muitas línguas distintas.

Classes, Objetos e Métodos Introduzidos Neste Capítulo

A seguir, temos uma lista de todas as classes, métodos, variáveis estáticas e constantes introduzidos neste capítulo. Para maiores informações dirija-se à documentação no Apêndice A3.

```
java.io.PrintStream
    print
    println
java.lang.String
    length
java.lang.System
    out
```

Exercícios de Revisão

Exercício R1.1. Explique a diferença entre usar um programa de computador e programar um computador.

Exercício R1.2. O que distingue um computador de um eletrodoméstico comum?

Exercício R1.3. Classifique os dispositivos de armazenamento que podem fazer parte de um sistema computacional por (*a*) velocidade, (*b*) custo e (*c*) capacidade de armazenamento.

Exercício R1.4. O que é a máquina virtual Java?

Exercício R1.5. O que é uma *applet*?

Exercício R1.6. Explique dois benefícios das linguagens de programação de alto nível sobre o código *assembler*.

Exercício R1.7. Cite as linguagens de programação mencionadas neste capítulo.

Exercício R1.8. O que é um ambiente integrado de programação?

Exercício R1.9. O que é uma janela de console?

Exercício R1.10. Descreva *exatamente* quais passos você usaria para fazer *backup* de seu trabalho depois de ter digitado o programa `Hello.java`.

Exercício R1.11. No seu próprio computador ou no computador de seu laboratório, descubra a localização exata (nome da pasta ou do diretório) do

- arquivo de exemplo `Hello.java` que você criou com o editor
- interpretador `java.exe`
- arquivo de biblioteca `rt.jar` que contém a biblioteca de execução

Exercício R1.12. Explique a função especial do caractere de escape \ nos *string*s de caracteres em Java.

Exercício R1.13. Escreva três versões do programa `Hello.java` com erros de sintaxe diferentes. Escreva uma versão que tenha um erro de lógica.

Exercício R1.14. Como podemos descobrir erros de sintaxe? Como podemos descobrir erros de lógica?

Exercícios de Programação

Exercício P1.1. Escreva um programa que exiba o seu nome dentro de uma caixa na tela da console, da seguinte maneira:

```
+----+
|Dave|
+----+
```

Procure aproximar as linhas com caracteres como | – +.

Exercício P1.2. Escreva um programa que imprima um rosto, usando caracteres de texto, de preferência mais bonito do que este:

```
 /////
 | o o |
(|  ^  |)
 | \_/ |
  -----
```

Use *comentários* para indicar quando você está imprimindo o cabelo, as orelhas, a boca e assim por diante.

Exercício P1.3. Escreva um programa que imprima uma árvore de Natal:

```
      /\
     /  \
    /    \
   /      \
   --------
     "  "
     "  "
     "  "
```

Lembre-se de usar as seqüências de escape para imprimir os caracteres \ e ".

Exercício P1.4. Escreva um programa que imprima uma escada:

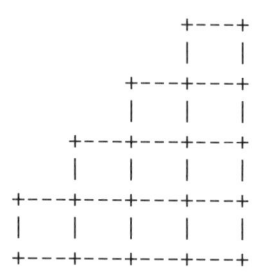

```
            +---+
            |   |
        +---+---+
        |   |   |
    +---+---+---+
    |   |   |   |
+---+---+---+---+
|   |   |   |   |
+---+---+---+---+
|   |   |   |   |
+---+---+---+---+
```

Exercício P1.5. Escreva um programa que calcule a soma dos primeiros dez inteiros positivos: 1 + 2 + ... + 10. *Dica:* Escreva um programa do tipo

```
public class Sum10
{
    public static void main(String[] args)
    {
        System.out.println( );
    }
}
```

Exercício P1.6. Escreva um programa que calcule a soma dos recíprocos 1/1+1/2+...+1/10. Isso é mais difícil do que parece. Tente escrever o programa e confira o resultado. Provavelmente não estará correto. Então escreva os números como números de *ponto-flutuante*, 1,0; 2,0; ...; 10,0 e execute o programa novamente. Você consegue explicar a diferença dos resultados? Iremos explorar esse fenômeno no Capítulo 3.

Capítulo **2**

Introdução a Objetos e Classes

Objetivos do capítulo

- Entender os conceitos de classes e objetos
- Perceber a diferença entre objetos e referências a objetos
- Familiarizar-se com o processo de implementação de classes
- Ser capaz de implementar métodos simples
- Entender o objetivo e o uso de construtores
- Entender como se acessa campos de uma instância e variáveis locais
- Valorizar a importância dos comentários de documentação

A maioria dos programas úteis não manipula apenas números e *strings*. Ao contrário, eles lidam com itens de dados que são mais complexos e que representam mais fielmente entidades da vida real. Exemplos desses itens de dados são as contas bancárias, registros de empregados e figuras gráficas.

A linguagem Java é ideal para projetar e manipular esses itens de dados, ou *objetos*. Em Java, definimos *classes* que descrevem o comportamento desses objetos. Neste capítulo, aprenderemos como definir classes que descrevem objetos de comportamento bem simples. À medida que aprendermos mais sobre programação Java nos capítulos subseqüentes, seremos capazes de implementar classes cujos objetos levam a cabo ações mais sofisticadas.

Sumário do capítulo

2.1 Usando e Construindo de Objetos 46
    Sintaxe 2.1: Construção de Objetos 48

2.2 Variáveis de Objeto 49
    Sintaxe 2.2: A Definição de Variável 51
    Sintaxe 2.3: Importando uma Classe de um Pacote 52
    Erro Freqüente 2.1 Esquecendo de Inicializar Variáveis 52

Tópico Avançado 2.1: Importando Classes 52

2.3 Definindo uma Classe 53
    Sintaxe 2.4: Implementação de Método 54
    Sintaxe 2.5: O Comando `return` 55

2.4 Testando uma Classe 55
    Dica de Produtividade 2.1: Usando Eficientemente a Linha de Comando 56

2.5 Campos de Instância 57	*Erro Freqüente 2.2:* Tentando Reinicializar um Objeto através da Chamada de um Construtor 71
Sintaxe 2.6: Declaração de Campo de Instância 59	
2.6 Construtores 59	*Como Fazer 2.1:* Projetando e Implementando uma Classe 71
Sintaxe 2.7: Implementação de Construtores 61	**2.10** Tipos de Variáveis 73
2.7 Projetando a Interface Pública de uma Classe 60	*Erro Freqüente 2.3:* Esquecendo de Inicializar Referências a Objetos em um Construtor 75
Tópico Avançado 2.2: Sobrecarga 63	**2.11** Parâmetros Explícitos e Implícitos de Métodos 75
2.8 Comentando a Interface Pública 63	
Dica de Produtividade 2.2: O Utilitário `java.doc` 66	*Erro Freqüente 2.4:* Tentando Chamar um Método sem um Parâmetro Implícito 76
Dica de Produtividade 2.3: Atalhos de Teclado para as Operações de Mouse 66	*Tópico Avançado 2.3:* Chamando um Construtor a partir de Outro 77
2.9 Especificando a Implementação de uma Classe 67	*Fato Histórico 2.1:* Mainframes — Quando os Dinossauros Governavam a Terra 77

2.1 Usando e Construindo Objetos

Objetos e classes são conceitos centrais em programação Java. Levará algum tempo até que você possa dominar plenamente esses conceitos, mas uma vez que todo programa Java usa pelo menos uma dupla de objetos e classes, é uma boa idéia ter um entendimento básico desses conceitos imediatamente.

> Objetos são entidades em seu programa que você manipula invocando métodos.

Um *objeto* é uma entidade que você pode manipular em seu programa, geralmente chamando *métodos*. Por exemplo, vimos no Capítulo 1 que `System.out` se refere a um objeto, e vimos como manipulá-lo chamando o método `println`. Na realidade, há diversos métodos chamados `println` disponíveis: um para imprimir *strings*, um para imprimir inteiros, um para imprimir números de ponto flutuante, e assim por diante. A razão é discutida na Seção 2.8. Quando você chama o método `println`, algumas atividades ocorrem dentro do objeto, e o efeito final é que o objeto faz com que o texto apareça na janela da console.

> A interface pública de uma classe especifica o que você pode fazer com seus objetos. A implementação oculta descreve como essas ações são levadas a cabo.

Devemos pensar no objeto como uma "caixa-preta" com uma *interface* pública (os métodos que podemos chamar) e uma *implementação* oculta (o código e os dados necessários para fazer com que esses métodos funcionem).

Objetos diferentes suportam diferentes conjuntos de métodos. Por exemplo, podemos aplicar o método `println` ao objeto `System.out`, mas não ao objeto *string* `"Hello, World!"`. Isto é, seria um erro chamar

```
"Hello, World!".println(); // Esta chamada de método está errada
```

A razão é simples: os objetos `System.out` e `"Hello, World!"` pertencem a *classes* diferentes. `System.out` é um objeto da classe `PrintStream`, enquanto `"Hello, World!"` é um objeto da classe `String`. Podemos aplicar o método `println` a *qualquer* objeto da classe `PrintStream`, mas a classe `String` não suporta o método `println`. A classe `String` suporta um bom número de outros métodos, veremos muitos deles no Capítulo 3. Por exemplo, o método `length` conta o número de caracteres em um *string*. Podemos aplicar o método a qualquer objeto do tipo `String`. Assim,

```
"Hello, World!".length();   // Esta chamada de método está correta
```

é uma chamada de método correta – ela calcula o número de caracteres em um objeto *string* `"Hello, World!"` e devolve o resultado, 13. As aspas não são contadas. Podemos verificar que o método `length` retorna o comprimento de um objeto `String` escrevendo um curto programa de teste

```
public class LengthTest
{
    public static void main(String[] args)
    {
        System.out.println("Hello, World!".length());
    }
}
```

> Classes são fábricas de objetos. Construímos um novo objeto de uma classe com o operador `new`.

Todo objeto pertence a uma classe. A classe define os métodos para os objetos. Assim, a classe `PrintStream` define os métodos `print` e `println`. A classe `String` define o método `length` e muitos outros métodos.

O objeto `System.out` é criado automaticamente quando um programa Java carrega a classe `System`. Os objetos *string* são criados quando você especifica um *string* entre aspas. Entretanto, na maioria dos programas Java, nós queremos criar mais objetos.

Para ver como podemos criar novos objetos, vamos ver outra classe: a classe `Rectangle` da biblioteca de classes Java. Objetos de tipo `Rectangle` descrevem formas retangulares – veja a Figura 1.

Observe que um objeto `Rectangle` não é uma forma retangular – e, sim, um conjunto de números que descrevem o retângulo (veja a Figura 2). Cada retângulo é descrito pelas coordenadas *x*- e *y*- do seu canto superior esquerdo, pela sua largura e altura. Para fazer um novo retângulo, precisamos especificar esses quatro valores. Por exemplo, podemos fazer um novo retângulo com o canto superior esquerdo em (5, 10), largura 20 e altura 30, como vemos a seguir

```
new Rectangle(5, 10, 20, 30)
```

O operador `new` faz com que seja criado um objeto do tipo `Rectangle`. O processo de criar um novo objeto é chamado de *construção*. Os quatro valores 5, 10, 20 e 30 são chamados de *parâmetros de construção*. Classes diferentes vão exigir parâmetros de construção diferentes. Por exemplo, para construir um objeto `Rectangle`, suprimos quatro números que descrevem a posição e o tamanho do retângulo. Para construir um objeto `Car`, podemos fornecer o nome do modelo e o ano.

Figura 1
Formas retangulares.

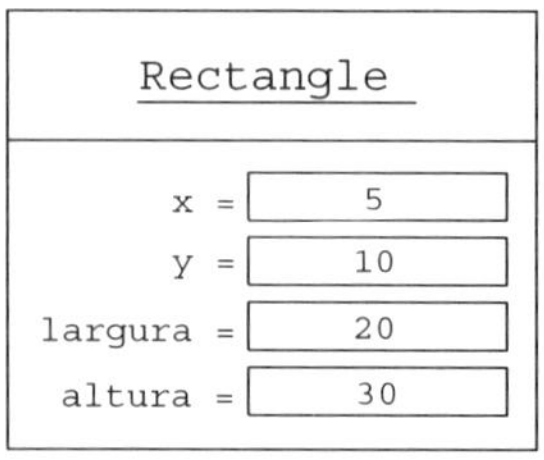

```
                    Rectangle
                
                    x =    5
                    y =    10
                largura =  20
                 altura =  30
```

Figura 2
Um Objeto `Rectangle`.

Na verdade, algumas classes nos permitem construir objetos de múltiplas maneiras. Por exemplo, também podemos obter um objeto `Rectangle` não suprindo nenhum parâmetro de construção (mas ainda temos de colocar os parênteses):

```
new Rectangle()
```

Assim construímos um retângulo (inútil) com o canto superior esquerdo na origem (0,0), largura 0 e altura 0.

Para construir qualquer objeto, fazemos o seguinte:

1. Usamos o operador `new`.
2. Atribuímos o nome da classe.
3. Fornecemos os parâmetros de construção (caso haja algum) dentro dos parênteses.

O que podemos fazer com um objeto `Rectangle`? Por enquanto, não muito. No Capítulo 4 iremos aprender a exibir retângulos e outras formas em uma janela. Podemos passar um objeto retângulo para o método `System.out.println` ou `print`, os quais apenas imprimirão uma descrição do objeto retângulo na janela da console:

```
public class RectangleTest
{
   public static void main(String[] args)
   {
      System.out.println(new Rectangle(5, 10, 20, 30));
   }
}
```

Esse programa imprime a linha

```
Java.awt.Rectangle[x=5,y=10,width=20,height=30]
```

Mais especificamente, esse programa cria um objeto do tipo `Rectangle` e passa esse objeto para o método `println`. Depois disso, o método não é mais usado.

Sintaxe 2.1: Construção de Objetos

new *NomeDaClasse(parâmetros)*

Exemplo:

```
new Rectangle(5, 10, 20, 30)
new Car("BMW 540ti", 2004)
```

Objetivo:

Construir um novo objeto, inicializá-lo com os parâmetros de construção e devolver uma referência ao objeto construído.

2.2 Variáveis de Objeto

> Armazenamos localizações de objetos em variáveis de objeto.

Geralmente queremos fazer algo mais a um objeto do que apenas criá-lo, imprimi-lo e esquecê-lo. Para lembrar um objeto, precisamos armazená-lo em uma *variável de objeto*. Como foi mencionado no Capítulo 1, uma variável é um item de informação na memória cuja posição é identificada por um nome simbólico. Uma variável de objeto é um contêiner que armazena a localização de um objeto.

Em Java, toda variável possui um *tipo* particular que identifica a espécie de informação que ela pode conter. Criamos uma variável fornecendo seu tipo seguido de um nome. Por exemplo,

```
Rectangle cerealBox;
```

Esse comado define uma variável de objeto, `cerealBox`. O tipo dessa variável é `Rectangle`. Isto é, uma vez que a variável `cerealBox` foi definida no programa pelo comando anterior, ela sempre tem de conter a localização de um objeto `Rectangle`, nunca de um objeto `Car` ou `String`.

Podemos escolher o nome de variável que quisermos desde que sigamos algumas regras simples.

- Os nomes podem conter letras, dígitos e o caractere sublinha (_). Entretanto, eles não podem iniciar com um dígito.
- Não se pode usar outros símbolos como ? ou % em nomes de variáveis.
- Também não são permitidos espaços dentro dos nomes.
- Além disso, não se pode usar *palavras reservadas* tal como `public` para nomes, essas palavras são reservadas exclusivamente para seu significado especial em Java.
- Os nomes de variáveis distinguem maiúscula de minúscula, isto é, `cerealBox` e `cerealbox` são nomes *diferentes*.

> Todas as variáveis de objeto têm de ser inicializadas antes de serem acessadas.

Olhe novamente para a declaração da variável `cerealBox`. Até este momento a variável ainda não foi *inicializada* – ela ainda não contém nenhuma localização de objeto (veja a Figura 3). Precisamos configurar `cerealBox` com uma localização de objeto. Como obtemos uma localização de objeto? O operador `new` cria um novo objeto e retorna a sua localização. Use esse valor para inicializar a variável.

```
Rectangle cerealBox = new Rectangle(5, 10, 20, 30);
```

> Uma referência a objeto descreve a localização do objeto.

Podemos nos perguntar o que acontece se deixarmos a variável `cerealBox` sem ser inicializada. Veja o Erro Freqüente 2.1, ali temos a resposta. A Figura 4 mostra o resultado.

A localização de um objeto é freqüentemente chamada de *referência* do objeto. Quando uma variável contém a localização de um objeto, dizemos que ela se *refere* a um objeto. Por exemplo, `cerealBox` refere-se ao objeto `Rectangle` que o operador `new` construiu.

> Variáveis de múltiplos objetos podem conter referências ao mesmo objeto.

É muito importante que você se lembre que a variável `cerealBox` *não contém* o objeto. Ela *refere-se ao* objeto. Podemos ter duas variáveis de objeto referindo-se ao mesmo objeto:

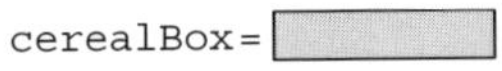

```
cerealBox=
```

Figura 3
Uma variável de objeto não inicializada.

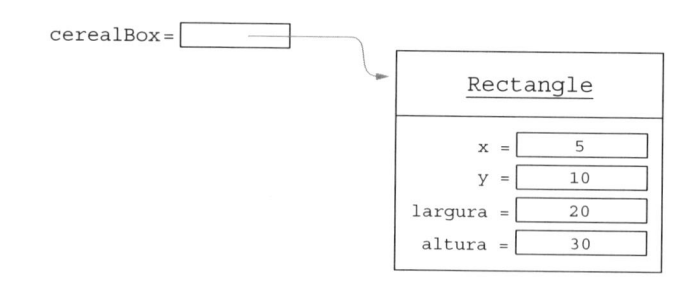

```
                cerealBox = ┌────┐
                            └──┬─┘
                               │
                               ▼
                        ┌──────────────────────┐
                        │      Rectangle       │
                        ├──────────────────────┤
                        │      x =  [  5  ]    │
                        │      y =  [ 10  ]    │
                        │ largura = [ 20  ]    │
                        │  altura = [ 30  ]    │
                        └──────────────────────┘
```

Figura 4
Uma variável de objeto contendo uma referência a objeto.

```
    Rectangle r = cerealBox;
```

Agora podemos acessar o mesmo objeto `Rectangle` como `cerealBox` e também como `r`, como mostrado na Figura 5.

Geralmente nossos programas usam objetos das seguintes maneiras:

1. Construímos o objeto com o operador `new`.
2. Armazenamos a referência do objeto em uma variável de objeto.
3. Chamamos métodos sobre a variável de objeto.

A classe `Rectangle` tem mais de 50 métodos, alguns bastante úteis, outros nem tanto. Para dar-lhe uma idéia da manipulação de objetos `Rectangle`, vamos dar uma olhada em um método da classe `Rectangle`. O método `translate` *move* um retângulo por uma certa distância nas direções *x*- e *y*-. Por exemplo,

```
    cerealBox.translate(15, 25);
```

move o retângulo por 15 unidades na direção *x*- e 25 unidades na direção *y*-. Mover um retângulo não muda sua largura nem altura, mas muda o canto superior esquerdo. O fragmento de código

```
    Rectangle cerealBox = new Rectangle(5, 10, 20, 30);
    cerealBox.translate(15, 25);
    System.out.println(cerealBox);
```

imprime

```
    java.awt.Rectangle[x=20,y=35,width=20,height=30]
```

Vamos transformar esse fragmento de código em um programa completo. Como fizemos no caso do programa `Hello`, precisamos levar a cabo três passos:

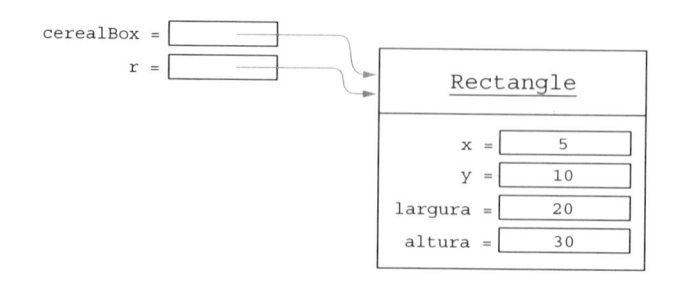

```
             cerealBox = ┌────┐
                         └──┬─┘
                    r = ┌───┼┐
                        └───┼┘
                            │
                            ▼
                     ┌──────────────────────┐
                     │      Rectangle       │
                     ├──────────────────────┤
                     │      x =  [  5  ]    │
                     │      y =  [ 10  ]    │
                     │ largura = [ 20  ]    │
                     │  altura = [ 30  ]    │
                     └──────────────────────┘
```

Figura 5
Duas variáveis de objeto referindo-se ao mesmo objeto.

1. Inventar uma nova classe, digamos `MoveTest`.
2. Fornecer um método `main`.
3. Colocar instruções dentro do método `main`.

> As classes Java são agrupadas em pacotes. Se usarmos uma classe de outro pacote (diferente do pacote `java.lang`), temos de importá-la.

No caso deste programa, temos de levar a cabo um passo adicional: temos de *importar* a classe `Rectangle` de um *pacote*. Um pacote é uma coleção de classes com um objetivo relacionado. Todas as classes da biblioteca padrão estão contidas em pacotes. A classe `Rectangle` pertence ao pacote `java.awt` (onde awt é uma abreviatura de "Abstract Windowing Toolkit"), e contém muitas classes para desenhar janelas e formas gráficas.

Para usar a classe `Rectangle` do pacote `java.awt`, simplesmente coloque a linha a seguir no topo de seu programa:

```
import java.awt.Rectangle;
```

Por que não tivemos de importar as classes `System` e `String` que foram usadas no programa `Hello`? A razão é que as classes `System` e `String` estão no pacote `java.lang`, e todas as classes desse pacote são importadas automaticamente, assim nós mesmos nunca precisamos importá-las.

Assim, o programa completo é:

Arquivo MoveTest.java

```
1  import java.awt.Rectangle;
2
3  public class MoveTest
4  {
5      public static void main(String[] args)
6      {
7          Rectangle cerealBox = new Rectangle(5, 10, 20, 30);
8
9          // move o retângulo
10         cerealBox.translate(15, 25);
11
12         // imprime o retângulo que foi movido
13         System.out.println(cerealBox);
14     }
15 }
```

Sintaxe 2.2: Definição de Variável

NomeDoTipo nomeDaVariável;
NomeDoTipo nomeDaVariável = expressão;

Exemplo:

```
Rectangle cerealBox;
String name = "Dave";
```

Objetivo:

Definir uma nova variável de determinado tipo e opcionalmente fornecer um valor inicial.

> **Sintaxe 2.3: Importando uma Classe de um Pacote**
>
> import *nomeDoPacote.NomeDaClasse*;
>
> Exemplo:
>
> import java.awt.Rectangle;
>
> Objetivo:
>
> Importar uma classe de um pacote para ser usada em um programa.

⊗ Erro Freqüente 2.1

Esquecendo de Inicializar Variáveis

Você acabou de aprender como armazenar uma referência de objeto em uma variável, de modo que possamos manipular o objeto em nosso programa. Esse é um passo muito comum e pode levar a um dos erros de programação mais comuns — usar uma variável que você esqueceu de inicializar.

Suponha que nosso programa contenha as linhas

```
Rectangle cerealBox;
cerealBox.translate(15, 25);
```

Agora temos uma variável `cerealBox`. Uma variável de objeto é um contêiner para uma referência a um objeto. Mas nós não colocamos nada dentro da variável — ela não está inicializada. Assim, não há retângulo para transladar.

O compilador aponta esses problemas. Se cometermos esse erro, o compilador irá reclamar que estamos tentando usar uma variável não inicializada.

O remédio é inicializar a variável. Podemos inicializar uma variável com qualquer referência de objeto, seja uma referência a um novo objeto ou a um objeto existente.

```
// inicializa com uma referência a um objeto novo
Rectangle cerealBox = new Rectangle(5, 10, 20, 30);
// inicializa com uma referência a um objeto existente
Rectangle cerealBox = anotherRectangle;
```

TA Tópico Avançado 2.1

Importando Classes

Vimos a maneira mais simples e mais clara de importar classes de pacotes. Simplesmente use um comando `import`, identificando o pacote e a classe, para cada classe que queiramos importar. Por exemplo,

```
import java.awt.Rectangle;
import java.awt.Point;
```

Existe um atalho que muitos programadores acham conveniente. Podemos importar *todas* as classes de determinado pacote com a construção

```
import nomedopacote.*;
```

Por exemplo, o comando

```
import java.awt.*;
```

importa todas as classes do pacote `java.awt`. Isso é menos trabalhoso para digitar, mas não usaremos esse estilo neste livro, por uma simples razão. Se um programa importar múltiplos pacotes

▼ e encontrarmos um nome de classe não familiar, então temos de vasculhar todos os pacotes para encontrar a classe. Por exemplo, suponha que vejamos um programa que importa

▼
```
import java.awt.*;
import java.io.*;
```

▼ Além disso, suponha que vejamos uma classe de nome `Image`. Não saberíamos se a classe Image está no pacote `java.awt` ou no pacote `java.io`. Por que precisamos saber em que pacote ela está? Precisamos saber, se quisermos usar a classe em nossos próprios programas.

▼ Observe que não podemos importar múltiplos pacotes com um único comando `import`. Por exemplo,

▼
```
import java.*.*; // Erro
```

é um erro de sintaxe.

▼ Podemos evitar os comandos `import` usando o nome *completo* (tanto o nome do pacote como o nome da classe) sempre que usar uma classe. Por exemplo,

```
java.awt.Rectangle cerealBox =
    new java.awt.Rectangle(5, 10, 20, 30);
```

▼ Isso é bastante enfadonho e você não vai achar muitos programadores que o façam.

2.3 Definir uma Classe

Nesta seção, vamos aprender a definir nossas próprias classes. Lembre-se que uma classe define os métodos que podemos aplicar aos seus objetos. Iniciaremos com uma classe muito simples que só contém um método.

```
public class Greeter
{
    public String sayHello()
    {
        String message = "Hello, World!";
        return message;
    }
}
```

A definição de um método contém as seguintes partes:

- Um *especificador de acessos* (como `public`)
- O *tipo de retorno* do método (como `String`)
- O nome do método (como `sayHello`)
- Uma lista *com os parâmetros* do método, entre parênteses (o método `sayHello` não tem parâmetros)
- O *corpo* do método: uma seqüência de comandos entre chaves

> A definição do método especifica o nome do método, os parâmetros e os comandos para se levar a cabo as ações do método.

O especificador de acessos controla quais outros métodos podem chamar esse método. A maioria dos métodos deve ser declarada como `public`. Dessa forma, todos os outros métodos em nosso programa podem chamá-los. (Ocasionalmente pode ser útil termos métodos que não sejam tão amplamente acessíveis — veja no Capítulo 11 mais informações sobre esse assunto.)

O tipo de retorno é o tipo do valor que o método retorna para aquele que o chama. O método `sayHello` retorna um objeto de tipo `String`, ou seja, o *string* `"Hello, World!"`.

Alguns métodos apenas executam alguns comandos, sem retornar um valor. Esses métodos são seguidos de um tipo de retorno `void`.

Muitos métodos dependem de outras informações. Por exemplo, o método `translate` da classe `Rectangle` precisa saber quanto desejamos mover o retângulo horizontal e verticalmente. Esses itens são chamados de *parâmetros* do método. Cada parâmetro é uma variável, com um tipo e um nome. Variáveis de parâmetro são separadas por vírgulas. Por exemplo, os implementadores da biblioteca Java definiram o método `translate` da seguinte forma:

```java
public class Rectangle
{ ...
   public void translate(int x, int y)
   {
      corpo do método
   }
   ...
}
```

Sintaxe 2.4: Implementação de Método

```
public class NomeDaClasse
{
   ...
      especificadorDeAcesso   tipoDeRetorno   nomeDoMétodo (tipoDoParâmetro nomeDoParâmetro, ... )
   {
      corpo do método
   }
   ...
}
```

Exemplo:

```java
public class Greeter
{
   public String sayHello()
   {
      String message = "Hello, World!";
      return message;
   }
}
```

Objetivo:

Definir o comportamento de um método.

O corpo do método contém os comandos que o método executa. O corpo do método `sayHello`, por exemplo, contém dois comandos. O primeiro inicializa uma variável `String` com um objeto `String`:

```java
String message = "Hello, World!";
```

> Use o comando `return` para especificar o valor que o método retorna àquele que o chama.

O segundo comando é um comando especial que termina o método. Quando o comando `return` é executado, o método é encerrado. Se o método tiver um tipo de retorno diferente de `void`, então o comando `return` tem de conter um *valor de retorno*, nominalmente o valor que o método envia de volta para aquele que o chamou. O método `sayHello` devolve a referência de objeto armazenada em `message` — isto é, uma referência ao objeto *string* `"Hello, World!"`

Acabamos de ver como se define uma classe que contém um método. Na próxima seção, veremos o que podemos fazer com a classe.

> **Sintaxe 2.5: O Comando `return`**
>
> `return` *expressão*;
> ou
> `return;`
>
> Exemplo:
>
> `return message;`
>
> Objetivo:
>
> Especificar o valor que o método retorna e sair do método imediatamente. O valor de retorno se torna o valor da expressão de chamada do método.

2.4 Testando uma Classe

> Para testar uma classe, use um ambiente de teste interativo, ou escreva uma segunda classe para executar instruções de teste.

Na seção anterior, vimos a definição de uma classe simples `Greeter`. O que podemos fazer com ela? Naturalmente, podemos compilar o arquivo `Greeter.java`. No entanto, não podemos *executar* o arquivo resultante `Greeter.class`. Ele não contém um método `main`. Isso é normal, a maioria das classes não contém um método `main`.

Para fazer algo com nossa classe, temos duas opções. Alguns ambientes de desenvolvimento, como o excelente programa BlueJ, nos permitem criar objetos de uma classe e chamar métodos sobre esses objetos. A Figura 6 mostra o resultado de se criar um objeto da classe `Greeter` e de se invocar o método `sayHello`. A caixa de diálogo contém o valor de retorno do método.

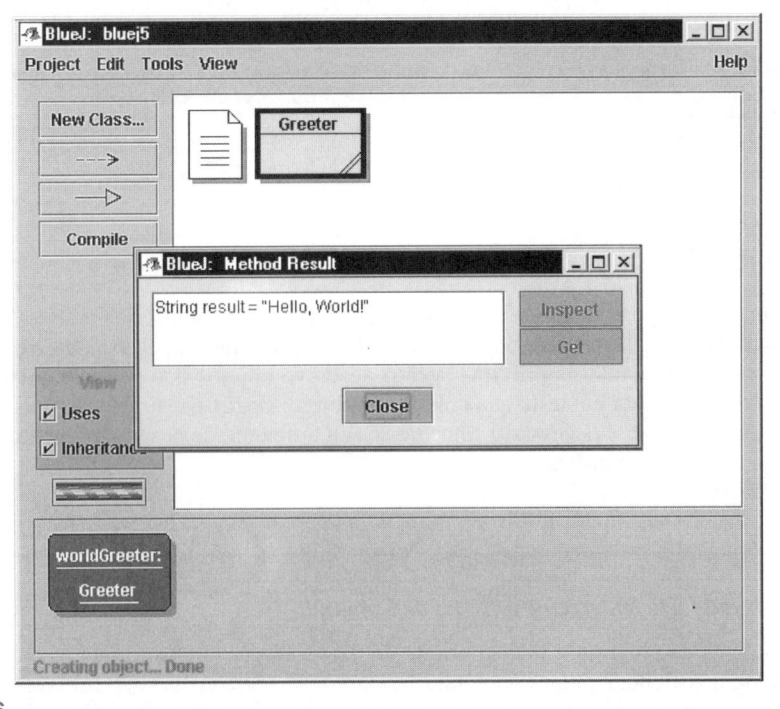

Figura 6
Testando uma classe no ambiente BlueJ.

Alternativamente, se não dispomos de um ambiente de desenvolvimento que nos possibilite testar a classe interativamente, podemos escrever uma *classe de teste*. A classe de teste é uma classe com um método `main` que contém comandos para testar uma outra classe. Tipicamente uma classe de teste segue os seguintes passos:

1. Construir um ou mais objetos da classe que está sendo testada.
2. Invocar um ou mais métodos.
3. Imprimir um ou mais resultados.

A classe `RectangleTest` da Seção 2.1 é um bom exemplo de uma classe de teste. Essa classe testa a classe `Rectangle` — uma classe da biblioteca Java.

A seguir temos uma classe para testar a classe `Greeter`. O método `main` constrói um objeto de tipo `Greeter`, invoca o método `sayHello` e mostra o resultado na console.

```
public class GreeterTest
{
   public static void main(String[] args)
   {
      Greeter worldGreeter = new Greeter();
      System.out.println(worldGreeter.sayHello());
   }
}
```

Para produzir um programa, precisamos combinar essas duas classes. Os detalhes para se construir o programa dependem de seu compilador e de seu ambiente de desenvolvimento. Na maioria dos ambientes, temos de executar os seguintes passos:

1. Criar uma nova subpasta para nosso programa.
2. Criar dois arquivos, um para cada classe.
3. Compilar os dois arquivos.
4. Executar o programa de teste.

Por exemplo, se usarmos as ferramentas da linha de comando Java SDK, os passos são os seguintes:

```
mkdir greeter
cd greeter
edit Greeter.java
edit GreeterTest.java
javac Greeter.java
javac GreeterTest.java
java GreeterTest
```

Muitos alunos se surpreendem que um programa tão simples contenha duas classes. Entretanto, isso é normal. As duas classes têm objetivos totalmente diferentes. A classe `Greeter` (a qual tornaremos mais interessante na próxima seção) descreve objetos que geram saudações. A classe `GreeterTest` executa um teste que coloca um objeto `Greeter` através de seus passos. O programa `GreeterTest` é necessário somente se seu ambiente de desenvolvimento não tiver uma estrutura para testes interativos.

Dica de Produtividade 2.1

Usando Eficientemente a Linha de Comando

Se seu ambiente de programação lhe permite realizar todas as tarefas rotineiras com menus e caixas de diálogo, você pode pular esta nota. Entretanto, se você precisa invocar o editor, o compilador, o *linker* e o programa para testar manualmente, então vale a pena aprender sobre *edição em linha da comando*.

▼ A maioria dos sistemas operacionais (UNIX, DOS, OS/2) possuem uma *interface de linha de comando* para interagir com o computador. No Windows, podemos usar a interface de linha de comando DOS dando um duplo-clique no ícone "Prompt do MS-DOS", ou, se esse ícone não aparecer no seu menu "Programas", clicando "Executar..." e digitando `command.com`. Disparamos comandos no *prompt*. O comando é executado e quando ele terminar você recebe outro *prompt*.

▼ Ao desenvolver um programa, você irá executar os mesmos comandos várias vezes. Não seria bom se não tivéssemos de digitar bestamente comandos como

▼   `javac MyProg.java`

mais de uma vez? Ou se você pudesse consertar um erro em vez de ter de digitar todo o comando

▼ de novo? Muitas interfaces de linha de comando possuem uma opção para fazer isso, mas nem sempre elas deixam isso óbvio. Caso use Windows, você precisa instalar um programa chamado `doskey`. Caso use UNIX, alguns *shells* lhe possibilitam ciclar pelos seus comandos anteriores. Se

▼ a sua configuração *default* não tiver essa característica, pergunte como você pode mudar para um *shell* melhor, como `bash` ou `tcsh`.

▼ Uma vez que tenhamos o nosso *shell* configurado adequadamente, podemos usar as setas para-cima e para-baixo para chamar comandos anteriores e seta-para-esquerda e seta-para-direita para editar linhas. Também podemos usar *complementação de comando*. Por exemplo, para reescrever

▼ o mesmo comando `javac`, digite `javac` e tecle F8 (Windows) ou digite `!javac` (UNIX).

2.5 Campos de Instância

Nossa classe `Greeter` não é muito interessante, porque todos os objetos agem da mesma maneira. Suponha que construamos dois objetos:

```
Greeter greeter1 = new Greeter();
Greeter greeter2 = new Greeter();
```

> Um objeto usa campos de instância para armazenar seu estado — os dados que ele necessita para executar seus métodos.

Então, tanto `greeter1` como `greeter2` retornam exatamente o mesmo resultado quando invocamos o método `sayHello`. Vamos modificar a classe `Greeter` de modo que um objeto possa retornar a mensagem `"Hello, World!"` e o outro possa retornar `"Hello, Dave!"`.

Para atingir esse objetivo, cada objeto `Greeter` tem de armazenar *estado*. O estado de um objeto é o conjunto de valores que determinam como um objeto reage a chamadas de métodos. No caso do nosso objeto `Greeter` melhorado, o estado é o nome que queremos usar na saudação, como `"World"` ou `"Dave"`.

Um objeto armazena seu estado em uma ou mais variáveis chamadas *campos de instância*. Declaramos os campos de instância de um objeto na classe.

```
public class Greeter
{
    ...
    private String name;
}
```

Uma declaração de campo de instância consiste nas seguintes partes:

- Um *especificador de acesso* (geralmente `private`)
- O *tipo* da variável (tal como `String`)
- O nome da variável (tal como `name`)

> Cada objeto de uma classe tem seu próprio conjunto de campos de instância.

Cada objeto de uma classe tem seu próprio conjunto de campos de instância. Por exemplo, se `worldGreeter` e `daveGreeter` são dois objetos da classe `Greeter`, então cada objeto tem seu próprio campo `name` (nome), chamados de `worldGreeter.name` e `daveGreeter.name` (veja a Figura 7).

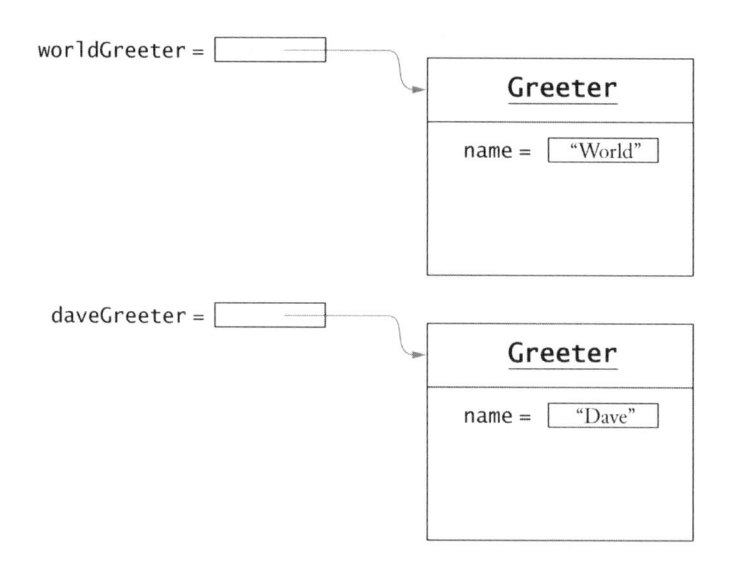

```
                worldGreeter = ┌──┐
                               └──┘──┐
                                     │    ┌─────────────────────┐
                                     │    │       Greeter       │
                                     └───▶├─────────────────────┤
                                          │ name = │ "World" │   │
                                          │                     │
                                          └─────────────────────┘

                daveGreeter = ┌──┐
                              └──┘──┐
                                    │     ┌─────────────────────┐
                                    │     │       Greeter       │
                                    └────▶├─────────────────────┤
                                          │ name = │ "Dave" │    │
                                          │                     │
                                          └─────────────────────┘
```

Figura 7
Campos de instância.

> Encapsulamento é o processo de ocultar dados do objeto fornecendo métodos para acesso a estes dados.

> Devemos declarar todos os campos de instância como privados.

Os campos de instância são geralmente declarados com o especificador de acesso `private`. Esse especificador significa que eles só podem ser acessados pelos métodos da *mesma classe*, não por nenhum outro método. Particularmente, a variável `name` só pode ser acessada pelo método `sayHello`.

Em outras palavras, se os campos de instância forem declarados como privados, então todos os acessos a dados têm de ocorrer através dos métodos públicos. Assim, os campos de instância de um objeto são efetivamente ocultados do programador que usar uma classe. Eles interessam apenas ao programador que implementa a classe. O processo de ocultar os dados e fornecer métodos para o acesso aos dados é chamado de *encapsulamento*. Embora seja teoricamente possível em Java deixar os campos de instância como públicos, isso é muito incomum na prática. Neste livro, definiremos sempre os campos de instância como privados.

Por exemplo, como o campo de instância `name` é privado, não podemos acessá-lo em métodos de outra classe:

```java
public class GreeterTest
{
   public static void main(String[] args)
   {
      ...
      System.out.println(daveGreeter.name); // ERRO
   }
}
```

Somente o método `sayHello` pode acessar a variável privada `name`. Se mais tarde acrescentarmos outros métodos à classe `Greeter`, tal como um método `sayGoodbye`, então esses métodos podem também acessar o campo de instância privado.

A seguir temos a implementação do método `sayHello` da classe `Greeter` melhorada.

```java
public String sayHello()
{
   String message = "Hello, " + name + "!";
```

```
        return message;
   }
```

O símbolo + denota *concatenação de strings*, uma operação que forma um novo *string* colocando *strings* mais curtos juntos, um após o outro.

Esse método gera uma `message` *string* combinando três *strings:* `"Hello, "`, o *string* armazenado no campo de instância `name` e o *string* que consiste em um ponto de exclamação `"!"`. Se a variável `name` se referir ao *string* `"Dave"`, então o *string* resultante é `"Hello, Dave!"`.

Observe que esse método usa duas variáveis de objeto separadas: a *variável local* `message` e o campo de instância `name`. Uma variável local pertence a um método individual e só podemos usá-lo no método no qual nós o declaramos. Um campo de instância pertence a um objeto e podemos usá-lo em todos os métodos de sua classe.

Sintaxe 2.6: Declaração de Campo de Instância

especificadorDeAcesso class *NomeDaClasse*
{
   ...
   especificadorDeAcesso tipoDoCampo nomeDoCampo;
   ...
}

Exemplo:

```
public class Greeter
{
   ...
   private String name;
   ...
}
```

Objetivo:

Definir um campo que está presente em todos os objetos de uma classe.

2.6 Construtores

> Os construtores contém instruções para inicializar objetos. O nome do construtor é sempre igual ao nome da classe.

Para completar a classe `Greeter` melhorada, precisamos ser capazes de construir objetos com diferentes valores para o campo de instância `name`. Queremos especificar o nome ao construir o objeto:

```
Greeter worldGreeter = new Greeter("World");
Greeter daveGreeter = new Greeter("Dave");
```

Para fazer isso precisamos fornecer um *construtor* na definição da classe. O construtor especifica como um objeto deve ser inicializado. Em nosso exemplo, temos um parâmetro de construção — um *string* que descreve o nome. A seguir temos o código do construtor.

```
   public Greeter (String aName)
   {
      name = aName;
   }
```

> O operador `new` invoca o construtor.

Um construtor sempre tem o mesmo nome da classe dos objetos que ele constrói. Da mesma forma que os métodos, os construtores geralmente são declarados como `public` para capacitar qualquer código em um programa a construir novos objetos da classe. Diferentemente dos métodos, no entanto, os construtores não têm tipo de retorno.

O operador new invoca o construtor:

```
new Greeter("Dave")
```

Essa expressão constrói um novo objeto cujo campo de instância name está configurado para o *string* "Dave".

Construtores não são métodos. Não podemos invocar um construtor sobre um objeto já existente. Por exemplo, a chamada

```
worldGreeter.Greeter("Harry"); // Erro
```

é ilegal. Podemos usar um construtor somente em combinação com o operador new.

A seguir temos o código completo da classe Greeter melhorada.

Arquivo Greeter.java

```
1 public class Greeter
2 {
3     public Greeter(String aName)
4     {
5         name = aName;
6     }
7
8     public String sayHello()
9     {
10        String message = "Hello, " + name + "!";
11        return message;
12    }
13
14    private String name;
15 }
```

A seguir temos uma classe de teste que podemos usar para confirmar que a classe Greeter funciona corretamente.

Arquivo GreeterTest.java

```
1 public class GreeterTest
2 {
3     public static void main(String[] args)
4     {
5         Greeter worldGreeter = new Greeter("World");
6         System.out.println(worldGreeter.sayHello());
7
8         Greeter daveGreeter = new Greeter("Dave");
9         System.out.println(daveGreeter.sayHello());
10    }
11 }
```

2.7 Projetando a Interface Pública de uma Classe

O objetivo da classe Greeter foi mostrar a mecânica de definição de classes, métodos, campos de instância e construtores. Na verdade, essa classe, em si, não é muito útil. Nesta seção criaremos uma classe mais interessante que descreve o comportamento de uma *conta bancária,* e o mais importante é que veremos o processo de raciocínio necessário quando projetamos uma nova classe.

Antes de começarmos a programar, precisamos entender como os objetos de nossa classe se comportam. Considere as espécies de operações que podemos realizar com uma conta bancária. Podemos

> **Sintaxe 2.7: Implementação de Construtores**
>
> *especificadorDeAcesso* `class` *NomeDaClasse*
> `{`
>   ...
>   *especificadorDeAcesso NomeDaClasse(tipoDoParâmetro nomeDoParâmetro, ...)*
>   `{`
>   *implementação do construtor*
>   `}`
>   ...
> `}`
>
> **Exemplo:**
>
> ```
> public class Greeter
> {
>    ...
>    public Greeter(String aName)
>    {
>       name = aName;
>    }
>    ...
> }
> ```
>
> **Objetivo:**
>
> Definir o comportamento de um construtor, o qual é usado para inicializar os campos de instância de objetos recém-criados.

- Depositar dinheiro
- Retirar dinheiro
- Obter o saldo atual

Em Java, essas operações são expressas como chamadas de métodos. Suponhamos que a variável `harrysChecking` contenha uma referência a um objeto do tipo `BankAccount`. Então queremos poder chamar métodos como os seguintes:

```
harrysChecking.deposit(2000);
harrysChecking.withdraw(500);
System.out.println(harrysChecking.getBalance());
```

Ou seja, a classe `BankAccount` deve definir três métodos:

- `deposit` (depositar)
- `withdraw` (retirar)
- `getBalance` (obter o saldo)

A seguir temos de determinar os parâmetros e os tipos de retorno desses métodos. Como podemos ver nos exemplos de código, os métodos `deposit` e `withdraw` recebem um número (a quantia em dólares) e não retornam nenhum valor. Já o método `getBalance` não tem nenhum parâmetro e retorna um número.

Java possui diversos tipos de números — aprenderemos a esse respeito no próximo capítulo. O tipo de número mais flexível é chamado `double`, que quer dizer "número de dupla precisão em ponto-flutuante". Pense em um número no formato `double` como qualquer número que possa aparecer no mostrador de uma calculadora, como 250; 6,75; ou –0,333333333.

Agora que sabemos que podemos usar o tipo `double` para números, podemos escrever os métodos da classe `BankAccount`:

```
public void deposit(double amount)
public void withdraw(double amount)
public double getBalance
```

Agora vamos fazer o mesmo com os construtores da classe. Como queremos construir uma conta bancária? Parece razoável que uma chamada

```
BankAccount harrysChecking = new BankAccount();
```

construa uma nova conta bancária com saldo zero. E se quiséssemos iniciar com outro saldo? Um segundo construtor que inicializa o saldo em outro valor seria útil:

```
BankAccount harrysChecking = new BankAccount(5000);
```

Isso nos dá dois construtores:

```
public BankAccount()
public BankAccount(double initialBalance)
```

O compilador descobre qual construtor chamar olhando para os parâmetros. Por exemplo, se chamarmos

```
new BankAccount()
```

então o compilador pega o primeiro construtor. Se chamarmos

```
new BankAccount(5000)
```

então o compilador pega o segundo construtor. Mas se chamarmos

```
new BankAccount("lotsa moolah")
```

então o compilador gera uma mensagem de erro — para essa classe não há um construtor que tome um parâmetro do tipo String.

> Métodos sobrecarregados são métodos com o mesmo nome mas com tipos de parâmetros diferentes.

Talvez você ache estranho haver dois construtores com o mesmo nome e que diferem apenas no tipo do parâmetro. O primeiro construtor não possui parâmetros; o segundo possui um parâmetro, um número. Se um nome é usado para denotar mais do que um construtor ou método, esse nome é *sobrecarregado*. Veja o Tópico Avançado 2.2 para mais informações sobre sobrecarga de nomes, que é algo comum em Java, especialmente no caso de construtores — mesmo porque, não temos escolha de como chamar o construtor, já que o nome de um construtor tem de ser idêntico ao nome da classe.

Os construtores e métodos de uma classe formam a *interface pública* da classe. Essas são as operações que qualquer código de nosso programa pode acessar para criar e manipular objetos do tipo BankAccount. A seguir temos uma listagem completa da interface pública da classe Bank-Account:

```
public BankAccount()
public BankAccount(double initialBalance)
public void deposit(double amount)
public void withdraw(double amount)
public double getBalance()
```

O comportamento de nossa classe BankAccount é simples, mas nos permite realizar todas as operações importantes que geralmente ocorrem em contas bancárias. Por exemplo, a seguir vemos como podemos transferir uma quantia de uma conta bancária para outra:

```
// transfere de uma conta para outra
double transferAmount = 500;
momsSavings.withdraw(transferAmount);
harrysChecking.deposit(transferAmount);
```

E aqui vemos como podemos acrescentar os juros a uma poupança:

```
        double interestRate = 5; // juros de 5%
        double interestAmount =
            momsSavings.getBalance() * interestRate / 100;
        momsSavings.deposit(interestAmount);
```

> Abstração é o processo de se encontrar o conjunto de características essenciais de uma classe.

Como podemos ver, você pode usar objetos da classe `Bank Account` para realizar tarefas significativas, sem saber como os objetos de `BankAccount` armazenam seus dados ou como os métodos de `BankAccount` fazem seu trabalho. Esse é um aspecto importante da programação orientada a objetos. O processo de determinação do conjunto de características de uma classe é chamado de *abstração*. Imagine como uma pintura abstrata retira todos os detalhes supérfluos e tenta representar apenas as características essenciais de um objeto. Ao projetarmos a interface pública também temos de descobrir quais operações são essenciais para a manipulação de objetos em nosso programa.

TA Tópico Avançado 2.2

Sobrecarga

Quando o mesmo nome é usado para mais de um método ou construtor, o nome está *sobrecarregado (overloaded)*. Isso é especialmente comum no caso de construtores, pois todos os construtores têm de ter o mesmo nome — o nome da classe. Em Java podemos sobrecarregar métodos e construtores, desde que os tipos dos parâmetros sejam diferentes. Por exemplo, a classe `PrintStream` define muitos métodos, todos chamados de `println`, para imprimir diversos tipos de números e objetos:

```
class PrintStream
{
    public void println(String s) { ... }
    public void println(double a) { ... }
    ...
}
```

Quando o método `println` é chamado,

```
System.out.println(x);
```

o compilador olha o tipo de x. Se x é um `String`, o primeiro método é chamado. Se x é um valor `double`, o segundo método é chamado. Se x não corresponde ao tipo de parâmetro de nenhum dos métodos, o compilador gera um erro.

Para fins de sobrecarga, o tipo do *valor de retorno* não importa. Não podemos ter dois métodos com nome e tipos de parâmetros idênticos, e com valores de retorno diferentes.

2.8 Comentando a Interface Pública

> Use comentários de documentação para descrever as classes e os métodos públicos de seus programas.

Ao definir classes e métodos, acostume-se a *comentar* ostensivamente seus comportamentos. Em Java há um formulário padrão muito útil para *comentários de documentação*. Se usarmos esse formulário em nossas classes, um programa chamado `javadoc` pode automaticamente gerar um bonito conjunto de páginas HTML que as descrevem. Veja na Dica de Produtividade 2.2 uma descrição desse utilitário.

Um comentário de documentação inicia com um /**, um delimitador de comentários especial usado pelo utilitário `javadoc`. Então descrevemos o *objetivo* do método. Daí, para cada parâmetro do método, fornecemos uma linha que inicia com `@param`, seguido do nome do parâmetro e uma breve explicação. Finalmente, suprimos uma linha que inicia com `@return`, descrevendo o valor de retorno. Omite-se o *tag* `@param` no caso de métodos que não tenham parâmetros e omite-se `@return` no caso de métodos cujo tipo de retorno seja `void`.

O utilitário `javadoc` copia a *primeira* sentença de cada comentário para uma tabela resumo. Por isso, é melhor escrever a primeira sentença com algum cuidado. Ela deve iniciar com maiúscula e terminar com ponto. Não necessita ser uma sentença gramaticalmente completa, mas deve ser significativa quando for retirada do comentário e mostrada no resumo.

A seguir temos dois exemplos típicos:

```
/**
    Retira dinheiro da conta bancária.
    @param amount quantia a retirar
*/
public void withdraw(double amount)
{
    implementação – preenchida mais tarde
}
/**
    Obtém o saldo atual da conta bancária.
    @return saldo atual
*/
public double getBalance()
{
    implementação – preenchida mais tarde
}
```

Os comentários que acabamos de ver explicam *métodos* individuais. Devemos também fornecer um breve comentário para cada *classe*, explicando seu objetivo. A sintaxe de comentários para comentários de classes é muito simples: simplesmente coloque os comentários de documentação acima da classe.

```
/**
    Uma conta bancária possui um saldo que pode ser alterado através
    de depósitos e retiradas.
*/
public class BankAccount
{
    ...
}
```

Talvez sua primeira reação seja: "Puxa! tenho de escrever tudo isso?" Esses comentários realmente parecem bastante repetitivos, mas ainda assim precisamos gastar um tempo para escrevê-los. Mesmo que às vezes pareça ser desnecessário. Há três razões.

Primeiro, o utilitário `javadoc` irá formatar seus comentários em um bonito conjunto de documentos que poderão ser visualizados em um navegador Web. Ele faz um bom uso das frases aparentemente repetitivas. A primeira sentença do comentário é usada em uma *tabela resumo* de todos os métodos de sua classe (veja a Figura 8). Os comentários `param` e `return` são elegantemente formatados na descrição detalhada de cada método (veja a Figura 9). Se omitirmos alguns dos comentários, então `javadoc` irá gerar documentos que parecem estranhamente vazios.

Depois, é fácil gastar mais tempo ponderando se determinado comentário não é trivial demais para ser escrito do que o tempo que leva para escrevê-lo. Na programação prática, métodos muito simples são raros. Um método trivial comentado em excesso não causa nenhum problema, enquanto que um método complicado sem qualquer comentário pode causar verdadeira tristeza para os programadores que forem fazer manutenção. Segundo o estilo da documentação Java padrão, *toda* classe, *todo* método, *todo* parâmetro e *todo* valor de retorno deve ter um comentário.

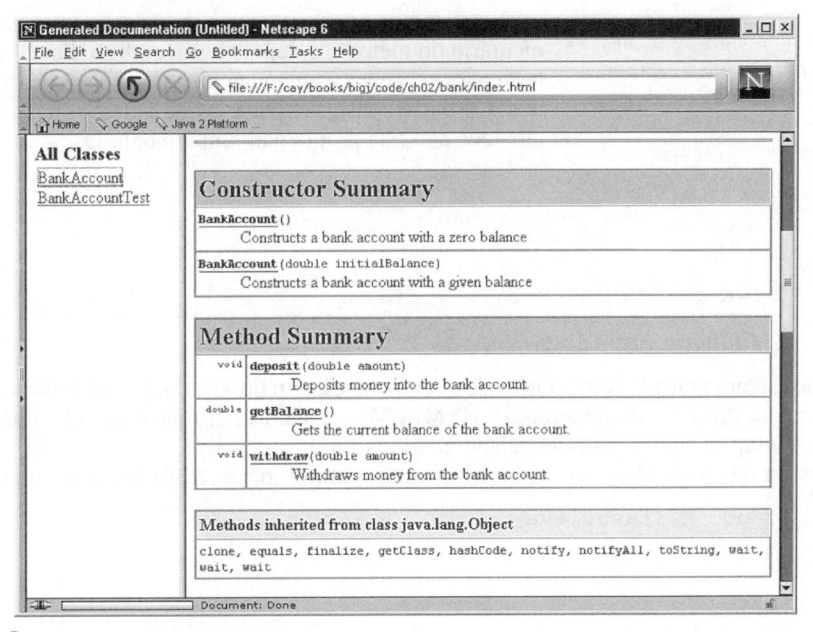

Figura 8

Resumo de um método gerado pelo `javadoc`.

Figura 9

Detalhes de métodos gerados pelo `javadoc`.

> Forneça comentários de documentação para todas as classes, todos os métodos, todos os parâmetros e todos os valores de retorno.

Finalmente, é sempre uma boa idéia escrever *primeiro* o comentário do método, e depois o seu código. Esse é um excelente teste para ver se você entendeu plenamente aquilo que vai programar. Caso não consiga explicar o que a classe ou o método faz, então você não está pronto para implementá-lo.

Dica de Produtividade 2.2

O Utilitário `javadoc`

Devemos sempre inserir comentários de documentação em nosso código, quer usemos ou não `javadoc` para produzir documentação HTML. Mas a maioria das pessoas acha a documentação HTML vantajosa, assim vale a pena aprendermos a usar `javadoc`.

A partir de um *shell* de comandos invocamos o utilitário `javadoc` com o comando

```
javadoc MyClass.java
```

ou

```
javadoc *.java
```

O utilitário `javadoc` então gera arquivos `MyClass.html` no formato HTML, os quais podemos verificar em um navegador. Se você conhece HTML (veja o Capítulo 4), você pode embutir marcas HTML nos comentários para especificar fontes ou adicionar imagens. Talvez o mais importante, `javadoc` automaticamente fornece *hyperlinks* para outras classes e métodos.

Na verdade podemos executar `javadoc` antes de implementar qualquer método. Simplesmente deixamos todos os corpos dos métodos vazios. Não execute o compilador — ele reclamaria da falta de valores de retorno. Simplesmente execute `javadoc` sobre seu arquivo para gerar a documentação da interface pública que irá implementar.

A ferramenta `javadoc` é maravilhosa porque faz algo muito bom: nos permite colocar a documentação *junto com nosso código*. Assim, quando atualizarmos nossos programas, poderemos ver imediatamente qual documentação necessita ser atualizada. Esperamos que você a atualize naquele mesmo momento. Depois, execute `javadoc` novamente e obtenha informação atualizada, que é tanto oportuna quanto elegantemente formatada.

Dica de Produtividade 2.3

Atalhos de Teclado para as Operações de Mouse

Programadores gastam bastante tempo com o teclado e com o *mouse*. Programas e documentação têm várias páginas e exigem bastante digitação. A constante alternância entre o editor, o compilador e o depurador demandam vários cliques de *mouse*. Os projetistas de programas como o ambiente de desenvolvimento integrado em Java agregaram algumas características para facilitar nosso trabalho, mas cabe a você descobri-las.

Praticamente todos os programas possuem uma interface com o usuário com menus e caixas de diálogo. Clique sobre um menu e clique sobre um submenu para selecionar uma tarefa. Clique em cada campo da caixa de diálogo, preencha a resposta adequada e clique no botão OK. Essas são interfaces maravilhosas para os iniciantes, porque são fáceis de se dominar, porém são interfaces com o usuário terríveis para o usuário regular. A freqüente alternância entre teclado e *mouse* diminuem o rendimento. Temos de tirar a mão do teclado, localizar o *mouse*, movê-lo, clicar e mover a mão de volta para o teclado. Por isso, a maioria das interfaces com o usuário tem *atalhos de teclado*: combinações de teclas que nos permitem realizar as mesmas tarefas sem termos de alternar para o *mouse*.

- Todas as aplicações do Microsoft Windows usam as seguintes convenções:
  - A tecla Alt mais a letra sublinhada no nome de um menu (como o A em "Arquivo") abre esse menu. Dentro do menu, simplesmente tecle o caractere sublinhado no nome do submenu para ativá-lo. Por exemplo, Alt+A seguido por A, seleciona "Arquivo" "Abrir". Uma vez que seus dedos conheçam essa combinação, você poderá abrir arquivos mais rapidamente do que o mais rápido artista de *mouse*.
  - No interior das caixas de diálogo, a tecla Tab é importante; ela move de uma opção para a próxima. As teclas de setas movem dentro de uma opção. A tecla Enter aceita todo o diálogo e Esc cancela-o.
  - Em um programa de múltiplas janelas, Ctrl+Tab geralmente cicla através das janelas gerenciadas por aquele programa, por exemplo, entre a janela fonte e a janela erro.
  - Alt+Tab alterna entre aplicações, permitindo-nos alternar rapidamente entre, por exemplo, o editor de textos e uma janela de comandos *shell*.
  - Mantenha pressionada a tecla Shift e pressione as teclas de setas para selecionar texto. Daí use Ctrl+X para cortar o texto, Ctrl+C para copiá-lo, e Ctrl+V para colá-lo. Essas teclas são fáceis de lembrar. O V parece uma marca de inserção, a qual um editor usaria para inserir texto. O X deve lembrá-lo de eXcluir texto. O C é a primeira letra de "Copiar". Encontramos esses lembretes no menu Edit da maioria dos editores de texto.

Naturalmente, o *mouse* tem seu uso em processamento de texto: localizar ou selecionar texto que está na mesma tela, mas longe do cursor.

Gaste um pouco de tempo para aprender sobre os atalhos de teclado que os projetistas de seus programas lhe forneceram e o investimento de tempo será compensado muitas vezes durante sua carreira de programação. Quando você voa em seu trabalho no laboratório de computação com atalhos de teclado, talvez você seja rodeado de espectadores que digam: "Não sabia que você conseguia *isso*".

2.9 Especificando a Implementação de uma Classe

Agora que você entende a interface pública da classe `BankAccount`, vamos cuidar da implementação. Como já vimos, precisamos fornecer a classe com os seguintes ingredientes:

```
public class BankAccount
{
    construtores
    métodos
    campos
}
```

Vimos quais construtores e métodos necessitamos. Vamos ver agora os campos de instância. Os campos de instância são utilizados para armazenar o estado do objeto. No caso de nossos objetos simples de conta bancária, o estado é o saldo atual da conta bancária. Uma conta bancária mais complexa poderia ter um estado mais rico — talvez o saldo atual junto com a taxa de juros paga, a data de remessa do próximo extrato, e assim por diante. Por enquanto, um único campo de instância é suficiente:

```
public class BankAccount
{
    ...
    private double balance;
}
```

Observe que o campo de instância é declarado com o especificador de acesso `private`. Isto quer dizer, que o saldo bancário só pode ser acessado pelos construtores e métodos da *mesma classe* –

nominalmente, `deposit`, `withdraw` e `getBalance` — e não por qualquer construtor ou método de outra classe. Como o estado de uma conta bancária é mantido é um detalhe de implementação privado. Lembre-se que a prática de ocultar os detalhes da implementação e fornecer métodos para acesso de dados é chamada de encapsulamento.

A classe `BankAccount` é tão simples que não é óbvia a vantagem que obtemos com o encapsulamento. Mesmo porque, podemos sempre achar o saldo atual chamando o método `getBalance`. Podemos colocar o saldo em qualquer valor chamando `deposit` com a quantia adequada.

O principal benefício do mecanismo de encapsulamento é a garantia de que um objeto não pode acidentalmente ser colocado em um estado incorreto. Por exemplo, suponha que queiramos garantir que uma conta bancária nunca sofrerá retiradas além do saldo. Podemos simplesmente implementar o método `withdraw` de modo que ele recuse realizar uma retirada que fosse resultar em saldo negativo. Você terá de esperar até o Capítulo 5 para ver como implementar essa proteção. Por outro lado, se qualquer código pudesse livremente modificar o campo de instância `balance` de um objeto `BankAccount`, então seria fácil armazenar um número negativo na variável.

Agora que sabemos quais métodos necessitamos e como o estado do objeto é representado, é fácil implementar cada um dos métodos. Por exemplo, temos aqui o método `deposit`:

```
public void deposit(double amount)
{
   double newBalance = balance + amount;
   balance = newBalance;
}
```

A seguir temos o construtor sem parâmetros.

```
public BankAccount()
{
   balance = 0;
}
```

Você encontra a classe `BankAccount` completa, com as implementações de todos os métodos, no final desta seção.

Se nosso ambiente de desenvolvimento nos permite construir objetos interativamente, então podemos testar essa classe imediatamente. As Figuras 10 e 11 mostram como testar a classe no BlueJ. Senão, teremos de fornecer uma classe de teste. A classe `BankAccountTest` no final desta seção constrói uma conta bancária, deposita e retira algum dinheiro e imprime o saldo restante.

Arquivo BankAccount.java

```
 1  /**
 2      Uma conta bancária tem um saldo que pode ser alterado por
 3      depósitos e retiradas.
 4  */
 5  public class BankAccount
 6  {
 7     /**
 8         Constrói uma conta bancária com saldo zero.
 9     */
10     public BankAccount()
11     {
12        balance = 0;
13     }
14
15     /**
16         Constrói uma conta bancária com um dado saldo.
17         @param initialBalance saldo inicial
18     */
19     public BankAccount(double initialBalance)
```

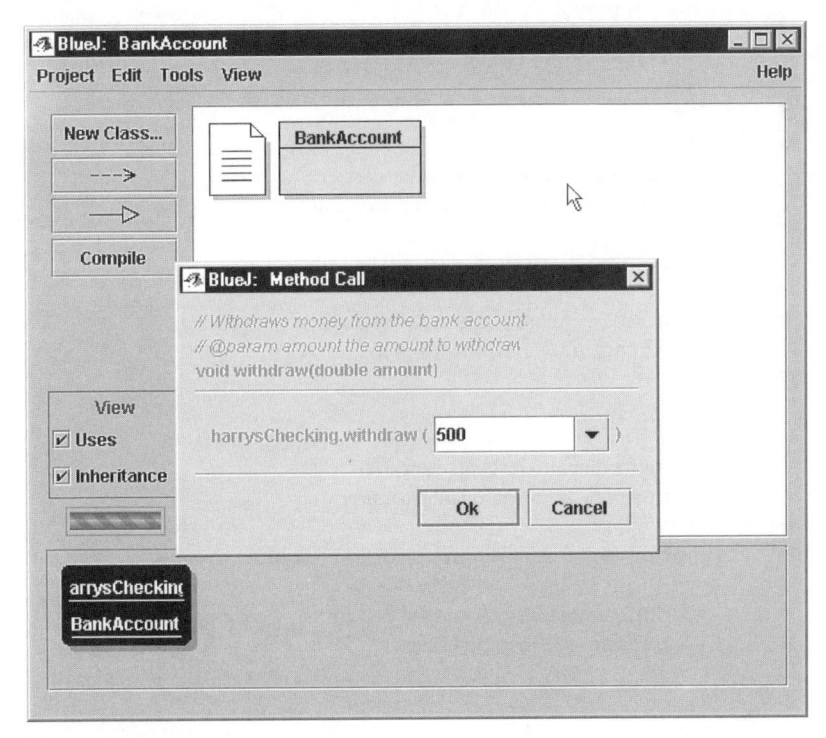

Figura 10
Chamando o método `withdraw` no BlueJ.

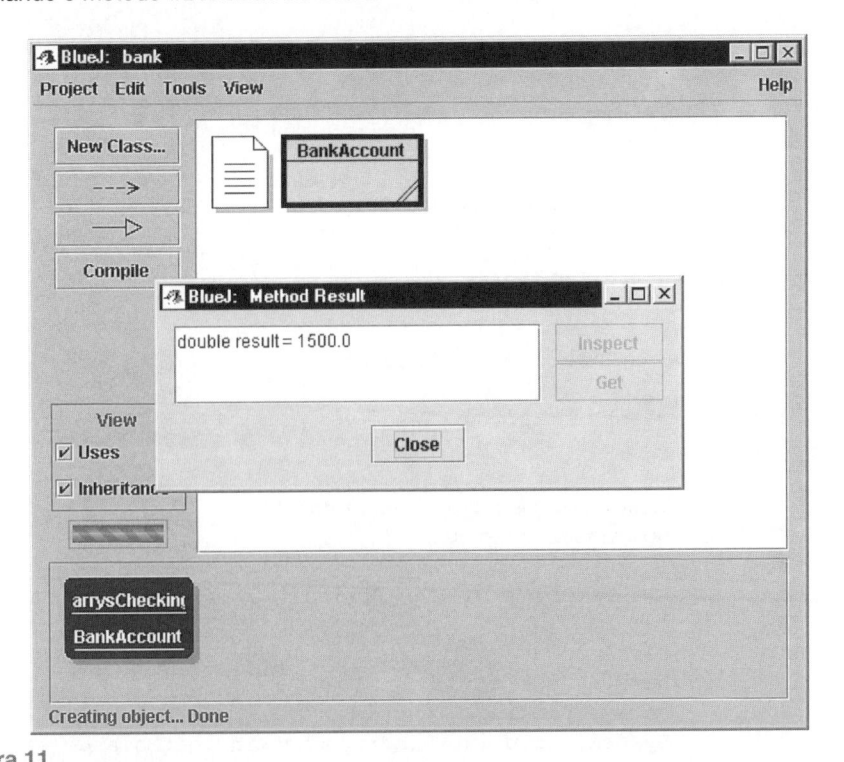

Figura 11
Valor de retorno do método `getBalance` no BlueJ.

```java
20   {
21      balance = initialBalance;
22   }
23
24   /**
25      Deposita dinheiro na conta bancária.
26      @param amount quantia a depositar
27   */
28   public void deposit(double amount)
29   {
30      double newBalance = balance + amount;
31      balance = newBalance;
32   }
33
34   /**
35      Retira dinheiro da conta bancária.
36      @param amount quantia a retirar
37   */
38   public void withdraw(double amount)
39   {
40      double newBalance = balance - amount;
41      balance = newBalance;
42   }
43
44   /**
45      Obtém o saldo atual da conta bancária.
46      @return saldo atual
47   */
48   public double getBalance()
49   {
50      return balance;
51   }
52
53   private double balance;
54 }
```

Arquivo BankAccountTest.java

```java
1  /**
2  Uma classe para testar a classe BankAccount
3  */
4  public class BankAccountTest
5  {
6     /**
7        Testa os métodos da classe BankAccount.
8        @param args não usados
9     */
10    public static void main(String[] args)
11    {
12       BankAccount harrysChecking = new BankAccount();
13       harrysChecking.deposit(2000);
14       harrysChecking.withdraw(500);
15       System.out.println(harrysChecking.getBalance());
16    }
17 }
```

Erro Freqüente 2.2

Tentando Reinicializar um Objeto através da Chamada de um Construtor

O construtor é invocado apenas quando o objeto é criado. Não podemos chamar o construtor para reinicializar um objeto:

```
BankAccount harrysChecking = new BankAccount();
harrysChecking.withdraw(500);
harrysChecking.BankAccount(); // Erro – não se pode reconstruir um objeto
```

O construtor inicializa um *novo* objeto conta com saldo zero, mas não podemos invocar um construtor sobre um objeto *que já existe*. O remédio é simples: fazer um novo objeto, sobrescrevendo o atual.

```
harrysChecking = new BankAccount(); // OK
```

Como Fazer 2.1

Projetando e Implementando uma Classe

Esta é a primeira de uma série de seções "Como Fazer" neste livro. Os usuários do sistema operacional Linux possuem guias HOWTO que respondem às questões simples "Como que eu começo?" e "O que é que faço agora?" para resolver uma série de problemas. Da mesma forma, as seções Como Fazer neste livro fornecem procedimentos passo-a-passo para se realizar tarefas específicas.

Freqüentemente seremos solicitados a projetar e implementar uma classe. Por exemplo, um tema de casa pode solicitar que você projete uma classe `Car`.

Passo 1 **Descubra o que lhe é pedido para fazer com um objeto da classe em questão**

Por exemplo, suponha que lhe peçam para implementar uma classe `Car`. Não é preciso modelar todas as características de um carro real — seria demais. O enunciado do exercício deve dizer *quais aspectos* de um carro sua classe deve simular. Faça uma lista, em um português simples, das operações que um objeto de sua classe deve realizar, como a do exemplo a seguir:

- Acrescentar gasolina no tanque.
- Dirigir por determinada distância.
- Conferir a quantidade de gasolina que ainda permanece no tanque.

Passo 2 **Dê nomes aos métodos**

Dê nomes aos métodos e aplique-os a um objeto de exemplo, assim:

```
Car myBeemer = new Car(...);
myBeemer.addGas(20);
myBeemer.drive(100);
myBeemer.getGas();
```

Step 3 **Documente a interface pública**

A seguir temos a documentação, com comentários que descrevem a classe e seus métodos:

```
/**
    O carro pode ser dirigido e consome combustível.
*/
public class Car
{
    /**
```

```
            Acrescenta gasolina ao tanque.
            @param amount quantidade de combustível a acrescentar
        */
        public void addGas(double amount)
        {
        }

        /**
            Dirige uma certa distância, consumindo gasolina.
            @param distance distância percorrida
        */
        public void drive(double distance)
        {
        }

        /**
            Obtém a quantidade de gasolina que restou no tanque.
            @return quantidade de gasolina
        */
        public double getGas()
        {
        }
    }
```

Passo 4 **Determine as variáveis de instância**

Pense quais informações um objeto precisa armazenar para realizar a sua função. Lembre-se que os métodos podem ser chamados em qualquer ordem! O objeto precisa ter memória interna suficiente para ser capaz de processar todos os métodos, usando apenas os seus campos de instância e os parâmetros do método. Implemente cada método, talvez iniciando por um método simples, ou por um interessante, e pense o que você precisa para realizar a tarefa do método. Crie campos de instância para armazenar as informações que o método necessita.

No exemplo do carro, precisamos saber (ou calcular) a quantidade de gasolina no tanque — o método `getGas` solicita isso. Faz sentido o objeto `Car` armazená-la:

```
public class Car
{
    ...
    private double gas;
}
```

Então o método `addGas` simplesmente acrescenta àquele valor. O método `drive` tem de reduzir a gasolina no tanque. Em quanto? Isso depende da taxa de consumo do carro. Se você dirigir 100 milhas (160 quilômetros), e o carro fizer 20 milhas por galão (7,3 quilômetros por litro), então serão consumidos 5 galões (22 litros). Nós não recebemos a taxa de consumo (*efficiency*) como parte do método `drive`, assim o carro tem de armazená-la:

```
public class Car
{
    ...
    private double gas;
    private double efficiency;
}
```

Passo 5 **Determine os construtores**

Pense no que você precisa para construir um objeto. Freqüentemente, você pode inicializar todos os campos em 0 ou em um valor constante. Às vezes, você precisa de algumas informações essenciais. Então você terá de definir essas informações em um construtor. Às vezes você irá querer dois cons-

▼ trutores: um para inicializar todos os campos com um valor padrão (*default*) e um que os inicializa com valores fornecidos pelo usuário. Projete os construtores conforme a necessidade.

▼ No caso do exemplo do carro, podemos começar com o tanque vazio, mas necessitamos da taxa de consumo do carro. Não há um bom valor *default* para isso, por isso ele deve ser um parâmetro de construção. É comum colocar os prefixos "a" ou "an" diante dos nomes dos parâmetros de constru-
▼ ção, de modo que você não conflite com nomes de variáveis de instância.

```
/**
    Constrói um carro com uma dada taxa de consumo
    @param anEfficiency taxa de consumo do carro
*/
public Car(double anEfficiency)
{
}
```

Passo 6   **Implemente os métodos**

▼ Implemente os métodos e construtores de sua classe, um por vez, iniciando com os mais fáceis. Se você descobrir que há problemas na implementação, talvez você precise voltar a um passo anterior.
Talvez seu conjunto de métodos dos passos 1 a 3 não tenha sido bom. Ou talvez você não tenha cam-
▼ pos de instância adequados. É comum um iniciante incorrer em problemas que exigem que se revise o programa.

▼ Compile sua classe e conserte os erros de compilação.

Passo 7   **Teste sua classe**

▼ Escreva um programa de testes curto e execute-o. O programa de testes só pode efetuar chamadas aos métodos que você definiu no passo 2.

```
public class CarTest
{
    public static void main(String[] args)
    {
        Car myBeemer = new Car(20); // 20 milhas por galão
        myBeemer.addGas(20);
        myBeemer.drive(100);
        double gasLeft = myBeemer.getGas();
        System.out.println(gasLeft);
    }
}
```

▼ Alternativamente, se você usar um programa que lhe permita testar os objetos interativamente, como o BlueJ, construa um objeto e aplique as chamadas de métodos (veja a Figura 12).

2.10   Tipos de Variáveis

Vimos três tipos diferentes de variáveis neste capítulo:

1. Campos de instância, como a variável `balance` da classe `BankAccount`
2. Variáveis locais, como a variável `newBalance` do método `deposit`
3. Variáveis de parâmetros, como a variável `amount` do método `deposit`

> Campos de instância pertencem a um objeto. Variáveis de parâ-
metros e variáveis locais pertencem a um método – elas morrem quando se sai do método.

Essas variáveis são semelhantes – todas contêm um valor de determinado tipo. Mas elas têm algumas diferenças importantes. A primeira diferença é seu *tempo de vida*.

O campo de instância pertence a um objeto. Cada objeto tem sua própria cópia de cada campo de instância. Por exemplo, se você tiver dois objetos `BankAccount` (digamos, `harrysChecking` e `momsSavings`), então cada um deles tem seu próprio

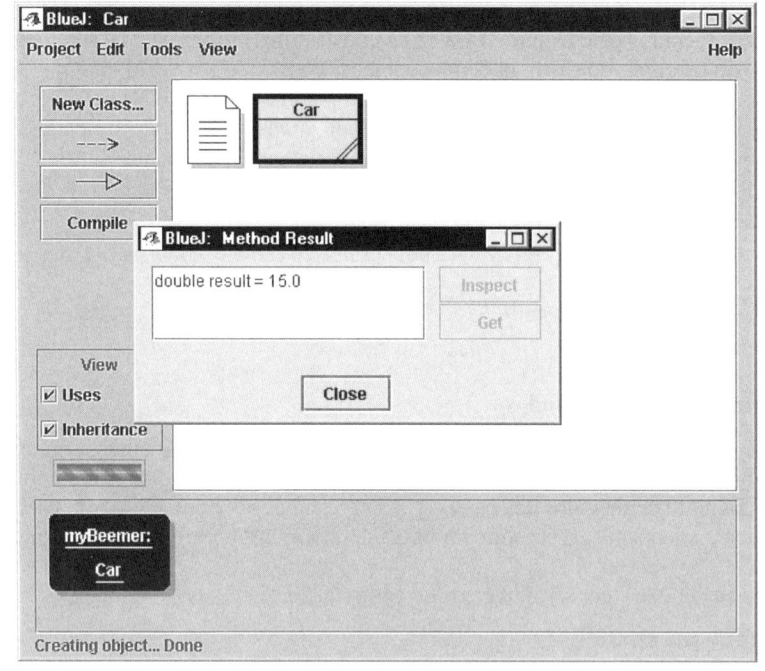

Figura 12
Testando uma classe com o BlueJ.

campo `balance`. Quando um objeto é construído, seus campos de instância são criados. Eles permanecem vivos até que nenhum método mais use o objeto.

Variáveis locais e de parâmetros pertencem a um método. Quando o método inicia, essas variáveis ganham vida. Quando saímos do método, elas morrem. Por exemplo, se você chamar

```
harrysChecking.deposit(500);
```

então uma variável de parâmetro chamada `amount` é criada e inicializada com o valor do parâmetro, 500. Quando o método retorna, essa variável morre. Quando você faz outra chamada de método,

```
momsSavings.deposit(1000);
```

uma variável de parâmetro diferente, também chamada de `amount`, é criada. Ela também morre ao término do método. O mesmo acontece com a variável local `newBalance`, quando o método `deposit` chega à linha

```
double newBalance = balance + amount;
```

a variável nasce e é inicializada com a soma do saldo do objeto mais a quantia do depósito. O tempo de vida dessa variável se estende até o fim do método. No entanto, o método `deposit` tem um efeito duradouro. Sua próxima linha,

```
balance = newBalance;
```

> Campos de instância são inicializados com um valor *default*, mas temos de inicializar variáveis locais.

inicializa o campo de instância `balance` e essa variável vive além do término do método `deposit`, enquanto o objeto `BankAccount` estiver em uso.

A segunda maior diferença entre variáveis de instância e variáveis locais é a *inicialização*.

Temos de inicializar todas as variáveis locais. Se não inicializarmos uma variável local, o compilador reclama quando formos tentar usá-la.

Variáveis de parâmetros são inicializadas com os valores supridos na chamada do método.

Campos de instância são inicializados com um valor *default* se não os inicializarmos explicitamente em um construtor. Campos de instância numéricos são inicializados com 0. Referências a objetos são inicializadas com um valor especial chamado `null`. Se a referência a um objeto for `null`, então ela não se refere a nenhum objeto. Discutiremos o valor `null` com maiores detalhes na Seção 5.2. Inicializar inadvertidamente com 0 ou `null` é uma causa comum de erros. Portanto, é uma questão de bom estilo inicializar *todo* campo de instância explicitamente em todo construtor.

⊗ Erro Freqüente 2.3

Esquecendo de Inicializar Referências a Objetos em um Construtor

Assim como é um erro comum esquecer de inicializar uma variável local, é fácil esquecer dos campos de instância. Todo construtor precisa garantir que todos os campos de instância estão configurados com valores adequados.

Se não inicializarmos um campo de instância, o compilador Java o inicializará para nós. Números são inicializados com 0, mas as referências a objetos – como variáveis *string* – são inicializadas com a referência `null`.

Naturalmente, 0 freqüentemente é um *default* conveniente para números. No entanto, `null` dificilmente é um *default* conveniente para objetos. Vamos considerar este construtor "preguiçoso" da classe `Greeter`:

```
public class Greeter
{
    public Greeter() {} // não faz nada
    ...
    private String name;
}
```

O campo `name` é inicializado com uma referência `null`. Quando chamarmos `sayHello`, ele irá retornar `"Hello, null!"`.

Se esquecermos de inicializar uma variável *local* em um *método*, o compilador sinaliza isso com um erro, e temos de consertá-lo antes de executar o programa. Se cometermos o mesmo erro com um campo de *instância*, o compilador fornecerá uma inicialização *default* e o erro só se tornará aparente quando o programa for executado.

Para evitar esse problema, habitue-se a inicializar todos os campos de instância em todos construtores.

2.11 Parâmetros Explícitos e Implícitos de Método

Vejamos uma determinada invocação do método `deposit`:

```
momsSavings.deposit(500);
```

Vejamos novamente o código do método `deposit`:

```
public void deposit(double amount)
{
    double newBalance = balance + amount;
    balance = newBalance;
}
```

A variável de parâmetro `amount` é inicializada em 500 quando o método `deposit` inicia. Mas o que significa exatamente `balance`? Mesmo porque, nosso programa pode ter múltiplos objetos `BankAccount` e *cada um deles* ter seu próprio saldo.

> O parâmetro implícito de um método é o objeto sobre o qual o método é invocado. A referência `this` indica o parâmetro implícito.

Naturalmente, uma vez que depositamos o dinheiro em `momsSavings`, `balance` tem de significar `momsSavings.balance`. Em geral, quando nos referimos a um campo de instância dentro de um método, significa o campo de instância do objeto sobre o qual o método foi chamado.

Assim, a chamada para o método `deposit` depende de dois valores: o objeto ao qual `momsSavings` se refere e o valor `500`.

O parâmetro `amount` dentro do parênteses é chamado de parâmetro *explícito*, porque está explicitamente denominado na definição do método. Contudo a referência para o objeto da conta bancária não está explícita na definição do método – ela é chamada de *parâmetro implícito* do método.

Se precisarmos, podemos acessar o parâmetro implícito – o objeto sobre o qual o método é chamado – com a palavra-chave `this`. Por exemplo, na invocação de método anterior, `this` foi configurado como `momsSavings` e `amount` como 500.

Todo método tem um parâmetro implícito. Não se dá nome ao parâmetro implícito. Ele é sempre chamado de `this`. (Há uma exceção a essa regra de que todo método tem um parâmetro implícito: os métodos `static` não têm. Vamos discuti-los no Capítulo 7.) Em contraste, os métodos podem ter qualquer número de parâmetros explícitos, os quais podemos dar o nome que quisermos, ou nenhum parâmetro explícito.

Agora, vamos ver novamente de perto a implementação do método `deposit`. O comando

```
double newBalance = balance + amount;
```

na verdade significa

```
double newBalance = this.balance + amount;
```

> O uso do nome de um campo de instância em um método indica o campo de instância do parâmetro implícito.

Quando nos referimos a um campo de instância em um método, o compilador automaticamente o aplica ao parâmetro `this`. Alguns programadores na verdade preferem inserir manualmente o parâmetro `this` antes de todo campo de instância porque acham que isso deixa o código mais claro. A seguir temos um exemplo:

```
public void deposit(double amount)
{
   double newBalance = this.balance + amount;
   this.balance = newBalance;
}
```

Talvez você queira experimentar e ver se gosta desse estilo.

⊗ Erro Freqüente   2.4

Tentando Chamar um Método sem um Parâmetro Implícito

Suponha que nosso método `main` contenha a instrução

```
withdraw(30); // Erro
```

O compilador não saberá qual conta acessar para retirar o dinheiro. Precisamos fornecer uma referência a um objeto do tipo `BankAccount`:

```
BankAccount harrysChecking = new BankAccount();
harrysChecking.withdraw(30);
```

No entanto, há uma situação na qual é legítimo invocar um método aparentemente sem um parâmetro implícito. Vamos considerar a seguinte modificação na classe `BankAccount`. Acrescente um método para aplicar uma taxa mensal de manutenção da conta:

```
class BankAccount
```

```
    {   ...
        public void monthlyFee()
        {
            withdraw(10);   retirar $10 desta conta
        }
    }
```

Isso quer dizer retirar do *mesmo* objeto conta que está realizando a operação `monthlyFee` (taxa mensal). Em outras palavras, o parâmetro implícito do método `withdraw` é o (invisível) parâmetro implícito do método `monthlyFee`.

Se você acha confuso ter um parâmetro invisível, você pode sempre usar o parâmetro `this` para tornar o método mais fácil de ser lido:

```
    class BankAccount
    {   ...
        public void monthlyFee()
        {
            this.withdraw(10);  // retirar $10 desta conta
        }
    }
```

🆃🅰 *Tópico Avançado*   2.3

Chamando um Construtor a partir de Outro

Vamos considerar a classe `BankAccount`. Ela possui dois construtores: um construtor sem parâmetros para inicializar o saldo com zero, e outro para fornecer um saldo inicial. Em vez de explicitamente inicializar o saldo com zero, um construtor pode chamar outro construtor da mesma classe. Há uma notação abreviada para se conseguir esse resultado:

```
    class BankAccount
    {
        public BankAccount (double initialBalance)
        {
            balance = initialBalance;
        }
        public BankAccount()
        {
            this(0);
        }
        ...
    }
```

O comando `this(0);` significa: "Chame outro construtor desta classe e forneça o valor 0". Tal chamada do construtor somente pode ocorrer *como a primeira linha em outro construtor*.

Essa sintaxe é uma conveniência menor. Não a usaremos neste livro. Na verdade, o uso da palavra-chave `this` confunde um pouco. Normalmente, `this` denota uma referência ao parâmetro implícito, mas se `this` é seguido por parênteses, isso denota uma chamada para outro construtor desta classe.

💬 *Fato Histórico*   2.1

Mainframes – *Quando os Dinossauros Governavam a Terra*

Quando a IBM (International Business Machines Corporation), um bem-sucedido fabricante de equipamento de perfuração de cartões para a tabulação de dados, começou a se interessar em projetar computadores no início dos anos 1950, seus planejadores achavam que havia um mercado para talvez 50 desses aparelhos, para serem instalados pelo governo, pelos militares e algumas das maiores corporações do país. Porém, eles venderam cerca de 1500 máquinas de seu modelo System 650 e prosseguiram construindo e vendendo computadores ainda mais poderosos.

Os assim chamados computadores *mainframe* (computadores de grande porte) dos anos 1950, 1960 e 1970 eram enormes. Eles enchiam salas inteiras, as quais tinham de ter controle climático para proteger o delicado equipamento (veja a Figura 13). Hoje, devido à tecnologia de miniaturização, até mesmo os *mainframes* estão ficando menores, apesar de ainda serem muito caros. Quando este livro foi escrito, o custo de um computador médio IBM 3090 era de aproximadamente 4 milhões de dólares.

Esses enormes e caros sistemas foram um sucesso imediato assim que apareceram, porque substituíram muitas salas cheias de funcionários mais caros ainda, os quais anteriormente faziam essas tarefas à mão. Poucos desses computadores fazem qualquer computação que cause entusiasmo. Eles armazenam informações comuns, como registros de contas ou reservas de linhas aéreas; só que eles as armazenam em grande quantidade.

A IBM não foi a primeira companhia a construir computadores de grande porte; essa honra pertence à Univac Corporation. Entretanto, a IBM logo se tornou a empresa mais forte da área, devido em parte à sua excelência técnica e atenção às necessidades do cliente e em parte porque ela explorava suas potencialidades e estruturava seus produtos e serviços de uma maneira que tornava difícil para os clientes compará-los com os de outros fornecedores. Nos anos 1960, os concorrentes da IBM, os assim chamados "Sete anões" – GE, RCA, Univac, Honeywell, Burroughs, Control Data e NCR – passaram por muitas dificuldades. Alguns saíram totalmente do mercado de computadores, enquanto que outros tentavam sem sucesso combinar suas forças combinando suas operações de computadores. Foi previsto de uma forma geral que por fim todos iriam falhar. Foi nesse ambiente que o governo dos EUA moveu uma ação anti-truste contra a IBM em 1969. A ação foi a julgamento em 1975 e arrastou-se até 1982, quando a Administração Reagan a abandonou, declarando-a "sem mérito".

Naturalmente, a esse tempo a paisagem da computação mudara totalmente. Assim como os dinossauros deram lugar a criaturas menores, mais graciosas, três novas ondas de computadores tinham surgido: os mini-computadores, estações de trabalho e micro-computadores, todos criados

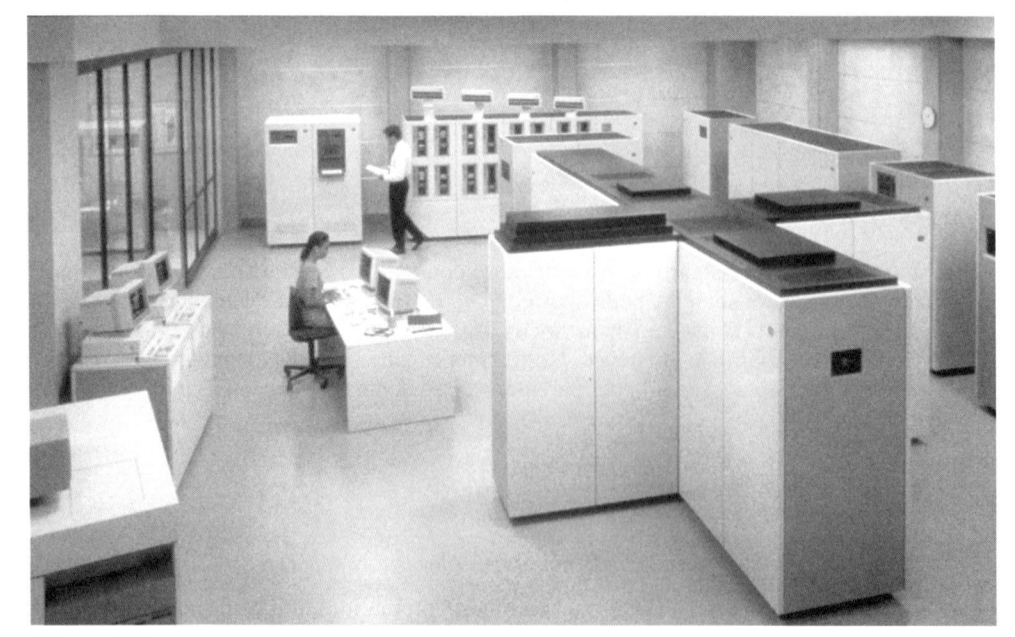

Figura 13
Um computador *mainframe*.

▼ por outras empresas que não os Sete Anões. Hoje em dia, a importância dos computadores de grande porte no mercado diminuiu, e a IBM, embora ainda seja uma empresa grande e forte, não mais domina o mercado de computadores.

Os *mainframes* ainda estão em uso por duas razões. Eles ainda são melhores para manipular grandes volumes de dados. E, mais importante ainda, os programas que controlam os dados de negócios têm sido refinados nos últimos 20 anos ou mais, corrigindo um problema por vez. Mover esses programas para computadores mais baratos, com linguagens e sistemas operacionais diferentes, é difícil e sujeito a erros. A Sun Microsystems, um fabricante líder no segmento de estações de trabalho, estava ansiosa para provar que seu sistema de *mainframe* podia ser "reduzido" e substituído por seu próprio equipamento. Por fim a Sun teve sucesso, mas levou mais de 5 anos — muito mais do que eles esperavam.

Resumo do Capítulo

1. Objetos são entidades que você manipula invocando métodos em seu programa.
2. A interface pública de uma classe especifica o que você pode fazer com seus objetos. A implementação oculta descreve como essas ações são executadas.
3. Classes são fábricas de objetos. Você constrói um novo objeto de uma classe com o operador `new`.
4. Armazenamos localizações de objetos em variáveis de objeto.
5. Todas as variáveis de objeto tem de ser inicializadas antes de serem acessadas.
6. Uma referência a um objeto descreve a localização de um objeto.
7. Variáveis de objeto múltiplas podem conter várias referências ao mesmo objeto.
8. As classes Java são agrupadas em pacotes. Se quisermos usar uma classe de outro pacote (diferente do pacote `java.lang`), temos de importar a classe.
9. Uma definição de método especifica o nome do método, os parâmetros e os comandos para se realizar as ações do método.
10. Usamos o comando `return` para especificar o valor que o método retorna àquele que o chama.
11. Para testar uma classe, usamos um ambiente interativo de teste, ou escrevemos uma segunda classe para executar instruções de teste.
12. O objeto usa campos de instância para armazenar seu estado – os dados que ele necessita para executar seus métodos.
13. Cada objeto de uma classe tem seu próprio conjunto de campos de instância.
14. Encapsulamento é o processo de ocultar dados do objeto fornecendo métodos de acesso aos dados.
15. Devemos declarar todos os campos de instância como privados (*private*).
16. Os construtores contêm instruções para inicializar objetos. O nome do construtor é sempre igual ao nome da classe.
17. O operador `new` invoca o construtor.
18. Métodos sobrecarregados são métodos com o mesmo nome, porém com tipos de parâmetros diferentes.
19. Abstração é o processo de se encontrar o conjunto de características essenciais de uma classe.
20. Use comentários de documentação para descrever as classes e os métodos públicos de seus programas.
21. Forneça comentários de documentação para todas as classes, todos os métodos, todos os parâmetros e todos os valores de retorno.
22. Campos de instância pertencem a um objeto. Variáveis de parâmetros e variáveis locais pertencem a um método — elas morrem quando o método termina.
23. Os campos de instância são inicializados com um valor *default*, mas temos de inicializar variáveis locais.
24. O parâmetro implícito de um método é o objeto sobre o qual o método é invocado. A referência `this` indica o parâmetro implícito.

25. O uso do nome de um campo de instância em um método denota o campo de instância do parâmetro implícito.

Exercícios de Revisão

Exercício R2.1. Explique a diferença entre um objeto e uma referência a objeto.

Exercício R2.2. Explique a diferença entre um objeto e uma variável de objeto.

Exercício R2.3. Explique a diferença entre um objeto e uma classe.

Exercício R2.4. Explique a diferença entre um construtor e um método.

Exercício R2.5. Forneça o código Java para um *objeto* da classe `BankAccount` e para uma *variável de objeto* da classe `BankAccount`.

Exercício R2.6. Explique a diferença entre um campo de instância e uma variável local.

Exercício R2.7. Explique a diferença entre uma variável local e uma variável de parâmetro.

Exercício R2.8. Explique a diferença entre

```
new BankAccount(5000);
```
e
```
BankAccount b = new BankAccount(5000);
```

Exercício R2.9. Explique a diferença entre

```
BankAccount b;
```
e
```
BankAccount b = new BankAccount(5000);
```

Exercício R2.10. Quais são os parâmetros de construção para um objeto `BankAccount`?

Exercício R2.11. Forneça o código Java para construir os seguintes objetos:

- Um retângulo de centro (100, 100) e todos os comprimentos dos lados iguais a 50
- Um saudador que diga `"Hello, Mars!"`
- Uma conta bancária com saldo de $5000

Crie apenas objetos e não variáveis de objeto.

Exercício R2.12. Repita o exercício anterior, mas agora defina variáveis de objetos que sejam inicializadas com os objetos necessários.

Exercício R2.13. Encontre os erros nos seguintes comandos:

```
Rectangle r = (5, 10, 15, 20);

double x = BankAccount(10000).getBalance();

BankAccount b;
b.deposit(10000);

b = new BankAccount(10000);
b.add("one million bucks");
```

Exercício R2.14. Descreva todos os construtores da classe `BankAccount`. Liste todos os métodos que podem ser usados para alterar um objeto `BankAccount`. Liste todos os métodos que não alteram o objeto `BankAccount`.

Exercício R2.15. Qual é o valor de b após as seguintes operações?

```
BankAccount b = new BankAccount(10);
b.deposit(5000);
b.withdraw(b.getBalance() / 2);
```

Exercício R2.16. Se b1 e b2 armazenam objetos da classe BankAccount, considere as seguintes instruções:

```
b1.deposit(b2.getBalance());
b2.deposit(b1.getBalance());
```

Os saldos de b1 e b2 são idênticos agora? Explique.

Exercício R2.17. O que é a referência this?

Exercício R2.18. O que o método a seguir faz? Dê um exemplo de como podemos chamar o método.

```
public class BankAccount
{
    public void mystery(BankAccount that, double amount)
    {
        this.balance = this.balance - amount;
        that.balance = that.balance + amount;
    }
    ... // outros métodos de conta bancária
}
```

Exercícios de Programação

Exercício P2.1. Escreva um programa que construa um objeto Rectangle, imprima-o e então altere a sua posição e o imprima mais três vezes, de modo que, se os retângulos fossem desenhados, eles formariam um retângulo grande:

Exercício P2.2. O método intersection calcula a *interseção* entre dois retângulos — isto é, o retângulo formado pela área comum entre os dois retângulos:

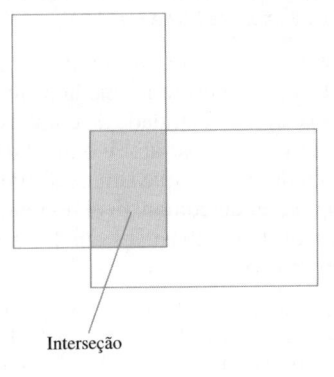

Interseção

Chamamos esse método da seguinte maneira:

```
Rectangle r3 = r1.intersection(r2);
```

Escreva um programa que construa dois objetos retângulos, os imprima e então imprima o objeto retângulo que descreve a interseção. O que acontece se os retângulos não tiverem área comum?

Exercício P2.3. Acrescente um método `sayGoodbye` à classe `Greeter`.

Exercício P2.4. Acrescente um método `refuseHelp` à classe `Greeter`. Ele deve retornar um *string* assim: `"I am sorry, Dave. I am afraid I can't do that."`

Exercício P2.5. Escreva um programa que crie uma conta bancária, deposite $1000, retire $500, retire outros $400 e então imprima o saldo restante.

Exercício P2.6. Acrescente um método

```
void addInterest(double rate)
```

à classe `BankAccount`, o qual acrescente juros de acordo com a taxa dada. Por exemplo, depois dos comandos

```
BankAccount momsSavings = new BankAccount(1000);
momsSavings.addInterest(10); // 10% de juros
```

o saldo em `momsSavings` é $1100.

Exercício P2.7. Escreva uma classe `SavingsAccount` que seja semelhante à classe `BankAccount`, exceto pelo fato de que lhe seja acrescentada uma variável de instância `interest`. Forneça um construtor que inicialize tanto o saldo inicial como a taxa de juros. Forneça um método `addInterest` (sem parâmetro explícito) que acrescente juros à conta. Escreva um programa que construa uma conta de poupança com um saldo inicial de $1000 e taxa de juros de 10%. Então aplique o método `addInterest` cinco vezes e imprima o saldo resultante.

Exercício P2.8. Implemente uma classe `Employee` (Empregado). Um empregado possui um nome (um *string*) e um salário (um `double`). Escreva um construtor *default*, um construtor com dois parâmetros (nome e salário), e métodos para retornar o nome e o salário. Escreva um pequeno programa que teste sua classe.

Exercício P2.9. Melhore a classe do exercício anterior acrescentando-lhe um método `raiseSalary(double byPercent)` que aumente o salário do empregado em um certo percentual. Exemplo de uso:

```
Employee harry = new Employee("Hacker, Harry", 55000);
harry.raiseSalary(10); // Harry recebe um aumento de 10%
```

Exercício P2.10. Implemente uma classe `Car` com as seguintes propriedades. Um carro tem uma certa taxa de consumo (medida em milhas/galão ou litros/km – escolha um deles) e certa quantidade de combustível no tanque. A taxa de consumo é especificada no construtor e o nível de combustível inicial é zero. Forneça um método `drive` que simule dirigir o carro por uma certa distância, reduzindo o nível de combustível no tanque, e métodos `getGas`, que retornem o nível de combustível atual e `addGas`, para colocar combustível. Exemplo de uso:

```
Car myBeemer = new Car(29); // 29 milhas por galão
myBeemer.addGas(20); // abastece com 20 galões
myBeemer.drive(100); // dirige 100 milhas
System.out.println(myBeemer.getGas());
// imprime a quantidade de combustível que ainda há no tanque
```

Exercício P2.11. Implemente uma classe `Student`. Para o propósito deste exercício, um aluno tem um nome e o total de pontos nos testes. Forneça um construtor adequado e métodos `getName()`, `addQuiz(int score)` (adiciona teste), `getTotalScore()` e `getAverageScore()` (nota média). Para calcular este último, você também terá de armazenar o *número de testes* que o aluno realizou.

Exercício P2.12. Implemente uma classe `Product`. Um produto possui nome e preço, por exemplo, `new Product("Toaster", 29.95)`. Forneça métodos `getName()`, `getPrice()` e `setPrice()`. Escreva um programa que crie dois produtos, imprima nome e preço, reduza seus preços em $5.00 e então os imprima novamente.

Exercício P2.13. Implemente uma classe `Circle` (círculo) que tenha métodos `getArea()` e `getPerimeter()`. No construtor forneça o raio do círculo.

Exercício P2.14. Implemente uma classe `Square` (quadrado) que tenha métodos `getArea()` e `getPerimeter()`. No construtor forneça a largura do quadrado.

Exercício P2.15. Implemente uma classe `SodaCan` (lata de refrigerante) com métodos `getSurfaceArea()` e `getVolume()`. No construtor, forneça a altura e o raio da lata.

Exercício P2.16. Implemente uma classe `RoachPopulation` que simule o crescimento de uma população de baratas. O construtor pega o tamanho inicial da população de baratas. O método `wait` simula um período no qual a população dobra. O método `spray` simula a pulverização com inseticida, que reduz a população em 10%. O método `getRoaches` retorna o número atual de baratas. Implemente a classe e um programa de testes que simule uma cozinha que inicia com dez baratas. Espere, pulverize e imprima a contagem de baratas. Repita três vezes.

Exercício P2.17. Implemente uma classe `RabbitPopulation` que simule o crescimento de uma população de coelhos. As regras são as seguintes: inicie com um par de coelhos. Os coelhos se acasalam com um mês de idade. Um mês mais tarde, cada fêmea produz outro casal de coelhos. Suponha que os coelhos nunca morrem e que uma fêmea sempre produza um novo casal (um macho, uma fêmea) a cada mês, a partir do segundo mês. Implemente um método `wait` que espera por um mês e um método `getPairs` que imprime o número atual de casais de coelhos. Escreva um programa de teste que mostre o crescimento da população de coelhos por dez meses. *Dica:* guarde um campo de instância para os casais de coelhos recém-nascidos e outro para os casais de coelhos que tenham pelo menos um mês de idade.

Capítulo 3

Tipos de Dados Fundamentais

Objetivos do capítulo

- Entender os números inteiro e de ponto-flutuante
- Reconhecer as limitações dos tipos `int` e `double` e os erros de estouro *overflow* e de arredondamento que podem ocorrer
- Escrever expressões aritméticas em Java
- Usar o tipo `String` para definir e manipular cadeias de caracteres
- Aprender sobre o tipo de dados `char`
- Aprender a ler entradas de programa
- Entender o comportamento de cópia entre tipos primitivos e referências a objetos

Este capítulo ensina como manipular números e cadeias de caracteres (*strings*) em Java. O objetivo deste capítulo é obter um entendimento sólido dos tipos de dados fundamentais de Java.

Sumário do capítulo

3.1 Tipos Numéricos 86

Dica de Qualidade 3.1: Escolha Nomes Descritivos para Variáveis 88

Tópico Avançado 3.1: Faixas Numéricas e Precisão 89

Tópico Avançado 3.2: Outros Tipos Numéricos 89

Fato Histórico 3.1: O Bug de Ponto-flutuante do Pentium 90

3.2 Atribuição 91

Tópico Avançado 3.3: Combinando Atribuição e Aritmética 93

Dica de Produtividade 3.1: Evite um Leiaute Instável 93

3.3 Constantes 94

Sintaxe 3.1: Definição de Constante 96

Dica de Qualidade 3.2: Não Use Números Mágicos 97

3.4 Funções Aritméticas e Matemáticas 98

Erro Freqüente 3.1: Divisão de Inteiros 99

Erro Freqüente 3.2: Parênteses Desbalanceados 100

Dica de Produtividade 3.2: Ajuda On-line 102

Dica de Qualidade 3.3: Espaço em Branco 102

	Dica de Qualidade 3.4: Fatorar Código Comum 103	3.7	*Strings* 110
3.5	Chamando Métodos Estáticos 103		*Tópico Avançado 3.5:* Formatando Números 112
	Sintaxe 3.2: A Chamada de um Método Estático 104	3.8	Leitura de Entradas 113
3.6	Conversão de Tipos 104		*Dica de Produtividade 3.3:* Decifrando Relatórios de Exceção 115
	Sintaxe 3.3: Coerção 105		
	Como Fazer 3.1: Realizando Cálculos 106		*Tópico Histórico 3.6:* Leitura de Entradas da Console 116
	Erro Freqüente 3.3: Erros de Arredondamento 108	3.9	Caracteres 118
	Tópico Avançado 3.4: Números Binários 109		*Fato Histórico 3.2:* Alfabetos Internacionais 119
		3.10	Comparando Tipos Primitivos com Objetos 121

3.1 Tipos Numéricos

Neste capítulo, usaremos uma classe `Purse` (bolsa) para demonstrar diversos conceitos importantes. Não iremos revelar ainda a implementação de `Purse`, mas aqui temos a interface pública:

```
public class Purse
{
   /**
       Constrói uma bolsa vazia.
   */
   public Purse()
   {
      // implementação
   }
   /**
       Acrescenta moedas de 5 centavos (nickels) à bolsa
       @param count número de nickels a acrescentar
   */
   public void addNickels(int count)
   {
      // implementação
   }

   /**
       Acrescenta moedas de 10 centavos (dimes) à bolsa.
       @param count número de dimes a acrescentar
   */
   public void addDimes(int count)
   {
      // implementação
   }
   /**
       Acrescenta moedas de 25 centavos (quarters) à bolsa
       @param count número de quarters a acrescentar
   */
   public void addQuarters(int count)
   {
      // implementação
   }
   /**
       Obtém o valor total em moedas na bolsa.
```

```
    @return soma de todos os valores das moedas
*/
public double getTotal()
{
    // implementação
}
// variáveis de instância privadas
}
```

Leia a interface pública e veja se descobre como usar os objetos de `Purse`. Creio que você não irá demorar para descobrir isso. Existe um construtor para se criar uma bolsa nova vazia:

```
Purse myPurse = new Purse();
```

Podemos acrescentar *nickels*, *dimes* e *quarters*. Para simplificar, não incluímos *pennies* (moedas de 1 centavo), *half dollars* (moedas de 50 centavos) nem *dollars* (moedas de 1 dólar).

```
myPurse.addNickels(3);
myPurse.addDimes(1);
myPurse.addQuarters(2);
```

Agora podemos perguntar ao objeto bolsa sobre o valor total em moedas na bolsa:

```
double totalValue = myPurse.getTotal();  // retorna 0.75*
```

Se você olhar com atenção os métodos que acrescentam moedas, verá um tipo de dado não familiar. O parâmetro `count` é do tipo `int`, que denota um tipo *inteiro*. Inteiro é um número sem parte fracionária. Por exemplo, 3 é um inteiro, mas 0.05 não. O zero e os números negativos são inteiros. De modo que, o tipo `int` é mais restritivo que o tipo `double` que vimos no Capítulo 2.

> O tipo `int` indica inteiros: números sem parte fracionária.

Por que trabalhar tanto com tipos numéricos inteiros como ponto-flutuante? A calculadora não tem um tipo inteiro separado. Ela usa números de ponto-flutuante para todos os cálculos. Por que nós não usamos, simplesmente, o tipo `double` para a contagem de moedas?

Há duas razões para termos um tipo inteiro separado: uma filosófica e a outra pragmática. Em termos filosóficos, quando pensamos em bolsas na vida real e em moedas americanas modernas, reconhecemos que só pode haver um número inteiro de *nickels*, digamos, em uma bolsa. Se víssemos um *nickel* pela metade, as metades não teriam valor, e colocar uma delas na bolsa não aumentaria a quantidade de dinheiro. Por especificar que o número de *nickels* é um inteiro, fazemos dessa observação uma suposição explícita em nosso modelo. O programa teria funcionado da mesma forma com números de ponto-flutuante para contar as moedas, mas geralmente é uma boa idéia escolher soluções de programação que documentem as nossas intenções. Pragmaticamente falando, os inteiros são mais eficientes do que os números de ponto-flutuante. Eles ocupam menos espaço de armazenamento, são processados mais rapidamente em algumas plataformas e não causam erros de arredondamento.

Agora vamos começar a implementar a classe `Purse`. Qualquer objeto `Purse` pode ser descrito pelo número de *nickels*, *dimes* e *quarters* que a bolsa contém atualmente. De modo que usamos três variáveis de instância para representar o estado de um objeto `Purse`:

```
Public class Purse
{
    ...
    private int nickels;
    private int dimes;
    private int quarters;
}
```

---

* N. de T.: Em inglês, utiliza-se o ponto para separar a parte inteira da parte decimal de números, e não a vírgula; optamos por manter o ponto nos números com parte fracionária ao longo de todo o livro.

Agora podemos implementar o método `getTotal` de maneira simples:

```java
public double getTotal()
{
   return nickels * 0.05 + dimes * 0.1 + quarters * 0.25;
}
```

Em Java, a multiplicação é indicada por um asterisco *, não por um ponto mais elevado · nem por uma cruz ×, porque não há teclas para esses símbolos na maioria dos teclados. Por exemplo, $d \cdot 10$ é escrito como `d * 10`. Não escreva vírgulas nem espaços nos números em Java. Por exemplo 10.150,75 tem de ser escrito `10150.75`. Para escrever números em notação exponencial em Java, use E n em vez de "× 10^n". Por exemplo, $5,0 \times 10^{-3}$ é escrito `5.0E-3`.

O método `getTotal` calcula o valor da expressão

```
nickels * 0.05 + dimes * 0.1 + quarters * 0.25
```

Esse valor é um número de ponto-flutuante, pois multiplicar um inteiro (como `nickels`) por um número de ponto-flutuante (como `0.05`) resulta em um número de ponto – flutuante. O comando `return` retorna o valor calculado como resultado do método e o método termina.

Dica de Qualidade 3.1

Escolha Nomes Descritivos para Variáveis

Na álgebra, os nomes de variáveis geralmente só têm uma letra, como p ou A, talvez com um subscrito como p_1. Você também pode ser tentado a economizar digitação usando nomes de variáveis mais curtos em seus programas Java:

```java
Public class Purse
{
   ...
   private int n;
   private int d;
   private int q;
}
```

No entanto, compare este trecho de código com o anterior. Qual é mais fácil de ler? Não há comparação. Simplesmente ler `nickels` é muito menos problemático do que ler `n` e então *descobrir* que deve significar "*nickels*".

Na prática, nomes de variáveis descritivos são especialmente importantes quando os programas são escritos por mais de uma pessoa. Pode ser óbvio para *você* que `n` significa *nickels*, mas será que é obvio para a pessoa que terá de atualizar seu código anos mais tarde, muito tempo depois de você ter sido promovido (ou demitido)? Será que você mesmo vai lembrar o que significa `n` quando olhar esse código daqui a seis meses?

Naturalmente você poderia ter usado comentários:

```java
public class Purse
{
   ...
   private int n; // nickels
   private int d; // dimes
   private int q; // quarters
}
```

Isso deixa as definições bastante claras. Mas no método `getTotal` ainda teríamos um cálculo bastante misterioso `n * 0.05 + d * 0.1 + q * 0.25`. Nomes descritivos para variáveis são uma escolha melhor, porque tornam seu código fácil de entender, sem exigir comentários.

Tópico Avançado 3.1

Faixas Numéricas e Precisão

Infelizmente, valores `int` e `double` sofrem de um problema: eles não podem representar números inteiros ou de ponto-flutuante arbitrariamente grandes. Os inteiros variam na faixa de –2.147.483.648 (cerca de –2 bilhões) a +2.147.483.648 (cerca de 2 bilhões). Veja o Tópico Avançado 3.4 para uma melhor explicação desses valores. Caso você precise se referir a esses limites em seu programa, use as constantes `Integer.MIN_VALUE` e `Integer.MAX_VALUE`, as quais são definidas em uma classe chamada `Integer`. Se você quiser representar a população do mundo, você não pode usar um `int`. Os números de dupla precisão e ponto-flutuante são menos limitados; podendo ir a mais de 10^{300}. Entretanto, os números de ponto flutuante `double` sofrem de outro tipo de problema: *precisão*. Eles armazenam apenas cerca de 15 dígitos significativos. Suponha que seus clientes acharam o preço de trezentos trilhões de dólares ($300.000.000.000.000) de seu produto, um pouco alto, assim, você quer reduzi-lo em cinco centavos para que ele tenha uma aparência mais razoável $299.999.999.999.999,95. Experimente executar o seguinte programa:

```
class AdvancedTopic3_1
{
    public static void main(String[] args)
    {
        double originalPrice = 3E14;
        double discountedPrice = originalPrice - 0.05;
        double discount = originalPrice - discountedPrice;
            // deveria ser 0.05;
        System.out.println(discount);
            // imprime 0.0625;
    }
}
```

O programa imprime 0.0625, e não 0.05. Está errado por mais de um centavo!

Para a maioria dos projetos de programação deste livro, a faixa e a precisão limitados de `int` e `double` são aceitáveis. Simplesmente lembre-se que estouros (*overflows*) ou perda de precisão podem ocorrer.

Tópico Avançado 3.2

Outros Tipos Numéricos

Se `int` e `double` não são suficientes para suas necessidades computacionais, há outros tipos de dados que podemos usar. Quando a faixa de inteiros não for suficiente, o remédio mais simples é usar o tipo `long`. Os *inteiros long* variam na faixa de –9.223.372.036.854.775.808 a +9.223.372.036.854.775.807.

A fim de especificar uma constante inteira longa, precisamos acrescentar a letra L depois do número. Por exemplo,

```
long price = 300000000000000L;
```

Há também um tipo `short` de inteiros, com inteiros mais curtos que o normal, variando na faixa de –32.768 a 32.767. Finalmente, há um tipo `byte` com uma faixa de –128 a 127.

O tipo `double` pode representar cerca de 15 dígitos decimais. Há um segundo tipo de ponto flutuante, chamado `float`, cujos valores ocupam a metade do espaço de armazenamento. Os cálculos envolvendo `float` são executados um pouco mais rapidamente do que aqueles que envolvem `double`, mas a precisão dos valores `float` – cerca de 7 dígitos decimais – é insuficiente para muitos programas. Entretanto, algumas rotinas gráficas exigem que usemos valores `float`.

A propósito, o nome "ponto-flutuante" vem do fato de que os números são representados no computador como uma seqüência dos dígitos significativos e uma indicação da posição do ponto decimal. Por exemplo, os números 250, 2.5, 0.25 e 0.025 têm todos os mesmos dígitos decimais: 25. Quando um número de ponto-flutuante é multiplicado ou dividido por 10, somente a posição do ponto decimal muda; o ponto "flutua". Essa representação corresponde a números escritos em notação "exponencial" ou "científica", como por exemplo, 2.5 X 10^2. (Na realidade, internamente os números são representados na base 2, como números binários, mas o princípio é o mesmo. Veja o Tópico Avançado 3.4 para maiores informações sobre números binários.) Algumas vezes, os valores `float` são chamados de valores de "precisão simples", e, naturalmente, os valores `double` são números de ponto-flutuante de "precisão dupla".

Se quisermos calcular com números realmente grandes, podemos usar *objetos de grandes números*. Objetos de grandes números são objetos das classes `BigInteger` e `BigDecimal` do pacote `java.math`. Diferentemente dos tipos numéricos como `int` ou `double`, os objetos de grandes números essencialmente não têm limites no seu tamanho e na sua precisão. Entretanto, os cálculos com objetos de grandes números são muito mais lentos do que os que envolvem os tipos numéricos. Talvez mais importante do que isso, não podemos usar os operadores aritméticos familiares (+ – * /) com eles. Mas, temos de usar métodos chamados `add`, `subtract`, `multiply` e `divide`. A seguir vemos um exemplo de como podemos criar dois números grandes e multiplicá-los.

```
BigInteger a = new BigInteger("123456789");
BigInteger b = new BigInteger("987654321");
BigInteger c = a.multiply(b);
System.out.println(c); // imprime 121932631112635269
```

Fato Histórico 3.1

O Bug *de Ponto-flutuante do Pentium*

Em 1994, a Intel Corporation liberou o que se constituiu na época no processador mais poderoso, o primeiro da série Pentium. Diferentemente das gerações anteriores de processadores Intel, o Pentium possuía uma unidade de ponto-flutuante muito rápida. O objetivo da Intel era competir agressivamente com os fabricantes de processadores topo de linha para estações de trabalho de engenharia. O Pentium foi um imediato e enorme sucesso.

No verão de 1994, o Dr. Thomas Nicely do Lynchburg College na Virginia executou um conjunto extenso de cálculos para analisar as somas de recíprocos de certas seqüências de números primos. Os resultados não foram sempre o que suas teorias previram, mesmo depois que ele levou em conta os inevitáveis erros de arredondamento. Então o Dr. Nicely notou que o mesmo programa produzia os resultados corretos quando executado no processador mais lento 486, o antecessor do Pentium na linha de processadores da Intel. Isso não deveria ter acontecido. O comportamento ótimo de arredondamentos de cálculos em ponto-flutuante foi padronizado pelo IEEE (Instituto de Engenheiros Elétricos e Eletrônicos) e a Intel afirmava que aderia ao padrão da IEEE tanto no processador 486 como no Pentium. Depois de mais algumas experiências, o Dr. Nicely descobriu que realmente havia um pequeníssimo conjunto de números para os quais o produto de dois números era calculado diferentemente nos dois processadores. Por exemplo,

4.195.835 – ((4.195.835 / 3.145.727) X 3.145.727)

é matematicamente igual a 0, e dava 0 no processador 486. Porém, no Pentium, o resultado era 256.

Por fim, a Intel, independentemente, descobriu o *bug* em seus testes e começou a produzir *chips* com as correções. As versões posteriores do Pentium, como o Pentium III e o IV, saíram livres do problema. O problema era causado por um erro em uma tabela que era usada para acelerar o algoritmo de multiplicação em ponto-flutuante do processador. A Intel determinou que o problema era muito raro de ocorrer. Afirmaram que em uso normal, um usuário típico só perceberia o problema uma vez em 27.000 anos. Infelizmente para a Intel, o Dr. Nicely não fora um "usuário típico".

Assim, a Intel estava com um problema real em suas mãos. Ela calculou que substituir todos os processadores Pentium que já tinha vendido iria custar muito dinheiro. Ela já tinha mais pedidos

▼ para o *chip* do que ela podia produzir e seria especialmente irritante ter de se desfazer dos raros *chips* como substitutos gratuitos em vez de vendê-los. A administração da Intel decidiu arriscar nessa questão e inicialmente ofereceu substituir os processadores apenas para aqueles clientes que podiam provar que seu trabalho exigia precisão absoluta em cálculos matemáticos. Naturalmente que isso não pegou bem entre as centenas de milhares de clientes que haviam pago preços de varejo de 700 dólares ou mais por um *chip* Pentium e não queriam viver com a desconfortável sensação de que talvez, um dia, seu programa de imposto de renda produziria um resultado errado. Por fim, a Intel teve de ceder à demanda dos clientes e substituiu todos os *chips* com defeito, a um custo de cerca de 475 milhões de dólares.

O que você acha? A Intel assegura que a probabilidade do *bug* ocorrer em qualquer cálculo é extremamente pequena, menor do que muitos riscos que enfrentamos todos os dias, como dirigir para o trabalho em um automóvel. Realmente, muitos usuários haviam usado seus processadores Pentium por muitos meses sem reportar nenhum problema, e os cálculos que o Professor Nicely estava realizando dificilmente poderiam ser considerados exemplos de necessidades de um usuário típico. Como resultado de sua gafe de relações públicas, a Intel acabou gastando uma grande quantia de dinheiro. Sem dúvida, parte desse dinheiro foi repassado aos preços dos *chips* e na realidade foi pago pelos clientes da Intel. Também um grande número de processadores, cuja manufatura consumia energia e causava algum impacto no ambiente, foram destruídos sem beneficiar ninguém. Será que poderíamos justificar a Intel por querer substituir apenas os processadores daqueles usuários que poderiam ser razoavelmente sujeitos a sofrer um impacto do problema?

▼ Suponha que, em vez de catimbar, a Intel lhe oferecesse a possibilidade de uma substituição do processador ou uma devolução de 200 dólares. O que você faria? Você teria trocado o processador ou embolsaria o dinheiro?

3.2 Atribuição

A seguir temos o construtor da classe `Purse`:

```
public Purse()
{
   nickels = 0;
   dimes = 0;
   quarters = 0;
}
```

O operador = é chamado de operador de *atribuição*. À esquerda necessitamos do nome de uma variável. O lado direito pode ser um valor único ou uma expressão. O operador de atribuição armazena o valor dado na variável. O que vimos até aqui é de entendimento imediato. Mas agora vamos ver um uso mais interessante do operador de atribuição, no método `addNickels`.

```
public void addNickels(int count)
{
   nickels = nickels + count;
}
```

Isso significa: "Calcule o valor da expressão `nickels + count`, e coloque o resultado novamente na variável `nickels`". Veja a Figura 1.

O sinal = não significa que o lado esquerdo é *igual* ao lado direito, mas que o lado direito é copiado para a variável do lado esquerdo. Não confunda essa *operação de atribuição* com o = usado na álgebra para denotar *igualdade*. O operador de atribuição é uma instrução para fazer algo, ou seja, colocar um valor em uma variável. A igualdade matemática afirma um fato de que dois valores são iguais. Por exemplo, em Java é perfeitamente legal escrever

```
nickels = nickels + 1;
```

Isso significa verificar o valor armazenado na variável `nickels`, acrescentar 1 e colocar a soma de volta em `nickels`. Veja a Figura 2. O efeito de se executar esse comando é incrementar

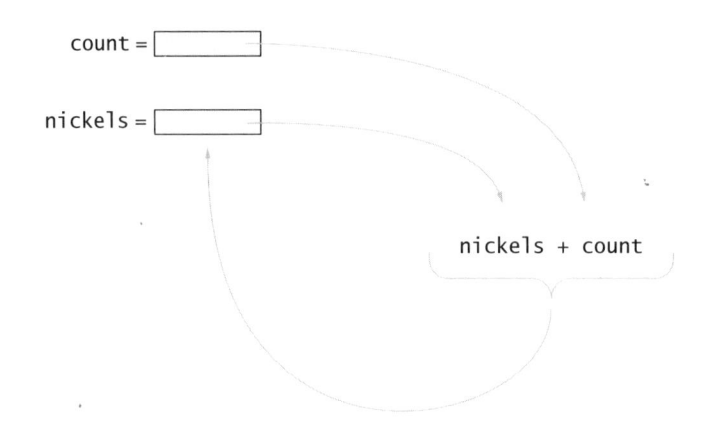

```
           count = ▢

         nickels = ▢

                          nickels + count
```

Figura 1
Atribuição.

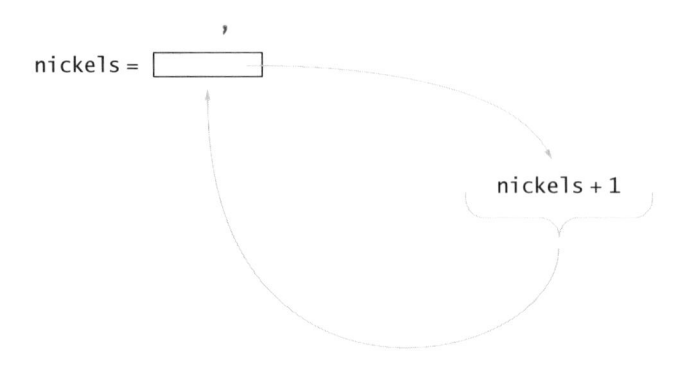

```
         nickels = ▢

                          nickels + 1
```

Figura 2
Incrementando uma variável.

nickels em 1. Naturalmente que na matemática não faria nenhum sentido escrever que $n = n+1$; nenhum inteiro pode ser igual a ele mesmo mais 1.

> A atribuiçao a uma variável não é o mesmo que a igualdade matemática.

Os conceitos de atribuição e de igualdade não possuem nenhuma relação um com o outro, e é um tanto quanto infeliz o fato de que a linguagem Java (seguindo C e C++) use = para denotar atribuição. Outras linguagens de programação usam símbolos como <– ou :=, que evitam a confusão.

Vamos considerar novamente o comando nickels = nickels + 1. Esse comando incrementa a variável nickels. Por exemplo, se nickels era 3 antes da execução do comando, ele é colocado em 4 depois dela. Essa operação de incremento é tão comum quando se escrevem programas que há uma abreviatura especial para ela, ou seja

> Os operadores ++ e — incrementam e decrementam uma variável.

```
    nickels++;
```

Esse comando tem exatamente o mesmo efeito – ou seja, acrescentar 1 a nickels – mas é mais fácil de digitar. Como você já deve ter adivinhado, há também um operador de decremento --. O comando

```
    nickels--;
```

subtrai 1 de nickels.

Tópico Avançado 3.3

Combinando Atribuição e Aritmética

Em Java podemos combinar aritmética e atribuição. Por exemplo, a instrução

```
nickels += count;
```

é uma forma abreviada de

```
nickels = nickels + count;
```

Semelhantemente,

```
nickels *= 2;
```

é outra maneira de se escrever

```
nickels = nickels * 2;
```

Muitos programadores consideram isso uma forma abreviada conveniente. Se você gostar, vá em frente, use-a em seu código. Porém, para deixar as coisas mais simples, não iremos usá-la neste livro.

Dica de Produtividade 3.1

Evite um Leiaute Instável

Arranje o código e os comentários de seu programa de modo que eles sejam fáceis de ler. Por exemplo, não amontoe todos os comandos em uma única linha e assegure-se de que as chaves { } estão alinhadas.

Entretanto, temos de ser cuidadosos ao usar os esforços de embelezamento. Alguns programadores gostam de alinhar os sinais = em uma série de atribuições, assim:

```
nickels  = 0;
dimes    = 0;
quarters = 0;
```

Isso fica muito bonito, mas o leiaute não é *estável*. Suponha que acrescentássemos uma linha como a última a seguir:

```
nickels     = 0;
dimes       = 0;
quarters    = 0;
halfDollars = 0;
```

Epa, agora os sinais = não estão mais alinhados e você tem o trabalho adicional de alinhá-los *novamente*.

Aqui temos outro exemplo. Suponha que você tenha um comentário que abranja várias linhas

```
//  Nesta classe de testes calculamos o valor de um conjunto de moedas.
//  Somamos o número de nickels, dimes e quarters
//  em uma bolsa. Então obtemos e exibimos o valor total.
```

Quando o programa for estendido para funcionar com moedas de 50 centavos também, temos de modificar o comentário para refletir essa mudança.

```
//  Nesta classe de testes calculamos o valor de um conjunto de moedas.
//  Somamos o número de nickels, dimes, quarters e
half-dollars //  em uma bolsa. Então obtemos e exibimos o valor
total.
```

- Agora temos de rearranjar as // para corrigir o comentário. Essa maneira é um *desestímulo* para se manter os comentários atualizados. Não faça isso. Antes, no caso de comentários que sejam mais longos do que uma linha, use o estilo /* ... */ para os comentários, e faça de todo o comentário um bloco assim:

    ```
    /*
        Nesta classe de testes calculamos o valor de um conjunto de moedas.
        Somamos o número de nickels, dimes e quarters
        em uma bolsa. Então obtemos e exibimos o valor total.
    */
    ```

- Talvez você não se preocupe com esses itens, e talvez você pense em embelezar seu programa um pouco antes de acabar, quando você estiver para entregá-lo ao professor. Essa não é uma abordagem muito útil. Na prática, os programas nunca terminam. Eles são continuamente melhorados e atualizados. A melhor coisa é desenvolver o hábito de fazer um bom leiaute de seu programa desde o seu início e mantê-lo sempre legível. Por isso, evite leiautes que sejam difíceis de dar manutenção.

3.3 Constantes

Vamos considerar novamente o método `getTotal`, observando se é fácil entender o código.

```
public double getTotal()
{
    return nickels * 0.05 + dimes * 0.1 + quarters * 0.25;
}
```

A maior parte do código é auto-explicativa. Contudo, as três quantidades numéricas, 0.05, 0.1 e 0.25, estão incluídas na expressão aritmética sem qualquer explicação. Naturalmente, nesse caso, sabemos que o valor do *nickel* é cinco centavos, o que explica o 0.05, e assim por diante. Entretanto, a próxima pessoa que precisar dar manutenção a esse código talvez viva em outro país e pode não saber que um *nickel* vale cinco centavos.

Assim, é uma boa idéia usar nomes simbólicos para *todos* os valores, até mesmo para aqueles que parecem óbvios. A seguir temos uma versão mais clara do cálculo do total:

```
double nickelValue = 0.05;
double dimeValue = 0.1;
double quarterValue = 0.25;
return nickels * nickelValue
    + dimes * dimeValue
    + quarters * quarterValue;
```

> Uma variável `final` é uma constante. Uma vez que seu valor foi definido, não pode ser mudado.

> Use constantes identificadas para tornar seus programas mais fáceis de serem lidos e mantidos.

Há outra melhoria que podemos fazer. Há uma diferença entre as variáveis `nickels` e `nickelValue`. A variável `nickels` pode realmente variar durante a vida de um programa, uma vez que mais moedas sejam acrescentadas à bolsa. Mas `nickelValue` é *sempre* 0.05. Ele é uma *constante*. Em Java as constantes são identificadas com a palavra-chave `final`. Uma variável com a marca `final` não pode mais mudar depois de ter sido definida. Se você tentar mudar o valor de uma variável `final`, o compilador irá reportar um erro e seu programa não irá compilar.

Muitos programadores usam os nomes de constantes (variáveis `final`) todos com letras maiúsculas, como `NICKEL_VALUE`, por exemplo. Assim, é fácil distinguir entre variáveis (com a maioria das letras minúsculas) e constantes. Iremos seguir essa convenção neste livro. Entretanto, essa regra é uma questão de bom estilo, não uma exigência da linguagem Java. O compilador não irá reclamar se você der a uma variável `final` um nome com letras minúsculas.

A seguir temos a versão melhorada do método `getTotal`:

```
public double getTotal()
{
   final double NICKEL_VALUE = 0.05;
   final double DIME_VALUE = 0.1;
   final double QUARTER_VALUE = 0.25;
   return nickels * NICKEL_VALUE
       + dimes * DIME_VALUE
       + quarters * QUARTER_VALUE;
}
```

Nesse exemplo, as constantes só são necessárias dentro de um método da classe. Freqüentemente, um valor constante é necessário em diversos métodos. Nesse caso temos de declará-lo juntamente com as variáveis de instância da classe e rotulá-lo como `static final`. O significado da palavra-chave `static` será explicado no Capítulo 6.

```
public class Purse
{
   // métodos
   ...

   // constantes
   private static final double NICKEL_VALUE = 0.05;
   private static final double DIME_VALUE = 0.1;
   private static final double QUARTER_VALUE = 0.25;

   // variáveis de instância
   private int nickels;
   private int dimes;
   private int quarters;
}
```

Aqui definimos as constantes como `private` porque achamos que elas não eram do interesse dos usuários da classe `Purse`. Entretanto, também podemos declará-las como `public`:

```
public static final double NICKEL_VALUE = 0.05;
```

Assim, os métodos de outras classes podem acessar a constante como `Purse.NICKEL_VALUE`.

A classe `Math` da biblioteca padrão define algumas constantes úteis:

```
public class Math
{
   ...
   public static final double E = 2.7182818284590452354;
   public static final double PI = 3.14159265358979323846;
}
```

Podemos nos referir a essas constantes como `Math.PI` e `Math.E` em qualquer um de nossos métodos. Por exemplo,

```
double circumference = Math.PI * diameter;
```

Arquivo Purse.java

```
1  /**
2      Uma bolsa (purse) calcula o valor total de um conjunto de moedas.
3  */
4  public class Purse
5  {
6     /**
```

> **Sintaxe 3.1: Definição de Constante**
>
> Em um método:
>
> final *nomeDoTipo nomeDaVariável* = *expressão*;
>
> Em uma classe:
>
> *especificadorDeAcesso* static final *nomedoTipo nomeDaVariável* = *expressão*;
>
> Exemplo:
>
> ```
> final double NICKEL_VALUE = 0.05;
> public static final double LITERS_PER_GALLON = 3.785;
> ```
>
> Objetivo:
>
> Definir uma constante de um determinado tipo.

```
 7           Constrói uma bolsa vazia.
 8      */
 9      public Purse()
10      {
11          nickels = 0;
12          dimes = 0;
13          quarters = 0;
14      }
15
16      /**
17          Acrescenta nickels à bolsa.
18          @param count número de nickels a acrescentar
19      */
20      public void addNickels(int count)
21      {
22          nickels = nickels + count;
23      }
24      /**
25          Acrescenta dimes à bolsa.
26          @param count número de dimes a acrescentar
27      */
28      public void addDimes(int count)
29      {
30          dimes = dimes + count;
31      }
32
33      /**
34          Acrescenta quarters à bolsa.
35          @param count número de quarters a acrescentar
36      */
37      public void addQuarters(int count)
38      {
39          quarters = quarters + count;
40      }
41
42      /**
43          Obtém o valor total em moedas na bolsa.
```

```
44            @return soma dos valores de todas as moedas
45        */
46        public double getTotal()
47        {
48           return nickels * NICKEL_VALUE
49              + dimes * DIME_VALUE + quarters * QUARTER_VALUE;
50        }
51
52        private static final double NICKEL_VALUE = 0.05;
53        private static final double DIME_VALUE = 0.1;
54        private static final double QUARTER_VALUE = 0.25;
55
56        private int nickels;
57        private int dimes;
58        private int quarters;
59     }
```

Arquivo PurseTest.java

```
1  /**
2       Este programa testa a classe Purse.
3  */
4  public class PurseTest
5  {
6     public static void main(String[] args)
7     {
8        Purse myPurse = new Purse();
9
10       myPurse.addNickels(3);
11       myPurse.addDimes(1);
12       myPurse.addQuarters(2);
13       double totalValue = myPurse.getTotal();
14       System.out.print("The total is ");
15       System.out.println(totalValue);
16    }
17 }
```

Dica de Qualidade   3.2

Não Use Números Mágicos

Um *número mágico* é uma constante numérica que aparece em nosso código sem explicação. Por exemplo, vamos considerar o seguinte exemplo absurdo que realmente ocorre no fonte da biblioteca Java:

```
h = 31 * h + ch;
```

Por que 31? O número de dias em janeiro? Um a menos do que o número de bits em um inteiro? Na realidade, esse código calcula um "código *hash*" de um *string* — um número que é derivado dos caracteres de tal forma que *strings* diferentes provavelmente produzirão códigos *hash* diferentes. O valor 31 mostrou-se adequado para misturar os valores dos caracteres de uma boa maneira.

Devemos usar uma constante identificada em seu lugar:

```
final int HASH_MULTIPLIER = 31;
h = HASH_MULTIPLIER * h + ch;
```

▼ *Nunca* use números mágicos em seu código. Qualquer número que não seja completamente autoexplicativo deve ser declarado como uma constante identificada. Até mesmo a mais razoável constante vai mudar algum dia. Você acha que temos 365 dias em um ano? Seus clientes em Marte ficarão muito descontentes com seu tolo preconceito. Crie uma constante

▼
```
final int DAYS_PER_YEAR = 365;
```
A propósito, o estratagema

▼
```
final int THREE_HUNDRED_AND_SIXTY_FIVE = 365;
```
é contraproducente e desaprovado.

3.4 Funções Aritméticas e Matemáticas

Já vimos como somar, subtrair e multiplicar valores. A divisão é indicada com uma /, e não com um traço de fração. Por exemplo,

$$\frac{a + b}{2}$$

torna-se

```
(a + b) / 2
```

Os parênteses são usados da mesma forma que em álgebra: para indicar em que ordem as subexpressões devem ser calculadas. Por exemplo, na expressão (a + b) / 2, a soma a + b é calculada primeiro e então é dividida por 2. Em contraste, na expressão

```
a + b / 2
```

apenas b é dividido por 2, e então é realizada a soma de a com b / 2. Como acontece na notação da álgebra, a multiplicação e a divisão *têm prioridade* sobre a adição e a subtração. Por exemplo, na expressão a + b / 2, a / é realizada primeiro, embora a operação + esteja mais à esquerda.

> Se ambos os argumentos do operador / são inteiros, o resultado é um inteiro e o resto é descartado.

A divisão funciona como esperamos, desde que pelo menos um dos números envolvidos seja um número de ponto-flutuante. Isto é,

```
7.0 / 4.0
7 / 4.0
7.0 / 4
```

todas dão 1.75. Porém, se os dois números forem inteiros, então o resultado da divisão será sempre um inteiro, sendo que o resto é descartado. Isto é,

```
7 / 4
```

produz 1 como resultado, porque 7 dividido por 4 é 1 e o resto (o qual é descartado) é 3. Essa pode ser uma fonte sutil de erros de programação — veja Erro Comum 3.1.

Se você estiver interessado apenas no resto de uma divisão de inteiros, use o operador %:

```
7 % 4
```

> O operador % calcula o resto de uma divisão.

é 3, o resto da divisão do inteiro 7 por 4. O símbolo % não possui análogo na álgebra. Ele foi escolhido porque é semelhante a /, e a operação resto está relacionada à divisão.

A seguir vemos um uso típico das operações divisão de inteiros / e %. Suponha que queiramos saber o valor das moedas em uma bolsa em dólares e centavos. Podemos calcular o valor em centavos como um inteiro, e então calcular a quantidade de dólares inteiros e o troco restante:

```
final int PENNIES_PER_NICKEL = 5;
final int PENNIES_PER_DIME = 10;
final int PENNIES_PER_QUARTER = 25;
final int PENNIES_PER_DOLLAR = 100;

// calcula o valor total em centavos

int total = nickels * PENNIES_PER_NICKEL
   + dimes * PENNIES_PER_DIME
   + quarters * PENNIES_PER_QUARTER;

// usa divisão de inteiros para converter centavos para dólares

int dollars = total / PENNIES_PER_DOLLAR;
int cents = total % PENNIES_PER_DOLLAR;
```

Por exemplo, se `total` for 243, então `dollars` será 2 e `cents` 43.

Para tirar a raiz quadrada de um número, usamos o método `Math.sqrt(x)`. Para calcular x^n escrevemos `Math.pow(x, n)`. Entretanto, para calcular x^2 é significativamente mais eficiente simplesmente calcular `x * x`.

⊗ Erro Freqüente 3.1

Divisão de Inteiros

Infelizmente Java usa o mesmo símbolo, ou seja /, tanto para divisão de inteiros como para divisão em ponto-flutuante. Na verdade, são operações bem diferentes. É um erro comum usar a divisão de inteiros por acidente. Vamos considerar um segmento de programa que calcula a média de três inteiros.

```
int s1 = 5; // nota do teste 1
int s2 = 6; // nota do teste 2
int s3 = 3; // nota do teste 3
double average = (s1 + s2 + s3) / 3; // Erro
System.out.print("Your average score is ");
System.out.println(average);
```

O que está errado? Naturalmente, a média de s1, s2 e s3 é

$$\frac{s_1 + s_2 + s_3}{3}$$

Aqui, porém, a / não significa divisão no sentido matemático, mas denota divisão de inteiros, porque os valores s1 + s2 + s3 e 3 são ambos inteiros. Por exemplo, se a soma das notas for 14, a média é calculada como sendo 4, o resultado da divisão de inteiros de 14 por 3. Esse inteiro 4 é então movido para dentro da variável de ponto-flutuante `average`. O remédio é fazer do numerador ou do denominador um número em ponto-flutuante:

```
double total = s1 + s2 + s3;
double average = total / 3;
```

ou

```
double average = (s1 + s2 + s3) / 3.0;
```

> A classe `Math` contém métodos `sqrt` e `pow` para calcular a raiz quadrada e potências.

Como podemos ver, o efeito visual das notações /, `Math.sqrt` e `Math.pow` é de linearizar os termos matemáticos. Em álgebra, usamos frações, sobrescritos como expoentes e radicais para raízes a fim de arranjar as expressões em uma forma compacta bi-dimensional. Em Java, temos de escrever todas essas expressões em uma única linha. Por exemplo, a subexpressão

$$\frac{-b + \sqrt{b^2 - 4ac}}{2a}$$

da fórmula quadrática se torna

```
(-b + Math.sqrt(b * b - 4 * a * c)) / (2 * a)
```

A Figura 3 mostra como analisar uma expressão assim. Numa expressão complicada como essa, nem sempre é fácil manter o abre-e-fecha parênteses (...) — veja Erro comum 3.2.

A Tabela 1 mostra métodos adicionais da classe `Math`. As entradas e as saídas são números de ponto-flutuante.

⊗ Erro Freqüente   3.2

Parênteses Desbalanceados

Vamos considerar a expressão

```
1.5 * ((-(b - Math.sqrt(b * b - 4 * a * c)) / (2 * a))
```

O que há de errado com ela? Conte os parênteses. Há cinco aberturas de parênteses e quatro fechamentos. Os parênteses estão desbalanceados. Esse tipo de erro de digitação é muito comum em expressões complicadas. Agora vamos considerar a seguinte expressão:

```
1.5 * (Math.sqrt(b * b - 4 * a * c))) - ((b / (2 * a))
```

Essa expressão tem cinco aberturas de parênteses e cinco fechamentos, mas ainda está incorreta. No meio da expressão

```
1.5 * (Math.sqrt(b * b - 4 * a * c))) - ((b / (2 * a))
```

$$(-b + \text{Math.sqrt}(\underbrace{b*b}_{b^2} - \underbrace{4*a*c}_{4ac})) / \underbrace{(2*a)}_{2a}$$

$$\underbrace{\qquad b^2 - 4ac \qquad}$$

$$\underbrace{\qquad \sqrt{b^2 - 4ac} \qquad}$$

$$\underbrace{\qquad -b + \sqrt{b^2 - 4ac} \qquad}$$

$$\underbrace{\qquad \frac{-b + \sqrt{b^2 - 4ac}}{2a} \qquad}$$

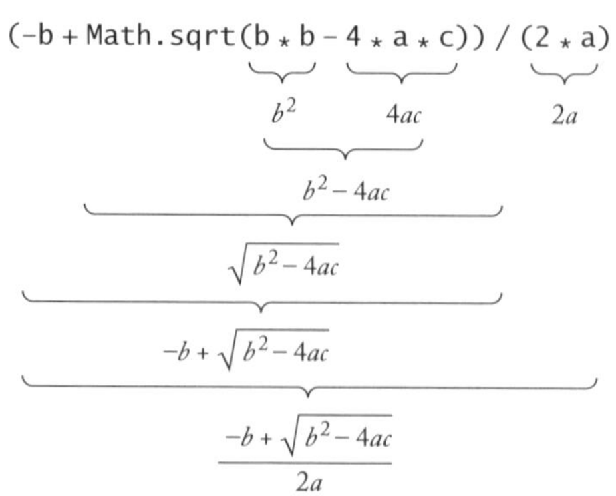

Figura 3

Analisando uma expressão.

Tabela 1
Métodos matemáticos

Função	Retorna
`Math.sqrt(x)`	Raiz quadrada de x (≥ 0)
`Math.pow(x,y)`	x^y ($x > 0$ ou $x = 0$ e $y > 0$, ou $x < 0$ e y é um inteiro)
`Math.sin(x)`	Seno de x (x em radianos)
`Math.cos(x)`	Cosseno de x
`Math.tan(x)`	Tangente de x
`Math.asin(x)`	Arco seno (sen^{-1} $x \in [-\pi/2, \pi/2]$, $x \in [-1, 1]$)
`Math.acos(x)`	Arco cosseno (cos^{-1} $x \in [0, \pi]$, $x \in [-1, 1]$)
`Math.atan(x)`	Arco tangente (tan^{-1} $x \in (-\pi/2, \pi/2)$)
`Math.atan2(y,x)`	Arco tangente (tan$^{-1}(y/x) \in [-\pi, \pi]$, x pode ser 0
`Math.toRadians(x)`	Converte x graus em radianos (isto é, retorna $x \cdot \pi/180$)
`Math.toDegrees(x)`	Converte x radianos em graus (isto é, retorna $x \cdot 180\pi/$)
`Math.exp(x)`	e^x
`Math.log(x)`	Logaritmo natural (1n (x), $x \geq 0$
`Math.round(x)`	Inteiro mais próximo de x (como um `long`)
`Math.ceil(x)`	Menor inteiro $\geq x$ (como um `double`)
`Math.floor(x)`	Maior inteiro $\leq x$ (como um `double`)
`Math.abs(x)`	Valor absoluto $|x|$
`Math.max (x,y)`	O maior de x e y
`Math.min (x,y)`	O menor de x e y

▼ há apenas duas aberturas de parênteses, mas há três fechamentos, o que é um erro. No meio de uma expressão a contagem de aberturas de parênteses tem de ser maior ou igual à contagem de fechamentos. E no fim da expressão as contagens têm de ser iguais.

▼ Vamos ver um pequeno truque para facilitar a contagem sem usar lápis e papel. É difícil para o cérebro manter duas contagens simultaneamente, portanto vamos manter apenas uma contagem ao

▼ varrer a expressão. Comece com 1 na primeira abertura de parênteses e adicione 1 sempre que houver outra abertura de parênteses. Subtraia 1 sempre que houver um fechamento de parênteses. Di-

▼ ga os números em voz alta ao percorrer a expressão. Se a contagem cair abaixo de zero, ou se ela não for zero no final, os parênteses estão desbalanceados. Por exemplo, ao percorrer a expressão anterior, iríamos contar

▼   1.5 * (Math.sqrt(b * b - 4 * a * c))) - ((b / (2 * a))
            1   2   1 0 –1

▼ e acharíamos o erro.

Dica de Produtividade 3.2

Ajuda On-line

A biblioteca Java tem centenas de classes e milhares de métodos. Não é necessário nem útil tentar memorizá-las. Devemos, sim, nos familiarizar com o uso da documentação *on-line*. Podemos fazer *download* da documentação a partir de http://java.sun.com/j2se/1.3/docs.html. Instale todo o conjunto da documentação e aponte seu navegador para seu diretório de instalação Java /docs/api/index.html. Alternativamente, podemos pesquisar http://java.sun.com/j2se/1.3/docs/api/index.html. Por exemplo, se não temos certeza como o método pow funciona, ou não conseguimos lembrar se era pow ou power, a ajuda *on-line* pode nos dar a resposta rapidamente. Clique sobre a classe Math na janela de classes à esquerda e veja o resumo do método na janela principal (veja a Figura 4).

Se você usa javadoc para documentar suas próprias classes, então esse formato de documentação lhe parecerá extremamente familiar. Os programadores que implementam a biblioteca Java usam javadoc. Eles também documentam toda classe, todo método, todo parâmetro e todo valor de retorno, e então usam javadoc para extrair a documentação no formato HTML.

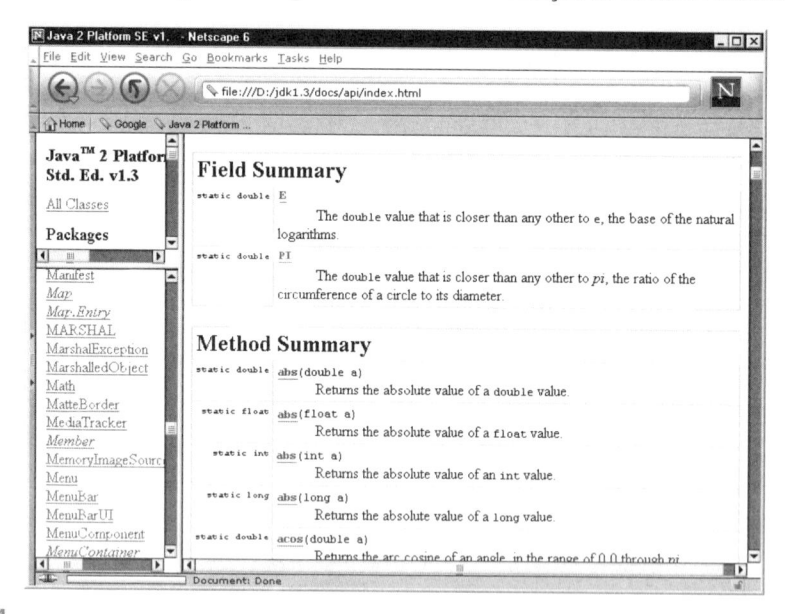

Figura 4

Ajuda *on-line*.

Dica de Qualidade 3.3

Espaço em Branco

O compilador não se importa se você escreve todo seu programa em uma única linha ou coloca cada símbolo em uma linha separada. Mas o leitor humano se importa muitíssimo. Devemos usar linhas em branco para agrupar visualmente nosso código em seções. Por exemplo, podemos sinalizar ao leitor que um *prompt* de saída e o comando de entrada correspondente devem estar juntos, inserindo uma linha em branco antes e depois do grupo. Você encontrará muitos exemplos nas listagens de código-fonte deste livro.

Os espaços em branco dentro das expressões também são importantes. É mais fácil ler

```
x1 = (-b + Math.sqrt(b * b - 4 * a * c)) / (2 * a);
```

do que

```
x1=(-b+Math.sqrt(b*b-4*a*c))/(2*a);
```

Simplesmente coloque espaços em volta de todos os operadores + - * / % =. Entretanto, não coloque espaço após um sinal de menos *unário*: um menos usado para negar uma só quantidade, como em -b. Dessa forma, ele pode ser facilmente distinguido de um menos *binário*, como em a - b. Não coloque espaço entre o nome de um método e os parênteses, mas coloque um espaço depois de toda palavra-chave Java. Isso facilita vermos que o sqrt em Math.sqrt(x) é o nome de um método, enquanto que o if em if (x > 0)... é uma palavra-chave.

Dica de Qualidade 3.4

Fatorar Código Comum

Suponha que queiramos encontrar as duas soluções da equação quadrática $ax^2 + bx + c = 0$. A fórmula quadrática nos diz que as soluções são:

$$x_{1,2} = \frac{-b \pm \sqrt{b^2 - 4ac}}{2a}$$

Em Java, não há nada análogo à operação $\pm$, a qual indica como obter simultaneamente duas soluções. As duas têm de ser calculadas separadamente:

```
x1 = (-b + Math.sqrt(b * b - 4 * a * c)) / (2 * a);
x2 = (-b - Math.sqrt(b * b - 4 * a * c)) / (2 * a);
```

Essa abordagem tem dois problemas. Primeiro, o cálculo de Math.sqrt(b * b - 4 * a * c) é realizado duas vezes, o que gasta tempo. Segundo, sempre que o mesmo código é repetido, a possibilidade de um erro de digitação aumenta. A solução é *fatorar* o código comum:

```
double root = Math.sqrt(b * b - 4 * a * c);
x1 = (-b + root) / (2 * a);
x1 = (-b - root) / (2 * a);
```

Poderíamos ir ainda mais adiante e fatorar o cálculo de 2 * a, mas o ganho em fatorar cálculos muito simples é pequeno demais para valer o esforço.

3.5 Chamando Métodos Estáticos

Na seção anterior encontramos a classe Math, a qual contém uma coleção de métodos úteis para se realizar cálculos matemáticos.

Há uma importante diferença entre os métodos da classe Math, como o método sqrt, e os métodos que vimos até agora (como getTotal ou println). Os métodos getTotal e println, como vimos, operam sobre objetos, tal como myPurse ou System.out. Em contraste, o método sqrt não opera sobre nenhum objeto. Isto é, nós não chamamos

```
double x = 4;
double root = x.sqrt(); // Erro
```

> O método estático não opera sobre objetos.

A razão é que, em Java, os números não são objetos, de modo que nunca podemos invocar um método sobre um número. Assim, passamos o número como um parâmetro explícito para um método, colocando o número entre parênteses após o nome do método. Por exemplo, o valor numérico x pode ser um parâmetro do método do Math.sqrt: Math.sqrt(x).

Essa chamada faz parecer que o método `sqrt` é aplicado a um objeto chamado `Math`, porque `Math` precede `sqrt`, assim como `myPurse` precede `getTotal` na chamada de método `myPurse.getTotal()`. Entretanto, `Math` é uma classe, não um objeto. Um método como `Math.round` que não opera sobre nenhum objeto é chamado de método *estático*. O termo "estático" é uma influência histórica de C e C++ que não tem nada a ver com o significado usual da palavra. Os métodos estáticos não operam sobre objetos, apesar de serem definidos dentro de classes. Temos de especificar a classe a qual o método `sqrt` pertence — portanto a chamada é `Math.sqrt(x)`.

Como sabemos se `Math` é uma classe ou um objeto? Todas as classes da biblioteca Java iniciam com letra maiúscula (como `System`). Objetos e métodos iniciam com letra minúscula (como `out` e `println`). Podemos discernir objetos de métodos porque as chamadas de métodos são seguidas de parênteses. Portanto, `System.out.println()` denota uma chamada do método `println` sobre o objeto `out` dentro da classe `System`. Por outro lado, `Math.sqrt(x)` denota uma chamada ao método `sqrt` dentro da classe `Math`. Esse uso das letras maiúsculas e minúsculas é meramente uma *convenção*, não uma regra da linguagem Java. No entanto, é uma convenção que os autores das bibliotecas de classe Java seguem consistentemente. Você deve fazer o mesmo em seus programas. Se dermos para objetos e para métodos nomes que iniciam com letra maiúscula, provavelmente iremos confundir nossos colegas programadores. Portanto, recomendamos fortemente que você siga essa convenção de padronização de nomes.

> ### Sintaxe 3.2: A Chamada de um Método Estático
> *NomeDaClasse.nomeDoMétodo(parâmetros)*
>
> Exemplo:
>
> `Math.sqrt(4)`
>
> Objetivo:
>
> Invocar um método estático (um método que não opera sobre um objeto) e fornecer seus parâmetros.

3.6 Conversão de Tipos

Quando fazemos uma atribuição de uma expressão para uma variável, os *tipos* da variável e da expressão têm de ser compatíveis. Por exemplo, é um erro atribuir

```
double total = "a lot"; // Erro
```

porque `total` é uma variável de ponto-flutuante e `"a lot"` é um *string*. Entretanto, é legal armazenar uma expressão em inteiros em uma variável `double`:

```
int dollars = 2;
double total = dollars; // OK
```

Em Java, não podemos atribuir uma expressão de ponto-flutuante a uma variável inteira.

```
double total = ...;
int dollars = total; // Erro
```

Temos de converter o valor de ponto-flutuante para inteiro usando uma *coerção*:

```
int dollars = (int)total;
```

> Usamos uma coerção (*nomeDoTipo*) para converter um valor para um tipo diferente.

A coerção `(int)` converte o valor de ponto-flutuante `total` para inteiro. O efeito desta coerção é descartar a parte fracionária. Por exemplo, se `total` é 13.75, então `dollars` recebe o valor 13. Se queremos converter o valor de uma expressão em ponto-flutuante para inteiro, temos de colocar a expressão entre parênteses para garantir que ela seja primeiro calculada:

```
int pennies = (int) (total * 100);
```
Isso é diferente da expressão
```
int pennies = (int) total * 100;
```
Na segunda expressão, `total` é primeiro *convertida* para inteiro e então o inteiro resultante é multiplicado por 100. Por exemplo, se `total` for 13.75 então a primeira expressão calcula `total * 100`, ou 1375, e então converte aquele valor para o inteiro 1375. Na segunda expressão, `total` é primeiramente convertido para o inteiro 13, e então o inteiro é multiplicado por 100, resultando em 1300. Normalmente, queremos aplicar a conversão para inteiro *depois* de todos os outros cálculos, de modo que seus cálculos usem toda a precisão de seus valores de entrada. Isso quer dizer que devemos colocar nossos cálculos entre parênteses e aplicar a coerção à expressão entre parênteses.

Há uma boa razão pela qual temos de usar coerção em Java ao converter um número em ponto-flutuante para um inteiro. A conversão *perde informação*. Temos de confirmar que concordamos com essa perda de informação. Java é bastante estrita quanto a isso. Sempre que houver a possibilidade de haver perda de informação temos de usar uma coerção. Uma coerção sempre tem a forma (*nomeDoTipo*), por exemplo, `(int)` ou `(float)`.

Na verdade, simplesmente usar uma coerção `(int)` para converter um número em ponto-flutuante para inteiro não é sempre uma boa idéia. Vamos considerar o seguinte exemplo:
```
double price = 44.95;
int dollars = (int)price;  // configura dollars para 44
```
O que você queria fazer? Obter o número de dólares do preço? Nesse caso, deixar de lado a parte fracionária é a coisa certa a fazer. Ou você queria obter o valor aproximado em dólares? Então o que você queria fazer é *arredondar para cima quando a parte fracionária é 0.5 ou maior*.

Uma maneira de arredondar para o inteiro mais próximo é acrescentar 0.5 e então fazer a coerção para inteiro:
```
double price = 44.95;
int dollars = (int)(price + 0.5);  // OK para valores positivos
System.out.print("The price is approximately $")
System.out.println(dollars);  // imprime 45
```

> Use o método `Math.round` para arredondar um número em ponto-flutuante para o inteiro mais próximo.

Acrescentar 0.5 e converter para o tipo `int` funciona, porque transforma todos os valores que estão entre 44.50 e 45.4999 ... em 45.

Na verdade, há uma maneira melhor. Simplesmente acrescentar 0.5 funciona bem para números positivos, mas não funciona corretamente para números negativos. Por isso é melhor usar o método `Math.round` da biblioteca Java padrão. Ele funciona tanto para números positivos como negativos. Entretanto, esse método retorna um inteiro `long`, porque números de ponto-flutuante grandes não podem ser armazenados em um `int`. Temos de converter o valor de retorno para `int`:
```
int dollars = (int)Math.round(price);  // melhor
```

Sintaxe 3.3: Coerção

(*nomeDoTipo*) *expressão*

Exemplo:

```
(int)(x + 0.5)
(int)Math.round(100 * f)
```

Objetivo:

Converter uma expressão para um tipo diferente.

Como Fazer 3.1

Realizando Cálculos

Muitos problemas de programação exigem que usemos fórmulas matemáticas para calcular valores. Nem sempre é óbvio transformar o enunciado de um problema em uma seqüência de fórmulas matemáticas e, por fim, em comandos da linguagem de programação Java.

Passo 1 Entenda o problema: Quais são as entradas? Quais são as saídas desejadas?

Por exemplo, suponha que lhes peçam para simular uma máquina de venda de selos postais. O cliente insere dinheiro na máquina. Pressiona o botão "*First class stamps*" (selos para cartas via aérea). A máquina fornece tantos selos quantos o cliente pagou. Um selo para carta via aérea custava 34 centavos de dólar, nos Estados Unidos, quando este livro foi escrito. Finalmente, o cliente pressiona um botão "*Penny stamps*" (selos de 1 centavo) e a máquina dá o troco em selos de 1 centavo.

Nesse problema há uma entrada:

- A quantia em dinheiro que o cliente insere

Há duas saídas desejadas:

- O número de selos para cartas via aérea que a máquina retorna
- O número de selos de 1 centavo que a máquina retorna

Passo 2 Execute exemplos a mão

Este é um passo muito importante. Se você não conseguir calcular algumas soluções à mão, é pouco provável que consiga escrever um programa que automatize esses cálculos.

Vamos supor que um selo para cartas via aérea custe 34 centavos e que o cliente insira $1.00. Isto é o suficiente para dois selos (68 centavos) mas não é suficiente para três selos ($1.02). Portanto, a máquina retorna 2 selos para via aérea e 32 selos de 1 centavo.

Passo 3 Encontre as equações matemáticas que calculem as respostas

Dada uma quantia em dinheiro e o preço de um selo para carta via aérea, como podemos calcular quantos selos podem ser comprados com o dinheiro? Claramente a resposta está relacionada ao quociente

$$\frac{\text{quantia em dinheiro}}{\text{preço do selo para carta via aérea}}$$

Por exemplo, suponha que o cliente pagou $1.00. Use uma calculadora de bolso para calcular o quociente: $1.00/$0.34 = 2.9412.

Como podemos obter "2 selos" a partir de 2.9412? É a parte inteira. Descartando a parte fracionária, obtemos o número inteiro de selos que o cliente comprou.

Em notação matemática,

$$\text{número de selos para cartas via aérea} = \left\lfloor \frac{\text{dinheiro}}{\text{preço do selo para carta via aérea}} \right\rfloor$$

onde $\lfloor x \rfloor$ denota o maior inteiro $\leq x$. Essa função às vezes é chamada de função de base (*floor function*).

Agora sabemos como calcular o número de selos que são fornecidos quando o cliente aperta o botão "*First class stamps*". Quando o cliente recebe os selos, a quantidade de dinheiro é reduzida

▼ pelo valor dos selos comprados. Por exemplo, se o cliente receber dois selos, o restante do dinheiro é $0.32. É a diferença entre $1.00 e 2 ∑ $0.34. A seguir temos a fórmula geral:

▼ dinheiro que sobrou = dinheiro − número de selos para cartas via aérea · preço dos selos para carta via aérea

▼ Quantos selos de 1 centavo o dinheiro que sobrou consegue comprar? Isso é fácil. Se sobraram $0.32, o cliente receberá 32 selos. Em geral, o número de selos de 1 centavo é

▼ número de selos de 1 centavo = 100 · dinheiro que sobrou

▼ Passo 4   **Transforme as equações matemáticas em comandos Java.**

Em Java, podemos calcular a parte inteira de um valor em ponto flutuante não-negativo aplicando uma coerção (int). Portanto, podemos calcular o número de selos para cartas via aérea com o seguinte comando:

```
firstClassStamps =
    (int)(money / FIRST_CLASS_STAMP_PRICE);
money = money -
    firstClassStamps * FIRST_CLASS_STAMP_PRICE;
```

Finalmente, o número de selos de 1 centavo é

```
pennyStamps = 100 * money;
```

Porém, isso não está bem certo. O valor de pennyStamps deveria ser um inteiro, mas o lado direito é um número em ponto flutuante. Portanto, o comando correto é

```
pennyStamps = (int)Math.round(100 * money);
```

▼ Passo 5   **Construa uma classe que realize seus cálculos**

Como Fazer 2.1 explica como desenvolver uma classe encontrando métodos e variáveis de instância. No nosso caso, podemos encontrar três métodos:

- `void insert(double amount)`
- `int giveFirstClassStamps()`
- `int givePennyStamps()`

O estado de uma máquina de vendas pode ser descrito pela quantia em dinheiro que o cliente tem disponível para compras. Portanto, nós fornecemos uma variável de instância, money.

Esta é a implementação:

```
public class StampMachine
{
    public StampMachine()
    {
        money = 0;
    }

    public void insert(double amount)
    {
        money = money + amount;
    }

    public int giveFirstClassStamps()
    {
        int firstClassStamps =
            (int)(money / FIRST_CLASS_STAMP_PRICE);
```

```
            money = money -
               firstClassStamps * FIRST_CLASS_STAMP_PRICE;
            return firstClassStamps;
         }

         public int givePennyStamps()
         {
            int pennyStamps = (int)Math.round(100 * money);
            money = 0;
            return pennyStamps;
         }

         private double money;
         private static final double FIRST_CLASS_STAMP_PRICE =
            0.34;
      }
```

Passo 6 **Teste sua classe**

Execute um programa de testes (ou use o BlueJ) para verificar se os valores que sua classe calcula são os mesmos valores que você calculou a mão. Em nosso exemplo, tente os comandos

```
StampMachine machine = new StampMachine();
machine.insert(1);
System.out.println("First class stamps: " +
   machine.giveFirstClassStamps());
System.out.println("Penny stamps: " +
   machine.givePennyStamps());
```

Verifique se o resultado é

```
First class stamps: 2
Penny stamps: 32
```

Erro Freqüente 3.3

Erros de Arredondamento

Os erros de arredondamento são um fato da vida sempre que calculamos com números de ponto-flutuante. Você provavelmente já se deparou com esse fenômeno ao fazer cálculos a mão. Se calcularmos 1/3 com duas casas decimais, obteremos 0.33. Multiplicando novamente por 3, obteremos 0.99, e não 1.00.

No *hardware* do processador, os números são representados no sistema binário, não em decimal. Ainda obteremos erros de arredondamento quando dígitos binários são perdidos. Eles apenas podem aparecer em lugares diferentes do que esperamos. A seguir temos um exemplo:

```
double f = 4.35;
int n = (int)(100 * f);
System.out.println(n); // imprime 434!
```

Naturalmente, cem vezes 4.35 é 435, mas o programa imprime 434.

Os computadores representam os números no sistema binário (veja o Tópico Avançado 3.4). No sistema binário, não há representação exata para 4.35, assim como não há representação exata para 1/3 no sistema decimal. A representação usada pelo computador é só um pouquinho menor do que 4.35, de modo que 100 vezes esse valor é só um pouquinho menos do que 435. Quando um valor de ponto-flutuante é convertido para inteiro, toda a parte fracionária é descartada, mesmo se ela é quase 1. Como resultado, o inteiro 434 é armazenado em n. Solução: use Math.round para converter números de ponto-flutuante para inteiros:

```
int n = (int)Math.round(100 * f);
```

▼ Observe que o resultado errado do primeiro cálculo *não* foi causado por falta de precisão. O problema está na escolha errada do método de arredondamento. Desprezar a parte fracionária, independentemente de quão próxima esteja de 1, não é um bom método de arredondamento.

Tópico Avançado 3.4

Números Binários

Você está familiarizado com os números *decimais*, os quais usam os dígitos 0, 1, 2, ..., 9. Cada dígito possui um valor, conforme sua posição, de 1, 10, $100 = 10^2$, $1000 = 10^3$, e assim por diante. Por exemplo,

$$435 = 4 \cdot 10^2 + 3 \cdot 10^1 + 5 \cdot 10^0$$

Dígitos fracionários têm seu lugar definido por potências negativas de dez: $0.1 = 10^{-1}$, $0.01 = 10^{-2}$, e assim po diante. Por exemplo,

$$4.35 = 4 \cdot 10^0 + 3 \cdot 10^{-1} + 5 \cdot 10^{-2}$$

Já os computadores usam números binários, os quais só têm dois dígitos (0 e 1) e valores de posição que são potências de 2. Os números binários são mais fáceis para os computadores manipularem, porque é mais fácil construir circuitos lógicos que diferenciem entre "desligado" e "ligado" do que construir circuitos que possam distinguir dez diferentes níveis de tensão.

É fácil transformar um número binário em um número decimal. Simplesmente calcule as potências de dois que correspondem aos "uns" no número binário. Por exemplo,

$$1101 \text{ binário} = 1 \cdot 2^3 + 1 \cdot 2^2 + 0 \cdot 2^1 + 1 \cdot 2^0 = 8 + 4 + 1 = 13$$

Números binários fracionários usam potências negativas de dois. Por exemplo,

$$1.101 \text{ binário} = 1 \cdot 2^0 + 1 \cdot 2^{-1} + 0 \cdot 2^{-2} + 1 \cdot 2^{-3} = 1 + 0.5 + 0.125 = 1.625$$

Converter números decimais em números binários é um pouco mais difícil. Aqui temos um algoritmo que converte um inteiro decimal em seu equivalente binário: vá dividindo o inteiro por 2, observando os restos. Pare quando o número for zero. Escreva então os restos como um número binário, iniciando pelo *último*. Por exemplo,

$100 \div 2 = 50 \text{ resto } 0$
$50 \div 2 = 25 \text{ resto } 0$
$25 \div 2 = 12 \text{ resto } 1$
$12 \div 2 = 6 \text{ resto } 0$
$6 \div 2 = 3 \text{ resto } 0$
$3 \div 2 = 1 \text{ resto } 1$
$1 \div 2 = 0 \text{ resto } 1$

Portanto, 100 em decimal é 1100100 em binário.

Para converter um número fracionário < 1 para seu formato binário, vá multiplicando por 2. Se o resultado for 1, subtraia 1. Pare quando o número for 0. Então use os dígitos antes dos pontos decimais como os dígitos binários da parte fracionária, começando com o *primeiro*. Por exemplo,

$0.35 \cdot 2 = 0.7$
$0.7 \cdot 2 = 1.4$
$0.4 \cdot 2 = 0.8$
$0.8 \cdot 2 = 1.6$
$0.6 \cdot 2 = 1.2$
$0.2 \cdot 2 = 0.4$

Aqui o padrão se repete. Isto é, a representação binária de 0.35 é 0.01 0110 0110 0110 ...

Para converter qualquer número em ponto-flutuante para binário, converta a parte inteira e a parte fracionária separadamente. Por exemplo, 4.35 é 100.01 0110 0110 0110 ... em binário.

Na verdade, você não precisa conhecer números binários para programar em Java, mas às vezes pode ser útil entender um pouco a respeito. Por exemplo, saber que um `int` é representado como um número binário de 32 *bits* explica porque o maior inteiro que podemos representar em Java é 0111 1111 1111 1111 1111 1111 1111 1111 binário = 2.147.483.647 decimal. O primeiro *bit* é o *bit* de sinal, o qual está desligado no caso de valores positivos.

Para converter um inteiro em sua representação binária, podemos usar o método estático `toString` da classe `Integer`. A chamada `Integer.toString(n, 2)` retorna um *string* com os dígitos binários do inteiro n. Inversamente, podemos converter um *string* contendo dígitos binários em um inteiro com a chamada `Integer.parseInt(digitString, 2)`. Nessas duas chamadas de métodos, o segundo parâmetro denota a base do sistema numérico. Pode ser qualquer número entre 0 e 36. Podemos usar esses dois métodos para converter entre *inteiros* decimais e binários. Entretanto, a biblioteca Java não possui um método conveniente para fazer o mesmo com números de ponto-flutuante.

Agora você pode ver porque tivemos de enfrentar um erro de arredondamento ao calcular 100 vezes 4,35, em Erro Comum 3.3. Se realizarmos realmente a multiplicação longa, obteremos:

1 1 0 0 1 0 0 * 1 0 0.0 1|0 1 1 0|0 1 1 0|0 1 1 0 ...

    1 0 0.0 1|0 1 1 0|0 1 1 0|0 1 1 0 ...
     1 0 0.0 1|0 1 1 0|0 1 1 0|0 1 1 ...
      0
       0
        1 0 0.0 1|0 1 1 0|0 1 1 0 ...
         0
          0

1 1 0 1 1 0 0 1 0.1 1 1 1 1 1 1 1 ...

Isto é, o resultado é 434, seguido de um número infinito de 1s. A parte fracionária do produto é o equivalente binário de uma fração decimal infinita 0,999999..., a qual é igual a 1. Mas a CPU só consegue armazenar um número finito de 1s, e ela os descarta todos ao converter o resultado para inteiro.

3.7 Strings

> Um *string* é uma seqüência de caracteres. Os *strings* são objetos da classe `String`.

Depois dos números, os *strings* são os tipos de dados mais importantes que a maioria dos programas usa. Um *string* é uma seqüência de caracteres, como `"Hello, World!"`. Em Java, *strings* ficam entre aspas, as quais não são, elas mesmas, parte do *string*. Observe que, diferentemente dos números, os *strings* são objetos. Sabemos que `String` é o nome de uma classe porque começa com letra maiúscula. Os tipos básicos `int` e `double` iniciam com letra minúscula. O número de caracteres em um *string* é chamado de o *comprimento* do *string*. Por exemplo, o comprimento de `"Hello, World!"` é 13. Podemos calcular o comprimento de um *string* com o método `length`.

```
int n = message.length();
```

Um *string* de comprimento zero, que não contém caracteres, é chamado de *string vazio* e é escrito assim `""`.

No Capítulo 2 já vimos como juntar *strings* para formar um *string* mais longo.

```
String name = "Dave";
String message = "Hello, " + name;
```

> Os *strings* podem ser concatenados, isto é, colocados um após o outro para produzir um novo *string* mais longo.
> A concatenação de *strings* é indicada pelo operador +.

O operador + concatena dois *strings*. O operador de concatenação de Java é muito poderoso. Se *uma das expressões,* seja a da esquerda ou a da direita de um operador + for um *string*, então a outra é automaticamente forçada a também se tornar um *string*, e os dois *strings* são concatenados.

Por exemplo, considere o seguinte código:

```
String a = "Agent";
int n = 7;
String bond = a + n;
```

> Sempre que um dos argumentos do operador + é um *string*, o outro argumento é convertido para um *string*.

Como a é um *string*, n é convertido do inteiro 7 para o *string* "7". Então os dois *strings* "Agent" e "7" são concatenados para formar o *string* "Agent7".

Essa concatenação é muito útil para reduzir o número de instruções `System.out.print`. Por exemplo, podemos combinar

```
System.out.print("The total is ");
System.out.println(total);
```

para a chamada única

```
System.out.println("The total is " + total);
```

> Se um *string* contém os dígitos de um número, usamos o método `Integer.parseInt` ou o método `Double.parseDouble` para obter o valor do número.

A concatenação `"The total is " + total` calcula um único *string* que consiste no *string* `"The total is "`, seguido do *string* equivalente ao número `total`.

Às vezes temos um *string* que contém um número, geralmente de uma entrada de usuário. Por exemplo, suponha que a variável *string* `input` tenha o valor `"19"`. Para obter o valor inteiro 19, usamos o método estático `parseInt` da classe `Integer`.

```
int count = Integer.parseInt(input);
    // count é o inteiro 19
```

Para converter um *string* que contenha dígitos de ponto-flutuante ao seu valor de ponto-flutuante, use o método estático `parseDouble` da classe `Double`. Por exemplo, suponha que `input` seja o *string* `"3.95"`.

```
double price = Double.parseDouble(input);
    // price é o número em ponto-flutuante 3.95
```

Os métodos `toUpperCase` e `toLowerCase` fazem *strings* apenas com caracteres maiúsculos ou apenas com caracteres minúsculos. Por exemplo,

```
String greeting = "Hello";
System.out.println(greeting.toUpperCase());
System.out.println(greeting.toLowerCase());
```

Esse segmento de código imprime `HELLO` e `hello`. Observe que os métodos `toUpperCase` e `toLowerCase` não mudam o objeto original `greeting` da classe `String`. Eles devolvem novos objetos `String` que contém as versões maiúscula e minúscula do *string* original. De fato, *nenhum método de* `String` modifica o objeto *string* sobre o qual eles operam. Por essa razão, os *strings* são chamados de objetos *imutáveis*.

O método `substring` calcula *substrings* de um *string*. A chamada

```
s.substring(start, pastEnd)
```

> Use o método `substring` para extrair uma parte de um *string*.

retorna um *string* composto pelos caracteres no *string* `s`, iniciando no caractere `start`, e contendo todos os caracteres até, mas não incluindo, o caractere `pastEnd`. A seguir temos um exemplo:

```
String greeting = "Hello, World!";
String sub = greeting.substring(0, 4);
// sub é "Hell"
```

> As posições em um *string* são contadas iniciando-se em 0.

A operação substring cria um *string* que consiste em quatro caracteres tirados do *string* greeting. Um aspecto curioso da operação substring é a numeração das posições de início e de fim. A posição de início 0 significa "inicie no começo do *string*". Por razões técnicas, no passado isso era importante, mas hoje não é mais relevante; em Java os números das posições em um *string* iniciam em 0. A primeira posição do *string* é rotulada 0, a segunda 1, e assim por diante. Por exemplo, a Figura 5 mostra os números de posição no *string* greeting.

O número da posição do último caractere (12 no caso do *string* "Hello, World!") é sempre um a menos do que o comprimento do *string*.

Vamos ver como podemos extrair o *substring* "World". Conte os caracteres iniciando em 0, não em 1. Descobrimos então que W, o oitavo caractere, tem a posição número 7. O primeiro caractere, que *não* queremos, !, é o caractere na posição 12 (veja a Figura 6). Portanto, o comando adequado de *substring* é

```
String w = greeting.substring(7, 12);
```

É curioso termos de especificar a posição do primeiro caractere que realmente queremos e então o primeiro caractere que não queremos. Há uma vantagem para essa abordagem. Podemos facilmente calcular o *comprimento* do *substring*: é pastEnd - start. Por exemplo, o *string* "World" tem o comprimento 12 – 7 = 5.

Se omitirmos o segundo parâmetro do método substring, então todos os caracteres desde a posição de início até o fim do *string* são copiados. Por exemplo,

```
String tail = greeting.substring(7);
    // copia todos os caracteres desde a posição 7 em diante
```

configura tail para o *string* "World!".

Tópico Avançado 3.5

Formatando Números

O formato *default* para imprimir números nem sempre é o que gostaríamos. Por exemplo, considere o seguinte segmento de código:

```
int quarters = 2;
int dollars = 3;
double total = dollars + quarters * 0.25; // o preço é 3.5
final double TAX_RATE = 8.5; // taxa percentual de imposto
double tax = total * TAX_RATE / 100; // tax é 0.2975
System.out.println("Total: $" + total);
System.out.println("Tax: $" + tax);
```

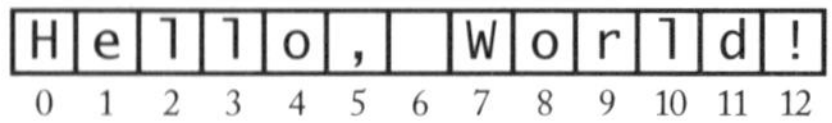

Figura 5
Posições em um *string*.

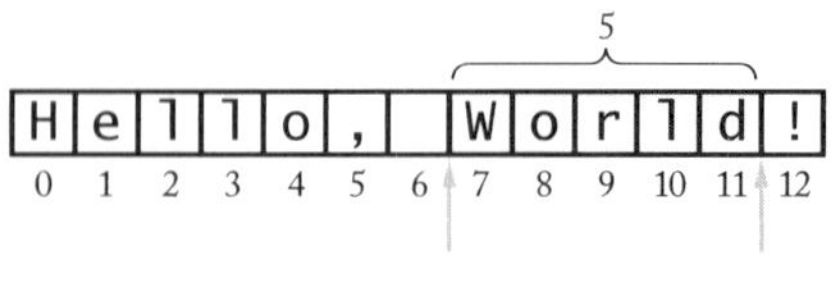

Figura 6
Extraindo um *substring*.

▼ A saída é

```
Total:   $3.5
Tax:     $0.2975
```

Você pode preferir que os números sejam impressos com duas casas depois da vírgula (ponto decimal), assim:

```
Total:   $3.50
Tax:     $0.30
```

Podemos conseguir isso com a classe `NumberFormat` do pacote `java.text`. Primeiro temos de usar o método estático `getNumberInstance` para obter um objeto `NumberFormat`. Então configuramos o número máximo de dígitos fracionários para 2:

```
NumberFormat formatter =
    NumberFormat.getNumberInstance();
formatter.setMaximumFractionDigits(2);
```

Então os números serão arredondados para dois dígitos. Por exemplo, 0.2875 será convertido para o *string* `"0.29"`. Por outro lado, 0.2975 será convertido para `"0.3"`, e não `"0.30"`. Se quisermos também os zeros à direita da vírgula, *também* temos de configurar o número mínimo de dígitos fracionários para 2:

```
formatter.setMinimumFractionDigits(2);
```

Daí usamos o método `format` daquele objeto. O resultado é um *string* que podemos imprimir.

```
formatter.format(tax)
```

retorna o *string* `"0.30"`. O comando

```
System.out.println("Tax: $" + formatter.format(tax));
```

arredonda o valor de `tax` para dois dígitos depois da vírgula e imprime: `Tax: $0.30`.

O formatador de "instância numérica" é útil porque nos permite imprimir números com quantos dígitos fracionários quisermos. Se somente desejamos imprimir um valor monetário, o método `getCurrencyInstance` da classe `NumberFormat` gera um formatador mais conveniente. O formatador de "instância monetária" gera *strings* de valores monetários, com o símbolo monetário local (como $ nos Estados Unidos) e o número adequado de dígitos depois da vírgula (por exemplo, dois dígitos nos Estados Unidos).

```
NumberFormat formatter = NumberFormat.getCurrencyInstance();
System.out.print(formatter.format(tax));
    // imprime "$0.30"
```

3.8 Leitura de Entradas

Os programas Java que você criou até aqui construíram objetos, chamaram métodos, imprimiram resultados e terminaram. Não eram interativos e não recebiam entradas do usuário. Nesta seção, aprenderemos um método para ler entradas do usuário.

> O método `JOptionPane.showInputDialog` solicita que o usuário forneça um *string* de entrada.

A classe `JOptionPane` possui um método estático `showInputDialog` que exibe um diálogo de entrada (veja a Figura 7). O usuário pode digitar qualquer *string* no campo de entrada e clicar no botão "OK". Em seguida o método `showInputDialog` retorna o *string* que o usuário digitou. Você deve capturar a entrada do usuário em uma variável do tipo *string*. Por exemplo,

```
String input =
    JOptionPane.showInputDialog("How many nickels do you have?");
```

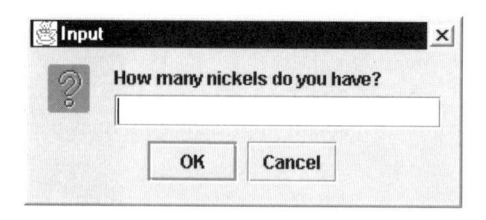

Figura 7
Um diálogo de entrada.

Freqüentemente queremos a entrada como um número, não como um *string*. Use os métodos `Integer.parseInt` e `Double.parseDouble` para converter o *string* em um número:

```
int count = Integer.parseInt(input);
```

Se o usuário não digitar um número, o método `parseInt` *dispara uma exceção*. A exceção é a maneira como o método indica uma situação de erro. No Capítulo 15 veremos como tratar exceções. Até lá, iremos depender simplesmente do mecanismo padrão para tratamento de exceções. Esse mecanismo encerra o programa com uma mensagem de erro.

```
Exception in thread "main"
java.lang.NumberFormatException: x
        at java.lang.Integer.parseInt(Unknown Source)
        at java.lang.Integer.parseInt(Unknown Source)
        at InputTest.main(InputTest.java:10)
```

> Para encerrar um programa que tenha uma interface gráfica com o usuário temos de chamar `System.exit(0)`.

Essa prática não deixa seus programas muito amigáveis. Simplesmente teremos de esperar até o Capítulo 15 para deixar os programas "à prova de falhas". Por enquanto, vamos assumir que o usuário realmente digita um número quando isto lhe é solicitado. Uma vez que os usuários de seus primeiros programas provavelmente serão você mesmo, seu instrutor e seu colega, isso não será um problema.

Finalmente, sempre que chamarmos `JOptionPane.showInputDialog` em nossos programas, precisaremos acrescentar uma linha

```
System.exit(0)
```

ao final de nosso método `main`. O método `showInputDialog` inicia uma *thread* de interface com o usuário para manipular entradas do usuário. Quando o método `main` chega ao final, essa *thread* ainda estará sendo executada e seu programa não irá terminar automaticamente. Para forçar o programa a terminar, você precisa chamar o método `exit` da classe `System`. O parâmetro do método `exit` é o código de *status* do programa. Um código 0 denota término com sucesso, assim, podemos usar os códigos de *status* diferentes de zero para denotar várias situações de erro.

A seguir temos um exemplo de uma classe de testes que recebe entradas de usuário. Essa classe testa a classe `Purse` e permite ao usuário fornecer as quantidades de moedas de 5 (*nickels*), 10 (*dimes*), e 25 (*quarters*) centavos.

Arquivo InputTest.java

```
1  import javax.swing.JOptionPane;
2
3  /**
4       Este programa testa a leitura de dados com um diálogo de entrada.
5  */
6  public class InputTest
7  {
```

```
 8      public static void main(String[] args)
 9      {
10         Purse myPurse = new Purse();
11
12         String input = JOptionPane.showInputDialog(
13            "How many nickels do you have?");
14         int count = Integer.parseInt(input);
15         myPurse.addNickels(count);
16
17         input = JOptionPane.showInputDialog(
18            "How many dimes do you have?");
19         count = Integer.parseInt(input);
20         myPurse.addDimes(count);
21
22         input = JOptionPane.showInputDialog(
23            "How many quarters do you have?");
24         count = Integer.parseInt(input);
25         myPurse.addQuarters(count);
26
27         double totalValue = myPurse.getTotal();
28         System.out.println("The total is " + totalValue);
29
30         System.exit(0);
31      }
32   }
```

Reconhecemos que o programa não é muito elegante. Ele abre três caixas de diálogo para coletar dados de entrada e então exibe a saída na janela da console. No Capítulo 12 iremos ver como escrever programas com interfaces gráficas com o usuário mais sofisticadas.

Dica de Produtividade 3.3

Decifrando Relatórios de Excessão

Freqüentemente você terá programas que terminam e exibem uma mensagem de erro do tipo

```
Exception in thread "main" java.lang.NumberFormatException: x
      at java.lang.Integer.parseInt(Unknown Source)
      at java.lang.Integer.parseInt(Unknown Source)
      at InputTest.main(InputTest.java:10)
```

Um número incrível de alunos simplesmente desiste nesse ponto, dizendo "não funcionou", ou "meu programa deu pau", sem ler uma única vez a mensagem de erro. Reconhecemos que o formato do relatório de exceção não é muito amigável, mas na verdade, é fácil decifrá-lo.

Ao fazer um exame mais minucioso da mensagem de erro, você notará duas informações úteis:

1. O nome da exceção, como `NumberFormatException`

2. O número da linha do código que continha a instrução que causou a exceção, como `InputTest.java:10`

O nome da exceção sempre está na primeira linha do relatório e termina em `Exception`. Se obtivermos uma exceção `NumberFormatException`, então houve um problema com o formato de algum número. Isso é uma informação útil.

O número da linha do código onde ocorreu o problema é um pouco mais difícil de determinar. O relatório da exceção contém todo o *rastreamento da pilha* — isto é, os nomes de todos os métodos que estavam pendentes quando ocorreu a exceção. A primeira linha do rastreamento da pilha é o método que realmente gerou a exceção. A última linha do rastreamento da pilha é uma linha em `main`. Freqüentemente, a exceção é disparada por um método que está na biblioteca padrão. Veja qual é a primeira linha no *seu código* que aparece no relatório de exceção. Por exemplo, pule as linhas que se referem a

```
java.lang.Integer.parseInt(Unknown Source).
```

Uma vez que você tenha o número da linha no seu código, abra o arquivo, vá para aquela linha e verifique-a! Na grande maioria dos casos, saber o nome da exceção e a linha que a causou deixa completamente óbvio o que deu errado e facilmente podemos consertar o erro.

TA Tópico Avançado   3.6
Leitura de Entradas da Console

Acabamos de ver como podemos ler dados de entrada a partir de um diálogo de entrada. Reconhecemos que é um pouco estranho abrir caixas de diálogo para cada entrada. Alguns programadores preferem ler os dados de entrada a partir da janela da console. A entrada pela console tem uma grande vantagem. Como veremos no Capítulo 6, podemos colocar todos nossos *strings* de entrada em um arquivo e redirecionar a entrada da console para ler a partir de um arquivo. Essa é uma grande de ajuda para testar programas. Porém, entrada pela console é um tanto complicado de se programar. Esta nota explica os detalhes.

A entrada da console lê a partir do objeto `System.in`. Contudo, diferentemente de `System.out`, que foi preparado para imprimir números e *strings*, `System.in` só consegue ler *bytes*. A entrada do teclado consiste de caracteres. Para obter um leitor de caracteres, temos de transformar `System.in` em um objeto `InputStreamReader`, assim:

```
InputStreamReader reader =
    new InputStreamReader(System.in);
```

> Empacote `System.in` em um `BufferedReader` para ler entradas a partir da janela da console.

Um leitor de fluxo de entrada (*streams*) consegue ler caracteres, mas não consegue ler um *string* inteiro de uma vez. Isso se torna bem inconveniente — você não iria gostar de montar cada linha de entrada a partir de seus caracteres individuais. A fim de superar essa limitação, podemos transformar um leitor de fluxo de entrada em um objeto `BufferedReader`:

```
BufferedReader console =
    new BufferedReader(reader);
```

Se preferirmos, podemos combinar os dois construtores:

```
BufferedReader console = new BufferedReader(
    new InputStreamReader(System.in));
```

Agora usamos o método `readLine` para ler uma linha de entrada, assim:

```
System.out.println(
    "How many nickels do you have?");
String input = console.readLine();
int count = Integer.parseInt(input);
```

> Ao chamar o método `readLine` da classe `BufferedReader`, temos de rotular os métodos de chamada com `throws IOException`.

Ainda resta um problema. Quando houver problema com a leitura da entrada, o método `readLine` gera uma exceção, assim como o faz o método `parseInt` quando lhe passamos um *string* que não corresponde a um inteiro. Entretanto, o método `readLine` gera uma exceção `IOException`, que é uma *exceção verificada*, um tipo de exceção mais severa que a exceção `NumberFormatException` que o método `parseInt` gera. O compilador

Java insiste que seja executado um dos seguintes passos quando chamamos um método que pode disparar uma exceção verificada.

1. Tratar a exceção. Veremos como fazer isso no Capítulo 15
2. Declarar que você não está tratando a exceção. Então você precisa indicar que seu método pode causar uma exceção verificada porque ele chama outro método, o qual pode causar essa exceção. Fazemos isso rotulando nosso método com um especificador `throws`, assim:

```
public static void main(String[] args) throws IOException
```

ou

```
public void readInput(BufferedReader reader) throws IOException
```

Não há nenhum constrangimento em admitir que nosso método pode disparar uma exceção verificada — trata-se apenas de ser honesto. Naturalmente, em um programa profissional, temos de tratar todas as exceções em algum lugar, e o método `main` não irá disparar nenhuma exceção. Você terá de esperar pelo Capítulo 15 para saber mais detalhes.

Depois desta nota há outra versão do programa de testes da classe `Purse`, desta vez lendo a entrada a partir da console. A Figura 8 mostra uma execução típica do programa.

Arquivo ConsoleInputTest.java

```
 1  import java.io.BufferedReader;
 2  import java.io.InputStreamReader;
 3  import java.io.IOException;
 4
 5  /**
 6       Este programa testa entradas a partir de uma janela da console.
 7  */
 8  public class ConsoleInputTest
 9  {
10      public static void main(String[] args) throws IOException
```

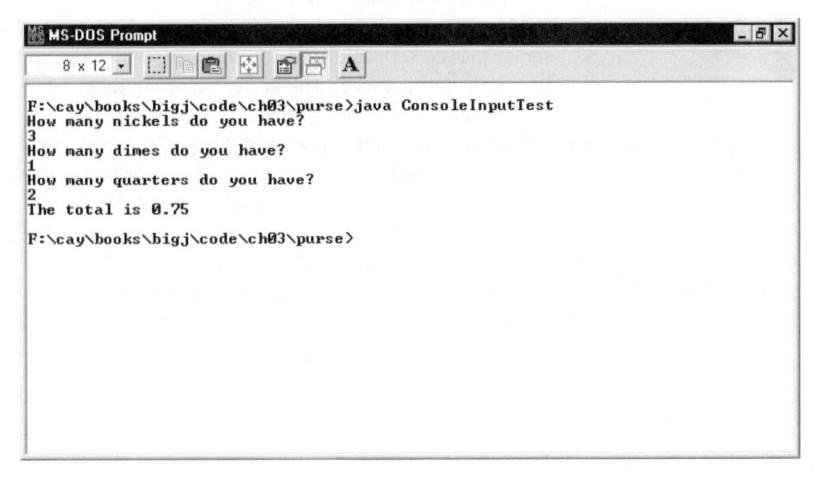

Figura 8

Lendo dados de entrada a partir da console.

```
11      {
12         Purse myPurse = new Purse();
13
14
15         BufferedReader console = new BufferedReader(
16            new InputStreamReader(System.in));
17         System.out.println(
18            "How many nickels do you have?");
19         String input = console.readLine();
20         int count = Integer.parseInt(input);
21         myPurse.addNickels(count);
22
23         System.out.println("How many dimes do you have?");
24         input = console.readLine();
25         count = Integer.parseInt(input);
26         myPurse.addDimes(count);
27
28         System.out.println(
29            "How many quarters do you have?");
30         input = console.readLine();
31         count = Integer.parseInt(input);
32         myPurse.addQuarters(count);
33
34         double totalValue = myPurse.getTotal();
35         System.out.println("The total is " + totalValue);
36
37         System.exit(0);
38      }
39   }
```

3.9 Caracteres

> Um valor do tipo char representa um único caractere. Constantes de caracteres aparecerem entre aspas simples.

Os *strings* são compostos por caracteres individuais. Caracteres são valores do tipo char. Uma variável do tipo char pode conter apenas um único caractere.

Constantes de caracteres se parecem com constantes de *strings*, exceto pelo fato de que as constantes de caracteres são delimitadas por aspas simples: 'H' é um caractere, "H" é um *string* que contém um único caractere. Podemos usar seqüências de escape (veja o Tópico Avançado 1.1) dentro de constantes de caracteres. Por exemplo, '\n' é um caractere de nova linha, e '\u00E9' corresponde ao caractere *é*. Os valores das constantes de caracteres que são usadas nas línguas européias ocidentais podem ser encontrados no Apêndice A3.

Os caracteres possuem valores numéricos. Por exemplo, se você examinar o Apêndice A3, poderá ver que, na verdade, o caractere 'H' está codificado como o número 72.

O método charAt da classe String retorna um caractere a partir de um *string*. Assim como no caso do método substring, as posições no *string* são contadas iniciando em zero. Por exemplo, o comando

```
String greeting = "Hello";
char ch = greeting.charAt(0);
```

configura ch com o caractere 'H'.

Fato Histórico 3.2

Alfabetos Internacionais

O alfabeto inglês é muito simples: letras maiúsculas e minúsculas de *a* até *z*. Outras línguas européias têm acentos e caracteres especiais. Por exemplo, o alemão possui três caracteres com trema (ä, ö, ü) e um caractere de duplo *s* (ß). Esses caracteres não são enfeites opcionais; não poderíamos escrever uma página de texto em alemão sem usar esses caracteres algumas vezes. Os teclados dos computadores alemães têm teclas para esses caracteres (veja a Figura 9).

Isso traz um problema para usuários e projetistas de computadores. O padrão americano de codificação de caracteres (chamado ASCII, cuja sigla é *American Standard Code for Information Interchange*) especifica 128 códigos: 52 caracteres em letras maiúsculas e minúsculas, 10 dígitos, 32 símbolos tipográficos e 34 caracteres de controle (como espaço, nova linha e outros 32 para controlar impressoras e outros dispositivos). O trema e o *s* duplo não estão entre eles. Alguns sistemas de processamento de dados alemães substituem os caracteres ASCII raramente usados pelas letras alemãs: [\ ] { | } ~ são substituídos por Ä Ö Ü ä ö ü ß.

A maioria das pessoas consegue viver sem aqueles caracteres ASCII, mas os programadores que usam Java definitivamente não conseguem. Outras abordagens de codificação aproveitam o fato de que um *byte* pode codificar 256 caracteres diferentes, mas apenas 128 estão padronizados por ASCII. Infelizmente, há muitos padrões incompatíveis em relação aos 128 caracteres restantes, como aqueles usados pelos sistemas operacionais Windows e Macintosh, gerando uma certa irritação entre usuários europeus de computadores e seus correspondentes de correio eletrônico americanos.

Muitos países não usam nada da escrita romana. As letras russas, gregas, hebraicas, árabes e tailandesas, para citar apenas algumas, têm formas completamente diferentes (veja a Figura 10). Para complicar as coisas, textos em hebraico e árabe são escritos da direita para a esquerda em vez de ser da esquerda para a direita, e muitas dessas línguas possuem caracteres que são empilhados acima ou abaixo de outros caracteres, como aqueles marcados com um círculo pontilhado na Figura 10 em tailandês. Cada um desses alfabetos possui entre 30 e 100 letras e os países que os usam estabeleceram padrões de codificação para eles.

A situação é muito mais dramática em línguas que usam o alfabeto chinês: os dialetos chineses, o japonês e o coreano. A escrita chinesa não usa letras, mas *ideogramas* — um caractere representa uma idéia ou coisa, em vez de um único som. Veja a Figura 11, você consegue identificar os caracteres para sopa, galinha e *wonton*? A maioria das palavras é composta de um, dois ou três desses ideogramas. São conhecidos mais de 50 000 ideogramas, dos quais cerca de 20 000 estão em uso ativo. Portanto, são necessários dois *bytes* para codificá-los. China, Taiwan, Japão e Coréia têm padrões de codificação incompatíveis para esses ideogramas. A escrita japonesa e a coreana usam uma mistura de caracteres silábicos regionais com ideogramas chineses.

Figura 9

Teclado alemão.

As inconsistências entre codificações de caracteres têm sido um dos grandes problemas tanto para a comunicação eletrônica internacional como para os fabricantes de *software* competindo por um mercado globalizado. Entre 1988 e 1991 um consórcio de fabricantes de *hardware* e *software* desenvolveu um esquema de codificação uniforme de 16 *bits* chamado *Unicode,* o qual consegue codificar texto em quase todas as línguas escritas do mundo (veja a referência [1]). Foram dados códigos para cerca de 39.000 caracteres, incluindo 21.000 ideogramas chineses. Um código de 16 *bits* pode incorporar 65.000 códigos, de modo que há amplo espaço para expansão. Versões futu-

Figura 10

O alfabeto tailandês.

					CLASSIC SOUPS	Sm.	Lg.
清	燉	雞	湯	57.	House Chicken Soup (Chicken, Celery, Potato, Onion, Carrot)	1.50	2.75
雞	飯		湯	58.	Chicken Rice Soup	1.85	3.25
雞	麵		湯	59.	Chicken Noodle Soup	1.85	3.25
廣	東	雲	吞	60.	Cantonese Wonton Soup....................................	1.50	2.75
蕃	茄	蛋	湯	61.	Tomato Clear Egg Drop Soup	1.65	2.95
雲		吞	湯	62.	Regular Wonton Soup	1.10	2.10
酸		辣	湯	63.	Hot & Sour Soup	1.10	2.10
蛋		花	湯	64.	Egg Drop Soup..	1.10	2.10
雲		蛋	湯	65.	Egg Drop Wonton Mix	1.10	2.10
豆	腐	菜	湯	66.	Tofu Vegetable Soup	NA	3.50
雞	玉	米	湯	67.	Chicken Corn Cream Soup	NA	3.50
蟹	肉玉	米	湯	68.	Crab Meat Corn Cream Soup........................	NA	3.50
海		鮮	湯	69.	Seafood Soup...	NA	3.50

Figura 11
Menu com caracteres chineses.

ras do padrão serão capazes de codificar alfabetos como os hieróglifos egípcios e o antigo alfabeto utilizado na ilha de Java.

Todos os caracteres Unicode podem ser armazenados em *strings* Java, mas quais deles podem realmente ser exibidos depende de seu sistema computacional.

3.10 Comparando Tipos Primitivos com Objetos

> Variáveis numéricas armazenam valores. Variáveis de objeto contêm referências.

> A cópia de uma referência a um objeto é outra referência ao mesmo objeto.

Em Java, todo valor é ou um tipo primitivo ou uma referência a um objeto. Tipos primitivos são números (tais como `int`, `double`, `char`, e os outros tipos numéricos listados no Tópico Avançado 3.2) e o tipo `boolean` que encontraremos no Capítulo 5. Há uma diferença importante entre tipos primitivos e objetos em Java. Variáveis de tipos primitivos armazenam valores, mas variáveis de objeto não contêm objetos — elas contêm referências a objetos. Podemos ver a diferença ao fazer uma cópia de uma variável. Quando copiamos um valor de tipo primitivo, o original e a cópia do número são valores independentes. Mas quando copiamos uma referência a um objeto, tanto o original como a cópia são referências ao mesmo objeto.

Vamos considerar o seguinte código, que copia um número e então adiciona uma quantia à cópia (veja a Figura 12):

```
double balance1 = 1000;
double balance2 = balance1; // veja a Figura 12
balance2 = balance2 + 500;
```

Agora a variável `balance1` contém o valor 1000, e `balance2` contém 1500.

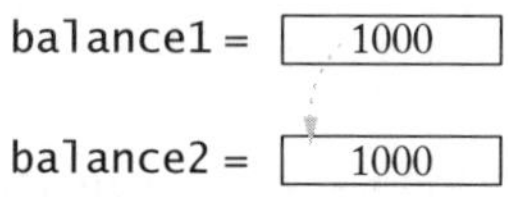

```
balance1 = [ 1000 ]

balance2 = [ 1000 ]
```

Figura 12
Copiando números.

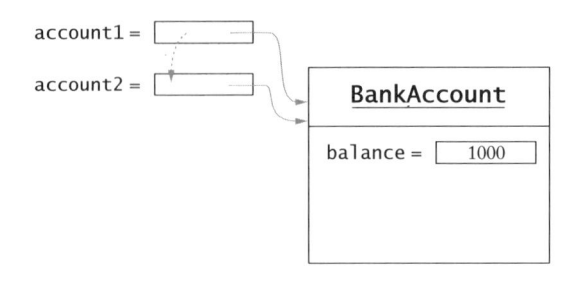

Figura 13
Copiando referências a objetos.

Agora considere o código aparentemente análogo com objetos do tipo `BankAccount`.

```
BankAccount account1 = new BankAccount(1000);
BankAccount account2 = account1; // veja a Figura 13
account2.deposit(500);
```

Diferentemente do código anterior, agora tanto `account1` como `account2` têm um saldo de $1500.

O que podemos fazer se realmente necessitarmos fazer uma cópia verdadeira de um objeto — isto é, um novo objeto cujo conteúdo seja idêntico a um objeto existente? Como veremos no Capítulo 13, podemos definir um método `clone` em nossas classes para fazer tal cópia. Mas enquanto isso, simplesmente teremos de construir um novo objeto:

```
BankAccount account2 = new
    BankAccount(account1.getBalance());
```

Os *strings* são objetos; portanto se copiarmos uma variável `String`, obteremos duas referências ao mesmo objeto *string*. Entretanto, diferentemente de contas bancárias, *strings* são *imutáveis*. Nenhum dos métodos da classe `String` muda o estado de um objeto `String`. Assim, não há nenhum problema em se compartilhar referências a *strings*.

Resumo do Capítulo

1. O tipo `int` representa inteiros: números sem parte fracionária.
2. A atribuição a uma variável não é o mesmo que uma igualdade matemática.
3. Os operadores `++` e `--` incrementam e decrementam uma variável.
4. Uma variável `final` é uma constante. Uma vez que seu valor tenha sido inicializado, ele não pode ser mudado.
5. Use constantes com nome para tornar seus programas mais fáceis de ler e manter.
6. Se ambos os argumentos do operador / forem inteiros, o resultado é um inteiro e o resto é desprezado.
7. O operador `%` calcula o resto de uma divisão.
8. A classe `Math` contém os métodos `sqrt` e `pow` para calcular a raiz quadrada e potências.
9. Um método `static` não opera sobre um objeto.
10. Usamos uma coerção (*nomeDoTipo*) para converter um valor em um tipo diferente.

11. Use o método `Math.round` para arredondar um número de ponto flutuante para o inteiro mais próximo.

12. Um *strings* é uma seqüência de caracteres. Os *strings* são objetos da classe `String`.

13. *Strings* podem ser concatenados, isto é, colocados um ao lado do outro para produzir um novo *string* mais longo. A concatenação de *strings* é indicada pelo operador +.

14. Sempre que um dos argumentos do operador + for um *string*, o outro argumento é convertido em um *string*.

15. Se um *string* contiver os dígitos de um número, usamos o método `Integer.parseInt` ou o método `Double.parseDouble` para obter o valor do número.

16. Use o método `substring` para extrair uma parte de um *string*.

17. A contagem das posições em um *string* inicia em 0.

18. O método `JOptionPane.showInputDialog` solicita ao usuário um *string* de entrada.

19. Temos de chamar `System.exit(0)` para encerrar um programa que possua uma interface gráfica com o usuário (GUI).

20. Empacote `System.in` dentro de um `BufferedReader` para ler entradas da janela da console.

21. Ao chamar o método `readLine` da classe `BufferedReader`, temos de rotular os métodos chamadores com `throws IOException`.

22. Um valor `char` denota um único caractere. Constantes de caracteres estão entre aspas simples.

23. Variáveis numéricas contêm valores. Variáveis de objeto contêm referências.

24. A cópia de uma referência a um objeto é outra referência ao mesmo objeto.

Leitura Adicional

[1] http://www.unicode.org/ *site* do consórcio Unicode. Contém tabelas de caracteres que mostram os valores Unicode de caracteres para muitos alfabetos.

Classes, Objetos e Métodos Introduzidos neste Capítulo

```
java.io.BufferedReader
    readLine
java.io.InputStreamReader
java.lang.Double
    parseDouble
    toString
java.lang.Integer
    parseInt
    toString
    MAX_VALUE
    MIN_VALUE
java.lang.Math
```

```
E
PI
abs
acos
asin
atan
atan2
ceil
cos
exp
floor
log
max
min
pow
round
sin
sqrt
tan
toDegrees
toRadians
java.lang.String
   length
   substring
   toLowerCase
   toUpperCase
java.lang.System
   exit
   in
java.math.BigDecimal
   add
   divide
   multiply
   subtract
java.math.BigInteger
   add
   divide
   multiply
   subtract
java.text.NumberFormat
   format
   getCurrencyInstance
   getNumberInstance
   setMaximumFractionDigits
   setMinimumFractionDigits
javax.swing.JOptionPane
   showInputDialog
```

Exercícios de Revisão

Exercício R3.1. Escreva as seguintes expressões matemáticas em Java.

$$s = s_0 + v_0 t + \frac{1}{2} g t^2$$

$$G = 4\pi^2 \frac{a^3}{P^2(m_1 + m_2)}$$

$$FV = PV \cdot \left(1 + \frac{INT}{100}\right)^{YRS}$$

$$c = \sqrt{a^2 + b^2 - 2ab\cos\gamma}$$

Exercício R3.2. Escreva as seguintes expressões Java em notação matemática.

```
dm = m * ((Math.sqrt(1 + v / c) / Math.sqrt(1 - v / c)) - 1);
volume = Math.PI * r * r * h;
volume = 4 * Math.PI * Math.pow(r, 3) / 3;
p = Math.atan2(z, Math.sqrt(x * x + y * y));
```

Exercício R3.3. O que há de errado com esta versão da fórmula de Báscara?

```
x1 = (-b - Math.sqrt(b * b - 4 * a * c)) / 2 * a;
x2 = (-b + Math.sqrt(b * b - 4 * a * c)) / 2 * a;
```

Exercício R3.4. Dê um exemplo de estouro de inteiro. O mesmo exemplo funcionaria corretamente se usássemos ponto flutuante? Dê um exemplo de erro de arredondamento de ponto flutuante. O mesmo exemplo funcionaria corretamente se usássemos inteiros? Para este exercício, vamos supor que os valores são representados em uma unidade suficientemente pequena, como centavos em vez de dólares, de modo que os valores não tenham uma parte fracionária.

Exercício R3.5. Escreva um programa de teste que execute o seguinte código:

```
Purse myPurse = new Purse();
myPurse.addNickels(3);
myPurse.addDimes(2);
myPurse.addQuarters(1);
System.out.println(myPurse.getTotal());
```

O programa imprime o total como `0.6000000000000001`. Explique por quê. Dê uma sugestão para melhorar o programa de modo que os usuários não se confundam.

Exercício R3.6. Seja n um inteiro e x um número de ponto-flutuante. Explique a diferença entre

```
n = (int)x;
```
e
```
n = (int)Math.round(x);
```

Exercício R3.7. Seja n um inteiro e x um número de ponto-flutuante. Explique a diferença entre

```
n = (int)(x + 0.5);
```
e
```
n = (int)Math.round(x);
```

Para quais valores de x elas têm o mesmo resultado? Para quais valores de x elas têm resultados diferentes?

Exercício R3.8. Explique as diferenças entre `2, 2.0, '2', "2", e "2.0"`.

Exercício R3.9. Explique o que cada um dos dois trechos de programa a seguir calculam:

```
x = 2;
y = x + x;
```
e
```
s = "2";
t = s + s;
```

Exercício R3.10. Variáveis não-inicializadas podem ser um problema sério. Deveríamos *sempre* inicializar todas as variáveis com zero? Explique as vantagens e desvantagens desta estratégia.

Exercício R3.11. Verdadeiro ou falso? (x é um `int` e s é um `String`)
- `Integer.parseInt("" + x)` é o mesmo que x
- `"" + Integer.parseInt(s)` é o mesmo que s
- `s.substring(0, s.length())` é o mesmo que s

Exercício R3.12. Como podemos obter o primeiro caractere de um *string*? E o último? Como podemos *remover* o primeiro caractere? E o último?

Exercício R3.13. Como podemos obter o último dígito de um inteiro? E o primeiro? Isto é, se n for `23456`, como podemos descobrir que o primeiro dígito é 2 e que o último é 6? Não converta o número para *string*. Dica: `%`, `Math.log`.

Exercício R3.14. Este capítulo contém diversas recomendações com respeito a variáveis e constantes que facilitam a leitura e a manutenção dos programas. Resuma essas recomendações.

Exercício R3.15. O que é uma variável `final`? Você consegue definir uma variável `final` sem fornecer seu valor? (Experimente.)

Exercício R3.16. Quais são os valores das seguintes expressões? Em cada linha, considere que

```
double x = 2.5;
double y = -1.5;
int m = 18;
int n = 4;
String s = "Hello";
String t = "World";
```

- `x + n * y - (x + n) * y`
- `m / n + m % n`
- `5 * x - n / 5`
- `Math.sqrt(Math.sqrt(n))`
- `(int)Math.round(x)`
- `(int)Math.round(x) + (int)Math.round(y)`
- `s + t`
- `s + n`
- `1 - (1 - (1 - (1 - (1 - n))))`
- `s.substring(1, 3)`
- `s.length() + t.length()`

Exercício R3.17. Explique as semelhanças e as diferenças entre copiar números e copiar referências a objetos.

Exercício R3.18. Quais são os valores de a, b, c e d depois desses comandos?

```
double a = 1;
double b = a;
a++;
Purse p = new Purse();
Purse q = p;
p.addNickels(5);
double c = p.getTotal();
double d = q.getTotal();
```

Exercício R3.19. Quando copiamos uma referência `BankAccount`, o original e a cópia compartilham o mesmo objeto. Isso pode ser significativo porque podemos modificar o conteúdo do objeto através de qualquer uma das referências. Explique por que isso não é um problema para referências a `String`.

Exercícios de Programação

Exercício P3.1. Melhore a classe `Purse` acrescentando os métodos `addPennies` e `addDollars`.

Exercício P3.2. Acrescente os métodos `getDollars` e `getCents` à classe `Purse`. O método `getDollars` deve retornar a quantidade de dólares existentes na bolsa, como um inteiro. O método `getCents` deve retornar a quantidade de centavos, como um inteiro. Por exemplo, se o valor total das moedas na bolsa for $2.14, `getDollars` retorna 2 e `getCents` retorna 14.

Exercício P3.3. Escreva um programa que imprima os valores

1
10
100
1000
10000
100000
1000000
10000000
100000000
1000000000
10000000000
100000000000

Implemente uma classe

```
public class PowerGenerator
{
    /**
        Constrói um gerador de potências.
        @param aFactor o número que será multiplicado por si mesmo
    */
    public PowerGenerator(int aFactor) { ... }
    /**
        Calcula a próxima potência.
    */
    public double nextPower() { ... }
    ...
}
```

Em seguida, forneça uma classe de teste `PowerGeneratorTest` que chame `System.out.println( myGenerator.nextPower())` doze vezes.

Exercício P3.4. Escreva um programa que solicite ao usuário dois inteiros e então imprima

- a soma
- a diferença

- o produto
- a média
- a distância (absoluto da diferença)
- o máximo (maior dos dois)
- o mínimo (menor dos dois)

Implemente uma classe

```
public class Pair
{
    /**
        Constrói um par.
        @param aFirst o primeiro valor do par
        @param aSecond o segundo valor do par
    */
    public Pair(double aFirst, double aSecond) { ... }
    /**
        Calcula a soma dos valores deste par.
        @return a soma do primeiro e do segundo valor
    */
    public double getSum() { ... }
    ...
}
```

Em seguida, implemente uma classe `PairTest` que leia dois números (usando uma `JOptionPane` ou uma `BufferedReader`), crie um objeto `Pair`, invoque seus métodos e imprima os resultados.

Exercício P3.5. Escreva um programa que leia quatro inteiros e imprima sua soma e média. Defina uma classe `DataSet` com métodos

```
void addValue(int x)
int getSum()
double getAverage()
```

Dica: Monitore a soma e a contagem dos valores. Em seguida, escreva um programa de testes `DataSetTest` que leia quatro números e chame `addValue` quatro vezes.

Exercício P3.6. Escreva um programa que leia quatro inteiros e imprima o maior e o menor valor que o usuário forneceu. Use uma classe `DataSet` com os métodos

- `void addValue(int x)`
- `int getLargest()`
- `int getSmallest()`

Mantenha registro do menor e do maior valor que você viu até o momento. Então use os métodos `Math.min` e `Math.max` para atualizá-los no método `addValue`. O que você deveria usar como valores iniciais? *Dica:* Integer.MIN_VALUE, Integer.MAX_VALUE.

Escreva um programa de teste `DataSetTest` que leia quatro números e chame `addValue` quatro vezes.

Exercício P3.7. Escreva um programa que solicite ao usuário uma medida em metros e então a converta em milhas, pés e polegadas. Use uma classe

```
public class Converter
{
    /**
```

Constrói um conversor que converte entre duas unidades.
@param aConversionFactor o fator pelo qual vamos
multiplicar para converter/transformar para a unidade alvo
*/
public Converter(double aConversionFactor) { ... }
/**
Converte de uma medida de origem para uma medida alvo.
@param fromMeasurement a medida
@return o valor de entrada convertido para a unidade alvo
*/
public double convertTo(double fromMeasurement) { ... }
}

Em seguida, crie três instâncias, tais como

```
final double MILE_TO_KM = 0.621;
Converter metersToMiles = new Converter(1000 * MILE_TO_KM);
```

Exercício P3.8. Escreva um programa que solicite ao usuário um raio e então imprima

- a área e a circunferência do círculo com aquele raio
- o volume e a área da superfície da esfera com aquele raio

Defina as classes `Circle` e `Sphere`.

Exercício P3.9. Implemente uma classe `SodaCan` cujo construtor receba a altura e o diâmetro da lata de refrigerante. Forneça os métodos `getVolume` e `getSurfaceArea`. Forneça uma classe `SodaCanTest` que teste sua classe.

Exercício P3.10. Escreva um programa que solicite ao usuário o comprimento dos lados de um quadrado e então imprima

- a área e o perímetro do quadrado
- o comprimento da diagonal (use o teorema de Pitágoras)

Defina uma classe `Square`.

Exercício P3.11. *Dando troco.* Implemente um programa que oriente um caixa a dar troco. O programa têm duas entradas: o valor da conta e o valor recebido do cliente. Calcule a diferença e a quantidade de dólares em moedas de 25 centavos (*quarters*), 10 centavos (*dimes*), 5 centavos (*nickels*) e 1 centavo (*pennies*) que o cliente deve receber de volta.
Primeiro transforme a diferença em um saldo inteiro em centavos (*pennies*). Então calcule a quantidade de dólares inteiros, sem sentavos. Subtraia-a do saldo. Calcule o número de *quarters* necessários. Repita para *dimes* e *nickels*. Exiba os centavos que sobraram.

Defina uma classe `Cashier` com os métodos

- `setAmountDue`
- `receive`
- `returnDollars`
- `returnQuarters`
- `returnDimes`
- `returnNickels`
- `returnPennies`

Por exemplo,
```
Cashier harry = new Cashier();
harry.setAmountDue(9.37);
harry.receive(10);
double quarters = harry.returnQuarters(); // retorna 2
double dimes = harry.returnDimes(); // retorna 1
double nickels = harry.returnNickels(); // retorna 0
double pennies = harry.returnPennies(); // retorna 3
```

Exercício P3.12. Escreva um programa que leia um inteiro e o quebre em uma seqüência de dígitos individuais na ordem inversa. Por exemplo, a entrada 16384 é exibida como

```
4
8
3
6
1
```

Suponha que a entrada não tenha mais de cinco dígitos e não seja negativa.

Defina uma classe `DigitExtractor`:

```
public class DigitExtractor
{
    /**
        Constrói um extrator de dígitos que obtém os dígitos
        de um inteiro na ordem inversa.
        @param anInteger o inteiro que será quebrado em dígitos
    */
    public DigitExtractor(int anInteger) { ... }
    /**
        Retorna o próximo dígito a ser extraído.
        @return o próximo dígito
    */
    public double nextDigit() { ... }
}
```

Em seguida, chame `System.out.println(myExtractor.nextDigit())` cinco vezes.

Exercício P3.13. Implemente uma classe `QuadraticEquation` cujo construtor receba os coeficientes a, b, c da equação quadrática $ax^2 + bx + c = 0$. Forneça os métodos `getSolution1` e `getSolution2` que obtêm as soluções, usando a fórmula de Báscara. Escreva uma classe de teste `QuadraticEquationTest` que solicite ao usuário valores para a, b e c, crie um objeto `QuadraticEquation` e imprima as duas soluções.

Exercício P3.14. Escreva um programa que leia dois horários em formato militar (0900, 1730) e imprima o número de horas e minutos entre os dois tempos. A seguir temos uma amostra da execução. A entrada do usuário está em negrito.

```
Por favor digite o primeiro horário: 0900
Por favor digite o segundo horário: 1730
8 horas 30 minutos
```

Ponto extra se você puder lidar com o caso no qual o primeiro horário é mais tarde do que o segundo:

```
Por favor digite o primeiro horário: 1730
Por favor digite o segundo horário: 0900
15 horas 30 minutos
```

Implemente uma classe `TimeInterval` cujo construtor tome dois horários militares. A classe deve ter os dois métodos `getHours` e `getMinutes`.

Exercício P3.15. *Escrevendo em letras grandes.* Uma letra H grande pode ser produzida assim:

```
*   *
*   *
*****
*   *
*   *
```

Defina uma classe `LetterH` com um método

```
String getLetter()
{
    return "*   *\n*   *\n*****\n*   *\n*   *\n";
}
```

Faça o mesmo para as letras E, L, e O. Daí escreva a mensagem

```
H
E
L
L
O
```

em letras grandes.

Exercício P3.16. Escreva um programa que transforme os números 1, 2, 3, ..., 12 nos nomes dos meses correspondentes a `Janeiro`, `Fevereiro`, `Março`, ..., `Dezembro`. *Dica:* Crie um *string* muito longo `"Janeiro, Fevereiro, Março..."`, no qual você acrescenta espaços de modo que cada nome de mês tenha *o mesmo comprimento*. Então use `substring` para extrair o mês que você quer. Implemente uma classe `Month` cujo parâmetro do construtor é o número do mês e cujo método `getName` retorna o nome do mês.

Exercício P3.17. Escreva um programa que calcule a data do domingo de Páscoa, o primeiro domingo depois da primeira lua cheia da primavera (no hemisfério norte). Use este algoritmo, inventado pelo matemático Carl Friedrich Gauss em 1800:

1. Seja y o ano (tal como 1800 ou 2001).
2. Divida y por 19 e chame o resto de a. Ignore o quociente.
3. Divida y por 100 para obter um quociente b e um resto c.
4. Divida b por 4 para obter um quociente d e um resto e.
5. Divida `8 * b + 13` por 25 para obter um quociente g. Ignore o resto.
6. Divida `19 * a + b - d - g + 15` por 30 para obter um resto h. Ignore o quociente.
7. Divida c por 4 para obter um quociente j e um resto k.
8. Divida `a + 11 * h` por 319 para obter um quociente m. Ignore o resto.
9. Divida `2 * e + 2 * j - k - h + m + 32` por 7 para obter um resto r. Ignore o quociente.

10. Divida $h - m + r + 90$ por 25 para obter um quociente n. Ignore o resto.

11. Divida $h - m + r + n + 19$ por 32 para obter um resto p. Ignore o quociente.

Assim, a Páscoa cai no dia p do mês n. Por exemplo, se y for 2001:

```
a = 6
b = 20
c = 1
d = 5, e = 0
g = 6
h = 18
j = 0, k = 1
m = 0
r = 6
n = 4
p = 15
```

Portanto, em 2001, o domingo de Páscoa caiu no dia 15 de abril. Escreva uma classe `Year` com os métodos `getEasterSundayMonth` e `getEasterSundayDay`.

Capítulo 4

Applets e Gráficos

Objetivos do capítulo

- Ser capaz de escrever *applets* simples
- Exibir formas gráficas como linhas e elipses
- Usar cores
- Exibir texto em diferentes fontes
- Escolher unidades adequadas para desenho
- Desenvolver situações de teste que verifiquem a exatidão de seus programas

Há três tipos de programas Java que você irá aprender a escrever: *aplicativos de console*, *aplicativos gráficos* e *applets*. Aplicativos de console são executados em uma única janela de terminal, geralmente bem simples (veja a Figura 1). Aplicativos com uma interface gráfica com o usuário usam uma ou mais janelas compreendendo *componentes de interface com o usuário* como botões, campos de entrada de texto e menus (veja a Figura 2). *Applets* são semelhantes a aplicativos com interface gráfica mas são executados *dentro de um navegador Web*.

Programas de console são mais simples de escrever do que programas com interface gráfica com o usuário, e continuaremos a usar programas de console freqüentemente neste livro para aprender conceitos básicos. Os programas de interface gráfica com usuário podem mostrar uma saída mais interessante, entretanto, e freqüentemente são mais prazerosos de desenvolver. Neste capítulo aprenderemos a escrever *applets* simples que exibem formas gráficas.

Sumário do capítulo

4.1 Por que *Applets*? 134
4.2 Uma Breve Introdução à HTML 136
  Fato Histórico 4.1: A Evolução da Internet 138
4.3 Um *Applet* Simples 139
  Tópico Avançado 4.1:
   O Ambiente de Execução e os Plug-ins *Java* 143
4.4 Formas Gráficas 144
4.5 Cores 145
4.6 Fontes 146
  Tópico Avançado 4.2:
   Posicionamento Preciso de Texto 149
4.7 Desenhando Formas Complexas 152

Como Fazer 4.1: Desenhando Formas Gráficas 155

Fato Histórico 4.2: Computação Gráfica 159

4.8 Lendo Entrada de Texto 161

Tópico Avançado 4.3: Parâmetros de Applets 163

4.9 Comparando Informação Visual e Numérica 163

Dica de Qualidade 4.1: Calcule Dados de Teste Manualmente 167

4.10 Transformações de Coordenadas 168

Tópico Avançado 4.4: Deixe o Contexto Gráfico Transformar as Coordenadas 172

Dica de Produtividade 4.1: Escolha Unidades Adequadas para Desenhar 174

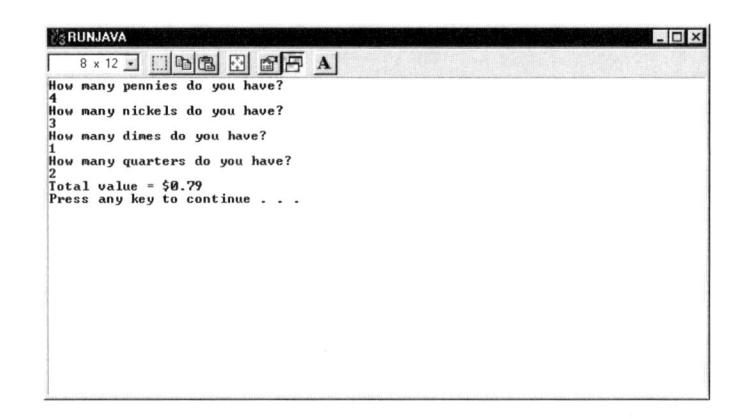

Figura 1
Uma aplicação de console.

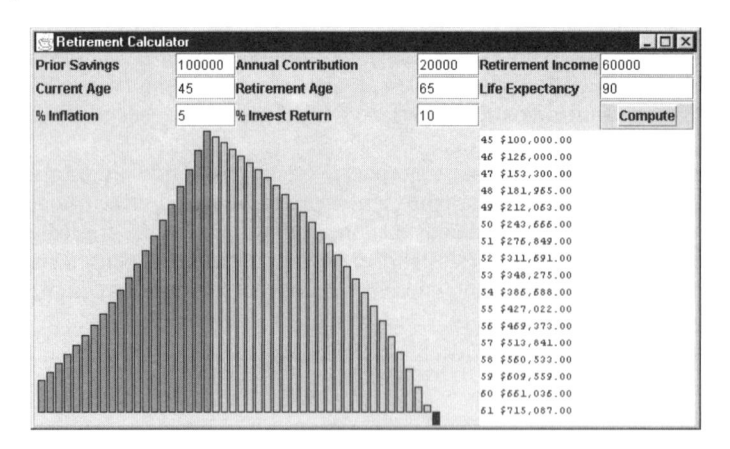

Figura 2
Uma aplicação gráfica.

4.1 Por que *Applets*?

> Há três tipos de programas Java: *aplicativos de console, applets* e *aplicativos gráficos.*

A World Wide Web torna disponível uma imensa quantidade de informações para qualquer um que tenha um navegador Web. Quando você usa um navegador Web, você se conecta a um *servidor Web*, o qual envia páginas Web e imagens para seu navegador (veja a Figura 3). Como as páginas e imagens da Web têm forma-

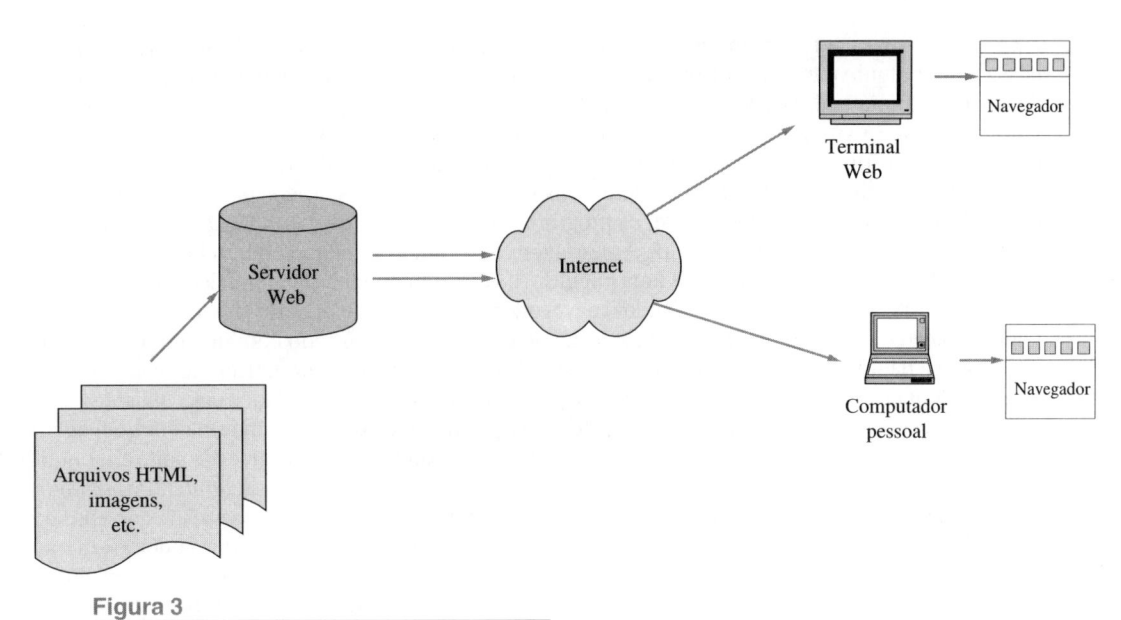

Figura 3
Navegadores web acessando um servidor web.

tos padronizados, seu navegador consegue exibi-las. Para obter as notícias do dia ou seu saldo bancário, você não precisa estar em casa, na frente de seu próprio computador. Você pode usar um navegador na escola ou em um terminal de aeroporto ou em um Cyber Café em qualquer lugar do mundo. Esse acesso universal à informação é uma das razões pelas quais a World Wide Web é tão popular.

> *Applets* são programas que executam dentro de um navegador Web.

Applets são programas que rodam dentro de um navegador Web. O código do *applet* é armazenado em um servidor Web de onde é feito o *download* para o navegador sempre que acessarmos uma página que contenha o *applet*. Isso tem uma grande vantagem: não precisamos estar no nosso próprio computador para executar um programa que está implementado como um *applet*. Há também uma desvantagem óbvia: temos de esperar que o código do *applet* seja transferido para o navegador, o que pode levar um tempo longo se tivermos uma conexão Internet lenta. Por isso, *applets* complexos são raros em páginas Web de grande procura. Os *applets* funcionam muito bem, mas numa conexão rápida. Por exemplo, os empregados de uma empresa geralmente têm uma conexão rápida de rede local. Então a empresa pode implementar *applets* para planejamento de agendas, acesso a benefícios de saúde, pesquisa no catálogo de produtos etc., reduzindo bastante os custos em relação ao processo tradicional de desenvolver aplicações corporativas que precisavam ser instaladas no computador de cada usuário. Quando o programa aplicativo era alterado, o administrador do sistema tinha de garantir que toda a estação de trabalho seria atualizada – uma verdadeira epopéia. Quando um *applet* muda, por outro lado, o código precisa ser atualizado em um único lugar: no servidor Web.

> Os mecanismos de segurança dos *applets* permitem que você execute *applets* no seu computador de maneira segura.

Navegadores Web são programas que rodam em PCs, Macintoshes, estações de trabalho UNIX e dispositivos especiais da Web. Por isso, é importante que o código do *applet* possa ser executado em múltiplas plataformas. A maioria dos programas tradicionais (como processadores de texto, jogos de computador e navegadores) são escritos para uma única plataforma, ou talvez escritos duas vezes, para as duas plataformas mais populares. *Applets*, por outro lado, são distribuídos como *bytecodes* Java. Qualquer computador ou dispositivo que possa executar *bytecodes* Java pode executar o *applet*.

Sempre que executar um programa no seu computador, você corre o risco de que este programa possa causar algum dano, ou por ter sido mal-escrito ou por ser escancaradamente mal-intencionado. Um programa mal-escrito pode acidentalmente corromper ou apagar alguns de seus arquivos. Um programa de vírus pode fazer o mesmo intencionalmente. Nos velhos tempos, antes que os computadores estivessem ligados em rede, você mesmo tinha de instalar todos os programas, e era relativamente fácil verificar se havia algum vírus nos discos flexíveis usados para acrescentar esses novos dados ao seu computador. Hoje, os programas podem vir de qualquer lugar — de uma outra máquina em uma rede local, anexados a mensagens eletrônicas ou como código incluído em uma página Web. O código que é parte de uma página Web é especialmente problemático, porque começa a ser executado imediatamente quando o navegador carrega a página. Seria fácil uma pessoa mal-intencionada configurar uma página Web com conteúdo sedutor, fazendo com que muitas pessoas visitassem a página, e tentasse infectar cada visitante com um vírus. Os projetistas de Java previram esse problema e colocaram duas defesas: os *applets* Java podem ser executados com *privilégios de segurança* especificados, e podem ser *assinados*. Se permitirmos que um programa em linguagem de máquina seja executado, não há nenhum controle sobre o que ele pode fazer, e ele pode criar muitos tipos de problemas. Já a máquina virtual Java pode limitar as ações de um *applet*. Por *default*, um *applet* roda em uma *caixa de areia**, onde pode exibir informações e receber dados de entrada do usuário, mas não pode ler nem tocar em nada mais no computador do usuário. Podemos dar ao *applet* mais privilégios, como a capacidade de ler e escrever arquivos locais, se notificarmos nosso navegador de que o *applet* é confiável. Um *applet* pode levar um *certificado* com uma *assinatura* de uma empresa de autenticação como a VeriSign, que lhe diz a origem do *applet*. Se ele vier de uma fonte que você confia, como um vendedor que lhe forneceu código de qualidade no passado, podemos dizer ao navegador que confiamos na fonte. As assinaturas não estão limitadas aos *applets*, alguns navegadores suportam certificados para código em linguagem de máquina.

4.2 Uma Breve Introdução à HTML

> As páginas Web são escritas em HTML, usando marcas para formatar texto e incluir imagens.

Os *applets* estão embutidos nas páginas Web, de modo que precisamos conhecer alguns fatos sobre a estrutura dessas páginas. Uma página Web é escrita em uma linguagem chamada de HTML (Hypertext Markup Language). Assim como o código Java, o código HTML é constituído de texto que segue certas regras estritas. Quando um navegador lê uma página Web, ele *interpreta* o código e *mostra* a página, exibindo caracteres, fontes, parágrafos, tabelas e imagens.

Os arquivos em HTML são constituídos de texto e marcas que dizem ao navegador como exibir o texto. Hoje em dia, há dúzias de marcas HTML. Felizmente, só precisamos de poucas marcas para iniciar. A maioria das marcas HTML vem aos pares, consistindo de uma marca de abertura e uma de fechamento, e cada par se aplica ao texto que envolve. A seguir temos um exemplo típico de um par de marcas:

```
Java é uma linguagem de programação <i>orientada a objetos</i>.
```

O par de marcas <i> </i> leva o navegador a exibir o texto entre marcas em *itálico:* Java é uma linguagem de programação *orientada a objetos*.

A marca de fechamento é igual a de abertura, mas possui uma barra transversal na frente (/). Por exemplo, texto em negrito é delimitado por <b> </b>, e um parágrafo é delimitado pelo par de marcas <p> </p>.

```
<p><b>Java</b> é uma linguagem de programação <i>orientada a obje-
tos.</i></p>
```

O resultado é o parágrafo

Java é uma linguagem de programação *orientada a objetos*.

Outro comando comum é uma lista com marcadores.

---

* N. de R.T.: Termo usado por analogia às caixas de areia nas quais as crianças são colocadas para brincar, sem poder sair nem se machucar em caso de queda.

Java é

- orientada a objetos
- segura
- independente de plataforma

A seguir temos o código HTML para exibi-la:

```
<p>Java é</p>
<ul><li>orientada a objetos</li>
<li>segura</li>
<li>independente de plataforma</li></ul>
```

Cada item da lista é delimitado por `<li>` `</li>` (de "*list item*" ou item de lista), e toda a lista é delimitada por `<ul>` `</ul>` (de "*unnumbered list*" ou lista não-numerada).

Assim como no código Java, no código HTML podemos livremente usar espaço em branco (espaços e quebras de linha) para torná-lo mais fácil de ler. Por exemplo, podemos fazer um leiaute para uma lista da seguinte maneira:

```
<p>Java é</p>
<ul>
   <li>orientada a objetos</li>
   <li>segura</li>
   <li>independente de plataforma</li>
</ul>
```

O navegador ignora o espaço em branco.

Se omitirmos uma marca (como um `</li>`, por exemplo), a maioria dos navegadores irá tentar adivinhar as marcas que estão faltando — às vezes com resultados diferentes. É melhor sempre incluir todas as marcas.

Podemos incluir imagens em nossas páginas Web com a marca `img`. Na sua forma mais simples, uma marca de imagem tem a forma

```
<img src="hamster.jpeg" />
```

Esse código diz ao navegador para carregar e exibir a imagem que está armazenada no arquivo hamster.jpeg. Esse é um tipo de marca um pouco diferente. Em vez de texto entre um par de marcas `<img>` `</img>`, a marca `img` usa um *atributo* para especificar o nome de um arquivo. Atributos têm nome e valor. Por exemplo, o atributo `src` tem o valor `"hamster.jpeg"`. É considerado polido usar diversos atributos adicionais com a marca `img`, nominalmente o *tamanho da imagem* e uma *descrição alternativa*:

```
<img src="hamster.jpeg" width="640" height="480"
alt="Foto de Harry, o horrível Hamster" />
```

Esses atributos adicionais ajudam o navegador a planejar a página e exibir uma descrição temporária enquanto ele está coletando os dados da imagem (ou se o navegador não puder exibir imagens, como um navegador de voz para usuários cegos). Usuários com conexões de rede lentas adoram esse esforço extra.

Como não há marca de fechamento `</img>`, colocamos uma barra transversal / antes de fechar >. Isso não é uma exigência de HTML, mas é uma exigência do novo padrão XHTML, o sucessor de HTML baseado em XML. Veja [1] para maiores informações sobre XHTML.

A marca mais importante nas páginas Web é o par de marcas `<a>` `</a>`, o qual transforma o texto envolvido em um *link* para outro arquivo. Os *links* entre páginas Web são o que tornam a Web uma *web*, ou seja, uma "teia". O navegador exibe um *link* de uma maneira especial (por exemplo, colocando o texto sublinhado e na cor azul). A seguir temos o código de um *link* típico:

```
<a href="http://java.sun.com">Java</a>
é uma linguagem de programação orientada a objetos.
```

> Para executar um *applet*, necessitamos de uma página HTML com a marca `applet`.

Quando o internauta clica sobre a palavra Java, o navegador carrega a página Web localizada em `java.sun.com`. O valor do atributo `href` é um URL (*Universal Resource Locator*), que diz ao navegador para onde ir. O prefixo `http:`, de *Hypertext Transfer Protocol*, diz ao navegador para buscar o arquivo como uma página Web. Outros protocolos permitem ações diferentes, como `ftp:` que faz *download* de um arquivo, `mailto:` que envia uma mensagem de correio eletrônico para um usuário, e `file:` que visualiza um arquivo HTML local.

Finalmente, a marca `applet` inclui um *applet* em uma página Web. Para exibir um *applet*, precisamos primeiro escrever e compilar um arquivo Java para gerar o código do *applet* — veremos como, na próxima seção. Então dizemos ao navegador como encontrar o código do *applet* e quanto espaço de tela é preciso reservar para o *applet*. A seguir temos um exemplo:

```
<applet code="HamsterApplet.class" width="400" height="300">
Animação de Harry, o horrível Hamster</applet>
```

O texto entre as marcas `<applet>` e `</applet>` só é exibido no lugar do verdadeiro *applet* por navegadores que não conseguem executar *applets* Java.

Você deve ter percebido que as marcas são colocadas entre sinais de menor-do-que e de maior-do-que. E se quisermos exibir um sinal desses na página Web? HTML fornece as notações `&lt;` e `&gt;` que geram os símbolos < e > respectivamente. Outros códigos desse tipo geram símbolos como letras acentuadas. O símbolo & (*e* comercial) inicia esses códigos; para obter o próprio símbolo &, use `&amp;`.

Talvez você já tenha criado páginas Web com um editor Web que funciona como um processador de textos, dando-lhe uma visão WYSIWYG (*What You See Is What You Get*) de sua página Web. Mas as marcas ainda estão lá, e você pode vê-las quando carrega o arquivo HTML em um editor de textos. Se você se sente confortável usando um editor Web WYSIWYG e se seu editor consegue inserir marcas de *applets*, então você não precisa memorizar nenhuma marca HTML. No entanto, muitos programadores e projetistas Web profissionais preferem trabalhar diretamente com as marcas, pelo menos parte do tempo, porque isso lhes dá maior controle sobre suas páginas.

Fato Histórico 4.1

A Evolução da Internet

Os computadores domésticos e os *laptops* geralmente são unidades independentes sem uma conexão permanente a outros computadores. Computadores em escritórios e laboratórios, no entanto, geralmente estão conectados uns aos outros e a computadores maiores, chamados *servidores*. Um servidor pode armazenar programas aplicativos e torná-los acessíveis para todos os computadores da rede. Também podem armazenar dados, como agendas e mensagens de correio eletrônico, os quais todos podem acessar. As redes que conectam os computadores de um prédio são chamadas LANs (*local area networks*, ou redes locais).

Outras redes conectam computadores em localizações geograficamente dispersas. Essas redes são chamadas de WANs (*wide area networks,* ou redes remotas). A WAN mais proeminente é a *Internet*. No momento em que escreveríamos este livro, a Internet estava em fase de crescimento explosivo. Ninguém sabe ao certo quantos usuários têm acesso à Internet, mas a população de usuários é estimada em centenas de milhões. A Internet cresceu a partir da ARPAnet, uma rede de computadores de universidades, a qual era financiada pela *Advanced Research Planning Agency* do Departamento de Defesa dos EUA. A motivação inicial por trás da criação da rede foi o desejo de executar programas em computadores remotos. Usando a execução remota, um pesquisador em uma instituição seria capaz de acessar um computador sub-utilizado em um local diferente. Porém, rapidamente ficou evidente que a rede não estava sendo usada para execução remota. Em vez disso, a aplicação mais utilizada tornou-se o *correio eletrônico:* a transferência de mensagens entre usuários de computadores em locais diferentes. Até hoje, o correio eletrônico é uma das aplicações dominantes na Internet.

CAPÍTULO 4 • APPLETS E GRÁFICOS   **139**

No decorrer do tempo, mais e mais *informações* se tornaram acessíveis na Internet. As informações eram criadas por pesquisadores e aficionados e disponibilizadas gratuitamente para todos, tanto por boa intenção como para autopromoção. Por exemplo, o projeto da *GNU* (GNU não é UNIX) está gerando um conjunto de utilitários para sistemas operacionais e ferramentas de desenvolvimento de programas de alta qualidade, as quais podem ser usadas gratuitamente por qualquer pessoa (*ftp://prep.ai.mit.edu/pub/gnu*) e o Projeto Gutenberg torna acessível, em formato digital, o texto de livros clássicos importantes, cujos direitos autorais já expiraram, (*http://www.gutenberg.org*).

As primeiras interfaces para se acessar essas informações eram desajeitadas e difíceis de usar. Tudo isso mudou com o surgimento da *World Wide Web* (WWW), que trouxe dois avanços importantes à informação na Internet. A informação podia conter *gráficos* e *fontes* — um grande avanço em relação ao formato antigo puramente textual — e tornou possível incorporar *links* para outras páginas de informação. Usando um *navegador* como Netscape ou Internet Explorer, navegar pela Web tornou-se fácil e divertido (Figura 4).

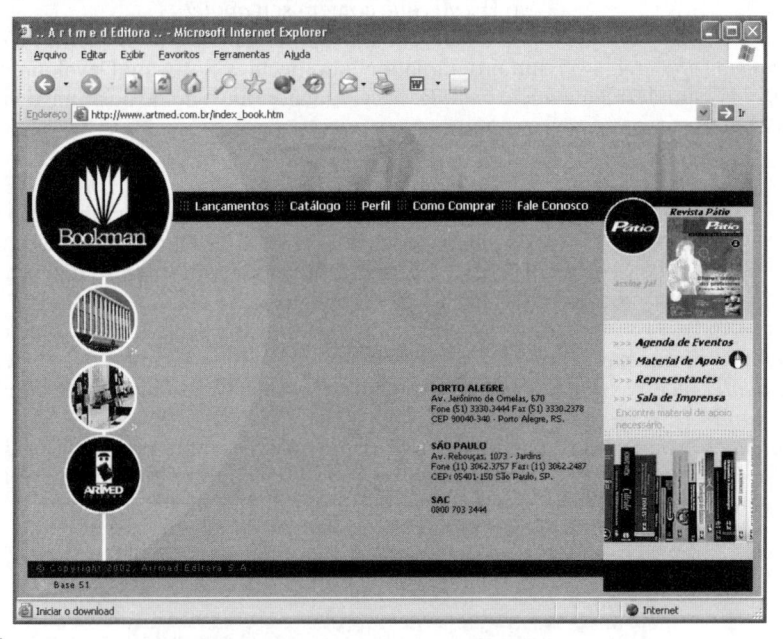

Figura 4
Um navegador web.

4.3 Um *Applet* Simples

Em nosso primeiro *applet* vamos simplesmente desenhar dois retângulos (veja a Figura 5). Logo veremos como criar desenhos mais interessantes. O objetivo deste *applet* é mostrar o esboço básico de um *applet* que cria um desenho.

Esse *applet* será implementado em uma única classe RectangleApplet. Para executar esse *applet*, precisamos de um arquivo HTML com uma marca applet. Aqui temos o arquivo mais simples possível para exibir o *applet*:

Arquivo RectangleApplet.html

```
1  <applet code="RectangleApplet.class" width="300" height="300">
2  </applet>
```

Ou podemos orgulhosamente explicar nossa criação, adicionando texto e outras marcas HTML:

Arquivo RectangleAppletExplained.html

```
1  <p>Here is my <i>first applet</i>:</p>
2  <applet code="RectangleApplet.class" width="300" height="300">
3  </applet>
```

Um arquivo HTML pode conter múltiplos *applets*. Por exemplo, você pode colocar todas as soluções dos seus exercícios de casa em um único arquivo HTML.

> Podemos visualizar *applets* com o visualizador de *applets* ou com um navegador habilitado para Java.

Você pode dar ao arquivo HTML qualquer nome que quiser. É mais fácil dar ao arquivo HTML o mesmo nome do *applet*. Mas alguns ambientes de desenvolvimento já geram um arquivo HTML com o mesmo nome do seu projeto para armazenar as anotações deste. Então temos de dar um nome diferente para o arquivo HTML que contém seu *applet*.

Para executar o *applet*, temos duas maneiras. Usar o visualizador de *applets* (*appletviewer*), um programa incluído no Java Software Development Kit, da Sun Microsystems. Simplesmente inicie o *applet viewer*, dando-lhe o nome do arquivo HTML que contém seus *applets*:

```
appletviewer RectangleApplet.html
```

> A classe do seu *applet* precisa estender a classe `Applet`.

O visualizador de *applets* (*applet viewer*) abre uma janela para cada *applet* do arquivo HTML. Ele ignora todas as outras marcas de HTML. A Figura 5 mostra o *applet* dentro do visualizador de *applets*.

Também podemos mostrar o *applet* dentro de qualquer navegador Web habilitado para Java 2, como o Netscape 6 (ou mais recente) ou o Opera. A Figura 6 mostra o *applet* sendo executado em um navegador. Como você pode ver, tanto o texto como o *applet* são exibidos.

Um *applet* é programado como uma classe, como qualquer outro programa em Java. No entanto, a classe é declarada `public`, e *estende* `Applet`. Isso significa que nosso *applet* do retângulo *herda* o comportamento da classe `Applet`. Discutimos herança no Capítulo 11.

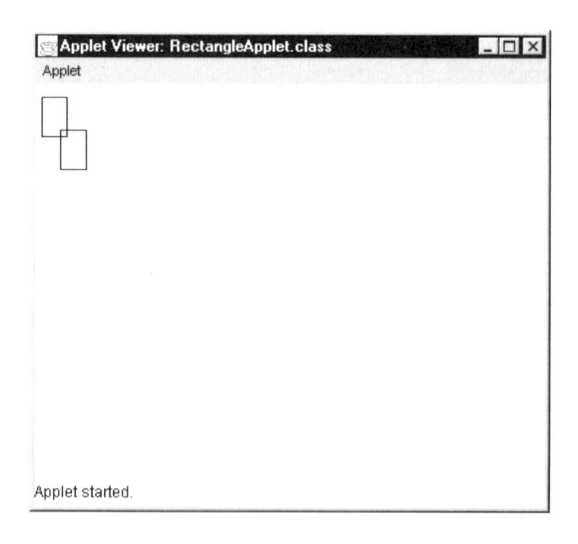

Figura 5
Applet rectangle no visualizador de *applets*.

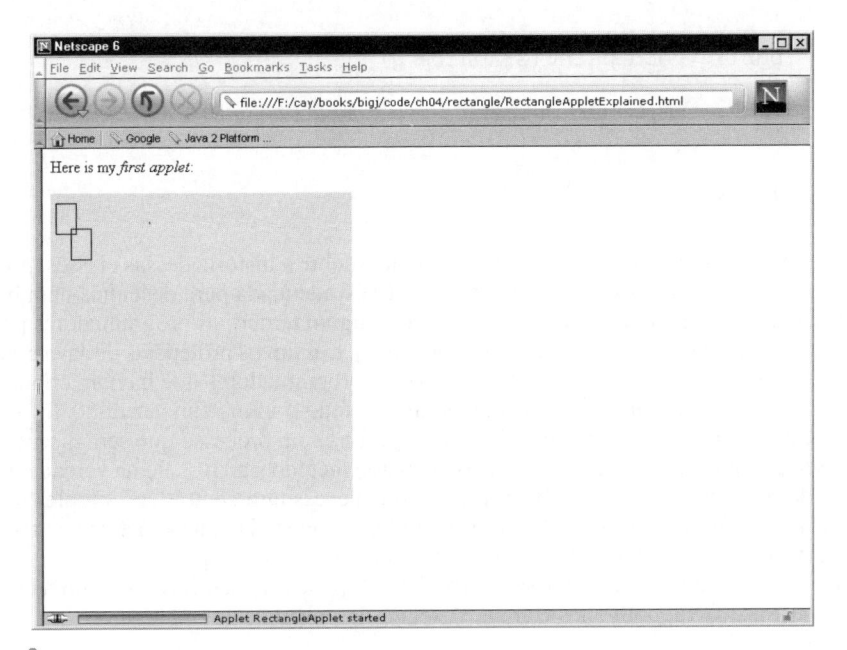

Figura 6

Applet rectangle em um navegador.

```
public class RectangleApplet extends Applet
{
    public void paint(Graphics g)
    {
        ...
    }
}
```

> Desenha-se formas gráficas em um *applet* colocando o código de desenho dentro do método `paint`. O método `paint` é chamado sempre que o *applet* precisar ser atualizado.

> A classe `Graphics2D` armazena o estado gráfico (como a cor atual) e tem métodos para desenhar formas. Para usar estes métodos, temos de converter o parâmetro `Graphics` do método `paint` para `Graphics2D`.

Diferentemente de aplicações, *applets* não têm um método `main`. O navegador Web (ou *applet viewer*) é responsável por iniciar a máquina virtual Java, por carregar o código do *applet*, e por iniciar o *applet*. Esse *applet* implementa apenas um método: `paint`. Há outros métodos que você *pode* implementar; veja o Tópico Avançado 4.3.

O gerenciador de janelas chama o método `paint` sempre que a superfície do *applet* necessitar ser preenchida. Naturalmente que, quando o *applet* é mostrado pela primeira vez, seu conteúdo precisa ser pintado. Se o usuário visitar outra página Web e então voltar à página que contém o *applet*, a superfície tem de ser pintada novamente, e o gerenciador de janelas chama o método `paint` mais uma vez. Assim, temos de colocar todas as instruções de desenho dentro do método `paint`, e temos de estar conscientes de que o gerenciador de janelas pode chamar o método `paint` muitas vezes.

O método `paint` recebe um objeto do tipo `Graphics`. O objeto `Graphics` armazena o estado *gráfico:* a cor atual, a fonte, etc., que são usados nas operações de desenho. No caso dos programas de desenho que exploramos neste livro, nós sempre convertemos o objeto `Graphics` para um objeto da classe `Graphics2D`:

```
public class RectangleApplet extends Applet
```

```
{
   public void paint(Graphics g)
   {
      // recupera Graphics2D
      Graphics2D g2 = (Graphics2D)g;
      ...
   }
}
```

Para entender o por quê, precisamos saber um pouco sobre a história dessas classes. A classe `Graphics` foi incluída na primeira versão de Java. Ela é adequada para desenhos bem básicos, mas não usa uma abordagem orientada a objetos. Após algum tempo, os programadores pressionaram pelo lançamento de um pacote gráfico mais poderoso, e assim os projetistas de Java criaram a classe `Graphics2D`. Como não queriam perturbar os programadores que haviam criado programas que usavam gráficos simples, eles não mudaram o método `paint`. Em vez disso, fizeram com que a classe `Graphics2D` estendesse a classe `Graphics`, um processo que será discutido no Capítulo 9. Sempre que o gerenciador de janelas chamar o método `paint`, ele na verdade passa um parâmetro do tipo `Graphics2D`. Os programas que necessitam de gráficos simples não precisam saber sobre isso, mas se quisermos usar os métodos gráficos 2D mais sofisticados, recuperamos a referência `Graphics2D` usando uma coerção, como vimos no Capítulo 3.

Usamos o método `draw` da classe `Graphics2D` para desenhar formas como retângulos, elipses, segmentos de reta, polígonos e arcos. A seguir desenhamos um retângulo:

```
public class RectangleApplet extends Applet
{
   public void paint(Graphics g)
   {
      ...
      Rectangle cerealBox = new Rectangle(5, 10, 20, 30);
      g2.draw(cerealBox);
      ...
   }
}
```

As classes `Graphics`, `Graphics2D` e `Rectangle` são parte do pacote `java.awt`. Como foi mencionado no Capítulo 1, o acrônimo AWT significa *Abstract Windowing Toolkit*. Esse é o conjunto original de ferramentas de interface com o usuário que a Sun forneceu para Java. Ele define muitas classes para programação gráfica, um mecanismo de tratamento de eventos e um conjunto de componentes de interface com o usuário. Neste capítulo nos concentraremos nas classes gráficas do AWT.

A seguir temos o *applet* completo para exibir retângulos.

Arquivo RectangleApplet.java

```
 1   import java.applet.Applet;
 2   import java.awt.Graphics;
 3   import java.awt.Graphics2D;
 4   import java.awt.Rectangle;
 5
 6   /**
 7       Um applet que desenha dois retângulos.
 8   */
 9   public class RectangleApplet extends Applet
10   {
11       public void paint(Graphics g)
```

```
12      {
13          // recupera Graphics2D
14
15          Graphics2D g2 = (Graphics2D)g;
16
17          // constrói um retângulo e o desenha
18
19          Rectangle cerealBox = new Rectangle(5, 10, 20, 30);
20          g2.draw(cerealBox);
21
22          // move o retângulo 15 unidades para o lado e 25 unidades para baixo
23
24          cerealBox.translate(15, 25);
25
26          // desenha o retângulo que foi movido
27
28          g2.draw(cerealBox);
29      }
30  }
```

Tópico Avançado 4.1

O Ambiente de Execução e os Plug-ins *Java*

Podemos executar *applets* no programa *applet viewer*, mas os *applets* foram criados para serem executados em um navegador. As primeiras versões de programas navegadores que suportavam Java continham uma máquina virtual Java embutida para executar *applets* Java baixados. Isso se comprovou não ser uma boa idéia. As novas versões de Java apareceram rapidamente e os fabricantes de navegadores foram incapazes de se manter atualizados. Os fabricantes de navegadores também fizeram pequenas alterações nas implementações Java, causando problemas de compatibilidade.

Em 1998, a Sun Microsystems, empresa que inventou a linguagem Java, percebeu que era melhor separar o navegador e a máquina virtual. Agora a Sun empacota a máquina virtual como o "Java Runtime Environment", o qual deve ser instalado em um lugar padrão em cada computador que suporta Java. Os fabricantes de navegadores são encorajados a usar o ambiente de execução Java (Java Runtime Environment), e não sua própria implementação Java, para executar *applets*. Dessa maneira, os usuários podem atualizar suas implementações Java e seus navegadores separadamente. Se seu navegador usa essa abordagem, então ele será capaz de executar seus *applets* Java sem problemas. Quando este livro foi escrito, o Netscape 6 e o Opera funcionavam dessa maneira.

Entretanto, o navegador Internet Explorer da Microsoft atualmente não suporta uma versão moderna da máquina virtual Java. Para resolver esse problema, a Sun Microsystems forneceu uma segunda ferramenta, o "Java *Plug-in*". O Java *Plug-in* usa a arquitetura de componentes ActiveX da Microsoft para adicionar suporte Java ao Internet Explorer. Se quisermos exibir nossos *applets* no Internet Explorer, temos de fazer o *download* do *Plug-in* Java a partir do endereço http://java.sun.com/products/plugin/index.html.

Infelizmente, o código HTML exigido para ativar a extensão do navegador é muito mais misterioso do que a simples marca do `applet`. A Sun desenvolveu um programa, o "Java Plug-in HTML Converter", que consegue traduzir páginas HTML contendo marcas `applet` para páginas HTML com as marcas adequadas para disparar o Java *Plug-in*. Podemos baixar o conversor a partir do endereço http://java.sun.com/products/plugin/1.3/converter.html.

4.4 Formas Gráficas

> As classes `Rectangle2D.Double`, `Ellipse2D.Double` e `Line2D.Double` descrevem formas gráficas.

Na Seção 4.3 você aprendeu a escrever um *applet* que desenha retângulos. Nesta seção você vai aprender a desenhar outras formas: elipses e retas. Com esses elementos gráficos podemos desenhar muitas figuras interessantes.

Para desenhar uma elipse, especificamos o seu envelope (veja a Figura 7) da mesma maneira que especificaríamos um retângulo, ou seja, pelas coordenadas *x* e *y* do canto superior esquerdo, e a largura e a altura do envelope.

Entretanto, não existe nenhuma classe `Ellipse` simples que possamos usar. Em vez disso, temos de usar uma das duas classes `Ellipse2D.Float` ou `Ellipse2D.Double`, dependendo se queremos armazenar as coordenadas da elipse como valores `float` ou `double`. Uma vez que em Java valores `double` são mais convenientes de se usar do que valores `float`, usaremos sempre a classe `Ellipse2D.Double`. Eis como se constrói uma elipse:

```
Ellipse2D.Double easterEgg = new Ellipse2D.Double(5, 10, 15, 20);
```

O nome de classe `Ellipse2D.Double` parece diferente dos nomes de classes que vimos até agora. Ele consiste em dois nomes de classes `Ellipse2D` e `Double` separados por um ponto (`.`). Isso indica que `Ellipse2D.Double` é uma classe *interna* a classe `Ellipse2D`. Ao criar e usar elipses, na realidade não precisamos nos preocupar com o fato de `Ellipse2D.Double` ser uma classe interna — simplesmente pense nela como uma classe com um nome longo. Entretanto, no comando `import` no topo de nosso programa, temos de ser cuidadosos para importar apenas a classe *externa*:

```
import java.awt.geom.Ellipse2D;
```

Você pode se perguntar por que uma elipse iria querer armazenar seu tamanho como valores `double` quando as coordenadas da tela são medidas em *pixels*. Como veremos mais adiante neste capítulo, trabalhar com as coordenadas em *pixels* pode ser um incômodo. Freqüentemente é uma boa idéia mudar para uma unidade diferente e nesse caso pode ser prático usar coordenadas de

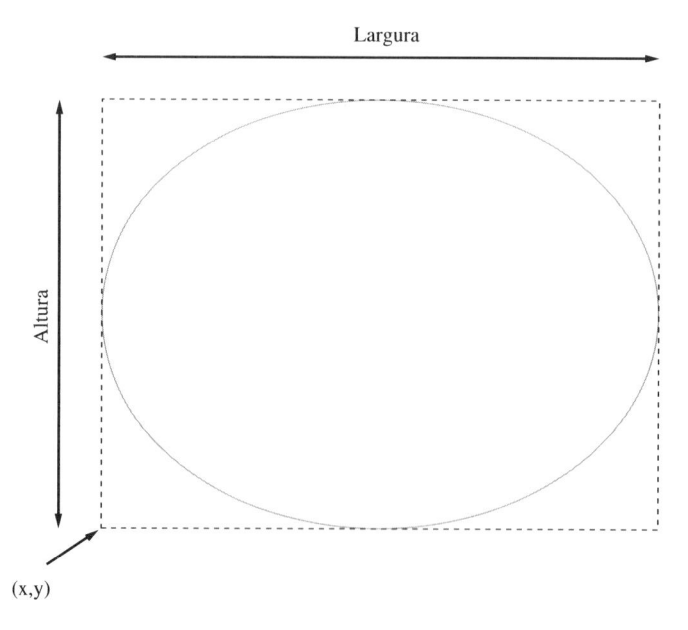

Figura 7
Uma elipse e seu envelope.

ponto flutuante. Note que a classe `Rectangle` usa coordenadas inteiras, de modo que precisaremos usar uma classe separada chamada `Rectangle2D.Double` sempre que usarmos retângulos com coordenadas em ponto flutuante.

Desenhar uma elipse é fácil: usamos exatamente o mesmo método `draw` da classe `Graphics2D` que usamos para desenhar retângulos.

```
g2.draw(easterEgg);
```

Para desenhar um círculo, simplesmente configure a largura e a altura com o mesmo valor:

```
Ellipse2D.Double circle =
    new Ellipse2D.Double(x, y, diameter, diameter);
g2.draw(circle);
```

Observe que (x, y) é o canto superior esquerdo do envelope e *não* o centro do círculo.

Para desenhar um segmento de reta, usamos um objeto da classe `Line2D.Double`. Construímos um segmento de reta especificando suas duas extremidades. É possível fazer isso de duas formas. Podemos simplesmente dar as coordenadas *x* e *y* de ambas as extremidades:

```
Line2D.Double segment = new Line2D.Double(x1, y1, x2, y2);
```

Ou podemos especificar cada extremidade como um objeto da classe `Point2D.Double`:

```
Point2D.Double from = new Point2D.Double(x1, y1);
Point2D.Double to = new Point2D.Double(x2, y2);

Line2D.Double segment = new Line2D.Double(from, to);
```

O último método é mais orientado a objeto, e freqüentemente é também mais útil, em especial se os objetos dos pontos puderem ser reutilizados em outra parte do mesmo desenho.

Para desenhar linhas mais grossas, forneça um objeto traço (*stroke*) diferente ao parâmetro `Graphics2D`. Por exemplo, para se obter linhas com 4 *pixels* de espessura, chamamos

```
g2.setStroke(new BasicStroke(4.0F));
```

Todas as formas que desenharmos após essa chamada serão feitas com linhas mais espessas.

4.5 Cores

Quando começamos a desenhar, todas as formas são desenhadas com uma caneta preta. Para mudar a cor, precisamos fornecer um objeto do tipo `Color`. Java usa o *modelo de cores RGB*. Isto é, especificamos uma cor pelos componentes *primários* — vermelho, verde e azul — que compõem a cor. Os componentes são representados como valores `float`, os quais temos de identificar com sufixo F. Eles variam de `0.0F` (ausência de cor) até `1.0F` (saturação máxima). Por exemplo,

```
Color magenta = new Color(1.0F, 0.0F, 1.0F);
```

> Quando configuramos uma nova cor no contexto gráfico, ela é usada nas operações de desenho subseqüentes.

constrói um objeto `Color` com o máximo de vermelho, nada de verde e o máximo de azul, gerando uma cor roxa brilhante chamada magenta.

Para sua conveniência, uma variedade de cores foram predefinidas na classe `Color`. A Tabela 1 mostra essas cores predefinidas e seus valores RGB. Por exemplo, `Color.pink` foi predefinido para ser a mesma cor de `new Color(1.0F, 0.7F, 0.7F)`.

Uma vez que temos um objeto do tipo `Color`, podemos mudar a *cor corrente* do objeto `Graphics2D` com o método `setColor`. Por exemplo, o código a seguir desenha um retângulo em preto, então muda a cor para vermelho e desenha o próximo retângulo em vermelho:

```
public void paint(Graphics g)
{
    Graphics2D g2 = (Graphics2D)g;
```

Tabela 1
Cores predefinidas e suas componentes RGB

Cores	Componentes RGB
`Color.black (preto)`	`0.0F,0.0F,0.0F`
`Color.blue(azul)`	`0.0F,0.0F,1.0F`
`Color.cyan(ciano)`	`0.0F,1.0F,1.0F`
`Color.gray (cinza)`	`0.5F,0.5F,0.5F`
`Color.darkGray (cinza escuro)`	`0.25F,0.25F,0.25F`
`Color.lightGray (cinza claro)`	`0.75F,0.75F,0.75F`
`Color.green (verde)`	`0.0F,1.0F,0.0F`
`Color.magenta (magenta)`	`1.0F,0.0F,1.0F`
`Color.orange (laranja)`	`1.0F,0.8F,0.0F`
`Color.pink (rosa)`	`1.0F,0.7F,0.7F`
`Color.red (vermelho)`	`1.0F,0.0F,0.0F`
`Color.white (branco)`	`1.0F,1.0F,1.0F`
`Color.yellow (amarelo)`	`1.0F,1.0F,0.0F`

```
    Rectangle cerealBox = new Rectangle(5, 10, 20, 30);
    g2.draw(cerealBox);  // desenha em preto

    cerealBox.translate(15, 25);  // mover o retângulo

    g2.setColor(Color.red);  // configura a cor atual para vermelho
    g2.draw(cerealBox);  // desenha em vermelho
}
```

Se quisermos colorir o interior da forma, usamos o método `fill` em vez de usar o método `draw`. Por exemplo,

```
    g2.fill(cerealBox);
```

preenche o interior do retângulo com a cor corrente.

4.6 Fontes

> O método `drawString` da classe `Graphics2D` desenha um *string*, iniciando no seu ponto de base.

Freqüentemente queremos colocar texto dentro de um desenho, por exemplo para rotular algumas partes. Usamos o método `drawString` da classe `Graphics2D` para desenhar um *string* em qualquer lugar de uma janela. Temos de especificar o *string* e as coordenadas *x* e *y* do *ponto de base* do primeiro caractere do *string* (veja a Figura 8). Por exemplo, `g2.drawString("Applet", 50, 100);`

Applet

← Linha de Base

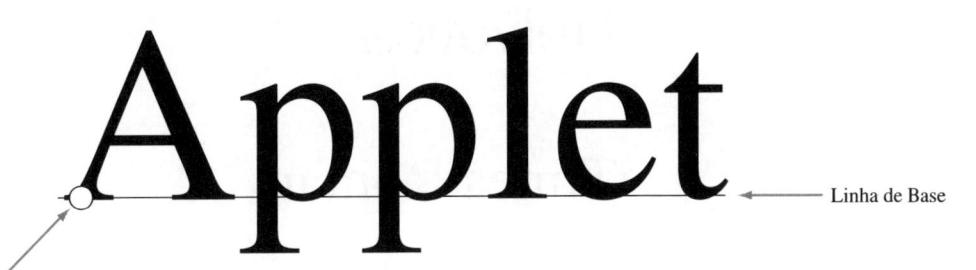

Ponto de base

Figura 8
Ponto de base e linha de base.

> Uma fonte é descrita pelo seu nome, estilo e tamanho em pontos.

Podemos escolher diferentes fontes. O procedimento é semelhante a configurar a cor do desenho. Criamos um objeto `Font` e chamamos o método `setFont` da classe `Graphics2D`. Para criar um objeto `Font`, especificamos

- O nome de face da fonte
- O *estilo* (`Font.PLAIN`, `Font.BOLD`, `Font.ITALIC`, ou `Font.BOLD + Font.ITALIC`)
- O tamanho em pontos

O nome de face da fonte é um dos cinco *nomes lógicos de faces* da Tabela 2 ou um nome de caractere tipográfico disponível em seu computador, como "Times Roman" ou "Helvetica". "Times Roman" e "Helvetica" são os nomes de caracteres tipográficos populares que foram projetados há muitos anos e estão em grande uso ainda hoje. Essas fontes diferem na forma de suas letras. A diferença mais visível é que os caracteres da fonte Times Roman são compostos por traços com pequenos segmentos em forma de cruz nas extremidades, chamados *serifas*. Os caracteres da fonte Helvetica não têm serifas (veja a Figura 9). Um caractere tipográfico como Helvetica é chamado de uma fonte *sem serifa*. É consenso que as serifas ajudam a tornar o texto mais fácil de ler. Na verdade, a fonte Times Roman foi projetada especificamente para o jornal London *Times*, a fim de facilitar a leitura em papel jornal. A maioria dos livros (inclusive este) usam um caractere tipográfico com serifa para o corpo do texto. Os caracteres tipográficos sem serifa são adequados para títulos, rótulos de figuras, etc. Muitos outros caracteres tipográficos têm sido projetados ao longo dos séculos, com e sem serifas. Por exemplo, Garamond é outro caractere tipográfico popular de estilo com serifa. Um terceiro tipo de caractere tipográfico que você verá comumente é Courier, uma fonte que foi originalmente projetada para máquinas de escrever.

O projeto de um bom caractere tipográfico exige discernimento artístico e substancial experiência. Entretanto, nos EUA, as formas de letras são consideradas projeto industrial e não podem ser protegidas por direitos autorais. Por essa razão, os projetistas de tipos de caracteres protegem seus direitos registrando os *nomes* das fontes. Por exemplo, os nomes "Times Roman" e "Helvetica" são marcas registradas da Linotype Corporation. Embora outras empresas possam criar fontes semelhantes (assim como certas empresas criam imitações de perfumes famosos), elas têm de dar-lhes nomes diferentes. É por isso que encontramos fontes com nomes como "Times New Roman" ou "Arial". Dessa forma, é um problema escolher fontes pelos seus nomes, especialmente se não sabemos quais fontes estão disponíveis em determinado computador. Por essa razão, iremos especificar as fontes pelos seus nomes de face *lógicos*. Java reconhece cinco nomes de fontes lógicos (veja a Tabela 2) que são mapeados para fontes que existem em todos sistemas computacionais. Por exemplo, se você solicitar fonte sem serifa, então o mapeador de fontes de Java irá pesquisar a melhor fonte sem serifa de uso geral disponível. Em um computador que rode o sistema operacional Windows, obteremos a fonte "Arial". Em um Macintosh, obteremos "Helvetica".

Helvetica

Times Roman

Courier

Figura 9
Fontes comuns.

Tabela 2
Nomes lógicos de fontes

Nome	Exemplo	Descrição
Serif	A veloz raposa marrom	Fonte no estilo serifa, como Times Roman
SanSerif	A veloz raposa marrom	Fonte sem serifas, como Helvetica
Monospaced	A veloz raposa marrom	Fonte em que todos os caracteres tem a mesma largura, como Courier
Dialog	**A veloz raposa marrom**	Fonte de tela adequada para rótulos em diálogos
DialogInput	A veloz raposa marrom	Fonte de tela adequada para entrada de dados do usuário no campo de texto

Para criar uma fonte, temos de especificar o *tamanho em pontos:* a altura da fonte na unidade do compositor (tipógrafo) chamada de *pontos* (*points*). A altura de uma fonte é medida do topo da haste ascendente (a parte superior de letras como *b* e *l*) até a parte inferior da haste descendente (a parte inferior de letras como *g* e *p*). Há 72 pontos por polegada. Por exemplo, uma fonte de 12 pontos tem uma altura de 1/6 de polegada. Na verdade, o tamanho em pontos de uma fonte é apenas uma medida aproximada, e não podemos necessariamente ter certeza que duas fontes com o mesmo tamanho de pontos tenham tamanhos de caracteres iguais. Os tamanhos reais em todos os casos dependem do tamanho e da resolução de seu monitor de vídeo. Sem entrar em questões refinadas de tipografia, o melhor é simplesmente lembrar alguns tamanhos típicos: 8 pontos ("pequeno"), 12 pontos ("médio"), 18 pontos ("grande"), e 36 pontos ("enorme").

A seguir vemos como podemos escrever "Applet" em letras cor de rosa enormes:

```
final int HUGE_SIZE = 36;
String message = "Applet";
Font hugeFont = new Font("Serif", Font.BOLD, HUGE_SIZE);
g2.setFont(hugeFont);
g2.setColor(Color.pink);
g2.drawString(message, 50, 100);
```

As posições *x* e *y* no método `drawString` podem ser especificadas como `int` ou como `float`.

Tópico Avançado 4.2

Posicionamento Preciso de Texto

Ao desenhar *strings* na tela, geralmente temos de posicioná-los precisamente. Por exemplo, se queremos desenhar duas linhas de texto, uma em baixo da outra, então precisamos saber a distância entre os dois pontos de base. Naturalmente, o tamanho de um *string* depende do formato das letras, as quais por sua vez dependem da face da fonte e do tamanho em pontos. Você precisa conhecer algumas medidas tipográficas (veja a Figura 10):

- A *ascendente* da fonte é a altura das letras mais altas acima da linha de base.
- A *descendente* de uma fonte é a profundidade abaixo da linha de base da letra com a haste descendente mais longa.

Esses valores descrevem a extensão *vertical* dos *strings*. A extensão *horizontal* depende das letras individuais em um *string*. Em uma fonte `monospaced`, todas as letras têm a mesma largura. Fontes `monospaced` ainda são usadas para programas de computador, mas para texto comum elas estão tão desatualizadas como a máquina de escrever. Em uma *fonte proporcionalmente espaçada*, diferentes letras têm larguras diferentes. Por exemplo, a letra *l* é muito mais estreita do que a letra *m*.

Para medir o tamanho de um *string*, precisamos construir um objeto do tipo `FontRenderContext`, o qual obtemos do objeto `Graphics2D` chamando `getFontRenderContext`. Um contexto de exibição de fontes é um objeto que sabe como transformar formas de letras (as quais são descritas como curvas) em *pixels*. Em geral, um objeto "de contexto" é um objeto que possui algum conhecimento especializado de como executar tarefas complexas. Não precisamos nos preocupar em como o objeto de contexto funciona, simplesmente o criamos e o passamos adiante conforme solicitado. O objeto `Graphics2D` é outro exemplo de objeto de contexto — muitas pessoas o chamam de "contexto gráfico".

Para obter o tamanho de um *string*, chamamos o método `getStringBounds` da classe `Font`. Por exemplo,

```
String message = "Applet";
FontRenderContext context = g2.getFontRenderContext();
Rectangle2D bounds = hugeFont.getStringBounds(message, context);
```

O retângulo retornado é posicionado de modo que a origem (0, 0) caia no ponto de base (veja a Figura 8). Portanto, podemos obter a ascendente, a descendente, a altura e a largura como

```
double yMessageAscent = -bounds.getY();
double yMessageDescent = bounds.getHeight() + bounds.getY();
double yMessageHeight = bounds.getHeight();
double xMessageWidth = bounds.getWidth();
```

Figura 10

Medidas de leiaute de texto.

O programa a seguir usa essas medidas para centralizar precisamente um *string* na janela do *applet* (veja a Figura 11). Para centralizar o *string* precisamos saber o tamanho do *applet*. O usuário pode tê-lo alterado, de modo que não podemos simplesmente usar os valores de `width` (largura) e `height` (altura) do arquivo HTML. Os métodos `getWidth` e `getHeight` retornam o tamanho do *applet* em *pixels*. Para centralizar o *string* horizontalmente, temos de pensar na quantidade de espaços em branco que temos disponível. A largura da janela do *applet* é `getWidth()`. A largura do *string* é `xMessageWidth`. Portanto, o espaço em branco é a diferença,

```
getWidth() - xMessageWidth
```

A metade desse espaço em branco deve ser colocada de cada lado. Portanto, o *string* deve começar em

```
double xLeft = (getWidth() - xMessageWidth) / 2;
```

Pela mesma razão, a parte superior do *string* está em

```
double yTop = (getHeight() - yMessageHeight) / 2;
```

Mas o método `drawString` necessita do ponto de base do *string*. Conseguimos a posição da base acrescentando a ascendente:

```
double yBase = yTop + yMessageAscent;
```

Em seguida temos o programa completo. Ao executá-lo no visualizador de *applet* (*applet viewer*), experimente mudar o tamanho da janela de *applet* e observe que o *string* sempre está centralizado.

Figura 11

Applet de fonte exibe um *string* centralizado.

Arquivo FontApplet.java

```
1  import java.applet.Applet;
2  import java.awt.Font;
3  import java.awt.Graphics;
4  import java.awt.Graphics2D;
5  import java.awt.font.FontRenderContext;
6  import java.awt.geom.Line2D;
7  import java.awt.geom.Rectangle2D;
8
9  /**
10     Este applet desenha um string centralizado na
11     janela do applet.
12  */
13 public class FontApplet extends Applet
14 {
15    public void paint(Graphics g)
16    {
17       Graphics2D g2 = (Graphics2D)g;
18
19       // seleciona a fonte para o contexto gráfico
20
21       final int HUGE_SIZE = 48;
22       Font hugeFont =
23          new Font("Serif", Font.BOLD, HUGE_SIZE);
24       g2.setFont(hugeFont);
25
26       String message = "Applet";
27
28       // mede o string
29
30       FontRenderContext context =
31          g2.getFontRenderContext();
32       Rectangle2D bounds =
33          hugeFont.getStringBounds(message, context);
34
35       double yMessageAscent = -bounds.getY();
36       double yMessageDescent =
37          bounds.getHeight() + bounds.getY();
38       double yMessageHeight = bounds.getHeight();
39       double xMessageWidth = bounds.getWidth();
40
41       // centraliza a mensagem na janela
42
43       double xLeft = (getWidth() - xMessageWidth) / 2;
44       double yTop = (getHeight() - yMessageHeight) / 2;
45       double yBase = yTop + yMessageAscent;
46
47       g2.drawString(message, (float)xLeft, (float)yBase);
48       // desenha retângulo delimitador
49
50       g2.draw(new Rectangle2D.Double(xLeft, yTop,
51          xMessageWidth, yMessageHeight));
52
```

```
53          // desenhar a linha de base
54          g2.draw(new Line2D.Double(xLeft, yBase,
55             xLeft + xMessageWidth, yBase));
56       }
57 }
```

4.7 Desenhando Formas Complexas

> Uma boa idéia é criar uma classe para cada forma gráfica complexa.

O programa a seguir mostra como podemos juntar formas básicas para desenhar uma figura de um carro — veja a Figura 12. É uma boa idéia criar uma classe separada para cada forma complexa que queiramos desenhar. Por exemplo, o programa no final desta seção define classe Car.

```
class Car
{
    ...
    public void draw(Graphics2D g2)
    {
        // instruções de desenho
        ...
    }
}
```

> Para descobrir como desenhar uma forma complexa, faça um esboço em um papel quadriculado.

As coordenadas das partes do carro parecem um tanto quanto arbitrárias. Para obter valores adequados, vamos desenhar a imagem em um papel milimetrado e ler suas coordenadas — veja a Figura 13.

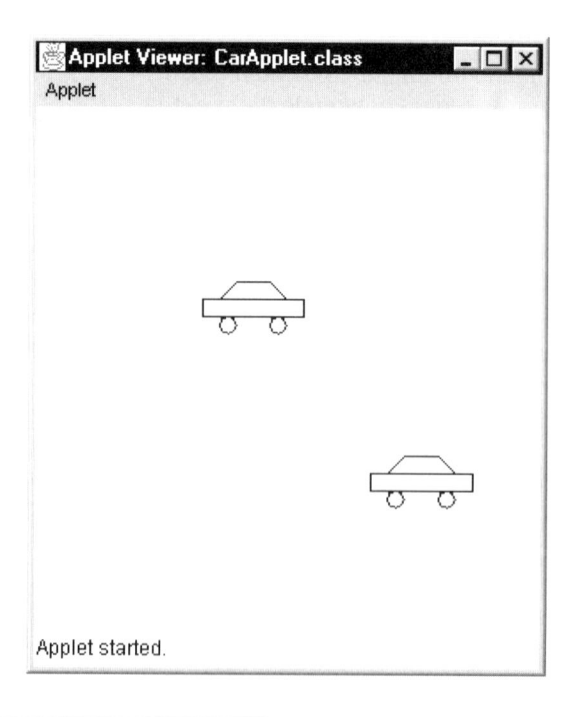

Figura 12
O *applet* car desenha duas formas de carro.

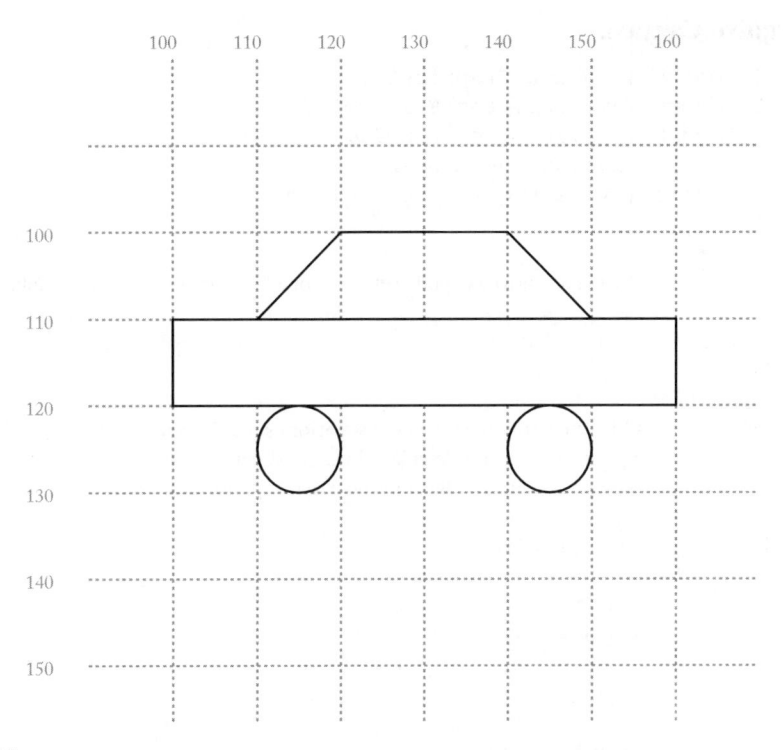

Figura 13
Usando papel quadriculado para determinar as coordenadas da forma.

A seguir temos o programa. Infelizmente, nesse tipo de programa é difícil evitar os "números mágicos" para as coordenadas das várias formas.

Arquivo CarApplet.java

```
 1 import java.applet.Applet;
 2 import java.awt.Graphics;
 3 import java.awt.Graphics2D;
 4 /**
 5     Este applet desenha duas formas de carro.
 6 */
 7 public class CarApplet extends Applet
 8 {
 9     public void paint(Graphics g)
10     {
11        Graphics2D g2 = (Graphics2D)g;
12
13        Car car1 = new Car(100, 100);
14        Car car2 = new Car(200, 200);
15
16        car1.draw(g2);
17        car2.draw(g2);
18     }
19 }
```

Arquivo Car.java

```java
1  import java.awt.Graphics2D;
2  import java.awt.geom.Ellipse2D;
3  import java.awt.geom.Line2D;
4  import java.awt.geom.Point2D;
5  import java.awt.geom.Rectangle2D;
6
7  /**
8     Uma forma de carro que pode ser posicionada em qualquer lugar na tela.
9  */
10 public class Car
11 {
12    /**
13       Crie um carro com um canto superior esquerdo determinado.
14       @param x a coordenada x do canto superior esquerdo
15       @param y a coordenada y do canto superior esquerdo
16    */
17    public Car(double x, double y)
18    {
19       xLeft = x;
20       yTop = y;
21    }
22
23    /**
24       Desenha o carro.
25       @param g2 o contexto gráfico
26    */
27    public void draw(Graphics2D g2)
28    {
29       Rectangle2D.Double body = new
30          Rectangle2D.Double(xLeft, yTop + 10, 60, 10);
31       Ellipse2D.Double frontTire = new
32          Ellipse2D.Double(xLeft + 10, yTop + 20, 10, 10);
33       Ellipse2D.Double rearTire = new
34          Ellipse2D.Double(xLeft + 40, yTop + 20, 10, 10);
35
36       // parte inferior do pára-brisas
37       Point2D.Double r1
38          = new Point2D.Double(xLeft + 10, yTop + 10);
39       // parte frontal do teto
40       Point2D.Double r2
41          = new Point2D.Double(xLeft + 20, yTop);
42       // parte traseira do teto
43       Point2D.Double r3
44          = new Point2D.Double(xLeft + 40, yTop);
45       // parte inferior da janela traseira
46       Point2D.Double r4
47          = new Point2D.Double(xLeft + 50, yTop + 10);
48
49       Line2D.Double frontWindshield
50          = new Line2D.Double(r1, r2);
```

```
51        Line2D.Double roofTop
52           = new Line2D.Double(r2, r3);
53        Line2D.Double rearWindow
54           = new Line2D.Double(r3, r4);
55
56        g2.draw(body);
57        g2.draw(frontTire);
58        g2.draw(rearTire);
59        g2.draw(frontWindshield);
60        g2.draw(roofTop);
61        g2.draw(rearWindow);
62     }
63
64     private double xLeft;
65     private double yTop;
66  }
```

❓ Como Fazer? 4.1

Desenhando Formas Gráficas

Podemos programar *applets* que exibam uma grande variedade de formas gráficas. As instruções a seguir nos apresentam um procedimento passo-a-passo para decompor um desenho em partes e implementar um programa que o produza.

Passo 1 **Determine as formas que você necessita para o desenho**

Você pode usar as seguintes formas:

- Quadrados e retângulos
- Círculos e elipses
- Linhas

Você pode desenhar o contorno dessas formas e preencher seu interior com qualquer cor. Você também pode usar texto para rotular partes de seu desenho.

Por exemplo, o projeto de muitas bandeiras nacionais consiste em três seções de mesma largura e cores diferentes, lado a lado:

Você poderia desenhar essa bandeira usando três retângulos. Mas se o retângulo do meio for branco, como é o caso, por exemplo, na bandeira da Itália (verde, branco, vermelho), é mais fácil e fica mais bonito simplesmente desenhar um segmento de reta em cima e outro em baixo da parte do meio:

Duas Linhas

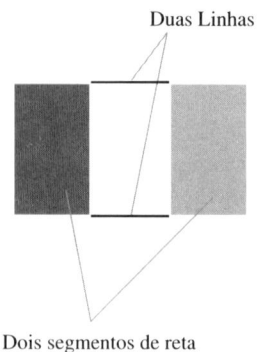

Dois segmentos de reta

Passo 2 Descubra as coordenadas das formas

Agora você precisa descobrir as posições exatas das formas geométricas.

- Para os retângulos, você precisa das coordenadas *x* e *y* do canto superior esquerdo, a largura e a altura.
- Para as elipses, você precisa do canto superior esquerdo, da largura e da altura do envelope.
- Para os segmentos de reta, você precisa das coordenadas *x* e *y* do ponto inicial e do ponto final.
- Para o texto, você precisa das coordenadas *x* e *y* do ponto de base.

O tamanho típico de um *applet* é de 300 por 300 *pixels*. Talvez você não queira a bandeira toda espremida lá em cima, então o canto superior esquerdo da bandeira deveria estar no ponto (100, 100).

Muitas bandeiras, como por exemplo a da Itália, têm uma relação largura : altura de 3 : 2. (Você pode encontrar as proporções exatas para uma determinada bandeira fazendo algumas pesquisas na Internet em um dos diversos *sites* de Bandeiras do Mundo.) Se você fizer a bandeira da Itália com 90 *pixels* de largura, então ela terá 60 pixels de altura. Por que não fazê-la com 100 *pixels* de largura? Então a altura seria 100 · 2 / 3 = 67, o que parece esquisito.

Agora você pode calcular as coordenadas de todos os pontos importantes da figura:

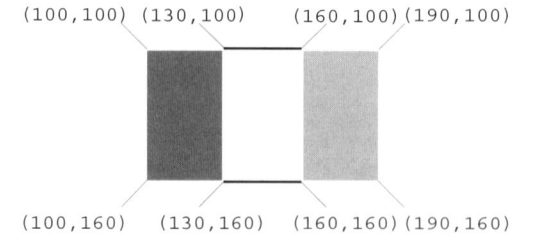

(100,100) (130,100)   (160,100)(190,100)

(100,160) (130,160) (160,160)(190,160)

Passo 3 Escreva as instruções Java para desenhar as formas

No nosso exemplo, há dois retângulos e dois segmentos de reta:

```
Rectangle2D.Double leftRectangle
    = new Rectangle2D.Double(100, 100, 30, 60);
Rectangle2D.Double rightRectangle
    = new Rectangle2D.Double(160, 100, 30, 60);
Line2D.Double topLine
    = new Line2D.Double(130, 100, 160, 100);
Line2D.Double bottomLine
    = new Line2D.Double(130, 160, 160, 160);
```

Se você é mais ambicioso, então pode expressar as coordenadas usando variáveis. No caso da bandeira, escolhemos arbitrariamente o canto superior esquerdo e a largura. Todas as outras coordenadas derivam dessas escolhas. Se você decidir seguir a abordagem ambiciosa, então os retângulos e retas são determinados da seguinte maneira:

```
Rectangle2D.Double leftRectangle
    = new Rectangle2D.Double(xLeft, yTop,
        width / 3, width * 2 / 3);
Rectangle2D.Double rightRectangle
    = new Rectangle2D.Double(xLeft + width / 3, yTop,
        width / 3, width * 2 / 3);
Line2D.Double topLine
    = new Line2D.Double(xLeft + width / 3, yTop,
        xLeft + width * 2 / 3, yTop);
Line2D.Double bottomLine
    = new Line2D.Double(
        xLeft + width / 3, yTop + width * 2 / 3,
        xLeft + width * 2 / 3, yTop + width * 2 / 3);
```

Agora você precisa preencher os retângulos e desenhar os segmentos de reta. Para a bandeira da Itália, o retângulo da esquerda é verde e o da direita, vermelho. Lembre-se de mudar as cores antes das operações de preenchimento e desenho:

```
g2.setColor(Color.green);
g2.fill(leftRectangle);
g2.setColor(Color.red);
g2.fill(rightRectangle);
g2.setColor(Color.black);
g2.draw(topLine);
g2.draw(bottomLine);
```

Passo 4 **Combine as instruções de desenho com a estrutura do *applet*.**

A forma mais simples de "estruturação" é a seguinte:

```
public class MyApplet extends Applet
{
    public void paint(Graphics g)
    {
        Graphics2D g2 = (Graphics2D)g;
        // seu código de desenho vai aqui
        ...
    }
}
```

Em nosso exemplo, você pode simplesmente acrescentar todas instruções de desenho de formas dentro do método `paint`:

```
public class ItalianFlagApplet extends Applet
{
    public void paint(Graphics g)
    {
        Graphics2D g2 = (Graphics2D)g;
        Rectangle2D.Double leftRectangle
            = new Rectangle2D.Double(100, 100, 30, 60);
        ...
        g2.setColor(Color.green);
        g2.fill(leftRectangle);
        ...
    }
}
```

Essa abordagem é aceitável para desenhos simples, mas não é muito orientada a objeto. Afinal de contas, uma bandeira é um objeto. É melhor criar uma classe separada para a bandeira. Então você pode desenhar diferentes bandeiras em diferentes posições e tamanhos. Especifique os tamanhos em um construtor e forneça um método `draw`:

```
public class ItalianFlag
{
    public ItalianFlag(double x, double y, double aWidth)
    {
        xLeft = x;
        yTop = y;
        width = aWidth;
    }

    public void draw(Graphics2D g2)
    {
        Rectangle2D.Double leftRectangle
            = new Rectangle2D.Double(xLeft, yTop,
                width / 3, width * 2 / 3);
        ...
        g2.setColor(Color.green);
        g2.fill(leftRectangle);
        ...
    }

    private double xLeft;
    private double yTop;
    private double width;
}
```

Você ainda precisa de uma classe separada para o *applet*, mas ela é muito simples:

```
public class ItalianFlagApplet extends Applet
{
    public void paint(Graphics g)
    {
        Graphics2D g2 = (Graphics2D)g;
        ItalianFlag flag = new ItalianFlag(100, 100, 90);
        flag.draw(g2);
    }
}
```

Talvez você queira modificar esse código para fazer com que a bandeira caiba confortavelmente na área do *applet*, mesmo se o *applet* não for de 300 por 300. Use os métodos `getWidth()` e `getHeight()` do *applet* para descobrir o tamanho real da janela do *applet*, e use essas dimensões para calcular os parâmetros do construtor, de forma semelhante ao que foi feito para o texto no Tópico Avançado 4.2.

Passo 5   **Escreva o arquivo HTML para o *applet***

Para mostrar um *applet* no visualizador de *applets* ou em um navegador compatível com Java 2, você necessita de um arquivo HTML que especifique o nome da classe do *applet*, a largura e altura desejadas para o *applet*. A seguir temos um arquivo HTML mínimo para o *applet* da bandeira da Itália:

```
<applet code="ItalianFlagApplet.class"
    width="300" height="300"></applet>
```

Se quiser, você pode acrescentar mais código HTML em volta da marca `applet` para descrever seu *applet*. A descrição aparece quando você visualiza o arquivo HTML em um navegador; no entanto, o visualizador de *applets* exibe apenas o *applet*.

Fato Histórico 4.2

Computação Gráfica

Gerar e manipular imagens estão entre as mais excitantes aplicações dos computadores. Nós distinguimos aqui os diferentes tipos de gráficos.

Diagramas, como gráficos numéricos ou mapas, são ferramentas que transmitem informações ao usuário (veja a Figura 14). Eles não descrevem diretamente algo que ocorre no mundo natural, mas são uma ferramenta para visualizar informações.

Cenas são imagens geradas pelo computador que procuram representar imagens do mundo real ou imaginário (veja a Figura 15). Simular os efeitos gerados por luzes e sombras com precisão é bastante desafiador. Deve-se ter um cuidado especial para que as imagens não pareçam excessivamente simples e plásticas. Nuvens, rochas, folhas e pó, no mundo real, têm uma aparência complexa e um tanto quanto aleatória. O grau de realismo desse tipo de imagens está constantemente sendo aperfeiçoado.

Imagens manipuladas são fotografias ou filmagens de eventos reais, os quais foram convertidos para a forma digital e editados pelo computador (veja a Figura 16). Por exemplo, várias seqüências do filme *Apollo 13* foram produzidas a partir de imagens reais. Alterando-se a perspectiva, foi possível mostrar o lançamento do foguete de um ponto de vista mais dramático.

A computação gráfica é um dos campos mais desafiadores da ciência da computação. Ela exige o processamento de quantidades enormes de informações em altíssima velocidade. Novos algoritmos são constantemente inventados com esse objetivo. Exibir um conjunto de objetos tri-dimen-

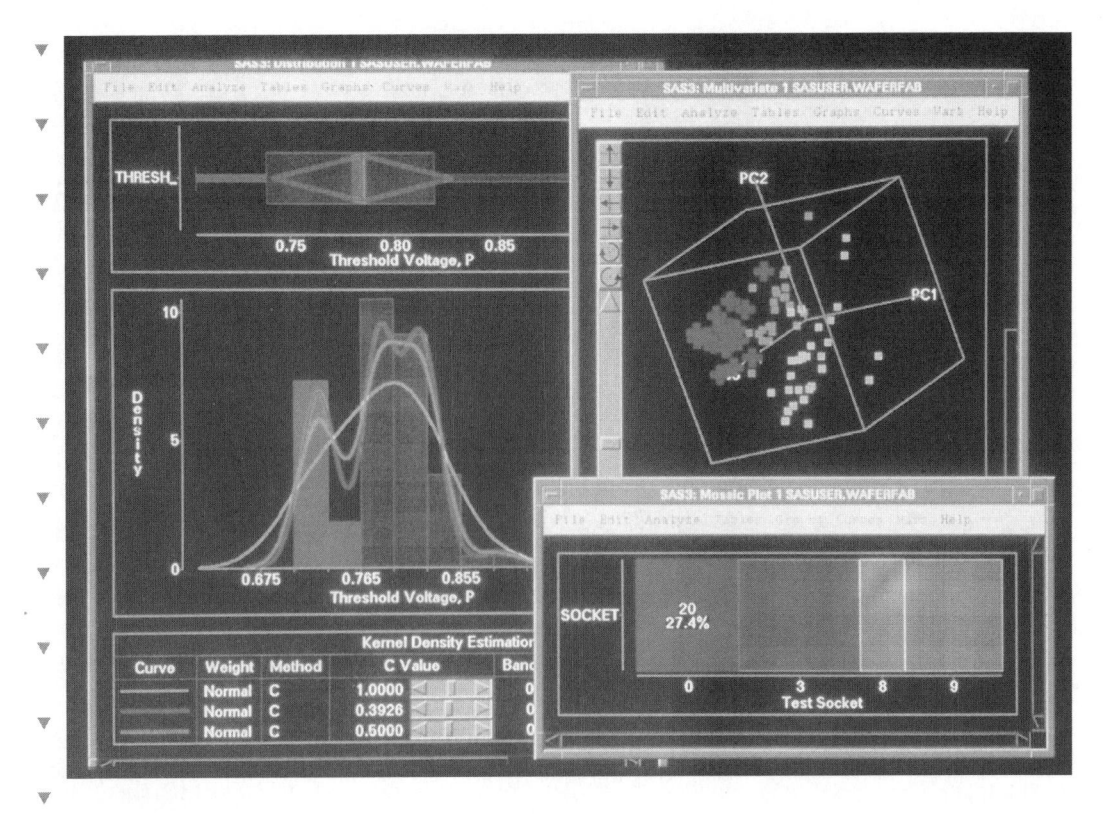

Figura 14

Diagramas.

Figura 15
Cena.

Figura 16
Imagem manipulada.

sionais curvos e que se sobrepõem exige ferramentas matemáticas avançadas. A modelagem realista de texturas e de entidades biológicas exige um conhecimento profundo de matemática, física e biologia.

4.8 Lendo Entrada de Texto

Os *applets* que vimos até agora são muito adequados para se desenhar, mas não são interativos — não podemos mudar as posições das figuras que são desenhadas na tela. A entrada interativa em um programa gráfico acaba sendo mais complexa do que em um programa de console. Em um programa de console, o programador determina o fluxo de controle e força o usuário a inserir a entrada em uma ordem predeterminada. Um programa gráfico, no entanto, geralmente disponibiliza ao seu usuário um grande número de controles (botões, campos de entrada, barras de rolagem, etc.), que podem ser manipulados em qualquer ordem. Portanto, o programa tem de estar preparado para processar entradas de múltiplas origens em ordem aleatória. Vamos aprender a fazer isso no Capítulo 10.

Por enquanto, vamos simplesmente ler entradas usando o método `JOptionPane.showInputDialog` que vimos no Capítulo 3.

Devemos colocar quaisquer chamadas ao método `showInputDialog` no construtor de *applets*, e não no método `paint`. Dessa forma, é solicitado ao usuário que forneça os dados de entrada uma única vez, quando o *applet* é exibido pela primeira vez. (Se colocarmos as chamadas para `showInputDialog` dentro do método `paint`, então será solicitado ao usuário nova entrada, toda vez que o *applet* for repintado.) Para obter outra chance de fornecer dados de entrada, selecione "Recarregar" ou "Atualizar" no navegador ou no menu do visualizador de *applets*.

Se colocarmos a chamada para `showInputDialog` no construtor do *applet*, então nosso *applet* precisa armazenar a entrada do usuário em um ou mais campos de instância e referir-se a essas variáveis no método `paint`. O programa a seguir é um exemplo. Ele solicita ao usuário valores de vermelho, verde e azul, e preenche um retângulo com a cor que o usuário especificou. Por exemplo, se entrarmos com 1.0, 0.7, 0.7, então o retângulo será preenchido com a cor rosa.

Arquivo ColorApplet.java

```
1  import java.applet.Applet;
2  import java.awt.Color;
3  import java.awt.Graphics;
4  import java.awt.Graphics2D;
5  import java.awt.Rectangle;
6  import javax.swing.JOptionPane;
7
8  /**
9     Applet que permite ao usuário escolher uma cor, especificando
10    as frações de vermelho, verde e azul.
11 */
12 public class ColorApplet extends Applet
13 {
14    public ColorApplet()
15    {
16       String input;
17       // solicita ao usuário os valores de vermelho, verde e azul
18
19       input = JOptionPane.showInputDialog("red:");
20       float red = Float.parseFloat(input);
21
22       input = JOptionPane.showInputDialog("green:");
23       float green = Float.parseFloat(input);
24
25       input = JOptionPane.showInputDialog("blue:");
26       float blue = Float.parseFloat(input);
27
28       fillColor = new Color(red, green, blue);
```

```java
29      }
30
31      public void paint(Graphics g)
32      {
33          Graphics2D g2 = (Graphics2D)g;
34
35          // seleciona a cor para o contexto gráfico
36
37          g2.setColor(fillColor);
38
39          // cria e preenche um quadrado cujo centro é
40          // o centro da janela
41
42          Rectangle square = new Rectangle(
43              (getWidth() - SQUARE_LENGTH) / 2,
44              (getHeight() - SQUARE_LENGTH) / 2,
45              SQUARE_LENGTH,
46              SQUARE_LENGTH);
47
48          g2.fill(square);
49      }
50
51      private static final int SQUARE_LENGTH = 100;
52
53      private Color fillColor;
54  }
```

Ao executar esse programa, notaremos que o diálogo de entrada tem um rótulo que o identifica como uma "janela de *applet*" (veja a Figura 17). Essa é uma característica de segurança dos *applets*. Seria fácil para um *cracker* escrever um *applet* que abra um diálogo como: "A sua senha expirou. Por favor, digite sua senha"; e então envia a entrada de volta ao servidor Web. Se formos visitar a página Web que contém esse *applet*, podemos ficar confusos e digitar novamente a senha da conta de nosso computador, dando-a ao *cracker*. O rótulo da janela indica que é um *applet*, e não nosso sistema operacional, que está exibindo o diálogo. Todas as janelas que abrem a partir de um *applet* têm esse rótulo de advertência.

Enquanto a janela de diálogo de entrada estiver na tela, não é permitido ao usuário fazer nada no navegador, exceto digitar a entrada e clicar sobre os botões OK ou Cancel. Esse tipo de diálogo é chamado de *diálogo modal*. Uma seqüência de diálogos de entrada modais pode ser algo desagradável para o usuário, de modo que na realidade não é um bom projeto de interface com o usuário. Entretanto, ele é fácil de programar e faz sentido usá-lo até estudarmos como coletar dados de entrada de uma maneira mais profissional — o tópico do Capítulo 12.

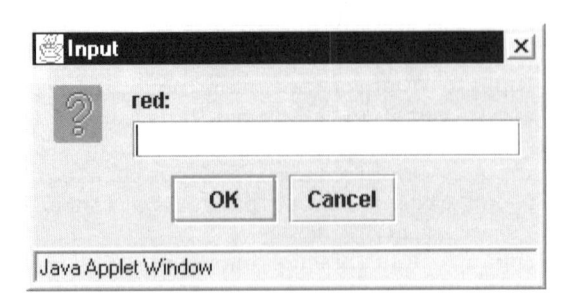

Figura 17

Diálogo de *applet* com rótulo de advertência.

Tópico Avançado 4.3

Parâmetros de Applets

Vimos como usar o método `showInputDialog` da classe `JOptionPane` para fornecer dados de entrada do usuário para um *applet*. Outra maneira de fornecer dados de entrada às vezes é útil: use a *marca* `param` na página HTML que carrega o *applet*. A *marca* `param` tem a forma

```
<param name="..." value="..." />
```

Colocamos uma ou mais marcas `param` entre as marcas `<applet>` e `</applet>`, assim:

```
<applet code="ColorApplet.class" width="300" height="300">
<param name="Red" value="1.0" />
<param name="Green" value="0.7" />
<param name="Blue" value="0.7" />
</applet>
```

O *applet* pode ler esses valores com o método `getParameter`. Por exemplo, quando ColorApplet é carregado com as marcas HTML apresentadas acima, então `getParameter("Blue")` retorna o *string* `"0.7"`. Naturalmente, depois temos de converter o *string* em um número.

Não podemos chamar o método `getParameter` no construtor de *applets*. Quando o *applet* é criado, os parâmetros ainda não estão disponíveis. Porém, você pode lê-los no método `paint` ou em um método `init` especial. O visualizador de *applets*, ou o navegador, chama o método `init` depois do construtor mas antes da primeira chamada a `paint`.

```
public class ColorApplet extends Applet
{
    public void init()
    {
        float r = Float.parseFloat(getParameter("Red"));
        float g = Float.parseFloat(getParameter("Green"));
        float b = Float.parseFloat(getParameter("Blue"));
        fillColor = new Color(r, g, b);
    }

    public void paint(Graphics g)
    {
        ...
    }

    private Color fillColor;
}
```

Agora podemos mudar os valores das cores simplesmente editando a página HTML.

4.9 Comparando Informação Visual e Numérica

O próximo exemplo mostra como podemos olhar para o mesmo problema tanto visual como numericamente. Queremos descobrir a interseção entre um círculo e uma reta. O círculo tem um raio de 100 e centro em (100, 100). Peça ao usuário para especificar a posição de uma linha vertical. Então desenhamos o círculo, a linha e os pontos de interseção (veja a Figura 18). Colocamos rótulos neles para exibir as coordenadas exatas.

Exatamente onde as duas figuras têm sua interseção? Precisamos de um pouco de matemática. A equação de um círculo de raio *r* e ponto central (*a*, *b*) é

$$(x - a)^2 + (y - b)^2 = r^2$$

Se conhecemos x, então podemos resolver para y:

$$(y - b)^2 = r^2 - (x - a)^2$$

ou

$$y - b = \pm\sqrt{r^2 - (x - a)^2}$$

portanto

$$y = b \pm \sqrt{r^2 - (x - a)^2}$$

Isso é fácil de calcular em Java:

```
double root = Math.sqrt(r * r - (x - a) * (x - a));
double y1 = b + root;
double y2 = b - root;
```

Mas como podemos saber se fizemos tudo corretamente, tanto a matemática como a programação?

Se nosso programa estiver correto, esses dois pontos serão exibidos exatamente sobre as interseções na figura. Caso contrário, os dois pontos estarão no lugar errado.

Ao olhar para a Figura 18, vemos que os resultados conferem perfeitamente, o que nos dá confiança de que tudo está correto. Veja a Dica de Qualidade 4.1 para mais informações sobre como verificar se esse programa funciona corretamente.

A seguir temos o programa completo.

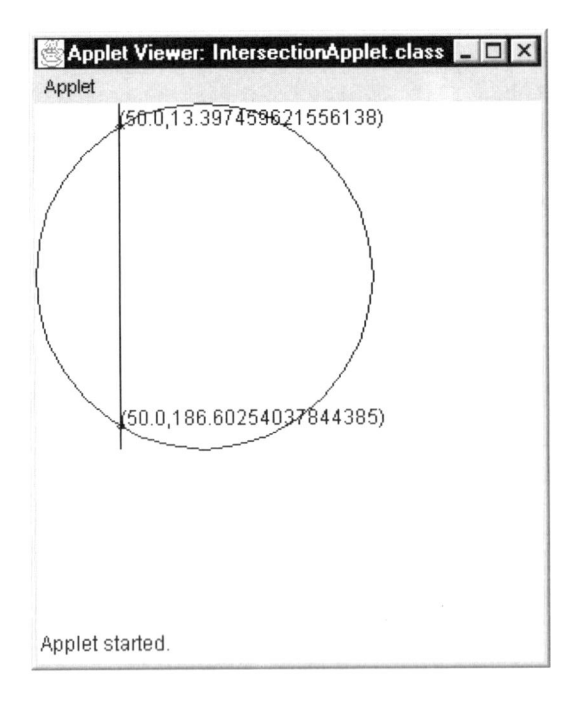

Figura 18

Interseção entre uma reta e um círculo.

Arquivo IntersectionApplet.java

```java
1  import java.applet.Applet;
2  import java.awt.Graphics;
3  import java.awt.Graphics2D;
4  import java.awt.geom.Ellipse2D;
5  import java.awt.geom.Line2D;
6  import javax.swing.JOptionPane;
7
8  /**
9     Applet que calcula e desenha os pontos de interseção entre
10    um círculo e uma reta.
11 */
12 public class IntersectionApplet extends Applet
13 {
14    public IntersectionApplet()
15    {
16       String input
17          = JOptionPane.showInputDialog("x:");
18       x = Integer.parseInt(input);
19    }
20
21    public void paint(Graphics g)
22    {
23       Graphics2D g2 = (Graphics2D)g;
24
25       double r = 100; // the radius of the circle
26
27       // desenha o círculo
28
29       Ellipse2D.Double circle = new
30          Ellipse2D.Double(0, 0, 2 * RADIUS, 2 * RADIUS);
31       g2.draw(circle);
32
33       // desenha a linha vertical
34
35       Line2D.Double line
36          = new Line2D.Double(x, 0, x, 2 * RADIUS);
37       g2.draw(line);
38
39       // calcula os pontos de interseção
40
41       double a = RADIUS;
42       double b = RADIUS;
43
44       double root =
45          Math.sqrt(RADIUS * RADIUS - (x - a) * (x - a));
46       double y1 = b + root;
47       double y2 = b - root;
48
49       // desenha os pontos de interseção
```

```java
50
51          LabeledPoint p1 = new LabeledPoint(x, y1);
52          LabeledPoint p2 = new LabeledPoint(x, y2);
53
54          p1.draw(g2);
55          p2.draw(g2);
56      }
57
58      private static final double RADIUS = 100;
59      private double x;
60  }
```

Arquivo LabeledPoint.java

```java
1   import java.awt.Graphics2D;
2   import java.awt.geom.Ellipse2D;
3   /**
4       Ponto com um rótulo mostrando as coordenadas do ponto
5   */
6   public class LabeledPoint
7   {
8       /**
9           Cria um ponto com rótulo
10          @param anX  a coordenada x
11          @param aY   a coordenada y
12      */
13      public LabeledPoint(double anX, double aY)
14      {
15          x = anX;
16          y = aY;
17      }
18
19      /**
20          Desenha o ponto como um pequeno círculo com um rótulo indicando as coordenadas.
21          @param g2  o contexto gráfico
22      */
23      public void draw(Graphics2D g2)
24      {
25          // desenha um pequeno círculo centralizado em (x, y)
26
27          Ellipse2D.Double circle = new Ellipse2D.Double(
28              x - SMALL_CIRCLE_RADIUS,
29              y - SMALL_CIRCLE_RADIUS,
30              2 * SMALL_CIRCLE_RADIUS,
31              2 * SMALL_CIRCLE_RADIUS);
32
33          g2.draw(circle);
34
35          // desenha o rótulo
36
37          String label = "(" + x + "," + y + ")";
38
39          g2.drawString(label, (float)x, (float)y);
```

```
40      }
41
42      private static final double SMALL_CIRCLE_RADIUS = 2;
43
44      private double x;
45      private double y;
46 }
```

Nesse momento temos de ter cuidado para especificar apenas linhas que interseccionem o círculo. Se a linha não cruzar o círculo, então o programa irá tentar calcular a raiz quadrada de um número negativo, e ocorrerá um erro de matemática. Ainda não discutimos como implementar um teste para se proteger dessa situação. Esse será o tópico do próximo capítulo.

Dica de Qualidade 4.1

Calcule Dados de Teste Manualmente

> Calcule casos de teste manualmente para conferir duas vezes se seu programa calcula as respostas corretamente.

Geralmente é difícil ou impossível provar que um determinado programa funciona corretamente em todos os casos. Dados de amostra calculados manualmente são de grande valor para ganhar confiança na correção do programa, ou para entender por que ele não funciona como deveria. Se o programa chegar aos mesmos resultados dos cálculos manuais, nossa confiança nele será fortalecida. Se os resultados manuais diferirem dos resultados do programa, temos um ponto de partida para o processo de depuração.

Para nossa surpresa, muitos programadores são relutantes em realizar quaisquer cálculos manuais, uma vez que o programa execute um pouco de álgebra. O medo que eles têm da matemática se manifesta, e eles irracionalmente esperam que podem evitar a álgebra e corrigir o programa na tentativa e erro, por exemplo, rearranjando os sinais de + e –. Vagar aleatoriamente sempre é uma grande perda de tempo e raramente leva a resultados úteis.

É muito mais inteligente buscar casos de teste que sejam representativos e fáceis de calcular. Vamos ver três casos fáceis que podemos calcular à mão e comparar com os resultados do programa.

Primeiramente vamos fazer a linha vertical passar pelo centro do círculo. Isto é, x é 100. Então esperamos que a distância entre o centro e o ponto de interseção seja igual ao raio do círculo. Agora `root = Math.sqrt(100 * 100 - 0 * 0)`, que é 100. Portanto, `y1` é 0 e `y2` é 200. Esses são de fato os limites superior e inferior do círculo. Essa não foi tão difícil.

Agora, vamos fazer a linha tocar o círculo à direita. Assim x é 200 e `root = Math.sqrt(100 * 100 - 100 * 100)`, que é 0. Portanto, `y1` e `y2` são ambos iguais a 100, e de fato (200, 100) é o ponto mais à direita do círculo. Essa também foi fácil.

Os dois primeiros casos foram *situações-limite* do problema. Um programa pode funcionar corretamente em diversos casos especiais, mas falhar para valores de entrada mais típicos. Portanto, temos de conseguir um caso de teste intermediário, mesmo que isso signifique um pouco mais de cálculos. Vamos pegar um valor simples para x, digamos x = 50. Então `root = Math.sqrt(100 * 100 - 50 * 50) = Math.sqrt(7500)`. Usando uma calculadora, obtemos aproximadamente 86.6025. E assim `y1` = 100 – 86.6025 = 13.3975 e `y2` = 100 + 86.6025 = 186.6025. E então? Vamos rodar o programa e inserir 50. Importante: vamos descobrir que o programa também calcula os mesmos valores de x e y que calculamos à mão. Isso é bom, pois confirma que provavelmente digitamos as fórmulas corretamente e que os pontos de interseção realmente estão no lugar certo.

4.10 Transformações de Coordenadas

Por *default*, o método `draw` da classe `Graphics2D` usa *pixels* para medir posições de tela. Um *pixel* (abreviatura de "*picture element*") é um ponto sobre a tela. Por exemplo, o ponto (50, 100) está 50 *pixels* à direita e 100 *pixels* abaixo do canto superior esquerdo do painel. Esse sistema de coordenadas *default* é bom para programas de teste simples, mas é pouco adequado quando se trata de dados da vida real. Por exemplo, suponha que quiséssemos mostrar um gráfico que trace a temperatura média (em graus Celsius) de Phoenix, Arizona, para todos os meses do ano (veja a Figura 19). A temperatura varia de 11 graus Celsius em Janeiro a 33 graus Celsius em julho (veja a Tabela 3).

> Coordenadas em *pixels* não são adequadas para conjuntos de dados da vida real. Pegue coordenadas de usuário convenientes e converta para *pixels*.

Aqui, os valores de *x* variam de 1 a 12, e os de *y* de 11 a 33. As coordenadas do *applet* em *pixels* vão de 0 a `getWidth() - 1` e de 0 a `getHeight() - 1`. Se a largura e a altura do *applet* tivessem 300 *pixels* cada, então não poderíamos simplesmente usar coordenadas em *pixels* para os dados, ou o gráfico ocuparia apenas uma pequena área da janela.

Numa situação assim, precisamos definir *coordenadas de usuário* que façam sentido para sua aplicação específica e então transformá-las para coordenadas em *pixels*. Suponha que as coordenadas da aplicação variem de x_{min} a x_{max} e de y_{min} a y_{max}. Podemos transformar as coordenadas de usuário para coordenadas em *pixels*, usando as seguintes equações:

$$x_{pixel} = (x_{usuário} - x_{min}) \cdot (\text{largura} - 1) / (x_{max} - x_{min})$$
$$y_{pixel} = (y_{usuário} - y_{min}) \cdot (\text{altura} - 1) / (y_{max} - y_{min})$$

Para verificar se essas equações fazem sentido, vamos fazer $x_{usuário} = x_{min}$ e $x_{usuário} = x_{max}$ e conferir se o resultado é $x_{pixel} = 0$ e $x_{pixel} = \text{largura} - 1$. Fazemos o mesmo com os valores de *y*.

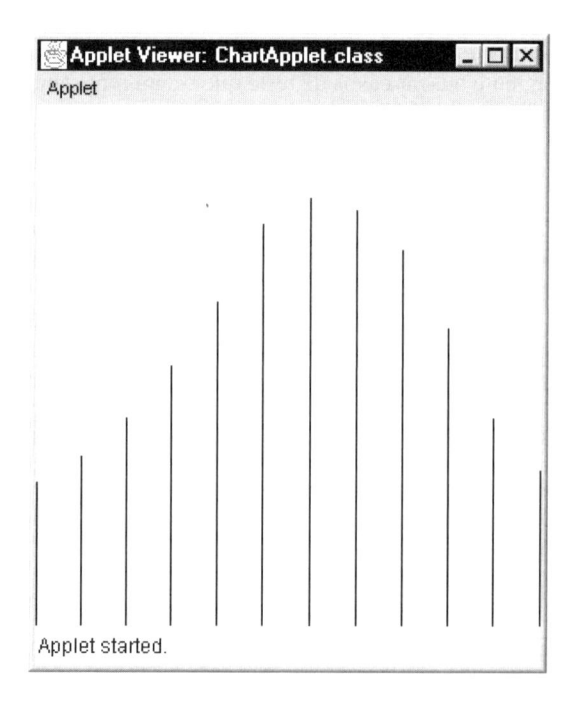

Figura 19

Plotando dados de temperatura.

Tabela 3
Temperaturas médias em Phoenix, Arizona.

Mês	Temperatura
Janeiro	11
Fevereiro	13
Março	16
Abril	20
Maio	25
Junho	31
Julho	33
Agosto	32
Setembro	29
Outubro	23
Novembro	16
Dezembro	12

Observe que para as coordenadas y, os papéis de y_{min} e y_{max} são invertidos. Em Java, as coordenadas y aumentam quando nos movemos para baixo, enquanto que na matemática, elas aumentam quando nos movemos para cima. Ou seja, y_{max} corresponde ao *pixel* 0 e y_{min} ao *pixel* altura – 1.

Vamos aplicar isso a nosso gráfico de temperaturas. A faixa dos meses varia de

$$x_{min} = 1 \text{ a } x_{max} = 12$$

Vamos escolher uma faixa de temperatura de

$$y_{min} = 0, y_{max} = 50$$

Desenhamos cada ponto de dados como um segmento de reta de (month, 0) a (month, temperature) em coordenadas de usuário. Aqui temos como calcular as coordenadas em *pixels*.

```
final double XMIN = 1;
final double XMAX = 12;
final double YMIN = 0;
final double YMAX = 50;

double xpixel = (month - XMIN) * (getWidth() - 1) /
   (XMAX - XMIN);
double y1pixel = getHeight() - 1; // 0 em coordenadas de usuário
double y2pixel = (temperature - YMAX)
   * (getHeight() - 1) / (YMIN - YMAX);

Line2D.Double bar =
   new Line2D.Double(xpixel, y1pixel, xpixel, y2pixel);
```

Essa abordagem funciona, mas é cansativa e pode tornar nosso código difícil de ser lido. É melhor escrever alguns métodos de ajuda simples para a transformação de coordenadas.

```java
public class Phoenix extends Applet
{
   ...
   public double xpixel(double xuser)
   {
      return
      (xuser - XMIN) * (getWidth() - 1) / (XMAX - XMIN);
   }

   public double ypixel(double yuser)
   {
      return
      (yuser - YMAX) * (getHeight() - 1) / (YMIN - YMAX);
   }

   private static final double XMIN = 1;
   private static final double XMAX = 12;
   private static final double YMIN = 0;
   private static final double YMAX = 50;
}
```

Agora podemos calcular as coordenadas em *pixels* convenientemente:

```java
Line2D.Double stick = new Line2D.Double(
   xpixel(month), ypixel(0),
   xpixel(month), ypixel(temperature));
```

O Tópico Avançado 4.4 mostra outra solução ainda mais elegante.

A seguir temos o programa completo para desenhar o gráfico de barras de temperatura. A Figura 19 mostra a saída gerada.

Arquivo ChartApplet.java

```java
 1 import java.applet.Applet;
 2 import java.awt.Graphics;
 3 import java.awt.Graphics2D;
 4 import java.awt.geom.Line2D;
 5
 6 /**
 7    Este applet desenha um gráfico das temperaturas médias
 8    mensais em Phoenix, Arizona.
 9 */
10 public class ChartApplet extends Applet
11 {
12    public void paint(Graphics g)
13    {
14       Graphics2D g2 = (Graphics2D)g;
15
16       month = 1;
17       drawBar(g2, JAN_TEMP);
18       drawBar(g2, FEB_TEMP);
19       drawBar(g2, MAR_TEMP);
20       drawBar(g2, APR_TEMP);
21       drawBar(g2, MAY_TEMP);
22       drawBar(g2, JUN_TEMP);
```

```java
23         drawBar(g2, JUL_TEMP);
24         drawBar(g2, AUG_TEMP);
25         drawBar(g2, SEP_TEMP);
26         drawBar(g2, OCT_TEMP);
27         drawBar(g2, NOV_TEMP);
28         drawBar(g2, DEC_TEMP);
29      }
30
31      /**
32         Desenha uma barra para o mês corrente e incrementa
33         o mês
34         @param g2  o contexto gráfico
35         @param temperature  a temperatura no mês
36      */
37      public void drawBar(Graphics2D g2, int temperature)
38      {
39         Line2D.Double bar
40            = new Line2D.Double(xpixel(month), ypixel(0),
41               xpixel(month), ypixel(temperature));
42
43         g2.draw(bar);
44
45         month++;
46      }
47
48      /**
49         Converte de coordenadas de usuário para coordenadas em pixels.
50         @param xuser  um valor x em coordenadas de usuário
51         @return  o valor correspondente das coordenadas em pixels
52      */
53      public double xpixel(double xuser)
54      {
55         return
56            (xuser - XMIN) * (getWidth() - 1) /
57            (XMAX - XMIN);
58      }
59
60      /**
61         Converte de coordenadas de usuário para coordenadas em pixels.
62         @param yuser  um valor y em coordenadas de usuário
63         @return  o valor correspondente das coordenadas em pixels
64      */
65      public double ypixel(double yuser)
66      {
67         return
68            (yuser - YMAX) * (getHeight() - 1) /
69            (YMIN - YMAX);
70      }
71
72      private static final int JAN_TEMP = 11;
73      private static final int FEB_TEMP = 13;
74      private static final int MAR_TEMP = 16;
75      private static final int APR_TEMP = 20;
76      private static final int MAY_TEMP = 25;
```

```
77     private static final int JUN_TEMP = 31;
78     private static final int JUL_TEMP = 33;
79     private static final int AUG_TEMP = 32;
80     private static final int SEP_TEMP = 29;
81     private static final int OCT_TEMP = 23;
82     private static final int NOV_TEMP = 16;
83     private static final int DEC_TEMP = 12;
84
85     private static final double XMIN = 1;
86     private static final double XMAX = 12;
87     private static final double YMIN = 0;
88     private static final double YMAX = 50;
89
90     private int month;
91 }
```

Tópico Avançado 4.4

Deixe o Contexto Gráfico Transformar as Coordenadas

Podemos alterar o sistema de coordenadas do contexto gráfico. No início do método `paint`, inserimos as duas chamadas seguintes:

```
double xscale = (getWidth() - 1.0) / (XMAX - XMIN);
double yscale = (getHeight() - 1.0) / (YMIN - YMAX);
g2.scale(xscale, yscale);
g2.translate(-XMIN, -YMAX);
g2.setStroke(new BasicStroke(0));
```

Agora o contexto gráfico traduz as coordenadas de usuário para *pixels*, deixando o programador se concentrar em questões mais importantes. Simplesmente desenhamos objetos em coordenadas de usuário, como

```
Line2D.Double rect =
    new Line2D.Double(month, 0, month, temperature);
```

A chamada para `setStroke` é necessária para ajustar a espessura da linha. A operação de desenho *default* desenha linhas de largura 1 em coordenadas de usuário, o que resultaria em linhas grossas demais. Um traço de espessura zero é sempre desenhado com um *pixel* de espessura. O tamanho da fonte também é especificado em coordenadas de usuário. Se nosso desenho contiver fontes, precisamos dividir o tamanho do ponto por `Math.max(xscale, -yscale)`.

O programa que segue esta nota mostra como o *applet* do gráfico é implementado com transformações no contexto gráfico. Observe que os métodos `xpixel` e `ypixel` não são mais necessários.

Arquivo ChartApplet.java

```
1 import java.applet.Applet;
2 import java.awt.BasicStroke;
3 import java.awt.Graphics;
4 import java.awt.Graphics2D;
5 import java.awt.geom.Line2D;
6
7 /**
8     Este applet desenha um gráfico das temperaturas médias mensais
```

```
 9         em Phoenix, Arizona.
10  */
11  public class ChartApplet extends Applet
12  {
13      public void paint(Graphics g)
14      {
15         Graphics2D g2 = (Graphics2D)g;
16
17         double xscale =
18             (getWidth() - 1.0) / (XMAX - XMIN);
19         double yscale =
20             (getHeight() - 1.0) / (YMIN - YMAX);
21         g2.scale(xscale, yscale);
22         g2.translate(-XMIN, -YMAX);
23         g2.setStroke(new BasicStroke(0));
24
25         month = 1;
26
27         drawBar(g2, JAN_TEMP);
28         drawBar(g2, FEB_TEMP);
29         drawBar(g2, MAR_TEMP);
30         drawBar(g2, APR_TEMP);
31         drawBar(g2, MAY_TEMP);
32         drawBar(g2, JUN_TEMP);
33         drawBar(g2, JUL_TEMP);
34         drawBar(g2, AUG_TEMP);
35         drawBar(g2, SEP_TEMP);
36         drawBar(g2, OCT_TEMP);
37         drawBar(g2, NOV_TEMP);
38         drawBar(g2, DEC_TEMP);
39      }
40      /**
41         Desenha uma barra para o mês corrente e incrementa
42         o mês.
43         @param g2  o contexto gráfico
44         @param temperature  a temperatura no mês
45      */
46      public void drawBar(Graphics2D g2, int temperature)
47      {
48         Line2D.Double bar = new
49             Line2D.Double(month, 0, month, temperature);
50
51         g2.draw(bar);
52
53         month++;
54      }
55
56      private static final int JAN_TEMP = 11;
57      private static final int FEB_TEMP = 13;
58      private static final int MAR_TEMP = 16;
59      private static final int APR_TEMP = 20;
60      private static final int MAY_TEMP = 25;
61      private static final int JUN_TEMP = 31;
62      private static final int JUL_TEMP = 33;
```

```
63      private static final int AUG_TEMP = 32;
64      private static final int SEP_TEMP = 29;
65      private static final int OCT_TEMP = 23;
66      private static final int NOV_TEMP = 16;
67      private static final int DEC_TEMP = 12;
68
69      private static final double XMIN = 1;
70      private static final double XMAX = 12;
71      private static final double YMIN = 0;
72      private static final double YMAX = 50;
73
74      private int month;
75  }
```

Dica de Produtividade 4.1

Escolha Unidades Adequadas para Desenhar

Sempre que tratarmos de dados da vida real, devemos usar unidades que correspondam aos dados. Descubra qual faixa de coordenadas *x* e *y* é mais adequada para os dados do programa. Por exemplo, suponha que quiséssemos exibir um tabuleiro de jogo da velha (veja a Figura 20) que deve preencher todo o *applet*.

Naturalmente, poderíamos trabalhar arduamente e descobrir onde as linhas estão em relação ao sistema de coordenadas de *pixels default*. Ou podemos simplesmente configurar nossas próprias unidades com *x* e *y* indo de 0 a 3.

```
g2.draw(new Line2D.Double(
    xpixel(0), ypixel(1), xpixel(3), ypixel(1)));
g2.draw(new Line2D.Double(
    xpixel(0), ypixel(2), xpixel(3), ypixel(2)));
g2.draw(new Line2D.Double(
    xpixel(2), ypixel(0), xpixel(1), ypixel(3)));
g2.draw(new Line2D.Double(
    xpixel(2), ypixel(0), xpixel(2), ypixel(3)));
```

Algumas pessoas têm lembranças tão terríveis relacionadas a transformações de coordenadas em suas aulas de geometria no ensino médio, que juraram nunca mais pensar em coordenadas novamente, pelo resto de suas vidas. Caso você esteja entre essas pessoas, deve reconsiderar a questão. Se as coordenadas em *pixels* forem uma escolha inadequada para seu desenho, você poderá ter de

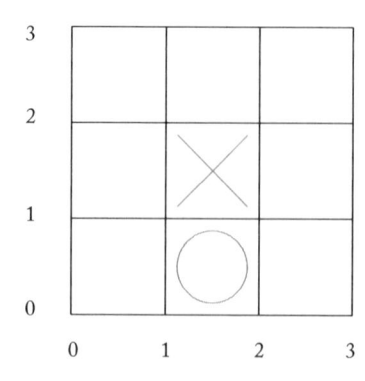

Figura 20
Tabuleiro de Jogo da Velha.

▼ gastar bastante tempo mexendo com coordenadas para conseguir acertar o desenho. Pegue o sistema de coordenadas certo e use as funções de conversão comuns (ou, melhor ainda, deixe o contex-
▼ to gráfico realizá-las, como descrito no Tópico Avançado 4.4). Então, toda a horrível álgebra é feita automaticamente para você, de modo que você não precisa programá-la à mão.

Resumo do Capítulo

1. Há três tipos de programas Java: *aplicações de console*, applets e *aplicações gráficas*.
2. *Applets* são programas que rodam dentro de um navegador Web.
3. Os mecanismos de segurança do *applet* nos permitem executar *applets* seguramente no nosso computador.
4. Páginas Web são escritas em HTML, usando marcas para formatar textos e incluir imagens.
5. Para executar um *applet*, precisamos de uma página HTML com a marca `applet`.
6. Visualizamos *applets* com o *applet viewer* ou com um navegador habilitado para Java.
7. A classe do seu *applet* precisa estender a classe `Applet`.
8. Desenhamos formas gráficas em um *applet* colocando o código de desenho dentro do método `paint`. O método `paint` é chamado sempre que o *applet* precisa ser reexibido.
9. A classe `Graphics2D` armazena o contexto gráfico (como a cor atual) e possui métodos para desenhar formas. Precisamos converter o parâmetro `Graphics` do método `paint` para `Graphics2D` a fim de usar esses métodos.
10. As classes `Rectangle2D.Double`, `Ellipse2D.Double` e `Line2D.Double` descrevem formas gráficas.
11. Quando configuramos uma nova cor no contexto gráfico, ela é usada nas operações de desenho subseqüentes.
12. O método `drawString` da classe `Graphics2D` desenha um *string*, começando no seu ponto de base.
13. Uma fonte é descrita pelo seu nome, estilo e tamanho em pontos.
14. É uma boa idéia criar uma classe para cada forma gráfica complexa.
15. Para descobrir como desenhar uma forma complexa, devemos fazer um desenho à mão em papel quadriculado.
16. Um *applet* pode obter dados de entrada exibindo um `JOptionPane` em seu construtor.
17. Devemos calcular casos de teste à mão, para verificar duas vezes se nossa aplicação calcula as respostas corretamente.
18. Coordenadas em *pixels* não são adequadas para conjuntos de dados da vida real. Escolha coordenadas de usuário convenientes e as converta em *pixels*.

Referências

[1] Para obter detalhes sobre o padrão XHTML, veja http://www.w3.org/MarkUp/.

Classes, Objetos, e Métodos Introduzidos Neste Capítulo

```
java.applet.Applet
   getHeight
   getWidth
   init
   paint
java.awt.BasicStroke
```

```
java.awt.Color
java.awt.Font
   getStringBounds
java.awt.Graphics
java.awt.Graphics2D
   draw
   drawString
   fill
   getFontRenderContext
   getParameter
   scale
   setColor
   setFont
   setStroke
   translate
java.awt.font.FontRenderContext
java.awt.geom.Ellipse2D.Double
java.awt.geom.Line2D.Double
   getX1
   getX2
   getY1
   getY2
   setLine
java.awt.geom.Point2D.Double
   getX
   getY
   setLocation
java.awt.geom.Rectangle2D.Double
java.awt.geom.RectangularShape
   getCenterX
   getCenterY
   getMaxX
   getMaxY
   getMinX
   getMinY
   getWidth
   getHeight
   setFrameFromDiagonal
java.lang.Float
   parseFloat
javax.swing.JOptionPane
   showInputDialog
```

Exercícios de Revisão

Exercício R4.1. Qual a diferença entre um *applet* e uma aplicação?

Exercício R4.2. Qual a diferença entre um navegador e o visualizador de *applets*?

Exercício R4.3. Por que se precisa de uma página HTML para rodar um *applet*?

Exercício R4.4. Quem chama o método `paint` de um *applet*? Quando ocorre a chamada para o método `paint`?

Exercício R4.5. Por que o parâmetro do método `paint` tem tipo `Graphics` e não `Graphics2D`?

Exercício R4.6. Qual o objetivo de um contexto gráfico?

Exercício R4.7. Como você especifica uma cor de texto?

Exercício R4.8.	Qual a diferença entre uma fonte e a face de uma fonte?	
Exercício R4.9.	Qual a diferença entre uma fonte monoespaçada e uma fonte proporcionalmente espaçada?	
Exercício R4.10.	O que são serifas?	
Exercício R4.11.	O que é uma fonte lógica?	
Exercício R4.12.	Como você determina as dimensões em *pixels* de um *string* em uma determinada fonte?	
Exercício R4.13.	Quais são as classes usadas neste capítulo para desenhar formas gráficas?	
Exercício R4.14.	Quais são as três diferentes classes para se especificar retângulos na biblioteca Java?	
Exercício R4.15.	Você deseja plotar um gráfico de barras mostrando a distribuição dos conceitos de todos os alunos de sua turma (onde A = 4.0, F = 0). Qual sistema de coordenadas você escolheria para tornar a plotagem o mais simples possível?	
Exercício R4.16.	Suponha que e seja uma elipse. Escreva em Java código para plotar a elipse e e outra elipse do mesmo tamanho e que toque e. *Dica:* Você precisa pesquisar os métodos de acesso que lhe informam as dimensões de uma elipse.	
Exercício R4.17.	Escreva instruções em Java para exibir as letras X e T em uma janela gráfica, plotando segmentos de reta.	
Exercício R4.18.	Introduza um erro no programa `Intersect.java`, calculando `double root = Math.sqrt(r * r + (x - a) * (x - a));`. Execute o programa. O que acontece com os pontos de interseção?	
Exercício R4.19.	Suponha que você execute o programa `Intersect` e dê um valor de 30 para a coordenada *x* da linha vertical. Sem executar realmente o programa, determine que valores serão obtidos para os pontos de interseção.	

Exercícios de Programação

Exercício P4.1.	Escreva um programa gráfico que desenhe seu nome em vermelho, centralizado dentro de um retângulo azul.
Exercício P4.2.	Escreva um programa gráfico que desenhe seu nome quatro vezes, em uma fonte grande com serifa, estilo normal, negrito, itálico e itálico-e-negrito. Os nomes devem estar empilhados um sobre o outro, com igual distância entre eles. Cada um deles deve estar centralizado horizontalmente e toda a pilha deve estar centralizada verticalmente.
Exercício P4.3.	Escreva um programa gráfico que desenhe 12 *strings*, um para cada uma das 12 cores padrão menos `Color.white` (branca), cada um na sua própria cor.
Exercício P4.4.	Escreva um programa gráfico que solicite ao usuário que forneça um raio. Desenhe um círculo com esse raio.
Exercício P4.5.	Escreva um programa que desenhe dois círculos sólidos: um em cor de rosa e um em roxo. Use uma cor padrão para um deles e uma cor personalizada para a outra.
Exercício P4.6.	Desenhe um "alvo" — um conjunto de anéis concêntricos de cores alternadas, preto e branco. *Dica:* Preencha um círculo preto, então preencha um círculo branco menor sobre o primeiro, e assim por diante.

Exercício P4.7. Escreva um programa que preencha a janela de um *applet* com uma elipse grande, preenchida com sua cor favorita, e que toque as bordas da janela. A elipse deve acompanhar as mudanças de tamanho que você impuser à janela.

Exercício P4.8. Escreva um programa que desenhe a figura de uma casa. Pode ser tão simples como a desenhada a seguir, ou se preferir, faça uma mais elaborada (3-D, arranha-céu, colunas de mármore na entrada, etc.). Implemente uma classe House e forneça um método draw(Graphics2D g2) que desenhe a casa.

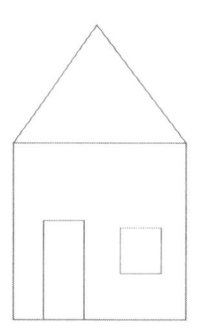

Exercício P4.9. Estenda o Exercício 4.8 permitindo que o usuário especifique casas de diferentes tamanhos no construtor House. Então encha sua tela com algumas casas de tamanhos diferentes.

Exercício P4.10. Escreva um programa para plotar o rosto a seguir:

Exercício P4.11. Escreva um programa que plote o *string* "HELLO", usando apenas segmentos de reta e círculos. Não chame drawString, e não use System.out. Crie as classes LetterH, LetterE, LetterL e LetterO.

Exercício P4.12. *Plotando um conjunto de dados.* Crie um gráfico de barras que plote o seguinte conjunto de dados:

Nome da ponte	Vão mais longo (em pés)
Golden Gate	4.200
Brooklyn	1.595
Delaware Memorial	2.150
Mackinac	3.800

Crie barras horizontais para facilitar a colocação dos rótulos. *Dica:* Configure as coordenadas da janela para 5.000 na direção *x* e 4 na direção *y*.

Exercício P4.13. Escreva um programa gráfico que exiba os valores do Exercício 4.12 como um *gráfico de pizza*. Simplesmente desenhe um círculo e as bordas das fatias da pizza. Você não precisa colorir as fatias. (Se você quiser colori-las, olhe a documentação da classe Arc2D na API *on-line*.)

Exercício P4.14. Escreva um programa que exiba os anéis olímpicos. Pinte os anéis com as cores olímpicas.

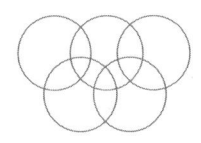

Exercício P4.15. Escreva um programa gráfico que desenhe um relógio com a hora fornecida pelo usuário em um campo de texto. O usuário deve digitar o tempo no formato hh:mm, por exemplo, 09:45.
Dica: Você precisa descobrir os ângulos do ponteiro das horas e do ponteiro dos minutos. O ângulo do ponteiro dos minutos é fácil: ele anda 360 graus em 60 minutos. O ângulo do ponteiro das horas é mais difícil, ele anda 360 graus em 1260 minutos. Projete uma classe Clock e forneça um método draw(Graphics2D g2) que desenhe o relógio.

Exercício P4.16. Altere o programa CarApplet para fazer com que os carros apareçam com o tamanho duas vezes maior do que no exemplo original.

Exercício P4.17. Altere o programa CarApplet para fazer com que os carros apareçam com diferentes cores. Cada objeto Car deve armazenar sua própria cor.

Exercício P4.18. Projete uma classe Truck cujo construtor receba o ponto da extremidade superior esquerda do caminhão. Forneça um método draw(Graphics2D g2) que desenhe o caminhão. Então encha sua tela com carros e caminhões.

Capítulo 5

Decisões

Objetivos do capítulo

- Ser capaz de implementar decisões usando comandos `if`
- Entender como agrupar instruções em blocos
- Aprender a comparar inteiros, números de ponto flutuante, *strings* e objetos
- Reconhecer o ordenamento correto das decisões em múltiplos desvios
- Programar condições usando operadores booleanos e variáveis

Os programas que vimos até agora são capazes de fazer cálculos rapidamente e exibir gráficos, mas são muito inflexíveis. Exceto pelas variações nos dados de entrada, eles funcionam da mesma maneira toda vez que são executados. Uma das características essenciais de programas de computadores não-triviais é a capacidade de decidir e executar diferentes ações, dependendo da natureza dos dados de entrada. O objetivo deste capítulo é ensinar como programar decisões simples e complexas.

Sumário do capítulo

5.1 O Comando `if` 182
    Sintaxe 5.1: O Comando `if` 184
    Sintaxe 5.2: O Comando de Bloco 184
    Tópico Avançado 5.1: O Operador de Seleção 184
    Dica de Qualidade 5.1: Leiaute de Chaves 185
    Dica de Produtividade 5.1: Recuos e Tabulações 185
5.2 Comparando Valores 186
    Erro Freqüente 5.1: usando == para Comparar Strings 189

    Dica de Qualidade 5.2: Evite Condições com Efeitos Colaterais 191
5.3 Múltiplas Alternativas 191
    Tópico Avançado 5.2: O Comando `switch` 193
    Dica de Produtividade 5.2: Copiar e Colar no Editor 195
    Fato Histórico 5.1: Minicomputadores e Estações de Trabalho 195
    Dica de Qualidade 5.3: Prepare Casos de Teste Antecipadamente 200

Dica de Produtividade 5.3: Faça um Cronograma e Reserve Tempo para Problemas Inesperados 201

Erro Freqüente 5.2: O Problema do `else` Pendente 202

5.4 Usando Expressões Booleanas 203

Erro Freqüente 5.3: Múltiplos Operadores Relacionais 206

Erro Freqüente 5.4: Confundindo Condições `&&` com Condições `||` 206

Tópico Avançado 5.3: Avaliação Tardia de Operadores Booleanos 207

Fato Histórico 5.2: Inteligência Artificial 208

5.1 O Comando `if`

> O comando `if` permite ao programa realizar ações diferentes, dependendo do resultado de uma condição.

Vamos considerar a classe de conta bancária do Capítulo 3. O método `withdraw` nos permite sacar da conta quanto dinheiro quisermos. O saldo simplesmente fica cada vez mais negativo. Esse não é um modelo realista de uma conta bancária. Vamos implementar o método `withdraw` de modo que não possamos sacar mais dinheiro do que temos na conta. Ou seja, o método `withdraw` tem de tomar uma *decisão:* permitir ou não o saque.

Utiliza-se o comando `if` para implementar uma decisão. O comando `if` tem duas partes: um *teste* e um *corpo*. Se o resultado do teste é positivo, o corpo do comando é executado. O corpo do comando `if` consiste em uma instrução:

```
if (amount <= balance)
    balance = balance - amount;
```

A instrução de atribuição só é realizada quando a quantia a ser sacada é menor ou igual ao saldo (veja a Figura 1).

Vamos tornar o método `withdraw` de `BankAccount` ainda mais realista. A maioria dos bancos não só não permite saques que excedam o saldo da conta, mas também — acrescentando insulto à injustiça — cobram uma multa (`OVERDRAFT_PENALTY`) toda vez que você tentar fazê-lo.

Não podemos programar isso simplesmente fornecendo dois comandos `if` complementares:

```
if (amount <= balance)
    balance = balance - amount;
if (amount > balance) // NÃO
    balance = balance - OVERDRAFT_PENALTY;
```

Há dois problemas com essa abordagem. Primeiro, se tivermos de modificar a condição `amount <= balance` por alguma razão, teremos de lembrar de atualizar a condição `amount > balance` também. Caso contrário, a lógica do programa não estará mais correta. Ainda mais importante do que isso, se modificarmos o valor de `balance` no corpo do primeiro comando `if` (como neste exemplo), então a segunda condição usará o novo valor.

Para implementar uma escolha entre alternativas, usamos o comando `if/else`:

```
if (amount <= balance)
    balance = balance - amount;
else
    balance = balance - OVERDRAFT_PENALTY;
```

> Uma instrução de bloco agrupa várias instruções.

Agora só há uma condição. Se ela for satisfeita, a primeira instrução é executada. Caso contrário, o segunda é executada. O fluxograma da Figura 2 nos proporciona uma representação gráfica do comportamento de desvio.

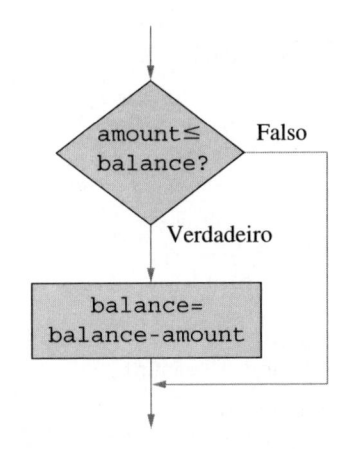

Figura 1
Fluxograma de um comando `if`.

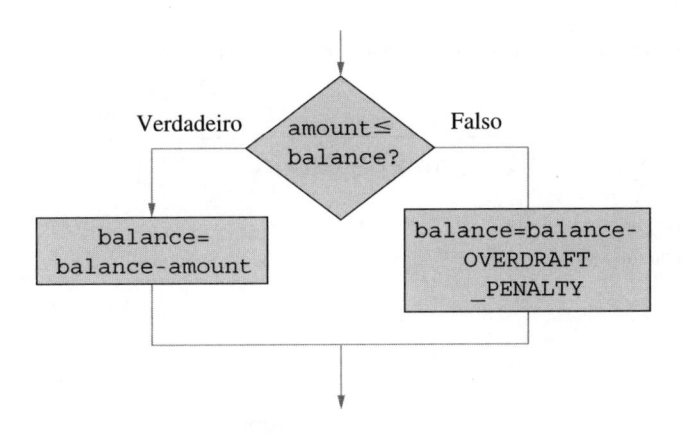

Figura 2
Fluxograma de um comando `if/else`.

Freqüentemente, no entanto, o corpo de um comando `if` consiste em várias instruções que devem ser executadas em seqüência sempre que o resutado do teste for verdadeiro. Essas instruções têm de ser agrupadas entre chaves { } para formar um *bloco de instruções*. A seguir temos um exemplo.

```
if (amount <= balance)
{
    double newBalance = balance - amount;
    balance = newBalance;
}
```

Uma instrução como

```
balance = balance - amount;
```

é chamada de uma *instrução simples*. Uma instrução condicional como

```
if (x >= 0) y = x;
```

é chamada de uma *instrução composta*. No Capítulo 6, veremos comandos de laço, os quais também são instruções compostas.

Sintaxe 5.1: O Comando `if`

if (*condição*)
    instrução

if (*condição*)
    instrução
else
    instrução

Exemplo:

```
if (amount <= balance)
    balance = balance - amount;
if (amount <= balance)
    balance = balance - amount;
else
    balance = balance - OVERDRAFT_PENALTY;
```

Objetivo:

Executar uma instrução quando uma condição for verdadeira ou falsa.

Sintaxe 5.2: O Comando de Bloco

{
    instrução
    instrução
    ...
}

Exemplo:

```
{
    double newBalance = balance - amount;
    balance = newBalance;
}
```

Objetivo:

Agrupar diversas instruções para formar uma única instrução.

O corpo de um comando `if` ou a alternativa `else` tem de ser uma instrução — isto é, uma instrução simples, uma instrução composta (como um outro comando `if`) ou uma instrução de bloco.

Tópico Avançado 5.1

O Operador de Seleção

Java possui um operador de seleção na forma

teste ? *valor1* : *valor2*

O valor dessa expressão é *valor1* se passar no teste, ou *valor2* se não passar. Por exemplo, podemos calcular o valor absoluto assim

```
y = x >= 0 ? x : -x;
```

- o que é uma forma abreviada conveniente para

    ```
    if (x >= 0)
        y = x;
    else
        y = -x;
    ```

O operador de seleção é semelhante ao comando `if/else`, mas opera em um nível sintático diferente. O operador de seleção combina *expressões* e gera outra expressão. O comando `if/else` combina instruções e gera outra instrução.

Expressões têm valores, por exemplo: `balance + amount` é uma expressão, como o é `x >= 0 ? x : -x`. Qualquer expressão pode ser transformada em uma instrução acrescentando-se um ponto-e-vírgula. Por exemplo, `y = x` é uma expressão (de valor x), mas `y = x;` é uma instrução. Comandos não possuem valor. Uma vez que `if/else` é um comando e não possui um valor, não podemos escrever

    ```
    y = if (x > 0) x; else -x; // Erro
    ```

Nós não usamos o operador de seleção neste livro, mas ele é um comando conveniente e legítimo, o qual encontramos em muitos programas escritos em Java.

Dica de Qualidade 5.1

Leiaute de Chaves

O compilador não se importa com o lugar em que colocamos as chaves, mas nós recomendamos veementemente que você siga uma regra simples: *alinhe { e }*.

```
if (amount <= balance)
{
    double newBalance = balance - amount;
    balance = newBalance;
}
```

Essa estratégia nos ajuda a identificar chaves correspondentes.

Alguns programadores colocam a chave de abertura na mesma linha do `if`:

```
if (amount <= balance) {
    double newBalance = balance - amount;
    balance = newBalance;
}
```

Isso poupa uma linha de código, mas torna mais difícil realizar a correspondência de chaves.

É importante adotar um esquema de leiaute e aderir a ele consistentemente. Qual esquema você vai escolher depende de sua preferência pessoal ou de um guia de estilo que você queira seguir.

Dica de Produtividade 5.1

Recuos e Tabulações

Ao escrever programas em Java, usamos *recuos para indicar níveis de aninhamento:*

```
public class BankAccount
{
    ...
    public void withdraw(double amount)
    {
        if (amount <= balance)
```

```
         |   |   {
         |   |   |   double newBalance = balance - amount;
         |   |   |   balance = newBalance;
         |   |   }
         |   }
         |   ...
         }
         0   1   2   3
         Nível de recuo
```

Quantos espaços deveríamos usar em cada nível de recuo? Alguns programadores usam oito espaços por nível, mas esta não é uma boa escolha:

```
public class BankAccount
{
        ...
        public void withdraw(double amount)
        {
                if (amount <= balance)
                {
                        double newBalance =
                                balance - amount;
                        balance = newBalance;
                }
        }
        ...
}
```

O código fica muito acumulado do lado direito da tela. Conseqüentemente, expressões longas freqüentemente têm de ser quebradas em linhas separadas. Os valores mais comumente usados são dois, três ou quatro espaços por nível de recuo.

Como mover o cursor da coluna mais à esquerda para o nível de recuo adequado? Uma maneira perfeitamente razoável é teclar o número suficiente de espaços. Entretanto, muitos programadores preferem usar a tecla de tabulação. O Tab move o cursor para a próxima parada de tabulação. Por *default*, há marcas de tabulação a cada oito colunas, mas a maioria dos editores nos permite alterar esse valor. Descubra como configurar as marcas de tabulação em seu editor para, digamos, a cada três colunas.

Alguns editores nos ajudam com um recurso de *auto-recuo* (endentação automática). Eles automaticamente inserem tantos Tabs ou espaços como havia na linha anterior, porque a nova linha provavelmente pertença ao mesmo nível lógico de recuo. Caso contrário, teremos de acrescentar ou remover um Tab, mas isso ainda é mais rápido do que teclar todos os Tabs desde a margem esquerda.

Embora os Tabs sejam ótimos para a entrada de dados, eles têm uma desvantagem: podem bagunçar as impressões. Se enviarmos um arquivo com Tabs para uma impressora, ela pode ignorá-los totalmente ou colocar marcas de tabulação a cada oito colunas. Portanto, é melhor salvar e imprimir seus arquivos com espaços em vez de Tabs. A maioria dos editores possui configurações que convertem Tabs para espaços antes de salvarmos ou imprimirmos um arquivo.

5.2 Comparando Valores

5.2.1 Operadores Relacionais

Todo comando `if` realiza um teste. Em muitos casos, o teste compara dois valores. Por exemplo, no exemplo anterior testamos `amount <= balance`. Operadores de comparação como `<=` são chamados de *operadores relacionais*. Java possui seis operadores relacionais:

Java	Notação Matemática	Descrição
>	>	Maior que
>=	≥	Maior ou igual a
<	<	Menor que
<=	≤	Menor ou igual a
==	=	Igual a
!=	≠	Diferente de

> Os operadores relacionais comparam valores.
> O operador == testa a igualdade.

Como podemos ver, apenas dois operadores relacionais Java (> e <) são conforme nossa expectativa baseados em notação matemática. Os teclados de computador não possuem teclas para ≥, ≤ nem ≠. Porém, os operadores >=, <=, e != são fáceis de lembrar porque eles têm alguma semelhança com a notação matemática.

O operador == inicialmente confunde a maioria dos iniciantes, pois, em Java, o símbolo = já tem um significado, ou seja, atribuição. O operador == denota teste de igualdade:

```
a = 5; // atribua 5 para a
if (a == 5) ... // testa se a é igual a 5
```

Você deverá lembrar de usar == para teste de igualdade e usar = para atribuição.

5.2.2 Comparando Números em Ponto Flutuante

Os números em ponto flutuante têm uma precisão limitada, e os cálculos podem introduzir erros de arredondamento. Por exemplo, o código a seguir multiplica a raiz quadrada de 2 por si mesma e então subtrai 2.

```
double r = Math.sqrt(2);
double d = r * r - 2;
if (d == 0)
   System.out.println("sqrt(2) squared minus 2 is 0");
else
   System.out.println(
      "sqrt(2) squared minus 2 is not 0 but " + d);
```

Embora as regras da matemática nos digam que o resultado é zero, este trecho de programa imprime

```
sqrt(2) squared minus 2 is not 0 but 4.440892098500626E-16
```

Infelizmente, esses erros de arredondamento são inevitáveis. Simplesmente não faz sentido na maioria dos casos comparar números de ponto flutuante de forma exata. Antes, devemos verificar se eles são *suficientemente próximos*.

> Ao comparar números em ponto flutuante, não teste a igualdade, verifique se eles são suficientemente próximos.

Para testar se um número x é próximo de zero, podemos testar se o valor absoluto de |x| (isto é, o número com seu sinal removido) é menor do que um número de limiar muito pequeno. Esse valor de limiar é freqüentemente chamado de ε (a letra grega épsilon). É comum colocar ε como 10^{-14} ao testar números `double`.

Em Java, programamos o teste da seguinte maneira: x está próximo a 0 se

```
Math.abs(x) <= EPSILON
```

onde definimos

```
final double EPSILON = 1E-14;
```

De forma semelhante, podemos testar se dois números são próximos um do outro verificando se a diferença entre eles é próxima a 0.

$$|x-y| \leq \varepsilon$$

Entretanto, isso nem sempre é suficiente. Suponha que x e y sejam números bastante grandes, digamos alguns bilhões cada. Então eles poderiam ser iguais, exceto por um erro de arredondamento, mesmo que a diferença entre eles fosse bastante maior do que 10^{-14}. Para resolver esse problema, precisamos dividir pela magnitude dos números antes de comparar quão próximos eles estão. Aqui temos a fórmula: x e y são suficientemente próximos se

$$\frac{|x-y|}{\max(|x|,|y|)} \leq \varepsilon$$

Em Java, o código para esse teste é

```
Math.abs(x-y) / Math.max(Math.abs(x), Math.abs(y))
    <= EPSILON;
```

Para que esse teste funcione, tanto x como y devem ser diferentes de zero. Se um deles for zero, perdemos a informação de magnitude. Então tudo que podemos fazer é testar se o valor absoluto do outro número é, no máximo, ε.

5.2.3 Comparando *Strings*

> Não use o operador == para comparar *strings*, use o método equals.

Para testar se dois *strings* são iguais entre si, temos de usar o método chamado `equals`:

```
if (string1.equals(string2)) ...
```

Não use o operador == para comparar *strings*! A expressão

```
if (string1 == string2) // não é útil
```

tem um significado diferente. Ela testa se as duas variáveis de *string* se referem ao mesmo objeto do tipo *string*. Podemos ter *strings* com o mesmo conteúdo armazenados em objetos diferentes, de modo que esse teste nunca faz sentido na programação real (veja Erro Freqüente 5.1).

Em Java, maiúscula é diferente de minúscula. Por exemplo, "Harry" e "HARRY" não são o mesmo *string*. Para ignorar a distinção entre maiúsculas e minúsculas, use o método `equalsIgnoreCase`:

```
if (string1.equalsIgnoreCase(string2)) ...
```

> O método compareTo compara *strings* na ordem do dicionário.

Se dois *strings* não são idênticos, ainda podemos querer saber a relação entre eles. O método `compareTo` compara *strings* na ordem do dicionário. Se

```
string1.compareTo(string2) < 0
```

então o *string* `string1` vem antes do *string* `string2` no dicionário. Por exemplo, esse é o caso se `string1` for "Harry", e `string2` for "Hell". Se

```
string1.compareTo(string2) > 0
```

então `string1` vem depois de `string2` na ordem do dicionário. Finalmente, se

```
string1.compareTo(string2) == 0
```

então `string1` e `string2` são iguais.

Na verdade, a ordem do "dicionário" usada por Java é um pouco diferente da de um dicionário normal. Java diferencia maiúsculas de minúsculas e classifica os caracteres colocando primeiramente os números, daí as letras maiúsculas, depois as minúsculas. Por exemplo, 1 vem antes de B, que por sua vez vem antes de a. O caractere espaço vem antes de todos os outros caracteres.

Vamos investigar de perto o processo de comparação. Quando Java compara dois *strings*, as letras correspondentes são comparadas até que um dos *strings* termine ou a primeira diferença seja encontrada. Se um dos *strings* termina, então o *string* mais longo é o que vem depois. Se for encontrada uma não-correspondência entre caracteres, os caracteres são comparados para determinar qual *string* vem antes de qual na seqüência do dicionário. Esse processo é chamado de comparação *lexicográfica*. Por exemplo, vamos comparar "car" com "cargo". As primeiras três letras são iguais e chegamos ao fim do primeiro *string*. Portanto, "car" vem antes de "cargo" na ordem lexicográfica. Agora compare "cathode" com "cargo". As duas primeiras letras são iguais. Na posição do terceiro caractere, t vem depois de r, assim o *string* "cathode" vem depois de "cargo" na ordem lexicográfica (veja a Figura 3).

⊗ Erro Freqüente 5.1

Usando == para Comparar Strings

É um erro extremamente comum em Java escrever == quando se pretendia equals. Isso se aplica em especial aos *strings*. Se escrevermos

```
if (nickname == "Rob")
```

então o teste só será verdadeiro se a variável nickname se referir exatamente ao mesmo objeto de *string* que a constante de *string* "Rob". Por razões de eficiência, Java só cria um objeto de *string* para cada constante de *string*. Assim o teste a seguir tem sucesso:

```
String nickname = "Rob";
...
if (nickname == "Rob") // o resultado do teste é verdadeiro
```

No entanto, se o *string* com as letras R o b foi montado de alguma outra maneira, então o resultado do teste será falso:

```
String name = "Robert";
String nickname = name.substring(0, 3);
...
if (nickname == "Rob") // o resultado do teste é falso
```

Essa é uma situação especialmente angustiante. O código errado às vezes faz a coisa certa, às vezes a coisa errada. Uma vez que os objetos de *string* são sempre construídos pelo compilador, nunca temos interesse em saber se dois objetos de *string* são compartilhados ou não. Lembre-se de nunca usar == para comparar *strings*, mas equals ou compareTo.

```
c a r g o

c a t h o d e
⎵ ⎵
letras    r vem antes
correspondem  de t
```

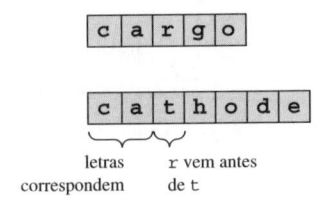

Figura 3

Comparação lexicográfica.

5.2.4 Comparando Objetos

Se compararmos duas referências a objeto com o operador ==, estaremos testando se elas se referem ao mesmo *objeto*. A seguir temos um exemplo:

```
Rectangle cerealBox = new Rectangle(5, 10, 20, 30);
Rectangle r = cerealBox;
Rectangle oatmealBox = new Rectangle(5, 10, 20, 30);
```

A comparação

```
cerealBox == r
```

resulta verdadeira. Ambas as variáveis de objeto referem-se ao mesmo objeto. Mas a comparação

```
cerealBox == oatmealBox
```

> O operador == testa se duas referências a objetos são idênticas. Para comparar o conteúdo de objetos, precisamos usar o método equals.

resulta falsa. As duas variáveis de objeto referem-se a objetos *diferentes* (veja a Figura 4). Não importa se os objetos têm conteúdo idêntico.

Podemos usar o método equals para testar se dois retângulos têm o mesmo *conteúdo*, isto é, se eles têm o mesmo canto superior esquerdo e a mesma largura e altura. Por exemplo, o teste

```
cerealBox.equals(oatmealBox)
```

resulta verdadeiro.

Entretanto, temos de ser cuidadosos ao usar o método equals. Ele só funciona corretamente se os implementadores da classe o tiverem definido. A classe Rectangle tem um método equals adequado para comparar retângulos.

Para nossas próprias classes, temos de fornecer um método equals adequado. Vamos aprender isso no Capítulo 9. Até lá, não use o método equals para comparar objetos de suas próprias classes.

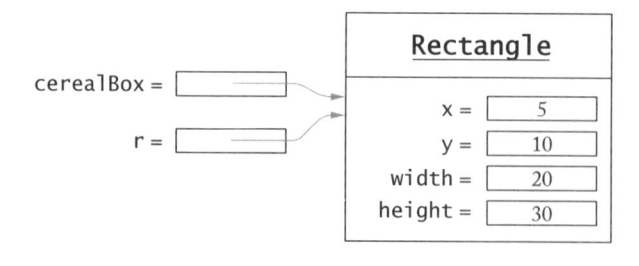

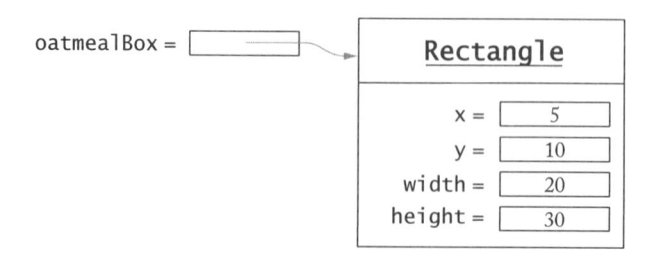

Figura 4

Comparando referências a objetos.

5.2.5 Testando o `null`

Uma referência a objeto pode ter o valor especial `null` se ela não se referir a nenhum objeto. Usamos o operador `==` (e não `equals`) para testar se uma referência a objeto é uma referência `null`:

```
if (account == null) ...
    // account é uma referência null
```

> A referência `null` não se refere a nenhum objeto.

Freqüentemente, os métodos retornam `null` se não conseguirem retornar um objeto válido. Por exemplo, o método `showInput-Dialog` da classe `JOptionPane` retorna `null` se o usuário clicar no botão "Cancel" do diálogo de entrada.

```
String input = JOptionPane.showInputDialog(
    "How many nickels do you have?");
if (input == null) ...
    // o usuário cancelou o diálogo
```

Observe que a referência `null` *não é igual* ao *string* vazio `""`. O *string* vazio é um *string* válido de comprimento 0, enquanto que um `null` indica que uma variável do tipo *string* não se refere a nenhum *string*. Por exemplo, o método `showInputDialog` retorna um *string* vazio se o usuário deixar o campo de entrada em branco e clicar no botão "Ok".

Dica de Qualidade 5.2

Evite Condições com Efeitos Colaterais

▼ Em Java, pode-se aninhar comandos de atribuição dentro de condições de teste:

```
if ((d = b * b - 4 * a * c) >= 0) r = Math.sqrt(d);
```

▼ Pode-se usar o operador de decremento dentro de outras expressões:

```
if (n-- > 0) ...
```

▼ Essa são práticas de programação ruins, pois misturam um teste com outra atividade. A outra atividade (configurar a variável `d`, decrementar `n`) é chamado de *efeito colateral* do teste.

▼ Como veremos no Tópico Avançado 6.2, condições com efeitos colaterais podem ocasionalmente ser úteis para simplificar *laços*. No caso de comandos `if` elas devem ser sempre evitadas.

5.3 Múltiplas Alternativas

5.3.1 Seqüências de Comparações

> Múltiplas condições podem ser combinadas para avaliar decisões complexas. O arranjo correto depende da lógica do problema a ser resolvido.

O programa a seguir solicita um valor descrevendo a magnitude de um terremoto na escala Richter e imprime uma descrição do provável impacto do terremoto. A escala Richter é a medida da força de um terremoto. Cada passo da escala, por exemplo, de 6.0 para 7.0, significa um aumento de dez vezes na força do terremoto. O terremoto de 1989 em Loma Prieta, que danificou a Bay Bridge em San Francisco e destruiu muitos edifícios em diversas cidades da Bay Area, registrou 7.1 na escala Richter.

Arquivo Earthquake.java

```
1  /**
2      Classe que descreve os efeitos de um terremoto.
3  */
```

```java
 4 public class Earthquake
 5 {
 6    /**
 7       Constrói um objeto Earthquake (terremoto).
 8       @param magnitude a magnitude na escala Richter
 9    */
10    public Earthquake(double magnitude)
11    {
12       richter = magnitude;
13    }
14
15    /**
16       Obtém uma descrição do efeito do terremoto.
17       @return a descrição do efeito
18    */
19    public String getDescription()
20    {
21       String r;
22       if (richter >= 8.0)
23          r = "Most structures fall";
24       else if (richter >= 7.0)
25          r = "Many buildings destroyed";
26       else if (richter >= 6.0)
27          r = "Many buildings considerably damaged;"
28             + "some collapse";
29       else if (richter >= 4.5)
30          r = "Damage to poorly constructed buildings";
31       else if (richter >= 3.5)
32          r = "Felt by many people, no destruction";
33       else if (richter >= 0)
34          r = "Generally not felt by people";
35       else
36          r = "Negative numbers are not valid";
37       return r;
38    }
39
40    private double richter;
41 }
```

Arquivo EarthquakeTest.java

```java
 1 import javax.swing.JOptionPane;
 2
 3 /**
 4    Classe para testar a classe Earthquake.
 5 */
 6 public class EarthquakeTest
 7 {
 8    public static void main(String[] args)
 9    {
10       String input = JOptionPane.showInputDialog(
11          "Enter a magnitude on the Richter scale:");
12       double magnitude = Double.parseDouble(input);
13       Earthquake quake = new Earthquake(magnitude);
14       System.out.println(quake.getDescription());
```

```
    15          System.exit(0);
    16      }
    17 }
```

Aqui temos de classificar as condições comparando primeiro com o maior limite. Suponha que invertêssemos a ordem dos testes:

```
if (richter >= 0)  // Testa na ordem errada
    r = "Generally not felt by people";
else if (richter >= 3.5)
    r = "Felt by many people, no destruction";
else if (richter >= 4.5)
    r = "Damage to poorly constructed buildings";
else if (richter >= 6.0)
    r = "Many buildings considerably damaged;"
    + "some collapse";
else if (richter >= 7.0)
    r = "Many buildings destroyed";
else if (richter >= 8.0)
    r = "Most structures fall";
```

Isso não funciona. Todos os valores positivos de richter recaem no primeiro caso, enquanto os outros testes nunca serão realizados.

Nesse exemplo, também é importante que usemos um teste if/else/else, e não apenas múltiplos comandos if independentes. Vamos considerar esta seqüência de testes independentes:

```
if (richter >= 8.0)  // Não usou else
    r = "Most structures fall";
if (richter >= 7.0)
    r = "Many buildings destroyed";
if (richter >= 6.0)
    r = "Many buildings considerably damaged;"
    + "some collapse";
if (richter >= 4.5)
    r = "Damage to poorly constructed buildings";
if (richter >= 3.5)
    r = "Felt by many people, no destruction";
if (richter >= 0)
    r = "Generally not felt by people";
```

Agora as alternativas não são mais exclusivas. Se richter for 6.0, então os últimos *quatro* testes todos serão verdadeiros e r será configurado quatro vezes.

Tópico Avançado 5.2

O Comando switch

A seqüência de if/else/else que compara um *único valor inteiro* com diversas alternativas *constantes* pode ser implementado como um comando switch. Por exemplo,

```
int digit;
...
switch (digit)
{
    case 1: System.out.print("one"); break;
    case 2: System.out.print("two"); break;
    case 3: System.out.print("three"); break;
    case 4: System.out.print("four"); break;
    case 5: System.out.print("five"); break;
    case 6: System.out.print("six"); break;
```

```
        case 7: System.out.print("seven"); break;
        case 8: System.out.print("eight"); break;
        case 9: System.out.print("nine"); break;
        default: System.out.print("error"); break;
    }
```

Trata-se de uma forma abreviada para

```
    int digit;
    ...
    if (digit == 1) System.out.print("one");
    else if (digit == 2) System.out.print("two");
    else if (digit == 3) System.out.print("three");
    else if (digit == 4) System.out.print("four");
    else if (digit == 5) System.out.print("five");
    else if (digit == 6) System.out.print("six");
    else if (digit == 7) System.out.print("seven");
    else if (digit == 8) System.out.print("eight");
    else if (digit == 9) System.out.print("nine");
    else System.out.print("error");
```

Usar o comando `switch` tem uma vantagem. É óbvio que todos os desvios testam o *mesmo* valor, ou seja, `digit`.

O comando `switch` pode ser aplicado apenas em determinadas circunstâncias. Os casos de teste têm de ser constantes, e têm de ser inteiros ou caracteres. Não podemos usar um `switch` como um comando de desvio com base em valores de ponto flutuante ou *string*. Por exemplo, a seguir temos um erro:

```
    switch (name)
    {
        case "one": ... break; // Erro
        ...
    }
```

Observe que cada desvio do `switch` foi terminado por uma instrução `break`. Se o `break` estiver faltando, a execução escorrega para o próximo desvio, e assim por diante, até que finalmente é encontrado um `break` ou o fim do comando `switch`. Por exemplo, vamos considerar o comando `switch` a seguir:

```
    switch (digit)
    {
        case 1: System.out.print("one"); // ops – não há break
        case 2: System.out.print("two"); break;
        ...
    }
```

Se `digit` tem o valor 1, então o comando depois do rótulo `case 1:` é executado. Uma vez que não há `break`, o comando depois do rótulo `case 2:` é executado também. O programa imprime `"onetwo"`.

Existem alguns casos nos quais esse comportamento na verdade é útil, mas eles são muito raros. Peter van der Linden [1, p. 38] descreve uma análise dos comandos `switch` no pré-compilador C da Sun. Dos 244 comandos `switch`, cada um dos quais com uma média de 7 casos de teste, apenas 3 por cento não usaram o `break`. Isto é, o *default* — escorregar para o próximo *case* a menos que seja parado por um `break` — estava *errado 97 porcento do tempo*. Esquecer de digitar o `break` é um erro excessivamente comum, resultando em código errado.

Deixamos a seu critério usar o comando `switch` ou não em seus programas. De qualquer maneira, você precisa ter um conhecimento de interpretação de `switch` no caso de você encontrá-lo no código de outros programadores.

Dica de Produtividade 5.2

Copiar e Colar no Editor

Quando você vê um código como

```
if (richter >= 8.0)
    r = "Most structures fall";
else if (richter >= 7.0)
    r = "Many buildings destroyed";
else if (richter >= 6.0)
    r = "Many buildings considerably damaged;"
      + "some collapse";
else if (richter >= 4.5)
    r = "Damage to poorly constructed buildings";
else if (richter >= 3.5)
    r = "Felt by many people, no destruction";
```

você deve pensar em usar "copiar e colar".

Faça um gabarito

```
else if (richter >= )
    r = "";
```

e copie-o. Isso geralmente é feito selecionando o texto com o mouse e então selecionando as opções Editar e depois Copiar da barra de menus. Se você seguir a Dica de Produtividade 3.1, estará sendo esperto e usando o teclado. Tecle Shift+End para selecionar toda a linha, e então tecle Ctrl+C para copiá-la. Daí cole-a (Ctrl+V) várias vezes e preencha o texto dentro das cópias. Naturalmente que seu editor pode usar comandos diferentes, mas o conceito é o mesmo.

A capacidade de copiar e colar é sempre útil quando temos código de um exemplo ou de outro projeto semelhante às suas necessidades atuais. Copiar, colar e modificar é mais rápido do que digitar tudo do zero. Além disso haverá menos chance de cometer erros de digitação.

Fato Histórico 5.1

Minicomputadores e Estações de Trabalho

Nos vinte anos que suscederam o surgimento dos primeiros computadores operacionais, eles se tornaram indispensáveis na organização de dados de clientes e financeiros de todas as principais empresas/corporações da América do Norte. O processamento de dados corporativos exigia uma instalação de computadores centralizada e funcionários altamente qualificados para garantir a disponibilidade ininterrupta dos dados. Essas instalações eram enormemente caras, mas vitais para conduzir uma empresa moderna. As principais universidades e as grandes instituições de pesquisa também podiam sustentar a instalação desses computadores caros, mas muitas organizações científicas e de engenharia e muitas divisões de corporações, não.

Em meados dos anos 1960, quando surgiram os circuitos integrados, o custo dos computadores pôde ser reduzido para usuários que não necessitassem de um alto nível de suporte e serviços (ou volume de armazenamento de dados), como era o caso das instalações de processamento de dados das corporações. Nesses usuários estavam incluídos cientistas e engenheiros que possuíam conhecimento para operar computadores. (Naquele tempo, "operar" um computador não significava apenas ligá-lo. Os computadores vinham com muito pouco *software* "de prateleira", ou seja, prontos para uso. A maioria das tarefas tinha de ser programada pelos próprios usuários do computador.) Em 1965, a Digital Equipment Corporation (DEC) apresentou o *minicomputador* PDP-8, o qual vinha em um único gabinete (veja a Figura 5) e assim era pequeno o suficiente para uso em um departamento. Em 1978, o primeiro minicomputador de 32 bits, o VAX, foi lançado, também pela DEC. Outras empresas, como a Data General, lançaram projetos para competir com o VAX; o li-

Figura 5
Um dos primeiros minicomputadores.

vro [2] contém uma descrição fascinante do trabalho de engenharia da Data General para lançar uma máquina que pudesse competir com o VAX. Entretanto, os minicomputadores não foram usados apenas para aplicações de engenharia. As empresas de integração de sistemas compravam essas máquinas, equipavam-nas com *software*, e as revendiam para empresas menores, para o processamento de dados comerciais. Os minicomputadores de sucesso como a linha AS/400 da IBM ainda hoje estão em uso, mas enfrentam uma forte concorrência das estações de trabalho e dos computadores pessoais, que são bem mais baratos e dotados de *software* poderoso e em expansão.

No início da década de 1980, os usuários da área de engenharia passaram a ficar cada vez mais incomodados em terem de compartilhar computadores com outros usuários. Os computadores dividiam sua atenção entre múltiplos usuários que estavam conectados no momento, um processo conhecido como *compartilhamento de tempo (time sharing)*. No entanto, terminais gráficos começaram a aparecer e o processamento destes gráficos não conseguia mais ser feito nas fatias de tempo alocadas. A tecnologia tinha novamente avançado para o ponto onde um computador inteiro podia ser colocado em uma caixa que cabia sobre uma mesa. Uma nova geração de fabricantes, como a Sun Microsystems, começaram a produzir *estações de trabalho* (Figura 6). Esses computadores são usados por indivíduos com grandes demandas computacionais — por exemplo, projetistas de circuitos eletrônicos, engenheiros espaciais, e, mais recentemente, artistas de desenho animado. As estações de trabalho tipicamente rodam um sistema operacional chamado UNIX. Embora cada fabricante de estação de trabalho tivesse sua própria marca de UNIX, com diferenças leves em cada versão, tornou-se econômico para os fabricantes de *software* produzir programas que pudessem rodar em diversas plataformas de *hardware*. Isso foi auxiliado pelo fato de que a maioria dos fabricantes de estações de trabalho adotou como padrão o *sistema X Window* para exibição.

Nem todos os fabricantes de estações de trabalho tiveram sucesso. O livro [3] conta a história da NeXT, uma empresa que tentou construir uma estação de trabalho e fracassou, causando prejuízos de mais de 250 milhões de dólares aos seus investidores.

Atualmente, as estações de trabalho são usadas principalmente para dois objetivos distintos: como processadores gráficos rápidos e como *servidores* para armazenar dados como correio eletrônico, informações sobre vendas ou páginas Web.

Figura 6

Uma estação de trabalho.

5.3.2 Desvios Aninhados

Nos Estados Unidos, os cidadãos pagam alíquotas diferentes de imposto de renda, dependendo do seu salário e do seu estado civil. Há duas escalas principais de imposto: uma para solteiros e outra para casados, que declaram em conjunto, significando que os casados somam seus salários e pagam imposto sobre o total. (Na verdade, há duas outras alíquotas, "chefe de família" e "casado declarando em separado", as quais para simplificar vamos ignorar.) A Tabela 1 apresenta os cálculos da taxa de imposto para cada caso, usando os valores do imposto de renda de 1992. (Estamos usando o sistema de imposto de renda de 1992 em função de sua simplicidade. A legislação de 1993 aumentou o número de taxas para cada estado civil e acrescentou mais regras complicadas. Talvez no momento que você estiver lendo este texto, as leis sobre o imposto de renda tenham se tornado ainda mais complexas.)

Agora vamos calcular o imposto devido, dado um estado civil e um valor de salário. O ponto chave é que há dois *níveis* de tomada de decisão. Primeiramente, temos de decidir quanto ao estado civil, daí, para cada estado civil, temos de ter outra decisão quanto ao nível salarial.

Arquivo TaxReturn.java

```
1  /**
2        Declaração de imposto de renda em 1992.
3  */
4  class TaxReturn
5  {
6        /**
7           Constrói um objeto TaxReturn para uma dada renda e
8           estado civil.
9           @param anIncome a renda do contribuinte
```

Tabela 1

Tabela de alíquotas do imposto de renda (1992)

Se o seu estado civil for Solteiro

Se a renda tributável for superior a	Mas não superior a	O imposto é	Do valor superior a
$0	$21.450	15%	$0
$21.450	$51.900	$3.217,50 + 28%	$21.450
$51.900		$11.743,50 + 31%	$51.900

Se seu estado civil for Casado declarando em conjunto

Se sua renda tributável for superior a	Mas não superior a	O imposto é	Do valor superior a
$0	$35.800	15%	$0
$35.800	$86.500	$5.370,00 + 28%	$35.800
$86.500		$19.566,00 + 31%	$86.500

```
10         @param aStatus SOLTEIRO ou CASADO
11      */
12      public TaxReturn(double anIncome, int aStatus)
13      {
14         income = anIncome;
15         status = aStatus;
16      }
17
18      public double getTax()
19      {
20         double tax = 0;
21
22         if (status == SINGLE)
23         {
24            if (income <= SINGLE_CUTOFF1)
25               tax = RATE1 * income;
26            else if (income <= SINGLE_CUTOFF2)
27               tax = SINGLE_BASE2
28                  + RATE2 * (income - SINGLE_CUTOFF1);
29            else
30               tax = SINGLE_BASE3
31                  + RATE3 * (income - SINGLE_CUTOFF2);
32         }
33         else
34         {
35            if (income <= MARRIED_CUTOFF1)
36               tax = RATE1 * income;
37            else if (income <= MARRIED_CUTOFF2)
38               tax = MARRIED_BASE2
```

```
39                       + RATE2 * (income - MARRIED_CUTOFF1);
40              else
41                  tax = MARRIED_BASE3
42                       + RATE3 * (income - MARRIED_CUTOFF2);
43          }
44
45          return tax;
46      }
47
48      public static final int SINGLE = 1;
49      public static final int MARRIED = 2;
50
51      private static final double RATE1 = 0.15;
52      private static final double RATE2 = 0.28;
53      private static final double RATE3 = 0.31;
54
55      private static final double SINGLE_CUTOFF1 = 21450;
56      private static final double SINGLE_CUTOFF2 = 51900;
57
58      private static final double SINGLE_BASE2 = 3217.50;
59      private static final double SINGLE_BASE3 = 11743.50;
60      private static final double MARRIED_CUTOFF1 = 35800;
61      private static final double MARRIED_CUTOFF2 = 86500;
62
63      private static final double MARRIED_BASE2 = 5370;
64      private static final double MARRIED_BASE3 = 19566;
65
66      private double income;
67      private int status;
68  }
```

Arquivo TaxReturnTest.java

```
1  import javax.swing.JOptionPane;
2
3  /**
4       Classe para testar a classe TaxReturn.
5  */
6  public class TaxReturnTest
7  {
8      public static void main(String[] args)
9      {
10         String input = JOptionPane.showInputDialog(
11             "Please enter your income:");
12         double income = Double.parseDouble(input);
13
14         input = JOptionPane.showInputDialog(
15             "Please enter S (single) or M (married)");
16         int status = 0;
17
18         if (input.equalsIgnoreCase("S"))
19             status = TaxReturn.SINGLE;
20         else if (input.equalsIgnoreCase("M"))
21             status = TaxReturn.MARRIED;
22         else
```

```
23          {
24              System.out.println("Bad input.");
25              System.exit(0);
26          }
27
28          TaxReturn aTaxReturn =
29              new TaxReturn(income, status);
30
31          System.out.println("The tax is "
32              + aTaxReturn.getTax());
33
34          System.exit(0);
35      }
36  }
```

O processo de decisão em dois níveis reflete-se em dois níveis de comandos `if`. Dizemos que o teste da renda está *aninhado* no teste do estado civil (veja o fluxograma na Figura 7).

Dica de Qualidade 5.3

Prepare Casos de Teste Antecipadamente

Vamos considerar como podemos testar o programa de cálculo do imposto de renda. Naturalmente, não poderemos experimentar todas as entradas possíveis para estado civil e nível de renda. Mesmo que pudéssemos, não haveria razão para experimentar todas. Se o programa calcular corretamente um ou dois valores de impostos em uma dada faixa, então teremos uma boa razão para crer que todos os valores dentro daquela faixa estarão corretos. Queremos mirar na *cobertura* completa de todos os casos.

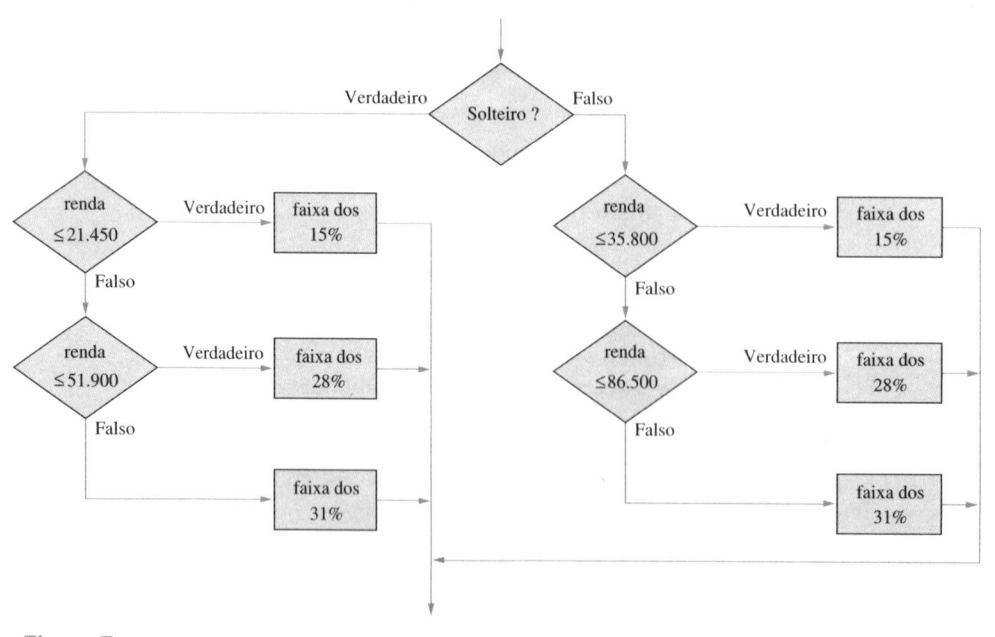

Figura 7

Cálculo do imposto de renda com a tabela de 1992.

Há duas possibilidades para o estado civil e três alíquotas diferentes para cada estado civil. Isso perfaz seis casos de testes. Da mesma forma, queremos testar algumas *condições de erro,* como renda negativa. Temos agora então sete casos de teste. Para os primeiros seis, precisamos calcular manualmente que resposta esperamos. Para a restante, precisamos saber que mensagens de erro esperamos. Escrevemos os casos de teste e então começamos a codificar.

Será que precisamos mesmo testar sete entradas para esse programa simples? Certamente que sim. Além disso, se você encontrar um erro no programa que não estava coberto por nenhum dos seus casos de teste, faça outro caso de teste e acrescente-o a sua coleção. Depois que você consertar os erros conhecidos, *execute todos os casos de teste novamente.* A experiência tem nos mostrado que os casos que você acabou de tentar consertar provavelmente estão funcionando agora, mas erros que você consertou duas ou três iterações atrás têm uma grande chance de reaparecerem! Se você se deparar com um erro que vive reaparecendo, isto geralmente é um forte sinal de que você não entendeu plenamente alguma interação sutil entre as características de seu programa.

Sempre é uma boa idéia projetar casos de teste *antes* de começar a codificar. Há duas razões para isso. Trabalhar com os casos de teste lhe dará um melhor entendimento do algoritmo que você irá programar. Além disso, observou-se que os programadores instintivamente evitam testar as partes frágeis do código que produzem. Isso parece ser difícil de acreditar, mas freqüentemente você fará essa constatação sobre seu próprio trabalho. Observe uma outra pessoa testando seu programa: haverá momentos em que a pessoa digita entradas que o deixam nervoso, porque você não tem certeza de que seu programa possa tratá-las corretamente, e você nunca teve coragem de testar isso por si próprio. Esse é um fenômeno bem conhecido e fazer o plano de testes antes de escrever o código oferece alguma proteção.

Dica de Produtividade 5.3

Faça um Cronograma e Reserve Tempo para Problemas Inesperados

O *software* comercial é notório por ser entregue sempre mais tarde do que o prometido. Por exemplo, a Microsoft originalmente prometeu que o sucessor de seu sistema operacional Windows 3 estaria disponível no início de 1994, depois mudou para o fim de 1994, e novamente mudou para março de 1995. Finalmente o produto foi lançado em agosto de 1995. Algumas das primeiras promessas talvez não tenham sido realistas. Era do interesse da Microsoft fazer com que prováveis clientes aguardassem a disponibilidade iminente do produto. Se os clientes soubessem a verdadeira data de lançamento, talvez tivessem mudado para um produto diferente nesse meio tempo. Inegavelmente, no entanto, a Microsoft não havia previsto toda a complexidade das tarefas que tinha se proposto a resolver.

A Microsoft pode atrasar a entrega de seu produto, mas você provavelmente não. Como aluno ou como programador espera-se que você administre seu tempo com sabedoria e termine seu trabalho no tempo determinado. Provavelmente você consegue fazer exercícios simples de programação na noite anterior à data de entrega, mas um trabalho que parece ser duas vezes mais difícil pode bem levar quatro vezes mais tempo, porque mais coisas podem dar errado. Por isso, devemos fazer um cronograma sempre que iniciamos um projeto de programação.

Primeiramente estime realisticamente quanto tempo você irá levar para

- Projetar a lógica do programa
- Desenvolver casos de teste
- Digitar o programa e corrigir erros de sintaxe
- Testar e depurar o programa

Por exemplo, para o programa de imposto de renda posso estimar 30 minutos para o projeto, porque a maior parte já está pronta, 30 minutos para desenvolver casos de teste, uma hora para entrada de dados e correção de erros de sintaxe e 2 horas para testar e depurar. Isso dá um total de 4 horas. Se eu trabalhar duas horas por dia nesse projeto, vou levar dois dias.

Então pense nas coisas que podem não dar certo. Seu computador pode estragar. O laboratório pode estar lotado. Você pode ser atrapalhado por um problema com o sistema computacional. (Isso é uma preocupação especialmente importante para iniciantes. É *muito* comum perder um dia em cima de um problema trivial simplesmente porque leva algum tempo para encontrar uma pessoa que sabe o comando "mágico" para solucioná-lo.) Como regra geral, *duplique* o tempo que você estimou. Isto é, você deve começar quatro, e não dois dias, antes da data de entrega. Se não der nada errado, você terá o programa pronto dois dias antes. Se o problema inevitável ocorrer, você terá uma reserva de tempo que o poupará de embaraços e fracassos.

⊗ *Erro Freqüente* 5.2

O Problema do `else` *Pendente*

Quando um comando `if` é aninhado dentro de outro comando `if`, o seguinte erro pode ocorrer.

```
if (richter >= 0)
   if (richter <= 4)
      System.out.println("The earthquake is harmless");
   else // Armadilha!
      System.out.println("Negative value not allowed");
```

O nível de recuo parece sugerir que o `else` está associado ao teste `richter >= 0`. Infelizmente, esse não é o caso. O compilador ignora todos os recuos e segue a regra que um `else` sempre pertence ao `if` mais próximo. Ou seja, na realidade o código é

```
if (richter >= 0)
   if (richter <= 4)
      System.out.println("The earthquake is harmless");
   else // Armadilha!
      System.out.println("Negative value not allowed");
```

Não é isso que queríamos. Queremos agrupar o `else` com o primeiro `if`. Para isso, temos de usar chaves

```
if (richter >= 0)
{
   if (richter <= 4)
      System.out.println("The earthquake is harmless");
}
else
   System.out.println("Negative value not allowed");
```

Para evitar ter de pensar sobre a associação do `else`, recomendamos que você *sempre* use um conjunto de chaves quando o corpo de um `if` contém outro `if`. No exemplo a seguir, as chaves não são estritamente necessárias, mas elas ajudam a deixar o código mais claro:

```
if (richter >= 0)
{
   if (richter <= 4)
      System.out.println("The earthquake is harmless");
   else
      System.out.println("Damage may occur");
}
```

O `else` ambíguo é chamado de `else` pendente, e tanto é um defeito sintático que alguns projetistas de linguagens de programação desenvolveram uma sintaxe melhorada que o evita totalmente. Por exemplo, Algol 68 usa a construção

```
if condição then instrução else instrução fi;
```

▼ A parte `else` é opcional, mas uma vez que o fim do comando `if` está claramente marcado, o agrupamento não é ambíguo se houver dois `if`s e apenas um `else`. A seguir temos dois casos possíveis:

▼

```
if c1 then if c2 then s1 else s2 fi fi;
if c1 then if c2 then s1 fi else s2 fi;
```

▼

A propósito, `fi` é tão somente `if` invertido. Outras linguagens usam `endif`, que tem o mesmo objetivo mas é menos divertido.

▼

5.4 Usando Expressões Booleanas

5.4.1 O Tipo `boolean`

> O tipo `boolean` tem dois valores: `true` e `false`.

Em Java, uma expressão como `amount < 1000` tem um valor, da mesma forma que a expressão `amount + 1000`. O valor de uma expressão relacional pode ser `true` (verdadeiro) ou `false` (falso). Por exemplo, se `amount` for 500, então o valor de `amount < 1000` é `true`. Experimente: O trecho de programa

```
double amount = 0;
System.out.println(amount < 1000);
```

imprime `true`. Os valores `true` e `false` não são números, nem objetos de uma classe. Eles pertencem a um tipo separado, chamado `boolean`. O tipo booleano recebe este nome em homenagem ao matemático George Boole (1815–1864), um pioneiro no estudo da lógica.

BOOLE PEDINDO O ALMOÇO

NÃO, NÃO, SIM, NÃO, NÃO, SIM, SIM, NÃO, NÃO, NÃO, SIM ...

5.4.2 Métodos de Predicado

> Um método de predicado retorna um valor booleano.

Um *método de predicado* é um método que retorna um valor boolean. A seguir temos um exemplo de um método de predicado:

```
public class BankAccount
{
   public boolean isOverdrawn()
   {
      return balance < 0;
   }
}
```

Podemos usar o valor de retorno do método como uma condição de um comando `if`:

```
if (harrysChecking.isOverdrawn()) ...
```

Há diversos métodos estáticos de predicado úteis na classe `Character`:

```
isDigit
isLetter
isUpperCase
isLowerCase
```

os quais nos permitem testar se um caractere é um dígito, uma letra, uma letra maiúscula, ou uma letra minúscula:

```
if (Character.isUpperCase(ch)) ...
```

É uma convenção comum dar um prefixo "`is`" ao nome dos métodos de predicado.

5.4.3 Os Operadores Booleanos

> Podemos compor testes complexos com os operadores booleanos `&&` (e), `||` (ou) e `!` (não).

Suponha que queremos descobrir se `amount` está entre 0 e 1000. Então duas condições têm de ser verdadeiras: `amount` tem de ser maior do que 0 *e* menor do que 1000. Em Java usa-se o operador `&&` para representar o *e* para combinar condições de teste. Isto é, podemos escrever o teste da seguinte maneira:

```
if (0 < amount && amount < 1000) ...
```

O operador `&&` combina diversos testes em um novo teste que só será verdadeiro quando todas as condições forem verdadeiras. Um operador que combina condições de teste é chamado de operador *lógico*.

O operador lógico `||` (*ou*) também combina duas ou mais condições. O teste resultante é verdadeiro se pelo menos uma das condições for verdadeira. Por exemplo, a seguir temos um teste para conferir se o *string* `input` é `"S"` ou `"M"`:

```
if (input.equals("S") || input.equals("M")) ...
```

A Figura 8 mostra fluxogramas desses exemplos.

Às vezes precisamos *inverter* uma condição com o operador lógico `!` (*não*). Por exemplo, podemos querer realizar certa ação somente se dois *strings não* forem iguais:

```
if (!input.equals("S")) ...
```

O operador `!` pega uma única condição e a avalia como verdadeira se essa condição for falsa e como falsa se a condição for verdadeira.

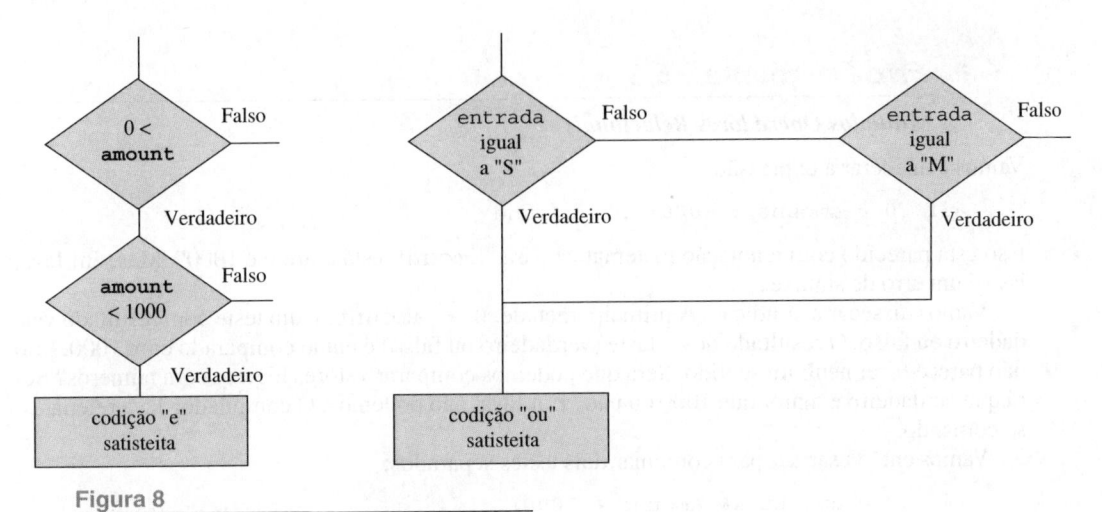

Figura 8
Fluxogramas para as Combinações && e ||.

A seguir temos um resumo das três operações lógicas:

A	B	A && B
verdadeiro	verdadeiro	verdadeiro
verdadeiro	falso	falso
falso	*Qualquer*	falso

A	B	A || B
verdadeiro	*Qualquer*	verdadeiro
falso	verdadeiro	verdadeiro
falso	falso	falso

A	!A
verdadeiro	falso
falso	verdadeiro

Erro Freqüente 5.3

Múltiplos Operadores Relacionais

Vamos considerar a expressão

```
if (0 < amount < 1000) ... // Erro
```

Isso está parecido com a notação matemática para "amount está entre 0 e 1000". Mas, em Java, isso é um erro de sintaxe.

Vamos dissecar a condição. A primeira metade, 0 < amount, é um teste com resultado verdadeiro ou falso. O resultado desse teste (verdadeiro ou falso) é então comparado com 1000. Isso não parece fazer nenhum sentido. Será que podemos comparar valores lógicos com números? Será que verdadeiro é maior que 1000 ou não? Em Java, não podemos. O compilador Java rejeita esse comando.

Vamos então usar && para combinar dois testes separados:

```
if (0 < amount && amount < 1000) ...
```

Outro erro comum ao longo da mesma linha, é escrever

```
if (ch == 'S' || 'M') ... // Erro
```

para testar se ch é 'S' ou 'M'. Novamente o compilador Java sinaliza isso como um erro.

Não podemos aplicar o operador || a caracteres. Precisamos escrever duas expressões booleanas e uni-las com o operador ||:

```
if (ch == 'S' || ch == 'M') ...
```

Erro Freqüente 5.4

Confundindo Condições && com Condições ||

É um erro surpreendentemente comum confundir as condições *e* e *ou*. Um valor está entre 0 e 100 se ele for pelo menos zero *e* no máximo 100. Ele está fora dessa faixa se ele for menor do que 0 *ou* maior do que 100. Não há regra de ouro, só temos de pensar com cuidado.

Freqüentemente o *e* ou o *ou* estão claramente expressos e neste caso não é muito difícil implementá-los. Às vezes, no entanto, a coisa não é tão explícita. É bem comum que as condições individuais estejam elegantemente separadas em uma lista de marcadores, mas com poucas indicações de como devam ser combinadas. As instruções da declaração do imposto de renda de 1992 dizem que você pode solicitar o estado civil de solteiro se uma das seguintes afirmações for verdadeira:

- Você nunca foi casado.
- Você estava legalmente separado ou divorciado em 31 de dezembro de 1992.
- Você ficou viúvo antes de 1º de janeiro de 1992 e não casou novamente em 1992.

Uma vez que o teste resulta verdadeiro se *qualquer uma* das condições for verdadeira, temos de combinar as condições com *ou*. Em outro lugar no manual de preenchimento diz que podemos usar o *status* mais vantajoso para declarações de renda de casais preenchidas em conjunto se todas as cinco condições a seguir forem verdadeiras:

- Seu cônjuge morreu em 1990 ou em 1991 e você não casou de novo em 1992.
- Você tem um filho, o qual você pode colocar como dependente.
- Este filho morou em sua casa durante todo o ano de 1992.
- Você gastou mais da metade de seus gastos domésticos com este filho.

- Você preencheu (ou poderia ter preenchido) uma declaração em conjunto com seu cônjuge no ano em que ele ou ela morreu.

Como *todas* as condições têm de ser verdadeiras para o teste resultar verdadeiro, temos de combiná-las com um *e*.

TA Tópico Avançado 5.3
Avaliação Tardia de Operadores Booleanos

Os operadores `&&` e `||` em Java são calculados usando avaliação *tardia* (ou em *curto-circuito*). Em outras palavras, expressões lógicas são avaliadas da esquerda para a direita, e a avaliação pára tão logo o valor lógico seja determinado. Quando um *e* é avaliado e a primeira condição é falsa, então a segunda condição é pulada — independentemente de qual seja, a condição combinada deve ser falsa. Quando um *ou* é avaliado e a primeira condição é verdadeira, a segunda condição não é avaliada, porque não importa qual seja o resultado do segundo teste. A seguir temos um exemplo:

```
if (input != null && Integer.parseInt(input) > 0) ...
```

Se `input` for `null`, então a primeira condição é falsa, e assim o comando combinado é falso, independentemente do resultado do segundo teste. O segundo teste não é avaliado se `input` for `null`, e não há perigo de se analisar sintaticamente um *string* `null` (o que causaria uma exceção).

Se você realmente precisar avaliar as duas condições, então use os operadores `&` e `|`. Quando avaliados com argumentos booleanos esses operadores sempre avaliam ambos os argumentos.

5.4.4 Lei de De Morgan

> A lei de De Morgan mostra como podemos simplificar expressões nas quais um operador `!` é aplicado a termos unidos pelo operador `&&` ou `||`.

Na seção anterior, programamos um teste para ver se `amount` estava entre 0 e 1000. Vamos descobrir se o oposto é verdadeiro:

```
if (!(0 < amount && amount < 1000)) ...
```

Esse teste é um tanto quanto complicado e você tem de pensar com cuidado usando lógica. "Quando é que *não* é verdade que 0 < amount e amount < 1000 ..." Hein? Com certeza algumas pessoas ficarão confusas com esse código.

O computador não se importa, mas as pessoas geralmente têm dificuldade para compreender as condições lógicas com operadores *não* aplicados a expressões *e/ou*. A lei de De Morgan, assim denominada em homenagem ao sábio Augustus de Morgan (1806–1871), pode ser usada para simplificar essas expressões booleanas. A lei de De Morgan tem duas formas: uma para a negação de uma expressão *e* e uma para a negação de uma expressão *ou*:

```
!(A && B) é o mesmo que !A || !B
!(A || B) é o mesmo que !A && !B
```

Preste especial atenção ao fato de que os operadores *e* e *ou* são *invertidos* ao se mover o *não* para dentro. Por exemplo, a negação de "a entrada é S ou a entrada é M",

```
!(input.equals("S") || input.equals("M"))
```

é "a entrada não é S *e* a entrada não é M":

```
!input.equals("S") && !input.equals("M")
```

Vamos aplicar a lei à negação de "o valor está entre 0 e 1000":

```
!(0 < amount && amount < 1000)
```

é equivalente a

```
!(0 < amount) || !(amount < 1000)
```

que pode ser ainda mais simplificada para

```
0 >= amount || amount >= 1000
```

Observe que o oposto de < é >=, e não >!

5.4.5 Usando Variáveis Booleanas

> Podemos armazenar o resultado de uma condição em uma variável booleana.

Podemos usar uma variável booleana se soubermos que há apenas dois valores possíveis. Dê outra olhada no programa do imposto de renda na Seção 5.3.2. O estado civil é solteiro ou casado. Em vez de usar um inteiro podemos usar uma variável do tipo boolean:

```
private boolean married;
```

A vantagem é que não podemos acidentalmente armazenar um terceiro valor na variável.

Então podemos usar a variável booleana em um teste:

```
if (married)
   ...
else
   ...
```

Às vezes as variáveis booleanas são chamadas de *flags* porque elas só podem ter dois estados: "levantadas" e "abaixadas".

É importante pensar cuidadosamente sobre os nomes das variáveis booleanas. No nosso exemplo, não seria uma boa idéia dar o nome de maritalStatus à variável booleana.

O que significa estado civil (*marital status*) verdadeiro? Com um nome como married (casado) não há ambiguidade; se married for verdadeiro, o declarante é casado.

A propósito, é considerado deselegante escrever um teste como

```
if (married == true) ... // Não use
```

Simplesmente use o teste mais simples

```
if (married) ...
```

No Capítulo 6 usaremos variáveis booleanas para controlar laços complexos.

Fato Histórico 5.2

Inteligência Artificial

Quando usamos um programa de computador sofisticado como o pacote de preparação do imposto de renda, somos impelidos a atribuir alguma inteligência ao computador. O computador faz perguntas inteligentes e realiza cálculos que consideramos um desafio. Além do mais, se fazer nossa declaração de imposto de renda fosse fácil, não necessitaríamos de um computador que a fizesse para nós.

Como programadores, no entanto, sabemos que toda essa aparente inteligência é uma ilusão. Programadores humanos treinaram cuidadosamente o *software* para todos os cenários possíveis, e ele simplesmente repete as ações e decisões que foram programadas nele.

Seria possível escrever programas de computador que fossem genuinamente inteligentes em algum sentido? Desde os primórdios da computação houve uma sensação de que o cérebro humano podia ser simplesmente um imenso computador, e que podia muito bem ser possível programar computadores para imitar alguns processos de pensamento humano. A pesquisa séria em *inteligência artificial (IA)* iniciou em meados dos anos 1950 e os primeiros vinte anos trouxeram alguns sucessos impressionantes. Programas que jogam xadrez — certamente uma atividade que parece exigir poderes intelectuais extraordinários — tornaram-se tão bons que eles agora rotineiramente vencem todos os melhores jogadores humanos. Em 1975 um programa do tipo *sistema especialista* chamado Mycin ficou famoso por ser melhor no diagnóstico de meningite em pacientes, do que um médico médio. Programas de *demonstração de teoremas* geraram provas matemáticas logicamente corretas. O *software* de *reconhecimento ótico de caracteres* lê páginas de um *scanner*, reconhece as formas dos caracteres (inclusive aqueles que estão desfocados ou borrados) e reconstrói o texto do documento original, até mesmo restaurando fontes e leiaute.

Contudo, houve também fracassos sérios. Já desde o princípio, um dos objetivos afirmados pela comunidade de IA foi produzir *software* que traduzisse texto de uma língua para a outra, por exemplo, do inglês para o russo. Essa empreitada mostrou-se enormemente complicada. A língua humana parece ser muito mais sutil e relacionada com a experiência humana do que se imaginava originalmente. Até mesmo os programas de correção gramatical de textos que acompanham muitos processadores de textos atuais são mais um golpe publicitário do que uma ferramenta útil, e analisar a gramática é apenas o primeiro passo para se traduzir sentenças.

De 1982 a 1992, o governo japonês envolveu-se em um projeto de pesquisa monumental, orçado em mais de 50 bilhões de ienes. Era conhecido como *Projeto de Quinta Geração* (*Fifth-Generation Project*). Seu objetivo era desenvolver novos *hardwares* e *softwares* para melhorar significativamente o desempenho de sistemas especialistas. De saída, o projeto gerou muito medo em outros países de que a indústria de computadores japonesa poderia se tornar a líder absoluta no mercado de computação. Entretanto, os resultados finais foram decepcionantes e contribuíram muito pouco para trazer aplicações de inteligência artificial ao mercado.

Uma das razões pelas quais os programas de inteligência artificial não tiveram o desempenho que se esperava parece ser que eles simplesmente não sabem tanto quanto os humanos. No início da década de 1990, Douglas Lenat e seus colegas decidiram fazer algo em relação a isso, e iniciaram o projeto CYC (o nome veio de en*cyc*lopedia), um esforço para codificar as suposições implícitas subjacentes à fala e à escrita humana. Os membros da equipe iniciaram com a análise de notícias e se perguntavam quais fatos não mencionados são necessários para realmente entender as sentenças. Por exemplo, vamos considerar a sentença "Last fall she enrolled in Michigan State" ("No outono passado ela se matriculou na Michigan State"). O leitor automaticamente percebe que "fall" ("outono" e "cair", em inglês) não está relacionado a cair, nesse contexto, mas refere-se à estação do ano. Embora exista um estado de Michigan, aqui Michigan State denota a universidade. *A priori*, um programa de computador não possui nenhum desses conhecimentos. O objetivo do projeto CYC era extrair e armazenar os fatos necessários (pré-requisitos) — isto é, (1) as pessoas se matriculam em universidades; (2) Michigan é um estado; (3) é provável que um estado X tenha uma universidade de nome X State University, freqüentemente abreviada para X State; (4) a maioria das pessoas se matriculam em uma universidade no outono. Em 1995, o projeto havia codificado cerca de 100.000 conceitos de senso comum e cerca de um milhão de fatos de conhecimento que os relacionavam. Mesmo essa quantidade enorme de dados não se mostrou suficiente para aplicações úteis.

Programas de inteligência artificial de sucesso, como programas de jogar xadrez, na verdade não imitam o pensamento humano. Eles são apenas muito rápidos para explorar muitos cenários e foram ajustados para reconhecer aqueles casos que não justificam maiores investigações. *Redes neurais* são exceções interessantes: simulações rudimentares das células dos neurônios do cérebro de animais e do homem. Células interconectadas adequadamente parecem ser capazes de "aprender". Por exemplo, se apresentarmos formas de letras a uma rede de células, ela pode ser treinada para identificá-las. Após um longo período de treinamento, a rede será capaz de reconhecer letras, mesmo que elas estejam inclinadas, deformadas, ou borradas.

Quando os programas de inteligência artificial têm sucesso, eles podem levantar sérias questões éticas. Agora existem programas que conseguem examinar currículos, selecionar os que parecem promissores e mostrar somente estes para uma análise posterior por uma pessoa. Como você se sentiria se descobrisse que seu currículo foi rejeitado por um computador, talvez por um detalhe, e que você nunca teve uma chance de ser entrevistado? Quando os computadores são usados para a análise de crédito, e o *software* de análise foi projetado para negar sistematicamen-

▼ te o crédito para certos grupos de pessoas (digamos todos os candidatos com certo CEP), será que essa discriminação seria ilegal? E se o *software* não foi projetado dessa maneira, mas uma
▼ rede neural "descobriu" um padrão a partir de dados históricos? Essas são perguntas angustiantes, especialmente porque aqueles que são prejudicados por esses processos têm pouca chance de recurso.
▼

Resumo do Capítulo

1. O comando `if` deixa um programa realizar diferentes ações dependendo do resultado de uma condição.
2. Um comando de bloco agrupa diversas intruções.
3. Os operadores relacionais comparam valores. O operador `==` verifica se existe igualdade.
4. Ao comparar números de ponto flutuante, não teste se são iguais, mas verifique se são *suficientemente próximos*.
5. Não use o operador `==` para comparar *strings*, use o método `equals`.
6. O método `compareTo` compara *strings* segundo a ordem do dicionário.
7. O operador `==` testa se duas referências a objeto são idênticas. Para comparar o conteúdo de objetos, temos de usar o método `equals`.
8. A referência `null` não se refere a nenhum objeto.
9. Condições múltiplas podem ser combinadas para avaliar decisões complexas. O arranjo correto depende da lógica do problema a ser resolvido.
10. O tipo `boolean` tem dois valores: `true` e `false` (verdadeiro e falso).
11. O método de predicado retorna um valor booleano.
12. Podemos compor testes complexos com os operadores booleanos `&&` (e), `||` (ou), e `!` (não).
13. A lei de De Morgan mostra como podemos simplificar expressões nas quais um operador `!` é aplicado a termos unidos pelo operador `&&` ou pelo operador `||`.
14. Você pode armazenar o resultado de uma condição em uma variável booleana.

Leitura Complementar

[1] Peter van der Linden, *Expert C Programming,* Prentice-Hall, 1994.
[2] Tracy Kidder, *The Soul of a New Machine,* Little, Brown and Co., 1981.
[3] Randall E. Stross, *Steven Jobs and the NeXT Big Thing,* Atheneum, 1993.
[4] William H. Press et al., *Numerical Recipes in C,* Cambridge, 1988.

Classes, Objetos e Métodos Introduzidos neste Capítulo

```
java.lang.Character
   isDigit
   isLetter
   isUpperCase
   isLowerCase
java.lang.Object
   equals
java.lang.String
   equalsIgnoreCase
   compareTo
```

Exercícios de Revisão

Exercício R5.1. Encontre os erros nos seguintes comandos `if`.

- `if quarters > 0 then System.out.println(quarters + " quarters");`
- `if (1 + x > Math.pow(x, Math.sqrt(2)) y = y + x;`
- `if (x = 1) y++; else if (x = 2) y = y + 2;`
- `if (x && y == 0) { x = 1; y = 1; }`
- `if (1 <= x <= 10)`
  `System.out.println(x);`
- `if (s != "nickels" || s != "pennies"`
  `|| s != "dimes" || s != "quarters")`
  `System.out.print("Input error!");`
- `if (input.equalsIgnoreCase("N") || "NO")`
  `return;`
- `int x = Integer.parseInt(input);`
- `if (x != null) y = y + x;`
- `language = "English";`
  `if (country.equals("US"))`
  `    if (state.equals("PR")) language = "Spanish";`
  `else if (country.equals("China"))`
  `    language = "Chinese";`

Exercício R5.2. Explique os termos a seguir e dê um exemplo de cada construção:
- Expressão
- Condição
- Comando
- Comando simples
- Comando composto
- Bloco

Exercício R5.3. Explique a diferença entre um comando `if/else/else` e comandos `if` aninhados. Dê um exemplo para cada caso.

Exercício R5.4. Dê um exemplo de um comando `if/else/else` onde a ordem dos testes não importa. Dê um exemplo no qual a ordem dos testes importa.

Exercício R5.5. Dos pares de *strings* a seguir, quais vêm primeiro na ordem lexicográfica?
- `"Tom"`, `"Dick"`
- `"Tom"`, `"Tomato"`
- `"church"`, `"Churchill"`
- `"car manufacturer"`, `"carburetor"`
- `"Harry"`, `"hairy"`
- `"C++"`, `" Car"`
- `"Tom"`, `"Tom"`
- `"Car"`, `"Carl"`
- `"car"`, `"bar"`

Exercício R5.6. Complete a tabela verdade a seguir encontrando os valores lógicos das expressões booleanas para todas as combinações das entradas booleanas p, q, e r.

p	q	r	(p && q) || !r	!(p && (q || !r))
falso	falso	falso		
falso	falso	verdadeiro		
falso	verdadeiro	falso		
...				
5 outras combinações				
...				

Exercício R5.7. Antes de implementar qualquer algoritmo complexo, é uma boa idéia entendê-lo e analisá-lo. O objetivo deste exercício é obter um melhor entendimento do algoritmo de cálculo do imposto de renda da Seção 5.3.2.

Algumas pessoas criticam o fato de que as alíquotas de imposto aumentam para rendas maiores, dizendo que para certos contribuintes seria melhor *não* trabalhar duro e não obter um aumento salarial, uma vez que eles então teriam de pagar mais imposto e na realidade acabariam com menos dinheiro depois de deduzidos os impostos. Você consegue descobrir esse nível de renda? Caso não consiga, qual a razão?

Outra característica das regras do imposto de renda é a *penalidade do casamento*. Sob certas circunstâncias, um casal paga impostos mais elevados do que a soma dos valores que duas pessoas pagariam se fossem solteiras. Encontre exemplos de tais níveis de rendimento.

Exercício R5.8. Verdadeiro ou falso? *A* && *B* é o mesmo que *B* && *A* para quaisquer condições booleanas *A* e *B*.

Exercício R5.9. Explique a diferença entre

```
s = 0;
if (x > 0) s++;
if (y > 0) s++;
```

e

```
s = 0;
if (x > 0) s++;
else if (y > 0) s++;
```

Exercício R5.10. Use a lei de De Morgan para simplificar as seguintes expressões booleanas.

- !(x > 0 && y > 0)
- !(x != 0 || y != 0)
- !(country.equals("US") && !state.equals("HI")
    && !state.equals("AK"))
- !(x % 4 != 0 || !(x % 100 == 0 && x % 400 == 0))

Exercício R5.11. Crie outro exemplo de código Java que mostre o problema do `else` pendente, usando a afirmação a seguir. Um aluno com nota média de pelo menos 1.5, mas menor do que 2, está em recuperação. Com menos de 1.5, o aluno é reprovado.

Exercício R5.12. Explique a diferença entre o operador `==` e o método `equals` para se comparar *strings*.

Exercício R5.13. Explique a diferença entre os testes

```
r == s
```

e

```
r.equals(s)
```

onde tanto r como s são do tipo `Rectangle`.

Exercício R5.14. O que está errado com esse teste que verifica se `r` é `null`? O que acontece quando esse código é executado?

```
Rectangle r;
...
if (r.equals(null))
    r = new Rectangle(5, 10, 20, 30);
```

Exercício R5.15. Explique como o ordenamento lexicográfico de *strings* difere do ordenamento das palavras em um dicionário ou em uma lista telefônica. *Dica:* Considere *strings* como `IBM`, `wiley.com`, `Century 21`, `While-U-Wait`, `7-11`.

Exercício R5.16. Escreva código Java para testar se dois objetos do tipo `Line2D.Double` representam a mesma linha quando exibidos em uma tela gráfica. *Não* use `a.equals(b)`.

```
Line2D.Double a;
Line2D.Double b;

if (sua condição vai aqui)
    g2.drawString("They look the same!", x, y);
```

Dica: Se p e q são pontos, então `Line2D.Double(p, q)` e `Line2D.Double(q, p)` têm a mesma aparência.

Exercício R5.17. Explique por que é mais difícil comparar números em ponto flutuante do que inteiros. Escreva código Java para testar se um inteiro `n` é igual a 10 e se um número em ponto flutuante `x` é igual a 10.

Exercício R5.18. Dê um exemplo de dois números em ponto flutuante `x` e `y` tais que `Math.abs(x - y)` seja maior do que 1000, mas `x` e `y` ainda sejam idênticos exceto por um erro de arredondamento.

Exercício R5.19. Forneça um conjunto de casos de teste para o programa de imposto de renda da Seção 5.3.2. Calcule manualmente os resultados esperados.

Exercício R5.20. Considere o seguinte teste para verificar se um ponto cai dentro de um retângulo.

```
Point2D.Double p = ...
Rectangle2D.Double r = ...
boolean xInside = false;
if (r.getX() <= p.getX() &&
        p.getX() <= r.getX() + r.getWidth())
    xInside = true;
```

```
boolean yInside = false;
if (r.getY() <= p.getY() && p.getY() <= r.getY())
    yInside = true;
if (xInside && yInside)
    g2.drawString("p is inside the rectangle.",
        p.getX(), p.getY());
```

Reescreva esse código para eliminar os valores `true` e `false` explícitos, configurando `xInside` e `yInside` como valores de expressões booleanas.

Exercícios de Programação

Exercício P5.1. Escreva um programa que imprima todas as soluções reais da equação de segundo grau $ax^2 + bx + c = 0$. Leia a, b, c e use a fórmula de Báscara. Se a diferença $b^2 - 4ac$ for negativa, exiba uma mensagem afirmando que não existem soluções reais.

Implemente uma classe `QuadraticEquation` cujo construtor receba os coeficientes a, b, c da equação de segundo grau. Forneça os métodos `getSolution1` e `getSolution2` que obtenham as soluções, usando a fórmula de Báscara. Forneça um método

```
boolean hasSolutions()
```

que retorna `false` se a diferença $b^2 - 4ac$ for negativa.

Exercício P5.2. Escreva um programa que receba dados de entrada do usuário descrevendo uma carta de baralho na seguinte notação abreviada:

Notação	Significado
A	Ás
2...10	Valores de carta
J	Valete
Q	Dama
K	Rei
O	Ouros
C	Copas
E	Espadas
P	Paus

Seu programa deve imprimir a descrição completa da carta. Por exemplo,

```
Digite o código da carta
QS
Dama de espadas
```

Implemente uma classe `Card` cujo construtor leia as letras das cartas e cujo método `get Description` retorne a descrição da carta.

Exercício P5.3. Assim como no programa `IntersectionApplet` do Capítulo 4, calcule e plote a interseção entre uma reta e um círculo. Entretanto, se não houver interseção entre a reta e o círculo, em vez de desenhar pontos de interseção, exiba uma mensagem.

Exercício P5.4. Escreva um programa que leia três números em ponto flutuante e imprima as três entradas na ordem de classificação. Por exemplo,

```
Digite três números:
4
9
2.5
Os valores em ordem crescente são
2.5
4
9
```

Exercício P5.5. Escreva um programa que desenhe um círculo de raio 100 e centro em (110, 120). Solicite que o usuário especifique as coordenadas *x* e *y* de um ponto. Se o ponto estiver no interior do círculo, então exiba a mensagem "Congratulations". Caso contrário, exiba a mensagem "You missed." Em seu exercício, defina uma classe `Circle` e um método booleano `isInside(Point2D.Double p)`.

Exercício P5.6. Escreva um programa gráfico que solicite ao usuário para especificar os raios de dois círculos. O primeiro tem como centro (100, 200), e o segundo (200, 100).

Desenhe os círculos. Caso haja interseção entre eles, então exiba a mensagem "Circles intersect." Caso contrário, exiba "Circles don't intersect." *Dica:* Calcule a distância entre os centros e compare-a com os raios. Seu programa não deve desenhar nada se o usuário fornecer um raio negativo. Defina uma classe `Circle` e um método booleano `intersects(Circle other)`.

Exercício P5.7. Escreva um programa que imprima a pergunta: "Do you want to continue?" e que leia a entrada do usuário. Se a entrada do usuário for "Y", "Yes", "OK", "Sure", ou "Why not?", imprima "OK". Se for "N" ou "No", então imprima "Terminating."

Caso contrário, imprima "Bad input." Não importa se o usuário entrar com maiúsculas ou com minúsculas. Por exemplo, "y" ou "yes" também são entradas válidas. Escreva uma classe `InputChecker` com esse objetivo.

Exercício P5.8. Escreva um programa que converta um conceito escolar em uma nota numérica. Os conceitos são `A B C D F`, possivelmente seguidos de + ou –. Os valores numéricos são 4, 3, 2, 1 e 0. Não há `F+` nem `F-`. Um + aumenta o valor numérico em 0.3, um – o diminui em 0.3. Entretanto, um `A+` tem o valor 4.0.

```
Digite o conceito:
B-
O valor numérico é 2.7.
```

Use uma classe `Grade` com um método `getNumericGrade`.

Exercício P5.9. Escreva um programa que traduza um número entre 0 e 4 para o conceito mais próximo. Por exemplo, o número 2.8 (que talvez seja a média de diversas notas) seria convertido para `B-`. As notas que ficarem no meio devem ser convertidas no melhor conceito. Por exemplo, 2.85 deve ser um `B`.

Use uma classe `Grade` com um método `getLetterGrade`.

Exercício P5.10. Escreva um programa que leia quatro *strings* e imprima o menor e o maior lexicograficamente:

```
Insira os strings:
Charlie
Able
Delta
Baker
O mínimo lexicográfico é Able
O máximo lexicográfico é Delta
```

Dica: Use uma classe que guarde o máximo e o mínimo atuais.

Exercício P5.11. Se você olhar as tabelas de imposto de renda na Seção 5.3.2, perceberá que os percentuais 15%, 28%, e 31% são iguais tanto para contribuintes solteiros como para casados, mas os limites para as faixas de impostos são diferentes. As pessoas casadas pagam 15% sobre os primeiros $35.800, daí pagam 28% sobre os próximos $50.700, e 31% sobre o restante. Os solteiros pagam 15% sobre seus primeiros $21.450, daí pagam 28% sobre os próximos $30.450, e 31% sobre o restante. Escreva uma classe `TaxReturn` com a seguinte lógica. Configure variáveis `cutoff1` e `cutoff2` que dependam do estado civil. Daí crie uma única fórmula que calcule o imposto, dependendo das rendas e das alíquotas. Verifique se seus resultados são iguais aos da classe `TaxReturn` neste capítulo.

Exercício P5.12. Um ano de 366 dias é chamado de ano bissexto. Um ano é bissexto se for divisível por 4 (por exemplo, 1980). Contudo, desde a introdução do calendário gregoriano em 15 de outubro de 1582, um ano não é bissexto se ele for divisível por 100 (por exemplo, 1900); entretanto, é ano bissexto se for divisível por 400 (por exemplo, 2000). Escreva um programa que solicite um ano ao usuário e calcule se o ano é bissexto ou não. Implemente uma classe `Year` com um método de predicado booleano `isLeapYear()`.

Exercício P5.13. Escreva um programa que solicite ao usuário para fornecer um mês (1 = Janeiro, 2 = Fevereiro, e assim por diante) e então imprima o número de dias do mês. Para fevereiro, imprima "28 dias".

```
Insira um mês
5
30 dias
```

Implemente uma classe `Month` com um método `int getDays()`.

Exercício P5.14. Escreva um programa que leia dois números em ponto flutuante e teste se eles são iguais quando arredondados a duas casas decimais. A seguir temos duas execuções exemplo.

```
Insira dois números em ponto flutuante:
2.0
1.99998
Eles são iguais quando arredondados a duas casas
decimais
```

```
Insira dois números em ponto flutuante
2.0
1.98999
Eles são diferentes.
```

Exercício P5.15. Melhore a classe `BankAccount` do Capítulo 3
- Rejeitando quantias negativas nos métodos `deposit` e `withdraw`
- Rejeitando retiradas que resultariam em saldo negativo

Exercício P5.16. Escreva um programa que leia o nome e o salário por hora de um empregado. Então pergunte quantas horas o empregado trabalhou na semana passada. Garanta a aceitação de frações de horas. Calcule o pagamento. Qualquer trabalho adicional (acima de 40 horas por semana) é pago com acréscimo de 150 por cento do salário normal. Resolva esse problema implementando uma classe `Paycheck`.

Exercício P5.17. Escreva um programa de conversão de unidades usando os fatores de conversão do Apêndice A7. Solicite aos usuários a unidade a partir da qual eles querem converter e a unidade para a qual eles querem converter. As unidades legais são in, ft, mi, mm, cm, m, km. *Dica:* Defina sete objetos de uma classe `UnitConverter` que converta de e para metros. (ml, l, g, kg, mm, cm, m, km).

```
Converter de?
in
Converter para?
mm
Valor?
10
10 in = 254 mm
```

Exercício P5.18. Implemente uma classe *combination lock* (cadeado de segredo). Um cadeado de segredo tem um disco com 26 posições A ... Z. O disco precisa ser configurado três vezes. Se for colocado na combinação correta, o cadeado pode ser aberto. Quando o cadeado está novamente fechado, a combinação pode ser novamente fornecida. Se o usuário configurar o seletor mais do que três vezes, as últimas três configurações determinam se o cadeado pode ser aberto ou não. Suporte a interface a seguir:

```
public class CombinationLock
{
    /**
        Constrói um cadeado com uma dada combinação.
        @param aCombination a combinação; um string
        com três letras maiúsculas A ... Z
    */
    public CombinationLock(String aCombination) {
    ... }

    /**
        Coloque o seletor em uma posição.
        @param aPosition um string que consiste de uma única letra
        maiúscula A ... Z
    */
    void setPosition(String aPosition) { ... }

    /**
        Tente abrir o cadeado.
    */
    void unlock() { ... }
```

```
    /**
        Confira se o cadeado está aberto.
        @return true se o cadeado está aberto neste momento.
    */
    boolean isOpen() { ... }

    /**
        Feche o cadeado.
    */
    void lock() { ... }
}
```

Capítulo 6

Iteração

Objetivos do capítulo

- Ser capaz de programar laços com os comandos while, for e do
- Evitar laços infinitos e erros "por um"
- Entender laços aninhados
- Aprender a processar dados de entrada
- Implementar simulações

Sumário do capítulo

6.1 Laços while 220

    Erro Freqüente 6.1:
    Laços Infinitos 222

    Sintaxe 6.1: O Comando while 223

    Erro Freqüente 6.2:
    Erros "por um" 224

    Tópico Avançado 6.1:
    Os Laços do 225

    Fato Histórico 6.1: Código
    "Espaguete" 226

6.2 Laços for 227

    Sintaxe 6.2: O Comando for 231

    Dica de Qualidade 6.1: Use os
    Laços for Apenas para o Objetivo
    que Eles Foram Criados 231

    Tópico Avançado 6.2: O Escopo das
    Variáveis Definidas no Cabeçalho
    de um Laço for 232

    Erro Freqüente 6.3: Esquecer o
    Ponto-e-Vírgula 233

    Erro Freqüente 6.4: Ponto-e-Vírgula
    a Mais 233

    Dica de Qualidade 6.2:
    Não Use != para Testar o Fim de
    um Intervalo 234

6.3 Laços Aninhados 234

    Tópico Avançado 6.3: Buffers de
    Strings 236

6.4 Processando Entradas 236

    Tópico Avançado 6.4: O Problema
    do "Laço e Meio" 239

    Tópico Avançado 6.5: Os Comandos
    break e continue 240

    Tópico Avançado 6.6: Lendo Dados
    da Console 241

    Dica de Produtividade 6.1:
    Redirecionamento de Entrada e
    Saída 242

    Dica de Qualidade 6.3: Limites
    Simétricos e Assimétricos 245

Dica de Qualidade 6.4: Conte as Iterações 245

Como Fazer? 6.1: Implementando Laços 246

Tópico Avançado 6.7: Pipes 248

6.5 Números Aleatórios e Simulações 250

Tópico Avançado 6.8: Laços Invariantes 255

Fato Histórico 6.2: Provas de Precisão 257

6.1 Laços `while`

Neste capítulo você irá aprender a escrever programas que executam repetidamente uma ou mais instruções. Vamos ilustrar esses conceitos olhando situações típicas de investimentos. Vamos considerar uma conta bancária com um saldo inicial de $10.000 que rende 5% de juros, os quais são calculados no fim de cada ano sobre o saldo atual e então depositados na conta bancária. Por exemplo, depois do primeiro ano, você recebeu $500 (5% de $10.000). Os juros são acrescentados na sua conta bancária. No ano seguinte, os juros serão $525 (5% de $10.500), e seu saldo será $11.025. A Tabela 1 mostra como o saldo cresce nos primeiros cinco anos:

> Um comando `while` executa um bloco de código repetidamente. Uma condição de término controla quantas vezes o laço é executado.

Quantos anos leva para que o saldo atinja $20.000? Naturalmente, não vai levar mais de 20 anos, porque no mínimo $500 são acrescentados à conta bancária a cada ano. Mas pode levar menos de 20 anos, porque os juros são calculados sobre saldos cada vez maiores.

Em Java, o comando `while` implementa essa repetição. O código

```
while (condição)
    instrução
```

fica executando esta instrução repetidamente enquanto a condição for verdadeira. Mais comumente, a instrução é um comando de bloco, isto é, um conjunto de instruções delimitadas por { . . . }.

No nosso caso, queremos saber quando a conta bancária atingiu determinado saldo. Enquanto o saldo for menor, continuamos a acrescentar os juros e a incrementar o contador de anos (`year`):

Tabela 1

Crescimento de um investimento

Ano	Saldo
0	$10.000,00
1	$10.500,00
2	$11.025,00
3	$11.576,25
4	$12.155,06
5	$12.762,82

```
    while (balance < targetBalance)
    {
        years++;
        double interest = balance * rate / 100;
        balance = balance + interest;
    }
```

A seguir temos o programa que resolve nosso problema de investimento:

Arquivo Investment.java

```
 1  /**
 2         Classe para monitorar o crescimento de um investimento que
 3         acumula juros a uma taxa anual fixa.
 4  */
 5  public class Investment
 6  {
 7      /**
 8             Constrói um objeto Investment a partir de um saldo inicial e
 9             de uma taxa de juros.
10             @param aBalance o saldo inicial
11             @param aRate a taxa de juros em porcentagem
12      */
13      public Investment(double aBalance, double aRate)
14      {
15          balance = aBalance;
16          rate = aRate;
17          years = 0;
18      }
19
20      /**
21             Vai acumulando juros até que o saldo desejado seja
22             atingido.
23             @param targetBalance o saldo desejado
24      */
25      public void waitForBalance(double targetBalance)
26      {
27          while (balance < targetBalance)
28          {
29              years++;
30              double interest = balance * rate / 100;
31              balance = balance + interest;
32          }
33      }
34
35      /**
36             Obtém o saldo atual do investimento.
37             @return o saldo atual
38      */
39      public double getBalance()
40      {
41          return balance;
42      }
43
44      /**
45             Obtém o número de anos durante os quais este investimento acumulou
46             juros.
```

```
47            @return o número de anos desde o início do investimento
48         */
49         public int getYears()
50         {
51            return years;
52         }
53
54         private double balance;
55         private double rate;
56         private int years;
57    }
```

Arquivo InvestmentTest.java

```
1   /**
2         Este programa calcula quanto tempo leva para um investimento
3         dobrar.
4   */
5   public class InvestmentTest
6   {
7         public static void main(String[] args)
8         {
9            final double INITIAL_BALANCE = 10000;
10           final double RATE = 5;
11           Investment invest =
12              new Investment(INITIAL_BALANCE, RATE);
13           invest.waitForBalance(2 * INITIAL_BALANCE);
14           int years = invest.getYears();
15           System.out.println("The investment doubled after "
16              + years + " years");
17        }
18   }
```

O comando while freqüentemente é chamado de *laço*. Se desenharmos um fluxograma, veremos que o controle retorna ao teste após cada iteração (veja a Figura 1).

O laço a seguir,

```
while (true)
{
    corpo
}
```

executa o *corpo* repetidamente, sem nunca terminar. Uau! Por que iríamos querer isso? O programa nunca pararia. Há duas razões. Alguns programas realmente nunca param, o *software* que controla um caixa automático, uma linha telefônica ou um forno de microondas nunca pára (pelo menos até que o dispositivo seja desligado). Nossos programas geralmente não são desse tipo, mas mesmo se não pudermos terminar o laço, podemos sair do método que o contém. Isso pode ser útil quando o teste de conclusão cai naturalmente no meio do laço (veja o Tópico Avançado 6.5).

⊗ Erro Freqüente 6.1

Laços Infinitos

O erro de laço que mais incomoda é o laço infinito: um laço que executa eternamente e só pode ser parado matando o programa ou reiniciando o computador. Caso haja instruções de saída no laço, então a tela piscará sem parar. Caso contrário, o programa simplesmente fica aparentemente *pendurado*, pare-

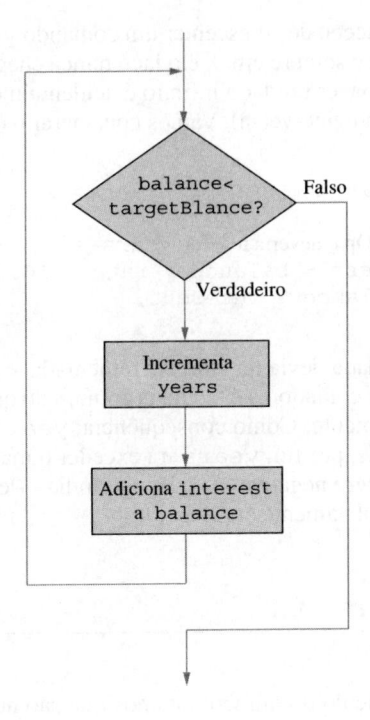

Figura 1
Fluxograma de um laço `while`.

Sintaxe 6.1: O Comando `while`

while (*condição*)
   instrução

Exemplo:

```
while (balance < targetBalance)
{
   years++;
   double interest = balance * rate / 100;
   balance = balance + interest;
}
```

Objetivo:

Executar um comando enquanto uma condição for verdadeira.

▼ cendo não fazer nada. Em alguns sistemas podemos matar um programa pendurado teclando Ctrl+Break ou Ctrl+C. Em outros, podemos fechar a janela na qual o programa está sendo executado.

▼ Uma razão comum para a geração de laços infinitos é esquecermos de avançar a variável que controla o laço:

▼
```
int years = 0;
while (years < 20)
```
▼
```
{
   double interest = balance * rate / 100;
   balance = balance + interest;
}
```
▼

Aqui o programador se esqueceu de acrescentar um comando `years++` no laço. Como resultado, o valor de `years` permanece sempre em 0, e o laço nunca chega ao fim.

Outra razão comum de haver um laço infinito é acidentalmente incrementar um contador que deveria ser decrementado (ou vice-versa). Vamos considerar o exemplo a seguir:

```
int years = 20;
while (years > 0)
{
   years++; // Opa, deveria ter sido years--
   double interest = balance * rate / 100;
   balance = balance + interest;
}
```

A variável `years` na realidade devia ter sido decrementada, e não incrementada. Esse é um erro comum, porque incrementar contadores é tão mais comum do que decrementar que seus dedos podem digitar ++ automaticamente. Como conseqüência, `years` sempre é maior que 0, e o laço nunca termina. (Na realidade, por fim `years` irá exceder o maior inteiro positivo representável e "*dará a volta*" para um número negativo. Aí o laço termina — é claro que isso leva um longo tempo e o resultado estará completamente errado.)

⊗ Erro Freqüente 6.2

Erros "por um"

Vamos considerar nosso cálculo do número de anos que são necessários para dobrar um investimento:

```
int years = 0;
while (balance < targetBalance)
{
   years++;
   double interest = balance * rate / 100;
   balance = balance + interest;
}
System.out.println(
   "The investment reached the target after "
   + years + " years.");
```

Será que `years` deveria iniciar em 0 ou em 1? Será que deveríamos testar `balance < 2 * initialBalance` ou `balance <= 2 * initialBalance`? É fácil *errar "por um"* nessas expressões.

> Um erro "por um" é um erro comum ao se programar laços. Desenvolva casos de teste simples para evitar esse tipo de erro.

Algumas pessoas tentam resolver problemas de erro "por um" inserindo aleatoriamente +1 ou −1 até que o programa pareça estar funcionando. Essa, naturalmente, é uma estratégia terrível. Pode levar um longo tempo para compilar e testar todas as variadas possibilidades. Dispender um pouco de esforço mental é uma verdadeira economia de tempo.

Felizmente, erros "por um" são fáceis de evitar, simplesmente imaginando alguns casos de teste e usando as informações dos casos de teste para conseguir uma lógica para nossas decisões.

Será que `years` deveria iniciar em 0 ou em 1? Verifique uma situação com valores simples: um saldo inicial de $100 e uma taxa de juros de 50%. Após o ano 1, o saldo será $150, e após o ano 2 será $225, ou acima de $200. Assim o investimento dobrou após 2 anos. O laço foi executado duas vezes, incrementando `years` cada vez. Portanto, `years` tem de iniciar em 0, não em 1. Em outras palavras, a variável `balance` denota o saldo *após* o fim do ano. No início, a variável `balance` contém o saldo após o ano 0 e não após o ano 1.

A seguir, devemos usar `<` ou `<=` no teste? Isso é mais difícil de resolver, porque é raro o saldo ser exatamente o dobro do saldo inicial. Naturalmente, há um caso em que isso acontece, nominalmente quando o juro é 100%. O laço é executado uma vez. Agora `years` é 1, e `balance` é exatamente igual a `2 * initialBalance`. O investimento dobrou após um ano? Sim. Portanto, o laço *não* deve ser executado novamente. Se a condição de teste for `balance < 2 * initialBalance`, o laço pára, como realmente deve acontecer. Se a condição de teste fosse `balance <= 2 * initialBalance`, o laço seria executado uma vez mais. Em outras palavras, continuamos acrescentando juros enquanto o saldo *ainda não dobrou*.

ⓣⓐ Tópico Avançado 6.1

Os Laços do

Às vezes queremos executar o corpo de um laço pelo menos uma vez e executar o teste do laço depois que o corpo foi executado. O laço do se presta a esse objetivo:

```
do
   instrução
while (condição);
```

A *instrução* é executada enquanto a *condição* for verdadeira. A condição é testada após a instrução ser executada, de modo que a instrução é executada pelo menos uma vez.

Por exemplo, suponha que queiramos garantir que o usuário inseriu um número positivo. Se o usuário inserir um número negativo ou zero, simplesmente solicite uma entrada correta. Nessa situação, um laço do faz sentido, porque precisamos obter uma entrada de usuário antes de podermos testá-la.

```
double value;
do
{
   String input = JOptionPane.showInputDialog(
      "Please enter a positive number");
   value = Double.parseDouble(input);
}
while (value <= 0);
```

Veja o fluxograma da Figura 2.

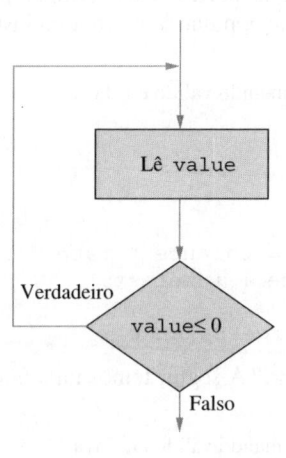

Figura 2

Fluxograma de um laço do.

Na prática essa situação não é muito comum. Sempre podemos substituir um laço do por um laço while, introduzindo uma variável de controle boolean.

```
boolean done = false;
while (!done)
{
   String input = JOptionPane.showInputDialog(
      "Please enter a positive number");
   value = Double.parseDouble(input);
   if (value > 0) done = true;
}
```

Fato Histórico 6.1

Código "Espaguete"

Neste capítulo estamos usando fluxogramas para ilustrar o comportamento dos comandos de laço. Costumava-se desenhar fluxogramas para todos os métodos, com base na teoria de que os fluxogramas eram mais fáceis de ler e escrever do que o próprio código (especialmente no tempo da programação em linguagem de máquina e *assembler*). Hoje em dia, os fluxogramas não são mais usados rotineiramente no desenvolvimento e na documentação de programas.

Os fluxogramas têm um defeito fatal. Embora seja possível expressar laços while e do com fluxogramas, também é possível desenhar fluxogramas que não podem ser programados com laços. Vamos considerar o fluxograma da Figura 3. O topo do fluxograma é simplesmente um comando

```
years = 1;
```

A parte inferior é um laço do:

```
do
{
   years++;
   double interest = balance * rate / 100;
   balance = balance + interest;
}
while (balance < targetBalance);
```

Mas como podemos unir essas duas partes? De acordo com o fluxograma, devemos pular do primeiro comando para o meio do laço, pulando a primeira instrução.

```
years = 1;
goto a; // não é um comando válido em Java
do
{
   years++;
   a:
   double interest = balance * rate / 100;
   balance = balance + interest;
}
while (balance < targetBalance);
```

Na verdade, porque usar o laço do? A seguir temos uma interpretação fiel do fluxograma:

```
years = 1;
goto a; // não é um comando válido em Java
b:
years++;
```

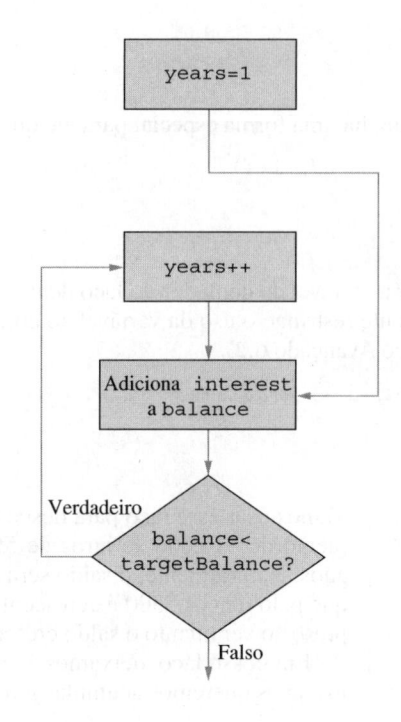

Figura 3
Código "espaguete".

```
a:
double interest = balance * rate / 100;
balance = balance + interest;
if (balance < targetBalance) goto b;
```

Esse fluxo de controle *não-linear* revela-se extremamente difícil de ler e de entender se tivermos mais de um ou dois comandos `goto`. Como as linhas que denotam os comandos `goto` costumam para frente e para trás em complexos fluxogramas, o código resultante é chamado de código "espaguete".

Em 1968, o influente cientista da computação Edsger Dijkstra escreveu um artigo famoso, intitulado "Goto Statements Considered Harmful" (Comandos goto considerados "nocivos" [1]), no qual ele argumenta a favor do uso de laços em vez de saltos não estruturados. Inicialmente, muitos programadores que vinham usando `goto` por anos, sentiram-se mortalmente insultados e prontamente mostraram exemplos nos quais o uso de `goto` leva a um código mais claro ou mais rápido. Algumas linguagens fornecem formas mais fracas de `goto` que são menos prejudiciais, como o comando `break` em Java, discutido no Tópico Avançado 6.5. Hoje em dia, a maioria dos cientistas de computação aceita o argumento de Dijkstra e discute outras questões que não o projeto de laços ótimos.

6.2 Laços `for`

De longe, o laço mais comum tem a forma

```
i = start;
while (i <= end)
{
```

```
    ...
    i++;
}
```

Como esse laço é tão comum, há uma forma especial para ele que enfatiza o padrão:

```
for (i = start; i <= end; i++)
{
    ...
}
```

Também podemos *declarar* a variável do contador do laço dentro do cabeçalho do laço `for`. Essa maneira abreviada conveniente restringe o uso da variável ao corpo do laço (como será analisado com mais detalhes no Tópico Avançado 6.2).

```
for (int i = start; i <= end; i++)
{
    ...
}
```

> Usa-se um laço `for` quando uma variável vai de um valor inicial a um valor final com um incremento ou decremento constante.

Vamos usar esse laço para descobrir o tamanho de nosso investimento de $10.000 se juros de 5% forem acumulados por vinte anos. Naturalmente, o saldo será maior do que $20.000, uma vez que pelo menos $500 é acrescentado todo o ano. Você ficará surpreso ao ver quanto o saldo cresceu.

Em nosso laço, deixamos `i` ir de 1 a `n`, o número de anos pelos quais queremos acumular juros.

```
for (int i = 1; i <= n; i++)
{
    double interest = balance * rate / 100;
    balance = balance + interest;
}
```

A Figura 4 mostra o fluxograma correspondente.

Arquivo Investment.java

```
 1  /**
 2      Classe para monitorar o crescimento de um investimento que
 3      acumula juros a uma taxa anual fixa.
 4  */
 5  public class Investment
 6  {
 7      /**
 8          Constrói um objeto Investment a partir de um saldo e de
 9          uma taxa de juros iniciais.
10          @param aBalance o saldo inicial
11          @param aRate a taxa de juros em porcentagem
12      */
13      public Investment(double aBalance, double aRate)
14      {
15          balance = aBalance;
16          rate = aRate;
17          years = 0;
18      }
19
20      /**
21          Vai acumulando juros até que seja atingido
```

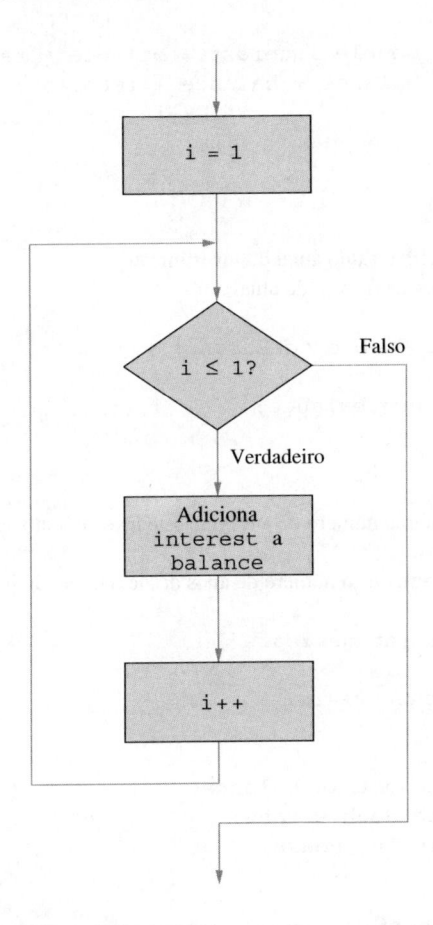

Figura 4
Fluxograma de um laço `for`.

```
22          o saldo desejado.
23          @param targetBalance o saldo desejado
24      */
25      public void waitForBalance(double targetBalance)
26      {
27         while (balance < targetBalance)
28         {
29            years++;
30            double interest = balance * rate / 100;
31            balance = balance + interest;
32         }
33      }
34
35      /**
36         Vai acumulando juros por um dado número de anos.
37         @param n o número de anos
38      */
39      public void waitYears(int n)
40      {
41         for (int i = 1; i <= n; i++)
42         {
```

```
43            double interest = balance * rate / 100;
44            balance = balance + interest;
45         }
46         years = years + n;
47      }
48
49      /**
50         Obtém o saldo atual do investimento.
51         @return o saldo atual
52      */
53      public double getBalance()
54      {
55         return balance;
56      }
57
58      /**
59         Obtém o número de anos que este investimento acumulou
60         juros.
61         @return o número de anos desde o início do investimento
62      */
63      public int getYears()
64      {
65         return years;
66      }
67
68      private double balance;
69      private double rate;
70      private int years;
71   }
```

Arquivo InvestmentTest.java

```
 1   /**
 2      Este programa calcula quanto um investimento cresce em
 3      um dado número de anos.
 4   */
 5   public class InvestmentTest
 6   {
 7      public static void main(String[] args)
 8      {
 9         final double INITIAL_BALANCE = 10000;
10         final double RATE = 5;
11         final int YEARS = 20;
12         Investment invest =
13            new Investment(INITIAL_BALANCE, RATE);
14         invest.waitYears(YEARS);
15         double balance = invest.getBalance();
16         System.out.println("The balance after " + YEARS +
17            " years is " + balance);
18      }
19   }
```

As três lacunas no cabeçalho `for` podem conter quaisquer três expressões. Podemos decrementar a contagem em vez de incrementá-la:

```
for (years = n; years > 0; years--)
```

> **Sintaxe 6.2: O Comando** `for`
>
> `for (inicialização; condição; atualização)`
>   *instrução*
>
> Exemplo:
>
> ```
> for (i = 1; i <= n; i++)
> {
>    double interest = balance * rate / 100;
>    balance = balance + interest;
> }
> ```
>
> Objetivo:
>
> Executar uma inicialização, daí continuar executando uma instrução e atualizando uma expressão enquanto uma condição for verdadeira.

O incremento ou decremento não precisa ser em passos de 1:

```
for (x = -10; x <= 10; x = x + 0.5) ...
```

É possível — embora seja um sinal de mau gosto incrível — colocar condições não-relacionadas no laço:

```
for (rate = 5; years-- > 0; System.out.println(balance))
   ... // Mau gosto
```

Não iremos nem mesmo começar a decifrar seu significado. Fique com os laços `for` que inicializam, testam e atualizam uma única variável.

Dica de Qualidade 6.1

Use os Laços `for` Apenas para o Objetivo que Eles Foram Criados

Um laço `for` é uma *expressão idiomática* de um laço `while` de uma determinada forma. O contador corre do início até o fim, com um incremento constante:

```
for (inicialize counter com start; teste se counter chegou a end;
     atualize counter por increment)
{ ...
   // counter, start, end, increment não são alterados aqui
}
```

Se seu laço não corresponder a esse padrão, não use a construção `for`. O compilador não evita que escrevamos laços `for` sem sentido:

```
// mau estilo - expressões de cabeçalho não relacionadas
for (System.out.println("Inputs:");
     (x = Double.parseDouble(console.readLine())) > 0;
     sum = sum + x)
   count++;

for (int i = 1; i <= years; i++)
{
   // mau estilo - modifica o contador
   if (balance >= targetBalance)
      i = years + 1;
   else
   {
```

```
            double interest = balance * rate / 100;
            balance = balance + interest;
        }
    }
```

Esses laços irão funcionar, mas seu estilo é péssimo. Use o laço `while` para iterações que não se enquadram no padrão `for`.

TA Tópico Avançado   6.2

O Escopo das Variáveis Definidas no Cabeçalho de um Laço `for`

Como já mencionamos, em Java podemos declarar uma variável no cabeçalho de um laço `for`. A seguir temos a forma mais comum dessa sintaxe:

```
for (int i = 1; i <= n; i++)
{
    ...
}

// i não mais definido aqui
```

O escopo das variáveis se estende até o fim do laço `for`. Portanto, `i` não está mais definido depois que o laço termina. Se precisarmos usar o valor da variável além do fim do laço, então temos de defini-la fora do laço. Nesse laço, não precisamos do valor de `i` — sabemos que ele é `years + 1` quando o laço termina. Na realidade, isso não é bem verdade — é possível sair de um laço antes do seu fim; veja o Tópico Avançado 6.5. No entanto, quando temos duas ou mais condições de saída, podemos ainda necessitar da variável. Por exemplo, vamos considerar o laço

```
for (i = 1; balance < targetBalance && i <= n; i++)
{
    ...
}
```

Queremos que o saldo atinja o valor desejado, mas só queremos esperar um certo número de anos. Se o saldo dobrar mais cedo, podemos querer saber o valor de `i`. Portanto, nesse caso, não é adequado definir a variável no cabeçalho do laço.

Observe que as variáveis denominadas de `i` no par de laços `for` a seguir são independentes:

```
for (int i = 1; i <= 10; i++)
    System.out.println(i * i);
for (int i = 1; i <= 10; i++) // declara uma nova variável i
    System.out.println(i * i * i);
```

No cabeçalho do laço, podemos declarar diversas variáveis, desde que elas sejam do mesmo tipo, e podemos incluir várias expressões de atualização, separadas por vírgulas:

```
for (int i = 0, j = 10; i <= 10; i++, j--)
{
    ...
}
```

Entretanto, muitas pessoas acham confuso se um laço `for` controlar mais de uma variável. Recomendamos que você não use essa forma do comando `for` (veja a Dica de Qualidade 6.1), mas faça o laço `for` controlar um único contador e atualize a outra variável explicitamente:

```
int j = 10;
for (int i = 0; i <= 10; i++)
```

```
{
    ...
    j--;
}
```

⊗ Erro Freqüente 6.3

Esquecer o Ponto-e-Vírgula

Ocasionalmente acontece de que todo o trabalho de um laço seja realizado no próprio cabeçalho do laço. Suponha que você ignorasse a Dica de Qualidade 6.1. Então você poderia escrever o laço que dobra o investimento da seguinte maneira:

```
for (years = 1;
     (balance = balance + balance * rate / 100)
         < targetBalance;
     years++)
    ;
return years;
```

O corpo do laço `for` está completamente vazio, contendo apenas uma instrução vazia terminada por um ponto-e-vírgula.

Se você se deparar com um laço sem corpo, é importante que você realmente garanta que o ponto-e-vírgula não foi esquecido. Se o ponto-e-vírgula acidentalmente for omitido, então a próxima linha torna-se parte do laço!

```
for (years = 1;
     (balance = balance + balance * rate / 100)
         < targetBalance;
     years++)
return years;
```

Para deixar o ponto-e-vírgula bem visível, coloque-o sozinho em uma linha, como vemos no primeiro exemplo.

⊗ Erro Freqüente 6.4

Ponto-e-Vírgula a Mais

O que é que o laço a seguir imprime?

```
sum = 0;
for (i = 1; i <= 10; i++);
    sum = sum + i;
System.out.println(sum);
```

Naturalmente, espera-se que esse laço calcule $1 + 2 + \cdots + 10 = 55$. Mas na verdade, o comando de impressão imprime 11!

Por que 11? Dê outra olhada. Você viu o ponto-e-vírgula no final do laço `for`? Esse laço realmente é um laço com um corpo vazio.

```
for (i = 1; i <= 10; i++)
    ;
```

O laço não faz nada dez vezes e quando termina, `sum` ainda é 0 e `i` é 11. Então o comando

```
sum = sum + i;
```

é executado, e `sum` é 11. O comando foi recuado, o que engana o leitor humano. Mas o compilador não dá atenção a recuos.

▼ Naturalmente, o ponto-e-vírgula no fim do comando foi um erro de digitação. Os dedos estavam tão acostumados a digitar o ponto-e-vírgula no fim de cada linha que esse ponto-e-vírgula foi acrescentado ao laço `for` por acidente. O resultado foi um laço com um corpo vazio.

Dica de Qualidade 6.2

Não Use `!=` para Testar o Fim de um Intervalo

A seguir temos um laço com um perigo escondido:

```
for (i = 1; i != n; i++)
{
    ...
}
```

O teste `i != n` é uma má idéia. O que aconteceria se `n` viesse a ser negativo? Então o teste `i != n` nunca seria falso. Porque `i` inicia em 1 e aumenta a cada passo.

O remédio é simples. Teste

```
for (i = 1; i <= n; i++) ...
```

No caso de valores em ponto flutuante, há outra razão para não usar `!=`: devido aos erros de arredondamento, o ponto exato de término pode nunca ser atingido.

Naturalmente nunca iríamos escrever

```
for (rate = 5; rate != 10; rate = rate + 0.3333333) ...
```

porque é muito improvável que `rate` corresponda a 10 exatamente após 15 passos. Mas o mesmo problema pode acontecer com o aparentemente inocente

```
for (rate = 5; rate != 10; rate = rate + 0.1) ...
```

O número 0.1 é representado de mneira exata no sistema decimal, mas o computador representa números em ponto flutuante em binário. Há um leve erro em qualquer representação binária finita de 1/10, assim como há um leve erro na representação decimal 0.3333333 de 1/3. Talvez `rate` seja exatamente 10 após 50 passos; talvez seja diferente por um valor minúsculo. Não há porque correr riscos. Simplesmente use `<` em vez de `!=`:

```
for (rate = 5; rate < 10; rate = rate + 0.1) ...
```

6.3 Laços Aninhados

Suponha que tenhamos de imprimir a forma de triângulo a seguir:

```
[]
[] []
[] [] []
[] [] [] []
[] [] [] [] []
[] [] [] [] [] []
[] [] [] [] [] [] []
```

A idéia básica é simples. Temos de gerar uma quantidade de linhas:

```
for (int i = 1; i <= width; i++)
{
    // cria uma linha do triângulo
    ...
}
```

> Laços podem ser aninhados. Um exemplo típico de laços aninhados é imprimir uma tabela com linhas e colunas.

Como podemos fazer uma linha do triângulo? Use outro laço para concatenar os quadrados [] daquela linha. Então acrescente nova linha no fim da linha. A i-ésima linha tem i símbolos, assim o contador de laços vai de 1 a i.

```
for (int j = 1; j <= i; j++)
    r = r + "[]";
r = r + "\n";
```

Colocar os dois laços juntos gera dois *laços aninhados:*

```
String r = "";
for (int i = 1; i <= width; i++)
{
    // cria um linha do triângulo
    for (int j = 1; j <= i; j++)
        r = r + "[]";
    r = r + "\n";
}
return r;
```

A seguir temos o programa completo:

Arquivo Triangle.java

```
 1  /**
 2      Esta classe descreve os objetos do triângulo que podem ser exibidos
 3      como formas assim:
 4      []
 5      [] []
 6      [] [] []
 7  */
 8  public class Triangle
 9  {
10      /**
11          Constrói um triângulo.
12          @param aWidth o número de [] na última linha do triângulo
13      */
14      public Triangle(int aWidth)
15      {
16          width = aWidth;
17      }
18
19      /**
20          Calcula um string que representa o triângulo.
21          @return um string que consiste de [] e caracteres de nova linha
22      */
23      public String toString()
24      {
25          String r = "";
26          for (int i = 1; i <= width; i++)
27          {
28              // cria uma linha do triângulo
29              for (int j = 1; j <= i; j++)
30                  r = r + "[]";
31              r = r + "\n";
32          }
```

```
33        return r;
34     }
35     private int width;
36  }
```

Arquivo TriangleTest.java

```
1  /**
2        Este programa testa a classe Triangle.
3  */
4  public class TriangleTest
5  {
6     public static void main(String[] args)
7     {
8        Triangle small = new Triangle(3);
9        System.out.println(small.toString());
10
11       Triangle large = new Triangle(15);
12       System.out.println(large.toString());
13    }
14 }
```

Tópico Avançado 6.3

Buffers de Strings

É um tanto quanto ineficiente formar um *string* pela concatenação de muitos *strings* pequenos. Cada *string* intermediário é um novo objeto que só é usado uma vez. A classe `StringBuffer` oferece uma maneira mais eficiente. Iniciamos com um *buffer* de *string* vazio, então vamos chamando o método `append` para acrescentar caracteres ao final do *buffer* de *string*. Ao terminar chamamos o método `toString` para obter o *string* cujos caracteres estão armazenados no *buffer* de *string*.

```
StringBuffer r = new StringBuffer();
for (int i = 1; i <= width; i++)
{
   // cria uma linha do triângulo
   for (int j = 1; j <= i; j++)
      r.append("[]");
   r.append("\n");
}
return r.toString();
```

Para manter nossos programas tão simples quanto possível, não vamos usar *buffers* de *string* neste livro. Entretanto, nos programas da "vida real" é uma boa idéia usar um *buffer* de *string* sempre que você construir um *string* longo a partir de muitos pedaços individuais.

6.4 Processando Entradas

6.4.1 Lendo um Conjunto de Valores

Suponha que queiramos processar um conjunto de valores, por exemplo um conjunto de medidas para calcular alguma propriedade, como a média dos valores ou o maior valor. Para ler a entrada, podemos usar o método `showInputDialog` da classe `JOptionPane` ou o método `readLine` da classe `BufferedReader` (veja o Tópico Avançado 3.6).

O laço a seguir examina dados de entrada

```
boolean done = false;
while (!done)
{
    String input = lê entrada
    if (fim da entrada indicado)
        done = true;
    else
    {
        processa entrada
    }
}
```

> O processamento de entradas é complicado pelo fato de que a verificação do final da entrada ocorre no meio do laço.

Este laço é um pouco diferente dos que vimos anteriormente, porque a condição de teste é uma variável: `done`. Essa variável permanece `false` até atingirmos o fim dos dados de entrada, quando é mudada para `true`. A próxima vez que o laço começar no topo, `done` será `true`, e o laço termina.

Há uma razão para se usar uma variável. O teste de término do laço ocorre no *meio* do laço, não no topo nem em baixo. Primeiro temos de tentar ler a entrada antes de podermos testar se atingimos o fim da entrada. Em Java, não há uma estrutura de controle pronta para o padrão "execute a ação, depois teste, então execute mais ações". Portanto, usamos uma combinação de um laço `while` e uma variável `boolean`. Esse padrão algumas vezes é chamado de "laço e meio". Alguns programadores acham deselegante introduzir uma variável de controle para esse laço. O Tópico Avançado 6.5 mostra algumas alternativas.

Vamos escrever um programa que analise um conjunto de valores. Para desacoplar a manipulação da entrada do cálculo da média e do máximo, vamos introduzir uma classe `DataSet`. Acrescentamos valores ao objeto `DataSet` com o método `add`. O método `getAverage` retorna a média de todos os dados acrescentados e o método `getMaximum` retorna o maior deles.

Arquivo DataSet.java

```
 1  /**
 2        Calcula a média de um conjunto de valores de dados.
 3  */
 4  public class DataSet
 5  {
 6      /**
 7            Constrói um conjunto de dados vazio.
 8      */
 9      public DataSet()
10      {
11          sum = 0;
12          count = 0;
13          maximum = 0;
14      }
15
16      /**
17            Acrescenta um valor de dado ao conjunto de dados.
18            @param x um valor de dado
19      */
20      public void add(double x)
21      {
22          sum = sum + x;
23          if (count == 0 || maximum < x) maximum = x;
```

```
24          count++;
25       }
26
27       /**
28          Obtém a média dos dados acrescentados.
29          @return a média ou 0, se nenhum dado foi acrescentado
30       */
31       public double getAverage()
32       {
33          if (count == 0) return 0;
34          else return sum / count;
35       }
36
37       /**
38          Obtém o maior dos dados acrescentados.
39          @return o máximo ou 0, se nenhum dado foi acrescentado
40       */
41       public double getMaximum()
42       {
43          return maximum;
44       }
45
46       private double sum;
47       private double maximum;
48       private int count;
49    }
```

Usamos diálogos de entrada `JOptionPane` para coletar as entradas. O método `showInput-Dialog` retorna `null` se o usuário clicar sobre o botão "Cancel" do diálogo. De modo que podemos solicitar ao usuário para ir inserindo números, ou clicar sobre "Cancel" para encerrar a entrada.

Lemos a entrada como um *string*, mas queremos interpretá-la como um número. Portanto, temos de usar o método `Integer.parseInt` ou o método `Double.parseDouble` para converter os dados de entrada de *string* para um número. A seguir temos o programa que calcula a média de um conjunto de dados de entrada.

Arquivo InputTest.java

```
1  import javax.swing.JOptionPane;
2
3  /**
4     Este programa calcula a média e o máximo de um conjunto
5     de valores de entrada.
6  */
7  public class InputTest
8  {
9     public static void main(String[] args)
10    {
11       DataSet data = new DataSet();
12
13       boolean done = false;
14       while (!done)
15       {
16          String input = JOptionPane.showInputDialog(
17             "Enter value, Cancel to quit");
```

```
18              if (input == null)
19                  done = true;
20              else
21              {
22                  double x = Double.parseDouble(input);
23                  data.add(x);
24              }
25          }
26
27          System.out.println("Average = " +
28              data.getAverage());
29          System.out.println("Maximum = " +
30              data.getMaximum());
31      }
32  }
```

Este programa abre um conjunto de diálogos de entrada, o que torna a entrada de dados bastante chata. O Tópico Avançado 6.6 nos mostra a alternativa de se ler dados a partir da janela da console. Para entrada ainda mais eficiente, use a Dica de Produtividade 6.1 para ler dados de um arquivo.

TA Tópico Avançado 6.4

O Problema do "Laço e Meio"

Para ler dados de entrada, costumávamos usar um laço semelhante ao que segue, o que parece um pouco feio:

```
boolean done = false;
while (!done)
{
    String input = JOptionPane.showInputDialog(
        "Enter value, Cancel to quit");
    if (input == null)
        done = true;
    else
    {
        processa dados
    }
}
```

O verdadeiro teste de término do laço está no meio do laço, não no topo. Isso é chamado de "laço e meio", porque temos de ir até a metade do caminho do laço antes de saber se precisamos terminar ou não.

Alguns programadores não gostam da introdução de uma variável booleana adicional para controle de laço. Duas características da linguagem Java podem ser usadas para aliviar o problema do "laço e meio". Não creio que uma seja melhor do que a outra, mas ambas são bastante comuns, de modo que vale a pena conhecê-las para se poder ler códigos de outras pessoas. Podemos combinar uma atribuição e um teste na condição do laço:

```
while ((input = JOptionPane.showInputDialog(
        "Enter value, Cancel to quit")) != null)
{
    processa dados
}
```

A expressão (input = JOptionPane.showInputDialog("Enter value, Cancel to quit")) != null significa, "primeiro leia uma linha; então teste se o fim da entrada foi atingido". Essa é uma expressão com um efeito colateral. O objetivo principal da expressão é servir como um teste do laço `while`, mas na verdade ela também realiza algum trabalho — ou seja, ler a entrada e armazená-la na variável `input`. Em geral, é sempre uma má idéia usar efeitos colaterais, porque eles tornam um programa difícil de ler e manter. Nesse caso, entretanto, essa prática é um tanto quanto sedutora, porque elimina a variável de controle `done`, a qual também deixa o código difícil de ler e manter.

A outra solução é sair do laço no meio, seja por um comando `return` ou por um comando `break` (veja Tópico Avançado 6.5). A seguir temos um exemplo. Esse laço lê dados de entrada e o método que contém o laço retorna um valor quando o fim da entrada é encontrado.

```
while (true)
{
   String input = JOptionPane.showInputDialog(
      "Enter value, Cancel to quit");
   if (input == null)  // sai do laço no meio
      return data;
   double x = Double.parseDouble(input);
   data.add(x);
}
```

Tópico Avançado 6.5

Os Comandos `break` e `continue`

Já encontramos o comando `break` no Tópico Avançado 5.2, onde ele foi usado para sair de um comando `switch`. Além de ser usado para sair de um comando `switch`, o comando `break` também pode ser usado para sair dos laços `while`, `for` ou `do`. Por exemplo, o comando `break` no laço a seguir termina o laço quando o fim da entrada é atingido.

```
while (true)
{
   String input = JOptionPane.showInputDialog(
      "Enter value, Cancel to quit");
   if (input == null)  // sai do laço no meio
      break;
   double x = Double.parseDouble(input);
   data.add(x);
}
```

Em geral, um `break` é uma maneira muito pobre de se sair de um laço. Em 1990, um `break` mal utilizado fez com que um comutador de telefonia AT&T 4ESS falhasse, e essa falha se propagou ao longo de toda a rede dos EUA, deixando-a quase inutilizável por cerca de nove horas. O programador havia usado um `break` para terminar um comando `if`. Infelizmente, `break` não pode ser usado com `if`, de modo que a execução do programa saiu do comando `switch` que a encapsulava, pulando algumas inicializações de variáveis e resultando em caos [2, p. 38]. O uso de comandos `break` também dificulta o uso de técnicas de *teste de correção* (veja o Tópico Avançado 6.8).

Entretanto, em face do problema de introduzir uma variável de controle de laço separada, alguns programadores consideram que os comandos `break` são benéficos no caso do "laço e meio". Essa questão freqüentemente é assunto de discussões acaloradas (e bastante improdutivas). Neste livro não vamos usar o comando `break`, e deixamos para você decidir se vai usá-lo em seus próprios programas ou não.

Em Java, há uma segunda forma do comando `break` que é usada para se sair de um comando aninhado. O comando `break` *rótulo*; imediatamente pula para o *fim* da instrução que está etiquetada com um rótulo. Qualquer instrução (inclusive `if` e comando de bloco) pode ser etiquetada com um rótulo — a sintaxe é

rótulo : *instrução*

▼ O comando `break` rotulado foi inventado para se sair de um conjunto de laços aninhados:

```
outerloop:
while (condição do laço mais externo)
{ ...
    while (condição do laço mais interno)
    { ...
        if (algo realmente ruim aconteceu)
            break outerloop;
    }
}
```
salta para cá se algo realmente ruim aconteceu

Naturalmente, essa situação é bem rara. Recomendamos que você experimente introduzir métodos adicionais em vez de usar laços aninhados complicados.

Finalmente, existe outro comando semelhante ao `goto`, o comando `continue`, o qual salta para o fim da *iteração atual* do laço. A seguir temos um uso possível para esse comando:

```
do
{
    input = JOptionPane.showInputDialog(
        "Enter value, Cancel to quit");
    if (input == null) continue; // salta para o fim do corpo do laço
    double x = Double.parseDouble(input);
    data.add(x);
    // o comando continue salta para cá
}
while (input != null);
```

Usando o comando `continue`, não precisamos colocar o restante do código do laço em uma cláusula `else`. Esse é um benefício menor. Poucos programadores usam esse comando.

TA Tópico Avançado 6.6

Lendo Dados da Console

No Tópico Avançado 3.6, vimos como usar um `BufferedReader` para ler entradas a partir da janela da console. É mais fácil entrar com uma grande quantidade de dados na janela da console do que digitar os dados em uma seqüência de diálogos de entrada. Mais importante ainda é a Dica de Produtividade 6.1, que mostra como a entrada da console pode ser *redirecionada* para ler de um arquivo. Esse é um verdadeiro poupador de tempo, o qual é impossível de se obter com diálogos de entrada.

Lembre-se (Tópico Avançado 3.6) de que precisamos transformar `System.in` em um `BufferedReader` assim:

```
BufferedReader console = new BufferedReader(
    new InputStreamReader(System.in));
```

Usamos o método `readLine` para ler uma linha de entrada. O método `readLine` retorna `null` no fim da entrada.

Como `readLine` dispara uma exceção `IOException`, precisamos etiquetar o método no qual chamamos `readLine` com um especificador `throws IOException`.

A seguir temos o programa `InputTest`, reescrito para que possa ser lido da console. As mudanças estão em negrito.

```
public class InputTest
{
    public static void main(String[] args)
```

```java
        throws IOException
    {
        BufferedReader console = new BufferedReader(
            new InputStreamReader(System.in));
        DataSet data = new DataSet();

        System.out.println(
            "Enter value, close input to quit");
        boolean done = false;
        while (!done)
        {
            String input = console.readLine();
            if (input == null)
                done = true;
            else
            {
                double x = Double.parseDouble(input);
                data.add(x);
            }
        }
        System.out.println(
            "Average = " + data.getAverage());
        System.out.println(
            "Maximum = " + data.getMaximum());
    }
}
```

Para fornecer dados ao programa, digitamos os dados de entrada uma linha por vez. Depois de terminar de digitar, temos de indicar ao sistema operacional que toda entrada de console deste programa foi fornecida. O mecanismo para isso varia de um sistema operacional para o outro. Por exemplo, no DOS digitamos Ctrl+Z, enquanto que no UNIX digitamos Ctrl+D, para indicar o fim da entrada de console. Essa combinação especial de teclas é um sinal para o *sistema operacional* (e não para Java) fechar a entrada da console. O fluxo `System.in` não vê esse caractere especial, mas apenas sente que a entrada da console foi fechada. O método `readLine` retorna um *string* `null` (e não um *string* contendo um caractere de controle) no fim da entrada.

Naturalmente que digitar um longo conjunto de números na console é chato e sujeito a erros. A Dica de Produtividade 6.1 nos mostra como podemos preparar os dados de entrada em um arquivo e usar redirecionamento de entrada para que o fluxo `System.in` leia os caracteres daquele arquivo. Nesse caso, não terminamos o arquivo com um caractere de controle porque o sistema operacional sabe o tamanho do arquivo e, portanto, sabe onde ele termina. Mas o sistema operacional, não sendo adivinho, não tem como saber o fim da entrada pelo teclado — daí a necessidade do caractere de controle especial. Algumas versões antigas do DOS realmente terminavam os arquivos de texto no disco com um Ctrl+Z, e ainda encontramos alguns "especialistas" que nos dizem que todos os arquivos possuem um caractere especial de fim de arquivo no final. Esse definitivamente não é o caso — o sistema operacional usa o tamanho do arquivo de disco para determinar o seu fim.

Dica de Produtividade 6.1

Redirecionamento de Entrada e Saída

> Use redirecionamento de entrada para evitar digitação repetitiva durante o teste. Use redirecionamento da saída para salvar a saída do seu programa em um arquivo.

É maçante testar programas inserindo dados por meio de digitação para toda execução de teste. O teste é muito mais fácil se o programa lê sua entrada de um *arquivo*. Podemos então preparar o arquivo uma vez e reutilizá-lo para muitos testes. As interfaces da linha de comando da maioria dos sistemas operacionais fornece uma maneira de vincular um arquivo à entrada de um programa, como se todos os caracteres do arquivo tivessem realmente sido digitados pelo usuário. Se digitarmos

▼   `java Average < data.txt`

o programa `Average` é executado. As suas instruções de entrada não mais esperam entradas do teclado. O método `readLine` obtém a entrada do arquivo `data.txt`.

Esse mecanismo funciona para qualquer programa que leia sua entrada do fluxo de entrada padrão `System.in`. Por *default*, a entrada padrão está relacionada ao teclado, mas ela pode ser ligada a qualquer arquivo, especificando *um redirecionamento de entrada* na linha de comando.

Se você sempre executou seu programa no ambiente integrado, você precisa descobrir se seu ambiente suporta redirecionamento de entrada. Caso contrário, você precisa aprender a abrir uma janela de comando (freqüentemente chamada de *shell*) e disparar o programa nesta janela digitando seu nome e as instruções de redirecionamento.

Podemos também redirecionar a saída. Nesse programa, isso não é muito útil. Se executarmos

▼   `java Average < data.txt > output.txt`

o arquivo `output.txt` conterá duas linhas ("Enter value, close input to quit" e algo como "Average = ..."). Entretanto, redirecionar a saída é obviamente útil para programas que produzem muitas saídas. Podemos imprimir o arquivo que contém a saída ou editá-lo antes de entregá-lo para ganhar a nota.

6.4.2   Tokenização de *strings*

Nos últimos exemplos, os dados de entrada foram fornecidos uma linha de cada vez. Entretanto, às vezes é conveniente ter uma linha de entrada que contenha *vários* itens de dados de entrada. Suponha que uma linha de entrada contenha dois números:

   `5.5 10000`

Não podemos converter o *string* `"5.5 10000"` em um número, pois o método de análise sintática reclamaria que esse *string* não é um número legal e dispararia uma exceção. Assim, precisamos quebrar a linha de entrada em uma seqüência de *strings* tal que cada um represente um item de entrada separado. Há uma classe especial, a `StringTokenizer`, que pode quebrar um *string* em itens ou, como são as vezes chamados, *tokens*. Por *default*, o tokenizador de *strings* usa espaços em branco (espaços, *tabs* e novas linhas) como delimitadores. Por exemplo, o *string* `"5.5 10000"` será decomposto em dois *tokens*: `"5.5"` e `"10000"`. O espaço em branco delimitador é descartado.

> Podemos quebrar uma linha usando um `StringTokenizer`.

A seguir vemos como quebramos um *string*. Construímos um objeto `StringTokenizer` e fornecemos o *string* que será quebrado no construtor:

   `StringTokenizer tokenizer = new StringTokenizer(input);`

Então fique chamando o método `nextToken` para obter o próximo *token*.

Entretanto, se todo o *string* foi consumido e não há mais *tokens*, o método `nextToken` é um tanto quanto hostil e dispara uma exceção em vez de retornar um *string* `null`. Portanto, temos de chamar o método `hasMoreTokens` para garantir que ainda há *tokens* a serem processados. O laço a seguir percorre todos os *tokens* de um *string*:

```
while (tokenizer.hasMoreTokens())
{
    String token = tokenizer.nextToken();
    Faz algo com token
}
```

Se quisermos usar outro separador, como a vírgula, para separar os valores individuais, então podemos especificar o separador como um segundo argumento ao construirmos o objeto `StringTokenizer`:

```
StringTokenizer tokenizer =
    new StringTokenizer(input, ",");
```

Se usarmos essa opção, temos de garantir que não haja espaços em branco excedentes no arquivo de entrada entre as vírgulas e seus *tokens*. Caso contrário, os espaços em branco serão incluídos nos *tokens*.

A seguir temos um programa que calcula a média e o máximo a partir de valores de entrada que são todos especificados em uma única linha. Naturalmente que esta só é uma opção razoável para um conjunto de dados pequeno.

Arquivo InputTest.java

```
1  import java.util.StringTokenizer;
2  import javax.swing.JOptionPane;
3
4  /**
5      Este programa calcula a média e o máximo a partir de um conjunto
6      de valores de entrada que são inseridos em uma única linha.
7  */
8  public class InputTest
9  {
10     public static void main(String[] args)
11     {
12        DataSet data = new DataSet();
13
14        String input =
15           JOptionPane.showInputDialog("Enter values:");
16        StringTokenizer tokenizer =
17           new StringTokenizer(input);
18        while (tokenizer.hasMoreTokens())
19        {
20           String token = tokenizer.nextToken();
21
22           double x = Double.parseDouble(token);
23           data.add(x);
24        }
25
26        System.out.println("Average = " +
27           data.getAverage());
28        System.out.println("Maximum = " +
29           data.getMaximum());
30     }
31  }
```

6.4.3 Percorrendo os Caracteres de um *String*

> Podemos acessar os caracteres de um *string* individualmente com o método charAt.

Na seção anterior aprendemos a decompor um *string* em *tokens*. Às vezes precisamos ir mais adiante e analisar os caracteres de um *string* individualmente. O método charAt da classe String retorna um caractere individual como valor do tipo char. Lembre-se, como foi dito no Capítulo 3, que as posições de *strings* são contadas iniciando em 0. Isto é, o parâmetro i na chamada s.charAt(i) tem de ser um valor entre 0 e s.length() - 1. Portanto, o padrão geral para percorrer todos os caracteres em um *string* é

```
for (int i = 0; i < s.length(); i++)
{
   char ch = s.charAt(i);
   faz algo com ch
}
```

Suponha que queiramos contar o número de vogais em um *string*. O laço a seguir executa essa tarefa.

```
int vowelCount = 0;
String vowels = "aeiouy";
for (int i = 0; i < s.length(); i++)
{
   char ch = Character.toLowerCase(s.charAt(i));
   if (vowels.indexOf(ch) >= 0)
      vowelCount++;
}
```

Aqui usamos o método `indexOf` da classe *string*. A chamada

```
s.indexOf(ch)
```

retorna a posição da primeira ocorrência do caractere ch no *string* s, ou –1 se ch não existir em s. Por exemplo, "Mississippi".indexOf('s') é 2.

Dica de Qualidade   6.3

Limites Simétricos e Assimétricos

É fácil escrever um laço com i indo de 1 a n:

```
for (i = 1; i <= n; i++) ...
```

Os valores de i estão limitados pela relação 1 ≤ i ≤ n. Como há comparações ≤ nas duas extremidades, os limites são chamados de *simétricos*.

Ao percorrer os caracteres de um *string*, os limites são *assimétricos*.

```
for (i = 0; i < s.length(); i++) ...
```

Os valores de i são limitados por 0≤i< s.length(), com uma comparação ≤ na esquerda e uma comparação < à direita. Isso é adequado, porque s.length() não é uma posição válida.

Não é uma boa idéia forçar a simetria artificialmente:

```
for (i = 0; i <= s.length() - 1; i++) ...
```

> Escolha entre limites simétricos e assimétricos para cada laço for.

Isso é mais difícil de ler e de entender.

Para cada laço, considere qual forma é a mais natural de acordo com as necessidades do problema, e use aquela.

Dica de Qualidade   6.4

Conte as Iterações

Achar os limites inferior e superior de uma iteração pode ser complicado. Devo começar em 0? Devo usar <= b ou < b como condição de término?

Contar o número de iterações é uma estratégia muito útil para melhor entendermos um laço. A contagem é mais fácil no caso de laços com limites assimétricos. O laço

```
for (i = a; i < b; i++) ...
```

é executado b - a vezes. Por exemplo, o laço que percorre os caracteres em um *string*,

```
for (i = 0; i < s.length(); i++) ...
```

é executado `s.length()` vezes. Isso faz sentido, porque há `s.length()` caracteres em um *string*.

O laço com limites simétricos,

```
for (i = a; i <= b; i++)
```

é executado `b - a + 1` vezes. Este "+1" é a fonte de muitos erros de programação. Por exemplo,

```
for (x = 0; x <= 10; x++)
```

é executado 11 vezes. Talvez isso seja o que queremos; caso contrário, comece em 1 ou use `< 10`.

Uma maneira de se visualizar este erro de "+1" é pensar nos mourões e divisões de uma cerca.

Suponhamos que a cerca tenha dez seções (=). Quantos mourões (|) ela tem?

| = | = | = | = | = | = | = | = | = | = |

> Conte o número de iterações de um laço `for` para conferir se seu laço está correto.

Uma cerca de dez seções tem *onze* mourões. Cada seção tem um mourão à esquerda, *e* há um mourão a mais após a última seção. Esquecer-se de contar a última iteração de um laço "<=" é freqüentemente chamado de "erro de mourão de cerca".

Se o incremento é um valor `c` diferente de 1, então as contagens são

(b - a) / c   para o laço assimétrico
(b - a) / c + 1 para o laço simétrico

Por exemplo, o laço `for (i = 10; i <= 40; i += 5)` é executado (40 – 10)/5 + 1 = 7 vezes.

❓ Como Fazer? 6.1

Implementando Laços

Escrevemos um laço porque nosso programa precisa repetir uma ação muitas vezes. Como vimos neste capítulo, há diversos tipos de laços, e não é sempre óbvio como se deve estruturar comandos de laço. Esta seção nos leva a repassar o processo de raciocínio que está envolvido ao se programar um laço.

Passo 1   **Liste o trabalho que precisa ser feito em cada passo do corpo do laço**

Por exemplo, suponha que temos de ler valores de entrada em galões e convertê-los para litros, até que seja atingido o fim da entrada. Então as operações são:

- Ler entrada.
- Converter a entrada em litros.
- Imprimir a resposta.

Suponha que tenhamos de examinar os caracteres de um *string* e contar as vogais. Então as operações são:

- Obter o próximo caractere.
- Se for uma vogal, incrementar o contador.

Passo 2   **Descobrir quão freqüentemente o laço é repetido**

As respostas típicas podem ser:

- Dez vezes.
- Uma vez para cada caractere do *string*.

- Até que seja atingido o fim da entrada.
- Enquanto o saldo for menor que o saldo desejado.

Se o laço for executado por um número definido de vezes, um laço `for` geralmente é adequado. Os primeiros dois laços nos sugerem laços `for`, do tipo

```
for (int i = 1; i <= 10; i++) ...
for (int i = 0; i < str.length(); i++) ...
```

Os outros dois laços precisam ser implementados como laços `while` — não sabemos quantas vezes o corpo do laço será repetido.

Passo 3 No caso do laço `while`, descobrir onde podemos determinar que o laço acabou

Há três possibilidades:

- Antes de entrar no laço.
- No meio do laço.
- No fim do laço.

Por exemplo, se executarmos um laço enquanto o saldo for menor do que o saldo desejado, podemos conferir essa condição no início do laço. Se o saldo for menor do que o saldo desejado, entramos no laço. Caso contrário, acabou. Nesse caso, nosso laço tem a forma

```
while (condição)
{
    faz o trabalho
}
```

Entretanto, conferir a entrada exige que primeiro *leiamos* a entrada. Quer dizer, temos de entrar no laço, ler a entrada e então decidir se queremos ir mais adiante. Então nosso laço terá a forma

```
boolean done = false;
while (!done)
{
    faz o trabalho necessário para conferir a condição
    if (condição)
        done = true;
    else
    {
        faz mais trabalho
    }
}
```

Essa estrutura de laço é às vezes chamada de "laço e meio".

Finalmente, se sabemos que precisamos continuar depois de termos passado pelo laço uma vez, então usamos o laço `do/while`:

```
do
{
    faz trabalho
}
while (condição);
```

Entretanto, esses laços são muito raros na prática.

Passo 4 Implemente o laço colocando as operações do Passo 1 no corpo do laço

Ao escrever um laço `for`, geralmente usamos o índice do laço dentro do corpo do laço. Por exemplo, "obtenha o próximo caractere" é implementado como o comando

```
char ch = str.charAt(i);
```

▼ **Passo 5** **Confira duas vezes suas inicializações de variáveis**

▼ Se você usar uma variável booleana done, garanta que ela seja inicializada como false. Se você acumular um resultado em uma variável sum ou count, garanta que você a inicialize em 0 antes de entrar no laço pela primeira vez.

▼ **Passo 6** **Verifique se não existem erros "por um"**

Considere as hipóteses mais simples possíveis:

▼
- Se você ler a entrada, o que acontece se não houver nenhuma entrada? E se houver exatamente uma entrada?

▼
- Ao examinar os caracteres de um *string*, o que acontece se o *string* for vazio? E se ele só tiver um caractere?

▼
- Se você acumula valores até atingir um alvo, o que acontece se o alvo for 0? E se for um número negativo?

▼ Passe manualmente por cada instrução do laço, incluindo todas as inicializações. Confira cuidadosamente todas as condições, prestando atenção à diferença entre comparações como < e <=. Confira se o laço não é percorrido nenhuma vez, ou apenas uma vez, e que o resultado final é o que você espera.

▼ Se você escrever um laço for, confira se seus limites deveriam ser simétricos ou assimétricos (veja Dica de Qualidade 6.3) e conte o número de iterações (veja a Dica de Qualidade 6.4).

Tópico Avançado 6.7

▼ ***Pipes***

▼ Em muitos sistemas operacionais, a saída de um programa pode tornar-se a entrada de outro programa. Aqui temos um programa simples que escreve cada palavra do arquivo de entrada em uma linha separada:

▼ **Arquivo Split.java**

```java
1  import java.io.BufferedReader;
2  import java.io.InputStreamReader;
3  import java.io.IOException;
4  import java.util.StringTokenizer;
5
6  /**
7     Este programa separa as linhas lidas de System.in em
8     palavras individuais.
9  */
10 public class Split
11 {
12    public static void main(String[] args)
13       throws IOException
14    {
15       BufferedReader console = new BufferedReader(
16          new InputStreamReader(System.in));
17       boolean done = false;
18       while (!done)
19       {
20          String inputLine = console.readLine();
21          if (inputLine == null)
```

```
22                done = true;
23            else
24            {
25                // quebra a linha de entrada em palavras
26
27                StringTokenizer tokenizer =
28                    new StringTokenizer(inputLine);
29                while (tokenizer.hasMoreTokens())
30                {
31                    // imprime cada palavra
32                    String word = tokenizer.nextToken();
33                    System.out.println(word);
34                }
35            }
36        }
37    }
38 }
```

Então

```
java Split < article.txt
```

lista as palavras do arquivo article.txt, uma em cada linha. Isso não é tão empolgante, mas se torna útil quando combinado com outro programa: *sort*. Você ainda não sabe escrever um programa que classifique *strings*, mas a maioria dos sistemas operacionais possui um programa de classificação. Uma lista classificada de palavras em um arquivo seria bem útil — por exemplo, para fazer um índice.

Podemos salvar as palavras não-classificadas em um arquivo temporário:

```
java Split < article.txt > temp.txt
sort < temp.txt > sorted.txt
```

Agora as palavras classificadas estão no arquivo sorted.txt.

Como essa operação é muito comum, há uma forma abreviada de linha de comando para ela.

```
java Split < article.txt | sort > sorted.txt
```

O programa *split* (que divide em palavras) é executado primeiro, lendo a entrada de article.txt. Sua saída torna-se a entrada do programa de classificação (sort). A saída de sort é salva no arquivo sorted.txt. O operador | instrui o sistema operacional a construir um *pipe* (cano) que liga a saída do primeiro programa à entrada do segundo.

O arquivo sorted.txt tem um defeito. Ele provavelmente contenha palavras repetidas, como

```
a
a
a
an
an
anteater
asia
```

Isso é fácil de corrigir com outro programa que remove duplicidades *adjacentes*. Remover duplicatas em posições arbitrárias é bastante difícil, mas duplicatas adjacentes são fáceis de manipular:

Arquivo Unique.java

```
1 import java.io.BufferedReader;
2 import java.io.InputStreamReader;
3 import java.io.IOException;
4
```

```java
5  /**
6      Este programa remove linhas duplicadas adjacentes da
7      entrada lida de System.in.
8  */
9  public class Unique
10 {
11     public static void main(String[] args)
12        throws IOException
13     {
14        BufferedReader console = new BufferedReader(
15           new InputStreamReader(System.in));
16
17        String lastLine = "";
18
19        boolean done = false;
20
21        while(!done)
22        {
23           String inputLine = console.readLine();
24           if (inputLine == null)
25              done = true;
26           else if (!inputLine.equals(lastLine))
27           {
28              // é uma linha diferente de sua predecessora
29              System.out.println(inputLine);
30              lastLine = inputLine;
31           }
32        }
33     }
34 }
```

A lista classificada de palavras, com as duplicatas removidas, é obtida com a série de *pipes* (veja a Figura 5).

```
java Split < article.txt | sort | java Unique > sorted.txt
```

Redirecionamento e *pipes* tornam possível combinar programas simples para realizarem um trabalho útil.

O sistema operacional UNIX foi o pioneiro em usar essa abordagem. O UNIX vem com dúzias de comandos que realizam tarefas comuns e são projetados para serem combinados entre si.

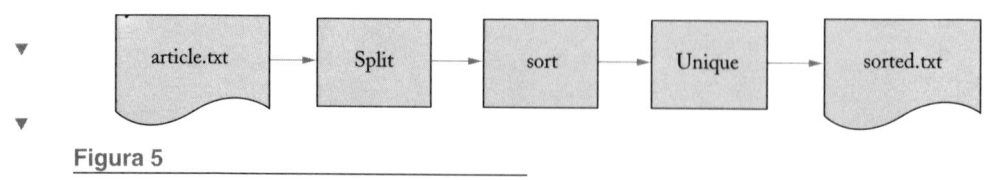

Figura 5

Uma série de *pipes*.

6.5 Números Aleatórios e Simulações

Em uma simulação geramos eventos aleatórios e avaliamos os resultados. A seguir temos um problema típico que pode ser decidido executando uma simulação: o *experimento das agulhas de Buffon*, inventado pelo Conde Georges-Louis Leclerc de Buffon (1707–1788), um naturalista francês.

> Em uma simulação, geramos números aleatórios repetidamente e os usamos para simular uma atividade.

Em cada *tentativa,* uma agulha medindo uma polegada (2,54cm) de comprimento é deixada cair sobre um papel pautado, com linhas separadas por duas polegadas. Se a agulha cair sobre uma linha, conte como um acerto. Buffon supôs que o quociente *tentativas/acertos* se aproximaria de π (veja a Figura 6).

Agora, como podemos executar esse experimento no computador? Não queremos construir um robô que deixe cair uma agulha sobre papel. A classe Random da biblioteca Java implementa um *gerador de números aleatórios,* o qual gera números que parecem ser completamente aleatórios. Para gerar números aleatórios, construímos um objeto da classe Random, e então aplicamos um dos seguintes métodos:

Método	Devolve
nextInt(n)	Um inteiro aleatório entre os inteiros 0 (inclusive) e n (exclusive)
nextDouble()	Um número de ponto flutuante entre 0 (inclusive) e 1 (exclusive)

Por exemplo, podemos simular o lançamento de um dado da seguinte maneira:

```
Random generator = new Random();
int d = 1 + generator.nextInt(6);
```

A chamada generator.nextInt(6) nos fornece um número aleatório entre 0 e 5 (inclusive). Acrescente 1 para obter um número entre 1 e 6.

Para nos dar uma idéia a respeito dos números aleatórios, vamos executar algumas vezes o programa a seguir:

Arquivo Die.java

```
1  import java.util.Random;
2
3  /**
4      Esta classe modela um dado que, quando lançado, cai sobre uma face
5      aleatória.
6  */
7  public class Die
8  {
9      /**
```

Figura 6
O experimento das agulhas de Buffon.

```
10          Constrói um dado com um determinado número de lados.
11          @param s o número de lados, por exemplo 6 para um dado normal
12       */
13       public Die(int s)
14       {
15          sides = s;
16          generator = new Random();
17       }
18
19       /**
20          Simula um lançamento de dado.
21          @return a face do dado
22       */
23       public int cast()
24       {
25          return 1 + generator.nextInt(sides);
26       }
27
28
29       private Random generator;
30       private int sides;
31  }
```

Arquivo DieTest.java

```
1   /**
2       Este programa simula o lançamento de um dado dez vezes.
3   */
4   public class DieTest
5   {
6       public static void main(String[] args)
7       {
8          Die d = new Die(6);
9          final int TRIES = 10;
10         for (int i = 1; i <= TRIES; i++)
11         {
12            int n = d.cast();
13            System.out.print(n + " ");
14         }
15         System.out.println();
16      }
17  }
```

A seguir temos algumas execuções típicas do programa.

```
6 5 6 3 2 6 3 4 4 1
3 2 2 1 6 5 3 4 1 2
4 1 3 2 6 2 4 3 3 5
```

Como podemos ver, esse programa gera um fluxo diferente de simulações de lançamentos do dado cada vez que é executado. Na verdade, os números não são completamente aleatórios. Eles são retirados de seqüências muito longas de números que não se repetem por um longo tempo. Essas seqüências na verdade são calculadas a partir de fórmulas bastante simples, elas apenas se comportam como números aleatórios. Por essa razão, elas freqüentemente são chamadas de números *pseudo-aleatórios*. A maneira de se gerar boas seqüências de números que se comportem como verdadeiras seqüências aleatórias é um problema importante e bastante estudado na ciência da computação. Porém, não vamos nos aprofundar nessa questão, vamos apenas usar os números aleatórios gerados pela classe Random.

Para executar o experimento das agulhas de Buffon, temos de trabalhar um pouco mais. Ao lançar um dado, ele tem de mostrar uma das seis faces. Entretanto, ao jogar uma agulha há muitos resultados possíveis. Temos de gerar *dois* números aleatórios: um para descrever a posição de início e um para descrever o ângulo da agulha com o eixo *x*. Então, temos de testar se a agulha toca uma linha da grade. Pare após 10.000 tentativas.

Vamos concordar em gerar o ponto mais baixo da agulha. Sua coordenada *x* é irrelevante, e podemos supor que sua coordenada *y*, y_{baixo} é qualquer número aleatório entre 0 e 2. Entretanto, como pode ser um número aleatório em *ponto flutuante*, usaremos o método nextDouble da classe Random. Ele retorna um número aleatório em ponto flutuante entre 0 e 1. Multiplique-o por 2 para obter um número aleatório entre 0 e 2.

O ângulo α entre a agulha e o eixo *x* pode ser qualquer valor entre 0 e 180 graus. A extremidade superior da agulha tem como coordenada *y*:

$$y_{alto} = y_{baixo} + \mathrm{sen}(\alpha)$$

A agulha acertou se y_{alto} for pelo menos 2. Veja a Figura 7.

A seguir temos um programa que executa a simulação do experimento das agulhas.

Arquivo Needle.java

```
1  import java.util.Random;
2
3  /**
4       Esta classe simula uma agulha no experimento das agulhas de Buffon.
5  */
6  public class Needle
7  {
8     /**
9          Constrói uma agulha.
10    */
11    public Needle()
12    {
13       hits = 0;
14       generator = new Random();
15    }
16
```

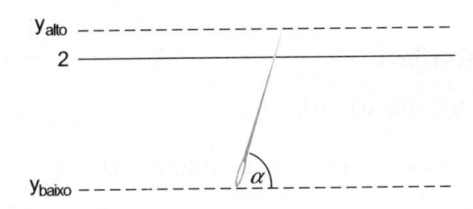

Figura 7

Quando a agulha cai sobre uma linha?

```java
17  /**
18      Deixa cair a agulha sobre a grade de linhas e
19      lembra se  a agulha acertou uma linha.
20  */
21  public void drop()
22  {
23      double ylow = 2 * generator.nextDouble();
24      double angle = 180 * generator.nextDouble();
25
26      // calcula o ponto alto da agulha
27
28      double yhigh = ylow
29          + Math.sin(Math.toRadians(angle));
30      if (yhigh >= 2) hits++;
31      tries++;
32  }
33
34  /**
35      Obtém o número de vezes que a agulha acertou uma linha.
36      @return  a contagem de acertos
37  */
38  public int getHits()
39  {
40      return hits;
41  }
42
43  /**
44      Obtém o número total de vezes que a agulha foi deixada cair.
45      @return  a contagem de tentativas
46  */
47  public int getTries()
48  {
49      return tries;
50  }
51
52  private Random generator;
53  private int hits;
54  private int tries;
55 }
```

Arquivo NeedleTest.java

```java
1  public class NeedleTest
2  {
3      public static void main(String[] args)
4      {
5          Needle n = new Needle();
6          final int TRIES1 = 10000;
7          final int TRIES2 = 100000;
8
9          for (int i = 1; i <= TRIES1; i++)
10             n.drop();
```

```
11          System.out.println("Tries / Hits = "
12              + (double)n.getTries() / n.getHits());
13
14          for (int i = TRIES1 + 1; i <= TRIES2; i++)
15              n.drop();
16          System.out.println("Tries / Hits = "
17              + (double)n.getTries() / n.getHits());
18      }
19  }
```

Em um computador obtive o resultado 3,10 ao executar 10.000 iterações e 3,1429 ao executar 100.000 iterações.

O objetivo desse programa *não* é calcular π — há maneiras muito mais eficientes para isso. Antes de tudo, o objetivo é mostrar como um experimento físico pode ser simulado no computador. Buffon teve de deixar cair a agulha fisicamente milhares de vezes e registrar os resultados, o que deve ter sido uma atividade bastante chata. Podemos fazer com que o computador execute o experimento rápida e precisamente.

Simulações são aplicações muito comuns de computadores. Muitas simulações usam essencialmente o mesmo padrão do código desse exemplo. Em um laço, um grande número de valores de amostra é gerado, e os valores de certas observações são registrados para cada amostra. Quando a simulação termina, as médias ou outras estatísticas de interesse dos valores observados são impressas.

Um exemplo típico de simulação é a modelagem de filas de clientes em banco ou supermercado. Em vez de observar clientes de verdade, simula-se no computador sua chegada e suas transações com o caixa. Podemos tentar diferentes leiautes de pessoal ou do prédio no computador, simplesmente fazendo alterações no programa. Na vida real, fazer muitas mudanças dessas e medir seus efeitos seria impossível, ou pelo menos muito oneroso.

Tópico Avançado 6.8

Laços Invariantes

Vamos considerar a tarefa de calcular a^n, onde a é um número em ponto flutuante e n é um inteiro positivo. Naturalmente, podemos multiplicar $a \cdot a \cdots a$, n vezes, mas se n for grande, acabaremos fazendo muitas multiplicações. O laço a seguir calcula a^n em muito menos passos:

```
double a = ...;
int n = ...;
double r = 1;
double b = a;
int i = n;
while (i > 0)
{
    if (i % 2 == 0) // n é par
    {
        b = b * b;
        i = i / 2;
    }
    else
    {
        r = r * b;
        i--
    }
}
// agora r é igual a a elevado a potência n
```

Considere o caso em que n = 100. O método realiza os seguintes passos:

b	i	r
a	100	1
a^2	50	
a^4	25	
	24	a^4
a^8	12	
a^{16}	6	
a^{32}	3	
	2	a^{36}
a^{64}	1	
	0	a^{100}

Surpreendentemente, o algoritmo fornece exatamente a^{100}. Você entendeu por quê? Você está convencido de que ele irá funcionar para todos os valores de n? A seguir temos um argumento inteligente para mostrar que o método sempre calcula o resultado correto. Demonstraremos que sempre que o programa atinge o topo do laço while, é verdade que

$$r \cdot b^i = a^n \qquad (I)$$

Certamente, a primeira vez é verdadeiro, porque b == a e i == n. Suponha que (I) se mantenha no início do laço. Rotulamos os valores de r, b e i como "old" (antigos) ao entrar no laço e como "new" (novos) ao sair do laço. Assumimos que, na entrada

$$r_{old} \cdot b_{old}^{i_{old}} = a^n$$

No laço temos de distinguir dois casos: i_{old} par e i_{old} ímpar. Se i_{old} for par, o laço realiza as seguintes transformações:

$$r_{new} = r_{old}$$
$$b_{new} = b_{old}^2$$
$$i_{new} = i_{old}/2$$

Portanto,

$$r_{new} \cdot b_{new}^{i_{new}} = r_{old} \cdot b_{old}^{2 \cdot i_{old}/2}$$
$$= r_{old} \cdot b_{old}^{i_{old}}$$
$$= a^n$$

▼ Por outro lado, se i_{old} for ímpar, então

$$r_{new} = r_{old} \cdot a_{old}$$
$$b_{new} = b_{old}$$
$$i_{new} = i_{old} - 1$$

Portanto,

$$r_{new} \cdot b_{new}^{i_{new}} = r_{old} \cdot b_{old} \cdot b_{old}^{i_{old}-1}$$
$$= r_{old} \cdot b_{old}^{i_{old}}$$
$$= a^n$$

Em qualquer dos dois casos, os valores novos ("new") de r, b, e i satisfazem a invariante de laço (I). Assim, quando o programa finalmente sai do laço, (I) é satisfeito novamente:

$$r \cdot b^i = a^n$$

Além disso, sabemos que $i = 0$, porque o laço está terminando. Mas como $i = 0$, $r \cdot b^i = r \cdot b^0 = r$. Portanto, $r = a^n$, e o método realmente calcula a potência n de a.

Esta técnica é muito útil, porque consegue explicar um algoritmo que não é nem um pouco óbvio. A condição (I) é chamada de invariante de laço porque é verdadeira quando o programa entra no laço, no topo de cada passada e quando o programa sai do laço. Se um invariante de laço for escolhido habilmente, podemos deduzir a precisão de um cálculo. Veja em [3] outro bom exemplo.

Fato Histórico 6.2

Provas de Precisão

No Tópico Avançado 6.7 apresentamos a técnica dos invariantes de laço. Se você pulou essa seção, dê uma olhada nela agora. Essa técnica pode ser usada para provar rigorosamente que um laço calcula exatamente o valor que se supõe que ele calcule. Essa prova é muito mais valiosa do que qualquer teste. Independentemente de quantos casos de teste possamos tentar, sempre iremos nos preocupar se num outro caso, que não testamos ainda, pode aparecer um erro. Uma prova estabelece a correção para *todas as entradas possíveis*.

Por algum tempo, os programadores tiveram muita esperança de que as técnicas de provas como a dos invariantes de laço fossem reduzir grandemente a necessidade de testes. Se provaria que cada método simples está correto e então se colocaria os componentes aprovados juntos e se provaria que eles funcionam juntos como deveriam. Uma vez que fosse provado que main funciona corretamente, não seria mais necessário nenhum teste! Alguns pesquisadores estavam tão empolgados com essas técnicas que tentaram omitir totalmente a etapa de programação. O projetista escreveria os requisitos do programa, usando a notação de lógica formal. Um provador automático provaria que tal programa poderia ser escrito e geraria o programa como parte de sua prova.

Infelizmente, na prática esses métodos nunca funcionaram muito bem. A notação lógica para descrever o comportamento de programas é complexa. Até mesmo hipóteses simples exigem muitas fórmulas. É suficientemente fácil expressar a idéia de que um método deve calcular a^n, mas as fórmulas lógicas que descrevem todos os métodos em um programa que controla um avião, por exemplo, encheria muitas páginas. Essas fórmulas são criadas por pessoas, e seres humanos cometem erros quando tratam com tarefas difíceis e enfadonhas. Experiências mostraram que em vez de escrever programas com erros, os programadores passaram a escrever especificações lógicas com erros e provas de programas também com erros.

▼ Van der Linden [2, p. 287], dá alguns exemplos de provas complicadas que são muito mais difíceis de verificar do que os programas que estão tentando provar.

▼ Técnicas de prova de programas são valiosas para provar a correção de métodos individuais que realizam computações de maneiras não-óbvias. Atualmente, no entanto, não há esperança de se provar a correção de programas, a não ser os mais triviais, de forma que a especificação e a prova possam ser mais confiáveis do que o programa. Existe a esperança de que, no futuro, as provas de correção se tornem mais aplicáveis a situações de programação da vida real. Neste momento, entretanto, a engenharia e a administração são pelo menos tão importantes como a matemática e a lógica para a conclusão com sucesso de grandes projetos de *software*.

Resumo do Capítulo

1. O comando while executa um bloco de código repetidamente. Uma condição de término controla quão freqüentemente o laço é executado.
2. Um erro "por um" é um erro comum ao programar laços. Conceba casos de teste simples para evitar esse tipo de erro.
3. Usamos um laço for quando uma variável varia de um valor inicial até um valor final com um incremento ou decremento constante.
4. Laços podem estar aninhados. Um exemplo típico de laços aninhados é imprimir uma tabela com linhas e colunas.
5. O processamento de entradas é complicado pelo fato de que a verificação de fim de entrada ocorre no meio do laço.
6. Use redirecionamento de entrada para evitar digitação repetitiva durante os testes. Use redirecionamento da saída para salvar a saída de seu programa em um arquivo.
7. Podemos quebrar uma linha em palavras usando um StringTokenizer.
8. Podemos acessar caracteres individuais de um *string* com o método charAt.
9. Faça uma escolha entre limites simétricos e assimétricos para cada laço for.
10. Conte o número de iterações de um laço for para conferir se seu laço está correto.
11. Em uma simulação, repetidamente geramos números aleatórios e os usamos para simular uma atividade.

Leitura Complementar

[1] E. W. Dijkstra, "Goto Statements Considered Harmful", *Communications of the ACM*, vol. 11, no. 3 (March 1968), pp. 147–148.
[2] Peter van der Linden, *Expert C Programming*, Prentice-Hall, 1994.
[3] Jon Bentley, *Programming Pearls*, Addison-Wesley, 1986, Chapter 4, "Writing Correct Programs".
[4] Kai Lai Chung, *Elementary Probability Theory with Stochastic Processes*, Undergraduate Texts in Mathematics, Springer-Verlag, 1974.
[5] Rudolf Flesch, *How to Write Plain English*, Barnes & Noble Books, 1979.

Classes, Objetos e Métodos Introduzidos neste Capítulo

```
java.lang.String
   indexOf
java.util.Random
   nextDouble
   nextInt
java.util.StringTokenizer
   countTokens
   hasMoreTokens
   nextToken
```

Exercícios de Revisão

Exercício R6.1. Quais são os comandos de laço que Java suporta? Forneça regras simples para quando usar que tipo de laço.

Exercício R6.2. O que o código a seguir imprime?

```
for (int i = 0; i < 10; i++)
{
    for (int j = 0; j < 10; j++)
        System.out.print(i * j % 10);
    System.out.println();
}
```

Exercício R6.3. Com que freqüência os laços a seguir são executados? Suponha que i seja uma variável inteira que não é alterada no corpo do laço.

- `for (i = 1; i <= 10; i++) ...`
- `for (i = 0; i < 10; i++) ...`
- `for (i = 10; i > 0; i-) ...`
- `for (i = -10; i <= 10; i++) ...`
- `for (i = 10; i >= 0; i++) ...`
- `for (i = -10; i <= 10; i = i + 2) ...`
- `for (i = -10; i <= 10; i = i + 3) ...`

Exercício R6.4. Reescreva o seguinte laço for transformando-o em um laço while.

```
int s = 0;
for (int i = 1; i <= 10; i++) s = s + i;
```

Exercício R6.5. Reescreva o seguinte laço do transformando-o em um laço while.

```
int n = 1;
double x = 0;
double s;
do
{
    s = 1.0 / (n * n);
    x = x + s;
    n++;
}
while (s > 0.01);
```

Exercício R6.6. O que é um laço infinito? Como você pode, em seu computador, terminar um programa que esteja executando um laço infinito?

Exercício R6.7. Há duas maneiras de fornecer entrada para System.in. Descreva os dois métodos. Explique como o "fim da entrada" é sinalizado em ambos os casos.

Exercício R6.8. No UNIX e no Windows, não há nenhum caractere especial de "fim de entrada" armazenado nos arquivos. Verifique esse comando produzindo um arquivo com contagem conhecida de caracteres — por exemplo, um arquivo que consista nas três linhas a seguir

```
Hello
cruel
world
```

Olhe então para a listagem do diretório. Quantos caracteres o arquivo contém?

Lembre-se de contar os caracteres de nova linha. (A contagem de caracteres em DOS irá surpreendê-lo, pois os arquivos de texto do DOS armazenam cada nova linha como uma seqüência de dois caracteres. Os leitores de entrada e os fluxos de saída traduzem automaticamente entre essa seqüência de quebra de linha/retorno do carro e o caractere `'\n'` usado pelos programas Java, de modo que você não precisa se preocupar com isso.) Por que isso prova que não há caractere de "fim de arquivo"? Por que, mesmo assim, precisamos digitar Ctrl+D/Ctrl+Z para terminar uma entrada da console?

Exercício R6.9. Mostre como usar um tokenizador de *strings* para quebrar o *string* `"Hello, cruel world!"` em *tokens*. Quais são os *tokens* resultantes?

Exercício R6.10. Como você quebra o *string* `"Hello, cruel world!"` em caracteres? Quais são os caracteres resultantes?

Exercício R6.11. O que é um "laço e meio"? Forneça três estratégias para implementar o "laço e meio" a seguir:

```
loop
{
    leia o nome da ponte
    se não estiver OK, saia do laço
    leia o comprimento da ponte em pés
    se não estiver OK, saia do laço
    converta o comprimento em metros
    imprima os dados da ponte
}
```

Use uma variável booleana, um comando `break` e um método com múltiplos comandos `return`. Qual dessas três abordagens você acha mais clara?

Exercício R6.12. Forneça uma estratégia para ler entradas na forma:

nome da ponte   comprimento da ponte

Aqui o nome da ponte pode ser uma única palavra ("Brooklyn") ou consistir em várias palavras ("Golden Gate"). O comprimento é um número em ponto flutuante. Diferentemente do exercício anterior, toda a entrada é fornecida em uma única linha.

Exercício R6.13. Às vezes os alunos escrevem programas com instruções como "Insira os dados, 0 para terminar" e terminam o laço de dados de entrada quando o usuário inserir o número 0. (Esse valor é chamado de valor sentinela.) Explique por que essa geralmente é uma idéia ruim.

Exercício R6.14. Como você usaria um gerador de números aleatórios para simular o sorteio de uma carta de baralho?

Exercício R6.15. O que é um erro "por um"? Dê um exemplo a partir de sua própria experiência de programação.

Exercício R6.16. Dê um exemplo de um laço `for` no qual limites simétricos são mais naturais. Dê um exemplo de um laço `for` no qual limites assimétricos são mais naturais.

Exercício R6.17. O que são laços aninhados? Dê um exemplo onde tipicamente se usa um laço aninhado.

Exercícios de Programação

Exercício P6.1. *Conversão de moedas.* Escreva um programa que solicite ao usuário digitar a taxa de câmbio de hoje entre o dólar americano e o euro. Em seguida, o programa lê valores em dólares e os converte para valores em euro. Pare quando o usuário teclar o botão "Cancel" do diálogo de entrada (ou quando o usuário fechar a entrada se você estiver lendo de System.in).

Exercício P6.2. *Passeio aleatório.* Simule o andar ao acaso de uma pessoa bêbada em uma grade de ruas retas. Desenhe uma grade de 10 ruas horizontais e 10 verticais. Represente o bêbado simulado por um ponto, colocado no meio da grade para iniciar. Por 100 vezes, faça com que o bêbado simulado escolha uma direção aleatoriamente (leste, oeste, norte, sul), mova-se uma quadra na direção escolhida e redesenhe o ponto. Depois das iterações, exiba a distância total que o bêbado percorreu. (Talvez esperemos que na média a pessoa não chegue em lugar algum porque os movimentos para as diferentes direções se cancelam no longo prazo, mas na verdade pode-se mostrar que com probabilidade 1 a pessoa por fim se move para fora de uma região finita. Veja, por exemplo, o item [4] do Capítulo 8 para maiores detalhes.) Use classes para representar a grade e o bêbado.

Exercício P6.3. *Trajetória de um projétil.* Suponha que uma bala de canhão seja impulsionada verticalmente no ar com velocidade inicial v_0. Qualquer livro de cálculo nos dirá que a posição da bala após t segundos é $s(t) = -0.5 \cdot g \cdot t^2 + v_0 \cdot t$, onde $g = 9.81$ m/s^2 é a aceleração gravitacional da terra. Nenhum livro de cálculo nunca mencionou porque alguém iria querer executar uma experiência tão obviamente perigosa, de modo que nós a faremos na segurança do computador.

Na verdade, vamos confirmar o teorema do cálculo com uma simulação. Em nossa simulação, iremos considerar que a bala se move em intervalos de tempo Δt muito curtos. Em um intervalo de tempo curto a velocidade v é aproximadamente constante e podemos calcular a distância que a bala se move como $\Delta s = v \cdot \Delta t$. Em nosso programa, iremos simplesmente inicializar

```
double deltaT = 0.01;
```

e atualizar a posição com

```
s = s + v * deltaT;
```

A velocidade muda constantemente — na verdade, ela é reduzida pela força gravitacional da terra. Em um curto intervalo de tempo, v diminui por $g \cdot \Delta t$, e temos de manter a velocidade atualizada com

```
v = v - g * deltaT;
```

Na próxima iteração a nova velocidade é usada para atualizar a distância.

Agora execute a simulação até que a bala caia de volta na terra. Obtenha a velocidade inicial como uma entrada (100 m/s é um bom valor). Atualize a posição e a velocidade 100 vezes por segundo, mas imprima a posição apenas a cada segundo completo. Também imprima os valores da fórmula exata $s(t) = -0.5 \cdot g \cdot t^2 + v_0 \cdot t$ para comparação. Use uma classe Cannonball.

Qual é o benefício desse tipo de simulação quando há uma fórmula exata disponível? Bem, a fórmula do livro de cálculo *não* é exata. Na verdade, a força gravitacional diminui à medida que a bala se afasta da superfície da terra. Isso complica a álgebra de tal maneira que não é possível dar uma fórmula exata para o movimento real, mas a simulação computacional pode simplesmente ser estendida para aplicar uma força gravitacional variável. Para balas de canhão, a fórmula do livro de cálculo na verdade é suficientemente boa, mas o computador é necessário para calcular trajetórias precisas de objetos voando mais alto, como mísseis balísticos.

Exercício P6.4. A maioria das balas de canhão não são disparadas na vertical mas em ângulo. Se a velocidade inicial tem a magnitude *v* e o ângulo inicial é a, então a velocidade na verdade é um vetor com componentes $v_x = v \cdot \cos(a)$, $v_y = v \cdot \sin(a)$. Na direção *x* a velocidade não muda. Na direção *y* a força gravitacional provoca seu efeito. Repita a simulação do exercício anterior, mas atualize as componentes *x* e *y* da localização e da velocidade separadamente. A cada segundo completo, trace a localização da bala na tela gráfica. Repita até a bala atingir a terra novamente. Use novamente uma classe `Cannonball`.

Esse tipo de problema é de interesse histórico. Os primeiros computadores foram projetados para realizar exatamente esse tipo de cálculos balísticos, levando em conta a diminuição da gravidade em projéteis de grande altura e também a velocidade do vento.

Exercício P6.5. A *seqüência de Fibonacci* é definida pela seguinte regra. Os primeiros dois valores da seqüência são 1 e 1. Todo valor subseqüente é a soma dos dois valores que o precedem. Por exemplo, o terceiro valor é 1 + 1 = 2, o quarto valor é 1 + 2 = 3, e o quinto é 2 + 3 = 5. Se *fn* denota o enésimo valor na seqüência de Fibonacci, então

$$f_1 = 1$$
$$f_2 = 1$$
$$f_n = f_{n-1} + f_{n-2} \text{ se } n > 2$$

Escreva um programa que solicite n ao usuário e imprima o enésimo valor da seqüência de Fibonacci. Use uma classe `FibonacciGenerator` com um método `nextNumber`.

Dica: Não há necessidade de se armazenar todos os valores de *fn*. Você só precisa dos dois últimos valores para calcular o próximo da série:

```
fold1 = 1;
fold2 = 1;
fnew = fold1 + fold2;
```

Depois disso, descarte `fold2`, o qual não é mais necessário, e configure `fold2` para `fold1` e `fold1` para `fnew`.

Exercício P6.6. Escreva um programa que desenhe um *gráfico de barras* a partir de um conjunto de dados. O programa deve ser um *applet* gráfico que solicite ao usuário os valores, os quais devem ser todos inseridos em um único diálogo de opções, separados por espaços (por exemplo, 40 60 50). Suponha que todos os valores estejam entre 0 e 100. Então desenhe um gráfico de barras assim:

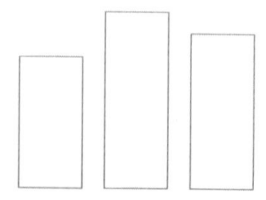

Exercício P6.7. *Média e desvio-padrão*. Escreva um programa que leia um conjunto de valores de dados em ponto flutuante a partir da entrada. Quando o fim do arquivo é atingido, imprima a contagem dos valores, a média e o desvio-padrão. A média de um conjunto de dados $x_1, \ldots, x_n$ é

$$\bar{x} = \frac{\sum x_i}{n}$$

onde $\sum x_i = x_1 + \cdots + x_n$ é a soma dos valores de entrada. O desvio-padrão é

$$S = \sqrt{\frac{\sum(x_i - \bar{x})^2}{n-1}}$$

Entretanto, essa fórmula não é adequada para nossa tarefa. Quando você conseguiu calcular a média, os x_i individuais já terão se perdido há tempo tempo. Até que você aprenda a salvar esses valores, use a fórmula numericamente menos estável

$$S = \sqrt{\frac{\sum x_i^2 - (\sum x_i)^2 / n}{n-1}}$$

Você consegue calcular esse valor acompanhando a contagem, a soma e a soma dos quadrados na classe `DataSet` à medida que você vai processando os valores de entrada.

Exercício P6.8. Escreva um *applet* gráfico que solicite que o usuário entre com um número n e que desenhe n círculos com centro e raio aleatórios.

Exercício P6.9. *O índice de legibilidade de Flesch.* O índice a seguir [5] foi inventado por Flesch como uma ferramenta simples para medir a legibilidade de um documento sem análise linguística.

- Conte todas as palavras de um arquivo. Uma *palavra* é qualquer seqüência de caracteres delimitada por espaço em branco, sejam elas palavras da língua inglesa ou não.
- Conte todas as sílabas de cada palavra. Para tornar isso simples, use as seguintes regras: cada *grupo* de vogais adjacentes (a,e,i,o,u,y) conta como uma sílaba (por exemplo, o "ea" em "real" fornecem uma sílaba, mas "e..a" em "regal" contam como duas sílabas). Entretanto, um "e" no fim de uma palavra não conta como uma sílaba.

Também, cada palavra tem pelo menos uma sílaba, mesmo se as regras anteriores resultarem em uma contagem de 0.

- Conte todas as sentenças. Uma sentença é concluída com um ponto, dois pontos, ponto-e-vírgula, ponto de interrogação ou exclamação.
- O índice é calculado por

    Índice = 206.835
          – 84.6 × (número de sílabas/número de palavras)
          – 1.015 × (número de palavras/número de frases)

arredondado para o inteiro mais próximo.

Esse índice é um número, geralmente entre 0 e 100, que indica o grau de dificuldade para se ler o texto. Alguns exemplos de material aleatório de várias publicações são

Revistas em Quadrinhos	95
Propagandas	82

Sports Illustrated	65
Time	57
New York Times	39
Apólice de Seguro de Automóvel	10
Código Tributário dos EUA	–6

Traduzidos para níveis de escolaridade, os índices são

91–100	Aluno da 4ª série do ensino fundamental
81–90	Aluno da 5ª série do ensino fundamental
71–80	Aluno da 6ª série do ensino fundamental
66–70	Aluno da 7ª série do ensino fundamental
61–66	Aluno da 8ª série do ensino fundamental
51–60	Aluno do ensino médio
31–50	Aluno de faculdade
0–30	Terceiro grau completo
Menos do que 0	Bacharel em Direito

O objetivo do índice é forçar os autores a reescrever seus textos até que o índice seja suficientemente alto. Isso é conseguido reduzindo o tamanho das sentenças e removendo palavras longas. Por exemplo, a sentença

> The following index was invented by Flesch as a simple tool to estimate the legibility of a document without linguistic analysis.

Pode ser re-escrita como

> Flesch invented an index to check whether a text is easy to read. To compute the index, you need not look at the meaning of the words.

Seu livro [5] contém exemplos fascinantes de traduções de estatutos do governo para "inglês simples".

Seu programa deve ler um arquivo de texto, calcular o índice de legibilidade e imprimir o nível de escolaridade equivalente. Use as classes `Word` e `Document`.

Exercício P6.10. *Fatoração de inteiros.* Escreva um programa que solicite ao usuário um inteiro e então imprima todos seus fatores. Por exemplo, se o usuário digitar 150, o programa deve imprimir

```
2
3
5
5
```

Use uma classe `FactorGenerator` com métodos `nextFactor` e `hasMoreFactors`.

Exercício P6.11. *Números primos.* Escreva um programa que solicite um inteiro ao usuário e então imprima todos os números primos até aquele inteiro. Por exemplo, se o usuário inserir 20, o programa deve imprimir

```
2
3
5
7
11
13
17
19
```

Lembre-se que um número é primo se ele não for divisível por nenhum outro número exceto 1 e por si mesmo.

Use uma classe `PrimeGenerator` com um método `nextPrime`.

Exercício P6.12. O *método de Heron* é um método para calcular a raiz quadrada conhecido pelos gregos da Antigüidade. Se x for uma suposição para o valor $\sqrt{a}$, então a média de x e a/x será uma suposição mais adequada.

Implemente uma classe `RootApproximator` que inicia com um chute inicial de 1 e cujo método `nextGuess` produz uma seqüência de chutes cada vez melhores. Forneça um método `hasMoreGuesses` que retorne `false` se dois chutes sucessivos forem suficientemente próximos um do outro. Então teste sua classe da seguinte maneira:

```
RootApproximator r = new RootApproximator(n);
while (r.hasMoreGuesses())
   System.out.println(r.nextGuess());
```

Exercício P6.13. O melhor método iterativo conhecido para se calcular as *raízes* de uma função f (isto é, os valores de x para os quais $f(x)$ é 0) é *a aproximação de Newton–Raphson*. Para achar o zero de uma função cuja derivada também é conhecida, calcule

$$x_{new} = x_{old} - f(x_{old}) / f'(x_{old}).$$

Para este exercício, Escreva um programa para calcular as enésimas raízes de números em ponto flutuante. Solicite ao usuário a e n, então obtenha $\sqrt[n]{a}$, calculando um zero da função $f(x) = x^n - a$. Siga a abordagem do exercício anterior.

Exercício P6.14. O valor de e^x pode ser calculado pela série

$$e^x = \sum_{n=0}^{\infty} \frac{x^n}{n!}$$

onde $n! = 1 \cdot 2 \cdot 3 \cdot \cdots \cdot n$.

Escreva um programa que calcule e^x usando essa fórmula. Naturalmente, você não pode calcular uma soma infinita. Simplesmente vá somando valores até que um termo individual seja menor do que certo limite. A cada passo, você precisa calcular o novo termo e somá-lo ao total. Atualize esses termos da seguinte maneira:

```
term = term * x / n;
```

Siga a abordagem dos dois exercícios anteriores, implementando uma classe `ExpApproximator`.

Exercício P6.15. Escreva um *applet* gráfico que exiba um tabuleiro de damas com 64 quadrados, alternando entre branco e preto.

Exercício P6.16. *O jogo do "Resta Um"*. Esse é um jogo bem conhecido que possui algumas variantes. Vamos considerar a seguinte variante, a qual tem uma estratégia de vitória interessante. Dois jogadores alternadamente pegam bolinhas de gude de uma coleção. Em cada movimento, um jogador escolhe quantas bolinhas de gude vai pegar. O jogador deve pegar pelo menos uma, mas no máximo a metade das bolinhas. Então é a vez do outro jogador. O jogador que pegar a última bolinha perde.

Escreva um programa no qual o computador jogue contra uma pessoa. Gere um inteiro aleatório entre 10 e 100 para denotar o tamanho inicial da coleção. Gere um inteiro aleatório entre 0 e 1 para decidir se o computador ou a pessoa joga primeiro. Gere um inteiro aleatório entre 0 e 1 para decidir se o computador joga no modo *inteligente* ou *burro*. No modo burro, o computador simplesmente pega um valor aleatório permitido (entre 1 e *n*/2) da coleção sempre que for a sua vez. No modo inteligente, o computador tira o número de bolinhas suficiente para deixar o tamanho da coleção uma potência de dois menos 1 — isto é, 3, 7, 15, 31, ou 63. Esse sempre é um movimento permitido, exceto se o tamanho da coleção atualmente é um a menos do que uma potência de 2. Nesse caso, o computador faz uma jogada permitida aleatória.

Observe que o computador não pode ser vencido no modo inteligente quando ele tiver a primeira jogada, a menos que o tamanho da coleção seja 15, 31, ou 63. Naturalmente, uma pessoa que seja a primeira a jogar e conheça a estratégia vitoriosa pode vencer o computador.

Exercício P6.17. Programe a seguinte simulação: dardos são atirados em pontos aleatórios sobre o quadrado de cantos (1,1) e (−1,−1). Se o dardo cair dentro do círculo unitário (isto é, o círculo de centro (0,0) e raio 1), é um acerto. Caso contrário, é um erro. Execute essa simulação e use-a para determinar um valor aproximado para π. Explique porque esse método é melhor para estimar π do que o programa das agulhas de Buffon.

Exercício P6.18. É fácil e divertido desenhar gráficos de curvas com a biblioteca gráfica de Java. Simplesmente desenhe uma centena de segmentos de reta que unam os pontos $(x, f(x))$ e $(x + d, f(x + d))$, onde x vai de x_{min} a x_{max} e $d = (x_{max} - x_{min})/100$. Desenhe a curva $f(x) = x^3/100 - x + 10$, onde x vai de −10 a 10 dessa forma.

Exercício P6.19. Desenhe a figura de um trevo de quatro folhas cuja equação em coordenadas polares é $r \cos(2\theta)$. Deixe θ variar de 0 a 2π em 100 passos. A cada vez, calcule r e então calcule as coordenadas (x,y) a partir das coordenadas polares usando a fórmula

$$x = r \cos \theta, y = r \operatorname{sen} \theta$$

Você ganhará pontos extra se puder variar o número de folhas.

Exercício P6.20. A série de *pipes* no Tópico Avançado 6.7 tem um problema final: o arquivo de saída contém versões em maiúsculas e em minúsculas da mesma palavra, como "The" e "the". Modifique o procedimento, seja mudando um dos programas, seja, no verdadeiro espírito do redirecionamento (*piping*), escrevendo outro programa curto e acrescentando-o à série.

Capítulo 7

Projetando Classes

Objetivos do capítulo

- Aprender a escolher classes adequadas para implementar
- Entender os conceitos de coesão e acoplamento
- Minimizar o uso de efeitos colaterais
- Documentar as responsabilidades dos métodos e de seus chamadores com pré-condições e pós-condições
- Entender a diferença entre métodos de instância e métodos estáticos
- Introduzir o conceito de campos estáticos
- Entender as regras de escopo para variáveis locais e campos de instância
- Aprender a respeito de pacotes

Neste capítulo aprenderemos mais sobre o projeto de classes. Primeiramente iremos discutir o processo de descobrir classes e definir métodos. Então discutiremos como os conceitos de pré e pós-condição nos capacitam a especificar, implementar e invocar métodos corretamente. Também aprenderemos sobre diversas questões técnicas, como métodos e variáveis estáticas. Finalmente, veremos como usar pacotes para organizar nossas classes.

Sumário do capítulo

7.1 Escolhendo classes 268
7.2 Coesão e Acoplamento 269
    Dica de Qualidade 7.1:
      Consistência 271
7.3 Métodos de Acesso e Métodos Modificadores 272
7.4 Efeitos Colaterais 273
    Dica de Qualidade 7.2: Minimize os Efeitos Colaterais 274

Erro Freqüente 7.1:
  Tentando Modificar Tipos Primitivos como Parâmetros 274
Tópico Avançado 7.1:
  Chamada por Valor e Chamada por Referência 275
Dica de Qualidade 7.3:
  Não Mude o Conteúdo de Variáveis de Parâmetro 276

7.5 Pré e Pós-Condições 277

Tópico Avançado 7.2: Invariantes de Classe 280

7.6 Métodos Estáticos 281

7.7 Campos Estáticos 282

Dica de Qualidade 7.4: Não Abuse dos Campos Estáticos 285

Tópico Avançado 7.3: Formas Alternativas de Inicialização de Campos 286

7.8 Escopo 287

Erro Freqüente 7.2: Sobreposição de Nomes 290

Dica de Produtividade 7.1: Pesquisa e Substituição Global 290

Dica de Produtividade 7.2: Expressões Regulares 291

Tópico Avançado 7.4: Chamando um Construtor a partir de Outro 291

7.9 Pacotes 292

Sintaxe 7.1: Especificação de Pacotes 293

Erro Freqüente 7.3: Pontos que Confundem 294

Como Fazer? 7.1: Programando com Pacotes 297

Fato Histórico 7.1: O Crescimento Explosivo dos Computadores Pessoais 298

7.1 Escolhendo Classes

Usamos um bom número de classes nos capítulos anteriores e provavelmente você também tenha projetado algumas classes como parte de seus exercícios de programação. O projeto de uma classe pode ser um desafio — nem sempre é fácil dizer como iniciar ou se o resultado é de boa qualidade.

Os alunos que já tiveram experiência com programação em outras linguagens estão acostumados a programar *funções*. Uma função realiza uma ação. Na programação orientada a objetos, as ações aparecem como métodos. Entretanto, cada método pertence a uma classe. Classes são coleções de objetos e os objetos não são ações — são entidades.

> Uma classe deve representar um único conceito do domínio do problema, como negócios, ciência ou matemática.

De modo que temos de iniciar a atividade de programação com a identificação dos objetos e das classes às quais eles pertencem.

Lembre-se da regra geral do Capítulo 2: nomes de classes devem ser substantivos e nomes de métodos devem ser verbos.

O que faz uma classe ser boa? Acima de tudo, a classe deve *representar um único conceito*. Algumas das classes que vimos representam conceitos matemáticos:

- `Point` (ponto)
- `Rectangle` (retângulo)
- `Ellipse` (elipse)

Outras classes são abstrações de entidades da vida real:

- `BankAccount` (conta bancária)
- `Purse` (bolsa)

No caso dessas classes, as propriedades de um objeto típico são fáceis de entender. Um objeto `Rectangle` tem uma largura e uma altura. Dado um objeto `BankAccount` podemos depositar e retirar dinheiro. Geralmente, conceitos da parte do universo relacionada ao nosso programa, como ciência, negócios ou um jogo, dão boas classes. O nome de uma classe dessas deve ser um substantivo que descreva o conceito. Alguns dos nomes padrão das classes Java são um tanto quanto estranhos, como `Ellipse2D.Double`, mas você pode escolher nomes melhores para suas próprias classes.

Outra categoria útil de classes pode ser descrita como *atores*. Os objetos da classe de um ator fazem algum tipo de trabalho para você. Exemplos de atores são a classe `StringTokenizer` do Capítulo 6 e a classe `Random` no Capítulo 4. O objeto `StringTokenizer` quebra *strings*. O objeto `Random` gera números aleatórios. É uma boa idéia escolher nomes de classes para atores que terminem em "-er" ou "-or" em inglês. Um nome melhor para a classe `Random` pode ser `RandomNumberGenerator`.

Ocasionalmente uma classe não tem objetos, mas contém uma coleção de métodos estáticos e constantes relacionadas. A classe `Math` é um exemplo típico. Essa classe é chamada de classe *utilitária*.

Finalmente, vimos classes apenas com um método `main`. O único propósito delas é iniciar um programa. Do ponto de vista de projeto, esses são exemplos um tanto quanto degenerados de classes.

O que pode não ser uma boa classe? Se não pudermos dizer a partir do nome da classe o que um objeto da classe deve fazer, então provavelmente não estamos no caminho certo. Por exemplo, seu tema de casa pode ser escrever um programa que imprima cheques de pagamento (*paychecks*). Suponhamos que você comece tentando projetar uma classe `PaycheckProgram`. O que faria um objeto dessa classe? Ele teria de fazer tudo que o tema de casa pedisse. Isso não simplificou nada. Uma classe melhor seria `Paycheck`. Então seu programa pode manipular um ou mais objetos `Paycheck`.

Outro erro comum, particularmente de alunos que estão acostumados a escrever programas que consistem em funções, é transformar uma ação em uma classe. Por exemplo, se o seu tema de casa for calcular um cheque de pagamento, você pode considerar em escrever uma classe `ComputePaycheck` (calcular o cheque de pagamento). Mas será que você consegue visualizar um objeto "ComputePaycheck"? O fato de "ComputePaycheck" não ser um substantivo sugere que você está no caminho errado. Por outro lado, uma classe `Paycheck` intuitivamente faz sentido. A palavra *paycheck* é um substantivo. Podemos visualizar um objeto cheque de pagamento. Você então pode pensar sobre métodos úteis da classe `Paycheck`, como `compute`, que lhe ajudam a resolver o tema.

7.2 Coesão e Acoplamento

> A interface pública de uma classe é coesa se todos os seus recursos estão relacionados ao conceito que a classe representa.

Nesta seção você aprenderá alguns critérios úteis para analisar a qualidade da interface pública de uma classe.

Uma classe deve representar um único conceito. Os métodos e constantes públicos que a interface pública expõe devem ser *coesos*. Isto é, todos os recursos da interface devem estar intimamente relacionados ao único conceito que a classe representa.

Se você descobrir que a interface pública de uma classe se refere a múltiplos conceitos, então isso é um sinal de que talvez seja o momento de usar classes separadas. Considere, por exemplo, a interface pública da classe `Purse` no Capítulo 3:

```
public class Purse
{
    public Purse() { ... }
    public void addNickels(int count) { ... }
    public void addDimes(int count) { ... }
    public void addQuarters(int count) { ... }
    public double getTotal() { ... }
    public static final double NICKEL_VALUE = 0.05;
    public static final double DIME_VALUE = 0.1;
    public static final double QUARTER_VALUE = 0.25;
    ...
}
```

Na realidade há dois conceitos aqui: uma bolsa que contém moedas e calcula o seu total, e os valores de moedas individuais. Faria mais sentido ter uma classe `Coin` (moeda) separada e tornar as moedas responsáveis por saberem seus valores.

```
public class Coin
{
    public Coin(double aValue, String aName) { ... }
    public double getValue() { ... }
    ...
}
```

Então a classe `Purse` poderia ser simplificada:

```
public Purse
{
    public Purse() { ... }
    public void add(Coin aCoin) { ... }
    public double getTotal() { ... }
    ...
}
```

Essa é claramente uma solução melhor porque separa as responsabilidades da bolsa e das moedas. A única razão pela qual não usamos essa abordagem no Capítulo 3 foi para manter o exemplo de `Purse` simples.

> Uma classe depende de outra classe se ela usa objetos dessa outra classe.

Muitas classes precisam de outras classes para fazer seu trabalho. Por exemplo, a classe `Purse` reestruturada agora depende da classe `Coin` para determinar o valor total das moedas na bolsa.

A fim de visualizar relacionamentos como dependências entre classes, os programadores desenham diagramas de classe. Neste livro, usamos a notação UML ("Unified Modeling Language") para objetos e classes. UML é uma notação para análise e projeto orientados a objetos, inventada por Grady Booch, Ivar Jacobson e James Rumbaugh, três pesquisadores líderes no desenvolvimento de *software* orientado a objetos. A notação UML distingue entre *diagramas de objeto* e diagramas de classe. Em um diagrama de objeto, os nomes das classes estão sublinhados. Em um diagrama de classe, os nomes das classes não estão sublinhados, mas indicamos a dependência por meio de uma linha tracejada com uma ponta de seta aberta >– que aponta para a classe dependente. A Figura 1 mostra um diagrama de classe que indica que a classe `Purse` depende da classe `Coin`.

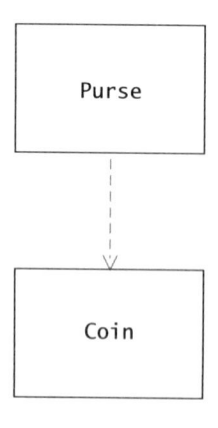

Figura 1

Relacionamento de dependência entre as classes `Purse` e `Coin`.

Observe que a classe Coin *não* depende da classe Purse. As moedas não fazem idéia de que estão sendo coletadas em bolsas, e conseguem realizar seu trabalho sem nunca chamar nenhum método da classe Purse.

> É uma boa prática minimizar o acoplamento (isto é, a dependência) entre classes.

Se muitas classes de um programa dependem umas das outras, então dizemos que o *acoplamento* entre classes é alto. Por outro lado, se há poucas dependências entre classes, então dizemos que o acoplamento é baixo (veja a Figura 2).

Por que o acoplamento é importante? Se a classe Coin mudar na próxima versão do programa, todas as classes que dependem dela podem ser afetadas. Se a mudança for drástica, as classes acopladas todas terão de ser atualizadas. Além disso, se quisermos uma classe em outro programa, temos de levar com ela todas as classes da qual ela depende. De modo que queremos remover qualquer acoplamento desnecessário entre classes.

Dica de Qualidade 7.1
Consistência

Nesta seção aprendemos dois critérios para se analisar a qualidade da interface pública de uma classe. Devemos maximizar a coesão e remover o acoplamento desnecessário. Há um outro crité-

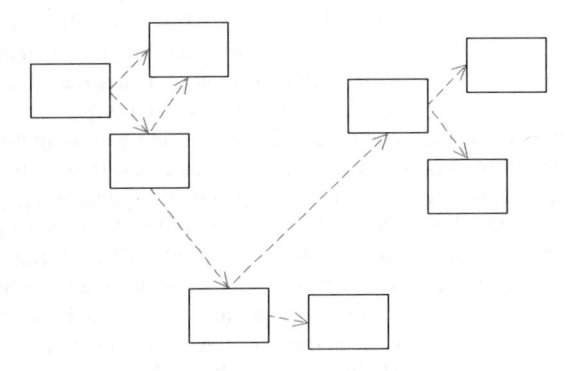

Acoplamento baixo

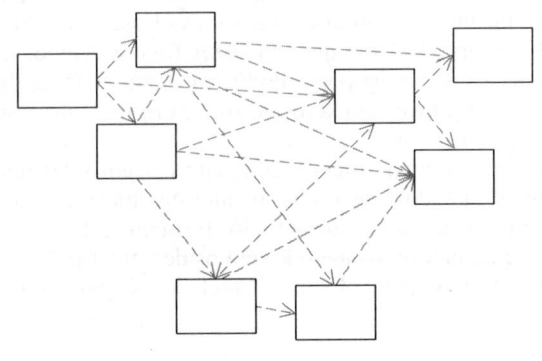

Acoplamento alto

Figura 2
Acoplamento baixo e alto entre classes.

▼ rio que você deve atentar — consistência. Quando temos um conjunto de métodos, devemos seguir um esquema consistente para seus nomes e parâmetros. Isso é simplesmente um sinal de boa prática.

▼ Infelizmente, encontramos muitas inconsistências na biblioteca padrão. A seguir temos um exemplo. Para mostrar um diálogo de entrada, chamamos:

▼   `JOptionPane.showInputDialog(promptString)`

▼ Para mostrar um diálogo de mensagens, chamamos:

      `JOptionPane.showMessageDialog(null, messageString)`

▼ O que é o parâmetro `null`? É que o método `showMessageDialog` precisa de um parâmetro para especificar a janela pai, ou `null` se não for necessária a janela pai. Mas o método `showInputDialog` não necessita de janela pai. Por que há essa inconsistência? Não há nenhuma razão. Teria sido fácil fornecer um método `showMessageDialog` que espelhasse exatamente o método `showInputDialog`.

▼ Inconsistências como essas não são uma falha fatal, mas são uma incomodação, especialmente porque elas poderiam ter sido facilmente evitadas.

7.3 Métodos de Acesso e Métodos Modificadores

> Um método de acesso não muda o estado de seu parâmetro implícito. Um método modificador pode mudar o estado.

Nesta seção apresentaremos uma terminologia útil para os métodos de uma classe. Um método que acessa um objeto e retorna algumas informações sobre ele, sem alterar o objeto, é chamado de um método *de acesso*. Em contraste, um método cujo objetivo seja modificar o estado de um objeto é chamado de um método *modificador*. Por exemplo, na classe `BankAccount`, `getBalance` é um método de acesso, porque obter o saldo da conta não altera a conta. Em contraste, os métodos `deposit` e `withdraw` são métodos modificadores.

Como regra geral, é uma boa idéia que os modificadores tenham um retorno de tipo `void`. Essa não é uma regra da linguagem Java, mas apenas uma recomendação para diferenciarmos com mais facilidade os métodos modificadores dos métodos de acesso. Os métodos de `BankAccount` seguem essa recomendação. O método `getBalance` retorna o saldo atual sem mudá-lo. Os métodos `deposit` e `withdraw` mudam o estado do objeto e têm tipo de retorno `void`.

> Uma classe imutável não possui métodos modificadores.

Podemos chamar um método de acesso quantas vezes quisermos — sempre obteremos a mesma resposta e isso não mudará o estado de nosso objeto. Essa claramente é uma propriedade desejável, porque torna o comportamento desse método muito previsível. Algumas classes foram projetadas para ter apenas métodos de acesso e nenhum método modificador. Essas classes são chamadas de *imutáveis*. Um exemplo é a classe `String`. Uma vez que um *string* foi construído, seu conteúdo nunca muda. Nenhum método da classe `String` pode modificar o conteúdo de um *string*. Por exemplo, o método `substring` não remove caracteres do *string* original, mas constrói um *novo string* que contém os caracteres do *substring*.

Uma classe imutável tem uma grande vantagem: é seguro dar referências livremente para seus objetos. Se nenhum método pode mudar o valor do objeto, então nenhum código consegue modificar o objeto em um momento inesperado. Em contraste, se dermos uma referência de `BankAccount` para qualquer outro método, temos de cuidar porque o estado de nosso objeto pode mudar — o outro método pode chamar os métodos `deposit` e `withdraw` sobre a referência que lhe demos.

7.4 Efeitos Colaterais

> Um efeito colateral de um método é qualquer comportamento observável externamente fora do parâmetro implícito. Devemos minimizar os efeitos colaterais.

Classificamos os métodos em métodos de acesso e modificadores mutatórios, dependendo de qual efeito eles têm sobre seus parâmetros implícitos. Se um método modifica algum valor externo que não o seu parâmetro implícito, chamamos essa modificação de *efeito colateral*. Um efeito colateral de um método é *qualquer tipo de comportamento observável* fora do objeto.

A seguir temos um exemplo de um método cujo efeito colateral é a atualização de um parâmetro explícito:

```
public class BankAccount
{
    /**
        Transfere dinheiro desta conta para outra conta.
        @param amount  a quantia de dinheiro a transferir
        @param other   a conta para a qual transferir o dinheiro
    */
    public void transfer(double amount, BankAccount other)
    {
        balance = balance - amount;
        other.balance = other.balance + amount;
    }
    ...
}
```

Como regra geral, atualizar um parâmetro explícito pode ser uma surpresa para os programadores, e é melhor evitá-lo sempre que possível.

Observe que um método só pode atualizar parâmetros de *objeto*. Parâmetros de tipo primitivo são seguros — um método nunca consegue mudá-los. Veja Erro Freqüente 7.1 para maiores informações.

Outro exemplo de um efeito colateral é a saída. Considere a maneira como sempre imprimimos um saldo de banco:

```
System.out.println("The balance is now $" +
    momsSavings.getBalance());
```

Por que não simplesmente ter um método `printBalance`?

```
public void printBalance()  // não recomendado
{
    System.out.println("The balance is now $" + balance);
}
```

Isso seria mais conveniente quando você realmente quisesse imprimir o valor. Mas, naturalmente, há casos em que você quer o valor para algum outro propósito. Assim, você não pode simplesmente abandonar o método `getBalance` em favor de `printBalance`.

Mas o mais importante é que o método `printBalance` força suposições fortes sobre a classe `BankAccount`.

- A mensagem está em inglês – você está supondo que o usuário de seu *software* leia inglês. A maioria das pessoas do planeta não o fazem.
- Você depende de `System.out`. Um método que depende de `System.out` não vai funcionar em um sistema embarcado, como o computador dentro de um caixa eletrônico.

Um método com um efeito colateral introduz dependências adicionais, violando assim a regra de minimizar o acoplamento das classes. Por exemplo, o método `printBalance` acopla a classe `BankAccount` com as classes `System` e `PrintStream`. O melhor é desacoplar entrada/saída do funcionamento real de suas classes.

Uma prática particularmente repreensível é imprimir mensagens de erro dentro de métodos. Nunca faça isto:

```
public void deposit(double amount)
{
    if (amount < 0)
        System.out.println("Bad value of amount");
        // mau estilo
    else
        balance = balance + amount;
}
```

Aprenderemos na Seção 7.5 e no Capítulo 14 como um método pode usar *exceções* para indicar problemas.

Dica de Qualidade 7.2

Minimize os Efeitos Colaterais

Em um mundo ideal, todos os métodos seriam de acesso e simplesmente retornariam uma resposta sem mudar nenhum valor. Na verdade, programas escritos nas chamadas linguagens de programação *funcionais*, como Scheme e ML, aproximam-se desse ideal. Naturalmente, em uma linguagem orientada a objetos, usamos objetos para lembrar mudanças de estado. Portanto, um método que apenas muda o estado de seu parâmetro implícito certamente é aceitável. Um método que faça qualquer outra coisa tem um efeito colateral, como descrito na Seção 7.4. Embora os efeitos colaterais não possam ser totalmente eliminados, eles podem ser a causa de surpresas e problemas, e devem ser minimizados. A seguir temos uma classificação do comportamento dos métodos.

- *O melhor:* métodos de acesso que não alteram nenhum parâmetro explícito — nenhum efeito colateral. Exemplo: `getBalance`.
- *Bom:* métodos modificadores que não realizam nenhuma mudança nos parâmetros explícitos — sem efeitos colaterais: Exemplo: `withdraw`.
- *Razoável:* métodos que alteram um parâmetro explícito. Exemplo: `transfer`.
- *Ruim:* métodos que alteram um campo estático de outra classe como por exemplo `System.out`. Veja a Seção 7.6 para mais informações sobre campos estáticos.

Erro Freqüente 7.1

Tentando Modificar Tipos Primitivos como Parâmetros

> Em Java, um método nunca pode mudar parâmetros de tipo primitivo.

Os métodos não conseguem atualizar parâmetros de tipo primitivo (números e `boolean`). Para ilustrar esse ponto, vamos tentar escrever um método que atualize um parâmetro numérico:

```
public class BankAccount
{
    /**
        Transfere dinheiro desta conta e tenta adicioná-lo ao saldo.
        @param amount  a quantia de dinheiro a transferir
        @param otherBalance  saldo ao qual se quer acrescentar a quantia
    */
    void transfer(double amount, double otherBalance)
    {
```

```
            balance = balance - amount;
            otherBalance = otherBalance + amount; // não vai funcionar
      }
      ...
}
```

Isso não funciona. Vamos considerar uma chamada de método.

```
double savingsBalance = 1000;
harrysChecking.transfer(500, savingsBalance);
```

Quando o método inicia, a variável de parâmetro `otherBalance` é inicializada com o mesmo valor de `savingsBalance`. Então o valor de `otherBalance` é modificado, mas essa modificação não teve nenhum efeito sobre `savingsBalance`, porque `otherBalance` é uma variável separada (veja a Figura 3). Quando o método termina, a variável `otherBalance` morre e `savingsBalance` não é aumentado.

Por que o exemplo no início da Seção 7.4 funcionou, onde o segundo parâmetro explícito era uma referência a `BankAccount`? Neste caso, a variável de parâmetro continha uma cópia da referência ao objeto. Através dessa referência, o método é capaz de modificar o objeto. Já vimos essa diferença entre objetos e tipos primitivos no Capítulo 3. Como conseqüência, um método Java *nunca* consegue modificar números que lhe sejam passados.

Tópico Avançado 7.1

Chamada por Valor e Chamada por Referência

Em Java, os parâmetros dos métodos são *copiados* para as variáveis de parâmetro quando um método inicia. Os cientistas da computação chamam esse mecanismo de "chamada por valor". Há algumas limitações para o mecanismo de "chamada por valor". Como vimos em Erro Comum 7.1, não é possível implementar métodos que modifiquem o conteúdo de variáveis numéricas. Outras linguagens de programação como C++ suportam um mecanismo alternativo, denominado "chamada por referência". Por exemplo, em C++ seria fácil escrever um método que modificasse um número, usando o chamado *parâmetro de referência*. A seguir temos o código C++, para aqueles que conhecem C++:

```
// isso é C++
class BankAccount
{
public:
    void transfer(double amount, double& otherBalance)
```

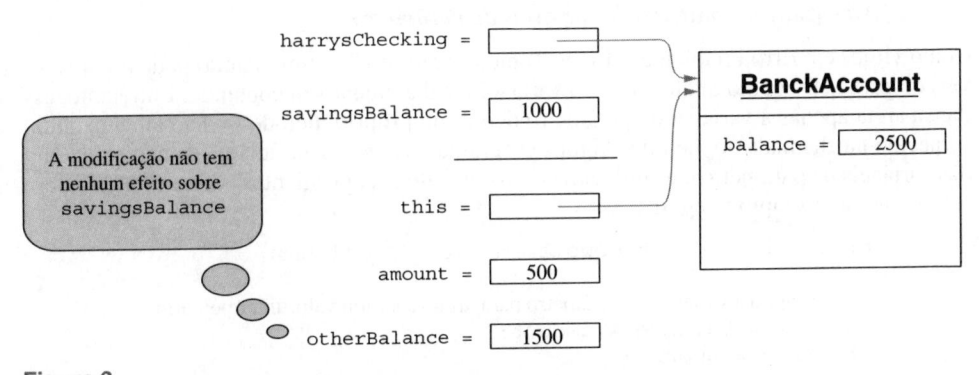

Figura 3

Modificar um parâmetro numérico não tem nenhum efeito sobre o chamador.

```
            // otherBalance é um double&, uma referência a um double
      {
         balance = balance - amount;
         otherBalance = otherBalance + amount;   // funciona em C++
      }
      ...
   };
```

Algumas vezes você irá encontrar em livros de Java que "números são passados por valor e objetos são passados por referência". Isso tecnicamente não está bem correto. Em Java, os próprios objetos nunca são passados como parâmetros, mas tanto números como *referências a objetos* são copiados por valor. Para ver isso claramente, vamos considerar outra hipótese. O método a seguir tenta configurar o parâmetro `otherAccount` para um novo objeto:

```
public class BankAccount
{
   public void transfer(double amount,
      BankAccount otherAccount)
   {
      balance = balance - amount;
      double newBalance = otherAccount.balance + amount;
      otherAccount = new BankAccount(newBalance);   // não vai funcionar
   }
}
```

Nessa situação, não estamos tentando mudar o estado do objeto ao qual a variável de parâmetro `otherAccount` se refere; em vez disso, estamos tentando substituir o objeto por um outro diferente (veja a Figura 4). Agora a variável de parâmetro `otherAccount` é substituída por uma referência a uma nova conta. Mas se chamarmos o método com

```
harrysChecking.transfer(500, savingsAccount);
```

> Em Java, um método consegue mudar o estado de um parâmetro de referência a objeto, mas não consegue substituir a referência a objeto por outra.

então essa mudança não afetará a variável `savingsAccount` que é fornecida na chamada.

Como podemos ver, um método Java pode atualizar o estado de um objeto, mas não pode *substituir* o conteúdo de uma referência a objeto. Isso mostra que as referências a objeto são passadas por valor em Java.

Dica de Qualidade 7.3

Não Mude o Conteúdo de Variáveis de Parâmetro

Como vimos em Erro Freqüente 7.1 e no Tópico Avançado 7.1, um método pode tratar suas variáveis de parâmetro como qualquer outra variável local e mudar seu conteúdo. Entretanto, essa mudança afeta apenas a variável de parâmetro dentro do próprio método — não afeta nenhum valor fornecido na chamada do método. Alguns programadores se "beneficiam" da natureza temporária das variáveis de parâmetro e as utilizam como depósitos "convenientes" de resultados intermediários, como no exemplo a seguir:

```
public void deposit(double amount)   // estilo ruim
{
   // usando a variável de parâmetro para armazenar um valor intermediário
   amount = balance + amount;
   balance = amount;
}
```

```
                harrysChecking = ┌─────┐
                                 └──┬──┘         ┌──────────────────┐
                savingsBalance = ┌─────┐         │   BanckAccount   │
                                 └──┬──┘         ├──────────────────┤
   ╭─────────────────╮              │            │ balance = │ 2500 │
   │ A modificação não tem │        │            └──────────────────┘
   │ nenhum efeito sobre   │        │
   │ savingsAccount        │  this = ┌─────┐
   ╰─────────────────╯              └──┬──┘
                                       │
                       amount = ┌ 500 ┐
                                └─────┘         ┌──────────────────┐
                otherBalance = ┌─────┐          │   BanckAccount   │
                                └──┬──┘         ├──────────────────┤
                                                │ balance = │ 1000 │
                                                └──────────────────┘

                                                ┌──────────────────┐
                                                │   BanckAccount   │
                                                ├──────────────────┤
                                                │ balance = │ 1500 │
                                                └──────────────────┘
```

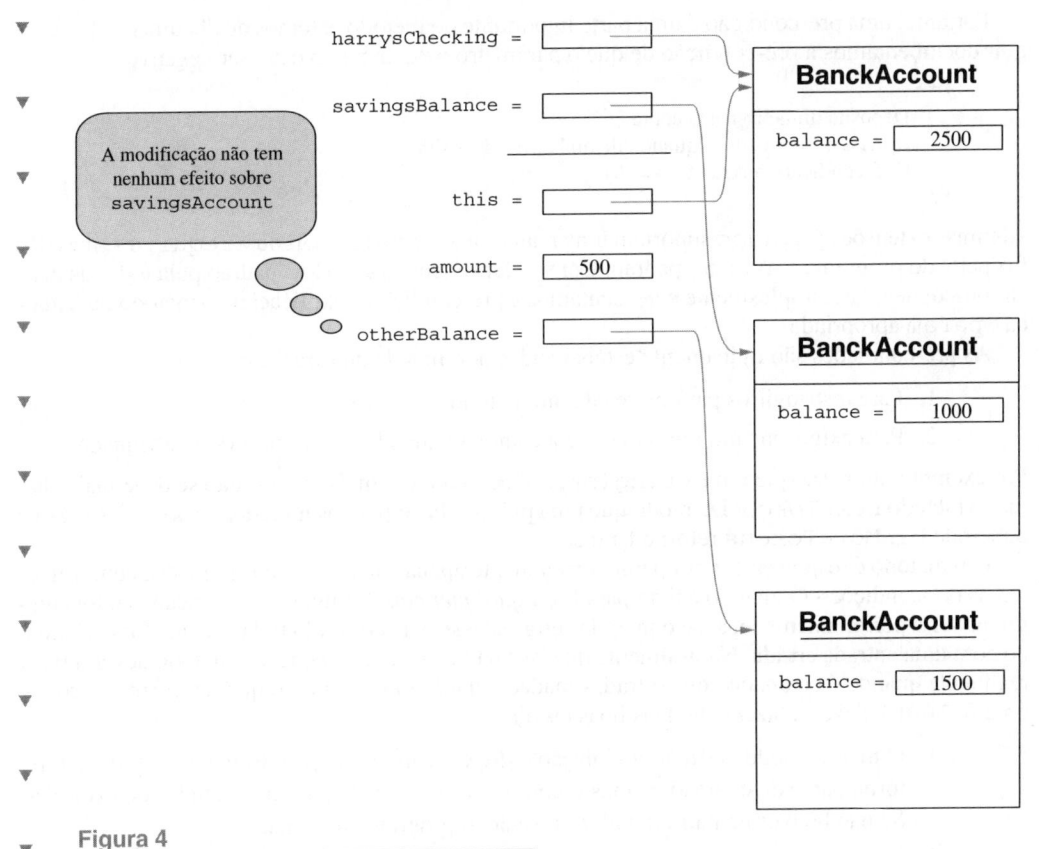

Figura 4
Modificar um parâmetro de referência a objeto não tem nenhum efeito sobre o chamador.

Esse código produziria erros se outro comando no método se referisse a `amount` esperando que ela fosse o valor do parâmetro, e irá confundir futuros programadores que irão dar manutenção a esse método. Devemos sempre tratar as variáveis de parâmetro como se elas fossem constantes. Não lhes atribua novos valores; em vez disso, crie uma nova variável local.

```
public void deposit(double amount)
{
    double newBalance = balance + amount;
    balance = newBalance;
}
```

7.5 Pré e Pós-Condições

> Uma pré-condição é um requisito que o chamador de um método tem de atender. Se um método for chamado violando uma pré-condição, o método não será responsável por calcular o resultado correto.

Uma *pré-condição* é um requisito que o chamador de um método tem de obedecer. Por exemplo, o método `deposit` da classe `BankAccount` tem uma pré-condição de que a quantia a ser depositada não pode ser negativa. É responsabilidade do chamador nunca chamar um método se uma de suas pré-condições for violada. Se o método for chamado de qualquer forma, ele não será responsável por gerar um resultado correto.

Portanto, uma pré-condição é uma parte importante do método, e temos de documentá-la. A seguir documentamos a pré-condição de que o parâmetro `amount` não deve ser negativo.

```
/**
    Deposita dinheiro nesta conta.
    @param amount a quantia de dinheiro a depositar
    (Pré-condição: amount >= 0)
*/
```

Algumas extensões `javadoc` suportam uma marca `@precondition` ou `@requires`, mas não faz parte do programa `javadoc` padrão. Como a ferramenta `javadoc` padrão pula todas as marcas desconhecidas, simplesmente acrescentamos a pré-condição à explicação do método ou à marca `@param` apropriada.

As pré-condições são tipicamente estabelecidas por uma de duas razões:

1. Para restringir os parâmetros de um método.
2. Para exigir que um método só seja chamado quando estiver no *estado* adequado.

Por exemplo, uma vez que um `StringTokenizer` não tem mais *tokens*, não se deve mais chamar o método `nextToken`. De modo que uma pré-condição para os métodos `nextToken` é que o método `hasMoreTokens` retorne `true`.

Um método é responsável por operar corretamente apenas quando o seu chamador cumpriu todas as pré-condições. O método é livre para fazer *qualquer coisa* se uma pré-condição não foi cumprida. Seria perfeitamente legal se o método reformatasse o disco rígido toda vez que fosse chamado com uma entrada errada. Naturalmente que isso não é razoável. O que um método deveria fazer realmente quando é chamado com entradas inadequadas? Por exemplo, o que `account.deposit(-1000)` deveria fazer? Há duas boas escolhas.

1. O método pode verificar a violação e *disparar uma exceção*. Então, o método não retorna para seu chamador; mas o controle é transferido para um tratador de exceções. Se não houver nenhum tratador presente, o programa termina.
2. Se for muito difícil realizar a conferência, o método pode simplesmente operar supondo que as pré-condições foram cumpridas. Se não foram, então qualquer corrupção dos dados (como um saldo negativo) ou outras falhas são culpa do chamador.

Veremos no Capítulo 14 como programar tratadores de exceções. Por ora, vamos ver como disparar uma exceção para indicar que o método foi chamado com parâmetros inadequados.

```java
public double deposit(double amount)
{
    if (amount < 0)
        throw new IllegalArgumentException();
    balance = balance + amount;
}
```

Quando o método for chamado com um argumento ilegal, o programa aborta com uma mensagem de erro

```
java.lang.IllegalArgumentException
    at BankAccount.deposit(BankAccount.java:14)
```

Se um método for chamado quando o objeto estiver em um estado inadequado, podemos disparar uma exceção `IllegalStateException`.

Muitos programadores iniciantes pensam que não é "elegante" abortar o programa. Por que não simplesmente retornar para o chamador?

```java
public void deposit(double amount)
{
    if (amount < 0)
        return; // não é tão bom como disparar uma exceção
    balance = balance + amount;
}
```

Isso é legal — afinal, o método pode fazer qualquer coisa se suas pré-condições forem violadas. Mas não é tão bom como disparar uma exceção. Se o programa que chama o método `deposit` tiver alguns erros que o fazem passar uma quantia negativa como valor de entrada, então a versão que dispara a exceção deixará os erros muito evidentes durante os testes — é difícil ignorar quando o programa aborta. A versão silenciosa, por outro lado, não irá nos alertar, e podemos não perceber que ela realiza alguns cálculos errados como conseqüência. Pense nas exceções como a abordagem "amor difícil" para conferência das pré-condições.

Se testarmos as pré-condições, então ainda podemos disparar uma exceção. Entretanto, às vezes o custo de testar é alto. Ele pode tornar o método muito lento, ou pode torná-lo confuso. Então podemos simplesmente prosseguir supondo que a pré-condição foi cumprida:

```
public void deposit(double amount)
{
    // sem teste, para máxima eficiência
    // se isto tornar o saldo negativo, a culpa é do chamador
    balance = balance + amount;
}
```

Quando um método é chamado em concordância com suas pré-condições, ele promete fazer seu trabalho corretamente. Um outro tipo de promessa que o método faz chama-se *pós-condição*. Há dois tipos de pós-condições:

1. Que o valor de retorno seja calculado corretamente.
2. Que o objeto esteja em certo estado depois que a chamada do método é completada.

A seguir temos uma pós-condição que faz uma afirmação sobre o estado do objeto depois que o método `deposit` é chamado.

```
/**
    Deposita dinheiro nesta conta.
    (Pós-condição: getBalance() >= 0)
    @param amount  a quantia de dinheiro a depositar
    (Pré-condição: amount >= 0)
*/
```

Desde que a pré-condição seja cumprida, esse método garante que o saldo após o depósito não será negativo.

Algumas extensões `javadoc` suportam uma marca `@postcondition` ou `@ensures`. Entretanto, assim como em relação às pré-condições, simplesmente acrescentamos as pós-condições à explicação do método ou à marca `@return`, porque o programa `javadoc` padrão pula todas as marcas que não conhece.

Alguns programadores sentem que devem especificar uma pós-condição para cada método. Quando usamos `javadoc`, entretanto, já especificamos uma parte da pós-condição na marca `@return`, e não devemos repetí-la na pós-condição.

```
// este comentário de pós-condição é excessivamente repetitivo
/**
    Retorna o saldo atual desta conta.
    @return  o saldo da conta
    (Pós-condição: o valor de retorno é igual ao saldo da conta)
*/
```

Observe que formulamos pré e pós-condições apenas em termos da *interface* da classe. De modo que declaramos a pré-condição do método `withdraw` como `amount <= getBalance()`, e não `amount <= balance`. Mesmo porque o chamador, que precisa conferir a pré-condição, só tem acesso à interface pública, e não à implementação privada.

Bertrand Meyer [1] compara pré-condições e pós-condições com contratos. Na vida real, os contratos definem as obrigações das partes contratadas. Por exemplo, seu mecânico pode prometer que vai arrumar os freios de seu carro. Você, em contrapartida, promete pagar uma certa quantia em dinheiro. Se qualquer uma das partes quebrar a promessa, então a outra não está mais presa pelos termos do contrato. Da mesma forma, as pré e as pós-condições são termos contratuais entre um método e seu chamador. O método promete cumprir a pós-condição para todas as entradas que cumpram a pré-condição. O chamador promete nunca chamar o método com entradas ilegais. Se o chamador cumprir sua promessa e obtiver uma resposta errada, ele pode levar o método ao "tribunal do programador". Se o chamador não cumprir a sua promessa e algo terrível acontecer como conseqüência, ele não terá recurso.

TA Tópico Avançado   7.2

Invariantes de Classe

O Tópico Avançado 6.8 introduziu o conceito de invariantes de laço. Uma invariante de laço é estabelecida quando o programa entra no laço pela primeira vez, e é preservada por todas as iterações do laço. Sabemos então que a invariante de laço tem de ser verdadeira quando o programa sai do laço, e podemos usar essa informação para discutir sobre a correção de um laço.

As invariantes de classe cumprem um objetivo similar. Uma invariante de classe é uma afirmação a respeito de um objeto, a qual é verdadeira de acordo com cada construtor e é preservada por todo método modificador (desde que o chamador respeite todas as pré-condições). Sabemos então que a invariante de classe tem de ser sempre verdadeira, e podemos usar essa informação para discutir sobre a correção de nosso programa.

A seguir temos um exemplo simples. Considere uma classe `BankAccount` com as seguintes pré-condições para o construtor e os métodos modificadores:

```java
public class BankAccount
{
    /**
        Constrói uma conta bancária com um dado saldo.
        @param initialBalance o saldo inicial
        (Pré-condição: initialBalance >= 0)
    */
    public BankAccount(double initialBalance) { ... }
    {
        balance = initialBalance;
    }

    /**
        Deposita dinheiro na conta bancária.
        @param amount a quantia a depositar
        (Pré-condição: amount >= 0)
    */
    public void deposit(double amount) { ... }

    /**
        Retira dinheiro da conta bancária.
        @param amount a quantia a retirar
        (Pré-condição: amount <= getBalance())
    */
    public void withdraw(double amount) { ... }

    ...
}
```

Agora podemos formular a seguinte invariante:

```
getBalance() >= 0
```

Para ver por que essa invariante é verdadeira, primeiramente conferimos o construtor. Como a pré-condição do construtor é

```
        initialBalance >= 0
```
podemos provar que a invariante é verdadeira após o construtor ter configurado `balance` para `initialBalance`.

A seguir, conferimos os métodos modificadores. A pré-condição do método `deposit` é

```
        amount >= 0
```

Podemos assumir que a condição invariante se conserva antes de se chamar o método. Assim, sabemos que `balance >= 0` antes do método ser executado. As leis matemáticas nos dizem que a soma de dois números não negativos é novamente não negativa, de modo que podemos concluir que `balance >= 0` após a finalização do `deposit`. Assim, o método `deposit` preserva a invariante.

Um argumento semelhante mostra que o método `withdraw` preserva a invariante.

Como a invariante é uma propriedade da classe, nós a documentamos com a descrição da classe:

```
/**
    Uma conta bancária tem um saldo que pode ser mudado por
    depósitos e retiradas.
    (Invariante: getBalance() >= 0)
*/
public class BankAccount
{
    ...
}
```

7.6 Métodos Estáticos

Às vezes, escrevemos métodos que não necessitam de um parâmetro implícito. Tal método é chamado de *método estático* ou *método de classe*. Em contraste, os métodos que você escreveu até agora são freqüentemente chamados de *métodos de instância* porque operam sobre uma determinada instância de um objeto.

> Um método estático não possui parâmetro implícito.

Vimos chamadas a métodos estáticos no Capítulo 3. Por exemplo, o método `sqrt` da classe `Math` é um método estático. Quando chamamos `Math.sqrt(x)`, não fornecemos nenhum parâmetro implícito. Lembre-se que `Math` é o nome de uma classe, não um objeto. E, naturalmente, toda aplicação tem um método estático `main` (porém, *applets* não têm).

Por que alguém iria querer escrever um método sem um parâmetro implícito? A razão mais comum é que ele quer encapsular alguns cálculos que envolvem apenas números. Uma vez que números não são objetos, não podemos passá-los como parâmetros implícitos

A seguir temos um exemplo típico de um método estático que realiza alguma álgebra simples. Lembre-se, do Capítulo 5, que dois números em ponto flutuante x e y são aproximadamente iguais se

$$\frac{|x-y|}{\max(|x|,|y|)} \le \varepsilon$$

onde ε é um número pequeno, tipicamente escolhido como 10^{-14}.

Entretanto, se x ou y for zero, então temos de testar se o valor absoluto da outra quantidade é no máximo ε. Naturalmente, esse cálculo é suficientemente complexo e vale a pena encapsulá-lo em um método. Uma vez que os parâmetros são números, o método não opera sobre nenhum objeto, de modo que o tornamos um método estático:

```
/**
    Testa se dois números em ponto flutuante são
    iguais, exceto por um erro de arredondamento.
    @param x um número em ponto flutuante
    @param y um número em ponto flutuante
```

```
        @return true se x e y forem aproximadamente iguais
    */
    public static boolean approxEqual(double x, double y)
    {
        final double EPSILON = 1E-14;
        if (x == 0) return Math.abs(y) <= EPSILON;
        if (y == 0) return Math.abs(x) <= EPSILON;
        return Math.abs(x - y) /
            Math.max(Math.abs(x), Math.abs(y))
            <= EPSILON;
    }
```

Precisamos encontrar um lar para esse método. Temos duas opções. Podemos simplesmente acrescentar esse método a uma classe cujos métodos precisam chamá-lo. Ou podemos criar uma nova classe (semelhante à classe Math da biblioteca padrão Java) para conter esse método. Neste livro, geralmente usaremos a segunda abordagem. Como esse método tem a ver com números, projetaremos uma classe Numeric para conter o método approxEqual. A seguir temos a classe:

```
class Numeric
{
    public static boolean approxEqual(double x, double y)
    {
        ...
    }
    // mais métodos numéricos podem ser acrescentados aqui
}
```

Ao chamar um método estático, fornecemos o nome da classe que contém o método, de modo que o compilador possa encontrá-lo. Por exemplo,

```
double r = Math.sqrt(2);
if (Numeric.approxEqual(r * r, 2))
    System.out.println("Math.sqrt(2) squared is approximately 2");
```

Observe que não fornecemos um objeto do tipo Numeric quando chamamos o método. Métodos estáticos não têm parâmetro implícito — em outras palavras, eles não têm um parâmetro this.

Agora podemos ver por que o método main é estático. Quando o programa inicia, ainda não há nenhum objeto. Portanto, o *primeiro* método do programa tem de ser um método estático.

Em geral, queremos minimizar o uso de métodos estáticos. Se você se surpreender usando muitos métodos estáticos, então isso é uma indicação de que talvez você não achou as classes certas para resolver seu problema de uma maneira orientada a objetos.

Talvez você se pergunte por que esses métodos são chamados de estáticos. O significado usual da palavra estático ("permanecer fixo em um lugar") não parece ter nada a ver com o que os métodos estáticos fazem. Na verdade, esse termo é utilizado por acaso. Java usa a palavra-chave static porque C++ a usa no mesmo contexto. C++ usa static para denotar métodos de classe porque os inventores de C++ não quiseram inventar outra palavra-chave. Alguém percebeu que havia uma palavra-chave raramente usada, static, que denota certas variáveis que permanecem em uma localização fixa para múltiplas chamadas de métodos. Java não possui essa característica, nem precisa dela. Acontece que essa palavra-chave podia ser reutilizada para denotar métodos de classe sem confundir o compilador. O fato de que ela poderia confundir as pessoas aparentemente não foi uma grande preocupação. Simplesmente temos de conviver com o fato de que "método static" significa "método de classe": um método que não opera sobre um objeto e que só tem parâmetros explícitos.

7.7 Campos Estáticos

Vamos considerar uma leve variação da nossa classe BankAccount: uma conta bancária que tenha tanto um saldo como um *número de conta:*

```
public class BankAccount
{
    . . .
    private double balance;
    private int accountNumber;
}
```

Queremos atribuir números de conta seqüencialmente. Isto é, queremos que o construtor de contas bancárias construa a primeira conta como a número 1, a próxima como a número 2, e assim por diante. Portanto, temos de armazenar o último número de conta atribuído em algum lugar.

Entretanto, não faz sentido transformar esse valor em um campo de instância:

```
public class BankAccount
{
    . . .
    private double balance;
    private int accountNumber;
    private int lastAssignedNumber;   // NÃO—não funcionará
}
```

> Um campo estático pertence à classe, e não a algum objeto da classe.

Nesse caso, cada *instância* da classe `BankAccount` teria seu próprio valor de `lastAssignedNumber` (último número atribuído).

Porém, precisamos ter um único valor de `lastAssignedNumber` que é o mesmo para toda a *classe*. Esse campo é chamado de *campo de classe* ou campo estático, pois nós o declaramos usando a palavra-chave `static`.

```
public class BankAccount
{
    . . .
    private double balance;
    private int accountNumber;
    private static int lastAssignedNumber;
}
```

Todo objeto `BankAccount` tem seu próprio campo de instância `balance` e `accountNumber`, mas há apenas uma única cópia da variável `lastAssignedNumber` (veja a Figura 5).

Todo método de uma classe pode acessar seus campos estáticos. A seguir temos o construtor da classe `BankAccount`, o qual incrementa o último número atribuído e então usa-o para inicializar o número de conta do objeto a ser construído:

```
class BankAccount
{
    public BankAccount()
    {
        //  gera o próximo número de conta a ser atribuído

        lastAssignedNumber++;  // atualiza o campo estático

        //  atribui ao número de conta desta conta bancária

        accountNumber = lastAssignedNumber;
            //  inicializa o campo de instância
    }
    . . .
}
```

Como inicializamos campos estáticos? Não podemos inicializá-los no construtor de classes:

```
public BankAccount()
```

```
collegeFund =
```

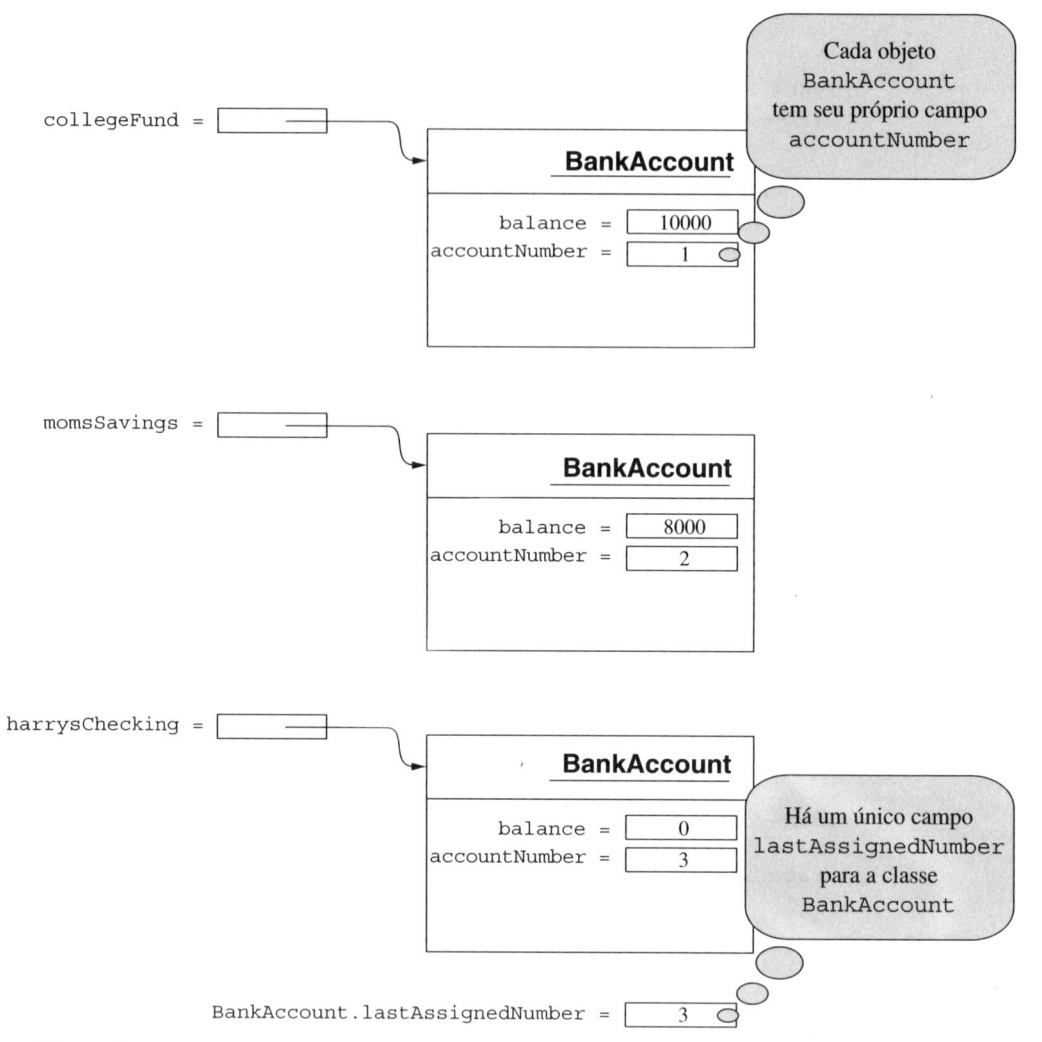

Cada objeto BankAccount tem seu próprio campo accountNumber

BankAccount

balance = 10000
accountNumber = 1

```
momsSavings =
```

BankAccount

balance = 8000
accountNumber = 2

```
harrysChecking =
```

BankAccount

balance = 0
accountNumber = 3

Há um único campo lastAssignedNumber para a classe BankAccount

BankAccount.lastAssignedNumber = 3

Figura 5
Campo estático e campos de instância.

```
    {
        lastAssignedNumber = 0; // NÃO – reinicializaria em 0 para cada novo objeto
        ...
    }
```

Então a inicialização ocorreria cada vez que uma nova instância fosse construída. Temos de usar um inicializador explícito:

```
public class BankAccount
{
    ...
    private static lastAssignedNumber = 0;
}
```

A inicialização é executada uma vez quando a classe é carregada.

Há três maneiras de se inicializar um campo estático:

1. Não fazer nada. O campo estático é então inicializado com 0 (para números), `false` (para valores `boolean`) ou `null` (para objetos).
2. Usar um inicializador explícito.
3. Usar um bloco de inicialização estático (veja Tópico Avançado 7.3).

Em geral, campos estáticos são considerados indesejáveis. Métodos que modificam campos estáticos têm efeitos colaterais, e o comportamento de métodos que lêem campos estáticos não depende simplesmente de suas entradas. Se chamarmos um método desses duas vezes, com exatamente as mesmas entradas, ele ainda pode agir diferentemente, pois as configurações dos campos estáticos são diferentes.

No exemplo anterior, o fato de se obter dois resultados diferentes chamando o construtor `BankAccount` duas vezes em uma fila foi a razão de introduzirmos a variável estática `lastAssignedNumber`. Entretanto, nos programas práticos, os campos estáticos raramente são úteis. Se seu programa depende de um campo estático, você deve pensar com cuidado se não usou o campo estático meramente como uma conveniência momentânea para "estacionar" um valor de modo que ele pudesse ser pego por outro método. Essa é uma má estratégia porque muitos outros métodos também podem acessar e mudar esse campo estático.

Assim como campos de instância, os campos estáticos, se realmente formos usá-los, devem sempre ser declarados como `private` para garantir que métodos de outras classes não mudem seus valores. Entretanto, *constantes* estáticas são freqüentemente declaradas como públicas. Por exemplo, a classe `BankAccount` pode querer definir um valor constante público, como

```
public class BankAccount
{
    ...
    public static final double OVERDRAFT_FEE = 5;
}
```

Os métodos de qualquer classe se referem a essa constante como `BankAccount.OVERDRAFT_FEE`.

Faz sentido declarar constantes como `static` — não iríamos querer que todo objeto da classe `BankAccount` tivesse seu próprio conjunto de variáveis com esses valores constantes. É suficiente ter um conjunto deles para a classe.

Por que as variáveis de classe são chamadas de `static`? Assim como acontece com os métodos estáticos, a palavra-chave `static` em si é apenas uma sintaxe sem sentido de C++. Mas campos estáticos e métodos estáticos têm muito em comum: eles se aplicam para toda a *classe*, e não a instâncias específicas da classe.

Dica de Qualidade 7.4

Não Abuse dos Campos Estáticos

Propositadamente, não abordamos antes, neste livro, os campos estáticos. Eles permitem que se escreva programas que são difíceis de entender e manter. Vamos considerar o seguinte mau exemplo. A classe `Sorter` classifica três números em ordem crescente. O método "auxiliar" `setMinMax` classifica dois números configurando os campos estáticos `min` e `max` para conter o menor e o maior valor respectivamente.

```
class Sorter // código ruim dentro
{
    public Sorter(double a, double b, double c)
    {
        setMinMax(a, b);
        if (c < min)
            smallest = c; // c é o menor dos três
```

```
            else
            {
               smallest = min; // min é o menor dos três
               setMinMax(c, max); // classifica c e max
            }
            middle = min;
            largest = max;
         }

         public double getSmallest()
         {
            return smallest;
         }

         public double getMiddle()
         {
            return middle;
         }

         public double getLargest()
         {
            return largest;
         }

         public static void setMinMax(double a, double b)
         {
            if (a < b) { min = a; max = b; }
            else { min = b; max = a; }
         }

         private double smallest;
         private double middle;
         private double largest;

         private static double min;
         private static double max;
      }
```

A pessoa que escreveu essa classe teve um problema. O método `setMinMax` calcula tanto o menor como o maior dos seus valores de entrada, mas ele não pode retornar ambos. Portanto, o programador escolheu não retornar nenhum dos valores e armazenou-os em campos estáticos. Nesse exemplo, o código irá funcionar corretamente, mas há um perigo. Se não recuperarmos as respostas dos campos estáticos *imediatamente*, alguma outra parte do programa pode sobrescrevê-las. Quando se usa campos estáticos em programas maiores, eles acidentalmente são sobrescritos com muita freqüência, e por isso é melhor evitá-los.

TA *Tópico Avançado*   7.3

Formas Alternativas de Inicialização de Campos

Como vimos, campos de instância são inicializados com um valor *default* (0, `false`, ou `null`, dependendo de seu tipo). Podemos então configurá-los para qualquer valor desejado em um construtor, e esse é o estilo que preferimos neste livro.

Entretanto, há dois outros mecanismos para se especificar um valor inicial de um campo. Assim como acontece com as variáveis locais, podemos especificar valores de inicialização de campos. Por exemplo,

```
      public class Coin
```

```
    {
        ...
        private double value = 1;
        private String name = "Dollar";
    }
```

Esses valores *default* são usados para *cada* objeto que está sendo construído.

Há também outra sintaxe, muito menos comum. Podemos colocar um ou mais blocos de *inicialização* dentro da definição da classe. Todos os comandos nesse bloco são executados sempre que um objeto estiver sendo construído. A seguir temos um exemplo:

```
    public class Coin
    {
        ...
        {
            value = 1;
            name = "Dollar";
        }
        private double value;
        private String name;
    }
```

Para campos estáticos, usamos um bloco de inicialização estático:

```
    public class BankAccount
    {
        ...
        private staticint lastAssignedNumber;

        static
        {
            lastAssignedNumber = 0;
        }
    }
```

Todos os comandos do bloco de inicialização estático são executados uma vez quando a classe é carregada. Os blocos de inicialização raramente são usados na prática.

Quando um objeto é construído, os inicializadores e os blocos de inicialização são executados na ordem em que aparecem. Só depois o código do construtor é executado. Uma vez que as regras para os mecanismos de inicialização alternativos são um tanto quanto complexas, recomendamos que você simplesmente use construtores para fazer o trabalho de construção.

7.8 Escopo

7.8.1 O Escopo das Variáveis Locais

Às vezes acontece do mesmo nome de variável ser usado em dois métodos. Vamos considerar as variáveis r no seguinte exemplo:

```
    public static double area(Rectangle rect)
    {
        double r = rect.getWidth() * rect.getHeight();
        return r;
    }

    public static void main(String[] args)
    {
        Rectangle r = new Rectangle(5, 10, 20, 30);
        double a = area(r);
        ...
    }
```

> O escopo de uma variável é a região de um programa na qual podemos nos referir à ela pelo seu nome.

Essas variáveis são independentes umas das outras. Podemos ter variáveis locais com o mesmo nome r em métodos diferentes, assim como podemos ter diferentes hotéis com o mesmo nome "Bates Hotel" em cidades diferentes.

O *escopo* de uma variável é a região de um programa na qual podemos nos referir à variável pelo seu nome. O escopo de uma variável local se estende do ponto de sua declaração até o fim do bloco que a encapsula. As variáveis declaradas em um laço for são um caso especial. O escopo delas se estende ao laço for mas não além dele.

```
for (int i = 1; i <= years; i++)
{
    ...
} // o escopo de i termina aqui
```

> Em Java, não podemos ter duas variáveis locais com escopo sobreposto.

Nunca podemos ter duas variáveis locais com escopos que se sobrepõe. Se tentarmos definir uma segunda variável local dentro do escopo da primeira, então o compilador acusa um erro. Por exemplo, o trecho que segue é um erro:

```
Rectangle r = new Rectangle(5, 10, 20, 30);
if (x >= 0)
{
    double r = Math.sqrt(x);
    // Erro — não se pode declarar outra variável chamada r aqui
    ...
}
```

Entretanto, podemos ter variáveis locais com nomes idênticos se seus escopos não se sobrepuserem, como

```
if (x >= 0)
{
    double r = Math.sqrt(-x);
    ...
} // o escopo de r termina aqui
else
{
    Rectangle r = new Rectangle(5, 10, 20, 30);
    // OK – este é um r diferente
    ...
}
```

7.8.2 O Escopo dos Membros de Classe

> Um nome qualificado é prefixado pelo nome de sua classe ou por uma referência a objeto, como Math.sqrt ou other.balance.

Dentro de um método de uma classe, podemos acessar todos os campos e métodos da classe pelo seu nome simples. Entretanto, se quisermos usar um campo ou método de fora de sua classe, temos de *qualificar* o nome. Qualificamos um campo estático ou um método especificando o nome da classe, como Math.sqrt ou Math.PI. Qualificamos um campo de instância ou um método especificando o objeto ao qual o campo ou método deve ser aplicado, como por exemplo harrysChecking.getBalance().

> Um nome de campo de instância ou de método não qualificado refere-se ao parâmetro implícito this.

Dentro de um método, não precisamos qualificar campos nem métodos de sua própria classe. Campos de instância automaticamente se referem ao parâmetro implícito do método. Por exemplo, dentro do método transfer

```java
public void transfer(double amount, BankAccount other)
{
    balance = balance - amount; // isto é, this.balance
    other.balance = other.balance + amount;
}
```

o nome não qualificado `balance` significa `this.balance`.

A mesma regra se aplica aos métodos. De modo que outra implementação do método `transfer` é:

```java
public void transfer(double amount, BankAccount other)
{
    withdraw(amount); // isto é, this.withdraw(amount);
    other.deposit(amount);
}
```

Sempre que uma chamada de método de instância estiver sem um parâmetro implícito, então o método é chamado sobre o parâmetro `this`. Tal chamada de método é chamada de "autochamada".

Semelhantemente, podemos usar um campo estático ou um método da mesma classe sem um qualificador. Por exemplo, se `OVERDRAFT_FEE` for um campo estático da classe `BankAccount`, então o comando

```java
if (balance < 0) balance OVERDRAFT_FEE;
```

em um método `BankAccount` refere-se a `BankAccount.OVERDRAFT_FEE`.

7.8.3 Escopos que se Sobrepõem

Problemas ocorrem se tivermos dois nomes de variáveis com escopos que se sobrepõem. Isso nunca pode ocorrer com variáveis locais, mas os escopos de uma variável local e de um campo de instância podem se sobrepôr. A seguir temos propositadamente um mau exemplo.

```java
public class Coin
{
    ...
    public void draw(Graphics2D g2)
    {
        String name = "SansSerif"; // variável local
        int size = 18;
        ...
    }
    private String name; // campo com o mesmo nome
    private double value;
}
```

> Uma variável local pode ocultar um campo de mesmo nome. Podemos acessar o nome de campo oculto qualificando-o com a referência this.

Podemos acessar o nome de campo oculto qualificando-o com a referência `this`.

Dentro do método `draw`, o nome de variável `name` poderia potencialmente ter dois significados: a variável local ou o campo de instância. A linguagem Java especifica que nessa situação a variável *local* vence. Ela oculta o campo de instância. Isso soa bastante arbitrário, mas na verdade há uma boa razão: ainda podemos nos referir ao campo de instância como `this.name`.

```java
g2.setFont(new Font(name, Font.BOLD, size));
    // acessa a variável local
g2.drawString(this.name, x, y);
    // acessa o campo
```

Algumas pessoas usam esse truque de propósito para não precisar criar novos nomes de variáveis:

```java
public Coin(double value, String name)
{
```

```
            this.value = value;
            this.name = name;
     }
```

Não é necessário escrever código assim; podemos facilmente mudar o nome da variável local para algo diferente, como `fontName` ou `aName`. Então nós e os outros leitores de nosso código não precisamos nos lembrar que variáveis locais ocultam campos de instância.

⊗ Erro Freqüente 7.2

Sobreposição de Nomes

Usar o mesmo nome acidentalmente para uma variável local e um campo de instância é um erro surpreendentemente comum. Como vimos na seção anterior, a variável local então oculta o campo de instância. Mesmo se você quisesse acessar o campo de instância, a variável local é sorrateiramente acessada. Por alguma razão esse problema é mais comum em construtores. Veja o exemplo a seguir de um construtor errado:

```
public class Coin
{
    public Coin(double aValue, String aName)
    {
        value = aValue;
        String name = aName; // opa...
    }
    ...
    private double value;
    private String name;
}
```

O programador declarou uma variável local `name` no construtor. Tudo indica que isso foi apenas um erro de digitação — os dedos do programador estavam no piloto automático e digitaram a palavra-chave `String`, embora ele quisesse todo o tempo acessar o campo de instância. Infelizmente, o compilador não dá nenhuma advertência nessa situação, e silenciosamente configura a variável local para o valor de `aName`. O campo de instância do objeto que está sendo construído nunca é tocado, e permanece `null`. Alguns programadores dão a todos os nomes de campo de instância um prefixo especial para distingui-los de outras variáveis. Uma convenção comum é colocar o prefixo `my` em todos os nomes de campo de instância, como `myValue` ou `myName`.

◉ Dica de Produtividade 7.1

Pesquisa e Substituição Global

Suponha que escolhemos um nome infeliz para um método — digamos `ae` em vez de `approxEqual` — e nos arrependemos de nossa escolha. É claro que podemos localizar todas as ocorrências `ae` em nosso código e substituí-las manualmente. Entretanto, a maioria dos editores de programas tem um comando para pesquisar automaticamente os `ae`'s e substituí-los por `approxEqual`.

Temos de especificar alguns detalhes sobre a pesquisa:

- Você quer que ele não diferencie letras maiúsculas de minúsculas? Isto é, `Ae` deve ser uma correspondência? Em Java geralmente não queremos isso.
- Você quer que ele só procure palavras inteiras? Caso contrário, o `ae` em `maelstrom` também será encontrado. Em Java geralmente queremos que ele pesquise palavras inteiras.
- Esta é uma pesquisa com expressões regulares? Não, mas expressões regulares podem tornar as pesquisas ainda mais poderosas — veja a Dica de Produtividade 7.2.

- Você quer confirmar cada substituição ou simplesmente substituir tudo? Eu geralmente confirmo as primeiras três ou quatro pesquisas, e quando vejo que a coisa funciona conforme o esperado, substituo o restante sem conferir. A propósito, uma substituição *global* significa substituir todas as ocorrências no documento. Bons editores de texto conseguem desfazer uma substituição global que não deu certo. Descubra se o seu o faz.
- Você quer que a pesquisa vá do cursor para o resto do arquivo de programa, ou ele deve pesquisar o texto que está selecionado? Restringir a substituição a uma porção do arquivo pode ser bastante útil, mas nesse exemplo queremos mover o cursor para o início do arquivo e então substituir até o fim do arquivo.

Não é todo editor que tem todas essas opções. Descubra o que o seu editor oferece.

Dica de Produtividade 7.2

Expressões Regulares

Expressões regulares descrevem padrões de caracteres. Por exemplo, os números têm uma forma simples. Eles contêm um ou mais dígitos. A expressão regular que descreve os números é [0-9]+. O conjunto [0-9] denota qualquer dígito entre 0 e 9, e o + significa "um ou mais".

Qual a vantagem disso? Vários programas utilitários usam expressões regulares para localizar texto. Os comandos de pesquisa de alguns editores de programas também entendem expressões regulares. O programa mais popular que usa expressões regulares é o *grep* (que signifca "*global regular expression pattern*" [padrão generalizado de expressão regular]). Podemos executar o *grep* a partir do prompt de comando ou de dentro de algum ambiente de compilação. O *grep* é parte do sistema operacional UNIX, mas há versões disponíveis para Windows e MacOS. Ele precisa de uma expressão regular e de um ou mais arquivos para pesquisar. Quando é executado, o *grep* exibe um conjunto de linhas que correspondem à expressão regular.

Suponha que quiséssemos procurar todos os números mágicos (veja a Dica de Qualidade 3.2) de um arquivo. O comando

```
grep [0-9]+ Homework.java
```

lista todas as linhas do arquivo Homework.java que contenham seqüências de dígitos. Isso não é tremendamente útil, as linhas com nomes de variáveis x1 serão listadas. Tudo bem, queremos seqüências de dígitos que *não* venham imediatamente depois de letras:

```
grep [^A-Za-z][0-9]+ Homework.java
```

O conjunto [^A-Za-z] denota quaisquer caracteres que *não* estejam na faixa de A a Z nem na faixa de a a z. Isso funciona bem melhor e mostra apenas as linhas que contêm números de verdade.

Há um número grande de símbolos (às vezes chamados de *curingas*) de significados especiais na sintaxe da expressão regular, mas, infelizmente, programas diferentes usam estilos diferentes para expressões regulares. É melhor consultar a documentação do programa para ver os detalhes.

Tópico Avançado 7.4

Chamando um Construtor a partir de Outro

Vamos considerar a seguinte classe Coin. Ela tem dois construtores: um sem parâmetros para fazer uma moeda de um dólar, e o outro para fornecer o nome e o valor da moeda.

```
public class Coin
{
    public Coin(double aValue, String aName)
    {
        value = aValue;
```

```
            name = aName;
    }
    public Coin()
    {
        this(1, "dollar");
    }
    ...
}
```

O comando `this(1, "dollar");` significa: chame outro construtor dessa classe e forneça os valores `1` e `"dollar"`. Essa chamada de construtor só pode ocorrer *como a primeira linha em outro construtor*.

Essa sintaxe é uma pequena comodidade e não a usaremos neste livro. Na verdade, o uso da palavra-chave `this` é um pouco complicado porque normalmente `this` denota uma referência ao parâmetro implícito. Entretanto, se `this` for seguido de parênteses, ele denota uma chamada para outro construtor *desta classe*.

7.9 Pacotes

7.9.1 Organizando Classes Relacionadas em Pacotes

Um programa Java consiste em uma coleção de classes. Até agora, a maioria de seus programas consistiram em um pequeno número de classes.

> Um pacote é um conjunto de classes relacionadas.

A medida que os programas ficam maiores, entretanto, simplesmente distribuir as classes em muitos arquivos não é o suficiente. Faz-se necessário um mecanismo estrutural adicional. Em Java, os pacotes fornecem esse mecanismo estrutural. Um pacote Java é um conjunto de classes relacionadas. Por exemplo, a biblioteca Java consiste em dúzias de pacotes, alguns dos quais estão listados na Tabela 1.

Para colocar classes em um pacote, temos de colocar um linha

```
package nomeDoPacote;
```

como a primeira instrução do arquivo-fonte que contém as classes. Como podemos ver a partir dos exemplos da biblioteca Java, um nome de pacote consiste em um ou mais identificadores separados por pontos.

Por exemplo, vamos considerar a classe `Numeric` que introduzimos neste capítulo. Para simplificar ao máximo, podemos incluir a classe junto com nossos próprios programas sempre que precisarmos dela. Entretanto, seria muito mais profissional colocar a classe em um pacote separado. Dessa forma, as classes que são específicas para determinado programa são claramente separadas das classes utilitárias que compartilhamos entre diversos programas.

Vamos colocar a classe `Numeric` em um pacote denominado `com.horstmann.bigjava`. Ver a Seção 7.9.3 para uma explicação de como construir nomes de pacotes. Cada arquivo fonte nesse pacote tem de começar com a instrução

```
package com.horstmann.bigjava;
```

Por exemplo, o arquivo `Numeric.java` começa da seguinte forma:

```
package com.horstmann.bigjava;

public class Numeric
{
    ...
}
```

Não apenas o nome do pacote tem de ser colocado no arquivo-fonte, mas o próprio arquivo da classe tem de ser colocado em uma localização especial. Mais tarde veremos onde colocar o arquivo da classe.

Tabela 1
Pacotes importantes da biblioteca Java

Pacote	Objetivo	Exemplos de classes
`java.lang`	Suporte à linguagem	`Math`
`java.util`	Utilitários	`Random`
`java.io`	Entrada e saída	`PrintStream`
`java.awt`	*Abstract Windowing Toolkit*	`Color`
`java.applet`	*Applets*	`Applet`
`java.net`	Rede	`Socket`
`java.sql`	Acesso a banco de dados através da Structured Query Language (SQL)	`ResultSet`
`java.swing`	Interface com o usuário *Swing*	`JButton`
`omg.org.CORBA`	Common Object Request Broker Architecture (CORBA) para objetos distribuídos	`ORB`

Além dos pacotes nomeados (como `java.util`), há um pacote especial, chamado de *pacote default*, o qual não tem nome. Se não incluímos nenhum comando `package` no topo de nosso arquivo fonte, suas classes são colocadas no pacote *default*.

> **Sintaxe 7.1: Especificação de Pacotes**
>
> package *nomeDoPacote*;
>
> **Exemplo:**
>
> package com.horstmann.bigjava;
>
> **Objetivo:**
>
> Declarar que todas as classes deste arquivo pertencem a um determinado pacote.

7.9.2 Importando Pacotes

> A diretiva `import` permite fazermos referência a uma classe de um pacote pelo seu nome de classe, sem o prefixo do pacote.

Se quisermos usar uma classe de um pacote, podemos nos referir a ele pelo seu nome completo (nome do pacote mais o nome da classe). Por exemplo, `java.awt.Color` refere-se à classe `Color` do pacote `java.awt`, e `com.horstmann.bigjava.Numeric` refere-se à classe `Numeric` do pacote `com.horstmann.bigjava`:

```
java.awt.Color backgroundColor =
    new java.awt.Color(1.0, 0.7, 0.7);
```

Naturalmente, isso é um tanto quanto inconveniente. Alternativamente, podemos *importar* um nome com um comando `import`:

```
import java.awt.Color;
import com.horstmann.bigjava.Numeric;
```

Então, podemos nos referir às classes como `Color` e `Numeric` sem os prefixos dos pacotes.

Podemos importar *todas as classes* de um pacote com um comando `import` que termine com `.*`. Por exemplo, podemos usar o comando

```
import java.awt.*;
```

para importar todas as classes do pacote `java.awt`. Esse comando permite fazer referência a classes como `Graphics2D` ou `Color` sem um prefixo `java.awt`. Esse é o método mais conveniente para importar classes. Se um programa inicia com múltiplas importações dessa forma, entretanto, pode ser mais difícil adivinhar a qual pacote uma classe pertence. Suponha, por exemplo, que um programa importe

```
import java.awt.*;
import java.io.*;
```

Em seguida, suponha que vejamos um nome de classe `Image`. Não saberíamos se a classe `Image` está no pacote `java.awt` ou no pacote `java.io`. Por isso, preferimos usar um comando `import` explícito para cada classe, embora muitos programadores gostem da conveniência de importar todas as classes de um pacote.

Entretanto, não precisamos importar explicitamente as classes do pacote `java.lang`. Esse é o pacote que contém as classes Java mais básicas, como `Math` e `Object`. Essas classes sempre estão disponíveis para nós. Praticamente, um comando `import java.lang.*;` automático foi colocado em cada arquivo-fonte.

Finalmente, não se importa as outras classes do mesmo pacote. Por exemplo, quando implementamos a classe `homework1.Test`, não precisamos importar a classe `homework1.Bank`. O compilador irá encontrar a classe sem um comando de importação porque ela está localizada no mesmo pacote.

⊗ Erro Freqüente 7.3

Pontos que Confundem

Em Java, o símbolo do ponto (.) é usado como um separador nas seguintes situações:

- Entre os nomes de um pacote (`java.util`)
- Entre os nomes do pacote e da classe (`homework1.Bank`)
- Entre os nomes da classe e de classes mais internas (`Ellipse2D.Double`)
- Entre o nome da classe e o nome da variável de instância (`Math.PI`)
- Entre objetos e métodos (`account.getBalance()`)

Quando vemos uma longa cadeia de nomes separados por pontos, pode ser um desafio descobrir qual parte é o nome do pacote, qual parte é o nome da classe, qual parte é o nome de uma variável de instância e qual parte é um nome de método. Vamos considerar

```
java.lang.System.out.println(x);
```

Como depois de `println` vem um abre-parênteses, ele tem de ser um nome de método. Portanto, `out` tem de ser um objeto ou uma classe com um método `println` static. Naturalmente, nós sabemos que `out` é uma referência a um objeto do tipo `PrintStream`. Novamente, não está claro, sem o contexto, se `System` é outro objeto, com uma variável pública `out`, ou uma classe com uma

▼ variável `static`. Julgando a partir do número de páginas que o manual de referência de Java [1] dedica a essa questão, até o compilador tem dificuldades para interpretar essas seqüências de *strings* separadas por pontos.

▼ Para evitar problemas, é útil adotar um estilo de codificação rígido. Se os nomes de classe sempre iniciarem com letra maiúscula, e os nomes de variáveis, métodos e pacotes sempre iniciarem com minúscula, a confusão pode ser evitada.

7.9.3 Nomes de Pacotes

Colocar as classes relacionadas em um pacote é claramente um mecanismo conveniente para se organizar classes. Entretanto, há uma razão mais importante para se usar pacotes: evitar *colisões de nomes*. Em um projeto grande, é inevitável que duas pessoas utilizem o mesmo nome para o mesmo conceito. Isso acontece até mesmo na biblioteca de classes Java padrão (a qual agora cresceu para milhares de classes). Há uma classe `Object` no pacote `java.lang` e uma interface, também chamada `Object`, no pacote `org.omg.CORBA`. Felizmente, nunca precisaremos importar ambos os pacotes. Se precisássemos, então o nome `Object` seria *ambíguo*.

> Use um nome de domínio ao contrário para construir nomes de pacotes que não sejam ambíguos.

Entretanto, graças ao conceito de pacote, nem tudo está perdido. Ainda podemos dizer ao compilador Java exatamente qual classe `Object` nós necessitamos, simplesmente referindo-nos a elas como `java.lang.Object` e `org.omg.CORBA.Object`.

Naturalmente, para que a convenção de nomes de pacotes funcione, deve haver alguma maneira de garantir que o nome do pacote é único. Não seria bom se o fabricante de automóveis BMW colocasse todo seu código Java no pacote `bmw`, e algum outro programador (talvez Bertha M. Walters) tivesse a mesma brilhante idéia. Para evitar esse problema, os inventores de Java recomendam que utilizemos uma estratégia de dar nomes aos pacotes que se beneficie da exclusividade dos nomes de domínio da Internet.

Se sua empresa ou organização possui um nome de domínio na Internet, então você tem um identificador que garantidamente é único — as organizações que atribuem nomes de domínio cuidam disso. Por exemplo, eu tenho um nome de domínio `horstmann.com`, e não há ninguém no planeta com o mesmo nome de domínio. Tive sorte de que o nome de domínio `horstmann.com` ainda não tivesse sido pego por ninguém quando eu me inscrevi. Se o seu nome é Walters, você verá que infelizmente alguém já pegou o nome `walters.com`. Para obter um nome de pacote, vire o nome de domínio, para produzir um prefixo de nome de pacote:

```
org.omg
com.horstmann
```

Então, o dono do nome de domínio decide se vai subdividir mais os nomes dos pacotes. Por exemplo, o Object Management Group, proprietário do nome de domínio `omg.org`, decidiu usar o nome de pacote `org.omg.CORBA` para as classes Java que implementam sua arquitetura Common Object Request Broker Architecture (um mecanismo de comunicação entre objetos distribuídos em computadores diferentes).

Se você não tem seu próprio nome de domínio, ainda pode criar um nome de pacote que tenha uma alta probabilidade de ser único, escrevendo seu endereço de correio eletrônico de trás para frente. Por exemplo, se Bertha Walters tem um endereço de correio eletrônico `walters@cs.sjsu.edu`, então ela pode usar o nome de pacote `edu.sjsu.cs.walters` para suas próprias classes.

Alguns instrutores querem que você coloque cada um de seus trabalhos em um pacote separado, como `homework1`, `homework2`, etc. A razão novamente é evitar a colisão de nomes. Você pode ter duas classes `homework1.Bank` e `homework2.Bank`, com propriedades levemente diferentes.

7.9.4 Como as Classes são Localizadas

> O caminho de um arquivo de classe deve corresponder a seu nome de pacote.

Se o compilador Java foi configurado adequadamente em seu sistema e você só usou as classes-padrão, geralmente não precisamos nos preocupar com a localização de arquivos de classe e podemos tranqüilamente pular esta seção. Mas se quisermos acrescentar nossos próprios pacotes, ou se o compilador não conseguir localizar determinada classe ou pacote, temos de entender o mecanismo.

Um pacote está localizado em um subdiretório que corresponde ao nome do pacote. As partes do nome entre pontos representam diretórios sucessivamente aninhados. Por exemplo, o pacote `com.horstmann.bigjava` seria colocado em um subdiretório `com/horstmann/bigjava`. Caso o pacote seja usado somente por um único programa, podemos colocar o subdiretório dentro do diretório que contém os arquivos do programa. Por exemplo, se você faz seus trabalhos de casa em um *diretório base* `/home/walters`, então você pode colocar os arquivos de classe para o pacote `com.horstmann.bigjava` dentro do diretório `/home/walters/com/horstmann/bigjava`, como é mostrado na Figura 6. Aqui estamos usando nomes de arquivo no estilo UNIX. No Windows, podemos usar `c:\home\walters\com\horstmann\bigjava`.

Entretanto, se quisermos colocar nossos programas em muitos diretórios diferentes, como `/home/walters/hw1`, `/home/walters/hw2`, ..., então provavelmente não vamos querer grandes quantidades de subdiretórios idênticos `/home/walters/hw1/com/horstmann/bigjava`, `/home/walters/hw2/com/horstmann/bigjava`, etc. Nesse caso, faremos um único diretório com um nome como `/home/walters/lib/com/horstmann/bigjava`, colocaremos todos os arquivos de classe para o pacote nesse diretório e diremos ao compilador Java de uma vez por todas como localizar os arquivos de classe.

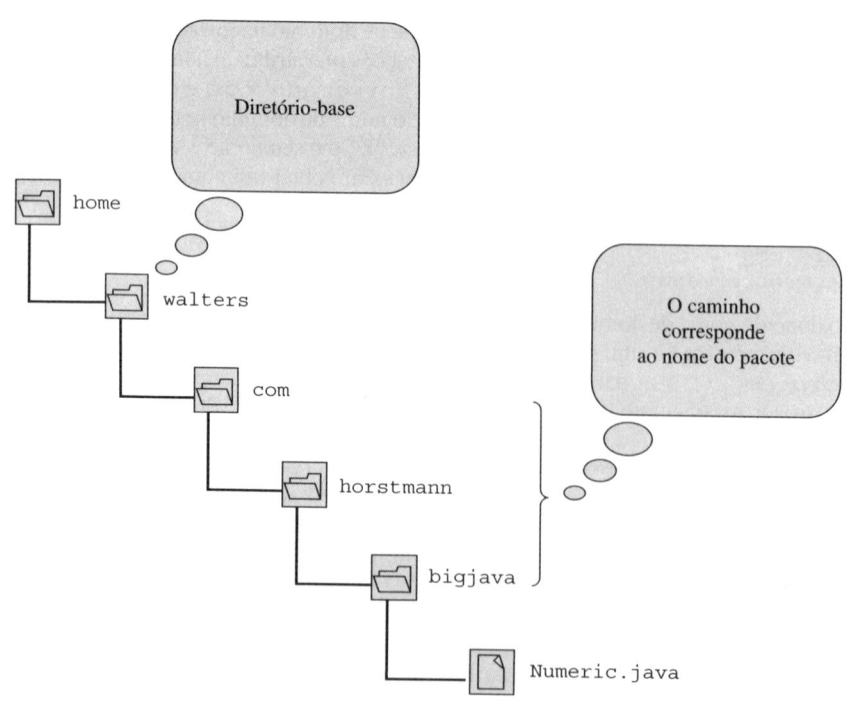

Figura 6

Diretórios e subdiretórios-base para os pacotes.

Precisamos acrescentar os diretórios que possam conter pacotes para o *caminho da classe*. No exemplo anterior, acrescentamos o diretório /home/walters/lib àquele caminho de classe. Os detalhes de como fazer isso dependem de seu ambiente de compilação. Consulte a documentação de seu compilador, ou o seu instrutor. Se você usa o Sun Java SDK, terá de configurar o caminho da classe. O comando exato depende do sistema operacional. Em UNIX, o comando pode ser

```
export CLASSPATH=/home/walters/lib:.
```

Essa configuração coloca tanto o diretório /home/walters/lib como o diretório corrente . no caminho da classe.

Um exemplo típico para Windows seria

```
set CLASSPATH=c:\home\walters\lib;.
```

Observe que o caminho da classe contém os *diretórios base* que podem conter diretórios de pacotes. É um erro comum colocar o endereço completo do pacote no caminho da classe. Se por engano o caminho da classe contiver /home/walters/lib/com/horstmann/bigjava, então o compilador tentará localizar o pacote com.horstmann.bigjava em /home/walters/lib/com/horstmann/bigjava/com/horstmann/bigjava e não encontrará os arquivos.

? Como Fazer? 7.1

Programando com Pacotes

Esta seção explica em detalhes como podemos colocar nossos programas em pacotes. Por exemplo, seu instrutor pode solicitar que você coloque cada dever de casa em um pacote separado. De modo que você poderá ter classes com o mesmo nome mas com implementações diferentes em pacotes separados (como homework1.Bank e homework2.Bank).

Passo 1 Crie um nome de pacote

Talvez seu instrutor lhe dê um nome de pacote para usar, como homework1. Ou talvez você queira usar um nome de pacote que seja somente seu. Inicie com seu endereço de *e-mail*, escrito de trás para frente. Por exemplo, walters@cs.sjsu.edu se torna edu.sjsu.cs.walters. Então acrescente um subpacote que descreva seu projeto ou trabalho, como edu.sjsu.cs.walters.homework1.

Passo 2 Escolha um *diretório-base*

O diretório-base é o diretório que contém os diretórios de seus vários pacotes, por exemplo, /home/walters ou c:\cs1.

Passo 3 Crie um subdiretório a partir do diretório-base que corresponda ao nome de seu pacote

O subdiretório tem de estar contido em seu diretório-base. Cada segmento tem de corresponder a um segmento do nome do pacote. Por exemplo,

```
mkdir /home/walters/homework1
```

Se você tiver múltiplos segmentos, construa-os um por um:

```
mkdir c:\cs1\edu
mkdir c:\cs1\edu\sjsu
mkdir c:\cs1\edu\sjsu\cs
mkdir c:\cs1\edu\sjsu\cs\walters
mkdir c:\cs1\edu\sjsu\cs\walters\homework1
```

▼ **Passo 4   Coloque seus arquivos-fonte no subdiretório do pacote**

Por exemplo, se seu dever de casa consistir nos arquivos `Test.java` e `Bank.java`, então coloque-os em

```
/home/walters/homework1/Test.java
/home/walters/homework1/Bank.java
```

ou

```
c:\cs1\edu\sjsu\cs\walters\homework1\Test.java
c:\cs1\edu\sjsu\cs\walters\homework1\Bank.java
```

▼ **Passo 5   Use o comando `package` em cada arquivo-fonte**

A primeira linha que não for um comentário de cada arquivo tem de ser um comando `package` que lista o nome do pacote, como

```
package homework1;
```

ou

```
package edu.sjsu.cs.walters.homework1;
```

▼ **Passo 6   Compile seus arquivos-fonte *a partir do diretório-base***

Mude para o diretório-base (do Passo 2) para compilar seus arquivos. Por exemplo,

```
cd /home/walters
javac homework1/Test.java
```

ou

```
cd \cs1
javac edu\sjsu\cs\walters\homework1\Test.java
```

Observe que o compilador Java necessita do *nome do arquivo-fonte e não do nome da classe. Ou seja, temos de fornecer separadores de arquivos (`/` no UNIX, `\` no Windows) e uma extensão de arquivo (`.java`).

▼ **Passo 7   Execute seu programa *a partir do diretório-base***

Diferentemente do compilador Java, o interpretador Java necessita do *nome da classe (e não um nome de arquivo) que contém o* método `main`. Ou seja, use pontos como separadores de pacotes e não use uma extensão de arquivo. Por exemplo,

```
cd /home/walters
java homework1.Test
```

ou

```
cd \cs1
java edu.sjsu.cs.walters.homework1.Test
```

Fato Histórico   7.1

O Crescimento Explosivo dos Computadores Pessoais

Em 1971, Marcian E. "Ted" Hoff, um engenheiro da Intel Corporation, estava trabalhando em um *chip* para um fabricante de calculadoras eletrônicas. Ele percebeu que seria uma boa idéia desenvolver um *chip de uso geral* que pudesse ser *programado* para fazer a interface com as teclas e com o visor da calculadora, em vez de fazer mais um projeto customizado. Assim, nasceu o *microprocessador*. Naquele momento, sua aplicação principal era como controlador para calculadoras, máquinas de lavar e assemelhados. Levou anos até que a indústria de computadores percebesse que uma Unidade Central de Processamento (UCP) genuína agora estava disponível em um único *chip*.

Os programadores que trabalhavam por *hobby* foram os primeiros a entender isso. Em 1974 o primeiro *kit* de computador, o Altair 8800, foi posto a venda pela MITS Electronics por cerca de US$350. O *kit* consistia em um microprocessador, uma placa de circuitos, uma quantidade muito pequena de memória, chaves comutadoras e uma fileira de lâmpadas. Os clientes tinham que soldar e montar o *kit*, e então programá-lo em linguagem de máquina por meio das chaves comutadoras. Não foi um grande sucesso.

O primeiro grande sucesso foi o Apple II. Era um computador de verdade, com teclado, monitor e uma unidade de disquete. Quando foi lançado, os usuários tinham uma máquina de US$3000 onde se podia jogar Space Invaders, executar um programa contábil primitivo ou permitir que os usuários os programassem em BASIC. O Apple II original não suportava letras minúsculas, o que o tornava inútil para processamento de textos. O grande avanço veio em 1979 com um novo programa de planilha, o VisiCalc. Em uma planilha, entramos com dados financeiros e seus relacionamentos em uma grade de linhas e colunas (veja a Figura 7). Então você modifica alguns dos dados e observa em tempo real como os outros dados se alteram. Por exemplo, podemos ver como a mudança na mistura de artigos em uma fábrica pode afetar os custos e lucros estimados. Gerentes de médio escalão das empresas, os quais entendiam alguma coisa de computadores e estavam cansados de esperar horas ou dias para obter o retorno de suas execuções do centro de computação, aderiram ao VisiCalc e ao computador necessário para executá-lo. Para eles, o computador era uma máquina de executar planilhas de cálculos.

O próximo grande sucesso foi o IBM Personal Computer, depois conhecido como PC. Foi o primeiro computador pessoal amplamente disponível que usava o processador de 16 *bits* da Intel, o 8086, cujos sucessores ainda são usados em computadores pessoais hoje em dia. O sucesso do PC não baseou-se em novidades de engenharia, mas no fato de que ele era fácil de ser *clonado*. A IBM publicou as especificações das placas de extensão, e foi ainda um passo além, publicando o código-fonte exato da chamada BIOS (Basic Input/Output System), que controla o teclado, o monitor, as portas e unidades de disco, e que deve ser instalada em ROM em todo PC. Isso permitia

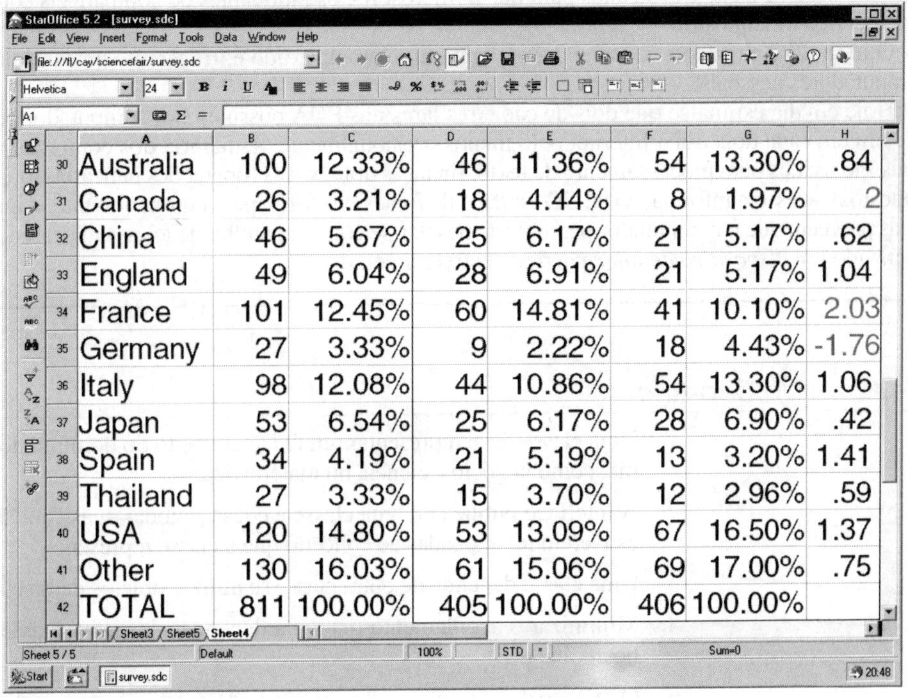

	A	B	C	D	E	F	G	H
30	Australia	100	12.33%	46	11.36%	54	13.30%	.84
31	Canada	26	3.21%	18	4.44%	8	1.97%	2
32	China	46	5.67%	25	6.17%	21	5.17%	.62
33	England	49	6.04%	28	6.91%	21	5.17%	1.04
34	France	101	12.45%	60	14.81%	41	10.10%	2.03
35	Germany	27	3.33%	9	2.22%	18	4.43%	-1.76
36	Italy	98	12.08%	44	10.86%	54	13.30%	1.06
37	Japan	53	6.54%	25	6.17%	28	6.90%	.42
38	Spain	34	4.19%	21	5.19%	13	3.20%	1.41
39	Thailand	27	3.33%	15	3.70%	12	2.96%	.59
40	USA	120	14.80%	53	13.09%	67	16.50%	1.37
41	Other	130	16.03%	61	15.06%	69	17.00%	.75
42	TOTAL	811	100.00%	405	100.00%	406	100.00%	

Figura 7

Uma planilha.

▼ que os fornecedores de placas de expansão pudessem garantir que o código da BIOS e as extensões dela, escritas por terceiros, interagissem corretamente com o equipamento. Naturalmente que o có-
▼ digo em si era propriedade da IBM e não podia ser legalmente copiado. Talvez a IBM não tenha previsto que versões funcionalmente equivalentes da BIOS, entretanto, poderiam ser recriadas por outros. A Compaq, uma das primeiras empresas a vender clones de PC, tinha quinze engenheiros
▼ que, mesmo garantindo que nunca haviam visto o código original da IBM, escreveram uma nova versão que estava em perfeita conformidade com as especificações da IBM. Outras empresas fize-
▼ ram o mesmo, e logo uma variedade de empresas estava vendendo computadores que rodavam o mesmo *software* que o PC da IBM, mas que se distinguiam por ter um preço mais baixo, maior portabilidade ou melhor desempenho. Com o decorrer do tempo a IBM perdeu sua posição domi-
▼ nante no mercado de PCs. Hoje ela é uma das muitas empresas que produzem computadores compatíveis com o IBM PC.

A IBM nunca produziu um *sistema operacional* para seus PCs — isto é, o *software* que organiza
▼ a interação entre o usuário e o computador, inicia programas aplicativos e gerencia o armazenamento em discos e outros recursos. Ela oferecia a seus clientes a opção de três sistemas operacionais se-
▼ parados. A maioria dos clientes não se importava com o sistema operacional. Eles escolhiam o sistema que fosse capaz de executar a maioria das poucas aplicações que existiam naquele tempo. Esse sistema operacional foi o DOS (Disk Operating System) da Microsoft. A Microsoft imediatamente
▼ licenciou o mesmo sistema operacional a outros fornecedores de *hardware* e estimulou as empresas de *software* a escrever aplicações para o DOS. O resultado disso foi um número enorme de progra-
▼ mas aplicativos úteis, para máquinas compatíveis com o PC.

As aplicações para PC certamente eram úteis, mas não eram fáceis de se aprender. Cada fabricante desenvolvia uma *interface com o usuário* diferente: a combinação de teclas, as opções de menu e
▼ as configurações que o usuário precisava conhecer para usar um pacote de *software* de forma eficaz. A troca de dados entre as aplicações era difícil, porque cada programa usava um formato de dados di-
▼ ferente. O Apple Macintosh mudou tudo isso em 1984. Os projetistas do Macintosh tinham a visão de fornecer uma interface intuitiva entre o usuário e o computador, e forçar os desenvolvedores de *software* a aderir a ela. Levou anos para que a Microsoft e os fabricantes de compatíveis com PC al-
▼ cançassem o Macintosh.

O livro [2] é altamente recomendado como um relato divertido e irreverente do surgimento dos
▼ computadores pessoais.

Hoje em dia estima-se que dois de cada três lares nos EUA possuam um computador pessoal, e que um em cada dois usa a Internet pelo menos ocasionalmente. A maioria dos computadores pes-
▼ soais são usados para processamento de texto, finanças domésticas (operações bancárias, orçamento, impostos), acesso a informação de CD-ROM e de fontes *on-line,* e para entretenimento. Alguns analistas prevêem que o computador pessoal irá mesclar-se com o aparelho de televisão e a rede a cabo,
▼ formando um *dispositivo de informações* e entretenimento.

Resumo do Capítulo

1. Uma classe deve representar um único conceito do domínio do problema, como negócios, ciência ou matemática.

2. A interface pública de uma classe é coesa se todas suas características estiverem relacionadas ao conceito que a classe representa.

3. Uma classe depende de outra classe se utilizar objetos dessa classe.

4. Minimizar o acoplamento (isto é, a dependência) entre classes é uma boa prática.

5. O método de acesso não altera o estado de seu parâmetro implícito. Um método modificador pode mudar o estado.

6. Uma classe imutável não possui métodos modificadores.
7. Um efeito colateral de um método é qualquer comportamento observável fora do parâmetro implícito. Devemos minimizar os efeitos colaterais.
8. Em Java, um método nunca pode mudar os parâmetros de tipo primitivo.
9. Em Java, um método pode mudar o estado de um parâmetro de referência a objeto, mas não pode substituir a referência a objeto por outra.
10. Uma pré-condição é uma exigência que o chamador do método tem que atender. Se um método for chamado violando uma pré-condição, então ele não é responsável por calcular o resultado correto.
11. Se um método foi chamado de acordo com suas pré-condições, então ele deve assegurar que suas pós-condições são válidas.
12. Um método estático não possui parâmetro implícito.
13. Um campo estático pertence à classe, e não a algum objeto da classe.
14. O escopo de uma variável é a região de um programa no qual podemos nos referir à variável pelo seu nome.
15. Em Java, não podemos ter duas variáveis locais com escopos se sobrepondo.
16. Um nome qualificado é prefixado pelo nome de sua classe ou por uma referência a objeto, como `Math.sqrt` ou `other.balance`.
17. Um campo de instância não-qualificado ou um nome de método refere-se ao parâmetro implícito `this`.
18. Uma variável local pode ocultar um campo com o mesmo nome. Podemos acessar o nome de campo oculto qualificando-o com a referência `this`.
19. Um pacote é um conjunto de classes relacionadas.
20. A diretiva `import` nos permite fazer referência a uma classe de um pacote pelo seu nome de classe, sem o prefixo do pacote.
21. Use um nome de domínio ao reverso para construir nomes de pacotes não ambíguos.
22. O caminho de um arquivo de classe tem de corresponder a seu nome de pacote.

Leitura Complementar

[1] Bertrand Meyer, *Object-Oriented Software Construction,* Prentice-Hall, 1989, chapter 7.
[2] Robert X. Cringely, *Accidental Empires,* Addison-Wesley, 1992.

Classes, Objetos e Métodos Introduzidos neste Capítulo

```
java.lang.IllegalArgumentException
```

Exercícios de Revisão

Exercício R7.1. Considere a seguinte descrição de problema:

Os usuários colocam moedas em uma máquina automática de vendas e escolhem um produto pressionando um botão. Se as moedas inseridas são suficientes para cobrir o preço de compra do produto, o produto será liberado e o troco, dado. Caso contrário, as moedas inseridas serão devolvidas ao usuário.

Que classes você deve usar para implementá-lo?

Exercício R7.2. Considere a seguinte descrição de problema:

Alguns empregados recebem seu pagamento a cada duas semanas. Eles são pagos por hora trabalhada; entretanto, se trabalharam mais de 40 horas por semana, recebem horas extras a 150% dos seus salários normais.

Que classes você deve usar para implementá-lo?

Exercício R7.3. Considere a seguinte descrição de problema:

Os clientes encomendam produtos de uma loja. Faturas são geradas para listar os itens e as quantidades solicitadas, os pagamentos recebidos e as quantias que faltam ser pagas. Os produtos são enviados ao endereço de entrega do cliente e as faturas para o endereço de cobrança.

Que classes você deve usar para implementá-lo?

Exercício R7.4. Olhe a interface pública da classe `System` e discuta se ela é coesa ou não.

Exercício R7.5. Suponha que um objeto `Invoice` contenha as descrições dos produtos pedidos e os endereços de entrega e de cobrança do cliente. Desenhe um diagrama UML mostrando as dependências entre as classes `Invoice`, `Address`, `Customer`, e `Product`.

Exercício R7.6. Suponha que uma máquina automática de vendas contenha produtos, e que os usuários insiram moedas para comprá-los. Desenhe um diagrama UML mostrando as dependências entre as classes `VendingMachine`, `Coin`, e `Product`.

Exercício R7.7. De quais classes depende a classe `Integer` da biblioteca padrão?

Exercício R7.8. De quais classes depende a classe `Rectangle` da biblioteca padrão?

Exercício R7.9. Classifique os métodos da classe `StringTokenizer` como de acesso ou modificadores.

Exercício R7.10. Classifique os métodos da classe `Rectangle` como de acesso ou modificadores.

Exercício R7.11. Quais das seguintes classes são imutáveis?
- `Rectangle`
- `String`
- `Random`

Exercício R7.12. Quais das seguintes classes são imutáveis?
- `PrintStream`
- `Date`
- `Integer`

Exercício R7.13. Qual efeito colateral, se houver algum, tem cada um dos três métodos a seguir:

```
public class Coin
{
```

```
            public void print()
            {
                System.out.println(name + " " + value);
            }
            public void print(PrintStream stream)
            {
                stream.println(name + " " + value);
            }
            public String toString()
            {
                return name + " " + value;
            }
            ...
        }
```

Exercício R7.14. Idealmente, um método não deveria ter nenhum efeito colateral. Você consegue escrever um programa no qual nenhum método tenha efeito colateral? Esse programa seria útil?

Exercício R7.15. Escreva pré-condições para os seguintes métodos. Não implemente os métodos.

- `public static double sqrt(double x)`
- `public static String romanNumeral(int n) //` numero romano
- `public static double slope(Line2D.Double a) //` ladeira
- `public static String weekday(int day) //` dia da semana

Exercício R7.16. Quais são as pré-condições que têm os seguintes métodos da biblioteca Java padrão?

- `Math.sqrt`
- `Math.tan`
- `Math.log`
- `Math.exp`
- `Math.pow`
- `Math.abs`

Exercício R7.17. Quais são as pré-condições que têm os seguintes métodos da biblioteca Java padrão?

- `Integer.parseInt(String s)`
- `StringTokenizer.nextToken()`
- `Random.nextInt(int n)`
- `String.substring(int m, int n)`

Exercício R7.18. Quando um método é chamado com parâmetros que violam sua pré-condição, ele pode disparar uma exceção ou retornar ao seu chamador. Dê dois exemplos de métodos de biblioteca (padrão ou os métodos de biblioteca usados neste livro) que retornam algum resultado aos seus chamadores quando chamados com parâmetros inválidos, e dê dois exemplos de métodos de biblioteca que disparam uma exceção.

Exercício R7.19. Considere uma classe `Purse` (Bolsa) com os métodos
- `public void addCoin(Coin aCoin)`
- `public double getTotal()`

Forneça uma pós-condição razoável do método `addCoin`. Quais pré-condições seriam necessárias de modo que a classe `Purse` pudesse garantir essa pós-condição?

Exercício R7.20. Considere o seguinte método que visa trocar os valores de dois números em ponto flutuante um pelo outro:

```
public static void falseSwap(double a, double b)
{
   double temp = a;
   a = b;
   b = temp;
}

public static void main(String[] args)
{
   double x = 3;
   double y = 4;
   falseSwap(x, y);
   System.out.println(x + " " + y);
}
```

Por que o método não troca os conteúdos de x e y?

Exercício R7.21. Como você *pode* escrever um método que troque dois números em ponto flutuante um pelo outro?
Dica: `Point2D.Double`.

Exercício R7.22. Tente compilar o seguinte programa. Explique a mensagem de erro que você recebe.

```
public class Exercise7_22
{
   public void print(int x)
   {
      System.out.println(x);
   }
   public static void main(String[] args)
   {
      int n = 13;
      print(13);
   }
}
```

Exercício R7.23. Verifique os métodos da classe `Integer`. Quais são estáticos? Por quê?

Exercício R7.24. Verifique os métodos da classe `String` (mas ignore aqueles que recebem um parâmetro de tipo `char[]`). Quais são estáticos? Por quê?

Exercício R7.25. Os campos `in` e `out` da classe `System` são campos estáticos públicos da classe `System`. Isso é um bom projeto? Se não é, como você poderia melhorá-lo?

Exercício R7.26. Na classe a seguir, a variável n ocorre em múltiplos escopos. Quais declarações de n são legais e quais são ilegais?

```java
public class X
{
    public int f()
    {
        int n = 1;
        return n;
    }

    public int g(int k)
    {
        int a;
        for (int n = 1; n <= k; n++)
            a = a + n;
        return a;
    }

    public int h(int n)
    {
        int b;
        for (int n = 1; n <= 10; n++)
            b = b + n;
        return b + n;
    }

    public int k(int n)
    {
        if (n < 0)
        {
            int k = -n;
            int n = (int)(Math.sqrt(n));
            return n;
        }
        else return n;
    }

    public int m(int k)
    {
        int a;
        for (int n = 1; n <= k; n++)
            a = a + n;
        for (int n = k; n >= 1; n++)
            a = a + n;
        return a;
    }

    private int n;
}
```

Exercício R7.27. O que é um nome qualificado? O que é um nome não-qualificado?

Exercício R7.28. Quando você acessa um nome não-qualificado em um método, o que esse acesso significa? Discuta tanto as propriedades de instância como as estáticas.

Exercício R7.29. Todo programa Java pode ser reescrito para evitar os comandos `import`. Explique como e reescreva IntersectionApplet.java do Capítulo 4 de modo a evitar os comandos `import`.

Exercício R7.30. Qual é o pacote *default*? Você já o usou antes deste capítulo em sua programação?

Exercícios de Programação

Exercício P7.1. Implemente as classes `Purse` e `Coin` descritas na Seção 7.2.

Exercício P7.2. Melhore a classe `BankAccount` acrescentando pré-condições para o construtor e para o método `deposit` que exige que o parâmetro `amount` seja pelo menos zero, e uma pré-condição para o método `withdraw` que exige que `amount` seja no máximo o saldo atual. Dispare exceções se a pré-condição não for cumprida.

Exercício P7.3. Escreva métodos estáticos

- `public static double sphereVolume(double r)`
- `public static double sphereSurface(double r)`
- `public static double cylinderVolume(double r, double h)`
- `public static double cylinderSurface(double r, double h)`
- `public static double coneVolume(double r, doble h)`
- `public static double coneSurface(double r, double h)`

que calculem o volume e a área da superfície de uma esfera de raio `r`, um cilindro com base circular de raio `r` e altura `h`, e um cone com base circular de raio `r` e altura `h`. Coloque-os em uma classe adequada. Então escreva um programa que solicite ao usuário os valores de `r` e `h`, chame os seis métodos e imprima os resultados.

Exercício P7.4. Resolva o exercício anterior implementando as classes `Sphere`, `Cylinder` e `Cone`. Qual abordagem é mais orientada a objetos?

Exercício P7.5. Escreva os métodos

```
public static double perimeter(Ellipse2D.Double e);
public static double area(Ellipse2D.Double e);
```

que calculam o perímetro e a área da elipse e. Use esses métodos em um *applet* que solicite que o usuário especifique uma elipse. Então exiba mensagens com o perímetro e a área da elipse. Por que faz sentido usar um método estático nesse caso?

Exercício P7.6. Escreva um método

```
public static double distance(Point2D.Double p,
    Point2D.Double q)
```

que calcule a distância entre dois pontos. Acrescente o método a uma classe adequada. Escreva um programa de teste que solicite ao usuário a entrada de dois pontos. Exiba então a distância. Por que faz sentido usar um método estático nesse caso?

Exercício P7.7. Escreva um método

```
public static boolean isInside(Point2D.Double p,
    Ellipse2D.Double e)
```

que testa se um ponto está dentro de uma elipse. Acrescente o método a uma classe adequada. Escreva um programa de teste que solicite ao usuário que entre com um ponto e uma elipse. Então imprima se o ponto está contido dentro da elipse.

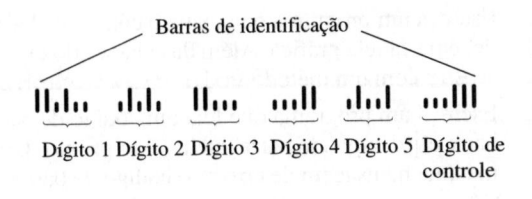

Exercício P7.8. Escreva um método

```
public static int readInt(String prompt,
     int min, int max)
```

que exiba o *string* de *prompt*, leia um inteiro e teste se ele está entre o mínimo e o máximo. Se não estiver, imprima uma mensagem de erro e repita a leitura da entrada. Além disso, se o usuário cancelar o diálogo de entrada, imprima uma mensagem de erro e continue a ler a entrada. Acrescente o método a uma classe adequada e forneça um programa de teste.

Exercício P7.9. Escreva métodos

- `public static void drawH(Graphics2D g2, Point2D.Double p);`
- `public static void drawE(Graphics2D g2, Point2D.Double p);`
- `public static void drawL(Graphics2D g2, Point2D.Double p);`
- `public static void drawO(Graphics2D g2, Point2D.Double p);`

que exibam as letras H, E, L, O na janela gráfica, onde o ponto p é o canto superior esquerdo da letra. Então chame os métodos para desenhar as palavras "HELLO" e "HOLE" na tela gráfica. Desenhe retas e elipses. Não use o método `drawString`. Não use `System.out`.

Exercício P7.10. Repita o exercício anterior projetando as classes `LetterH`, `LetterE`, `LetterL` e `LetterO`, cada uma com um construtor que usa `Point2D.Double` (o canto superior esquerdo) e o método `draw(Graphics2D g2)`. Qual solução é mais orientada a objetos?

Exercício P7.11. *Código de barras postal.* Para classificar as cartas com maior rapidez, o serviço postal dos EUA incentiva as empresas que enviam grandes volumes de correspondência a usarem um código de barras que indica o CEP (veja a Figura 8).

Figura 8
Código de barras postal.

Figura 9
Codificando para códigos de barras de cinco dígitos.

O esquema de codificação do CEP de cinco dígitos é mostrado na Figura 9. Há uma barra de identificação com altura máxima de cada lado. Os cinco dígitos codificados são seguidos de um dígito de controle, o qual é calculado da seguinte maneira: some todos os dígitos e escolha o dígito de controle para fazer a soma um múltiplo de 10. Por exemplo, o CEP 95014 tem como soma de seus dígitos 19, de modo que o dígito de correção é 1 para fazer a soma igual a 20.

Cada dígito do CEP e o dígito de controle são codificados de acordo com a seguinte tabela:

	7	4	2	1	0
1	0	0	0	1	1
2	0	0	1	0	1
3	0	0	1	1	0
4	0	1	0	0	1
5	0	1	0	1	0
6	0	1	1	0	0
7	1	0	0	0	1
8	1	0	0	1	0
9	1	0	1	0	0
0	1	1	0	0	0

onde 0 denota meia barra e 1 uma barra inteira. Observe que eles representam todas as combinações de duas barras inteiras e três meias barras. O dígito pode ser facilmente calculado a partir do código de barras usando os pesos das colunas 7, 4, 2, 1, 0. Por exemplo, 01100 é $0 \cdot 7 + 1 \cdot 4 + 1 \cdot 2 + 0 \cdot 1 + 0 \cdot 0 = 6$. A única exceção é 0, que daria 11 de acordo com a fórmula de pesos.

Escreva um programa que solicite ao usuário um CEP e imprima o código de barras. Use : para meia barra, | para barra inteira. Por exemplo, 95014 ficaria assim

||:|:::|:|:||:::::||:|::|:::|||

Use as classes `BarCode` e `Digit` em sua solução.

Exercício P7.12. Escreva um programa que exiba o código de barras, usando barras de verdade, em sua tela gráfica. Além das classes do exercício anterior, use uma classe `Bar` com um método `void draw(Graphics2D g2)`.

Exercício P7.13. Escreva um programa que leia um código de barras (com : denotando meia barra e | denotando barra inteira) e imprima o CEP que ele representa. Imprima uma mensagem de erro se o código de barras não estiver correto.

Exercício P7.14. Considere o algoritmo a seguir para calcular x^n para um inteiro n. Se $n < 0$, x^n é $1/x^{-n}$. Se n for positivo e par, então $x^n = (x^{n/2})^2$. Se n for positivo e ímpar, então $x^n = x^{n-1} \cdot x$. Implemente um método estático `intPower(double x, int n` que use esse algoritmo. Acrescente-o à classe `Numeric`.

Exercício P7.15. Considere a classe `Die` do Capítulo 6. Transforme o campo `generator` em um campo estático, de modo que todos os dados compartilhem um único gerador de números aleatórios.

Exercício P7.16. Este exercício supõe que você tenha um endereço de correio eletrônico (*e-mail*). Escreva as classes `Greeter` (Saudações) e `GreeterTest` (TesteDeSaudações) em um pacote cujo nome seja derivado do seu endereço de email, como descrito na Seção 7.9.

Exercício P7.17. Implemente as classes `Purse` e `Coin` descritas na Seção 7.2. Coloque-as em um pacote chamado `money`. Escreva uma classe de teste `MoneyTest` no pacote *default*.

Capítulo 8

Teste e Depuração

Objetivos do capítulo

- Aprender a realizar testes de unidades
- Entender os princípios da escolha e da avaliação de casos de teste
- Aprender a usar registro em *log* e assertivas
- Familiarizar-se com o depurador
- Aprender estratégias eficientes de depuração

Um programa complexo nunca funciona logo na primeira vez. Ele conterá erros, comumente chamados de *bugs,* e precisará ser testado. É mais fácil testar um programa se ele já tiver sido projetado com os testes em mente. Essa é uma prática comum em engenharia: em placas de circuitos de televisão ou na fiação de um automóvel, encontramos luzes e conectores que não têm nenhuma utilidade direta para o carro ou a TV, mas estão ali para o pessoal de manutenção, no caso de haver algum problema. Na primeira parte deste capítulo vamos ver como instrumentalizar nossos programas para isso, o que dá um pouco mais de trabalho, mas é amplamente recompensado pela redução no tempo de depuração.

Na segunda parte deste capítulo veremos como executar o depurador para enfrentar problemas de programas que não fazem a coisa certa.

Sumário do capítulo

- **8.1** Testes de Unidades 312
- **8.2** Avaliação de Casos de Teste 318
- **8.3** Teste de Regressão e Abrangência do Teste 320
    - *Dica de Produtividade 8.1:* Arquivos em Lote e Scripts *de* Shell 322
- **8.4** Rastreamento de Programas, Registro em *log* e Assertivas 323
- **8.5** O Depurador 325
- **8.6** Exemplo de Sessão de Depuração 328
    - *Fato Histórico 8.1:* O Primeiro Bug 333
    - *Como Fazer? 8.1:* Depuração 334
    - *Fato Histórico 8.2:* Os Incidentes com o Therac-25 335

8.1 Testes de Unidades

> Use testes de unidades para testar classes isoladamente.

A ferramenta de teste isolada mais importante é o *teste de unidade* de um método ou de um conjunto de métodos que cooperam.

Para um teste de unidade, as classes a serem testadas são compiladas fora do programa no qual elas serão usadas, juntamente com um método simples chamado de *testador* que fornece parâmetros para os métodos.

> Escreva um testador para executar um teste.

Os argumentos de teste podem vir de uma das diversas fontes: entradas do usuário, pela execução de uma faixa de valores em um laço, como valores aleatórios e como valores armazenados em um arquivo ou em um banco de dados.

Nas próximas seções usaremos um exemplo simples de um método a ser testado, ou seja, um algoritmo de aproximação para calcular a raiz quadrada, o qual já era conhecido pelos gregos na Antiguidade. O algoritmo, que foi mencionado no Exercício P6.12, inicia arbitrando um valor para x que pode ou não ser próximo à raiz quadrada desejada $\sqrt{a}$. O valor inicial não necessita ser muito próximo; $x = a$ é uma boa escolha. Agora vamos considerar as quantidades x e a/x. Se $x < \sqrt{a}$, então $a/x > a/\sqrt{a} = \sqrt{a}$. Da mesma forma, se $x > \sqrt{a}$, então $a/x < a/\sqrt{a} = \sqrt{a}$. Isto é, $\sqrt{a}$ está entre x e a/x. Façamos do *ponto médio* desse intervalo nossa nova aproximação da raiz quadrada (veja a Figura 1). Portanto, vamos configurar $x_{new} = (x + a/x)/2$ e repetir o procedimento — isto é, calculamos o ponto médio entre x_{new} e a/x_{new}. Paramos quando duas hipóteses sucessivas diferirem uma da outra por uma quantia muito pequena.

Esse método converge muito rapidamente. Para calcular $\sqrt{100}$, apenas 8 passos são necessários:

```
Guess #1:  50.5
Guess #2:  26.24009900990099
Guess #3:  15.025530119986813
Guess #4:  10.840434673026925
Guess #5:  10.032578510960604
Guess #6:  10.000052895642693
Guess #7:  10.000000000139897
Guess #8:  10.0
Guess #9:  10.0
Guess #10: 10.0
```

A seguir temos uma classe que implementa o algoritmo de aproximação da raiz quadrada. Construa um `RootApproximator` para extrair a raiz quadrada de um dado número. O método `nextGuess` calcula a próxima hipótese, e o método `getRoot` fica chamando `nextGuess` até que duas hipóteses sejam suficientemente próximas.

Arquivo RootApproximator.java

```
1 /**
2      Calcula aproximações da raiz quadrada de
3      um número, usando o algoritmo de Heron.
4 */
```

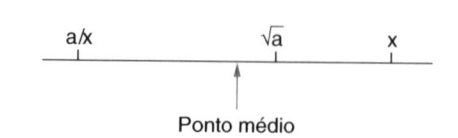

Figura 1

Aproximando uma raiz quadrada.

```java
 5  public class RootApproximator
 6  {
 7      /**
 8          Constrói um aproximador da raiz para um número dado.
 9          @param aNumber  o número do qual será extraída a raiz quadrada
10          (Pré-condição: aNumber >= 0 )
11      */
12      public RootApproximator(double aNumber)
13      {
14          a = aNumber;
15          xold = 1;
16          xnew = a;
17      }
18
19      /**
20          Calcula uma hipótese melhor a partir da hipótese atual.
21          @return a próxima hipótese
22      */
23      public double nextGuess()
24      {
25          xold = xnew;
26          if (xold != 0)
27              xnew = (xold + a / xold) / 2;
28          return xnew;
29      }
30
31      /**
32          Calcula a raiz quadrada melhorando repetidamente a aproximação
33          atual até que duas hipóteses sucessivas sejam aproximadamente iguais.
34          @return o valor calculado para a raiz quadrada
35      */
36      public double getRoot()
37      {
38          while (!Numeric.approxEqual(xnew, xold))
39              nextGuess();
40          return xnew;
41      }
42
43      private double a;     // o número cuja raiz quadrada é calculada
44      private double xnew;  // a aproximação atual
45      private double xold;  // a aproximação antiga
46  }
```

As hipóteses para $\sqrt{100}$ foram calculadas pelo programa de teste a seguir.

Arquivo RootApproximatorTest.java

```java
1  import javax.swing.JOptionPane;
2
3  /**
4      Este programa imprime dez aproximações de uma raiz quadrada.
5  */
6  public class RootApproximatorTest
7  {
8      public static void main(String[] args)
```

```java
 9      {
10          String input
11              = JOptionPane.showInputDialog("Enter a number");
12          double x = Double.parseDouble(input);
13          RootApproximator r = new RootApproximator(x);
14          final int MAX_TRIES = 10;
15          for (int tries = 1; tries <= MAX_TRIES; tries++)
16          {
17              double y = r.nextGuess();
18              System.out.println("Guess #"
19                  + tries + ": " + y);
20          }
21          System.exit(0);
22      }
23  }
```

Será que a classe `RootApproximator` funciona corretamente? Vamos abordar essa questão sistematicamente.

Se usarmos um ambiente como BlueJ que nos permite criar objetos e chamar métodos, podemos facilmente executar alguns testes rápidos construindo alguns objetos e chamando métodos — veja a Figura 2.

Alternativamente, se não temos esse ambiente de desenvolvimento, é fácil escrever um testador que forneça valores individuais para teste. A seguir temos um exemplo.

Arquivo RootApproximatorTest2.java

```java
 1  import javax.swing.JOptionPane;
 2
 3  /**
 4      Este programa calcula raízes quadradas de entradas fornecidas pelo usuário.
 5  */
 6  public class RootApproximatorTest2
 7  {
 8      public static void main(String[] args)
 9      {
10          boolean done = false;
11          while (!done)
12          {
13              String input = JOptionPane.showInputDialog(
14                  "Enter a number, Cancel to quit");
15
16              if (input == null)
17                  done = true;
18              else
19              {
20                  double x = Double.parseDouble(input);
21                  RootApproximator r = new RootApproximator(x);
22                  double y = r.getRoot();
23
24                  System.out.println("square root of " + x
25                      + " = " + y);
26              }
27          }
28          System.exit(0);
29      }
30  }
```

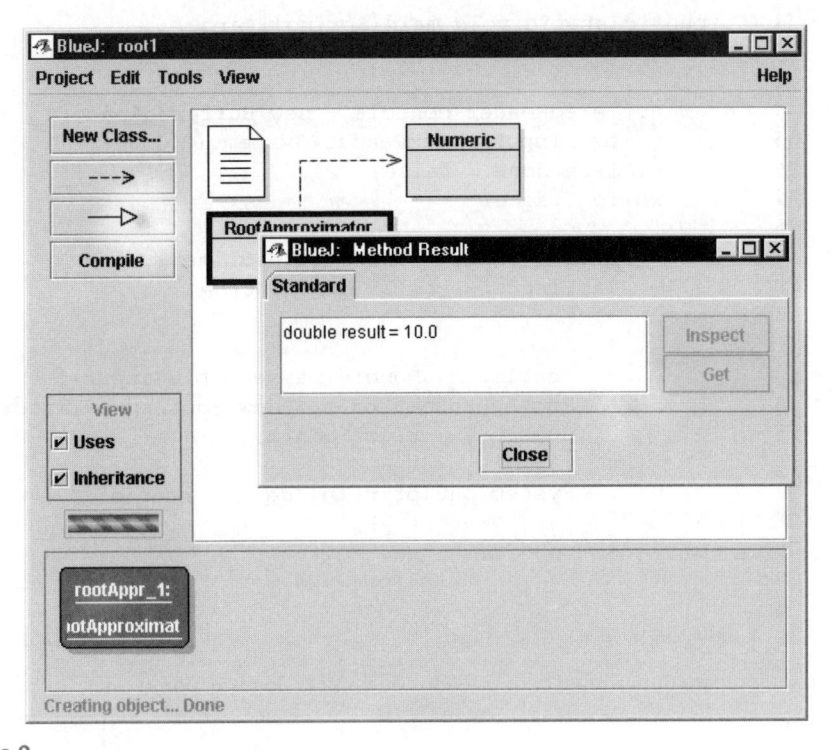

Figura 2
Testando uma classe com o BlueJ.

> Se lermos as entradas de teste de um arquivo, poderemos facilmente repetir o teste.

Agora podemos digitar os valores e conferir se o método get-Root calcula os valores corretos da raiz quadrada.

Só há um problema nessa abordagem de teste. Vamos supor que conseguimos detectar e corrigir um erro em nosso código. Naturalmente, vamos querer testar a classe novamente. O programa testador ainda é usável, o que é bom. Mas teremos de redigitar todas as entradas.

Portanto, é melhor ler os dados de entrada de um arquivo. Dessa forma, podemos simplesmente inserir os dados de entrada uma vez no arquivo e então rodar o programa de teste sempre que quisermos testar uma nova versão do código. A maneira mais simples de ler uma entrada de arquivo é redirecionar System.in (veja Dica de Produtividade 6.1). Primeiro, temos de fazer uma pequena mudança no programa de teste e ler de um BufferedReader (veja o Tópico Avançado 3.6). A listagem de programa a seguir mostra a mudança.

Arquivo RootApproximatorTest3.java

```
1  import java.io.BufferedReader;
2  import java.io.InputStreamReader;
3  import java.io.IOException;
4
5  /**
6      Este programa calcula a raiz quadrada dos valores fornecidos
7      através de System.in.
8  */
9  public class RootApproximatorTest3
10 {
```

```java
11      public static void main(String[] args)
12         throws IOException
13      {
14         BufferedReader console = new BufferedReader(
15            new InputStreamReader(System.in));
16         boolean done = false;
17         while (!done)
18         {
19            String input = console.readLine();
20            if (input == null) done = true;
21            else
22            {
23               double x = Double.parseDouble(input);
24               RootApproximator r = new RootApproximator(x);
25               double y = r.getRoot();
26
27               System.out.println("square root of " + x
28                  + " = " + y);
29            }
30         }
31      }
32   }
```

Em seguida, prepare um arquivo com os dados de entrada de teste, como estes:

```
100
20
4
1
0.25
0.01
```

Execute o programa da forma a seguir. (Lembre-se da Dica de Produtividade 6.1 que o símbolo < denota redirecionamento do arquivo test.in para System.in.)

```
java RootApproximatorTest3 < test.in
```

A saída é

```
square root of 100.0 = 10.0
square root of 20.0 = 4.47213595499958
square root of 4.0 = 2.0
square root of 1.0 = 1.0
square root of 0.25 = 0.5
square root of 0.01 = 0.1
```

Também se pode gerar casos de teste automaticamente. Caso haja poucas entradas possíveis, pode-se gerar um número representativo delas com um laço.

Arquivo RootApproximatorTest4.java

```java
1  /**
2        Este programa calcula a raiz quadrada de valores de entrada
3        fornecidos por um laço.
4  */
5  public class RootApproximatorTest4
6  {
7     public static void main(String[] args)
8     {
```

```
 9        final double MIN = 1;
10        final double MAX = 10;
11        final double INCREMENT = 0.5;
12        for (double x = MIN; x <= MAX; x = x + INCREMENT)
13        {
14            RootApproximator r = new RootApproximator(x);
15            double y = r.getRoot();
16            System.out.println("square root of " + x
17                + " = " + y);
18        }
19    }
20 }
```

A saída é:

```
square root of 1.0 = 1.0
square root of 1.5 = 1.224744871391589
square root of 2.0 = 1.414213562373095
...
square root of 9.0 = 3.0
square root of 9.5 = 3.0822070014844885
square root of 10.0 = 3.162277660168379
```

Infelizmente, esse teste restringe-se apenas a um pequeno subconjunto de valores. Para superar essa limitação, a geração de casos de teste aleatórios pode ser útil:

Arquivo RootApproximatorTest5.java

```
 1 import java.util.Random;
 2
 3 /**
 4     Este programa calcula a raiz quadrada de entradas aleatórias.
 5 */
 6 public class RootApproximatorTest5
 7 {
 8    public static void main(String[] args)
 9    {
10        final double SAMPLES = 100;
11        Random generator = new Random();
12        for (int i = 1; i <= SAMPLES; i++)
13        { // gera um valor de teste aleatório
14
15            double x = 1.0E6 * generator.nextDouble();
16            RootApproximator r = new RootApproximator(x);
17            double y = r.getRoot();
18            System.out.println("square root of " + x
19                + " = " + y);
20        }
21    }
22 }
```

Um exemplo de execução ficaria assim:

```
square root of 298042.3906807571 = 545.932588036982
square root of 552836.0182932373 = 743.5294333738493
square root of 751687.182520626 = 866.9989518567056
square root of 872344.1056077272 = 933.9936325306116
...
```

Escolher bons casos de teste é uma habilidade importante para se depurar programas. Naturalmente, queremos testar nosso programa com entradas que um usuário típico forneceria.

Devemos testar todos os recursos do programa. No programa de cálculo da raiz quadrada, devemos conferir casos de teste típicos como `100, 1/4, 0.01, 2, 10E12`, etc. Esses testes são testes *positivos*. Eles consistem em entradas legítimas, e esperamos que o programa as manipule corretamente.

> Casos de teste limite são casos de teste que estão no limite das entradas aceitáveis.

Depois, devemos incluir *casos-limite:* valores que estão no limite do conjunto de entradas aceitáveis. No caso do aproximador da raiz quadrada, teste o que acontece se a entrada for 0. Casos-limite ainda são entradas legítimas e esperamos que o programa as trate corretamente — freqüentemente de uma maneira trivial, ou então por meio de casos especiais. Testar casos-limite é importante, porque os programadores freqüentemente cometem erros relacionados às condições-limite. Divisão por zero, extrair caracteres de *strings* vazios, e acessar ponteiros nulos são fontes comuns de erros.

Finalmente, reúna casos de teste *negativos*. Essas são as entradas que esperamos que o programa rejeite. Exemplos são a raiz quadrada de -2. Entretanto, nesse caso temos de ser um pouco cautelosos. Se uma pré-condição de um método não permite certa entrada, o método não precisa produzir uma saída. Na verdade, se tentarmos calcular a raiz quadrada de -2 com o aproximador da raiz quadrada, o laço do método `getRoot` nunca termina. Podemos ver o por que, chamando `getNext` algumas vezes:

```
Guess #1:  -0.5
Guess #2:  1.75
Guess #3:  0.3035714285714286
Guess #4:  -3.142331932773109
Guess #5:  -1.2529309672222557
Guess #6:  0.1716630854488237
Guess #7:  -5.739532701343778
Guess #8:  -2.6955361385562107
Guess #9:  -0.976784358209916
Guess #10: 0.5353752385394334
```

Não importa como geramos os casos de teste, o ponto importante é que testemos as classes individualmente de forma completa antes de colocá-las no programa. Se alguma vez você já montou um computador ou consertou um carro, você provavelmente seguiu um processo semelhante. Em vez de simplesmente juntar todas as peças e esperar pelo melhor, você provavelmente testou primeiro cada parte isoladamente. Demora um pouco mais no início, porém reduz enormemente a possibilidade de falha completa e misteriosa uma vez que as peças são montadas.

8.2 Avaliação de Casos de Teste

Na seção anterior nos preocupamos em como obter *entradas* de teste. Agora vamos considerar o que fazer com as *saídas*. Como sabemos se a saída está correta?

Algumas vezes podemos verificar a saída calculando os valores corretos à mão. Por exemplo, no caso de um programa de folha de pagamento podemos calcular os impostos manualmente.

Às vezes um cálculo é bastante trabalhoso, e não é prático fazê-lo manualmente. É o caso de muitos algoritmos de aproximação, os quais podem executar dúzias ou centenas de iterações antes de chegarem à resposta final. O método de raiz quadrada da Seção 8.1 é um exemplo desse tipo de aproximação.

Como podemos testar se o método de raiz quadrada funciona corretamente? Podemos fornecer entradas de teste para as quais sabemos a resposta, como 4 e 100, e também 1/4 e 0.01, de modo que não restringimos as entradas apenas a inteiros.

Alternativamente, podemos escrever um teste que verifique se os valores de saída cumprem certas propriedades. No caso do programa de raiz quadrada, podemos calcular a raiz quadrada, calcular o quadrado do resultado e verificar se obtemos a entrada original:

Arquivo RootApproximatorTest6.java

```java
1   import java.util.Random;
2
3   /**
4         Este programa verifica o cálculo dos valores de raiz quadrada
5         conferindo uma propriedade matemática da raiz quadrada.
6   */
7   public class RootApproximatorTest6
8   {
9      public static void main(String[] args)
10     {
11        final double SAMPLES = 100;
12        int passcount = 0;
13        int failcount = 0;
14        Random generator = new Random();
15        for (int i = 1; i <= SAMPLES; i++)
16        {
17           // gera um valor de teste aleatório
18
19           double x = 1.0E6 * generator.nextDouble();
20           RootApproximator r = new RootApproximator(x);
21           double y = r.getRoot();
22           System.out.println("square root of " + x
23              + " = " + y);
24
25           // verifica se o valor de teste satisfaz à propriedade do quadrado
26
27           if (Numeric.approxEqual(y * y, x))
28           {
29              System.out.println("Test passed.");
30              passcount++;
31           }
32           else
33           {
34              System.out.println("Test failed.");
35              failcount++;
36           }
37        }
38        System.out.println("Pass: " + passcount);
39        System.out.println("Fail: " + failcount);
40     }
41  }
```

Finalmente, pode haver uma maneira menos eficiente de se calcular o mesmo valor que o método produz. Podemos então executar um testador que calcule usando o método sob teste, juntamente com o processo mais lento, e compare as respostas. Por exemplo, $\sqrt{x} = x^{1/2}$, de modo que podemos usar o método mais lento Math.pow para gerar o mesmo valor. Esse método lento, porém confiável, é chamado de *oráculo*. O exemplo de programa a seguir mostra como comparar o resultado do método a ser testado com a saída de um oráculo. Alternativamente, podemos escrever um programa separado que escreva os valores do oráculo para um arquivo, e então compare os resultados de seu método com os valores previamente calculados pelo oráculo.

> Um oráculo é um método lento mas confiável de calcular um resultado para fins de testes.

Arquivo RootApproximatorTest7.java

```
1  import java.util.Random;
2
3  /**
4        Este programa verifica o cálculo dos valores de raiz quadrada
5        usando um oráculo.
6  */
7  public class RootApproximatorTest7
8  {
9      public static void main(String[] args)
10     {
11         final double SAMPLES = 100;
12         int passcount = 0;
13         int failcount = 0;
14         Random generator = new Random();
15         for (int i = 1; i <= SAMPLES; i++)
16         {
17            // gera um valor de teste aleatório
18
19            double x = 1.0E6 * generator.nextDouble();
20            RootApproximator r = new RootApproximator(x);
21            double y = r.getRoot();
22            System.out.println("square root of " + x
23                + " = " + y);
24
25            double oracleValue = Math.pow(x, 0.5);
26
27            // Verifica se o valor de teste é aproximadamente igual ao valor do oráculo
28
29            if (Numeric.approxEqual(y, oracleValue))
30            {
31                System.out.println("Test passed.");
32                passcount++;
33            }
34            else
35            {
36                System.out.println("Test failed.");
37                failcount++;
38            }
39         }
40         System.out.println("Pass: " + passcount);
41         System.out.println("Fail: " + failcount);
42     }
43 }
```

8.3 Teste de Regressão e Abrangência do Teste

Como coletar casos de teste? Isso é fácil para programas que obtêm todas as suas entradas a partir da entrada padrão. Simplesmente transforme cada caso de teste em um arquivo — como test1.in, test2.in, test3.in. Esses arquivos contêm a combinação de teclas que normalmente nós iríamos executar quando o programa fosse executado. Alimente o programa a ser testado com os arquivos usando redirecionamento:

```
java Program < test1.in > test1.out
```

```
java Program < test2.in > test2.out
java Program < test3.in > test3.out
```

> Uma suíte de testes é um conjunto de testes para testes repetidos.

> O teste de regressão envolve repetir testes que foram executados anteriormente para garantir que falhas conhecidas nas versões anteriores não apareçam nas novas versões do *software*.

Então estude as saídas e veja se elas estão corretas.

Manter um caso de teste em um arquivo é uma boa idéia, porque podemos usá-lo para testar todas as versões do programa. Na realidade, é uma prática comum e útil criar um arquivo de teste sempre que encontrarmos um *bug* no programa. Podemos usar esse arquivo para verificar se a correção do *bug* realmente funciona. Não o jogue fora, use-o na versão que virá depois desta e em todas as subseqüentes. Essa coleção de casos de teste é chamada de *suíte de testes*.

Você se surpreenderá com o número de vezes que um *bug* que você consertou irá reaparecer em uma versão futura. Esse é um fenômeno conhecido como *ciclo*. Às vezes não entendemos bem a razão de um *bug* e aplicamos um conserto rápido que parece funcionar. Mais tarde, aplicamos um conserto rápido diferente que resolve um segundo problema mas faz com que o primeiro problema volte a aparecer. Naturalmente, sempre é melhor analisar bem a causa do *bug* e consertar a raiz do problema, em vez de fazer uma seqüência de soluções do tipo "Band-Aid". Caso não consigamos ter sucesso ao fazer isso, no mínimo vamos querer ter uma avaliação honesta de quão bem nosso programa funciona. Mantendo todos os casos de teste velhos e usando-os para testar cada nova versão, obteremos essa realimentação. O processo de testar em relação a um conjunto de falhas do passado é chamado de *teste de regressão*.

> O teste da caixa-preta descreve um método de teste que não leva em conta a estrutura da implementação.

Testar a funcionalidade do programa sem considerar sua estrutura interna é chamado de *teste da caixa-preta*. Essa é uma parte importante do teste, porque, afinal, os usuários de um programa não conhecem sua estrutura interna. Se um programa funciona perfeitamente para todas as entradas positivas e falha graciosamente para todas as entradas negativas, então ele faz o seu trabalho adequadamente.

> O teste da caixa-branca usa as informações sobre a estrutura do programa.

Entretanto, é impossível garantir absolutamente que um programa irá funcionar corretamente para todas as entradas, simplesmente fornecendo um número finito de casos de teste. Como ressaltou o famoso cientista da computação Edsger Dijkstra, o teste só consegue mostrar a presença de *bugs* — não a ausência deles. Para adquirir mais confiança de que o programa está correto, é útil considerar sua estrutura interna. Estratégias de teste que examinam a parte interna do programa são chamadas de *teste da caixa-branca*. A realização de testes unitários de cada método é uma parte do teste da caixa-branca.

> O teste de abrangência é uma medida do número de partes de um programa que foram testadas.

Queremos garantir que cada parte de nosso programa é exercitada pelo menos uma vez por um de seus casos de teste. Isso é chamado de *teste de abrangência*. Se algum código nunca é executado por nenhum de nossos casos de teste, não temos como saber se esse código funcionaria corretamente se fosse executado por entradas de usuário. Isso significa que precisamos olhar cada decisão `if/else` para verificar se cada uma delas é alcançada por algum caso de teste. Muitas decisões condicionais estão no código apenas para cuidar de entradas estranhas e de entradas anormais, mas elas ainda fazem alguma coisa. É um fenômeno comum elas acabarem fazendo algo incorreto, mas essas falhas nunca são descobertas durante os testes, porque ninguém forneceu as entradas estranhas nem as entradas anormais. Naturalmente que essas falhas tornam-se imediatamente visíveis quando o programa é lançado e o primeiro usuário digita uma entrada ruim e fica furioso quando o programa falha. Uma suíte de testes deve garantir que cada parte do código seja coberta por alguma entrada.

Por exemplo, ao testar o método `getTax` do programa de imposto de renda do Capítulo 5, queremos garantir que todo comando `if` é exercitado pelo menos por um caso de teste. Devemos testar tanto contribuintes solteiros como casados, com rendas em cada uma das três alíquotas de imposto.

É uma boa idéia escrever os primeiros casos de teste *antes* do programa estar totalmente pronto. Projetar alguns casos de teste pode nos dar uma visão do que o programa deve fazer, o que é valioso na sua implementação. Também teremos algo para jogar no programa quando ele compilar pela primeira vez. Naturalmente, o conjunto inicial de casos de teste será aumentado à medida que o processo de depuração avançar.

Os programas modernos podem ser bastante desafiadores de se testar. Em um programa que tenha uma interface gráfica com o usuário (GUI), o usuário pode clicar aleatoriamente os botões com o *mouse* e fornecer entradas em ordem aleatória. Os programas que recebem seus dados através de uma conexão de rede precisam ser testados por simulações de retardos ocasionais e falhas da rede. Tudo isso é muito mais difícil, porque não podemos simplesmente inserir as combinações de teclas pressionadas em um arquivo. Você não precisa se preocupar com essas complexidades ao estudar este livro. Existem ferramentas para automatizar os testes nesses casos. Os princípios básicos dos testes de regressão (nunca jogar fora um caso de teste) e abrangência completa (executar todo o código pelo menos uma vez) permanecem válidos.

Dica de Produtividade 8.1

Arquivos em Lote e Scripts de Shell

Se precisarmos realizar as mesmas tarefas repetidamente na linha de comando, então vale a pena aprendermos os recursos de automação oferecidos pelo seu sistema operacional.

No DOS, usamos *arquivos de lote* para executar vários comandos automaticamente. Por exemplo, suponhamos que necessitemos testar um programa com três entradas:

```
java Program < test1.in
java Program < test2.in
java Program < test3.in
```

Então encontramos um *bug*, o consertamos e executamos os testes novamente. Agora precisamos digitar os três comandos novamente. Deve haver uma maneira melhor. No DOS, ponha os comandos em um arquivo de texto e chame-o de test.bat:

Arquivo test.bat

```
1 java Program < test1.in
2 java Program < test2.in
3 java Program < test3.in
```

Então apenas digitamos

```
test
```

e os três comandos do arquivo de lote são automaticamente executados.

É fácil tornar o arquivo de lote mais útil. Se você terminou o programa e começou a trabalhar no programa 2, naturalmente pode escrever um arquivo de lote test2.bat, mas pode fazer melhor do que isso: dê ao arquivo de lote test um *parâmetro*. Isto é, chame-o com

```
test Program
```

ou

```
test Program2
```

Você precisa alterar o arquivo de lote para que isso funcione. Em um arquivo de lote, `%1` denota o primeiro *string* que for digitado depois do nome do arquivo de lote, `%2` o segundo *string*, e assim por diante:

▼ **Arquivo test.bat**

```
1 java %1 < test1.in
2 java %1 < test2.in
3 java %1 < test3.in
```

▼ E se você tiver mais de três arquivos de teste? Os arquivos de lote do DOS têm um laço for muito primitivo:

▼ **Arquivo test.bat**

```
1 for %%f in (test*.in) do java %1 < %%f
```

Se você trabalha em um laboratório de computação, vai querer um arquivo de lote que copie todos seus arquivos para um disquete quando você estiver pronto para ir para casa. Ponha as seguintes li-
▼ nhas em um arquivo gohome.bat:

▼ **Arquivo gohome.bat**

```
1 copy *.java a:
2 copy *.txt a:
3 copy *.in a:
```

Há muitos usos para os arquivos de lotes e vale a pena aprender mais sobre eles.
   Os arquivos de lote são uma característica do sistema operacional DOS, não de Java. No siste-
▼ ma operacional UNIX, os *scripts* de *shell* são usados com o mesmo objetivo.

8.4 Rastreamento de Programas, Registro em *Log* e Assertivas

> O rastreamento de um progra-
> ma consiste em mensagens de
> rastreamento que mostram o ca-
> minho da execução.

Às vezes executamos um programa e não temos certeza de onde ele dispende seu tempo. Para obter uma cópia impressa do fluxo do programa, podemos inserir mensagens de rastreamento, como esta:

```
public double getTax()
{
   ...
if (status == SINGLE)
{
   System.out.println("status is SINGLE");
   ...
}
...
```

Talvez também queiramos imprimir um *rastreamento da pilha* que nos diga como chegamos neste ponto. Use as seguintes instruções:

```
Throwable t = new Throwable();
t.printStackTrace(System.out);
```

O rastreamento de pilha tem a seguinte aparência:

```
java.lang.Throwable
        at TaxReturn.getTax(TaxReturn.java:26)
        at TaxReturnTest.main(TaxReturnTest.java:30)
```

Essa é uma informação muito útil — a mensagem de rastreamento foi gerada dentro do método `getTax` da classe `TaxReturn` (especificamente, na linha 26 do arquivo `TaxReturn.java`). Esse método foi chamado da linha 30 de `TaxReturnTest.java`.

> O rastreamento da pilha consiste em uma lista de todas chamadas de métodos pendentes em um determinado instante de tempo.

Entretanto, há um problema com as mensagens de rastreamento. Quando terminamos de testar o programa, temos de remover todos os comandos de impressão que produzem mensagens de rastreamento. Se acharmos outro erro, no entanto, temos de voltar a inserir os comandos de impressão.

Para solucionar esse problema, podemos usar a classe `Logger`, a qual nos permite desligar as mensagens de rastreamento. O suporte para registro em *log* está incluído na biblioteca Java padrão, a partir da versão 1.4.

Em vez de imprimir diretamente para `System.out`, use o objeto *logger* global

```
Logger logger = Logger.getLogger("global");
```

e chame

```
logger.info("status is SINGLE");
```

Por *default*, a mensagem é impressa. Mas se chamarmos

```
logger.setLevel(Level.OFF);
```

toda impressão de mensagens de *log* é suprimida. Assim, podemos desligar as mensagens de *log* quando nosso programa funcionar bem e podemos ligá-las novamente se encontrarmos algum erro.

Quando estamos rastreando o fluxo de execução, os eventos mais importantes estão entrando e saindo de um método. No início de um método, imprima os parâmetros:

```
public TaxReturn(double anIncome, int aStatus)
{
   Logger logger = Logger.getLogger("global");
   logger.info("Parameters: anIncome = " + anIncome
      + " aStatus = " + aStatus);
   ...
}
```

No final de um método, imprima o valor de retorno:

```
public double getTax()
{
   ...
   logger.info("Return value = " + tax);
   return tax;
}
```

Para obter um rastreamento adequado, temos de localizar *cada* ponto de saída do método. Temos de garantir que localizamos os comandos `return` no meio do método.

Naturalmente que não estamos restritos a mensagens "entrar/sair". Podemos relatar o progresso dentro de um método. A classe `Logger` tem muitas outras opções de registro em *log* para uso profissional. Podemos conferir a documentação das APIs se quisermos ter mais controle sobre o registro em *log*.

O rastreamento de programas pode ser útil para analisar o comportamento de um programa, mas ele realmente tem algumas desvantagens. Podemos levar bastante tempo para descobrir quais mensagens de rastreamento devemos inserir. Se inserirmos mensagens demais, produzimos uma saída confusa que é difícil de analisar; se inserirmos de menos, podemos não ter informações suficientes para encontrar a causa do erro. Se você está achando isso uma dor de cabeça, não está sozinho. A maioria dos programadores profissionais usam um *depurador*, e não mensagens de rastreamento, para localizar erros em seu código. O depurador será abordado na próxima seção.

Os programas freqüentemente contêm suposições implícitas. Por exemplo, uma taxa de juros não deve ser negativa. Certamente ninguém iria depositar dinheiro em uma conta que rendesse juros negativos, mas esse tipo de valor pode sorrateiramente entrar em um programa em função de

> Uma assertiva é uma condição lógica em um programa, a qual acreditamos ser verdade.

alguma entrada ou de algum erro de processamento. Às vezes é útil conferir se não ocorreu nenhum erro desses antes de continuar o programa.

Por exemplo, antes de extrair a raiz quadrada de um número que sabemos que não pode ser negativo, podemos querer conferir nossa suposição.

Uma suposição que acreditamos ser verdadeira é chamada de uma *assertiva*. Um teste de assertiva verifica se uma assertiva é verdadeira e termina o programa com um relato de erro se ela for negativa. A seguir temos uma verificação típica de assertiva:

```
public void computeIntersection()
{ ...
    double y = r * r - (x - a) * (x - a);
    assert y >= 0;
    root = Math.sqrt(y);
    ...
}
```

Nesse trecho de programa, o programador espera que a quantidade y nunca possa ser negativa. Quando a assertiva estiver correta, nada de ruim acontece, e o programa funciona de maneira normal. Se, por alguma razão, a assertiva falhar, então é melhor que o programa termine do que continue, calcule a raiz quadrada de um número negativo e cause mais prejuízo mais adiante.

Um uso comum de assertivas é a monitoração de pré e pós-condições (veja a Seção 7.5). Por exemplo, a seguir vemos como podemos monitorar a pré-condição do método deposit da classe Bank:

```
public double deposit (double amount)
{
    assert amount >= 0;
    balance = balance + amount;
}
```

As assertivas fazem parte da linguagem Java a partir da versão 1.4. Para compilar um programa com assertivas, execute o compilador Java desta forma

```
javac -source 1.4 MyProg.java
```

Para executar o programa com a conferência de assertivas ligada, use este comando:

```
java -enableassertions MyProg
```

8.5 O Depurador

Como você já deve ter percebido, os programas de computadores raramente são executados com perfeição na primeira vez. Às vezes, pode ser frustrante localizar os *bugs*. Naturalmente, podemos inserir mensagens de rastreamento para mostrar o fluxo do programa, bem como os valores das variáveis-chave, executar o programa e tentar analisar a impressão. Se a impressão não apontar claramente para o problema, talvez tenhamos de acrescentar e remover comandos de impressão e executar o programa novamente. Isso pode ser um processo demorado.

> O depurador é um programa que podemos usar para executar um outro programa e analisar seu comportamento durante a execução.

Os ambientes de desenvolvimento modernos contêm programas especiais, chamados *depuradores* (*debuggers*), que nos ajudam a localizar *bugs* deixando-nos seguir a execução do programa. Podemos parar e reiniciar nosso programa e ver os conteúdos das variáveis sempre que o programa estiver temporariamente parado. A cada parada, temos a opção de escolher quais variáveis queremos inspecionar e quantos passos de programa executar até a próxima parada.

Algumas pessoas acham que os depuradores são apenas uma ferramenta para deixar os programadores preguiçosos. Realmente, algumas pessoas escrevem programas desleixadamente e então os corrigem com o depurador, mas a maioria dos programadores faz um esforço honesto para escrever o melhor programa que conseguem antes de tentar executá-lo com o depurador. Esses programadores percebem que o depurador, embora mais conveniente do que comandos de impressão, tem seu custo. Leva tempo para configurar e realizar uma sessão de depuração eficaz.

Na prática, não podemos evitar o uso do depurador. Quanto maior o programa, mais difícil é depurá-lo simplesmente inserindo comandos de impressão. Você descobrirá que o tempo investido para aprender a usar o depurador será amplamente recompensado em sua carreira de programador.

Assim como os compiladores, os depuradores variam bastante de um sistema para outro. Em alguns sistemas eles são bastante primitivos e exigem que memorizemos um pequeno conjunto de comandos restritos; em outros, os depuradores têm uma janela intuitiva de interface. As fotografias de telas deste capítulo mostram o depurador do ambiente de desenvolvimento Forte Community Edition, o qual pode ser baixado gratuitamente da Internet a partir do *site* da Sun Microsystems.

Você terá de descobrir como preparar um programa para a depuração e como iniciar o depurador em seu sistema. Se você usar um ambiente integrado de desenvolvimento, o qual contém um editor, um compilador e um depurador, esse passo geralmente é muito fácil. Simplesmente construímos o programa da maneira usual e selecionamos o comando de menu para iniciar a depuração. Em alguns sistemas, temos de construir manualmente uma versão de depuração de nosso programa e invocar o depurador.

> Podemos fazer um uso eficaz do depurador conhecendo bem apenas três conceitos: pontos de interrupção, passo-a-passo e inspeção de variáveis.

Uma vez que tenhamos iniciado o depurador, podemos avançar bastante com apenas três comandos de depuração: "configurar ponto de interrupção" (*set breakpoint*), "executar passo-a-passo" (*single step*), e "inspecionar variável" (*inspect variable*). Os nomes e teclas a usar ou os cliques de *mouse* desses comandos variam bastante de um depurador para o outro, mas todos os depuradores suportam esses comandos básicos. Podemos descobrir como são esses comandos pela documentação, por algum manual de laboratório, ou perguntando para alguém que já usou o depurador antes.

> Quando o depurador executa um programa, a execução é suspensa sempre que um ponto de interrupção for atingido.

Quando iniciamos o depurador, ele é executado a toda velocidade até encontrar um *breakpoint (ponto de interrupção)*. Daí a execução pára, e o ponto de interrupção que causou a parada é exibido (veja a Figura 3). Agora podemos inspecionar as variáveis e avançar o programa uma linha de cada vez, ou continuar executando o programa a plena velocidade até que ele atinja o próximo ponto de interrupção. Quando o programa termina, o depurador também pára.

Os pontos de interrupção permanecem ativos até que nós os removamos, de modo que periodicamente temos de tirar os pontos de interrupção que não necessitamos mais.

Uma vez que o programa parou, podemos verificar o valor atual das variáveis. Novamente, o método de selecionar as variáveis difere de um depurador para outro. Alguns sempre nos mostram uma janela com as variáveis locais atuais (veja a Figura 4). Em outros, temos de disparar um comando do tipo "inspecione variável" e digitar ou clicar sobre a variável. O depurador então exibe o conteúdo da variável. Se todas as variáveis contiverem o que esperamos, podemos executar o programa até o próximo ponto onde queremos parar.

Ao inspecionar objetos, muitas vezes temos de usar um comando para "abrir" o objeto, por exemplo, clicando sobre o nodo de uma árvore. Uma vez que o objeto estiver aberto, podemos ver as suas variáveis de instância (veja a Figura 4).

> O comando passo-a-passo executa o programa linha por linha.

A execução vai rapidamente até um ponto de interrupção, mas não sabemos como o programa chegou até lá. Por outro lado, podemos avançar pelo programa uma linha por vez. Então saberemos como o programa flui, mas pode levar um tempo longo para passar por todo ele. O comando "passo-a-passo" executa a linha atual e pára na próxima linha do programa. A maioria dos depuradores tem dois comandos "passo-a-passo", um chamado de "*step inside*", que executa passo-a-passo cada instrução do método chamado, e um chamado de "*step over*", que executa os métodos chamados em um único passo.

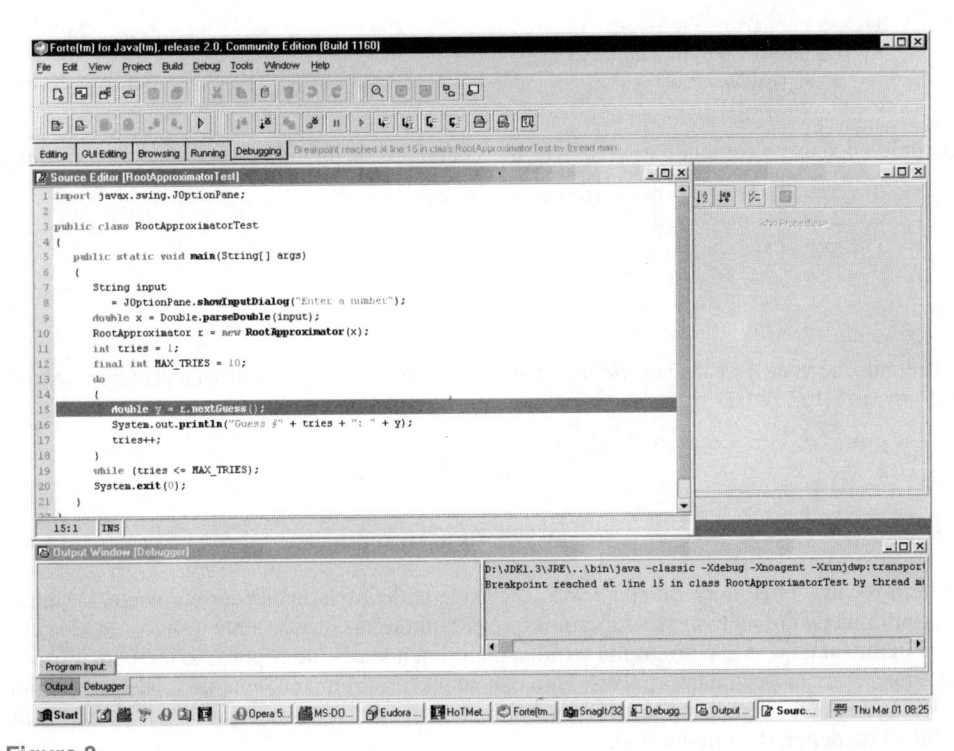

Figura 3
Depurador parando em um ponto de interrupção.

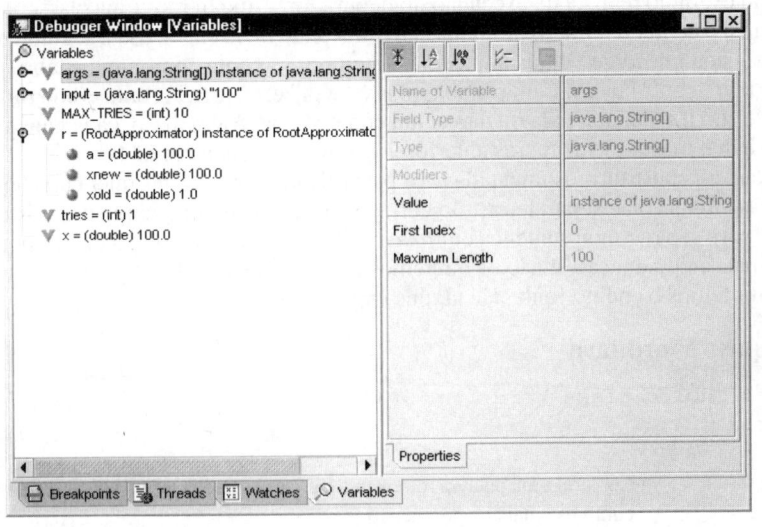

Figura 4
Inspecionando variáveis.

Por exemplo, suponha que a linha atual seja

```
String token = tokenizer.nextToken();
Word w = new Word(token);
```

```
int syllables = w.countSyllables();
System.out.println("Syllables in "
    + w.getText() + ": "
    + syllables);
```

Quando você usa o comando de *step over* nas chamadas de métodos, você chega à próxima linha:

```
String token = tokenizer.nextToken();
Word w = new Word(token);
int syllables = w.countSyllables();
System.out.println("Syllables in "
    + w.getText() + ": "
    + syllables);
```

Entretanto, se você usar *step inside* nas chamadas de métodos, você entra na primeira linha do método `countSyllables`.

```
public int countSyllables()
{
   int count = 0;
   int end = text.length() - 1;
}
```

Devemos entrar em um método para verificar se ele realiza sua função corretamente. Devemos passar por cima de um método se soubermos que ele funciona corretamente.

Finalmente, quando o programa termina de rodar, a sessão de depuração também termina. Não podemos mais inspecionar variáveis. Para executar o programa novamente, podemos reinicializar o depurador, ou podemos ter de sair do programa de depuração e começar de novo. Os detalhes dependem do depurador em questão.

8.6 Exemplo de Sessão de Depuração

Para ter um exemplo realista de execução do depurador, estudaremos uma classe `Word` cujo objetivo principal é contar o número de sílabas em uma palavra. A classe usa a seguinte regra para contar sílabas: cada *grupo* de vogais adjacentes (a,e,i,o,u,y) conta como uma sílaba (por exemplo, o "ea" em "*real*" contribui com uma sílaba, mas o "e..a" em "*regal*" conta como duas sílabas). Entretanto, "e" no fim de uma palavra não conta como sílaba. Além disso, cada palavra tem pelo menos uma sílaba, mesmo se as regras anteriores dêem uma contagem de 0.

Também, ao construirmos uma palavra a partir de um *string*, quaisquer caracteres no início ou no fim do *string* que não sejam letras são cortadas fora. Isso é útil quando usamos um *tokenizador* de *strings* para separar uma sentença em *tokens*. Os *tokens* ainda podem conter pontos de interrogação e sinais de pontuação, e não os queremos como parte da palavra.

A seguir temos o código fonte. Há alguns *bugs* nesta classe.

Arquivo Word.java

```
1  public class Word
2  {
3     /**
4        Constrói uma palavra removendo os caracteres da frente e de trás que não sejam letras,
5        como os sinais de pontuação.
6        @param s o string de entrada
7     */
8     public Word(String s)
9     {
10        int i = 0;
11        while (i < s.length()
12           && !Character.isLetter(s.charAt(i)))
```

```java
13            i++;
14        int j = s.length() - 1;
15        while (j > i
16            && !Character.isLetter(s.charAt(j)))
17            j--;
18        text = s.substring(i, j);
19    }
20
21    /**
22        Retorna o texto da palavra, depois de remover
23        os caracteres da frente e de trás que não forem letras.
24        @return  o texto da palavra
25    */
26    public String getText()
27    {
28        return text;
29    }
30
31    /**
32        Conta as sílabas da palavra.
33        @return  a contagem das sílabas
34    */
35    public int countSyllables()
36    {
37        int count = 0;
38        int end = text.length() - 1;
39        if (end < 0) return 0;  // o string vazio não tem sílabas
40
41        // um e no fim da palavra não conta como uma vogal
42        char ch = Character.toLowerCase(text.charAt(end));
43        if (ch == 'e') end--;
44
45        boolean insideVowelGroup = false;
46        for (int i = 0; i <= end; i++)
47        {
48            ch = Character.toLowerCase(text.charAt(i));
49            if ("aeiouy".indexOf(ch) >= 0)
50            {
51                // ch é uma vogal
52                if (!insideVowelGroup)
53                {
54                    // início de um novo grupo de vogais
55                    count++;
56                    insideVowelGroup = true;
57                }
58            }
59        }
60
61        // toda palavra tem pelo menos uma sílaba
62        if (count == 0)
63            count = 1;
64
65        return count;
66    }
```

```
67
68      private String text;
69  }
```

A seguir temos uma classe de teste simples. Digite uma ou mais palavras no diálogo de entrada, e as contagens de sílabas de todas as palavras são exibidas.

Arquivo WordTest.java

```
1  import java.util.StringTokenizer;
2  import javax.swing.JOptionPane;
3
4  public class WordTest
5  {
6      public static void main(String[] args)
7      {
8          String input = JOptionPane.showInputDialog(
9              "Enter a sentence");
10         StringTokenizer tokenizer =
11             new StringTokenizer(input);
12         while (tokenizer.hasMoreTokens())
13         {
14             String token = tokenizer.nextToken();
15             Word w = new Word(token);
16             int syllables = w.countSyllables();
17             System.out.println("Syllables in "
18                 + token + ": "
19                 + syllables);
20         }
21         System.exit(0);
22     }
23 }
```

Quando executamos este programa com uma entrada de `hello regal real`, então a saída é

```
Syllables in hello: 1
Syllables in regal: 1
Syllables in real: 1
```

Isso não é muito encorajador.

Primeiro, coloque um ponto de interrupção na primeira linha do método `countSyllables` da classe `Word`, na linha 35 de `Word.java`. Daí inicie o programa. O programa irá solicitar a entrada. Por agora, simplesmente forneça o valor de entrada `hello`. O programa irá parar no ponto de interrupção que acabou de ser configurado.

Primeiramente o método `countSyllables` confere o último caractere da palavra para ver se é a letra `'e'`. Vamos apenas conferir se isso funciona corretamente. Execute o programa até a linha 41 (veja a Figura 5).

Agora inspecione a variável `ch`. Esse depurador em particular tem à mão um exibidor de todas as variáveis locais e de instância atuais — veja a Figura 6. Caso o seu depurador não tenha, talvez você precise inspecionar `ch` manualmente. Você pode ver que `ch` contém o valor `'l'`. Isso é estranho. Verifique o código-fonte. A variável `end` foi configurada para `text.length() - 1`, a última posição do *string* `text`, e `ch` é o caractere desta posição.

Olhando mais adiante, verificamos que `end` está configurado para 3, e não 4, como esperávamos. E `text` contém o *string* `"hell"`, e não `"hello"`. Assim, não é de se admirar que `countSyllables` retorne a resposta 1. Teremos de procurar pelo culpado em outro lugar. Aparentemente, o construtor de `Word` contém um erro.

Figura 5
Depurando o método `countSyllables`.

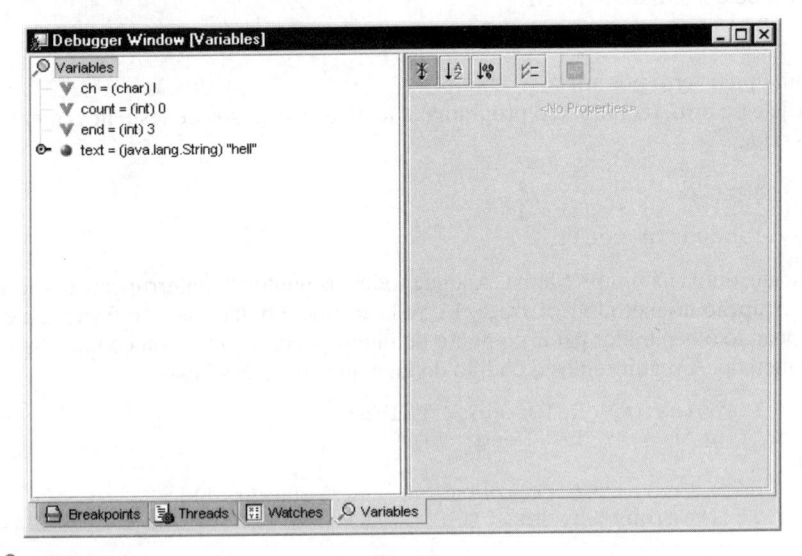

Figura 6
Valores atuais das variáveis locais e de instância.

Infelizmente, um depurador não consegue voltar no tempo. De modo que temos de pará-lo, configurar um ponto de interrupção no construtor de Word e reiniciar o depurador. Novamente fornecemos a entrada `"hello"`. O depurador irá parar no início do construtor de Word. O construtor configura duas variáveis `i` e `j`, pulando quaisquer caracteres que não sejam letras no início e no fim do *string* de entrada. Configuramos um ponto de interrupção depois do fim do segundo laço (veja a Figura 7) de modo que possamos inspecionar os valores de `i` e `j`.

Nesse ponto, inspecionando `i` e `j` vemos que `i` é 0 e `j` é 4. Isso faz sentido — não havia sinais de pontuação para pular. Então por que `text` está sendo configurado como `"hell"`? Lembre-se que o método `substring` conta as posições até, *mas não incluindo* o segundo parâmetro. De modo que a chamada correta deveria ser

```
text = s.substring(i, j + 1);
```

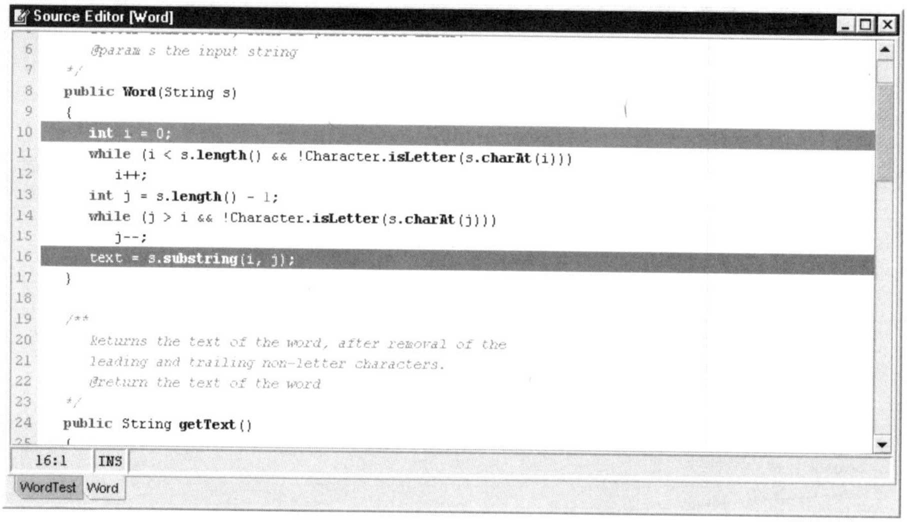

```
Source Editor [Word]
 6       @param s the input string
 7       */
 8      public Word(String s)
 9      {
10         int i = 0;
11         while (i < s.length() && !Character.isLetter(s.charAt(i)))
12            i++;
13         int j = s.length() - 1;
14         while (j > i && !Character.isLetter(s.charAt(j)))
15            j--;
16         text = s.substring(i, j);
17      }
18
19      /**
20         Returns the text of the word, after removal of the
21         leading and trailing non-letter characters.
22         @return the text of the word
23      */
24      public String getText()
```

Figura 7
Depuração do construtor de Word.

Esse é um típico "erro por um".

Corrija esse erro, recompile o programa, e tente os três casos de teste novamente. Agora você obterá a saída

```
Syllables in hello: 1
Syllables in regal: 1
Syllables in real: 1
```

Infelizmente, ainda há um problema. Apague todos os pontos de interrupção e configure um ponto de interrupção no método countSyllables. Inicie o depurador e forneça a entrada "regal". Quando o depurador parar no ponto de interrupção, inicie o avanço passo-a-passo pelas linhas do método. A seguir temos o código do laço que conta as sílabas:

```
boolean insideVowelGroup = false;
for (int i = 0; i <= end; i++)
{
   ch = Character.toLowerCase(text.charAt(i));
   if ("aeiouy".indexOf(ch) >= 0)
   {
      // ch é uma vogal
      if (!insideVowelGroup)
      {
         // início de um novo grupo de vogais
         count++;
         insideVowelGroup = true;
      }
   }
}
```

Na primeira iteração através do laço, o depurador salta o comando if. Isso faz sentido, pois a primeira letra, 'r', não é uma vogal. Na segunda iteração, o depurador entra no comando if, como deveria, porque a segunda letra, 'e', é uma vogal. A variável insideVowelGroup é configurada como true, e o contador de vogais é incrementado. Na terceira iteração, o comando if é novamente pulado, porque a letra 'g' não é uma vogal. Porém na quarta iteração, algo estranho acontece. A letra `'a'` é uma vogal, e ele entra no comando `if`. Mas o segundo comando `if` é pulado e `count` não é novamente incrementado.

Por quê? A variável `insideVowelGroup` ainda é verdadeira, embora o primeiro grupo de vogais tenha terminado quando a consoante `'g'` foi encontrada. O fato de ler uma consoante deveria configurar `insideVowelGroup` de volta para `false`. Esse é um erro de lógica mais sutil, embora não seja incomum ao se projetar um laço que rastreie o estado do processamento. Para consertá-lo, pare o depurador e acrescente a seguinte cláusula:

```
if ("aeiouy".indexOf(ch) >= 0)
{
    ...
}
else insideVowelGroup = false;
```

Agora recompile e execute o teste mais uma vez. A saída será:

```
Syllables in hello: 2
Syllables in regal: 2
Syllables in real: 1
```

> O depurador pode ser usado apenas para analisar a presença de *bugs*, não para mostrar que um programa não tem nenhum *bug*.

Será que agora o programa está livre de *bugs*? Essa não é uma pergunta que o depurador possa responder. Lembre-se: o teste só consegue mostrar a presença de *bugs*, não a ausência deles.

Fato Histórico 8.1

O Primeiro Bug

De acordo com a lenda, o primeiro *bug* foi encontrado em 1947 no Mark II, um enorme computador eletromecânico na Universidade de Harvard. Ele foi realmente causado por um *bug* (inseto) – uma mariposa ficou presa em um contato de um relé. Na verdade, a partir da nota que o operador deixou no livro de *log*, próximo à mariposa (veja a Figura 8), parece que o termo "*bug*" já estava em franco uso naquele tempo.

O pioneiro cientista da computação Maurice Wilkes escreveu: "De alguma forma, na Moore School e depois também, supúnhamos sempre que não haveria nenhuma dificuldade especial em acertar os programas. Posso me recordar do momento exato em que percebi que uma grande parte da minha vida futura seria dispendida encontrando erros em meus próprios programas".

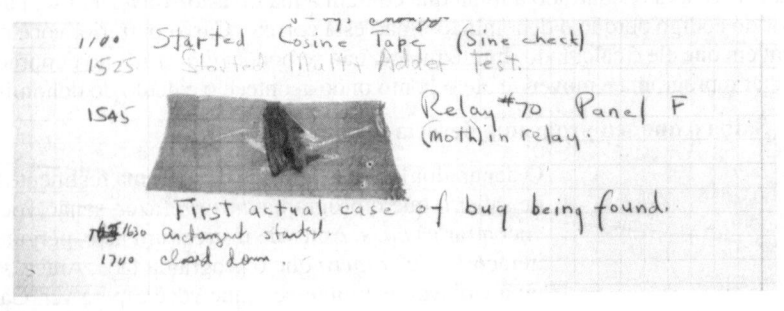

Figura 8

O "primeiro *bug*".

Como Fazer? 8.1

Depuração

Agora você conhece a mecânica da depuração, mas todo esse conhecimento pode ainda deixá-lo impotente quando você iniciar o depurador para olhar um programa com problemas. Há uma série de estratégias que podemos usar para reconhecer os *bugs* e suas causas.

Passo 1 **Reproduza o erro**

Ao testar seu programa, você percebe que ele às vezes faz algo errado. Ele fornece a saída errada, parece imprimir algo completamente aleatório, entra em um laço infinito, ou aborta. Descubra exatamente como *reproduzir* esse comportamento. Que números você inseriu? Onde você clicou com o *mouse?*

Execute o programa novamente; digite exatamente as mesmas respostas e clique com o *mouse* nos mesmos lugares (ou tão próximo quanto possível). O programa exibe o mesmo comportamento? Se exibe, então vale a pena usar o depurador para estudar esse problema específico. Os depuradores são bons para analisar falhas específicas. Eles não são tão bons para estudar um programa em geral.

Passo 2 **Simplifique o erro**

Antes de iniciar o depurador, vale a pena gastar alguns minutos para tentar criar uma entrada mais simples que também produza um erro. Será que se usarmos palavras mais curtas ou números mais simples o programa ainda vai dar erro? Se der, use esses valores durante sua sessão de depuração.

Passo 3 **Dividida para conquistar**

> Use a técnica "dividir para conquistar" para localizar o ponto de falha de um programa.

Agora que temos uma falha específica, queremos chegar tão perto dela quanto possível. O ponto-chave da depuração é localizar o código que gera a falha. Assim como no caso de pestes de insetos de verdade, achar o *bug* pode ser difícil, mas uma vez que você o encontrou, esmagá-lo geralmente é a parte fácil. Suponha que seu programa seja encerrado por causa de uma divisão por zero. Como há muitas operações de divisão em um programa típico, freqüentemente não dá para colocar pontos de interrupção para todos eles. Em vez disso use a técnica *dividir para conquistar*. Passe por cima dos métodos em `main`, mas não entre neles. Por fim, a falha irá acontecer novamente. Agora você sabe qual método contém o *bug*: é o último método que foi chamado de `main` antes que o programa morresse. Reinicie o depurador e volte para a linha em `main`, então entre nesse método. Repita o processo.

Por fim, você terá encontrado a linha que contém a má divisão. Talvez ela seja totalmente óbvia a partir do código porque o denominador não está correto. Caso contrário, você precisa descobrir o local em que ele é calculado. Infelizmente, não se pode *voltar atrás* no depurador. Você precisa reiniciar o programa e mover-se até o ponto onde acontece o cálculo do denominador.

Passo 4 **Saiba o que seu programa deveria fazer**

> Durante a depuração, compare os conteúdos reais das variáveis com os valores que você sabe que elas deveriam ter.

O depurador lhe mostra o que o programa realmente *faz*. Você tem de saber o que o programa *deveria* fazer, senão você não poderá encontrar os *bugs*. Antes de rastrear um laço, pergunte-se quantas iterações você *espera* que o programa faça. Antes de inspecionar uma variável, pergunte-se o que você espera ver. Caso não saiba, separe um tempo e pense primeiro. Tenha uma calculadora à mão para fazer cálculos independentes. Quando você souber qual deveria ser o valor, inspecione a variável. Esse é o momento da verdade. Se o programa ainda estiver no caminho certo, então esse valor será o que você espera e você terá de procurar o *bug* mais para frente. Se o valor for diferente, você descobriu algo. Confira seus cálculos. Se você tiver certeza que seu valor está correto, descubra por que seu programa fornece um resultado diferente.

Em muitos casos, os *bugs* do programa são o resultado de erros simples como as condições de término de laço que estão erradas "por um". Freqüentemente, no entanto, os programas cometem erros de cálculos. Talvez eles devessem somar dois números, mas por acidente o código foi escrito para subtraí-los. Diferentemente de seu professor de matemática, os programas não fazem um esforço especial para garantir que todos os números sejam inteiros simples (os problemas da vida real também não). Você terá de fazer alguns cálculos com inteiros grandes ou com os antipáticos números em ponto flutuante. Às vezes esses cálculos podem ser evitados se você simplesmente se perguntar: "Será que essa quantidade deveria ser positiva? Será que ela deveria ser maior do que esse valor?" Então inspecione as variáveis para verificar essas teorias.

Passo 5   **Olhe todos os detalhes**

Quando depuramos um programa, freqüentemente temos uma teoria sobre qual é o problema. No entanto, mantenha a mente aberta e examine todos os detalhes. Quais são as mensagens estranhas que são exibidas?

Por que o programa age novamente de maneira inesperada? Esses detalhes são importantes. Ao realizar uma sessão de depuração, somos um detetive que precisa olhar cada pista disponível.

Se você perceber outra falha enquanto estiver a caminho de resolver seu problema, não diga simplesmente: "Voltarei mais tarde a isso". Exatamente esta falha pode ser a causa original de seu problema atual. É melhor fazer uma anotação referente ao problema atual, consertar o que você acabou de encontrar e então voltar à missão original.

Passo 6   **Tenha certeza que você entendeu cada *bug* antes de consertá-lo**

Uma vez que você descobriu que um laço faz iterações demais, é uma tentação aplicar uma solução "Band-Aid" subtraindo 1 de uma variável, de modo que aquele problema não apareça novamente. Esse tipo de correção rápida tem uma enorme probabilidade de criar problemas em outros lugares. Realmente, é preciso ter um entendimento completo de como o programa deveria ser escrito antes de aplicar uma correção.

Acontece ocasionalmente de encontrarmos um *bug* após o outro e aplicarmos uma correção após a outra e o problema só mudar de lugar. Isso geralmente é um sintoma de um problema maior com a lógica do programa. Há pouco que fazer com o depurador, você terá de repensar o projeto do programa e reorganizá-lo.

Fato Histórico   8.2

Os Incidentes com o Therac-25

O Therac-25 é um dispositivo computadorizado usado na radioterapia para pacientes com câncer (veja a Figura 9). Entre junho de 1985 e janeiro de 1987, diversas dessas máquinas forneceram *overdoses* sérias a pelo menos seis pacientes, matando alguns deles e incapacitando seriamente outros.

As máquinas eram controladas por um programa de computador. Os *bugs* do programa foram os responsáveis diretos pelas *overdoses*. De acordo com [1], o programa foi escrito por um único programador, o qual já não estava mais na empresa que fabricava o dispositivo e não pôde ser localizado. Nenhum dos empregados da empresa que foram entrevistados podiam dizer algo sobre o nível de instrução ou sobre as qualificações do programador.

A investigação realizada pela FDA (Food and Drug Administration) descobriu que o programa fora mal documentado e que não havia nenhum documento de especificação, tampouco algum plano formal de teste. Isso deve levá-lo a considerar: você tem um plano formal de teste para seus programas?

As *overdoses* foram causadas por um projeto amador de *software* que controlava diversos dispositivos concorrentemente, quais sejam, o teclado, a tela, a impressora e naturalmente o próprio aparelho de radioterapia. A sincronização e o compartilhamento de dados entre as tarefas eram feitas de uma maneira improvisada, embora técnicas seguras de multitarefas fossem conhecidas naquele tempo. Se o programador tivesse tido uma educação formal que envolvesse essas técnicas, ou se ele tivesse feito o esforço de estudar a literatura, uma máquina mais segura poderia ter sido construída. Essa máquina provavelmente teria um sistema multitarefa comercial, o qual talvez exigisse um computador mais caro.

As mesmas falhas estavam presentes no *software* que controlava o modelo anterior, o Therac-20, mas este tinha dispositivos de segurança de *hardware* que evitavam as overdoses mecanicamente.

Os dispositivos de segurança de *hardware* foram retirados no Therac-25 e substituídos por verificações em *software*, provavelmente para reduzir custos.

Frank Houston da FDA escreveu em 1985 [1]: "Uma quantidade significativa de sistemas de *software* que envolvem risco de vida vem de pequenas empresas, especialmente na indústria de aparelhos médicos. Empresas que se encaixam no perfil daqueles que são resistentes ou estão desinformados em relação aos princípios tanto de segurança de sistemas como de engenharia de *software*".

Quem é o culpado? O programador? O administrador, que não apenas falhou em garantir que o programador tinha capacidade para a tarefa, mas também não insistiu em que se testasse exaustivamente o programa? Os hospitais que instalaram o dispositivo, ou a FDA, por não revisar o processo do projeto? Infelizmente, nem mesmo hoje existem padrões firmes do que se constitui um processo de projeto de *software* seguro.

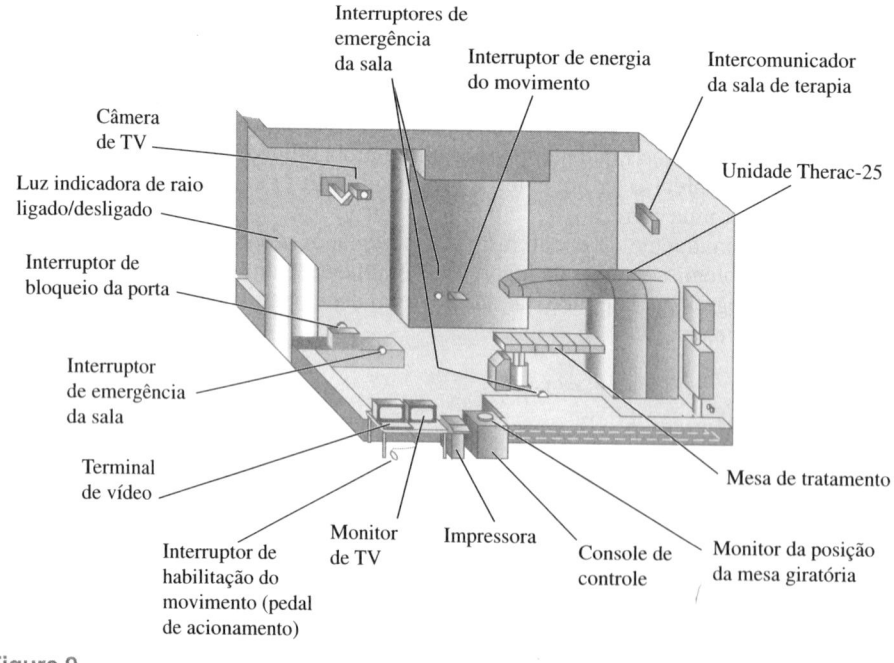

Figura 9

Instalação típica do Therac-25.

Resumo do Capítulo

1. Use os testes de unidade para testar as classes isoladamente.
2. Escreva um *testador* para executar um teste.
3. Se lermos as entradas de teste de um arquivo, podemos facilmente repetir o teste.

4. Casos-limite de teste são casos de teste que estão no limite das entradas aceitáveis.

5. Um oráculo é um método lento mas confiável para se calcular um resultado para fim de testes.

6. Uma suíte de testes é um conjunto de testes para testes repetidos.

7. O teste de regressão envolve a repetição de testes que foram executados previamente para garantir que falhas conhecidas de versões anteriores não apareçam em novas versões do *software*.

8. O teste de caixa-preta descreve um método de teste que não leva em conta a estrutura da implementação.

9. O teste da caixa-branca usa informações sobre a estrutura do programa.

10. O teste de abrangência é uma medida de quantas partes de um programa foram testadas.

11. O rastreamento de programa consiste em mensagens de rastreamento que mostram o caminho da execução.

12. Um rastreamento de pilha consiste em uma lista de todas as chamadas de método pendentes em um determinado instante de tempo.

13. Uma assertiva é uma condição lógica em um programa que acreditamos ser verdadeira.

14. O depurador é um programa que se pode usar para executar outro programa e analisar seu comportamento durante a execução.

15. Pode-se fazer uso eficaz do depurador dominando apenas três conceitos: pontos de interrupção, execução passo-a-passo e inspeção de variáveis.

16. Quando o depurador executa um programa, a execução é suspensa sempre que atingir um ponto de interrupção.

17. O comando "percorrer passo-a-passo" executa uma linha do programa por vez.

18. O depurador só pode ser usado para analisar a presença de *bugs*, e não para mostrar que o programa está livre deles.

19. Use a técnica "dividir para conquistar" para localizar o ponto de falha de um programa.

20. Durante a depuração, compare o conteúdo real das variáveis com os valores que você sabe que elas deveriam conter.

Leitura Complementar

[1] Nancy G. Leveson and Clark S. Turner, "An Investigation of the Therac-25 Accidents," IEEE Computer, July 1993, pp. 18–41.

Classes, Objetos e Métodos Introduzidos neste Capítulo

```
java.lang.Throwable
    printStackTrace
```

```
java.util.logging.Logger
   getLogger
   info
   setLevel
```

Exercícios de Revisão

Exercício R8.1. Defina os termos *teste de unidade* e *testador*.

Exercício R8.2. O que é um oráculo?

Exercício R8.3. Defina os termos *teste de regressão* e *suíte de testes*.

Exercício R8.4. O que é o fenômeno da depuração conhecido como "ciclo"? O que se pode fazer para evitá-lo?

Exercício R8.5. A função arco seno é o inverso da função seno. Isto é, $y= \arcsin(x)$ se $x= \sin(y)$. Ela só é definida se $-1 \leq x \leq 1$. Suponha que você precisa escrever um método Java para calcular o arco seno. Liste três casos de testes positivos e um caso-limite de teste com seus valores de retorno esperados, e dois casos de teste negativos.

Exercício R8.6. O que é rastreamento de programa? Quando faz sentido usar um programa de rastreamento e quando faz mais sentido usar um depurador?

Exercício R8.7. Explique as diferenças entre as seguintes operações do depurador:

- Inspecionar um método com *step inside*
- Inspecionar um método com *step over*

Exercício R8.8. Explique em detalhes como inspecionar as informações armazenadas em um objeto `Point2D.Double` em seu depurador.

Exercício R8.9. Explique em detalhes como inspecionar o *string* armazenado em um objeto `String` em seu depurador.

Exercício R8.10. Explique em detalhes como usar seu depurador para inspecionar o saldo armazenado em um objeto `BankAccount`.

Exercício R8.11. Explique a estratégia "dividir para conquistar" para aproximar-se de um *bug* no depurador.

Exercício R8.12. Verdadeiro ou falso:

- Se um programa passou em todos os testes da suíte de testes, ele não tem mais *bugs*.
- Se um programa tem um *bug*, este sempre aparece ao se executar o programa no depurador.
- Se todos os métodos de um programa estiverem comprovadamente corretos, então o programa não tem *bugs*.

Exercícios de Programação

Exercício P8.1. A função arco seno é a inversa da função seno. Ou seja,

$$y = \text{arcsen}(x) \text{ se } x = \text{sen}(y)$$

onde y é em radianos. Por exemplo,

$\text{arcsen}(0) = 0$

$\text{arcsen}(0.5) = \pi/6$

$$\text{arcsen}(\sqrt{2}/2) = \pi/4$$
$$\text{arcsen}(\sqrt{3}/2) = \pi/3$$
$$\text{arcsen}(1) = \pi/2$$
$$\text{arcsen}(-1) = -\pi/2$$

O arco seno só está definido para valores entre -1 e 1. Há um método na biblioteca Java padrão para calcular o arco seno, mas você não deve usá-lo para este exercício. Escreva uma classe Java `ArcSinApproximator` que calcule o arco seno a partir da sua expansão em série de Taylor

$$\text{arcsen}(x) = x + \frac{x^3}{3!} + \frac{3^2 \cdot x^5}{5!} + \frac{3^2 \cdot 5^2 \cdot x^7}{7!} + \frac{3^2 + 5^2 + 7^2 \cdot x^9}{9!} + \cdots$$

Dica: Não calcule as potências e os fatoriais explicitamente. Antes, calcule cada termo a partir do valor do termo anterior.

Você deve calcular a soma até que o novo termo seja 10^{-6}. Este método será utilizado em exercícios subseqüentes.

Exercício P8.2. Escreva um testador simples para a classe `ArcSinApproximator` que lê números em ponto flutuante a partir da entrada padrão e calcula seus arco senos, até que o fim da entrada seja atingido. Então execute esse programa e verifique suas saídas com a função arco seno de uma calculadora científica.

Exercício P8.3. Escreva um testador que gere casos de teste automaticamente para a classe `ArcSinApproximator`, ou seja, números entre -1 e 1 em um tamanho de passo de 0.1.

Exercício P8.4. Escreva um testador que gere 10 números aleatórios em ponto flutuante entre -1 e 1, e alimente `ArcSinApproximator`.

Exercício P8.5. Escreva um testador que automaticamente teste a validade da classe `ArcSinApproximator` verificando se

```
Math.sin(new ArcSinApproximator(x).getArcSin())
```

é aproximadamente igual a x. Teste com 100 entradas aleatórias.

Exercício P8.6. A função arco seno pode ser calculada a partir da função arco tangente, de acordo com a fórmula

$$\arcsin(x) = \arctan\left(x/\sqrt{1-x^2}\right)$$

Use essa expressão como um *oráculo* para testar se seu método de arco seno funciona corretamente. Teste seu método com 100 entradas aleatórias e verifique com o oráculo.

Exercício P8.7. O domínio da função arco seno é $-1 \leq x \leq 1$. Teste sua classe calculando arcsin(1.1). O que acontece?

Exercício P8.8. Coloque mensagens de *log* no laço do método do arco seno que calcula a série. Imprima o valor do expoente do termo atual, o termo atual e a aproximação atual do resultado. Que saída de rastreamento você obtém ao calcular arcsin(0.5)?

Exercício P8.9. Acrescente mensagens de *log* à classe `Word`, que contém *bugs*. Marque os valores relevantes, por exemplo, os valores das variáveis de instância, valores de retorno e contadores de laços. Execute seu programa com as mesmas

Exercício P8.10. Execute um testador para a classe `ArcSinApproximator` através do depurador. Entre no cálculo de arcsin(0.5). Percorra os cálculos até que o termo x^7 seja calculado e acrescentado à soma. Qual é o valor do termo atual e da soma até este ponto?

Exercício P8.11. Execute um testador para o método `arcsin` através do depurador. Entre no cálculo de arcsin(0.5). Avance nos cálculos até que o termo x^n tenha ficado menor do que 10^{-6}. Então inspecione n. Qual é o seu valor?

Exercício P8.12. A classe a seguir tem dois *bugs*:

```
public class RootApproximator
{
    public RootApproximator(double aNumber)
    {
        a = aNumber;
        x1 = aNumber;
    }

    public double nextGuess()
    {
        x1 = x0;
        x0 = (x1 + a / x1) / 2;
        return x1;
    }

    public double getRoot()
    {
        while (!Numeric.approxEqual(x0, x1))
        nextGuess();
        return x1;
    }

    private double a; // número cuja raiz quadrada é calculada
    private double x0;
    private double x1;
}
```

Crie uma série de casos de teste para fazer os *bugs* se manifestarem. Então execute uma sessão de depuração para encontrá-los. Que mudanças você fez na classe para corrigir os *bugs*?

Capítulo 9

Interfaces e Polimorfismo

Objetivos do capítulo

- Aprender interfaces
- Ser capaz de converter referências a supertipo em referências a subtipo
- Entender o conceito de polimorfismo
- Estar consciente de como as interfaces podem ser usadas para desacoplar classes
- Aprender a implementar classes auxiliares como classes internas
- Entender como classes internas acessam variáveis do escopo que as contêm
- Implementar escutadores de eventos para eventos de temporizador

Sumário do capítulo

9.1 Desenvolvendo Soluções Reutilizáveis 342

Sintaxe 9.1: Definindo uma Interface 346

Sintaxe 9.2: Implementando uma Interface 346

Erro Freqüente 9.1: Esquecendo de Definir a Implementação de Métodos como Públicos 346

9.2 Convertendo Tipos 347

Sintaxe 9.3: O Operador `instanceof` 348

Tópico Avançado 9.1: Constantes em Interfaces 348

9.3 Polimorfismo 349

9.4 Usando uma Estratégia de Interface para Melhorar a Capacidade de Reutilização 350

Sintaxe 9.4: Classes Internas 355

Tópico Avançado 9.2: Classes Internas Anônimas 356

9.5 Processando Eventos de Temporizador 356

Erro Freqüente 9.2: Modificando Assinatura do Método de Implementação 361

Fato Histórico 9.1: Sistemas Operacionais 362

9.1 Desenvolvendo Soluções Reutilizáveis

Vamos considerar a classe `DataSet` do Capítulo 6. Utilizamos essa classe para calcular a média e o máximo de um conjunto de dados de entrada. Entretanto, a classe somente era adequada para calcular a média de um conjunto de *números*. Se quiséssemos processar contas bancárias para localizar a conta bancária com o maior saldo, teríamos de modificar a classe, da seguinte forma:

```java
public class DataSet // modificada para objetos da classe BankAccount
{
    ...
    public void add(BankAccount x)
    {
        sum = sum + x.getBalance();
        if (count == 0
                || maximum.getBalance() < x.getBalance())
            maximum = x;
        count++;
    }

    public BankAccount getMaximum()
    {
        return maximum;
    }

    private double sum;
    private BankAccount maximum;
    private int count;
}
```

Ou suponha que quiséssemos achar a moeda de valor mais alto entre um conjunto de moedas. Teríamos de modificar a classe `DataSet` novamente.

```java
public class DataSet // modificada para objetos da classe Coin
{
    ...
    public void add(Coin x)
    {
        sum = sum + x.getValue();
        if (count == 0
                || maximum.getValue() < x.getValue())
            maximum = x;
        count++;
    }

    public Coin getMaximum()
    {
        return maximum;
    }

    private double sum;
    private Coin maximum;
    private int count;
}
```

Claramente, a mecânica básica da análise de dados é a mesma em todos os casos, mas os detalhes de medição diferem.

Suponha que as diversas classes pudessem concordar em um único método `getMeasure` que obtém a medida a ser usada na análise dos dados, como no saldo de contas bancárias, o valor de moedas, etc. Então poderíamos implementar uma única classe reutilizável `DataSet`. O método add ficaria assim:

```
sum = sum + x.getMeasure();
if (count == 0 || maximum.getMeasure() < x.getMeasure())
    maximum = x;
count++;
```

Qual é o tipo da variável x? Idealmente, x deveria referir-se a qualquer classe que tenha um método getMeasure. Em Java, o *tipo da interface* expressa esse conceito. A seguir temos a declaração de tipo da interface para o tipo `Measurable`.

```
public interface Measurable
{
    double getMeasure();
}
```

> A interface Java declara um conjunto de métodos e suas assinaturas. Diferentemente da classe, ela não fornece nenhuma implementação.

A declaração da interface lista todos os métodos de que a interface necessita. Esta interface necessita de um único método, mas em geral, uma interface pode necessitar de diversos métodos.

A interface é semelhante à classe, mas há diversas diferenças importantes:

- Todos os métodos da interface são *abstratos;* isto é, eles tem nome, parâmetros e tipo de retorno, mas não têm uma implementação.
- Todos os métodos de uma interface são automaticamente públicos.
- A interface não tem variáveis de instância.

Agora podemos usar o tipo `Measurable` para declarar as variáveis x e maximum.

```
public class DataSet
{
    ...
    public void add(Measurable x)
    {
        sum = sum + x.getMeasure();
        if (count == 0
                || maximum.getMeasure() < x.getMeasure())
            maximum = x;
        count++;
    }

    public Measurable getMaximum()
    {
        return maximum;
    }

    private double sum;
    private Measurable maximum;
    private int count;
}
```

> Para implementar uma interface, a classe tem de fornecer todos os métodos que a interface necessita.

Essa classe `DataSet` pode ser usada para se analisar objetos de qualquer classe que *implemente* a interface `Measurable`. Uma classe implementa uma interface se ela declara a interface em uma cláusula `implements`, e se implementa o método ou os métodos que a interface exige.

```
class NomeDaClasse implements Measurable
{
   public double getMeasure()
   {
      implementação
   }

   métodos e campos adicionais
}
```

Uma classe pode implementar mais de uma interface. Naturalmente, a classe então tem de definir todos os métodos que são exigidos por todas as interfaces que ela implementa.

Vamos modificar a classe `BankAccount` para que ela implemente a interface `Measurable`.

```
public class BankAccount implements Measurable
{
   public double getMeasure()
   {
      return balance;
   }
   ...
}
```

Observe que a classe tem de declarar o método como `public`, enquanto que a interface não precisa — todos os métodos de uma interface são públicos.

Da mesma forma, é fácil modificar a classe `Coin` para que ela implemente a interface `Measurable`.

```
public class Coin implements Measurable
{
   public double getMeasure()
   {
      return value;
   }
   ...
}
```

Agora os objetos de `DataSet` podem ser usados para analisar coleções de contas bancárias ou de moedas. A seguir temos um programa de teste que ilustra esse fato.

Arquivo DataSetTest.java

```
 1  /**
 2      Este programa testa a classe DataSet.
 3  */
 4  public class DataSetTest
 5  {
 6     public static void main(String[] args)
 7     {
 8
 9        DataSet bankData = new DataSet();
10
11        bankData.add(new BankAccount(0));
12        bankData.add(new BankAccount(10000));
```

```
13            bankData.add(new BankAccount(2000));
14
15            System.out.println("Average balance = "
16               + bankData.getAverage());
17            Measurable max = bankData.getMaximum();
18            System.out.println("Highest balance = "
19               + max.getMeasure());
20
21            DataSet coinData = new DataSet();
22
23            coinData.add(new Coin(0.25, "quarter"));
24            coinData.add(new Coin(0.1, "dime"));
25            coinData.add(new Coin(0.05, "nickel"));
26
27            System.out.println("Average coin value = "
28               + coinData.getAverage());
29            max = coinData.getMaximum();
30            System.out.println("Highest coin value = "
31               + max.getMeasure());
32         }
33      }
```

> As interfaces podem reduzir o acoplamento entre as classes.

A Figura 1 mostra os relacionamentos entre as classes e as interfaces. Na notação UML as interfaces são marcadas com um indicador de "estereótipo" «interface». Uma seta pontilhada com uma ponta triangular denota o relacionamento de implementação entre uma classe e uma interface. Temos de verificar com cuidado as pontas das setas — uma linha pontilhada com uma ponta de seta aberta em forma de v denota dependência.

Este diagrama mostra que a classe DataSet depende apenas da interface Measurable. Ela está desacoplada das classes BankAccount e Coin. Esse desacoplamento torna a classe DataSet reutilizável. Qualquer classe que queira implementar a interface Measurable pode ser usada com a classe DataSet.

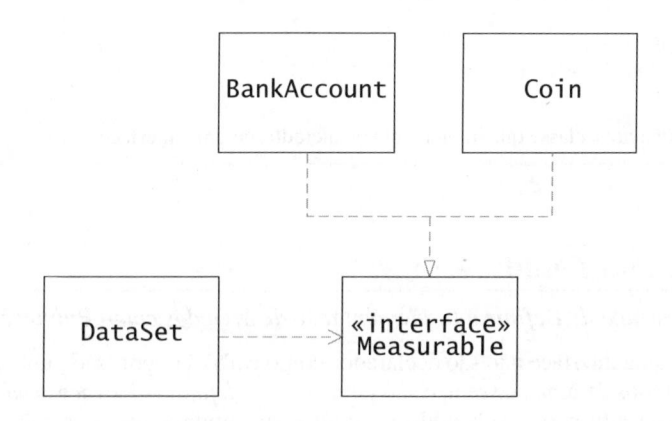

Figura 1

Diagrama UML da classe DataSet e as classes que implementam a interface Measurable.

> ### Sintaxe 9.1: Definindo uma Interface
>
> ```
> public interface NomeDaInterface
> {
>     assinaturas de métodos
> }
> ```
>
> Exemplo:
>
> ```
> public interface Measurable
> {
>     double getMeasure();
> }
> ```
>
> Objetivo:
>
> Definir uma interface e as assinaturas de seus métodos.
> Os métodos são automaticamente públicos.

> ### Sintaxe 9.2: Implementando uma Interface
>
> ```
> public class NomeDaClasse
>     implements NomeDaInterface, NomeDaInterface, ...
> {
>     métodos
>     variáveis de instância
> }
> ```
>
> Exemplo:
>
> ```
> public class BankAccount
>     implements Measurable
> {
>     // outros métodos de BankAccount
>     public double getMeasure()
>     {
>         // implementação do método
>     }
> }
> ```
>
> Objetivo:
>
> Definir uma nova classe que implemente os métodos de uma interface.

⊗ *Erro Freqüente* 9.1

Esquecendo de Definir a Implementação de Métodos como Públicos

Os métodos de uma interface não são declarados como `public`, pois são públicos por *default*. Entretanto, os métodos de uma classe não são públicos por *default* — seu acesso *default* é acesso "de pacote", o qual discutiremos no Capítulo 11. É um erro comum esquecer a palavra-chave `public` quando se define um método a partir de uma interface:

```
public class BankAccount implements Measurable
{
    double getMeasure() // opa! – deveria ser public
```

▼
```
        {
            return balance;
        }
```
▼
```
        ...
    }
```
▼ Nesse caso, o compilador reclama que o método tem um nível de acesso mais fraco, ou seja, acesso de pacote em vez de acesso público. O remédio é declarar o método como público.

9.2 A Conversão entre Tipos

Dê uma boa olhada na chamada

```
bankData.add(new BankAccount(10000));
```

> Podemos converter do tipo classe para o tipo interface desde que a classe implemente a interface.

do programa de teste da seção anterior. Aqui passamos um objeto do tipo `BankAccount` para o método `add` da classe `DataSet`. Entretanto, esse método tem um parâmetro do tipo `Measurable`! Podemos converter do tipo `BankAccount` para o tipo `Measurable`?

Em Java, essa conversão de tipo é legal. Podemos converter de um tipo de classe para um tipo de qualquer interface que a classe implemente. Por exemplo,

```
BankAccount account = new BankAccount(10000);
Measurable x = account;  // OK
```

Alternativamente, x pode referir-se a um objeto `Coin`, desde que a classe `Coin` tenha sido modificada para implementar a interface `Measurable`.

```
Coin dime = new Coin(0.1, "dime");
x = dime;  // OK também
```

De modo que quando temos uma variável de objeto do tipo `Measurable`, na verdade não sabemos o tipo exato do objeto ao qual x se refere. Tudo que sabemos é que o objeto tem um método `getMeasure`.

Entretanto, não podemos converter entre tipos não-relacionados:

```
x = new Rectangle(5, 10, 20, 30);  // ERRO
```

Essa atribuição é um erro porque a classe `Rectangle` não implementa a interface `Measurable`.

Ocasionalmente, acontece de convertermos um objeto em uma referência para interface e termos de convertê-lo de volta. Isso acontece no método `getMaximum` da classe `DataSet`. `DataSet` armazena o objeto com a maior medida, *como uma referência* a `Measurable`.

```
DataSet coinData = new DataSet();
coinData.add(new Coin(0.25, "quarter"));
coinData.add(new Coin(0.1, "dime"));
coinData.add(new Coin(0.05, "nickel"));
Measurable max = coinData.getMaximum();
```

Agora, o que podemos fazer com a referência max? *Nós* sabemos que ela se refere a um objeto `Coin`, mas o compilador não. De modo que não podemos chamar o método `getName`:

```
String name = max.getName();  // ERRO
```

> Precisamos usar uma coerção para converter de um tipo de interface para um tipo de classe.

Essa chamada é um erro, porque o tipo `Measurable` não tem nenhum método `getName`.

Entretanto, desde que tenhamos absoluta certeza de que max realmente se refere a um objeto de `Coin`, podemos usar a notação de *coersão* para convertê-lo de volta:

```
Coin maxCoin = (Coin)max;
String name = maxCoin.getName();
```

Se estivermos errados e o objeto na realidade não se referir a uma moeda, nosso programa irá disparar uma exceção e terminar.

Essa notação de coerção é a mesma notação que vimos no Capítulo 3 para converter entre tipos numéricos. Por exemplo, se x é um número em ponto flutuante, então (int)x é a parte inteira do número. A intenção é semelhante — converter de um tipo para outro. Entretanto, há uma grande diferença entre coerção de tipos de numéricos e coerção de tipos de classes. Quando fazemos a coerção de tipos numéricos, *perdemos informação*, e usamos a coerção para dizer ao compilador que concordamos com a perda de informação. Ao fazer a coerção de tipos de objetos, por outro lado, *corremos o risco* de causar uma exceção, e dizemos ao compilador que concordamos com esse risco.

> O operador `instanceof` testa se um objeto pertence a um determinado tipo.

Vimos um exemplo do uso de coerções em programas gráficos quando tivemos de converter o objeto `Graphics` para um objeto `Graphics2D`. Essa coerção na realidade não é um indicador de boa programação, os projetistas da biblioteca usaram a coerção como uma correção rápida para um problema de compatibilidade.

De qualquer modo, situações para coerções ocasionalmente aparecem. Quando isso acontece, é melhor fazê-lo de maneira segura e testar se a coerção terá sucesso, antes de colocá-la em prática. Com esse objetivo, usamos o operador `instanceof`. Ele testa se um objeto pertence a determinado tipo. Por exemplo,

```
max instanceof Coin
```

retorna `true` se o tipo de max for `Coin`, `false` se não for. Portanto, uma coerção segura pode ser programada da seguinte maneira:

```
if (max instanceof Coin)
{
    Coin maxCoin = (Coin)max;
    ...
}
```

Sintaxe 9.3: O Operador `instanceof`

objeto `instanceof` *NomeDaClasse*

Exemplo:

```
if (x instanceof Coin)
{
    Coin c = (Coin)x;
    ...
}
```

Objetivo:

Retornar `true` se o *objeto* for uma instância de *NomeDaClasse* (ou de uma de suas subclasses), e `false`, caso contrário.

TA *Tópico Avançado* 9.1

Constantes em Interfaces

Interfaces não podem ter variáveis, mas pode-se especificar *constantes*, as quais serão herdadas por todas as classes que implementarem a interface.

▼ Por exemplo, a interface `SwingConstants` define diversas constantes como `SwingConstants.NORTH`, `SwingConstants.EAST`, etc. Várias classes implementam essa interface. Por exemplo, uma vez que `JLabel` implementa a interface `SwingConstants`, os usuários podem referir-se às constantes como `JLabel.NORTH`, `JLabel.EAST`, etc., ao usá-las em conjunto com objetos `JLabel`.

▼ Ao definir uma constante em uma interface, podemos (e devemos) omitir as palavras-chave `public static final`, porque todas as variáveis de uma interface são automaticamente `public static final`. Por exemplo,

```
public interface SwingConstants
{
    int NORTH = 1;
    int NORTHEAST = 2;
    int EAST = 3;
    ...
}
```

9.3 Polimorfismo

Vale a pena enfatizarmos novamente que é perfeitamente legal — e na verdade muito comum — ter variáveis cujo tipo é uma interface, como por exemplo

```
Measurable x;
```

Lembre-se apenas que o objeto ao qual x se refere não é do tipo `Measurable`. Na verdade, *nenhum objeto* é do tipo `Measurable`. Em vez disso, o tipo do objeto é alguma classe que implementa a interface `Measurable`, como `BankAccount` ou `Coin`.

Observe que x pode referir-se a objetos de *diferentes* tipos durante seu tempo de vida. Aqui a variável x primeiramente contém uma referência a uma conta bancária, mais tarde a uma moeda.

```
x = new BankAccount(10000);  // OK
x = new Coin(0.1, "dime");   // OK
```

entretanto, *nunca* podemos construir uma interface:

```
x = new Measurable();  // ERRO
```

Interfaces não são classes; de modo que, não podemos construir *objetos* da interface.

O que podemos fazer com uma variável de interface, uma vez que não sabemos a classe do objeto que ele referencia? Podemos invocar os métodos da interface:

```
double m = x.getMeasure();
```

A classe `DataSet` tirou proveito desta capacidade calculando a medida do objeto acrescentado, sem se preocupar exatamente com o tipo de objeto que foi acrescentado.

Vamos agora considerar mais atentamente a chamada do método `getMeasure`. *Qual* método `getMeasure`? As classes `BankAccount` e `Coin` fornecem duas implementações *diferentes* desse método. Como é que se conseguiu chamar o método correto, se o chamador nem mesmo sabia a classe exata a qual x pertence?

A máquina virtual Java faz um esforço especial para localizar o método correto que pertence à classe do verdadeiro objeto. Ou seja, se x se referir a um objeto `BankAccount`, então o método `BankAccount.getMeasure` é chamado. Se x se referir a um objeto `Coin`, então o método `Coin.getMeasure` é chamado.

Isso quer dizer que uma chamada de método

```
double m = x.getMeasure();
```

pode chamar métodos diferentes dependendo do conteúdo de x no momento.

> O polimorfismo indica o princípio de que o comportamento pode variar, dependendo do tipo real de um objeto.

O princípio de que o tipo real do objeto determina o método a ser chamado é denominado de *polimorfismo*. O termo "polimorfismo" vem do grego e significa "muitas formas". O mesmo cálculo funciona para objetos de muitas formas, e se adapta à natureza dos objetos. Em Java, todos os métodos de instância são polimórficos.

Quando vemos uma chamada de método polimórfica, como `x.getMeasure()`, há vários métodos `getMeasure` possíveis de serem chamados. Já vimos outro caso no qual o mesmo nome de método podia referir-se a diferentes métodos, por exemplo, quando um nome de método é *sobrecarregado*: ou seja, quando uma única classe tem vários métodos com o mesmo nome, mas diferentes tipos de parâmetros. Por exemplo, podemos ter dois construtores `BankAccount()` e `BankAccount(double)`. Então o compilador escolhe o método adequado quando o programa é compilado, simplesmente olhando para os tipos dos parâmetros:

```
account = new BankAccount();
    // o compilador escolhe BankAccount()
account = new BankAccount(10000);
    // o compilador escolhe BankAccount(double)
```

> A vinculação antecipada de métodos ocorre se o compilador escolher um método dentre vários possíveis candidatos. Vinculação tardia ocorre se a escolha do método acontece quando o programa está sendo executado.

Existe uma importante diferença entre polimorfismo e sobrecarga. O compilador escolhe um método sobrecarregado quando traduz o programa, antes de o programa ter rodado pela primeira vez. Essa escolha de método é chamada de *vinculação antecipada*. Entretanto, ao escolher o método `getMeasure` adequado em uma chamada de `x.getMeasure()`, o compilador não toma nenhuma decisão ao traduzir o método. O programa tem de ser executado primeiro para que alguém possa saber o que está armazenado em x. Portanto, a máquina virtual, e não o compilador, é que escolhe o método adequado. Esse método de escolha é chamado de *vinculação tardia*.

9.4 Usando uma Estratégia de Interface para Melhorar a Capacidade de Reutilização

O conceito de interface que utilizamos até agora é um passo útil em direção a escrita de classes reutilizáveis. Entretanto, na prática, há sérias limitações ao uso da interface `Measurable`.

- Só podemos acrescentar a interface `Measurable` a classes que estejam sob seu controle. Se quisermos processar um conjunto de objetos `Rectangle`, não conseguimos fazer com que a classe `Rectangle` implemente outra interface — ela é uma classe de sistema, a qual não podemos mudar.
- Só podemos medir um objeto de uma mesma maneira. Se quisermos analisar um conjunto de poupanças tanto pelo saldo bancário como pela taxa de juros, não conseguimos.

Portanto, vamos repensar a classe `DataSet`. O conjunto de dados precisa ser capaz de medir os objetos que são acrescentados. Quando se exige que os objetos sejam do tipo `Measurable`, a responsabilidade de medir está com os próprios objetos acrescentados, que é a causa das limitações que observamos. Seria melhor se outro objeto pudesse realizar a medição. Portanto, vamos mover o método de medidas para uma interface diferente:

```
public interface Measurer
{
    double measure(Object anObject);
}
```

O método `measure` mede um objeto e retorna sua medida. Aqui usamos o fato de que todos os objetos podem ser convertidos para o tipo `Object`, "o mínimo denominador comum" de todas as classes em Java. Iremos discutir o tipo `Object` com maiores detalhes no Capítulo 11.

A classe `DataSet` melhorada é construída com um objeto `Measurer` (isto é, um objeto de alguma classe que implemente a interface `Measurer`). Esse objeto é salvo em uma variável de instância `measurer` e é usado para realizar as medições, da seguinte forma:

```
public void add(Object x)
{
    sum = sum + measurer.measure(x);
    if (count == 0
        || measurer.measure(maximum) < measurer.measure(x))
        maximum = x;
    count++;
}
```

No fim desta seção você poderá encontrar o código-fonte completo da classe `DataSet`.

Agora podemos definir medidores para assumirem qualquer espécie de medição. Por exemplo, a seguir temos uma maneira de medir retângulos pela área. Defina uma classe

```
class RectangleMeasurer implements Measurer
{
    public double measure(Object anObject)
    {
        Rectangle aRectangle = (Rectangle)anObject;
        double area = aRectangle.getWidth()
            * aRectangle.getHeight();
        return area;
    }
}
```

Observe que o método `measure` tem de aceitar um parâmetro do tipo `Object`, embora este medidor em especial só queira medir retângulos. A assinatura do método tem de corresponder à assinatura do método `measure` da interface `Measurer`. Portanto, o parâmetro `Object` é convertido para o tipo `Rectangle`:

```
Rectangle aRectangle = (Rectangle)anObject;
```

Agora construa um objeto da classe `RectangleMeasurer` e passe-o para o construtor de `DataSet`.

```
Measurer m = new RectangleMeasurer();
DataSet data = new DataSet(m);
```

A seguir, acrescente retângulos ao conjunto de dados. O objeto `RectangleMeasurer` os medirá pela área.

```
data.add(new Rectangle(5, 10, 20, 30));
data.add(new Rectangle(10, 20, 30, 40));
...
```

O que aconteceria se acrescentássemos um objeto de algum outro tipo, como uma moeda, a este conjunto de dados? O método `add` não reclama — ele aceita qualquer objeto. Mas quando o medidor tentar converter a referência de `Coin` para uma referência de `Rectangle`, então uma exceção é gerada e o programa termina.

Um objeto como o objeto `measurer` da classe `DataSet` é chamado de um objeto *de estratégia*, porque executa uma estratégia especial para um cálculo. Para uma estratégia diferente, simplesmente use um objeto de estratégia diferente. Por exemplo, é uma questão simples definir uma estratégia diferente para medir o perímetro de um retângulo.

A Figura 2 mostra o diagrama UML das classes e interfaces dessa solução. Como na Figura 1, a classe `DataSet` está desacoplada da classe `Rectangle` cujos objetos ela processa. Entretanto, diferentemente do que acontece na Figura 1, a classe `Rectangle` não está mais acoplada com outra classe. Em vez disso, para processar retângulos, teremos de criar uma pequena classe "auxiliar" `RectangleMeasurer`.

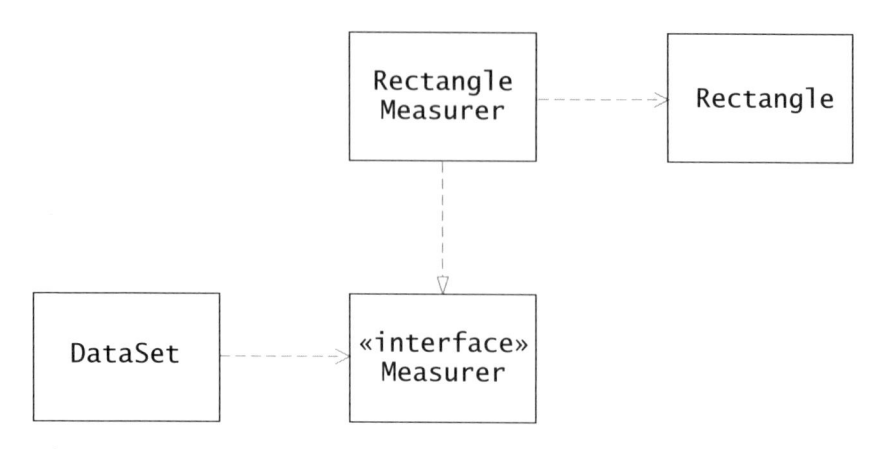

Figura 2

Diagrama UML da classe `DataSet` e da interface `Measurer`.

A classe `RectangleMeasurer` é uma classe muito simples. Seus objetos não carregam nenhum estado. Somente precisávamos dessa classe porque o `DataSet` necessita de um objeto de alguma classe que implemente a interface `Measurer`. Quando temos uma classe que realiza um objetivo muito tático, como esse, podemos declarar a classe dentro do método que necessita dela:

```
public static void main(String[] args)
{
    class RectangleMeasurer implements Measurer
    {
        ...
    }

    Measurer m = new RectangleMeasurer();
    DataSet data = new DataSet(m);
    ...
}
```

> Uma classe interna é declarada dentro de outra classe. Classes internas são comumente usadas como classes táticas que não devem ser visíveis em outros lugares do programa.

Tal classe é chamada de *classe interna*. Uma classe interna é qualquer classe que seja definida dentro de outra classe. Esse tipo de arranjo sinaliza ao leitor de nosso programa que a classe `RectangleMeasurer` não é interessante fora do escopo desse método. Como uma classe interna dentro de um método não é um recurso publicamente acessível, não precisamos documentá-la tão exaustivamente.

Ao compilar os arquivos-fonte desse programa, dê uma olhada nos arquivos de classe em seu disco — você verá que as classes internas estão armazenadas em arquivos com nomes curiosos, como `DataSetTest$1$RectangleMeasurer.class`. Os nomes exatos não importam. O importante é que o compilador transforma uma classe interna em um arquivo de classe normal.

Arquivo DataSet.java

```
1  /**
2      Calcula a média de um conjunto de valores de dados.
3  */
4  public class DataSet
5  {
```

```
 6      /**
 7         Constrói um conjunto de dados vazio com um dado medidor.
 8         @param aMeasurer o medidor que é usado para medir valores de dados
 9      */
10      public DataSet(Measurer aMeasurer)
11      {
12         sum = 0;
13         count = 0;
14         maximum = null;
15         measurer = aMeasurer;
16      }
17
18      /**
19         Adiciona um valor de dado ao conjunto de dados.
20         @param x um valor de dado
21      */
22      public void add(Object x)
23      {
24         sum = sum + measurer.measure(x);
25         if (count == 0
26            || measurer.measure(maximum) < measurer.measure(x))
27            maximum = x;
28         count++;
29      }
30
31      /**
32         Obtém a média dos dados adicionados.
33         @return a média, ou 0 se nenhum dados tiver sido adicionado
34      */
35      public double getAverage()
36      {
37         if (count == 0) return 0;
38         else return sum / count;
39      }
40
41      /**
42         Obtém o maior dos dados adicionados.
43         @return o máximo, ou 0 se nenhum dado tiver sido adicionado
44      */
45      public Object getMaximum()
46      {
47         return maximum;
48      }
49
50      private double sum;
51      private Object maximum;
52      private int count;
53      private Measurer measurer;
54   }
```

Arquivo DataSetTest.java

```
 1  import java.awt.Rectangle;
 2
```

```java
3  /**
4     Este programa demonstra o uso de um Measurer (medidor).
5  */
6  public class DataSetTest
7  {
8     public static void main(String[] args)
9     {
10       class RectangleMeasurer implements Measurer
11       {
12          public double measure(Object anObject)
13          {
14             Rectangle aRectangle = (Rectangle)anObject;
15             double area = aRectangle.getWidth()
16                * aRectangle.getHeight();
17             return area;
18          }
19       }
20
21       Measurer m = new RectangleMeasurer();
22
23       DataSet data = new DataSet(m);
24
25       data.add(new Rectangle(5, 10, 20, 30));
26       data.add(new Rectangle(10, 20, 30, 40));
27       data.add(new Rectangle(20, 30, 5, 10));
28
29       System.out.println("Average area = "
30          + data.getAverage());
31       Rectangle max = (Rectangle)data.getMaximum();
32       System.out.println("Maximum area = " + max);
33    }
34 }
```

Arquivo Measurer.java

```java
1  /**
2     Descreve qualquer classe cujos objetos possam medir outros objetos.
3  */
4  public interface Measurer
5  {
6     /**
7        Calcula a medida de um objeto.
8        @param anObject o objeto a ser medido
9        @return a medida
10    */
11    double measure(Object anObject);
12 }
```

Sintaxe 9.4: Classes Internas

Declarada dentro de um método:

```
class NomeDaClasseExterna
{
    assinatura do método
    {
        ...
        class NomeDaClasseInterna
        {
            métodos
            campos
        }
        ...
    }
    ...
}
```

Declarada dentro de uma classe:

```
class NomeDaClasseExterna
{
    métodos
    campos
    especificadorDeAcesso class NomeDaClasseInterna
    {
        métodos
        campos
    }
    ...
}
```

Exemplo:

```
public class Test
{
    public static void main(String[] args)
    {
        class RectangleMeasurer implements Measurer
        {
            ...
        }
        ...
    }
}
```

Objetivo:

Definir uma classe interna cujos métodos tenham acesso às mesmas variáveis e métodos que os métodos da classe externa.

Tópico Avançado 9.2

Classes Internas Anônimas

Uma entidade é *anônima* se ela não tem nome. Em um programa, algo que seja usado apenas uma vez geralmente não necessita de um nome. Por exemplo, podemos substituir

```
Coin aCoin = new Coin(0.1, "dime");
data.add(aCoin);
```

por

```
data.add(new Coin(0.1, "dime"));
```

se a moeda não for usada em nenhum outro lugar do mesmo método. O objeto `new Coin("dime", 0.1)` é um *objeto anônimo*. Os programadores gostam de objetos anônimos, pois não precisam enfrentar o problema de escolher um nome. Se você já passou pela batalha de decidir se chamava uma moeda de `c`, `dime` ou `aCoin`, você entenderá esse sentimento.

Classes internas freqüentemente geram uma situação semelhante. Depois que um único objeto de `RectangleMeasurer` foi construído, a classe nunca mais é usada novamente. Em Java, é possível definir *classes anônimas* se tudo que vamos necessitar for de um único objeto da classe.

```
public static void main(String[] args)
{
    Measurer m = new Measurer()
        // constrói um objeto da classe anônima
        // a definição da classe inicia aqui
    {
        public double measure(Object anObject)
        {
            Rectangle aRectangle = (Rectangle)anObject;
            double area =
                aRectangle.getWidth()
                * aRectangle.getHeight();
            return area;
        }
    };
    DataSet data = new DataSet(m);
    ...
}
```

Isso significa: construir um objeto de uma classe que implemente a interface `Measurer` definindo o método `measure` como especificado.

Alguns programadores gostam desse estilo, mas muitos iniciantes consideram-no muito confuso. Não iremos abordá-lo em maior profundidade neste livro — você pode encontrar maiores informações na referência [1].

9.5 Processando Eventos de Temporizador

Nesta seção, estudaremos eventos de temporizador, pois o tratamento de eventos usa interfaces da mesma forma como botões e menus em um programa gráfico. Entretanto, uma vez que temporizadores são mais simples do que programas gráficos, podemos nos concentrar no mecanismo essencial sem sermos distraídos pelo código de posicionamento de botões ou de construção de menus.

Os temporizadores também são úteis na programação de animações (veja o Exercício P9.13). A classe `Timer` do pacote `javax.swing` gera uma seqüência de *eventos*, espaçados de intervalos regulares de tempo. Isso é útil sempre que quisermos atualizar um objeto em intervalos regulares de

> Um temporizador gera eventos de temporização a intervalos fixos.

> Um escutador de evento é notificado quando determinado evento ocorre.

tempo. Por exemplo, em uma animação, podemos querer atualizar uma cena dez vezes por segundo e reexibir a imagem para dar a ilusão de movimento.

Quando ocorre um evento de temporizador, o temporizador precisa notificar algum objeto, chamado de *escutador do evento*. Os projetistas da classe `Timer` não faziam idéia de como nós iríamos querer usar o `Timer`; no entanto, eles tinham de especificar um tipo para o objeto escutador e chamar um método específico. Eles escolheram a interface `ActionListener` com esse objetivo:

```
public interface ActionListener
{
    void actionPerformed(ActionEvent event);
}
```

Quando usamos um temporizador, temos de definir uma classe que implemente a interface `ActionListener`. Coloque a ação que você quer que ocorra dentro do método `actionPerformed`. Construa um objeto dessa classe. Passe-o para o construtor `Timer` e finalmente inicie o temporizador.

```
class MyListener implements ActionListener
{
    public void actionPerformed(ActionEvent event)
    {
        // esta ação será executada a cada evento do temporizador
        coloque a ação do escutador aqui
    }
}
MyListener listener = new MyListener();
Timer t = new Timer(interval, listener);
t.start();
```

Em seguida, o temporizador chama o método `actionPerformed` do objeto `listener` a cada `interval` milissegundos. O parâmetro `event` do método `actionPerformed` contém informações mais detalhadas sobre o evento do temporizador. Entretanto, na prática, muitos escutadores ignoram esse parâmetro.

A seguir temos um exemplo de programa um tanto quanto tolo – um temporizador de contagem regressiva até zero.

```
10
9
...
2
1
0
Liftoff! (Decolar!)
```

Entretanto, diferentemente de um laço `for`, o qual imprimiria todas as linhas immediatamente, há um atraso de um segundo entre os decrementos.

Para manter o programa vivo após configurar o temporizador, o programa exibe um diálogo de mensagem. Clique o botão "Ok" para sair do programa.

Arquivo TimerTest.java

```
1  import java.awt.event.ActionEvent;
2  import java.awt.event.ActionListener;
3  import javax.swing.JOptionPane;
4  import javax.swing.Timer;
5
```

```java
 6    /**
 7       Este programa testa a classe Timer.
 8    */
 9    public class TimerTest
10    {
11       public static void main(String[] args)
12       {
13          class CountDown implements ActionListener
14          {
15             public CountDown(int initialCount)
16             {
17                count = initialCount;
18             }
19
20             public void actionPerformed(ActionEvent event)
21             {
22                if (count >= 0)
23                   System.out.println(count);
24                if (count == 0)
25                   System.out.println("Liftoff!");
26                count--;
27             }
28
29             private int count;
30          }
31
32          CountDown listener = new CountDown(10);
33
34          final int DELAY = 1000; // milissegundos entre os tiques do temporizador
35          Timer t = new Timer(DELAY, listener);
36          t.start();
37
38          JOptionPane.showMessageDialog(null, "Quit?");
39          System.exit(0);
40       }
41    }
```

O exemplo anterior é simplificado demais. Geralmente, o escutador de evento precisa modificar outros objetos no método `actionPerformed`. Isso pode tornar o projeto das classes escutadoras mais complexo, porque elas precisam armazenar variáveis de instância para acessar os diversos objetos que necessitam ser manipulados quando ocorre um evento. Felizmente, o compilador Java pode *automaticamente* gerar algumas dessas variáveis quando usamos classes internas como escutadoras. A seguir temos um exemplo.

Para simular o crescimento de um investimento, queremos acrescentar os juros a uma conta bancária uma vez por segundo. O programa imprime o saldo uma vez por segundo, da seguinte forma:

```
Balance = 1050.0
Balance = 1102.5
Balance = 1157.625
Balance = 1215.50625
...
```

A seguir temos o objeto `BankAccount`:

```
public class TimerTest
```

```java
    {
        public static void main(String[] args)
        {
            final BankAccount account = new BankAccount(1000);
            ...
        }

        private static final double RATE = 5;
    }
```

Logo veremos porque a variável `account` é declarada como `final`. O método `actionPerformed` da classe escutadora acrescenta os juros à conta e imprime o novo saldo.

```java
    class InterestAdder implements ActionListener
    {
        public void actionPerformed(ActionEvent event)
        {
            double interest = account.getBalance()
                * RATE / 100;
            account.deposit(interest);
            System.out.println("Balance = "
                + account.getBalance());
        }
    }
```

> Os métodos de uma classe interna podem acessar variáveis do escopo que as circunda.

Como podemos ver, o método `actionPerformed` precisa acessar o objeto `BankAccount`. Naturalmente, podemos acrescentar uma variável de instância `BankAccount` e configurá-la no construtor `InterestAdder`. Entretanto, para classes internas há um atalho conveniente. Uma classe interna pode acessar variáveis definidas no mesmo lugar da definição da classe. Quando a definição `InterestAdder` é colocada dentro do método `main`, abaixo da definição da variável `account`, então ela pode acessar essa variável local do método `main`!

```java
    public static void main(String[] args)
    {
        final BankAccount account = new BankAccount(1000);

        class InterestAdder implements ActionListener
        {
        public void actionPerformed(ActionEvent event)
            {
                double interest = account.getBalance()
                    * RATE / 100;
                // Pode acessar account
                ...
            }
        }
        ...
    }
```

Quando o compilador constrói a classe `InterestAdder`, ele observa que um de seus métodos acessa as variáveis do escopo em volta. Ele então automaticamente fornece uma variável de instância dentro da classe e inicializa-a com o valor das variáveis externas. Isso é muito conveniente para o programador porque reduz significativamente o peso de fornecer classes auxiliares táticas. Na verdade, não precisamos pensar a respeito do processo pelo qual o compilador passa quando está construindo uma classe interna. Simplesmente acessamos quaisquer variáveis do escopo em volta e deixamos o compilador se preocupar com os detalhes.

> Variáveis locais acessadas por um método da classe interna têm de ser declaradas como `final`.

Há um problema técnico. A classe interna pode acessar quaisquer *campos* do escopo em volta sem restrições. Mas ela só pode acessar *variáveis locais* se elas forem declaradas como `final`. Então não haverá ambigüidade acerca dos valores das variáveis locais que os métodos da classe interna usam. Isso soa como uma restrição, mas na prática geralmente não é problema. Lembre-se que uma variável de objeto é `final` quando a variável sempre se referir ao mesmo objeto. O estado do objeto pode mudar, mas a variável não pode se referir a um objeto diferente. Por exemplo, em nosso programa, nunca quisemos que a variável `account` se referisse a vários objetos da conta bancária, de modo que não há prejuízo em declará-la como `final`.

A Figura 3 mostra o diagrama UML das classes e das interfaces. Observe como a classe `Timer` e a classe `BankAccount` estão completamente desacopladas uma da outra. Uma classe desconhece a outra. A classe auxiliar `InterestAdder` forma a ponte entre as duas. A seguir temos o código-fonte do programa.

Arquivo TimerTest.java

```
 1 import java.awt.event.ActionEvent;
 2 import java.awt.event.ActionListener;
 3 import javax.swing.JOptionPane;
 4 import javax.swing.Timer;
 5
 6 /**
 7    Este programa usa um temporizador para acrescentar juros a uma
 8    conta bancária uma vez por segundo.
 9 */
10 public class TimerTest
11 {
12    public static void main(String[] args)
13    {
14       final BankAccount account = new BankAccount(1000);
15
16       class InterestAdder implements ActionListener
17       {
```

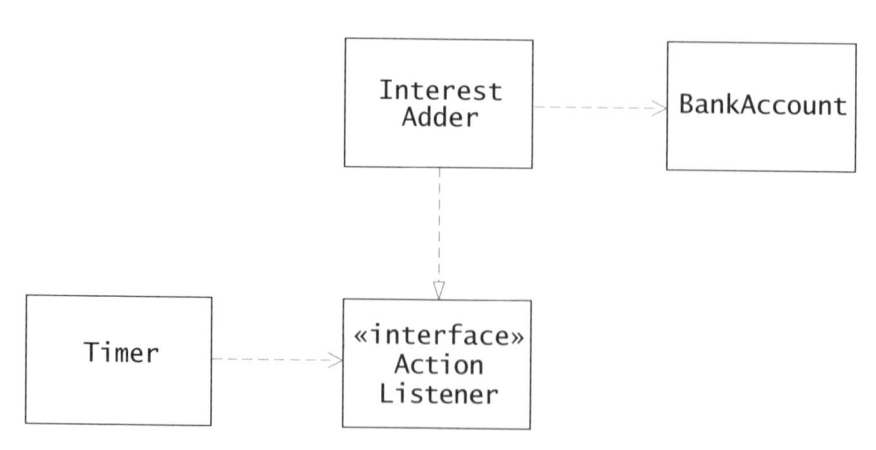

Figura 3
Classes e interfaces para processar eventos de temporizador.

```
18      public void actionPerformed(ActionEvent event)
19      {
20         double interest = account.getBalance()
21            * RATE / 100;
22         account.deposit(interest);
23         System.out.println("Balance = "
24            + account.getBalance());
25      }
26   }
27
28   InterestAdder listener = new InterestAdder();
29
30   final int DELAY = 1000; // milissegundos entre tiques do temporizador
31   Timer t = new Timer(DELAY, listener);
32   t.start();
33
34   JOptionPane.showMessageDialog(null, "Quit?");
35   System.exit(0);
36 }
37
38   private static final double RATE = 5;
39 }
```

Vimos agora como construir um escutador de eventos. Essa é uma tarefa muito comum quando programamos interfaces gráficas com o usuário. Botões, controles deslizantes, caixas de seleção, *mouse*, temporizadores e outras fontes geram eventos. Temos de anexar um escutador de evento a cada fonte de evento que quisermos rastrear. Por exemplo, se nosso programa deve fazer algo quando um botão for clicado, anexe um escutador de evento ao botão. Aprenderemos mais a respeito desse processo no próximo capítulo.

⊗ Erro Freqüente 9.2

Modificando a Assinatura do Método de Implementação

Quando implementamos uma interface, temos de definir cada método *exatamente* como ele estiver especificado na interface. Fazer pequenas mudanças acidentalmente no parâmetro ou nos tipos de retorno é um erro comum. A seguir temos o exemplo clássico,

```
class MyAction implements ActionListener
{
   public void actionPerformed()
   // opa ... esquecemos do parâmetro ActionEvent
   {
      ...
   }
}
```

No que diz respeito ao compilador, essa classe tem dois métodos:

```
public void actionPerformed(ActionEvent event)
public void actionPerformed()
```

O primeiro método está indefinido. O compilador irá reclamar que o método está faltando. Entretanto, temos de ler a mensagem de erro cuidadosamente e prestar atenção aos tipos do parâmetro e do retorno.

Fato Histórico 9.1

Sistemas Operacionais

Sem um sistema operacional, o computador seria inútil. No mínimo, necessitamos do sistema operacional para localizar arquivos e iniciar programas. Os programas que executamos necessitam de serviços do sistema operacional para acessar dispositivos e para interagir com outros programas. Os sistemas operacionais de computadores grandes precisam fornecer mais serviços do que os de computadores pessoais. A seguir temos alguns serviços típicos:

- *Carga de programa.* Todo sistema operacional fornece alguma maneira de carregar programas aplicativos. O usuário indica qual programa deve ser executado, geralmente digitando o nome do programa ou clicando sobre um ícone.

- *Gerenciamento de arquivos.* Um dispositivo de armazenamento como um disco rígido é, do ponto de vista eletrônico, simplesmente um dispositivo capaz de armazenar uma enorme seqüência de zeros e uns. É função do sistema operacional gerar alguma estrutura para o leiaute de armazenamento e organizá-lo em arquivos, pastas, etc. O sistema operacional também necessita impor uma certa quantidade de segurança e redundância ao sistema de arquivos, de modo que uma interrupção de energia elétrica não coloque em perigo o conteúdo de todo um disco rígido. Alguns sistemas operacionais fazem um trabalho melhor do que outros nesse aspecto.

- *Memória virtual.* RAM é caro e poucos computadores têm RAM suficiente para armazenar todos os programas e dados que o usuário gostaria de executar simultaneamente. A maioria dos sistemas operacionais estende a memória disponível armazenando alguns dados no disco rígido. Os programas aplicativos não percebem se determinado item dos dados está na memória ou armazenado na memória virtual em disco. Quando um programa acessa um item dos dados que no momento não está na RAM, o processador percebe isso e notifica o sistema operacional, o qual envia os dados necessários do disco rígido para a RAM, simultaneamente retirando um bloco de memória de igual tamanho que não tenha sido acessado por algum tempo.

- *Acesso de múltiplos usuários.* Os sistemas operacionais de computadores grandes e poderosos permitem o acesso simultâneo de diversos usuários. Cada usuário está conectado ao computador através de um terminal separado. O sistema operacional autentica usuários conferindo se cada um deles tem uma conta e uma senha válidas. Ele dá a cada usuário uma pequena fatia de tempo do processador, servindo, em seguida, o próximo usuário.

- *Multitarefa.* Mesmo se formos o único usuário de um computador, podemos querer executar várias aplicações ao mesmo tempo — por exemplo, ler seu correio eletrônico em uma janela e executar o compilador Java em outra. O sistema operacional é responsável por dividir o tempo do processador entre as aplicações que estamos executando, de modo que cada uma delas possa avançar.

- *Impressão.* O sistema operacional enfileira as solicitações de impressão que são enviadas por várias aplicações. Isso é necessário para garantir que as páginas impressas não contenham uma mistura de palavras enviadas simultaneamente a partir de programas diferentes.

- *Janelas.* Muitos sistemas operacionais apresentam a seus usuários uma área de trabalho composta de várias janelas. O sistema operacional gerencia a localização e a aparência das molduras das janelas, enquanto as aplicações são responsáveis pelo seu interior.

- *Fontes.* Para exibir texto na tela e na impressora, as formas dos caracteres têm de estar definidas. Isso é particularmente importante para programas que podem exibir vários estilos e tamanhos de tipos. Os sistemas operacionais modernos contêm um repositório central de fontes.

- *Comunicação entre programas.* O sistema operacional pode facilitar a transferência de informações entre programas. Essa transferência pode acontecer através do recurso de *cortar e colar* ou por meio de *comunicação entre processos*. Cortar e colar é uma transferência de dados iniciada pelo usuário, na qual o usuário copia dados de uma aplicação para um *buffer* de transferência (freqüentemente chamado de "área de transferência") gerenciado pelo sistema operacional e insere o conteúdo do *buffer* em outra aplicação. A comunicação entre processos é iniciada por aplicações que transferem dados sem o envolvimento direto do usuário.

- *Rede*. O sistema operacional fornece protocolos e serviços para permitir que aplicações acessem informações em outros computadores conectados à rede.

Hoje, os sistemas operacionais mais populares são o UNIX (e suas variantes como Linux; veja a Figura 4), o Windows e o MacOS.

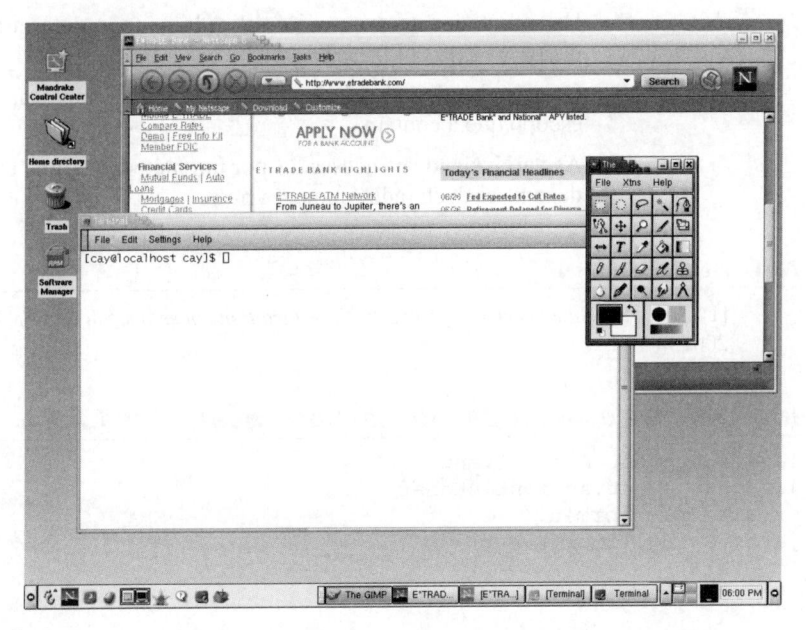

Figura 4
Um ambiente de *software* gráfico para o sistema operacional Linux.

Resumo do Capítulo

1. Uma interface Java declara um conjunto de métodos e suas assinaturas. Diferentemente de uma classe, ela não fornece nenhuma implementação.
2. Para implementar uma interface, a classe tem de fornecer todos os métodos que a interface exige.
3. As interfaces podem reduzir o acoplamento entre as classes.
4. Podemos converter de um tipo de classe para um tipo de interface, desde que a classe implemente a interface.
5. Precisamos de uma coerção para converter de um tipo de interface para um tipo de classe.
6. O operador `instanceof` testa se um objeto pertence a um determinado tipo.

7. O polimorfismo indica o princípio de que o comportamento pode variar dependendo do tipo real de um objeto.

8. A vinculação antecipada de métodos ocorre quando o compilador escolhe um método a partir de diversos candidatos possíveis. A vinculação tardia ocorre se a seleção do método acontecer quando o programa for executado.

9. Uma classe interna é declarada dentro de outra classe. As classes internas são comumente usadas como classes táticas que não devem ser visíveis em outros lugares do programa.

10. Um temporizador gera eventos temporizados em intervalos fixos.

11. Um escutador de evento é notificado quando determinado evento ocorre.

12. Os métodos de uma classe interna conseguem acessar variáveis do escopo que a contém.

13. As variáveis locais acessadas por um método de uma classe interna devem ser declaradas como `final`.

Leitura Complementar

[1] Cay S. Horstmann and Gary Cornell, *Core Java Fundamentals,* 5th Edition, Prentice-Hall, 2001.

Classes, Objetos e Métodos Introduzidos neste Capítulo

```
java.awt.event.ActionEvent
java.awt.event.ActionListener
    actionPerformed
javax.swing.Timer
    start
```

Exercícios de Revisão

Exercício R9.1. Suponha que C seja uma classe que implemente as interfaces I e J. Quais das atribuições a seguir necessita de coerção?

```
C c = ...;
I i = ...;
J j = ...;
c = i; // 1
j = c; // 2
i = j; // 3
```

Exercício R9.2. Suponha que C seja uma classe que implemente as interfaces I e J. Quais das seguintes atribuições irá disparar uma exceção?

```
C c = new C();
I i = c; // 1
J j = (J)i; // 2
C d = (C)i; // 3
```

Exercício R9.3. Suponha que a classe Sandwich implemente a interface Edible (Comestível). Quais das atribuições a seguir são legais?

```
Sandwich sub = new Sandwich();
Edible e = sub; // 1
```

```
            Rectangle cerealBox = new Rectangle(5, 10, 20, 30);
            Edible f = cerealBox; // 2
            f = (Edible)cerealBox; // 3
            sub = e; // 4
            sub = (Sandwich)e; // 5
            sub = (Sandwich)cerealBox; // 6
```

Exercício R9.4. Em que uma coerção como `(BankAccount)x` difere de uma coerção de valores numéricos como `(int)x`?

Exercício R9.5. As classes `Rectangle2D.Double`, `Ellipse2D.Double` e `Line2D.Double` implementam a interface `Shape`. A classe `Graphics2D` depende da interface `Shape` mas não das classes retângulo, elipse e reta. Desenhe um diagrama UML que indique esses fatos.

Exercício R9.6. Suponha que `r` contenha uma referência a um `new Rectangle(5, 10, 20, 30)`. Quais dessas condições retornará `true`?
Dica: Confira a documentação da API para as interfaces que a classe `Rectangle` implementa.

- `r instanceof Rectangle`
- `r instanceof Shape`
- `r instanceof Point`
- `r instanceof Object`
- `r instanceof ActionListener`
- `r instanceof Serializable`

Exercício R9.7. Classes como `Rectangle2D.Double`, `Ellipse2D.Double` e `Line2D.Double` implementam a interface `Shape`. A interface `Shape` possui um método

    Rectangle getBounds()

que retorna o retângulo que envolve completamente a forma. Considere a chamada de método:

    Shape s = ...;
    Rectangle r = s.getBounds();

Explique por que esse é um exemplo de polimorfismo.

Exercício R9.8. Em Java, uma chamada de método como `x.f()` usa vinculação tardia — o método exato a ser chamado depende do tipo do objeto ao qual `x` se refere. Dê duas espécies de chamadas de método que usem vinculação antecipada em Java.

Exercício R9.9. Suponha que necessitamos processar um *array* de empregados para encontrar o salário médio e o mais elevado. Discuta o que é necessário fazer para usar a primeira implementação da classe `DataSet` (a qual processa objetos de `Measurable`). O que é necessário fazer para usar a segunda implementação? Qual é mais fácil?

Exercício R9.10. O que acontece se acrescentarmos um objeto `String` à primeira implementação de `DataSet`? O que acontece se acrescentarmos um objeto `String` a um objeto `DataSet` da segunda implementação que usa uma classe `RectangleMeasurer`?

Exercício R9.11. Como você reorganizaria o programa de teste que usa a classe `RectangleMeasurer` se você precisasse transformar `RectangleMeasurer` em uma classe de primeiro nível (isto é, não uma classe interna)?

Exercício R9.12. Como você reorganizaria o programa de teste que usa a classe `InterestAdder` se você precisasse transformar `InterestAdder` em uma classe de primeiro nível (isto é, não uma classe interna)?

Exercício R9.13. O que é um objeto de estratégia? Você consegue pensar em outro objeto de estratégia útil para a classe `DataSet`? (*Dica:* o Exercício P9.8.)

Exercício R9.14. Qual é a diferença entre um evento e um escutador de evento?

Exercício P9.15. Um objeto `Timer` consegue notificar diversos escutadores de eventos? Se consegue, como? Confira a documentação da API.

Exercício R9.16. Considere esta classe de primeiro nível e a classe interna a seguir. Quais variáveis o método f consegue acessar?

```
public class T
{
    public void m(final int x, int y)
    {
        int a;
        final int b;

        class C implements I
        {
            public void f()
            {
                ...
            }
        }

        final int c;
        ...
    }
    private int t;
}
```

Exercício R9.17. O que acontece quando uma classe interna tenta acessar uma variável local não-`final`? Experimente e explique.

Exercícios de Programação

Exercício P9.1. Faça com que a classe `Die` do Capítulo 6 implemente a interface `Measurable`. Crie dados de jogar, jogue-os e acrescente-os à primeira implementação da classe `DataSet`. Exiba a média.

Exercício P9.2. Defina uma classe `Quiz` (Questionário) que implemente a interface `Measurable`. Um teste tem uma nota numérica e uma graduação baseada em letras (B+, por exemplo). Use a primeira implementação da classe `DataSet` para processar um conjunto de questionários. Exiba a média das notas e o questionário com a nota mais alta (tanto a graduação baseada em letras como a numérica).

Exercício P9.3. Defina uma classe `Person` (Pessoa). Uma pessoa possui um nome e uma altura em centímetros. Use a segunda implementação da classe `DataSet` para processar um conjunto de objetos `Person`. Exiba a altura média e o nome da pessoa mais alta.

Exercício P9.4. Modifique a primeira implementação de `DataSet` (aquela que processa objetos `Measurable`) para também calcular o menor elemento dos dados.

Exercício P9.5. Modifique a segunda implementação de `DataSet` (aquela que usa um objeto `Measurer`) para também calcular o menor elemento dos dados.

Exercício P9.6. Usando um objeto `Measurer` diferente, processe um conjunto de objetos `Rectangle` para achar o retângulo com o maior perímetro.

Exercício P9.7. Melhore a classe `DataSet` de modo que ela possa ser usada com um objeto `Measurer` ou para o processamento de objetos `Measurable`. *Dica:* Forneça um construtor *default* que implemente um `Measurer` que possa processar objetos `Measurable`.

Exercício P9.8. Defina uma interface `Filter` da seguinte forma:

```
public interface Filter
{
    boolean accept(Object x);
}
```

Modifique a segunda implementação da classe `DataSet` para usar tanto um objeto `Measurer` como um objeto `Filter`. Somente objetos que o filtro aceita devem ser processados. Demonstre sua modificação fazendo com que um conjunto de dados processe uma coleção de contas bancárias, tirando fora todas as contas cujo saldo seja inferior a $1.000.

Exercício P9.9. Use a interface

```
public interface Drawable
{
    void draw(Graphics2D g2);
}
```

Implemente as classes `Car` e `House` que implementem essa interface. Os construtores de `Car` e `House` devem receber a posição do carro ou da casa, assim como na Seção 4.7.

Então escreva um método `randomDrawable` que gere aleatoriamente referências a `Drawable`. Escolha aleatoriamente entre um carro e uma casa, e depois escolha posições aleatórias. Chame o método dez vezes e desenhe todas as formas.

Exercício P9.10. Escreva um método `randomShape` que gere objetos aleatoriamente implementando a interface `Shape`: uma mistura de retângulos, elipses e retas, com posições aleatórias. Chame-o 10 vezes e desenhe todos eles.

Exercício P9.11. Escreva um programa que use um temporizador para imprimir a hora atual uma vez por segundo. *Dica:* O código a seguir imprime a hora atual:

```
Date now = new Date();
System.out.println(now);
```

A classe `Date` está no pacote `java.util`.

Exercício P9.12. Melhore o programa que usa um temporizador para incrementar o saldo de uma conta bancária uma vez por segundo, acrescentando uma segunda conta bancária com um saldo de $2.000 e um segundo temporizador que incrementa-a a cada dois segundos.

Exercício P9.13. Escreva um *applet* que use um temporizador para exibir uma animação de um carro se movendo. Dez vezes por segundo, faça com que o método `actionPerformed` de um escutador de um temporizador

- Mova o carro para a direita por um *pixel*.
- Chame o método `repaint` do *applet*.

Exercício P9.14. Use a interface

```
public interface InputReader
{
    String readLine(String prompt) throws IOException;
}
```

Defina duas classes, `OptionPaneReader` e `ConsoleReader`, que implementem essa interface. Um `OptionPaneReader` lê os dados de entrada exibindo diálogos de entrada. A `ConsoleReader` lê a partir de um leitor com *buffer* anexado a `System.in`.

Então defina um método estático

```
public Coin readCoin(InputReader reader)
```

que solicite ao usuário o nome e o valor de uma moeda (que pode ser uma moeda estrangeira, não apenas um *nickel*, *dime* ou *quarter*). Demonstre que esse método pode receber entradas de usuário tanto através de caixas de diálogo como da janela da console.

Exercício P9.15. Verifique a definição da interface padrão `Comparable` na documentação da API. Modifique a classe `DataSet` para que ela aceite objetos do tipo `Comparable`. Com essa interface, não faz mais sentido calcular a média. A classe `DataSet` deve registrar o valor mínimo e máximo dos dados. Teste sua classe `DataSet` modificada acrescentando alguns objetos `String`. A classe `String` implementa a interface `Comparable`.

Exercício P9.16. Modifique as classes `Coin` e `Purse` introduzidas no Capítulo 7 para que elas implementem a interface `Comparable`.

Capítulo 10

Tratamento de Eventos

Objetivos do capítulo

- Entender o modelo de eventos de Java
- Instalar escutadores de eventos de *mouse* e de ação
- Aceitar entrada de mouse e de texto
- Exibir janelas de *frame*
- Mostrar saída de texto em uma área de texto com barra de rolagem

Nas aplicações da console e *applets* que escrevemos até agora, a entrada do usuário ficava sob o controle do *programa*. O programa solicitava ao usuário a entrada em uma ordem específica. Por exemplo, um programa pode solicitar ao usuário que forneça primeiramente o nome e depois uma quantia em dólares. Mas os programas que você usa diariamente em seu computador não funcionam assim. Em um programa com uma interface gráfica com o usuário moderna, o *usuário* é que tem o controle. Ele pode usar tanto o *mouse* como o teclado e pode manipular muitas partes da interface com o usuário na ordem que desejar. Por exemplo, o usuário pode inserir informações nos campos de texto, abrir menus, clicar em botões e arrastar barras de rolagem, em qualquer ordem. O programa tem de reagir aos comandos do usuário, em qualquer ordem que eles chegarem. Ter de tratar muitas entradas possíveis aleatoriamente é bem mais difícil do que simplesmente forçar o usuário a fornecer a entrada em uma ordem fixa.

Neste capítulo aprenderemos a escrever programas Java que reagem a eventos da interface com o usuário como combinações de teclas, cliques de *mouse* e pressionamento de botões. O JavaWindowToolkit possui um mecanismo bastante sofisticado que permite ao programa especificar os eventos nos quais ele está interessado e quais objetos notificar quando um desses eventos ocorre.

Sumário do capítulo

10.1 Eventos, Escutadores de Eventos e Fontes de Eventos **370**

10.2 Processando Entrada de *Mouse* **372**

Erro Freqüente 10.1: Esquecendo de Redesenhar **376**

Tópico Avançado 10.1: Adaptadores de Eventos **376**

10.3 Processando Entrada de Texto **377**

10.4 Vários Botões com Comportamento Semelhante **381**

Erro Freqüente 10.2: Esquecendo de Anexar um Escutador **385**

Dica de Produtividade 10.1: Compartilhe Classes Escutadoras, não Objetos Escutadores **385**

Dica de Produtividade 10.2: Não Use um Contêiner como Escutador **385**

Como Fazer? 10.1: Tratando Eventos de Mouse e de Ação **386**

10.5 Janelas de *Frame* **389**

10.6 Componentes de Texto **391**

Dica de Produtividade 10.3: Reutilização de Código **393**

Fato Histórico 10.1: Linguagens de Programação **394**

10.1 Eventos, Escutadores de Eventos e Fontes de Eventos

> Eventos de interface com o usuário incluem o pressionamento de teclas e botões, movimentos do *mouse*, seleções de menu, etc.

> Fornecemos *escutadores de eventos* para os eventos que nos interessam. Precisamos implementar métodos que tratem esses eventos. Construímos objetos escutadores e os anexamos às fontes dos eventos.

> As classes fontes de eventos informam a existência de eventos. Quando ocorre um evento, a fonte do evento notifica todos os escutadores deste evento.

> As notificações de eventos acontecem em classes escutadoras de eventos. Uma classe escutadora de eventos implementa uma *interface escutadora de eventos*. A interface lista todas as notificações possíveis para determinada categoria de eventos.

> As *classes de evento* contêm informações detalhadas sobre várias espécies de eventos.

Sempre que o usuário de um programa gráfico digitar caracteres ou usar o *mouse* em qualquer lugar dentro de uma das janelas do programa, o gerenciador de janelas de Java envia uma notificação ao programa de que ocorreu um *evento*. O gerenciador de janelas pode gerar um número enorme de eventos. Por exemplo, sempre que o *mouse* se mover por um pequeno intervalo sobre uma janela, um evento "*mouse* se moveu" é gerado. A maioria dos programas não têm nenhum interesse em muitos desses eventos.

Para não receber uma avalanche de eventos que não interessam, todo programa deve indicar quais eventos gostaria de receber. Isso é realizado instalando-se objetos *escutadores de eventos*. Além disso, há diferentes *espécies* de eventos, como eventos de teclado, eventos de movimentação do *mouse* e eventos de clique do *mouse*. Para organizar melhor os escutadores de eventos, vamos usar diferentes classes de escutadores de eventos para escutar diferentes espécies de eventos.

Para instalar um escutador, precisamos conhecer a *fonte do evento*. A fonte do evento é o componente da interface com o usuário que gera determinado evento. Por exemplo, um botão é uma fonte de evento para eventos de cliques de botões; um item de menu é uma fonte de evento para um evento de seleção de menu; e uma barra de rolagem é uma fonte de evento para um evento de ajuste de barra de rolagem.

Uma vez que determinarmos a fonte do evento, anexamos um ou mais escutadores a ela. Cada escutador é um objeto de uma *classe escutadora*, a qual devemos fornecer. Nos métodos dessa classe, determinamos o que deve acontecer sempre que determinado evento ocorrer.

Uma vez que ocorra um evento para o qual haja um escutador, a fonte do evento irá chamar os métodos que nós fornecemos no escutador e fornecer informações detalhadas sobre o evento em um objeto da *classe de evento*.

Isso soa um tanto quanto complexo, então vamos ver um exemplo. Escutaremos cliques de *mouse* em um *applet*. Há três classes envolvidas:

1. *A fonte do evento.* Esse é o componente que gera o evento de *mouse* e que gerencia os escutadores. Em nosso caso, a fonte do evento é o *applet*. Quando o usuário clicar em qualquer lugar dentro de um *applet*, o *applet* informa aos escutadores de *mouse* anexados onde o *mouse* foi clicado.
2. *A classe escutadora.* No caso de cliques de *mouse*, esta tem de ser uma classe que implementa a interface `MouseListener`. A interface escutadora do *mouse* tem diversos métodos, os quais discutiremos a seguir. Esses métodos são chamados quando o botão do *mouse* é pressionado, quando ele é liberado, etc.
3. *A classe de evento.* No caso dos cliques de *mouse*, trata-se da classe `MouseEvent`. Cada método escutador tem um parâmetro `MouseEvent` que nos diz detalhes sobre o evento. Por exemplo, os métodos `getX` e `getY` retornam as posições *x* e *y* do ponteiro do *mouse*.

> Usa-se um escutador de *mouse* para capturar eventos de *mouse*.

A parte mais complexa do tratamento de eventos em Java é criar o escutador. O escutador do *mouse* tem de implementar a interface `MouseListener`, que compreende os seguintes cinco métodos:

```
public interface MouseListener
{
    void mousePressed(MouseEvent event);
        // Chamado quando o botão do mouse foi pressionado sobre um componente
    void mouseReleased(MouseEvent event);
        // Chamado quando o botão do mouse foi liberado sobre um componente
    void mouseClicked(MouseEvent event);
        // Chamado quando o botão do mouse foi clicado sobre um componente
    void mouseEntered(MouseEvent event);
        // Chamado quando o mouse entra na área visível de um componente
    void mouseExited(MouseEvent event);
        // Chamado quando o mouse sai da área de um componente
}
```

Neste momento, queremos somente "espionar" os eventos de *mouse* e imprimi-los à medida que eles ocorrerem. Com esse objetivo, implementaremos um escutador especial:

```
public class MouseSpy implements MouseListener
{
    public void mousePressed(MouseEvent event)
    {
        System.out.println("Mouse pressed. x = "
            + event.getX() + " y = " + event.getY());
    }

    public void mouseReleased(MouseEvent event)
    {
        System.out.println("Mouse released. x = "
            + event.getX() + " y = " + event.getY());
    }

    public void mouseClicked(MouseEvent event)
    {
        System.out.println("Mouse clicked. x = "
            + event.getX() + " y = " + event.getY());
    }

    public void mouseEntered(MouseEvent event)
    {
```

```
        System.out.println("Mouse entered. x = "
           + event.getX() + " y = " + event.getY());
     }

     public void mouseExited(MouseEvent event)
     {
        System.out.println("Mouse exited. x = "
           + event.getX() + " y = " + event.getY());
     }
}
```

Os métodos escutadores simplesmente imprimem a causa do evento e as posições *x* e *y* do *mouse*.

Agora vamos instalar o escutador. Precisamos chamar o método `addMouseListener` da fonte do evento. No nosso caso, a fonte do evento é o *applet* que recebe os cliques do *mouse*. Construímos um objeto espião de *mouse* e o passamos como parâmetro para o método `addMouseListener`.

```
public class MouseSpyApplet extends Applet
{
    public MouseSpyApplet()
    {
        MouseSpy listener = new MouseSpy();
        addMouseListener(listener);
    }
}
```

À medida que o *applet* percebe eventos de *mouse*, ele chama os métodos adequados do objeto escutador. Por exemplo, quando o usuário clica com o *mouse* na área do *applet*, este chama `listener.mousePressed(event1)` e `listener.mouseReleased(event2)`, onde `event1` e `event2` são objetos de eventos de *mouse* que descrevem a posição do *mouse* no momento em que o botão deste foi pressionado e liberado. Se o pressionar e o liberar foram de sucessão rápida, o *applet* também chama `listener.mouseClicked(event3)`. Você pode experimentar isso abrindo uma janela de console, iniciando o visualizador de *applets* dessa janela de console, clicando com o *mouse* no *applet* e observando as mensagens na janela da console (veja a Figura 1).

10.2 Processando Entradas de *Mouse*

No exemplo anterior, nosso escutador de *mouse* simplesmente imprimiu todos os eventos de *mouse* para `System.out`. Na prática, queremos que aconteça algo mais interessante quando o usuário aperta o *mouse*. Por exemplo, suponha que quiséssemos escrever um programa que move um retângulo para a posição onde o *mouse* foi apertado.

A seguir temos um programa que desenha um retângulo sobre a tela. O retângulo é armazenado como uma variável de instância, de modo que mais tarde possamos modificá-lo:

```
import java.applet.Applet;
import java.awt.Graphics;
import java.awt.Graphics2D;
import java.awt.Rectangle;

public class MouseApplet extends Applet
{
    public MouseApplet()
    {
        // o retângulo que o método paint desenha
        box = new Rectangle(BOX_X, BOX_Y,
           BOX_WIDTH, BOX_HEIGHT);
    }
```

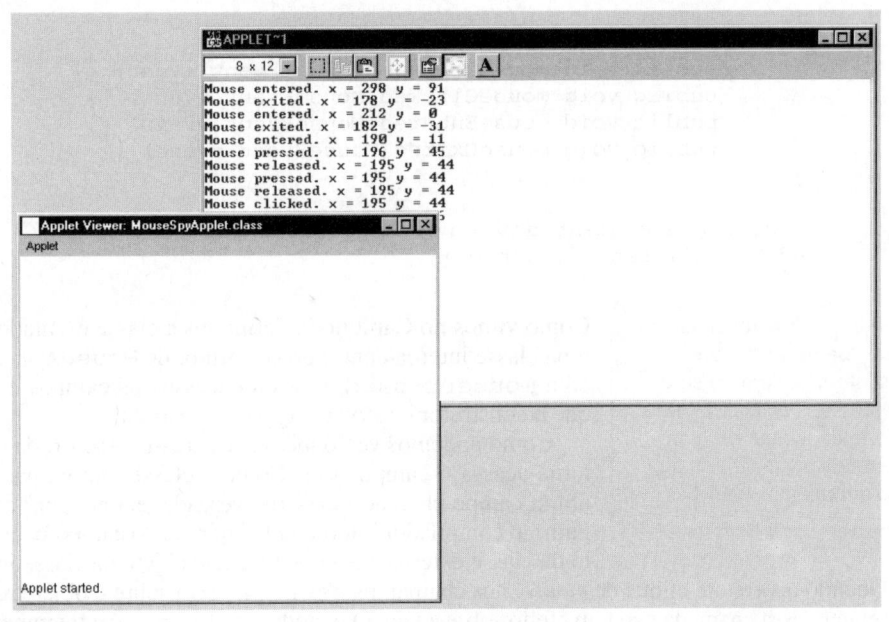

Figura 1
Espionando eventos de *mouse*.

```
public void paint(Graphics g)
{
   Graphics2D g2 = (Graphics2D)g;
      g2.draw(box);
}

private Rectangle box;
private static final int BOX_X = 100;
private static final int BOX_Y = 100;
private static final int BOX_WIDTH = 20;
private static final int BOX_HEIGHT = 30;
}
```

Agora, vamos acrescentar um escutador de *mouse* que ouça um pressionamento de *mouse* e mova o retângulo.

```
public class MouseApplet extends Applet
{
   public MouseApplet()
   {
      ...
      // adiciona o escutador de pressionamento do mouse

      class MousePressListener implements MouseListener
      {
         public void mousePressed(MouseEvent event)
         {
            int x = event.getX();
            int y = event.getY();
            box.setLocation(x, y);
            repaint();
         }
```

```
            // métodos que não fazem nada
            public void mouseReleased(MouseEvent event) {}
            public void mouseClicked(MouseEvent event) {}
            public void mouseEntered(MouseEvent event) {}
            public void mouseExited(MouseEvent event) {}
        }

        MouseListener listener = new MousePressListener();
        addMouseListener(listener);
    }
```

> Freqüentemente instalamos escutadores de eventos como *classes internas*. Lembre-se de que os métodos da classe interna podem ter acesso aos campos, métodos e variáveis finais que estiverem em volta.

Como vimos no Capítulo 9, definimos a classe escutadora como uma classe interna dentro do construtor de `MouseApplet`. Isso dá a `mousePressed` o mesmo acesso aos campos e métodos que o construtor de `MouseApplet` desfruta.

Como podemos ver, o método `mousePressed` da classe interna acessa o campo `box`. Como a classe interna não tem nenhum campo chamado `box` (na verdade, ela não tem campo algum), o compilador interpreta `box` como "o campo `box` do objeto da classe externa que construiu este objeto da classe interna".

Quando ocorre um clique de *mouse*, nós chamamos `setLocation` sobre o objeto retângulo. Entretanto, essa chamada não tem efeito sobre a tela. O método `setLocation` meramente atualiza o objeto Java que armazena a posição do retângulo. Temos de redesenhar o *applet*. Poderíamos chamar o método `paint`, mas daí iríamos precisar de um objeto `Graphics`, o qual nós não temos. É possível obter um objeto assim, mas isso na verdade não é uma boa idéia. Nunca devemos chamar `paint` diretamente — ele pode interferir no gerenciador de janelas. Antes, devemos *dizer ao applet para redesenhar-se* no próximo momento conveniente. Fazemos isso chamando o método `repaint`, o que faz com que o método `paint` seja chamado, em um momento oportuno, com um objeto `Graphics` adequado.

> O método `repaint` faz com que a janela se redesenhe tão rapidamente quanto possível.

Vamos dar outra olhada na chamada a `repaint` no método `mousePressed` da classe `MousePressListener`. Naturalmente, a classe interna não tem um método chamado `repaint`. Portanto, o compilador procura na classe externa do *applet*, onde ele realmente encontra um método `repaint` (herdado de sua superclasse `Component`). Ele invoca o método. Sobre qual objeto? Novamente, sobre o objeto da classe externa que criou o objeto da classe interna — ou seja, o *applet* que construiu o escutador.

Programar classes escutadoras é um tanto quanto complexo. Você pode simplesmente adotar e reutilizar o gabarito a seguir:

```
        class MyClass
        {
            public MyClass()
            {
                ...
                class MyListener implements ListenerInterface
                {
                    public void eventOccurred(EventClass event)
                    {
                        a ação do evento vai aqui
                    }
                }
                MyListener listener = new MyListener();
                anEventSource.addAListener(listener);
            }
        }
```

Finalmente, estamos prontos para colocar todos os pedaços juntos. Observe como o uso de classes internas torna o programa fácil de se ler — a classe bastante especializada do escutador de eventos é colocada fora do caminho e ocultada dentro do construtor do *applet*. Além disso, todas as informações sobre o evento são mantidas juntas em um só lugar.

Vá em frente e execute o programa. sempre que você clicar com o *mouse* sobre o *applet*, o canto superior esquerdo do retângulo se move para o ponteiro do *mouse* (veja a Figura 2). Embora talvez não seja o melhor programa que você já usou, ele realmente demonstra como fornecer entrada de *mouse* para uma aplicação gráfica.

Arquivo MouseApplet.java

```
1  import java.applet.Applet;
2  import java.awt.Graphics;
3  import java.awt.Graphics2D;
4  import java.awt.Rectangle;
5  import java.awt.event.MouseListener;
6  import java.awt.event.MouseEvent;
7
8  /**
9      Este applet permite que o usuário mova um retângulo clicando com o mouse.
10 */
11 public class MouseApplet extends Applet
12 {
13     public MouseApplet()
14     {
15         // o retângulo que o método paint desenha
16         box = new Rectangle(BOX_X, BOX_Y,
17             BOX_WIDTH, BOX_HEIGHT);
18
19         // acrescenta o escutador de pressionamento do mouse
```

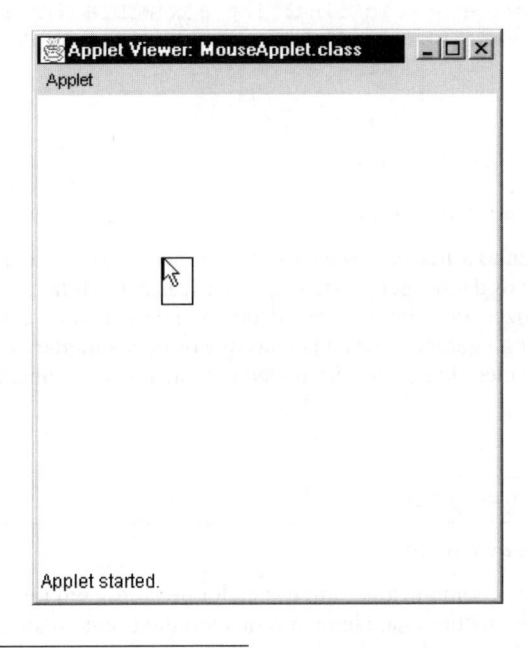

Figura 2

O *applet* do *mouse*.

```java
 20
 21       class MousePressListener implements MouseListener
 22       {
 23          public void mousePressed(MouseEvent event)
 24          {
 25             int x = event.getX();
 26             int y = event.getY();
 27             box.setLocation(x, y);
 28             repaint();
 29          }
 30
 31          // métodos que não fazem nada
 32          public void mouseReleased(MouseEvent event) {}
 33          public void mouseClicked(MouseEvent event) {}
 34          public void mouseEntered(MouseEvent event) {}
 35          public void mouseExited(MouseEvent event) {}
 36       }
 37
 38       MouseListener listener = new MousePressListener();
 39       addMouseListener(listener);
 40    }
 41
 42    public void paint(Graphics g)
 43    {
 44       Graphics2D g2 = (Graphics2D)g;
 45       g2.draw(box);
 46    }
 47
 48    private Rectangle box;
 49    private static final int BOX_X = 100;
 50    private static final int BOX_Y = 100;
 51    private static final int BOX_WIDTH = 20;
 52    private static final int BOX_HEIGHT = 30;
 53 }
```

Erro Freqüente 10.1

Esquecendo de Redesenhar

Um programa de desenho armazena os dados que são necessários para redesenhar a janela. O método `paint` recupera os dados; gera formas geométricas como retas, elipses e retângulos; e as desenha. Quando você fizer uma alteração nos dados, seu desenho *não* é atualizado automaticamente. Temos de informar ao gerenciador de janelas que os dados mudaram, chamando o método `repaint`. Não chame o método `paint` diretamente. Somente o gerenciador de janelas deve chamar `paint`.

Tópico Avançado 10.1

Adaptadores de Eventos

Na seção anterior vimos como instalar um escutador de *mouse* em uma fonte de evento de *mouse* e como os métodos escutadores são chamados quando um evento ocorre. Geralmente, um programa não está interessado em todas as notificações dos escutadores. Por exemplo, o programa pode

▼ só estar interessado nos cliques do *mouse* e pode não se importar com o fato de que esses cliques são compostos de eventos de "apertar o botão do *mouse*" e "soltar o botão do *mouse*". Naturalmente, o programa poderia fornecer um escutador que definisse todos esses métodos nos quais ele não tem interesse como métodos "que não fazem nada", por exemplo:

```
class MouseClickListener implements MouseListener
{
    public void mouseClicked(MouseEvent event)
    {
        // ação de clique do mouse aqui
    }

    // quatro métodos que não fazem nada
    public void mouseEntered(MouseEvent event) {}
    public void mouseExited(MouseEvent event) {}
    public void mousePressed(MouseEvent event) {}
    public void mouseReleased(MouseEvent event) {}
}
```

Isso é muito chato. Por essa razão, foi criada uma classe `MouseAdapter` que implementa a interface `MouseListener` tal que todos os métodos não fazem nada. Podemos *estender* essa classe, herdando os métodos que não fazem nada e redefinindo apenas os métodos que nos interessam, da seguinte forma:

```
class MouseClickListener extends MouseAdapter
{
    public void mouseClicked(MouseEvent event)
    {
        // ação do clique do mouse aqui
    }
}
```

Veja o Capítulo 11 para mais informações sobre o processo de estender classes.

10.3 Processando Entrada de Texto

Na seção anterior vimos como obter entradas do *mouse*. Vamos agora ver a entrada de texto. Até agora, nossos *applets* recebiam entrada de texto chamando o método `showInputDialog` da classe `JOptionPane`, mas essa não era uma interface com o usuário muito natural. A maioria dos programas gráficos coleta entradas de texto através de *campos de texto* (veja a Figura 3). Nesta seção, aprenderemos a acrescentar um painel de controle com campos de texto a um *applet*, e a ler aquilo que o usuário neles inserir.

Neste livro, usamos os componentes de interface com o usuário do *Swing Toolkit*, o mais avançado *kit* de ferramentas para interface com o usuário que a Sun Microsystems criou para Java. Antes da criação do Swing, Java usava componentes do AWT (Abstract Windowing Toolkit) para aplicações gráficas. Tanto AWT como os componentes Swing são *multiplataforma* — isto é, os programas podem rodar no Windows, no Macintosh, no UNIX e em outras plataformas, sem modificação. Esse comportamento é freqüentemente descrito como "escreva uma vez, execute em todos os lugares" (*write once, run anywhere*). Entretanto, os *kits* de ferramentas atingiram esse objetivo de diferentes maneiras. O AWT usa os elementos nativos de interface com o usuário (botões, campos de texto, menus, etc.) da plataforma hospedeira. Isso acabou não funcionando muito bem. Há pequenas diferenças de comportamento em cada plataforma, e logo os programadores começaram a reclamar que a promessa "escreva uma vez, execute em todos os lugares" acabou na verdade virando "escreva uma vez, depure em todos os lugares". Swing usa uma abordagem diferente – ele mesmo *desenha* as formas de botões, campos de texto, menus, etc. Isso é mais demorado mas também mais consistente.

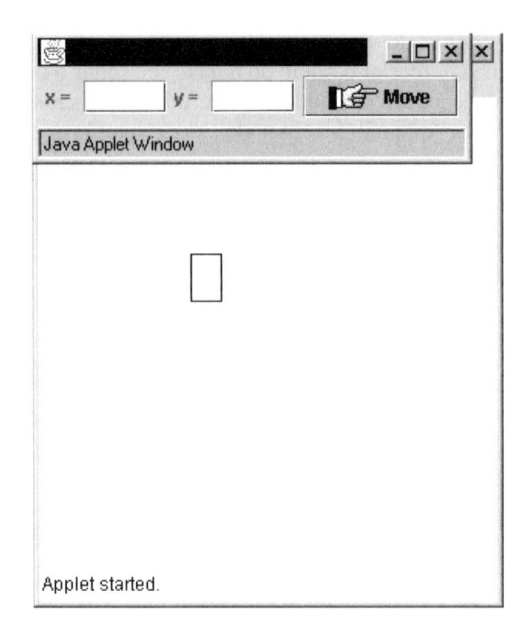

Figura 3
Applet com um painel de controle para entrada de texto.

> Use componentes `JTextField` para fornecer espaço para entrada do usuário. Coloque um `JLabel` próximo a cada campo de texto.

As classes Swing são colocadas no pacote `javax.swing`, onde o nome do pacote `javax` denota uma *extensão padrão* de Java. Swing foi primeiramente lançado como uma extensão-padrão a uma versão anterior de Java, e tornou-se parte-padrão do Java 2. Por razões de compatibilidade, o nome do pacote não foi mudado de `javax` para `java`. Swing usa algumas partes do AWT, como as partes para desenhar formas gráficas e o tratamento de eventos, de modo que usamos algumas classes do pacote `java.awt` nos programas Swing.

Os nomes das classes da maioria dos componentes de interface com o usuário Swing inicia com a letra `J`. Por exemplo, `JTextField` é um campo de texto Swing. Existe também uma classe `TextField` — o (agora obsoleto) campo de texto AWT.

Ao construir um campo de texto, temos de fornecer a largura — o número aproximado de caracteres que esperamos que o usuário digite.

```
JTextField xField = new JTextField(5);
```

Os usuários podem digitar mais caracteres, mas então uma parte do conteúdo do campo se torna invisível.

É interessante *rotular* cada campo de texto de modo que o usuário saiba o que digitar nele. Temos de construir um objeto `JLabel` para cada rótulo:

```
JLabel xLabel = new JLabel("x = ");
```

> Use componentes `JButton` para botões. Anexe um `ActionListener` a cada botão.

Finalmente, queremos dar ao usuário uma oportunidade de inserir informações em todos os campos de texto antes de processá-los. Portanto, também temos de fornecer um botão que o usuário possa pressionar para indicar que a entrada está pronta para ser processada.

Construímos um botão fornecendo um *string* de rótulo, um ícone, ou ambos. A seguir temos as alternativas:

```
moveButton = new JButton("Move");
```

```
        moveButton = new JButton(new ImageIcon("hand.gif"));
        moveButton = new JButton("Move", new ImageIcon("hand.gif"));
```

Quando um botão é clicado, ele envia um evento de ação. Para capturá-lo, precisamos instalar um escutador de ações. Aqui temos o escutador de ações do botão Move. O método `actionPerformed` lê a entrada do usuário a partir dos campos de texto, usando o método `getText` da classe `JTextField`. Ele transforma o *string* resultante em um número, move o retângulo e redesenha o *applet*

```
    public class ButtonApplet extends Applet
    {
        public ButtonApplet()
        {
            ...
            class MoveButtonListener implements ActionListener
            {
                public void actionPerformed(ActionEvent event)
                {
                    int x = Integer.parseInt(xField.getText());
                    int y = Integer.parseInt(yField.getText());
                    box.setLocation(x, y);
                    repaint();
                }
            }
            ActionListener listener = new MoveButtonListener();
            moveButton.addActionListener(listener);
            ...
        }
        ...
    }
```

O método `actionPerformed` acessa as variáveis `xField` e `yField` do construtor ButtonApplet. Como vimos no Capítulo 9, essas variáveis locais têm de ser declaradas como `final`:

```
        final JTextField xField = new JTextField(5);
                final JTextField yField = new JTextField(5);
```

> Use um contêiner `JPanel` para agrupar múltiplos componentes de interface com o usuário.

O método também acessa o campo box da classe `ButtonApplet`. As classes internas conseguem acessar todos os campos da classe superior.

Para concluir este programa precisamos colocar os rótulos, os campos de texto e os botões no painel de controle. Vamos construir um objeto `JPanel` — ele é um contêiner para componentes de interface com o usuário.

```
        JPanel panel = new JPanel();
```

Então acrescentamos todos os componentes ao painel.

```
        panel.add(xLabel);
        panel.add(xField);
        panel.add(yLabel);
        panel.add(yField);
        panel.add(moveButton);
```

> Um `JFrame` corresponde a uma janela com uma borda e uma barra de título.

Finalmente, exibimos o painel em seu próprio *frame*. Um *frame* é uma janela com uma barra de título. Configuramos o painel como o *painel de conteúdo* do *frame*. O painel de conteúdo é um contêiner que armazena todos os componentes de interface com o usuário. Então chamamos o método `pack`. Esse método configura o tamanho do *frame* com tamanho suficiente para amostrar todos os componentes. Finalmente, chamamos `show` para exibir o *frame*.

```
      JFrame frame = new JFrame();
      frame.setContentPane(panel);
      frame.pack();
      frame.show();
```

Também é possível exibir o painel de controle dentro do *applet*, como veremos no Capítulo 12. A seguir temos o programa completo.

Arquivo ButtonApplet.java

```
 1  import java.applet.Applet;
 2  import java.awt.Graphics;
 3  import java.awt.Graphics2D;
 4  import java.awt.Rectangle;
 5  import java.awt.event.ActionEvent;
 6  import java.awt.event.ActionListener;
 7  import javax.swing.ImageIcon;
 8  import javax.swing.JButton;
 9  import javax.swing.JFrame;
10  import javax.swing.JLabel;
11  import javax.swing.JPanel;
12  import javax.swing.JTextField;
13
14  /**
15      Este applet permite ao usuário mover um retângulo especificando
16      as posições x e y do canto superior esquerdo.
17  */
18  public class ButtonApplet extends Applet
19  {
20      public ButtonApplet()
21      {
22         // o retângulo que o método paint desenha
23         box = new Rectangle(BOX_X, BOX_Y,
24            BOX_WIDTH, BOX_HEIGHT);
25
26         // os campos de texto para a inserção das coordenadas x e y
27         final JTextField xField = new JTextField(5);
28         final JTextField yField = new JTextField(5);
29
30         // o botão para mover o retângulo
31         JButton moveButton = new JButton("Move",
32            new ImageIcon("hand.gif"));
33
34         class MoveButtonListener implements ActionListener
35         {
36            public void actionPerformed(ActionEvent event)
37            {
38               int x = Integer.parseInt(xField.getText());
39               int y = Integer.parseInt(yField.getText());
40               box.setLocation(x, y);
41               repaint();
42            }
43         };
44
45         ActionListener listener = new MoveButtonListener();
```

```
46          moveButton.addActionListener(listener);
47
48          // os rótulos para rotular os campos de texto
49          JLabel xLabel = new JLabel("x = ");
50          JLabel yLabel = new JLabel("y = ");
51
52          // o painel para armazenar os componentes de interface com o usuário
53          JPanel panel = new JPanel();
54
55          panel.add(xLabel);
56          panel.add(xField);
57          panel.add(yLabel);
58          panel.add(yField);
59          panel.add(moveButton);
60
61          // o frame para armazenar o painel de componentes
62          JFrame frame = new JFrame();
63          frame.setContentPane(panel);
64          frame.pack();
65          frame.show();
66       }
67
68       public void paint(Graphics g)
69       {
70          Graphics2D g2 = (Graphics2D)g;
71          g2.draw(box);
72       }
73
74       private Rectangle box;
75       private static final int BOX_X = 100;
76       private static final int BOX_Y = 100;
77       private static final int BOX_WIDTH = 20;
78       private static final int BOX_HEIGHT = 30;
79    }
```

10.4 Vários Botões com Comportamento Semelhante

Freqüentemente nosso programa necessita processar entradas de vários botões. Olhe para a Figura 4 — o programa tem quatro botões para controlar o movimento do retângulo.

Os botões realizam tarefas semelhantes, de modo que o código para definir os botões é muito repetitivo. A seguir temos a definição do botão da esquerda:

```
JButton leftButton = new JButton("Left");

class LeftButtonListener implements ActionListener
{
   public void actionPerformed(ActionEvent event)
   {
      box.translate(-BOX_WIDTH, 0);
      repaint();
   }
};

LeftButtonListener leftListener = new ButtonListener();
leftButton.addActionListener(leftListener);
```

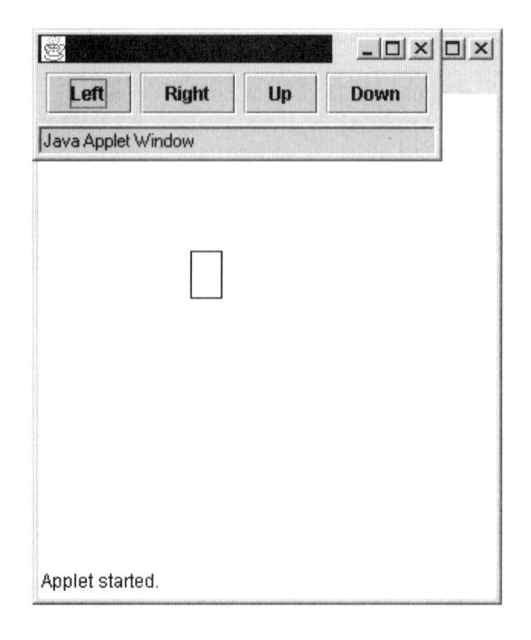

Figura 4
Um *applet* com vários botões.

E aqui temos a definição do botão da direita:

```
JButton rightButton = new JButton("Right");

class RightButtonListener implements ActionListener
{
   public void actionPerformed(ActionEvent event)
   {
      box.translate(BOX_WIDTH, 0);
      repaint();
   }
};

RightButtonListener rightListener = new RightButtonListener();
rightButton.addActionListener(rightListener);

// mais dois para fazer ...
```

> Fatore tratadores de eventos semelhantes em um método separado.

Isso, naturalmente, é muito chato. Vamos fatorar o código comum (veja Dica de Qualidade 3.4) em um único método. Ao fazê-lo descobrimos que o código difere de um botão para o outro apenas nos seguintes parâmetros:

- O rótulo do botão
- A quantidade a mover o retângulo nas direções x e y

O método pode construir qualquer um dos botões, dados os valores dos parâmetros:

```
public JButton makeButton(String label,
   final int dx, final int dy)
{
   JButton button = new JButton(label);
```

```
      class ButtonListener implements ActionListener
      {
         public void actionPerformed(ActionEvent event)
         {
            box.translate(dx, dy);
            repaint();
         }
      }

      ButtonListener listener = new ButtonListener();
      button.addActionListener(listener);
      return button;
   }
```

Observe que os parâmetros dx e dy são declarados como final porque eles são acessados no método actionPerformed da classe interna.

Chamamos este método quatro vezes:

```
panel.add(makeButton("Left", -BOX_WIDTH, 0));
panel.add(makeButton("Right", BOX_WIDTH, 0));
panel.add(makeButton("Up", 0, -BOX_HEIGHT));
panel.add(makeButton("Down", 0, BOX_HEIGHT));
```

Cada chamada ao método cria um objeto escutador de tipo ButtonListener. Em outras palavras, cada botão tem um escutador separado, mas todos os quatro objetos escutadores são instâncias da mesma classe escutadora. Lembre-se do Capítulo 9 que o compilador automaticamente transforma variáveis locais que uma classe interna acesse em campos de instância desta classe interna. Isto é, os quatro objetos escutadores têm diferentes estados para dx e dy, ou seja, as quatro combinações fornecidas nas chamadas do método.

Compartilhar uma classe escutadora entre botões de mesmo comportamento é uma maneira eficaz de reduzir a complexidade. Quando você se encontrar implementando várias classes escutadoras com essencialmente a mesma funcionalidade, coloque a classe escutadora em um método separado.

A seguir temos o programa todo:

Arquivo ButtonApplet.java

```
 1  import java.applet.Applet;
 2  import java.awt.Graphics;
 3  import java.awt.Graphics2D;
 4  import java.awt.Rectangle;
 5  import java.awt.event.ActionEvent;
 6  import java.awt.event.ActionListener;
 7  import javax.swing.JButton;
 8  import javax.swing.JFrame;
 9  import javax.swing.JPanel;
10
11  /**
12     Este applet permite ao usuário mover um retângulo clicando
13     sobre botões rotulados com "Left", "Right", "Up", e "Down".
14  */
15  public class ButtonApplet extends Applet
16  {
17     public ButtonApplet()
18     {
19        // o retângulo que o método paint desenha
20        box = new Rectangle(BOX_X, BOX_Y,
21           BOX_WIDTH, BOX_HEIGHT);
22
```

```java
23        // o painel para conter os componentes de interface com o usuário
24        JPanel panel = new JPanel();
25
26        panel.add(makeButton("Left", -BOX_WIDTH, 0));
27        panel.add(makeButton("Right", BOX_WIDTH, 0));
28        panel.add(makeButton("Up", 0, -BOX_HEIGHT));
29        panel.add(makeButton("Down", 0, BOX_HEIGHT));
30
31        // o frame para conter o painel de componentes
32        JFrame frame = new JFrame();
33        frame.setContentPane(panel);
34        frame.pack();
35        frame.show();
36     }
37
38     public void paint(Graphics g)
39     {
40        Graphics2D g2 = (Graphics2D)g;
41        g2.draw(box);
42     }
43
44     /**
45        Cria um botão que move a caixa.
46        @param label o rótulo para ser exibido sobre o botão
47        @param dx o valor com o qual mover a caixa na direção x
48        quando o botão for clicado
49        @param dy o valor com o qual mover a caixa na direção y
50        quando o botão for clicado
51        @return o botão
52     */
53     public JButton makeButton(String label, final int dx,
54        final int dy)
55     {
56        JButton button = new JButton(label);
57
58        class ButtonListener implements ActionListener
59        {
60           public void actionPerformed(ActionEvent event)
61           {
62              box.translate(dx, dy);
63              repaint();
64           }
65        }
66
67        ButtonListener listener = new ButtonListener();
68        button.addActionListener(listener);
69        return button;
70     }
71
72     private Rectangle box;
73     private static final int BOX_X = 100;
74     private static final int BOX_Y = 100;
75     private static final int BOX_WIDTH = 20;
76     private static final int BOX_HEIGHT = 30;
77  }
```

⊗ Erro Freqüente 10.2

Esquecendo de Anexar um Escutador

Se você executar seu programa e achar que seus botões parecem estar mortos, verifique se você anexou o escutador de botão. O mesmo vale para os outros componentes da interface com o usuário. É um erro surpreendentemente comum programar a classe escutadora e a ação do tratador de eventos sem na verdade anexá-lo à fonte do evento.

⊙ Dica de Produtividade 10.1

Compartilhe Classes Escutadoras, não Objetos Escutadores

Vimos na seção anterior como criar uma *classe* escutadora de modo que cada botão possa ter seu próprio objeto escutador customizado. Você verá alguns programadores usarem outra abordagem na qual um único *objeto* escutador é compartilhado entre os botões. Então o método `actionPerformed` tem de descobrir qual botão foi clicado, chamando o método `getSource` do parâmetro `ActionEvent`.

```
class DirectionListener implements ActionListener
{
   public void actionPerformed(ActionEvent event)
   {
      // descubra o botão que foi clicado
      // esta abordagem não é recomendada
      Object source = event.getSource();
      if (source == leftButton)
         box.translate(-BOX_WIDTH, 0);
      else if (source == rightButton)
         box.translate(BOX_WIDTH, 0);
      else if (source == upButton)
         box.translate(0, -BOX_HEIGHT);
      else if (source == downButton)
         box.translate(0, BOX_HEIGHT);
      repaint();
   }
}
```

Essa solução ainda é bastante repetitiva e portanto não tão boa como a que usamos na seção anterior, onde cada botão tinha seu próprio escutador. Quando você se encontrar chamando `getSource`, verifique se você pode, alternativamente, usar um objeto separado para cada fonte de evento.

⊙ Dica de Produtividade 10.2

Não Use um Contêiner como Escutador

Neste livro, usamos classes internas para escutadores de interface. Essa abordagem funciona para muitos tipos de eventos diferentes, e uma vez que você domine a técnica, não terá mais de pensar sobre ela. Muitos ambientes de desenvolvimento automaticamente geram código com classes internas, de modo que é uma boa idéia estar familiarizado com elas.

Entretanto, alguns programadores evitam as classes escutadoras de eventos e transformam um contêiner (como por exemplo um *applet*) em um escutador. A seguir temos um exemplo típico. O método `actionPerformed` é acrescentado à classe *applet*. Isto é, o *applet* implementa a interface `ActionListener`.

```java
public class ButtonApplet extends Applet
    implements ActionListener // esta abordagem não é recomendada
{
    public ButtonApplet()
    {
        ...
        JButton moveButton = new JButton("Move",
            new ImageIcon("hand.gif"));
        moveButton.addActionListener(this);
        ...
    }

    public void actionPerformed(ActionEvent event)
    {
        int x = Integer.parseInt(xField.getText());
        int y = Integer.parseInt(yField.getText());
        box.setLocation(x, y);
        repaint();
    }
    ...
    private JTextField xField;
    private JTextField yField;
}
```

Agora o método `actionPerformed` é uma parte da classe `ButtonApplet` em vez de estar em uma classe escutadora separada. O escutador é instalado como `this`.

Essa técnica apresenta dois grandes defeitos. Primeiro, ela separa a definição do botão de sua ação. Além disso, não se consegue *redimensioná-la* bem. Se o contêiner contiver dois botões e cada um deles gerar eventos de ação, então o método `actionPerformed` tem de investigar a fonte do evento — o que não é uma boa idéia, segundo a Dica de Produtividade 10.1.

? Como Fazer? 10.1

Tratando Eventos de Mouse e de Ação

O tratamento de entradas de *mouse* e de botões é mais difícil do que processar entradas de teclado da console. Siga estes passos para implementar o código de tratamento de eventos.

Passo 1 **Implemente os *dados que seu programa manipula***

Os dados podem ser armazenados em um objeto simples, como um `Rectangle` ou um `Car`, ou podem ser mais complexos, como uma coleção de pontos.

Implemente os dados como variáveis de instância de um *applet*, ou, como veremos no Capítulo 12, um painel. Por exemplo,

```java
public class CarApplet
{
    ...
    private Car myCar;
}
```

Passo 2 **Implemente a *representação visual dos dados***

Um programa gráfico geralmente desenha os dados em um método `paint`. O método `paint` é chamado sempre que os dados precisarem ser exibidos, seja porque a janela precisa ser redesenhada ou porque os dados mudaram. Por exemplo,

```java
public class CarApplet extends Applet
{
```

```
        ...
        public void paint(Graphics g)
        {
            Graphics2D g2;
            myCar.draw(g2);
        }
        ...
    }
```

Passo 3 **Projete uma interface com o usuário para manipular os dados**

Até agora vimos duas técnicas de interface com o usuário:

- Clicar com o *mouse* em uma janela
- Clicar um botão em um painel de controle

No Capítulo 12, aprenderemos mais sobre o posicionamento de botões e outros componentes de interface com o usuário.

Se você decidir usar um painel de controle, esboce-o. Quais campos de texto e botões você necessita?

Então imagine: como deveria mudar a representação visual quando o usuário clicar com o *mouse* na janela, ou quando o usuário pressionar um botão. Que mudança nos dados é necessária para causar essa mudança na representação visual?

Por exemplo, considere esta interface simples para o *applet* do carro.

- Quando o usuário pressiona o botão do *mouse*, o carro é movido para a posição horizontal definida pelo *mouse*. A posição vertical do carro não muda. Isso significa que a coordenada *x* do carro é configurada de acordo com a coordenada *x* do *mouse*.
- Um painel de controle contém dois botões, marcados com "Left" e "Right". Quando o usuário clicar sobre um dos botões, o carro se move 10 *pixels* para a esquerda ou para a direita. Isso quer dizer, 10 é acrescentado à coordenada *x* do carro.

Passo 4 **Forneça os componentes de interface com o usuário**

Use o seguinte "mecanismo" no construtor do *applet*:

```
// o painel para armazenar os componentes de interface com o usuário
JPanel panel = new JPanel();

// acrescente botões e campos de texto
panel.add(...);
panel.add(...);
...
// o frame para armazenar o painel de componentes
JFrame frame = new JFrame();
frame.setContentPane(panel);
frame.pack();
frame.show();
```

No Capítulo 12, veremos como acrescentamos componentes de interface com o usuário a um *frame*.

Se o seu programa só recebe entradas de *mouse* e não requer nenhum campo de texto nem botões, pule este passo.

Passo 5 **Forneça classes tratadoras de eventos**

Para cada evento que identificamos no passo 3, precisamos acrescentar um tratador de eventos.

Usamos classes que implementem um `ActionListener` para botões ou um `MouseListener` para eventos de *mouse*. Por conveniência, podemos alternativamente querer estender a interface `MouseAdapter` — veja o Tópico Avançado 10.1.

No método de tratamento de eventos, atualize os dados, então chame `repaint`, de modo que a representação visual também seja atualizada.

O estilo de codificação mais básico é fornecer uma classe para cada evento. Por exemplo,

```java
class MousePressListener extends MouseAdapter
{
   public void mousePressed(MouseEvent event)
   {
      car.setPosition(event.getX(), car.getY());
      repaint();
   }
}

class LeftButtonListener implements ActionListener
{
   public void actionPerformed(ActionEvent event)
   {
      car.setPosition(car.getX() - 10, car.getY());
      repaint();
   }
}

class RightButtonListener implements ActionListener
{
   public void actionPerformed(ActionEvent event)
   {
      car.setPosition(car.getX() + 10, car.getY());
      car.repaint();
   }
}
```

Se vários eventos têm ações bastante relacionadas, podemos compartilhar a mesma classe escutadora e fornecer os valores que variam em um construtor ou, mais concisamente, como parâmetros de um método, da seguinte forma:

```java
public JButton makeMoveButton(
   String title, final int amount)
{
   class MoveButtonListener implements ActionListener
   {
      public void actionPerformed(ActionEvent event)
      {
         car.setPosition(
            car.getX() + amount, car.getY());
         car.repaint();
      }
   }
   ...
}
```

Passo 6 **Crie objetos escutadores e anexe-os às fontes dos eventos**

No caso de eventos de *mouse*, a fonte de eventos é a janela sobre a qual clicamos — geralmente um *applet* ou um painel. No caso de eventos de ação, a fonte do evento é um botão ou outro componente de interface com o usuário, ou um temporizador. Temos de acrescentar um objeto escutador a cada fonte de eventos, da seguinte forma:

```java
public class CarApplet extends Applet
{
   public CarApplet()
   {
```

```
            MousePressListener listener =
                new MousePressListener();
            addMouseListener(listener);

            JButton leftButton =
                new makeMoveButton("Left", -10);
            JButton rightButton =
                new makeMoveButton("Right", 10);
            ...
        }
        ...
        public JButton makeMoveButton(
            String title, final int amount)
        {
            ...
            JButton button = new JButton(title);
            ActionListener listener = new MoveButtonListener();
            button.addActionListener(listener);
        }
    }
```

10.5 Janelas de *Frames*

Até agora, todos os programas gráficos que escrevemos foram *applets,* programas que rodam dentro de um navegador ou do visualizador de *applets*. Também podemos escrever programas gráficos normais em Java que não rodem dentro de outro programa. Nesta seção, aprenderemos a escrever essas *aplicações gráficas*.

> Uma aplicação gráfica exibe uma ou mais janelas de *frames*.

Toda aplicação gráfica acomoda uma ou mais janelas de *frames,* assim como a janela que usamos como painel de controle nos exemplos anteriores. Podemos acomodar uma janela de *frame* dentro do método main de um programa:

```
public class FrameTest
{
    public static void main(String[] args)
    {
        JFrame frame = new JFrame();
        ...
        frame.show();
    }
}
```

Após construir um *frame,* devemos configurar sua *operação de fechamento* default.

```
JFrame frame = new JFrame();
frame.setDefaultCloseOperation(JFrame.EXIT_ON_CLOSE);
```

Quando o usuário fecha o *frame,* o programa é encerrado automaticamente. Essa configuração é útil para programas muito simples. No caso de programas mais complexos, podemos querer realizar algumas ações de desligamento antes de permitir que o programa termine.

A fim de agregar algum requinte ao frame, vamos acrescentar alguns rótulos decorativos, um deles é um ícone gráfico, o outro um *string* de texto (veja a Figura 5).

```
JLabel iconLabel =
    new JLabel(new ImageIcon("world.gif"));
JLabel textLabel = new JLabel("Hello, World!");
```

Como nos exemplos anteriores, acrescente os componentes de interface com o usuário a um painel e configure esse painel como o painel de conteúdo do *frame.*

Figura 5
Um *frame* com dois rótulos.

```
JPanel panel = new JPanel();
panel.add(iconLabel);
panel.add(textLabel);
frame.setContentPane(panel);
```

Finalmente, empacote e exiba o *frame*:

```
frame.pack();
frame.show();
```

A seguir temos o programa completo:

Arquivo FrameTest.java

```
1  import javax.swing.ImageIcon;
2  import javax.swing.JFrame;
3  import javax.swing.JLabel;
4  import javax.swing.JPanel;
5
6  /**
7      Este programa exibe um frame com uma imagem e um rótulo de texto.
8  */
9  public class FrameTest
10 {
11     public static void main(String[] args)
12     {
13        JFrame frame = new JFrame();
14
15        frame.setDefaultCloseOperation(JFrame.EXIT_ON_CLOSE);
16
17        JLabel iconLabel =
18           new JLabel(new ImageIcon("world.gif"));
19        JLabel textLabel = new JLabel("Hello, World!");
20
21        JPanel panel = new JPanel();
22        panel.add(iconLabel);
23        panel.add(textLabel);
24        frame.setContentPane(panel);
25
26        frame.pack();
27        frame.show();
28     }
29 }
```

10.6 Componentes de Texto

> Use uma `JTextArea` para exibir várias linhas de texto.

Já vimos na Seção 10.3 como construir campos de texto. Um campo de texto contém uma única linha de texto. Para exibir múltiplas linhas de texto, usamos a classe `JTextArea`.

Ao construir uma área de texto, podemos especificar o número de linhas e colunas:

```
JTextArea textArea = new JTextArea(10, 30);
```

Usamos o método `setText` para configurar o texto de um campo de texto ou de uma área de texto. O método `append` acrescenta texto ao final de uma área de texto. Usamos caracteres nova-linha para separar linhas, da seguinte forma:

```
textArea.append(account.getBalance() + "\n");
```

Para descobrir o conteúdo de um campo de texto ou de uma área de texto, use o método `getText`.

Se quisermos usar um campo de texto ou uma área de texto apenas para fins de exibição, então podemos usar o método `setEditable`:

```
textArea.setEditable(false);
```

> Podemos acrescentar barras de rolagem a qualquer componente com um `JScrollPane`.

Agora o usuário não pode mais editar o conteúdo do campo, mas nosso programa ainda pode chamar `setText` e `append` para alterá-lo.

Podemos configurar a fonte de um componente de texto com o método `setFont`:

```
textArea.setFont(new Font(...));
```

Para acrescentar barras de rolagem a uma área de texto, usamos um `JScrollPane`, da seguinte forma:

```
JTextArea textArea = new JTextArea(10, 30);
JScrollPane scrollPane = new JScrollPane(textArea);
frame.setContentPane(scrollPane);
```

A Figura 6 mostra o resultado.

O exemplo de programa a seguir agrupa esses conceitos. O usuário pode inserir números no campo de texto de taxa de juros e então clicar sobre o botão "Add Interest" (acrescentar juros) (veja a Figura 7). A taxa de juros é aplicada e o saldo atualizado é anexado à área de texto. A área de texto tem barras de rolagem e não é editável. (As barras de rolagem são exibidas apenas quando a área de texto é preenchida com texto.)

Essa aplicação é um protótipo útil de uma interface gráfica *front end* para cálculos arbitrários. Podemos facilmente modificá-lo para nossas próprias necessidades. Coloque outros componentes de entrada no painel de controle. Para realizar outros cálculos mudamos o conteúdo do método `actionPerformed`. Exibimos os resultados na área de texto.

Arquivo TextAreaTest.java

```
1  import java.awt.event.ActionEvent;
2  import java.awt.event.ActionListener;
3  import javax.swing.JButton;
4  import javax.swing.JFrame;
5  import javax.swing.JLabel;
6  import javax.swing.JPanel;
7  import javax.swing.JScrollPane;
8  import javax.swing.JTextArea;
9  import javax.swing.JTextField;
10
```

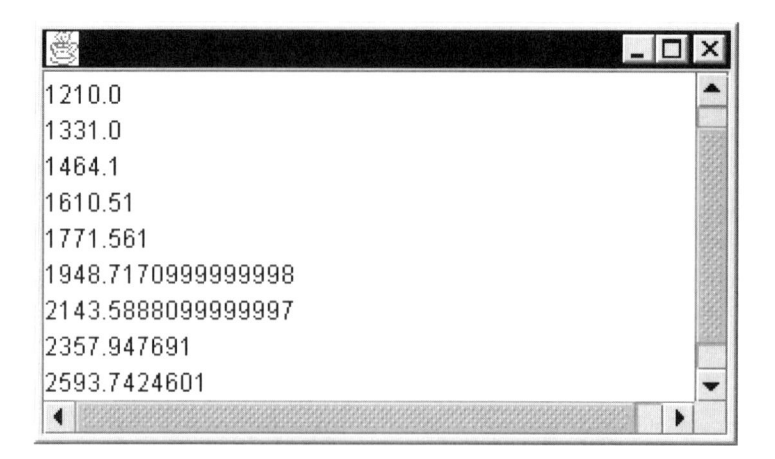

Figura 6
Área de texto com barras de rolagem.

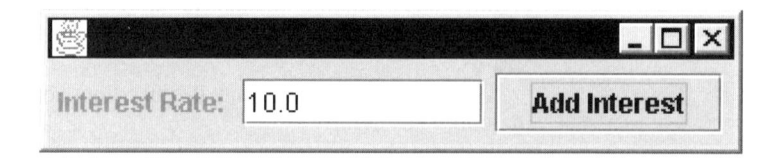

Figura 7
Painel de controle para adicionar juros à conta bancária.

```
11  /**
12        Este programa mostra um frame com uma área de texto que exibe
13        o crescimento de um investimento. Um segundo frame contém um campo de texto
14        para especificar a taxa de juros.
15  */
16  public class TextAreaTest
17  {
18     public static void main(String[] args)
19     {
20        // a aplicação acrescenta juros a esta conta bancária.
21        final BankAccount account =
22           new BankAccount(INITIAL_BALANCE);
23        // área de texto para exibir os resultados
24        final JTextArea textArea = new JTextArea(10, 30);
25        textArea.setEditable(false);
26        JScrollPane scrollPane = new JScrollPane(textArea);
27
28        // constrói o frame para exibir a área de texto
29        JFrame frame = new JFrame();
30        frame.setDefaultCloseOperation(
31           JFrame.EXIT_ON_CLOSE);
32        frame.setContentPane(scrollPane);
33        frame.pack();
34        frame.show();
35
36        // rótulo e campo de texto para inserir a taxa de juros
```

```java
37          JLabel rateLabel = new JLabel("Interest Rate: ");
38
39          final JTextField rateField = new JTextField(10);
40          rateField.setText("" + DEFAULT_RATE);
41
42          // botão para disparar o cálculo
43          JButton calculateButton =
44             new JButton("Add Interest");
45
46          class CalculateListener implements ActionListener
47          {
48             public void actionPerformed(ActionEvent event)
49             {
50                double rate = Double.parseDouble(
51                   rateField.getText());
52                double interest = account.getBalance()
53                   * rate / 100;
54                account.deposit(interest);
55                textArea.append(account.getBalance() + "\n");
56             }
57          }
58
59          ActionListener listener = new CalculateListener();
60          calculateButton.addActionListener(listener);
61
62          // painel de controle que armazena os componentes de entrada
63          JPanel controlPanel = new JPanel();
64          controlPanel.add(rateLabel);
65          controlPanel.add(rateField);
66          controlPanel.add(calculateButton);
67
68          // frame para armazenar o painel de controle
69          JFrame controlFrame = new JFrame();
70          controlFrame.setContentPane(controlPanel);
71          controlFrame.pack();
72          controlFrame.show();
73       }
74
75       private static final double DEFAULT_RATE = 10;
76       private static final double INITIAL_BALANCE = 1000;
77 }
```

Dica de Produtividade   10.3

Reutilização de Código

Suponha que nos seja dada a tarefa de escrever outro programa de interface gráfica com o usuário que leia entradas de dois campos de texto e exiba o resultado de alguns cálculos em uma área de texto. Não precisamos começar do zero. Em vez disso, podemos — e freqüentemente devemos — *reutilizar* a estrutura de um programa existente, como o programa `TextAreaTest` de antes.

Para reutilizar código do programa, simplesmente faça uma cópia do arquivo do programa e lhe dê um novo nome. Por exemplo, podemos querer copiar `TextAreaTest.java` para um arquivo `MyProg.java`. Então removemos o código que é claramente específico do problema velho, mas deixamos a estrutura no lugar. Isto é, mantemos o painel, o campo de texto, o escutador de

▼ eventos, etc. Completamos o código para nossos novos cálculos. Finalmente, renomeamos as classes, os botões, os títulos dos frames, etc.

▼ Uma vez que consigamos entender os princípios relativos a escutadores de eventos, *frames* e painéis, não há necessidade de repensá-los toda vez. Reutilizar a estrutura de um programa que esteja funcionando torna nosso trabalho mais eficiente.

▼ Entretanto, a reutilização pelo recurso de "copiar e renomear" ainda é uma abordagem mecânica e um tanto quanto sujeita a erros. É até mesmo melhor empacotar estruturas de programa reutilizáveis em um conjunto de classes comuns. O mecanismo de herança nos permite projetar classes para reutilização sem copiar e colar. Abordaremos herança no próximo capítulo.

Fato Histórico 10.1

Linguagens de Programação

Existem centenas de linguagens de programação hoje em dia. Isso na realidade é bastante surpreendente. A idéia por trás de uma linguagem de programação de alto nível é fornecer um meio para programação que seja independente do conjunto de instruções de determinado processador, de modo que se possa mover programas de um computador para outro sem reescrevê-los. Entretanto, mover um programa de uma linguagem de programação para outra é um processo difícil e que raramente é feito. Assim, parece que não haveria uso para tantas linguagens de programação.

Diferentemente das linguagens humanas, as linguagens de programação são criadas com objetivos específicos. Algumas linguagens de programação tornam especialmente fácil expressar tarefas de determinado domínio de problema. Algumas linguagens se especializam em processamento de bancos de dados; outras, em programas de "inteligência artificial" que procuram inferir novos fatos a partir de uma dada base de conhecimentos; outras, em programação de multimídia. A linguagem Pascal foi propositadamente mantida simples porque foi projetada como uma linguagem de ensino. A linguagem C foi desenvolvida para ser traduzida eficientemente para código de máquina rápido, com o mínimo de sobrecarga de faxina. A linguagem C++ foi construída sobre C, acrescentando recursos para permitir programação orientada a objetos. A linguagem Java foi projetada para espalhar programas na Internet.

No início da década de 1970, o Departamento de Defesa (DoD) dos EUA estava seriamente preocupado com o alto custo dos componentes de *software* dos seus equipamentos bélicos. Estimou-se que mais da metade do orçamento do DoD fora gasto no desenvolvimento de *software* para *sistemas embarcados* — isto é, um *software* que está embutido em alguma máquina específica, como um avião ou míssil, para controlá-lo. Um dos problemas observados foi a grande diversidade de linguagens de programação que eram usadas para produzir esse *software*. Muitas dessas linguagens, como TACPOL, CMS-2, SPL/1 e JOVIAL, eram praticamente desconhecidas fora do setor militar.

Em 1976, foi solicitado a uma comissão de cientistas de computação e representantes da indústria bélica uma avaliação das linguagens de programação existentes. A comissão deveria determinar se alguma delas poderia tornar-se o padrão de toda programação militar futura do DoD. Ninguém ficou surpreso com a decisão da comissão: uma nova linguagem teria de ser criada. As empresas concorrentes foram então convidadas a enviar projetos para essa nova linguagem. De 17 propostas iniciais, foram escolhidas quatro para desenvolver suas linguagens. A fim de garantir uma avaliação justa, as linguagens receberam nomes de código: Vermelho (a da Intermetrics), Verde (a da CII Honeywell Bull), Azul (a da Softech), e Amarelo (a da SRI International). As quatro linguagens eram baseadas em Pascal. A linguagem Verde foi a vencedora em 1979. Ela foi chamada de Ada em homenagem à primeira programadora do mundo, Ada Lovelace (veja Fato Histórico 15.1).

A linguagem Ada foi totalmente ridicularizada pelos estudiosos como um típico produto arrogante do Departamento de Defesa. As empresas que forneciam aos militares buscaram — e obtiveram — a liberação da exigência de que eles tinham de usar Ada em seus projetos. Fora da indústria bélica, poucas empresas usaram Ada. Talvez isso seja injusto. Ada havia sido *projetada* para ser suficientemente complexa, de modo que pudesse ser útil em muitas aplicações, enquanto que outras linguagens, mais populares, notadamente C++, *cresceram* tornando-se igualmente complexas e acabaram se tornando não-gerenciáveis.

A versão inicial da linguagem C foi projetada mais ou menos em 1972. Diferentemente de Ada, C é uma linguagem simples que nos permite programar "próximo à máquina". Ela também é bastante insegura. Como diversos autores de compiladores acrescentaram diferentes recursos, a linguagem deu origem a vários dialetos. Algumas instruções de programação eram entendidas por um compilador, mas rejeitadas por outro. Essas divergências são um imenso problema para um programador que quer migrar o código de um computador para outro. Então ocorreu um movimento para acabar com as diferenças e criar uma versão C padrão. O processo do projeto foi finalizado em 1989 com a conclusão do padrão ANSI (American National Standards Institute). Nesse meio tempo, Bjarne Stroustrup, da AT&T, adicionou recursos da linguagem Simula (uma linguagem orientada a objetos, projetada para realizar simulações) à linguagem C. A linguagem resultante foi chamada de C++. De 1985 até agora, C++ sofreu acréscimo de muitos recursos, e um processo de padronização foi concluído em 1998. C++ tornou-se muito popular porque os programadores podem utilizar seu código C existente e movê-lo para C++, com mudanças mínimas. A fim de manter a compatibilidade com o código existente, toda inovação em C++ tinha de contornar os comandos que já existiam na linguagem, o que gerou uma linguagem poderosa, mas complicada de usar.

Em 1995, Java foi projetada para ser conceitualmente mais simples e internamente mais consistente que C++, ao mesmo tempo retendo a sintaxe que é familiar a milhões de programadores C e C++. A *linguagem* Java foi um projeto de grande sucesso. Ela realmente é limpa e simples. Já quanto à *biblioteca* Java, você sabe, pela sua própria experiência, que ela não é limpa nem simples.

Lembre-se que uma linguagem de programação é apenas uma parte da tecnologia para se escrever programas. Para obter sucesso, uma linguagem de programação precisa de bibliotecas ricas em recursos, ferramentas poderosas e uma comunidade de usuários entusiastas e familiarizados com a linguagem. Várias linguagens de programação bem projetadas desapareceram gradualmente, enquanto que outras, cujo projeto era apenas "suficientemente bom", prosperaram no mercado.

Resumo do Capítulo

1. Os eventos de interface de usuário incluem pressionamento de teclas, movimentos do *mouse*, pressionamento de botões, seleções do menu, etc.

2. Fornecemos *escutadores de eventos* para os eventos que nos interessam. Temos de implementar métodos para tratar o evento. Construímos objetos escutadores e os anexamos às fontes dos eventos.

3. As classes *fontes dos eventos* reportam sobre os eventos. Quando ocorre um evento, a fonte do evento notifica todos os escutadores de eventos.

4. As notificações dos eventos acontecem nas classes escutadoras de eventos. A classe escutadora de eventos implementa uma *interface escutadora de eventos*. A interface lista todas as notificações possíveis para determinada categoria de evento.

5. *As classes de eventos* contêm informações detalhadas sobre várias espécies de eventos.

6. Usamos um escutador de *mouse* para capturar eventos de *mouse*.

7. Freqüentemente instalamos escutadores de eventos como *classes in-*

ternas. Lembre-se que os métodos da classe interna podem ter acesso aos campos, métodos e variáveis finais que os circundam.

8. O método `repaint` faz com que uma janela se redesenhe tão logo seja possível.

9. Use componentes `JTextField` para fornecer espaço para a entrada do usuário. Coloque um `JLabel` próximo a cada campo de texto.

10. Use componentes `JButton` como botões. Anexe um `ActionListener` a cada botão.

11. Use um contêiner `JPanel` para agrupar múltiplos componentes de interface com o usuário.

12. Um `JFrame` corresponde a uma janela com uma borda e uma barra de título.

13. Fatore tratadores de eventos semelhantes em um método separado.

14. Uma aplicação gráfica exibe uma ou mais janelas de *frames*.

15. Use uma `JTextArea` para mostrar várias linhas de texto.

16. Podemos acrescentar barras de rolagem a qualquer componente com um `JScrollPane`.

Leitura Complementar

[1] Cay S. Horstmann and Gary Cornell, *Core Java 1.2 Volume 1: Fundamentals,* Prentice Hall, 1999.

Classes, Objetos e Métodos Introduzidos neste Capítulo

```
java.awt.Component
   addActionListener
   addMouseListener
   repaint
java.awt.Container
   add
java.awt.Rectangle
   setLocation
java.awt.Window
   show
java.awt.event.ActionListener
   actionPerformed
java.awt.event.ActionEvent
java.awt.event.MouseEvent
   getX
   getY
java.awt.event.MouseListener
   mousePressed
javax.swing.ImageIcon
javax.swing.JButton
javax.swing.JFrame
   EXIT_ON_CLOSE
   setContentPane
   setDefaultCloseOperation
   pack
javax.swing.JLabel
```

```
javax.swing.JPanel
javax.swing.JScrollPane
javax.swing.JTextArea
    append
javax.swing.JTextField
javax.swing.text.JTextComponent
    getText
    isEditable
    setEditable
    setText
```

Exercícios de Revisão

Exercício R10.1. O que é um objeto de evento? Uma fonte de evento? Um escutador de eventos?

Exercício R10.2. Do ponto de vista do programador, qual é a diferença mais importante entre as interfaces com o usuário de uma aplicação de console e uma aplicação gráfica?

Exercício R10.3. Qual é a diferença entre um `ActionEvent` e um `MouseEvent`?

Exercício R10.4. Por que a interface `ActionListener` tem apenas um método, enquanto que `MouseListener` tem cinco métodos?

Exercício R10.5. Uma classe pode ser uma fonte de eventos para múltiplos tipos de eventos?

Exercício R10.6. Que informações carrega um objeto de evento de ação? Que informações adicionais carrega um objeto de evento de *mouse*?

Exercício R10.7. Por que estamos usando classes internas como escutadores de eventos? Se Java não tivesse classes internas, ainda assim poderíamos implementar escutadores de eventos? Como?

Exercício R10.8. Qual é a diferença entre os métodos `paint` e `repaint`?

Exercício R10.9. Qual é a diferença entre um *applet* e uma aplicação com interface gráfica com o usuário?

Exercício R10.10. Qual é a diferença entre um *frame* e um painel?

Exercício R10.11. Qual é a diferença entre um campo de texto e uma área de texto?

Exercícios de Programação

Exercício P10.1. Reimplemente o programa `MouseSpy` como uma aplicação. Exiba os eventos de *mouse* do *frame* na janela da console.

Exercício P10.2. Implemente o escutador `MousePressListener` no `MouseApplet` como uma classe normal (isto é, não uma classe interna). *Dica:* Armazene uma referência ao objeto do *applet* no escutador, acrescente ao escutador um construtor que configure essa referência, e acrescente um método público para mover a posição da caixa para o *applet*.

Exercício P10.3. Escreva um *applet* que solicite um inteiro ao usuário e então desenhe tantos retângulos quantos o usuário solicitou, em posições aleatórias. Coloque um campo de texto e um botão "Draw" em um *frame* externo.

Exercício P10.4. Escreva um *applet* que solicite que o usuário insira as posições *x* e *y* do centro e o raio de um círculo. Quando o usuário clicar em um botão "Draw", desenhe um círculo com esse centro e raio.

Exercício P10.5. Escreva um *applet* que permita ao usuário especificar um círculo digitando o raio em um campo de texto e então clicando na área de desenho para

Exercício P10.6. Escreva um *applet* que permita ao usuário especificar um círculo com dois cliques de *mouse*, o primeiro no centro e o segundo sobre um ponto da circunferência. *Dica*: No tratador de cliques de *mouse*, você precisa manter registro se você já recebeu o ponto central em um clique de *mouse* anterior.

Exercício P10.7. Escreva um *applet* que permita ao usuário especificar um triângulo com três cliques de *mouse*. *Dica*: No tratador de cliques de *mouse*, você tem de manter o controle de quantos vértices você já recebeu. Quando o usuário clicar pela primeira vez, desenhe um pequeno círculo para marcar a posição. Quando o usuário clicar pela segunda vez, desenhe uma linha unindo os dois pontos. Finalmente, depois do terceiro clique, desenhe todo o triângulo.

Exercício P10.8. Escreva um *applet* que solicite ao usuário que clique sobre três pontos. Então desenhe um círculo que passe pelos três pontos.

Exercício P10.9. Escreva um *applet* que solicite ao usuário que clique sobre dois pontos. Desenhe uma linha unindo os pontos e escreva uma mensagem exibindo a *inclinação* da reta, isto é, a razão *y/x* em um gráfico. A mensagem deve ser exibida no *ponto médio* do segmento de reta.

Exercício P10.10. Escreva um *applet* que solicite ao usuário que clique sobre dois pontos. Daí desenhe uma linha unindo os pontos e escreva uma mensagem exibindo o *comprimento* do segmento de reta. A mensagem deve ser exibida no *ponto médio* do segmento de reta.

Exercício P10.11. Escreva um *applet* que desenhe uma *linha de regressão,* isto é, a linha que melhor se ajusta a um conjunto de pontos. A linha de regressão é a linha de equação

$$y = \bar{y} + m(x - \bar{x}),$$

onde

$$m = \frac{\sum x_i y_i - n\bar{x}\bar{y}}{\sum x_i^2 - n\bar{x}^2}$$

$\bar{x}$ é a média dos valores de *x*, e $\bar{y}$ é a média dos valores de *y*.

O usuário continua clicando sobre pontos. Você não precisa armazenar os pontos individualmente, mas precisa monitorar

- A contagem de valores de entrada
- A soma dos valores de *x*, *y*, x^2, e *xy*

Para desenhar a linha de regressão, calcule seus pontos extremos nas bordas esquerda e direita da tela e desenhe um segmento de reta. Cada vez que o usuário clicar sobre outro ponto, você atualiza a tela novamente.

Exercício P10.12. Escreva um *applet* que desenhe um mostrador de relógio com uma hora que o usuário insere em dois campos de texto (um para horas, outro para minutos). *Dica*: Você precisa descobrir os ângulos do ponteiro das horas e do ponteiro dos minutos. O ângulo do ponteiro dos minutos é fácil: ele anda 360 graus em 60 minutos. O ângulo do ponteiro das horas é mais difícil: ele anda 360 graus em 12 x 60 *minutos*.

Exercício P10.13.	Escreva um *applet* que solicite ao usuário para inserir um inteiro *n*, e então desenhe uma grade *n*-por-*n* sobre o painel. Sempre que o usuário clicar dentro de um dos quadrados da grade sobre o painel, preencha aquele quadrado da grade com preto.
Exercício P10.14.	Escreva um *applet* que solicite ao usuário uma quantidade de barras, e então gere um diagrama de barras aleatório (semelhante ao gráfico de temperatura do Capítulo 4) com o número de barras dado.
Exercício P10.15.	Escreva um *applet* que solicite ao usuário para inserir valores de dados em uma área de texto. Então desenhe um gráfico de barras mostrando os valores dos dados. *Dica*: Use um *tokenizador* de *strings* para separar o texto em *tokens*.
Exercício P10.16.	Escreva uma aplicação gráfica de *front end* para uma classe `conta bancária (bank account)`. Forneça campos de texto e botões para depositar e retirar dinheiro, e para exibir o saldo atual em uma área de texto.
Exercício P10.17.	Escreva uma aplicação gráfica de *front end* para uma classe `Purse`. Forneça botões para adicionar várias moedas e para exibir o valor total em dinheiro na bolsa. Garanta que você está usando um único método para os escutadores de métodos dos vários botões de moedas.
Exercício P10.18.	Escreva uma aplicação gráfica de *front end* para uma classe `VendingMachine`. Forneça um campo de texto e um botão para adicionar dinheiro e botões para escolher produtos. Exiba mensagens como "Aí está a sua barra de chocolate" ou "Dinheiro insuficiente" em uma área de texto.
Exercício P10.19.	Escreva uma aplicação gráfica de *front end* para uma classe `Earthquake`. Forneça um campo de texto e uma descrição do terremoto em uma área de texto.
Exercício P10.20.	Escreva uma aplicação gráfica de *front end* para uma classe `DataSet`. Forneça campos de texto e botões para adicionar valores e exibir o mínimo, o máximo e a média atuais em uma área de texto.

Capítulo 11

Herança

Objetivos do capítulo

- Aprender sobre herança
- Entender como herdar e sobrescrever métodos de superclasses
- Ser capaz de invocar construtores de superclasses
- Aprender sobre controle de acesso protegido e de pacote
- Entender a superclasse comum `Object` e sobrescrever seus métodos `toString`, `equals` e `clone`

Sumário do capítulo

11.1 Uma Introdução à Herança 402
   Sintaxe 11.1: Herança 405
   Erro Freqüente 11.1: Confundindo Superclasses e Subclasses 405
11.2 Hierarquias de Herança 406
11.3 Herdando Campos e Métodos de Instância 408
   Sintaxe 11.2: Chamando um Método da Superclasse 411
   Erro Freqüente 11.2: Sombreando Campos de Instância 411
   Erro Freqüente 11.3: Não Conseguindo Invocar o Método da Superclasse 412
11.4 Construção da Subclasse 412
   Sintaxe 11.3: Chamando um Construtor da Superclasse 413
11.5 Convertendo Subclasses em Superclasses 414

Tópico Avançado 11.1: Classes Abstratas 419
Tópico Avançado 11.2: Métodos e Classes Finais 420
11.6 Controle de Acesso 420
   Erro Freqüente 11.4: Acesso de Pacote Acidental 410
   Erro Freqüente 11.5: Tornando os Métodos Herdados menos Acessíveis 422
   Tópico Avançado 11.3: Acesso Protegido 422
11.7 `Object`: A Superclasse Cósmica 423
   Dica de Produtividade 11.1: Forneça `toString` em Todas as Classes 425
   Tópico Avançado 11.4: Herança e o Método `toString` 425

Tópico Avançado 11.5: *Herança e o Método* `equals` 427

Erro Freqüente 11.6: *Esquecendo de Clonar* 429

Dica de Qualidade 11.1: *Clone Campos de Instância Mutáveis em Métodos de Acesso* 429

Tópico Avançado 11.6: *Herança e o Método* `clone` 430

Fato Histórico 11.1: *Linguagens de Criação de* Scripts 432

11.1 Uma Introdução à Herança

> Herança é um mecanismo para estender classes já existentes acrescentando métodos e campos.

Herança é um mecanismo para melhorar classes de trabalho existentes. Se precisarmos implementar uma nova classe e uma classe que representa um conceito mais geral já está disponível, então a nova classe pode herdar da classe existente. Por exemplo, suponha que tenhamos de definir uma classe `SavingsAccount` para modelar uma conta que paga uma taxa fixa de juros sobre os depósitos. Já temos uma classe `BankAccount`, e uma poupança é um caso especial de uma conta bancária. Nesse caso, faz sentido usar a construção de herança da linguagem. A seguir, temos a sintaxe da definição da classe:

```
class SavingsAccount extends BankAccount
{
    novos métodos
    novos campos de instância
}
```

Na definição da classe `SavingsAccount` nós especificamos apenas novos métodos e campos de instância. Todos os métodos e campos de instância da classe `BankAccount` são *automaticamente herdados* pela classe `SavingsAccount`. Por exemplo, o método `deposit` automaticamente se aplica a contas de poupança:

```
SavingsAccount collegeFund = new SavingsAccount(10);
    // conta poupança com juros de 10%
collegeFund.deposit(500);
    // Sim, podemos usar o método de BankAccount com o objeto de SavingsAccount
```

> A classe mais geral é chamada de superclasse. A classe mais especializada que herda da superclasse é chamada de subclasse.

Já tivemos um contato com herança no Capítulo 4, onde nossos *applets* todos pertenciam a classes que herdaram da classe `Applet`.

Temos de introduzir mais termos aqui. A classe mais geral que forma a base para herança é chamada de *superclasse*. A classe mais especializada que herda da superclasse é chamada de *subclasse*. Em nosso exemplo, `BankAccount` é a superclasse e `SavingsAccount` é a subclasse.

> Toda classe estende a classe `Object` direta ou indiretamente.

Em Java, toda classe que não estenda especificamente uma outra classe é uma subclasse da classe `Object`. Por exemplo, a classe `BankAccount` estende a classe `Object`. A classe `Object` tem um pequeno número de métodos que fazem sentido para todos os objetos, como o método `toString`, que podemos usar para obter um *string* que descreva o estado de um objeto.

> Herdar de uma classe é diferente de implementar uma interface: a subclasse herda o comportamento e o estado da superclasse.

A Figura 1 apresenta um diagrama de classes mostrando o relacionamento entre as três classes `Object`, `BankAccount` e `SavingsAccount`. Em um diagrama de classe, indica-se a herança por meio de uma seta sólida com uma ponta em forma de "triângulo vazio" que aponta para a superclasse.

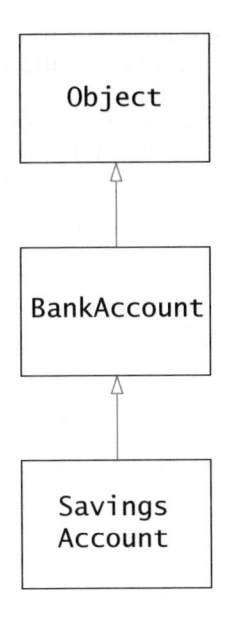

```
                    ┌─────────┐
                    │ Object  │
                    └─────────┘
                         △
                         │
                    ┌─────────────┐
                    │ BankAccount │
                    └─────────────┘
                         △
                         │
                    ┌──────────┐
                    │ Savings  │
                    │ Account  │
                    └──────────┘
```

Figura 1
Um diagrama de herança.

Talvez você esteja se perguntando qual é a diferença entre herança e a implementação de interface. Uma interface não é uma classe. Ela *não tem nem estado, nem comportamento*. Ela meramente nos informa quais métodos devemos implementar. A superclasse tem estado e comportamento e as subclasses os herdam.

> Uma vantagem da herança é a reutilização de código.

Uma importante razão para se usar herança é a *reutilização de código*. Ao herdar de uma classe existente, não precisamos repetir o esforço que foi feito para se projetar e aperfeiçoar essa classe. Por exemplo, ao implementar a classe `SavingsAccount`, podemos nos valer dos métodos `withdraw`, `deposit` e `getBalance` da classe `BankAccount` sem tocar neles.

> Quando definimos uma subclasse, especificamos campos de instância adicionais, métodos adicionais e métodos alterados ou redefinidos.

Vamos ver como nossos objetos da poupança são diferentes dos objetos de `BankAccount`. Iremos configurar uma taxa de juros no construtor e então precisaremos de um método para aplicar esses juros periodicamente. Isto é, além dos três métodos que podem ser aplicados a qualquer conta, há um método adicional `addInterest (somarJuros)`. Esses novos métodos e campos de instância tem de ser definidos na subclasse.

```java
public class SavingsAccount extends BankAccount
{
    public SavingsAccount(double rate)
    {
        implementação do construtor
    }

    public void addInterest()
    {
        implementação do método
    }

    private double interestRate;
}
```

A Figura 2 mostra o leiaute de um objeto `SavingsAccount`. Ele herda o campo de instância `balance` (saldo) da superclasse `BankAccount`, e ganha um campo de instância adicional: `interestRate` (taxa de juros).

Em seguida, temos de implementar o novo método `addInterest` (acrescentar juros). Esse método calcula os juros devidos relativos ao saldo atual e deposita esses juros na conta.

```java
public class SavingsAccount extends BankAccount
{
   public SavingsAccount(double rate)
   {
      interestRate = rate;
   }

   public void addInterest()
   {
      double interest = getBalance()
         * interestRate / 100;
      deposit(interest);
   }

   private double interestRate;
}
```

Observe como o método `addInterest` chama os métodos `getBalance` e `deposit` da superclasse. Como nenhum objeto é especificado para as chamadas a `getBalance` e `deposit`, as chamadas se aplicam ao parâmetro implícito do método `addInterest`. Em outras palavras, os comandos a seguir são executados:

```java
double interest = this.getBalance()
   * this.interestRate / 100;
this.deposit(interest);
```

Por exemplo, se chamarmos

```java
collegeFund.addInterest();
```

então as seguintes instruções são executadas:

```java
double interest = collegeFund.getBalance()
   * collegeFund.interestRate / 100;
collegeFund.deposit(interest);
```

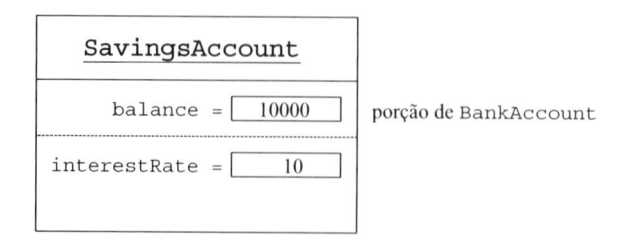

SavingsAccount	
balance = 10000	porção de BankAccount
interestRate = 10	

Figura 2
Leiaute de um objeto da subclasse.

> ### Sintaxe 11.1: Herança
>
> class *NomeDaSubclasse* extends *NomeDaSuperclasse*
> {
>   *métodos*
>   *campos de instância*
> }
>
> Exemplo:
>
> ```
> public class SavingsAccount extends BankAccount
> {
>     public SavingsAccount(double rate)
>     {
>         interestRate = rate;
>     }
>
>     public void addInterest()
>     {
>         double interest =
>             getBalance() * interestRate / 100;
>         deposit(interest);
>     }
>
>     private double interestRate;
> }
> ```
>
> Objetivo:
>
> Definir uma nova classe que herde de uma classe existente e definir os métodos e campos de instância que são acrescentados à nova classe.

⊗ Erro Freqüente 11.1

Confundindo Superclasses e Subclasses

Se compararmos um objeto do tipo SavingsAccount com um objeto do tipo BankAccount, então descobriremos que

- A palavra-chave extends sugere que o objeto SavingsAccount é uma versão estendida de um BankAccount.
- O objeto SavingsAccount é maior, ele tem um campo de instância interestRate que foi adicionado.
- O objeto SavingsAccount é mais capaz; ele tem um método addInterest.

Ele parece ser um objeto superior em todos os aspectos. Então, por que SavingsAccount é chamado de *subclasse* e BankAccount de *superclasse*?

A terminologia *super/sub* vem da teoria dos conjuntos. Olhe para o conjunto de todas as contas bancárias. Não são todas objetos de SavingsAccount; algumas constituem outros tipos de contas bancárias. Portanto, o conjunto de objetos SavingsAccount é um *subconjunto* do conjunto de todos os objetos BankAccount, enquanto o conjunto de objetos BankAccount é um *superconjunto* do conjunto de objetos SavingsAccount. Os objetos mais especializados no subconjunto têm estados mais ricos e maiores recursos.

11.2 Hierarquias de Herança

Na vida real, freqüentemente categorizamos conceitos em *hierarquias*. Hierarquias são freqüentemente representadas como árvores, com os conceitos mais gerais na raiz da hierarquia e os mais especializados nos galhos. A Figura 3 mostra um exemplo típico.

Em Java, é igualmente comum agrupar classes em *hierarquias complexas de herança*. As classes que representam os conceitos mais gerais estão próximas da raiz e as mais especializadas nos ramos. Por exemplo, a Figura 4 nos mostra uma parte da hierarquia de componentes de interface com o usuário do Swing em Java.

> Conjuntos de classes podem formar hierarquias complexas de herança.

Ao projetar uma hierarquia de classes, temos de nos perguntar quais características e que comportamento são comuns a todas as classes que estamos projetando. Essas propriedades comuns são coletadas em uma superclasse. Por exemplo, todos os componentes de interface com o usuário tem uma largura e uma altura, e os métodos getWidth e getHeight da classe JComponent retornam as dimensões do componente. Propriedades mais especializadas podem ser encontradas em subclasses. Por exemplo, botões podem ter rótulos de texto e de ícones. A classe AbstractButton, e não a superclasse JComponent, tem métodos para configurar e obter o texto e o ícone do botão, e campos de instância para armazená-los. As classes individuais de botões (como JButton, JRadioButton e JCheckBox) herdam essas propriedades. Na verdade, a classe AbstractButton foi criada para expressar o que há de comum entre esses botões.

Usaremos um exemplo mais simples de hierarquia em nosso estudo sobre conceitos de herança. Vamos considerar um banco que oferece os seguintes tipos de contas a seus clientes:

1. A conta corrente não paga juros, lhe dá um pequeno número de transações gratuitas por mês e cobra uma taxa por transação adicional.

2. A conta poupança rende juros que são capitalizados mensalmente. Em nossa implementação, os juros são calculados usando o saldo do último dia do mês, o que é um tanto quanto irreal. Tipicamente, os bancos usam a média ou o saldo diário mínimo. O exercício P11.1 solicita que você implemente essa melhoria.

A Figura 5 mostra a hierarquia de herança. O Exercício P11.2 solicita que você acrescente outra classe a essa hierarquia.

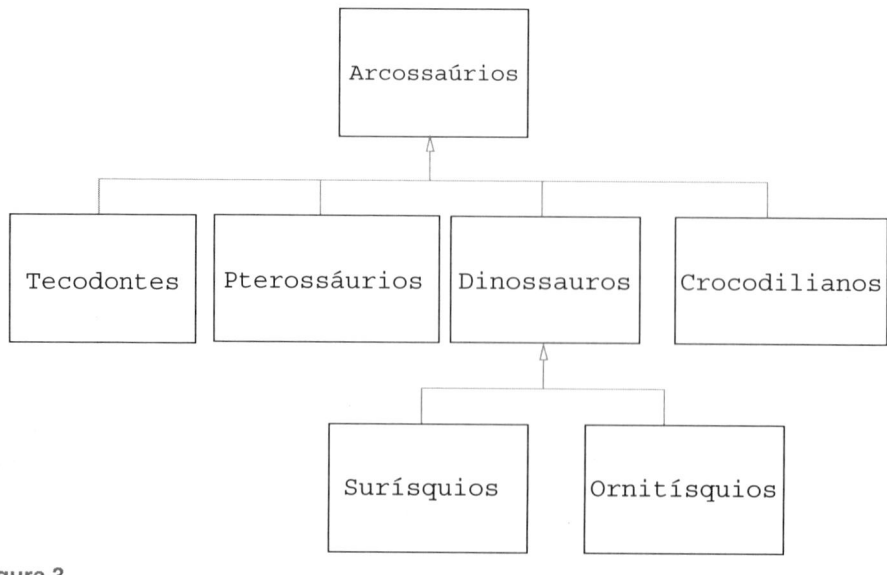

Figura 3

Parte da hierarquia dos répteis antigos.

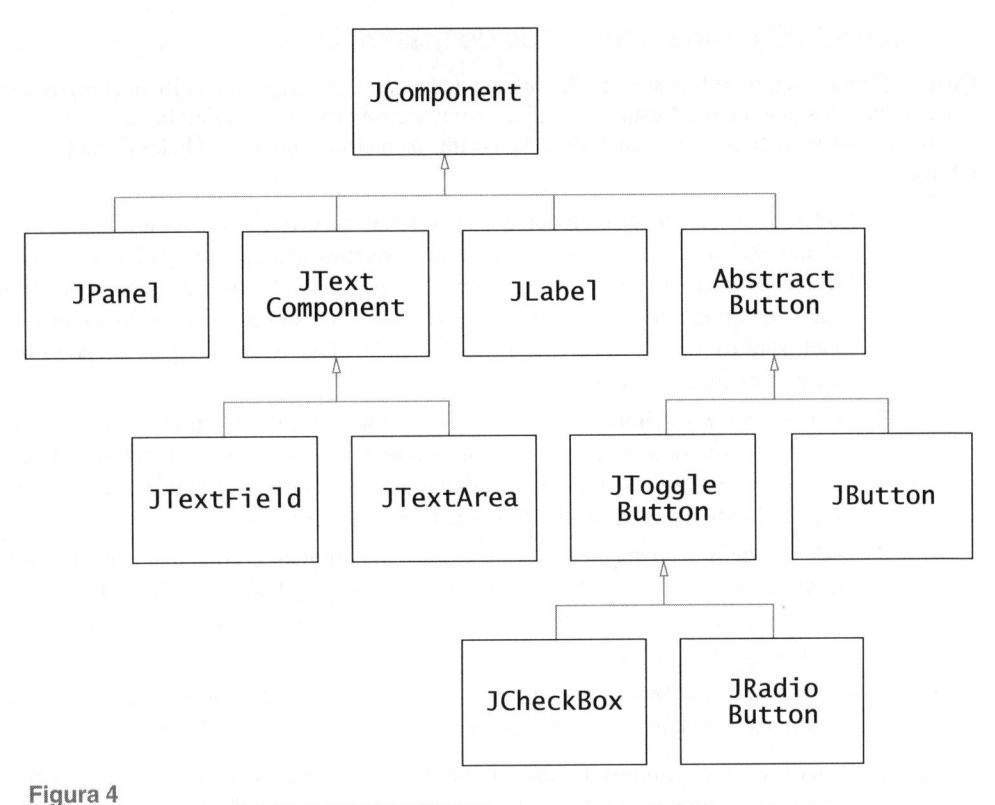

Figura 4
Parte da hierarquia dos componentes de interface com o usuário do swing.

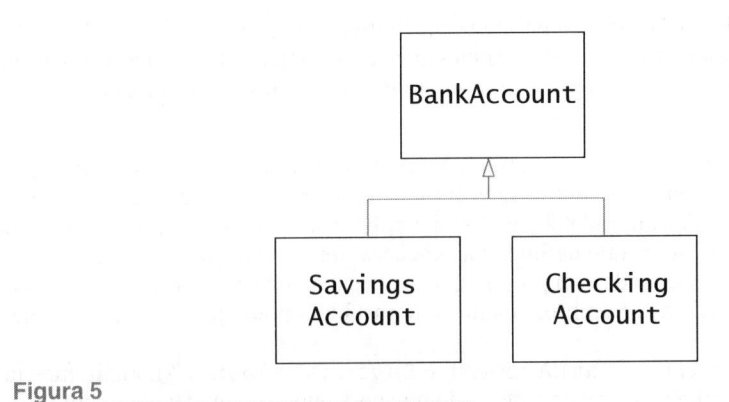

Figura 5
Hierarquia de herança das classes BankAccount.

A seguir, vamos determinar o comportamento dessas classes. Todas as contas bancárias suportam o método `getBalance`, o qual simplesmente informa o saldo atual. Elas também suportam os métodos `deposit` e `withdraw`, embora os detalhes de implementação sejam diferentes. Por exemplo, uma conta corrente tem de armazenar o número de transações para poder cobrar as taxas de transações. O depósito a prazo fixo tem de rejeitar retiradas diferentes do saldo total.

A conta corrente necessita de um método `deductFees` para deduzir as taxas mensais e para re-inicializar o contador de transações. Os métodos `deposit` e `withdraw` tem de ser redefinidos para contar as transações.

A poupança necessita de um método `addInterest` para somar os juros.

11.3 Herdando Campos e Métodos de Instância

Quando formamos uma subclasse a partir de uma dada classe, podemos especificar campos de instância e métodos adicionais. Nesta seção, discutiremos esse processo em detalhes.

Vamos primeiramente ver os métodos. Ao definir os métodos de uma subclasse, há três possibilidades.

1. Podemos *sobrescrever* métodos da superclasse. Se especificarmos um método com a mesma *assinatura* (isto é, o mesmo nome e os mesmos tipos de parâmetros), ele sobrescreve o método com o mesmo nome da superclasse. Sempre que o método for aplicado a um objeto do tipo da subclasse, o método que sobrescreve, e não o método original, será executado. Por exemplo, CheckingAccount.deposit sobrescreve BankAccount.deposit.

2. Podemos *herdar* métodos da superclasse. Se não sobrescrevermos explicitamente um método da superclasse, nós automaticamente o herdamos. O método da superclasse pode ser aplicado aos objetos da subclasse. Por exemplo, a classe CheckingAccount herda o método BankAccount.getBalance.

3. Podemos definir novos métodos. Se definirmos um método que não existia na superclasse, então o novo método só pode ser aplicado a objetos da subclasse. Por exemplo, CheckingAccount.deductFees é um novo método que não existe na superclasse BankAccount.

A situação dos campos de instância é bem diferente. Não podemos sobrescrever campos de instância. Ao definir campos de instância para uma subclasse, existem apenas dois casos:

1. Podemos herdar campos da superclasse. Todos os campos de instância da superclasse são automaticamente herdados. Por exemplo, todas as subclasses da classe BankAccount herdam o campo de instância balance.

2. Podemos definir novos campos. Quaisquer novos campos de instância que venhamos a definir na subclasse estarão presentes apenas nos objetos da subclasse. Por exemplo, a subclasse SavingsAccount define um novo campo de instância interestRate.

O que acontece se definirmos um novo campo com o mesmo nome de um campo da superclasse? Por exemplo, o que acontece se definirmos outro campo com o nome de balance na classe SavingsAccount? Assim, cada objeto SavingsAccount terá *dois* campos de instância com o mesmo nome. O novo campo definido na subclasse *sombreia* o campo da superclasse. Isto é, o campo da superclasse ainda está presente, mas ele não pode ser acessado a partir dos métodos de SavingsAccount. Sombrear campos de instância pode gerar confusão (veja Erro Freqüente 11.2).

Já implementamos as classes BankAccount e SavingsAccount. Agora, iremos implementar a subclasse CheckingAccount de modo que possamos ver em detalhes como métodos e campos de instância são herdados. Lembre-se que a classe BankAccount tem três métodos e um campo de instância:

```java
public class BankAccount
{
   public double getBalance() { ... }
   public void deposit(double d) { ... }
   public void withdraw(double d) { ... }

   private double balance;
}
```

A `CheckingAccount` tem um método `deductFees` e um campo de instância `transactionCount` adicionados, e ela sobrescreve os métodos `deposit` e `withdraw` para incrementarem a contagem de transações:

```
public class CheckingAccount extends BankAccount
{
    public void deposit(double d) { ... }
    public void withdraw(double d) { ... }
    public void deductFees() { ... }

    private int transactionCount;
}
```

Cada objeto da classe `CheckingAccount` tem dois campos de instância:

- `balance` (herdado de `BankAccount`)
- `transactionCount` (novo para `CheckingAccount`)

Podemos aplicar quatro métodos aos objetos de `CheckingAccount`:

- `getBalance()` (herdado de `BankAccount`)
- `deposit(double)` (sobrescreve método de `BankAccount`)
- `withdraw(double)` (sobrescreve método de `BankAccount`)
- `deductFees()` (novo para `CheckingAccount`)

A seguir, vamos implementar esses métodos. O método `deposit` incrementa o contador de transações e deposita o dinheiro:

```
public class CheckingAccount extends BankAccount
{
    public void deposit(double amount)
    {
        transactionCount++;
        // agora soma amount ao saldo
        ...
    }
    ...
}
```

Agora, temos um problema. Não podemos simplesmente somar `amount` a `balance`:

```
public class CheckingAccount extends BankAccount
{
    public void deposit(double amount)
    {
        transactionCount++;
        // agora soma amount ao saldo
        balance = balance + amount; // ERRO
    }
    ...
}
```

> A subclasse não tem acesso a campos privados de sua superclasse.

Embora todo objeto de `CheckingAccount` tenha um campo de instância `balance`, esse campo de instância é *private* (privado) à superclasse `BankAccount`. Os métodos da subclasse não têm mais direitos de acesso aos dados privados da superclasse do que qualquer outro método. Se quisermos modificar um campo privado da superclasse, temos de usar um método público da superclasse, como todos os demais.

Como podemos acrescentar a quantia do depósito ao saldo, usando a interface pública da classe `BankAccount`? Há um método muito eficaz para isso — ou seja, o método `deposit` da classe `BankAccount`. De modo que temos de invocar o método `deposit` sobre algum objeto. Sobre qual objeto? A conta corrente para a qual o dinheiro está sendo depositado — isto é, o parâmetro implícito do método `deposit` da classe `CheckingAccount`. Como vimos no Capítulo 3, para invocar outro método sobre o parâmetro implícito, não se especifica o parâmetro, mas simplesmente se escreve o nome do método:

```java
public class CheckingAccount extends BankAccount
{
   public void deposit(double amount)
   {
      transactionCount++;
      // agora soma amount ao saldo
      deposit(amount); // não está completo
   }
   ...
}
```

Porém, isso não funciona totalmente. O compilador interpreta

```java
deposit(amount);
```

como

```java
this.deposit(amount);
```

O parâmetro `this` é do tipo `CheckingAccount`. Há um método chamado `deposit` na classe `CheckingAccount`. Portanto, esse método será chamado — mas esse é exatamente o método que estamos escrevendo agora! O método vai chamar a si próprio repetidas vezes e o programa trancará em uma recursão infinita (discutida no Capítulo 17).

> Use a palavra-chave `super` para chamar um método da superclasse.

Em vez disso, temos de ser mais específicos indicando que queremos invocar apenas o método `deposit` *da superclasse*. Existe a palavra-chave especial `super` para esse fim:

```java
public class CheckingAccount extends BankAccount
{
   public void deposit(double amount)
   {
      transactionCount++;
      // agora soma amount ao saldo
      super.deposit(amount);
   }
   ...
}
```

Essa versão do método `deposit` está correta. Para depositar dinheiro em uma conta corrente, atualize o contador de transações e então chame o método `deposit` da superclasse.

Os métodos remanescentes agora são diretos.

```java
public class CheckingAccount extends BankAccount
{
   ...
   public void withdraw(double amount)
   {
      transactionCount++;
      // agora subtrai amount do saldo
      super.withdraw(amount);
   }
```

```
public void deductFees()
{
   if (transactionCount > FREE_TRANSACTIONS)
   {
      double fees = TRANSACTION_FEE
         * (transactionCount - FREE_TRANSACTIONS);
      super.withdraw(fees);
   }
   transactionCount = 0;
}
...
private static final int FREE_TRANSACTIONS = 3;
private static final double TRANSACTION_FEE = 2.0;
}
```

Sintaxe 11.2: Chamando um Método da Superclasse

super.*nomeDoMetodo*(*parâmetros*);

Exemplo:

```
public void deposit(double amount)
{
   transactionCount++;
   super.deposit(amount);
}
```

Objetivo:

Chamar um método da superclasse em vez de chamar um método da classe corrente.

⊗ *Erro Freqüente* 11.2

Sombreando Campos de Instância

A subclasse não tem nenhum acesso aos campos de instância privados da superclasse. Por exemplo, os métodos da classe CheckingAccount não podem acessar o campo balance:

```
public class CheckingAccount extends BankAccount
{
   public void deposit(double amount)
   {
      transactionCount++;
      balance = balance + amount; // ERRO
   }
   ...
}
```

É um erro comum de iniciantes "resolver" esse problema acrescentando *outro* campo de instância com o mesmo nome.

```
public class CheckingAccount extends BankAccount
{
   public void deposit(double amount)
   {
      transactionCount++;
      balance = balance + amount;
   }
   ...
```

```
            private double balance; // NÃO FAÇA ISSO
            private double interestRate;
        }
```

Certamente, agora o método `deposit` compila, mas não atualiza o saldo correto! Esse objeto de `CheckingAccount` tem dois campos de instância, ambos denominados `balance` (veja a Figura 6). O método `getBalance` da superclasse recupera um deles, e o método `deposit` da subclasse atualiza o outro.

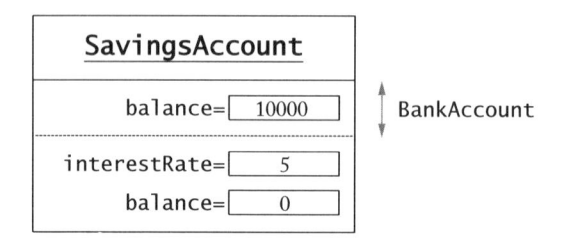

```
         ┌─────────────────────────────┐
         │      SavingsAccount         │
         ├─────────────────────────────┤  ↑
         │     balance=[ 10000 ]       │  │  BankAccount
         │ ....................        │  ↓
         │  interestRate=[   5  ]      │
         │     balance=[    0   ]      │
         └─────────────────────────────┘
```

Figura 6
Sombreando campos de instância.

⊗ *Erro Freqüente* 11.3

Não Conseguindo Invocar o Método da Superclasse

Um erro comum ao estender a funcionalidade de um método da superclasse é esquecer o qualificador `super`. Por exemplo, para retirar dinheiro de uma conta corrente, atualize a contagem de transações e então retire a quantia:

```
        public void withdraw(double amount)
        {
            transactionCount++;
            withdraw(amount);
            // Erro – deveria ser super.withdraw(amount)
        }
```

Aqui `withdraw(amount)` refere-se ao método `withdraw` aplicado ao parâmetro implícito do método. O parâmetro implícito é de tipo `CheckingAccount`, e a classe `CheckingAccount` tem um método `withdraw`, de modo que esse método é chamado. Naturalmente, isso apenas chama o método corrente novamente, o qual vai chamar a si mesmo repetidas vezes, até que o programa fique sem memória disponível. O que temos de fazer é sermos precisos ao informar qual método `withdraw` queremos chamar.

Outro erro comum é esquecer totalmente de chamar o método da superclasse. Nesse caso, a funcionalidade da superclasse misteriosamente desaparece.

11.4 Construção da Subclasse

Vamos definir um construtor para configurar o saldo inicial de uma conta corrente.

```
        public class CheckingAccount extends BankAccount
        {
            public CheckingAccount(double initialBalance)
            {
                // constrói a superclasse
                ...
                // inicializa a contagem de transações
                transactionCount = 0;
```

```
            }
            ...
       }
```

Queremos invocar o construtor `BankAccount` para configurar o saldo em relação ao saldo inicial. Existe uma instrução especial para chamar o construtor da superclasse a partir de um construtor da subclasse. Usamos a palavra-chave `super`, seguida dos parâmetros de construção entre parênteses:

```
public class CheckingAccount extends BankAccount
{
    public CheckingAccount(double initialBalance)
    {
        // constrói a superclasse
        super(initialBalance);
        // inicializa a contagem de transações
        transactionCount = 0;
    }
    ...
}
```

> Para chamar o construtor da superclasse, usamos a palavra-chave `super` no primeiro comando do construtor da subclasse.

A palavra-chave `super` seguida por parênteses indica uma chamada ao construtor da superclasse. Quando usado dessa forma, a chamada do construtor tem de ser *o primeiro comando do construtor da subclasse*. Se `super` for seguido por um ponto e o nome de um método, por outro lado, indica uma chamada para um método da superclasse, como vimos na seção anterior. Essa chamada pode ser feita em qualquer lugar em qualquer método da subclasse. O duplo uso da palavra-chave `super` é análogo ao duplo uso da palavra-chave `this` (veja o Tópico Avançado 7.4).

Se um construtor da subclasse não chamar o construtor da superclasse, a superclasse é construída com seu construtor *default*. Se a superclasse não tiver um construtor *default*, então o compilador reporta um erro.

Por exemplo, podemos implementar o construtor `CheckingAccount` sem chamar o construtor da superclasse. Então, a classe `BankAccount` é construída com o seu construtor *default*, o qual configura o saldo para zero. Naturalmente, depois o construtor `CheckingAccount` tem de explicitamente depositar o saldo inicial.

O mais comum, entretanto, é os construtores da subclasse terem alguns parâmetros que passam para a superclasse e outros que utilizam para inicializar campos da própria subclasse.

Sintaxe 11.3: Chamando um Construtor da Superclasse

NomeDaClasse (*parâmetros*)
{
    super(*parâmetros*);
    ...
}

Exemplo:

```
public CheckingAccount(double initialBalance)
{
    super(initialBalance);
    transactionCount = 0;
}
```

Objetivo:

Invocar o construtor da superclasse. Observe que esse comando tem de ser o primeiro comando do construtor da subclasse.

11.5 Convertendo Subclasses em Superclasses

> Referências a subclasse podem ser convertidas para referências a superclasse.

A classe `SavingsAccount` estende a classe `BankAccount`. Em outras palavras, um objeto de `SavingsAccount` é um caso especial de um objeto de `BankAccount`. Portanto, podemos armazenar uma referência a um objeto de `SavingsAccount` em um campo de objeto de tipo `BankAccount`. Além disso, todas as referências a objeto pode ser armazenadas em uma variável do tipo `Object`.

```
SavingsAccount collegeFund = new SavingsAccount(10);
BankAccount anAccount = collegeFund;
Object anObject = collegeFund;
```

Agora, as três referências a objeto armazenadas em `collegeFund`, `anAccount` e `anObject` se referem ao mesmo objeto do tipo `SavingsAccount` (veja a Figura 7).

Entretanto, o campo de objeto `anAccount` pouco sabe sobre o objeto ao qual se refere. Como `anAccount` é um objeto do tipo `BankAccount`, podemos usar os métodos `deposit` e `withdraw` para mudar o saldo da poupança. No entanto, não podemos usar o método `addInterest` — ele não é um método da superclasse `BankAccount`:

```
anAccount.deposit(1000); // OK
anAccount.addInterest();
    // Não – não é um método da classe à qual anAccount pertence
```

E, naturalmente, o campo `anObject` sabe ainda menos. Não podemos nem aplicar o método `deposit` a ele — `deposit` não é um método da classe `Object`.

A conversão de um tipo subclasse para um tipo superclasse é muito semelhante à conversão de um tipo de classe para um tipo de interface. Como vimos no Capítulo 9, podemos converter uma classe em uma interface que a classe implemente. Por exemplo, se `BankAccount` implementar a interface `Comparable`, então podemos armazenar um objeto `BankAccount` (bem como qualquer objeto de uma subclasse de `BankAccount`) em um campo de tipo `Comparable`.

Por que alguém iria *querer* saber menos sobre um objeto e armazenar uma referência em um campo de objeto de uma superclasse? Isso pode acontecer se quisermos reutilizar o código que conhece a respeito da superclasse, mas não da subclasse. A seguir temos um exemplo típico. Considere um método `transfer` que transfere dinheiro de uma conta para outra:

```
public void transfer(double amount, BankAccount other)
{
    withdraw(amount);
    other.deposit(amount);
}
```

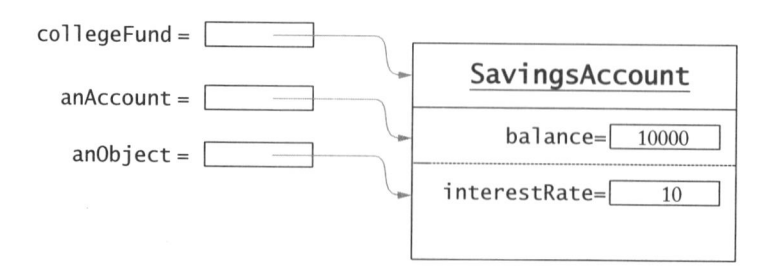

Figura 7

Variáveis de tipos diferentes fazem referência ao mesmo objeto.

Podemos usar esse método para transferir dinheiro de uma conta bancária para outra:

```
BankAccount momsAccount = ...;
BankAccount harrysAccount = ...;
momsChecking.transfer(1000, harrysAccount);
```

Podemos *também* usar o método para transferir dinheiro para uma `CheckingAccount` (conta corrente):

```
CheckingAccount harrysChecking = ...;
momsAccount.transfer(1000, harrysChecking);
   // Está correto passar uma referência a CheckingAccount (conta corrente) para um
   // método que espera uma BankAccount (conta bancária)
```

O método `transfer` espera uma referência a um `BankAccount`, e ele obtém uma referência para a subclasse `CheckingAccount`. Felizmente, em vez de reclamar de uma não correspondência de tipos, o compilador simplesmente copia a referência a subclasse `harrysChecking` para a referência a superclasse `other`. O método `transfer` na verdade não sabe que, nesse caso, `other` indica uma referência `CheckingAccount`. Ele só sabe que `other` é um `BankAccount`, e ele não necessita saber de mais nada. Tudo o que importa ao método é que o objeto `other` pode executar o método `deposit`.

Agora vamos acompanhar a chamada do método com mais precisão. *Qual* método `deposit`? O parâmetro `other` tem tipo `BankAccount`, de modo que pareceria que `BankAccount.deposit` foi chamado. Por outro lado, a classe `CheckingAccount` fornece seu próprio método `deposit` que atualiza a contagem de transações. O campo `other` na verdade refere-se a um objeto da subclasse `CheckingAccount`, de modo que seria adequado se o método `CheckingAccount.deposit` fosse chamado.

Conforme já vimos no Capítulo 9, as chamadas de métodos *são sempre determinadas pelo tipo do próprio objeto*, não pelo tipo da referência ao objeto. Isto é, se o próprio objeto tem o tipo `CheckingAccount`, então o método `CheckingAccount.deposit` é chamado. Não importa se a referência ao objeto é armazenada em um campo do tipo `BankAccount`. Lembre-se que esse mecanismo é chamado de vinculação tardia, e que a habilidade do campo `other` de referir-se a objetos de tipos variados com comportamentos variados é chamada de polimorfismo.

Por que não armazenamos todas as referências a contas em variáveis do tipo `Object`? O compilador ainda necessita do tipo `BankAccount` para confirmar que existem métodos tais como `deposit` e `withdraw`. Esses métodos são definidos apenas na classe `BankAccount`, e não na classe `Object`.

O programa a seguir chama os métodos polimórficos `withdraw` e `deposit`. Devemos calcular manualmente o que o programa deve imprimir como saldo de cada conta e confirmar se os métodos corretos foram de fato chamados.

Arquivo AccountTest.java

```
1  /**
2       Este programa testa a classe BankAccount e
3       suas subclasses.
4  */
5  public class AccountTest
6  {
7      public static void main(String[] args)
8      {
9          SavingsAccount momsSavings
10             = new SavingsAccount(0.5);
11
12         CheckingAccount harrysChecking
13             = new CheckingAccount(100);
14
```

```java
15        momsSavings.deposit(10000);
16
17        momsSavings.transfer(harrysChecking, 2000);
18        harrysChecking.withdraw(1500);
19        harrysChecking.withdraw(80);
20
21        momsSavings.transfer(harrysChecking, 1000);
22        harrysChecking.withdraw(400);
23
24        // simula o fim do mês
25        momsSavings.addInterest();
26        harrysChecking.deductFees();
27
28        System.out.println("Mom's savings balance = $"
29           + momsSavings.getBalance());
30
31        System.out.println("Harry's checking balance = $"
32           + harrysChecking.getBalance());
33     }
34 }
```

Arquivo BankAccount.java

```java
1  /**
2        Uma conta bancária tem um saldo que pode ser mudado por
3        depósitos e retiradas.
4  */
5  public class BankAccount
6  {
7     /**
8           Constrói uma conta bancária com saldo zero.
9     */
10    public BankAccount()
11    {
12       balance = 0;
13    }
14
15    /**
16          Constrói uma conta bancária com um determinado saldo.
17          @param initialBalance o saldo inicial
18    */
19    public BankAccount(double initialBalance)
20    {
21       balance = initialBalance;
22    }
23
24    /**
25          Deposita dinheiro na conta bancária.
26          @param amount a quantia a depositar
27    */
28    public void deposit(double amount)
29    {
30       balance = balance + amount;
31    }
32
33    /**
34          Retira dinheiro da conta bancária.
```

```java
35          @param amount  a quantia a retirar
36      */
37      public void withdraw(double amount)
38      {
39          balance = balance - amount;
40      }
41
42      /**
43          Obtém o saldo atual da conta bancária.
44          @return  o saldo atual
45      */
46      public double getBalance()
47      {
48          return balance;
49      }
50
51      /**
52          Transfere dinheiro da conta bancária para outra conta.
53          @param other  a outra conta
54          @param amount  a quantia a transferir
55      */
56      public void transfer(BankAccount other, double amount)
57      {
58          withdraw(amount);
59          other.deposit(amount);
60      }
61
62      private double balance;
63  }
```

Arquivo CheckingAccount.java

```java
1   /**
2       Uma conta corrente que cobra taxas sobre transações.
3   */
4   public class CheckingAccount extends BankAccount
5   {
6       /**
7           Constrói uma conta corrente com um determinado saldo.
8           @param initialBalance  o saldo inicial
9       */
10      public CheckingAccount(int initialBalance)
11      {
12          // constrói a superclasse
13          super(initialBalance);
14
15          // inicializa a contagem de transações
16          transactionCount = 0;
17      }
18
19      public void deposit(double amount)
20      {
21          transactionCount++;
22          // agora soma amount ao saldo
23          super.deposit(amount);
24      }
25
```

```java
26     public void withdraw(double amount)
27     {
28        transactionCount++;
29        // agora subtrai amount do saldo
30        super.withdraw(amount);
31     }
32
33     /**
34        Deduz as taxas acumuladas e reinicializa a
35        contagem de transações.
36     */
37     public void deductFees()
38     {
39        if (transactionCount > FREE_TRANSACTIONS)
40        {
41           double fees = TRANSACTION_FEE *
42              (transactionCount - FREE_TRANSACTIONS);
43           super.withdraw(fees);
44        }
45        transactionCount = 0;
46     }
47
48     private int transactionCount;
49
50     private static final int FREE_TRANSACTIONS = 3;
51     private static final double TRANSACTION_FEE = 2.0;
52  }
```

Arquivo SavingsAccount.java

```java
1   /**
2      Uma conta que rende juros a uma taxa fixa.
3   */
4   public class SavingsAccount extends BankAccount
5   {
6      /**
7         Constrói uma conta bancária com uma dada taxa de juros.
8         @param rate a taxa de juros
9      */
10     public SavingsAccount(double rate)
11     {
12        interestRate = rate;
13     }
14
15     /**
16        Soma os juros obtidos ao saldo da conta.
17     */
18     public void addInterest()
19     {
20        double interest = getBalance()
21           * interestRate / 100;
22        deposit(interest);
23     }
24
25     private double interestRate;
26  }
```

Tópico Avançado 11.1

Classes Abstratas

Quando estendemos uma classe existente, temos a *opção* de redefinir ou não os métodos da superclasse. Às vezes é desejável *forçar* os programadores a redefinir um método. Isso acontece quando não há um bom padrão para a superclasse, e somente o programador da subclasse pode saber como implementar o método adequadamente.

A seguir, temos um exemplo. Suponha que o First National Bank of Java decida que todo tipo de conta deve ter algumas taxas mensais. Portanto, um método `deductFees` deve ser acrescentado à classe `BankAccount`:

```
public class BankAccount
{
    public void deductFees() { ... }
    ...
}
```

Porém, o que esse método deveria fazer? Naturalmente, o método poderia não fazer nada. Mas nesse caso, um programador que estivesse implementando uma nova subclasse poderia simplesmente esquecer de implementar o método `deductFees`, e a nova conta herdaria o método que-não-faz-nada da superclasse. Existe uma maneira melhor: declarar o método `deductFees` como *método abstrato*:

```
public abstract void deductFees();
```

> Um método abstrato é um método cuja implementação não é especificada.

Um método abstrato não tem nenhuma implementação. Isso força os implementadores das subclasses a especificar implementações concretas para esse método. Naturalmente, algumas subclasses podem decidir implementar um método que não faz nada, mas então isso seria escolha delas — e não um padrão silenciosamente herdado.

Não podemos construir objetos de classes com métodos abstratos. Por exemplo, uma vez que a classe `BankAccount` tenha um método abstrato, o compilador irá sinalizar uma tentativa de criar uma `new BankAccount()` como um erro. Naturalmente, se a subclasse `CheckingAccount` redefinir o método `deductFees` e fornecer uma implementação, então podemos criar objetos `CheckingAccount`.

> Uma classe abstrata é uma classe que não pode ser instanciada.

Uma classe para a qual não podemos criar objetos é chamada de *classe abstrata*. Uma classe para a qual podemos criar objetos é chamada de *classe concreta*. Em Java, temos de declarar todas as classes abstratas com a palavra-chave `abstract`:

```
public abstract class BankAccount
{
    public abstract void deductFees();
    ...
}
```

Uma classe que defina um método abstrato, ou que herde um método abstrato sem redefini-lo, *tem* de ser declarada como abstrata. Também podemos declarar classes que não tenham nenhum método abstrato como abstratas. Com isso, evitamos que programadores criem instâncias dessa classe, mas lhes permite criar suas próprias subclasses.

Observe que não podemos construir um *objeto* de uma classe abstrata, mas podemos ter uma *referência a objeto* cujo tipo seja uma classe abstrata. Naturalmente, o verdadeiro objeto ao qual ela se refere tem de ser uma instância de uma subclasse concreta:

```
BankAccount anAccount; // OK
anAccount = new BankAccount(); // Erro – BankAccount é abstrata
```

```
        anAccount = new SavingsAccount(); // OK
        anAccount = null; // OK
```

- A razão de usarmos classes abstratas é forçar os programadores a criar subclasses. Especificando certos métodos como abstratos, evitamos o problema de criar métodos *default* inúteis que outros podem herdar por acidente.
- Às classes abstratas diferem das interfaces em um aspecto importante — elas podem ter campos de instância, e podem ter alguns métodos concretos.

TA Tópico Avançado   11.2

Métodos e Classes Final

No Tópico Avançado 11.1, vimos como podemos forçar outros programadores a criar subclasses a partir das classes abstratas e redefinir os métodos abstratos. Ocasionalmente, podemos querer fazer o oposto: *evitar* que outros programadores criem subclasses ou redefinam certos métodos. Nessas situações, usamos a palavra-chave `final`. Por exemplo, a classe `String` da biblioteca Java padrão foi declarada como

```
public final class String { ... }
```

Isso quer dizer que ninguém pode estender a classe `String`. Há duas razões para isso. O compilador pode gerar chamadas de métodos mais eficientes se ele souber que não precisa se preocupar com vinculação tardia. Também, a classe `String` é *imutável* — os objetos *string* não podem ser modificados por nenhum de seus métodos. Uma vez que a linguagem Java não exige isso, os projetistas de classes o fizeram. Ninguém pode criar subclasses de `String`; portanto, sabemos que todas as referências a `String` podem ser copiadas sem o risco de alteração.

Também podemos declarar métodos individuais como `final`:

```
public class MyApplet extends Applet
{
    ...
    public final boolean checkPassword(String password)
    {
        ...
    }
}
```

Dessa forma, ninguém pode redefinir o método `checkPassword` com outro método que simplesmente retorna verdadeiro.

11.6 Controle de Acesso

Java tem quatro níveis de controle de acesso a campos, métodos e classes:

- acesso `public`
- acesso `private`
- acesso `protected` (veja o Tópico Avançado 11.3)
- acesso de pacote (o *default*, quando não é fornecido nenhum modificador de acesso)

Já usamos extensivamente os modificadores `private` e `public`. As características privadas podem ser acessadas apenas pelos métodos de sua própria classe. Características públicas podem ser acessadas por métodos de todas as classes. Discutiremos o acesso protegido no Tópico Avançado 11.3 — não necessitaremos dele neste livro.

Se não fornecermos um modificador de controle de acesso, então o *default* é *acesso de pacote*. Isto é, todos os métodos de classes do mesmo pacote podem acessar o recurso. Por exemplo, se

> Um campo ou método que não seja declarado como `public`, `private` ou `protected` pode ser acessado por todas as classes do mesmo pacote, o que geralmente não é desejável.

uma classe for declarada como `public`, então todas as outras classes em todos os pacotes podem usá-la. Mas se uma classe for declarada sem modificador de acesso, então somente as outras classes do mesmo pacote podem usá-la. O acesso de pacote é um bom *default* para classes, mas é extremamente infeliz para campos. Campos de instância e campos estáticos de classes devem sempre ser `private`. Há algumas exceções:

- Constantes públicas (campos `public static final`) são úteis e seguras.
- Alguns objetos, tais como `System.out`, precisam ser acessíveis a todos os programas e portanto devem ser públicos.
- Muito ocasionalmente, várias classes em um pacote têm de colaborar muito estreitamente. Nesse caso, pode fazer sentido dar acesso de pacote a alguns campos. Mas as classes internas são geralmente uma melhor solução — veremos exemplos no Capítulo 19.

Entretanto, é um erro comum *esquecer* a palavra-chave `private`, abrindo, dessa forma, um potencial buraco na segurança. Por exemplo, ao tempo desta edição, a classe `Window` do pacote `java.awt` continha a seguinte declaração:

```
public class Window extends Container
{
    String warningString;
    ...
}
```

O programador foi descuidado e não tornou o campo privado. Na verdade, não havia uma boa razão para conceder acesso de pacote ao campo `warningString` — *nenhuma outra classe o acessa*. É um risco de segurança. Os pacotes não são entidades fechadas — qualquer programador pode criar uma nova classe, acrescentá-la ao pacote `java.awt`, e ganhar acesso aos campos `warningString` de todos os objetos `Window`! Na verdade, essa possibilidade preocupou tanto os implementadores Java que as versões recentes do carregador de classes rejeitam carregar classes cujo nome de pacote inicie com "`java.`". Nossos próprios pacotes, entretanto, não desfrutam dessa proteção.

O acesso de pacote para campos raramente é útil, e a maioria dos campos recebem acesso de pacote por acidente porque o programador simplesmente esqueceu a palavra-chave `private`.

Os métodos geralmente devem ser `public` ou `private`. Os métodos públicos são a regra. Os métodos privados fazem sentido no caso de tarefas que dependem da implementação, os quais só deveriam ser executadas por métodos da mesma classe. Os métodos com acesso de pacote podem ser chamados por qualquer outro método do mesmo pacote. Isso pode, ocasionalmente, fazer sentido se o pacote consistir de um pequeno número de classes que colaboram estreitamente entre si, mas, na maioria das vezes, é simplesmente por acidente — o programador esqueceu o modificador `public`. Recomendamos que você não use métodos com visibilidade de pacote.

As classes e interfaces podem ter acesso público ou acesso de pacote. As classes que são úteis para o público em geral devem ter acesso público. As classes que são usadas para fins de implementação devem ter acesso de pacote. Podemos ocultá-las de forma ainda melhor transformando-as em classes internas — vimos exemplos de classes internas no Capítulo 9. Há alguns poucos exemplos de classes internas públicas, como as familiares classes `Ellipse.Float` e `Ellipse.Double`. Entretanto, em geral, as classes internas devem ser privadas.

⊗ Erro Freqüente   11.4

Acesso de Pacote Acidental

É muito fácil esquecer o modificador `private` em campos de instância.

```
public class BankAccount
```

```
{
    ...
    double balance;  //  O acesso de pacote aqui realmente foi intencional?
}
```

O mais provável é que foi apenas uma falta de atenção. Provavelmente o programador nunca teve a intenção de conceder acesso a esse campo para outras classes do mesmo pacote. O compilador não irá reclamar, naturalmente. Mais tarde, algum outro programador pode tirar proveito do privilégio de acesso, por conveniência ou com más intenções. Esse é um problema sério e temos de nos habituar a examinar nossas declarações de campos para ver se não esquecemos de usar o modificador `private`.

Erro Freqüente 11.5

Tornando Métodos Herdados Menos Acessíveis

Se uma superclasse declarar um método como publicamente acessível, não podemos sobrescrevê-lo para ser privado. Por exemplo,

```
public class BankAccount
{
   public void withdraw(double amount) { ... }
   ...
}

publicclass CheckingAccount
{
   private void withdraw(double amount) { ... }
      //  Erro – o método da subclasse não pode mais ser privado
   ...
}
```

O compilador não permite isso, pois o aumento da privacidade seria uma *ilusão*. Qualquer um ainda poderia chamar o método por meio de uma referência a superclasse:

```
BankAccount account = new CheckingAccount();
account.withdraw(100000);  // chama CheckingAccount.withdraw
```

Por causa da vinculação tardia, o método da subclasse é chamado.

Esses erros geralmente ocorrem por falta de atenção. Se esquecermos o modificador `public`, nosso método da subclasse terá acesso de pacote, que é mais restritivo. Simplesmente restauramos o modificador `public` e o erro desaparecerá.

Tópico Avançado 11.3

Acesso Protegido

> Recursos protegidos podem ser acessados por todas as subclasses e por todas as classes do mesmo pacote.

Quando tentamos implementar o método `deposit` da classe `CheckingAccount`, tivemos problemas. Esse método necessitava acesso ao campo de instância `balance` da superclasse. Nosso remédio foi usar os métodos adequados da superclasse para configurar o saldo (*balance*).

Java oferece outra solução para esse problema. A superclasse pode declarar um campo de instância como *protected* (protegido):

```
public class BankAccount
{
   ...
```

```
        protected double balance;
}
```

Os dados protegidos em um objeto podem ser acessados pelos métodos da classe do objeto e por todas as suas subclasses. Por exemplo, `CheckingAccount` herda de `BankAccount`, de modo que seus métodos podem acessar os campos de instância protegidos da classe `BankAccount`. Além disso, os dados protegidos podem ser acessados por todos os métodos das classes do mesmo pacote.

Alguns programadores gostam do recurso de acesso protegido (`protected`) porque ele parece estabelecer um equilíbrio entre proteção absoluta (tornar todos os campos privados) e totalmente sem proteção (tornar todos os campos públicos). Entretanto, a experiência tem mostrado que campos protegidos estão sujeitos ao mesmo tipo de problemas que os campos públicos. O projetista da superclasse não tem nenhum controle sobre os autores de subclasses. Qualquer um dos métodos da subclasse pode corromper os dados da superclasse. Além disso, as classes com campos protegidos são difíceis de modificar. Mesmo se o autor da superclasse quisesse mudar a implementação dos dados, os campos protegidos não poderiam ser mudados, pois alguém em algum lugar pode ter escrito uma subclasse cujo código dependa deles.

Em Java, os campos protegidos têm outro problema: são acessíveis não apenas às subclasses, mas também a outras classes do mesmo pacote.

É melhor deixar todos os dados como privados. Se quisermos conceder acesso aos dados apenas aos métodos da subclasse, temos de tornar o método *de acesso* protegido.

11.7 `Object`: A Superclasse Cósmica

Em Java, toda classe que não estenda outra classe automaticamente estende a classe `Object`. Isto é, a classe `Object` é a superclasse direta ou indireta de *toda* classe em Java (veja a Figura 8).

Naturalmente, os métodos da classe `Object` são muito gerais. A seguir, temos os mais úteis:

Método	Objetivo
`String toString()`	Retorna uma representação em *string* do objeto
`boolean equals(Object otherObject)`	Testa se o objeto é igual a outro objeto
`Object clone()`	Faz uma cópia completa de um objeto

É uma boa idéia redefinirmos esses métodos em nossas classes.

11.7.1 Sobrescrevendo o método `toString`

> Devemos definir o método `toString` para gerar um *string* que descreva o estado do objeto.

O método `toString` retorna uma representação de *string* para cada objeto. Ela é usada para depuração. Por exemplo,

```
Rectangle cerealBox = new Rectangle(5, 10, 20, 30);
String s = cerealBox.toString();
/* configura s para
    "java.awt.Rectangle[x=5,y=10,width=20,height=30]"
*/
```

Na verdade, esse método `toString` é chamado sempre que concatenarmos um *string* com um objeto. Vamos considerar a concatenação

```
"cerealBox=" + cerealBox;
```

Figura 8

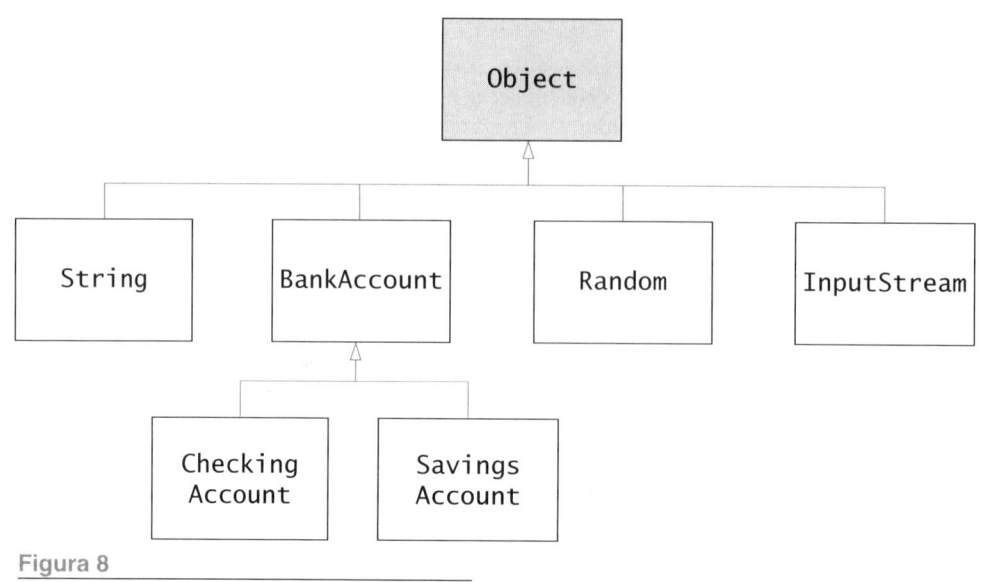

A classe `Object` é a superclasse de todas as classes em Java.

De um dos lados do operador de concatenação + está um *string*, mas do outro está uma referência a objeto. O compilador Java automaticamente invoca o método `toString` para transformar o objeto em um *string*. Então, ambos os *strings* são concatenados. Nesse caso, o resultado é o *string*

```
"cerealBox=java.awt.Rectangle[x=5,y=10,width=20,height=30]"
```

Isso só funciona se um dos objetos já for um *string*. Se tentarmos aplicar o operador + a dois objetos, não sendo nenhum deles um *string*, então o compilador informa um erro.

O compilador pode invocar o método `toString` porque ele sabe que todo objeto tem um método `toString`: toda classe estende a classe `Object`, e essa classe define `toString`.

Como sabemos, os números também são convertidos para *strings* quando são concatenados com outros *strings*. Por exemplo,

```
int age = 18;
String s = "Harry's age is " + age;
   // configura s para "Harry's age is 18"
```

Nesse caso, o método `toString` não está envolvido. Os números não são objetos e não há método `toString` para eles. Entretanto, há apenas um pequeno conjunto de tipos primitivos, e o compilador sabe como convertê-los para *strings*.

Vamos tentar o método `toString` para a classe `BankAccount`:

```
BankAccount momsSavings = new BankAccount(5000);
String s = momsSavings.toString();
   // configura s para algo parecido com "BankAccount@d24606bf"
```

Isso é desencorajador — tudo que é impresso é o nome da classe, seguido pelo endereço do objeto na memória. Não nos importa *onde* o objeto está na memória. Queremos saber o que está dentro do objeto, porém, naturalmente, o método `toString` da classe `Object` não sabe o que está dentro da nossa classe `BankAccount`. Portanto, temos de sobrescrever o método e fornecer nossa própria versão na classe `BankAccount`. Seguiremos o mesmo formato que usa o método `toString` da classe `Rectangle`: primeiramente imprima o nome da classe e depois os valores dos campos de instância dentro das chaves.

```
public class BankAccount
```

```
{
    ...
    public String toString()
    {
        return "BankAccount[balance=" + balance + "]";
    }
}
```

Assim funciona melhor:

```
BankAccount momsSavings = new BankAccount(5000);
String s = momsSavings.toString();
    // configura s para "BankAccount[balance=5000]"
```

Dica de Produtividade   11.1

Forneça `toString` em Todas as Classes

Se tivermos uma classe cujo método `toString()` retorne um *string* que descreva o estado do objeto, então podemos simplesmente chamar `System.out.println(x)` sempre que necessitarmos inspecionar o estado corrente de um objeto x. Isso funciona porque o método `println` da classe `PrintStream` invoca `x.toString()` quando necessita imprimir um objeto. Isso é extremamente útil se houver um erro no nosso programa e nossos objetos não se comportarem da maneira que nós esperávamos. Podemos simplesmente inserir alguns comandos de impressão e dar uma olhada dentro do estado do objeto durante a execução do programa. Alguns depuradores podem até invocar o método `toString` sobre objetos que estamos inspecionando.

Certamente, é mais complicado escrever um método `toString` quando não temos certeza se nosso programa alguma vez precisará de um – afinal de contas, ele pode simplesmente funcionar corretamente na primeira tentativa. Porém, muitos programas não funcionam na primeira tentativa. Assim que você descobrir que o seu é um deles, considere a possibilidade de acrescentar esses métodos `toString` de modo que possa facilmente imprimir objetos.

Tópico Avançado   11.4

Herança e o Método `toString`

Acabamos de ver como podemos escrever um método `toString`: forme um *string* que consista no nome da classe e nos nomes e valores dos campos de instância. Entretanto, se quisermos que nosso método `toString` seja utilizável pelas subclasses de nossa classe, temos de trabalhar um pouco mais. Em vez de fixar no código o nome da classe, devemos chamar o método `getClass` para obter um objeto da classe `Class` que descreve classes e suas propriedades. Então, invocamos o método `getName` para obter o nome da classe:

```
public String toString()
{
    return getClass().getName() + "[balance="
        + balance + "]";
}
```

Assim, o método `toString` imprime o nome correto da classe quando o aplicamos a uma subclasse, digamos uma `SavingsAccount`.

```
SavingsAccount momsSavings = ...;
System.out.println(momsSavings);
    // imprime "SavingsAccount[balance=10000]"
```

▼ Naturalmente, na subclasse, devemos redefinir `toString` e acrescentar os valores dos campos de instância da subclasse. Observe que temos de chamar `super.toString` para obter os valores dos campos da superclasse — a subclasse não consegue acessá-los diretamente.

```
public class SavingsAccount extends BankAccount
{
   public String toString()
   {
      return super.toString() +
         "[interestRate=" + interestRate + "]";
   }
}
```

Agora, uma conta poupança é convertida para um *string* tal como `SavingsAccount[balance=10000][interestRate=10]`. As chaves mostram quais campos pertencem à superclasse.

11.7.2 Sobrescrevendo o método `equals`

> Devemos definir o método `equals` para testar se dois objetos têm estados iguais.

O método `equals` é chamado sempre que quisermos verificar se dois objetos têm o mesmo conteúdo:

```
if (coin1.equals(coin2)) ...
    // o conteúdo é o mesmo – veja a Figura 9
```

Isso é diferente do teste com o operador `==`, o qual testa se duas referências são para o *mesmo* objeto:

```
if (coin1 == coin2) ...
    // é o mesmo objeto – veja a Figura 10
```

Vamos implementar o método `equals` para a classe `Coin`. Temos de redefinir o método `equals` da classe `Object`:

```
public class Coin
{
   ...
   public boolean equals(Object otherObject)
   {
      ...
   }
   ...
}
```

Agora temos um pequeno problema. A classe `Object` não sabe nada sobre contas bancárias, de modo que ela define o parâmetro `otherObject` do método `equals` para ter o tipo `Object`. Ao redefinir o método, não nos é permitido mudar a assinatura do objeto. Vamos converter o parâmetro para a classe `Coin`:

```
Coin other = (Coin)otherObject;
```

Então, podemos comparar as duas moedas (*coins*).

```
public boolean equals(Object otherObject)
{
   Coin other = (Coin)otherObject;
   return name.equals(other.name)
      && value == other.value;
}
```

Observe que temos de usar `equals` para comparar campos de objetos, mas usamos `==` para comparar campos numéricos.

```
coin1  ┌────┐──→   Coin
       └────┘     ┌──────────────────┐
                  │ value │  0.25  │
                  │ name  │"quarter"│
                  └──────────────────┘
```

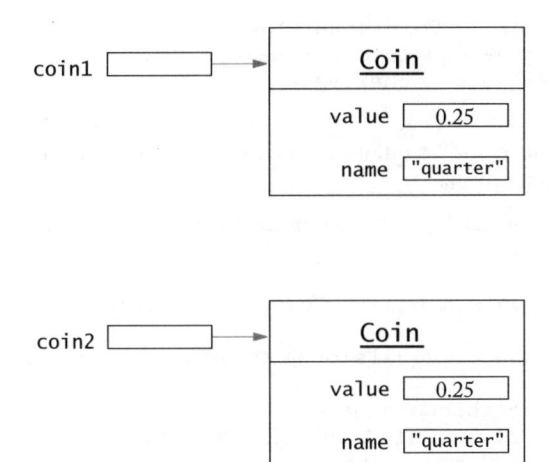

Figura 9
Duas referências a objetos iguais.

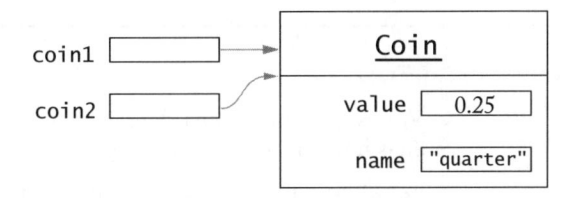

```
coin2  ┌────┐──→   Coin
       └────┘     ┌──────────────────┐
                  │ value │  0.25  │
                  │ name  │"quarter"│
                  └──────────────────┘
```

```
coin1  ┌────┐──┐    Coin
       └────┘  │  ┌──────────────────┐
coin2  ┌────┐──┴→ │ value │  0.25  │
       └────┘     │ name  │"quarter"│
                  └──────────────────┘
```

Figura 10
Duas referências ao mesmo objeto.

Tópico Avançado 11.5

Herança e o Método equals

Vimos apenas como escrever um método `equals`: converter o parâmetro `otherObject` para o tipo de nossa classe, e então comparar os campos do parâmetro implícito e o outro parâmetro.

Mas e se alguém chamasse `coin1.equals(x)` onde x não fosse um objeto `Coin`? Então, a má coerção geraria uma exceção, e o programa trancaria. Portanto, primeiramente queremos testar se `otherObject` realmente é uma instância da classe `Coin`. O teste mais fácil seria com o operador `instanceof`. Entretanto, esse teste não é suficientemente específico. `otherObject` poderia pertencer a alguma subclasse de `Coin`. Para descartar essa possibilidade, devemos testar se os dois objetos pertencem à *mesma* classe. Caso contrário, retorne `false`.

```
if (getClass() != otherObject.getClass()) return false;
```

Além disso, a especificação da linguagem Java [1] exige que o método `equals` retorne `false` quando `otherObject` for `null`.

A seguir, temos uma versão melhorada do método `equals` que leva em conta esses dois pontos:

```java
public boolean equals(Object otherObject)
{
    if (otherObject == null) return false;
    if (getClass() != otherObject.getClass())
        return false;
```

```java
        Coin other = (Coin)otherObject;
        return name.equals(other.name)
            && value == other.value;
}
```

Quando formos definir `equals` em uma subclasse, devemos primeiramente chamar `equals` da superclasse, da seguinte forma:

```java
public CollectibleCoin extends Coin
{
    ...
    public boolean equals(Object otherObject)
    {
        if (!super.equals(otherObject)) return false;

        CollectibleCoin other =
            (CollectibleCoin)otherObject;
        return year == other.year;
    }

    private int year;
}
```

11.7.3 Sobrescrevendo o método `clone`

> O método `clone` cria um novo objeto com o mesmo estado de um objeto existente.

Vimos que copiar uma referência a objeto simplesmente nos dá duas referências ao mesmo objeto:

```
BankAccount account1 = new BankAccount(1000);
BankAccount account2 = account1;
account2.deposit(500);
    // agora tanto account1 como account2 têm um saldo de 1500
```

O que podemos fazer se realmente queremos fazer uma cópia de um objeto? Esse é o objetivo do método `clone`. O método `clone` tem de retornar um *novo* objeto que tenha estado idêntico ao do objeto existente (veja a Figura 11). A seguir temos um método `clone` para a classe `BankAccount`.

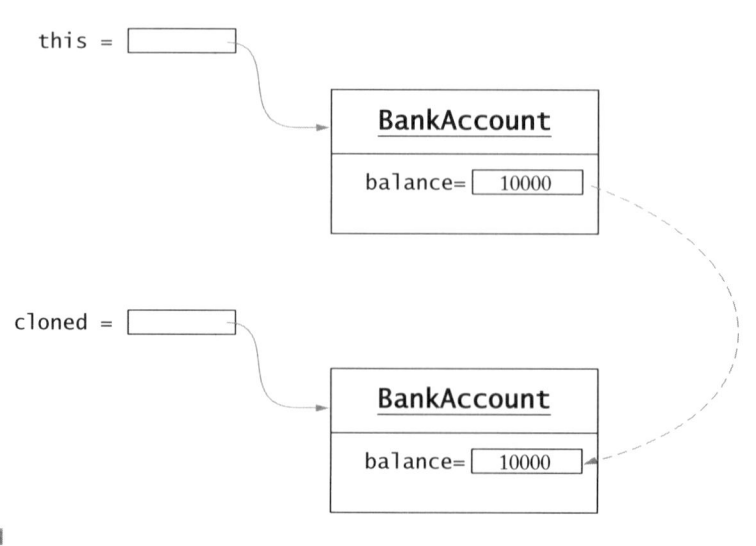

Figura 11

Clonando objetos.

```
public class BankAccount
{   ...
    public Object clone()
    {
        BankAccount cloned = new BankAccount();
        cloned.balance = balance;
        return cloned;
    }
}
```

É mais difícil definir o método `clone` para subclasses. Veja os detalhes no Tópico Avançado 11.6.

Uma vez que o método `clone` é definido na classe `Object`, ele não pode saber o *tipo* do objeto a ser retornado. Portanto, seu tipo de retorno é `Object`. Isso não é um problema quando se está implementando o método `clone`. Mas ao chamar o método, temos de usar uma coerção para convencer o compilador de que `account1.clone()` realmente tem o mesmo tipo que `account1`. A seguir, temos um exemplo:

```
BankAccount account2 = (BankAccount)account1.clone();
```

Erro Freqüente 11.6

Esquecendo de Clonar

Em Java, os campos de objetos contêm referências a objetos, e não os próprios objetos. Isso pode ser conveniente para dar *dois nomes ao mesmo objeto:*

```
BankAccount harrysChecking = new BankAccount();
BankAccount slushFund = harrysChecking;
    // Use a conta corrente de Harry para o fundo slush ("caixa 2"):
slushFund.deposit(80000);
    // uma grande soma em dinheiro vai parar na conta corrente de Harry
```

Entretanto, se não quisermos duas referências ao mesmo objeto, então isso é um problema. Nesse caso, devemos usar o método `clone`:

```
BankAccount slushFund = (BankAccount)harrysChecking.clone();
```

Dica de Qualidade 11.1

Clone Campos de Instância Mutáveis em Métodos de Acesso

Vamos considerar a classe a seguir:

```
public class Customer
{
    public Customer(String aName)
    {
        name = aName;
        account = new BankAccount();
    }

    public String getName()
    {
        return name;
    }

    public BankAccount getAccount();
```

```
      {
         return account;
      }

      private String name;
      private BankAccount account;
   }
```

Essa classe tem uma aparência muito normal e sem atrativos, mas o método `getAccount` tem uma propriedade curiosa. Ele *quebra o encapsulamento,* pois qualquer um pode modificar o estado do objeto sem passar pela interface pública:

```
Customer harry = new Customer("Harry Handsome");
BankAccount account = harry.getAccount()
   // qualquer um pode retirar dinheiro!
account.withdraw(100000);
```

Será que era isso que os projetistas da classe tinham em mente? Talvez eles quisessem que os usuários da classe apenas inspecionassem a conta. Nesse caso, devemos *clonar* a referência ao objeto:

```
public BankAccount getAccount();
{
   return (BankAccount)account.clone();
}
```

Será que também temos de clonar o método `getName`? Não — esse método retorna um *string* e *strings* são imutáveis. É seguro fornecer uma referência a um objeto imutável.

A regra geral é que a classe deve clonar todas as referências a objetos mutáveis que ela fornecer.

TA *Tópico Avançado*   11.6

Herança e o Método `clone`

Vimos como clonar um objeto construindo um novo objeto com o mesmo estado:

```
public Object clone()
{
   BankAccount cloned = new BankAccount();
   cloned.balance = balance;
   return cloned;
}
```

Esse método tem uma limitação importante: ele não funciona para subclasses.

```
SavingsAccount momsSavings = ...;
Object clonedAccount = momsSavings.clone();
```

O método `clone` constrói uma nova *conta bancária*, e não uma conta poupança!

É melhor usar o método `Object.clone` para realizar a clonagem. Esse método cria um novo objeto de mesmo tipo do objeto original. Ele também copia automaticamente os campos de instância do objeto original para o clone do objeto.

```
public class BankAccount
{ ...
   public Object clone()
   {
      // incompleto
      Object clonedAccount = super.clone();
      return clonedAccount;
   }
}
```

Entretanto, este método `Object.clone` tem de ser usado com cuidado. Ele somente transfere o problema de clonagem por um nível; não o resolve completamente. Especificamente, se um objeto contém uma referência a outro objeto, então o método `Object.clone` faz uma cópia dessa referência a objeto, não um clone desse objeto. A Figura 12 mostra como o método `Object.clone` funciona com um objeto `Customer` que tem referências a um objeto `String` e a um objeto `BankAccount`. Como podemos ver, o método `Object.clone` copia as referências para o clone do objeto `Customer` e não clona os objetos aos quais eles se referem. Essa forma de cópia é chamada de *cópia superficial*.

Há uma razão para o método `Object.clone` não clonar sistematicamente todos os subobjetos: em algumas situações, isso é desnecessário. Por exemplo, se um objeto contiver uma referência a um *string*, não há nenhum prejuízo em se copiar a referência ao *string*, porque os objetos *string* de Java nunca podem mudar seus conteúdos. O método `Object.clone` faz a coisa certa se um objeto contiver apenas números, valores booleanos e *strings*. Mas ele precisa ser usado com cautela quando um objeto contiver referências a outros objetos.

Por essa razão, há duas salvaguardas embutidas no método `Object.clone` para garantir que ele não seja usado acidentalmente. Primeiramente, o método é declarado `protected` (veja o Tópico Avançado 11.3). Isso evita que nós acidentalmente chamemos `x.clone()` se a classe a qual x pertence não redefiniu `clone` como público.

Como segunda precaução, `Object.clone` confere se o objeto que está sendo clonado implementa a interface `Cloneable`. Caso contrário, ele dispara uma exceção. Ou seja, o método `Object.clone` fica assim:

```
public class Object
{
    protected Object clone()
        throws CloneNotSupportedException
    {
        if (this instanceof Cloneable)
        {
            // copia os campos de instância
            ...
        }
        else
            throw new CloneNotSupportedException();
    }
}
```

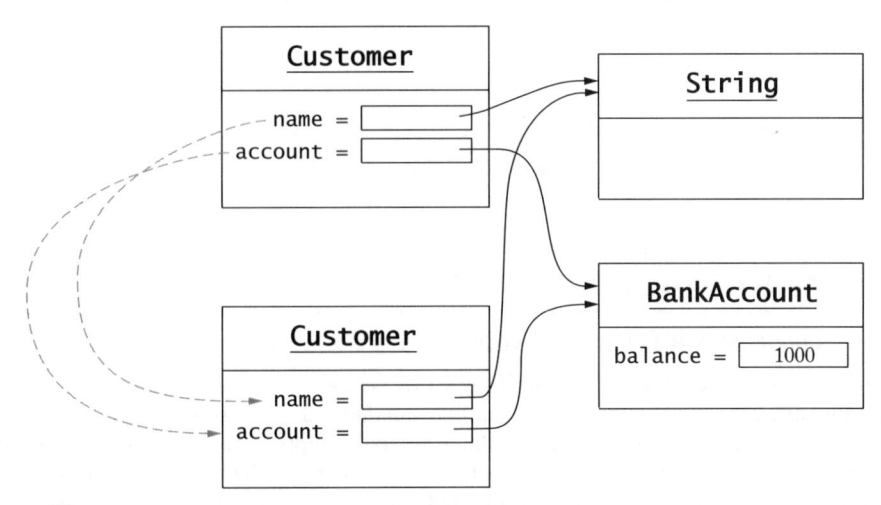

Figura 12

O Método `Object.clone` faz uma cópia superficial.

Infelizmente, todas essas medidas de salvaguarda indicam que os legítimos chamadores de Object.clone() pagam um preço — eles têm de capturar essa exceção *mesmo se sua classe implementar* Cloneable.

```java
public class BankAccount implements Cloneable
{
   ...
   public Object clone()
   {
      try
      {
         return super.clone();;
      }
      catch (CloneNotSupportedException e)
      {
         // não pode acontecer porque nós implementamos Cloneable
         // mas ainda temos de capturá-la
         return null;
      }
   }
}
```

Se um objeto contiver uma referência a outro objeto mutável, então temos de chamar clone para essa referência. Por exemplo, suponha que a classe Customer tenha um campo de instância da classe BankAccount. Então, podemos implementar Customer.clone da seguinte maneira:

```java
public class Customer implements Cloneable
{
   ...
   public Object clone()
   {
      try
      {
         Customer cloned = (Customer)super.clone();
         cloned.account = (BankAccount)account.clone();
         return cloned;
      }
      catch(CloneNotSupportedException e)
      {
         // não pode nunca acontecer porque nós implementamos Cloneable
         return null;
      }
   }

   private String name;
   private BankAccount account;
}
```

Fato Histórico 11.1

Linguagens de Criação de Scripts

Suponha que você trabalhe em um escritório e precise ajudar na contabilidade. Suponha que todo vendedor entregue semanalmente uma planilha com dados de vendas. Uma de suas tarefas é copiar e colar os dados individuais em uma planilha principal e depois copiar e colar os totais em um documento de processador de textos, o qual é enviado por correio eletrônico para vários gerentes. Esse tipo de trabalho repetitivo pode ser muito tedioso. Você consegue automatizá-lo?

Seria um verdadeiro desafio escrever um programa em Java que pudesse ajudá-lo — você teria de saber como ler um arquivo de planilha, como formatar um documento de processador de textos e como enviar correio eletrônico.

Felizmente, muitos pacotes de *software* de escritório hoje em dia incluem *linguagens de criação de scripts*, que são linguagens de programação que estão integradas no *software* com o objetivo de automatizar tarefas repetitivas. A mais conhecida dessas linguagens de *script* é o Visual Basic Script, que é parte da suíte Microsoft Office. O sistema operacional Macintosh possui uma linguagem chamada AppleScript com o mesmo objetivo.

Além disso, as linguagens de *scripts* servem a muitos outros objetivos. JavaScript é utilizada para páginas Web. Não há nenhuma relação entre Java e JavaScript — o nome JavaScript foi escolhido por razões de mercado. A Tcl (sigla para *"tool control language"*) é uma linguagem de *scripts* de domínio público (*open source*) que foi portada para muitas plataformas e freqüentemente é usada para procedimentos de teste de *software* de *scripts*. A Dica de Produtividade 8.1 tem mais informações sobre *scripts* de *shell*.

As linguagens de *script* possuem dois recursos que as tornam mais fáceis de usar do que as linguagens de programação completas, como Java. Primeiro, elas são *interpretadas*. O programa interpretador lê cada linha de código do programa e o executa imediatamente sem compilá-lo primeiro. Isso torna a experimentação muito mais divertida — você recebe retorno imediato. Além disso, as linguagens de *script* geralmente são *fracamente tipadas*. Isto é, não é preciso declarar os tipos de variáveis. Cada variável pode conter valores de qualquer tipo. Por exemplo, a Figura 13 mostra uma sessão de *script* com BeanShell, uma linguagem de *scripts* para objetos Java. O *script* armazena objetos de *frame* e de botão em variáveis que são declaradas simplesmente através do uso. Ele então configura algumas propriedades e chama métodos que são executados imediatamente — *frame* abre assim que a linha com o comando show for digitada. (Podemos fazer o *download* de BeanShell a partir de http://www.beanshell.org.)

Nos últimos anos, os criadores de vírus de computador descobriram como as linguagens de *scripts* simplificam suas vidas. O famoso *"love bug"* é um programa em Visual Basic Script que é enviado como um anexo de uma mensagem de correio eletrônico. A mensagem tem uma linha de assunto tentadora, *"I love you"*, e solicita que o recebedor clique sobre o anexo disfarçado de carta de amor. Na verdade, o anexo é um arquivo de *script* que é executado quando o usuário clica sobre ele. O *script* realiza algum dano no computador do usuário e então, pelo poder da linguagem de *scripts*, usa o cliente de correio eletrônico do Outlook para enviar-se a todos os endereços en-

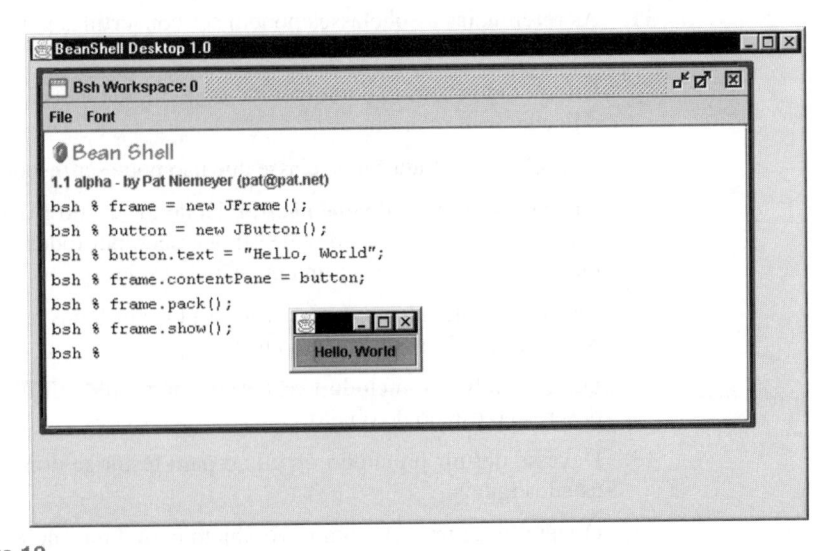

Figura 13

Escrevendo um *script* em BeanShell.

▼ contrados na agenda de endereços. Tente programar isso em Java! A propósito, o suspeito de ter sido o autor do vírus era um aluno que havia se proposto a elaborar uma tese sobre como escrever esse tipo de programas. Não surpreende o fato da proposta ter sido rejeitada pela faculdade.

▼ Por que ainda necessitamos de Java se as linguagens de *scripts* são fáceis e divertidas? O problema é que elas freqüentemente tem uma verificação de erros fraca e são difíceis de se adaptar a novas circunstâncias. As linguagens de *scripts* não possuem muitos dos mecanismos estruturais e de segurança (como classes e verificação de tipos pelo compilador) que são importantes para se construir programas robustos e escalonáveis.

▼

Resumo do Capítulo

1. Herança é um mecanismo para estender classes existentes acrescentando métodos e campos.
2. A classe mais geral é chamada de superclasse. A classe mais especializada que herda da superclasse é chamada de subclasse.
3. Toda classe, direta ou indiretamente, estende a classe `Object`.
4. Herdar de uma classe é diferente de implementar uma interface: a subclasse herda comportamentos e estados da superclasse.
5. Uma vantagem da herança é a reutilização de código.
6. Ao definir uma subclasse, especificamos os campos de instância adicionados, os métodos adicionados e os métodos alterados ou *sobrescritos*.
7. Conjuntos de classes podem formar hierarquias complexas de herança.
8. Uma subclasse não tem acesso a campos privados de sua superclasse.
9. Use a palavra-chave `super` para chamar um método da superclasse.
10. Para chamar o construtor da superclasse, usamos a palavra-chave `super` na primeira instrução do construtor da subclasse.
11. As referências a subclasses podem ser convertidas para referências a superclasses.
12. Um método abstrato é um método cuja implementação não é especificada.
13. Uma classe abstrata é uma classe que não pode ser instanciada.
14. Um campo ou método que não foi declarado como `public`, `private`, nem `protected` pode ser acessado por todas as classes do mesmo pacote, o que geralmente não é desejável.
15. Recursos protegidos podem ser acessados por todas as subclasses e por todas as classes do mesmo pacote.
16. Deve-se definir o método `toString` para produzir um *string* que descreva o estado do objeto.
17. Deve-se definir o método `equals` para testar se dois objetos têm estados iguais.
18. O método `clone` cria um novo objeto com o mesmo estado de um objeto existente.

Leitura Complementar

[1] James Gosling, Bill Joy, and Guy Steele, *The Java Language Specification,* Addison-Wesley, 1996.

Classes, Objetos e Métodos Introduzidos neste Capítulo

```
java.lang.Cloneable
java.lang.Comparable
    compareTo
java.lang.Object
    clone
    toString
```

Exercícios de Revisão

Exercício R11.1. Qual é o saldo de b após as seguintes operações?

```
SavingsAccount b = new SavingsAccount(10);
b.deposit(5000);
b.withdraw(b.getBalance() / 2);
b.addInterest();
```

Exercício R11.2. Descreva todos os construtores da classe `SavingsAccount`. Liste todos os métodos que são herdados da classe `BankAccount`. Liste todos os métodos que são acrescentados à classe `SavingsAccount`.

Exercício R11.3. Pode-se converter uma referência a superclasse em uma referência a subclasse? E uma referência a subclasse em uma referência a superclasse? Em caso positivo, dê um exemplo. Em caso negativo, explique por quê.

Exercício R11.4. Identifique a superclasse e a subclasse nos seguintes pares de classes:

- Empregado, Gerente
- Polígono, Triângulo
- AlunoDePósGraduação, Aluno
- Pessoa, Aluno
- Empregado, AlunoDePósGraduação
- ContaBancária, ContaCorrente
- Veículo, Carro
- Veículo, Minivan
- Carro, Minivan
- Caminhão, Veículo

Exercício R11.5. Suponha que a classe `Sub` estenda a classe `Sandwich`. Quais das atribuições a seguir são legais?

```
Sandwich x = new Sandwich();
Sub y = new Sub();
x = y;
y = x;
y = new Sandwich();
x = new Sub();
```

Exercício R11.6. Desenhe um diagrama de herança que mostre as relações de herança entre as classes

- Pessoa
- Empregado

- Aluno
- Instrutor
- SalaDeAula
- Object

Exercício R11.7. Em um sistema de simulação de tráfego orientado a objetos, temos as seguintes classes:

- Veículo
- Carro
- Caminhão
- Sedan
- Coupe
- Caminhonete
- VeículoUtilitárioEsportivo
- Minivan
- Bicicleta
- Motocicleta

Desenhe um diagrama de herança que mostre os relacionamentos entre essas classes.

Exercício R11.8. Quais relacionamentos de herança você estabeleceria entre as seguintes classes?

- Aluno
- ProfessorUniversitário
- AssistenteDeEnsino
- Empregado
- Secretária
- ChefeDeDepartamento
- Zelador
- PalestranteDeSeminário
- Pessoa
- Curso
- Seminário
- Aula
- LaboratórioDeComputação

Exercício R11.9. Quais dessas condições retornam `true`? Verifique os padrões de herança na documentação Java.

```
Rectangle r = new Rectangle(5, 10, 20, 30);
if (r instanceof Rectangle) ...
if (r instanceof Point) ...
if (r instanceof Rectangle2D.Double) ...
if (r instanceof RectangularShape) ...
if (r instanceof Object) ...
if (r instanceof Shape) ...
```

Exercício R11.10. Explique os dois significados da palavra-chave `super`. Explique os dois significados da palavra-chave `this`. Como elas estão relacionadas?

Exercício R11.11. (Difícil) Considere as duas chamadas

```
public class D extends B
{
   public void f()
   {
      this.g(); // 1
   }
   public void g()
   {
      super.g(); // 2
   }
   ...
}
```

Qual delas é um exemplo de vinculação precoce? Qual é um exemplo de vinculação tardia?

Exercício R11.12. Considere o programa a seguir:

```
public class AccountTest
{
   public static void main(String[] args)
   {
      SavingsAccount momsSavings
         = new SavingsAccount(0.5);

      CheckingAccount harrysChecking
         = new CheckingAccount(0);

      ...
      endOfMonth(momsSavings);
      endOfMonth(harrysChecking);
      printBalance(momsSavings);
      printBalance(harrysChecking);
   }
   public static void endOfMonth(SavingsAccount
      savings)
   {
      savings.addInterest();
   }

      public static void endOfMonth(CheckingAccount
         checking)
   {
      checking.deductFees();
   }

      public static void printBalance(BankAccount
         account)
   {
      System.out.println("The balance is $"
         + account.getBalance());
   }
}
```

As chamadas para os métodos endOfMonth são resolvidas por vinculação precoce ou por vinculação tardia?

	A chamada para `getBalance` dentro do método `printBalance` é resolvida por vinculação precoce ou por vinculação tardia?
Exercício R11.13.	Explique os termos *cópia superficial* e *cópia profunda*.
Exercício R11.14.	Que atributo de acesso devem ter os campos de instância? Que atributo de acesso devem ter os campos estáticos? E os campos estáticos `final`?
Exercício R11.15.	Que atributo de acesso devem ter os métodos de instância? Vale o mesmo para métodos estáticos?
Exercício R11.16.	Os campos `System.in` e `System.out` são campos estáticos públicos. Pode-se sobrescrevê-los? Em caso afirmativo, como?
Exercício R11.17.	Por que os campos públicos são perigosos? Os campos estáticos públicos são mais perigosos do que os campos de instância públicos?

Exercícios de Programação

Exercício P11.1.	Aperfeiçoe o método `addInterest` da classe `SavingsAccount` para que ele calcule os juros sobre o saldo *mínimo* desde a última chamada a `addInterest`. *Dica*: Você precisa modificar o método `withdraw` também, e também tem de acrescentar um campo de instância para lembrar o saldo mínimo.
Exercício P11.2.	Acrescente a classe `TimeDepositAccount` à hierarquia de contas bancárias. A conta de investimento a prazo fixo é igual à conta poupança, mas você promete deixar o dinheiro na conta por determinado número de meses, e existe uma penalização por retirada antes desse prazo. Construa a conta com a taxa de juros e com o número de meses até o fim do prazo estabelecido. No método `addInterest`, decremente a contagem de meses. Se a contagem for positiva durante uma retirada, cobre a multa de retirada antecipada.
Exercício P11.3.	Implemente uma subclasse `Square` que estenda a classe `Rectangle`. No construtor, aceite as posições *x* e *y* do *centro* e o comprimento do lado do quadrado. Chame os métodos `setLocation` e `setSize` da classe `Rectangle`. Consulte a respeito desses métodos na documentação da classe `Rectangle`. Forneça também um método `getArea` que calcule e retorne a área do quadrado. Escreva um programa de exemplo que solicite o centro e o comprimento do lado, e então imprima o quadrado (usando o método `toString` que você herdou de `Rectangle`) e a sua área.
Exercício P11.4.	Implemente uma superclasse `Person`. Crie duas classes, `Student` e `Instructor`, herde de `Person`. A pessoa tem um nome e um ano de nascimento. O aluno tem um curso e o instrutor tem um salário. Escreva as definições das classes, os construtores, e os métodos `toString` para todas as classes. Forneça um programa de testes que teste essas classes e métodos.
Exercício P11.5.	Crie uma classe `Employee` (empregado) com nome e salário. Faça com que a classe `Manager` (gerente) herde de `Employee`. Acrescente um campo de instância, denominado `department`, do tipo `String`. Forneça um método `toString` que imprima o nome do gerente, seu departamento e salário. Faça com que a classe `Executive` herde de `Manager`. Forneça métodos `toString` adequados para todas as classes. Forneça um programa de testes que teste essas classes e métodos.

Exercício P11.6. Escreva uma superclasse `Worker` (trabalhador) e subclasses `HourlyWorker` (horista) e `SalariedWorker` (assalariado). Todo trabalhador tem nome e valor do salário. Escreva um método `computePay(int hours)` que calcule o pagamento semanal de cada trabalhador. Um horista recebe o pagamento das horas efetivamente trabalhadas no valor de seu salário por hora, se `horas` for no máximo 40. Se o horista trabalhou mais de 40 horas, o excesso é pago com 50 % de acréscimo. O assalariado recebe o valor do trabalho por hora vezes 40 horas, não importando qual é o número de horas trabalhadas. Forneça um programa de teste que use polimorfismo para testar essas classes e métodos.

Exercício P11.7. Implemente uma superclasse `Vehicle` (Veiculo) e subclasses `Car` (Carro) e `Truck` (Caminhao). O veículo tem uma posição na tela. Escreva métodos `draw` que desenhem carros e caminhões da seguinte maneira:

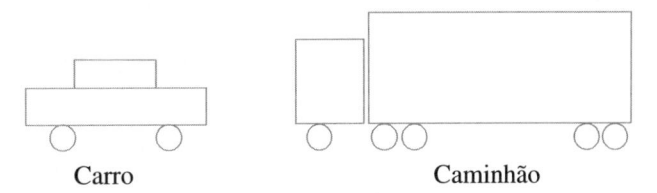

Carro   Caminhão

Então escreva um método `randomVehicle` (veiculoAleatorio) que gere referências a `Veiculo` aleatoriamente, com a igual probabilidade de construir carros e caminhões, em posições aleatórias. Chame-o 10 vezes e desenhe todos eles.

Exercício P11.8. Implemente os métodos `toString`, `equals` e `clone` para as três classes de contas bancárias usadas neste capítulo.

Exercício P11.9. Implemente os métodos `toString`, `equals` e `clone` para as classes `Coin` e `Purse` introduzidas no Capítulo 7.

Exercício P11.10. Reorganize as classes de contas bancárias da forma a seguir. Na classe `BankAccount`, introduza o método abstrato `endOfMonth (fimDoMes)` sem qualquer implementação. Renomeie os métodos `addInterest` e `deductFees` para dentro de `endOfMonth` nas subclasses. Agora, quais classes são abstratas e quais são concretas? Escreva um método estático `void test (BankAccount account)` que realize cinco transações aleatórias, imprima o saldo após cada uma delas, e então chame `endOfMonth` e imprima o saldo uma vez mais. Teste-o com instâncias de todas as classes sconcretas de conta.

Capítulo 12

Interface Gráfica com o Usuário

Objetivos do capítulo

- Usar herança para personalizar painéis e *frames*
- Entender como os componentes da interface com o usuário são adicionados a um contêiner
- Entender o uso de gerenciadores de leiaute para organizar os componentes de interface com o usuário em um contêiner
- Familiarizar-se com os componentes comuns de interface com o usuário, tais como botões, componentes de texto, caixas de combinação e menus
- Construir programas que tratem eventos de componentes de interface com o usuário

Até agora, nossos programas gráficos receberam entradas do usuário através de um diálogo de opções ou de um *mouse*. As aplicações gráficas com as quais estamos familiarizados, por outro lado, têm um grande número de acessórios visuais para entrada de informações: botões, barras de rolagem, menus, etc. Neste capítulo, aprenderemos a usar os componentes de interface com o usuário mais comuns do *kit* de ferramentas de interface com o usuário do Java Swing. Entretanto, Swing tem muito mais componentes do que o tanto que podemos aprender em um curso introdutório, e até mesmo os componentes básicos possuem muitas opções avançadas que não poderemos abordar aqui. Na verdade, poucos programadores procuram aprender tudo sobre determinado componente de interface com o usuário. É muito melhor entender os conceitos e pesquisar a documentação Java em busca dos detalhes. Este capítulo vai abordar um exemplo para lhe mostrar como a documentação Java é organizada e como você pode basear-se nela para desenvolver seus próprios programas.

Sumário do capítulo

12.1 Usando Herança para Personalizar Painéis 442

Erro Freqüente 12.1: Sobrescrevendo o Método `paint` *de um Painel* **447**

Erro Freqüente 12.2: Esquecendo de Chamar o Método `paintComponent` *da Superclasse* **447**

12.2 Gerenciamento de Leiaute 447

12.3 Usando Herança para Personalizar Frames 449

Tópico Avançado 12.1: Adicionando o Método `main` *à Classe* Frame **455**

Tópico Avançado 12.2:
Convertendo um Frame em um Applet 455

12.4 Opções 456

Como Fazer? 12.1: Gerenciamento de Leiaute 463

12.5 Menus 466

12.6 Explorando a Documentação do Swing 472

Fato Histórico 12.1: Programação Visual 478

12.1 Usando Herança para Personalizar Painéis

No Capítulo 10, vimos como implementar aplicações que mostram os resultados em uma área de texto. Entretanto, essas aplicações não foram capazes de produzir nenhuma saída gráfica. Nesta seção, aprenderemos a acrescentar gráficos a uma aplicação Java.

Lembre-se como geramos gráficos em um *applet*. Estendemos a classe `Applet` e redefinimos o método `paint`:

```java
public class MyApplet extends Applet
{
    public void paint(Graphics g)
    {
        // suas instruções de desenho vão aqui
        ...
    }
    ...
}
```

Porém, essa abordagem não funciona para *frames*. Não devemos desenhar diretamente sobre a superfície de um *frame*. Os *frames* foram projetados para organizar *componentes de interface com o usuário*, tais como botões, menus e barras de rolagem. Desenhar diretamente sobre o *frame* interfere na exibição dos componentes de interface com o usuário. Se quisermos mostrar gráficos em um *frame*, desenhamos o gráfico sobre um `JPanel` e o acrescentamos ao *frame*. Um `JPanel` é completamente vazio e podemos desenhar sobre ele o que desejarmos.

> Podemos desenhar formas gráficas sobre um painel sobrescrevendo o método `paintComponent` de uma subclasse `JPanel`.

Desenhar sobre um painel é diferente de desenhar sobre um *applet*. Sobrescrevemos o método `paintComponent`. Há uma segunda diferença importante. Ao implementarmos nosso próprio método `paintComponent`, *temos* de chamar o método `paintComponent` da superclasse. Isso dá ao método da superclasse uma chance de apagar o conteúdo velho do painel.

A seguir, temos um esboço do método `paintComponent`:

```java
public class MyPanel extends JPanel
{
    public void paintComponent(Graphics g)
    {
        super.paintComponent(g);
        Graphics2D g2 = (Graphics2D)g;

        // nossas instruções de desenho vão aqui
        ...
    }
}
```

Uma vez que tenhamos chamado `super.paintComponent` e obtido um objeto `Graphics2D`, estaremos prontos para desenhar formas gráficas da maneira usual.

Por *default*, os painéis têm um tamanho de 0 por 0 *pixels*. Portanto, um painel deve configurar seu *tamanho preferido* em seu construtor, da seguinte forma:

```
public class MyPanel
{
    public MyPanel()
    {
        setPreferredSize(
            new Dimension(PANEL_WIDTH, PANEL_HEIGHT));
        ...
    }
    ...
    private static final int PANEL_WIDTH = 300;
    private static final int PANEL_HEIGHT = 300;
}
```

Lembre-se do programa `MouseApplet` do Capítulo 10. Esse *applet* desenha um retângulo na posição onde for clicado o *mouse*. Vamos transformar o *applet* em uma aplicação.

Precisamos de um painel para fazer o desenho. No construtor, nós configuramos o tamanho preferido e acrescentamos um escutador de *mouse*.

```
public class RectanglePanel extends JPanel
{
    public RectanglePanel()
    {
        setPreferredSize(
            new Dimension(PANEL_WIDTH, PANEL_HEIGHT));

        // acrescente o escutador de pressionamento de mouse
        ...
    }

    public void paintComponent(Graphics g)
    {
        super.paintComponent(g);
        Graphics2D g2 = (Graphics2D)g;
        ...
    }
    ...
}
```

> Uma classe de painel que pinta um desenho no painel deve armazenar todos os dados que precisa para repintar-se.

Ao implementar um painel tal como o `RectanglePanel`, temos de pensar em minimizar o interrelacionamento entre o componente e o resto de nosso programa. Se armazenarmos informações no lugar errado, vamos ficar movimentando os dados de um lado para o outro todo o tempo. Uma boa regra geral é: *um painel deve armazenar os dados que necessita para repintar-se*. Em nosso caso, a informação é simples — apenas um retângulo. Para desenhos mais complexos, o painel necessita armazenar a coleção de todos os elementos que são necessários para recriar o desenho.

```
public class RectanglePanel extends JPanel
{
    public RectanglePanel()
    {
        // o retângulo que o método paint desenha
        box = new Rectangle(...);
        ...
    }
```

```
        public void paintComponent(Graphics g)
        {
            super.paintComponent(g);
            Graphics2D g2 = (Graphics2D)g;
            g2.draw(box);
        }

        private Rectangle box;
        ...
    }
```

O código da classe completa encontra-se no fim desta seção.

Agora precisamos de uma segunda classe para disparar uma aplicação que exiba esse painel em um *frame*:

Arquivo RectangleTest.java

```
1  import javax.swing.JButton;
2  import javax.swing.JFrame;
3  import javax.swing.JLabel;
4  import javax.swing.JPanel;
5  import javax.swing.JTextField;
6
7  /**
8      Este programa exibe um frame contendo um RectanglePanel.
9  */
10 public class RectangleTest
11 {
12     public static void main(String[] args)
13     {
14         RectanglePanel rectPanel =
15             new RectanglePanel();
16
17         JFrame appFrame = new JFrame();
18         appFrame.setDefaultCloseOperation(
19             JFrame.EXIT_ON_CLOSE);
20         appFrame.setContentPane(rectPanel);
21         appFrame.pack();
22         appFrame.show();
23     }
24 }
```

A Figura 1 mostra o leiaute da aplicação. A Figura 2 mostra os relacionamentos entre as classes.

O resultado é um programa que atua exatamente como o `MouseApplet`. Como esta é uma aplicação, não precisamos usar o visualizador de *applets* (*applet viewer*), nem precisamos gerar um arquivo HTML.

Arquivo RectanglePanel.java

```
1  import java.awt.event.MouseEvent;
2  import java.awt.event.MouseListener;
3  import java.awt.Dimension;
4  import java.awt.Graphics;
5  import java.awt.Graphics2D;
6  import java.awt.Rectangle;
7  import javax.swing.JPanel;
8
```

CAPÍTULO 12 • INTERFACE GRÁFICA COM O USUÁRIO   **445**

JFrame

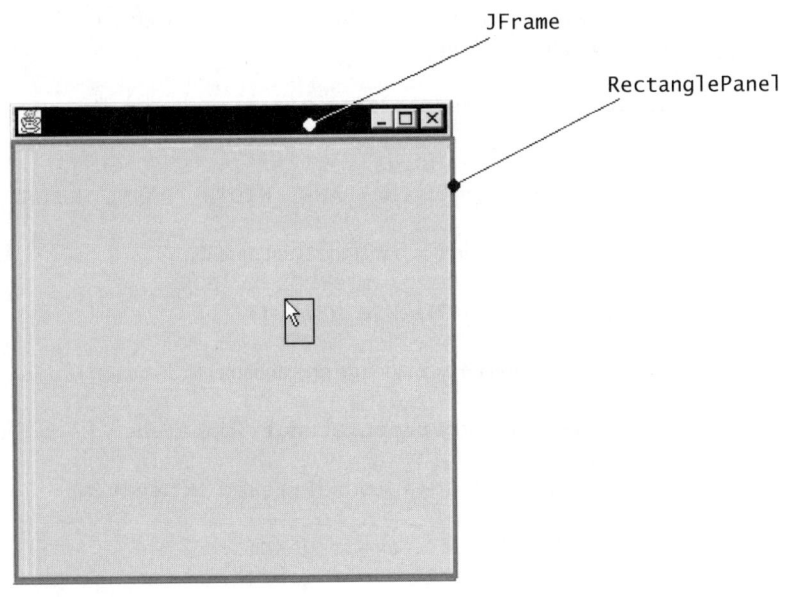

RectanglePanel

Figura 1
Leiaute da aplicação `RectangleTest`.

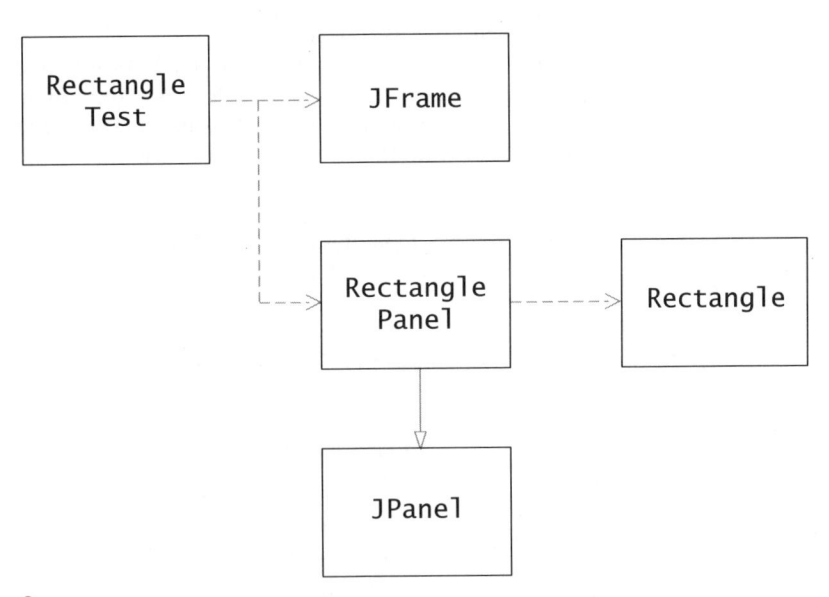

Figura 2
Classes utilizadas na aplicação `RectangleTest`.

```
 9  /**
10      Um painel retangular exibe um retângulo que o usuário pode
11      mover clicando com o mouse.
12  */
13  public class RectanglePanel extends JPanel
14  {
15      /**
```

```java
16                  Constrói um painel retangular com o retângulo em uma
17                  localização default.
18      */
19      public RectanglePanel()
20      {
21           setPreferredSize(
22              new Dimension(PANEL_WIDTH, PANEL_HEIGHT));
23
24           // o retângulo que o método paint desenha
25           box = new Rectangle(BOX_X, BOX_Y,
26              BOX_WIDTH, BOX_HEIGHT);
27
28           // adiciona o escutador de pressionamento do mouse
29
30           class MousePressListener implements MouseListener
31           {
32              public void mousePressed(MouseEvent event)
33              {
34                 int x = event.getX();
35                 int y = event.getY();
36                 box.setLocation(x, y);
37                 repaint();
38              }
39
40              // métodos que não fazem nada
41              public void mouseReleased(MouseEvent event) {}
42              public void mouseClicked(MouseEvent event) {}
43              public void mouseEntered(MouseEvent event) {}
44              public void mouseExited(MouseEvent event) {}
45           }
46
47           MouseListener listener = new MousePressListener();
48           addMouseListener(listener);
49      }
50
51      public void paintComponent(Graphics g)
52      {
53         super.paintComponent(g);
54         Graphics2D g2 = (Graphics2D)g;
55         g2.draw(box);
56      }
57
58      private Rectangle box;
59      private static final int BOX_X = 100;
60      private static final int BOX_Y = 100;
61      private static final int BOX_WIDTH = 20;
62      private static final int BOX_HEIGHT = 30;
63
64      private static final int PANEL_WIDTH = 300;
65      private static final int PANEL_HEIGHT = 300;
66      }
```

⊗ Erro Freqüente 12.1

Sobrescrevendo o Método `paint` de um Painel

Quando implementamos um *applet*, temos de sobrescrever o método `paint`. Por outro lado, para desenhar em um painel, sobrescrevemos `paintComponent`. Mas os painéis também têm um método `paint` de uso interno pela biblioteca Swing. Se acidentalmente redefinirmos o método `paint`, então a pintura do painel será imprevisível.

⊗ Erro Freqüente 12.2

Esquecendo de Chamar o Método `paintComponent` da Superclasse

O método `paintComponent` de toda subclasse de um componente Swing tem de chamar `super.paintComponent` a fim de dar ao método `paintComponent` da superclasse uma chance de desenhar o pano de fundo, as bordas e decorações, e configurar os atributos do objeto `Graphics`. Se esquecermos de chamar `super.paintComponent`, então o pano de fundo pode não ser apagado, ou nossas instruções de desenho podem aparecer na posição errada.

12.2 Gerenciamento de Leiaute

> Organizamos os componentes de interface com o usuário colocando-os dentro de contêineres. Os contêineres podem ser colocados dentro de contêineres maiores.

> Cada contêiner tem um gerenciador de leiaute que determina a disposição de seus componentes.

> Três gerenciadores de leiaute úteis são o BorderLayout, o FlowLayout e o GridLayout.

> Ao acrescentar um componente a um contêiner com BorderLayout, especifique a posição NORTH, EAST, SOUTH, WEST ou CENTER.

Até este momento, nós simplesmente adicionamos componentes de interface com o usuário, tais como botões e campos de texto, em um contêiner, como um painel, por exemplo. O painel arranja os componentes da esquerda para a direita. Entretanto, em muitas aplicações, temos de empilhar alguns dos componentes de cima para baixo, ou fazer algum outro arranjo.

Em Java, construímos interfaces com o usuário acrescentando componentes em contêineres tais como painéis. Cada contêiner tem seu próprio *gerenciador de leiaute,* o qual determina como os componentes são dispostos.

Por *default*, um `JPanel` usa um *FlowLayout* (leiaute de fluxo). O FlowLayout simplesmente arranja seus componentes da esquerda para a direita e inicia uma nova linha quando não há mais espaço na linha atual.

Outro gerenciador de leiaute comumente usado é o *BorderLayout* (leiaute de borda). O BorderLayout agrupa o contêiner em cinco áreas: *center* (centro), *north* (norte), *west* (oeste), *south* (sul) e *east* (leste) (veja a Figura 3). Geralmente não preenchemos as cinco áreas ao mesmo tempo.

Podemos configurar o gerenciador de leiaute de um painel para BorderLayout:

```
panel.setLayout(new BorderLayout());
```

Ao acrescentar um componente a um contêiner com BorderLayout, temos de especificar a posição da seguinte maneira:

```
panel.add(label, BorderLayout.CENTER);
```

```
┌─────────────────────────┐
│         North           │
├──────┬───────────┬──────┤
│ West │  Center   │ East │
├──────┴───────────┴──────┤
│         South           │
└─────────────────────────┘
```

Figura 3
Áreas do BorderLayout.

> O painel de conteúdo de um *frame* ou *applet* tem o BorderLayout por *default*. O painel tem um FlowLayout por *default*.

> Com o FlowLayout, os componentes individuais ficam em seus tamanhos preferidos. O BorderLayout e o GridLayout redimensionam os componentes para que preencham a área definida para eles.

Em vez de usar um painel e configurar seu gerenciador de leiaute para um BorderLayout, podemos também usar o painel de conteúdo *default* de um *frame* — ele já usa um BorderLayout. Nós o recuperamos com o método `getContent-Pane`:

```
frame.getContentPane().add(label, BorderLayout.CENTER);
```

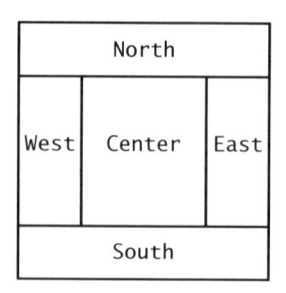

Há uma diferença importante entre o BorderLayout e o FlowLayout. O BorderLayout expande cada componente para preencher todo espaço disponível em sua área. Por exemplo, a Figura 4 mostra como fica um botão quando colocado na área *south* de um BorderLayout. Em contraste, o FlowLayout mantém cada componente no seu tamanho *preferido*. É por isso que os botões dentro de um painel ficam com seu tamanho natural. Portanto, mesmo se tivermos somente um botão, se quisermos protegê-lo de ter seu tamanho alterado, temos de colocá-lo dentro de um novo painel.

O GridLayout (*leiaute de grade*) é um terceiro leiaute, às vezes muito útil. O GridLayout organiza os componentes sobre uma grade com um número fixo de linhas e colunas, mudando o tamanho de cada um dos componentes a fim de que todos tenham o mesmo tamanho. Assim como o BorderLayout, ele também expande cada componente para preencher toda a área alocada. Se não

Figura 4
Componentes expandidos para preencher espaço no BorderLayout.

quisermos que isso aconteça, precisamos colocar cada componente dentro de um painel, como foi descrito anteriormente. A Figura 5 mostra um painel de teclado numérico que usa um GridLayout. Para criar um GridLayout, fornecemos o número de linhas e colunas no construtor. Então acrescentamos os componentes, linha por linha, da esquerda para a direita:

```
JPanel numberPanel = new JPanel();
numberPanel.setLayout(new GridLayout(4, 3));
numberPanel.add(button7);
numberPanel.add(button8);
numberPanel.add(button9);
numberPanel.add(button4);
...
```

Algumas vezes queremos um arranjo tabular dos componentes em que as colunas têm tamanhos diferentes ou um dos componentes se expande por várias colunas. Um gerenciador de leiaute mais complexo chamado de GridBagLayout pode tratar dessas situações. O GridBagLayout, entretanto, é bastante complexo de usar, e não o abordaremos neste livro. Para maiores informações a respeito veja, por exemplo, [1]. Usando o BorderLayout, o FlowLayout e o GridLayout, juntamente com os painéis, podemos criar leiautes de aparência aceitável em praticamente todas as situações (veja, por exemplo, a Figura 6). As bordas em volta dos painéis não aparecem na janela de *frame* real — elas somente são acrescentadas à figura para nos mostrar o tamanho dos contêineres.

Se você quiser mais controle sobre leiaute de componentes, verifique o GridBagLayout, ou então use um ambiente de desenvolvimento com uma ferramenta de leiaute que lhe possibilite colocar os componentes visualmente e depois gerar o código Java adequado.

12.3 Usando Herança para Personalizar *Frames*

> Defina uma subclasse JFrame para um *frame* complexo.

À medida que acrescentamos mais componentes de interface com o usuário a um *frame*, o *frame* pode tornar-se bem complexo. Devemos usar herança para um frame que contenha múltiplos componentes. A seguir, temos um exemplo típico. Vamos acrescentar um painel de controle para configurar a posição de um retângulo em um *frame*, tal como na Figura 6.

Projete uma subclasse de JFrame e acrescente os componentes de interface com o usuário no construtor. Se um conjunto de componentes de interface com o usuário se tornar complexo, então

Figura 5

GridLayout.

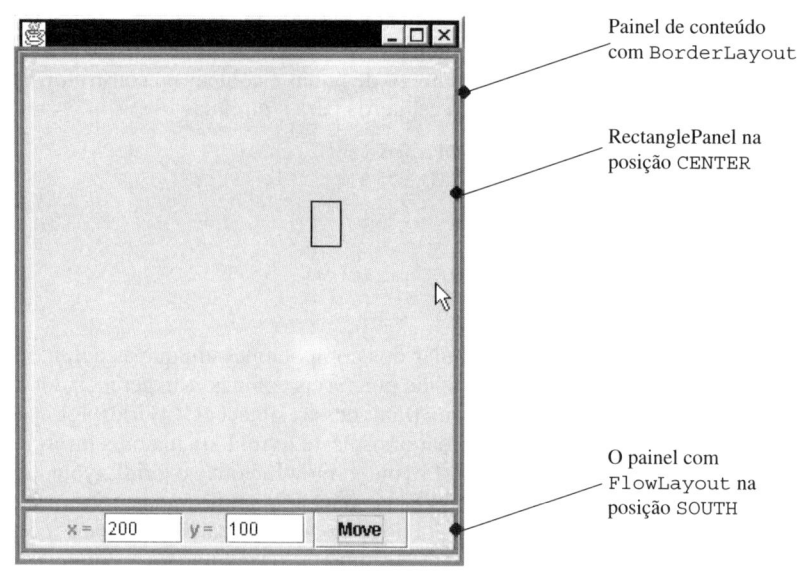

Figura 6
Combinando gerenciadores de leiaute.

- Painel de conteúdo com `BorderLayout`
- `RectanglePanel` na posição `CENTER`
- O painel com `FlowLayout` na posição `SOUTH`

escreva um método separado para contruir esse conjunto. Em nosso exemplo, temos um método separado para construir o painel de controle na parte de baixo do *frame*.

```
public class RectangleFrame extends JFrame
{
   public RectangleFrame()
   {
      // o painel que desenha o retângulo
      rectPanel = new RectanglePanel();
      getContentPane().add(
         rectPanel, BorderLayout.CENTER);

      createControlPanel();

      pack();
   }

   private void createControlPanel()
   {
      // os campos de texto para inserir as coordenadas x e y
      final JTextField xField = new JTextField(5);
      final JTextField yField = new JTextField(5);

      class MoveButtonListener implements ActionListener
      {
         public void actionPerformed(ActionEvent event)
         {
            int x = Integer.parseInt(xField.getText());
            int y = Integer.parseInt(yField.getText());
            rectPanel.setLocation(x, y);
         }
      }

      // cria o botão e anexa o escutador
```

```
        ...
        // o painel para conter os componentes de interface com o usuário
        JPanel controlPanel = new JPanel();

        // acrescenta os componentes ao painel de controle
        ...
        getContentPane().add(
            controlPanel, BorderLayout.SOUTH);
    }

    private RectanglePanel rectPanel;
}
```

Transformamos em variáveis de instância da classe quaisquer componentes que tenham de ser compartilhados entre esses métodos. Por exemplo, `rectPanel` é necessário tanto no construtor `RectangleFrame` como no método `createControlPanel`.

Agora necessitamos de uma classe de programa separada para exibir o *frame*:

```
public class RectangleTest
{
    public static void main(String[] args)
    {
        JFrame appFrame = new RectangleFrame();
        appFrame.setDefaultCloseOperation(
            JFrame.EXIT_ON_CLOSE);
        appFrame.show();
    }
}
```

Há uma complexidade adicional. O escutador de ações do botão "Move" não tem acesso direto ao retângulo dentro de `RectanglePanel`. Portanto, temos de acrescentar um método ao `RectanglePanel` que permita que outros configurem a localização do retângulo.

```
public class RectanglePanel extends JPanel
{
    public RectanglePanel()
    {
        ...
        box = new Rectangle(...);
    }

    public void setLocation(int x, int y)
    {
        box.setLocation(x, y);
        repaint();
    }

    public void paintComponent(Graphics g)
    {
        super.paintComponent(g);
        Graphics2D g2 = (Graphics2D)g;
        g2.draw(box);
    }

    private Rectangle box;
}
```

Isso é bem típico de um painel que exibe gráficos. Geralmente, os gráficos se alteram através de algum evento externo. A classe do painel precisa fornecer métodos para alterar o estado do gráfico.

Esses métodos devem aplicar as configurações adequadas e então chamar `repaint` para disparar uma nova exibição do desenho.

A Figura 7 mostra as classes dessa aplicação.

Arquivo RectangleTest.java

```
1  import javax.swing.JFrame;
2
3  /**
4  Este programa testa o RectangleFrame.
5  */
6      public class RectangleTest
7  {
8      public static void main(String[] args)
9      {
10        JFrame appFrame = new RectangleFrame();
11        appFrame.setDefaultCloseOperation(
12           JFrame.EXIT_ON_CLOSE);
13        appFrame.show();
14     }
15 }
```

Arquivo RectangleFrame.java

```
1  import java.awt.BorderLayout;
2  import java.awt.event.ActionEvent;
3  import java.awt.event.ActionListener;
4  import javax.swing.JButton;
5  import javax.swing.JFrame;
6  import javax.swing.JLabel;
7  import javax.swing.JPanel;
8  import javax.swing.JTextField;
9
10 /**
11      Este frame contém um painel que exibe um retângulo
12      e um painel de campos de texto para especificar a posição do retângulo.
13 */
14 public class RectangleFrame extends JFrame
15 {
16     /**
```

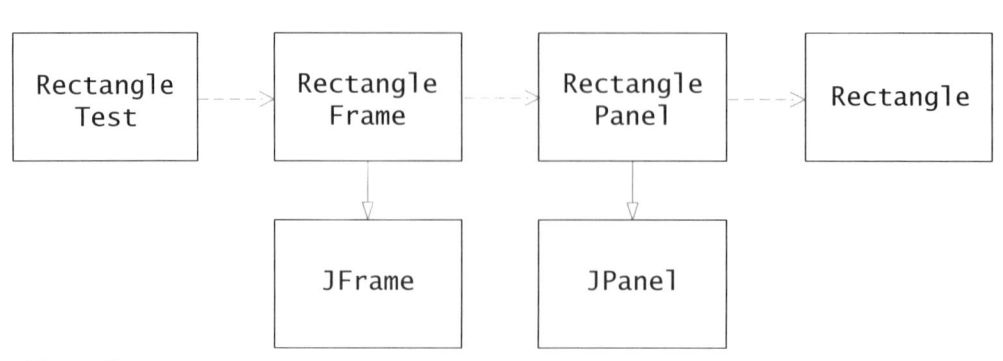

Figura 7
Classes da aplicação de painel retangular.

```
17          Constrói o frame.
18       */
19       public RectangleFrame()
20       {
21          // o painel que desenha o retângulo
22          rectPanel = new RectanglePanel();
23
24          // adiciona painel ao painel de conteúdo
25          getContentPane().add(
26             rectPanel, BorderLayout.CENTER);
27
28          createControlPanel();
29
30          pack();
31       }
32
33       /**
34          Cria o painel de controle com os campos de texto
35          na parte de baixo do frame.
36       */
37       private void createControlPanel()
38       {
39          // os campos de texto para se inserir as coordenadas x e y
40          final JTextField xField = new JTextField(5);
41          final JTextField yField = new JTextField(5);
42
43          // o botão para mover o retângulo
44          JButton moveButton = new JButton("Move");
45
46          class MoveButtonListener implements ActionListener
47          {
48             public void actionPerformed(ActionEvent event)
49             {
50                int x = Integer.parseInt(xField.getText());
51                int y = Integer.parseInt(yField.getText());
52                rectPanel.setLocation(x, y);
53             }
54          };
55
56          ActionListener listener = new MoveButtonListener();
57          moveButton.addActionListener(listener);
58
59          // os rótulos para rotular os campos de texto
60          JLabel xLabel = new JLabel("x = ");
61          JLabel yLabel = new JLabel("y = ");
62
63          // o painel para conter os componentes de interface com o usuário
64          JPanel controlPanel = new JPanel();
65
66          controlPanel.add(xLabel);
67          controlPanel.add(xField);
68          controlPanel.add(yLabel);
69          controlPanel.add(yField);
70          controlPanel.add(moveButton);
```

```
71
72          getContentPane().add(
73             controlPanel, BorderLayout.SOUTH);
74      }
75
76      private RectanglePanel rectPanel;
77  }
```

Arquivo RectanglePanel.java

```
1  import java.awt.Dimension;
2  import java.awt.Graphics;
3  import java.awt.Graphics2D;
4  import java.awt.Rectangle;
5  import javax.swing.JPanel;
6
7  /**
8      Este painel exibe um retângulo.
9  */
10 public class RectanglePanel extends JPanel
11 {
12     /**
13         Constrói um painel retangular com o retângulo em uma
14         localização default.
15     */
16     public RectanglePanel()
17     {
18        setPreferredSize(
19           new Dimension(PANEL_WIDTH, PANEL_HEIGHT));
20        // o retângulo que o método paint desenha
21        box = new Rectangle(BOX_X, BOX_Y,
22           BOX_WIDTH, BOX_HEIGHT);
23     }
24
25     /**
26         Configura a localização do retângulo e redesenha o painel
27         @param x a coordenada x do canto superior esquerdo do retângulo
28         @param y a coordenada y do canto superior esquerdo do retângulo
29     */
30     public void setLocation(int x, int y)
31     {
32        box.setLocation(x, y);
33        repaint();
34     }
35
36     public void paintComponent(Graphics g)
37     {
38        super.paintComponent(g);
39        Graphics2D g2 = (Graphics2D)g;
40        g2.draw(box);
41     }
42
43     private Rectangle box;
44     private static final int BOX_X = 100;
45     private static final int BOX_Y = 100;
```

```
46      private static final int BOX_WIDTH = 20;
47      private static final int BOX_HEIGHT = 30;
48
49      private static final int PANEL_WIDTH = 300;
50      private static final int PANEL_HEIGHT = 300;
51   }
```

🅃🄰 Tópico Avançado   12.1

Adicionando o Método main **à Classe Frame**

Dê outra olhada no programa RectangleTest. Temos duas classes: RectangleTest, uma classe com apenas um método main que constrói e exibe o frame, e a classe Rectangle-Frame, a qual contém o construtor do *frame*, métodos de ajuda e variáveis de instância. Alguns programadores preferem combinar essas duas classes, simplesmente acrescentando o método main à classe do *frame*:

```
public class RectangleFrame extends JFrame
{
   public static void main(String[] args)
   {
      JFrame appFrame = new RectangleFrame();
      appFrame.setDefaultCloseOperation(
         JFrame.EXIT_ON_CLOSE);
      appFrame.show();
   }

   public RectangleFrame()
   {
      ...
   }
   ...
}
```

Esse é um atalho conveniente que encontraremos em muitos programas, mas ele confunde as responsabilidades entre a classe do *frame* e o programa. Portanto, não usamos essa abordagem neste livro.

🅃🄰 Tópico Avançado   12.2

Convertendo um Frame em um Applet

Se você gostou de colocar seus *applets* em uma página Web, então você irá querer saber como converter uma aplicação gráfica em um *applet*. O pacote javax.swing fornece uma classe JApplet que é muito semelhante a um JFrame. Diferentemente de um Applet simples, o JApplet também tem um painel de conteúdo cujo *default* é o BorderLayout. Portanto, posicionar os componentes em um JApplet é exatamente igual a fazê-lo em um JFrame.

Portanto, precisamos apenas de alguns passos para converter um *frame* em um *applet*:

1. Descarte a classe com o método main que mostra o *frame*.
2. Herde de JApplet, e não de JFrame.
3. Remova quaisquer chamadas para setSize. Você precisa configurar o tamanho na página HTML do *applet*.
4. Remova quaisquer chamadas para setTitle. Se você quiser mostrar um título, forneça-o em HTML na marca *applet*.

▼ Lembre-se de que os visitantes de seu *site* Web necessitarão de um navegador habilitado para Java 2, tal como Netscape 6 ou Opera. Navegadores mais antigos não conseguem exibir *applets* em Java 2.

12.4 Opções

12.4.1 Botões de Opção

Nesta seção, veremos como apresentamos um conjunto finito de opções ao usuário. Se as opções forem mutuamente exclusivas, use um conjunto de botões de opção (*radio buttons*). Em um conjunto de botões de opção, apenas um botão pode ser selecionado de cada vez. Quando o usuário selecionar outro botão no mesmo conjunto, o botão que havia sido selecionado anteriormente é automaticamente desligado. Esses botões são chamados de *radio buttons* porque funcionam como os botões seletores de estações em um rádio de automóvel. Se selecionarmos uma nova estação, o botão da estação anterior salta automaticamente. Por exemplo, na Figura 8, os tamanhos das fontes são mutuamente exclusivos. Podemos escolher *small* (pequeno), *medium* (médio) ou *large* (grande), mas não uma combinação deles.

> No caso de um pequeno conjunto de opções mutuamente exclusivas, use um grupo de botões de opção ou uma caixa de combinação.

> Acrescente botões de opção em um `ButtonGroup` de modo que apenas um botão do grupo seja ligado de cada vez.

Para criar um conjunto de botões de opção, primeiramente criamos cada botão individualmente e então acrescentamos todos os botões do conjunto a um objeto `ButtonGroup`:

```
JRadioButton smallButton = new JRadioButton("Small");
JRadioButton mediumButton = new JRadioButton("Medium");
JRadioButton largeButton = new JRadioButton("Large");

ButtonGroup group = new ButtonGroup();
group.add(smallButton);
group.add(mediumButton);
group.add(largeButton);
```

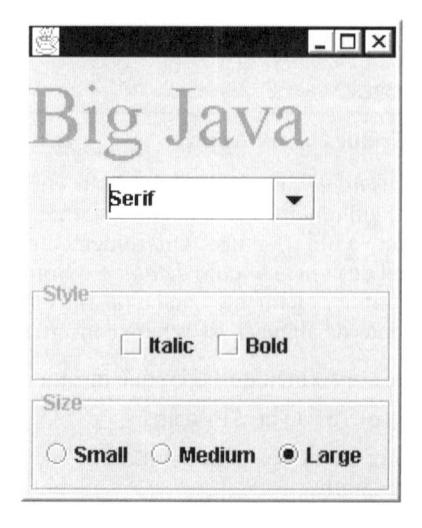

Figura 8

Caixa de combinação, caixas de seleção e botões de opção.

Note que o grupo de botões *não* posiciona os botões próximos uns dos outros no contêiner. O objetivo do grupo de botões é simplesmente descobrir quais botões desligar quando um deles é ligado. Organizar os botões na tela ainda é tarefa nossa.

Seu programa pode ligar ou desligar um botão sem que o usuário clique sobre ele, chamando o método `setSelected`. Se tivermos uma referência a um botão, podemos chamar o método `isSelected` para descobrir se o botão está selecionado ou não neste momento. Por exemplo,

```
if (largeButton.isSelected()) size = LARGE_SIZE;
```

> Podemos colocar uma borda em volta de um painel para agrupar visualmente seu conteúdo.

Devemos chamar `setSelected(true)` sobre um dos botões de opção em cada grupo de botões de opção antes de exibir o contêiner.

Se tivermos múltiplos grupos de botões em um contêiner, é uma boa idéia agrupá-los visualmente juntos. Provavelmente usemos painéis para construir nossa interface com o usuário, mas os painéis em si são invisíveis. Podemos acrescentar uma borda a um painel para torná-lo visível. Na Figura 8, por exemplo, os painéis que contêm os botões de opção Size e as caixas de seleção Style têm bordas.

Há um grande número de tipos de bordas. Mostraremos apenas um tipo e deixaremos para os fãs de bordas pesquisar as demais na documentação do Swing. A classe `EtchedBorder` gera uma borda com um efeito de baixo relevo em 3D. Podemos acrescentar bordas a qualquer componente, mas o mais comum é aplicá-las a painéis:

```
JPanel panel = new JPanel();
panel.setBorder(new EtchedBorder());
```

Se quisermos acrescentar um título à borda (como na Figura 8), temos de construir uma `TitledBorder`. As bordas Swing podem ser colocadas em camadas, semelhantemente a objetos de fluxo (discutidos no Capítulo 15). Geramos uma borda com título fornecendo uma borda básica e então o título que queremos. A seguir temos um exemplo típico:

```
panel.setBorder(new TitledBorder(
    new EtchedBorder(), "Size"));
```

12.4.2 Caixas de Seleção

> No caso de uma escolha binária, use uma caixa de seleção.

As opções para "Bold" e "Italic" na Figura 8 *não* são mutuamente exclusivas. Podemos escolher uma delas, ambas ou nenhuma. Portanto, elas são implementadas como um conjunto de caixas de seleção separadas. Botões de opção e caixas de seleção têm aparência visual diferente. Botões de opção são redondos e apresentam um ponto preto quando estão selecionados. As caixas de seleção são quadradas e apresentam a marca de "certo" quando selecionadas. (A rigor, a aparência depende do *look-and-feel* — aparência e comportamento — escolhido. É possível criar uma aparência e comportamento diferentes no qual as caixas de seleção possuam um formato diferente ou emitam um determinado som quando são selecionadas.)

Construímos uma caixa de seleção fornecendo seu nome no construtor:

```
JCheckBox italicCheckBox = new JCheckBox("Italic");
```

Não coloque caixas de seleção dentro de um grupo de botões.

12.4.3 Caixas de Combinação

> Se tivermos um grande conjunto de opções mutuamente exclusivas, usamos uma caixa de combinação.

Se tivermos um grande número de opções, não vamos fazer um conjunto de botões de opção, pois isso ocuparia muito espaço. Antes, podemos usar uma caixa de combinação (*combo box*). Esse componente é chamado de caixa de combinação porque é uma combinação de uma lista com um campo de texto. O campo de texto exibe o nome da seleção atual. Quando clicamos sobre a seta à direita do campo de texto de uma caixa de combinação, uma lista de opções é aberta, e podemos escolher um dos itens da lista (veja a Figura 9).

Se a caixa de combinação for *editável*, podemos também inserir nossa própria opção. Para tornar uma caixa de combinação editável, chame o método `setEditable`.

Para acrescentar *strings* a uma caixa de combinação, usamos o método `addItem`.

```
JComboBox facenameCombo = new JComboBox();
facenameCombo.addItem("Serif");
facenameCombo.addItem("SansSerif");
...
```

Obtemos o item que o usuário selecionou chamando o método `getSelectedItem`. Entretanto, uma vez que as caixas de combinação podem armazenar outros objetos além de *strings*, o método `getSelectedItem` tem tipo de retorno `Object`. Dessa forma, temos de converter o valor de retorno de volta para `String`.

```
String selectedString =
    (String)facenameCombo.getSelectedItem();
```

> Botões de opção, caixas de seleção e caixas de combinação geram eventos de ação, assim como os botões.

Podemos selecionar um item para o usuário com o método `setSelectedItem`.

Botões de opção, caixas de seleção e caixas de combinação geram um `ActionEvent` sempre que o usuário selecionar um item. No programa a seguir, não nos preocupamos em saber qual componente foi clicado — todos os componentes notificam o mesmo objeto escutador. Sempre que o usuário clicar sobre qualquer um deles, simplesmente solicitamos a cada componente seu conteúdo atual usando os métodos `isSelected` e `getSelectedItem`. Então, redesenhamos a amostra de texto com a nova fonte.

A Figura 10 mostra como os componentes são organizados no *frame*. A Figura 11 mostra o diagrama UML.

Arquivo ChoiceTest.java

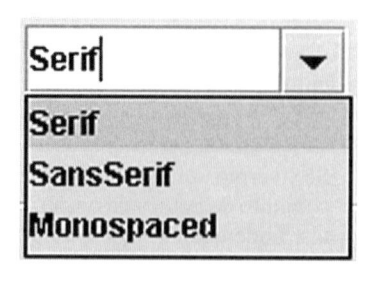

```
 1  import javax.swing.JFrame;
 2
 3  /**
 4      Este programa testa o ChoiceFrame.
 5  */
 6  public class ChoiceTest
 7  {
 8      public static void main(String[] args)
 9      {
10          JFrame frame = new ChoiceFrame();
```

Figura 9

Caixa de combinação aberta.

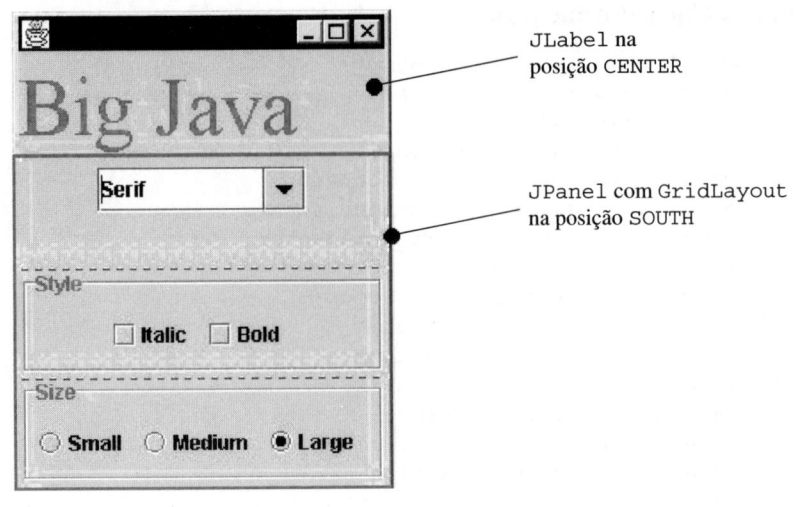

CAPÍTULO 12 • INTERFACE GRÁFICA COM O USUÁRIO   **459**

Figura 10
Componentes do `ChoiceFrame`.

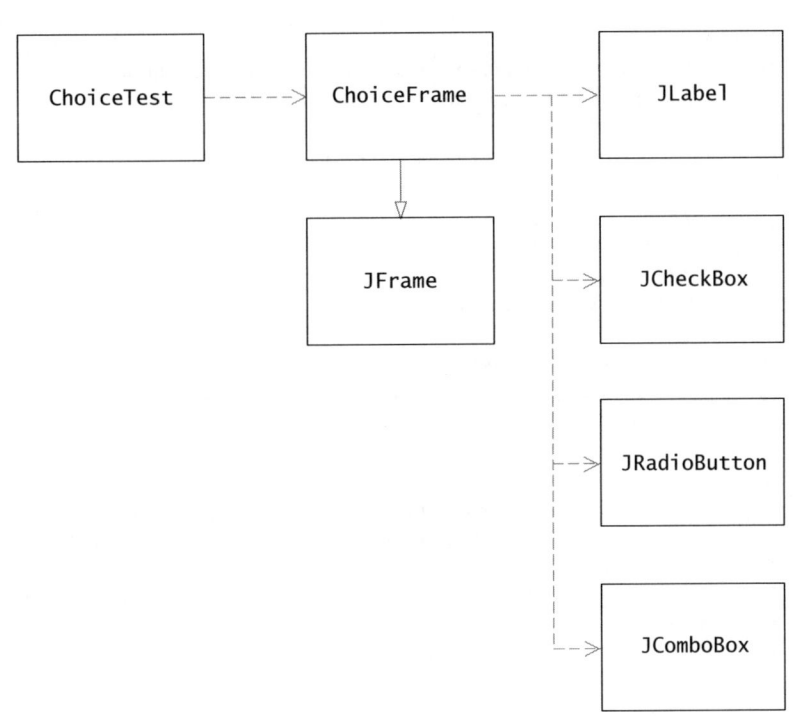

JLabel na posição CENTER

JPanel com GridLayout na posição SOUTH

Figura 11
Classes do programa `ChoiceTest`.

```
11          frame.setDefaultCloseOperation(
12          JFrame.EXIT_ON_CLOSE);
13          frame.show();
14      }
15  }
```

Arquivo ChoiceFrame.java

```java
 1 import java.awt.BorderLayout;
 2 import java.awt.Container;
 3 import java.awt.Font;
 4 import java.awt.GridLayout;
 5 import java.awt.event.ActionEvent;
 6 import java.awt.event.ActionListener;
 7 import java.awt.event.WindowAdapter;
 8 import java.awt.event.WindowEvent;
 9 import javax.swing.ButtonGroup;
10 import javax.swing.JButton;
11 import javax.swing.JCheckBox;
12 import javax.swing.JComboBox;
13 import javax.swing.JFrame;
14 import javax.swing.JLabel;
15 import javax.swing.JPanel;
16 import javax.swing.JRadioButton;
17 import javax.swing.border.EtchedBorder;
18 import javax.swing.border.TitledBorder;
19
20 /**
21     Este frame contém um campo de texto e um painel de controle
22     para mudar a fonte do texto.
23 */
24 public class ChoiceFrame extends JFrame
25 {
26    /**
27       Constrói o frame.
28    */
29    public ChoiceFrame()
30    {
31       // constrói amostra de texto
32       sampleField = new JLabel("Big Java");
33       getContentPane().add(
34          sampleField, BorderLayout.CENTER);
35
36       // este escutador é compartilhado entre todos os componentes
37       class ChoiceListener implements ActionListener
38       {
39          public void actionPerformed(ActionEvent event)
40          {
41             setSampleFont();
42          }
43       }
44
45       listener = new ChoiceListener();
46
47       createControlPanel();
48       setSampleFont();
49       pack();
50    }
51
52    /**
```

```
53            Cria o painel de controle para mudar a fonte.
54       */
55       public void createControlPanel()
56       {
57           JPanel facenamePanel = createComboBox();
58           JPanel sizeGroupPanel = createCheckBoxes();
59           JPanel styleGroupPanel = createRadioButtons();
60
61           // alinha os painéis dos componentes
62
63           JPanel controlPanel = new JPanel();
64           controlPanel.setLayout(new GridLayout(3, 1));
65           controlPanel.add(facenamePanel);
66           controlPanel.add(sizeGroupPanel);
67           controlPanel.add(styleGroupPanel);
68
69           // acrescenta os painéis ao painel de conteúdo
70
71           getContentPane().add(
72               controlPanel, BorderLayout.SOUTH);
73       }
74
75       /**
76           Cria a caixa de combinação com as opções de estilos de fontes.
77           @return o painel contendo a caixa de combinação
78       */
79       public JPanel createComboBox()
80       {
81           facenameCombo = new JComboBox();
82           facenameCombo.addItem("Serif");
83           facenameCombo.addItem("SansSerif");
84           facenameCombo.addItem("Monospaced");
85           facenameCombo.setEditable(true);
86           facenameCombo.addActionListener(listener);
87
88           JPanel panel = new JPanel();
89           panel.add(facenameCombo);
90           return panel;
91       }
92
93       /**
94           Cria as caixas de seleção para a seleção dos estilos negrito (*bold*) e itálico (*italic*).
95           @return o painel contendo as caixas de seleção
96       */
97       public JPanel createCheckBoxes()
98       {
99           italicCheckBox = new JCheckBox("Italic");
100          italicCheckBox.addActionListener(listener);
101
102          boldCheckBox = new JCheckBox("Bold");
103          boldCheckBox.addActionListener(listener);
104
105          JPanel panel = new JPanel();
106          panel.add(italicCheckBox);
```

```java
107            panel.add(boldCheckBox);
108            panel.setBorder
109               (new TitledBorder(new EtchedBorder(), "Style"));
110
111            return panel;
112         }
113
114         /**
115            Cria os botões de opção para a seleção do tamanho da fonte.
116            @return o painel contendo os botões de opção
117         */
118         public JPanel createRadioButtons()
119         {
120            smallButton = new JRadioButton("Small");
121            smallButton.addActionListener(listener);
122
123            mediumButton = new JRadioButton("Medium");
124            mediumButton.addActionListener(listener);
125
126            largeButton = new JRadioButton("Large");
127            largeButton.addActionListener(listener);
128            largeButton.setSelected(true);
129
130            // acrescenta botões de opção ao grupo de botões
131
132            ButtonGroup group = new ButtonGroup();
133            group.add(smallButton);
134            group.add(mediumButton);
135            group.add(largeButton);
136
137            JPanel panel = new JPanel();
138            panel.add(smallButton);
139            panel.add(mediumButton);
140            panel.add(largeButton);
141            panel.setBorder
142               (new TitledBorder(new EtchedBorder(), "Size"));
143
144            return panel;
145         }
146
147         /**
148            Obtém a escolha do usuário para nome da fonte, estilo e tamanho
149            e configura a fonte da amostra de texto.
150         */
151         public void setSampleFont()
152         {  // obter o nome da fonte
153
154            String facename
155               = (String)facenameCombo.getSelectedItem();
156
157            // obtém o estilo da fonte
158
159            int style = 0;
```

```java
160         if (italicCheckBox.isSelected())
161            style = style + Font.ITALIC;
162         if (boldCheckBox.isSelected())
163            style = style + Font.BOLD;
164
165         // obtém o tamanho da fonte
166
167         int size = 0;
168
169         final int SMALL_SIZE = 24;
170         final int MEDIUM_SIZE = 36;
171         final int LARGE_SIZE = 48;
172
173         if (smallButton.isSelected())
174            size = SMALL_SIZE;
175         else if (mediumButton.isSelected())
176            size = MEDIUM_SIZE;
177         else if (largeButton.isSelected())
178            size = LARGE_SIZE;
179
180         // configura a fonte do campo de texto
181
182         sampleField.setFont(
183            new Font(facename, style, size));
184         sampleField.repaint();
185      }
186
187      private JLabel sampleField;
188      private JCheckBox italicCheckBox;
189      private JCheckBox boldCheckBox;
190      private JRadioButton smallButton;
191      private JRadioButton mediumButton;
192      private JRadioButton largeButton;
193      private JComboBox facenameCombo;
194      private ActionListener listener;
195   }
```

Como Fazer? 12.1

Gerenciamento de Leiaute

A interface gráfica com o usuário é composta de componentes como botões e campos de texto. A biblioteca Swing usa contêineres e gerenciadores de leiaute para organizar esses componentes. Esta seção Como Fazer? explica como agrupamos componentes dentro de contêineres e como escolhemos os gerenciadores de leiaute corretos.

Passo 1 **Faça um esboço do leiaute de componentes que você deseja**

Desenhe todos os botões, rótulos, campos de texto e bordas numa folha de papel. O melhor é papel milimetrado.

A seguir, temos um exemplo — uma interface com o usuário para pedidos de pizza. A interface com o usuário contém

- Três botões de opção
- Duas caixas de seleção
- Um rótulo: "Your Price:"
- Um campo de texto
- Uma borda

Passo 2   Identifique agrupamentos de componentes adjacentes com o mesmo leiaute

Geralmente, a organização dos componentes é suficientemente complexa para termos de usar diversos painéis, cada um com seu próprio gerenciador de leiaute. Comece olhando para componentes adjacentes que estão organizados de cima para baixo ou da esquerda para a direita. Se diversos componentes estão circundados por uma borda, eles provavelmente devem ser agrupados juntos.

A seguir, temos os arranjos da interface com o usuário da pizza:

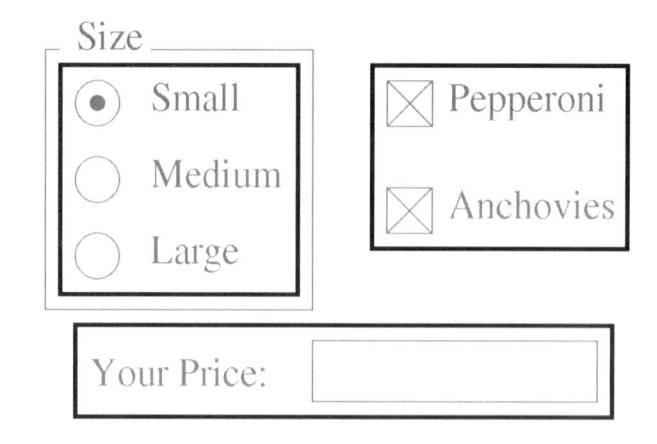

Passo 3   Identifique os leiautes de cada grupo

Quando os componentes estiverem organizados horizontalmente, use o FlowLayout. Quando os componentes estiverem organizados verticalmente, use o GridLayout. A grade tem tantas linhas quanto você tiver componentes, e uma coluna.

No exemplo da interface com o usuário para pedir pizza, você escolheria

- Um GridLayout (3, 1) para os botões de opção
- Um GridLayout (2, 1) para as caixas de seleção
- Um FlowLayout para o rótulo e o campo de texto

▼ **Passo 4 Junte os grupos**

Olhe para cada grupo como uma bolha, e reúna as bolhas em grupos maiores, da mesma forma que você agrupou os componentes no passo anterior. Se você notar uma bolha grande cercada por bolhas menores, você pode agrupá-las em um BorderLayout.

Talvez você precise repetir o agrupamento novamente se tiver uma interface com o usuário muito complexa. Você terá terminado quando tiver organizado todos os grupos em um único contêiner.

Por exemplo, os três grupos de componentes da interface com o usuário para pedir pizzas pode ser organizada da seguinte maneira:

- Um grupo contendo os dois primeiros grupos de componentes, colocado no centro de um contêiner de um BorderLayout
- O terceiro grupo de componentes, na região sul desse contêiner

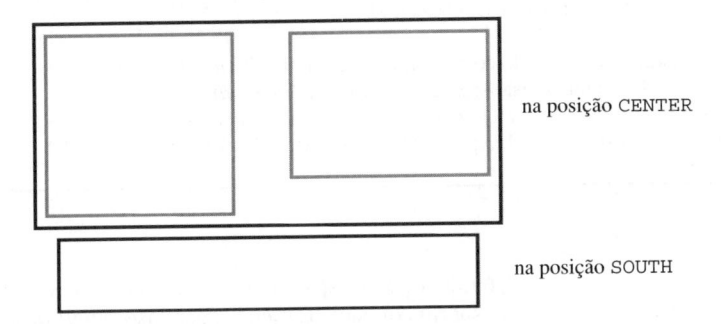

na posição CENTER

na posição SOUTH

Neste passo, podemos enfrentar algumas complicações. As bolhas dos grupos tendem a variar de tamanho mais do que os componentes individuais. Se você colocá-los dentro de um GridLayout, este os forçará a ficar todos do mesmo tamanho. Ocasionalmente, você também gostaria que um componente de um grupo se alinhasse com um componente de outro grupo, mas não há como comunicar essa intenção aos gerenciadores de leiaute.

Esses problemas podem ser vencidos usando gerenciadores de leiaute mais sofisticados ou implementando um gerenciador de leiaute personalizado. Entretanto, essas técnicas vão além do escopo deste livro. Às vezes, você pode querer refazer o passo 1 usando um leiaute de componentes que seja mais fácil de gerenciar. Ou você pode decidir conviver com pequenas imperfeições de leiaute. Não se preocupe em atingir o leiaute perfeito — afinal, você está aprendendo programação, e não projeto de interface com o usuário.

▼ **Passo 5 Escreva o código para gerar o leiaute**

Este passo é simples e direto, mas pode tornar-se enfadonho, especialmente se você tiver um grande número de componentes.

Comece com a construção dos componentes. Então, construa um painel para cada grupo de componentes e configure seu gerenciador de leiaute se não for um FlowLayout (o *default* para painéis). Acrescente uma borda ao painel se for necessário. Finalmente, acrescente os componentes ao painel.

Continue dessa forma até atingir o contêiner mais externo. Em vez de construir outro painel, use o painel de conteúdo do `JFrame` ou `JApplet` circundante.

Naturalmente, você também precisa acrescentar tratadores de eventos aos componentes. Esse é o tópico da seção Como Fazer? 10.1.

A seguir, temos um esboço do código necessário para a interface com o usuário que pede uma pizza.

```
JPanel radioButtonPanel = new JPanel();
radioButtonPanel.setLayout(new GridLayout(3, 1));
radioButton.setBorder(new TitledBorder(
    new EtchedBorder(), "Size"));
```

```
        radioButtonPanel.add(smallButton);
        radioButtonPanel.add(mediumButton);
        radioButtonPanel.add(largeButton);

        JPanel checkBoxPanel = new JPanel();
        checkBoxPanel.setLayout(new GridLayout(2, 1));
        checkBoxPanel.add(pepperoniButton());
        checkBoxPanel.add(anchoviesButton());

        JPanel pricePanel = new JPanel(); // usa FlowLayout
        pricePanel.add(new JLabel("Your Price:"));
        pricePanel.add(priceTextField);

        JPanel centerPanel = new JPanel(); // usa FlowLayout
        centerPanel.add(radioButtonPanel);
        centerPanel.add(checkBoxPanel);

        // use o painel de conteúdo como contêiner de mais alto nível
        // o painel de conteúdo usa BorderLayout por default
        getContentPane().add(centerPanel, BorderLayout.CENTER);
        getContentPane().add(pricePanel, BorderLayout.SOUTH);
```

12.5 Menus

> O *frame* contém uma barra de menus, que contém menus. Um menu contém submenus e itens de menu.

Qualquer pessoa que alguma vez usou uma interface gráfica com o usuário conhece os menus suspensos (*pull-down*) (veja a Figura 12). Em Java, é fácil criar esses menus.

O contêiner para os itens do menu de mais alto nível é chamado de *barra de menu* no mundo Java. Primeiramente, construímos uma barra de menu e a anexamos ao *frame*:

```
public class MyFrame extends JFrame
{
    public MyFrame()
    {
        JMenuBar menuBar = new JMenuBar();
        setJMenuBar(menuBar);
        ...
    }
}
```

então, acrescentamos menus à barra de menus:

```
JMenu fileMenu = new JMenu("File");
menuBar.add(fileMenu);
```

O menu é uma coleção de *itens de menu* e mais menus (submenus). Acrescentamos itens de menu e submenus com o método add:

```
JMenuItem fileNewMenuItem = new JMenuItem("New");
fileMenu.add(fileNewMenuItem);
```

> Os itens de menu geram eventos de ação.

Um item de menu não possui outros submenus. Quando o usuário seleciona um item de menu, este envia um evento de ação. Portanto, devemos acrescentar um escutador para cada item de menu:

```
fileNewMenuItem.addActionListener(listener);
```

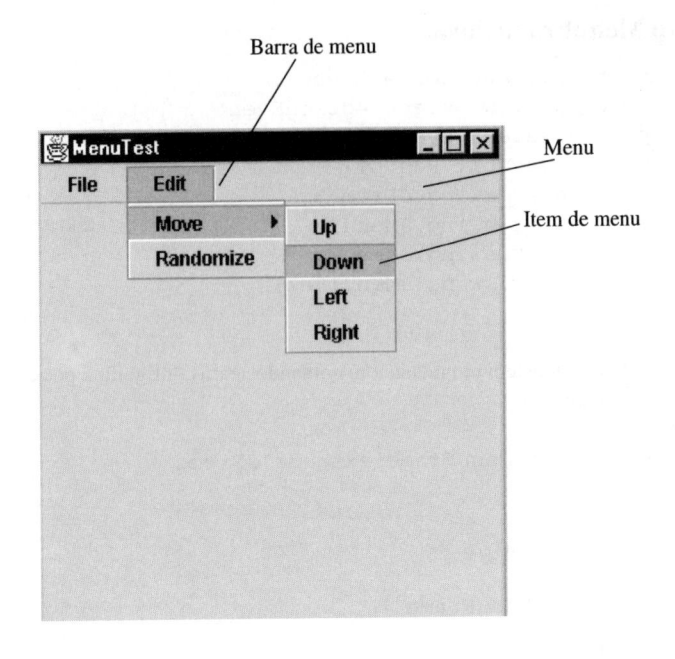

[Diagrama de uma janela "MenuTest" com rótulos: Barra de menu, Menu, Item de menu. Mostra menus File, Edit com submenu Move (Up, Down, Left, Right) e Randomize.]

Figura 12
Menus suspensos.

Acrescentamos escutadores de ação apenas para itens de menu, não para menus nem para a barra de menu. Quando o usuário clica sobre um nome de menu e se abre um submenu, nenhum evento de ação é enviado.

O programa a seguir constrói um menu pequeno, mas típico, e captura os eventos de ação dos itens de menu. Para manter o programa legível, é uma boa idéia usar um método separado para cada menu ou conjunto de menus relacionados. Dê uma olhada no método createMoveItem, o qual cria um item de menu para mover para cima, para baixo, para esquerda ou para a direita. A mesma classe escutadora de ação cuida dos quatro casos, sendo que os valores dx e dy variam para cada item de menu.

Arquivo MenuTest.java

```
1  import javax.swing.JFrame;
2
3  /**
4      Este programa testa o MenuFrame.
5  */
6  public class MenuTest
7  {
8      public static void main(String[] args)
9      {
10         JFrame frame = new MenuFrame();
11         frame.setDefaultCloseOperation(
12            JFrame.EXIT_ON_CLOSE);
13         frame.show();
14     }
15 }
```

Arquivo MenuFrame.java

```
1  import java.awt.BorderLayout;
2  import java.awt.event.ActionEvent;
3  import java.awt.event.ActionListener;
4  import java.util.Random;
5  import javax.swing.JFrame;
6  import javax.swing.JMenu;
7  import javax.swing.JMenuBar;
8  import javax.swing.JMenuItem;
9
10 /**
11     Este frame tem um menu com comandos para configurar a posição de
12     um retângulo.
13 */
14 publicclass MenuFrame extends JFrame
15 {
16     /**
17         Constrói o frame.
18     */
19     public MenuFrame()
20     {
21         generator = new Random();
22
23         // adiciona o painel de desenho ao painel de conteúdo
24
25         panel = new RectanglePanel();
26         getContentPane().add(panel, BorderLayout.CENTER);
27         pack();
28
29         // constrói o menu
30
31         JMenuBar menuBar = new JMenuBar();
32         setJMenuBar(menuBar);
33
34         menuBar.add(createFileMenu());
35         menuBar.add(createEditMenu());
36     }
37
38     /**
39         Cria o menu File.
40         @return o menu
41     */
42     public JMenu createFileMenu()
43     {
44         JMenu menu = new JMenu("File");
45         menu.add(createFileNewItem());
46         menu.add(createFileExitItem());
47         return menu;
48     }
49
50     /**
51         Cria o menu Edit.
52         @return o menu
```

```java
 53        */
 54       public JMenu createEditMenu()
 55       {
 56          JMenu menu = new JMenu("Edit");
 57          menu.add(createMoveMenu());
 58          menu.add(createEditRandomizeItem());
 59          return menu;
 60       }
 61
 62       /**
 63          Cria o submenu Move.
 64          @return o menu
 65       */
 66       public JMenu createMoveMenu()
 67       {
 68          JMenu menu = new JMenu("Move");
 69          menu.add(createMoveItem("Up", 0, -1));
 70          menu.add(createMoveItem("Down", 0, 1));
 71          menu.add(createMoveItem("Left", -1, 0));
 72          menu.add(createMoveItem("Right", 1, 0));
 73          return menu;
 74       }
 75
 76       /**
 77          Cria o item de menu File->New e configura seu escutador de ação.
 78          @return o item de menu
 79       */
 80       public JMenuItem createFileNewItem()
 81       {
 82          JMenuItem item = new JMenuItem("New");
 83          class MenuItemListener implements ActionListener
 84          {
 85             public void actionPerformed(ActionEvent event)
 86             {
 87                panel.reset();
 88             }
 89          }
 90          ActionListener listener = new MenuItemListener();
 91          item.addActionListener(listener);
 92          return item;
 93       }
 94
 95       /**
 96          Cria o item de menu File->Exit e configura seu escutador de ação.
 97          @return o item de menu
 98       */
 99       public JMenuItem createFileExitItem()
100       {
101          JMenuItem item = new JMenuItem("Exit");
102          class MenuItemListener implements ActionListener
103          {
104             public void actionPerformed(ActionEvent event)
105             {
106                System.exit(0);
```

```java
107          }
108       }
109       ActionListener listener = new MenuItemListener();
110       item.addActionListener(listener);
111       return item;
112    }
113
114    /**
115       Cria um item de menu para mover o retângulo e configura seu
116       escutador de ação.
117       @param label o rótulo do menu
118       @param dx a quantidade que se deve mover o retângulo na direção x
119       @param dy a quantidade que se deve mover o retângulo na direção y
120       @return o item de menu
121    */
122    public JMenuItem createMoveItem(String label,
123       final int dx, final int dy)
124    {
125       JMenuItem item = new JMenuItem(label);
126       class MenuItemListener implements ActionListener
127       {
128          public void actionPerformed(ActionEvent event)
129          {
130             panel.moveRectangle(dx, dy);
131          }
132       }
133       ActionListener listener = new MenuItemListener();
134       item.addActionListener(listener);
135       return item;
136    }
137
138    /**
139       Cria o item de menu Edit->Randomize e configura seu escutador de ação.
140       @return o item de menu
141    */
142    public JMenuItem createEditRandomizeItem()
143    {
144       JMenuItem item = new JMenuItem("Randomize");
145       class MenuItemListener implements ActionListener
146       {
147          public void actionPerformed(ActionEvent event)
148          {
149             int width = panel.getWidth();
150             int height = panel.getHeight();
151             int dx = -1 + generator.nextInt(3);
152             int dy = -1 + generator.nextInt(3);
153             panel.moveRectangle(dx, dy);
154          }
155       }
156       ActionListener listener = new MenuItemListener();
157       item.addActionListener(listener);
158       return item;
159    }
160
```

```java
161        private RectanglePanel panel;
162        private Random generator;
163 }
```

Arquivo RectanglePanel.java

```java
 1 import java.awt.Dimension;
 2 import java.awt.Graphics;
 3 import java.awt.Graphics2D;
 4 import java.awt.Rectangle;
 5 import javax.swing.JPanel;
 6
 7 /**
 8      Um painel que mostra um retângulo.
 9 */
10 class RectanglePanel extends JPanel
11 {
12     /**
13         Constrói um painel com o retângulo no canto superior esquerdo.
14     */
15     public RectanglePanel()
16     {
17         setPreferredSize(
18             new Dimension(PANEL_WIDTH, PANEL_HEIGHT));
19         // o retângulo que o método paint desenha
20         box = new Rectangle(0, 0, BOX_WIDTH, BOX_HEIGHT);
21     }
22
23     public void paintComponent(Graphics g)
24     {
25         super.paintComponent(g);
26         Graphics2D g2 = (Graphics2D)g;
27         g2.draw(box);
28     }
29
30     /**
31         Reinicializa o retângulo para o canto superior esquerdo.
32     */
33     public void reset()
34     {
35         box.setLocation(0, 0);
36         repaint();
37     }
38
39     /**
40         Move o retângulo e o redesenha. O retângulo
41         é movido por múltiplos de sua largura ou altura.
42         @param dx o número de unidades de largura
43         @param dy o número de unidades de altura
44     */
45     public void moveRectangle(int dx, int dy)
46     {
47         box.translate(dx * BOX_WIDTH, dy * BOX_HEIGHT);
48         repaint();
49     }
```

```
50
51      private Rectangle box;
52      private static final int BOX_WIDTH = 20;
53      private static final int BOX_HEIGHT = 30;
54      private static final int PANEL_WIDTH = 300;
55      private static final int PANEL_HEIGHT = 300;
56 }
```

12.6 Explorando a Documentação do Swing

> Devemos aprender a navegar na documentação da API para descobrir mais sobre componentes de interface com o usuário.

Nas seções anteriores, vimos as propriedades básicas dos componentes de interface com o usuário mais comuns. Propositadamente, omitimos muitas opções e variações para simplificar a discussão. Podemos ir bastante longe usando apenas as propriedades mais simples desses componentes. Se quisermos implementar um efeito mais sofisticado, podemos examinar a documentação do Swing. O primeiro encontro com a documentação geralmente intimida o leitor. O objetivo desta seção é mostrar como podemos usar a documentação a nosso favor, sem ficarmos alarmados.

Relembre a classe `Color` introduzida no Capítulo 4. Cada combinação de valores para vermelho, verde e azul representa uma cor diferente. É divertido misturar nossas próprias cores, com um controle deslizante para os valores de vermelho, verde e azul (veja a Figura 13).

O conjunto de ferramentas de interface com o usuário do Swing tem um grande conjunto de componentes de interface com o usuário. Como podemos saber se há um controle deslizante? Você pode comprar um livro que ilustre todos os componentes do Swing, tal como [2]. Ou podemos executar o exemplo de aplicação incluído no Java Development Kit, o qual mostra todos os componentes do Swing (veja a Figura 14). Outra opção é verificar os nomes de todas as classes que iniciam com J e concluir que `JSlider` pode ser um bom candidato.

A seguir, temos de nos fazer algumas perguntas:

- Como posso construir um `JSlider`?
- Como posso ser notificado quando o usuário o moveu?
- Como posso saber para qual valor o usuário o configurou?

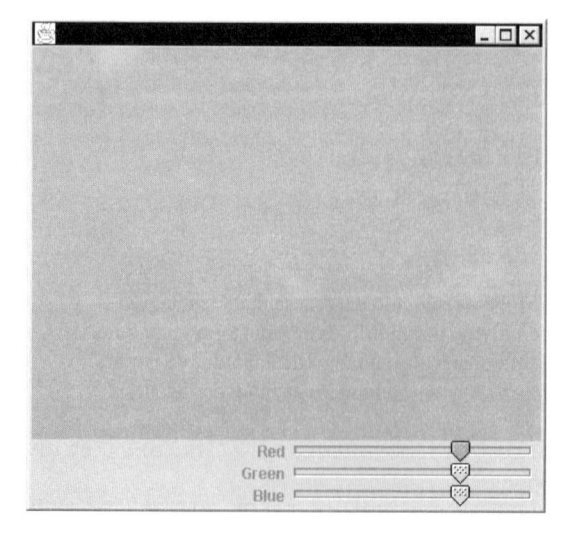

Figura 13

Um misturador de cores.

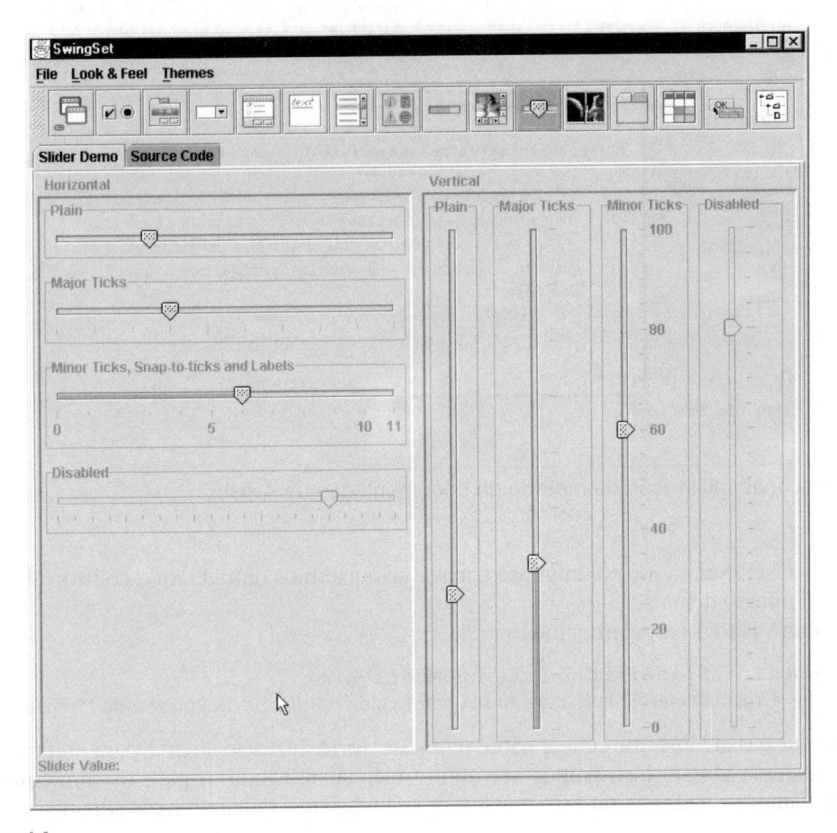

Figura 14
O *demo* do conjunto do swing.

Se conseguirmos responder a essas perguntas, poderemos utilizar bem um controle deslizante. Depois de fazer isso, podemos gastar mais tempo e descobrir como configurar marcas de medida ou melhorar a aparência visual de nossa criação de outras formas.

Quando examinarmos a documentação da classe `JSlider`, provavelmente não ficaremos contentes. Há mais de 50 métodos na classe `JSlider` e mais de 250 métodos herdados, e algumas das descrições dos métodos assustam, como a da Figura 15. Aparentemente, alguém em algum lugar está preocupado com a propriedade `valueIsAdjusting`, qualquer que seja, e os projetistas dessa classe acharam necessário fornecer um método para limitar essa propriedade. Até que nós mesmos venhamos a sentir essa necessidade, a melhor coisa que podemos fazer é ignorar esse método. Como autor de um livro introdutório, não me sinto bem em dizer-lhe que ignore certos fatos. Porém, o que acontece é que a biblioteca Java é tão grande e complexa que ninguém a entende totalmente, nem mesmo os próprios projetistas de Java. Temos de desenvolver a habilidade de separar os conceitos fundamentais de minúcias efêmeras. Por exemplo, é importante entendermos o conceito de tratamento de eventos. Uma vez entendido o conceito, cabe a pergunta: "Que evento o controle deslizante envia quando o usuário o move?" Mas não é importante memorizar como se configura marcas de medida, ou saber como implementar um controle deslizante com uma aparência e comportamento personalizados.

Voltemos a nossas perguntas fundamentais. Em Java 2, há seis construtores para a classe `JSlider`. (Talvez até já haja mais no momento em que você estiver lendo isto.) Queremos aprender sobre um ou dois deles. Temos de chegar a um equilíbrio entre o trivial e o estranho. Considere

```
public JSlider()
```
   Cria um controle deslizante horizontal na faixa de 0 a 100 e com um valor inicial de 50

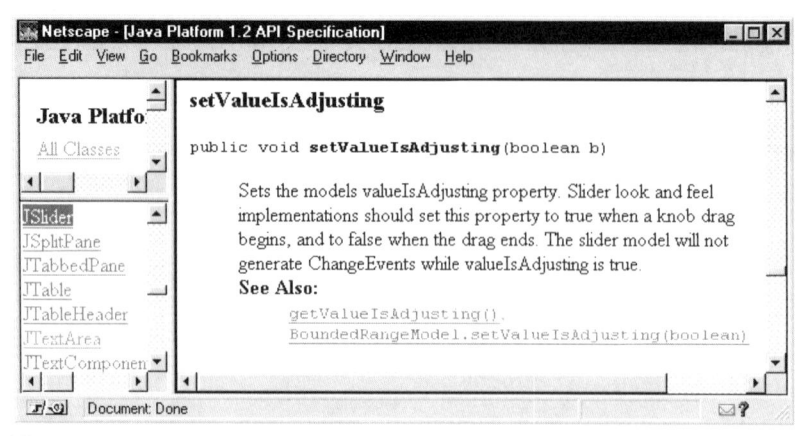

Figura 15
Uma descrição misteriosa de método da documentação da API.

Talvez isso seja suficiente por enquanto, mas e se quisermos outra faixa ou outro valor inicial? Parece ser limitado demais.

Do outro lado do espectro temos

```
public JSlider(BoundedRangeModel brm)
    Cria um controle deslizante horizontal usando o BoundedRangeModel especificado
```

Uau! O que é isso? Podemos clicar sobre o *link* BoundedRangeModel para obter uma longa explicação dessa classe. Isso parece ser algum mecanismo interno para os implementadores do Swing. Vamos procurar evitar esse construtor se pudermos. Olhando mais adiante encontramos

```
public JSlider(int min, int max, int value)
    Cria um controle deslizante horizontal usando os min, max e value especificados.
```

Parece muito genérico para ser útil e muito simples para ser utilizado. Talvez queiramos ocultar o fato de que também podemos ter controles deslizantes verticais.

A seguir, queremos saber quais eventos são gerados por um controle deslizante. Não há nenhum método addActionListener. Isso faz sentido. Ajustar um controle deslizante parece ser diferente de clicar um botão, e o Swing usa um tipo de evento diferente para esses eventos. Há um método

```
public void addChangeListener(ChangeListener l)
```

Clique sobre o *link* ChangeListener para descobrir mais sobre essa interface. Ela só tem um método

```
void stateChanged(ChangeEvent e)
```

Aparentemente, esse método é chamado sempre que o usuário move o controle deslizante. O que é um ChangeEvent? Uma vez mais, clique sobre o *link* para descobrir que essa classe de eventos não tem *nenhum* método próprio, mas ela herda o método getSource de sua superclasse EventObject. Agora temos um plano: acrescentar um escutador de mudança de evento a cada controle deslizante. Quando o controle deslizante é alterado, o método stateChanged é chamado. Descubra o novo valor do controle deslizante. Recalcule o valor da cor e redesenhe o painel de cores. Dessa forma, o painel de cores é continuamente redesenhado à medida que o usuário move um dos controles deslizantes.

Para calcular o valor da cor, ainda necessitaremos obter o valor atual do controle deslizante. Verificamos todos os métodos que iniciam por get. Certamente encontramos

```
public int getValue()
    Retorna o valor do controle deslizante
```

Agora já sabemos tudo para escrever o programa. O programa usa um novo construtor, dois novos métodos, e um escutador de eventos de um tipo novo. Naturalmente, agora que já pegamos o gostinho, vamos querer acrescentar aquelas marcas de medida — veja o Exercício P12.15.

A Figura 16 mostra como os componentes são organizados no *frame*. A Figura 17 mostra o diagrama UML.

Arquivo SliderTest.java

```
1  import javax.swing.JFrame;
2
3  public class SliderTest
4  {
5      public static void main(String[] args)
6      {
7          SliderFrame frame = new SliderFrame();
8          frame.setDefaultCloseOperation(
```

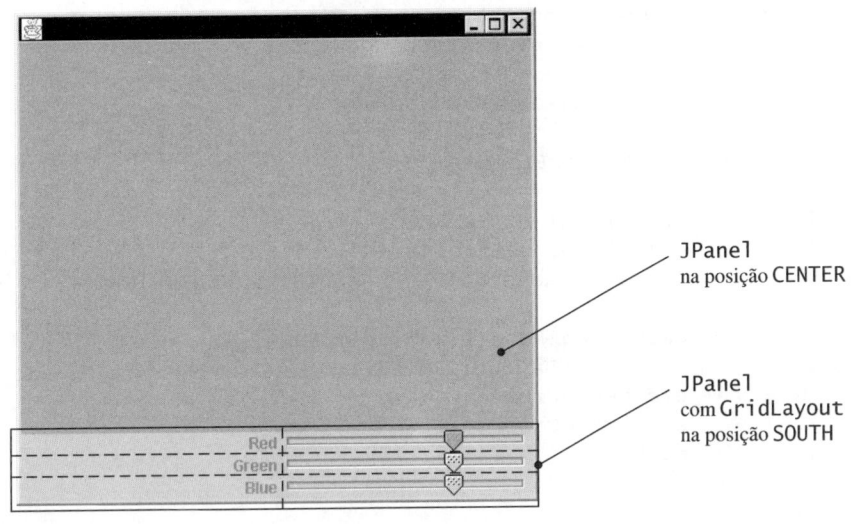

Figura 16
Componentes de `SliderFrame`.

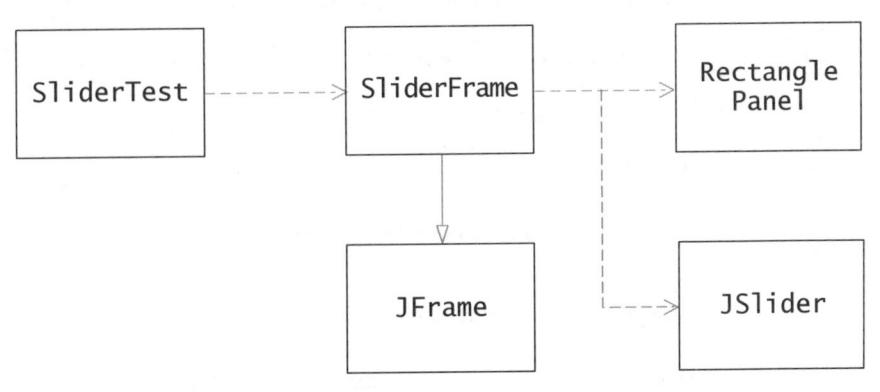

Figura 17
Classes do programa `SliderTest`.

```
 9                JFrame.EXIT_ON_CLOSE);
10             frame.show();
11       }
12 }
```

Arquivo SliderFrame.java

```java
 1 import java.awt.BorderLayout;
 2 import java.awt.Color;
 3 import java.awt.Container;
 4 import java.awt.Dimension;
 5 import java.awt.GridLayout;
 6 import java.awt.event.WindowAdapter;
 7 import java.awt.event.WindowEvent;
 8 import javax.swing.JFrame;
 9 import javax.swing.JLabel;
10 import javax.swing.JPanel;
11 import javax.swing.JSlider;
12 import javax.swing.SwingConstants;
13 import javax.swing.event.ChangeListener;
14 import javax.swing.event.ChangeEvent;
15
16 class SliderFrame extends JFrame
17 {
18    public SliderFrame()
19    {
20       colorPanel = new JPanel();
21       colorPanel.setPreferredSize(
22          new Dimension(PANEL_WIDTH, PANEL_HEIGHT));
23
24       getContentPane().add(colorPanel,
25          BorderLayout.CENTER);
26       createControlPanel();
27       setSampleColor();
28       pack();
29    }
30
31    public void createControlPanel()
32    {
33       class ColorListener implements ChangeListener
34       {
35          public void stateChanged(ChangeEvent event)
36          {
37             setSampleColor();
38          }
39       }
40
41       ChangeListener listener = new ColorListener();
42
43       redSlider = new JSlider(0, 100, 100);
44       redSlider.addChangeListener(listener);
45
46       greenSlider = new JSlider(0, 100, 70);
```

```java
            greenSlider.addChangeListener(listener);

            blueSlider = new JSlider(0, 100, 70);
            blueSlider.addChangeListener(listener);

            JPanel controlPanel = new JPanel();
            controlPanel.setLayout(new GridLayout(3, 2));

            controlPanel.add(new JLabel("Red",
                SwingConstants.RIGHT));
            controlPanel.add(redSlider);

            controlPanel.add(new JLabel("Green",
                SwingConstants.RIGHT));
            controlPanel.add(greenSlider);

            controlPanel.add(new JLabel("Blue",
                SwingConstants.RIGHT));
            controlPanel.add(blueSlider);

            getContentPane().add(controlPanel,
                BorderLayout.SOUTH);
        }


        /**
            Lê os valores dos controles deslizantes e configura o painel para
            a cor selecionada.
        */
        public void setSampleColor()
        {   // lê os valores dos controles deslizantes

            float red = 0.01F * redSlider.getValue();
            float green = 0.01F * greenSlider.getValue();
            float blue = 0.01F * blueSlider.getValue();

            // configura o pano de fundo do painel para a cor selecionada

            colorPanel.setBackground(
                new Color(red, green, blue));
            colorPanel.repaint();
        }

        private JPanel colorPanel;
        private JSlider redSlider;
        private JSlider greenSlider;
        private JSlider blueSlider;

        private static final int PANEL_WIDTH = 300;
        private static final int PANEL_HEIGHT = 300;
    }
```

Fato Histórico 12.1

Programação Visual

A programação, como sabemos, envolve digitar código em um editor de textos e então executá-lo. O programador deve estar familiarizado com a linguagem de programação até mesmo para escrever o mais simples dos programas. Ao programar usando gráficos, temos de calcular cada posição de tela.

O novo estilo *visual* de programação torna isso muito mais fácil. Quando usamos um ambiente de programação visual, tal como Visual Café ou JBuilder, usamos o *mouse* para especificar onde o texto, os botões e outros campos devem aparecer na tela (veja a Figura 18). Ainda temos de realizar alguma programação. Temos de escrever código para cada evento. Por exemplo, podemos arrastar um botão para sua localização desejada, mas ainda precisamos especificar o que deve acontecer quando o usuário clica sobre ele.

A programação visual oferece dois benefícios. É muito mais fácil organizar uma tela arrastando botões e imagens com o *mouse* do que calculando as coordenadas em um programa. O ambiente de programação visual também torna fácil o posicionamento sobre a tela de objetos de comportamento sofisticado. Por exemplo, um objeto calendário pode mostrar o calendário do mês atual, com botões para mover para o próximo mês ou para o anterior. Tudo isso já foi pré-programado por alguém (geralmente da maneira difícil, usando uma linguagem de programação tradicional), mas podemos acrescentar um calendário completo de trabalho a nosso programa simplesmente arrastando-o de uma barra de ferramentas e largando-o em nosso programa.

Um componente pré-construído, tal como um seletor de calendário, geralmente tem um grande número de *propriedades* que podemos simplesmente escolher a partir de uma tabela. Por exemplo, podemos simplesmente verificar se queremos que o calendário seja semanal ou mensal. O fornecedor do componente calendário teve de trabalhar duro para incluir os dois casos no código, mas o programador que usa o componente não precisa se preocupar. Quando escrito em Java, esses componentes pré-empacotados são chamados de *JavaBeans*.

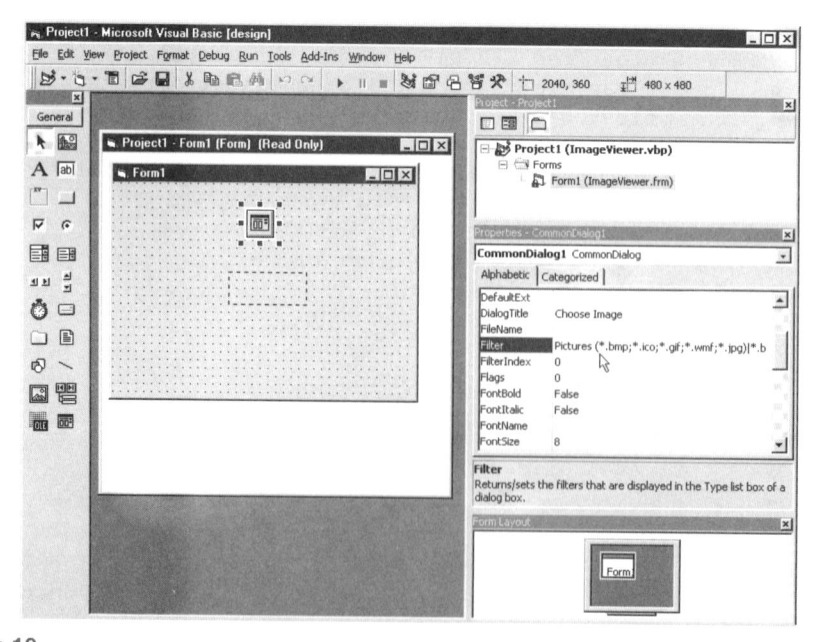

Figura 18

Um ambiente de programação visual.

▼ O projeto de interfaces com o usuário em um ambiente visual é *muito* mais fácil do que escrever o código equivalente em Java. Em questão de dias um programador consegue projetar uma interface com o usuário atraente que levaria semanas para ser realizada escrevendo o código manualmente. Esses sistemas são altamente recomendados para a programação de interfaces com o usuário.

▼

Resumo do Capítulo

1. Podemos desenhar formas gráficas sobre um painel redefinindo o método paintComponent de uma subclasse JPanel.

2. Uma classe de painéis que pinta um desenho sobre o painel deve armazenar todos os dados que ela precisa para repintar-se.

3. Organizamos nossos componentes de interface com o usuário colocando-os dentro de contêineres, os quais podem ser colocados dentro de contêineres maiores.

4. Cada contêiner tem um *gerenciador de leiaute* que determina a organização de seus componentes.

5. Três gerenciadores de leiaute úteis são BorderLayout, FlowLayout, e GridLayout.

6. Ao acrescentar um componente a um contêiner com o BorderLayout, especifique a posição NORTH, EAST, SOUTH, WEST ou CENTER.

7. O painel de conteúdo de um *frame* ou *applet* tem um BorderLayout por *default*. Um painel tem um FlowLayout por *default*.

8. No caso do FlowLayout, os componentes individuais permanecem em seu tamanho preferido. O BorderLayout e o GridLayout aumentam os componentes para que preencham a área que lhes foi alocada.

9. Para obter um *frame* complexo, defina uma subclasse JFrame.

10. No caso de um pequeno conjunto de opções mutuamente exclusivas, use um grupo de botões de opção ou uma caixa de combinação.

11. Acrescente botões de opção em um ButtonGroup de modo que apenas um botão do grupo esteja ligado de cada vez.

12. Você pode colocar uma borda ao redor de um painel para agrupar visualmente seu conteúdo.

13. No caso de uma opção binária, use uma caixa de seleção.

14. No caso de um grande conjunto de opções mutuamente exclusivas, use uma caixa de combinação.

15. Botões de opção, caixas de seleção e caixas de combinação geram eventos de ação, da mesma forma que os botões.

16. Um *frame* contém uma barra de menu, que contém menus. Um menu contém submenus e itens de menu.

17. Os itens de menu geram eventos de ação.

18. Você deve aprender a usar a documentação da API para descobrir mais sobre componentes de interface com o usuário.

Leitura Complementar

[1] Cay S. Horstmann and Gary Cornell, *Core Java 2 Volume 1: Fundamentals,* Prentice Hall, 2000.

[2] Kim Topley, *Core Java Foundation Classes,* Prentice Hall, 1998.

Classes, Objetos e Métodos Introduzidos neste Capítulo

```
java.awt.BorderLayout
    CENTER
    EAST
    NORTH
    SOUTH
    WEST
java.awt.Component
    setLayout
    setPreferredSize
    setSize
java.awt.FlowLayout
java.awt.GridLayout
javax.swing.AbstractButton
    addActionListener
    isSelected
    setSelected
javax.swing.ButtonGroup
    add
javax.swing.JComponent
    paintComponent
javax.swing.JFrame
    getContentPane
javax.swing.EtchedBorder
javax.swing.ImageIcon
javax.swing.JCheckBox
javax.swing.JComboBox
    addItem
    getSelectedItem
    isEditable
    setEditable
javax.swing.JComponent
    setBorder
    setFont
javax.swing.JLabel
javax.swing.JMenu
    add
javax.swing.JMenuBar
    add
javax.swing.JMenuItem
javax.swing.JRadioButton
javax.swing.JSlider
    addChangeListener
    getValue
javax.swing.border.TitledBorder
javax.swing.event.ChangeEvent
javax.swing.event.ChangeListener
    stateChanged
```

Exercícios de Revisão

Exercício R12.1. Qual é a diferença entre os métodos `paint` e `paintComponent`?

Exercício R12.2. O que acontece se você não chamar `super.paintComponent` em uma classe que estende `JPanel`? Comprove usando o programa `RectangleTest`. Você consegue descobrir como o programa vai se comportar se você transformar essa chamada em um comentário?

Exercício R12.3. O que acontece quando desenhamos diretamente sobre um *frame*? Experimente — reescreva a aplicação `RectanglePanel` e mova o método `paintComponent` diretamente para dentro da classe `RectangleFrame`.

Exercício R12.4. O que é um gerenciador de leiaute? Qual é a vantagem de um gerenciador de leiaute tem sobre dizer ao contêiner "coloque este componente na posição (x,y)"?

Exercício R12.5. O que acontece quando você coloca um único botão na área `CENTER` de um contêiner que usa o BorderLayout? Comprove isso, escrevendo um pequeno programa de amostra, caso você não tenha certeza da resposta.

Exercício R12.6. O que acontece se você colocar múltiplos botões na área `SOUTH`? Experimente, escrevendo um pequeno programa de amostra, se você não tiver certeza da resposta.

Exercício R12.7. O que acontece quando você acrescenta um botão a um contêiner que usa BorderLayout e omite a posição? Experimente e explique.

Exercício R12.8. O que acontece quando você tenta acrescentar um componente diretamente a um `JFrame` e não ao painel de conteúdo? Experimente e explique.

Exercício R12.9. O programa `SliderTest` usa um gerenciador de leiaute GridLayout. Explique um problema da grade o qual é evidenciado na Figura 16. O que você poderia fazer para superar esse problema?

Exercício R12.10. Qual é a diferença entre um `Applet` e um `JApplet`?

Exercício R12.11. Você consegue acrescentar ícones às caixas de seleção, aos botões de opção e às caixas de combinação? Pesquise a documentação de Java para descobrir. Então escreva um pequeno programa de teste para confirmar suas descobertas.

Exercício R12.12. Qual é a diferença entre botões de opção e caixas de seleção?

Exercício R12.13. Por que necessitamos de um grupo de botões para os botões de opção mas não para as caixas de seleção?

Exercício R12.14. Qual é a diferença entre uma barra de menu, um menu e um item de menu?

Exercício R12.15. Ao pesquisarmos a documentação Java em busca de mais informações sobre controles deslizantes, ignoramos o construtor *default* `JSlider`. Por quê? Será que ele teria funcionado em nosso programa de amostra?

Exercício R12.16. Como você constrói um controle deslizante vertical? Consulte a documentação do Swing para obter uma resposta.

Exercício R12.17. Por que um controle deslizante não envia eventos de ação?

Exercício R12.18. Qual componente você usaria para mostrar um conjunto de opções, como em uma caixa de combinação, mas de modo que vários itens estejam visíveis ao mesmo tempo? Execute a aplicação de demonstração do Swing ou veja em um livro com programas de exemplo usando Swing, para achar a resposta.

Exercício R12.19. Quantos componentes de interface com o usuário Swing existem? Olhe a documentação Java para obter uma resposta aproximada.

Exercício R12.20. Quantos métodos têm o componente `JProgressBar`? Lembre-se de contar os métodos herdados. Olhe a documentação Java.

Exercícios de Programação

Exercício P12.1. Escreva uma aplicação com três botões com os rótulos "Vermelho", "Verde" e "Azul" que altere a cor de fundo de um painel no centro do painel de conteúdo para vermelho, verde ou azul.

Exercício P12.2. Acrescente ícones aos botões do exercício anterior.

Exercício P12.3. Escreva uma aplicação de calculadora. Use o GridLayout para organizar botões para os dígitos e para as operações + − × ÷. Acrescente um campo de texto para exibir o resultado.

Exercício P12.4. Escreva uma aplicação com três botões de opção rotulados com "Vermelho", "Verde" e "Azul" que mude a cor de fundo de um painel no centro do painel de conteúdo para vermelho, verde ou azul.

Exercício P12.5. Escreva uma aplicação com três caixas de seleção com os rótulos "Vermelho", "Verde" e "Azul", os quais acrescentam um componente vermelho, verde ou azul à cor de fundo de um painel no centro do painel de conteúdo. Esta aplicação consegue exibir um total de oito combinações de cores.

Exercício P12.6. Escreva uma aplicação com uma caixa de combinação que contenha três itens rotulados como "Vermelho", "Verde" e "Azul", a qual muda a cor de fundo de um painel no centro do painel de conteúdo para vermelho, verde ou azul.

Exercício P12.7. Mude o programa `RectangleTest` de modo que a posição do retângulo seja movida através da configuração de dois campos de texto para as posições x e y.

Exercício P12.8. Escreva um programa que exiba um número de retângulos em posições aleatórias. Forneça botões "Menos" e "Mais" que gerem menos ou mais retângulos aleatórios. Cada vez que o usuário clicar sobre "Menos", o contador deve ser reduzido à metade. Cada vez que o usuário clicar sobre "Mais", o contador deve ser duplicado.

Exercício P12.9. Modifique o programa do exercício anterior para substituir os botões por um controle deslizante para gerar menos ou mais retângulos aleatórios.

Exercício P12.10. Escreva uma aplicação com três campos de texto rotulados, um para a quantia inicial de uma conta poupança, o outro para a taxa de juros anual e o terceiro para o número de anos. Acrescente um botão "Calcular" e uma área de texto só de leitura para exibir o resultado, ou seja, o saldo da poupança após o número de anos fornecido.

Exercício P12.11. Acrescente um gráfico de barras ao exercício anterior que mostre o saldo após o fim de cada ano.

Exercício P12.12. Escreva um programa que contenha uma área de texto, um botão "Desenhe Gráfico", e um painel que desenhe um gráfico de barras dos números que o usuário inseriu na área de texto. Use um *string tokenizer* para separar o texto que está na área de texto.

Exercício P12.13. Escreva um programa que permita aos usuários projetar gráficos como o que segue:

```
| Golden Gate              |
| Brooklyn        |
| Delaware Memorial   |
| Mackinac            |
```

Use os componentes adequados para solicitar o comprimento, o rótulo e a cor. Então, aplique-os quando o usuário clicar sobre o botão "Acrescentar Barra".

Exercício P12.14. Escreva um programa que possibilite aos usuários criar gráficos de pizza. Projete sua própria interface com o usuário.

Exercício P12.15. No programa de teste do controle deslizante, acrescente um conjunto de marcas de medição a cada controle deslizante que mostre a posição exata deste.

Exercício P12.16. Escreva uma aplicação gráfica *front end* para uma classe `Earthquake`. Forneça um controle deslizante para inserir a força do terremoto. Exiba a descrição do terremoto em um campo de texto que você atualiza continuamente.

Capítulo 13

ArrayLists e *Arrays*

Objetivos do capítulo

- Familiarizar-se com o uso de *listas de arrays* para coletar objetos
- Aprender sobre os algoritmos comuns envolvendo *arrays*
- Ser capaz de usar *arrays*
- Entender quando escolher *listas de arrays* e *arrays* em seus programas
- Implementar *arrays* parcialmente preenchidos
- Aprender a usar *arrays* de duas dimensões

Sumário do capítulo

13.1 Listas de *Arrays* 486

Erro Freqüente 13.1: Erros de Limite 489

Erro Freqüente 13.2: Inserindo Objetos de Tipo Errado em uma ArrayList 489

13.2 Algoritmos Simples de *ArrayLists* 489

13.3 Armazenando Números em *ArrayLists* 493

13.4 Declarando e Acessando *Arrays* 493

Sintaxe 13.1: A Construção de um Array 495

Sintaxe 13.2: O Acesso a um Elemento do Array 495

Erro Freqüente 13.3: Arrays não Inicializados 496

Erro Freqüente 13.4: Comprimento e Tamanho 496

Tópico Avançado 13.1: A Inicialização de um Array 496

13.5 Copiando *Arrays* 497

13.6 *Arrays* Parcialmente Preenchidos 499

Erro Freqüente 13.5: Subestimando o Tamanho de um Conjunto de Dados 503

Fato Histórico 13.1: Um dos Primeiros Worms na Internet 504

Dica de Qualidade 13.1: Transforme Arrays Paralelos em Arrays de Objetos 504

13.7 *Arrays* Bidimensionais 506

Tópico Avançado 13.2: Arrays Bidimensionais com Linhas de Comprimentos Variáveis 508

13.1 Listas de *Arrays*

Vamos considerar novamente a classe `Purse` do Capítulo 7. Podemos acrescentar objetos `Coin` à bolsa. Entretanto, a bolsa não se lembra das moedas que adicionamos a ela, mas apenas do valor total. Seria mais realista se realmente armazenássemos as moedas individualmente.

Se houvesse sempre dez moedas na bolsa, então poderíamos armazenar os objetos em dez campos `coin1, coin2, coin3, ..., coin10`. Mas essa seqüência de variáveis não é muito prática. Teríamos de escrever uma boa quantidade de código dez vezes, uma para cada uma das variáveis, e ainda não iríamos conseguir modelar uma bolsa que contivesse vinte moedas. Felizmente, há uma maneira melhor de armazenar uma coleção de objetos: a classe `ArrayList`.

> Uma lista de *arrays* é uma seqüência de objetos.

Uma lista de *arrays* é uma seqüência de objetos. Cada elemento da seqüência pode ser acessado separadamente. A seguir, vemos como definir uma lista de *arrays* e preenchê-la com moedas:

```
ArrayList coins = new ArrayList();
coins.add(new Coin(0.1, "dime"));
coins.add(new Coin(0.25, "quarter"));
...
```

> Cada objeto em uma lista de *arrays* tem um número de posição do tipo inteiro, chamado de índice.

Para obter objetos da lista de *arrays*, usamos o método `get` e especificamos qual posição na lista de *arrays* que desejamos acessar. Por exemplo, `coins.get(4)` recupera a moeda da posição número 4. O número da posição é chamado de *índice* do elemento da lista de *arrays*.

> Ao recuperar um elemento de uma lista de *arrays*, temos de converter o valor de retorno do método `get` para a classe do elemento.

Entretanto, como uma `ArrayList` armazena referências a `Object`, o tipo de retorno do método `get` é `Object`. Temos de converter a referência de retorno para a classe correta.

```
Coin aCoin = (Coin)coins.get(4);
```

Por razões históricas infelizes, as posições das listas de *arrays* são numeradas *iniciando em 0*. Ou seja,

```
coins.get(0)    obtém o primeiro objeto
coins.get(1)    obtém o segundo objeto
coins.get(2)    obtém o terceiro objeto
```

> Os valores dos índices de um *array* vão de 0 a `size() - 1`. Acessar uma posição inexistente resulta em um erro de limite.

e assim por diante.

Antigamente, existia uma razão técnica pela qual essa opção foi considerada positiva. Assim, foram tantos os programadores que acostumaram-se a ela em C e C++, que Java também a seguiu. No entanto, isso aborrece quem está começando agora.

Se tentarmos acessar uma posição que não existe, então é disparada uma exceção. Por exemplo, se `coins` contivesse dez objetos, então a instrução

```
Coin aCoin = (Coin)coins.get(20);
```

seria um *erro de limite*. Para evitar erros de limite, temos de saber quantos elementos há em uma lista de *arrays*. O método `size` retorna o número de elementos.

O erro de limite mais comum consiste em usar o seguinte:

```
int i = coins.size();
aCoin = (Coin)coins.get(i); // ERRO
```

Suponhamos que `coins.size()` seja 10. Não existe elemento com índice 10. Como o primeiro elemento tem índice 0, os subscritos corretos vão de 0 a 9. Assim, a chamada para `coins.get(10)` é um erro de limite.

É extremamente comum percorrer *todos* os elementos de uma lista de *arrays*. Por exemplo, o laço a seguir calcula o valor total de todas as moedas:

```
double total = 0;
for (int i = 0; i < coins.size(); i++)
{
   Coin aCoin = (Coin)coins.get(i);
   total = total + aCoin.getValue();
}
```

Observe que i é um índice correto para a lista de *arrays* se $0 \leq i$ e i < coins.size().

Não escreva o teste como

```
for (int i = 0; i <= coins.size() - 1; i++) // NÃO FAÇA ISTO
```

A condição i <= coins.size() - 1 significa a mesma coisa que i < coins.size(), mas é mais difícil de ler (veja Dica de Qualidade 6.3).

Para configurar um elemento da lista de *arrays* para um novo valor, use o método set.

```
Coin aNickel = new Coin(0.05, "nickel");
coins.set(4, aNickel);
```

Essa chamada configura a posição 4 da *ArrayList* coins para aNickel, sobrescrevendo qualquer valor que houvesse ali antes.

O método set só consegue sobrescrever valores existentes. Para acrescentar um novo objeto no fim da lista de *arrays*, chame o método add. Também podemos inserir um objeto no meio de uma lista de *arrays*. A chamada coins.add(i, c) acrescenta o objeto c na posição i e move todos os elementos de uma posição, desde o elemento corrente na posição i até o último elemento da lista de *arrays*. Após cada chamada ao método add, o tamanho da lista de *arrays* aumenta em 1 (veja a Figura 1).

Por outro lado, a chamada coins.remove(i) remove o elemento da posição i, move para baixo por uma posição todos os elementos após o elemento removido, e reduz o tamanho da lista de *arrays* em 1 (veja a Figura 2).

A seguir, temos uma implementação da classe Purse que usa uma lista de *arrays* para armazenar as moedas. Vamos aumentar a funcionalidade dessa classe na próxima seção.

Arquivo Purse.java

```
1  import java.util.ArrayList;
2
3  /**
4     Uma bolsa (purse) contém uma coleção de moedas.
```

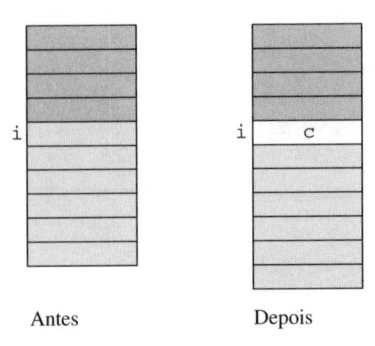

Antes   Depois

Figura 1

Adicionando um elemento no meio de uma lista de *arrays*.

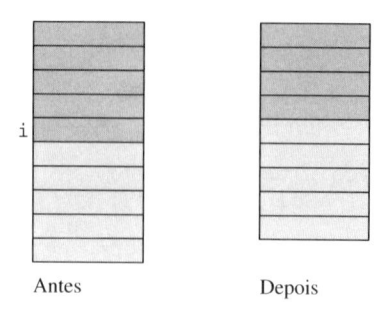

Figura 2
Removendo um elemento do meio de uma lista de *arrays*.

```
 5  */
 6  public class Purse
 7  {
 8      /**
 9          Constrói uma bolsa vazia.
10      */
11      public Purse()
12      {
13          coins = new ArrayList();
14      }
15
16      /**
17          Acrescenta uma moeda à bolsa.
18          @param aCoin a moeda a acrescentar
19      */
20      public void add(Coin aCoin)
21      {
22          coins.add(aCoin);
23      }
24
25      /**
26          Obtém o valor total das moedas existentes na bolsa.
27          @return a soma de todos os valores das moedas
28      */
29      public double getTotal()
30      {
31          double total = 0;
32          for (int i = 0; i < coins.size(); i++)
33          {
34              Coin aCoin = (Coin)coins.get(i);
35              total = total + aCoin.getValue();
36          }
37          return total;
38      }
39
40      private ArrayList coins;
41  }
```

⊗ Erro Freqüente 13.1

Erros de Limite

O erro mais comum ao se usar listas de *arrays* é tentar acessar uma posição inexistente.

```
ArrayList coins = new ArrayList();
coins.add(new Coin(0.1, "dime"));
coins.add(new Coin(0.25, "quarter"));
Coin c = (Coin)coins.get(2);
// ERRO – só existem as posições #0 e #1
```

Quando o programa estiver sendo executado, um subscrito fora dos limites gera uma exceção e abortará o programa.

Esse é um grande avanço em relação a linguagens como C e C++. Nestas linguagens, não ocorre mensagem de erro, mas o programa silenciosamente (ou não tão silenciosamente) corrompe uma parte da memória. Exceto no caso de programas muito pequenos, nos quais o problema pode não aparecer, essa corrupção fará o programa agir instavelmente ou causará uma finalização horrível muitas instruções adiante. Esses são erros sérios que tornam C e C++ programas difíceis de depurar.

⊗ Erro Freqüente 13.2

Inserindo Objetos de Tipo Errado em uma ArrayList

Uma lista de *arrays* é uma estrutura de dados de "tamanho único". Ela gerencia uma seqüência de elementos do tipo `Object`. Como resultado, podemos usar os métodos `add` e `set` para acrescentar objetos de qualquer classe em uma lista de *arrays*. Se acidentalmente inserirmos um elemento de tipo errado, então não ocorrerá erro até que recuperemos o objeto.

```
coins.add(new Rectangle(5, 10, 20, 30));   // não há erro aqui
```

A chamada para `add` está tecnicamente correta — um valor `Rectangle` pode ser convertido para `Object`, e portanto ele pode ser inserido na lista de *arrays*. Por essa razão, o compilador não vai reclamar. Mas isso ainda foi um erro de programação, porque a intenção do programador é que `coins` contenha moedas.

O erro é informado quando o objeto retângulo é convertido para a classe `Coin`.

```
for (int i = 0; i < coins.size(); i++)
{
    Coin aCoin = (Coin)coins.get(i);   // erro reportado aqui
    total = total + aCoin.getValue();
}
```

13.2 Algoritmos Simples de *ArrayLists*

13.2.1 Localizando um valor

> Para localizar um valor em uma lista de *arrays*, verifique todos os elementos até encontrar o elemento correspondente.

Suponha que queiramos saber se possuímos determinada moeda na bolsa. Simplesmente verificamos cada elemento até que o encontremos ou atinjamos o fim da lista de *arrays*. Observe que o laço pode não encontrar uma resposta, ou seja, se nenhuma das moedas corresponder. Esse processo de pesquisa é chamado de *pesquisa linear* pela lista de *arrays*.

```
public class Purse
{
```

```java
      public boolean find(Coin aCoin)
      {
         for (int i = 0; i < coins.size(); i++)
         {
            Coin c = (Coin)coins.get(i);
            if (c.equals(aCoin)) return true; // encontrou uma correspondência
         }
         return false; // nenhuma correspondência em toda *lista de arrays*
      }
      ...
   }
```

13.2.2 Contando

> Para contar valores em uma lista de *arrays*, verifique todos os elementos e conte as correspondências, até atingir o fim da lista de *arrays*.

Suponha que quiséssemos descobrir *quantas* moedas de certo tipo nós temos. Então, devemos percorrer toda a lista de *arrays* e incrementar o contador cada vez que encontrarmos uma correspondência.

```java
   public class Purse
   {
      public int count(Coin aCoin)
      {
         int matches = 0;
         for (int i = 0; i < coins.size(); i++)
         {
            Coin c = (Coin)coins.get(i);
            if (c.equals(aCoin)) matches++; // encontrou uma correspondência
         }
         return matches;
      }
      ...
   }
```

13.2.3 Encontrando o Valor Máximo ou o Mínimo

> Para calcular o valor máximo ou mínimo de uma lista de *arrays*, inicialize um candidato com o elemento inicial. Então, compare o candidato com o restante dos elementos e atualize-o caso encontrar um valor maior ou menor.

Suponha que quiséssemos encontrar a moeda de maior valor atualmente na bolsa. Armazenamos um candidato para o máximo. Visitamos todos os elementos do *array*. Se encontrarmos um elemento de valor maior, então substituímos o candidato por aquele valor. Ao chegarmos ao fim do *array*, teremos encontrado o máximo.

Existe apenas um problema: quando visitamos o início do *array*, ainda não tínhamos um candidato para o máximo. A maneira mais fácil de vencer esse problema é colocar como candidato o elemento inicial do *array* e iniciar a comparação com o próximo elemento.

```java
   public class Purse
   {
      public Coin getMaximum()
      {
         Coin max = (Coin)coins.get(0);
         for (int i = 1; i < coins.size(); i++)
         {
            Coin c = (Coin)coins.get(i);
            if (c.getValue() > max.getValue())
               max = c;
```

```
            }
            return max;
      }
      ...
}
```

Observe que o laço `for` inicia em 1 e não em 0.

Naturalmente, esse método funciona apenas se houver pelo menos um elemento na lista de *arrays*. Não faz muito sentido solicitar o maior elemento de uma coleção vazia. Podemos retornar `null` nesse caso, ou então podemos declarar uma pré-condição de que a bolsa não possa estar vazia quando o método `getMaximum` for chamado. Lembre-se (Capítulo 7) que é melhor estabelecer uma pré-condição razoável do que retornar um valor falso.

Entretanto, a classe `Purse` necessita de um método que possa dizer se há alguma moeda na bolsa — não é justo estabelecer uma pré-condição que o usuário da classe não consiga testar. Por isso, a classe no final desta seção tem um método `count` que retorna a contagem de moedas da bolsa.

Para calcular o mínimo de um conjunto de dados, armazene um candidato para o mínimo, inicialize-o com o valor do dado inicial, e substitua-o sempre que encontrar um valor menor. Quando chegar ao fim do conjunto de dados, encontramos o mínimo.

Arquivo Purse.java

```
1  import java.util.ArrayList;
2
3  /**
4      Uma bolsa contém uma coleção de moedas.
5  */
6  public class Purse
7  {
8      /**
9          Constrói uma bolsa vazia.
10     */
11     public Purse()
12     {
13         coins = new ArrayList();
14     }
15
16     /**
17         Adiciona uma moeda à bolsa.
18         @param aCoin a moeda a adicionar
19     */
20     public void add(Coin aCoin)
21     {
22         coins.add(aCoin);
23     }
24
25     /**
26         Obtém o valor total das moedas na bolsa.
27         @return a soma de todos os valores das moedas
28     */
29     public double getTotal()
30     {
31         double total = 0;
32         for (int i = 0; i < coins.size(); i++)
33         {
```

```java
34          Coin aCoin = (Coin)coins.get(i);
35          total = total + aCoin.getValue();
36       }
37       return total;
38    }
39
40    /**
41       Conta o número de moedas na bolsa.
42       @return o número de moedas
43    */
44    public int count()
45    {
46       return coins.size();
47    }
48
49    /**
50       Testa se a bolsa tem uma moeda que corresponda a uma determinada moeda.
51       @param aCoin a moeda de referência
52       @return true se houver uma moeda igual a aCoin
53    */
54    public boolean find(Coin aCoin)
55    {
56       for (int i = 0; i < coins.size(); i++)
57       {
58          Coin c = (Coin)coins.get(i);
59          if (c.equals(aCoin)) return true; // encontrou uma correspondência
60       }
61       return false; // nenhuma correspondência em toda a lista de *arrays*
62    }
63
64    /**
65       Conta o número de moedas na bolsa que correspondem
66       a uma determinada moeda.
67       @param aCoin a moeda de referência
68       @return o número de moedas iguais a aCoin
69    */
70    public int count(Coin aCoin)
71    {
72       int matches = 0;
73       for (int i = 0; i < coins.size(); i++)
74       {
75          Coin c = (Coin)coins.get(i);
76          if (c.equals(aCoin)) matches++; // encontrou uma correspondência
77       }
78       return matches;
79    }
80
81    /**
82       Encontra a moeda de valor mais alto.
83       (Precondição: A bolsa não está vazia)
84       @return a moeda de maior valor nessa bolsa
85    */
86    Coin getMaximum()
87    {
```

```
88        Coin max = (Coin)coins.get(0);
89        for (int i = 1; i < coins.size(); i++)
90        {
91           Coin c = (Coin)coins.get(i);
92           if (c.getValue() > max.getValue())
93              max = c;
94        }
95        return max;
96     }
97
98     private ArrayList coins;
99  }
```

13.3 Armazenando Números em *ArrayLists*

> Para armazenar valores de tipos primitivos em uma *ArrayList*, temos de usar classes empacotadoras.

Como em Java os números não são objetos, não podemos inseri-los diretamente em listas de *arrays*. Para armazenar seqüências de inteiros, números em ponto flutuante ou valores `boolean` em uma lista de *arrays*, temos de usar classes *empacotadoras*. As classes `Integer`, `Double` e `Boolean` empacotam números e valores booleanos dentro de objetos. Esses objetos empacotadores podem ser armazenados dentro de listas de *arrays*.

A classe `Double` é uma típica classe empacotadora de números. Há um construtor que transforma um valor `double` em um objeto `Double`:

```
Double d = new Double(29.95);
```

Por outro lado, o método `doubleValue` recupera o valor `double` que está armazenado dentro do objeto `Double`.

```
double x = d.doubleValue();
```

A seguir, vemos como acrescentar um número de ponto flutuante a uma lista de *arrays*. Primeiro construa um objeto empacotador, então acrescente o objeto:

```
ArrayList data = new ArrayList();
double x = 29.95;
Double wrapper = new Double(x);
data.add(wrapper);
```

Para recuperar o número, temos de fazer a coersão do valor de retorno do método `get` para Double, então chamamos o método `doubleValue`:

```
Double wrapper = (Double)data.get(0);
double x = wrapper.doubleValue();
```

Como podemos ver, usar classes empacotadoras para armazenar números em uma lista de *arrays* também é uma considerável dor de cabeça. Na próxima seção, veremos como usar *arrays* para armazenar seqüências de números.

A propósito, as classes `Integer` e `Double` devem lhe parecer familiares. Nós usamos os métodos `parseInt` e `parseDouble` delas muitas vezes. Esses métodos estáticos realmente não tem nada a ver com objetos empacotadores para números; eles apenas foram inseridos nessas classes porque parecia ser um lugar conveniente.

13.4 Declarando e Acessando *Arrays*

> Um *array* é uma seqüência de comprimento fixo de valores de mesmo tipo.

Um *array* é uma seqüência de comprimento fixo de valores de mesmo tipo. Esse tipo pode ser um tipo de objeto ou um tipo primitivo. Por exemplo, a seguir temos como construir um *array* de dez valores `double`:

```
new double[10]
```

Na maioria dos casos, vamos querer armazenar uma referência ao *array* em uma variável, de modo que possamos acessá-la mais tarde. O tipo de uma variável *array* é o tipo do elemento, seguido de []. Nesse exemplo, o tipo é `double[]`, porque o tipo do elemento é `double`. A seguir, temos a declaração de uma variável *array*:

```
double[] data = new double[10];
```

Ou seja, `data` é uma referência a um *array* de números em ponto flutuante. A chamada

```
new double[10]
```

cria o verdadeiro *array* de 10 números (veja a Figura 3).

Os *arrays* diferem das listas de *array* em dois aspectos:

1. Um *array* tem comprimento fixo. Em contraste, uma *ArrayList* inicia com comprimento 0, cresce quando acrescentamos elementos e encolhe quando os removemos.
2. Um *array* tem elementos de um determinado tipo, enquanto que uma lista de *arrays* contém uma coleção de referências a `Object`.

Logo que um *array* é criado, todos os valores são inicializados com 0 (no caso de um *array* de números como `int[]` ou `double[]`), `false` (no caso de um *array* `boolean[]`), ou `null` (no caso de um *array* de objetos).

Para mudar um valor no *array* `data`, temos de especificar qual posição do *array* queremos acessar. Faz-se isso com o operador [], o qual vem em seguida do nome do *array* e envolve a expressão do índice:

```
data[4] = 29.95;
```

> Acessamos elementos de um *array* com um índice inteiro, usando a notação `a[i]`.

Agora, a posição de índice 4 de `data` está preenchida com o valor 29.95.

Para ler o valor do dado no índice 4, simplesmente usamos a expressão `data[4]` como leríamos qualquer variável do tipo `double`:

```
System.out.println("The price of this item is "
    + data[4]);
```

Essa é uma vantagem dos *arrays* sobre as listas de *arrays*. A notação [] é mais compacta do que chamadas aos métodos `set` e `get`.

Da mesma forma que nas listas de *arrays*, as posições dos *arrays* são numeradas iniciando em 0. Isto é, as posições corretas do *array* `data` vão de `data[0]`, a primeira posição, até `data[9]`, a décima posição.

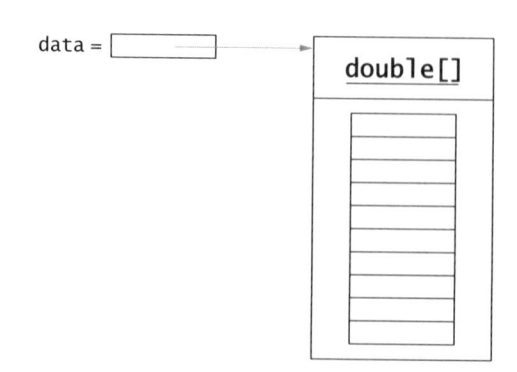

Figura 3

Uma referência a um *array* e um *array*.

Assim como no caso das listas de *arrays*, é um erro tentar acessar posições que não existam.

```
int i = 10;
double x = data[i]; // ERRO
```

data[10] não existe. Lembre-se, o *array* tem comprimento 10, de modo que os valores do índice vão de 0 a 9. O compilador não captura esse erro. Geralmente, é difícil demais para o compilador conferir os conteúdos correntes de data e i. No entanto, quando um índice inválido é detectado durante a execução de um programa, uma exceção é gerada e o programa termina.

Outro erro comum é esquecer de inicializar a variável *array*:

```
double[] data; // não inicializado
data[0] = 29.95;
```

> Usamos o campo length para descobrir o número de elementos de um *array*.

Quando uma variável *array* é definida, ela tem de ser inicializada com um *array* como new double[10] antes que qualquer elemento do *array* possa ser acessado.

Um *array* em Java tem uma variável de instância length, a qual podemos acessar para descobrir o tamanho do *array*. Por exemplo, a seguir vemos como podemos encontrar o menor preço em um *array* de preços:

```
double lowest = data[0];
for (int i = 1; i < data.length; i++)
    if (data[i] < lowest)
        lowest = data[i];
```

Observe que não há *parênteses* depois de length — ela é uma variável de instância do objeto *array*, e não um método. Entretanto, não podemos atribuir um novo valor a essa variável de instância. Em outras palavras, length é uma variável de instância *public final*. Trata-se de uma grande anomalia. Normalmente, os programadores Java usam um método para inquirir a respeito das propriedades de um objeto. Apenas temos de nos lembrar de omitir os parênteses nesse caso.

Usar length é uma idéia muito melhor do que usar um número, como 10, por exemplo, mesmo se soubermos que o *array* tem dez elementos. Se mais adiante o programa mudar e tiver agora 20 valores, então o laço automaticamente permanece válido. Esse princípio é outro exemplo de que se deve evitar números mágicos, como vimos na Dica de Qualidade 3.2.

Sintaxe 13.1: A Construção de um *Array*

new *nomeDoTipo*[*comprimento*]

Exemplo:

new double[10]

Objetivo:

Construir um *array* com um número determinado de elementos.

Sintaxe 13.2: O Acesso a um Elemento do *Array*

referênciaDeArray[*índice*]

Exemplo:

```
a[4] = 29.95;
double x = a[4];
```

Objetivo:

Acessar um elemento em um *array*.

Erro Freqüente 13.3

Arrays *não* Inicializados

Um erro comum consiste em alocar uma referência de *array*, em vez do próprio *array*.

```
double[] data;
data[0] = 29.95; // Erro – data não inicializado
```

As variáveis *arrays* funcionam exatamente como variáveis de objetos — elas são apenas referências ao verdadeiro *array*. Para construir o *array* real, temos de usar o operador `new`:

```
double[] data = new double[10];
```

Erro Freqüente 13.4

Comprimento e Tamanho

Infelizmente, a sintaxe para determinar o número de elementos de um *array* em Java, em uma lista de *arrays* e em um *string*, não é nada consistente.

Tipo de dado	Número de elementos
Array	a.length
Lista de *array*	a.size()
String	a.length()

Confundir esses tipos de dados é um erro comum. Apenas temos de lembrar a sintaxe correta para cada tipo de dado.

Tópico Avançado 13.1

A Inicialização de um Array

Podemos inicializar um *array* alocando-o e então preenchendo cada entrada:

```
int[] primes = new int[5];
primes[0] = 2;
primes[1] = 3;
primes[2] = 5;
primes[3] = 7;
primes[4] = 11;
```

Entretanto, se já sabemos todos os elementos que queremos colocar no *array*, existe uma maneira mais fácil. Podemos listar todos os elementos que queremos incluir no *array* entre chaves e separados por vírgulas:

```
int[] primes = { 2, 3, 5, 7, 11 };
```

O compilador Java conta quantos elementos queremos colocar no *array*, aloca um *array* do tamanho correto e o preenche com os elementos que especificamos.

Se quisermos construir um *array* e passá-lo para um método que espera um parâmetro *array*, podemos inicializar um *array anônimo* assim:

```
new int[] { 2, 3, 5, 7, 11 }
```

13.5 Copiando *Arrays*

> Uma variável *array* armazena uma referência ao *array*. Copiar a variável gera uma segunda referência ao mesmo *array*.

As variáveis *arrays* funcionam exatamente como as variáveis de objeto — elas armazenam uma *referência* ao verdadeiro *array*. Se copiarmos a referência, obteremos outra referência ao mesmo *array* (veja a Figura 4):

```
double[] data = new double[10];
... // preenche o array
double[] prices = data;
```

> Usamos o método clone para copiar os elementos de um *array*.

Se quisermos fazer uma cópia de verdade de um *array*, temos de chamar o método clone (veja a Figura 5).

```
double[] prices = (double[])data.clone();
```

Observe que temos de converter o valor de retorno do método clone do tipo Object para o tipo double[].

> Usamos o método System.arraycopy para copiar elementos de um *array* para outro.

Ocasionalmente, temos de copiar elementos de um *array* para outro. Podemos usar o método estático System.arraycopy para isso (veja a Figura 6):

```
System.arraycopy(from, fromStart, to, toStart, count);
```

Uma das formas de uso do método System.arraycopy é acrescentar ou remover elementos no meio de um *array*. Para acrescentar um novo elemento em data na posição i, primeiramente mova todos os elementos a partir de i uma posição para cima. Então insira o novo valor.

```
System.arraycopy(data, i, data, i + 1,
    data.length - i - 1);
data[i] = x;
```

Observe que o último elemento do *array* é perdido (veja a Figura 7).

Para remover o elemento da posição i, copiamos os elementos acima dessa posição para baixo (veja a Figura 8).

```
System.arraycopy(data, i + 1, data, i,
    data.length - i - 1);
```

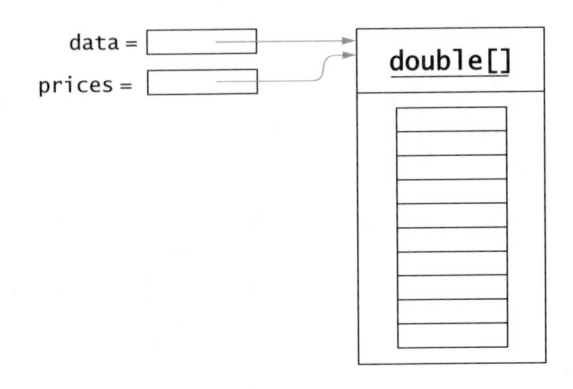

Figura 4
Duas referências ao mesmo *array*.

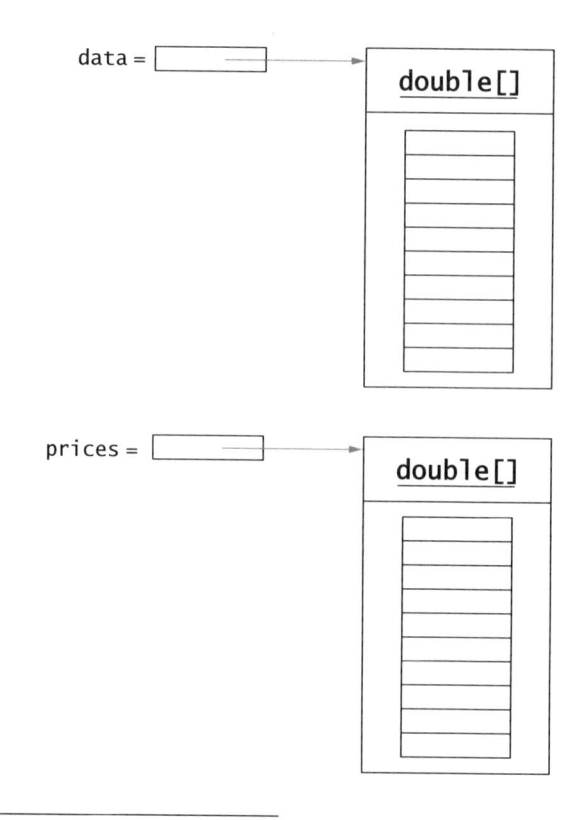

Figura 5
Clonando um *array*.

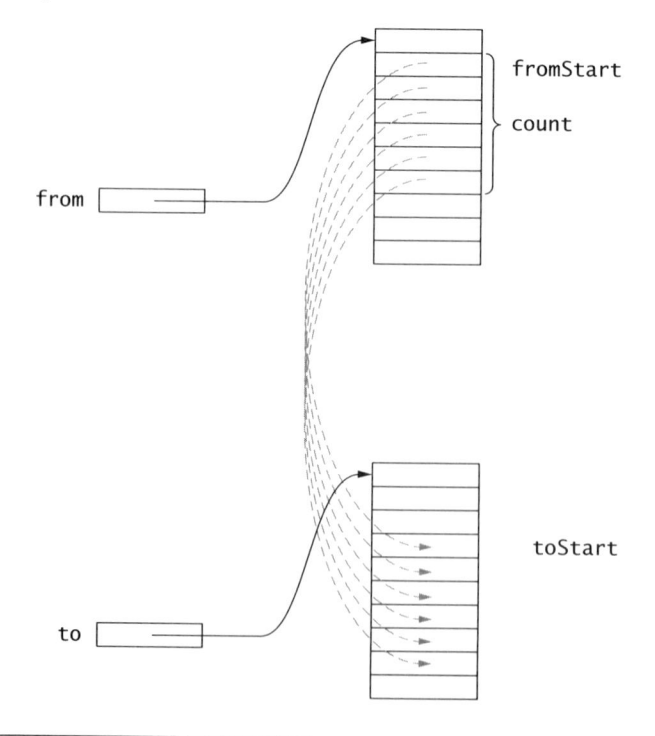

Figura 6
O método `System.arraycopy`.

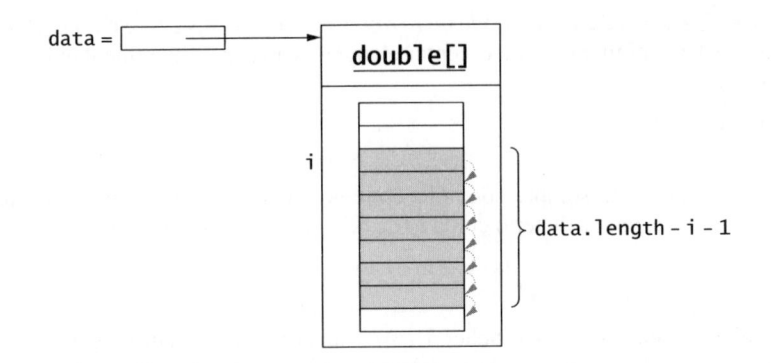

Figura 7
Inserindo um novo elemento em um *array*.

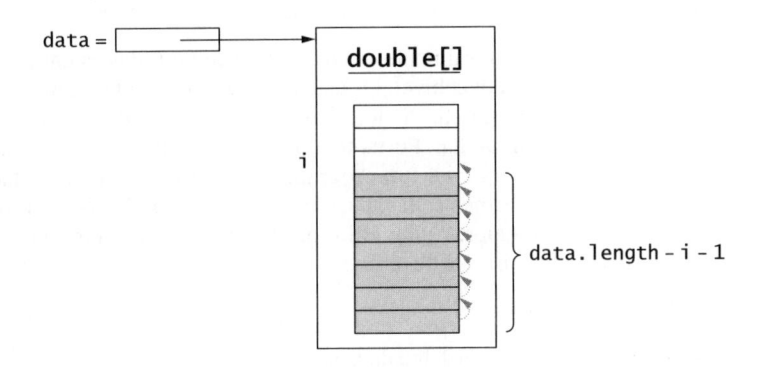

Figura 8
Removendo um elemento de um *array*.

13.6 *Arrays* Parcialmente Preenchidos

Suponha que vamos escrever um programa que leia uma seqüência de números e os armazene em um *array*. Quantos números o usuário irá inserir? Não podemos pedir ao usuário que conte os itens para nós antes de inseri-los — esse é exatamente o tipo de trabalho que o usuário espera que o computador faça. Infelizmente, agora temos um problema. Temos de configurar o tamanho do *array* antes de saber quantos elementos necessitamos. Uma vez que o tamanho do *array* tenha sido configurado, ele não pode ser modificado.

Para resolver esse problema, podemos algumas vezes criar um *array* que seja garantidamente maior do que o maior número de entradas possível e *preenchê-lo parcialmente*. Por exemplo, podemos chegar a conclusão que o usuário nunca irá inserir mais de 100 elementos de dados. Então, alocamos um *array* de tamanho 100:

> Freqüentemente os *arrays* são parcialmente preenchidos. Nesse caso, temos de lembrar o número de elementos que realmente colocamos no *array*.

```
final int DATA_LENGTH = 100;
double[] data = new double[DATA_LENGTH];
```

Nesse caso, mantemos uma *variável acompanhante* que nos diz quantos elementos do *array* são de fato usados. É uma excelente idéia *sempre* denominar essa variável acompanhante acrescentando o sufixo `Size` ao nome do *array*.

```
int dataSize = 0;
```

Agora, `data.length` é a *capacidade* do *array* `data`, e `dataSize` é o *tamanho atual* do *array* (veja a Figura 9). Continuamos a acrescentar elementos ao *array*, incrementando cada vez a variável de tamanho.

```
data[dataSize] = x;
dataSize++;
```

Dessa forma, `dataSize` sempre contém a contagem correta de elementos. Ao inspecionar elementos em um *array*, temos de ter o cuidado de parar em `dataSize`, e não em `data.length`:

```
for (int i = 0; i < dataSize; i++)
    sum = sum + data[i];
```

Temos de cuidar também para não encher o *array* além do limite. Só insira elementos se ainda houver espaço para eles! Se o *array* encher totalmente, há duas abordagens que podemos empregar. A maneira mais simples é recusar entradas adicionais:

```
if (dataSize >= data.length)
    System.out.println("Sorry, the array is full.");
```

> Se ficarmos sem espaço no *array*, temos de alocar um *array* maior e copiar os elementos para dentro dele.

Naturalmente, recusar-se a aceitar todas as entradas geralmente é inconcebível. Os usuários rotineiramente usam *software* com conjuntos de dados maiores do que os desenvolvedores poderiam imaginar. Portanto, temos de trabalhar um pouco mais duramente para criar um programa compatível com a realidade. Quando ficarmos sem espaço em um *array*, podemos criar um novo *array*, maior; copiar todos os elementos para dentro do novo *array*; e então anexar o novo *array* à velha variável de *array*.

```
if (dataSize >= data.length)
{
    // cria um novo array com o dobro do tamanho
    double[] newData = new double[2 * data.length];
    // copia todos os elementos de data para newData
    System.arraycopy(data, 0, newData, 0, data.length);
    // abandona o array antigo e armazena em data
    // uma referência ao novo array
    data = newData;
}
```

A Figura 10 exibe o processo.

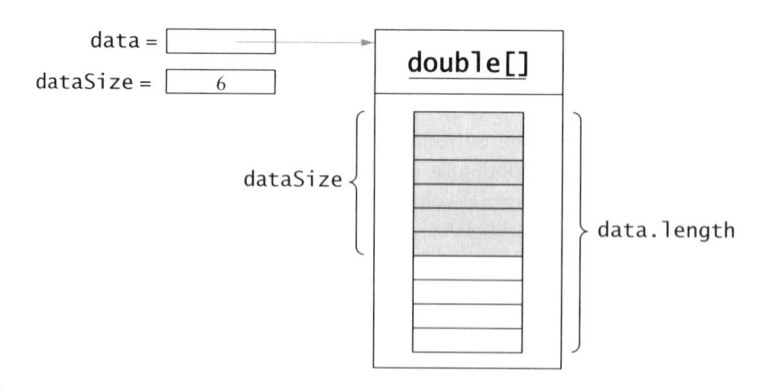

Figura 9

Um *array* parcialmente preenchido.

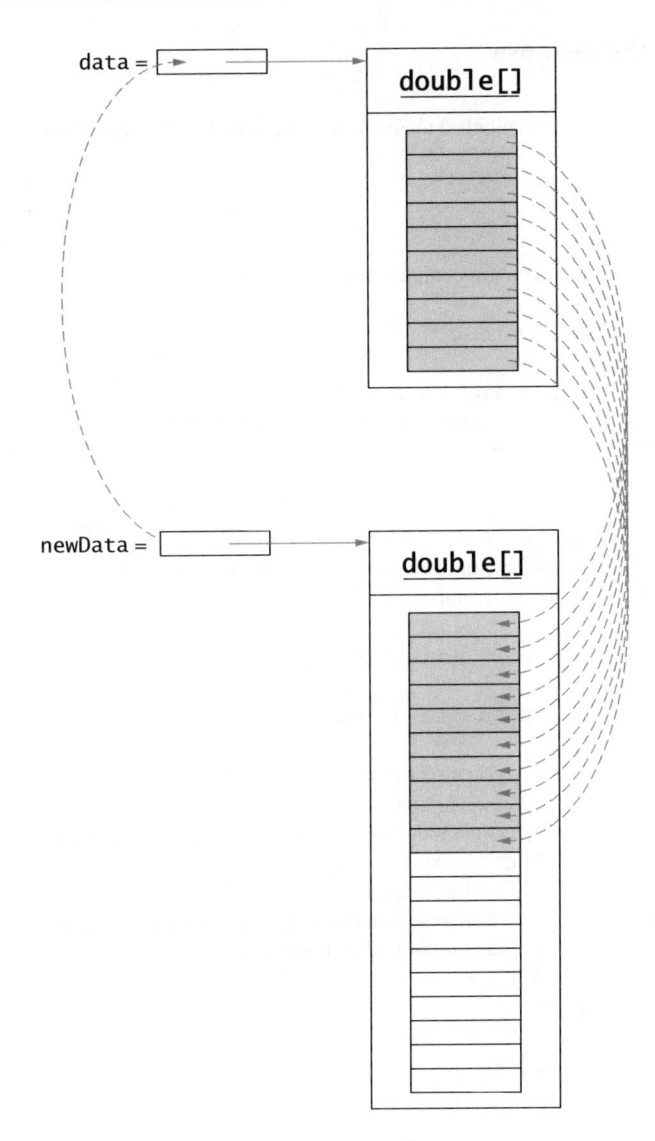

Figura 10

Expandindo um *array*.

No final desta seção, encontramos uma implementação da classe `DataSet` que armazena um número arbitrário de elementos. Nós a testamos com um programa que insere 10.000 números aleatórios.

A classe `ArrayList` contém um *array* `Object[]` para armazenar uma seqüência de objetos. Quando o *array* fica sem espaço, a classe `ArrayList` aloca um *array* maior, usando exatamente a mesma técnica que acabamos de ver.

Francamente, é uma dor de cabeça monitorar tamanhos de *arrays*, e aumentá-los quando eles ficam sem espaço. Se colecionarmos *objetos*, então podemos evitar esse problema, simplesmente usando uma *ArrayList*. Geralmente usamos *ArrayLists* para colecionar objetos.

Felizmente, na maioria dos programas orientados a objetos, nós colecionamos objetos e não números. Entretanto, quando colecionarmos números, temos de fazer uma escolha difícil. É mais trabalhoso monitorar tamanhos de *arrays* ou usar classes empacotadoras? Um *array* de números é muito mais eficiente do que uma lista de *arrays* de objetos empacotadores que contenha números, de modo que a maioria dos programadores escolhe *arrays*.

Arquivo DataSet.java

```java
/**
    Esta classe calcula a média de um conjunto de valores de dados.
*/
public class DataSet
{
    /**
        Constrói um conjunto de dados vazio.
    */
    public DataSet()
    {
        final int DATA_LENGTH = 100;
        data = new double[DATA_LENGTH];
        dataSize = 0;
    }

    /**
        Acrescenta um valor de dado ao conjunto de dados.
        @param x um valor de dado
    */
    public void add(double x)
    {
        if (dataSize >= data.length)
        {
            // cria um novo *array* com o dobro do tamanho
            double[] newData = new double[2 * data.length];
            // copia todos os elementos de data para newData
            System.arraycopy(data, 0, newData, 0,
                data.length);
            // abandonar o *array* antigo e armazena em data
            // uma referência ao novo *array*
            data = newData;
        }
        data[dataSize] = x;
        dataSize++;
    }

    /**
        Obtém a média dos dados adicionados.
        @return a média ou 0 se nenhum dado foi adicionado
    */
    public double getAverage()
    {
        if (dataSize == 0) return 0;
        double sum = 0;
        for (int i = 0; i < dataSize; i++)
            sum = sum + data[i];
        return sum / dataSize;
    }
```

```
50      private double[] data;
51      private int dataSize;
52 }
```

Arquivo DataSetTest.java

```
1  import java.util.Random;
2
3  /**
4      Este programa testa a classe DataSet acrescentando 10.000 números
5      ao conjunto de dados e calculando a média.
6  */
7  public class DataSetTest
8  {
9     public static void main(String[] args)
10    {
11       Random generator = new Random();
12       DataSet data = new DataSet();
13       final int COUNT = 10000;
14       System.out.println("Adding " +
15          COUNT + " random numbers.");
16       for (int i = 0; i < COUNT; i++)
17       {
18          double x = generator.nextDouble();
19          data.add(x);
20       }
21       double average = data.getAverage();
22       System.out.println("average=" + average);
23    }
24 }
```

⊗ *Erro Freqüente*   **13.5**

Subestimando o Tamanho de um Conjunto de Dados

É comum os programadores subestimarem a quantidade de dados de entrada que o usuário irá inserir em um programa simples. O problema mais comum que isso pode causar vem do uso de *arrays* de tamanho fixo. Suponha que escrevemos um programa para pesquisar texto em um arquivo. Nós armazenamos cada linha em um *string* e guardamos um *array* de *strings*. De que tamanho criamos o *array*? Certamente ninguém irá desafiar o programa com uma entrada com mais de 100 linhas. Será? Um espertinho pode facilmente inserir todo o texto de *Alice no País das Maravilhas* ou *Guerra e Paz* (que estão disponíveis na Internet).

De repente, nosso programa terá de lidar com dezenas ou centenas de milhares de linhas. O que ele fará? Será que ele irá dar conta das entradas? Será que irá polidamente rejeitar o excesso de entradas? Ou será que irá abortar?

Um artigo famoso [1] analisa como diversos programas UNIX reagiam quando eram submetidos a conjuntos de dados muito grandes ou aleatórios. Infelizmente, aproximadamente a quarta parte deles não se saiu nada bem, abortando ou pendurando sem uma mensagem de erro razoável.

Por exemplo, em algumas versões de UNIX, o programa de *backup* de fita *tar* não consegue tratar nomes de arquivos que tenham mais de 100 caracteres, o que é uma limitação pouco razoável. Muitas dessas deficiências são causadas por características da linguagem C que, diferentemente de Java, torna difícil armazenar *strings* de tamanho arbitrário.

Fato Histórico 13.1

Um dos Primeiros Worms na Internet

Em novembro de 1988, um aluno de pós-graduação da Cornell University executou um programa de vírus que infectou cerca de 6.000 computadores conectados à Internet nos Estados Unidos. Dezenas de milhares de usuários de computadores foram incapazes de ler seu correio eletrônico ou usar seu computador para outros fins. Todas as principais universidades e muitas empresas de alta tecnologia foram afetadas. A Internet era muito menor do que é hoje.

O tipo específico de vírus utilizado nesse ataque é chamado de *worm*. O programa de vírus passou de um computador da Internet para o próximo. O programa todo é bastante complexo; as suas partes principais estão explicadas em [2]. Entretanto, um dos métodos usados no ataque é de nosso interesse aqui. O *worm* tentaria conectar-se ao *finger*, um programa do sistema operacional UNIX para localizar informações sobre um usuário que tenha uma conta em um determinado computador da rede. Como muitos programas em UNIX, *finger* foi escrito na linguagem C, que não tem listas de *arrays*, mas apenas *arrays*. Quando construímos um *array* em C, assim como em Java, temos de decidir quantos elementos necessitamos. Para armazenar o nome do usuário a ser pesquisado (digamos, `walters@cs.sjsu.edu`), o programa *finger* alocava um *array* de 512 caracteres, presumindo que ninguém jamais iria fornecer uma entrada tão longa. Infelizmente, C, diferentemente de Java, não confere se o índice do *array* é menor do que o comprimento do *array*. Se escrevermos em um *array* usando um índice que seja grande demais, simplesmente sobrescrevemos posições de memória que pertencem a outros objetos. Em algumas versões do programa *finger*, o programador foi preguiçoso e não conferiu se o *array* que continha os caracteres era suficientemente grande para conter a entrada. De modo que o programa *worm* propositadamente preencheu o *array* de 512 caracteres com 536 *bytes*. Os 24 *bytes* a mais iriam sobrescrever um endereço de retorno, o qual o atacante sabia que estava armazenado exatamente após o *buffer* de linha. Quando aquela função terminava, ela não voltava ao seu chamador, mas para código fornecido pelo *worm*. Esse código era executado sob os mesmos privilégios de superusuário de *finger*, permitindo que o *worm* conseguisse entrar no sistema remoto.

Se o programador que escreveu *finger* tivesse sido mais consciencioso, esse ataque em particular não teria sido possível. Em C++ e C, os programadores devem ter um cuidado especial para não ultrapassar os limites do *array*.

Poderíamos nos perguntar o que levaria um programador experiente a gastar muitas semanas ou meses para planejar o ato anti-social de invadir milhares de computadores e incapacitá-los. Parece que a invasão foi totalmente intencional, mas a paralização dos computadores foi um efeito colateral da reinfecção contínua e dos esforços do *worm* em não ser eliminado. Não está esclarecido se o autor estava ciente de que esses movimentos iriam paralizar as máquinas atacadas.

Nos últimos anos, a nova mania de provocar atos de vandalismo com os computadores dos outros teve uma diminuição, e há menos idiotas com competência em programação suficiente para escrever novos vírus. No entanto, surgiram outros tipos de ataques, cometidos por indivíduos com mais energia criminosa, cuja intenção tem sido roubar informações ou dinheiro. A referência [3] fornece um bom relato da descoberta e apreensão de uma dessas pessoas.

Dica de Qualidade 13.1

Transforme Arrays Paralelos em Arrays de Objetos

> Evite *arrays* paralelos transformando-os em *arrays* de objetos.

Os programadores acostumados com *arrays*, mas não acostumados com programação orientada a objetos, às vezes distribuem as informações através de *arrays* separados. A seguir, temos um exemplo típico. Determinado programa necessita gerenciar dados de funcionários, que consistiam em nomes e salários dos empregados. Não armazene os nomes e os salários em *array*s separados.

```
// não faça isto
String[] names;
double[] salaries;
```

Nesse programa, as informações relacionadas estão distribuídas em *array*s separados. A i-ésima *fatia* (`names[i]` e `salaries[i]`) contém dados que precisam ser processados juntos. Esses *array*s são chamados de *arrays paralelos* (Figura 11).

Se estivermos usando dois *array*s que tenham o mesmo comprimento, temos de nos perguntar se não poderíamos substituí-los por um único *array* de um tipo de classe. Olhe para uma fatia e descubra o *conceito* que ela representa. Então transforme o conceito em uma classe. No nosso exemplo, cada fatia contém nome e salário, descrevendo um *funcionário (employee)*. Portanto, é fácil usar um único *array* de objetos

```
Employee[] staff;
```

(Veja a Figura 12.) Ou, melhor ainda, usamos um `ArrayList` de objetos `Employee`.

Por que isso é bom? Pense no futuro, talvez nosso programa mude e tenhamos de armazenar também o cargo do funcionário. É fácil atualizar a classe `Employee`. Pode ser bem complicado acrescentar um novo *array* e garantir que todos os métodos que acessavam os dois *array*s originais agora também acessarão corretamente o terceiro *array*.

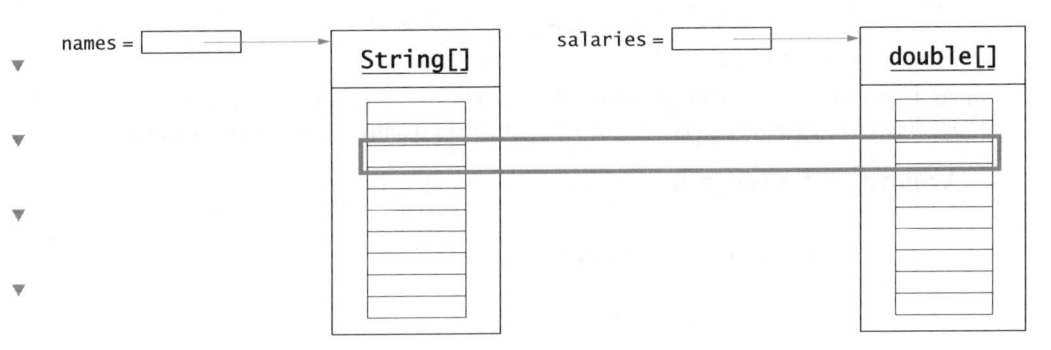

Figura 11

Evite *array*s paralelos.

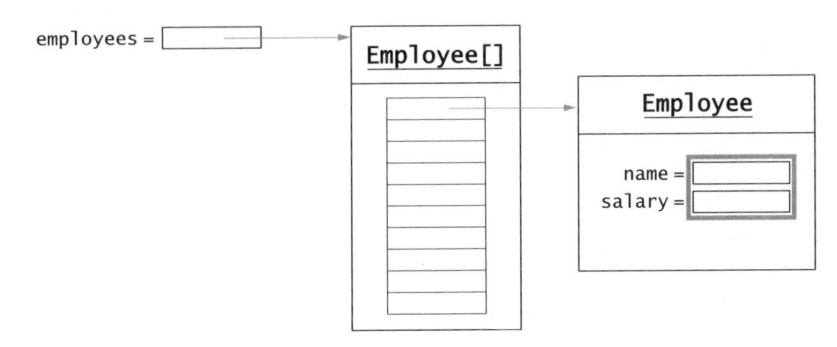

Figura 12

Reorganizando *array*s paralelos em *array*s de objetos.

13.7 *Arrays* Bidimensionais

> Os *arrays* bidimensionais formam um arranjo tabular bidimensional. Acessamos os elementos com um par de índices a [i] [j].

Arrays e listas de *arrays* podem armazenar seqüências lineares. Ocasionalmente, vamos querer armazenar coleções que possuem um leiaute bidimensional. O exemplo tradicional é o tabuleiro do jogo da velha (veja a Figura 13).

Esse arranjo, consistindo em linhas e colunas de valores, é chamado de *array bidimensional* ou *matriz*. Ao construir um *array* bidimensional, especificamos quantas linhas e colunas necessitamos. Nesse caso, solicitamos 3 linhas e 3 colunas:

```
final int ROWS = 3;
final int COLUMNS = 3;
char[][] board = new char[ROWS][COLUMNS];
```

Isso gera um *array* bidimensional de 9 elementos

```
board[0][0]    board[0][1]    board[0][2]
board[1][0]    board[1][1]    board[1][2]
board[2][0]    board[2][1]    board[2][2]
```

Para acessar determinado elemento, especificamos dois subscritos em colchetes separados:

```
board[i][j] = 'x';
```

É comum usar dois laços aninhados para preencher ou pesquisar em um *array* bidimensional. Por exemplo, o par de laços a seguir configura todos os elementos do *array* como espaços.

```
for (int i = 0; i < ROWS; i++)
   for (int j = 0; j < COLUMNS; j++)
      board[i][j] = ' ';
```

A seguir, temos uma classe e um programa de teste para o jogo-da-velha. Essa classe não verifica se o jogador venceu. Deixamos isso como exercício para o leitor — veja o Exercício P13.16.

Arquivo TicTacToe.java

```
1  /**
2      Um tabuleiro 3 X 3 de jogo-da-velha.
3  */
4  public class TicTacToe
5  {
6      /**
7         Constrói um tabuleiro vazio.
```

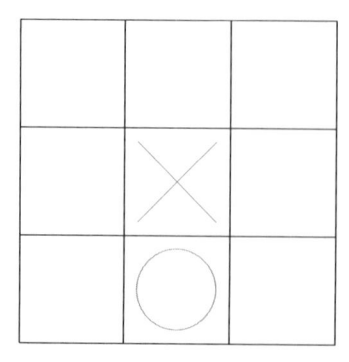

Figura 13

Tabuleiro do jogo-da-velha.

```java
 8       */
 9      public TicTacToe()
10      {
11         board = new char[ROWS][COLUMNS];
12
13         // preenche com espaços
14         for (int i = 0; i < ROWS; i++)
15            for (int j = 0; j < COLUMNS; j++)
16               board[i][j] = ' ';
17      }
18
19      /**
20         Configura um campo no tabuleiro. O campo tem de estar desocupado.
21         @param i o índice da linha
22         @param j o índice da coluna
23         @param player o jogador ('x' ou 'o')
24      */
25      public void set(int i, int j, char player)
26      {
27         if (board[i][j] != ' ')
28            throw new IllegalArgumentException(
29            "Position occupied");
30         board[i][j] = player;
31      }
32
33      /**
34         Cria uma representação de string do tabuleiro como
35         |x o|
36         | x |
37         | o|.
38         @return a representação em strings
39      */
40      public String toString()
41      {
42         String r = "";
43         for (int i = 0; i < ROWS; i++)
44         {
45            r = r + "|";
46            for (int j = 0; j < COLUMNS; j++)
47               r = r + board[i][j];
48            r = r + "|\n";
49         }
50         return r;
51      }
52
53      private char[][] board;
54      private static final int ROWS = 3;
55      private static final int COLUMNS = 3;
56   }
```

Arquivo TicTacToeTest.java

```java
1  import javax.swing.JOptionPane;
2
3  /**
```

```
4       Este programa testa a classe TicTacToe solicitando ao usuário
5       para configurar posições sobre o tabuleiro e imprimir o
6       resultado.
7  */
8  public class TicTacToeTest
9  {
10     public static void main(String[] args)
11     {
12        char player = 'x';
13        TicTacToe game = new TicTacToe();
14        while (true)
15        {
16           System.out.println(game); // chama game.toString()
17           String input = JOptionPane.showInputDialog(
18              "Row for " + player + " (Cancel to exit)");
19           if (input == null) System.exit(0);
20           int row = Integer.parseInt(input);
21           input = JOptionPane.showInputDialog(
22              "Column for " + player);
23           int column = Integer.parseInt(input);
24           game.set(row, column, player);
25           if (player == 'x') player = 'o';
26           else player = 'x';
27        }
28     }
29  }
```

Tópico Avançado 13.2

Arrays *Bidimensionais* com Linhas de Comprimentos Variáveis

Quando declaramos um *array* bidimensional com a instrução

```
int[][] a = new int[5][5];
```

obtemos uma matriz 5 x 5 que pode armazenar 25 elementos:

```
a[0][0]  a[0][1]  a[0][2]  a[0][3]  a[0][4]
a[1][0]  a[1][1]  a[1][2]  a[1][3]  a[1][4]
a[2][0]  a[2][1]  a[2][2]  a[2][3]  a[2][4]
a[3][0]  a[3][1]  a[3][2]  a[3][3]  a[3][4]
a[4][0]  a[4][1]  a[4][2]  a[4][3]  a[4][4]
```

Nessa matriz, todas as linhas têm o mesmo comprimento. Em Java, é possível declarar *arrays* nos quais o comprimento da linha varia. Por exemplo, podemos armazenar um *array* de forma triangular, como o que segue:

```
b[0][0]
b[1][0]  b[1][1]
b[2][0]  b[2][1]  b[2][2]
b[3][0]  b[3][1]  b[3][2]  b[3][3]
b[4][0]  b[4][1]  b[4][2]  b[4][3]  b[4][4]
```

Alocar esse tipo de *array* é um pouco mais trabalhoso. Primeiramente, alocamos espaço para conter cinco linhas. Indicamos que iremos configurar manualmente cada linha deixando o índice do segundo *array* vazio:

```
int[][] b = new int[5][];
```

▼ Depois, temos de alocar cada linha separadamente.

```
for (int i = 0; i < b.length; i++)
    b[i] = new int[i + 1];
```

▼ Podemos acessar cada elemento do *array* como `b[i][j]`, mas não podemos esquecer que `j` é menor do que `b[i].length`.

Naturalmente, esses *arrays* "irregulares" não são muito comuns.

Resumo do Capítulo

1. Uma lista de *arrays* é uma seqüência de objetos.

2. Cada objeto de uma lista de *arrays* tem um número inteiro correspondente a sua posição, chamado de índice.

3. Ao recuperar um elemento de uma lista de *arrays*, temos de converter o valor de retorno do método `get` para a classe do elemento.

4. Os números de posição de uma lista de *arrays* vão de 0 a `size()` – 1. Acessar uma posição que não existe resulta em um erro de limite.

5. Para encontrar um valor em uma lista de *arrays*, verifique todos os elementos até encontrar uma correspondência.

6. Para contar valores em uma lista de *arrays*, verifique todos os elementos e conte as correspondências, até chegar ao fim da lista de *arrays*.

7. Para calcular o máximo ou o mínimo valor de uma lista de *arrays*, inicializamos um candidato com o elemento inicial. Então comparamos o candidato com os elementos remanescentes e atualizamos o candidato se encontrarmos um valor maior ou menor.

8. Para armazenar valores de tipos primitivos em uma lista de *arrays*, temos de usar classes empacotadoras.

9. Um *array* é uma seqüência de valores do mesmo tipo, de comprimento fixo.

10. Acessamos elementos do *array* com um índice inteiro, usando a notação `a[i]`.

11. Usamos o campo `length` para descobrir o número de elementos do *array*.

12. Uma variável *array* armazena uma referência ao *array*. Copiar a variável gera uma segunda referência ao mesmo *array*.

13. Usamos o método `clone` para copiar os elementos de um *array*.

14. Usamos o método `System.arraycopy` para copiar elementos de um *array* para outro.

15. Freqüentemente, os *arrays* são *parcialmente preenchidos*. Então, temos de lembrar o número de elementos que realmente colocamos no *array*.

16. Se ficamos sem espaço em um *array*, precisamos alocar um *array* maior e copiar os elementos para dentro dele.

17. Evite *arrays* paralelos transformando-os em *arrays* de objetos.

18. *Arrays* bidimensionais formam um arranjo tabular bidimensional. Acessamos os elementos com um par de índices a[i][j].

Leitura Complementar

[1] Barton P. Miller, Louis Fericksen, and Bryan So, "An Empirical Study of the Reliability of Unix Utilities", *Communications of the ACM,* vol. 33, no. 12 (December 1990), pp. 32–44.
[2] Peter J. Denning, *Computers under Attack,* Addison-Wesley, 1990.
[3] Cliff Stoll, *The Cuckoo's Egg,* Doubleday, 1989.

Classes, Objetos e Métodos Introduzidos neste Capítulo

```
java.lang.Boolean
    booleanValue
java.lang.Double
    doubleValue
java.lang.Integer
    intValue
java.lang.System
    arrayCopy
java.util.ArrayList
    add
    get
    remove
    set
    size
```

Exercícios de Revisão

Exercício R13.1. O que é um índice? Quais são os limites de uma lista de *arrays*? O que é um erro de limite?

Exercício R13.2. Escreva um programa que contenha um erro de limite. Execute o programa. O que acontece no seu computador? Como que a mensagem de erro o ajuda a localizar o erro?

Exercício R13.3. Escreva um código Java de um laço que simultaneamente calcule os valores máximo e mínimo de uma lista de *arrays*. Use uma lista de *arrays* de moedas como exemplo.

Exercício R13.4. Escreva um laço que leia dez *strings* e insira em uma lista de *arrays*. Escreva um segundo laço que imprima os *strings* na ordem inversa da que foram inseridos.

Exercício R13.5. Para cada um dos seguintes conjuntos de valores, escreva um código que preencha um *array* a com os valores.

- 1 2 3 4 5 6 7 8 9 10
- 0 2 4 6 8 10 12 14 16 18 20
- 1 4 9 16 25 36 49 64 81 100
- 0 0 0 0 0 0 0 0 0 0
- 1 4 9 16 9 7 4 9 11

Use um laço quando for adequado.

Exercício R13.6. Escreva um laço que preencha um *array* a com dez números aleatórios entre 1 e 100. Escreva código (usando um ou mais laços) para preencher a com dez números aleatórios *diferentes* entre 1 e 100.

Exercício R13.7. O que há de errado no laço a seguir?

```
double[] data = new double[10];
for (int i = 1; i <= 10; i++) data[i] = i * i;
```

Explique duas formas de corrigir o erro.

Exercício R13.8. Escreva um programa que preencha um *array* de 20 inteiros com os números 1, 4, 9, ..., 100. Compile-o e execute o depurador. Depois que o *array* foi preenchido com três números, *inspecione-o*. Qual é o conteúdo dos elementos do *array* adiante dos que você preencheu?

Exercício R13.9. Dê um exemplo de

- Um método útil que tenha um *array* de inteiros como um parâmetro que não é modificado
- Um método útil que tenha um *array* de inteiros como um parâmetro que é modificado
- Um método útil que tenha um *array* de inteiros como um valor de retorno

Simplesmente descreva cada método, não os implemente.

Exercício R13.10. Um método que tenha uma lista de *arrays* como parâmetro pode alterar o conteúdo de duas formas. Ele pode alterar o conteúdo dos elementos individuais do *array*, ou pode rearranjar os elementos. Descreva dois métodos úteis com parâmetros `ArrayList` que alterem uma lista de *arrays* de objetos `Employee` em cada uma das duas formas que acabaram de ser descritas.

Exercício R13.11. O que são *arrays* paralelos? Por que *arrays* paralelos são indicações de uma programação deficiente? Como eles podem ser evitados?

Exercício R13.12. Como você realiza as seguintes tarefas com *arrays* em Java?

- Verificar se dois *arrays* contêm os mesmos elementos na mesma ordem.
- Copiar um *array* para outro.
- Preencher um *array* com zeros, sobrescrevendo todos os elementos que houver nele.
- Remover todos os elementos de uma lista de *arrays*.

Exercício R13.13. Verdadeiro ou falso?

- Todos os elementos de um *array* são do mesmo tipo.
- Os subscritos dos *arrays* têm de ser inteiros.
- Os *arrays* não podem conter *strings* como elementos.
- Os *arrays* não podem usar *strings* como subscritos.
- Os *arrays* paralelos têm de ter comprimento igual.
- Os *arrays* bidimensionais sempre têm os mesmos números de linhas e colunas.
- Dois *arrays* paralelos podem ser substituídos por um *array* bidimensional.
- Os elementos de colunas diferentes em um *array* bidimensional podem ter tipos diferentes.
- Os elementos em uma lista de *arrays* podem ter tipos diferentes.

Exercício R13.14. Verdadeiro ou falso?
- Um método não pode retornar um *array* bidimensional.
- Um método pode mudar o comprimento de um parâmetro de *array*.
- Um método pode mudar o comprimento de uma lista de *arrays* que é passada como parâmetro.
- Uma lista de *arrays* pode conter valores de qualquer tipo.

Exercícios de Programação

Exercício P13.1. Implemente uma classe Bank que contenha uma lista de *arrays* de objetos BankAccount. Forneça os métodos

```
public void addAccount(double initialBalance)
public void deposit(int account, double amount)
public void withdraw(int account, double amount)
public double getBalance(int account)
```

O número da conta é simplesmente um índice dentro da lista de *arrays*.

Exercício P13.2. Acrescente um método toString à classe Purse que imprima as moedas da bolsa no formato

Purse[Quarter,Dime,Nickel,Dime]

Exercício P13.3. Escreva um método reverse que inverta a seqüência das moedas em uma bolsa. Use o método toString do exercício anterior para testar seu código. Por exemplo, se reverse for chamado com uma bolsa assim

Purse[Quarter,Dime,Nickel,Dime]

então a bolsa é mudada para

Purse[Dime,Nickel,Dime,Quarter]

Exercício P13.4. Acrescente um método

```
public void transfer(Purse other)
```

que transfira o conteúdo de uma bolsa para outra. Por exemplo, se a for

Purse[Quarter,Dime,Nickel,Dime]

e b for

Purse[Dime,Nickel]

então, depois da chamada transfer(b), a será

Purse[Quarter,Dime,Nickel,Dime,Dime,Nickel]

e b estará vazia.

Exercício P13.5. Escreva um método equals para a classe Purse

```
public boolean equals(Object other)
```

que confere se a outra bolsa tem as mesmas moedas, na mesma ordem.

Exercício P13.6. Escreva um método equals para a classe Purse

```
public boolean equals(Object other)
```

que confere se a outra bolsa tem as mesmas moedas em *qualquer* ordem. Por exemplo, as bolsas

Purse[Quarter,Dime,Nickel,Dime]

e

```
Purse[Nickel,Dime,Dime,Quarter]
```

devem ser consideradas iguais.

Provavelmente você necessitará de um ou mais métodos auxiliares.

Exercício P13.7. Implemente uma classe `Cloud` (nuvem) que contenha uma lista de *arrays* de objetos `Point2D.Double`. Forneça os métodos

```
public void add(Point2D.Double aPoint)
public void draw(Graphics2D g2)
```

Desenhe cada ponto como um pequeno círculo.

Escreva um *applet* que desenhe uma nuvem de 20 pontos aleatórios.

Exercício P13.8. Implemente uma classe `Polygon` que contenha uma lista de *arrays* de objetos `Point2D.Double`. Forneça os métodos

```
public void add(Point2D.Double aPoint)
public void draw(Graphics2D g2)
```

Desenhe o polígono unindo pontos adjacentes com uma linha e depois feche-o, unindo o ponto final com o inicial.

Escreva um *applet* que desenhe um quadrado e um pentágono usando dois objetos `Polygon`.

Exercício P13.9. Escreva os métodos da classe `Polygon` do exercício anterior

```
public double perimeter()
```

e

```
public double area()
```

que calculem a circunferência e a área de um polígono. Para calcular o perímetro, calcule a distância entre pontos adjacentes e obtenha o total das distâncias. A área de um polígono com cantos $(x_0, y_0), ..., (x_{n-1}, y_{n-1})$ é

$$\frac{1}{2}(x_0 y_1 + x_1 y_2 + \cdots + x_{n-1} y_0 - y_0 x_1 - y_1 x_2 - \cdots - y_{n-1} x_0)$$

Como casos de teste, calcule o perímetro e a área de um retângulo e de um hexágono regular.

Exercício P13.10. Acrescente um método que calcule a *soma alternada* de todos os elementos na classe `DataSet` da seção 13.6. Por exemplo, se `alternatingSum` for chamado com os dados

1   4   9   16   9   7   4   9   11

ele calcula

$$1 - 4 + 9 - 16 + 9 - 7 + 4 - 9 + 11 = -2$$

Exercício P13.11. Escreva um programa que gere permutações aleatórias dos números de 1 a 10. Para gerar uma permutação aleatória, você precisa preencher um *array* com os números de 1 a 10, de modo que duas entradas do *array* nunca tenham o mesmo conteúdo. Você poderia fazê-lo na base da força bruta, chamando `Random.nextInt` até que ele gerasse um valor que ainda não estivesse no *array*. Mas aqui se pede que você implemente um método inteligente. Crie um segundo *array* e preencha-o com os números de 1 a 10. Então, pegue um número aleatoriamente, *remova-o* e anexe-o ao *array* de permutação. Repita dez vezes. Implemente uma classe `PermutationGenerator` com um método

```
int[] nextPermutation
```

Exercício P13.12. Escreva uma classe `Chart` com os métodos

```
public void add(int value)
public void draw(Graphics2D g2)
```

que mostre um gráfico de barras dos valores somados, semelhante ao gráfico da Seção 4.10. Podemos supor que os valores sejam posições de *pixels*.

Exercício P13.13. Escreva uma classe `BarChart` com métodos

```
public void add(double value)
public void draw(Graphics2D g2)
```

que mostre um gráfico dos valores somados. Você pode supor que todos os valores em `data` são positivos. *Dica:* Você precisa descobrir o máximo dos valores. Configure o sistema de coordenadas de modo que o eixo *x* seja igual ao número de barras, e o eixo *y* vá de 0 ao máximo.

Exercício P13.14. Aperfeiçoe a classe `BarChart` do exercício anterior para funcionar corretamente quando `data` contiver valores negativos.

Exercício P13.15. Escreva uma classe `PieChart` com métodos

```
public void add(double value)
public void draw(Graphics2D g2)
```

que mostre um gráfico de pizza dos valores em `data`. Suponha que todos os valores em `data` sejam positivos.

Exercício P13.16. Acrescente um método `getWinner` à classe `TicTacToe` da Seção 13.7. Ele deve retornar `'x'` ou `'o'` para indicar um vencedor, ou `' '` se ainda não houver vencedor. Lembre que uma posição vitoriosa tem três símbolos semelhantes em uma linha, coluna ou diagonal.

Exercício P13.17. Escreva um *applet* que jogue o jogo-da-velha. Seu programa deve desenhar o tabuleiro, aceitar cliques de *mouse* em casas vazias, alternar os jogadores após cada movimento válido, e declarar o vencedor.

Exercício P13.18. *Quadrados mágicos.* Uma matriz $n \times n$ que é preenchida com os números 1, 2, 3, ..., n^2 é um quadrado mágico se a soma dos elementos em cada linha, em cada coluna e nas duas diagonais tiverem o mesmo valor. Por exemplo,

16	3	2	13
5	10	11	8
9	6	7	12
4	15	14	1

Escreva um programa que leia valores n^2 do teclado e teste se eles formam um quadrado mágico quando arranjados como uma matriz quadrada. Você tem de testar três características:

- O usuário inseriu n^2 números para algum n?
- Cada um dos números 1, 2, ..., n^2 ocorre exatamente uma vez na entrada do usuário?
- Quando os números são colocados em um quadrado, as somas das linhas, colunas e diagonais são iguais entre si?

Se o tamanho da entrada é um quadrado, teste se todos os números entre 1 e n estão presentes. Então calcule a soma das linhas, colunas e diagonais. Implemente uma classe Square com métodos

```
public void add(int i)
public boolean isMagic()
```

Exercício P13.19. Implemente o seguinte algoritmo para construir quadrados mágicos n-por-n; funciona apenas se n for ímpar. Coloque o 1 no meio da linha de baixo. Depois que k foi colocado no quadrado (i, j), coloque $k + 1$ no quadrado à direita e embaixo, dando a volta nas bordas. Entretanto, se o quadrado à direita e para baixo já foi preenchido, ou se você estiver no canto inferior direito, então você terá de se mover para o quadrado imediatamente acima. A seguir, temos o quadrado 5 × 5 que você obterá se seguir esse método:

11	18	25	2	9
10	12	19	21	3
4	6	13	20	22
23	5	7	14	16
17	24	1	8	15

Escreva um programa cuja entrada seja o número n e cuja saída seja o quadrado mágico de ordem n, se n for ímpar. Implemente uma classe MagicSquare com um construtor que gere o quadrado e um método toString que retorne uma representação do quadrado.

Exercício P13.20. O *Jogo da Vida* é um jogo matemático bem conhecido, que gera um comportamento surpreendentemente complexo, embora ele possa ser especificado por umas poucas regras simples. Na verdade, não é um jogo no sentido tradicional, com jogadores competindo para ganhar. A seguir, temos as regras. O jogo é realizado sobre um tabuleiro retangular. Cada casa pode estar vazia ou ocupada. No início, você pode especificar células vazias e células ocupadas de alguma maneira. Então, o jogo se realiza automaticamente. Em cada *geração*, a próxima geração é calculada. Uma nova célula nasce em uma casa vazia se ela estiver circundada por exatamente três células vizinhas ocupadas. Uma célula morre de superpopulação se ela for circundada por quatro ou mais vizinhas, e morre de solidão se estiver circundada por uma ou nenhuma célula. Uma vizinha é uma ocupante de uma casa adjacente à esquerda, à direita, acima ou abaixo, ou em uma direção diagonal. A Figura 14 mostra uma célula e suas células vizinhas.

Muitas configurações mostram um comportamento interessante quando submetidas a essas regras. A Figura 15 mostra um *planador*, observado por

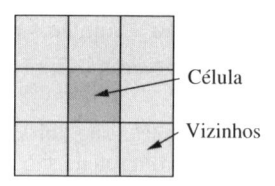

Figura 14
Vizinhança de uma célula no jogo da vida.

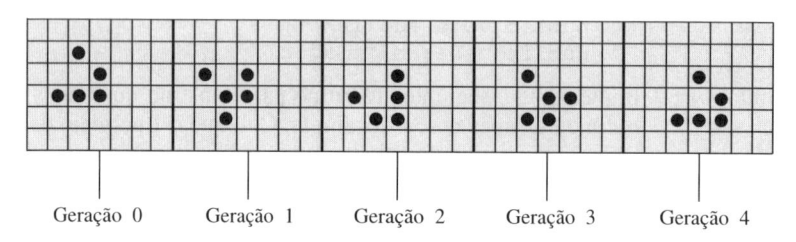

Figura 15
Planador.

cinco gerações. Observe como ele se move. Após quatro gerações, ele é transformado na mesma forma, mas localizado uma casa para a direita e para baixo.

Uma das configurações mais surpreendentes é a *glider gun* (*arma de "planador"*): uma complexa coleção de células que, após 30 movimentos, transforma-se em um planador. Veja a Figura 16.

Programe o jogo para eliminar a tarefa de calcular sucessivas gerações à mão. Use um *array* bidimensional para armazenar a configuração retangular. Escreva um programa que mostre sucessivas gerações do jogo. Você poderá ganhar pontos extras se implementar um *applet* que permita ao usuário acrescentar ou remover células clicando com o *mouse*.

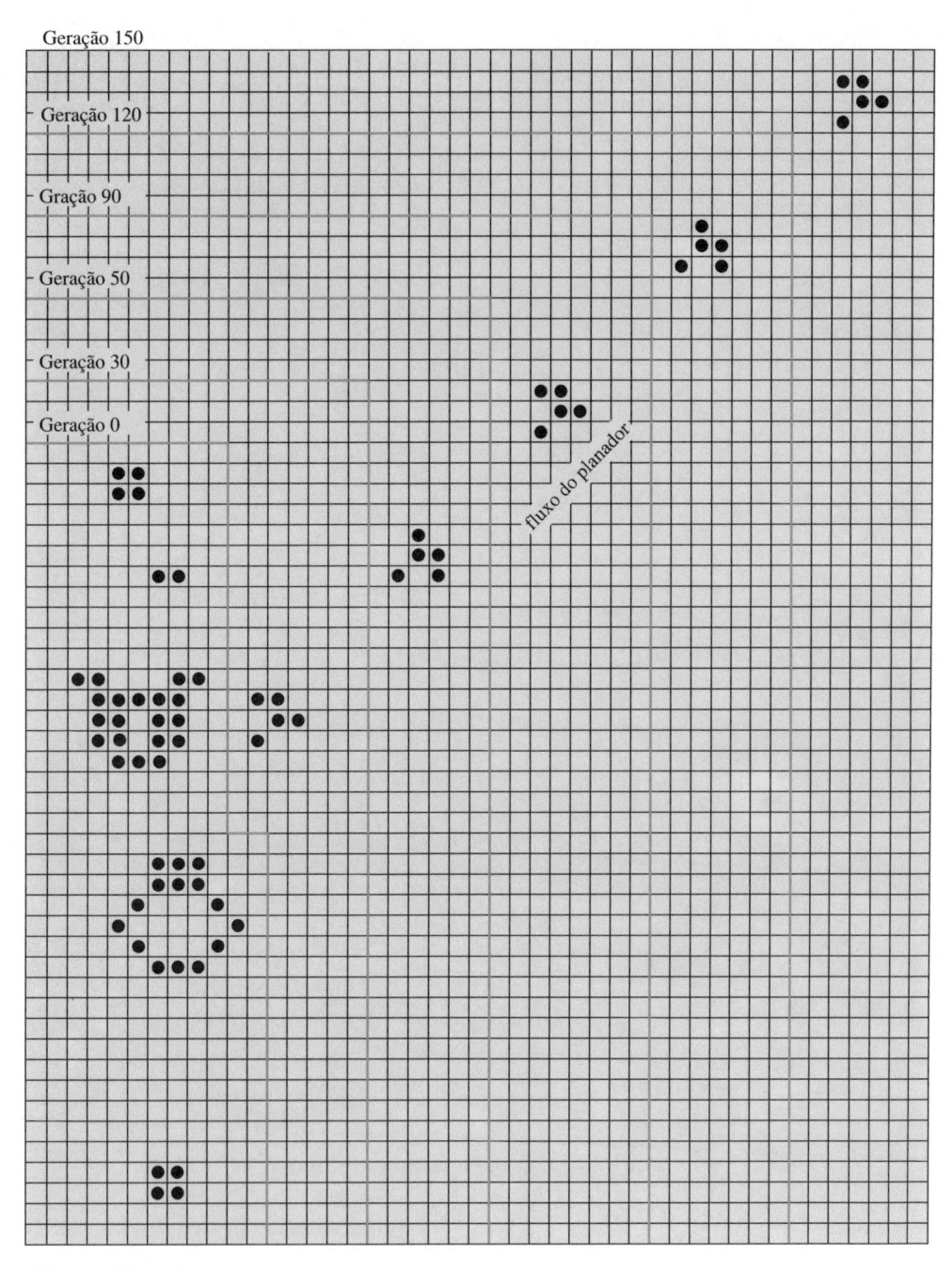

Figura 16
Arma de "planador".

Capítulo 14

Tratamento de Exceções

Objetivos do capítulo

- Aprender a disparar exceções
- Ser capaz de projetar suas próprias classes de exceção
- Entender a diferença entre exceções verificadas e não-verificadas
- Aprender a capturar exceções
- Saber quando e onde capturar uma exceção

Como você provavelmente já sabe por experiência própria, os programas podem falhar devido à uma variedade de razões. Entradas inválidas e erros de programação são apenas duas das muitas causas possíveis. O programa deve tratar das falhas de uma forma previsível. Há dois aspectos quanto ao tratamento de falhas: *detecção* e *recuperação*. Um dos desafios mais importantes no tratamento de erros é que o ponto de detecção geralmente está dissociado do ponto de recuperação. Por exemplo, o método get da classe ArrayList pode detectar que um elemento inexistente está sendo acessado, e o método parseInt da classe Integer pode detectar que o *string* que ele está processando não pode ser um inteiro; no entanto, nenhum desses métodos têm informação suficiente para decidir o que fazer sobre essa falha. Será que deveríamos solicitar ao usuário que tentasse uma operação diferente? Será que o programa deveria ser abortado após salvar o trabalho do usuário? A lógica para essas ações é completamente independente do processamento normal que esses métodos executam. Em Java, *o tratamento de exceções* fornece um mecanismo flexível para se passar o controle do ponto da detecção do erro para um tratador de recuperação competente. Este curto capítulo discute o mecanismo de tratamento de exceções em detalhes e nos mostra como usá-lo adequadamente em nossos programas.

Sumário do capítulo

14.1 Disparando Exceções 520

Sintaxe 14.1: Disparando uma Exceção 521

Dica de Qualidade 14.1: Dispare Exceções apenas em Casos Excepcionais 521

14.2 Exceções Verificadas 523

Sintaxe 14.2: Especificações de Exceção 526

14.3 Projetando seus Próprios Tipos de Exceção 526

14.4 Capturando Exceções 527

Sintaxe 14.3: O Bloco Geral `try` 528

Dica de Qualidade 14.2: Não "Silencie" as Exceções 528

14.5 A Cláusula `finally` 529

Sintaxe 14.4: Cláusula `finally` 530

14.6 Um Exemplo Completo 530

Fato Histórico 14.1: O Incidente com o Foguete Ariane 536

14.1 Disparando Exceções

O que um método deveria fazer ao detectar uma situação problemática? A solução tradicional é o método retornar um indicador que diz se ele teve êxito ou não. Por exemplo, o método `showInputDialog` da classe `JOptionPane` retorna um *string* ou `null` se o usuário cancelou o diálogo em vez de fornecer um *string* de entrada. Entretanto, essa abordagem tem dois problemas

1. O método que chama pode esquecer de verificar o valor de retorno.
2. O método que chama pode não ser capaz de fazer alguma coisa a respeito da falha.

Se o método que chama esquecer de conferir o valor de retorno, a notificação da falha pode passar totalmente despercebida. Então, o programa prossegue, processando informações errôneas e misteriosamente falhando mais adiante.

Se o chamador tiver conhecimento da falha mas não puder fazer nada a respeito, ele pode falhar também e deixar o *seu* chamador preocupar-se a respeito. Isso seria uma verdadeira dor de cabeça para o programador, pois muitas chamadas de métodos teriam de ser verificadas quanto a falhas. Em vez de programar em direção ao sucesso,

```
x.doStuff();
```

sempre programaríamos em direção ao erro:

```
if (!x.doStuff()) return false;
```

Isso é aceitável quando feito ocasionalmente, mas se tivermos de conferir *cada* chamada de método, nossos programas se tornarão muito difíceis de ler.

O mecanismo de tratamento de exceções foi projetado para resolver estes dois problemas:

1. As exceções não podem ser desprezadas.
2. As exceções podem ser tratadas por um tratador *competente* — não apenas pelo chamador do método que falhou.

> Para sinalizar uma situação excepcional, use o comando `throw` para disparar um objeto de exceção.

Vamos olhar os detalhes desse mecanismo. Quando detectarmos uma situação de erro, nosso trabalho então será fácil. Simplesmente `disparamos` o objeto de exceção adequado e pronto. Por exemplo, suponha que alguém tente retirar dinheiro demais de uma conta bancária.

```
public class BankAccount
{
    public void withdraw(double amount)
    {
        if (amount > balance)
            // e agora?
        ...
    }
    ...
}
```

Primeiramente, procure uma classe de exceção adequada. A biblioteca Java fornece muitas classes para sinalizar toda sorte de situações excepcionais. A Figura 1 mostra as mais úteis.

Procuramos um tipo de exceção que possa descrever nossa situação. Que tal a exceção `IllegalStateException`? A conta bancária está em um estado ilegal para a operação `withdraw`? Na realidade, não — algumas operações `withdraw` poderiam dar certo. O argumento é ilegal? Realmente é. Ele é simplesmente grande demais. Portanto, vamos disparar uma exceção `IllegalArgumentException`.

```
public class BankAccount
{
   public void withdraw(double amount)
   {
      if (amount > balance)
      {
         IllegalArgumentException exception
            = new IllegalArgumentException(
               "Amount exceeds balance");
         throw exception;
      }
      balance = balance - amount;
   }
   ...
}
```

Na verdade, não temos de armazenar o objeto de exceção em uma variável. Podemos simplesmente disparar o objeto que o operador `new` retorna:

```
throw new IllegalArgumentException(
   "Amount exceeds balance");
```

> Quando disparamos uma exceção, o método corrente termina imediatamente.

Quando disparamos uma exceção, o método termina imediatamente, da mesma forma que com um comando `return`. A execução não continua com o chamador do método, mas com um *tratador de exceções*. Por enquanto, não iremos nos preocupar com o tratamento da exceção. Esse é o tópico da Seção 14.4.

Sintaxe 14.1: Disparando uma Exceção

throw *ObjetoDeExceção*;

Exemplo:

throw new IllegalArgumentException();

Objetivo:

Disparar uma exceção e transferir o controle para um tratador desse tipo de exceção.

Dica de Qualidade 14.1

Dispare Exceções apenas em Casos Excepcionais

Vamos considerar o método `readLine` da classe `BufferedReader`. Ele retorna `null` no fim da entrada. Por que ele não dispara uma exceção `EOFException`?

Os projetistas desse método fizeram a coisa certa. Toda entrada tem de chegar a um fim. Em outras palavras, o fim da entrada é uma situação normal, e não excepcional. Sempre que lermos uma linha de entrada, temos de estar preparados para lidar com a possibilidade de termos atingido o fim.

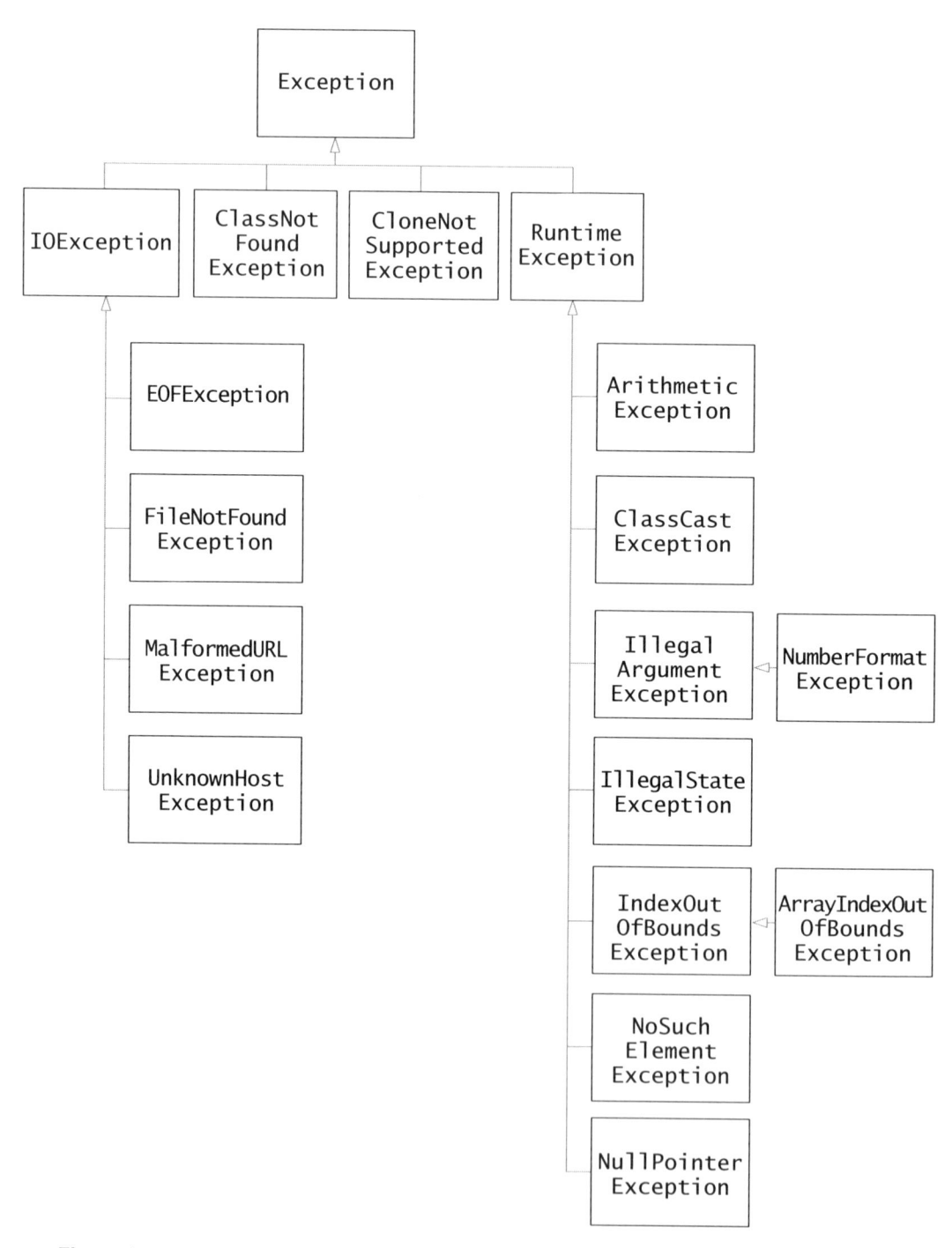

Figura 1

Hierarquia das classes de exceção.

▼ Entretanto, se o fim da entrada ocorrer dentro de um registro de entrada, o qual deveria ser completo, então podemos disparar uma exceção `EOFException` para indicar que a entrada chegou ao
▼ fim *inesperadamente*. Isso deve ter sido causado por algum evento excepcional, talvez um arquivo corrompido.

Em particular, *nunca* devemos usar exceções como "um comando `break` mais robusto". Não
▼ dispare uma exceção para sair de um laço profundamente aninhado ou de um conjunto de chamadas de métodos recursivos. Isso é considerado abusar do mecanismo de exceções.

14.2 Exceções Verificadas

> Há dois tipos de exceção aqui: exceção verificada e exceção não-verificada.
> As exceções não-verificadas estendem a classe `RuntimeException` ou `Error`.

As exceções em Java dividem-se em duas categorias, chamadas exceções *verificadas e não-verificadas*. Quando chamamos um método que dispara uma exceção verificada, *temos* de dizer ao compilador o que iremos fazer a respeito da exceção se ela vier a ser disparada. Por exemplo, todas as subclasses de `IOException` são exceções verificadas. Por outro lado, o compilador não exige que monitoremos as exceções não-verificadas. As exceções do tipo `NumberFormatException`, `IllegalArgumentException` e `NullPointerException` são exceções não-verificadas. De uma forma mais geral, todas as exceções que pertencem a subclasses de `RuntimeException` são não-verificadas, e todas as outras subclasses da classe `Exception` são exceções verificadas (veja a Figura 2). Há uma segunda categoria de erros internos que são informados disparando-se objetos do tipo `Error`. Um exemplo é o `OutOfMemoryError`, o qual é disparado quando toda a memória disponível já foi utilizada. Esses são erros fatais que raramente acontecem e estão fora do nosso controle. Eles também são não-verificados.

> As exceções verificadas se devem a circunstâncias externas que o programador não consegue evitar. O compilador verifica se nosso programa trata essas exceções.

Por que ter dois tipos de exceções? Uma exceção verificada descreve um problema que provavelmente vai ocorrer de tempos em tempos, a despeito de quão cuidadosos formos. As exceções não-verificadas, por outro lado, são *nossa culpa*. Por exemplo, um fim de arquivo não esperado pode ser causado por razões fora de nosso controle, como um erro de disco ou uma quebra de conexão de rede. Mas no caso de uma exceção `NullPointerException` a culpa é nossa, porque nosso código estava errado quando tentou usar uma referência `null`.

O compilador não confere se nós tratamos uma exceção `NullPointerException`, porque devemos testar nossas referências para `null` antes de usá-las, em vez de instalar um tratador para essa exceção. O compilador insiste, sim, que nosso programa seja capaz de tratar condições de erro que não podemos *evitar*.

Na verdade, essas categorias não são perfeitas. Por exemplo, não é nossa culpa se o usuário inserir um número incorreto, mas `Integer.parseInt` dispara uma exceção não-verificada `NumberFormatException`.

Como podemos ver da Figura 2, a maioria das exceções verificadas ocorre quando lidamos com entrada e saída. Esse é um terreno fértil para falhas externas e fora de nosso controle — um arquivo pode ter sido corrompido ou removido, uma conexão de rede pode estar sobrecarregada, o servidor pode ter caído, etc. Portanto, teremos de lidar com exceções verificadas principalmente quando programarmos com arquivos e fluxos.

O Tópico Avançado 3.6 nos mostrou como usamos uma classe `BufferedReader` para ler entradas de console a partir de `System.in`. Primeiramente, construímos o objeto leitor:

```
BufferedReader console = new BufferedReader(
    new InputStreamReader(System.in));
```

Então, chamamos o método `readLine` para ler uma linha de entrada da janela da console.

```
String input = console.readLine();
```

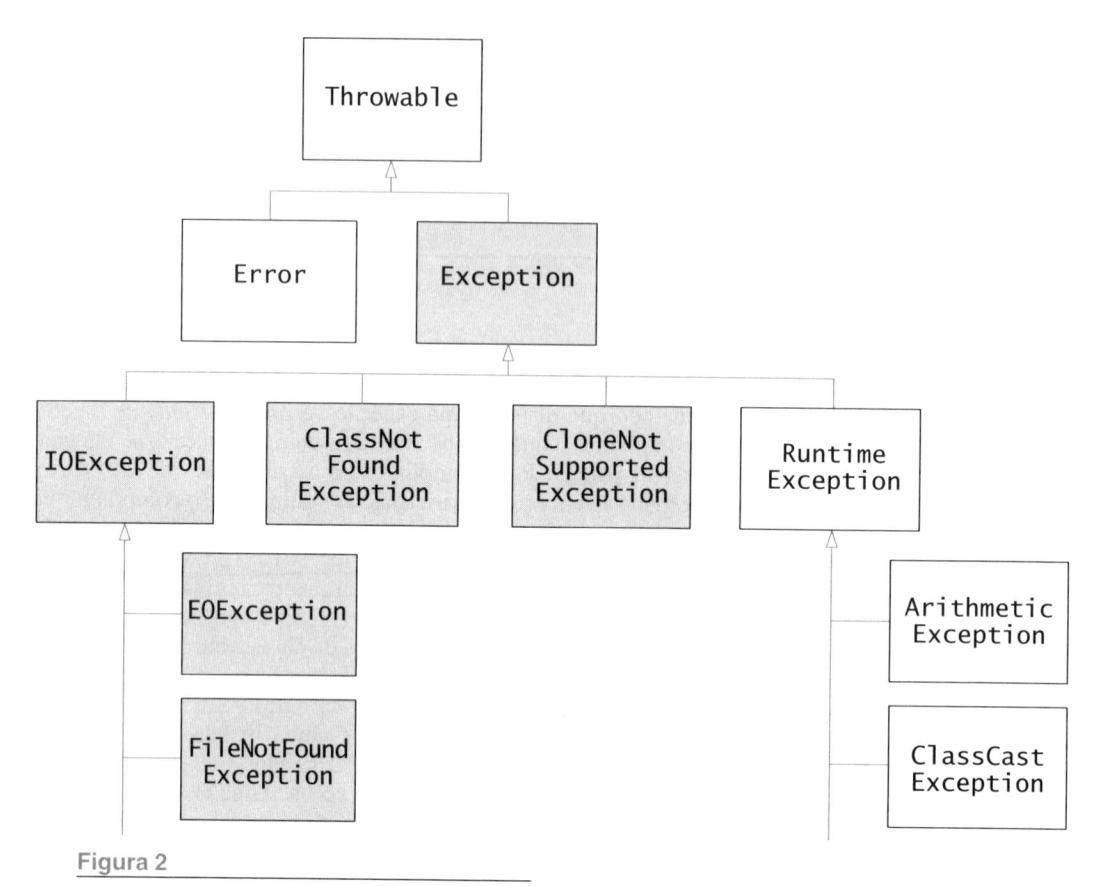

Figura 2
Exceções verificadas e não-verificadas.

Como veremos em maiores detalhes no próximo capítulo, ler texto de um arquivo é muito semelhante:

```
String filename = ...;
BufferedReader reader = new BufferedReader(
    new FileReader(filename));
```

Suponha que escrevemos um método que chama o método `readLine`, o qual pode disparar uma exceção do tipo `IOException`. A `IOException` é uma exceção verificada, de modo que temos de dizer ao compilador o que iremos fazer a respeito dela. Temos duas opções. Podemos tratar a exceção no mesmo método que contém a chamada para `readLine`, usando as técnicas que veremos na Seção 14.4. Ou podemos simplesmente dizer ao compilador que estamos conscientes dessa exceção e que queremos que nosso método seja terminado quando isso ocorrer. O método que lê entradas raramente sabe o que fazer com um erro inesperado, de modo que esta geralmente é a melhor opção.

A seguir, temos um exemplo de um método que lê uma descrição de duas linhas de uma moeda, da seguinte forma:

```
0.5
half dollar
```

> Acrescente um especificador `throws` a um método que pode disparar uma exceção verificada.

O método chama `readLine` e portanto, precisa declarar que pode disparar uma `IOException`. Se isso acontecer, queremos que o método `read` termine. Para declarar que o método deve ser abortado quando uma exceção verificada ocorrer dentro dele, acrescente um especificador `throws` ao método.

```
public class Coin
{
    public void read(BufferedReader in) throws IOException
    {
        value = Double.parseDouble(in.readLine());
        name = in.readLine();
    }
    ...
}
```

A cláusula `throws`, por sua vez, sinaliza ao chamador de nosso método que ele pode encontrar uma `IOException`. Então, o chamador precisa tomar a mesma decisão — tratar a exceção ou dizer ao seu chamador que a exceção pode ser disparada. Por exemplo, vamos considerar o método `read` da classe `Purse`:

```
public class Purse
{
    public void read(BufferedReader in) throws IOException
    {
        while (...)
        {
            Coin c = new Coin();
            c.read(in);
            add(c);
        }
    }
    ...
}
```

Embora o método `read` não chame `readLine`, ele chama `Coin.read`, e o método `read` declara que pode disparar uma `IOException`. Uma vez que o método `Purse.read` não trata essa exceção, ele também declara que pode dispará-la.

Se nosso método puder disparar múltiplas exceções verificadas, separamo-las por vírgulas:

```
public void read(BufferedReader in)
    throws IOException, ClassNotFoundException
```

Soa um tanto quanto irresponsável não tratar uma exceção quando sabemos que ela aconteceu. Na verdade, geralmente é melhor não capturar uma exceção se não sabemos como *remediar* a situação. Além disso, o que podemos fazer em um método de leitura de baixo nível? Conseguimos dizê-lo para o usuário? Como? Enviando uma mensagem para `System.out`? Não sabemos se esse método é chamado em um *applet* ou talvez em um sistema embarcado (como por exemplo, uma máquina de venda automática), onde o usuário pode nunca ver `System.out`. E mesmo que nossos usuários possam ver nossa mensagem de erro, como podemos saber se eles entendem inglês? Nossa classe pode ser usada para construir uma aplicação para usuários em um outro país. Ou será que conseguimos corrigir o objeto e continuar? Como? Se configurarmos uma variável para `null` ou um *string* vazio, isso pode apenas fazer com que o programa falhe mais adiante, com muito mais mistério.

Naturalmente, *alguns* métodos do programa sabem como se comunicar com o usuário ou adotar outra medida para remediar a situação. Permitindo que a exceção alcance esses métodos, tornamos possível que a exceção seja processada por um tratador *competente*.

> **Sintaxe 14.2: Especificações de Exceção**
>
> *especificadorDeAcesso tipoDeRetorno nomeDoMétodo*
>   *(tipoDoParâmetro nomeDoParâmetro, ...)*
>   throws *ClasseDeExceção, ClasseDeExceção, ...*
>
> Exemplo:
>
> ```
> public void read(BufferedReader in)
>    throws IOException
> ```
>
> Objetivo:
>
> Indicar as exceções verificadas que esse método pode disparar.

14.3 Projetando seus Próprios Tipos de Exceção

Às vezes, nenhum dos tipos de exceção-padrão descreve suficientemente bem nossa situação de erro específica. Nesse caso, podemos projetar nossa própria classe de exceção. Vamos considerar uma conta bancária. Vamos informar uma exceção `InsufficientFundsException` quando for feita uma tentativa de sacar uma quantia de uma conta bancária que exceda o saldo atual.

```
if (amount > balance)
{
    throw new InsufficientFundsException(
        "withdrawal of " + amount +
        " exceeds balance of " + balance);
}
```

> Podemos projetar nossos próprios tipos de exceção – subclasses de `Exception` ou `RuntimeException`.

Agora temos de definir a classe `InsufficientFundsException`. Será que deveria ser uma exceção verificada ou uma exceção não-verificada? A culpa é de algum evento externo, ou é culpa do programador? Achamos que o programador poderia ter evitado a situação de exceção — mesmo porque, teria sido fácil de verificar se `amount <= account.getBalance()` antes de chamar o método `withdraw`. Portanto, a exceção deve ser uma exceção não-verificada e deve estender a classe `RuntimeException` ou uma de suas subclasses.

Costumeiramente se fornece dois construtores para uma classe de exceção: um construtor *default* e um construtor que aceita um *string* de mensagem que descreve a razão da exceção. A seguir, temos a definição da classe de exceção.

```
public class InsufficientFundsException
    extends RuntimeException
{
    public InsufficientFundsException()
    {
    }

    public InsufficientFundsException(String reason)
    {
        super(reason);
    }
}
```

14.4 Capturando Exceções

Toda exceção deve ser tratada *em algum lugar* em nosso programa. Se uma exceção não tem tratador, uma mensagem de erro é impressa, e seu programa, abortado. Isso pode ser suficiente para o programa de um aluno, mas não iríamos querer que um programa profissional fosse abortado simplesmente porque algum método detectou um erro inesperado. Portanto, temos de instalar tratadores de exceções para todas as exceções que nosso programa possa disparar.

> Em um método que está pronto para tratar de um tipo específico de exceção, colocamos os comandos que podem causar a exceção dentro de um bloco `try`, e o tratador dentro de uma cláusula `catch`.

Instalamos um tratador de exceção com o comando `try`. Cada bloco `try` contém uma ou mais chamadas de métodos que podem causar uma exceção, e cláusulas `catch` para todos os tipos possíveis de exceção que o bloco `try` pode tratar. A seguir temos um exemplo:

```
try
{
    BufferedReader in = new BufferedReader(
        new InputStreamReader(System.in));
    System.out.println("How old are you?");
    String inputLine = in.readLine();
    int age = Integer.parseInt(inputLine);
    age++;
    System.out.println("Next year, you'll be " + age);
}
catch (IOException exception)
{
    System.out.println("Input/output error "
        + exception);
}
catch (NumberFormatException exception)
{
    System.out.println("Input was not a number");
}
```

Nesse exemplo, o bloco `try` contém seis comandos. Duas exceções podem ser disparadas nesse código: o método `readLine` pode disparar uma `IOException`, e `Integer.parseInt` pode disparar uma `NumberFormatException`. Se qualquer uma dessas exceções realmente for disparada, então o resto das instruções do bloco `try` são puladas, e a cláusula `catch` adequada é executada imediatamente. Nesse caso, informamos ao usuário a fonte do problema. Uma maneira melhor de lidar com a exceção seria dar ao usuário outra chance de fornecer uma entrada correta — veja uma solução na Seção 14.6.

Quando o bloco `catch (IOException exception)` é executado, significa que algum método do bloco `try` falhou com uma `IOException`, e esse objeto de exceção é armazenado na variável `exception`. A cláusula `catch` pode analisar esse objeto para descobrir mais detalhes sobre a falha. Por exemplo, podemos obter uma impressão da cadeia de chamadas de métodos que leva à exceção, chamando

```
exception.printStackTrace()
```

Observe que o objeto capturado pode pertencer a uma *subclasse* de `IOException` (como EOFException).

Como todas as exceções são subclasses da classe `Throwable`, podemos capturar todas as exceções com uma cláusula `catch (Throwable t)`. Entretanto, isso na verdade não é uma boa idéia (veja a Dica de Qualidade 14.2).

É importante lembrar que devemos colocar cláusulas `catch` *apenas* nos métodos em que podemos competentemente tratar o tipo de exceção específico.

Sintaxe 14.3: O Bloco Geral `try`

```
try
{
   comando
   comando
   ...
}
catch (ClasseDaExceção objetoDaExceção)
{
   comando
   comando
   ...
}
catch (ClasseDaExceção objetoDaExceção)
{
   comando
   comando
   ...
}
...
```

Exemplo:

```
try
{
   System.out.println("What is your name?");
   String name = console.readLine();
   System.out.println("Hello, " + name + "!");
}
catch (IOException exception)
{
   exception.printStackTrace();
   System.exit(1);
}
```

Objetivo:

Executar uma ou mais instruções que podem gerar exceções. Se uma exceção de um determinado tipo ocorrer, então paramos de executar essas instruções e vamos para a cláusula `catch` correspondente. Se não ocorrer nenhuma exceção, pulamos as cláusulas `catch`. Em todos os casos, executamos a cláusula `finally` se houver alguma presente.

Dica de Qualidade 14.2

Não "Silencie" as Exceções

> É melhor declarar que um método dispara uma exceção verificada do que tratar a exceção de maneira pouco precisa.

Quando chamamos um método que dispara uma exceção verificada, o compilador reclama. Na ansiedade de continuar nosso trabalho, é um impulso compreensível querer calar a boca do compilador *suprimindo* a exceção:

```
try
{
    input = in.readLine();
    // o compilador reclamou da IOException
}
catch (Exception e) {} // lá vai!
```

O tratador de exceção fictício engana o compilador, fazendo-o crer que a exceção foi tratada. A longo prazo, essa é claramente uma má idéia. As exceções foram projetadas para transmitir relatos de problemas a um tratador *competente*. Instalar um tratador incompetente simplesmente esconde uma situação de erro que pode ser séria.

14.5 A Cláusula `finally`

Ocasionalmente, temos de tomar alguma atitude se uma exceção for disparada ou não. O comando `finally` é usado para tratar essa situação. A seguir, temos uma situação típica. Suponha que um método abra um arquivo, chame um ou mais métodos, e então feche o arquivo:

```
BufferedReader in;
in = new BufferedReader(new FileReader(filename));
purse.read(in);
in.close();
```

Agora suponha que um dos métodos antes da última linha dispare uma exceção. Então, a chamada para `close` nunca será executada! Resolvemos esse problema colocando a chamada a `close` dentro de uma cláusula `finally`:

```
BufferedReader in = null;
try
{
    in = new BufferedReader(new FileReader(filename));
    purse.read(in);
}
finally
{
    if (in != null) in.close();
}
```

> Uma vez que o programa entre em um bloco `try`, os comandos em uma cláusula `finally` garantidamente serão executados, seja disparada uma exceção ou não.

No caso normal, não haverá problema. Quando o bloco `try` é completado, a cláusula `finally` é executada, e o arquivo, fechado. Entretanto, se ocorrer uma exceção, a cláusula `finally` também será executada antes da exceção ser passada para seu tratador.

Observe que a cláusula `finally` fecha o arquivo apenas quando `in` não for `null`. Naturalmente, se o método `read` disparar uma exceção, `in` não será `null`. Se o construtor `FileReader` disparar uma exceção, no entanto (geralmente porque não há arquivo com o nome dado), então `in` ainda não foi configurado, e não podemos fechá-lo. Observe também que a variável `in` tem de ser declarada fora do bloco `try`, de modo que ela possa ser acessada na cláusula `finally`.

Utilizamos a cláusula `finally` sempre que precisamos fazer alguma limpeza, tal como fechar um arquivo, para garantir que a limpeza ocorra independentemente de como o método termine.

Também é possível ter uma cláusula `finally` após uma ou mais cláusulas `catch`. Então, o código da cláusula `finally` é executado sempre que o programa sair do bloco `try` por meio de qualquer uma das três maneiras seguintes.

1. Após completar o último comando do bloco `try`.
2. Quando uma exceção foi disparada no bloco `try` que está sendo passado para o chamador deste método.
3. Quando uma exceção foi disparada no bloco `try` que foi tratado por uma das cláusulas `catch`.

Entretanto, não usaremos `finally` em uma situação tão complexa neste livro.

Sintaxe 14.4: Cláusula `finally`

```
try
{
    comando
    comando
    ...
}
finally
{
    comando
    comando
    ...
}
```

Exemplo:

```
BufferedReader in = null;
try
{
    in = new BufferedReader(new
    FileReader(filename));
    purse.read(in);
}
finally
{
    if (in != null) in.close();
}
```

Objetivo:

Executar uma ou mais instruções que podem gerar exceções. Se ocorrer uma exceção de um tipo específico, paramos de executar essas instruções e vamos para a cláusula `catch` correspondente. Se não ocorrer exceção, pulamos as cláusulas `catch`. Em todos os casos, executamos a cláusula `finally` se houver alguma presente.

14.6 Um Exemplo Completo

Vamos ver um exemplo completo de um programa com tratamento de exceções. O programa solicita ao usuário o nome de um arquivo, lê do arquivo uma seqüência de descrições de moedas, acrescenta moedas à bolsa e então imprime o total da bolsa.

O que pode dar errado? Há dois riscos principais.

- O arquivo pode não existir.
- O arquivo pode conter dados no formato errado.

Quem pode detectar essas falhas? O construtor `FileReader` vai disparar uma exceção se o arquivo não existir. Temos de garantir que o método `read` da classe `Coin` dispare uma exceção se encontrar um erro no formato dos dados.

Quem pode remediar essas falhas? O método `main` do programa `PurseTest` interage com o usuário. Ele deveria capturar quaisquer exceções e dar outra chance ao usuário para inserir um arquivo correto.

A seguir, temos o método `read` da classe `Coin`.

```java
public boolean read(BufferedReader in)
    throws IOException
{
    String input = in.readLine();
    if (input == null) return false;
    value = Double.parseDouble(input);
    name = in.readLine();
    if (name == null)
        throw new EOFException("Coin name expected");
    return true;
}
```

O método passa adiante todas as exceções do tipo `IOException` que `readLine` possa disparar. Além disso, se o método encontrar um fim de arquivo inesperado, ele o relata como uma EOFException.

Observe que o método distingue entre um fim de arquivo *esperado* e um fim de arquivo *inesperado*. Todos os arquivos têm de chegar ao final. O método está preparado para o caso de o fim do arquivo ser atingido antes do *início* de um registro. Nesse caso, o método simplesmente retorna `false`. Entretanto, se o arquivo terminar no *meio* de um registro, então o método dispara uma exceção.

Agora vamos colocar esse método em uso. O método `read` da classe `Purse` lê registros de moedas e os acrescenta a uma bolsa. Ele não tem nenhuma preocupação com exceções. Se houver um problema no arquivo de entrada, ele simplesmente passa a exceção para o seu chamador.

```java
public void read(BufferedReader in)
    throws IOException
{
    boolean done = false;
    while (!done)
    {
        Coin c = new Coin();
        if (c.read(in))
            add(c);
        else
            done = true;
    }
}
```

A seguir, temos o método `readFile` da classe `Purse` que abre o arquivo e invoca o método que acabamos de ver. Observe como a cláusula `finally` garante que o arquivo seja fechado mesmo se ocorrer uma exceção.

```java
public void readFile(String filename)
    throws IOException
{
    BufferedReader in = null;
    try
    {
        in = new BufferedReader(
            new FileReader(filename));
        read(in);
    }
```

```
        finally
        {
           if (in != null) in.close();
        }
     }
```

Para completar o programa, vamos implementar a interação com o usuário no método `main`. Solicitamos ao usuário um nome de arquivo, lemos o arquivo, e imprimimos o valor das moedas. Se houver algum problema, relatamos a natureza do problema. O programa não é abortado e o usuário tem uma chance de abrir outro arquivo.

```
boolean done = false;
String filename
   = JOptionPane.showInputDialog("Enter file name");
while (!done)
{
   try
   {
      Purse myPurse = new Purse();
      myPurse.readFile(filename);
      System.out.println("total="
         + myPurse.getTotal());
      done = true;
   }
   catch (IOException exception)
   {
      System.out.println("Input/output error "
         + exception);
   }
   catch (NumberFormatException exception)
   {
      exception.printStackTrace();
   }

   if (!done)
   {
      filename = JOptionPane.showInputDialog(
         "Try another file:");
      if (filename == null) done = true;
   }
}
```

Vejamos um cenário específico.

1. `PurseTest.main` chama `Purse.readFile`.
2. `Purse.readFile` chama `Purse.read`.
3. `Purse.read` chama `Coin.read`.
4. `Coin.read` dispara uma `EOFException`.
5. `Coin.read` não tem tratador para a exceção e termina imediatamente.
6. `Purse.read` não tem tratador para a exceção e termina imediatamente.
7. `Purse.readFile` não tem tratador para a exceção e termina imediatamente após executar a cláusula `finally` e fechar o arquivo.
8. `PurseTest.main` tem um tratador para a excessão `IOException`, superclasse de `EOFException`. Esse tratador imprime uma mensagem para o usuário. Depois, dá-se outra chance ao usuário para inserir um nome de arquivo. Observe que o comando que imprime o total da bolsa foi pulado.

Esse exemplo mostra a separação entre detecção de erro (no método `Coin.read`) e tratamento de erro (no método `main`). No meio dos dois estão os métodos `Purse.read` e `Purse.readFile`, os quais apenas passam exceções adiante.

Arquivo PurseTest.java

```java
1   import javax.swing.JOptionPane;
2   import java.io.IOException;
3
4   /**
5       Este programa solicita que o usuário insira um nome de arquivo
6       com os valores das moedas. O objeto Purse é preenchido com
7       as moedas especificadas no arquivo. No caso de uma exceção,
8       o usuário pode escolher outro arquivo.
9   */
10  public class PurseTest
11  {
12      public static void main(String[] args)
13      {
14          boolean done = false;
15          String filename
16              = JOptionPane.showInputDialog(
17                  "Enter file name");
18
19          while (!done)
20          {
21              try
22              {
23                  Purse myPurse = new Purse();
24                  myPurse.readFile(filename);
25                  System.out.println("total="
26                      + myPurse.getTotal());
27                  done = true;
28              }
29              catch (IOException exception)
30              {
31                  System.out.println("Input/output error "
32                      + exception);
33              }
34              catch (NumberFormatException exception)
35              {
36                  exception.printStackTrace();
37              }
38
39              if (!done)
40              {
41                  filename = JOptionPane.showInputDialog(
42                      "Try another file:");
43                  if (filename == null) done = true;
44              }
45          }
46          System.exit(0);
47      }
48  }
```

Arquivo Purse.java

```java
1  import java.io.BufferedReader;
2  import java.io.FileReader;
3  import java.io.IOException;
4
5  /**
6     A bolsa calcula o total de uma coleção de moedas.
7  */
8  public class Purse
9  {
10     /**
11        Constrói uma bolsa vazia.
12     */
13     public Purse()
14     {
15        total = 0;
16     }
17
18     /**
19        Lê um arquivo de descrições de moedas e acrescenta as moedas
20        à bolsa.
21        @param filename o nome do arquivo
22     */
23     public void readFile(String filename)
24        throws IOException
25     {
26        BufferedReader in = null;
27        try
28        {
29           in = new BufferedReader(
30              new FileReader(filename));
31           read(in);
32        }
33        finally
34        {
35           if (in != null) in.close();
36        }
37     }
38
39     /**
40        Lê um arquivo com descrições de moedas e acrescenta as moedas
41        à bolsa.
42        @param in o leitor com buffer para ler a entrada
43     */
44     public void read(BufferedReader in)
45        throws IOException
46     {
47        boolean done = false;
48        while (!done)
49        {
50           Coin c = new Coin();
51           if (c.read(in))
52              add(c);
```

```
53            else
54                done = true;
55        }
56    }
57
58    /**
59        Adiciona uma moeda à bolsa.
60        @param aCoin a moeda a adicionar
61    */
62    public void add(Coin aCoin)
63    {
64        total = total + aCoin.getValue();
65    }
66
67    /**
68        Obtém o valor total das moedas na bolsa.
69        @return a soma de todos os valores das moedas
70    */
71    public double getTotal()
72    {
73        return total;
74    }
75
76    private double total;
77 }
```

Arquivo Coin.java

```
1  import java.io.BufferedReader;
2  import java.io.EOFException;
3  import java.io.IOException;
4
5  /**
6      Uma moeda de valor monetário.
7  */
8  public class Coin
9  {
10     /**
11         Constrói uma moeda default.
12         Usa o método read para preencher o valor e o nome
13     */
14     public Coin()
15     {
16         value = 0;
17         name = "";
18     }
19
20     /**
21         Constrói uma moeda.
22         @param aValue o valor monetário da moeda
23         @param aName o nome da moeda
24     */
25     public Coin(double aValue, String aName)
26     {
27         value = aValue;
```

```java
28        name = aName;
29     }
30
31     /**
32        Lê o valor e o nome de uma moeda.
33        @param in o leitor
34        @return true se os dados foram lidos.
35        false se o fim do fluxo foi atingido
36     */
37     public boolean read(BufferedReader in)
38        throws IOException
39     {
40        String input = in.readLine();
41        if (input == null) return false;
42        value = Double.parseDouble(input);
43        name = in.readLine();
44        if (name == null)
45           throw new EOFException("Coin name expected");
46        return true;
47     }
48
49     /**
50        Obtém o valor da moeda.
51        @return o valor
52     */
53     public double getValue()
54     {
55        return value;
56     }
57
58     /**
59        Obtém o nome da moeda.
60        @return o nome
61     */
62     public String getName()
63     {
64        return name;
65     }
66
67     private double value;
68     private String name;
69  }
```

Fato Histórico 14.1

O Incidente com o Foguete Ariane

A Agência Espacial Européia, o equivalente europeu da NASA, desenvolveu um modelo de foguete chamado Ariane, que ela já havia usado com sucesso várias vezes para colocar satélites e experimentos científicos no espaço. Entretanto, quando uma nova versão, o Ariane 5, foi lançado, em 4 de junho de 1996, do centro de lançamentos da ESA em Kourou, Guiana Francesa, o foguete desviou-se do curso cerca de 40 segundos após o lançamento. Voar num ângulo de mais de 20 graus, em vez de ir reto para cima, exerceu tal força aerodinâmica que as turbinas se separaram, o que disparou o mecanismo automático de auto-destruição. O foguete explodiu.

Figura 3
A explosão do foguete Ariane.

A causa decisiva desse acidente foi uma exceção não tratada! O foguete continha dois dispositivos idênticos (chamados de sistemas de referência inercial), os quais processavam os dados do vôo a partir de dispositivos de medidas e transformavam os dados em informação sobre a posição do foguete. O computador de bordo usava a informação da posição para controlar as turbinas. Os mesmos sistemas de referência inercial e o *software* do computador tinham funcionado bem no seu predecessor, o Ariane 4.

Entretanto, devido a mudanças de projeto do foguete, um dos sensores mediu uma força de aceleração maior do que a que fora encontrada no Ariane 4. Esse valor, expresso como um valor em ponto flutuante, era armazenado em um inteiro de 16 *bits* (como uma variável short em Java). Diferentemente de Java, a linguagem Ada, usada no *software* do dispositivo, gera uma exceção se um número em ponto flutuante for grande demais para ser convertido em um inteiro. Infelizmente, os programadores do dispositivo haviam decidido que essa situação nunca iria acontecer e não providenciaram um tratador de exceção.

Quando o *overflow* ocorreu, a exceção foi disparada, e, como não havia tratador, o dispositivo bloqueou-se. O computador de bordo percebeu a falha e mudou para o dispositivo de *backup*. Entretanto, esse dispositivo já havia se bloqueado pela mesmíssima razão. Algo que os projetistas do foguete não esperavam. Eles previram que os dispositivos poderiam falhar por razões mecânicas, e a chance de dois dispositivos terem a mesma falha mecânica era considerada remota. Nesse momento, o foguete estava sem uma informação de posição confiável e saiu de seu curso.

Será que teria sido melhor se o *software* não fosse tão meticuloso? Se ele tivesse ignorado o *overflow*, o dispositivo não teria bloqueado. Ele apenas calcularia dados errados. Mas daí o dispositivo informaria dados errados de posição, o que poderia ser igualmente fatal. Já uma implementação correta deveria ter capturado exceções de *overflow* e ter criado alguma estratégia para recalcular os dados de vôo. Certamente, desistir não era uma opção razoável nesse contexto.

A vantagem do mecanismo de tratamento de exceções é que ele torna essas questões explícitas para os programadores — algo sobre o que temos de refletir quando amaldiçoamos o compilador Java quando ele reclama de exceções não-capturadas.

Resumo do Capítulo

1. Para sinalizar uma situação excepcional, use o comando `throw` para disparar um objeto exceção.

2. Quando disparamos uma exceção, o método corrente é interrompido imediatamente.

3. Há dois tipos de exceções: exceções verificadas e exceções não-verificadas. As exceções não-verificadas estendem a classe `RuntimeException` ou `Error`.

4. As exceções verificadas se devem a circunstâncias externas, as quais o programador não pode evitar. O compilador verifica se nosso programa trata dessas exceções.

5. Acrescentamos um especificador `throws` a um método que pode disparar uma exceção verificada.

6. Podemos projetar nossos próprios tipos de exceção — subclasses de `Exception` ou `RuntimeException`.

7. Em um método que está pronto para tratar determinado tipo de exceção, coloque os comandos que podem causar a exceção dentro de um bloco `try`, e o tratador dentro de uma cláusula `catch`.

8. É melhor declarar que um método dispara uma exceção verificada do que tratar a exceção de maneira negligente.

9. Uma vez que se entrou em um bloco `try`, os comandos de uma cláusula `finally` garantidamente serão executados, quer seja disparada uma exceção, quer não.

Classes, Objetos e Métodos Introduzidos neste Capítulo

```
java.io.EOFException
java.io.FileNotFoundException
java.lang.IllegalStateException
java.lang.NullPointerException
java.lang.NumberFormatException
java.lang.RuntimeException
```

Exercícios de Revisão

Exercício R14.1. Qual é a diferença entre disparar e capturar uma exceção?

Exercício R14.2. O que é uma exceção verificada? O que é uma exceção não-verificada? Uma exceção `NullPointerException` é verificada ou não-verificada? Quais exceções precisamos declarar com a palavra-chave `throws`?

Exercício R14.3. Por que não precisamos declarar que nosso método pode disparar uma `NullPointerException`?

Exercício R14.4. Quando seu programa executa um comando `throw`, qual será o próximo comando a ser executado?

Exercício R14.5. O que acontece se uma exceção não tem uma cláusula `catch` correspondente?

Exercício R14.6. O que seu programa pode fazer com o objeto exceção que uma cláusula `catch` recebe?

Exercício R14.7. O tipo do objeto exceção é sempre igual ao tipo declarado na cláusula `catch` que o captura?

Exercício R14.8. Que tipo de objetos você pode disparar? Podemos disparar um *string*? Um inteiro?

Exercício R14.9. Qual é o objetivo da cláusula `finally`? Dê um exemplo de como ela pode ser usada.

Exercício R14.10. O que acontece se uma exceção for disparada? O código da cláusula `finally` é executado, e esse código dispara uma exceção de um tipo diferente do original? Qual deles é capturado por uma cláusula `catch` próxima? Escreva um programa-exemplo para experimentar.

Exercícios de Programação

Exercício P14.1. Modifique a classe `BankAccount` para disparar uma `IllegalArgumentException` quando a conta for construída com um saldo negativo, quando for depositada uma quantia negativa, ou quando for retirada uma quantidade que não esteja entre 0 e o saldo atual. Escreva um programa de teste que faça com que todas as três exceções ocorram e que as capture todas.

Exercício P14.2. Repita o exercício anterior, porém dispare exceções de três tipos de exceção definidos por você mesmo.

Exercício P14.3. Escreva um programa que solicite ao usuário inserir um conjunto de valores e nomes de moedas. Quando o usuário inserir um valor de moeda que não seja um número, dê ao usuário uma segunda chance de entrar com o valor. Após duas chances, termine o programa. Acrescente todas as moedas corretamente especificadas a uma bolsa, e imprima o seu valor total quando o usuário terminar de inserir dados. Use um `JOptionPane` para solicitar a entrada.

Exercício P14.4. Repita o problema anterior, mas dê ao usuário tantas chances quantas forem necessárias para que ele insira um valor de moeda correto. Só termine o programa se o usuário cancelar um diálogo de entrada.

Exercício P14.5. Defina uma classe `ConsoleReader` com um método

```
String readLine(String prompt) { ... }
```

que não dispara nenhuma exceção. O `ConsoleReader` lê de um leitor de *buffer* anexado a `System.in`. Você precisa capturar a `IOException` que o método `readLine` pode disparar. Retorne um `null` nesse caso. Escreva um programa de teste que teste a classe.

Exercício P14.6. Aperfeiçoe a classe do problema anterior de modo a incluir dois métodos adicionais.

```
int readInt(String prompt)
double readDouble(String prompt)
```

Desde que a conversão do *string* para um número dispare uma `NumberFormatException`, repita o *prompt* e dê ao usuário uma outra chance de inserir um valor correto. Escreva um programa de teste que teste a classe.

Exercício P14.7. Repita o exercício anterior, mas agora lendo a entrada de um `JOptionPane`.

Exercício P14.8. Você pode ler o conteúdo de um arquivo de texto com esta seqüência de comandos.

```
String filename = "myfile.txt";
BufferedReader reader =
   new BufferedReader(new FileReader(filename));
boolean done = false;
while (!done)
{
   String input = reader.readLine();
   if (input == null) done = true;
   else faça algo com a entrada
}
```

Projete uma classe `TextFileReader` cujo construtor receba o nome de um arquivo e cujo método `readLine` retorne a próxima linha de entrada do arquivo de texto ou `null` se o fim do arquivo foi atingido. Não faça esses métodos capturarem exceções, mas use especificadores `throws` para relatar as exceções que possam ocorrer. Talvez você precise consultar a documentação da API para obter as exceções. Garanta o fechamento do arquivo quando ocorrer qualquer exceção. Escreva um programa de teste que teste sua classe.

Exercício P14.9. Você pode ler o conteúdo de uma página Web com esta seqüência de comandos.

```
String address = "http://java.sun.com/index.html";
URL u = new URL(address);
URLConnection connection = u.openConnection();
InputStream in = connection.getInputStream();
BufferedReader reader =
   new BufferedReader(new InputStreamReader(in));
boolean done = false;
while (!done)
{
   String input = reader.readLine();
   if (input == null) done = true;
   else faça algo com a entrada
}
```

Projete uma classe `WebPageReader`, cujo construtor receba um *string* de endereço e cujo método `readLine` retorne a próxima linha de entrada da página Web ou `null` se foi atingido o fim da página. Não faça com que esses capturem exceções, mas use especificadores `throws` para relatar as exceções que possam ocorrer. Talvez você precise consultar a documentação da API para obter as exceções. Escreva um programa de teste que teste sua classe.

Exercício P14.10. Projete uma classe `Bank` que contenha diversas contas bancárias. Cada conta tem um número e um saldo atual. Acrescente um campo `accountNumber` (número de conta) à classe `BankAccount`. Armazene as contas bancárias em uma lista de *arrays*. Escreva um método `readFile` da classe `Bank` para ler um arquivo com o formato

```
accountNumber1 balance1
accountNumber2 balance2
...
```

Siga o projeto do programa de exemplo da Seção 14.6 e implemente métodos `read` para `BankAccount`. Escreva um programa exemplo para ler um arquivo de contas bancárias. Depois, imprima a conta de maior saldo. Se o arquivo não estiver adequadamente formatado, dê nova oportunidade ao usuário para selecionar outro arquivo.

Capítulo 15

Fluxos

Objetivos do capítulo

- Ser capaz de ler e gravar arquivos
- Familiarizar-se com os conceitos de formatos de texto e binários
- Ser capaz de ler e gravar objetos usando serialização
- Ser capaz de processar a linha de comando
- Aprender sobre criptografia
- Entender quando usar arquivos de acesso seqüencial e quando usar arquivos de acesso aleatório

Todos os programas que discutimos até agora liam suas entradas do teclado e do *mouse* e exibiam suas saídas na tela. No caso de programas de console, podemos ler de um arquivo ou gravar em um arquivo usando redirecionamento (veja Dica de Produtividade 6.1). Esse método de acessar arquivos é útil mas ainda é limitado. Neste capítulo, aprenderemos a escrever programas Java que interagem com arquivos de disco e outras fontes de *bytes* e caracteres.

Sumário do capítulo

15.1 Fluxos, Leitores e Gravadores 542
    Erro Freqüente 15.1: Barras Invertidas em Nomes de Arquivos 543
    Erro Freqüente 15.2: Valores de `byte` Negativos 543

15.2 Lendo e Gravando Arquivos Texto 544

15.3 Caixas de Diálogo de Arquivo 545

15.4 Um Programa de Criptografia 546
    Fato Histórico 15.1: Algoritmos de Criptografia 549

15.5 Argumentos da Linha de Comando 551

15.6 Fluxos de Objetos 553
    Dica de Produtividade 15.1: Use Fluxos de Objetos 556
    Tópico Avançado 15.1: Serializando Objetos Geométricos 556

15.7 Acesso aleatório 557
    Como Fazer? 15.1: Usando Arquivos e Fluxos 562

15.1 Fluxos, Leitores e Gravadores

Há duas maneiras fundamentalmente diferentes de armazenar dados: no formato *texto* ou no formato *binário*. No formato texto, itens de dados são representados em uma forma legível ao homem, como uma sequência de *caracteres*. Por exemplo, o inteiro 12,345 é armazenado como a seqüência de cinco caracteres:

```
'1' '2' '3' '4' '5'
```

Na forma binária, os itens de dados são representados em *bytes*. Um *byte* é composto de 8 *bits* e representa um valor entre 256 valores diferentes. Por exemplo, no formato binário, o inteiro 12,345 é armazenado como uma seqüência de quatro *bytes:*

```
0 0 48 57
```

> Os fluxos acessam seqüências de *bytes*. Os leitores e os gravadores acessam seqüências de caracteres.

(porque 12,345 = 48 · 256 + 57).

Se armazenarmos informações em forma texto, como uma seqüência de caracteres, precisamos usar as classes `Reader` e `Writer` e suas subclasses para processar entrada e saída. Se armazenarmos as informações na forma binária, como uma seqüência de *bytes*, usamos as classes `InputStream` e `OutputStream` e suas subclasses.

> Usamos as classes `FileReader`, `FileWriter`, `FileInputStream` e `FileOutputStream` para ler e gravar arquivos de disco.

Entrada e saída no modo texto são mais convenientes para os seres humanos, pois é mais fácil gerar entradas (simplesmente usamos um editor de textos) e é mais fácil para conferir se a saída está correta (simplesmente olhamos o arquivo de saída em um editor). Entretanto, o armazenamento binário é mais compacto e mais eficiente.

Para ler dados de texto de um arquivo de disco, criamos um objeto `FileReader`:

```
FileReader reader =
   new FileReader("input.txt");
```

Para ler dados binários de um arquivo de disco, criamos um objeto `FileInputStream`:

```
FileInputStream inputStream =
   new FileInputStream("input.dat");
```

Da mesma forma, usamos os objetos `FileWriter` e `FileOutputStream` para gravar dados em um arquivo de disco em modo texto ou binário:

```
FileWriter writer = new FileWriter("output.txt");
FileOutputStream outputStream =
   new FileOutputStream("output.dat");
```

Todas essas classes estão definidas no pacote `java.io`.

> O método `read` retorna um inteiro: –1, se o final do arquivo for atingido, ou outro valor, o qual precisamos converter para `char` ou `byte`.

A classe `Reader` tem um método, `read`, para ler um único caractere de cada vez. A classe `FileReader` sobrescreve esse método para obter os caracteres de um arquivo de disco. No entanto, o método `read` retorna um `int` de modo que ele pode sinalizar tanto que um caractere foi lido como que o fim da entrada foi atingido. No fim da entrada, `read` retorna – 1. Caso contrário ele retorna o caractere (como um inteiro entre 0 e 65.535). Devemos testar o valor de retorno e, se ele não for – 1, convertê-lo para um `char`:

```
Reader reader = ...;
int next = reader.read();
char c;
if (next != -1)
   c = (char)next;
```

A classe `InputStream` também tem um método, `read`, para ler um único *byte*. O método também retorna um `int`, que pode ser ou o *byte* que foi inserido (como um inteiro entre 0 e 255) ou o inteiro – 1 se foi atingido o fim do fluxo de entrada. Devemos testar o valor de retorno e, se ele não for –1, convertê-lo para um `byte`:

```
InputStream in = ...;
int next = in.read();
byte b;
if (next != -1)
   b = (byte)next;
```

Da mesma forma, as classes `Writer` e `FileOutputStream` têm um método `write` para gravar um único caractere ou *byte*.

> Devemos fechar todos os arquivos que não precisamos mais.

Ao finalizar a leitura ou a gravação de um arquivo ou de um leitor, devemos chamar o método `close`. Isso é especialmente importante ao gravar um arquivo. Apenas quando o fechamos podemos ter a certeza de que todas as alterações foram efetivadas no arquivo de disco. Por exemplo,

```
writer.close();
```

> Fluxos, leitores e gravadores básicos só conseguem processar *bytes* ou caracteres individualmente. Precisamos combiná-los com outras classes para processar linhas de texto ou objetos inteiros.

Esses métodos básicos são os únicos métodos de entrada e saída que as classes de entrada e saída de arquivos fornecem. O pacote de fluxos Java está construído sobre o princípio de que cada classe deve ter uma responsabilidade muito específica. A tarefa de um `FileInputStream` é interagir com arquivos. Sua tarefa é *obter bytes*, não analisá-los. Se queremos ler números, *strings* ou outros objetos, temos de combinar essa classe com outras classes cuja responsabilidade seja agrupar *bytes* ou caracteres individuais formando números, *strings* e objetos. Veremos essas classes mais adiante neste capítulo.

⊗ Erro Freqüente   15.1

Barras Invertidas em Nomes de Arquivos

Quando especificarmos um nome de arquivo como um *string* constante, e esse nome contiver caracteres de barra invertida (como em um nome de arquivo Windows), temos de fornecer cada barra invertida *duas vezes*:

```
in = new FileReader("c:\\homework\\input.dat");
```

Lembre-se de que uma única barra invertida dentro de *strings* entre aspas representa um *caractere de escape*, o qual se combina com outro caractere para formar um significado especial, como \n para caractere nova linha. A combinação \\ denota uma única barra invertida.

Porém, quando o usuário fornecer um nome de arquivo para um programa, ele não deve digitar a barra invertida duas vezes.

⊗ Erro Freqüente   15.2

Valores de `byte` Negativos

Em Java, o tipo `byte` é um tipo *com sinal*. Há 256 valores do tipo `byte`, de –128 a 127. O *bit* inicial do *byte* é o *bit do sinal*. Se ele estiver ligado, o número é negativo. Ao converter um inteiro para *byte*, apenas tomamos o *byte* menos significativo do inteiro, e os *bytes* restantes são ignorados. O resultado pode ser negativo mesmo se o inteiro for positivo. Por exemplo,

```
int n = 233; // binário 00000000 00000000 00000000 11101001
```

```
byte b = (byte)n;   // binário 11101001, o bit do sinal está ligado
if (b == n) ...    // não é verdadeiro! b é negativo, n é positivo
```

- Quando o *byte* é convertido de volta para inteiro, o resultado ainda é negativo. Em particular, ele é *diferente* do original.

A seguir, temos um caso ainda mais intrincado. Vamos considerar este teste:

```
int next = in.read();
byte b = (byte)next;
if (b == 'é') ...
```

Esse teste *nunca* resultará verdadeiro, *mesmo se* next fosse igual ao valor Unicode do caractere 'é'. Acontece que esse valor Unicode é 233, mas um único *byte* sempre é um valor entre –128 e 127. Os leitores norte americanos não ficarão muito preocupados, porque todos os caracteres e símbolos usados no inglês americano têm valores Unicode na região "segura" entre 1 e 127, mas programadores de outros países que usam caracteres com valores Unicode entre 128 e 255 continuamente enfrentam essa situação.

15.2 Lendo e Gravando Arquivos Texto

> Ao gravar arquivos texto, usamos a classe PrintWriter e os métodos print/println.

Na seção anterior, vimos como gravar dados em um arquivo texto. Construímos um objeto FileWriter a partir do nome do arquivo:

```
FileWriter writer = new FileWriter("output.txt");
```

Agora podemos enviar nossa saída para o arquivo, um caractere por vez, chamando o método write.

Naturalmente, não temos a saída disponível um caractere por vez. Temos a saída na forma de números ou *strings*. Por essa razão, necessitamos de outra classe cuja tarefa é quebrar números e *strings* em caracteres individuais e enviá-los a um gravador. Essa classe é chamada de PrintWriter. Construímos uma PrintWriter a partir de qualquer objeto Writer:

```
PrintWriter out = new PrintWriter(writer);
```

Agora podemos usar os métodos print e println familiares para imprimir números, objetos e *strings*:

```
out.println(29.95);
out.println(new Rectangle(5, 10, 15, 25));
out.println("Hello, World!");
```

Os métodos print e println convertem números para a sua representação decimal em *string* e usam o método toString para converter objetos para *strings*; quebrar os *strings* em caracteres individuais; e fornecer cada caractere para o objeto FileWriter através de seu método write. O FileWriter então os envia para um arquivo, uma conexão de rede ou algum outro destino.

> Ao ler arquivos texto, usamos a classe BufferedReader e o método readLine.

Ler arquivos texto, infelizmente, é mais difícil. A biblioteca Java não fornece classes para ler números diretamente. O melhor que podemos fazer é usar a classe BufferedReader, a qual tem um método readLine que nos permite ler uma linha por vez. O método readLine vai chamando o método read do objeto leitor que fornecemos no construtor, até que ele tenha coletado uma linha de entrada inteira. Então, ele retorna essa linha. Quando toda a entrada tiver sido lida, o método readLine retorna null.

Após ler uma linha de entrada, podemos usar os métodos Integer.parseInt e Double.parseDouble para converter os *strings* que encontrarmos na entrada em números.

```
FileReader reader = new FileReader("input.txt");
```

```
BufferedReader in = new BufferedReader(reader);
String inputLine = in.readLine();
double x = Double.parseDouble(inputLine);
```

Se houver diversos itens em uma única linha de entrada, podemos usar a classe `StringTokenizer` para quebrar a linha de entrada em múltiplos *strings*.

15.3 Caixas de Diálogo de Arquivo

> O diálogo `JFileChooser` permite aos usuários selecionar um arquivo, navegando pelos diretórios.

Nesta seção, veremos como o usuário pode fornecer um nome de arquivo por meio de um diálogo de arquivo como o mostrado na Figura 1. A classe `JFileChooser` implementa um diálogo de arquivo para o *kit* de ferramentas de interface com usuário Swing.

A classe `JFileChooser` depende de uma outra classe, `File`, a qual descreve arquivos de disco e diretórios. Por exemplo,

```
File inputFile = new File("input.txt");
```

> Um objeto `File` descreve um arquivo ou diretório.

descreve o arquivo `input.txt` do diretório corrente. A classe `File` tem métodos para excluir ou renomear o arquivo. O arquivo não precisa existir na realidade — podemos querer passar o objeto `File` para um fluxo de saída ou gravador, de modo que o arquivo possa ser criado. O método `exists` retorna `true` se o arquivo já existe.

> Podemos passar um objeto `File` ao construtor de um leitor de arquivos, um gravador ou fluxo.

Não podemos usar diretamente um objeto `File` para ler ou gravar. Ainda necessitamos contruir um leitor, um gravador ou um fluxo de arquivos a partir do objeto `File`. Simplesmente passamos o objeto `File` no construtor.

```
FileReader in = new FileReader(inputFile);
```

A classe `JFileChooser` tem muitas opções para fazer a sintonia fina da tela do diálogo, mas na sua forma mais básica ela é bastante simples. Construa um objeto de seleção de arquivo; então chame o método `showOpenDialog` ou o método `showSaveDialog`. Os dois métodos mostram o mesmo diálogo, mas o botão para se escolher um arquivo está rotulado "Open" ("Abrir") ou "Save" ("Salvar"), dependendo de qual método chamamos. Para uma melhor localização do diálogo na tela, podemos especificar o componente de interface com o usuário sobre o qual abrir o diálogo. Se não nos importamos onde o diálogo vai abrir, podemos simplesmente passar `null`. Esses métodos ou retornam `JFileChooser.APPROVE_OPTION`, se o usuário escolheu um arquivo, ou `JFileChooser.CANCEL_OPTION`, se o usuário cancelou a seleção. Se um arquivo foi escolhido, então chamamos o método `getSelectedFile` para obter um objeto `File` que descreva o arquivo. A seguir, temos um exemplo completo:

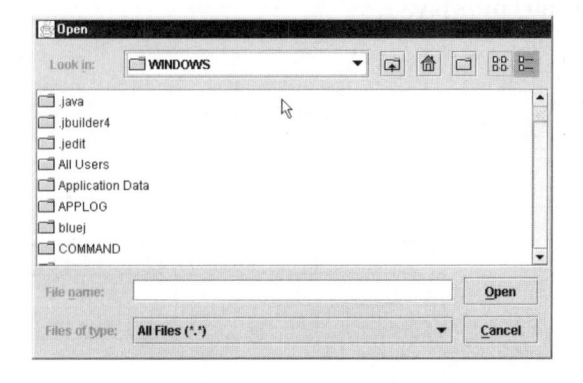

Figura 1
Caixa de diálogo `JFileChooser`.

```
JFileChooser chooser = new JFileChooser();
FileReader in = null;
if (chooser.showOpenDialog(null)
      == JFileChooser.APPROVE_OPTION)
{
   File selectedFile = chooser.getSelectedFile();
   in = new FileReader(selectedFile);
}
```

15.4 Um Programa de Criptografia

Vamos escrever um programa que *criptografe* um arquivo — isto é, embaralhe-o de modo que ele se torne ilegível para todo mundo exceto para aqueles que conhecem o método de criptografia e a palavra-chave secreta. Ignorando mais de 2000 anos de progresso no campo da criptografia, usaremos um método muito conhecido por Júlio César. A pessoa que realiza qualquer criptografia escolhe uma *chave criptográfica*; aqui, a chave é um número entre 1 e 25 que indica o deslocamento a ser usado para criptografar cada letra. Por exemplo, se a chave é 3, substituímos A por D, B por E, e assim por diante (veja a Figura 2).

Para decodificar, simplesmente use o negativo da chave criptográfica. Por exemplo, para decodificar a mensagem da Figura 2, use uma chave de –3.

Neste programa, processamos dados binários — lemos cada *byte* separadamente, criptografamos e gravamos o *byte* criptografado.

```
int next = in.read();
if (next == -1)
   done = true;
else
{
   byte b = (byte)next;
   byte c = encrypt(b);
   out.write(c);
}
```

Em um programa de criptografia mais complexo, leríamos um bloco de *bytes*, criptografaríamos o bloco e o gravaríamos.

Como o programa lê dados binários, ele usa fluxos, e não leitores e gravadores.

A seguir, temos o programa. Colocamos a classe `JFileChooserDialog` a trabalhar solicitando ao usuário para especificar os arquivos de entrada e saída. Experimente o programa em um arquivo de sua escolha. Você irá descobrir que o arquivo criptografado é ilegível. Na verdade, como os caracteres de nova linha estão transformados, talvez não possamos ler o arquivo criptografado em um editor de texto. Para descriptografar, simplesmente executamos o programa novamente e fornecemos o negativo da chave de criptografia.

Programa Encryptor.java

```
1 import java.io.File;
2 import java.io.FileInputStream;
3 import java.io.FileOutputStream;
4 import java.io.InputStream;
```

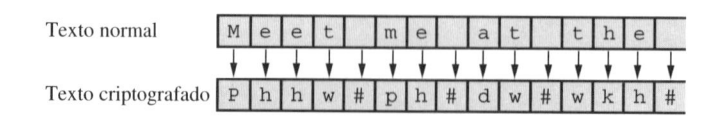

Texto normal	M	e	e	t		m	e		a	t		t	h	e
Texto criptografado	P	h	h	w	#	p	h	#	d	w	#	w	k	h	#

Figura 2

A cifra de César.

```
 5  import java.io.OutputStream;
 6  import java.io.IOException;
 7
 8  /**
 9      Um encriptador criptografa arquivos usando o cifrador de César.
10      Para a decodificação, use um encriptador cuja chave seja o
11      negativo da chave de criptografia.
12  */
13  public class Encryptor
14  {
15      /**
16          Constrói um encriptador.
17          @param aKey a chave da criptografia
18      */
19      public Encryptor(int aKey)
20      {
21          key = aKey;
22      }
23
24      /**
25          Criptografa o conteúdo de um arquivo.
26          @param inFile o arquivo de entrada
27          @param outFile o arquivo de saída
28      */
29      public void encryptFile(File inFile, File outFile)
30          throws IOException
31      {
32          InputStream in = null;
33          OutputStream out = null;
34
35          try
36          {
37              in = new FileInputStream(inFile);
38              out = new FileOutputStream(outFile);
39              encryptStream(in, out);
40          }
41          finally
42          {
43              if (in != null) in.close();
44              if (out != null) out.close();
45          }
46      }
47
48      /**
49          Criptografa o conteúdo de um fluxo.
50          @param in o fluxo de entrada
51          @param out o fluxo de saída
52      */
53      public void encryptStream(InputStream in,
54          OutputStream out)
55          throws IOException
56      {
57          boolean done = false;
58          while (!done)
59          {
```

```
60              int next = in.read();
61              if (next == -1) done = true;
62              else
63              {
64                 byte b = (byte)next;
65                 byte c = encrypt(b);
66                 out.write(c);
67              }
68           }
69        }
70
71        /**
72           Criptografa um byte.
73           @param b o byte a criptografar
74           @return o byte criptografado
75        */
76        public byte encrypt(byte b)
77        {
78           return (byte)(b + key);
79        }
80
81        private int key;
82     }
```

Programa EncryptorTest.java

```
1  import java.io.File;
2  import java.io.IOException;
3  import javax.swing.JFileChooser;
4  import javax.swing.JOptionPane;
5
6  /**
7     Um programa para testar o encriptador do cifrador de César.
8  */
9  public class EncryptorTest
10 {
11    public static void main(String[] args)
12    {
13       try
14       {
15          JFileChooser chooser = new JFileChooser();
16          if (chooser.showOpenDialog(null)
17             != JFileChooser.APPROVE_OPTION)
18             System.exit(0);
19
20          File inFile = chooser.getSelectedFile();
21          if (chooser.showSaveDialog(null)
22             != JFileChooser.APPROVE_OPTION)
23             System.exit(0);
24          File outFile = chooser.getSelectedFile();
25          String input =
26             JOptionPane.showInputDialog("Key");
27          int key = Integer.parseInt(input);
28          Encryptor crypt = new Encryptor(key);
29          crypt.encryptFile(inFile, outFile);
```

```
30          }
31          catch (NumberFormatException exception)
32          {
33             System.out.println("Key must be an integer: "
34                + exception);
35          }
36          catch (IOException exception)
37          {
38             System.out.println("Error processing file: "
39                + exception);
40          }
41          System.exit(0);
42       }
43    }
```

Fato Histórico 15.1

Algoritmos de Criptografia

Os exercícios no final deste capítulo fornecem alguns algoritmos para criptografar texto. Na verdade, não use nenhum desses métodos para enviar mensagens secretas para sua amada. Qualquer criptógrafo habilidoso pode *quebrar* esses esquemas em pouco tempo — isto é, reconstruir o texto original sem saber a palavra-chave secreta.

Em 1978, Ron Rivest, Adi Shamir e Leonard Adleman apresentaram um método de criptografia muito mais poderoso. O método é chamado de criptografia RSA, de acordo com as iniciais dos sobrenomes de seus inventores. O esquema exato é complicado demais para apresentar aqui, mas não é realmente difícil de acompanhar. Os detalhes se encontram em [2].

RSA é um método de criptografia memorável. Há duas chaves: uma pública e uma privada (veja a Figura 3). Podemos imprimir a chave pública no nosso cartão de visitas (ou em nosso bloco de assinatura de correio eletrônico) e fornecê-la a outras pessoas. Dessa forma, qualquer pessoa pode nos enviar mensagens que somente nós podemos descriptografar. Mesmo que todos conheçam a chave pública e mesmo que interceptem todas as mensagens que nos sejam enviadas, eles não conseguirão quebrar o esquema e ler as mensagens. Em 1994, centenas de pesquisadores, cooperando pela Internet, quebraram uma mensagem RSA criptografada com uma chave de 129 dígitos. As mensagens criptografadas com uma chave de 230 dígitos ou mais são consideradas mais seguras.

Os inventores do algoritmo obtiveram uma *patente* para ele. Isso quer dizer que por um período de 20 anos, qualquer pessoa que o usasse teria antes de conseguir uma licença dos inventores.

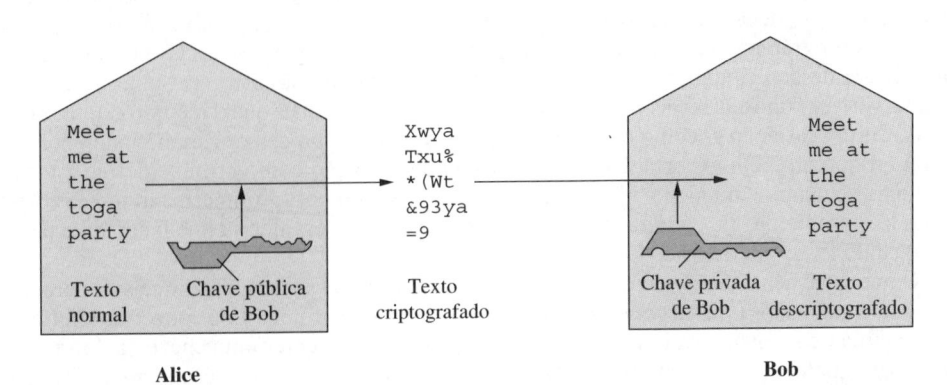

Figura 3
Criptografia de chave pública.

▼ Eles concederam permissões para uso não-comercial, mas empresas que implementaram RSA em um produto tiveram de obter a permissão dos donos da patente e pagar substanciais direitos auto-
▼ rais. A patente do RSA expirou em 20 de setembro de 2000, de modo que agora podemos usar o algoritmo sem restrições.

Patente é um acordo que a sociedade faz com um inventor. Por um período de 20 anos, a partir
▼ da data do arquivamento, o inventor tem o direito exclusivo sobre sua comercialização, pode cobrar direitos autorais das pessoas que desejarem manufaturar a invenção, e pode até mesmo proibir concorrentes de comercializá-la. Em troca, o inventor tem de publicar a invenção, de modo que outros possam aprendê-la; além disso, ele tem de abster-se de qualquer demanda a seu respeito após o término do período de proteção. O que se supõe é que na ausência da lei de patentes, os in-
▼ ventores seriam relutantes em ter o trabalho de inventar, ou então eles tentariam esconder suas técnicas para evitar que outros copiassem seus dispositivos.

O que você acha? As patentes são um negócio justo? Sem dúvida, algumas empresas escolhe-
▼ ram não implementar RSA, e em vez dele, escolheram um método menos capaz porque não podiam ou não queriam pagar direitos autorais. Assim, parece que a patente pode ter obstruído, e não
▼ incentivado, o comércio. Se não houvesse a proteção da patente, será que os inventores teriam publicado o método de qualquer maneira, e dessa forma teriam dado o benefício à sociedade sem o custo do monopólio de vinte anos? Nesse caso, a resposta é: provavelmente sim. Os inventores er-
▼ am pesquisadores acadêmicos, os quais vivem de salários e não de receitas de vendas e geralmente são recompensados por suas descobertas com um impulso em sua reputação e em sua carreira.
▼ Será que seus seguidores teriam sido tão ativos em descobrir (e patentear) melhorias? Não temos como saber, naturalmente.

Aprofundando mais a questão, será que um algoritmo é algo patenteável? Ou será que ele é um
▼ fato matemático que não pertence a ninguém? O escritório de patentes dos EUA tomou esta atitude por um longo tempo. Os inventores do RSA e muitos outros descreveram suas invenções em ter-
▼ mos de dispositivos eletrônicos imaginários, e não como algoritmos, para contornar essa restrição. Hoje em dia, o escritório de patentes dos EUA fornece patentes de *software*.

Há outro aspecto fascinante relacionado à história do RSA. Um programador chamado Phil Zim-
▼ mermann desenvolveu um programa chamado PGP (*Pretty Good Privacy*) [3]. PGP implementa o RSA. Ou seja, podemos fazê-lo gerar um par de chaves, a pública e a privada, publicar a chave públi-
▼ ca, receber mensagens criptografadas de outros que usam sua cópia de PGP e nossa chave pública, e decriptá-la com nossa chave privada. Embora a criptografia possa ser realizada em qualquer computador pessoal, a descriptação não pode ser realizada nem nos computadores mais poderosos. Você po-
▼ de obter uma cópia de PGP em http://web.mit.edu/network/pgp.html. Desde que seja para uso pessoal, ele é gratuito, uma cortesia de Phil Zimmermann e do pessoal do MIT e RSA.

A existência de PGP incomoda muito ao governo norte americano. A preocupação deles é que
▼ criminosos usem o pacote para se corresponder por correio eletrônico e que a polícia não consiga grampear essas "conversas". Governos estrangeiros podem enviar comunicações que a National
▼ Security Agency (a maior organização de espionagem eletrônica dos Estados Unidos) não consegue decifrar. Na década de 1990, o governo norte americano tentou padronizar, sem sucesso, um
▼ esquema critográfico diferente, chamado *Skipjack*, do qual as organizações governamentais tinham uma chave de descriptografia que, naturalmente, prometiam não usar sem uma ordem judicial. Houve várias propostas sérias para tornar ilegal o uso de qualquer outro método criptográfico nos
▼ EUA. Certa ocasião, o governo considerou a possibilidade de processar Zimmermann por infringir outra lei que proíbe a exportação não-autorizada de munição como crime e define a tecnologia
▼ criptográfica como "munição". Eles argumentaram que, embora Zimmermann nunca tivesse exportado o programa, ele certamente sabia que o programa se espalharia imediatamente pela Internet quando fosse liberado nos EUA.

▼ O que você acha? Será que os criminosos e os terroristas serão mais difíceis de serem descobertos e condenados uma vez que a criptografia de correio eletrônico e de conversas telefônicas estiver amplamente disponível. Será que então o governo deveria ter uma chave da "porta dos fun-
▼ dos" para qualquer método de criptografia ilegal? Ou será essa uma violação grosseira de nossas liberdades civis. Será que ainda é possível colocar o gênio de volta na lâmpada?

▼

15.5 Argumentos da Linha de Comando

Dependendo do sistema operacional e do sistema de desenvolvimento Java usado, há diferentes métodos de iniciar um programa — por exemplo, selecionando "Run" ("Executar") no ambiente de compilação, clicando sobre um ícone ou digitando o nome do programa no *prompt* de um terminal ou numa janela de *shell*. O último método é chamado de "invocar o programa a partir da linha de comando". Ao usar esse método, naturalmente temos de digitar o nome do programa, mas também podemos inserir informações que o programa pode usar.

Esses *strings* adicionais são chamados de *argumentos da linha de comando*. Por exemplo, se iniciarmos um programa com a linha de comando

```
java MyProgram -d file.txt
```

o programa recebe dois argumentos da linha de comando: os *strings* `"-d"` e `"file.txt"`. Cabe inteiramente ao programa decidir o que fazer com esses *strings*. Costumeiramente se interpreta os *strings* que iniciam por um – como opções, e outros *strings* como nomes de arquivos.

> Quando disparamos um programa a partir da linha de comando, podemos especificar argumentos após o nome do programa. O programa pode acessar esses *strings* processando o parâmetro `args` do método `main`.

Apenas programas aplicativos recebem argumentos da linha de comando; não podemos passar uma linha de comando para um *applet*. O mecanismo correspondente para *applets* é a marca HTML `param`; veja o Tópico Avançado 4.3.

Os argumentos da linha de comando são colocados no parâmetro `args` do método `main`:

```
class MyProgram
{
    public static void main(String[] args)
    {
        ...
    }
}
```

Agora, finalmente sabemos o uso do *array* `args` que vimos em tantos programas. No nosso exemplo, `args` contém os dois *strings*

args[0]	"-d"
args[1]	"file.txt"

Para colocar o processamento da linha de comando em funcionamento, vamos escrever um *driver* para a classe `Encryptor` que leia os nomes dos arquivos e a chave de criptografia da linha de comando, em vez de solicitá-los ao usuário. O programa aceita os seguintes argumentos da linha de comando:

- Um *flag* –d opcional para indicar descriptografia em vez de criptografia
- Uma chave de criptografia opcional, especificada pelo *flag* –k
- O nome do arquivo de entrada
- O nome do arquivo de saída

Se não for especificada nenhuma chave, então é usado o 3. Por exemplo,

```
java Crypt input.txt encrypt.txt
```

criptografa o arquivo input.txt com uma chave 3 e coloca o resultado em encrypt.txt. Por outro lado,

```
java Crypt -d -k11 encrypt.txt output.txt
```

descriptografa o arquivo encrypt.txt com uma chave 11 e coloca o resultado em output.txt.

O que é melhor para o usuário? Uma interface gráfica com o usuário com diálogos de escolha de arquivo, ou uma interface de linha de comando onde os arquivos precisam ser especificados na linha de comando? Para um usuário casual e infreqüente, a interface gráfica com o usuário é muito melhor. A interface com o usuário guia o usuário ao longo da atividade e torna possível navegar pela aplicação sem muito conhecimento. Mas para um usuário freqüente, as interfaces gráficas com o usuário têm uma grande desvantagem — elas são difíceis de automatizar. Se precisássemos processar centenas de arquivos todos os dias, passaríamos todo nosso tempo digitando nomes de arquivos em caixas de diálogos de escolha de arquivos. Mas não é difícil chamar um programa múltiplas vezes automaticamente com argumentos diferentes na linha de comando. Dica de Produtividade 8.1 discute como se usa *scripts* de *shell* (também chamados de arquivos de lote) com esse objetivo.

A seguir, temos o *front end* para um programa de criptografia. Combine-o com a classe Encryptor da seção anterior.

Arquivo Crypt.java

```
1  import java.io.File;
2  import java.io.IOException;
3
4  /**
5       Programa para executar o encriptador do cifrador de César com
6       argumentos de linha de comando.
7  */
8  public class Crypt
9  {
10     public static void main(String[] args)
11     {
12        boolean decrypt = false;
13        int key = DEFAULT_KEY;
14        File inFile = null;
15        File outFile = null;
16
17        if (args.length < 2 || args.length > 4) usage();
18
19        try
20        {
21           for (int i = 0; i < args.length; i++)
22           {
23              if (args[i].charAt(0) == '-')
24              {
25                 // é uma opção de linha de comando
26                 char option = args[i].charAt(1);
27                 if (option == 'd')
28                    decrypt = true;
29                 else if (option == 'k')
30                    key = Integer.parseInt(
31                       args[i].substring(2));
32              }
33              else
34              {
35                 // é um nome de arquivo
36                 if (inFile == null)
37                    inFile = new File(args[i]);
```

```
38                else if (outFile == null)
39                    outFile = new File(args[i]);
40                else usage();
41            }
42        }
43        if (decrypt) key = -key;
44        Encryptor crypt = new Encryptor(key);
45        crypt.encryptFile(inFile, outFile);
46    }
47    catch (NumberFormatException exception)
48    {
49        System.out.println("Key must be an integer: "
50            + exception);
51    }
52    catch (IOException exception)
53    {
54        System.out.println("Error processing file: "
55            + exception);
56    }
57 }
58
59 /**
60     Imprime uma mensagem descrevendo o uso adequado e sai.
61 */
62 public static void usage()
63 {
64    System.out.println(
65        "Usage: java Crypt [-d] [-kn] infile outfile");
66    System.exit(1);
67 }
68
69 public static final int DEFAULT_KEY = 3;
70 }
```

15.6 Fluxos de Objetos

> Usamos fluxos de objetos para salvar e restaurar todos os campos de instância de um objeto automaticamente.

No programa exemplo da Seção 14.6, lemos objetos `Coin` processando *strings* que descrevem os dados da moeda. Para salvar um conjunto de moedas no mesmo formato, necessitaríamos escrever código para quebrar os objetos moeda em *strings* e números. Na verdade, em Java, há uma maneira mais fácil. A classe `ObjectOutputStream` pode salvar objetos inteiros para disco, e a classe `ObjectInputStream` pode lê-los de volta. Os objetos são salvos em formato binário; portanto, usamos fluxos e não gravadores.

Por exemplo, podemos escrever um objeto `Coin` em um arquivo da seguinte forma:

```
Coin c = ...;
ObjectOutputStream out = new ObjectOutputStream
    (new FileOutputStream("coins.dat"));
out.writeObject(c);
```

O fluxo de saída dos objetos salva todas as variáveis de instância do objeto para o fluxo automaticamente. Ao ler o objeto de volta, usamos o método `readObject` da classe `ObjectInputStream`. Esse método retorna uma referência `Object`, de modo que precisamos lembrar dos tipos de objetos que salvamos e usar uma coerção:

```
ObjectInputStream in = new ObjectInputStream
   (new FileInputStream("coins.dat"));
Coin c = (Coin)in.readObject();
```

O método `readObject` pode disparar uma exceção `ClassNotFoundException` — uma exceção verificada, de modo que necessitamos capturá-la ou declará-la.

Podemos até mesmo fazer melhor do que isso, podemos armazenar uma grande quantidade de objetos em uma lista de *arrays* ou em um *array*, ou dentro de outro objeto, e então salvar esse objeto:

```
ArrayList a = new ArrayList();
// agora acrescente muitos objetos Coin a a
out.writeObject(a);
```

Com uma instrução, podemos salvar a *ArrayList* e *todos os objetos que ela referencia*. Podemos lê-los todos de volta com uma instrução:

```
ArrayList a = (ArrayList)in.readObject();
```

Naturalmente, se a classe `Purse` contiver uma `ArrayList` de moedas, então podemos simplesmente salvar e restaurar o objeto `Purse`. Dessa forma, sua lista de *arrays* e todos os objetos `Coin` que ela contém são automaticamente salvos, e restaurados também. O programa exemplo no fim desta seção usa essa abordagem.

Essa é uma capacidade verdadeiramente surpreendente e altamente recomendada (veja a Dica de Produtividade 15.1).

> Os objetos salvos em um fluxo de objetos têm de pertencer a classes que implementam a interface `Serializable`.

Para colocar objetos de uma determinada classe em um fluxo de objetos, a classe tem de implementar a interface `Serializable`. Essa interface não tem métodos, de modo que não há nenhum esforço envolvido em implementá-la:

```
class Coin implements Serializable
{
   ...
}
```

O processo de salvar objetos em um fluxo é chamado de *serialização,* pois a cada objeto é atribuído um número de série no fluxo. Se o mesmo objeto for salvo duas vezes, somente o número de série é gravado uma segunda vez. Quando os objetos são lidos de volta, números de série duplicados são restaurados como referências ao mesmo objeto.

Por que não são todas as classes que implementam `Serializable`? Por motivo de segurança, alguns programadores podem não querer serializar classes de conteúdo confidencial. Uma vez que uma classe seja serializável, qualquer um pode gravar seus objetos para disco e analisar o arquivo do disco. Há também algumas classes que contêm valores que ficam sem sentido quando o programa termina, tais como descritores de fontes específicos para sistemas operacionais. Tais valores não devem ser serializados.

A seguir, temos um exemplo de programa que coloca a serialização para funcionar. As classes `Coin` e `Purse` são idênticas àquelas do Capítulo 13, exceto pelo fato de que ambas implementam a interface `Serializable`. Execute o programa várias vezes. Sempre que o programa termina, ele salva o objeto `Purse` (e todos os objetos moeda que a bolsa contém) em um arquivo purse.dat. Quando o programa inicia novamente, o arquivo é carregado, e suas moedas adicionais são acrescentadas. Entretanto, se o arquivo estiver faltando (seja porque o programa está sendo executado pela primeira vez, ou porque o arquivo foi excluído), então o programa inicia com uma nova bolsa.

Arquivo PurseTest.java

```java
 1  import java.io.File;
 2  import java.io.IOException;
 3  import java.io.FileInputStream;
 4  import java.io.FileOutputStream;
 5  import java.io.ObjectInputStream;
 6  import java.io.ObjectOutputStream;
 7  import javax.swing.JOptionPane;
 8
 9  /**
10      Este programa testa a serialização de um objeto Purse.
11      Se existe um arquivo com dados de bolsa serializados, então ele é
12      carregado. Caso contrário, o programa inicia com uma nova bolsa.
13      Mais moedas são acrescentadas à bolsa. Então os dados da bolsa
14      são salvos.
15  */
16  public class PurseTest
17  {
18      public static void main(String[] args)
19          throws IOException, ClassNotFoundException
20      {
21          Purse myPurse;
22
23          File f = new File("purse.dat");
24          if (f.exists())
25          {
26              ObjectInputStream in = new ObjectInputStream
27                  (new FileInputStream(f));
28              myPurse = (Purse)in.readObject();
29              in.close();
30          }
31          else myPurse = new Purse();
32
33          //  adiciona moedas à bolsa
34          myPurse.add(new Coin(NICKEL_VALUE, "nickel"));
35          myPurse.add(new Coin(DIME_VALUE, "dime"));
36          myPurse.add(new Coin(QUARTER_VALUE, "quarter"));
37
38          double totalValue = myPurse.getTotal();
39          System.out.println("The total is " + totalValue);
40
41          ObjectOutputStream out = new ObjectOutputStream
42              (new FileOutputStream(f));
43          out.writeObject(myPurse);
44          out.close();
45      }
46
47      private static double NICKEL_VALUE = 0.05;
48      private static double DIME_VALUE = 0.1;
49      private static double QUARTER_VALUE = 0.25;
50  }
```

Dica de Produtividade 15.1

Use Fluxos de Objetos

Os fluxos de objetos têm uma enorme vantagem sobre outros formatos de arquivos de dados. Não precisamos inventar uma maneira de quebrar os objetos em números e *strings* ao gravar um arquivo. Não precisamos criar uma maneira de combinar números e *strings* de volta para objetos ao ler um arquivo. O mecanismo de serialização cuida disso automaticamente. Simplesmente gravamos e lemos objetos. Para que isso funcione, temos de fazer com que cada uma de nossas classes implemente a interface `Serializable`, o que é fácil de fazer.

Para salvar seus dados para disco, é melhor colocá-los todos em um objeto grande (como uma *ArrayList* ou um objeto que descreva o estado de todo seu programa) e salvar esse objeto. Quando precisarmos ler os dados de volta, lemos o objeto de volta. É mais fácil recuperar os dados de um objeto do que procurar por eles em um arquivo.

Tópico Avançado 15.1

Serializando Objetos Geométricos

Muitas classes da biblioteca padrão são serializáveis — afinal, é uma questão simples para um projetista de classes acrescentar `implements Serializable` a suas classes. Infelizmente, as classes geométricas `Point2D.Double`, `Rectangle2D.Double`, `Ellipse2D.Double` e `Line2D.Double` não são. Não há nenhuma boa razão para isso, foi um deslize.

As classes `Point` e `Rectangle` são serializáveis. Se conseguirmos trabalhar com coordenadas inteiras, então podemos usá-las em vez de `Point2D.Double` e `Rectangle2D.Double`.

Se temos classes com campos de instância que não são serializáveis, temos de trabalhar mais para fazer com que a serialização funcione. Siga os passos a seguir.

Primeiramente, marque os campos de instância não-serializáveis com a palavra-chave `transient`:

```java
public class Car implements Serializable
{
    ...
    private Rectangle body; // ok, Rectangle é serializável
    private transient Ellipse2D.Double frontTire;
    private transient Ellipse2D.Double rearTire;
}
```

Então, acrescente dois métodos para salvar e restaurar os campos transientes explicitamente, assim:

```java
private void writeObject(ObjectOutputStream out)
    throws IOException
{
    out.defaultWriteObject();
    out.writeDouble(frontTire.getX());
    out.writeDouble(frontTire.getY());
    out.writeDouble(frontTire.getWidth());
    out.writeDouble(frontTire.getHeight());

    out.writeDouble(rearTire.getX());
    out.writeDouble(rearTire.getY());
    out.writeDouble(rearTire.getWidth());
    out.writeDouble(rearTire.getHeight());
}
```

```
        private void readObject(ObjectInputStream in)
            throws IOException, ClassNotFoundException
        {
            in.defaultReadObject();

            double x = in.readDouble();
            double y = in.readDouble();
            double width = in.readDouble();
            double height = in.readDouble();
            frontTire = new Ellipse2D.Double(x, y, width, height);

            x = in.readDouble();
            y = in.readDouble();
            width = in.readDouble();
            height = in.readDouble();
            rearTire = new Ellipse2D.Double(x, y, width, height);
        }
```

Esses métodos especiais *devem* ser privados e devem chamar `defaultWriteObject`/`defaultReadObject` antes de salvar e restaurar as informações adicionais.

15.7 Acesso Aleatório

Vamos considerar um arquivo que contenha um conjunto de contas bancárias. Queremos mudar os saldos de algumas das contas. Naturalmente, podemos ler todos os dados de contas para uma lista de *arrays*, atualizar as informações que mudaram e salvar os dados novamente. Se o conjunto de dados do arquivo for muito grande, podemos acabar fazendo muitas leituras e gravações apenas para atualizar alguns registros. Seria melhor se pudéssemos localizar no arquivo as informações que mudaram e substituí-las.

> No acesso seqüencial a arquivos, um arquivo é processado um *byte* por vez. O acesso aleatório permite acesso a posições arbitrárias no arquivo, sem primeiro ler os *bytes* que precedem a posição em questão.

Isso é bem diferente do acesso a arquivo que temos programado até agora. Antes, líamos de um arquivo, começando no início e lendo todo o conteúdo até atingir o fim. Esse padrão de acesso é chamado de *acesso seqüencial*. Agora, queremos acessar posições específicas em um arquivo e alterar apenas esses lugares. Esse padrão de acesso é chamado de acesso aleatório (veja a Figura 4). Não existe nada de "aleatório" no acesso aleatório — o termo apenas significa que podemos ler e modificar qualquer *byte* armazenado em qualquer lugar do arquivo.

Somente arquivos em disco suportam acesso aleatório; os fluxos `System.in` e `System.out`, que são anexados ao teclado e à janela do terminal, não suportam. Cada arquivo de disco tem uma posição *file pointer* (ponteiro) especial. Normalmente, o ponteiro de arquivo está no fim do arquivo, e qualquer saída é anexada ao final. Entretanto, se movermos o ponteiro de arquivo para o meio do arquivo e gravarmos no arquivo, a saída sobrescreve o que estava lá. O próximo comando *read* começa a ler a entrada na posição do ponteiro do arquivo. Podemos mover o ponteiro de arquivo para o ponto exatamente após o último *byte* atualmente no arquivo, não mais adiante.

Em Java, usamos um objeto `RandomAccessFile` para acessar um arquivo e mover o ponteiro de arquivo. Para abrir um arquivo de acesso aleatório, fornecemos o nome do arquivo e um *string* para especificar o *modo aberto*. Podemos abrir um arquivo só para leitura (`"r"`) ou para leitura e gravação (`"rw"`). Por exemplo, o comando a seguir abre o arquivo `accounts.dat` tanto para leitura como para gravação:

```
RandomAccessFile f =
    new RandomAccessFile("bank.dat", "rw");
```

A chamada de método

```
f.seek(n);
```

move o ponteiro de arquivo para o *byte* n contado desde o início do arquivo. Para descobrir a posição corrente do ponteiro de arquivo (contado a partir do início do arquivo), usamos

```
n = f.getFilePointer();
```

> Um ponteiro de arquivo é uma posição em um arquivo de acesso aleatório. Como os arquivos podem ser muito grandes, o ponteiro de arquivo é do tipo long.

Como os arquivos podem ser muito grandes, os valores do ponteiro de arquivo são inteiros longos. Para descobrir o número de *bytes* de um arquivo, usamos o método length:

```
long fileLength = f.length();
```

No exemplo de programa no fim desta seção, usamos um arquivo de acesso aleatório para armazenar um conjunto de contas poupança, cada uma com um saldo atual e uma taxa de juros. O programa de teste nos permite selecionar uma conta aleatória e acrescentar os juros.

Se quisermos manipular um conjunto de dados em um arquivo, temos de dar atenção especial à formatação dos dados. Vamos supor que armazenamos os dados como texto. Vamos dizer que o saldo é US$950, e a taxa de juros é de 10%.

```
950 10
```

Se o saldo for aumentado em 10% ou US$95, o novo valor terá mais dígitos. Suponhamos que coloquemos o ponteiro de arquivo no primeiro caractere do valor antigo.

```
950 10
```

Se agora simplesmente gravarmos o novo valor, o resultado será

```
104510
```

Isso não está funcionando tão bem, a atualização está escrevendo por cima do espaço que separa os campos.

Para podermos atualizar um arquivo, temos de dar a cada campo um *tamanho fixo* que seja grande o suficiente. Como resultado, cada registro do arquivo terá o mesmo tamanho. Isso traz outra vantagem: é fácil saltar rapidamente para, digamos, o qüinquagésimo registro sem termos de ler os primeiros 49. Simplesmente configuramos o ponteiro do arquivo para 50 vezes o tamanho do registro.

Ao armazenar números em um arquivo com tamanho de registro fixo, é mais fácil armazená-los no formato binário, em vez de formato texto. Por essa razão, a classe RandomAccessFile armazena dados binários. Os métodos readInt e writeInt lêem e gravam inteiros como valores de quatro *bytes*. Os métodos readDouble e writeDouble processam os números em ponto flutuante de dupla-precisão como valores de oito *bytes*.

```
double x = f.readDouble();
f.writeDouble(x);
```

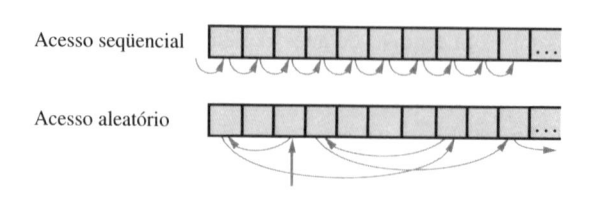

Figura 4

Acesso seqüencial e acesso aleatório.

Se salvarmos o saldo e a taxa de juros como valores `double`, então cada registro da conta poupança consistirá em 16 *bytes*: oito *bytes* para cada valor de dupla-precisão.

Agora que já determinamos o leiaute do arquivo, podemos implementar nossos métodos de acesso aleatório a arquivo. O programa no final desta seção usa uma classe `BankData` para traduzir do formato de arquivo de acesso aleatório para objetos de conta poupança. O método `size` determina o número total de contas, dividindo o comprimento do arquivo pelo tamanho de um registro.

```
public int size() throws IOException
{
    return (int)(file.length() / RECORD_SIZE);
}
```

Para ler a n-ésima conta do arquivo, o método `read` posiciona o ponteiro de arquivo para o deslocamento n * RECORD_SIZE, depois lê os dados e constrói um objeto de conta poupança:

```
public SavingsAccount read(int n)
    throws IOException
{
    file.seek(n * RECORD_SIZE);
    double balance = file.readDouble();
    double interestRate = file.readDouble();
    SavingsAccount account =
        new SavingsAccount(interestRate);
    account.deposit(balance);
    return account;
}
```

Gravar uma conta funciona da mesma maneira:

```
public void write(int n, SavingsAccount account)
    throws IOException
{
    file.seek(n * RECORD_SIZE);
    file.writeDouble(account.getBalance());
    file.writeDouble(account.getInterestRate());
}
```

O programa de teste solicita ao usuário que insira a posição da conta que deve ser atualizada e o valor do depósito ou da retirada. O usuário também pode acrescentar novas contas ao banco de dados.

Programa BankDataTest.java

```
 1 import java.io.IOException;
 2 import java.io.RandomAccessFile;
 3 import javax.swing.JOptionPane;
 4
 5 /**
 6     Este programa testa o acesso aleatório. Podemos acessar contas
 7     existentes e acrescentar juros, ou criar novas contas. As
 8     contas são salvas em um arquivo de acesso aleatório.
 9 */
10 public class BankDataTest
11 {
12    public static void main(String[] args)
13       throws IOException
14    {
15       BankData data = new BankData();
16       try
```

```java
17      {
18          data.open("bank.dat");
19
20          boolean done = false;
21          while (!done)
22          {
23             String input = JOptionPane.showInputDialog(
24                "Account number or " + data.size()
25                + " for new account");
26             if (input == null) done = true;
27             else
28             {
29                int pos = Integer.parseInt(input);
30
31                if (0 <= pos && pos < data.size())
32                // acrescenta os juros
33                {
34                   SavingsAccount account =
35                      data.read(pos);
36                   System.out.println("balance="
37                      + account.getBalance()
38                      + ",interest rate="
39                      + account.getInterestRate());
40                   account.addInterest();
41                   data.write(pos, account);
42                }
43                else // acrescenta conta
44                {
45                   input = JOptionPane.showInputDialog(
46                      "Balance");
47                   double balance =
48                      Double.parseDouble(input);
49                   input = JOptionPane.showInputDialog(
50                      "Interest Rate");
51                   double interestRate =
52                      Double.parseDouble(input);
53                   SavingsAccount account
54                      = new SavingsAccount(interestRate);
55                   account.deposit(balance);
56                      data.write(data.size(), account);
57                }
58             }
59          }
60      }
61      finally
62      {
63         data.close();
64         System.exit(0);
65      }
66   }
67 }
```

Programa BankData.java

```java
1  import java.io.IOException;
2  import java.io.RandomAccessFile;
3
4  /**
5      Esta classe é um condutor para um arquivo de acesso aleatório
6      contendo dados de contas poupança.
7  */
8  public class BankData
9  {
10     /**
11         Constrói um objeto BankData que não está associado
12         com um arquivo.
13     */
14     public BankData()
15     {
16         file = null;
17     }
18
19     /**
20         Abre o arquivo de dados.
21         @param filename o nome do arquivo que contém as informações
22         da conta poupança
23     */
24     public void open(String filename)
25         throws IOException
26     {
27         if (file != null) file.close();
28         file = new RandomAccessFile(filename, "rw");
29     }
30
31     /**
32         Obtém o número de contas no arquivo.
33         @return o número de contas
34     */
35     public int size()
36         throws IOException
37     {
38         return (int)(file.length() / RECORD_SIZE);
39     }
40
41     /**
42         Fecha o arquivo de dados.
43     */
44     public void close()
45         throws IOException
46     {
47         if (file != null) file.close();
48         file = null;
49     }
50
```

```java
51   /**
52       Lê o registro de uma conta poupança.
53       @param n o índice da conta no arquivo de dados
54       @return um objeto de conta poupança inicializado com os dados do arquivo
55   */
56   public SavingsAccount read(int n)
57       throws IOException
58   {
59      file.seek(n * RECORD_SIZE);
60      double balance = file.readDouble();
61      double interestRate = file.readDouble();
62      SavingsAccount account =
63         new SavingsAccount(interestRate);
64      account.deposit(balance);
65      return account;
66   }
67
68   /**
69       Grava o registro de uma conta poupança no arquivo de dados.
70       @param n o índice da conta no arquivo de dados
71       @param account a conta a gravar
72   */
73   public void write(int n, SavingsAccount account)
74       throws IOException
75   {
76      file.seek(n * RECORD_SIZE);
77      file.writeDouble(account.getBalance());
78      file.writeDouble(account.getInterestRate());
79   }
80
81   private RandomAccessFile file;
82
83   public static final int DOUBLE_SIZE = 8;
84   public static final int RECORD_SIZE
85      = 2 * DOUBLE_SIZE;
86 }
```

Como Fazer? 15.1

Usando Arquivos e Fluxos

Vamos supor que nosso programa precise processar dados em arquivos. Esta seção percorre os passos envolvidos nessa tarefa.

Passo 1   **Selecione um formato de dados**

A pergunta mais importante que você precisa fazer a si mesmo diz respeito ao formato a usar para salvar os dados.

- O seu programa precisa salvar e restaurar objetos? Então use fluxos de objetos.
- O seu programa manipula texto, tal como arquivos de texto simples? Então use leitores e gravadores.
- O seu programa manipula dados binários, tais como arquivos de imagem ou dados criptografados? Então use fluxos binários.

- Não discutimos aqui arquivos de acesso aleatório porque eles geralmente não são necessários para projetos didáticos.

- **Passo 2** **Se você usa fluxos de objetos, faça com que suas classes implementem a interface** `Serializable`

- Simplesmente percorra suas classes e acrescente-lhes `implements Serializable`. Não é necessário acrescentar nenhum método.

- Vá também para a documentação *on-line* da API para verificar se as classes da biblioteca que você está usando implementam a interface `Serializable`. Felizmente, muitas delas o fazem. Em especial, `String` e `ArrayList` são serializáveis.

- Se suas classes usam objetos geométricos (tais como `Point2D.Double`, `Rectangle2D.Double`, e assim por diante), então você precisa trabalhar mais, porque essas classes infelizmente não são serializáveis — veja Tópico Avançado 15.1.

- **Passo 3a** **Use fluxos de objetos se você estiver processando objetos**

- Agora, simplesmente coloque todos os objetos que você quer salvar em uma classe (ou um *array* ou lista de *arrays* — mas por que não criar outra classe contendo isso?).

  Salvar todos os dados do programa é uma operação trivial:

  ```
  ProgramData data = ...;
  ObjectOutputStream out = new ObjectOutputStream
      (new FileOutputStream("program.dat"));
  out.writeObject(data);
  out.close();
  ```

- Semelhantemente, para restaurar os dados do programa, você usa um `ObjectInputStream` e chama

  ```
  ProgramData data = (ProgramData)in.readObject();
  ```

- O método `readObject` pode disparar uma exceção `ClassNotFoundException`. Você precisa capturar ou declarar essa exceção.

- **Passo 3b** **Use leitores e gravadores se você estiver processando texto**

- Você precisa transformar o fluxo de entrada do arquivo em um leitor com *buffer*:

  ```
  BufferedReader in = new BufferedReader(
      new FileReader("input.txt"));
  ```

- Agora, você pode ler a entrada uma linha por vez:

  ```
  boolean done = false;
  while (!done)
  {
      String input = in.readLine();
      if (input == null)
          done = true;
      else
      {
          processa a entrada
      }
  }
  ```

- Naturalmente, você precisa usar `Integer.parseInt` e `Double.parseDouble` para ler quaisquer números no arquivo de texto. Mas espere — se você tiver números do arquivo de texto, você vai converter números e *strings* em objetos? Se for esse o caso, você provavelmente deveria usar fluxos de objetos.

  Para gravar saídas, transforme o fluxo de saída do arquivo em um `PrintWriter`:

  ```
  PrintWriter out = new PrintWriter(
  ```

```
            new FileWriter("output.txt"));
```

Depois use os conhecidos métodos `print` e `println`:

```
    out.println(text);
```

Passo 3c **Use fluxos se você estiver processando *bytes***

Use este laço para processar a entrada, um *byte* por vez:

```
    BufferedReader in = new BufferedReader(
        new FileReader("input.txt"));
```

Agora você pode ler a entrada, um *byte* por vez:

```
    InputStream in = new FileInputStream("input.bin");
    boolean done = false;
    while (!done)
    {
        int next = in.read();
        if (next = -1)
            done = true;
        else
        {
            byte b = (byte)next;
            processa a entrada
        }
    }
    in.close();
```

Da mesma forma, grave a saída, um *byte* por vez:

```
    OutputStream out = new FileOutputStream("output.bin");
    ...
    byte b = ...;
    out.write(b);
    ...
    out.close();
```

Você só vai querer usar fluxos binários se estiver pronto para processar a entrada um *byte* por vez. Isso faz sentido para a criptografia/descriptografia ou para o processamento de *pixels* em uma imagem. Em outras situações, os fluxos binários não são adequados.

Resumo do Capítulo

1. Os fluxos acessam seqüências de *bytes*. Leitores e gravadores acessam seqüências de caracteres.

2. Use as classes `FileReader, FileWriter, FileInputStream` e `FileOutputStream` para ler e gravar arquivos em disco.

3. O método `read` retorna: um inteiro −1 se estiver no fim do arquivo, ou outro valor, o qual temos de converter para um `char` ou `byte`.

4. Temos de fechar todos os arquivos que não iremos mais precisar.

5. Fluxos, leitores e gravadores podem processar apenas *bytes* ou caracteres individuais. Precisamos combiná-los com outras classes para processar linhas de texto ou objetos inteiros.

6. Ao imprimir arquivos de texto, usamos a classe `PrintWriter` e os métodos `print/println`.

7. Ao ler arquivos de texto, usamos a classe `BufferedReader` e o método `readLine`.
8. O diálogo `JFileChooser` permite ao usuário selecionar um arquivo navegando pelos diretórios.
9. Um objeto `File` descreve um arquivo ou diretório.
10. Podemos passar um objeto `File` ao construtor de um leitor ou gravador de arquivo, ou fluxo.
11. Quando disparamos um programa a partir da linha de comando, podemos especificar argumentos após o nome do programa. O programa pode acessar esses *strings* processando o parâmetro `args` do método `main`.
12. Use fluxos de objetos para salvar e restaurar todos os campos de instância de um objeto automaticamente.
13. Os objetos salvos em um fluxo de objetos devem pertencer a classes que implementam a interface `Serializable`.
14. No acesso seqüencial a arquivos, um arquivo é processado um *byte* por vez. O acesso aleatório permite o acesso a posições arbitrárias do arquivo, sem ler primeiro os *bytes* que precedem a posição de acesso.
15. Um ponteiro de arquivo é uma posição em um arquivo de acesso aleatório. Como os arquivos podem ser muito grandes, o ponteiro de arquivo é do tipo `long`.

Leitura Complementar

[1] Bruce Schneier, *Applied Cryptography,* John Wiley & Sons, 1994.
[2] Phillip R. Zimmermann, *The Official PGP User's Guide,* MIT Press, 1995.
[3] David F. Linowes, *Privacy in America,* University of Illinois Press, 1989.
[4] Abraham Sinkov, *Elementary Cryptanalysis,* Mathematical Association of America, 1966.

Classes, Objetos e Métodos Introduzidos neste Capítulo

```
java.io.EOFException
java.io.File
    exists
java.io.FileInputStream
java.io.FileNotFoundException
java.io.FileOutputStream
java.io.FileReader
java.io.FileWriter
java.io.InputStream
    read
    close
java.io.ObjectInputStream
    readObject
java.io.ObjectOutputStream
    writeObject
java.io.OutputStream
    write
    close
java.io.PrintWriter
    print
```

```
    println
java.io.RandomAccessFile
    getFilePointer
    length
    readChar
    readDouble
    readInt
    seek
    writeChar
    writeChars
    writeDouble
    writeInt
java.io.Reader
    read
    close
java.io.Writer
    write
    close
java.lang.Serializable
javax.swing.JFileChooser
    getSelectedFile
    showOpenDialog
    showSaveDialog
```

Exercícios de Revisão

Exercício R15.1. Qual é a diferença entre um fluxo e um leitor?

Exercício R15.2. Como você pode abrir um arquivo tanto para leitura como para gravação em Java?

Exercício R15.3. O que acontece se você tentar gravar em um leitor de arquivo? O que acontece se você tentar gravar em um arquivo de acesso aleatório que você abriu apenas para leitura? Experimente, se você não sabe.

Exercício R15.4. O que acontece se você tentar abrir para leitura um arquivo que não existe? O que acontece se você tentar abrir para gravar um arquivo que não existe?

Exercício R15.5. O que acontece se você tentar abrir um arquivo para gravação, mas o arquivo ou dispositivo estiver protegido contra gravação (às vezes chamado de "somente-leitura")? Experimente com um curto programa de teste.

Exercício R15.6. Como você abre um arquivo cujo nome contenha uma barra invertida, como `c:\temp\output.dat`?

Exercício R15.7. Como podemos quebrar a cifra de César? Isto é, como podemos ler um documento que foi criptografado com a cifra de César, mesmo sem sabermos a chave?

Exercício R15.8. O que é uma linha de comando? Como é que um programa pode ler seus argumentos a partir da linha de comando?

Exercício R15.9. Dê dois exemplos de programas em seu computador que leiam argumentos a partir da linha de comando.

Exercício R15.10. Se um programa Woozle é iniciado com o comando

`java Woozle -DNAME=Piglet -I\eeyore -v heff.txt a.txt lump.txt`

Quais serão os valores de `args[0]`, `args[1]`, e assim por diante?

Exercício R15.11. O que acontecerá se você tentar salvar em um fluxo de objetos um objeto que não seja serializável? Experimente e relate seus resultados.

Exercício R15.12. Das classes que você encontrou neste livro, quais implementam a interface `Serializable`?

Exercício R15.13. Por que é melhor salvar toda uma *ArrayList* para um fluxo de objetos em vez de programar um laço que grave cada elemento?

Exercício R15.14. Qual é a diferença entre acesso seqüencial e acesso aleatório?

Exercício R15.15. O que é o ponteiro de arquivo em um arquivo? Como podemos movê-lo? Como saber a posição atual? Por que é um inteiro longo?

Exercício R15.16. Como se move o ponteiro de arquivo para o primeiro *byte* de um arquivo? Para o último *byte*? Exatamente para o meio do arquivo?

Exercício R15.17. O que acontece se você tentar mover o ponteiro de arquivo além do fim de um arquivo? Você consegue mover o ponteiro de arquivo de `System.in`? Experimente e relate seus resultados.

Exercícios de Programação

Exercício P15.1. Escreva um programa que solicite ao usuário um nome de arquivo e imprima o número de caracteres, palavras e linhas desse arquivo. Em seguida, o programa solicita o nome do próximo arquivo. Se o usuário inserir um arquivo que não existe (tal como o *string* vazio), o programa termina.

Exercício P15.2. *Cifra aleatória monoalfabética.* A cifra de César, que desloca todas as letras por um valor fixo, é ridiculamente fácil de quebrar — simplesmente tente todas as 25 chaves possíveis. A seguir, temos uma idéia melhor. Para a chave, não use números, mas palavras. Suponha que a palavra chave seja FEATHER. Então, primeiramente remova as letras duplicadas, gerando FEATHR, e anexe as outras letras do alfabeto na ordem inversa: agora criptografe as letras da seguinte maneira:

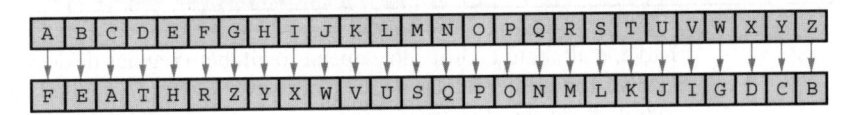

```
A B C D E F G H I J K L M N O P Q R S T U V W X Y Z
↓ ↓ ↓ ↓ ↓ ↓ ↓ ↓ ↓ ↓ ↓ ↓ ↓ ↓ ↓ ↓ ↓ ↓ ↓ ↓ ↓ ↓ ↓ ↓ ↓ ↓
F E A T H R Z Y X W V U S Q P O N M L K J I G D C B
```

Escreva um programa que criptografe ou descriptografe um arquivo usando esse código. Por exemplo,

```
java Crypt -d -kFEATHER encrypt.txt output.txt
```

descriptografa um arquivo usando a palavra-chave FEATHER. Não fornecer uma palavra-chave é um erro.

Exercício P15.3. *Freqüência das letras.* Se você criptografar um arquivo usando a cifra do exercício anterior, ele terá todas as suas letras desordenadas, e pareceria não haver esperança de descriptografá-lo sem saber a palavra-chave. Adivinhar a palavra-chave também é pouco provável, pois há possibilidades demais. Entretanto, uma pessoa treinada em criptografia será capaz de quebrar esse código em pouquíssimo tempo. As freqüências das letras em inglês são bem conhecidas. A letra mais comum é E, a qual ocorre cerca de 13% do tempo. A seguir, temos a freqüência média de cada letra (veja [4]).

A	8%	N	8%
B	<1%	O	7%
C	3%	P	3%
D	4%	Q	<1%
E	13%	R	8%
F	3%	S	6%
G	2%	T	9%
H	4%	U	3%
I	7%	V	1%
J	<1%	W	2%
K	<1%	X	<1%
L	4%	Y	2%
M	3%	Z	<1%

Escreva um programa que leia um arquivo de entrada e grave a freqüência das letras nesse arquivo. Essa ferramenta vai ajudar o decifrador de código. Se as letras mais freqüentes em um arquivo criptografado forem H e K, então há uma excelente chance de elas serem a critografia de E e T.

Exercício P15.4. *Cifra de Vigenère.* O problema de uma cifra monoalfabética é que ela pode ser facilmente quebrada por análise de freqüência. A chamada cifra de Vigenère supera esse problema codificando uma letra como uma de diversas letras de código, dependendo de sua posição no documento de entrada. Escolha uma palavra-chave, por exemplo, `TIGER`. Então criptografe a primeira letra do texto de entrada da seguinte maneira:

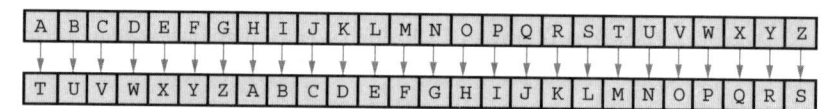

```
A B C D E F G H I J K L M N O P Q R S T U V W X Y Z
T U V W X Y Z A B C D E F G H I J K L M N O P Q R S
```

Isto é, o alfabeto codificado é apenas o alfabeto regular deslocado para iniciar no T, a primeira letra da palavra-chave `TIGER`. A segunda letra é criptografada de acordo com o mapa

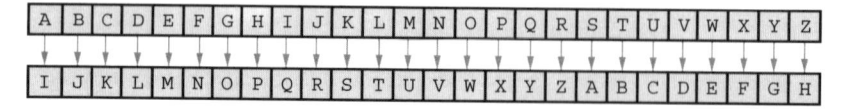

```
A B C D E F G H I J K L M N O P Q R S T U V W X Y Z
I J K L M N O P Q R S T U V W X Y Z A B C D E F G H
```

A terceira, quarta e quinta letras do texto de entrada são criptografadas usando as seqüências do alfabeto iniciando com os caracteres G, E, e R, e assim por diante. Como a chave só tem cinco letras, a sexta letra do texto de entrada é criptografada da mesma maneira que a primeira.

Escreva um programa que criptografe ou descriptografe um texto de entrada segundo essa cifra.

Exercício P15.5. *Cifra de Playfair.* Outra maneira de frustrar uma análise simples de freqüência de letras de um texto criptografado é criptografar *pares* de letras. Uma maneira simples de fazer isso é a cifra Playfair. Toma-se uma palavra-chave e se remove dela as letras duplicadas. Então se preenche um quadrado de 5 X 5 com a palavra-chave e com as demais letras do alfabeto. Como só existem 25 casas, I e J são consideradas a mesma letra. A seguir, temos esse tipo de arranjo com a palavra-chave `PLAYFAIR`:

```
P L A Y F
I R B C D
E G H K M
N O Q S T
U V W X Z
```

Para criptografar um par de letras, digamos AT, veja o retângulo com extremidades definidas por A e T:

```
P L A Y F
I R B C D
E G H K M
N O Q S T
U V W X Z
```

A codificação desse par é feita olhando para os outros dois cantos do retângulo — nesse caso, FQ. Se as duas letras estão na mesma linha ou na mesma coluna, como GO, simplesmente substitua uma letra pela outra. A descritografia é feita da mesma maneira.

Escreva um programa que criptografe ou descriptografe um texto de entrada de acordo com essa cifra.

Exercício P15.6. Escreva um programa CopyFile que copie um arquivo para outro. Os nomes dos arquivos são especificados na linha de comando. Por exemplo,

```
java CopyFile report.txt report.sav
```

Exercício P15.7. Escreva um programa que *concatene* o conteúdo de diversos arquivos em um arquivo. Por exemplo,

```
java CatFiles chapter1.txt chapter2.txt chapter3.txt book.txt
```

cria um longo arquivo, book.txt, que contém o conteúdo dos arquivos chapter1.txt, chapter2.txt e chapter3.txt. O arquivo de saída sempre é o último arquivo especificado na linha de comando.

Exercício P15.8. Escreva um programa Find que pesquise todos os arquivos especificados na linha de comando e imprima todas as linhas que contenham uma palavra-chave. Por exemplo, se você chamar

```
java Find Buff report.txt address.txt Homework.java
```

então o programa pode imprimir

```
report.txt: Buffet style lunch will be available at the
address.txt: Buffet, Warren|11801 Trenton Court|Dallas|TX
address.txt: Walters, Winnie|59 Timothy Circle|Buffalo|MI
Homework.java: BufferedReader in;
```

A palavra-chave sempre é o primeiro argumento da linha de comando.

Exercício P15.9. Escreva um programa que verifique a grafia de todas as palavras de um arquivo. Ele deve ler cada palavra do arquivo e conferir se ela está contida em uma lista de palavras. Uma lista de palavras está disponível na maioria dos sistemas UNIX no arquivo /usr/dict/words. Caso você não tenha acesso a um sistema UNIX, seu instrutor deverá lhe conseguir uma cópia. O programa deve imprimir todas as palavras que ele não conseguir encontrar na lista de palavras.

Exercício P15.10. Escreva um programa que abra um arquivo para leitura e gravação e substitua cada linha com o seu inverso. Por exemplo, se você executar

```
java Reverse Hello.java
```

o conteúdo de Hello.java é mudado para

```
olleH ssalc cilbup
)sgra ][gnirtS(niam diov citats cilbup {
;"n\\!dlroW, olleH" = gniteerg gnirtS {
;)gniteerg(tnirp.tuo.metsyS
}
}
```

Naturalmente, se você executar `Reverse` duas vezes sobre o mesmo arquivo, receberá de volta o arquivo original.

Exercício P15.11. Escreva um programa que leia um arquivo da entrada-padrão e reescreva o arquivo na saída-padrão, substituindo todos os caracteres de tabulação `'\t'` pelo número *adequado* de espaços. Faça com que a distância entre as colunas de tabulação seja constante e configure-a para 3, o valor que usamos neste livro para os programas Java. Então, expanda as tabulações para o número de espaços necessário para mover para a próxima coluna de tabulação. *Isso pode ser menos de três espaços.* Por exemplo, considere a linha que contém `"\t|\t||\t|"`. A primeira tabulação é mudada para três espaços, a segunda para dois espaços e a terceira para um espaço.

Exercício P15.12. Reimplemente a classe `BankData` da Seção 15.7 armazenando todas as contas poupança em uma *ArrayList* e usando serialização. Mude apenas a implementação da classe, não a interface pública.

Exercício P15.13. Escreva uma aplicação gráfica na qual o usuário clica sobre um painel para acrescentar formas de carros na localização do clique do *mouse*. As formas são armazenadas em uma lista de *arrays*. Quando o usuário selecionar File→Save no menu, salve a seleção de formas em um arquivo. Quando o usuário selecionar File→Open, carregue um arquivo. Use serialização.

Exercício P15.14. O programa da Seção 15.7 apenas localiza uma conta bancária e acrescenta os juros. Acrescente uma opção ao programa que adicione os juros a todas as contas bancárias.

Exercício P15.15. Implemente uma interface gráfica com o usuário para o programa da Seção 15.6.

Capítulo 16

Projeto de Sistemas

Objetivos do capítulo

- Aprender a respeito do ciclo de vida de um *software*
- Aprender a descobrir novas classes e métodos
- Entender o uso de cartões CRC para a descoberta de classes
- Ser capaz de identificar herança, agregação e relacionamentos de dependência entre classes
- Dominar o uso de diagramas de classe UML para descrever os relacionamentos entre classes
- Aprender a usar projeto orientado a objetos para construir programas complexos

Para implementar um sistema de *software* com sucesso, seja ele simples como seu próximo projeto de dever de casa ou tão complexo como o próximo sistema de monitoramento de tráfego aéreo, é necessário haver algum planejamento, projeto e testes. Na verdade, no caso de projetos maiores, a quantidade de tempo gasto com planejamento é muito maior do que o tempo gasto com programação e testes. Se você perceber que a maior parte do tempo que leva para fazer o dever de casa é gasto diante do computador, inserindo código e corrigindo *bugs*, então provavelmente você está gastando mais tempo do que deveria. Você poderia reduzir tempo total aplicando-o mais na fase de planejamento e projeto. Este capítulo ensina como abordar essas tarefas de uma forma sistemática.

Sumário do capítulo

16.1 O Ciclo de Vida do *Software* 572
  Fato Histórico 16.1: A Produtividade de um Programador 576
16.2 Descobrindo Classes 577
16.3 Relacionamentos entre Classes 579
  Tópico Avançado 16.1: Atributos e Métodos em Diagramas UML 581
  Tópico Avançado 16.2: Associação, Agregação e Composição 581

  Como Fazer? 16.1: Cartões CRC e Diagramas UML 583
16.4 Exemplo: Imprimindo uma Fatura 584
16.5 Exemplo: Um Caixa Automático 595
  Fato Histórico 16.2: Computação – Arte ou Ciência? 611

16.1 O Ciclo de Vida do *Software*

> O ciclo de vida do *software* engloba todas as atividades desde a análise inicial até sua obsolescência.

Nesta seção discutiremos o *ciclo de vida do software:* as atividades que ocorrem entre o tempo em que um *software* é concebido até o momento em que finalmente é aposentado.

O projeto de *software* geralmente começa porque algum cliente tem algum problema e quer pagar para que ele seja resolvido. O Departamento de Defesa dos EUA, cliente de muitos projetos de programação, foi um dos primeiros proponentes de um *processo formal* de desenvolvimento de *software*. O processo formal identifica e descreve diferentes fases e dá orientações sobre como executar as fases e quando avançar de uma fase para a próxima. Muitos engenheiros de *software* dividem o processo de desenvolvimento nas cinco fases a seguir:

> O processo formal de desenvolvimento de *software* descreve as fases do processo de desenvolvimento e fornece diretrizes sobre como executá-las.

- Análise
- Projeto
- Implementação
- Teste
- Instalação

Na fase de *análise*, decidimos *o que* o projeto deverá realizar. Não pensamos *como* o programa irá realizar suas tarefas. A saída/resultado da fase de análise é um *documento de requisitos*, o qual descreve com todos os detalhes o que o programa será capaz de fazer, uma vez que esteja pronto. Parte desse documento de requisitos pode ser um manual de usuário que diz como o usuário irá operar o programa para obter os benefícios prometidos. Outra parte estabelece critérios de desempenho — quantas entradas o programa deve ser capaz de tratar em quanto tempo, ou quais são os seus requisitos máximos de memória e armazenamento em disco.

Na fase de *projeto*, desenvolvemos um plano de como iremos implementar o sistema. Descobrimos as estruturas subjacentes ao problema a ser resolvido. Quando usamos projeto orientado a objetos, decidimos quais classes precisamos e quais são seus métodos mais importantes. A saída dessa fase é uma descrição das classes e métodos, com diagramas que mostram os relacionamentos entre as classes.

Na fase de *implementação*, escrevemos e compilamos código de programas para implementar as classes e métodos que foram descobertos na fase de projeto. A saída dessa fase é o programa pronto.

> O modelo em cascata de desenvolvimento de *software* descreve um processo seqüencial de análise, projeto, implementação, teste e instalação.

Na fase de *teste*, executamos testes para verificar se o programa funciona corretamente. A saída dessa fase é um relatório descrevendo os testes que executamos e seus resultados.

Na fase de *instalação*, os usuários do programa o instalam e o utilizam para o objetivo pretendido.

Quando os processos de desenvolvimento formal foram estabelecidos pela primeira vez no início da década de 70, os engenheiros de *software* tinham um modelo visual muito simples dessas fases. Eles postularam que uma fase seria completada, sua saída transbordaria para a fase seguinte e então a próxima fase iniciaria. Esse modelo é chamado de *modelo em cascata* de desenvolvimento de *software* (veja a Figura 1).

Em um mundo ideal, o modelo em cascata é bastante atraente: descobrimos o que deve ser feito e depois descobrimos como fazê-lo. Em seguida, o fazemos, verificamos se o fizemos corretamente e então entregamos o produto ao cliente. Quando foi rigidamente aplicado, no entanto, o modelo em cascata simplesmente não funcionou. Era muito difícil criar uma especificação de requisitos perfeita. Era muito comum descobrir na fase de projeto que os requisitos não eram consistentes ou que uma pequena mudança nos requisitos levaria a um sistema mais fácil de projetar e

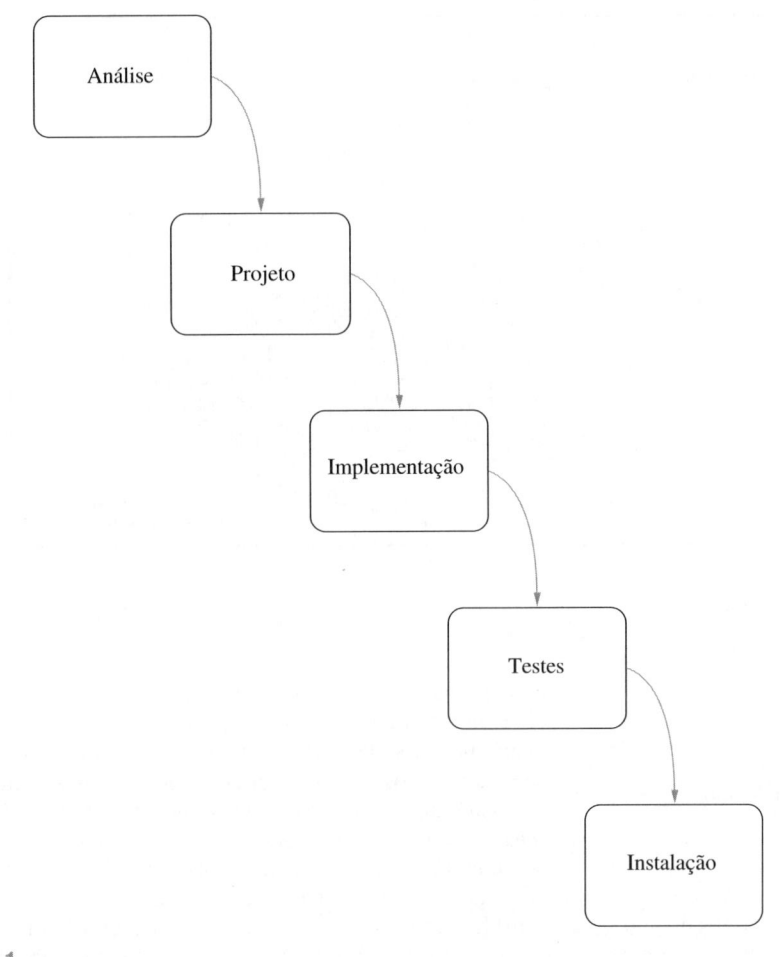

Figura 1

O modelo em cascata.

mais útil para o cliente, mas a fase de análise já havia passado, de modo que os projetistas não tinham escolha — precisavam adotar os requisitos existentes, com os erros e tudo o mais. Esse problema se repetiria durante a implementação. Os projetistas poderiam até imaginar que sabiam como resolver o problema tão eficientemente quanto possível, mas quando o projeto realmente era implementado, verificava-se que o programa resultante não era tão rápido como os projetistas tinham pensado. A próxima transição é uma com a qual você certamente está familiarizado. Quando o programa era passado para o departamento de controle de qualidade, para testes, muitos *bugs* eram encontrados, cuja melhor correção seria a reimplementação, ou mesmo o re-projeto, do programa — mas o modelo em cascata não permitia isso. Por fim, quando os clientes recebiam o produto final, eles freqüentemente não ficavam nem um pouco satisfeitos. Embora os clientes tipicamente estivessem muito envolvidos na fase de análise, freqüentemente eles mesmos não tinham certeza do que precisavam exatamente. Mesmo porque, pode ser bastante difícil descrever como queremos usar um produto que nunca vimos antes. Mas quando os clientes começavam a usar o programa, descobriam o que gostariam de ter. Naturalmente, já era tarde demais, e eles teriam de conviver com o que tinham.

Ter algum nível de iteração é claramente necessário. Simplesmente deve haver um mecanismo para se lidar com erros da fase anterior. O *modelo espiral,* proposto por Barry Boehm em 1988, divide o processo de desenvolvimento em múltiplas fases (veja a Figura 2). As fases iniciais se con-

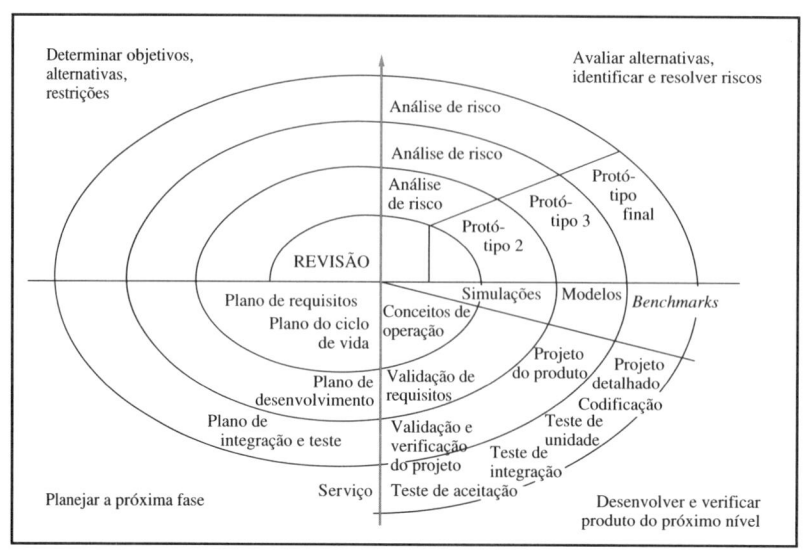

Figura 2
O modelo espiral.

> O modelo de desenvolvimento de software em espiral descreve um processo iterativo no qual o projeto e a implementação são repetidos.

centram na construção de *protótipos*. Um protótipo é um pequeno sistema que mostra alguns aspectos do sistema final. Como os protótipos modelam apenas uma parte de um sistema e não precisam suportar os abusos do cliente, eles podem ser implementados rapidamente. É comum construir um *protótipo para interface com o usuário* que mostre a interface com o usuário em ação. Isso dá aos clientes uma chance antecipada de familiarizarem-se com o sistema e de sugerirem melhorias antes da análise ser completada. Outros protótipos podem ser construídos para validar interfaces com sistemas externos, para testar o desempenho, e assim por diante. As lições aprendidas no desenvolvimento de um protótipo podem ser aplicadas à próxima iteração da espiral.

Por ser construído com repetidas tentativas e realimentações, um processo de desenvolvimento que segue o modelo espiral tem uma chance maior de oferecer um sistema satisfatório. Entretanto, há também um perigo. Se os engenheiros pensarem que não precisam fazer um bom trabalho porque sempre poderão fazer uma nova iteração, então haverá muitas iterações, e o processo levará um longo tempo para ser concluído.

> Programação Extrema é uma metodologia de desenvolvimento que defende a simplicidade pela remoção da estrutura formal e concentração nas melhores práticas.

A Figura 3 (retirada de [1]) mostra os níveis de atividade no "Rational Unified Process" (processo unificado racional), uma metodologia de processo de desenvolvimento criada pelos inventores da UML. Podemos ver que esse é um processo complexo que envolve múltiplas iterações.

Nem mesmo processos de desenvolvimento complexos com muitas iterações tiveram sempre sucesso. Em 1999, Kent Beck publicou um livro influente [2] sobre *Programação Extrema*, uma metodologia de desenvolvimento que busca a simplicidade cortando fora a maioria das formalidades de uma metodologia de desenvolvimento tradicional e se concentrando em um conjunto de *práticas:*

- *Planejamento realista:* os clientes devem tomar as decisões comerciais, os programadores devem tomar as decisões técnicas. Atualize o plano quando ele conflitar com a realidade.
- *Pequenos lançamentos:* disponibilize rapidamente um sistema usável, depois disponibilize atualizações num ciclo muito curto.

CAPÍTULO 16 • PROJETO DE SISTEMAS   575

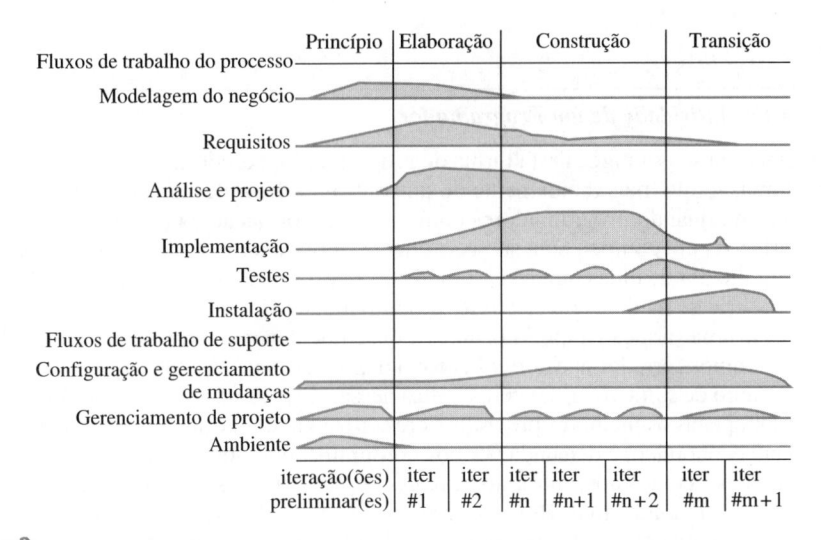

Figura 3
Níveis de atividade na metodologia *Rational Unified Process*.

- *Metáfora:* todos os programadores devem ter uma história simples, compartilhada por todos, que explique o sistema que está sendo desenvolvido.
- *Simplicidade:* projete tudo para ser tão simples quanto possível em vez de preparar-se para a complexidade futura.
- *Testes:* tanto os programadores como os clientes devem escrever casos de teste. O sistema é continuamente testado.
- *Reestruturação:* os programadores devem reestruturar continuamente o sistema para melhorar o código e eliminar duplicações.
- *Programação em duplas:* coloque os programadores em duplas e exija que cada dupla escreva código em um único computador.
- *Propriedade coletiva:* todos os programadores devem ter permissão de alterar o código inteiro se necessário.
- *Integração contínua:* sempre que uma tarefa for completada, construa todo o sistema e teste.
- *Semana de 40 horas:* não esconda planejamentos irreais com ímpetos de esforços heróicos.
- *Cliente* on-site: o verdadeiro cliente do sistema deve estar sempre acessível aos membros da equipe.
- *Padrões de codificação:* os programadores devem seguir padrões que enfatizem código auto-documentado.

Muitas dessas práticas são senso comum. Outras, tais como o requisito de programação em dupla, são surpreendentes. Beck afirma que o valor da abordagem de Extreme Programming (programação extrema) reside na sinergia dessas práticas — a soma é maior do que as partes.

Em sua primeira disciplina de programação, você ainda não irá desenvolver sistemas tão complexos que exijam uma metodologia completa para resolver seus problemas de dever de casa. Contudo, essa introdução ao processo de desenvolvimento deve lhe mostrar que o desenvolvimento bem-sucedido de *software* envolve mais do que apenas gerar código. No restante deste capítulo veremos mais de perto a *fase de projeto* do processo de desenvolvimento de *software*.

> **Fato Histórico   16.1**
>
> *A Produtividade de um Programador*
>
> Se você falar com seus amigos nesta turma de programação, descobrirá que alguns deles terminam seus programas muito mais rapidamente do que outros. Talvez eles tenham mais experiência. Entretanto, mesmo quando programadores com a mesma formação e experiência são comparados, grandes variações em competência são geralmente observadas e medidas. Não é incomum que o melhor programador de uma equipe seja cinco a dez vezes mais produtivo que o pior, usando qualquer de uma série de medidas razoáveis de produtividade [3].
>
> Trata-se de uma variação impressionante de desempenho entre profissionais treinados. Em uma maratona, o melhor corredor não correrá cinco a dez vezes mais rápido do que o mais lento. Os gerentes de produto de *software* estão bem cientes dessas disparidades. A solução óbvia, naturalmente, é contratar apenas os melhores programadores. No entanto, mesmo em períodos recentes de desaquecimento econômico, a demanda por bons programadores superou significativamente a oferta.
>
> Felizmente para todos nós, entrar no *ranking* dos melhores não é necessariamente uma questão de pura capacidade intelectual. Bom discernimento, experiência, conhecimento amplo, atenção com os detalhes e planejamento superior são pelo menos tão importantes quanto uma mente brilhante. Essas habilidades podem ser adquiridas por indivíduos que estejam genuinamente interessados em se aperfeiçoar.
>
> Até mesmo o programador mais dotado consegue lidar com apenas um número finito de detalhes em um determinado período de tempo. Suponha que um programador possa implementar e depurar um método a cada duas horas, ou cem métodos por mês. Essa é uma estimativa generosa. Poucos programadores são tão produtivos. Se uma tarefa exigir 10.000 métodos (o que é normal para um programa de tamanho médio), então um único programador precisaria de 100 meses para terminar o trabalho. Esse tipo de projeto é, às vezes, expresso como um projeto de "100 homens/mes". Mas como Fred Brooks explica em seu famoso livro [3], o conceito de "homem/mês" é um mito. Não podemos substituir meses por programadores. Cem programadores não conseguem terminar a tarefa em um mês. Na verdade, provavelmente dez programadores não poderiam terminá-la em dez meses. Em primeiro lugar, os dez programadores precisam primeiro aprender sobre o projeto antes que possam se tornar produtivos. Sempre que houver um problema com determinado método, tanto o autor como seus usuários precisam reunir-se para discuti-lo, tomando tempo de todos eles. Um *bug* em um método pode fazer com que os outros programadores fiquem sem ter o que fazer até que ele seja resolvido.
>
> É difícil prever esses atrasos inevitáveis. Eles são uma das razões pelas quais o *software* freqüentemente é disponibilizado mais tarde do que originalmente prometido. O que o gerente pode fazer quando os atrasos se acumulam? Como Brooks ressalta, acrescentar mais gente fará com que um projeto atrasado se atrase ainda mais, porque as pessoas produtivas têm de parar de trabalhar e treinar os novos.
>
> Você irá experimentar esses problemas quando trabalhar em seu primeiro projeto em equipe com outros alunos. Prepare-se para uma queda de produtividade significativa, e garanta uma ampla parcela do tempo para a comunicação dentro da equipe.
>
> Entretanto, não há alternativas para o trabalho em equipe. Os projetos mais importantes e valiosos transcendem a capacidade de um único indivíduo. Aprender a trabalhar bem em equipe é tão importante para sua formação quanto se tornar um programador competente.

16.2 Descobrindo Classes

> No projeto orientado a objetos, você descobre classes, determina suas responsabilidades e descreve os relacionamentos entre elas.

Na fase de projeto do desenvolvimento de *software*, sua tarefa é descobrir estruturas que tornem possível implementar um conjunto de tarefas em um computador. Quando usamos o processo de projeto orientado a objetos, executamos as seguintes tarefas:

1. descobrir as classes.
2. determinar as responsabilidades de cada classe.
3. descrever os relacionamentos entre as classes.

Uma classe representa um conceito útil. Vimos classes para entidades concretas tais como contas bancárias, elipses e produtos. Outras classes representam conceitos abstratos tais como fluxos e janelas. Uma regra simples para encontrar classes é procurar *substantivos* na descrição da tarefa. Por exemplo, suponha que sua tarefa seja imprimir uma fatura como a da Figura 4. Classes que imediatamente nos ocorrem são Invoice (fatura), Item e Customer (cliente). É uma boa idéia manter uma lista de *candidatas a classes* em um quadro branco ou numa folha de papel. Ao fazer o *brainstorm*, simplesmente coloque todas as idéias de classes em uma lista — você sempre poderá excluir aquelas que não se mostrarem úteis.

Uma vez que tenha sido identificado um conjunto de classes, você precisa definir o comportamento de cada classe. Isto é, precisa descobrir que métodos cada objeto precisa executar para resolver o problema de programação. Uma regra simples para encontrar esses métodos é procurar os

INVOICE

Sam's Small Appliances
100 Main Street
Anytown, CA 98765

Item	Qty	Price	Total
Toaster	3	$29.95	$89.85
Hair Dryer	1	$24.95	$24.95
Car Vacuum	2	$19.99	$39.98

AMOUNT DUE: $154.78

Figura 4
Uma fatura.

verbos na descrição da tarefa e relacioná-los com os objetos adequados. Por exemplo, no programa da fatura, uma classe precisa calcular o valor a pagar. Agora você precisa descobrir *qual classe* é responsável por esse método. Os clientes calculam quanto eles devem? As faturas totalizam o valor a pagar? Os itens se totalizam a si mesmos? A melhor escolha é fazer "calcular o valor a pagar" ser uma responsabilidade da classe `Invoice` (fatura).

> Um cartão CRC descreve uma classe, suas responsabilidades e suas classes colaboradoras.

Uma excelente maneira de realizar essa tarefa é o chamado método do cartão *CRC*. "CRC" significa "classes", "responsabilidades" e "colaboradoras", e na sua forma mais simples, o método funciona da seguinte maneira. Usamos um cartão de índice para cada *classe* (veja a Figura 5). Ao pensar nos verbos da descrição da tarefa, os quais indicam os métodos, pegamos o cartão da classe que achamos que deveria ser a responsável, e escrevemos essa *responsabilidade* no cartão. Para cada responsabilidade, registramos quais outras classes são necessárias para realizá-la. Essas classes são as *colaboradoras*.

Por exemplo, suponha que nós decidimos que uma fatura devesse calcular o valor a pagar. Então escrevemos "calcular o valor a pagar" do lado esquerdo do cartão de índice de título `Invoice (Fatura)`.

Se uma classe pode ter essa responsabilidade totalmente sozinha, não fazemos mais nada. Mas se a classe precisa da ajuda de outras classes, escrevemos os nomes dessas colaboradoras do lado direito do cartão.

Para calcular o total, a fatura precisa perguntar a cada item a respeito do seu preço total. Portanto, a classe `Item` é uma colaboradora.

Esse é um bom momento para olhar o cartão de índice da classe `Item`. Ele tem um método "obter o preço total"? Se não tiver, acrescente-o.

Como podemos saber se estamos no caminho certo? Para cada responsabilidade, pergunte-se como ela realmente pode ser cumprida, usando apenas as responsabilidades escritas nos vários cartões. Muitos consideram que é útil agrupar os cartões sobre uma mesa para que as colaboradoras estejam próximas umas das outras e para simular tarefas movendo uma *token* (tal como uma moeda) de um cartão para o próximo, a fim de indicar qual objeto está correntemente ativo.

Lembre-se que as responsabilidades que listamos no cartão CRC estão em *alto nível*. Às vezes uma única responsabilidade pode necessitar de dois ou mais métodos Java para ser executada. Alguns pesquisadores dizem que um cartão CRC não deveria ter mais de três responsabilidades distintas.

O método do cartão CRC é intencionalmente informal, de modo que possamos ser criativos e descobrir as classes e as suas propriedades. Uma vez que acharmos que estabelecemos um bom conjunto de classes, vamos querer saber como elas estão relacionadas umas com as outras. Podemos encontrar classes com propriedades comuns, de modo que algumas responsabilidades possam

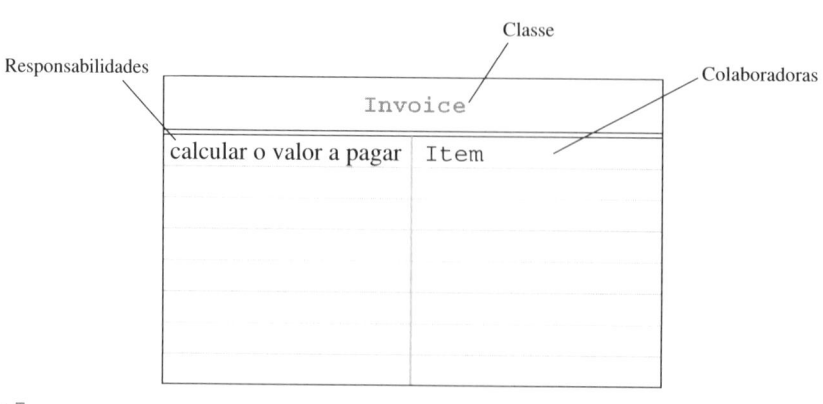

Responsabilidades	Classe	Colaboradoras
	Invoice	
calcular o valor a pagar	Item	

Figura 5
Um cartão CRC.

ser conduzidas por uma superclasse comum? Podemos organizar classes em grupos independentes uns dos outros? Encontrar relacionamentos entre classes e documentá-los com diagramas é o assunto da próxima seção.

16.3 Relacionamentos entre Classes

Ao projetar um programa, é útil documentar os relacionamentos entre as classes. Isso nos ajuda de diversas maneiras. Por exemplo, se encontrarmos classes de comportamento igual, podemos economizar esforços colocando o comportamento comum em uma superclasse. Se sabemos que algumas classes *não* estão relacionadas entre si, podemos designar programadores diferentes para implementar cada uma delas, sem nos preocuparmos de que um tenha de esperar pelo outro.

Já vimos muitas vezes neste livro o relacionamento de herança entre classes. Herança é um relacionamento entre classes muito importante, porém, não é o único relacionamento útil, e ele pode estar sendo usado em excesso.

> Herança (relacionamento do tipo "é um") às vezes é usada inadequadamente quando o relacionamento "tem um" seria mais adequado.

Herança é um relacionamento entre uma classe mais geral (a superclasse) e uma classe mais especializada (a subclasse). Esse relacionamento é freqüentemente descrito como um relacionamento *é-um*. Todo caminhão é um veículo. Toda conta poupança é uma conta bancária. Todo círculo é uma elipse (com largura e altura iguais).

A herança, entretanto, às vezes é usada em excesso. Por exemplo, considere uma classe `Tire` que descreva um pneu de carro. Será que a classe `Tire` deveria ser uma subclasse da classe `Circle`? Parece conveniente. Provavelmente há uma boa quantidade de métodos úteis na classe `Circle` — por exemplo, a classe `Tire` pode herdar métodos que calculem o raio, o perímetro e o ponto central. Tudo isso é bastante útil ao se desenhar formas de pneus. Contudo, embora possa ser conveniente para o programador, esse arranjo não faz sentido conceitualmente. Não é verdade que todo pneu é um círculo. O pneu é uma parte do carro, enquanto que o círculo é um objeto geométrico.

Entretanto, há um relacionamento entre pneus e círculos. O pneu *tem* um círculo como seu limite. Java nos permite modelar esse relacionamento também. Usamos uma variável de instância:

```
class Tire
{
    ...
    private String rating;
    private Circle boundary;
}
```

O termo técnico para esse relacionamento é *associação*. Cada objeto `Tire` está associado a um objeto `Circle`.

A seguir, temos outro exemplo. Todo carro *é um* veículo. Todo carro *tem um* pneu (na verdade, ele tem quatro, ou, se contarmos o estepe, cinco). Assim, usaríamos herança de `Vehicle` e usaríamos associação com objetos de `Tire`:

```
class Car extends Vehicle
{
    ...
    private Tire[] tires;
}
```

Neste livro, usamos a notação UML para representar diagramas de classes. Já vimos muitos exemplos da notação UML para herança — uma seta com um triângulo aberto apontando para a superclasse. Na notação UML, a associação é indicada por uma linha sólida com uma ponta de seta aberta. A Figura 6 mostra um diagrama de classes com uma herança e um relacionamento de associação.

Uma classe está associada a outra se podemos *navegar* dos objetos de uma classe para os objetos da outra. Por exemplo, dado um objeto `Car`, podemos navegar para objetos `Tire`, simples-

```
         ┌─────────┐
         │ Vehicle │
         └─────────┘
              △
              │
              │
         ┌─────────┐
         │   Car   │
         └─────────┘
              │
              ▽
         ┌─────────┐
         │  Tire   │
         └─────────┘
```

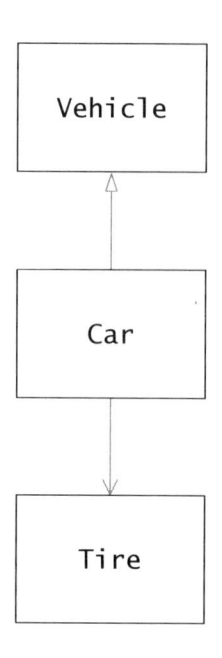

Figura 6

Notação UML para herança e associação.

> Uma classe está associada a outra classe se podemos navegar de seus objetos aos objetos da outra classe, geralmente seguindo referências a objetos.

> Dependência é outro nome para o relacionamento de uso.

> Precisamos ser capazes de distinguir as notações UML para herança, implementação, associação e dependência.

mente acessando o campo de instância `tires`. Quando uma classe tem um campo de instância cujo tipo é da outra classe, então as duas classes estão associadas.

O relacionamento de associação tem a ver com o relacionamento de *dependência*, o qual vimos no Capítulo 7. Lembre-se de que uma classe depende de outra se um de seus métodos *usa* um objeto da outra classe de alguma maneira.

Por exemplo, todas as nossas classes *applet* dependem da classe `Graphics`, porque elas recebem um objeto `Graphics` no método `paint` e então o usam para desenhar várias formas. As aplicações da console dependem da classe `System`, porque elas usam a variável estática `System.out`.

A associação é uma forma mais forte de dependência. Se uma classe está associada a outra, ela também depende da outra classe.

Entretanto, o inverso não é verdadeiro. Se uma classe está associada a outra, os objetos da classe podem localizar objetos da classe associada, geralmente porque eles armazenam referências a esses objetos. Se uma classe depende da outra, ela entra em contato com objetos da outra classe de alguma maneira, não necessariamente através de navegação. Por exemplo, um *applet* depende da classe `Graphics`, porém não está associado à classe `Graphics`. Dado um objeto *applet*, não podemos navegar para um objeto `Graphics`. Temos de esperar que o método `paint` passe um objeto `Graphics` como parâmetro.

Como vimos no Capítulo 7, a notação UML para dependência é uma linha tracejada com uma seta aberta que aponta para a classe dependente.

As setas na notação UML podem nos confundir. A tabela 1 mostra um resumo dos quatro símbolos de relacionamento em UML que usamos neste livro.

Relacionamento	Símbolo	Estilo da linha	Ponta da seta
Herança	——————▷	Sólido	Fechada
Implementação	- - - - - -▷	Pontilhado	Fechada
Associação	——————▶	Sólido	Aberta
Dependência	- - - - - -▶	Pontilhado	Aberta

Tópico Avançado 16.1

Atributos e Métodos em Diagramas UML

Às vezes, é útil indicar os *atributos* e os *métodos* das classes em um diagrama de classe. Um *atributo* é uma propriedade que os objetos de uma classe têm e que é observável externamente. Por exemplo, name e price seriam atributos da classe Product. Geralmente, os atributos correspondem a variáveis de instância. Mas isso não é obrigatório — uma classe pode ter uma maneira diferente de organizar seus dados. Vamos considerar a classe Ellipse da biblioteca Java. Conceitualmente, ela tem os atributos center, width e height, mas na verdade ela não armazena o centro da elipse. Em vez disso, ela armazena o canto superior esquerdo e calcula o centro a partir dele.

Podemos indicar atributos e métodos em um diagrama de classes dividindo o retângulo da classe em três compartimentos, com o nome da classe no topo, os atributos no meio e o métodos na parte inferior (veja a Figura 7). Não precisamos listar *todos* os atributos e métodos em um determinado diagrama. Liste apenas os que são úteis para entender aquele ponto que você está enfatizando naquele diagrama.

Também não liste como atributo aquilo que você também desenhou como associação. Se indicarmos por associação o fato de que um Car tem objetos Tire (pneu), não acrescente um atributo tires.

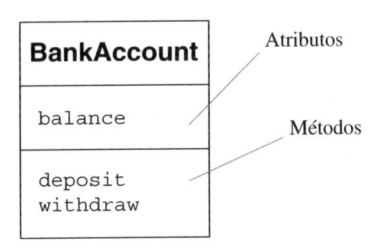

```
BankAccount       Atributos
balance
                  Métodos
deposit
withdraw
```

Figura 7
Atributos e métodos em um diagrama de classes.

Tópico Avançado 16.2

Associação, Agregação e Composição

O relacionamento de associação é o mais complexo relacionamento na notação UML, e também o menos padronizado. À medida que lemos outros livros e observarmos diagramas de classe gerados por outros programadores, poderemos encontrar várias versões diferentes do relacionamento de associação.

O relacionamento de associação que usamos neste livro é chamado de associação *dirigida*. Segundo ela, podemos navegar de uma classe para outra, mas não o inverso. Por exemplo, dado um objeto `Car`, podemos navegar para objetos `Tire`. Mas se temos um objeto `Tire`, então não há nenhuma indicação a qual carro ele pertence.

Naturalmente, um objeto `Tire` pode conter uma referência de volta ao objeto `Car`, de modo que possamos navegar do pneu de volta ao carro ao qual ele pertence. Então a associação é *bidirecional*. Para carros e pneus, essa é uma implementação pouco comum. Porém, considere o exemplo dos objetos `Person (pessoa)` e `Company (empresa)`. A empresa pode manter uma lista de pessoas que trabalham para ela e cada objeto pessoa pode manter uma referência ao empregador atual.

Segundo o padrão UML, uma associação bidirecional é desenhada com uma linha sólida *sem* nenhuma ponta de seta. Veja a Figura 8 para essa e outras variações da notação de associação. Mas alguns projetistas interpretam uma associação sem pontas de seta como uma associação "não-decidida", onde ainda não se sabe em qual direção a navegação pode acontecer.

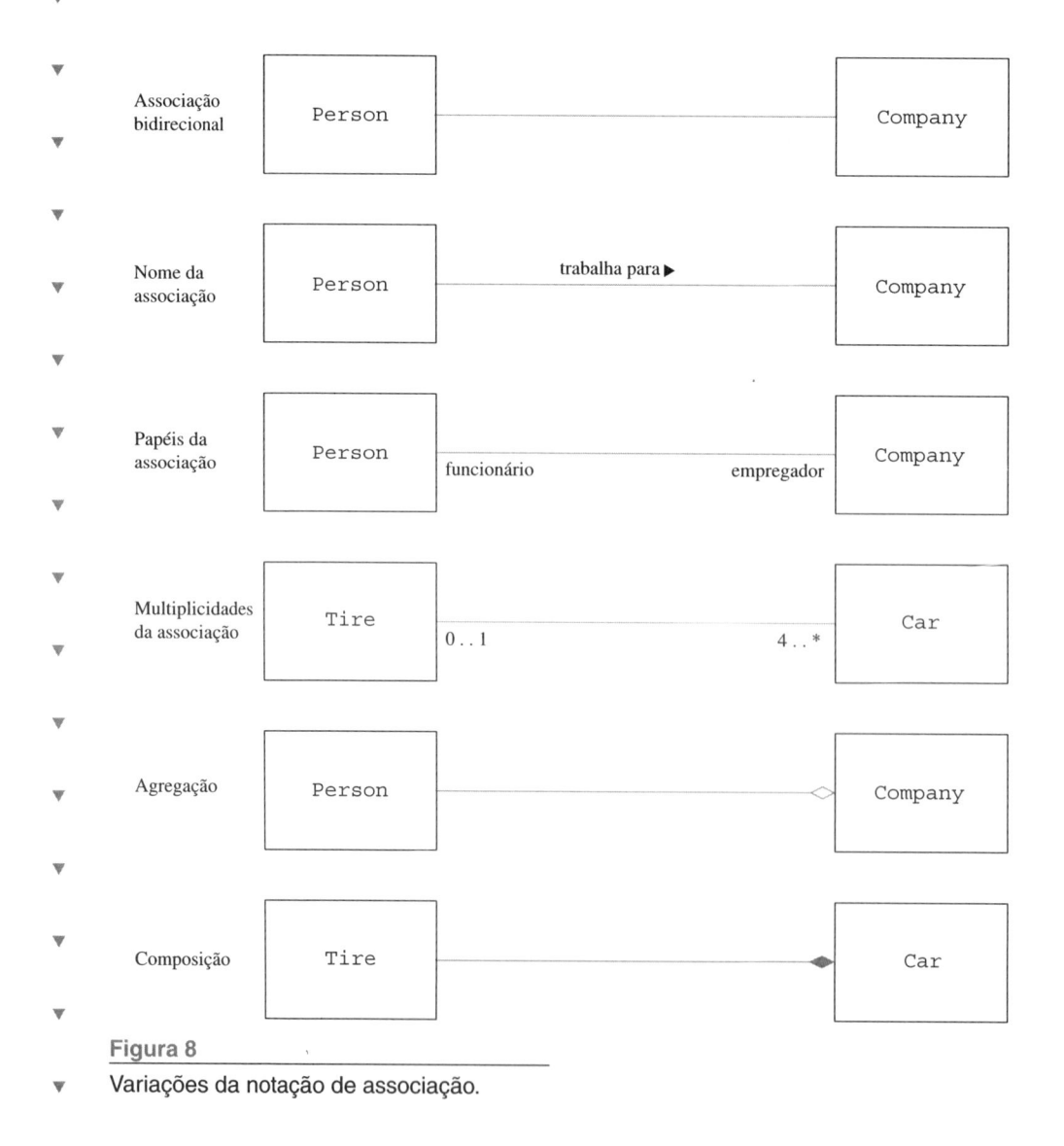

Figura 8

Variações da notação de associação.

Alguns projetistas gostam de acrescentar *adornos* aos relacionamentos de associação. Uma associação pode ter um nome, papéis ou multiplicidades. O nome descreve a natureza do relacionamento. Adornos de papel expressam papéis específicos que as classes associadas têm umas para com as outras. As multiplicidades declaram quantos objetos podem ser alcançados quando navegarmos pelo relacionamento de associação. O exemplo da Figura 8 expressa o fato de que todo pneu está associado a 0 ou 1 carro, enquanto que todo carro tem de ter 4 ou mais pneus.

A *agregação* é uma forma mais forte de associação. Uma classe agrega outra se houver um relacionamento, "todo/parte" entre as classes. Por exemplo, a classe Company agrega a classe Person porque uma empresa (o "todo") é feito de pessoas (as "partes"), ou seja, seus funcionários e colaboradores terceirizados. Porém a classe BankAccount não agrega uma classe Person, embora possa ser possível navegar de um objeto cliente de banco para um objeto pessoa — o dono da conta. Conceitualmente, uma pessoa não faz parte da conta bancária.

Composição é uma forma de agregação ainda mais forte, que indica que uma "parte" pode pertencer a apenas um "todo" em um dado instante de tempo. Por exemplo, um pneu só pode estar em um carro por vez, mas uma pessoa pode trabalhar para duas empresas ao mesmo tempo.

Francamente, as diferenças entre associação, agregação e composição confundem até mesmo projetistas experientes. Se você achar que as distinções são úteis, use-as. Porém, não gaste tempo ponderando sobre diferenças sutis entre esses conceitos. Do ponto de vista prático de um programador Java, é útil saber quando uma classe armazena uma referência a outra classe. Associações dirigidas descrevem precisamente esse fenômeno.

Como Fazer? 16.1

Cartões CRC e Diagramas UML

Antes de escrever código para um problema complexo, precisamos projetar uma solução. A metodologia introduzida neste capítulo sugere que sigamos um processo de projeto composto das seguintes tarefas:

1. descubra as classes.
2. determine as responsabilidades de cada classe.
3. descreva os relacionamentos entre as classes.

Os cartões CRC e os diagramas UML nos ajudam a descobrir e a registrar essas informações.

Passo 1 **Descubra as classes**

Destaque os substantivos na descrição do problema. Faça uma lista deles. Risque aqueles que não parecem ser candidatos razoáveis a classes.

Passo 2 **Descubra as responsabilidades**

Faça uma lista das principais tarefas que seu sistema precisa realizar. Dessas tarefas, escolha uma que não seja trivial e que seja intuitiva para você. Encontre uma classe que seja responsável por realizar essa tarefa. Crie um cartão de índice e escreva o nome e a tarefa sobre ele. Agora, pergunte-se como um objeto da classe pode realizar a tarefa. Ele provavelmente vá precisar da ajuda de outros objetos. Então, crie cartões CRC para as classes às quais esses objetos pertencem e escreva as responsabilidades neles.

Não tenha medo de excluir, mover, dividir nem de mesclar responsabilidades. Se os cartões ficarem muito confusos, jogue-os fora. Esse é um processo informal.

Quando você passar por todas as tarefas principais e estiver convicto de que todas podem ser resolvidas com as classes e responsabilidades que você descobriu, você terá terminado.

▼ **Passo 3** **Descubra relacionamentos**

▼ Faça um diagrama de classes que mostre os relacionamentos entre todas as classes que você descobriu.

Inicie com herança — o relacionamento "é-um" entre classes. Alguma classe é uma especiali-
▼ zação de outra? Se for o caso, desenhe setas de herança. Lembre-se de que muitos projetos, especialmente aqueles para programas simples, não usam herança extensamente.

A coluna "colaboradoras" dos cartões CRC lhe dizem quais classes usam outras. Desenhe se-
▼ tas de uso para as colaboradoras nos cartões CRC.

Para cada um dos relacionamentos de dependência, pergunte-se: como é que o objeto localiza
▼ sua colaboradora? Ele navega para ela diretamente porque ela armazena uma referência? Ele solicita a outro objeto para localizar a colaboradora? A colaboradora é passada como um parâmetro para um método? Somente no primeiro caso é que a classe colaboradora é uma classe associada. Nes-
▼ ses casos, desenhe setas de associação.

16.4 Exemplo: Imprimindo uma Fatura

Neste capítulo, discutimos um processo de desenvolvimento composto de cinco partes, que é reco-
mendável que você siga:

1. junte os requisitos.
2. use cartões CRC para encontrar classes, responsabilidades e colaboradoras.
3. use diagramas UML para registrar relacionamentos de classes.
4. use `javadoc` para documentar o comportamento dos métodos.
5. implemente seu programa.

Este processo é particularmente adequado para programadores iniciantes. Não há muitas notações
para aprender. Os diagramas de classes são simples de desenhar. Os produtos finais da fase de projeto obviamente são úteis para a fase de implementação — simplesmente tomamos os arquivos-
fonte e começamos a acrescentar o código dos métodos. Naturalmente, a medida que nossos projetos se tornam mais complexos, iremos querer aprender mais sobre métodos formais de projeto.
Há muitas técnicas para descrever cenários de objetos, seqüências de chamadas, a estrutura de programas de grande escala, e assim por diante, todas elas muito proveitosas mesmo para projetos relativamente simples. O livro [1] dá um boa visão geral dessas técnicas.

Nesta seção, vamos percorrer a técnica de projeto orientado a objetos com um exemplo muito
simples. Neste caso, a metodologia certamente vai parecer demais para a simplicidade do exemplo,
mas é uma boa introdução à mecânica de cada passo. Assim, estaremos melhor preparados para o
exemplo mais complexo que vem a seguir.

16.4.1 Requisitos

A tarefa deste programa é imprimir uma *fatura*. Uma fatura descreve os preços de um conjunto de
produtos em certas quantidades. (Foram omitidos aspectos mais complexos como datas, impostos
e números da fatura e do cliente.) O programa simplesmente imprime o endereço de cobrança, todos os itens pedidos e a quantia total a pagar. A linha de cada item contém a descrição e o preço
unitário de um produto, a quantidade pedida e o preço total.

```
              I N V O I C E

   Sam's Small Appliances
   100 Main Street
   Anytown, CA 98765

   Description                    Price    Qty    Total
   Toaster                        29.95     3     89.85
```

```
Hair dryer                24.95    1    24.95
Car vacuum                19.99    2    39.98

AMOUNT DUE: $154.78
```

Também visando a simplicidade, nós não fornecemos uma interface com o usuário. Apenas fornecemos um programa de testes que acrescenta itens à fatura e então a imprime.

16.4.2 Cartões CRC

Primeiramente, temos de descobrir as classes. As classes correspondem a substantivos na descrição do problema. Neste problema, é bastante óbvio quais são os substantivos:

```
Invoice (Fatura)
Address (Endereço)
Item (Item)
Product (Produto)
Description (Descrição)
Price (Preço)
Quantity (Quantidade)
Total (Total)
Amount Due (Valor a pagar)
```

Naturalmente, `Toaster (torradeira)` não conta — é a descrição de um objeto `Item` e portanto um valor de dado, não o nome de uma classe.

A descrição do produto e o preço são campos da classe `Product`. E a quantidade? Ela não é um atributo de um `Product (Produto)`. Assim como na fatura impressa, vamos ter uma classe `Item` que registrará o produto e a quantidade (como por exemplo, "3 *toasters*").

O total e a quantia a pagar são calculados — e não armazenados em algum lugar. Assim, eles não conduzem a classes.

Após esse processo de eliminação, nos sobram quatro candidatas a classes:

```
Invoice
Address
Item
Product
```

Cada uma delas representa um conceito útil, de modo que vamos transformá-las todas em classes.

O objetivo do programa é imprimir uma fatura. Entretanto, a classe `Invoice` não necessariamente vai saber se deve exibir a saída em `System.out`, em uma área de texto ou em um arquivo. Portanto, vamos facilitar levemente a tarefa e tornar `Invoice` responsável por *formatar* a fatura. O resultado é um *string* (contendo múltiplas linhas) que podem ser impressas ou exibidas. Registre essa responsabilidade em um cartão CRC:

Invoice
formatar a fatura

Como se formata uma fatura? Ela tem de formatar o endereço de cobrança, formatar todos os itens e então acrescentar o valor a pagar. Como a fatura pode formatar um endereço? Na verdade, ela não pode, essa responsabilidade é da classe `Address (endereço)`. Isso nos leva a um segundo cartão CRC:

Adress
formatar o endereço

Da mesma forma, a formatação de um item é responsabilidade da classe `Item`.

O método `format` da classe `Invoice` chama os métodos `format` das classes `Address` e `Item`. Sempre que um método usar outra classe, listamos essa outra classe como colaboradora. Em outras palavras, `Address` e `Item` são colaboradoras de `Invoice`:

Invoice	
formata a fatura	Adress
	Item

Ao formatar a fatura, a fatura também precisa calcular o valor total a pagar. Para obter o valor, ela precisa solicitar a cada item o preço total daquele item.

Como é que o item obtém esse total? Ele precisa solicitar ao produto seu preço unitário, e então multiplicá-lo pela quantidade. Isto é, a classe `Product` tem de revelar o preço unitário, e é uma colaboradora da classe `Item`.

Product
obter a descrição
obter o preço unitário

Item	
formatar o item	Product
obter preço total	

Finalmente, a fatura tem de ser preenchida com produtos e quantidades, de modo que faça sentido formatar o resultado. Isso também é uma responsabilidade da classe `Invoice`.

Invoice	
formatar a fatura	Adress
adicionar produto e quantidade	Item
	Product

Agora, temos um conjunto de cartões CRC que completa o processo de cartões CRC.

16.4.3 Diagramas UML

Obtemos os relacionamentos de dependência da coluna de colaboração a partir dos cartões CRC. Cada classe depende das classes com as quais ela colabora. No nosso exemplo, a classe `Invoice` colabora com as classes `Address`, `Item` e `Product`. A classe `Item` colabora com a classe `Product`.

Agora, vamos nos perguntar quais dessas dependências realmente são associações. Como uma fatura sabe a respeito dos objetos endereço, item e produto, com os quais ela colabora? O objeto fatura tem de conter referências ao endereço e aos itens quando ele formata a fatura. Mas o objeto fatura não precisa conter uma referência a um objeto produto quando acrescentar um novo produto. O produto é transformado em um item, e então é responsabilidade do item conter uma referência a ele.

Portanto, a classe `Invoice` está associada com a classe `Address` e a classe `Item`. A classe `Item` está associada com a classe `Product`. Entretanto, não podemos navegar diretamente de uma fatura para um produto. Uma fatura não armazena produtos diretamente — eles são armazenados nos objetos `Item`.

Neste exemplo não há herança.

A Figura 9 mostra os relacionamentos entre classes que nós descobrimos.

```
                    ┌─────────┐      ┌─────────┐
           ┌ ─ ─ ─ ─│ Invoice │─────▶│ Address │
           │        └─────────┘      └─────────┘
           │             │
           ▼             ▼
     ┌─────────┐    ┌─────────┐
     │ Product │◀───│  Item   │
     └─────────┘    └─────────┘
```

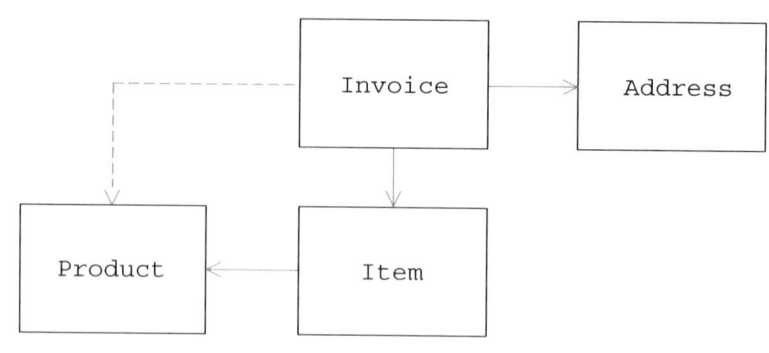

Figura 9

Relacionamentos entre as classes da fatura.

16.4.4 Documentação de Método

> Podemos usar os comentários de documentação `javadoc` (com os corpos dos métodos deixados em branco) para registrar formalmente o comportamento das classes que descobrimos.

O passo final da fase de projeto é escrever a documentação das classes e métodos descobertos. Simplesmente escrevemos um arquivo-fonte Java para cada classe, escrevemos os comentários de método para aqueles métodos que descobrimos e deixamos os corpos dos métodos em branco.

```
/**
    Descreve uma fatura para um conjunto de produtos comprados.
*/
public class Invoice
{
    /**
        Acrescenta o custo de um produto a essa fatura.
        @param aProduct o produto que o cliente pediu
        @param quantity a quantidade do produto
    */
    public void add(Product aProduct, int quantity)
    {
    }

    /**
        Formata a fatura.
        @return a fatura formatada
    */
    public String format()
    {
    }
}

/**
    Descreve uma quantidade de um artigo a comprar e seu preço.
*/
public class Item
{
    /**
        Calcula o custo total deste item.
        @return o preço total
```

```
        */
        public double getTotalPrice()
        {
        }

        /**
            Formata este item.
            @return um string formatado deste item
        */
        public String format()
        {
        }
}

/**
    Descreve um produto com uma descrição e o preço.
*/
public class Product
{
        /**
            Obtém a descrição do produto.
            @return a descrição
        */
        public String getDescription()
        {
        }

        /**
            Obtém o preço do produto.
            @return o preço unitário
        */
        public double getPrice()
        {
        }
}

/**
    Descreve um endereço para correspondência.
*/
public class Address
{
        /**
            Formata o endereço.
            @return o endereço como um string de 3 linhas
        */
        public String format()
        {
        }
}
```

Agora, executamos o programa javadoc para obter uma versão elegantemente formatada de nossa documentação em formato HTML (veja a Figura 10).

Essa abordagem para documentar nossas classes tem várias vantagens. Podemos compartilhar a documentação HTML com outros caso estejamos trabalhando em equipe. Usamos um formato que é imediatamente útil — arquivos fonte Java que podemos levar para a fase de implementação e, o mais importante, fornecemos os comentários dos métodos-chave – uma tarefa que os programadores menos preparados deixam para mais tarde e então, freqüentemente, acabam esquecendo por falta de tempo.

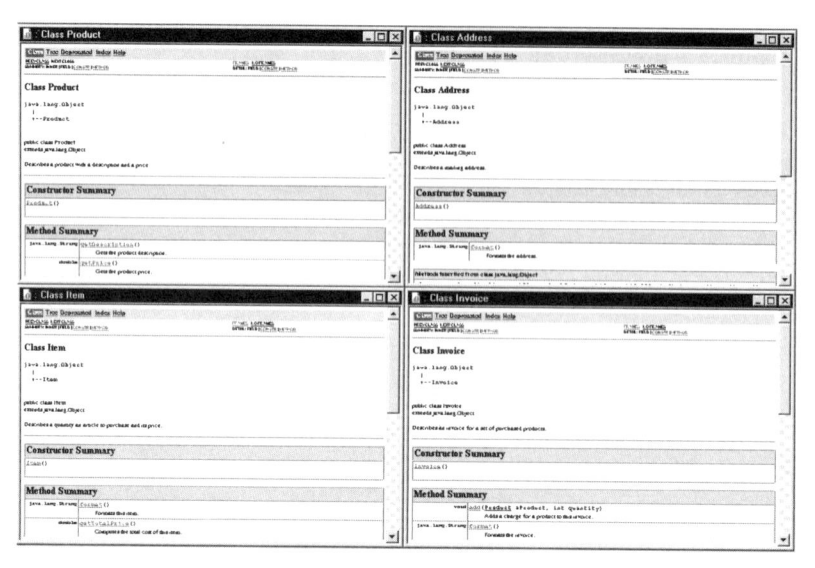

Figura 10
Documentação da classe no formato HTML.

16.4.5 Implementação

Finalmente, estamos prontos para implementar as classes.

Já temos as assinaturas dos métodos e os comentários do passo anterior. Agora, veja o diagrama UML para acrescentar as variáveis de instância. As classes associadas geram variáveis de instância. Começamos com a classe `Invoice`. Uma fatura está associada com `Address` e `Item`. Toda fatura tem um endereço de cobrança, mas ela pode ter muitos itens. Para armazenar múltiplos objetos `Item`, podemos usar uma lista de *arrays*. Agora, temos as variáveis de instância da classe `Invoice`:

```
public class Invoice
{
    ...
    private Address billingAddress;
    private ArrayList items;
}
```

Como podemos ver no diagrama UML, a classe `Item` está associada com um produto. Também temos de armazenar a quantidade do produto. Isso nos leva às seguintes variáveis de instância:

```
public class Item
{
    ...
    private Product theProduct;
    private int quantity;
}
```

Os métodos em si são muito fáceis agora. A seguir, temos um exemplo típico. Já sabemos o que o método `getTotalPrice` da classe `Item` precisa fazer — obter o preço unitário do produto e multiplicá-lo pela quantidade.

```
/**
    Calcula o custo total deste item.
    @return o preço total
*/
public double getTotalPrice()
```

```
        {
            return theProduct.getPrice() * quantity;
        }
```

Não vamos discutir os outros métodos em detalhes — eles também não apresentam maiores dificuldades.

Finalmente, temos de fornecer construtores, outra tarefa rotineira.

A seguir, temos o programa completo. É uma boa prática repassá-lo em detalhes e comparar as classes e métodos com os cartões CRC e os diagramas UML.

Arquivo InvoiceTest.java

```
 1 import java.util.Vector;
 2
 3 /**
 4       Este programa testa as classes da fatura (invoice) imprimindo
 5       uma fatura de exemplo.
 6 */
 7 public class InvoiceTest
 8 {
 9     public static void main(String[] args)
10     {
11         Address samsAddress = new Address(
12             "Sam's Small Appliances", "100 Main Street",
13             "Anytown", "CA", "98765");
14
15         Invoice samsInvoice = new Invoice(samsAddress);
16         samsInvoice.add(new Product("Toaster", 29.95), 3);
17         samsInvoice.add(
18             new Product("Hair dryer", 24.95), 1);
19         samsInvoice.add(
20             new Product("Car vacuum", 19.99), 2);
21
22         System.out.println(samsInvoice.format());
23     }
24 }
```

Arquivo Invoice.java

```
 1 import java.util.ArrayList;
 2
 3 /**
 4       Descreve uma fatura para um conjunto de produtos comprados.
 5 */
 6 class Invoice
 7 {
 8     /**
 9           Constrói uma fatura.
10           @param anAddress o endereço de cobrança
11     */
12     public Invoice(Address anAddress)
13     {
14         items = new ArrayList();
15         billingAddress = anAddress;
16     }
```

```java
17
18      /**
19          Acrescenta o custo de um produto a esta fatura.
20          @param aProduct  o produto que o cliente pediu
21          @param quantity  a quantidade do produto
22      */
23      public void add(Product aProduct, int quantity)
24      {
25          Item anItem = new Item(aProduct, quantity);
26          items.add(anItem);
27      }
28
29      /**
30          Formata a fatura.
31          @return a fatura formatada
32      */
33      public String format()
34      {
35          String r =
36          "                        I N V O I C E\n\n"
37              + billingAddress.format()
38              + "\n\nDescription                    Price "
39              + "Qty Total\n";
40          for (int i = 0; i < items.size(); i++)
41          {
42              Item nextItem = (Item)items.get(i);
43              r = r + nextItem.format() + "\n";
44          }
45
46          r = r + "\nAMOUNT DUE: $" + getAmountDue();
47
48          return r;
49      }
50
51      /**
52          Calcula o valor total a pagar.
53          @return a quantia a pagar
54      */
55      public double getAmountDue()
56      {
57          double amountDue = 0;
58          for (int i = 0; i < items.size(); i++)
59          {
60              Item nextItem = (Item)items.get(i);
61              amountDue = amountDue
62                  + nextItem.getTotalPrice();
63          }
64          return amountDue;
65      }
66
67      private Address billingAddress;
68      private ArrayList items;
69 }
```

Arquivo Item.java

```java
/**
    Descreve uma quantidade de um artigo a comprar e seu preço.
*/
class Item
{
    /**
        Constrói um item a partir do produto e da quantidade.
        @param aProduct o produto
        @param aQuantity a quantidade do item
    */
    public Item(Product aProduct, int aQuantity)
    {
        theProduct = aProduct;
        quantity = aQuantity;
    }

    /**
        Calcula o custo total deste item.
        @return o preço total
    */
    public double getTotalPrice()
    {
        return theProduct.getPrice() * quantity;
    }

    /**
        Formata este item.
        @return um  string formatado deste item
    */
    public String format()
    {
        final int COLUMN_WIDTH = 30;
        String description = theProduct.getDescription();

        String r = description;

        // coloca espaços para preencher a coluna

        int pad = COLUMN_WIDTH - description.length();
        for (int i = 1; i <= pad; i++)
            r = r + " ";

        r = r + theProduct.getPrice()
            + " " + quantity
            + " " + getTotalPrice();

        return r;
    }

    private int quantity;
    private Product theProduct;
}
```

Arquivo Product.java

```java
/**
    Descreve um produto com uma descrição e um preço.
*/
class Product
{
    /**
        Constrói um produto a partir de uma descrição e um preço.
        @param aDescription a descrição do produto
        @param aPrice o preço do produto
    */
    public Product(String aDescription, double aPrice)
    {
        description = aDescription;
        price = aPrice;
    }

    /**
        Obtém a descrição do produto.
        @return a descrição
    */
    public String getDescription()
    {
        return description;
    }

    /**
        Obtém o preço do produto.
        @return o preço unitário
    */
    public double getPrice()
    {
        return price;
    }

    private String description;
    private double price;
}
```

Arquivo Address.java

```java
/**
    Descreve um endereço de correspondência.
*/
class Address
{
    /**
        Constrói um endereço de correspondência.
        @param aName o nome do destinatário
        @param aStreet a rua
        @param aCity a cidade
        @param aState o código de 2 letras do estado
        @param aZip o código de endereçamento postal
    */
    public Address(String aName, String aStreet,
```

```
15          String aCity, String aState, String aZip)
16       {
17          name = aName;
18          street = aStreet;
19          city = aCity;
20          state = aState;
21          zip = aZip;
22       }
23
24       /**
25          Formata o endereço.
26          @return o endereço como um string de 3 linhas
27       */
28       public String format()
29       {
30          return name + "\n" + street + "\n"
31             + city + ", " + state + " " + zip;
32       }
33
34       private String name;
35       private String street;
36       private String city;
37       private String state;
38       private String zip;
39    }
```

16.5 Exemplo: Um Caixa Automático

16.5.1 Requisitos

O objetivo aqui é projetar uma simulação de um caixa automático (ATM – *automatic teller machine*). O ATM tem um bloco de teclas para inserir números, uma tela para mostrar mensagens e um conjunto de botões, rotulados de A, B e C, cuja função depende do estado da máquina (veja a Figura 11).

O caixa automático é usado pelos clientes de um banco. Cada cliente tem duas contas: uma conta corrente e uma poupança. Cada cliente também tem um número de cliente e um número de identificação pessoal (PIN – *personal identification number*). Ambos são exigidos para se obter acesso às contas. Em um caixa automático real, o número do cliente seria gravado na faixa magnética do cartão eletrônico da conta. Nessa simulação, o cliente terá de digitá-lo. No caixa automático, os clientes podem escolher uma conta (corrente ou poupança). O saldo da conta escolhida é exibido. Então, o cliente pode depositar e sacar dinheiro. Esse processo é repetido até que o cliente escolha sair.

Especificamente, a interação com o usuário é a seguinte. Quando o caixa automático inicia, ele espera que o usuário insira o número de cliente. A tela mostra a seguinte mensagem:

```
Enter customer number
A = OK
```

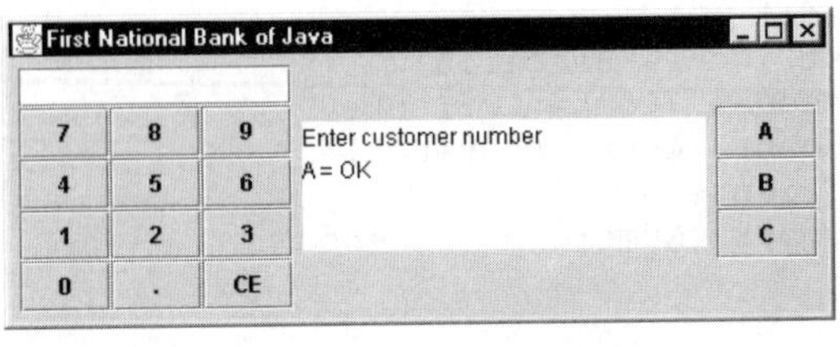

Figura 11

Interface com o usuário do caixa automático.

O usuário insere o número de cliente no teclado e pressiona o botão A. A mensagem da tela muda para

```
Enter PIN
A = OK
```

Agora, o usuário insere o PIN (número de identificação pessoal) e aperta o botão A novamente. Se o número de cliente e a identificação corresponder a de algum cliente do banco, então ele pode prosseguir. Caso contrário, é novamente solicitado o número de cliente.

Se o cliente foi autorizado a usar o sistema, então a mensagem da tela muda para

```
Select Account
A = Checking
B = Savings
C = Exit
```

Se o usuário pressionar o botão C, o caixa automático reverte para seu estado original e solicita ao próximo usuário que insira seu número de cliente.

Se o usuário pressionar os botões A ou B, o caixa automático lembrará da conta selecionada e a mensagem da tela mudará para

```
Balance = balance of selected account*
Enter amount and select transaction**
A = Withdraw
B = Deposit
C = Cancel
```

Se o usuário pressionar as teclas A ou B, o valor digitado no teclado será retirado ou depositado na conta selecionada. Isso é apenas uma simulação, de modo que nenhum dinheiro é disponibilizado e nenhum depósito é aceito. Depois, o caixa automático reverte para o estado anterior, possibilitando ao usuário selecionar outra conta ou sair do sistema.

Se o usuário pressionar a tecla C, o caixa automático reverte para o estado anterior sem executar nenhuma transação.

Como isso é uma simulação, o caixa automático na verdade não se comunica com o banco. Ele simplesmente carrega um conjunto de números de cliente e PINs a partir de um arquivo. Todas as contas são inicializadas com saldo zero.

16.5.2 Cartões CRC

Vamos novamente seguir a receita da Seção 16.2 e mostrar como descobrir classes, responsabilidades e relacionamentos, e como obter um projeto detalhado para o programa do caixa automático.

Lembre-se de que a primeira regra para encontrar classes é: "Procure substantivos na descrição do problema". A seguir, temos uma lista dos substantivos:

```
ATM (Caixa Automático)
User (Usuário)
Keypad (Teclado)
Display (Tela)
Display message (Mensagem de Tela)
Button (Botão)
State (Estado)
Bank account (Conta Bancária)
Checking account (Conta Corrente)
Savings account (Conta Poupança)
Customer (Cliente)
Customer number (Número do Cliente)
```

---

* N. de R. T.: Saldo = saldo da conta selecionada.
** N. de R. T.: Digite a quantia e selecione a transação.

```
PIN (Número de Identificação Pessoal)
Bank (Banco)
```

Naturalmente, nem todos esses substantivos se tornarão nomes de classes e ainda poderemos descobrir a necessidade de classes que não estão nessa lista, mas é um bom começo.

Vamos começar simplesmente com uma escolha não-polêmica. O `Keypad` soa como uma excelente idéia para uma classe. O teclado é um componente com botões e um campo de texto que permite ao usuário digitar um valor. O que podemos fazer com um teclado? Há um método essencial: obter o valor que o usuário inserir. (Naturalmente, o teclado acabará usando um ou mais métodos internos para acompanhar os cliques nos botões, mas nós não estamos preocupados com tal detalhe de implementação agora.) A seguir, temos um cartão CRC da classe `Keypad`:

Keypad	
obter o valor	

Por outro lado, já há uma boa classe para a tela, ou seja, `JTextArea`. Assim, não precisaremos criar uma classe `Display` separada. Da mesma forma, não há necessidade de uma classe encapsular mensagens de tela — só usaremos *strings*. Também usaremos a classe `JButton`, que já existe, para os botões.

Usuários e clientes representam o mesmo conceito neste programa. Vamos usar uma classe `Customer`. Um cliente (*customer*) tem duas contas bancárias, e o objeto Customer deve ser capaz de nos dizer as contas. O cliente também possui um número de cliente e um PIN. Podemos, naturalmente, exigir que o objeto cliente nos forneça o número de cliente e o PIN. Mas talvez isso não seja tão seguro. Vamos então simplesmente exigir que o objeto cliente, quando lhe for dado um número de cliente e um PIN, nos diga se eles correspondem a suas próprias informações, ou não.

Customer	
obter as contas	
corresponder o número e PIN	

O banco contém uma coleção de clientes. Quando um usuário vai até um caixa automático e insere seu número de cliente e o PIN, é tarefa do banco encontrar o cliente correspondente. Como é que o banco pode fazer isso? Ele precisa conferir para cada cliente se o número de cliente e o PIN conferem. Assim, ele precisa chamar o método `match number and PIN` (encontrar o número e o PIN correspondentes) da classe `Customer` que acabamos de descobrir. Como o método `find customer` (localizar o cliente) chama um método de `Customer`, ele colabora com a classe `Customer`. Registramos esse fato na coluna da direita do cartão CRC.

Bank	
localizar o cliente	Customer
ler os clientes	

Quando a simulação se inicia, o banco também tem de ser capaz de ler um conjunto de clientes e PINs.

A classe `BankAccount` nos é familiar, tendo os métodos para obter o saldo, para depositar e retirar dinheiro.

Nesse programa, não há nada que diferencie uma conta corrente de uma conta poupança. O caixa automático não adiciona juros nem deduz taxas. Portanto, decidimos não implementar subclasses separadas para contas correntes e poupanças.

Finalmente, sobra-nos a própria classe ATM (caixa automático). Uma noção importante do caixa automático é o estado. Sempre que o estado mudar, a tela precisa ser atualizada, e o significado dos botões muda. Há quatro estados:

1. START (início): Insira a identificação do cliente
2. PIN (senha): Insira a senha
3. ACCOUNT (conta): Selecione a conta
4. TRANSACT (transação): Selecione a transação

Para entender como mover-se de um estado para o próximo, é útil desenhar um *diagrama de estados* (Figura 12). A notação UML padronizou formas para diagramas de estado. Desenhe os estados usando retângulos de bordas arredondadas. Desenhe as mudanças de estado com setas, com rótulos que indiquem a razão da mudança.

Vamos implementar um método `setState` que configure o sistema para um novo estado e atualize a tela. O usuário tem de digitar um número de cliente e uma senha (PIN) válidos. Então, o caixa automático pode solicitar que o banco localize o cliente. Isso indica a necessidade de um método `select customer` (seleciona cliente). Ele colabora com o banco, solicitando ao banco o cliente que corresponda ao número de cliente e senha. Depois, deve haver um método `select account` que solicite ao cliente atual se ele quer conta corrente ou poupança. Finalmente, os métodos depósito e retirada realizam a transação escolhida na conta atual.

ATM	
configurar o estado	Customer
selecionar o cliente	Bank
selecionar a conta	BankAccount
executar a transação	Keypad

Naturalmente, descobrir essas classes e métodos não foi tão simples quanto pareceu nessa discussão. Quando projetei essas classes para este livro, fiz várias tentativas e rasguei vários cartões até

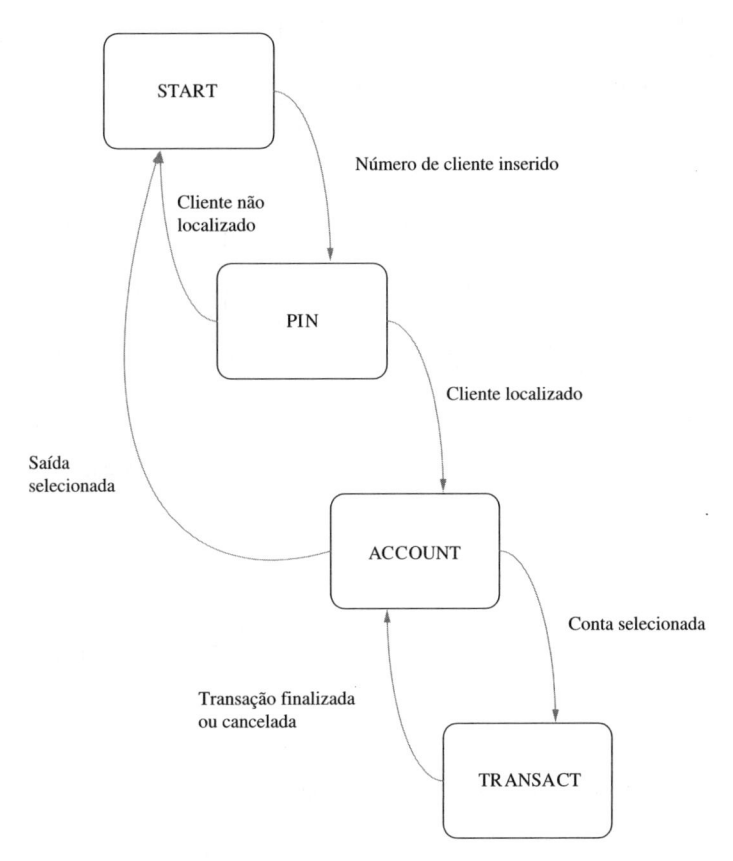

Figura 12
Diagrama de estados da classe ATM.

que cheguei a um projeto satisfatório. Também é importante lembrar que raramente há um projeto que seja o melhor.

Esse meu projeto tem várias vantagens. As classes descrevem conceitos claros. Os métodos são suficientes para implementar todas as tarefas necessárias. Mentalmente percorri todas as situações do caixa automático para verificar isso. Não há muitas dependências de colaboração entre as classes, assim, fiquei satisfeito com esse projeto e avancei para o passo seguinte.

16.5.3 Diagrama UML

A Figura 13 mostra o relacionamento entre essas classes. Há dois exemplos de herança. O teclado é um painel e o caixa automático é um *frame*.

Para desenhar as dependências, use as colunas das "colaboradoras" dos cartões CRC. Ao olhar essas colunas, descobriremos que as dependências são as seguintes:

- ATM usa KeyPad, Bank, Customer e BankAccount.
- Bank usa Customer.

É fácil ver os relacionamentos de associação. Dado um banco, podemos navegar para seus clientes. Dado um cliente, podemos navegar para suas contas bancárias. O caixa automático pode navegar para o teclado, para o banco, para o cliente atual e para a conta bancária atual.

Nesse caso, todos os relacionamentos de colaboração serão associações, de modo que não há mais nenhum relacionamento de dependência para desenhar.

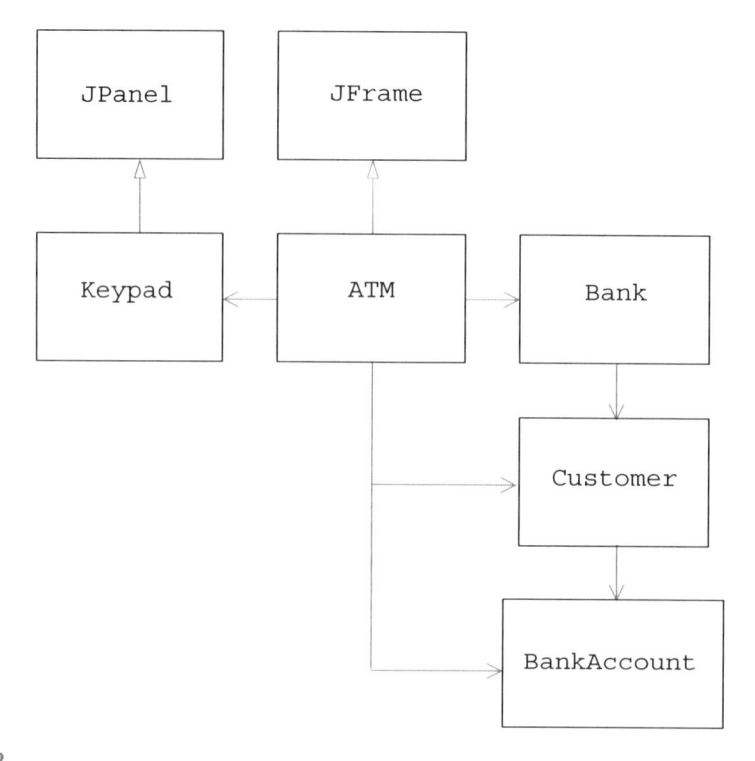

```
                    ┌─────────┐      ┌─────────┐
                    │ JPanel  │      │ JFrame  │
                    └─────────┘      └─────────┘
                         △                △
                         │                │
    ┌─────────┐     ┌─────────┐      ┌─────────┐
    │ Keypad  │◄────│   ATM   │─────►│  Bank   │
    └─────────┘     └─────────┘      └─────────┘
                         │                │
                         │                ▼
                         │           ┌─────────┐
                         └──────────►│Customer │
                                     └─────────┘
                                          │
                                          ▼
                                     ┌───────────┐
                                     │BankAccount│
                                     └───────────┘
```

Figura 13

Relacionamentos entre as classes do caixa automático.

O diagrama de classes é uma boa ferramenta para visualizar dependências. Veja a classe `Keypad`. Ela é completamente independente do resto do sistema do ATM — poderíamos tirar a classe `Keypad` e usá-la em outra aplicação. Também as classes `Bank`, `BankAccount` e `Customer`, embora dependentes umas das outras, não sabem nada sobre a classe ATM. Isso faz sentido — podemos ter bancos sem caixas automáticos. Como você pode ver, quando analisamos relacionamentos, procuramos a ausência de relacionamentos tanto quanto a presença.

16.5.4 Documentação de Métodos

Agora, estamos prontos para o passo final da fase de projeto: documentar as classes e métodos que descobrimos. A seguir, temos a documentação para a classe ATM:

```java
public class ATM
{
    /**
        Obtém a senha (PIN) do teclado, localiza o cliente no banco.
        Se localizado, configura o estado para ACCOUNT, senão para START
    */
    public void selectCustomer()
    {
    }

    /**
        Configura a conta atual para conta corrente ou poupança.
        Configura o estado para TRANSACT.
        @param account uma das duas CHECKING_ACCOUNT
            ou SAVINGS_ACCOUNT
    */
```

```java
        public void selectAccount(int account)
        {
        }

        /**
            Retira da conta atual a quantia digitada no teclado.
            Configura o estado para ACCOUNT
        */
        public void withdraw()
        {
        }

        /**
            Deposita na conta atual a quantia digitada no teclado.
            Configura o estado para ACCOUNT
        */
        public void deposit()
        {
        }

        /**
            Configura o estado e atualiza a mensagem exibida na tela.
            @param state o próximo estado
        */
        public void setState(int newState)
        {
        }
}
```

Depois, execute o utilitário `javadoc` para converter essa documentação em formato HTML.

Para não nos alongarmos muito, omitimos a documentação das outras classes.

16.5.5 Implementação

Finalmente, chegou a hora de implementar o simulador do caixa automático (ATM). Descobriremos que a fase de implementação é direta e deve levar *muito menos tempo do que a fase de projeto*.

Uma boa estratégia para a implementação das classes é ir "de baixo para cima" (*bottom-up*). Iniciar com as classes que não dependem das outras, tais como `Keypad` e `BankAccount`. Daí implementar uma classe como `Customer` que depende apenas da classe `BankAccount`. Essa abordagem *bottom-up* nos permite testar nossas classes individualmente. As implementações dessas classes encontram-se no fim desta seção.

A classe mais complexa é a classe `ATM`. Para implementar os métodos, temos de definir as variáveis de instância necessárias. A partir do diagrama de classes, podemos dizer que a ATM tem um objeto teclado (*keypad*) e um objeto banco (*bank*). Eles se tornam variáveis de instância da classe:

```java
class ATM
{   ...
    private Bank theBank;
    private Keypad pad;
    ...
}
```

Da descrição dos estados do caixa automático, fica claro que necessitamos de variáveis de instância adicionais para armazenar o estado, cliente e a conta bancária atuais.

```java
class ATM
{   ...
    private int state;
    private Customer currentCustomer;
```

```
        private BankAccount currentAccount;
        ...
}
```

A maioria dos métodos são muito imediatos de se implementar. Vamos considerar o método `withdraw`. Da documentação de projeto, temos a descrição

```
/**
    Retira da conta atual a quantia digitada no teclado.
    Configura o estado para ACCOUNT
*/
```

Essa descrição pode ser quase que literalmente traduzida para instruções Java:

```
public void withdraw()
{
    currentAccount.withdraw(pad.getValue());
    setState(ACCOUNT_STATE);
}
```

Muito da complexidade remanescente do programa do ATM resulta da interface com o usuário. O construtor de ATM possui muitos comandos para dispor componentes, e há três tratadores de botões que laboriosamente chamam os vários métodos de ATM, dependendo do estado. Esse código é longo, mas fácil de entender.

Não vamos fazer uma descrição método por método do programa do ATM. Gaste algum tempo comparando a implementação corrente com os cartões CRC e com o diagrama UML.

Arquivo ATMSimulation.java

```
1   import javax.swing.JFrame;
2
3   /**
4       Simulação de um caixa automático.
5   */
6   public class ATMSimulation
7   {
8       public static void main(String[] args)
9       {
10          JFrame frame = new ATM();
11          frame.setTitle("First National Bank of Java");
12          frame.setDefaultCloseOperation(
13              JFrame.EXIT_ON_CLOSE);
14          frame.pack();
15          frame.show();
16      }
17  }
```

Arquivo ATM.java

```
1   import java.awt.Container;
2   import java.awt.FlowLayout;
3   import java.awt.GridLayout;
4   import java.awt.event.ActionEvent;
5   import java.awt.event.ActionListener;
6   import java.awt.event.WindowEvent;
7   import java.awt.event.WindowAdapter;
8   import java.io.IOException;
9   import javax.swing.JButton;
10  import javax.swing.JFrame;
```

```java
11  import javax.swing.JOptionPane;
12  import javax.swing.JPanel;
13  import javax.swing.JTextArea;
14
15  /**
16      Frame que exibe os componentes de um caixa automático.
17  */
18  class ATM extends JFrame
19  {
20      /**
21          Constrói a interface com o usuário da aplicação do caixa automático.
22      */
23      public ATM()
24      {
25          // inicializa banco (bank) e clientes (customers)
26
27          theBank = new Bank();
28          try
29          {
30              theBank.readCustomers("customers.txt");
31          }
32          catch(IOException e)
33          {
34              JOptionPane.showMessageDialog(null,
35                  "Error opening accounts file.");
36          }
37
38          // constrói componentes
39
40          pad = new KeyPad();
41
42          display = new JTextArea(4, 20);
43
44          aButton = new JButton(" A ");
45          aButton.addActionListener(new AButtonListener());
46
47          bButton = new JButton(" B ");
48          bButton.addActionListener(new BButtonListener());
49
50          cButton = new JButton(" C ");
51          cButton.addActionListener(new CButtonListener());
52
53          // acrescenta componentes ao painel de conteúdo
54
55          JPanel buttonPanel = new JPanel();
56          buttonPanel.setLayout(new GridLayout(3, 1));
57          buttonPanel.add(aButton);
58          buttonPanel.add(bButton);
59          buttonPanel.add(cButton);
60
61          Container contentPane = getContentPane();
62          contentPane.setLayout(new FlowLayout());
63          contentPane.add(pad);
64          contentPane.add(display);
```

```java
             contentPane.add(buttonPanel);

             setState(START_STATE);
         }

         /**
             Configura o número de cliente atual para o valor do teclado
             e configura o estado para PIN.
         */
         public void setCustomerNumber()
         {
             customerNumber = (int)pad.getValue();
             setState(PIN_STATE);
         }

         /**
             Obtém PIN (a senha) do teclado, localiza o cliente no banco.
             Se encontrou, configura o estado para ACCOUNT, senão para START.
         */
         public void selectCustomer()
         {
             int pin = (int)pad.getValue();
             currentCustomer = theBank.findCustomer(
                customerNumber, pin);
             if (currentCustomer == null)
                setState(START_STATE);
             else
                setState(ACCOUNT_STATE);
         }

         /**
             Configura a conta atual para conta corrente ou poupança. Configura
             o estado para TRANSACT.
             @param account uma das duas: CHECKING_ACCOUNT
                ou SAVINGS_ACCOUNT
         */
         public void selectAccount(int account)
         {
             if (account == CHECKING_ACCOUNT)
                currentAccount =
                    currentCustomer.getCheckingAccount();
             else
                currentAccount =
                    currentCustomer.getSavingsAccount();
             setState(TRANSACT_STATE);
         }

         /**
             Retira da conta atual a quantia digitada no teclado.
             Configura o estado para ACCOUNT.
         */
         public void withdraw()
         {
             currentAccount.withdraw(pad.getValue());
```

```
119         setState(ACCOUNT_STATE);
120     }
121
122     /**
123         Deposita na conta atual a quantia digitada no teclado.
124         Configura o estado para ACCOUNT.
125     */
126     public void deposit()
127     {
128         currentAccount.deposit(pad.getValue());
129         setState(ACCOUNT_STATE);
130     }
131
132     /**
133         Configura o estado e atualiza a mensagem na tela.
134         @param state o próximo estado
135     */
136     public void setState(int newState)
137     {
138         state = newState;
139         pad.clear();
140         if (state == START_STATE)
141             display.setText(
142                 "Enter customer number\nA = OK");
143         else if (state == PIN_STATE)
144             display.setText("Enter PIN\nA = OK");
145         else if (state == ACCOUNT_STATE)
146             display.setText("Select Account\n"
147                 + "A = Checking\nB = Savings\nC = Exit");
148         else if (state == TRANSACT_STATE)
149             display.setText("Balance = "
150                 + currentAccount.getBalance()
151                 + "\nEnter amount and select transaction\n"
152                 + "A = Withdraw\nB = Deposit\nC = Cancel");
153     }
154
155     private class AButtonListener
156         implements ActionListener
157     {
158         public void actionPerformed(ActionEvent event)
159         {
160             if (state == START_STATE)
161                 setCustomerNumber();
162             else if (state == PIN_STATE)
163                 selectCustomer();
164             else if (state == ACCOUNT_STATE)
165                 selectAccount(CHECKING_ACCOUNT);
166             else if (state == TRANSACT_STATE)
167                 withdraw();
168         }
169     }
170
171     private class BButtonListener
172         implements ActionListener
```

```java
173     {
174        public void actionPerformed(ActionEvent event)
175        {
176           if (state == ACCOUNT_STATE)
177              selectAccount(SAVINGS_ACCOUNT);
178           else if (state == TRANSACT_STATE)
179              deposit();
180        }
181     }
182
183     private class CButtonListener
184        implements ActionListener
185     {
186        public void actionPerformed(ActionEvent event)
187        {
188           if (state == ACCOUNT_STATE)
189              setState(START_STATE);
190           else if (state == TRANSACT_STATE)
191              setState(ACCOUNT_STATE);
192        }
193     }
194
195     private int state;
196     private int customerNumber;
197     private Customer currentCustomer;
198     private BankAccount currentAccount;
199     private Bank theBank;
200
201     private JButton aButton;
202     private JButton bButton;
203     private JButton cButton;
204
205     private KeyPad pad;
206     private JTextArea display;
207
208     private static final int START_STATE = 1;
209     private static final int PIN_STATE = 2;
210     private static final int ACCOUNT_STATE = 3;
211     private static final int TRANSACT_STATE = 4;
212
213     private static final int CHECKING_ACCOUNT = 1;
214     private static final int SAVINGS_ACCOUNT = 2;
215 }
```

Arquivo KeyPad.java

```java
1 import java.awt.BorderLayout;
2 import java.awt.GridLayout;
3 import java.awt.event.ActionEvent;
4 import java.awt.event.ActionListener;
5 import javax.swing.JButton;
6 import javax.swing.JPanel;
7 import javax.swing.JTextField;
8
9 /**
```

```
10        Componente que permite ao usuário inserir um número, usando
11        um bloco de botões rotulados com dígitos.
12   */
13   public class KeyPad extends JPanel
14   {
15      /**
16         Constrói o painel do teclado.
17      */
18      public KeyPad()
19      {
20         setLayout(new BorderLayout());
21
22         // adiciona campo de exibição
23
24         display = new JTextField();
25         add(display, "North");
26
27         // cria o painel de botões
28
29         buttonPanel = new JPanel();
30         buttonPanel.setLayout(new GridLayout(4, 3));
31
32         // acrescenta os botões de dígitos
33
34         addButton("7");
35         addButton("8");
36         addButton("9");
37         addButton("4");
38         addButton("5");
39         addButton("6");
40         addButton("1");
41         addButton("2");
42         addButton("3");
43         addButton("0");
44         addButton(".");
45
46         // acrescenta o botão de limpar a entrada
47
48         clearButton = new JButton("CE");
49         buttonPanel.add(clearButton);
50
51         class ClearButtonListener implements ActionListener
52         {
53            public void actionPerformed(ActionEvent event)
54            {
55               display.setText("");
56            }
57         }
58         ActionListener listener =
59            new ClearButtonListener();
60
61         clearButton.addActionListener(new
62            ClearButtonListener());
63
```

```java
         add(buttonPanel, "Center");
      }

      /**
         Acrescenta um botão ao painel de botões.
         @param label o rótulo do botão
      */
      private void addButton(final String label)
      {
         class DigitButtonListener implements ActionListener
         {
            public void actionPerformed(ActionEvent event)
            {

               // não acrescenta dois pontos decimais
               if (label.equals(".")
               && display.getText().indexOf(".") != -1)
               return;

               // acrescenta o texto do rótulo ao botão
               display.setText(display.getText() + label);
            }
         }

         JButton button = new JButton(label);
         buttonPanel.add(button);
         ActionListener listener =
            new DigitButtonListener();
         button.addActionListener(listener);
      }

      /**
         Obtém o valor que o usuário digitou.
         @return o valor no campo de texto do teclado
      */
      public double getValue()
      {
         return Double.parseDouble(display.getText());
      }

      /**
         Limpa a tela.
      */
      public void clear()
      {
         display.setText("");
      }

      private JPanel buttonPanel;
      private JButton clearButton;
      private JTextField display;
}
```

Arquivo Bank.java

```java
1  import java.io.BufferedReader;
2  import java.io.FileReader;
3  import java.io.IOException;
4  import java.util.ArrayList;
5  import java.util.StringTokenizer;
6
7  /**
8       Um banco contém clientes com contas bancárias.
9  */
10 public class Bank
11 {
12     /**
13         Constrói um banco sem clientes.
14     */
15     public Bank()
16     {
17         customers = new ArrayList();
18     }
19
20     /**
21         Lê os números de cliente e senhas
22         e inicializa as contas bancárias.
23         @param filename o nome do arquivo de clientes
24     */
25     public void readCustomers(String filename)
26         throws IOException
27     {
28         BufferedReader in = new BufferedReader
29             (new FileReader(filename));
30         boolean done = false;
31         while (!done)
32         {
33             String inputLine = in.readLine();
34             if (inputLine == null) done = true;
35             else
36             {
37                 StringTokenizer tokenizer
38                     = new StringTokenizer(inputLine);
39                 int number
40                     = Integer.parseInt(tokenizer.nextToken());
41                 int pin
42                     = Integer.parseInt(tokenizer.nextToken());
43
44                 Customer c = new Customer(number, pin);
45                 addCustomer(c);
46             }
47         }
48         in.close();
49     }
50
51     /**
52         Acrescenta um cliente ao banco.
```

```
53         @param c o cliente a acrescentar
54     */
55     public void addCustomer(Customer c)
56     {
57        customers.add(c);
58     }
59
60     /**
61         Localiza um cliente no banco.
62         @param aNumber um número de cliente
63         @param aPin uma senha numérica pessoal
64         @return o cliente correspondente ou null se não corresponder a nenhum
65         cliente
66     */
67     public Customer findCustomer(int aNumber, int aPin)
68     {
69        for (int i = 0; i < customers.size(); i++)
70        {
71           Customer c = (Customer)customers.get(i);
72           if (c.match(aNumber, aPin))
73              return c;
74        }
75        return null;
76     }
77
78     private ArrayList customers;
79 }
```

Arquivo Customer.java

```
1  /**
2      Um cliente do banco com uma conta corrente e uma poupança.
3  */
4  public class Customer
5  {
6     /**
7         Constrói um cliente com um dado número e senha numérica (PIN).
8         @param aNumber o número do cliente
9         @param aPin a senha numérica de identificação pessoal
10    */
11    public Customer(int aNumber, int aPin)
12    {
13       customerNumber = aNumber;
14       pin = aPin;
15       checkingAccount = new BankAccount();
16       savingsAccount = new BankAccount();
17    }
18
19    /**
20        Testa se este cliente corresponde a algum número de cliente
21        e senha.
22        @param aNumber um número de cliente
23        @param aPin uma senha numérica
24        @return true se o número do cliente e a senha corresponderem
25    */
```

```
26      public boolean match(int aNumber, int aPin)
27      {
28          return customerNumber == aNumber && pin == aPin;
29      }
30
31      /**
32          Obtém a conta corrente deste cliente.
33          @return a conta corrente
34      */
35      public BankAccount getCheckingAccount()
36      {
37          return checkingAccount;
38      }
39
40      /**
41          Obtém a conta poupança deste cliente.
42          @return a conta poupança
43      */
44      public BankAccount getSavingsAccount()
45      {
46          return savingsAccount;
47      }
48
49      private int customerNumber;
50      private int pin;
51      private BankAccount checkingAccount;
52      private BankAccount savingsAccount;
53  }
```

Neste capítulo, aprendemos uma abordagem *sistemática* para construir um programa relativamente complexo. Entretanto, o projeto orientado a objetos definitivamente não é um esporte para sermos espectadores. A fim de realmente aprender a projetar e implementar programas, temos de ganhar experiência pela repetição desse processo com nossos próprios projetos. É bem possível que você não chegue imediatamente a uma boa solução e que tenha de reorganizar suas classes e responsabilidades. Isso é normal e esperado. O objetivo do processo de projeto orientado a objetos é localizar esses problemas na fase de projeto, quando eles ainda são fáceis de corrigir, ao contrário da fase de implementação, em que uma grande reorganização é mais difícil e demorada.

Fato Histórico   16.2

Computação – Arte ou Ciência?

Tem sido longamente discutido se a disciplina de computação é uma ciência ou não. Chamamos o campo de "ciência da computação", mas isso não significa nada. Com a possível exceção de bibliotecários e sociólogos, poucas pessoas acreditam que Biblioteconomia e Ciências Sociais constituem esforços científicos.

Uma disciplina científica visa a descobrir certos princípios fundamentais ditados pelas leis da natureza. Ela opera no *método científico*: propondo hipóteses e testando-as com experimentos que são repetidos por outros profissionais da área. Por exemplo, um físico pode ter uma teoria sobre as características de partículas nucleares e tentar confirmar ou refutar essa teoria executando experimentos em um acelerador de partículas. Se um experimento não puder ser confirmado, tal como a pesquisa sobre "fusão a frio" do início dos anos 1990, então a teoria morre rapidamente.

Alguns programadores realmente realizam experimentos. Eles experimentam vários métodos de calcular certos resultados ou de configurar sistemas de computação, e medem as diferenças de desempenho. Entretanto, o alvo deles não é descobrir leis da natureza.

▼   Alguns cientistas da computação descobrem princípios fundamentais. Uma classe de resultados fundamentais, por exemplo, afirma que é impossível escrever certos tipos de programas de computador, a despeito de quão potente seja o equipamento de computação. Por exemplo, é impossível escrever um programa que tome como entrada quaisquer dois arquivos de programa Java e como sua saída imprima se esses dois programas sempre calculam os mesmos resultados ou não. Um programa desses seria muito útil para avaliar os deveres de casa dos alunos, mas ninguém, independente de quão inteligente, será capaz de escrever um programa que funcione para todos os arquivos de entrada. Entretanto, a maioria dos cientistas da computação não está pesquisando os limites da computação.

Algumas pessoas vêem a programação como uma *arte* ou *habilidade*. Um programador que escreve um código elegante, que seja fácil de entender e que seja executado com eficiência pode realmente ser considerado uma pessoa hábil. Chamar a programação de arte talvez seja um exagero, porque um objeto de arte requer um público para apreciá-lo, enquanto que o código do programa geralmente está escondido de seu usuário.

Outros dizem que a computação é uma *disciplina de engenharia*. Assim como a engenharia mecânica está baseada nos princípios matemáticos fundamentais da estática, a computação tem certos fundamentos matemáticos. No entanto, há mais coisas do que matemática na engenharia mecânica, como o conhecimento de materiais e de planejamento de projetos. O mesmo é verdadeiro para a computação.

A computação não tem o mesmo *status* das outras disciplinas da engenharia, o que é preocupante. Há pouco consenso quanto ao que constitui conduta profissional no campo da computação. Diferentemente do cientista, cuja principal responsabilidade é pesquisar em busca da verdade, o engenheiro deve ir em busca de satisfazer as exigências conflitantes de qualidade, segurança e economia. As áreas da engenharia possuem organizações profissionais que regulamentam seus membros em padrões de conduta. O campo da computação é tão novo que em muitos casos nós simplesmente não sabemos o método correto de realizar certas tarefas. Isso torna difícil estabelecer padrões profissionais.

E você, o que acha? Com base na sua experiência, ainda que limitada, você considera a área da computação uma arte, uma habilidade, uma ciência ou uma atividade de engenharia?

Resumo do Capítulo

1. O ciclo de vida do *software* inclui todas as atividades desde a análise inicial até a obsolescência.

2. Um processo formal de desenvolvimento de *software* descreve as fases do processo de desenvolvimento e fornece orientações de como executar essas fases.

3. O modelo de desenvolvimento de *software* em cascata descreve um processo seqüencial de análise, projeto, implementação, teste e instalação.

4. O modelo em espiral de desenvolvimento de *software* descreve um processo iterativo no qual projeto e implementação são repetidos.

5. Programação extrema é uma metodologia de desenvolvimento que busca a simplicidade removendo a estrutura formal e concentrando-se nas melhores práticas.

6. No projeto orientado a objetos, descobrimos classes, determinamos as suas responsabilidades e descrevemos os relacionamentos entre elas.

7. Um cartão CRC descreve uma classe, suas responsabilidades e suas classes colaboradoras.

8. A herança (relacionamento do tipo "é-um") às vezes é usada inadequadamente quando um relacionamento "tem-um" seria mais adequado.

9. Uma classe está associada a outra classe se pudermos navegar de seus objetos para os objetos da outra classe, geralmente seguindo referências a objetos.

10. Dependência é outro nome para o relacionamento de uso.

11. Precisamos ser capazes de distinguir as notações UML para herança, realização, associação e dependência.

12. Podemos usar os comentários da documentação `javadoc` (com os corpos dos métodos deixados em branco) para registrar formalmente o comportamento das classes que descobrimos.

Leitura Complementar

[1] Grady Booch, James Rumbaugh, and Ivar Jacobson, *The Unified Modeling Language User Guide*, Addison-Wesley, 1999.
[2] Kent Beck, *Extreme Programming Explained*, Addison-Wesley, 1999.
[3] F. Brooks, *The Mythical Man-Month*, Addison-Wesley, 1975.
[4] W. H. Sackmann, W. J. Erikson, and E. E. Grant, "Exploratory Experimental Studies Comparing Online and Offline Programming Performance", *Communications of the ACM, vol. 11, no. 1* (January 1968), pp. 3–11.

Exercícios de Revisão

Exercício R16.1. O que é o ciclo de vida do *software*?

Exercício R16.2. Explique o processo de projeto orientado a objetos que este capítulo recomenda para uso do aluno.

Exercício R16.3. Forneça uma regra geral para se descobrir classes ao projetar um programa.

Exercício R16.4. Forneça uma regra geral sobre como encontrar métodos ao projetar um programa.

Exercício R16.5. Após descobrir um método, por que é importante identificar o objeto que é *responsável* por executar a ação?

Exercício R16.6. Qual relacionamento é adequado entre as seguintes classes: associação, herança ou nenhum?

- `Universidade - Aluno`
- `Aluno - AssistenteDeEnsino`
- `Aluno - Calouro`
- `Aluno - Professor`
- `Carro - Porta`
- `Caminhão - Veículo`
- `Tráfego - SinalDeTrânsito`
- `SinalDeTrânsito - Cor`

Exercício R16.7. Toda BMW é um carro. Será que uma classe BMW deveria herdar da classe Carro?

	BMW é um fabricante de carros. Isso quer dizer que a classe BMW deve herdar da classe FabricanteDeCarros?
Exercício R16.8.	Alguns livros sobre programação orientada a objetos recomendam que se derive a classe Circle da classe Point. Então, a classe Circle herda o método setLocation da superclasse Point. Explique por que o método setLocation não precisa ser redefinido na subclasse. Por que, no entanto, não é uma boa idéia fazer com que Circle herde de Point? Por outro lado, derivar Point de Circle iria atender à regra "é-um"? Seria uma boa idéia?
Exercício R16.9.	Escreva cartões CRC para as classes Coin e Purse do Capítulo 3.
Exercício R16.10.	Escreva cartões CRC para as classes de contas bancárias do Capítulo 11.
Exercício R16.11.	Desenhe um diagrama UML para as classes Coin e Purse dos Capítulos 3 e 13.
Exercício R16.12.	Desenhe um diagrama UML para as classes do programa ChoiceTest do Capítulo 12. Use associações quando for adequado.
Exercício R16.13.	Um arquivo contém um conjunto de registros que descrevem países. Cada registro consiste no nome do país, sua população e sua área. Suponhamos que sua tarefa seja escrever um programa que leia esse arquivo e imprima

- o país com a maior área
- o país com a maior população
- o país com a maior densidade populacional (pessoas por quilômetro quadrado)

Reflita sobre os problemas que você precisa resolver. Quais classes e métodos você irá precisar? Gere um conjunto de cartões CRC, um diagrama UML e um conjunto de comentários javadoc.

Exercício R16.14.	Descubra classes e métodos para gerar um cartão de informações estudantis que liste todas as classes, notas e a média das notas de um semestre. Gere um conjunto de cartões CRC, um diagrama UML e um conjunto de comentários javadoc.

Exercícios de Programação

Exercício P16.1.	Aperfeiçoe o programa de impressão de faturas fornecendo dois tipos de itens de linha: um descrevendo produtos que são comprados em certas quantidades numéricas (como "3 torradeiras"), outro descrevendo uma taxa fixa (tal como "taxa de entrega: US$5.00"). *Dica:* Use herança. Gere um diagrama UML de sua implementação modificada.
Exercício P16.2.	O programa de impressão de faturas é um tanto quanto irreal porque a formatação dos objetos Item não leva a bons resultados visuais quando os preços e as quantidades têm números de dígitos variáveis. Aperfeiçoe o método format de duas maneiras: aceite como parâmetro um array int[] de larguras de colunas. Use a classe Number-Format para formatar os valores monetários.
Exercício P16.3.	O programa de impressão de faturas tem uma falha — ele mistura a "lógica do negócios", o cálculo dos custos totais, com a "apresentação", a aparência visual da fatura. Para verificar essa falha, imagine as mudanças que seriam necessárias para desenhar a fatura em HTML para apresentação na Web. Reimplemente o programa, usando uma classe InvoiceFormatter separada para formatar a fatura. Isto é, os métodos Invoice e Item

não mais são responsáveis pela formatação. Entretanto, eles adquirirão outras responsabilidades, porque a classe `InvoiceFormatter` (formatador de faturas) precisa consultá-los quanto aos valores que ela necessita.

Exercício P16.4. Implemente um programa para ensinar sua irmãzinha bebê a *ver as horas*. No jogo, apresente um relógio analógico semelhante ao da Figura 14. Gere tempos aleatórios e exiba o relógio. Aceite palpites do jogador. Premie o jogador por palpites corretos. Após dois palpites incorretos, exiba a resposta correta e gere um novo tempo aleatório. Implemente diversos níveis de jogo. No nível 1, apenas mostre horas inteiras. No nível 2, mostre de quinze em quinze minutos. No nível 3, mostre múltiplos de cinco minutos e no nível 4, mostre qualquer número de minutos. Depois que um jogador alcançar cinco respostas corretas em um nível, avance para o nível seguinte.

Exercício P16.5. Escreva um programa que implemente um jogo diferente: um jogo para ensinar aritmética ao seu irmão mais novo. O programa testa adição e subtração. No nível 1, ele testa apenas adição de números menores de 10 cuja soma seja menor do que 10. No nível 2, ele testa a adição de números arbitrários de um dígito. No nível 3, ele testa a subtração de números de um dígito com diferença não-negativa. Gere problemas aleatórios e obtenha a entrada do jogador. O jogador recebe até duas tentativas por problema. Avance de um nível para o próximo quando o jogador atingir um escore de cinco pontos. Sua interface com o usuário pode ser baseada em texto ou gráfica.

Exercício P16.6. Escreva um jogo de autochoque com as seguintes regras. Um carrinho começa a se mover em uma direção aleatória, seja para a esquerda, direita, para cima ou para baixo. Se ele atingir um limite, então ele reverte a direção. Se ele estiver prestes a colidir com outro carrinho, ele reverte a direção. Forneça uma interface com o usuário para acrescentar carrinhos e para executar a simulação. Use pelo menos quatro classes em seu programa.

Exercício P16.7. Escreva um programa que possa ser usado para projetar uma cena suburbana, com casas, ruas e carros. Os usuários podem acrescentar casas e carros de várias cores a uma rua. Projete uma interface com o usuário que estabeleça os requisitos, descubra classes e métodos, forneça diagramas UML e implemente seu programa.

Exercício P16.8. Projete um sistema simples de mensagens de correio eletrônico. Uma mensagem tem um destinatário, um remetente e um texto da mensagem. Uma caixa postal pode armazenar mensagens. Forneça algumas caixas postais

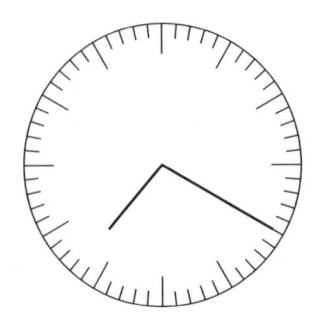

Figura 14
Um relógio analógico.

para diferentes usuários e uma interface com o usuário para que os usuários entrem no sistema, enviem mensagens para outros usuários, leiam suas próprias mensagens e saiam do sistema. Sua interface com o usuário pode ser baseada em texto ou gráfica. Siga o processo de projeto que foi descrito neste capítulo.

Exercício P16.9. Escreva um programa que simule uma máquina automática de vendas. Os produtos podem ser comprados inserindo o número correto de moedas na máquina. O usuário seleciona um produto de uma lista de produtos disponíveis, adiciona moedas, e obtém o produto ou as moedas de volta, se foi fornecido dinheiro insuficiente ou se o produto está em falta. A máquina pode ser reabastecida com produtos e o dinheiro coletado por um operador. Siga o processo de projeto descrito neste capítulo.

Exercício P16.10. Escreva um programa que projete um calendário de compromissos. Um compromisso inclui a hora de início, a hora de fim e uma descrição. Por exemplo,

```
Dentista 2001/10/1 17:30 18:30
Aula de CS1 2001/10/2 08:30 10:00
```

Forneça uma interface com o usuário para acrescentar compromissos, remover compromissos cancelados e imprimir uma lista de compromissos de um determinado dia. Sua interface com o usuário pode ser baseada em texto ou gráfica. Siga o processo de projeto descrito neste capítulo.

Exercício P16.11. *Reserva de acentos em aviões.* Escreva um programa que atribua lugares em um avião. Suponha que o avião tenha 20 lugares na primeira classe (5 fileiras de 4 assentos cada, separados por um corredor) e 180 assentos na classe econômica (30 fileiras de 6 assentos cada, separados por um corredor). Seu programa deve aceitar três comandos: acrescentar passageiros, mostrar a ocupação e terminar. Quando são adicionados passageiros, solicite a classe (primeira ou econômica), o número de passageiros viajando juntos (1 ou 2 na primeira classe; 1 a 3 na econômica) e a preferência do lugar (corredor ou janela na primeira classe; corredor, centro ou janela na econômica). Então, tente encontrar uma correspondência e atribua os lugares. Se não ocorrer nenhuma correspondência, imprima uma mensagem. Sua interface com o usuário pode ser baseada em texto ou gráfica. Siga o processo de projeto descrito neste capítulo.

Exercício P16.12. Escreva um editor gráfico simples que permita aos usuários acrescentar uma mistura de formas (elipses, retângulos, linhas e texto em diferentes cores) a um painel. Forneça comandos para carregar e salvar a figura. Para simplificar, pode usar um tamanho de texto simples, e não precisa preencher as formas. Projete uma interface com o usuário, descubra classes, forneça um diagrama UML e implemente seu programa.

Exercício P16.13. Escreva um jogo da velha que possibilite a uma pessoa jogar contra o computador. Seu programa irá jogar muitas vezes contra um oponente humano e irá aprender. Quando for a vez do computador, ele irá selecionar aleatoriamente uma casa vazia, só que ele nunca irá escolher uma combinação perdedora. Com esse objetivo, seu programa deve manter um *array* de combinações perdedoras. Sempre que a pessoa vencer, a combinação imediatamente anterior é armazenada como perdedora. Por exemplo, suponha que x = computador e o = humano. Suponha que a combinação atual seja

	O	X	X
		O	

Agora é a vez da pessoa, que certamente irá escolher

	O	X	X
		O	
			O

O computador então deve lembrar da combinação anterior

	O	X	X
		O	

como uma combinação perdedora. Como resultado, o computador nunca mais irá escolher essa combinação de

	O	X	
		O	

ou de

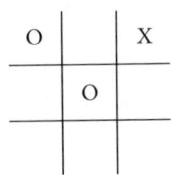

	O		X
		O	

Descubra classes e forneça um diagrama UML antes que você comece a programar. *Dica:* Crie uma classe `Combination` que contenha um *array* `int[][]`. Cada elemento desse *array* bidimensional é VAZIO, PREEN-CHIDO_X, ou PREENCHIDO_O. Escreva um método `equals` que teste se duas combinações são idênticas.

Capítulo 17

Recursão

Objetivos do capítulo

- Aprender a respeito do método de recursão
- Entender o relacionamento entre recursão e iteração
- Analisar problemas que são muito mais fáceis de resolver por recursão do que por iteração
- Aprender a "pensar recursivamente"
- Ser capaz de usar métodos auxiliares aos métodos recursivos
- Entender quando o uso da recursão afeta a eficiência de um algoritmo

O método de recursão é uma técnica poderosa para transformar problemas computacionais complexos em problemas mais simples. O termo "recursão" refere-se ao fato de que o mesmo cálculo é recorrente, ou ocorre repetidas vezes, à medida que o problema vai sendo resolvido. A recursão freqüentemente é a maneira mais natural de pensar sobre um problema, e há alguns cálculos muito difíceis de realizar sem usar a recursão. Este capítulo nos mostra exemplos simples e complexos de recursão, e nos ensina a "pensar recursivamente".

Sumário do capítulo

17.1 Números Triangulares 620
    Erro Freqüente 17.1: Recursão Infinita 623

17.2 Permutações 623
    Erro Freqüente 17.2: Rastreando Métodos Recursivos 627
    Como Fazer? 17.1: Pensar Recursivamente 628

17.3 Métodos Auxiliares Recursivos 632

17.4 Recursões Mútuas 633

17.5 A Eficiência da Recursão 638
    Fato Histórico 17.1: Os Limites da Computação 643

17.1 Números Triangulares

Nesse exemplo, vamos ver formas triangulares como aquelas da Seção 6.3. Gostaríamos de calcular a área de um triângulo de largura *n*, supondo que cada quadrado [] tem área 1. Esse valor às vezes é chamado de o *n-ésimo número triangular*. Por exemplo, como podemos dizer ao olhar para

```
[]
[] []
[] [] []
```

o terceiro número triangular é 6.

Talvez você saiba que há uma fórmula muito simples para calcular esses números, mas vamos fazer de conta, no momento, que a desconhecemos. O objetivo final desta seção não é calcular números triangulares, mas aprender sobre o conceito de recursão em uma situação simples.

A seguir, temos um esboço da classe que vamos desenvolver:

```java
public class Triangle
{
    public Triangle(int aWidth)
    {
        width = aWidth;
    }

    public int getArea()
    {
        ...
    }

    private int width;
}
```

Se a largura do triângulo for 1, então o triângulo consiste em um único quadrado, e sua área é 1. Vamos cuidar desse caso primeiro.

```java
public int getArea()
{
    if (width == 1) return 1;
    ...
}
```

Para lidar com o caso geral, vamos considerar esta figura.

```
[]
[] []
[] [] []
[] [] [] []
```

Vamos supor que nós sabemos a área do triângulo menor, em retícula. Então, poderíamos facilmente calcular a área do triângulo maior como

```
smallerArea + width
```

Como podemos obter a área menor? Vamos simplesmente fazer um triângulo menor e solicitá-la!

```java
Triangle smallerTriangle = new Triangle(width - 1);
int smallerArea = smallerTriangle.getArea();
```

Agora, podemos completar o método `getArea`:

```java
public int getArea()
{
    if (width == 1) return 1;
```

```
            Triangle smallerTriangle = new Triangle(width - 1);
            int smallerArea = smallerTriangle.getArea();
            return smallerArea + width;
         }
```

> O cálculo recursivo resolve o problema usando a solução do mesmo problema com entradas mais simples.

A seguir, temos uma ilustração do que acontece quando calculamos a área de um triângulo de largura 4.

- O método `getArea` faz um triângulo menor de largura 3.
  - Ele chama `getArea` para esse triângulo.
    - Esse método faz um triângulo menor de largura 2.
      - Ele chama `getArea` para esse triângulo.
        - Esse método faz um triângulo menor de largura 1.
          - Ele chama `getArea` para esse triângulo.
        - Esse método retorna 1.
      - O método retorna `smallerArea` + `width` = 1 + 2 = 3.
    - O método retorna `smallerArea` + `width` = 3 + 3 = 6.
  - O método retorna `smallerArea` + `width` = 6 + 4 = 10.

Essa solução tem um aspecto interessante. Para resolver o problema para um triângulo de uma dada largura, usamos o fato de que podemos resolver o mesmo problema para uma largura menor. Essa é chamada uma solução *recursiva*.

O padrão de chamadas de um método recursivo parece complicado, e a chave para o projeto exitoso de um método recursivo é *não pensar a respeito dele*. Em vez disso, olhe uma vez mais para o método `area` e veja o quão plenamente razoável ele é. Se a largura for 1, então naturalmente a área será 1. A próxima parte é tão razoável quanto esta. Calcule a área do triângulo menor *e não fique pensando por que isso funciona*. Então, a área do triângulo maior é claramente a soma da área menor com a largura (*width*).

Há dois requisitos-chave para garantir que a recursão terá sucesso:

- Toda chamada recursiva tem de simplificar os cálculos de alguma maneira.
- Tem de haver casos especiais para tratar os cálculos mais simples diretamente.

O método `getArea` chama a si mesmo novamente com valores de largura cada vez menores. Por fim, a largura tem de chegar a 1, e há um caso especial para calcular a área de um triângulo de largura 1. Assim, o método `getArea` sempre tem êxito.

> Para que uma recursão termine, deve haver casos especiais para as entradas mais simples.

Na verdade, temos de ser cuidadosos. O que acontece se chamarmos a área de um triângulo de largura − 1? Ele calcula a área de um triângulo de largura − 2, o qual calcula a área de um triângulo de largura − 3, e assim por diante. Para evitar isso, o método `getArea` deve retornar 0 se a largura for <= 0.

A recursão não é realmente necessária para calcular os números triangulares. A área de um triângulo é igual à soma

    1 + 2 + 3 + · · · + width

naturalmente, podemos programar um laço simples:

```
         double area = 0;
         for (int i = 1; i <= width; i++)
            area = area + i;
```

Muitas recursões simples podem ser calculadas como laços. Entretanto, os equivalentes de laços para recursões mais complexas — como a do nosso próximo exemplo — podem ser complexos.

Na verdade, neste caso, nem mesmo necessitamos de um laço para calcular a resposta. A soma dos primeiros *n* inteiros pode ser calculada como

$$1 + 2 + \cdots + n \times n(n+1)/2$$

Assim, a área é igual a

```
width * (width + 1) / 2
```

portanto, nem recursão nem um laço são necessários para resolver esse problema. A solução recursiva visa a uma preparação para a próxima seção.

Arquivo Triangle.java

```
1  /**
2       Forma triangular composta de quadrados unitários do tipo:
3       []
4       [] []
5       [] [] []
6       ...
7  */
8  public class Triangle
9  {
10      /**
11          Constrói uma forma triangular
12          @param aWidth  a largura (e altura) do triângulo
13      */
14      public Triangle(int aWidth)
15      {
16         width = aWidth;
17      }
18
19      /**
20          Calcula a área do triângulo.
21          @return a área
22      */
23      public int getArea()
24      {
25         if (width <= 0) return 0;
26         if (width == 1) return 1;
27         Triangle smallerTriangle = new Triangle(width - 1);
28         int smallerArea = smallerTriangle.getArea();
29         return smallerArea + width;
30      }
31
32      private int width;
33  }
```

Arquivo TriangleTest.java

```
1  import javax.swing.JOptionPane;
2
3  public class TriangleTest
4  {
5      public static void main(String[] args)
```

```
 6      {
 7         String input =
 8            JOptionPane.showInputDialog("Enter width");
 9         int width = Integer.parseInt(input);
10         Triangle t = new Triangle(width);
11         int area = t.getArea();
12         System.out.println("Area = " + area);
13      }
14   }
```

⊗ Erro Freqüente 17.1

Recursão Infinita

Um erro comum de programação é a recursão infinita: um método que chama a si mesmo repetidamente, sem previsão de fim. O computador necessita de uma certa quantidade de memória para contabilizar cada chamada. Após certo número de chamadas, toda a memória disponível para esse objetivo é exaurida. Nosso programa é abortado e relata uma "falha de pilha".

A recursão infinita acontece ou porque os valores dos parâmetros não ficam mais simples ou porque está faltando um caso especial de término. Por exemplo, vamos supor que o método getArea calcule a área de um triângulo de largura 0. Se não fosse o teste especial, o método teria construído triângulos de –1, –2, –3, etc.

17.2 Permutações

Vamos ver agora um exemplo mais complexo de recursão que seria difícil de programar com um laço simples. Vamos projetar uma classe que liste todas as *permutações* de um *string*. Uma permutação é simplesmente um rearranjo das letras. Por exemplo, o *string* "eat" tem seis permutações (incluindo o próprio *string* original):

```
"eat"
"eta"
"aet"
"ate"
"tea"
"tae"
```

Nossa classe PermutationGenerator terá uma interface pública que é semelhante à classe StringTokenizer.

```
class PermutationGenerator
{
   public PermutationGenerator(String s) { ... }
   public String nextPermutation() { ... }
   public boolean hasMorePermutations() { ... }
}
```

A seguir, temos o programa de teste que imprime todas as permutações do *string* "eat":

Arquivo PermutationGeneratorTest.java

```
1  /**
2      Este programa testa o gerador de permutações.
3  */
4  public class PermutationGeneratorTest
5  {
```

```
 6      public static void main(String[] args)
 7      {
 8          PermutationGenerator generator
 9              = new PermutationGenerator("eat");
10          while (generator.hasMorePermutations())
11              System.out.println(generator.nextPermutation());
12      }
13  }
```

Agora, precisamos de uma sugestão de como gerar as permutações recursivamente. Vamos considerar o *string* `"eat"` e vamos simplificar o problema. Primeiramente, vamos gerar todas as permutações que iniciam com a letra `'e'`, depois os que iniciam com `'a'`, e finalmente as que iniciam com `'t'`. Como podemos gerar as permutações que iniciam com `'e'`? Precisamos saber as permutações do *substring* `"at"`. Porém, esse é o mesmo problema — gerar todas as permutações — com uma entrada mais simples, ou seja, o *string* mais curto `"at"`. Portanto, podemos usar recursão. Vamos fazer outro objeto `PermutationGenerator` que gere as permutações do *substring* `"at"`. Esse gerador irá produzir

`"at"`
`"ta"`

Para cada permutação desse *substring*, anteponha a letra `'e'` para obter as permutações de `"eat"` que iniciam com `'e'`, ou seja

`"eat"`
`"eta"`

Vamos ver agora as permutações de `"eat"` que iniciam com `'a'`. Temos de criar um gerador de permutações que produza as permutações das letras restantes, `"et"`. Esse gerador irá produzir:

`"et"`
`"te"`

Acrescentamos a letra `'a'` na frente dos *strings* e obtemos

`"aet"`
`"ate"`

Da mesma maneira geramos as permutações que iniciam com `'t'`.

Essa é a idéia. Para executá-la, temos de implementar o método `nextPermutation`, o qual obtém apenas uma permutação, não todas as permutações de uma vez. Para fazer isso, o `PermutationGenerator` precisa lembrar o estado do cálculo da permutação. Cada chamada para `nextPermutation` gera uma nova permutação e avança o estado, de modo que a próxima chamada para `nextPermutation` pode continuar de onde a chamada atual parou.

Claramente, uma parte importante do estado é o caractere que atualmente colocamos na frente. Vamos chamar a posição desse caractere de `current`. À medida que vamos gerando mais permutações, `current` se move de 0 até `word.length() - 1`, onde `word` é a palavra cujas letras permutamos.

Também precisamos armazenar o gerador de permutações do *substring*. Vamos chamá-lo de `tailGenerator` (gerador de cauda). Agora, estamos prontos para calcular a próxima permutação. Simplesmente pergunte ao `tailGenerator` qual é a *sua* próxima permutação, e então retorne

`word.charAt(current) + tailGenerator.nextPermutation()`

Na maioria dos casos, isso irá funcionar bem. Entretanto, há um caso especial. Quando o gerador de finais (ou caudas) exaurir as permutações, exaurimos todas as permutações que iniciam com a letra atual. Então precisamos

- incrementar a posição atual

- calcular o *string* de final que contenha todas as letras exceto a atual
- criar um novo gerador de permutações para o *string* de cauda

Quando estaremos prontos? Quando `current` atingir `word.length()`. A seguir, temos o método `nextPermutation`:

```
public String nextPermutation()
{
   ...

   String r = word.charAt(current)
      + tailGenerator.nextPermutation();

   if (!tailGenerator.hasMorePermutations())
   {
      current++;
      if (current < word.length())
      {
         String tailString =
            word.substring(0, current)
               + word.substring(current + 1);
         tailGenerator =
            new PermutationGenerator(tailString);
      }
   }
   return r;
}
```

O método `hasMorePermutations` simplesmente confere se `current` se moveu além do fim da palavra:

```
public boolean hasMorePermutations()
{ return current < word.length(); }
```

O algoritmo de geração de permutações é recursivo — ele usa o fato de que podemos gerar as permutações de palavras mais curtas. Quando a recursão pára? Precisamos embutir um ponto de parada, como um caso especial para lidar com palavras de comprimento 1. Uma palavra de comprimento 1 tem uma única permutação, ou seja, ela mesma. O método `nextPermutation` precisa reconhecer isso como um caso especial, e não gerar permutações da cauda (vazia). A seguir, temos o código adicional para tratar uma palavra de comprimento 1.

```
public String nextPermutation()
{
   if (word.length() == 1)
   {
      current++;
      return word;
   }
   ...
}
```

Incrementando `current`, garantimos que `hasMorePermutations` retorna `false` após `nextPermutations` ter sido chamado uma vez.

A seguir, temos a classe `PermutationGenerator` completa.

Arquivo PermutationGenerator.java

```
1  /**
2      Esta classe gera permutações de uma palavra.
3  */
4  class PermutationGenerator
```

```java
5   {
6      /**
7         Constrói um gerador de permutações.
8         @param aWord a palavra a permutar
9      */
10     public PermutationGenerator(String aWord)
11     {
12        word = aWord;
13        current = 0;
14        if (word.length() > 1)
15           tailGenerator =
16              new PermutationGenerator(word.substring(1));
17     }
18
19     /**
20        Calcula a próxima permutação da palavra.
21        @return a próxima permutação
22     */
23     public String nextPermutation()
24     {
25        if (word.length() == 1)
26        {
27           current++;
28           return word;
29        }
30
31        String r = word.charAt(current)
32           + tailGenerator.nextPermutation();
33
34        if (!tailGenerator.hasMorePermutations())
35        {
36           current++;
37           if (current < word.length())
38           {
39              String tailString =
40              word.substring(0, current)
41                 + word.substring(current + 1);
42              tailGenerator =
43                 new PermutationGenerator(tailString);
44           }
45        }
46
47        return r;
48     }
49
50     /**
51        Testa se existem mais permutações.
52        @return true se há mais permutações disponíveis
53     */
54     public boolean hasMorePermutations()
55     {
56        return current < word.length();
57     }
58
```

```
59        private String word;
60        private int current;
61        private PermutationGenerator tailGenerator;
62   }
```

Vamos comparar as classes `PermutationGenerator` e `Triangle`. Ambas funcionam sobre o mesmo princípio. Quando elas trabalham sobre uma entrada mais complexa, geram outro objeto da mesma classe que opera sobre uma entrada mais simples. Então, elas combinam o trabalho desse objeto com seu próprio trabalho para obter os resultados para entradas mais complexas. Na realidade, não há nenhuma complexidade especial por trás desse processo desde que pensemos na solução apenas nesse nível. Entretanto, nos bastidores, o objeto com a entrada mais simples cria ainda outro objeto que opera sobre uma entrada mais simples ainda, a qual cria ainda outra, e assim por diante, até que a entrada de um objeto seja tão simples que ele consegue calcular os resultados sem nenhuma ajuda adicional. É interessante pensar sobre esse processo, mas também pode nos confundir. O importante é que podemos nos concentrar naquele nível que interessa — conseguindo uma solução do problema levemente mais simples, ignorando o fato de que ele também usa recursão para obter seus resultados.

⊗ Erro Freqüente 17.2

Rastreando de Métodos Recursivos

A depuração de um método recursivo pode ser algo difícil. Quando colocamos um ponto de quebra em um método recursivo, o programa pára assim que essa linha de programa é encontrada *em qualquer chamada ao método recursivo*. Vamos supor que queremos depurar o método recursivo `getArea` da classe `Triangle`. Depuramos o programa `TriangleTest` com uma entrada de 4. Executamos até o início do método `getArea` (Figura 1). Inspecionamos a variável de instância `width`. Ela é 4.

Removemos o ponto de quebra e agora executamos até o comando `return smallerArea + width;`. Quando inspecionamos `width` novamente, seu valor é 2! Isso não faz sentido. Não havia nenhuma instrução que mudasse o valor de `width`! Será esse um *bug* do depurador?

Não. O programa parou na primeira chamada *recursiva* a `getArea` que chegou até o comando `return`. Se você está confuso, veja a *pilha de chamadas* (Figura 2). Você verá que três chamadas para `getArea` estão pendentes.

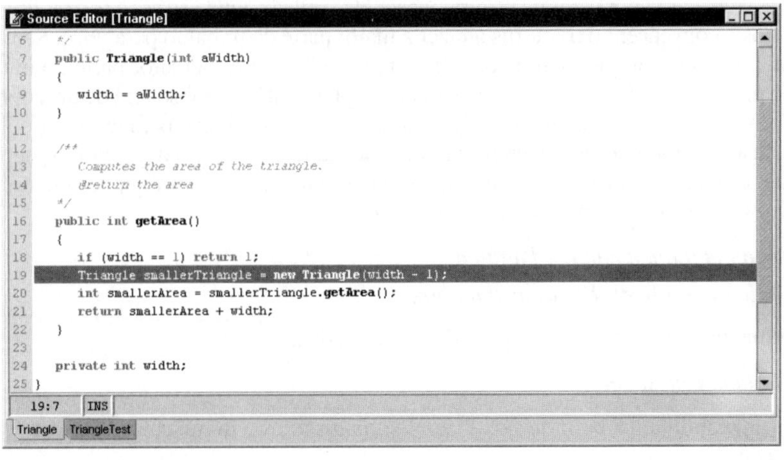

Figura 1

Depurando um método recursivo.

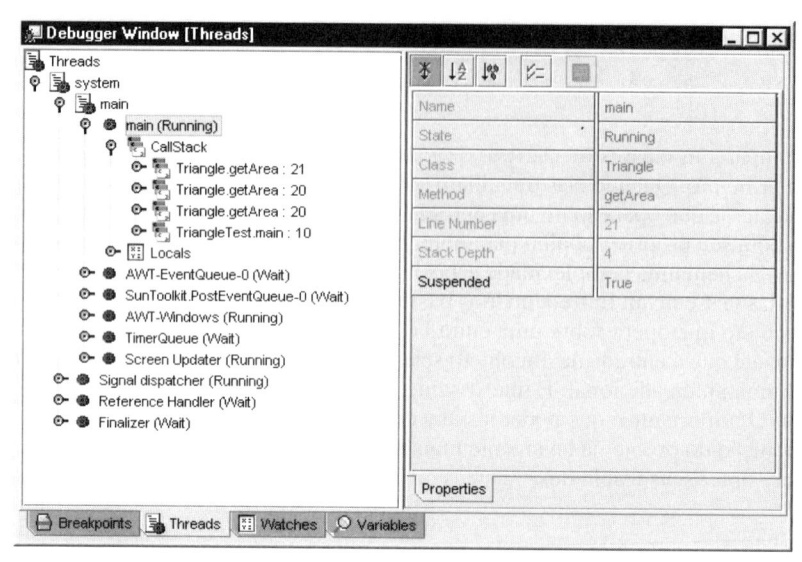

Figura 2
Visualização da pilha de chamadas.

Podemos depurar métodos recursivos com o depurador. Só que você precisa ser especialmente cuidadoso e observar a pilha de chamadas para entender em qual chamada aninhada você está nesse momento.

Como Fazer? 17.1

Pensar Recursivamente

Para se resolver um problema de forma recursiva é necessário uma maneira diferente de pensar do que a usada para resolvê-lo por laços de programação. Na verdade, ajuda se você for, ou fingir ser, um pouco preguiçoso, convencendo os outros a fazer a maior parte do trabalho para você. Se você tiver de resolver um problema complexo, finja que "outra pessoa" irá fazer a maior parte do trabalho pesado e resolver o problema para todas as entradas mais simples. Então, você só terá de descobrir como se pode transformar as soluções de entradas mais simples em uma solução para todo o problema.

Para ilustrar o método de recursão, vamos considerar o problema a seguir. Queremos testar se uma sentença é um *palíndromo* — um *string* que é igual a si mesmo quando invertemos todos os caracteres. Exemplos típicos de palíndromos são

- *A man, a plan, a canal—Panama!*
- *Go hang a salami, I'm a lasagna hog*

e, naturalmente, o mais conhecido palíndromo de todos:

- *Madam, I'm Adam*

Ao testar um candidato a palíndromo, combine maiúsculas e minúsculas e ignore espaços e sinais de pontuação.

Queremos implementar o método `isPalindrome` na seguinte classe:

```
public class Sentence
```

```
{
    /**
        Constrói uma sentença.
        @param aText um string contendo todos os caracteres da sentença.
    */
    public Sentence(String aText)
    {
        text = aText;
    }

    /**
        Verifica se esta sentença é um palíndromo.
        @return true se a sentença for um palíndromo, false se não for
    */
    public isPalindrome()
    {
        ...
    }

    private String text;
}
```

Passo 1 Considere várias maneiras de simplificar as entradas

Fixe em sua mente uma determinada entrada ou um conjunto de entradas do problema que você quer resolver.

Pense em como você pode simplificar as entradas de modo que o mesmo problema possa ser aplicado à entrada mais simples.

Ao considerar entradas mais simples, você pode querer remover apenas um pouco da entrada original — talvez remover um ou dois caracteres de um *string*, ou remover uma pequena porção de uma figura geométrica. Porém, às vezes é mais útil cortar a entrada pela metade e então ver o que significa resolver o problema para as duas metades.

No problema de teste do palíndromo, a entrada é o *string* que precisamos testar. Como você pode simplificar a entrada? A seguir, temos diversas possibilidades:

- remova o primeiro caractere.
- remova o último caractere.
- remova tanto o primeiro como o último caractere.
- remova um caractere do meio.
- corte o *string* em duas metades.

Essas entradas mais simples são todas entradas potenciais para o teste do palíndromo.

Passo 2 Combine as soluções de entradas mais simples para uma solução do problema original

Em sua mente, considere as soluções de seu problema para as entradas mais simples que você descobriu no Passo 1. Não se preocupe com *como* essas soluções foram obtidas. Simplesmente tenha fé de que as soluções estão prontamente disponíveis. Simplesmente diga a si mesmo: essas são entradas mais simples, de modo que outra pessoa irá resolver o problema para mim.

Agora pense como você pode transformar a solução para as entradas mais simples em uma solução para a entrada que você está pensando no momento. Talvez você precise acrescentar uma pequena quantidade, relacionada à quantidade que você cortou fora para chegar à entrada mais simples. Talvez você tenha cortado a entrada original em duas metades e tenha soluções para ambas as metades. Então, talvez você precise somar as duas soluções para chegar a uma solução para o todo.

Considere os métodos de simplificação das entradas para o teste do palíndromo. Cortar o *string* no meio não parece ser uma boa idéia. Se você cortar

```
"Madam, I'm Adam"
```

▼ no meio, você obterá dois *strings*:

"Madam, I"

▼ e

"'m Adam"

▼ Nenhuma delas é um palíndromo. Cortar a entrada no meio e testar se as metades são palíndromos parece ser um beco sem saída.

▼ A simplificação mais promissora é remover o primeiro *e* o último caractere.
A retirada do M inicial e do m final gera

▼ "adam, I'm Ada"

Suponha que você possa verificar se o *string* mais curto é um palíndromo. Então, *naturalmente* o
▼ *string* original é um palíndromo — colocamos a mesma letra na frente e atrás. Isso é extremamente promissor. Uma palavra é um palíndromo se

▼ • a primeira e a última letra são iguais (ignorando se é maiúscula ou minúscula)

▼ e

▼ • a palavra obtida removendo a primeira e a última letra é um palíndromo.

▼ Novamente, não se preocupe como o teste funciona para o *string* menor. Ele simplesmente funciona.
Há um outro caso a considerar. O que acontece se o primeiro ou o último caractere do *string*
▼ não for uma letra? Por exemplo, o *string*

"A man, a plan, a canal, Panama!"

▼ termina em um caractere '!', o qual não é igual ao 'A' da frente. Porém, devemos ignorar carac-
▼ teres que não sejam letras ao testar palíndromos. Assim, quando o último caractere não for uma le-
▼ tra, mas o primeiro sim, não faz sentido remover o primeiro e o último caractere. Isso não é proble-
▼ ma, remova apenas o último caractere, se o *string* mais curto for um palíndromo, então ele conti-
▼ nuará sendo um palíndromo quando você acrescentar um caractere que não seja uma letra.

▼ O mesmo argumento se aplica se o primeiro caractere não for uma letra. Agora temos um conjunto completo de casos.

▼ • Se o primeiro e o último caracteres forem letras, verifique se eles são iguais. Se forem, remova ambos e teste o *string* mais curto.

▼ • Por outro lado, se o último caractere não for uma letra, remova-o e teste o *string* mais curto.

▼ • Caso o primeiro caractere não seja uma letra, remova-o e teste o *string* mais curto.

Em todos os três casos, podemos usar a solução do problema mais simples para chegar a uma resposta
▼ posta para o problema.

Passo 3 **Encontre soluções para as entradas mais simples**

▼ O cálculo recursivo continuamente simplifica suas entradas. Por fim, ele chega a entradas muito simples. Para garantir que a recursão chegue ao fim, você tem de lidar com as entradas mais simples separadamente. Crie soluções especiais para elas. Isso geralmente é muito fácil.

Entretanto, às vezes caímos em questões filosóficas tratando de entradas *degeneradas*: *strings*
vazios, figuras sem área, etc. Então, é o caso de se investigar uma entrada levemente maior que é
▼ reduzida a essa entrada trivial e ver qual valor se deve anexar às entradas degeneradas de modo que o valor mais simples, quando usado de acordo com as regras descobertas no Passo 2, produza a resposta
▼ posta correta.

Vamos ver os *strings* mais simples do teste de palíndromo:

- *strings* de dois caracteres
- *strings* de um único caractere
- *string* vazio

Não precisamos criar uma solução especial para *strings* de dois caracteres. O Passo 2 ainda se aplica a esses *strings* — um ou ambos os caracteres são removidos. Porém, realmente precisamos nos preocupar com *strings* de comprimento 0 e 1. Nesses casos, o Passo 2 não pode ser aplicado. Não há dois caracteres para remover.

Um *string* de um único caractere, como "I", é um palíndromo. Não importa se o caractere é uma letra ou não. O *string* "!" também é um palíndromo.

O *string* vazio é um palíndromo — é o mesmo *string* quando lido de trás para frente. Se você acha isso artificial demais, considere um *string* "mm". De acordo com a regra descoberta no Passo 2, esse *string* é um palíndromo se o primeiro e o último caractere do *string* forem iguais e o restante — isto é, o *string* vazio — também for um palíndromo. Portanto, faz sentido considerar o *string* vazio como um palíndromo.

Assim, todos os *strings* de comprimento 0 ou 1 são palíndromos.

Passo 4 **Implemente a solução combinando os casos simples e o passo de redução**

Agora você está pronto para implementar a solução. Crie casos separados para as entradas simples que você considerou no Passo 3. Se a entrada não for um dos casos mais simples, então implemente a lógica que você descobriu no Passo 2.

A seguir, temos o método `isPalindrome`.

```
public boolean isPalindrome()
{
   // caso separado para os strings mais curtos
   if (text.length() <= 1) return true;

   // obtenha o primeiro e o último caractere, convertidos para minúsculas
   char first = Character.toLowerCase(text.charAt(0));
   char last = Character.toLowerCase(
      text.charAt(text.length() - 1));

   if (Character.isLetter(first)
      && Character.isLetter(last))
   {
      // ambos são letras
      if (first == last)
      {
         // remova tanto o primeiro como o último caractere
         Sentence shorter = new Sentence(
            text.substring(1, text.length() - 2));
         return shorter.isPalindrome();
      }
      else
         return false;
   }
   else if (!Character.isLetter(last))
   {
      // remova o último caractere
      Sentence shorter = new Sentence(
         text.substring(0, text.length() - 1));
      return shorter.isPalindrome();
   }
   else
   {
```

```
            // remova o primeiro caractere
            Sentence shorter = new Sentence(
               text.substring(1, text.length() - 1));
            return shorter.isPalindrome();
         }
      }
```

17.3 Métodos Auxiliares Recursivos

> Às vezes, é mais fácil encontrar uma solução recursiva se fizermos uma leve mudança no problema original.

Às vezes, é mais fácil encontrar uma solução recursiva se mudarmos levemente o problema original. Então, o problema original pode ser resolvido chamando um método auxiliar recursivo.

A seguir, temos um exemplo típico. Vamos considerar o teste da palíndromo de Como Fazer? 17.1. É um tanto quanto ineficiente construir novos objetos `Sentence` a cada passo. Agora, vamos considerar a seguinte mudança no problema. Em vez de testar se toda a sentença é um palíndromo, vamos verificar se um *substring* é um palíndromo:

```
/** Testa se um substring da sentença é um palíndromo.
    @param start o índice do primeiro caractere do substring
    @param end o índice do último caractere do substring
    @return true se o substring for um palíndromo
*/
boolean isPalindrome(int start, int end)
```

Esse método acaba sendo até mesmo mais fácil de implementar do que o teste original. Nas chamadas recursivas, simplesmente ajustamos os parâmetros `start` e `end` para pular por cima de pares de letras iguais e caracteres que não forem letras. Não há necessidade de se construir novos objetos `Sentence` para representar os *strings* mais curtos.

```
public boolean isPalindrome(int start, int end)
{
   // caso separado para substrings de comprimento 0 e 1
   if (start >= end) return true;

   // obtenha o primeiro e o último caractere, convertidos para minúsculas
   char first = Character.toLowerCase(
      text.charAt(start));
   char last = Character.toLowerCase(text.charAt(end));

   if (Character.isLetter(first)
      && Character.isLetter(last))
   {
      if (first == last)
      {
         // testa se o substring tem as letras iguais
         return isPalindrome(start + 1, end - 1);
      }
      else
         return false;
   }
   else if (!Character.isLetter(last))
   {
      // testa o substring que não contém o último caractere
      return isPalindrome(start, end - 1);
   }
   else
   {
      // testa o substring que não contém o primeiro caractere
```

```
        return isPalindrome(start + 1, end);
    }
}
```

Devemos ainda fornecer um método para resolver o problema todo — o usuário de nosso método não deve ter de saber sobre o truque com as posições do substring. Simplesmente chame o método auxiliar com posições que testem todo o *string*:

```
public boolean isPalindrome()
{
    return isPalindrome(0, text.length() - 1);
}
```

Note que esta chamada *não* é um método recursivo. O método `isPalindrome()` chama um método diferente, `isPalindrome(int, int)`. Este último método é recursivo.

Usamos a técnica de métodos auxiliares recursivos sempre que for mais fácil resolver um problema recursivo que seja levemente diferente do problema original.

17.4 Recursões Mútuas

> Em uma recursão mútua, um conjunto de métodos cooperativos se chamam um ao outro repetidamente.

Nos exemplos anteriores, um método chamou a si mesmo para resolver um problema mais simples. Às vezes, um conjunto de métodos cooperativos chamam um outro de forma recursiva. Nesta seção, vamos explorar uma situação típica dessas recursões múltuas.

Vamos desenvolver um programa que possa calcular os valores de expressões aritméticas do tipo

```
3 + 4 * 5
(3 + 4) * 5
1 - (2 - (3 - (4 - 5)))
```

Calcular esse tipo de expressão é complicado pelo fato de que * e / têm precedência sobre + e –, e que os parênteses podem ser usados para agrupar subexpressões.

A Figura 3 mostra um conjunto de *diagramas de sintaxe* que descrevem a sintaxe dessas expressões. Uma expressão é um termo, uma soma ou diferença entre termos. Um termo é um fator, um produto ou quociente de fatores. Finalmente, um fator é um número ou uma expressão entre parênteses.

A Figura 4 mostra como as expressões 3 + 4 * 5 e (3 + 4) * 5 são derivadas do diagrama de sintaxe.

Como os diagramas de sintaxe nos ajudam a calcular o valor da árvore? Ao olhar para as árvores de sintaxe, vemos que elas representam precisamente quais operações devem ser executadas primeiro. Na primeira árvore, 4 e 5 devem ser multiplicados, e então o resultado deve ser adicionado a 3. Na segunda árvore, 3 e 4 devem ser somados e o resultado multiplicado por 5.

No fim desta seção, você encontrará a implementação da classe `Evaluator`, que avalia essas expressões. A classe `Evaluator` faz uso de uma classe `ExpressionTokenizer`, que quebra um *string* de entrada em *tokens* — números, operadores e parênteses. Quando chamamos `nextToken`, o próximo *token* de entrada é retornado como um *string*. Entretanto, diferentemente do `StringTokenizer`, nós fornecemos outro método, `peekToken`, que nos permite ver o próximo *token* sem consumi-lo. Para ver por que esse método é necessário, vamos considerar o diagrama de sintaxe do tipo fator. Se o próximo *token* for um "*" ou "/", vamos querer continuar a acrescentar e subtrair termos. Mas se o próxim *token* for outro caractere, como "+" ou "-", vamos querer parar sem consumi-lo, de modo que o *token* possa ser considerado mais tarde.

Para calcular o valor de uma expressão, implementamos três métodos: `getExpressionValue`, `getTermValue` e `getFactorValue`. O método `getExpressionValue` primeiramente chama `getTermValue` para obter o valor do primeiro termo da expressão. Então, ele verifica se o próximo *token* de entrada é + ou –. Se for, ele chama `getTermValue` novamente e o soma ou subtrai.

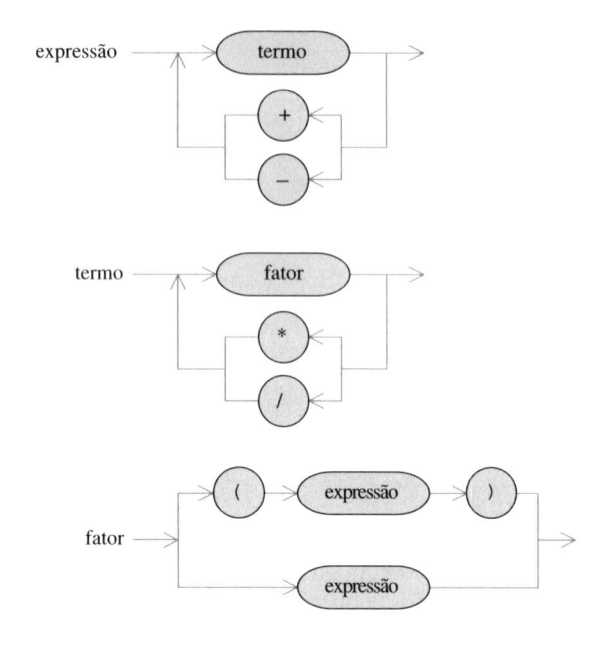

Figura 3
Diagramas de sintaxe para avaliação de uma expressão.

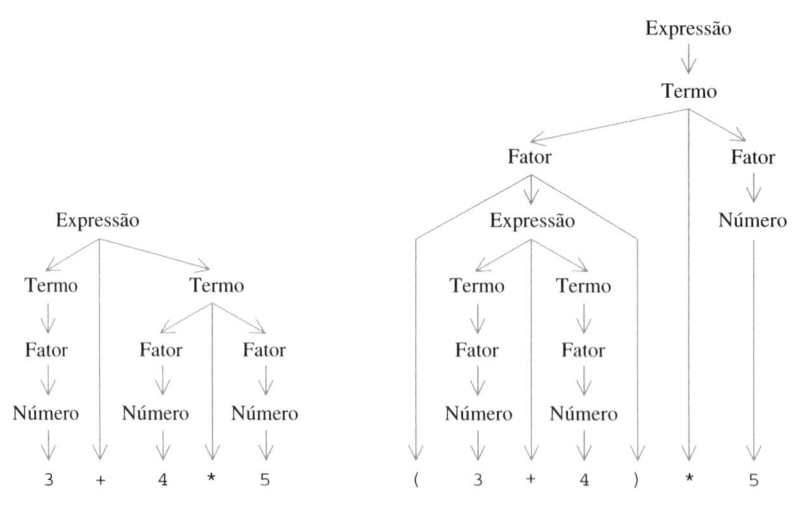

Figura 4
Árvores de sintaxe para duas expressões.

```java
public int getExpressionValue()
{
   int value = getTermValue();
   boolean done = false;
   while (!done)
   {
      String next = tokenizer.peekToken();
      if ("+".equals(next) || "-".equals(next))
      {
         tokenizer.nextToken();
```

```
            int value2 = getTermValue();
            if ("+".equals(next)) value = value + value2;
            else value = value - value2;
         }
         else done = true;
      }
      return value;
   }
```

O método `getTermValue` chama `getFactorValue` da mesma maneira, multiplicando ou dividindo os valores dos fatores.

Finalmente, o método `getFactorValue` confere se a próxima entrada é um número, ou se inicia com um *token" ("*. No primeiro caso, o valor é simplesmente o valor do número. Entretanto, no segundo caso, o método `getFactorValue` faz uma chamada recursiva para `getExpressionValue`. Assim, os três métodos são mutuamente recursivos.

```
   public int getFactorValue()
   {
      int value;
      String next = tokenizer.peekToken();
      if ("(".equals(next))
      {
         tokenizer.nextToken();
         value = getExpressionValue();
         next = tokenizer.nextToken(); // read ")"
      }
      else
         value = Integer.parseInt(tokenizer.nextToken());
      return value;
   }
```

Como sempre ocorre no caso de uma solução recursiva, temos de assegurar que a recursão termina. Nessa situação, isso é fácil de ver. Se `getExpressionValue` chama a si mesma, a segunda chamada trabalha sobre uma subexpressão mais curta do que a expressão original. A cada chamada recursiva, pelo menos alguns dos *tokens* do *string* de entrada são consumidos, de modo que, por fim, a recursão deve terminar.

Arquivo Evaluator.java

```
1  /**
2        Classe que pode calcular o valor de uma expressão aritmética.
3  */
4  public class Evaluator
5  {
6     /**
7           Constrói um avaliador.
8           @param anExpression um string que contém a expressão
9           a ser avaliada
10    */
11    public Evaluator(String anExpression)
12    {
13       tokenizer = new ExpressionTokenizer(anExpression);
14    }
15
16    /**
17          Avalia a expressão.
18          @return o valor da expressão
19    */
```

```java
20    public int getExpressionValue()
21    {
22       int value = getTermValue();
23       boolean done = false;
24       while (!done)
25       {
26          String next = tokenizer.peekToken();
27          if ("+".equals(next) || "-".equals(next))
28          {
29             tokenizer.nextToken();
30             int value2 = getTermValue();
31             if ("+".equals(next)) value = value + value2;
32             else value = value - value2;
33          }
34          else done = true;
35       }
36       return value;
37    }
38
39    /**
40       Avalia o próximo termo encontrado na expressão.
41       @return o valor do termo
42    */
43    public int getTermValue()
44    {
45       int value = getFactorValue();
46       boolean done = false;
47       while (!done)
48       {
49          String next = tokenizer.peekToken();
50          if ("*".equals(next) || "/".equals(next))
51          {
52             tokenizer.nextToken();
53             int value2 = getFactorValue();
54             if ("*".equals(next)) value = value * value2;
55             else value = value / value2;
56          }
57          else done = true;
58       }
59       return value;
60    }
61
62    /**
63       Avalia o próximo fator encontrado na expressão.
64       @return o valor do fator
65    */
66    public int getFactorValue()
67    {
68       int value;
69       String next = tokenizer.peekToken();
70       if ("(".equals(next))
71       {
72          tokenizer.nextToken();
73          value = getExpressionValue();
74          next = tokenizer.nextToken(); // read ")"
```

```
75        }
76        else
77           value = Integer.parseInt(tokenizer.nextToken());
78        return value;
79     }
80
81     private ExpressionTokenizer tokenizer;
82 }
```

Arquivo ExpressionTokenizer.java

```
 1  /**
 2       Esta classe quebra um string descrevendo uma expressão
 3       em tokens: números, parênteses e operadores.
 4  */
 5  public class ExpressionTokenizer
 6  {
 7     /**
 8        Constrói um tokenizador.
 9        @param anInput o string a ser transformado em tokens
10     */
11     public ExpressionTokenizer(String anInput)
12     {
13        input = anInput;
14        start = 0;
15        end = 0;
16        nextToken();
17     }
18
19     /**
20        Examina o próximo token sem consumi-lo.
21        @return o próximo token ou null se não houver mais tokens
22     */
23     public String peekToken()
24     {
25        if (start >= input.length()) return null;
26        else return input.substring(start, end);
27     }
28
29     /**
30        Obtém o próximo token e move o tokenizador para o
31        token seguinte.
32        @return o próximo token ou null se não houver mais tokens
33     */
34     public String nextToken()
35     {
36        String r = peekToken();
37        start = end;
38        if (start >= input.length()) return r;
39        if (Character.isDigit(input.charAt(start)))
40        {
41           end = start + 1;
42           while (end < input.length()
43              && Character.isDigit(input.charAt(end)))
44              end++;
45        }
```

```
46         else
47            end = start + 1;
48         return r;
49      }
50
51      private String input;
52      private int start;
53      private int end;
54   }
```

Arquivo EvaluatorTest.java

```
1  import javax.swing.JOptionPane;
2
3  /**
4      Este programa testa o avaliador de expressões.
5  */
6     public class EvaluatorTest
7     {
8     public static void main(String[] args)
9     {
10        String input = JOptionPane.showInputDialog(
11           "Enter an expression:");
12        Evaluator e = new Evaluator(input);
13        int value = e.getExpressionValue();
14        System.out.println(input + "=" + value);
15        System.exit(0);
16     }
17 }
```

17.5 A Eficiência da Recursão

Como vimos neste capítulo, a recursão pode ser uma ferramenta poderosa para implementar algoritmos complexos. Por outro lado, a recursão pode levar a algoritmos que têm um desempenho fraco. Nesta seção, vamos analisar a questão de quando a recursão é benéfica e quando é ineficiente.

Vamos considerar a seqüência de Fibonacci introduzida no Capítulo 5: uma seqüência de números definidos pela equação

$$f_1 = 1$$
$$f_2 = 1$$
$$f_n = f_{n-1} + f_{n-2}$$

Isto é, cada valor da seqüência é a soma dos dois valores anteriores. Os primeiros dez termos da seqüência são

1, 1, 2, 3, 5, 8, 13, 21, 34, 55

É fácil estender esta seqüência indefinidamente. Simplesmente fique anexando a soma dos últimos dois valores da seqüência. Por exemplo, a próxima entrada é 34 + 55 = 89.

Gostaríamos de escrever uma função que calcule f_n para qualquer valor de n. Vamos supor que nós traduzamos a definição diretamente para um método recursivo:

Arquivo FibTest.java

```
1  import javax.swing.JOptionPane;
2
3  /**
```

```
 4      Este programa calcula os números de Fibonacci usando um
 5      método recursivo.
 6   */
 7  public class FibTest
 8  {
 9      public static void main(String[] args)
10      {
11          String input = JOptionPane.showInputDialog(
12              "Enter n: ");
13          int n = Integer.parseInt(input);
14
15          for (int i = 1; i <= n; i++)
16          {
17              int f = fib(i);
18              System.out.println("fib(" + i + ") = " + f);
19          }
20          System.exit(0);
21      }
22
23      /**
24          Calcula um número de Fibonacci.
25          @param n um inteiro
26          @return o n-ésimo número de Fibonacci
27      */
28      public static int fib(int n)
29      {
30          if (n <= 2) return 1;
31          else return fib(n - 1) + fib(n - 2);
32      }
33  }
```

Isso certamente é simples, e o método vai funcionar corretamente. Mas observe atentamente a saída ao executar o programa de teste. As primeiras poucas chamadas para o método fib são bem rápidas. Para valores maiores, no entanto, o programa pausa um tempo surpreendentemente longo entre saídas.

Isso não faz sentido. Armado de lápis, papel e uma calculadora podemos calcular esses números rapidamente, de modo que para o computador não deveria demorar tanto em hipótese nenhuma.

Para descobrir o problema, vamos inserir mensagens de monitoração no método:

Arquivo FibTrace.java

```
 1  import javax.swing.JOptionPane;
 2
 3  /**
 4      Este programa imprime mensagens de monitoração que mostram quantas vezes o
 5      método recursivo para calcular os números de Fibonacci chama a si mesmo.
 6   */
 7  public class FibTrace
 8  {
 9      public static void main(String[] args)
10      {
11          String input = JOptionPane.showInputDialog(
12              "Enter n: ");
13          int n = Integer.parseInt(input);
14
```

```
15          int f = fib(n);
16
17          System.out.println("fib(" + n + ") = " + f);
18          System.exit(0);
19       }
20
21       /**
22          Calcula um número de Fibonacci.
23          @param n  um inteiro
24          @return o n-ésimo número de Fibonacci
25       */
26       public static int fib(int n)
27       {
28          System.out.println("Entering fib: n = " + n);
29          int f;
30          if (n <= 2) f = 1;
31          else f = fib(n - 1) + fib(n - 2);
32          System.out.println("Exiting fib: n = " + n
33             + " return value = " + f);
34          return f;
35       }
36    }
```

A seguir, temos o rastreamento para o cálculo de fib(6). A Figura 5 mostra a árvore de chamadas

```
Entering fib: n = 6
Entering fib: n = 5
Entering fib: n = 4
Entering fib: n = 3
Entering fib: n = 2
Exiting fib: n = 2 return value = 1
Entering fib: n = 1
Exiting fib: n = 1 return value = 1
Exiting fib: n = 3 return value = 2
Entering fib: n = 2
Exiting fib: n = 2 return value = 1
```

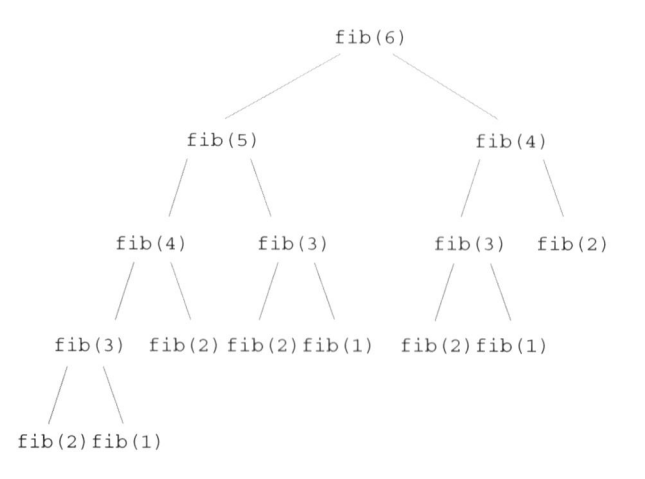

```
                              fib(6)
                             /      \
                        fib(5)        fib(4)
                       /     \       /     \
                   fib(4)  fib(3) fib(3)  fib(2)
                   /   \    /  \   /  \
               fib(3) fib(2) fib(2) fib(1) fib(2) fib(1)
               /  \
           fib(2) fib(1)
```

Figura 5

Padrão de chamadas do método recursivo fib.

```
Exiting fib: n = 4 return value = 3
Entering fib: n = 3
Entering fib: n = 2
Exiting fib: n = 2 return value = 1
Entering fib: n = 1
Exiting fib: n = 1 return value = 1
Exiting fib: n = 3 return value = 2
Exiting fib: n = 5 return value = 5
Entering fib: n = 4
Entering fib: n = 3
Entering fib: n = 2
Exiting fib: n = 2 return value = 1
Entering fib: n = 1
Exiting fib: n = 1 return value = 1
Exiting fib: n = 3 return value = 2
Entering fib: n = 2
Exiting fib: n = 2 return value = 1
Exiting fib: n = 4 return value = 3
Exiting fib: n = 6 return value = 8
```

Agora está se tornando claro por que o método leva tanto tempo. Ele está calculando os mesmos valores repetidamente. Por exemplo, o cálculo de fib(6) chama fib(4) duas vezes e fib(3) três vezes. Isso é bem diferente do cálculo que faríamos com lápis e papel. Ali, iríamos apenas escrever os valores à medida que eles iam sendo calculados e somar os dois últimos para obter o próximo, até que atingíssemos a entrada desejada; nenhum valor de seqüência seria calculado duas vezes.

Se imitarmos o processo de cálculo manual, então obteremos o seguinte programa.

Arquivo FibLoop.java

```
1   import javax.swing.JOptionPane;
2
3   /**
4       Este programa calcula números de Fibonacci usando um método iterativo.
5   */
6   public class FibLoop
7   {
8       public static void main(String[] args)
9       {
10          String input = JOptionPane.showInputDialog(
11              "Enter n: ");
12          int n = Integer.parseInt(input);
13
14          for (int i = 1; i <= n; i++)
15          {
16              double f = fib(i);
17              System.out.println("fib(" + i + ") = " + f);
18          }
19          System.exit(0);
20      }
21
22      /**
23          Calcula um número de Fibonacci.
24          @param n  um inteiro
25          @return  o n-ésimo número de Fibonacci
26      */
27      public static double fib(int n)
```

```java
28    {
29       if (n <= 2) return 1;
30       double fold = 1;
31       double fold2 = 1;
32       double fnew = 1;
33       for (int i = 3; i <= n; i++)
34       {
35          fnew = fold + fold2;
36          fold2 = fold;
37          fold = fnew;
38       }
39       return fnew;
40    }
41 }
```

Esse método é executado *muito* mais rapidamente que a versão recursiva.

Nesse exemplo do método `fib`, a solução recursiva foi fácil de programar porque ela seguiu exatamente a definição matemática, mas foi executada muito mais lentamente do que a solução iterativa, pois calculou muitos resultados intermediários, múltiplas vezes.

Será que sempre podemos tornar mais rápida uma solução recursiva mudando-a para um laço? Freqüentemente, as soluções iterativa e recursiva têm essencialmente o mesmo desempenho. Por exemplo, eis uma solução iterativa para o teste do palíndromo.

```java
public boolean isPalindrome()
{
   int start = 0;
   int end = text.length() - 1;
   while (start < end)
   {
      char first = Character.toLowerCase(
         text.charAt(start));
      char last = Character.toLowerCase(text.charAt(end));

      if (Character.isLetter(first)
         && Character.isLetter(last))
      {
         // ambos são letras
         if (first == last)
         {
            start++;
            end--;
         }
         else
            return false;
      if (!Character.isLetter(last))
         end--;
      if (!Character.isLetter(first))
         start++;
   }
   return true;
}
```

Essa solução mantém duas variáveis de índice: `start` e `end`. O primeiro índice começa no início do *string* e é incrementado sempre que as letras forem iguais ou sempre que um caractere diferente de letra tenha sido ignorado. O segundo índice inicia no fim do *string* e se move em direção ao início. Quando as duas variáveis de índice se encontram, então a iteração pára.

Tanto a iteração como a recursão são executadas aproximadamente à mesma velocidade. Se um palíndromo tem *n* caracteres, a iteração executa o laço entre *n*/2 e *n* vezes, dependendo de quantos

> As vezes acontece de uma solução recursiva ser executada muito mais lentamente do que sua equivalente iterativa. Entretanto, na maioria dos casos, a solução recursiva é apenas levemente mais lenta.

dos caracteres são letras, uma vez que uma ou ambas as variáveis de índice são movidas a cada passo. Da mesma forma, a solução recursiva chama a si mesma entre $n/2$ e n vezes, porque um ou dois caracteres são removidos a cada passo.

Nessa situação, a solução iterativa tende a ser um pouco mais rápida, porque cada chamada ao método recursivo leva um certo tempo de processador. Em princípio, é possível um compilador inteligente evitar chamadas de métodos recursivos se eles seguirem padrões simples, porém a maioria dos compiladores não faz isso. Sob esse ponto de vista, uma solução iterativa é melhor.

Há vários problemas que são dramaticamente mais fáceis de resolver recursivamente. Por exemplo, não é nem um pouco óbvio como podemos gerar uma solução não-recursiva para o gerador de permutações. Como nos mostra o Exercício P17.11, é possível evitar a recursão, mas a solução resultante é bem complexa (e não é mais rápida).

> Em muitos casos, uma solução recursiva é mais fácil de entender e implementar corretamente do que uma solução iterativa.

Freqüentemente, as soluções recursivas são mais fáceis de entender e implementar corretamente do que suas equivalentes iterativas. Há uma certa elegância e economia de pensamento nas soluções recursivas que as tornam mais atraentes. Como disse o cientista da computação (e criador do interpretador GhostScript para a linguagem de descrição gráfica PostScript) L. Peter Deutsch: "Iterar é humano, recorrer é divino".

Fato Histórico 17.1

Os Limites da Computação

Você já se perguntou como seu professor sabe se seu dever de casa de programação está correto? Provavelmente eles olham a sua solução e talvez a executem com algumas entradas de teste. Mas geralmente eles têm uma solução correta à mão. Isso sugere que pode haver uma maneira mais fácil. Talvez eles pudessem colocar o seu programa e o programa correto deles em um comparador de programas, um programa de computador que analisasse ambos os programas e determinasse se os dois calculam os mesmo resultados. Certamente, sua solução e o programa reconhecidamente correto não precisam ser idênticos — o que importa é que eles produzam a mesma saída quando recebem a mesma entrada.

Como esse programa comparador poderia funcionar? Bem, o compilador Java sabe como ler um programa e discernir as classes, métodos e comandos. Assim, parece plausível que se possa, com algum esforço, escrever um programa que leia dois programas Java, analise o que eles fazem e determine se eles resolvem a mesma tarefa. Naturalmente, esse programa seria de muito interesse dos professores, pois poderia automatizar o processo de correção de trabalhos. Assim, embora esse programa ainda não exista hoje, seria tentador desenvolver um e vendê-lo para as universidades de todo o mundo.

Entretanto, antes que você levante o capital para investir nesse esforço, você deve saber que os cientistas teóricos de computação provaram que é impossível desenvolver esse programa, *independentemente de quanto esforço você faça*.

Há vários problemas assim insolúveis. O primeiro, chamado de *problema da parada*, foi descoberto pelo pesquisador britânico Alan Turing em 1936 (veja a Figura 6). Como sua pesquisa ocorreu antes que o primeiro computador real fosse construído, Turing teve de inventar um dispositivo teórico, a *máquina de Turing*, para explicar como os computadores podiam funcionar. A máquina de Turing consiste em uma fita magnética longa, um cabeçote de leitura/gravação e um programa com instruções numeradas do tipo: "Se o símbolo atual sob a cabeça for x, então substitua-o por y, mova a cabeça uma unidade para a esquerda ou direita, e continue com a instrução n" (veja a Figura 7). É interessante observar que, apenas com essas instruções, podemos programar tanto quanto em Java, embora isso seja incrivelmente cansativo. Os cientistas teóricos da computação gostam das máquinas de Turing porque elas podem ser descritas usando apenas as leis da matemática.

Figura 6
Alan Turing.

Número da instrução	Se o símbolo na fita for	Substitua por	Então mova o cabeçote para a	Então vá para instrução
1	0	2	direita	2
1	1	1	esquerda	4
2	0	0	direita	2
2	1	1	direita	2
2	B	0	esquerda	3
3	0	0	esquerda	3
3	1	1	esquerda	3
3	2	2	direita	1
4	1	1	direita	5
4	2	0	esquerda	4

Programa

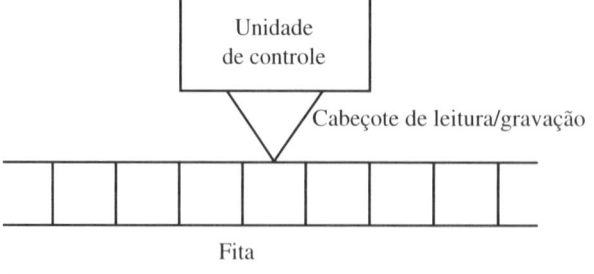

Unidade de controle

Cabeçote de leitura/gravação

Fita

Figura 7
Uma máquina de Turing.

Expresso em termos de Java, o problema da parada diz: "É impossível escrever um programa com duas entradas, nominalmente o código-fonte de um programa Java arbitrário *P* e um *string I*, que decida se o programa *P*, quando executado com a entrada *I*, irá parar sem entrar em um laço infinito". É claro que para alguns tipos de programas e entradas, é possível decidir se os programas param com a entrada dada. O problema da parada afirma que é impossível descobrir um só algoritmo de tomada de decição que funcione com todos os programas e entradas. Observe que não podemos simplesmente executar o programa *P* sobre a entrada *I* para estabelecer essa questão. Se o programa for executado por 1000 dias, não saberemos se o programa está em um laço infinito ou não. Talvez apenas tenhamos de esperar mais um dia para ele parar.

Esse "verificador de parada", se pudesse ser escrito, também poderia ser útil para avaliar deveres de casa. O professor poderia usá-lo para avaliar trabalhos de alunos para ver se eles entram em laço infinito com determinada entrada, e nesse caso não continuar conferindo aquele trabalho. Entretanto, como Turing demonstrou, tal programa não pode ser escrito. Seu argumento é genial e bem simples.

Vamos supor que existisse um programa "verificador de parada". Vamos chamá-lo de *H*. A partir de *H*, vamos desenvolver outro programa, o programa "matador" *K*. *K* faz o que segue. Sua entrada é um *string* que contém o código fonte de um programa *R*. Ele então aplica o verificador de parada ao programa de entrada *R* e ao *string* de entrada *R*. Isto é, ele confere se o programa *R* pára se sua entrada é seu próprio código-fonte. Soa estranho alimentar um programa consigo mesmo, porém isso não é impossível. Por exemplo, o compilador Java é escrito em Java, e podemos usá-lo para compilar a si mesmo. Ou, como um exemplo mais simples, podemos usar o programa contador de palavras do Capítulo 6 para contar as palavras em seu próprio código-fonte.

Quando *K* obtém a resposta de *H* de que *R* pára quando aplicado a si mesmo, ele é programado para entrar em um laço infinito. Caso contrário, *K* termina. Em Java, o programa ficaria assim:

```
public class Killer
{
   public static void main(String[] args)
   {
      String r = lê a entrada do programa;
      HaltChecker checker = new HaltChecker();
      if (checker.check(r, r))
         while (true) { }  // laço infinito
      else
         return;
   }
}
```

Agora, pergunte-se: o que o verificador de parada responde quando é perguntado se *K* pára quando lhe é dado *K* como entrada? Talvez ele descubra que *K* entra em um laço infinito com essa entrada. Mas espere, isso não pode estar certo. Isso significaria que `checker.check(r, r)` retorna `false` quando `r` é o código do programa de *K*. Como podemos ver claramente, nesse caso, o método matador `killer` retorna, de modo que *K* não entrou em um laço infinito. Isso mostra que *K* tem de parar quando estiver analisando a si mesmo, de modo que `checker.check(r, r)` deve retornar `true`. Mas então o método `killer` não termina — ele entra em um laço infinito. Isso mostra que é logicamente impossível implementar um programa que possa verificar se *qualquer* programa pára com uma determinada entrada.

É bom saber que há *limites* para a computação. Existem problemas que nenhum programa de computador, a despeito de quão brilhante seja, pode resolver.

Os cientistas teóricos da computação estão trabalhando em outra pesquisa que envolve a natureza da computação. Uma questão importante que permanece não estabelecida até hoje trata de problemas que na prática são muito demorados para se resolver. Pode ser que esses problemas sejam intrinsicamente difíceis, o que tornaria sem sentido tentar procurar melhores algoritmos. Essas pesquisas teóricas podem ter aplicações práticas importantes. Por exemplo, até o momento, ninguém sabe se os esquemas mais comuns de criptografia usados hoje podem ser quebrados pela descoberta de um novo algoritmo (veja o Fato Histórico 15.1 para mais informações sobre algoritmos de criptografia). Saber que não existe nenhum algoritmo rápido para quebrar determinado código poderia nos fazer sentir mais confortáveis sobre a segurança da criptografia.

Resumo do Capítulo

1. A computação recursiva resolve um problema usando a solução do mesmo problema com entradas mais simples.
2. A fim de que uma recursão termine, deve haver casos especiais para as entradas mais simples.
3. Às vezes é mais fácil encontrar uma solução recursiva se fizermos uma leve mudança no problema original.
4. Em uma recursão mútua, um conjunto de métodos cooperativos chamam um ao outro repetidamente.
5. Ocasionalmente, a solução recursiva é executada muito mais devagar do que sua equivalente iterativa. Entretanto, na maioria dos casos, a solução recursiva é apenas um pouco mais lenta.
6. Em muitos casos, uma solução recursiva é mais fácil de entender e implementar corretamente do que uma solução iterativa.

Exercícios de Revisão

Exercício R17.1. Defina os termos
- Recursão
- Iteração
- Recursão infinita
- Recursão indireta

Exercício R17.2. Esboce, mas não implemente, uma solução recursiva para encontrar o menor valor em um *array*.

Exercício R17.3. Esboce, mas não implemente, uma solução recursiva para classificar um *array* de números. *Dica:* Primeiro encontre o menor valor do *array*.

Exercício R17.4. Esboce, mas não implemente, uma solução recursiva para gerar todos os subconjuntos do conjunto $\{1, 2, \ldots, n\}$.

Exercício R17.5. O Exercício P17.11 mostra uma maneira iterativa de gerar todas as permutações da seqüência $(0, 1, \ldots, n-1)$. Explique por que o algoritmo gera o resultado correto.

Exercício R17.6. Escreva uma definição recursiva de x^n, onde $n \geq 0$, semelhante à definição recursiva dos números de Fibonacci. *Dica:* Como você calcula x^n a partir de x^{n-1}? Como termina a recursão?

Exercício R17.7. Escreva uma definição recursiva de $n! = 1 \times 2 \times \cdots \times n$, semelhante à definição recursiva dos números de Fibonacci.

Exercício R17.8. Descubra quantas vezes a versão recursiva de `fib` chama a si mesma. Armazene uma variável estática `fibCount` e incremente-a uma vez a cada chamada de `fib`. Qual é o relacionamento entre `fib(n)` e `fibCount`?

Exercício R17.9. Quantos movimentos são necessários no problema das "Torres de Hanói" do Exercício P17.12 para mover n discos? *Dica:* Como é explicado nos exercícios,

moves(1) = 1
moves(n) = 2 · moves($n-1$) + 1

Exercícios de Programação

Exercício P17.1. Escreva um método recursivo `void reverse()` que inverta uma sentença. Por exemplo:

```
Sentence greeting = new Sentence("Hello!");
greeting.reverse();
System.out.println(greeting.getText());
```

imprime o *string* `"!olleH"`. Implemente uma solução recursiva removendo o primeiro caractere, invertendo uma sentença que consiste no restante do texto e combinando os dois.

Exercício P17.2. Refaça o Exercício P17.1 com um método de auxílio à recursão que inverta um *substring* do texto da mensagem.

Exercício P17.3. Implemente o método `reverse` do Exercício P17.1 de forma iterativa.

Exercício P17.4. Use recursão para implementar um método `boolean find(String t)` que testa se um *string* está contido em uma sentença:

```
Sentence s = new Sentence("Mississippi!");
boolean b = s.find("sip"); // retorna true
```

Dica: Se o texto iniciar com o *string* que você está procurando, então está resolvido. Caso contrário, considere a sentença que você obtém removendo o primeiro caractere.

Exercício P17.5. Use recursão para implementar um método `int indexOf(String t)` que retorne a posição inicial do primeiro *substring* do texto que corresponda a `t`. Retorne –1 se `t` não for um *substring* de `s`. Por exemplo,

```
Sentence s = new Sentence("Mississippi!");
int n = s.find("sip"); // retorna 6
```

Dica: Isso é um pouco mais difícil do que o problema anterior, porque você tem de monitorar a que distância a correspondência está do início da sentença. Faça com que esse valor seja um parâmetro de um método auxiliar.

Exercício P17.6. Usando recursão, encontre o maior elemento de um *array*.

```
public class DataSet
{
    public DataSet(int[] anArray) { ... }
    public int getMaximum() { ... }
    ...
}
```

Dica: Ache o maior elemento do subconjunto que contém todos os elementos menos o último. Então, compare o máximo ao valor do último elemento.

Exercício P17.7. Usando recursão, calcule a soma de todos os valores de um *array*.

```
public class DataSet
{
    public DataSet(int[] anArray) { ... }
    public int getSum() { ... }
    ...
}
```

Exercício P17.8. Usando recursão, calcule a área de um polígono. Corte fora um triângulo e use o fato de que um triângulo com vértices $(x_1, y_1), (x_2, y_2), (x_3, y_3)$ tem área

$(x_1y_2 + x_2y_3 + x_3y_1 - y_1x_2 - y_2x_3 - y_3x_1)/2$

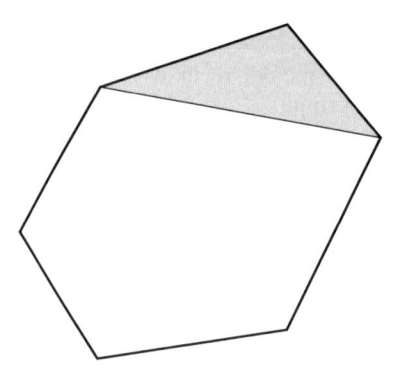

Exercício P17.9. Implemente um `SubStringGenerator` que gere todos os *substrings* de um *string*. Por exemplo, os *substrings* do *string* `"rum"` são os sete *strings*

`"r"`, `"ru"`, `"rum"`, `"u"`, `"um"`, `"m"`, `""`

Dica: Primeiramente, enumere todos os *substrings* que iniciam com o primeiro caractere. Há *n* desses *substrings* se o *string* tiver comprimento *n*. Então enumere os *substrings* do *string* que você obtém removendo o primeiro caractere.

Exercício P17.10. Implemente um `SubSetGenerator` que gere todos os subconjuntos de caracteres de um *string*. Por exemplo, os subconjuntos de caracteres do *string* `"rum"` são os oito *strings*

`"rum"`, `"ru"`, `"rm"`, `"r"`, `"um"`, `"u"`, `"m"`, `""`

Observe que os subconjuntos não precisam ser *substrings* — por exemplo, `"rm"` não é um *substring* de `"rum"`.

Exercício P17.11. A seguir, temos uma classe que gera todas as permutações dos números 0, 1, 2, ..., *n* – 1, sem usar recursão.

```java
public class NumberPermutationGenerator
{
   public NumberPermutationGenerator(int n)
   {
      a = new int[n];
      done = false;
      for (int i = 0; i < n; i++) a[i] = i;
   }

   public int[] nextPermutation()
   {
      if (a.length <= 1) return;

      for (int i = a.length - 1; i > 0; i--)
      {
         if (a[i - 1] < a[i])
         {
            int j = a.length - 1;
            while (a[i - 1] > a[j]) j--;
            swap(i - 1, j);
            reverse(i, a.length - 1);
            return a;
         }
      }
```

```
            return a;
        }
        public boolean hasMorePermutations()
        {
            if (a.length <= 1) return false;
            for (int i = a.length - 1; i > 0; i--)
            {
                if (a[i - 1] < a[i]) return true;
            }
            return false;
        }
        public void swap(int i, int j)
        {
            int temp = a[i];
            a[i] = a[j];
            a[j] = temp;
        }
        public void reverse(int i, int j)
        {
            while (i < j) { swap(i, j); i++; j--; }
        }
        private int[] a;
}
```

O algoritmo usa o fato de que o conjunto a ser permutado consiste em números distintos; portanto, não se pode usar o mesmo algoritmo para calcular as permutações dos caracteres de um *string*. Pode-se, entretanto, usar essa classe para obter todas as permutações das posições dos caracteres e então calcular um *string* cujo i-ésimo caractere seja `word.charAt(a[i])`. Use essa abordagem para reimplementar o `PermutationGenerator` sem recursão.

Exercício P17.12. *Torres de Hanói.* Esse é um jogo bem conhecido. Uma pilha de discos de tamanho decrescente deve ser transportada do pino mais à esquerda para o pino mais à direita. O pino do meio pode ser usado como armazenamento temporário (veja a Figura 8). Um único disco pode ser movido de cada vez, de qualquer pino para qualquer outro pino. Você só pode colocar discos menores sobre discos maiores, e não o oposto.

Escreva um programa que imprima os movimentos necessários para resolver o problema para *n* discos. Solicite o *n* ao usuário no início do programa. Imprima os movimentos da forma

```
Mover disk from peg to peg
```

Dica: Implemente uma classe `DiskMover`. O construtor recebe

- O pino de origem do qual deve mover os discos (1, 2, ou 3)
- O pino de destino para o qual mover os discos (1, 2, ou 3)
- O número de discos a mover

Uma classe movedora de discos que move um único disco de um pino para o outro simplesmente tem um método `nextMove` que retorna um *string*

```
Mover disk from peg origem to peg destino
```

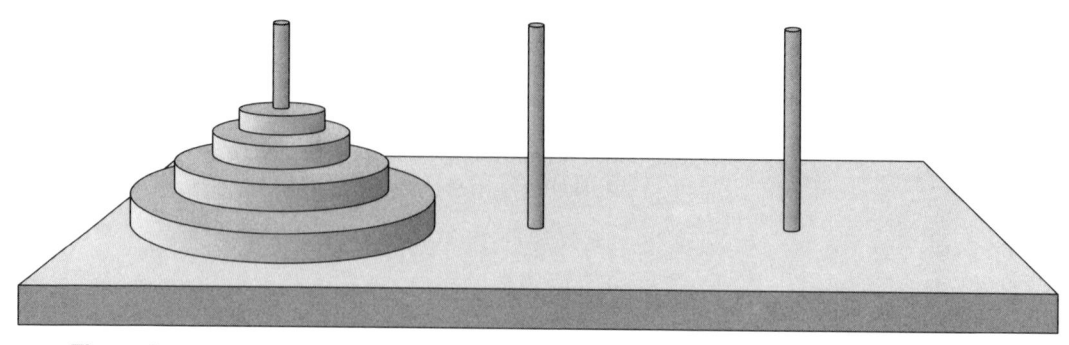

Figura 8
Torres de Hanói.

Uma classe movedora de discos que move mais de um disco tem de trabalhar mais arduamente. Ela precisa de outra `DiskMover` para ajudá-la. No construtor, construa uma `DiskMover(source, other, disks - 1)` onde `other` seja o pino diferente de `from` (de) e `target` (alvo).

O `nextMove` solicita à movedora de discos pelo seu próximo movimento, até terminar. O efeito é mover os primeiros `disks - 1` discos para o outro pino. Então, o método `nextMove` envia um comando para mover um disco do pino `from` para o pino `to`. Finalmente, ele constrói outra movedora de discos `DiskMover(other, target, disks - 1)` que gera os movimentos que movem os discos do outro pino para o pino de destino.

Dica: É útil monitorar o estado da movedora de discos:

- `BEFORE_LARGEST`: A movedora auxiliar move a pilha menor para o outro pino.
- `LARGEST`: Mova o disco maior da origem para o destino.
- `AFTER_LARGEST`: A movedora auxiliar move a pilha menor do outro pino para o destino.
- `DONE`: Todos os movimentos já foram feitos.

Teste seu programa da seguinte maneira:

```
DiskMover mover = new DiskMover(1, 3, n);
while (mover.hasMoreMoves())
    System.out.println(mover.nextMove());
```

Exercício P17.13. Implemente uma versão gráfica do programa das Torres de Hanói. Toda vez que o usuário clicar sobre um botão rotulado como "Next", desenhe o próximo movimento.

Capítulo 18

Classificação e Pesquisa

Objetivos do capítulo

- Estudar os diversos algoritmos de classificação e pesquisa
- Perceber que algoritmos para a mesma tarefa podem ter grandes diferenças de desempenho
- Entender a notação O (*big Oh*)
- Aprender a estimar e comparar o desempenho de algoritmos
- Aprender a medir o tempo de execução de um programa

Uma das tarefas mais comuns em processamento de dados é a classificação. Por exemplo, um grupo de funcionários precisa ser relacionado em ordem alfabética ou classificado pelo salário. Iremos estudar diversos métodos de classificação neste capítulo e comparar seus desempenhos. Isso não é, de forma alguma, uma análise exaustiva na questão de classificação. Provavelmente, você irá revisitar este tópico mais adiante em seus estudos sobre a ciência da computação. A referência [1] dá uma boa visão geral dos muitos métodos de classificação disponíveis.

Uma vez que uma seqüência de objetos esteja classificada, pode-se localizar objetos individuais rapidamente. Iremos estudar o algoritmo de *pesquisa binária*, o qual realiza essa pesquisa rápida.

Sumário do capítulo

- **18.1** Classificação por Seleção 652
- **18.2** Estabelecendo o Perfil do Algoritmo de Classificação por Seleção 655
- **18.3** Análise do Desempenho do Algoritmo de Classificação por Seleção 658
- **18.4** Classificação por Intercalação 660
- **18.5** Análise do Algoritmo de Classificação por Intercalação 663

Fato Histórico 18.1: A Primeira Programadora 665
Tópico Avançado 18.1: O Algoritmo Quicksort 667
- **18.6** Pesquisa 669
- **18.7** Pesquisa Binária 671
- **18.8** Pesquisa e Classificação de Dados Reais 673

18.1 Classificação por Seleção

Para manter os exemplos simples, vamos discutir como classificar um *array* de inteiros antes de prosseguir com a classificação de *strings* ou dados de funcionários. Vamos considerar o seguinte *array* a:

| 11 | 9 | 17 | 5 | 12 |

> O algoritmo da classificação por seleção classifica um *array* localizando repetidamente o menor elemento da região não-classificada e o movendo para a frente.

O primeiro passo óbvio é encontrar o menor elemento. Nesse caso, o menor elemento é 5, armazenado em a[3]. Nós deveríamos mover o 5 para o início do *array*. Naturalmente, já há um elemento armazenado em a[0], qual seja o 11. Portanto, não podemos simplesmente mover a[3] para dentro de a[0] sem mover o 11 para outro lugar. Ainda não sabemos onde será o destino final do 11, mas sabemos com certeza que ele não deve estar em a[0]. Simplesmente o tiramos do caminho trocando-o de lugar com a[3].

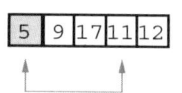

| 5 | 9 | 17 | 11 | 12 |

Agora o primeiro elemento está no lugar certo. Na figura anterior, o sombreado separa a porção do *array* que já está classificada da que ainda não está.

A seguir, tomamos o valor mínimo das entradas remanescentes a[1] ... a[4]. Esse valor mínimo, 9, já está no lugar certo. Não precisamos fazer nada nesse caso e podemos simplesmente estender a área classificada mais uma casa para a direita:

| 5 | 9 | 17 | 11 | 12 |

Repetimos o processo. O valor mínimo da região não-classificada é 11, o qual precisa ser permutado com o primeiro valor da região não-classificada, 17:

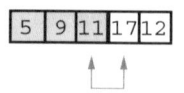

| 5 | 9 | 11 | 17 | 12 |

Agora a região não-classificada só tem dois elementos de comprimento, porém mantemos a mesma abordagem bem-sucedida. O valor mínimo é 12, e nós o trocamos pelo primeiro valor, 17.

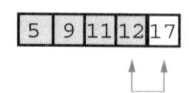

| 5 | 9 | 11 | 12 | 17 |

Isso nos deixa com uma região não-processada de comprimento 1, porém naturalmente uma região de comprimento 1 está sempre classificada. Estamos prontos.

Vamos programar esse algoritmo. Para esse programa bem como para o outro programa deste capítulo, vamos usar dois métodos utilitários – um para gerar um *array* de entradas aleatórias, e o outro para imprimir os valores de um *array* – os quais nós empacotamos em uma classe `ArrayUtil` de modo que não tenhamos de repeti-los para cada exemplo de código.

Esse algoritmo irá classificar qualquer *array* de inteiros. Se a velocidade não nos fosse importante, ou se simplesmente não houvesse um método de classificação disponível, poderíamos parar exatamente aqui a discussão sobre classificação. Como mostra a próxima seção, entretanto, esse algoritmo, embora esteja inteiramente correto, mostra um desempenho desanimador quando executado sobre um grande conjunto de dados.

O Exercício R18.13 discute a classificação por inserção, outro algoritmo simples de classificação (e igualmente ineficiente).

Arquivo SelectionSorter.java

```
 1  /**
 2        Esta classe classifica um array, usando o algoritmo de classificação por
 3        seleção.
 4  */
 5  public class SelectionSorter
 6  {
 7     /**
 8        Constrói um classificador por seleção.
 9        @param anArray o array a classificar
10     */
11     public SelectionSorter(int[] anArray)
12     {
13        a = anArray;
14     }
15
16     /**
17        Classifica o array gerenciado por este classificador por seleção.
18     */
19     public void sort()
20     {
21        for (int i = 0; i < a.length - 1; i++)
22        {
23           int minPos = minimumPosition(i);
24           swap(minPos, i);
25        }
26     }
27
28     /**
29        Encontra o menor elemento em um intervalo final do array.
30        @param from a primeira posição em a a comparar
31        @return a posição do menor elemento do
32           intervalo a[from]...a[a.length - 1]
33     */
34     private int minimumPosition(int from)
35     {
36        int minPos = from;
37        for (int i = from + 1; i < a.length; i++)
38           if (a[i] < a[minPos]) minPos = i;
39        return minPos;
40     }
41
42     /**
43        Permuta duas entradas do array.
44        @param i a primeira posição a permutar
45        @param j a segunda posição a permutar
46     */
47     private void swap(int i, int j)
48     {
```

```
49          int temp = a[i];
50          a[i] = a[j];
51          a[j] = temp;
52       }
53
54       private int[] a;
55    }
```

Arquivo SelectionSortTest.java

```
1  /**
2       Este programa testa o algoritmo de classificação por seleção
3       classificando um array preenchido com números aleatórios.
4  */
5  public class SelectionSortTest
6  {
7     public static void main(String[] args)
8     {
9        int[] a = ArrayUtil.randomIntArray(20, 100);
10       ArrayUtil.print(a);
11
12       SelectionSorter sorter = new SelectionSorter(a);
13       sorter.sort();
14
15       ArrayUtil.print(a);
16    }
17 }
```

Arquivo ArrayUtil.java

```
1  import java.util.Random;
2
3  /**
4       Esta classe contém métodos utilitários para a manipulação de
5       arrays.
6  */
7  public class ArrayUtil
8  {
9     /**
10          Cria um array preenchido com valores aleatórios.
11          @param length o comprimento do array
12          @param n o número possível de valores aleatórios
13          @return um array contendo valores de comprimento entre
14             0 e n-1
15    */
16    public static int[] randomIntArray(int length, int n)
17    {  int[] a = new int[length];
18       Random generator = new Random();
19
20       for (int i = 0; i < a.length; i++)
21          a[i] = generator.nextInt(n);
22
23       return a;
24    }
```

```
25
26      /**
27          Imprime todos os elementos de um array.
28          @param a o array a imprimir
29      */
30      public static void print(int[] a)
31      {
32          for (int i = 0; i < a.length; i++)
33              System.out.print(a[i] + " ");
34          System.out.println();
35      }
36  }
```

18.2 Estabelecendo o Perfil do Algoritmo de Classificação por Seleção

Para medir o desempenho de um programa, poderíamos simplesmente executá-lo e calcular quanto tempo ele gastou, usando um cronômetro. No entanto, a maioria de nossos programas são executados muito rapidamente e não é fácil medir precisamente o tempo deles dessa maneira. Além disso, quando um programa leva um tempo perceptível para ser executado, uma parte desse tempo pode simplesmente ser usado para carregar o programa do disco para a memória (no que não podemos penalizar o programa) ou para a saída na tela (cuja velocidade depende do modelo do computador, até mesmo para computadores de CPUs idênticas). Vamos então criar uma classe `StopWatch` (cronômetro). Essa classe funciona como um cronômetro de verdade. Podemos iniciá-lo, pará-lo e ler o tempo que passou. A classe usa o método `System.currentTimeMillis`, o qual retorna os milissegundos que transcorreram desde a meia-noite de 1º de janeiro de 1970. Naturalmente, não nos importamos com o número absoluto de segundos desde essa data, mas a *diferença* de duas dessas contagens nos dá o número de milissegundos em um intervalo de tempo. A seguir, temos o código da classe `StopWatch`:

Arquivo StopWatch.java

```
1   /**
2       O cronômetro (stopwatch) acumula tempo quando está sendo executado. Você pode
3       iniciar e parar o cronômetro repetidas vezes. Você pode usar um
4       cronômetro para medir o tempo de execução de um programa.
5   */
6   public class StopWatch
7   {
8       /**
9           Constrói um cronômetro no estado parado
10          e sem nenhum tempo acumulado.
11      */
12      public StopWatch()
13      {
14          reset();
15      }
16
17      /**
18          Dispara o cronômetro. O tempo começo a ser contado agora.
19      */
20      public void start()
21      {
22          if (isRunning) return;
```

```java
23         isRunning = true;
24         startTime = System.currentTimeMillis();
25      }
26
27      /**
28         Pára o cronômetro. O tempo deixa de ser contado e é
29         adicionado ao tempo transcorrido.
30      */
31      public void stop()
32      {
33         if (!isRunning) return;
34         isRunning = false;
35         long endTime = System.currentTimeMillis();
36         elapsedTime = elapsedTime + endTime - startTime;
37      }
38
39      /**
40         Retorna o total de tempo transcorrido.
41         @return o total de tempo transcorrido
42      */
43      public long getElapsedTime()
44      {
45         if (isRunning)
46         {
47            long endTime = System.currentTimeMillis();
48            elapsedTime = elapsedTime + endTime - startTime;
49            startTime = endTime;
50         }
51         return elapsedTime;
52      }
53
54      /**
55         Pára o cronômetro e reinicia o tempo transcorrido para 0.
56      */
57      public void reset()
58      {
59         elapsedTime = 0;
60         isRunning = false;
61      }
62
63      private long elapsedTime;
64      private long startTime;
65      private boolean isRunning;
66   }
```

A seguir, temos a maneira como vamos usar o cronômetro para medir o desempenho do algoritmo de classificação:

Arquivo SelectionSortTimer.java

```java
1  import javax.swing.JOptionPane;
2
3  /**
4        Este programa mede quanto tempo leva para classificar um
5        array de tamanho especificado pelo usuário com o algoritmo de
```

```
6        classificação por seleção.
7  */
8  public class SelectionSortTimer
9  {
10     public static void main(String[] args)
11     {
12         String input = JOptionPane.showInputDialog(
13             "Enter array size:");
14         int n = Integer.parseInt(input);
15
16         // constrói um array aleatório
17
18         int[] a = ArrayUtil.randomIntArray(n, 100);
19         SelectionSorter sorter = new SelectionSorter(a);
20
21         // usa o cronômetro para medir o tempo da classificação por seleção
22
23         StopWatch timer = new StopWatch();
24
25         timer.start();
26         sorter.sort();
27         timer.stop();
28
29         System.out.println("Elapsed time: "
30             + timer.getElapsedTime() + " milliseconds");
31         System.exit(0);
32     }
33  }
```

Se iniciarmos a medição do tempo exatamente antes de classificar e pararmos o cronômetro imediatamente após a classificação, não estaremos contando o tempo que leva para inicializar o *array* nem o tempo durante o qual o programa aguarda que o usuário digite n.

A seguir, temos os resultados de algumas execuções:

n	Milissegundos
10.000	3.460
20.000	13.240
30.000	28.290
40.000	51.520
50.000	82.670
60.000	121.820

Essas medidas foram obtidas com um processador Pentium com velocidade de 166 MHz, 96MB de memória e rodando Windows 98. Em outro computador os números serão diferentes, mas a relação entre os números será a mesma. A Figura 1 mostra um gráfico das medidas. Como podemos ver, dobrando o tamanho do conjunto de dados mais do que dobra o tempo necessário para classificá-lo.

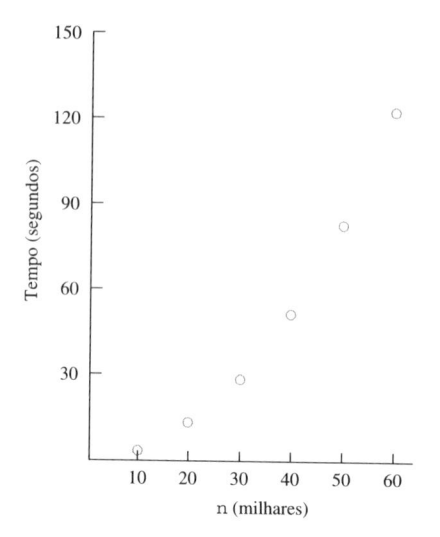

Figura 1
Tempo gasto pela classificação por seleção.

18.3 Análise do Desempenho do Algoritmo de Classificação por Seleção

Vamos contar o número de operações que o programa tem de realizar para classificar um *array* pelo algoritmo de classificação por seleção. Na realidade, não sabemos quantas operações de máquina são geradas para cada instrução Java ou quais dessas instruções consomem mais tempo do que as outras, mas podemos fazer uma simplificação. Vamos simplesmente contar quantas vezes um elemento de um *array* é *visitado*. Cada visita requer aproximadamente a mesma quantidade de trabalho que outras operações, como incrementar subscritos e comparar valores.

Seja n o tamanho do *array*. Primeiramente, temos de encontrar o menor dos n números. Para conseguir isso, temos de visitar n elementos do *array*. Então, permutamos os elementos, o que gasta duas visitas.

Você pode afirmar que há uma certa probabilidade de que não precisemos permutar os valores. Isso é verdade, e pode-se refinar os cálculos para refletir essa observação. Como veremos em breve, isso não afetaria a conclusão geral.

No próximo passo, precisaremos visitar apenas $n - 1$ elementos para encontrar o mínimo. No passo seguinte, precisaremos visitar apenas $n - 2$ elementos para encontrar o mínimo. O último passo visita dois elementos para encontrar o mínimo. Cada passo necessita de duas visitas para permutar os elementos. Portanto, o número total de visitas é

$$n + 2 + (n - 1) + 2 + \cdots + 2 + 2$$
$$= n + (n - 1) + \cdots + 2 + (n - 1) \cdot 2$$
$$= 2 + \cdots + (n - 1) + n + (n - 1) \cdot 2$$
$$= \frac{n \cdot (n + 1)}{2} - 1 + (n - 1) \cdot 2$$

porque

$$1 + 2 + \cdots + (n - 1) + n = \frac{n \cdot (n + 1)}{2}$$

Depois de multiplicar e fatorar os termos de *n*, descobrimos que o número de visitas é

$$\frac{1}{2} \cdot n^2 + \frac{5}{2} \cdot n - 3$$

Obtemos uma equação quadrática em *n*. Isso explica porque a Figura 1 se parece com uma parábola. Vamos agora simplificar mais a análise. Quando definimos um valor grande para *n* (por exemplo, 1000 ou 2000), então $\frac{1}{2} \cdot n^2$ é 500.000 ou 2.000.000. O menor termo, $5/2 \cdot n - 3$, não contribui em nada praticamente, é apenas 2497 ou 4997, uma gota em um balde, comparado às centenas de milhares ou mesmo milhões de comparações especificadas pelo termo $\frac{1}{2} \cdot n^2$. Vamos simplesmente ignorar esses termos menos significativos. A seguir, vamos ignorar o fator constante $\frac{1}{2}$. Não estamos interessados na contagem real de visitas para um único *n*. Queremos comparar as proporções de contagens para diferentes valores de *n*. Por exemplo, podemos dizer que classificar um *array* de 2000 números requer quatro vezes mais visitas do que classificar um *array* de 1000 números:

$$\frac{\frac{1}{2} \cdot 2.000^2}{\frac{1}{2} \cdot 1.000^2} = 4$$

> Os cientistas da computação usam a notação O (ou *big Oh*) f(n) = O(g(n)) para expressar que a função f não cresce mais rapidamente do que a função g.

O fator é cancelado em comparações desse tipo. Simplesmente diremos: "O número de visitas é da ordem de n^2". Dessa forma, podemos facilmente ver que o número de comparações aumenta quatro vezes quando o tamanho do *array* dobra: $(2n)^2 = 4n^2$.

Os cientistas da computação freqüentemente usam a *notação O* para indicar que o número de visitas é da ordem de n^2: o número de visitas é $O(n^2)$. Essa é uma maneira abreviada conveniente de representação.

Em geral, a expressão $f(n) = O(g(n))$ significa que *f* não cresce mais rapidamente do que *g*, ou, de maneira mais formal, que para todo *n* maior do que algum valor de partida, a razão $f(n)/g(n) \le C$ para algum valor constante *C*. A função *g* geralmente é escolhida para ser muito simples, tal como n^2 no nosso exemplo.

Para transformar uma expressão exata como

$$\frac{1}{2} \cdot n^2 + \frac{5}{2} \cdot n - 3$$

em notação O, simplesmente localize o termo que cresce mais rapidamente, n^2, e ignore seu coeficiente constante, a despeito de quão grande ou quão pequeno ele possa ser.

Observamos anteriormente que o número de operações de máquina e o número de microssegundos que o computador gasta com elas é aproximadamente proporcional ao número de visitas a um elemento. Talvez haja cerca de 10 operações de máquina (incrementos, comparações, cargas de memória e armazenamentos) para cada visita a um elemento. O número de operações de máquina é então de aproximadamente $10 \cdot \frac{1}{2} \cdot n^2$. Novamente, não estamos interessados no coeficiente, de modo que podemos dizer que o número de operações de máquina, e portanto o tempo gasto para a classificação, é da ordem de n^2 ou $O(n^2)$.

O fato triste que permanece é que dobrando o tamanho do *array* aumenta em quatro vezes o tempo necessário para classificá-lo com a classificação por seleção. Quando o tamanho do *array* aumenta em um fator de 100, o tempo de classificação aumenta em um fator de 10.000. Para classificar um

> A classificação por seleção é um algoritmo $O(n^2)$. Dobrar o conjunto de dados significa multiplicar por quatro o tempo de processamento.

array de um milhão de entradas (por exemplo, criar uma lista telefônica) leva 10.000 vezes mais tempo do que classificar 10.000 entradas. Se 10.000 entradas podem ser classificadas em 3.5 segundos (como no nosso exemplo), então um milhão de entradas levam mais de 9 horas. Isso é um problema. Na próxima seção, veremos como podemos melhorar drasticamente o desempenho do processo de classificação escolhendo um algoritmo mais sofisticado.

18.4 Classificação por Intercalação

Vamos supor que temos um *array* de 10 inteiros. Vamos ser otimistas e imaginar que a primeira metade do *array* já está perfeitamente classificada, e a segunda metade também, da seguinte forma:

| 5 | 9 | 10 | 12 | 17 | 1 | 8 | 11 | 20 | 32 |

Agora é fácil *intercalar* os dois *arrays* classificados transformando-os em um *array* classificado, simplesmente tomando um novo elemento do primeiro ou do segundo *subarray*, escolhendo o menor dos elementos de cada vez:

5	9	10	12	17	~~1~~	8	11	20	32	1									
~~5~~	9	10	12	17	~~1~~	8	11	20	32	1	5								
~~5~~	9	10	12	17	~~1~~	~~8~~	11	20	32	1	5	8							
~~5~~	~~9~~	10	12	17	~~1~~	~~8~~	11	20	32	1	5	8	9						
~~5~~	~~9~~	~~10~~	12	17	~~1~~	~~8~~	11	20	32	1	5	8	9	10					
~~5~~	~~9~~	~~10~~	12	17	~~1~~	~~8~~	~~11~~	20	32	1	5	8	9	10	11				
~~5~~	~~9~~	~~10~~	12	17	~~1~~	~~8~~	~~11~~	20	32	1	5	8	9	10	11	12			
~~5~~	~~9~~	~~10~~	~~12~~	~~17~~	~~1~~	~~8~~	~~11~~	20	32	1	5	8	9	10	11	12	17		
~~5~~	~~9~~	~~10~~	~~12~~	~~17~~	~~1~~	~~8~~	~~11~~	~~20~~	32	1	5	8	9	10	11	12	17	20	
~~5~~	~~9~~	~~10~~	~~12~~	~~17~~	~~1~~	~~8~~	~~11~~	~~20~~	~~32~~	1	5	8	9	10	11	12	17	20	32

Na verdade, você provavelmente já fez esse tipo de intercalação antes ao classificar uma pilha de papéis juntamente com um amigo. Você e ele dividiram a pilha ao meio, cada um classificou sua metade, e então vocês fizeram a intercalação dos resultados.

Isso deu bons resultados, mas não parece resolver o problema do computador. Ele ainda tem de classificar a primeira e a segunda metade do *array*, pois ele não pode pedir a alguns amigos para dar uma mãozinha. O que acontece, no entanto, é que se o computador continuar dividindo o *array* em *subarrays* cada vez menores, classificando cada metade e intercalando-as de volta, isso levará muito menos passos do que são necessários na classificação por seleção.

> O algoritmo de classificação por intercalação classifica um *array* cortando o *array* ao meio, classificando recursivamente cada metade e então intercalando as metades classificadas.

Vamos escrever uma classe `MergeSorter` que implemente essa idéia. Quando a `MergeSorter` classifica um *array*, ela cria dois *arrays*, cada um da metade do tamanho do original e os classifica recursivamente. Daí ela intercala os dois *arrays* classificados:

```java
public void sort()
{
   if (a.length <= 1) return;
   int[] first = new int[a.length / 2];
   int[] second = new int[a.length - first.length];
   System.arraycopy(a, 0, first, 0, first.length);
   System.arraycopy(a,
      first.length, second, 0, second.length);
   MergeSorter firstSorter = new MergeSorter(first);
   MergeSorter secondSorter = new MergeSorter(second);
   firstSorter.sort();
   secondSorter.sort();
   merge(first, second);
}
```

O método `merge` é sem graça, mas muito objetivo. Ele se encontra no código ao final desta seção.

Arquivo MergeSorter.java

```java
/**
    Esta classe classifica um array usando o algoritmo de classificação por intercalação.
*/
public class MergeSorter
{
    /**
        Constrói um classificador por intercalação.
        @param anArray o array a classificar
    */
    public MergeSorter(int[] anArray)
    {
        a = anArray;
    }

    /**
        Classifica o array gerenciado por este classificador por intercalação.
    */
    public void sort()
    {
        if (a.length <= 1) return;
        int[] first = new int[a.length / 2];
        int[] second = new int[a.length - first.length];
        System.arraycopy(a, 0, first, 0, first.length);
        System.arraycopy(a,
            first.length, second, 0, second.length);
        MergeSorter firstSorter = new MergeSorter(first);
        MergeSorter secondSorter = new MergeSorter(second);
        firstSorter.sort();
        secondSorter.sort();
        merge(first, second);
    }

    /**
        Intercala dois arrays classificados gerando o array a ser classificado através deste
        classificador por intercalação.
        @param first o primeiro array classificado
        @param second o segundo array classificado
    */
    private void merge(int[] first, int[] second)
    {
        // intercala as duas metades gerando um array temporário

        int iFirst = 0;
            // próximo elemento do primeiro array a considerar
        int iSecond = 0;
            // próximo elemento do segundo array a considerar
        int j = 0;
            // próxima posição aberta em a

        // desde que nem i1 nem i2 tenham chegado ao fim, move
```

```
51         //  o menor elemento para dentro de a
52         while (iFirst < first.length
53            && iSecond < second.length)
54         {
55            if (first[iFirst] < second[iSecond])
56            {
57               a[j] = first[iFirst];
58               iFirst++;
59            }
60            else
61            {
62               a[j] = second[iSecond];
63               iSecond++;
64            }
65            j++;
66         }
67
68         // observe que apenas um a das duas chamadas a arraycopy
69         // abaixo é executada.
70
71         // copia quaisquer entradas remanescentes do primeiro array.
72         System.arraycopy(first,
73            iFirst, a, j, first.length - iFirst);
74
75         // copia quaisquer entradas remanescentes da segunda metade.
76         System.arraycopy(second,
77            iSecond, a, j, second.length - iSecond);
78      }
79
80      private int[] a;
81   }
```

Arquivo MergeSortTest.java

```
1   /**
2      Este programa testa o algoritmo de classificação por intercalação
3      classificando um array preenchido com números aleatórios.
4   */
5   public class MergeSortTest
6   {
7      public static void main(String[] args)
8      {
9         int[] a = ArrayUtil.randomIntArray(20, 100);
10        ArrayUtil.print(a);
11        MergeSorter sorter = new MergeSorter(a);
12        sorter.sort();
13        ArrayUtil.print(a);
14     }
15  }
```

18.5 Análise do Algoritmo de Classificação por Intercalação

O algoritmo de classificação por intercalação parece ser muito mais complicado do que o algoritmo de classificação por seleção, e parece também que ele levará muito mais tempo para concluir essas repetidas subdivisões. No entanto, os tempos ressultantes da classificação por intercalação são muito melhores do que os da classificação por seleção:

n	Classificação por intercalação (milissegundos)	Classificação por seleção (milissegundos)
10.000	110	3.460
20.000	160	13.240
30.000	220	28.290
40.000	280	51.520
50.000	360	82.670
60.000	450	121.820

A Figura 2 mostra um gráfico que compara os dois conjuntos de dados de desempenho. Isso é um tremendo avanço. Para entender por que, vamos estimar o número de visitas a elementos de *array* que são necessárias para classificar um *array* com o algoritmo de classificação por intercalação. Primeiramente, vamos analisar o processo de intercalação que acontece depois que a primeira e a segunda metade foram classificadas.

Cada passo no processo de intercalação acrescenta mais um elemento em a. Esse elemento pode vir de `first` (primeiro) ou `second` (segundo), e na maioria dos casos os elementos das duas metades devem ser comparados para ver qual deles devemos pegar. Vamos contar isso co-

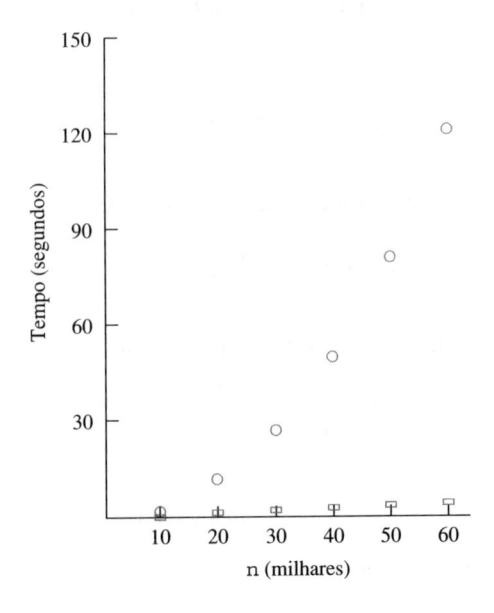

Figura 2

Tempos da classificação por intercalação (retângulos) *versus* tempos da classificação por seleção (círculos).

mo 3 visitas (uma para a, uma para first e a outra para second) por elemento, ou $3n$ visitas no total, onde n denota o comprimento de a. Além disso, no início, tínhamos de copiar de a para first e second, gerando outras $2n$ visitas, num total de $5n$.

Se deixarmos $T(n)$ denotar o número de visitas necessárias para classificar uma faixa de n elementos por meio do processo de classificação por intercalação, então obteremos

$$T(n) = T\left(\frac{n}{2}\right) + T\left(\frac{n}{2}\right) + 5n$$

porque classificar cada metade leva $T(n/2)$ visitas. Na verdade, se n não for par, então teremos um *subarray* de tamanho $(n-1)/2$ e um de tamanho $(n+1)/2$. Embora esse detalhe acabe não afetando o resultado dos cálculos, vamos ainda assim assumir por ora que n é uma potência de 2, digamos $n = 2^m$. Dessa forma, todos os *subarrays* podem ser divididos uniformemente em duas partes de mesmo tamanho.

Infelizmente, a fórmula

$$T(n) = 2T\left(\frac{n}{2}\right) + 5n$$

não nos mostra claramente a relação entre n e $T(n)$. Para entender essa relação, vamos avaliar $T(n/2)$, usando a mesma fórmula:

$$T\left(\frac{n}{2}\right) = 2T\left(\frac{n}{4}\right) + 5\frac{n}{2}$$

portanto,

$$T(n) = 2 \times 2T\left(\frac{n}{4}\right) + 5n + 5n$$

Vamos fazer isso novamente:

$$T\left(\frac{n}{4}\right) = 2T\left(\frac{n}{8}\right) + 5\frac{n}{4}$$

daí

$$T(n) = 2 \times 2 \times 2T\left(\frac{n}{8}\right) + 5n + 5n + 5n$$

Pode-se generalizar isso de 2, 4, 8, para qualquer potência de 2:

$$T(n) = 2^k T\left(\frac{n}{2^k}\right) + 5nk$$

Lembre-se que supusemos que $n = 2^m$; portanto, para $k = m$,

$$T(n) = 2^m T\left(\frac{n}{2^m}\right) + 5nm$$
$$= nT(1) + 5nm$$
$$= n + 5n \log_2(n)$$

Como $n = 2^m$, temos que $m = \log_2(n)$.

Para estabelecer a ordem de crescimento, deixamos de lado o termo de ordem inferior n e ficamos com $5n \log_2(n)$. Deixamos de lado o fator constante 5. Também se costuma deixar de lado a base do logaritmo, porque todos os logaritmos estão relacionados por um fator constante. Por exemplo,

$$\log_2(x) = \log_{10}(x) / \log_{10}(2) \approx \log_{10}(x) \times 3{,}32193$$

> A classificação por intercalação é um algoritmo $O(n \log(n))$. A função $n \log(n)$ cresce muito mais lentamente do que n^2.

Portanto, dizemos que a classificação por intercalação é um algoritmo $O(n \log(n))$.

Será que o algoritmo $O(n \log(n))$ da classificação por intercalação é melhor do que o algoritmo $O(n^2)$ da classificação por seleção? Certamente que sim. Lembre-se que levou $100^2 = 10.000$ vezes mais tempo para classificar um milhão de registros, do que levou para se classificar 10.000 registros com o algoritmo $O(n^2)$.

Com o algoritmo $O(n \log(n))$, a proporção é

$$\frac{1.000.000 \log(1.000.000)}{10.000 \log(10.000)} = 100 \cdot \left(\frac{6}{4}\right) = 150$$

Vamos supor por enquanto que a classificação por intercalação leva o mesmo tempo que a classificação por seleção para classificar um *array* de 10.000 inteiros, isto é, 3,5 segundos na máquina de testes. Na verdade, ele é muito mais rápido do que isso. Então, ele levaria cerca de 3,5 X 150 segundos, ou cerca de 9 minutos, para classificar um milhão de inteiros. Comparemos isso com a classificação por seleção, a qual levaria mais de 9 horas para executar a mesma tarefa. Como podemos ver, mesmo se levar nove horas para aprendermos um algoritmo melhor, esse tempo será bem empregado.

> A classe `Arrays` implementa um método de classificação que devemos usar em nossos programas Java.

Neste capítulo, mal começamos a arranhar a superfície desse interessante tópico. Há muitos algoritmos de classificação, alguns até com desempenho melhor do que o algoritmo de classificação por intercalação, e a análise desses algoritmos pode ser bem desafiadora. Se você é aluno de ciência da computação, você irá rever esses assuntos importantes em uma disciplina posterior.

Entretanto, quando escrevemos nossos programas Java, não precisamos implementar nossos próprios algoritmos de classificação. A classe `Arrays` contém métodos estáticos `sort` para classificar *array*s de números inteiros e em ponto flutuante. Por exemplo, podemos classificar um *array* de inteiros simplesmente assim:

```
int[] a = ...;
Arrays.sort(a);
```

Esse método de `classificação` usa o algoritmo Quicksort (classificação rápida) – veja o Tópico Avançado 18.1 para obter mais informações sobre esse algoritmo.

Fato Histórico 18.1

A Primeira Programadora

Antes de existirem calculadoras e computadores pessoais, os navegadores e engenheiros usavam máquinas de adição mecânicas, réguas de cálculo e tábuas de logaritmos e funções trigonométricas para aumentar a rapidez dos cálculos. Infelizmente, as tábuas — cujos valores tinham de ser calculados à mão – eram notoriamente imprecisas. O matemático Charles Babbage (1791–1871)

▼ imaginou que, se ele pudesse construir uma máquina que produzisse tabelas impressas automaticamente, tanto os erros de cálculo como os erros tipográficos poderiam ser evitados. Babbage resolveu desenvolver uma máquina com esse objetivo, a qual ele chamou de *Difference Engine (*máquina diferencial*)*, pois usava sucessivas diferenças para calcular polinômios. Por exemplo, vamos considerar a função $f(x) = x^3$. Escreva os valores de $f(1), f(2), f(3)$, e assim por diante. Então, pegue as *diferenças* entre os valores sucessivos:

```
  1
      7
  8
     19
 27
     37
 64
     61
125
     91
216
```

Repita o processo, colocando a diferença dos valores sucessivos na segunda coluna, e depois repita mais uma vez:

```
  1
      7
  8      12
     19       6
 27      18
     37       6
 64      24
     61       6
125      30
     91
216
```

Agora as diferenças são constantes. Podemos recuperar os valores da função por meio de um padrão de adições — precisamos saber os valores no limite do padrão e a diferença constante. Esse método era muito atraente, pois as máquinas de adição mecânicas já eram conhecidas há algum tempo. Elas consistiam em rodas dentadas, com dez dentes por roda, para representar os dígitos, e mecanismos para manipular o vai-um de um dígito para o próximo. As máquinas de multiplicação, por outro lado, eram frágeis e pouco confiáveis. Babbage construiu um protótipo bem-sucedido da máquina diferencial (veja a Figura 3) e, com seu próprio dinheiro e financiamento do governo, prosseguiu para construir a máquina de impressão de tabelas. Entretanto, devido a problemas de fundos e à dificuldade de construir a máquina com a precisão exigida, ela nunca foi terminada.

Enquanto trabalhava na máquina diferencial, Babbage concebeu uma visão muito maior que ele chamou de *máquina analítica*. A máquina diferencial foi projetada para realizar um conjunto limitado de cálculos — ela não era mais inteligente do que uma calculadora de mão é hoje. Mas Babbage percebeu que essa máquina poderia ser *programável* armazenando programas além dos dados. O armazenamento interno da máquina analítica era para ser de 1000 registros de 50 dígitos decimais cada. Programas e constantes seriam armazenadas em cartões perfurados — uma técnica que naquele tempo era utilizada comumente em teares para tecer tecidos estampados.

Ada Augusta, condessa de Lovelace (1815–1852), filha única de Lord Byron, era amiga e patrocinadora de Charles Babbage. Ada Lovelace foi uma das primeiras pessoas a perceber o potencial dessa máquina, não apenas para calcular tabelas matemáticas mas para processar dados não-numéricos. A condessa é considerada por muitos a primeira programadora do mundo. A linguagem de programação Ada, uma linguagem desenvolvida para ser usada nos projetos do Departamento de Defesa dos EUA (veja Fato Histórico 10.1), recebeu esse nome em sua homenagem.

Figura 3
Máquina diferencial de Babbage.

Tópico Avançado 18.1

O Algoritmo Quicksort

Quicksort é um algoritmo muito usado e que tem a vantagem sobre a classificação por intercalação de que não são necessários *arrays* temporários para classificar e intercalar os resultados parciais.

O algoritmo *quicksort*, assim como a classificação por intercalação, está baseado na estratégia de dividir para conquistar. Para classificar um intervalo a[from] ... a[to] do *array* a, primeiramente rearranje os elementos no intervalo de modo que nenhum elemento do intervalo a[from] ... a[p] seja maior do que qualquer elemento do intervalo a[p + 1] ... a[to]. Esse passo é chamado de *particionamento* do intervalo.

Por exemplo, vamos supor que iniciemos com um intervalo

| 5 | 3 | 2 | 6 | 4 | 1 | 3 | 7 |

A seguir, temos um particionamento do intervalo. Observe que as partições ainda não estão classificadas.

| 3 | 3 | 2 | 1 | 4 | | 6 | 5 | 7 |

Veremos mais tarde como obter essa partição. No próximo passo, vamos classificar cada partição, recursivamente aplicando o mesmo algoritmo nas duas partições. Isso classifica todo o intervalo, pois o maior elemento da primeira partição é, no máximo, tão grande quanto o menor elemento da segunda partição.

```
| 1 | 2 | 3 | 3 | 4 |   | 5 | 6 | 7 |
```

Quicksort é implementado recursivamente da seguinte maneira:

```
public void sort(int from, int to)
{
   if (from >= to) return;
   int p = partition(from, to);
   sort(from, p);
   sort(p + 1, to);
}
```

Vamos voltar ao problema de particionar um intervalo. Pegue um elemento do intervalo e chame-o de *pivô*. Há diversas variações do algoritmo de classificação rápida. Na mais simples delas, tomamos o primeiro elemento do intervalo, a[from], como o pivô.

Agora formamos duas regiões a[from] ... a[i], consistindo em valores no máximo tão grandes quanto o pivô e a[j] ... a[to], consistindo em valores no mínimo tão grandes quanto o pivô. A região a[i + 1] ... a[j - 1] consiste em valores que ainda não foram analisados. Veja a Figura 4. No início, tanto a área da esquerda como a da direita estão vazias; isto é, i = from - 1 e j = to + 1.

Então, continuamos a incrementar i enquanto a[i] < pivot e continuamos a decrementar j enquanto a[j] > pivot. A Figura 5 mostra i e j quando esse processo pára.

Agora permutamos os valores das posições i e j, aumentando uma vez mais as duas áreas. Continuamos enquanto i < j. A seguir temos o código do método partition:

```
private int partition(int from, int to)
{
   int pivot = a[from];
   int i = from - 1;
   int j = to + 1;
   while (i < j)
   {
      i++; while (a[i] < pivot) i++;
      j--; while (a[j] > pivot) j--;
```

Figura 4
Particionando um intervalo.

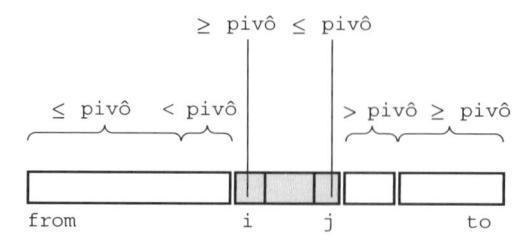

Figura 5
Estendendo as partições.

```
            if (i < j) swap(i, j);
        }
        return j;
    }
```

Na média, o algoritmo *quicksort* é um algoritmo $O(n \log(n))$. Por ser mais simples, ele é executado mais rapidamente do que a classificação por intercalação, na maioria dos casos. Só há um aspecto infeliz do algoritmo *quicksort*. Seu comportamento de execução no *pior-caso* é $O(n^2)$. Além disso, se o elemento pivô for escolhido como o primeiro elemento da região, o comportamento de pior-caso ocorrerá quando o conjunto de entrada já estiver classificado — uma situação comum na prática. Selecionando o elemento de pivô de forma mais hábil, podemos tornar extremamente improvável a ocorrência do comportamento de pior-caso. Esses algoritmos *quicksort* "afinados" são comumente utilizados, pois seu desempenho geralmente é excelente. Por exemplo, como foi mencionado, o método `sort` da classe `Arrays` usa um algoritmo *quicksort*.

18.6 Pesquisa

Vamos supor que necessitemos descobrir o número de telefone de um amigo. É claro que olhando seu nome na lista telefônica podemos achá-lo rapidamente, pois a lista telefônica está classificada alfabeticamente. É bem possível que nunca tenhamos pensado na importância de a lista telefônica estar assim classificada. Para ver isso, vamos imaginar o seguinte problema: temos um número de telefone e precisamos saber a quem ele pertence. Certamente poderíamos ligar para esse número, mas suponha que ninguém atenda. Poderíamos procurar na lista telefônica, um número por vez, até achar o número em questão. Obviamente seria uma grande mão-de-obra, e só faríamos isso se estivéssemos desesperados.

> A pesquisa linear examina todos os valores de um *array* até encontrar o valor correspondente ou chegar ao fim do *array*.

Essa experiência imaginária mostra a diferença entre uma pesquisa em um conjunto de dados não-classificado e uma pesquisa em um conjunto de dados classificado. As duas seções seguintes vão analisar a diferença formalmente.

Se quisermos achar um número em uma seqüência de valores que ocorram em ordem arbitrária, não há o que fazer para tornar a pesquisa mais rápida. Simplesmente temos de percorrer todos os elementos até encontrarmos uma correspondência ou até atingir o fim. Isso é chamado de *pesquisa linear* ou *seqüencial*.

> A pesquisa linear localiza um valor em um *array* em $O(n)$ passos.

Quanto tempo leva uma pesquisa linear? Se assumirmos que o elemento v está presente no *array* a, então a pesquisa média visita $n/2$ elementos, onde n é o comprimento do *array*. Se ele não está presente, então todos os n elementos devem ser inspecionados para verificar a ausência. De qualquer maneira, a pesquisa linear é um algoritmo $O(n)$.

A seguir, temos uma classe que realiza pesquisas lineares em um *array* a de inteiros. Ao pesquisar em busca do valor v, o método `search` retorna o primeiro índice da correspondência, ou –1 se v não ocorrer em a.

Arquivo LinearSearcher.java

```
1   /**
2       Classe para executar pesquisas lineares em um array.
3   */
4   public class LinearSearcher
5   {
6       /**
7           Constrói o LinearSearcher.
8           @param anArray um array de inteiros
9       */
```

```
10    public LinearSearcher(int[] anArray)
11    {
12       a = anArray;
13    }
14
15    /**
16       Encontra um valor em um *array*, usando o algoritmo de pesquisa linear.
17       @param v o valor a pesquisar
18       @return o índice no qual o valor ocorre, ou -1
19          se ele não ocorrer no *array*
20    */
21    public int search(int v)
22    {
23       for (int i = 0; i < a.length; i++)
24       {
25          if (a[i] == v)
26             return i;
27       }
28       return -1;
29    }
30
31    private int[] a;
32 }
```

Arquivo LinearSearchTest.java

```
1  import javax.swing.JOptionPane;
2
3  /**
4     Este programa testa o algoritmo de pesquisa linear.
5  */
6  public class LinearSearchTest
7  {
8     public static void main(String[] args)
9     {
10        // constrói um array aleatório
11
12        int[] a = ArrayUtil.randomIntArray(20, 100);
13        ArrayUtil.print(a);
14        LinearSearcher searcher = new LinearSearcher(a);
15
16        boolean done = false;
17        while (!done)
18        {
19           String input = JOptionPane.showInputDialog(
20              "Enter number to search for, "
21              + "Cancel to quit:");
22           if (input == null)
23              done = true;
24           else
25           {
26              int n = Integer.parseInt(input);
27              int pos = searcher.search(n);
28              System.out.println(
29                 "Found in position " + pos);
```

```
    30          }
    31        }
    32        System.exit(0);
    33      }
    34 }
```

18.7 Pesquisa Binária

Agora, vamos pesquisar um item em uma seqüência de dados que foi previamente classificada. Naturalmente, ainda poderíamos realizar uma pesquisa linear, mas acontece que podemos fazer algo muito melhor do que isso.

Vamos considerar o seguinte exemplo: o conjunto de dados é

a[0]	a[1]	a[2]	a[3]	a[4]	a[5]	a[6]	a[7]
14	43	76	100	115	290	400	511

Queremos ver se o valor 123 está no conjunto de dados. Vamos estreitar nossa pesquisa verificando se o valor está na primeira ou na segunda metade do *array*. O último ponto da primeira metade do conjunto de dados, a[3], é 100, que é menor do que o valor que estamos procurando. Portanto, devemos procurar na segunda metade do *array*, isto é, na seqüência

a[4]	a[5]	a[6]	a[7]
115	290	400	511

Agora, o último valor da primeira metade dessa seqüência é 290; portanto, o valor deve estar localizado na seqüência

a[4]	a[5]
115	290

O último valor da primeira metade dessa curtíssima seqüência é 115, que é menor do que o valor que estamos pesquisando; logo, devemos procurar na segunda metade:

a[5]
290

> A pesquisa binária localiza um valor em um *array* classificado determinando se o valor ocorre na primeira ou na segunda metade, e então repetindo a pesquisa em uma das metades.

É fácil ver que não há tal valor, pois 123 ≠ 290. Se quiséssemos inserir 123 na seqüência, teríamos de inseri-lo imediatamente antes de a[5].

Esse processo de pesquisa é chamado de *pesquisa binária*, pois dividimos o tamanho da pesquisa pela metade a cada passo. Esse corte pela metade só funciona porque sabemos que a seqüência de valores está classificada.

A classe a seguir implementa pesquisas binárias em um *array* classificado de inteiros. O método `search` retorna a posição do valor pesquisado se a pesquisa tiver sucesso, ou então –1 se v não for achado em a:

Arquivo BinarySearcher.java

```
 1  /**
 2       Classe para executar pesquisas binárias em um array.
 3  */
 4  public class BinarySearcher
 5  {
 6       /**
 7          Constrói um pesquisador binário: BinarySearcher.
 8          @param anArray um array de inteiros classificado
 9       */
10       public BinarySearcher(int[] anArray)
```

```
11    {
12       a = anArray;
13    }
14
15    /**
16       Encontra um valor em um array classificado, usando o algoritmo
17       de pesquisa binária.
18       @param v o valor a pesquisar
19       @return o índice de onde o valor ocorre, ou –1
20       se ele não ocorrer no array
21    */
22    public int search(int v)
23    {
24       int low = 0;
25       int high = a.length - 1;
26       while (low <= high)
27       {
28          int mid = (low + high) / 2;
29          int diff = a[mid] - v;
30
31          if (diff == 0) // a[mid] == v
32             return mid;
33          else if (diff < 0) // a[mid] < v
34             low = mid + 1;
35          else
36             high = mid - 1;
37       }
38       return -1;
39    }
40
41    private int[] a;
42 }
```

Vamos determinar o número necessário de visitas a elementos do *array* para realizar uma pesquisa. Podemos usar a mesma técnica da análise da classificação por intercalação. Uma vez que olhamos para o elemento do meio, que conta como uma comparação, e então pesquisamos o *subarray* da esquerda ou o da direita, teremos

$$T(n) = T\left(\frac{n}{2}\right) + 1$$

Usando a mesma equação,

$$T\left(\frac{n}{2}\right) = T\left(\frac{n}{4}\right) + 1$$

Substituindo esse resultado na equação original, obtemos

$$T(n) = T\left(\frac{n}{4}\right) + 2$$

Isso pode ser generalizado para

$$T(n) = T\left(\frac{n}{2^k}\right) + k$$

Assim como na análise da classificação por intercalação, fazemos a suposição simplificadora de que n é uma potência de 2, $n = 2^m$, onde $m = \log_2(n)$. Então obtemos

$$T(n) = 1 + \log_2(n)$$

Portanto, a pesquisa binária é um algoritmo $O(\log(n))$.

> A pesquisa binária localiza um valor em um *array* em $O(\log(n))$ passos.

Esse resultado faz sentido intuitivamente. Vamos supor que n seja 100. Então, após cada pesquisa, o tamanho do intervalo de pesquisa é cortado pela metade, para 50, 25, 12, 6, 3 e 1. Depois de sete comparações, estamos prontos. Isso concorda com a nossa fórmula, uma vez que $\log_2(100) \approx 6{,}64386$, e realmente a próxima potência de 2 é $2^7 = 128$.

Já que a pesquisa binária é tão mais rápida que a pesquisa linear, será que vale a pena classificar um *array* primeiro e depois usar uma pesquisa binária? Depende. Se só pesquisarmos o *array* uma vez, então é mais eficiente usar a pesquisa linear $O(n)$ do que uma classificação $O(n \log(n))$ e uma pesquisa binária $O(\log(n))$. Porém, se formos realizar muitas pesquisas no mesmo *array*, então classificá-lo é definitivamente vantajoso.

A classe `Arrays` contém um método estático `binarySearch` que implementa o algoritmo da pesquisa binária, porém com uma boa melhoria. Se um valor não for encontrado no *array*, então o valor retornado não será –1, mas $-k - 1$, onde k é a posição antes da qual o elemento deve ser inserido. Por exemplo,

```
int[] a = { 1, 4, 9 };
int v = 7;
int pos = Arrays.binarySearch(a, v);
// returns -3; v deve ser inserido antes da posição 2
```

18.8 Pesquisa e Classificação de Dados Reais

Neste capítulo, estudamos como pesquisar e classificar *arrays* de inteiros. Naturalmente, na prática raramente é necessário pesquisar um conjunto de inteiros. Entretanto, é fácil modificar essas técnicas para pesquisar dados reais.

A classe `Arrays` contém métodos para classificar e pesquisar conjuntos de objetos. Podemos classificar objetos de qualquer classe que implemente a interface `Comparable`. Essa interface só possui um método:

```
public interface Comparable
{
    int compareTo(Object otherObject);
}
```

A chamada

```
a.compareTo(b)
```

deve retornar um número negativo se a vier antes de b, 0 se a e b forem iguais, e um número positivo se b vier antes de a.

Diversas classes da biblioteca Java padrão, como as classes `String` e `Date`, implementam a interface `Comparable`.

Podemos também implementar a interface `Comparable` em nossas próprias classes. Por exemplo, para classificar um conjunto de contas bancárias, a classe `BankAccount` teria de implementar essa interface e definir um método `compareTo`:

```
public class BankAccount
{
    . . .
    public int compareTo(Object otherObject)
    {
        BankAccount other = (BankAccount)otherObject;
```

```
            if (balance < other.balance) return -1;
            if (balance == other.balance) return 0;
            return 1;
        }
        ...
    }
```

Quando implementamos o método `compareTo` da interface `Comparable`, devemos garantir que o método defina um *relacionamento de ordenamento total* com as seguintes três propriedades:

- *Anti-simetria*: sign(`x.compareTo(y)`) = –sign(`y.compareTo(x)`)
- *Reflexividade*: `x.compareTo(x)` = 0
- *Transitividade*: se `x.compareTo(y)` ≤ 0 e `y.compareTo(z)` ≤ 0, então `x.compareTo(z)` ≤ 0

> A classe `Arrays` contém um método `sort` que pode classificar *arrays* de objetos que implementem a interface `Comparable`.

A classe `Arrays` implementa tanto classificação como pesquisa binária para *arrays* de objetos que implementam a interface `Comparable`. Assim, podemos facilmente classificar e pesquisar *arrays* de *strings*. Se quisermos implementar a interface `Comparable` em nossas próprias classes, então também poderemos classificar e pesquisar *arrays* de objetos.

```
BankAccount[] accounts = ...;
Arrays.sort(accounts);
```

> A classe `Arrays` contém outro método `sort` que requer um objeto `Comparator`. Esse método pode classificar *arrays* de objetos arbitrários.

Entretanto, às vezes é impossível modificar uma classe para que ela implemente a interface `Comparable`. Se não formos os proprietários da classe, ou se já implementamos a interface `Comparable` mas queremos classificar os objetos de uma forma diferente, necessitamos usar uma abordagem alternativa. Defina uma classe que implemente a *interface de estratégia* `Comparator`.

```
public interface Comparator
{
    public int compare(
        Object firstObject, Object secondObject);
}
```

Se `comp` for um objeto comparador, então a chamada

```
comp.compare(a, b)
```

deve retornar um número negativo se a vier antes de b, 0 se a e b forem iguais, e um número positivo se b vier antes de a.

A seguir, temos, por exemplo, uma classe `Comparator` para moedas:

```
public class CoinComparator implements Comparator
{
    public int compare(
        Object firstObject, Object secondObject)
    {
        Coin first = (Coin)firstObject;
        Coin second = (Coin)secondObject;
        if (first.getValue() < second.getValue())
            return -1;
        if (first.getValue() == second.getValue())
            return 0;
        return 1;
    }
}
```

Então, podemos classificar um *array* de moedas da seguinte forma:

```
Coin[] a = ...;
Comparator comp = new CoinComparator();
Arrays.sort(a, comp);
```

> A classe `Collections` contém métodos `sort` que podem classificar *ArrayLists*.

A classe `Coin` não precisa implementar a interface `Comparable`.

Finalmente, a classe `Collections` contém métodos estáticos `sort` e `binarySearch` que trabalham com coleções de `ArrayLists`.

```
ArrayList coins = new ArrayList();
//   acrescenta moedas
...
Comparator comp = new CoinComparator();
Collections.sort(coins, comp);
```

Esse método `sort` usa o algoritmo de classificação por intercalação. O exemplo no fim desta seção mostra uma classe `Purse` cujo método `toString` classifica as moedas da bolsa por valor crescente.

Na prática, devemos usar os métodos de classificação e pesquisa das classes `Arrays` e `Collections`, e não aqueles que nós mesmos escrevemos. Os algoritmos da biblioteca já foram plenamente depurados e otimizados. Assim, o objetivo principal deste capítulo não é ensiná-lo a implementar algoritmos práticos de classificação e pesquisa. Em vez disso, aprendemos algo mais importante, ou seja, que algoritmos diferentes podem variar enormemente no desempenho, e que vale a pena aprender mais sobre projeto e análise de algoritmos.

Arquivo Purse.java

```
 1  import java.util.ArrayList;
 2  import java.util.Collections;
 3  import java.util.Comparator;
 4
 5  /**
 6      Uma bolsa guarda uma coleção de moedas.
 7  */
 8  public class Purse
 9  {
10      /**
11          Constrói uma bolsa vazia.
12      */
13      public Purse()
14      {
15         coins = new ArrayList();
16      }
17
18      /**
19          Adiciona uma moeda à bolsa .
20          @param aCoin moeda a adicionar
21      */
22      public void add(Coin aCoin)
23      {
24         coins.add(aCoin);
25      }
26
27      /**
28          Devolve um *string* que descreve o conteúdo da bolsa,
```

```java
29            ordenado pelo valor das moedas.
30            @return o string que descreve o conteúdo da bolsa
31        */
32        public String toString()
33        {
34            // primeiro ordena as moedas
35            class CoinComparator implements Comparator
36            {
37               public int compare (Object firstObject, Object second-
                  Object
38               {
39                  Coin first = (Coin)firstObject;
40                  Coin second = (Coin)secondObject;
41                  if (first.getValue() < second.getValue()) return
                     -1;
42                  if (first.getValue() == second.getValue()) return
                     0;
43                  return 1;
44               }
45            }
46
47            Comparator comp = new CoinComparator();
48            Collection.sort(coins, comp);
49
50            String r = "Bolsa[moedas=";
51            for (int i = 0; i < coins.size(); i++)
52            {
53               if (i > 0) r = r + ",";
54               r = r + coins.get(i);
55            }
56            return r = "]";
57        }
58
59        private ArrayList coins;
60    }
```

Resumo do Capítulo

1. O algoritmo de classificação por seleção classifica um *array* localizando repetidamente o menor elemento de uma região final não-classificada e movendo-o para a frente.

2. Os cientistas da computação usam a notação O $f(n) = O(g(n))$ para expressar que a função f não cresce mais rápido que a função g.

3. A classificação por seleção é um algoritmo $O(n^2)$. Dobrar o conjunto de dados significa um aumento de quatro vezes no tempo de processamento.

4. O algoritmo de classificação por intercalação classifica um *array* cortando-o ao meio, classificando recursivamente cada metade e então intercalando as metades classificadas.

5. A classificação por intercalação é um algoritmo $O(n \log(n))$. A função $n \log(n)$ cresce muito mais lentamente do que n^2.

6. A classe Arrays implementa um método de classificação que devemos usar em nossos programas Java.

7. A pesquisa linear examina todos os valores de um *array* até encontrar o que procura ou atingir o fim do *array*.
8. A pesquisa linear localiza um valor em um *array* em $O(n)$ passos.
9. A pesquisa binária localiza um valor em um *array* classificado determinando se o valor ocorre na primeira ou na segunda metade, repetindo, em seguida, a pesquisa em uma das metades.
10. A pesquisa binária localiza um valor em um *array* em $O(\log(n))$ passos.
11. A classe `Arrays` contém um método `sort` que classifica *arrays* de objetos que implementam a interface `Comparable`.
12. A classe `Arrays` contém um outro método `sort` que requer um objeto `Comparator`. Esse método classifica *arrays* de objetos arbitrários.
13. A classe `Collections` contém métodos `sort` que classificam *ArrayLists*.

Leituras Complementar

[1] Michael T. Goodrich and Roberto Tamassia: *Data Structures and Algorithms in Java*, John Wiley & Sons, 1998.

Classes, Objetos e Métodos Introduzidos neste Capítulo

```
java.lang.Comparable
   compareTo
java.lang.System
   currentTimeMillis
java.util.Arrays
   binarySearch
   sort
java.util.Collections
   binarySearch
   sort
java.util.Comparator
   compare
```

Exercícios de Revisão

Exercício R18.1. *Verificando se existem erros "por um"*. Ao escrever o algoritmo de classificação por seleção da Seção 18.1, o programador deve fazer as escolhas usuais entre `<` e `<=`, `a.length` e `a.length - 1`, e `from` e `from + 1`. Esse é um campo fértil para erros por-um. Conduza testes de código no algoritmo com *arrays* de comprimento 0, 1, 2 e 3, e verifique cuidadosamente se todos os valores de índice estão corretos.

Exercício R18.2. Qual é a diferença entre pesquisar e classificar?

Exercício R18.3. Qual é a ordem de crescimento de cada uma das seguintes expressões?

$n^2 + 2n + 1$

$n^{10} + 9n^9 + 20n^8 + 145n^7$

$(n + 1)^4$

$(n^2 + n)^2$

$n + 0{,}001n^3$

$$n^3 - 1000n^2 + 10^9$$

$$n + \log(n)$$

$$n^2 + n\log(n)$$

$$2^n + n^2$$

$$\frac{n^3 + 2n}{n^2 + 0{,}75}$$

Exercício R18.4. Determinamos que o verdadeiro número de visitas no algoritmo de classificação por seleção é

$$T(n) = \frac{1}{2}n^2 + \frac{5}{2}n - 3$$

Em seguida, caracterizamos esse método como tendo crescimento $O(n^2)$. Calcule os coeficientes reais entre

$T(2000)/T(1000)$
$T(4000)/T(1000)$
$T(10000)/T(1000)$

e compare-os com

$f(2000)/f(1000)$
$f(4000)/f(1000)$
$f(10000)/f(1000)$

onde $f(n) = n^2$.

Exercício R18.5. Suponha que o algoritmo A leve 5 segundos para tratar um conjunto de dados de 1000 registros. Se o algoritmo A for um algoritmo $O(n)$, quanto tempo irá levar para processar um conjunto de dados de 2000 registros? E de 10.000 registros?

Exercício R18.6. Suponha que um algoritmo leve 5 segundos para tratar um conjunto de dados de 1000 registros. Preencha a tabela a seguir, que mostra o crescimento aproximado dos tempos de execução em função da complexidade do algoritmo.

	O(n)	O(n²)	O(n³)	O(n log n)	O(2ⁿ)
1000	5	5	5	5	5
2000					
3000		45			
10000					

Por exemplo, uma vez que $3000^2/1000^2 = 9$, o algoritmo levaria 9 vezes mais tempo, ou seja, 45 segundos, para processar um conjunto de dados de 3000 registros.

Exercício R18.7. Classifique as seguintes taxas de crescimento, da mais lenta para a mais rápida.

$O(n)$

$O(n^3)$

$O(n^n)$

$O(\log(n))$

$O(n^2 \log(n))$

$O(1)$

$O(n \log(n))$

$O(2^n)$

$O(\sqrt{n})$

$O(n\sqrt{n})$

$O(n^{\log(n)})$

Exercício R18.8. Qual é a taxa de crescimento do algoritmo padrão para encontrar o menor valor de um *array*? E para encontrar tanto o menor como o maior?

Exercício R18.9. Qual é a taxa de crescimento do seguinte método?

```
public static int count(int[] a, int c)
{
    int i;
    int count = 0;

    for (i = 0; i < a.length; i++)
    {
        if (a[i] == c) count++;
    }
    return count;
}
```

Exercício R18.10. A sua tarefa é remover todos os valores duplicados de um *array*. Por exemplo, se o *array* tiver os valores

4 7 11 4 9 5 11 7 3 5

o *array* deve ser alterado para

4 7 11 9 5 3

A seguir, temos um algoritmo simples. Olhe para a[i]. Conte quantas vezes ele ocorre em a. Se o contador for maior do que 1, remova-o. Qual é a taxa de crescimento do tempo necessário para esse algoritmo?

Exercício R18.11. Considere o seguinte algoritmo para remover todos os valores duplicados de um *array*. Classifique o *array*. Para cada elemento do *array*, verifique o próximo valor para ver se ele está presente mais de uma vez. Se for o caso, remova-o. Este algoritmo é mais rápido do que o do exercício anterior?

Exercício R18.12. Desenvolva um algoritmo rápido para remover valores duplicados de um *array*, considerando que o *array* resultante deve ter a mesma ordem do *array* original.

Exercício R18.13. *Classificação por inserção*. Considere o algoritmo de classificação a seguir. Para classificar a, crie um segundo *array* b do mesmo tamanho. Então, insira elementos de a em b, mantendo b na ordem da classificação. Sempre que você inserir um elemento a[i] no intervalo classificado b[0] ... b[i - 1], compare todos os elementos até encontrar um elemento b[j] > a[i]. Então, mova o subintervalo b[j] ... b[i - 1] por uma posição e insira a[i] na posição j.

Esse algoritmo é eficiente? Estime o número de visitas a elementos de *array* no processo de classificação. Suponha que, na média, a metade dos elementos de b necessitem ser movidos para inserir um novo elemento.

Exercício R18.14. Considere a seguinte melhoria ao algoritmo de classificação por inserção do exercício anterior. Para cada elemento, chame o método de pesquisa binária do Exercício P18.8 para determinar onde ele precisa ser inserido. Será que essa melhoria tem um impacto significativo sobre a eficiência do algoritmo?

Exercícios de Programação

Exercício P18.1. Modifique o algoritmo de classificação por seleção para classificar um *array* de inteiros em ordem decrescente.

Exercício P18.2. Modifique o algoritmo de classificação por seleção para classificar um *array* de moedas pelos seus valores.

Exercício P18.3. Escreva um programa que gere automaticamente a tabela com os tempos de execução da classificação por seleção. O programa deve solicitar o menor e o maior valor de n e o número de medidas, e então realizar todas as execuções exemplo.

Exercício P18.4. Modifique o algoritmo de classificação por intercalação para classificar um *array* de *strings* em ordem lexicográfica.

Exercício P18.5. Escreva um programa que consulte números de telefone. Leia um conjunto de dados de 1000 nomes e números de telefone de um arquivo que contenha os números em ordem aleatória. Trate pesquisas pelo nome e também pesquisas invertidas pelo número do telefone. Use a pesquisa binária para as duas pesquisas.

Exercício P18.6. Implemente o algoritmo de classificação por inserção descrito no Exercício R18.13.

Exercício P18.7. Modifique a classe Purse no fim da Seção 18.8 de modo que o método toString liste as moedas com as de maior valor primeiro.

Exercício P18.8. Considere o algoritmo de pesquisa binária da Seção 18.7. Se o valor não for encontrado, o método search retorna –1. Modifique o método de modo que se a não for localizado, o método retorne –k – 1, onde k é a posição antes da qual o elemento deveria ser inserido.

Exercício P18.9. Use a modificação do método de pesquisa binária do exercício anterior para classificar um *array*, como descrito no Exercício R18.14. Implemente esse algoritmo e meça seu desempenho.

Exercício P18.10. Implemente o método sort do algoritmo de classificação por intercalação sem recursão, onde o comprimento do *array* é uma potência de 2. Primeiro, intercale regiões adjacentes de tamanho 1, depois, regiões adjacentes de tamanho 2; em seguida, regiões adjacentes de tamanho 4, e assim por diante.

Exercício P18.11. Implemente o método sort do algoritmo de classificação por intercalação sem recursão, onde o comprimento do *array* seja um número arbitrário. Vá intercalando regiões adjacentes cujo tamanho seja uma potência de 2 e preste atenção especial à última área, cujo tamanho é menor.

Exercício P18.12. Forneça uma *animação gráfica* da classificação por seleção da seguinte forma: preencha um *array* com um conjunto de números aleatórios entre 1 e 100. Desenhe cada elemento do *array* como uma haste, como na Figura 6. Sempre que o algoritmo mudar o *array*, exiba um painel de conteúdo e espere o usuário clicar OK; então, chame o método `repaint`.

Exercício P18.13. Escreva uma animação gráfica da classificação por intercalação.

Exercício P18.14. Escreva uma animação gráfica da pesquisa binária. Ressalte o elemento que está sendo inspecionado neste momento e os valores correntes de `from` e `to`.

Exercício P18.15. Forneça uma classe `Person` que implemente a interface `Comparable`. Compare as pessoas pelos seus nomes. Solicite ao usuário para inserir dez nomes e gere dez objetos `Person`. Usando o método `compareTo`, determine a primeira e a última pessoa entre eles e imprima.

Exercício P18.16. Classifique uma *ArrayList* de *strings* em ordem crescente de comprimento. *Dica:* Forneça um `Comparator`.

Exercício P18.17. Classifique em ordem crescente uma *ArrayList* de *strings* pelo comprimento, de modo que os *strings* do mesmo comprimento sejam classificados lexicograficamente. *Dica:* Forneça um `Comparator`.

Exercício P18.18. Escreva um programa que mantenha uma agenda de compromissos. Crie uma classe `Appointment` que armazene uma descrição do compromisso, o dia do compromisso, o horário de início e o de fim. Seu programa deve armazenar os compromissos em uma lista de *arrays*. Os usuários podem acrescentar compromissos e imprimir todos os compromissos de um determinado dia. Quando um novo compromisso for acrescentado, use a pesquisa binária para pesquisar onde ele deve ser inserido na lista de *arrays*. Não o acrescente se ele conflitar com outro compromisso.

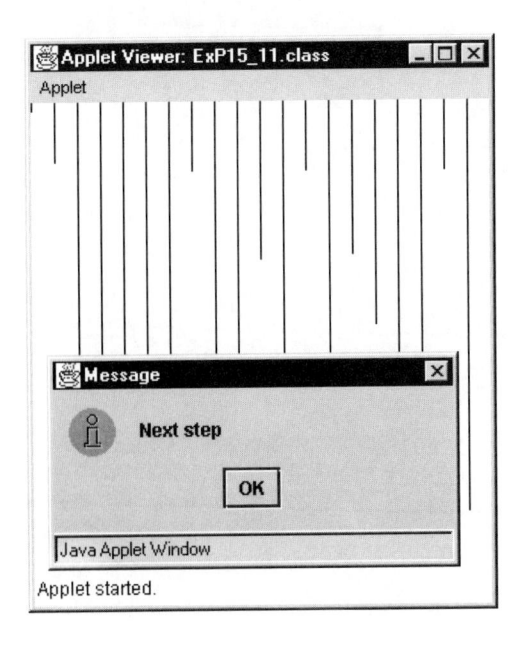

Figura 6
Animação gráfica.

Capítulo 19

Uma Introdução às Estruturas de Dados

Objetivos do capítulo

- Aprender a usar listas encadeadas disponíveis na biblioteca-padrão
- Ser capaz de usar iteradores para percorrer listas encadeadas
- Entender a implementação de listas encadeadas
- Distinguir entre tipos de dados abstratos e concretos
- Conhecer a eficiência das operações fundamentais sobre listas e *arrays*
- Familiarizar-se com os tipos pilha e fila

Até o presente momento, usamos objetos `ArrayList` como um mecanismo de "tamanho único" para colecionar objetos. Entretanto, os cientistas de computação desenvolveram muitas estruturas de dados diferentes com compromissos variáveis de desempenho. Neste capítulo, aprenderemos sobre lista encadeada, uma estrutura de dados que nos permite acrescentar e remover elementos eficientemente, sem mover nenhum dos elementos existentes. Também aprenderemos a distinção entre tipos de dados concretos e abstratos. O tipo abstrato explica quais operações fundamentais devem ser suportadas eficientemente, mas deixa a implementação não-especificada. Os tipos pilha e fila, introduzidos no final deste capítulo, são exemplos de tipos abstratos.

Sumário do capítulo

19.1 Usando Listas Encadeadas 684
19.2 Implementando Listas Encadeadas 687
   Tópico Avançado 19.1: Classes Internas Estáticas 697
19.3 Tipos de Dados Concretos e Abstratos 698
19.4 Pilhas e Filas 701
   Fato Histórico 19.1: Padronização 703

19.1 Usando Listas Encadeadas

Imagine um programa que mantém um *array* de objetos Employee (funcionário), classificados pelo último nome do funcionário. Quando um novo funcionário é contratado, um objeto precisa ser inserido no *array*. A menos que a empresa contrate os funcionários em ordem alfabética, o novo objeto provavelmente precisará ser inserido em algum lugar no meio do *array*. Então, todos os objetos que sucedem a nova contratação tem de ser movidos em direção ao final.

> Uma lista encadeada consiste em um determinado número de *links*, cada um deles possuindo uma referência ao próximo *link*.

Por outro lado, se um funcionário sair da empresa, o objeto tem de ser removido e o buraco na seqüência precisa ser fechado movendo-se todos os objetos do tipo funcionário que vem depois dele. Mover um grande número de dados pode envolver muito tempo do computador. Gostaríamos de descobrir um método que minimize esse custo.

> Acrescentar e remover elementos do meio de uma lista encadeada é algo eficiente.

Para minimizar a movimentação de dados, vamos mudar a estrutura de armazenamento. Em vez de armazenar as referências a objetos em um *array*, vamos quebrar o *array* em uma seqüência de *links*. Cada *link* armazena um elemento e uma referência ao próximo *link* da seqüência (veja a Figura 1). Esse tipo de estrutura de dados é chamada de *lista encadeada*.

Quando inserimos um novo elemento em uma lista encadeada, apenas as referências a *links* da vizinhança precisam ser atualizadas. O mesmo é verdade quando removemos um elemento.

> Visitar os elementos de uma lista encadeada em ordem seqüencial garante maior eficácia do que fazê-lo em acesso aleatório.

Qual é a deficiência? A lista encadeada permite inserção e remoção rápidas, mas o *acesso a elemento* é lento. Para localizar o quinto elemento, temos de percorrer os primeiros quatro. Isso é um problema se precisarmos acessar os elementos em ordem aleatória. Porém, se na maioria das vezes visitarmos todos os elementos na seqüência (por exemplo, para exibir ou imprimir os elementos), a falta de acesso aleatório não é um problema. Usamos listas encadeadas quando estamos preocupados com a eficiência em inserir ou remover elementos e quando não precisamos acessar elementos aleatoriamente.

A biblioteca Java fornece uma classe de lista encadeada. Nesta seção, aprenderemos a usar essa classe. Na próxima seção, vamos ver como alguns de seus métodos-chave são implementados.

A classe LinkedList do pacote java.util implementa listas encadeadas. Essa lista encadeada lembra-se tanto do primeiro como do último *link* da lista. Temos fácil acesso a ambas as pontas da lista com os métodos

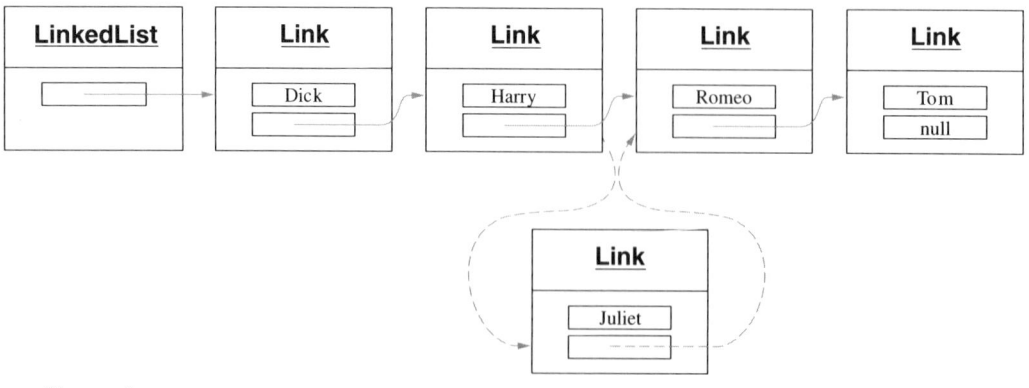

Figura 1
Inserindo um elemento em uma lista encadeada.

```
void addFirst(Object obj)
void addLast(Object obj)
Object getFirst()
Object getLast()
Object removeFirst()
Object removeLast()
```

Como se acrescenta e se remove elementos do meio da lista? A lista não fornece referências aos *links*. Se tivéssemos acesso a elas e de alguma maneira as desorganizássemos, então quebraríamos a lista encadeada. Como veremos na próxima seção, se nós mesmos implementássemos algumas das operações da lista encadeada, manter todos os *links* intactos não seria trivial.

> Para acessar elementos dentro de uma lista encadeada usamos um iterador de lista.

Para nossa proteção, a biblioteca Java fornece um tipo `ListIterator`. O iterador de lista encapsula uma posição em qualquer lugar dentro da lista encadeada (veja a Figura 2).

Devemos pensar no iterador como apontando entre dois *links*, assim como o cursor em um editor de textos aponta entre dois caracteres (veja a Figura 3). Do ponto de vista conceitual, pense em cada elemento de *link* como sendo uma letra em um editor de textos, e pense no iterador como sendo o cursor piscando entre as letras.

Obtemos um iterador de lista com o método `listIterator` da classe `LinkedList`:

```
LinkedList list = ...;
ListIterator iterator = list.listIterator();
```

Inicialmente, o iterador aponta para antes do primeiro elemento. Podemos mover a posição do iterador com o método `next`:

```
iterator.next();
```

O método `next` dispara uma exceção `NoSuchElementException` se já passamos do fim da lista. Devemos sempre chamar o método `hasNext` antes de chamar `next` — ele retorna `true` se houver um próximo elemento.

```
if (iterator.hasNext())
    iterator.next();
```

O método `next` retorna o objeto do *link* que ele estiver passando. Portanto, podemos percorrer todos os elementos de uma lista encadeada com o seguinte laço:

```
while (iterator.hasNext())
{
```

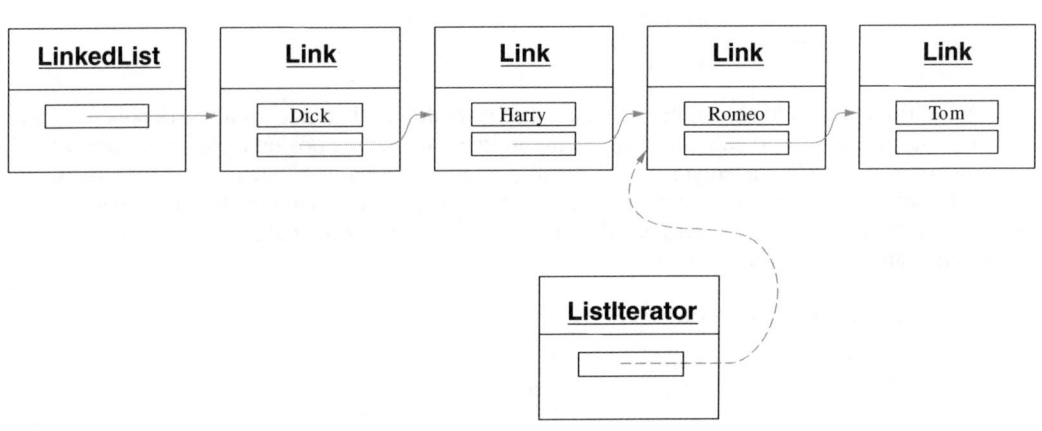

Figura 2
Um iterador de listas.

A posição inicial do `ListIterator` | D | H | R | T

Depois de chamar `next` | D | H | R | T

Depois de inserir o J | D | J | H | R | T

Figura 3
Uma visão conceitual do iterador de listas.

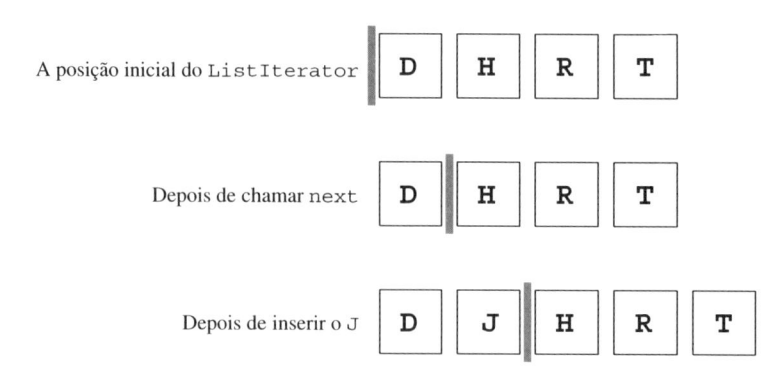

```
    Object obj = iterator.next();
    Faz algo com obj
}
```

Na verdade, os *links* da classe `LinkedList` armazenam dois *links*: um para o próximo elemento e um para o elemento anterior. Essa lista é chamada de uma *lista duplamente encadeada*. Podemos usar os métodos `previous` e `hasPrevious` da classe iteradora para mover a posição da lista para trás.

O método `add` acrescenta um objeto após o iterador, e logo após move a posição do iterador além do novo elemento.

```
    iterator.add("Juliet");
```

Podemos comparar a inserção com a digitação de texto em um editor de texto. Cada caractere é inserido depois do cursor, e então o cursor se move além do caractere inserido (veja a Figura 3). A maioria das pessoas não presta muita atenção a isso — experimente e observe cuidadosamente como o seu editor de textos insere caracteres.

O método `remove` remove e retorna o objeto que foi retornado pela última chamada a `next` ou `previous`. Por exemplo, o laço a seguir remove todos os objetos que atendem a uma certa condição:

```
    while (iterator.hasNext())
    {
       Object obj = iterator.next();
       if (obj atende à condição)
          iterator.remove();
    }
```

Precisamos ter cuidado ao chamar `remove`. Ele só pode ser chamado uma vez depois de chamar `next` ou `previous`, e não podemos chamá-lo imediatamente após uma chamada para `add`. Se chamarmos o método inadequadamente, ele dispara uma exceção `IllegalStateException`.

A seguir, temos um exemplo de programa que insere elementos em uma lista e depois itera através da lista, acrescentando e removendo elementos. Por fim, toda a lista é impressa. Os comentários indicam a posição do iterador.

Arquivo ListTest.java

```
1  import java.util.LinkedList;
2  import java.util.ListIterator;
3
4  /**
5       Programa que demonstra a classe LinkedList.
```

```
 6   */
 7  public class ListTest
 8  {
 9      public static void main(String[] args)
10      {
11          LinkedList staff = new LinkedList();
12          staff.addLast("Dick");
13          staff.addLast("Harry");
14          staff.addLast("Romeo");
15          staff.addLast("Tom");
16
17          //  |  nos comentários indica a posição do iterador
18
19          ListIterator iterator =
20              staff.listIterator(); //  |DHRT
21          iterator.next(); // D|HRT
22          iterator.next(); // DH|RT
23
24          // acrescenta mais elementos após o segundo elemento
25
26          iterator.add("Juliet"); // DHJ|RT
27          iterator.add("Nina"); // DHJN|RT
28
29          iterator.next(); // DHJNR|T
30
31          // remove o último elemento percorrido
32
33          iterator.remove(); // DHJN|T
34
35          // imprime todos os elementos
36
37          iterator = staff.listIterator();
38          while (iterator.hasNext())
39              System.out.println(iterator.next());
40      }
41  }
```

19.2 Implementando Listas Encadeadas

Na seção anterior, vimos como usar a classe lista encadeada fornecida pela biblioteca Java. Nesta seção, vamos ver a implementação de uma versão simplificada dessa classe. Isso nos mostra como as operações de lista manipulam os *links* à medida que a lista é modificada.

Para manter simples esse exemplo de código, não vamos implementar todos os métodos da classe lista encadeada. Vamos implementar apenas uma lista simplesmente encadeada, e a classe da lista fornecerá acesso direto apenas ao primeiro elemento da lista, não ao último. O resultado será uma classe lista totalmente funcional que mostra como os *links* são atualizados nas operações `add` e `remove` e como o iterador percorre a lista.

Um objeto `Link` armazena um objeto e uma referência ao próximo *link*. Como os métodos, da classe lista encadeada e da classe iteradora têm acesso freqüente às variáveis de instância de `Link`, não tornamos as variáveis de instância privadas. Em vez disso, tornamos `Link` uma classe privada interna da classe `LinkedList`. Uma vez que nenhum dos métodos de lista retorna um objeto `Link`, é seguro deixar as variáveis de instância públicas.

```
public class LinkedList
{   ...
```

```
        private class Link
        {
           public Object data;
           public Link next;
        }
   }
```

A classe `LinkedList` armazena uma referência `first` para o primeiro *link* (ou `null`, se a lista estiver completamente vazia).

```
   publicclass LinkedList
   {
      public LinkedList()
      {
         first = null;
      }

      public Object getFirst()
      {
         if (first == null)
            throw new NoSuchElementException();
         return first.data;
      }

      ...
      private Link first;
   }
```

Agora vamos ver o método `addFirst` (veja a Figura 4). Quando um novo *link* é acrescentado à lista, ele se torna a cabeça da lista, e o *link* que era a antiga cabeça da lista se torna seu próximo *link*:

```
   public class LinkedList
   {  ...
      public void addFirst(Object obj)
      {
         Link newLink = new Link();
         newLink.data = obj;
         newLink.next = first;
         first = newLink;
```

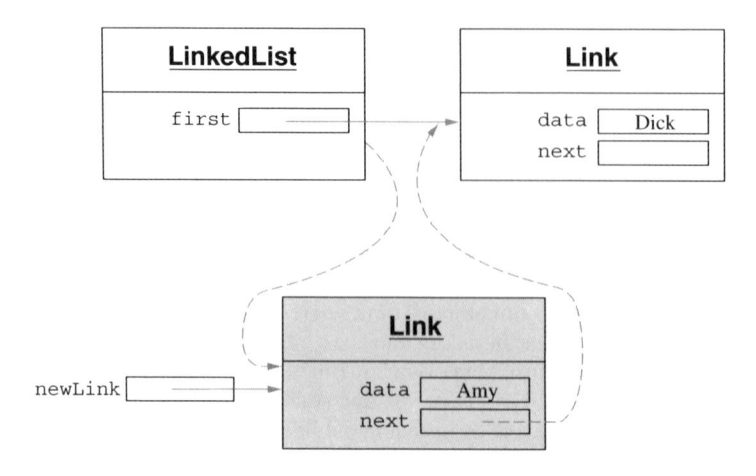

Figura 4

Acrescentando um *link* à cabeça de uma lista encadeada.

        }
        ...
}
```

A remoção do primeiro elemento da lista funciona da seguinte maneira. Os dados do primeiro *link* são salvos e mais tarde retornados como resultado do método. O sucessor do primeiro *link* se torna o primeiro *link* da lista mais curta (veja a Figura 5). Assim, não haverá mais referências ao antigo *link* e o coletor de lixo conseqüentemente irá reciclá-lo.

```
public class LinkedList
{   ...
    public Object removeFirst()
    {
        if (first == null)
            throw new NoSuchElementException();
        Object obj = first.data;
        first = first.next;
        return obj;
    }
    ...
}
```

A seguir, vamos ver a classe do iterador. A interface `ListIterator` da biblioteca-padrão define nove métodos. Nós omitimos quatro deles (os métodos que movem o iterador para trás e os que fornecem um índice inteiro do iterador).

A classe `LinkedList` define uma classe interna privada `LinkedListIterator`, a qual implementa a interface `ListIterator` simplificada. Como `LinkedListIterator` é uma classe interna, ela tem acesso às características privadas da classe `LinkedList` — em especial, o campo `first` e a classe privada `Link`.

Observe que os clientes da classe `LinkedList` não sabem o nome da classe iteradora. Eles só sabem que ela é uma classe que implementa a interface `ListIterator`.

```
public class LinkedList
{
    ...
    public ListIterator listIterator()
    {
        return new LinkedListIterator();
    }

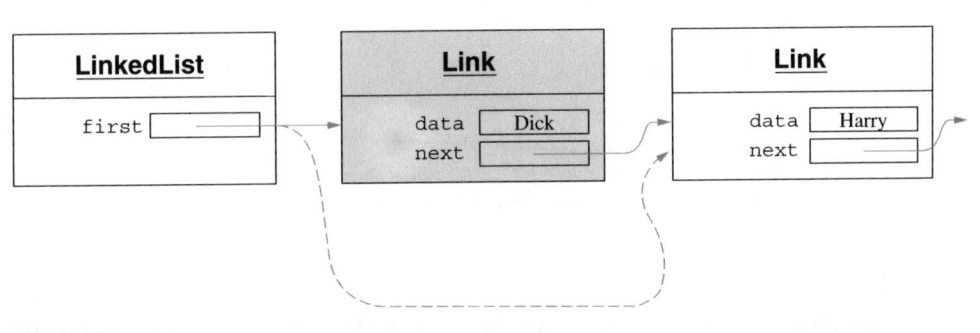

    private class LinkedListIterator
        implements ListIterator
    {
        public LinkedListIterator()
```

Figura 5

Removendo o primeiro *link* de uma lista encadeada.
```

```
         {
            position = null;
            previous = null;
         }

         ...
         private Link position;
         private Link previous;
      }
      ...
}
```

Cada objeto iterador tem uma referência `position` ao último *link* visitado. Também armazenamos uma referência ao último *link* antes disso. Precisaremos dessa referência para ajustar os *links* adequadamente na operação `remove`.

O método `next` é simples. A referência `position` é avançada para `position.next`, enquanto a posição antiga é lembrada em `previous`. No entanto, há um caso especial — se o iterador aponta para antes do primeiro elemento da lista, então a `position` antiga é `null`, e `position` tem de ser configurada para `first`.

```
      private class LinkedListIterator
            implements ListIterator
      {
         ...
         public Object next()
         {
            if (!hasNext())
               throw new NoSuchElementException();
            previous = position; // lembrar para remove

            if (position == null)
               position = first;
            else
               position = position.next;

            return position.data;
         }
         ...
      }
```

O método `next` deve ser chamado apenas quando o iterador ainda não estiver no fim da lista. O iterador está no fim se a lista estiver vazia (isto é, `first == null`) ou se não houver nenhum elemento após a posição atual (`position.next == null`).

```
      private class LinkedListIterator
            implements ListIterator
      {
         ...
         public boolean hasNext()
         {
            if (position == null)
               return first != null;
            else
               return position.next != null;
         }
         ...
      }
```

Remover o último *link* visitado é mais complicado. Se o elemento a ser removido for o primeiro, simplesmente chamamos `removeFirst`. Por outro lado, quando um elemento do meio da lista

> A implementação de operações que modificam uma lista encadeada é um desafio – você precisa garantir que atualizou todas as referências a links corretamente.

tem de ser removido, o *link* que o precede precisa que a sua referência `next` seja atualizada para pular o elemento removido (veja a Figura 6). Se a referência `previous` for igual a `position`, essa chamada para `remove` não segue imediatamente uma chamada para `next`, e disparamos uma exceção `IllegalStateException`.

De acordo com a definição do método `remove`, é ilegal chamar `remove` duas vezes seguidas. Portanto, o método `remove` configura a referência `previous` para `position`.

```
private class LinkedListIterator
    implements ListIterator
{
    ...
    public void remove()
    {
        if (previous == position)
            throw new IllegalStateException();
        if (position == first)
        {
            removeFirst()
        }
        else
        {
            previous.next = position.next;
        }
        position = previous;
    }
    ...
}
```

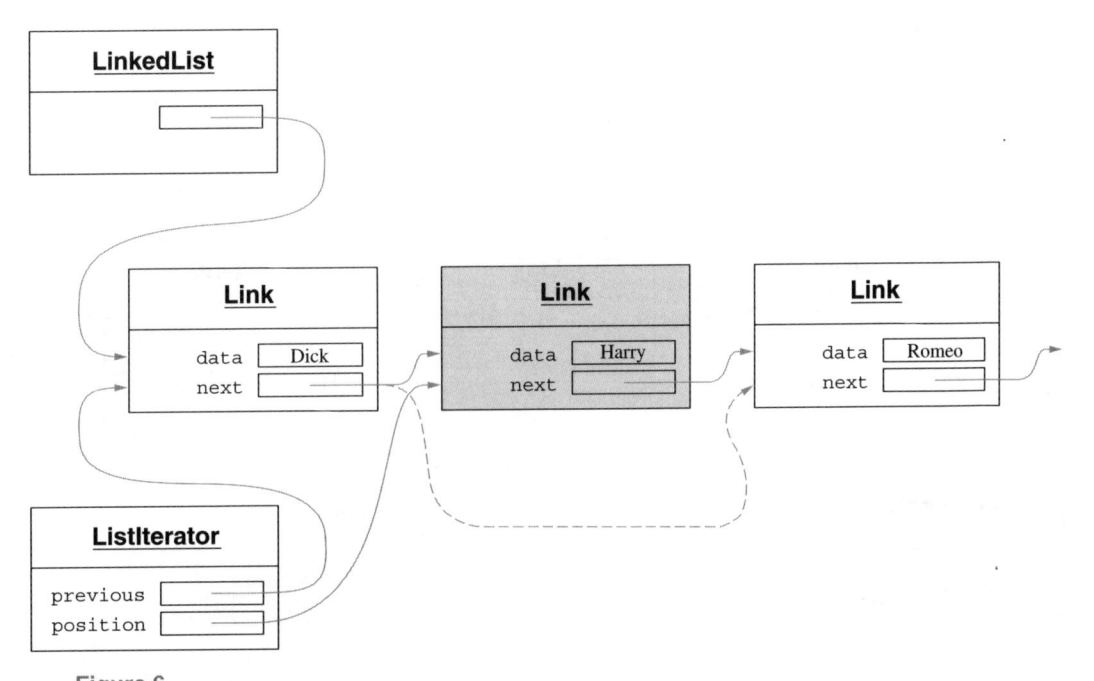

Figura 6
Removendo um *link* do meio de uma lista encadeada.

O método set altera os dados armazenados no elemento anteriormente visitado. Sua implementação é direta porque nossas listas encadeadas podem ser percorridas apenas em uma direção. A implementação da lista encadeada da biblioteca-padrão deve fazer o acompanhamento para ver se o último movimento do iterador foi para frente ou para trás. Por essa razão, a biblioteca-padrão proíbe uma chamada para o método set depois de um método add ou remove. Nós não exigimos essa restrição.

```
public void set(Object obj)
{
   if (position == null)
      throw new NoSuchElementException();
   position.data = obj;
}
```

Finalmente, a operação mais complexa é acrescentar um *link*. Inserimos o novo *link* depois da posição corrente, e configuramos o sucessor do novo *link* com o sucessor da posição corrente (veja a Figura 7).

```
private class LinkedListIterator
      implements ListIterator
{
   ...
   public void add(Object obj)
   {
      if (position == null)
      {
         addFirst(obj);
         position = first;
      }
      else
```

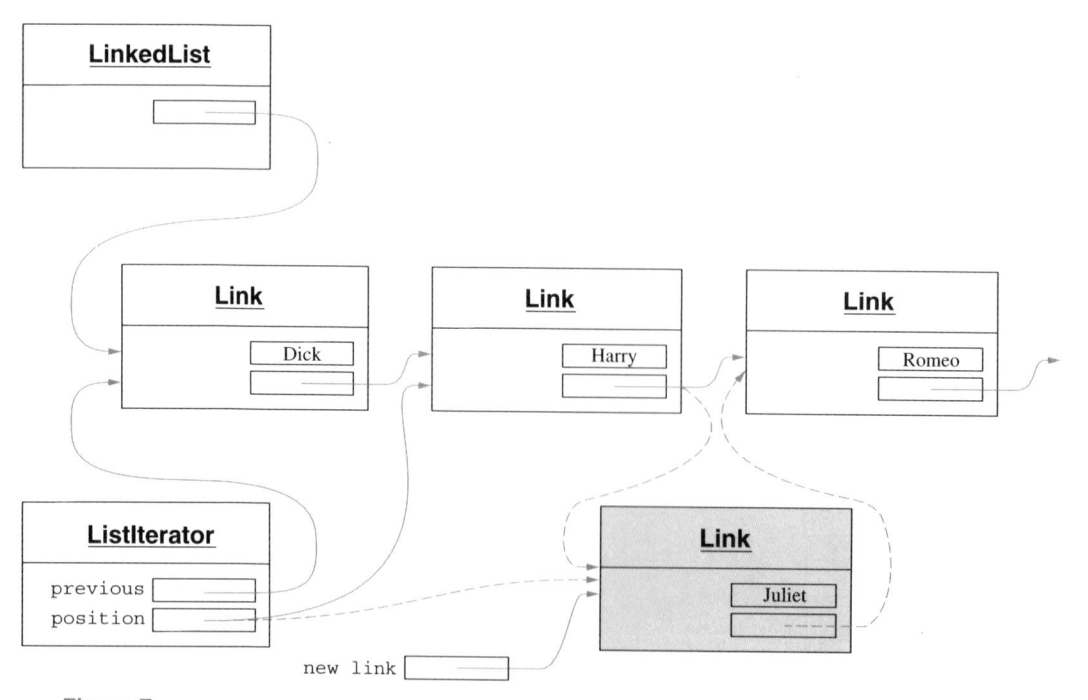

Figura 7

Inserindo um *link* no meio de uma lista encadeada.

```
            {
               Link newLink = new Link();
               newLink.data = obj;
               newLink.next = position.next;
               position.next = newLink;
               position = newLink;
            }
            previous = position;
      }
      ...
   }
```

No fim desta seção está a implementação completa de nossa classe `LinkedList`. Podemos testá-la com o programa de teste da seção anterior.

Agora, sabemos usar a classe `LinkedList` da biblioteca Java e ainda demos uma olhada em como as listas encadeadas são implementadas.

Arquivo LinkedList.java

```
 1   import java.util.NoSuchElementException;
 2
 3   /**
 4         Uma lista encadeada é uma seqüência de links com
 5         inserção e remoção eficiente de elementos. Esta classe
 6         contém um subconjunto dos métodos da classe
 7         padrão java.util.LinkedList.
 8   */
 9   public class LinkedList
10   {
11      /**
12            Constrói uma lista encadeada vazia.
13      */
14      public LinkedList()
15      {
16         first = null;
17      }
18
19      /**
20            Retorna o primeiro elemento da lista encadeada.
21            @return o primeiro elemento da lista encadeada.
22      */
23      public Object getFirst()
24      {
25         if (first == null)
26            throw new NoSuchElementException();
27         return first.data;
28      }
29
30      /**
31            Remove o primeiro elemento da lista encadeada.
32            @return o elemento removido
33      */
34      public Object removeFirst()
35      {
36         if (first == null)
37            throw new NoSuchElementException();
```

```java
38          Object obj = first.data;
39          first = first.next;
40          return obj;
41       }
42
43       /**
44          Acrescenta um elemento no início da lista encadeada.
45          @param obj  o objeto a acrescentar
46       */
47       public void addFirst(Object obj)
48       {
49          Link newLink = new Link();
50          newLink.data = obj;
51          newLink.next = first;
52          first = newLink;
53       }
54
55       /**
56          Retorna um iterador para iterar através desta lista.
57          @return  o iterador para iterar através desta lista
58       */
59       public ListIterator listIterator()
60       {
61          return new LinkedListIterator();
62       }
63
64       private Link first;
65
66       private class Link
67       {
68          public Object data;
69          public Link next;
70       }
71
72       private class LinkedListIterator
73          implements ListIterator
74       {
75          /**
76             Constrói um iterador que aponta para o
77             início da lista encadeada.
78          */
79          public LinkedListIterator()
80          {
81             position = null;
82             previous = null;
83          }
84
85          /**
86             Move o iterador para depois do próximo elemento.
87             @return  o elemento percorrido
88          */
89          public Object next()
90          {
```

```
 91            if (!hasNext())
 92               throw new NoSuchElementException();
 93            previous = position; // lembrar para remove
 94
 95            if (position == null)
 96               position = first;
 97            else
 98               position = position.next;
 99
100            return position.data;
101         }
102
103         /**
104            Verifica se existe algum elemento depois da posição do
105            iterador.
106            @return true se há um elemento depois da posição do
107            iterador
108         */
109         public boolean hasNext()
110         {
111            if (position == null)
112               return first != null;
113            else
114               return position.next != null;
115         }
116
117         /**
118            Acrescenta um elemento antes da posição do iterador
119            e move o iterador para depois do elemento inserido.
120            @param obj o objeto a acrescentar
121         */
122         public void add(Object obj)
123         {
124            if (position == null)
125            {
126               addFirst(obj);
127               position = first;
128            }
129            else
130            {
131               Link newLink = new Link();
132               newLink.data = obj;
133               newLink.next = position.next;
134               position.next = newLink;
135               position = newLink;
136            }
137            previous = position;
138         }
139
140         /**
141            Remove o último elemento percorrido. Este método pode
142            ser chamado somente depois de uma chamada ao método next().
143         */
```

```
144        public void remove()
145        {
146            if (previous == position)
147                throw new IllegalStateException();
148            if (position == First)
149            {
150                removeFirst();
151            }
152            else
153            {
154                previous.next = position.next;
155            }
156            position = previous,
157        }
158
159        /**
160            Configura o último elemento percorrido para um valor
161            diferente.
162            @param obj  o objeto a configurar
163        */
164        public void set(Object obj)
165        {
166            if (position == null)
167                throw new NoSuchElementException();
168            position.data = obj;
169        }
170
171        private Link position;
172        private Link previous;
173    }
174 }
```

Arquivo ListIterator.java

```
 1 import java.util.NoSuchElementException;
 2
 3 /**
 4     O iterador de lista permite acesso a uma posição em uma lista encadeada.
 5     Esta interface contém um subconjunto dos métodos da
 6     interface padrão java.util.ListIterator. Os métodos para
 7     percorrer de trás para frente não estão incluídos.
 8 */
 9 public interface ListIterator
10 {
11     /**
12         Move o iterador para depois do próximo elemento.
13         @return  o elemento percorrido
14     */
15     Object next();
16
17     /**
18         Testa se existe um elemento depois da posição do iterador.
19         @return  true  se existe um elemento depois da posição do
20         iterador
```

```
21      */
22      boolean hasNext();
23
24      /**
25          Acrescenta um elemento antes da posição do iterador
26          e move o iterador para depois do elemento inserido.
27          @param obj  o objeto a acrescentar
28      */
29      void add(Object obj);
30
31      /**
32          Remove o último elemento percorrido. Este método pode
33          ser chamado apenas depois de uma chamada ao método next().
34      */
35      void remove();
36
37      /**
38          Configura o último elemento percorrido para um valor diferente.
39          @param obj  o objeto a configurar
40      */
41      void set(Object obj);
42  }
```

Tópico Avançado 19.1

Classes Internas Estáticas

Vimos inicialmente o uso de classes internas nos tratadores de eventos. As classes internas são úteis nesse contexto, pois seus métodos têm o privilégio de acessar membros privados dos objetos da classe externa. O mesmo é verdadeiro para a classe interna `LinkedListIterator` no código-exemplo desta seção. O iterador precisa acessar a variável de instância `first` de sua lista encadeada.

Entretanto, a classe interna `Link` não tem nenhuma necessidade de acessar a classe externa. Na verdade, ela não tem nenhum método. Portanto, não há necessidade de armazenar uma referência à classe da lista externa em cada objeto `Link`. Para suprimir a referência à classe externa, podemos declarar a classe interna como `static`:

```
class LinkedList
{
    ...
    private static class Link
    {
        ...
    }
}
```

O objetivo da palavra-chave `static` nesse contexto é indicar que os objetos da classe interna não dependem dos objetos da classe externa que os geram. Em especial, os métodos de uma classe interna estática não podem acessar as variáveis de instância da classe externa. Declarar a classe interna como `static` é eficiente, pois seus objetos não armazenam uma referência a uma classe externa.

19.3 Tipos de Dados Concretos e Abstratos

> Um tipo abstrato de dados define as operações fundamentais sobre os dados mas não especifica uma implementação.

> Uma lista abstrata é uma seqüência ordenada de itens que pode ser percorrida seqüencialmente e que permite a inserção e a remoção de elementos de qualquer posição.

> Um *array* abstrato é uma seqüência ordenada de itens de acesso aleatório especificando-se um índice inteiro.

Há duas maneiras de examinar uma lista encadeada. Uma delas é visando a implementação concreta dessa lista, com seus nodos de *links* que possuem referências a itens de dados e aos seus nodos sucessores (veja a Figura 8).

Por outro lado, podemos pensar sobre o conceito *abstrato* da lista encadeada. No conceito abstrato, a lista encadeada é uma seqüência ordenada de itens de dados que podem ser percorridos com um iterador (veja a Figura 9).

Da mesma forma, há duas maneiras de examinar uma lista de *arrays*. Naturalmente, uma *ArrayList* tem uma implementação concreta: um *array* parcialmente preenchido com referências a objetos (veja a Figura 10). Mas, normalmente, não se pensa na implementação concreta quando se usa uma lista de a*rrays*. Usamos o ponto de vista abstrato. Uma lista de a*rrays* é uma seqüência ordenada de itens de dados, cada um dos quais pode ser acessado por um índice inteiro (veja a Figura 11).

As implementações concretas de uma lista encadeada e de uma lista de *arrays* são bem diferentes. As abstrações, por outro lado, parecem, à primeira vista, ser semelhantes. Para ver a diferença, vamos considerar as interfaces públicas, simplificadas ao mínimo essencial.

Uma lista de *arrays* permite *acesso aleatório* a todos os elementos. Especificamos um índice inteiro e podemos obter ou configurar o elemento correspondente.

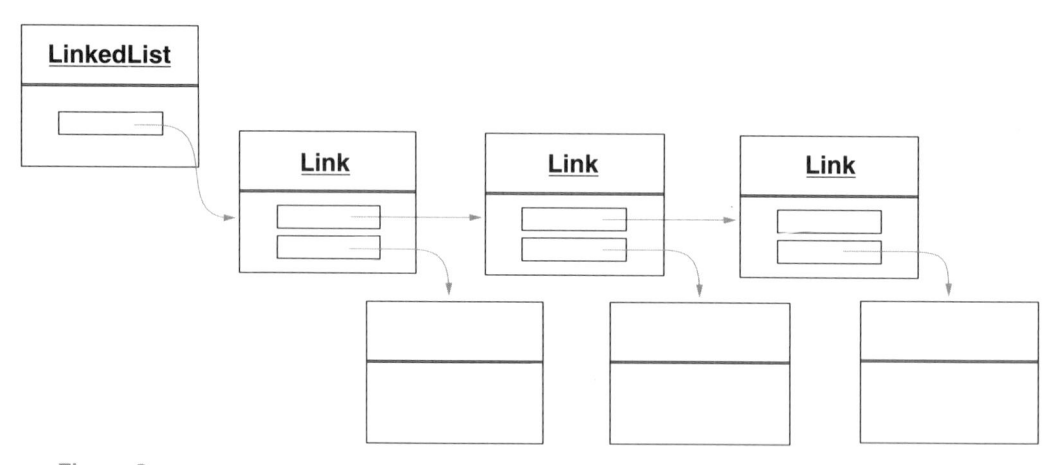

Figura 8
Uma visão concreta de uma lista encadeada.

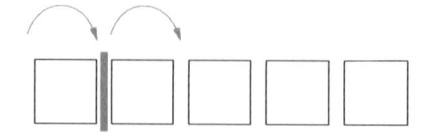

Figura 9
Uma visão abstrata de uma lista encadeada.

Figura 10
Uma visão concreta de uma lista de *arrays*.

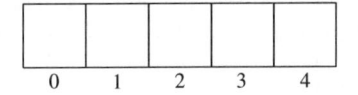

Figura 11
Uma visão abstrata de uma lista de *arrays*.

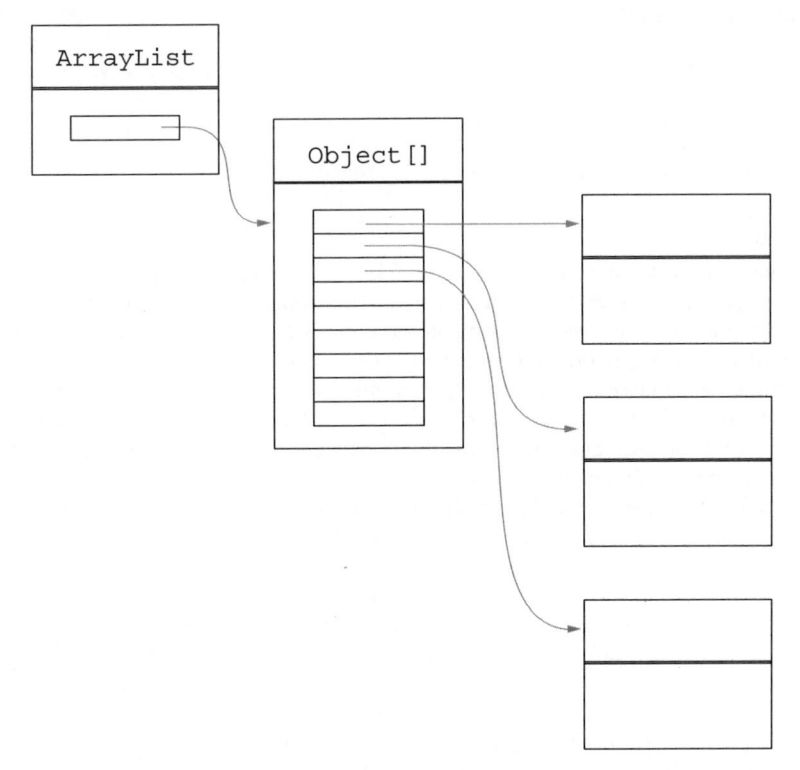

```
public class ArrayList
{
   public Object get(int index) { ... }
   public void set(int index, Object value) { ... }
   ...
}
```

No caso de uma lista encadeada, por outro lado, o acesso aos elementos é um pouco mais complexo. Uma lista encadeada permite acesso seqüencial. Precisamos solicitar à lista encadeada um iterador. Usando esse iterador, podemos facilmente percorrer a lista de elementos um por vez. Mas se quisermos ir a um determinado elemento, digamos o centésimo, primeiro temos de pular todos os elementos que o antecedem.

```
public class LinkedList
{
   public ListIterator listIterator() { ... }
   ...
}
```

```java
public interface ListIterator
{
   Object next();
   boolean hasNext();
   void add(Object value);
   void remove();
   void set(Object value);
   ...
}
```

Aqui nós mostramos apenas as operações *fundamentais* sobre listas de *arrays* e listas encadeadas. Outras operações podem ser compostas a partir dessas operações fundamentais. Por exemplo, podemos acrescentar ou remover um elemento de uma lista de *arrays* movendo todos os elementos além do índice de inserção ou remoção, chamando `get` e `set` várias vezes.

Naturalmente, a classe `ArrayList` possui métodos para acrescentar e remover elementos no meio, mesmo que sejam lentos. Por outro lado, a classe `LinkedList` possui métodos `get` e `set` que nos permitem acessar qualquer elemento da lista encadeada, ainda que muito ineficientemente, realizando acessos seqüenciais repetidos.

Na verdade, o termo `ArrayList` significa que seus implementadores queriam combinar as interfaces de um *arrays* e de uma lista. De forma um tanto quanto confusa, tanto a classe `ArrayList` como a `LinkedList` implementam uma interface chamada `List` que define operações tanto de acesso aleatório como de acesso seqüencial.

Essa terminologia não é de uso comum fora da biblioteca Java. Por isso, vamos adotar uma terminologia mais tradicional. Vamos chamar os tipos abstratos de *array* e *lista*. A biblioteca Java fornece implementações concretas `ArrayList` e `LinkedList` para esses tipos abstratos. Outras implementações concretas são possíveis em outras bibliotecas. Na verdade, *arrays* em Java (`Object[]`) constituem outra implementação do tipo abstrato *array*.

Para entender completamente um tipo abstrato de dado, precisamos conhecer não apenas as suas operações fundamentais, mas também as suas eficiências relativas.

Em uma lista encadeada, um elemento pode ser adicionado ou removido em tempo constante (supondo que o iterador já está na posição correta). Um número fixo de referências de *links* precisa ser modificado para acrescentar ou remover um *link*, indiferentemente do tamanho da lista. Usando a notação O, uma operação que exige uma quantidade limitada de tempo, indiferentemente do número total de elementos da estrutura, é representada por $O(1)$. O acesso aleatório em uma lista de *arrays* também leva o tempo $O(1)$.

Acrescentar ou remover um elemento arbitrário de um *arrays* leva o tempo $O(n)$, onde n é o tamanho da lista de *arrays*, pois, na média, $n/2$, elementos precisam ser movidos. O acesso aleatório a uma lista encadeada leva o tempo de $O(n)$, pois, na média, $n/2$ elementos precisam ser pulados.

A Tabela 1 mostra essas informações para *arrays* e listas.

Tabela 1
Eficiência das operações para *arrays* e listas.

Operação	Array	Lista
Acesso aleatório	$O(1)$	$O(n)$
Passo do percurso linear	$O(1)$	$O(1)$
Adicionar ou remover um elemento	$O(n)$	$O(1)$

Por que, afinal, precisamos considerar os tipos abstratos? Porque ao implementarmos um determinado algoritmo, sabemos quais operações necessitamos executar sobre as estruturas de dados que nosso algoritmo manipula. Podemos então determinar o tipo abstrato que suporta essas operações eficientemente.

Por exemplo, imagine que temos um conjunto classificado de itens e queremos localizar itens usando o algoritmo de pesquisa binária (veja a Seção 18.7). Esse algoritmo realiza um acesso aleatório no meio da coleção, seguido de outros acessos aleatórios. De modo que o acesso aleatório rápido é essencial para que o algoritmo funcione corretamente. Uma vez que sabemos que um *array* suporta acesso aleatório rápido e a lista encadeada não suporta, procuramos então implementações concretas do tipo abstrato de *array*. Não seremos induzidos a usar uma `LinkedList`, mesmo sabendo que a classe `LinkedList` realmente fornece métodos `get` e `set`.

19.4 Pilhas e Filas

> Uma pilha é um conjunto de itens cuja recuperação utiliza a estratégia LIFO (último a entrar, primeiro a sair).

Nesta seção, vamos considerar dois tipos abstrato de dados comuns que permitem a inserção e a retirada de itens apenas nas extremidades, não no meio. Uma *pilha* nos permite incluir e retirar elementos apenas em uma das extremidades, tradicionalmente chamada de *topo* da pilha. Para visualizar uma pilha, imagine uma pilha de livros (veja a Figura 12).

Novos itens podem ser acrescentados do topo da pilha. Os itens também são removidos do topo da pilha. Portanto, eles são removidos na ordem oposta à que foram acrescentados, chamada de *"last in, first out"* ou ordem *LIFO*. Por exemplo, se acrescentarmos os itens A, B, e C e depois os removermos, obteremos C, B, e A. Tradicionalmente, as operações de acrescentar e remover são chamadas de `push` e `pop`.

Há uma classe `Stack` na biblioteca Java que implementa o tipo abstrato pilha e as operações `push` e `pop`. O código a seguir mostra como se usa essa classe.

```
Stack s = new Stack();
s.push("A");
s.push("B");
s.push("C");
// o laço seguinte imprime C, B e A
while (s.size() > 0)
    System.out.println(s.pop());
```

A classe `Stack` da biblioteca Java usa um *array* `Object[]` para implementar uma pilha. O Exercício P19.8 mostra como usar uma lista encadeada em vez de uma pilha.

A *fila* é semelhante à pilha, com a diferença de que acrescentamos itens numa extremidade da fila (a *cauda* ou *final*) e os retiramos na outra (a *cabeça*). Para visualizar uma fila, simplesmente imagine uma fila de pessoas (veja a Figura 13). As pessoas entram no fim da fila e esperam até al-

Figura 12

Pilha de livros.

Figura 13
Fila.

cançarem o início. As filas armazenam itens na forma *"first in, first out"* ou *FIFO*. Os itens são removidos na mesma ordem em que foram acrescentados.

> Uma fila é um conjunto de itens cuja recuperação utiliza a estratégia FIFO (primeiro a entrar, primeiro a sair).

Há muitos usos para filas em ciência da computação. Por exemplo, o sistema de interface gráfica com o usuário de Java armazena uma fila em todos os eventos, como eventos de *mouse* e de teclado. Os eventos são inseridos na fila sempre que o sistema operacional notifica a aplicação a respeito do evento. Outra *thread* de controle os remove da fila e os passa para os respectivos escutadores de eventos. Outro exemplo é uma fila de impressão. Uma impressora pode ser acessada por diversas aplicações, sendo talvez executadas em computadores diferentes. Se cada uma das aplicações tentasse acessar a impressora ao mesmo tempo, a impressão ficaria incompreensível. Em vez disso, cada aplicação coloca todos os *bytes* que precisam ser enviados à impressora em um arquivo e insere esse arquivo na fila de impressão. Quando a impressora terminar de imprimir um arquivo, ela recupera o próximo da fila. Portanto, as tarefas de impressão são impressas por meio da regra FIFO, que é um arranjo justo para os usuários de uma impressora compartilhada.

Não há nenhuma implementação de fila na biblioteca Java padrão; no entanto, você pode facilmente criar a sua própria.

```
public class Queue
{
    /**
        Constrói uma fila vazia.
    */
    public Queue()
    {
        list = new LinkedList();
    }

    /**
        Acrescenta um item no final da fila.
        @param x o item a acrescentar
    */
```

```java
    public void add(Object x)
    {
        list.addLast(x);
    }

    /**
        Remove um item do início da fila.
        @return o item removido
    */
    public Object remove()
    {
        return list.removeFirst();
    }

    /**
        Obtém o número de itens da fila.
        @return o tamanho
    */
    int size()
    {
        return list.size();
    }

    private LinkedList list;
}
```

Certamente, não vamos querer usar os métodos `add` e `remove` de um *array* para implementar uma fila. A remoção do primeiro elemento de um *array* é ineficiente — todos os outros elementos devem ser movidos para o início. Entretanto, o Exercício P19.9 mostra como implementar uma fila eficientemente como um *array* "circular", no qual todos os elementos permanecem na posição em que foram inseridos; contudo, os valores dos índices do início e do fim da fila mudam quando elementos são acrescentados ou removidos.

Neste capítulo, vimos os dois tipos abstratos de dados mais básicos, *arrays* e listas, e suas implementações concretas. Também aprendemos sobre os tipos pilha e fila. A referência [1] discute tipos de dados adicionais que necessitam de técnicas de implementação mais sofisticadas.

Fato Histórico 19.1

Padronização

Todo dia nos deparamos com os benefícios da padronização. Ao comprar uma lâmpada, você pode ter certeza de que ela se ajusta ao soquete, sem que este precise ser medido em casa ou a lâmpada na loja. Na verdade, a falta de padronização pode ser terrível, como no caso de uma lanterna de lâmpada fora do padrão. Lâmpadas de reposição para essa lanterna podem ser caras e difíceis de se encontrar.

Os programadores têm um anseio semelhante por padronização. Vamos considerar o importante objetivo que é a independência de plataforma dos programas Java. Depois de compilar um programa Java em arquivos de classes, podemos executar estes arquivos em qualquer computador que tenha uma máquina virtual Java. Para que isso funcione, o comportamento da máquina virtual deve estar estritamente definido. Se as máquinas virtuais não se comportarem exatamente da mesma maneira, o *slogam* "escreva uma vez e execute em qualquer lugar" vira "escreva uma vez, depure em todos os lugares". Para que vários implementadores criem máquinas virtuais compatíveis, a máquina virtual deve ser *padronizada*. Isto é, alguém deve criar uma definição da máquina virtual e do comportamento que se espera dela.

Quem cria padrões? Alguns dos padrões de maior êxito foram criados por grupos de voluntários tais como o IETF (Internet Engineering Task Force) e o W3C (World Wide Web Consortium).

▼ Podemos encontrar os RFC (Requests for Comment) que padronizam muitos dos protocolos da Internet no *site* da IETF: http://www.ietf.org/rfc.html. Por exemplo, o RFC 822 padroniza o formato de correio eletrônico, enquanto que o RFC 2616 define o HTTP (Hypertext Transmission Protocol), que é usado para servir páginas Web para navegadores. O W3C padroniza a HTML (Hypertext Markup Language), o formato das páginas Web — veja http://www.w3c.org. Esses padrões facilitaram a criação da World Wide Web como plataforma aberta, não controlada por nenhuma empresa.

▼ Muitas linguagens de programação, tais como C++ e Scheme, foram padronizadas por organizações independentes, como a ANSI (American National Standards Institute) e a ISO (International Organization for Standardization). ISO não é uma sigla; veja http://www.iso.ch/iso/en/aboutiso/introduction/whatisISO.html. ANSI e ISO são associações de profissionais da indústria que desenvolvem padrões para as coisas mais diversas, desde pneus de automóveis e formas de cartões de crédito até linguagens de programação.

▼ O processo de padronização da linguagem C++ acabou sendo muito desgastante e demorado, e a organização padronizadora seguiu um processo rigoroso para garantir a imparcialidade e evitar a influência de empresas com interesses na questão.

▼ Quando uma empresa inventa uma nova tecnologia, ela tem interesse em que sua invenção se torne um padrão, de modo que outras empresas produzam ferramentas que funcionem com sua invenção e assim aumente sua chance de sucesso. Por outro lado, ao passar a invenção para um comitê de padronização, especialmente aqueles que insistem em um processo justo, a empresa pode perder o controle sobre o padrão. Por essa razão, a Sun Microsystems, inventora de Java, nunca concordou que uma organização externa à empresa padronizasse a linguagem Java. Eles conduziram seu próprio processo de padronização, envolvendo outras empresas mas recusando-se a entregar o controle. Outra tática infeliz, mas muito comum, é criar um padrão fraco. Por exemplo, a Netscape e a Microsoft escolheram a ECMA (European Computer Manufacturers Association) para padronizar a linguagem JavaScript (veja o Fato Histórico 11.1). A ECMA queria estabelecer algo essencialmente útil, padronizando o comportamento da linguagem-núcleo e apenas algumas de suas bibliotecas. Uma vez que a maior parte dos programas JavaScript úteis precisam usar mais bibliotecas do que aquelas definidas no padrão, os programadores ainda passam por muitos processos cansativos de tentativa-e-erro para escrever um código em JavaScript que seja executado igualmente nos navegadores da Netscape e da Microsoft.

▼ Freqüentemente, padrões rivais são desenvolvidos por diferentes coalizões de empresas. Por exemplo, no momento que este livro está sendo escrito, as empresas de *hardware* discutem se usam o IEEE 1394 (também chamado de "FireWire" ou iLink) ou o High-Speed USB (USB de alta velocidade) para conectar dispositivos externos ao computador. Como disse Grace Hopper, famoso pioneiro da ciência da computação: "O que é impressionante a respeito dos padrões é que há muitos para escolher".

▼ Naturalmente, muitos itens tecnológicos importantes não são nem um pouco padronizados. Vamos considerar o sistema operacional Windows. Embora ele seja freqüentemente chamado de padrão de fato, ele na verdade não é nenhum padrão. Ninguém jamais tentou definir formalmente o que o sistema operacional Windows deve fazer. O comportamento muda ao capricho da empresa que o vende. Isso agrada muito a Microsoft, porque torna impossível que uma outra empresa crie sua própria versão do Windows.

▼ Como profissional de computação, haverá muitas ocasiões em sua carreira em que você terá de decidir se apóia ou não determinado padrão. Vamos considerar um exemplo simples. Neste capítulo, usamos a classe `LinkedList` da biblioteca Java padrão. Entretanto, muitos cientistas da computação não gostam dessa classe porque a interface confunde a distinção entre listas abstratas e *arrays*, e os iteradores são desajeitados de usar. Será que deveríamos usar a classe `LinkedList` em nosso próprio código, ou deveríamos implementar uma lista melhor? Se tomarmos a primeira opção, teremos de conviver com uma implementação que não é ótima. Se optarmos pela segunda, outros programadores podem ter dificuldades para entender nosso código por não estarem familiarizados com nossa classe lista.

Resumo do Capítulo

1. Uma lista encadeada consiste em uma quantidade de *links*, cada um dos quais possui uma referência ao próximo *link*.
2. Acrescentar e remover elementos no meio de uma lista encadeada é uma operação eficiente.
3. Visitar os elementos de uma lista encadeada na ordem seqüencial garante maior eficácia do que fazê-lo em acesso aleatório.
4. Usamos um iterador de lista para acessar elementos dentro de uma lista encadeada.
5. Implementar operações que modifiquem uma lista encadeada é um desafio — precisamos ter certeza de que atualizamos todas as referências a *links* corretamente.
6. Um tipo abstrato de dados define as operações fundamentais sobre os dados mas não especifica uma implementação.
7. Uma lista abstrata é uma seqüência ordenada de itens que pode ser percorrida seqüencialmente e que permite a inserção e retirada de elementos de qualquer posição.
8. Um *array* abstrato é uma seqüência ordenada de itens de acesso aleatório especificando um índice inteiro.
9. Uma pilha é uma coleção de itens com recuperação do tipo LIFO.
10. Uma fila é uma coleção de itens com recuperação do tipo FIFO.

Leitura Complementar

[1] Michael T. Goodrich and Roberto Tamassia: *Data Structures and Algorithms in Java*, John Wiley & Sons, 1998.

Classes, Objetos e Métodos Introduzidos neste Capítulo

```
java.util.AbstractList
    listIterator
java.util.LinkedList
    addFirst
    addLast
    getFirst
    getLast
    removeFirst
    removeLast
java.util.ListIterator
    add
    hasNext
    hasPrevious
    next
    previous
    remove
    set
```

Exercícios de Revisão

Exercício R19.1. Explique o que o código a seguir imprime. Desenhe figuras da lista encadeada depois de cada passo. Apenas desenhe os *links* para frente, como na Figura 1.

```
LinkedList staff = new LinkedList();
staff.addFirst("Harry");
staff.addFirst("Dick");
staff.addFirst("Tom");
System.out.println(staff.removeFirst());
System.out.println(staff.removeFirst());
System.out.println(staff.removeFirst());
```

Exercício R19.2. Explique o que o código a seguir imprime. Desenhe figuras da lista encadeada depois de cada passo. Apenas desenhe os *links* para frente, como na Figura 1.

```
LinkedList staff = new LinkedList();
staff.addFirst("Harry");
staff.addFirst("Dick");
staff.addFirst("Tom");
System.out.println(staff.removeLast());
System.out.println(staff.removeFirst());
System.out.println(staff.removeFirst());
```

Exercício R19.3. Explique o que o código a seguir imprime. Desenhe figuras da lista encadeada depois de cada passo. Apenas desenhe os *links* para frente, como na Figura 1.

```
LinkedList staff = new LinkedList();
staff.addFirst("Harry");
staff.addLast("Dick");
staff.addFirst("Tom");
System.out.println(staff.removeLast());
System.out.println(staff.removeFirst());
System.out.println(staff.removeLast());
```

Exercício R19.4. Explique o que o código a seguir imprime. Desenhe figuras da lista encadeada e da posição do iterador depois de cada passo.

```
LinkedList staff = new LinkedList();
ListIterator iterator = staff.listIterator();
iterator.add("Tom");
iterator.add("Dick");
iterator.add("Harry");
iterator = staff.listIterator();
if (iterator.next().equals("Tom"))
    iterator.remove();
while (iterator.hasNext())
    System.out.println(iterator.next());
```

Exercício R19.5. Explique o que o código a seguir imprime. Desenhe figuras da lista encadeada e da posição do iterador depois de cada passo.

```
LinkedList staff = new LinkedList();
ListIterator iterator = staff.listIterator();
iterator.add("Tom");
iterator.add("Dick");
iterator.add("Harry");
iterator = staff.listIterator();
iterator.next();
```

```
            iterator.next();
            iterator.add("Romeo");
            iterator.next();
            iterator.add("Juliet");
            iterator = staff.listIterator();
            iterator.next();
            iterator.remove();
            while (iterator.hasNext())
               System.out.println(iterator.next());
```

Exercício R19.6. A classe lista encadeada da biblioteca Java suporta as operações `addLast` e `removeLast`. Para realizar essas operações eficientemente, a classe `LinkedList` possui uma referência adicional `last` ao último nodo da lista encadeada. Desenhe um diagrama "antes/depois" das mudanças dos *links* em uma lista encadeada sob os métodos `addLast` e `removeLast`.

Exercício R19.7. A classe lista encadeada da biblioteca Java suporta iteradores bidirecionais. Para ir para trás eficientemente, cada `Link` tem uma referência adicional, `previous`, ao nodo anterior da lista encadeada. Desenhe um diagrama "antes/depois" das mudanças dos *links* em uma lista encadeada sob os métodos `addFirst` e `removeFirst` que mostre como os *links* `previous` precisam ser atualizados.

Exercício R19.8. Quais as vantagens das listas sobre os *arrays*? E quais as desvantagens?

Exercício R19.9. Vamos supor que você precisasse organizar uma coleção de números telefônicos de uma divisão de uma empresa. Há atualmente cerca de 6000 funcionários e você sabe que a mesa telefônica consegue manipular no máximo 10.000 números telefônicos. Espera-se centenas de pesquisas na coleção a cada dia. Você usaria um *array* ou uma lista para armazenar as informações?

Exercício R19.10. Vamos supor que você precisasse organizar um conjunto de compromissos. Você usaria uma lista ou um *array* de objetos `Appointment`?

Exercício R19.11. Vamos supor que você escreva um programa para modelar um baralho. As cartas são retiradas do topo do baralho e distribuídas aos jogadores. As cartas que retornam ao baralho são colocadas em baixo. Você armazenaria as cartas em uma pilha ou em uma fila?

Exercício R19.12. Suponha que os *strings* "A" ... "Z" sejam colocados numa pilha. Daí eles são retirados da pilha e colocados numa segunda pilha. Finalmente, eles são todos retirados da segunda pilha e impressos. Qual é a ordem em que os *strings* serão impressos?

Exercícios de Programação

Exercício P19.1. Usando apenas a interface pública da classe lista encadeada, escreva um método

```
public static void downsize(LinkedList staff)
```

que remova alternadamente (um sim, um não) os funcionários de uma lista encadeada.

Exercício P19.2. Usando apenas a interface pública da classe lista encadeada, escreva um método

```
public static void reverse(LinkedList staff)
```

que inverta as entradas de uma lista encadeada.

Exercício P19.3. Acrescente um método `reverse()` à nossa implementação da classe `LinkedList` que inverta os *links* de uma lista. Implemente esse método redirecionando diretamente os *links*, não usando um iterador.

Exercício P19.4. Escreva um método `draw` para exibir graficamente uma lista encadeada. Desenhe cada elemento da lista como uma caixa e indique os *links* com setas.

Exercício P19.5. Acrescente um método `size()` à nossa implementação da classe `LinkedList` que calcule o número de elementos da lista, seguindo *links* e contando os elementos até que o fim da lista seja atingido.

Exercício P19.6. Acrescente um campo `currentSize` à nossa implementação da classe `LinkedList`. Modifique os métodos de adição e remoção tanto da lista encadeada como do iterador de lista para atualizar o campo `currentSize` de modo que ele sempre contenha o tamanho correto. Altere o método `size()` do exercício anterior de modo que ele simplesmente retorne o valor dessa variável de instância.

Exercício P19.7. Escreva uma classe `Polynomial` que armazene um polinômio do tipo

$$p(x) = 5x^{10} + 9x^7 - x - 10$$

Armazene-o como uma lista encadeada de termos. Cada termo contém o coeficiente e a potência de *x*. Por exemplo, você armazenaria *p(x)* como

$$(5, 10), (9, 7), (-1, 1), (-10, 0)$$

Forneça métodos que somem, multipliquem e imprimam polinômios. Por exemplo, o polinômio *p* pode ser construído como

```
Polynomial p = new Polynomial();
p.addTerm(-10, 0);
p.addTerm(-1, 1);
p.addTerm(9, 7);
p.addTerm(5, 10);
```

Então calcule $p(x) \times p(x)$.

```
Polynomial q = p.multiply(p);
q.print();
```

Exercício P19.8. Implemente uma classe `Stack` usando uma lista encadeada para armazenar os elementos.

Exercício P19.9. Implemente uma fila como um *array circular* da seguinte maneira: use duas variáveis de índice `head` (cabeça) e `tail` (cauda) que contenham o índice do próximo elemento a ser removido e o próximo elemento a ser acrescentado. Depois que um elemento for removido ou acrescentado, o índice é incrementado (veja a Figura 14).

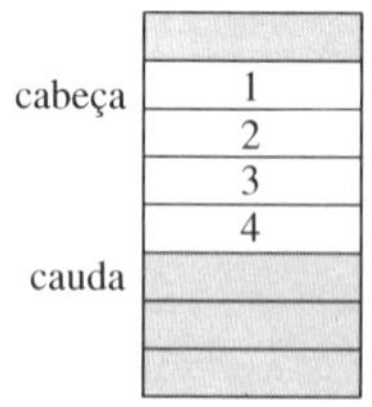

Figura 14

Adicionando e removendo elementos de uma fila.

Depois de certo tempo, o elemento `tail` atingirá o topo do *array*. Então ele dará a volta e iniciará novamente em 0 — veja a Figura 15. Por isso, o *array* é chamado de "circular".

```
public class CircularArrayQueue
{
    public CircularArrayQueue(int capacity) { ... }
    public void add(Object x) { ... }
    public Object remove() { ... }
    public int getLength() { ... }
    private int head;
    private int tail;
    private int length;
    private Object[] elements;
}
```

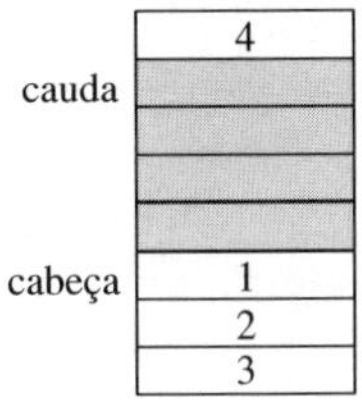

Figura 15

Um conjunto de elementos da fila que contorna a extremidade do *array*.

Essa implementação fornece uma fila *limitada* — ela pode por fim ficar totalmente cheia. Fique atento ao próximo exercício para ver como remover essa limitação.

Exercício P19.10. A fila do exercício anterior pode ficar cheia se forem acrescentados mais elementos do que o *array* consegue armazenar. Melhore a implementação da seguinte forma. Quando o *array* ficar cheio, aloque um *array* maior, copie os valores para esse *array* maior e atribua-o à variável de instância `elements`. *Dica:* Você não pode simplesmente copiar os elementos na mesma posição no novo *array*. Em vez disso, mova o elemento da cabeça para a posição 0.

Apêndice **A1**

Guia para Codificação na Linguagem Java

Introdução

Este guia de estilos de codificação é uma versão simplificada de um guia que tem sido usado com bastante sucesso tanto na indústria como em cursos universitários.

Um guia de estilos é um conjunto de requisitos obrigatórios para leiaute e formatação. O estilo uniforme facilita a leitura de códigos escritos por seu professor e por seus colegas. Você vai realmente usufruir dessa vantagem se fizer o projeto em equipe. Também se torna mais fácil para seu professor e seu avaliador compreenderem rapidamente a essência de seus programas.

O guia de estilo torna você um programador mais produtivo porque *reduz as escolhas voluntárias*. Se você não tiver de fazer escolhas sobre questões triviais, poderá gastar suas energias na solução de problemas reais.

Nessas orientações, diversas construções são claramente expurgadas. Isso não quer dizer que os programadores que os usem sejam ruins ou incompetentes. Significa que os comandos não são essenciais e podem ser expressos tão bem, ou até mesmo melhor, com outros comandos da linguagem.

Se você já possui experiência em programação, em Java ou em outra linguagem, inicialmente talvez você se sinta desconfortável em abandonar alguns hábitos arraigados. Entretanto, é um sinal de profissionalismo colocar de lado preferências pessoais em questões menores e entrar em acordo para o bem de seu grupo.

Essas orientações são necessariamente monótonas. Elas também mencionam características que talvez você ainda não tenha aprendido em aula. A seguir, temos os tópicos mais importantes:

- as tabulações são configuradas a cada três espaços;
- nomes de variáveis e métodos são em minúsculas, com maiúsculas ocasionais no meio;
- nomes de classes iniciam com letra maiúscula;
- nomes de constantes são em MAIÚSCULAS, com um SUB_LINHADO ocasional;
- há espaços após palavras-chave e em volta de operadores binários;
- os colchetes devem estar alinhados horizontal ou verticalmente;

- nenhum número mágico pode ser utilizado;
- todos os métodos, exceto `main` e métodos sobrescritos da biblioteca devem ter um comentário;
- no máximo 30 linhas de código podem ser usadas por método;
- `continue` e `break` não são permitidos;
- todas variáveis não-`final` devem ser privadas.

Nota para o professor: Naturalmente, muitos programadores e organizações têm opiniões fortes sobre estilo de codificação. Se esse guia de estilo for incompatível com suas próprias preferências ou com o costume local, por favor, sinta-se livre para modificá-lo. Com esse intuito, esse guia de estilo de codificação está disponível em formato eletrônico.

Arquivos-fonte

Todo programa Java é uma coleção de um ou mais arquivos-fonte. O programa executável é obtido pela compilação desses arquivos. Organize o material em cada arquivo da seguinte maneira:

- comando `package`, se for adequado
- comandos `import`
- um comentário explicando o objetivo deste arquivo
- uma classe `public`
- outras classes, se adequado

O comentário explicando o objetivo deste arquivo deve estar no formato reconhecido pelo utilitário `javadoc`. Inicie com `/**`, e use as marcas `@author` e `@version`:

```
/**
    COPYRIGHT (C) 1997 Harry Hacker. Todos os direitos autorais reservados.
    Classes para manipular widgets.
    Resolve o dever de casa nº 3 da disciplina CS101
    @author Harry Hacker
    @version 1.01 1997-02-15
*/
```

Classes

Toda classe deve ser precedida por um comentário de classe que explique seu objetivo.
   Primeiramente, liste todos os recursos públicos; depois, todos os recursos privados.
   Dentro das seções pública e privada, use a seguinte ordem:

1. construtores
2. métodos de instância
3. métodos estáticos
4. campos de instância
5. campos estáticos
6. classes internas

Deixe uma linha em branco após cada método.
   Todas as variáveis não-`final` devem de ser privadas. Entretanto, variáveis de instância de uma classe interna `private` podem ser públicas. Métodos e variáveis finais podem ser públicas ou privadas, conforme for adequado.
   Todos os recursos devem ser rotulados `public` ou `private`. Não use a visibilidade *default* (isto é, visibilidade de pacote) nem o atributo `protected`.

Evite variáveis estáticas (exceto as `final`) sempre que possível. No caso raro em que você necessitar de variáveis estáticas, pode usar uma variável estática por classe.

Métodos

Todo método (exceto `main`) inicia com um comentário no formato `javadoc`.

```
/**
    Converter a data do calendário em dia do calendário juliano.
    Nota: Este algoritmo é de Press et al., Numerical Recipes
    in C, 2nd ed., Cambridge University Press, 1992.
    @param day dia da data a ser convertida
    @param month mês da data a ser convertida
    @param year ano da data a ser convertida
    @return o número do dia no calendário juliano que inicia ao meio-dia da data de calendário dada.
*/
public static int dat2jul(int day, int month, int year)
{
    ...
}
```

Métodos devem ter no máximo 30 linhas de código. A assinatura do método, dos comentários, das linhas em branco e das linhas contendo apenas chaves não estão incluídas nessa conta. Essa regra força você a quebrar cálculos complexos em métodos separados.

Variáveis e Constantes

Não defina todas as variáveis no início de um bloco:

```
{
    double xold;
    double xnew;  // Não faça isso
    boolean more;
    ...
}
```

Defina cada variável imediatamente antes de usá-la pela primeira vez:

```
{
    ...
    double xold = Integer.parseInt(input);
    boolean more = false;
    while (more)
    {
        double xnew = (xold + a / xold) / 2;  // OK
        ...
    }
    ...
}
```

Não defina duas variáveis na mesma linha:

```
int dimes = 0, nickels = 0;  // Não faça isso
```

Em vez disso, use duas definições separadas:

```
int dimes = 0;  // OK
int nickels = 0;
```

Em Java, as constantes devem ser definidas com a palavra-chave `final`. Se a constante é usada por vários métodos, declare-a como `static final`. É uma boa idéia definir variáveis estáticas finais como `private` se nenhuma outra classe tiver interesse nelas.

Não use *números mágicos*! Um número mágico é uma constante numérica embutida no código, sem uma definição de constante. Qualquer número exceto –1, 0, 1 e 2 é considerado mágico:

```
if (p.getX() < 300) // Não faça isso
```

Antes, use variáveis `final`:

```
final double WINDOW_WIDTH = 300;
...
if (p.getX() < WINDOW_WIDTH) // OK
```

Até mesmo a mais razoável constante cósmica irá mudar algum dia. Você acha que um ano tem 365 dias? Seus clientes em Marte vão ficar bastante chateados com seu preconceito. Crie uma constante

```
public static final int DAYS_PER_YEAR = 365;
```

de modo que você poderá facilmente gerar uma versão marciana sem ter de procurar todos os 365s, 364s, 366s, 367s, etc. em seu código.

Ao declarar variáveis *array*, agrupe os `[]` com o tipo, não com a variável.

```
int[] values; // OK
int values[]; // Argh! — este é um horrível remanescente de C
```

Fluxo de Controle

O Comando `if`

Evite a armadilha "`if ... if ... else`". O código

```
if ( ... )
   if ( ... ) ...;
else ...;
```

não vai fazer o que o nível de recuo sugere e pode-se levar horas para encontrar esse *bug*. Use sempre um par adicional de `{ ... }` ao lidar com "`if ... if ... else`":

```
if ( ... )
{
   if ( ... ) ...;
} // {...} são necessárias
else ...;

if ( ... )
{
   if ( ... ) ...;
   else ...;
} // {...} não são necessárias, mas evitam problemas
```

O Comando `for`

Somente use laços `for` quando uma variável variar de um valor para outro com algum incremento/decremento constante:

```
for (int i = 0; i < a.length; i++)
   System.out.println(a[i]);
```

Não use o laço `for` para construções estranhas do tipo

```
for (a = a / 2; count < ITERATIONS;
   System.out.println(xnew))
      // Não faça isso
```

Transforme esse tipo de laço em um laço `while`. Assim, a seqüência de instruções será muito mais clara.

```
    a = a / 2;
    while (count < ITERATIONS)  // OK
    {   ...
        System.out.println(xnew);
    }
```

Fluxo de Controle Não-linear

Evite o comando `switch`, porque é fácil de se cair acidentalmente em um caso indesejado. É melhor você usar `if/else`.

Evite os comandos `break` e `continue`. Use outra variável `boolean` para controlar o fluxo de execução.

Exceções

Não rotule um método com uma especificação de exceção geral:

```
Widget readWidget(Reader in)
    throws Exception  // Ruim
```

Em vez disso, declare especificamente quaisquer exceções verificadas que seu método possa disparar:

```
Widget readWidget(Reader in)
    throws IOException, MalformedWidgetException  // Bom
```

Não "silencie" exceções:

```
try
{
    double price = in.readDouble();
}
catch (Exception e)
{}  // Ruim
```

Os iniciantes freqüentemente cometem esse erro "para deixar o compilador contente". Se o método corrente não for adequado para tratar a exceção, simplesmente use uma especificação `throws` e deixe um de seus chamadores tratá-la.

Questões Léxicas

Convenção para Atribuições Nomes

As regras a seguir especificam quando usar letras maiúsculas e quando usar minúsculas em nomes identificadores.

- Todos os nomes de variáveis e métodos e todos os campos de dados de classes são em minúsculas (talvez com uma maiúsCula ocasional no meio); por exemplo, `firstPlayer`.
- Todas as constantes são em maiúsculas (ocasionalmente com uma SUB_LINHA; por exemplo, `CLOCK_RADIUS`.
- Todos os nomes de classes e interfaces iniciam com maiúscula e são seguidas por minúsculas (talvez com uma letra maiúscula ocasional); por exemplo, `BankTeller`.

Os nomes devem ser razoavelmente longos e descritivos. Use `firstPlayer` em vez de `fp`. Sem tirar as vogais (Sm trr s vgs). Variáveis locais que são bastante rotineiras podem ser curtas (`ch`, `i`) desde que elas realmente sejam apenas meros armazenadores de um caractere de entrada, um contador de laço, e assim por diante. Também não use `ctr`, `c`, `cntr`, `cnt`, `c2` para variáveis de seu método. Certamente essas variáveis todas têm objetivos específicos e podem receber nomes que façam o leitor se lembrar delas (por exemplo, `current`, `next`, `previous`, `result`, ...).

Recuo e Espaço em Branco

Use paradas de tabulação a cada três colunas. Isso quer dizer que você terá de mudar a configuração das paradas de tabulação em seu editor!

Use linhas em branco à vontade para separar partes de um método que sejam logicamente distintas.

Use um espaço em branco em volta de todo operador binário:

```
x1 = (-b - Math.sqrt(b * b - 4 * a * c)) / (2 * a);
// Bom

x1=(-b-Math.sqrt(b*b-4*a*c))/(2*a);
// Ruim
```

Deixe um espaço em branco após (e não antes) cada vírgula ou ponto-e-vírgula. Não deixe espaço antes nem depois de um parênteses ou colchete em uma expressão. Deixe espaços em volta da parte (...) de um comando `if`, `while`, `for` ou `catch`.

```
if (x == 0) y = 0;

f(a, b[i]);
```

Toda linha deve caber em 80 colunas. Se você tiver de quebrar um comando, acrescente um nível de recuo para a continuação:

```
a[n] = .............................................
    + ................;
```

Se for possível, inicie a linha recuada com um operador.

Se a condição de um comando `if` ou `while` tiver de ser quebrada, garanta que o corpo seja envolvido por chaves, *mesmo se ele consistir em apenas um comando*:

```
if ( ......................................................
    && .................
    || .......... )
{
    ...
}
```

Se não fosse pelas chaves, seria difícil separar visualmente a continuação da condição do comando a ser executado.

Chaves

A chave de abertura e a de fechamento devem estar alinhadas, horizontal ou verticalmente:

```
while (i < n) { System.out.println(a[i]); i++; }

while (i < n)
{
    System.out.println(a[i]);
    i++;
}
```

Alguns programadores não alinham chaves verticais mas colocam as { atrás da palavra-chave:

```
while (i < n) { // NÃO FAÇA ISSO
    System.out.println(a[i]);
    i++;
}
```

Fazer isso torna difícil verificar se as chaves se correspondem.

Leiaute Instável

Alguns programadores muito orgulhosamente alinham certas colunas em seu código:

```
firstRecord = other.firstRecord;
lastRecord  = other.lastRecord;
cutoff      = other.cutoff;
```

Isso é inegavelmente elegante, mas o leiaute não é *estável* quando ocorrem mudanças. O nome de uma nova variável que seja maior que o número de colunas reservado exige que você mova *todas* as entradas:

```
firstRecord = other.firstRecord;
lastRecord  = other.lastRecord;
cutoff      = other.cutoff;
marginalFudgeFactor = other.marginalFudgeFactor;
```

Esse é exatamente o tipo de armadilha que faz você usar um nome de variável curto como `mff`.

Não use comentários // no caso de comentários que se estendem por mais de duas linhas. Você não vai querer ficar ajustando as // quando for editar o comentário.

```
// comentário – não faça isso
// mais comentário
// mais comentário
```

Use comentários /* ... */. Ao usar comentários /* ... */, não os "enfeite" com asteriscos adicionais:

```
/* comentário – não faça isso
 * mais comentário
 * mais comentário
 */
```

Fica bonito, mas é um desestímulo para a atualização do comentário. Algumas pessoas possuem editores de texto que dispõem os comentários. Mas mesmo que esse seja o seu caso, você não sabe se a pessoa que irá manter seu código tem um editor assim.

Em vez disso, formate os comentários longos da seguinte maneira:

```
/*
    comentário
    mais comentário
    mais comentário
*/
```

ou assim:

```
/*
    comentário
    mais comentário
    mais comentário
*/
```

Esses comentários são muito mais fáceis de manter quando seu programa mudar. Se você tiver de escolher entre comentários bonitos mas difíceis de atualizar, e comentários feios mas fáceis de atualizar, lembre-se: a verdade vence a beleza.

Apêndice A2

A Biblioteca Java

Este apêndice lista todas as classes e métodos da biblioteca Java padrão que são usados neste livro.

No diagrama de herança a seguir, as superclasses que não são usadas neste livro são mostradas entre parênteses. Algumas classes implementam interfaces não abordadas neste livro; estas são omitidas. As classes são classificadas primeiramente pelo pacote; depois alfabeticamente dentro do pacote.

```
java.awt.Shape
java.awt.Stroke
java.lang.Cloneable
java.lang.Object
    java.awt.BasicStroke implements Stroke
    java.awt.Color implements Serializable
    java.awt.Component implements Serializable
        java.awt.Container
            javax.swing.JComponent
                javax.swing.AbstractButton
                    javax.swing.JButton
                    javax.swing.JMenuItem
                        javax.swing.JMenu
                    (javax.swing.JToggleButton)
                        javax.swing.JCheckBox
                        javax.swing.JRadioButton
                javax.swing.JRadioButton
                javax.swing.JComboBox
                javax.swing.JFileChooser
                javax.swing.JMenuBar
                javax.swing.JPanel
                javax.swing.JOptionPane
                javax.swing.JSlider
                javax.swing.text.JTextComponent
                    javax.swing.JTextArea
                    javax.swing.JTextField
            (java.awt.Panel)
            java.applet.Applet
```

```
                javax.swing.JApplet
        java.awt.Window
            java.awt.Frame
                javax.swing.JFrame
java.awt.FlowLayout implements Serializable
java.awt.Font implements Serializable
java.awt.Graphics
    java.awt.Graphics2D;
java.awt.GridLayout implements Serializable
java.awt.event.MouseAdapter implements MouseListener
java.awt.event.WindowAdapter
        implements WindowListener
java.awt.font.FontRenderContext
java.awt.font.TextLayout implements Cloneable
java.awt.geom.Line2D
    implements Cloneable, Shape
    java.awt.geom.Line2D.Double
java.awt.geom.Point2D implements Cloneable
    java.awt.geom.Point2D.Double
java.awt.geom.RectangularShape
    implements Cloneable, Shape
    (java.awt.geom.Rectangle2D)
        java.awt.Rectangle implements Serializable
        java.awt.Rectangle2D.Double
    java.awt.geom.Ellipse2D
        java.awt.geom.Ellipse2D.Double
java.io.File implements Comparable, Serializable
java.io.InputStream
    java.io.FileInputStream
    java.io.ObjectInputStream
java.io.OutputStream
    java.io.FileOutputStream
    java.io.ObjectOutputStream
java.io.RandomAccessFile
java.io.Reader
    java.io.BufferedReader
    java.io.InputStreamReader
        java.io.FileReader
java.io.Writer
    java.io.PrintWriter
    (java.io.OutputStreamWriter)
        java.io.FileWriter
java.lang.Boolean implements Serializable
java.lang.Math
(java.lang.Number implements Serializable)
    java.math.BigDecimal implements Comparable
    java.math.BigInteger implements Comparable
    java.lang.Double implements Comparable
    java.lang.Float implements Comparable
    java.lang.Integer implements Comparable
java.lang.String implements Comparable, Serializable
java.lang.System
java.lang.Throwable
    java.lang.Error
    java.lang.Exception
        java.lang.CloneNotSupportedException
        java.io.IOException
            java.io.EOFException
            java.io.FileNotFoundException
        java.lang.RuntimeException
```

```
            java.lang.IllegalArgumentException
                java.lang.NumberFormatException
            java.lang.NullPointerException
    (java.text.Format implements Cloneable, Serializable)
        java.text.DateFormat
        java.text.NumberFormat
    (java.util.AbstractCollection)
        java.util.AbstractList
            (java.util.AbstractSequentialList)
                java.util.LinkedList
            java.util.ArrayList
                implements Cloneable, List, Serializable
    java.util.logging.Level implemensa Serializable
    java.util.logging.Logger
    java.util.Arrays
    java.util.EventObject implements Serializable
        (java.awt.AWTEvent)
            java.awt.event.ActionEvent
            (java.awt.event.ComponentEvent)
                java.awt.event.InputEvent
                    java.awt.event.MouseEvent
                java.awt.event.WindowEvent
            javax.swing.event.ChangeEvent
    java.util.Random implements Serializable
    java.util.StringTokenizer
    javax.swing.ButtonGroup implements Serializable
    javax.swing.ImageIcon implements Serializable
    javax.swing.Timer implements Serializable
    (javax.swing.border.AbstractBorder
        implements Serializable)
        javax.swing.border.EtchedBorder
        javax.swing.border.TitledBorder
    java.lang.Serializable
    java.util.Collection
        java.util.List
    java.util.EventListener
        java.awt.event.ActionListener
        java.awt.event.MouseListener
        java.awt.event.WindowListener
        javax.swing.event.ChangeListener
    java.util.Iterator
    java.util.ListIterator
```

Nas descrições a seguir, a frase "este objeto" ("este componente", "este contêiner", etc.) significa o objeto (componente, contêiner e assim por diante) sobre o qual o método é invocado (o parâmetro implícito `this`).

Pacote `java.applet`

Classe `java.applet.Applet`

- `void destroy()`

    Esse método é chamado quando o *applet* está para terminar, depois da última chamada a `stop`.

- `void init()`

    Esse método é chamado quando o *applet* foi carregado, antes da primeira chamada a `start`. Os *applets* sobrescrevem este método para realizar a inicialização específica de *applet* e para ler os parâmetros do mesmo.

- void start()
  Esse método é chamado após o método init e cada vez que o *applet* é revisitado.
- void stop()
  Esse método é chamado sempre que o usuário parar de usar esse *applet*.

Pacote java.awt

Classe java.awt.BasicStroke

- BasicStroke(float width)
  Constrói um objeto *stroke* (traço) que desenha linhas de uma determinada largura.
  Parâmetros:
    width – a largura do traço

Classe java.awt.BorderLayout

- BorderLayout()
  Constrói um BorderLayout. Um BorderLayout tem cinco regiões para acrescentar componentes, chamadas "North", "East", "South", "West" e "Center".
- static final int CENTER
  Esse valor identifica a posição central de um BorderLayout.
- static final int EAST
  Esse valor identifica a posição leste de um BorderLayout.
- static final int NORTH
  Esse valor identifica a posição norte de um BorderLayout.
- static final int SOUTH
  Esse valor identifica a posição sul de um BorderLayout.
- static final int WEST
  Esse valor identifica a posição oeste de um BorderLayout.

Classe java.awt.Color

- Color(float red, float green, float blue)
  Cria uma cor com os valores de vermelho, verde e azul especificados entre 0.0F e 1.0F.
  Parâmetros:
    red – o componente vermelho
    green – o componente verde
    blue – o componente azul

Classe java.awt.Component

- int getHeight()
  Esse método obtém a altura deste componente.
  Retorna: a altura em *pixels*.
- int getWidth()
  Esse método obtém a largura deste componente.

Retorna: a largura em *pixels*.
- `void repaint()`

  Esse método redesenha esse componente agendando uma chamada ao método `paint`.
- `void setPreferredSize(int width, int height)`

  Esse método configura o tamanho preferido desse componente.

  Parâmetros:

      `width` – a largura preferida

      `height` – a altura preferida

Classe `java.awt.Container`
- `void add(Component c)`
- `void add(Component c, Object position)`

  Esses métodos acrescentam um componente ao fim desse contêiner. Se for fornecida uma posição, o gerenciador de leiaute é chamado para posicionar o componente.

  Parâmetros:

      `c` – o componente a ser acrescentado

      `position` – um objeto que expressa a informação de posição para o gerenciador de leiaute.
- `void paint(Graphics g)`

  Esse método é chamado quando a superfície do contêiner precisa ser redesenhada.

  Parâmetros:

      `g` – o contexto gráfico
- `void setLayout(LayoutManager manager)`

  Esse método configura o gerenciador de leiaute para este contêiner.

  Parâmetros:

      `manager` – um gerenciador de leiaute
- `void setSize(int width, int height)`

  Esse método muda o tamanho deste contêiner.

  Parâmetros:

      `width` – a nova largura

      `height` – a nova altura

Classe `java.awt.FlowLayout`
- `FlowLayout()`

  Constrói um novo *flow layout*. O *flow layout* coloca tantos componentes quantos forem possíveis em uma linha, sem mudar seu tamanho, e inicia novas linhas quando necessário.

Classe `java.awt.Font`
- `Font(String name, int style, int size)`

  Constrói um objeto fonte a partir do nome, estilo e tamanho especificados.

  Parâmetros:

      `name` – o nome da fonte, o nome de face da fonte ou o nome de fonte lógico, o qual deve ser um dentre `"Dialog"`, `"DialogInput"`, `"Monospaced"`, `"Serif"` ou `"SansSerif"`

style - um dos seguintes: Font.PLAIN, Font.ITALIC, Font.BOLD ou Font.ITALIC+Font.BOLD

size - o tamanho da fonte em pontos
- Rectangle2D getStringBounds(String s, FontRenderContext context)

Esse método mede o tamanho de um *string*.

Parâmetros:

s - o *string* a medir

context - o contexto de exibição da fonte a usar na medição

Retorna: um retângulo que envolve o *string*, cujo ponto de base está posicionado em (0, 0).

Classe java.awt.Frame

- void setTitle(String title)

Esse método configura o título do *frame*.

Parâmetros:

title - o título a ser exibido na borda do *frame*

Classe java.awt.Graphics

- void setColor(Color c)

Esse método configura a cor atual. A partir de agora, todas as operações gráficas usarão essa cor.

Parâmetros:

c - a nova cor de desenho

- void setFont(Font font)

Esse método configura a fonte atual. A partir de agora, todas as operações de texto usarão essa fonte.

Parâmetros:

font - a fonte

Classe java.awt.Graphics2D

- void draw(Shape s)

Esse método desenha o contorno da figura dada. Muitas classes — entre elas Rectangle e Line2D.Double — implementam a interface Shape.

Parâmetros:

s - a figura a ser desenhada

- void drawString(String s, int x, int y)
- void drawString(String s, float x, float y)

Esses métodos desenham um *string* usando a fonte corrente.

Parâmetros:

s - o *string* a desenhar

x,y - o ponto de base do primeiro caractere do *string*

- void fill(Shape s)

Esse método desenha a figura dada e a preenche com a cor atual.

Parâmetros:

    s – a figura a ser preenchida

- `FontRenderContext getFontRenderContext()`

Esse método obtém o contexto de exibição da fonte, um objeto que é usado para medir e desenhar fontes.

Retorna: o contexto de exibição da fonte.

- `void setStroke(Stroke s)`

Esse método configura o traço atual para desenhar retas e curvas.

Parâmetros:

    s – o traço a usar

Classe `java.awt.GridLayout`

- `GridLayout(int rows, int cols)`

Esse construtor cria um GridLayout com o número de linhas e colunas especificado. Os componentes em um GridLayout são organizados em uma grade de largura e altura iguais. Um dos dois valores, `rows` e `cols` (mas não ambos) pode ser zero, caso em que qualquer número de objetos pode ser colocado em uma linha ou em uma coluna, respectivamente.

Parâmetros:

    rows – o número de linhas da grade

    cols – o número de colunas da grade

Classe `java.awt.Rectangle`

- `Rectangle()`

Constrói um retângulo cujo canto superior esquerdo está em (0, 0) e cuja largura e altura são ambas iguais a zero.

- `Rectangle(int x, int y, int width, int height)`

Constrói um retângulo com o canto superior esquerdo e tamanho dados.

Parâmetros:

    x,y – o canto superior esquerdo

    width – a largura

    height – a altura

- `Rectangle intersection(Rectangle other)`

Esse método calcula a interseção desse retângulo com o retângulo especificado.

Parâmetros:

    other – um retângulo

Retorna: o maior retângulo contido tanto em `this` como em `other`.

- `void setLocation(int x, int y)`

Esse método move este retângulo para uma nova localização.

Parâmetros:

    x,y – o novo canto superior esquerdo

- `void setSize(int width, int height)`

Esse método muda o tamanho desse retângulo.

Parâmetros:
    `width` – a nova largura
    `height` – a nova altura

- `void translate(int dx, int dy)`
  Esse método move este retângulo.
  Parâmetros:
      `dx` – a distância a mover ao longo do eixo *x*
      `dy` – a distância a mover ao longo do eixo *y*

- `Rectangle union(Rectangle other)`
  Esse método calcula a união deste retângulo com o retângulo especificado.
  Essa não é a união usada em teoria dos conjuntos, mas o menor retângulo que contém `this` e `other`.
  Parâmetros:
      `other` – um retângulo
  Retorna: o menor retângulo que contém tanto `this` como `other`.

Interface `java.awt.Shape`

A interface `Shape` descreve formas que podem ser desenhadas e preenchidas por um objeto `Graphics2D`.

Classe `java.awt.Window`

- `void addWindowListener(WindowListener listener)`
  Esse método acrescenta um escutador de janela. O escutador de janela é notificado sempre que um evento de janela for originado nessa janela.
  Parâmetros:
      `listener` – o escutador de janela a ser acrescentado

- `void pack()`
  Esse método organiza os componentes na janela tal que ocupem o mínimo de espaço possível, e redimensiona a janela para englobar os componentes.

- `void show()`
  Esse método torna a janela visível e a traz para a frente.

Pacote `java.awt.event`

Classe `java.awt.event.ActionEvent`

- `String getActionCommand()`
  Esse método retorna um *string* que descreve esse evento de ação, tal como o rótulo do botão ou o menu que o causou. Esses *strings* são passíveis de mudanças, de modo que geralmente não se deve usá-los para identificar a origem do evento.
  Retorna: o *string* de comando de ação.

Interface `java.awt.event.ActionListener`

- `void actionPerformed(ActionEvent e)`
  A origem do evento chama esse método quando ocorre uma ação.

Classe `java.awt.event.MouseAdapter`
- `void mouseClicked(MouseEvent e)`
  Esse método é chamado quando o *mouse* é clicado (isto é, pressionado e liberado em rápida sucessão).
- `void mousePressed(MouseEvent e)`
  Esse método é chamado quando o *mouse* é pressionado.
- `void mouseReleased(MouseEvent e)`
  Esse método é chamado quando o botão do mouse é liberado.

Class `java.awt.event.MouseEvent`
- `int getX()`
  Esse método retorna a posição horizontal do *mouse* no momento em que o evento ocorreu.
  Retorna: a coordenada *x* do *mouse*.
- `int getY()`
  Esse método retorna a posição vertical do *mouse* no momento em que o evento ocorreu.
  Retorna: a posição (coordenada) *y* do *mouse*.

Interface `java.awt.event.MouseListener`
- `void mouseClicked(MouseEvent e)`
  Esse método é chamado quando o *mouse* é clicado (isto é, é pressionado e liberado em rápida sucessão).
- `void mousePressed(MouseEvent e)`
  Esse método é chamado quando o botão do *mouse* é pressionado.
- `void mouseReleased(MouseEvent e)`
  Esse método é chamado quando o botão do *mouse* é liberado.

Class `java.awt.event.WindowAdapter`
- `void windowClosing(WindowEvent e)`
  Esse método é chamado quando uma janela está no processo de ser fechada. Sobrescreva esse método se você quiser sair do programa quando a janela for fechada.

Interface `java.awt.event.WindowListener`
- `void windowClosing(WindowEvent e)`
  Esse método é chamado quando uma janela está no processo de ser fechada. Sobrescreva esse método se você quiser sair do programa quando a janela for fechada.

Pacote `java.awt.font`

Classe `java.awt.font.FontRenderContext`
Um contexto de exibição de fonte é um objeto que é usado para medir e desenhar fontes. Ele é obtido por meio do método `getFontRenderContext()` da classe `java.awt.Graphics2D` e usado pelo construtor `java.awt.font.TextLayout`.

Classe `java.awt.font.TextLayout`

- `TextLayout(String s, Font f, FontRenderContext context)`
  Constrói um leiaute de texto para medir e desenhar um *string* com determinada fonte.
  Parâmetros:
      `s` – o *string* a a ser formatado
      `f` – a fonte que será usada
      `context` – o contexto de exibição de fonte do dispositivo de saída
- `float getAdvance()`
  Esse método obtém a largura total do *string* formatado por esse objeto `TextLayout`.
  Retorna: o avanço (largura em *pixels*) do *string*.
- `float getAscent()`
  Esse método obtém a altura acima da linha de base do *string* formatado por esse objeto `TextLayout`.
  Retorna: a ascendente do *string* em *pixels*.
- `float getDescent()`
  Esse método obtém a profundidade abaixo da linha de base do *string* formatado por esse objeto `TextLayout`.
  Retorna: a descendente do *string* em *pixels*.
- `float getLeading()`
  Esse método obtém a distância entre duas linhas na fonte usada por esse objeto `TextLayout`.
  Retorna: a entrelinha da fonte em *pixels*.

Pacote `java.awt.geom`

Classe `java.awt.geom.Ellipse2D.Double`

- `Ellipse2D.Double(double x, double y, double w, double h)`
  Constrói uma elipse a partir das coordenadas especificadas.
  Parâmetros:
      `x,y` – o canto superior esquerdo do retângulo delimitador
      `ww` – a largura do retângulo delimitador
      `h` – a altura do retângulo delimitador

Classe `java.awt.geom.Line2D`

- `double getX1()`
- `double getX2()`
- `double getY1()`
- `double getY2()`
  Esses métodos obtêm a coordenada solicitada de uma extremidade desse segmento de reta.
  Retorna: a coordenada *x* ou *y* da primeira ou da segunda extremidade.
- `void setLine(double x1, double y1, double x2, double y2)`
  Esse método configura as extremidades desse segmento de reta.

Parâmetros:
>x1,y1 – uma nova extremidade desse segmento de reta.
>x2,y2 – a outra nova extremidade

Classe `java.awt.geom.Line2D.Double`

- `Line2D.Double(double x1, double y1, double x2, double y2)`
  Constrói um segmento de reta a partir das coordenadas especificadas.
  Parâmetros:
  >x1, y1 – uma extremidade do segmento de reta
  >x2, y2 – a outra extremidade
- `Line2D.Double(Point2D p1, Point2D p2)`
  Constrói um segmento de reta a partir de duas extremidades.
  Parâmetros:
  >p1, p2 – as extremidades do segmento de reta

Classe `java.awt.geom.Point2D`

- `double getX()`
- `double getY()`
  Esses métodos obtêm as coordenadas solicitadas desse ponto.
  Retorna: a coordenada *x* ou *y* desse ponto.
- `void setLocation(double x, double y)`
  Esse método configura as coordenadas *x* e *y* desse ponto.
  Parâmetros:
  >x,y – a nova localização desse ponto

Classe `java.awt.geom.Point2D.Double`

- `Point2D.Double(double x, double y)`
  Constrói um ponto com as coordenadas especificadas.
  Parâmetros:
  >x,y – as coordenadas do ponto

Classe `java.awt.geom.Rectangle2D.Double`

- `Rectangle2D.Double(double x, double y, double w, double h)`
  Constrói um retângulo.
  Parâmetros:
  >x, y – o canto superior esquerdo
  >w – a largura
  >h – a altura

Classe `java.awt.geom.RectangularShape`

- `int getHeight()`

- `int getWidth()`
  Esses métodos obtêm a altura ou a largura do retângulo delimitador dessa forma retangular.
  Retorna: a altura ou largura, respectivamente.
- `double getCenterX()`
- `double getCenterY()`
- `double getMaxX()`
- `double getMaxY()`
- `double getMinX()`
- `double getMinY()`
  Esses métodos obtêm o valor solicitado das coordenadas dos cantos ou do centro do retângulo delimitador dessa figura.
  Retorna: as coordenadas *x* e *y* mínimas, centrais ou máximas.
- `void setFrame(double x, double y, double w, double h)`
  Esse método configura o retângulo delimitador dessa forma retangular.
  Parâmetros:
      `x, y` – o canto superior esquerdo
      `w` – a largura
      `h` – a altura
- `void setFrameFromDiagonal(double x1, double y1, double x2, double y2)`
  Esse método configura o retângulo dessa forma retangular.
  Parâmetros:
      `x1, y1` – as coordenadas de um canto
      `x2, y2` – as coordenadas do canto diagonalmente oposto

Pacote `java.io`

Classe `java.io.BufferedReader`

- `BufferedReader(Reader in)`
  Constrói um leitor com *buffer*, um objeto que armazena caracteres em um *buffer* para uma leitura mais eficiente.
  Parâmetros:
      `in` – um leitor
- `String readLine()`
  Esse método lê uma linha de entrada deste leitor com *buffer*.
  Retorna: a linha de entrada, ou `null` se o fim da entrada foi atingido.

Classe `java.io.EOFException`

- `EOFException(String message)`
  Constrói um objeto de exceção "fim de arquivo".
  Parâmetros:
      `message` – a mensagem específica

Classe `java.io.File`

Essa classe descreve um arquivo ou diretório de disco. Os objetos desta classe são devolvidos pelo método `getSelectedFile()` da classe `javax.swing.JFileChooser`.

Classe `java.io.FileInputStream`

- `FileInputStream(File f)`

  Constrói um fluxo de entrada a partir de arquivo e abre o arquivo escolhido. Se o arquivo não puder ser aberto para leitura, uma exceção `FileNotFoundException` é disparada.

  Parâmetros:

  f – o arquivo a ser aberto para leitura

- `FileInputStream(String name)`

  Constrói um fluxo de entrada a partir de arquivo e abre o arquivo nomeado. Se o arquivo não puder ser aberto para leitura, uma exceção `FileNotFoundException` é disparada.

  Parâmetros:

  name – o nome do arquivo a ser aberto para leitura

Classe `java.io.FileNotFoundException`

Essa exceção é disparada quando um arquivo não puder ser aberto.

Classe `java.io.FileOutputStream`

- `FileOutputStream(File f)`

  Essa constrói um fluxo de arquivo de entrada e abre o arquivo escolhido. Se o arquivo não puder ser aberto para gravação, uma exceção `FileNotFoundException` é disparada.

  Parâmetros:

  f – o arquivo a ser aberto para gravação

- `FileOutputStream(String name)`

  Constrói um fluxo de entrada a partir de arquivo e abre o arquivo escolhido. Se o arquivo não puder ser aberto para gravação, uma exceção `FileNotFoundException` é disparada.

  Parâmetros:

  name – o nome do arquivo a ser aberto para gravação

Classe `java.io.FileReader`

- `FileReader(File f)`

  Constrói um leitor de arquivo e abre o arquivo escolhido. Se o arquivo não puder ser aberto para leitura, uma exceção `FileNotFoundException` é disparada.

  Parâmetros:

  f – o arquivo a ser aberto para leitura

- `FileReader(String name)`

  Constrói um leitor de arquivo e abre o arquivo escolhido. Se o arquivo não puder ser aberto para leitura, uma exceção `FileNotFoundException` é disparada.

Parâmetros:
> `name` – o nome do arquivo a ser aberto para leitura

Classe `java.io.FileWriter`
- `FileWriter(File f)`
  Constrói um gravador de arquivo e abre o arquivo escolhido. Se o arquivo não puder ser aberto para escrita, uma exceção `FileNotFoundException` é disparada.
  Parâmetros:
  > `f` – o arquivo a ser aberto para gravação
- `FileWriter(String name)`
  Constrói um gravador de arquivo e abre o arquivo nomeado. Se o arquivo não puder ser aberto para gravação, uma exceção `FileNotFoundException` é disparada.
  Parâmetros:
  > `name` – o nome do arquivo a ser aberto para gravação

Classe `java.io.InputStream`
- `void close()`
  Esse método fecha esse fluxo de entrada (como um `FileInputStream`) e libera quaisquer recursos do sistema associados ao fluxo.
- `int read()`
  Esse método lê o próximo *byte* de dados desse fluxo de entrada.
  Retorna: o próximo *byte* de dados, ou –1 se foi atingido o fim do fluxo.

Classe `java.io.InputStreamReader`
- `InputStreamReader(InputStream in)`
  Constrói um leitor para um fluxo de entrada especificado.
  Parâmetros:
  > `in` – o fluxo do qual se irá ler

Classe `java.io.IOException`
Esse tipo de exceção é disparada quando um erro de entrada/saída for encontrado.

Classe `java.io.ObjectInputStream`
- `ObjectInputStream(InputStream in)`
  Constrói um fluxo de entrada de objeto.
  Parâmetros:
  > `in` – o fluxo do qual se irá ler
- `Object readObject()`
  Esse método lê o próximo objeto desse fluxo de entrada de objetos.
  Retorna: o próximo objeto.

Classe `java.io.ObjectOutputStream`

- `ObjectOutputStream(OutputStream out)`
  Constrói um fluxo de saída de objetos.
  Parâmetros:
    `out` – o fluxo no qual se vai gravar
- `Object writeObject(Object obj)`
  Este método grava o próximo objeto nesse fluxo de saída de objetos.
  Parâmetros:
    `obj` – o objeto a gravar

Classe `java.io.OutputStream`

- `void close()`
  Esse método fecha esse fluxo de saída (como um `FileOutputStream`) e libera quaisquer recursos de sistema associados a esse fluxo. Um fluxo fechado não consegue realizar operações de saída e não pode ser reaberto.
- `void write(int b)`
  Esse método grava o *byte* mais baixo de b para esse fluxo de saída.
  Parâmetros:
    `b` – o inteiro cujo *byte* mais baixo é gravado

Classe `java.io.PrintStream`

- `void print(int x)`
- `void print(double x)`
- `void print(Object x)`
- `void print(String x)`
- `void println()`
- `void println(int x)`
- `void println(double x)`
- `void println(Object x)`
- `void println(String x)`

  Esses métodos imprimem um valor nesse fluxo de impressão. Os métodos `println` imprimem um caractere nova linha depois do valor. Os objetos são impressos convertendo-os em *strings* com seus métodos `toString`.
  Parâmetros:
    `x` – o valor a ser impresso

Classe `java.io.PrintWriter`

- `PrintWriter(Writer out)`
  Constrói um gravador de impressão a partir de um gravador especificado (como um `FileWriter`).
  Parâmetros:
    `out` – o gravador onde gravar saídas
- `void print(int x)`

- void print(double x)
- void print(Object x)
- void print(String x)
- void println()
- void println(int x)
- void println(double x)
- void println(Object x)
- void println(String x)

    Esses métodos imprimem um valor nesse gravador de impressão. Os métodos `println` imprimem um caractere nova linha depois do valor. Os objetos são impressos convertendo-os para *strings* com seus métodos `toString`.

    Parâmetros:

    x – o valor a ser impresso

Classe `java.io.RandomAccessFile`

- RandomAccessFile(String name, String mode)

    Esse método abre um arquivo de acesso aleatório para acesso de leitura ou leitura/gravação.

    Parâmetros:

    name – o nome do arquivo

    mode – "r" para leitura ou "rw" para acesso de leitura/escrita

- long getFilePointer()

    Esse método obtém a posição atual deste arquivo.

    Retorna: a posição atual para leitura e gravação.

- long length()

    Esse método obtém o comprimento deste arquivo.

    Retorna: o comprimento do arquivo.

- char readChar()
- double readDouble()
- int readInt()

    Esses métodos lêem um valor a partir da posição atual nesse arquivo.

    Retorna: o valor que foi lido do arquivo.

- void seek(long position)

    Esse método configura a posição de leitura e gravação nesse arquivo.

    Parâmetros:

    position – a nova posição

- void writeChar(int x)
- void writeChars(String x)
- void writeDouble(double x)
- void writeInt(int x)

    Esses métodos gravam um valor neste arquivo na posição atual.

    Parâmetros:

    x – o valor a ser escrito

Classe `java.io.Reader`

- `int read()`
  Esse método lê o próximo caractere desse leitor (tal como um `FileReader`).
  Retorna: o próximo caractere, ou –1 se foi atingido o fim da entrada.

Interface `java.io.Serializable`

A classe tem de implementar essa interface para habilitar a gravação de seus objetos para fluxos de objetos.

Classe `java.io.Writer`

- `void write(int b)`
  Esse método grava os dois *bytes* mais baixos de b para esse gravador (tal como um `FileWriter`).
  Parâmetros:
  b – o inteiro cujos dois *bytes* inferiores serão gravados

Pacote `java.lang`

Classe `java.lang.Boolean`

- `Boolean(boolean value)`
  Constrói um objeto empacotador para um valor `boolean`.
  Parâmetros:
  value – o valor a armazenar nesse objeto
- `boolean booleanValue()`
  Este método retorna o valor `boolean` armazenado nesse objeto `Boolean`.
  Retorna: o valor booleano desse objeto.

Interface `java.lang.Cloneable`

Uma classe implementa essa interface para indicar que é permitido ao método `Object.clone` fazer uma cópia de suas variáveis de instância.

Classe `java.lang.CloneNotSupportedException`

Essa exceção é disparada quando um programa tenta usar `Object.clone` para fazer uma cópia de um objeto de uma classe que não implementa a interface `Cloneable`.

Interface `java.lang.Comparable`

- `int compareTo(Object other)`
  Esse método compara este objeto com o objeto `other`.
  Parâmetros:
  other – o objeto a ser comparado
  Retorna: um inteiro negativo se esse objeto for menor que o outro, zero se forem iguais, ou um inteiro positivo se for maior.

Class `java.lang.Double`
- `Double(double value)`
  Constrói um objeto empacotador para um número em ponto-flutuante de dupla precisão.
  Parâmetros:
  `value` – o valor a armazenar nesse objeto
- `double doubleValue()`
  Esse método retorna o valor em ponto flutuante armazenado nesse objeto empacotador Double.
  Retorna: o valor armazenado no objeto.
- `static double parseDouble(String s)`
  Esse método retorna o número em ponto flutuante que o *string* representa. Se o *string* não puder ser interpretado como um número, uma exceção `NumberFormatException` é disparada.
  Parâmetros:
  `s` – o *string* a ser analisado sintaticamente
  Retorna: o valor representado pelo parâmetro *string*.
- `static String toString(double x)`
  Esse método converte um número em uma representação de *string*.
  Parâmetros:
  `x` – o número a ser convertido
  Retorna: o *string* que representa o parâmetro numérico.

Class `java.lang.Error`
Essa é a superclasse para todos os erros de sistema não-verificados.

Class `java.lang.Float`
- `static float parseFloat(String s)`
  Esse método retorna o número em ponto flutuante de precisão simples que o *string* representa. Se o *string* não puder ser interpretado como um número desses, uma exceção NumberFormatException é disparada.
  Parâmetros:
  `s` – o *string* a ser analisado sintaticamente
  Retorna: o valor representado pelo parâmetro *string*.

Classe `java.lang.IllegalArgumentException`
- `IllegalArgumentException()`
  Constrói uma exceção `IllegalArgumentException` sem mensagem detalhada.

Class `java.lang.Integer`
- `Integer(int value)`
  Constrói um objeto empacotador para um inteiro.
  Parâmetros:
  `value` – o valor a armazenar nesse objeto

- `int intValue()`

  Esse método retorna o valor inteiro armazenado nesse objeto empacotador.

  Retorna: o valor armazenado no objeto.

- `static int parseInt(String s)`

  Esse método retorna o inteiro que o *string* representa. Se o *string* não puder ser interpretado como um número inteiro, uma exceção `NumberFormatException` é disparada.

  Parâmetros:

  s – o *string* a ser analisado sintaticamente

  Retorna: o valor representado pelo parâmetro *string*.

- `static Integer parseInt(String s,int base)`

  Esse método retorna o valor inteiro que o *string* representa em um dado sistema numérico. Se o *string* não puder ser interpretado como um número inteiro, uma exceção `NumberFormatException` é disparada.

  Parâmetros:

  s – o string a ser analisado sintaticamente

  base – a base do sistema numérico (tal como 2 ou 16)

  Retorna: o valor representado pelo parâmetro *string*.

- `static String toString(int i)`
- `static String toString(int i, int base)`

  Esse método cria uma representação de *string* de um inteiro em um dado sistema numérico. Se nenhuma base for dada, uma representação decimal é criada.

  Parâmetros:

  i – um número inteiro

  base – a base do sistema numérico (tal como 2 ou 16)

  Retorna: representação de *string* do parâmetro numérico no sistema numérico especificado.

- `static final int MAX_VALUE`

  Essa constante é o maior valor do tipo `int`.

- `static final int MIN_VALUE`

  Essa constante é o menor valor (negativo) do tipo `int`.

Classe `java.lang.Math`

- `static double abs(double x)`

  Esse método retorna o valor absoluto $|x|$.

  Parâmetros:

  x – um valor em ponto flutuante

  Retorna: o valor absoluto do parâmetro.

- `static double acos(double x)`

  Esse método retorna o ângulo com o cosseno dado, $\cos^{-1} x \in [0, \pi]$.

  Parâmetros:

  x – um valor em ponto flutuante entre -1 e 1

  Retorna: o arco-cosseno do parâmetro, em radianos.

- `static double asin(double x)`

  Esse método retorna o ângulo do seno dado, $\text{sen}^{-1} x \in [-\pi/2, \pi/2]$.

Parâmetros:
>x - um valor em ponto flutuante entre –1 e 1

Retorna: o arco-seno do parâmetro, em radianos.

- `static double atan(double x)`

  Esse método retorna o ângulo da tangente dada, $\tan^{-1} x \in [-\pi/2, \pi/2]$.

  Parâmetros:
  >x - um valor em ponto flutuante

  Retorna: o arco-tangente do parâmetro, em radianos.

- `static double atan2(double y, double x)`

  Esse método retorna o arco-tangente, $\tan^{-1}(y/x) \in [-\pi, \pi]$. Se x pode ser igual a zero, ou se for necessário distinguir "noroeste" de "sudeste" e "nordeste" de "sudoeste", use este método e não `atan(y/x)`.

  Parâmetros:
  >y, x - dois valores de ponto flutuante

  Retorna: o ângulo, em radianos, entre os pontos (0, 0) e (x, y).

- `static double ceil(double x)`

  Esse método retorna o menor inteiro $\leq x$ (como um `double`).

  Parâmetros:
  >x - um valor em ponto flutuante

  Retorna: o "maior inteiro" do parâmetro.

- `static double cos(double radians)`

  Esse método retorna o cosseno de um ângulo dado em radianos.

  Parâmetros:
  >radians - o ângulo, em radianos

  Retorna: o cosseno do parâmetro.

- `static double exp(double x)`

  Esse método retorna o valor e^x, onde e é a base dos logaritmos naturais.

  Parâmetros:
  >x - um valor em ponto flutuante

  Retorna: e^x.

- `static double floor(double x)`

  Esse método retorna o maior inteiro $\geq x$ (como um `double`).

  Parâmetros:
  >x - um valor em ponto flutuante

  Retorna: o "menor inteiro" do parâmetro.

- `static double log(double x)`

  Esse método retorna o logaritmo natural (base e) de x, $\ln x$.

  Parâmetros:
  >x - um número maior do que 0.0

  Retorna: o logaritmo natural do parâmetro.

- `static double pow(double x, double y)`

  Esse método retorna o valor x^y ($x > 0$, ou $x = 0$ e $y > 0$, ou $x < 0$ e y é um inteiro).

Parâmetros:
> y, x – dois valores em ponto flutuante

Retorna: o valor do primeiro parâmetro elevado à potência do segundo parâmetro.

- `static long round(double x)`
  Esse método retorna o inteiro `long` mais próximo ao parâmetro.
  Parâmetros:
  > x – um valor em ponto flutuante

  Retorna: o valor do parâmetro arredondado para o valor `long` mais próximo.

- `static double sin(double radians)`
  Este método retorna o seno de um ângulo dado em radianos.
  Parâmetros:
  > radians – o ângulo, em radianos

  Retorna: o seno do parâmetro.

- `static double sqrt(double x)`
  Esse método retorna a raiz quadrada de x, $\sqrt{x}$.
  Parâmetros:
  > x – um valor em ponto flutuante não-negativo

  Retorna: a raiz quadrada do parâmetro.

- `static double tan(double radians)`
  Este método retorna a tangente de um ângulo dado em radianos.
  Parâmetros:
  > radians – o ângulo, em radianos

  Retorna: a tangente do parâmetro.

- `static double toDegrees(double radian)`
  Esse método converte radianos em graus.
  Parâmetros:
  > radians – o ângulo, em radianos

  Retorna: o ângulo em graus.

- `static double toRadians(double degrees)`
  Esse método converte graus em radianos.
  Parâmetros:
  > degrees – o ângulo em graus.

  Retorna: o ângulo em radianos.

- `static final double E`
  Essa constante é o valor de e, a base dos logaritmos naturais.

- `static final double PI`
  Essa constante é o valor de π.

Classe `java.lang.NullPointerException`

Essa exceção é disparada quando um programa tenta usar um objeto através de uma referência `null`.

Classe `java.lang.NumberFormatException`

Essa exceção é disparada quando um programa tenta analisar sintaticamente o valor numérico de um *string* que não é um número.

Classe `java.lang.Object`

- `protected Object clone()`

    Esse método constrói e retorna uma cópia desse objeto cujas variáveis de instância são cópias das variáveis de instância desse objeto. Se uma variável de instância do objeto for ela mesma uma referência a objeto, somente a referência é copiada, não o próprio objeto. No entanto, se a classe não implementar a interface `Cloneable`, uma exceção `CloneNotSupportedException` é disparada. As subclasses devem redefinir esse método para fazer uma cópia profunda.

    Retorna: uma cópia desse objeto.

- `boolean equals(Object other)`

    Esse método testa se `this` e o outro objeto são iguais. Esse método testa apenas se as referências apontam para o mesmo objeto. As subclasses devem redefinir este método para comparar as variáveis de instância.

    Parâmetros:

    `other` – o objeto com o qual comparar

    Retorna: `true` se os objetos forem iguais, `false` se não forem.

- `String toString()`

    Esse método retorna uma representação em *string* desse objeto. Esse método mostra apenas o nome da classe e as localizações dos objetos. As subclasses devem redefinir este método para imprimir as variáveis de instância.

    Retorna: um string que descreve este objeto.

Classe `java.lang.RuntimeException`

Essa é a superclasse para todas as exceções não-verificadas.

Classe `java.lang.String`

- `int compareTo(String other)`

    Esse método compara este *string* e o outro *string* lexicograficamente.

    Parâmetros:

    `other` – o outro *string* a ser comparado

    Retorna: um valor menor do que 0 se este *string* for lexicograficamente menor do que o outro, 0 se os *strings* são iguais, e um valor maior do que 0 se este *string* for maior.

- `boolean equals(String other)`
- `boolean equalsIgnoreCase(String other)`

    Esses métodos verificam se dois *strings* são iguais ou se eles são iguais ignorando-se maiúsculas e minúsculas.

    Parâmetros:

    `other` – o outro *string* a ser comparado

    Retorna: `true` se os objetos forem iguais.

- `int length()`

    Esse método retorna o comprimento desse *string*.

Retorna: a contagem de caracteres neste *string*.
- `String substring(int begin)`
- `String substring(int begin, int pastEnd)`

Esses métodos retornam um novo *string* que é um *substring* desse *string*, composto de todos os caracteres iniciando na posição `begin` e indo ou até a posição `pastEnd` - 1 se ela for fornecida, ou o fim do *string*.

Parâmetros:
> `begin` - o índice inicial, inclusive
>
> `pastEnd` - o índice final, exclusive

Retorna: o *substring* especificado.

- `String toLowerCase()`

Esse método retorna um novo *string* que consiste em todos os caracteres desse *string* convertidos para minúsculas.

Retorna: um *string* com todos os caracteres desse *string* convertidos para minúsculas.

- `String toUpperCase()`

Esse método retorna um novo *string* que consiste em todos os caracteres desse *string* convertidos para maiúsculas.

Retorna: um *string* com todos os caracteres desse *string* convertidos para maiúsculas.

Classe `java.lang.System`

- `static void arraycopy(Object from, int fromStart, Object to, int toStart, int count)`

Esse método copia valores de um *array* para o outro. Os parâmetros do *array* são do tipo `Object` porque podemos converter um *array* de números para um `Object` mas não para um `Object[]`.

Parâmetros:
> `from` - o *array* de origem
>
> `fromStart` - posição inicial no *array* de origem
>
> `to` - o array de destino
>
> `toStart` - posição inicial nos dados de destino
>
> `count` - o número de elementos de *array* a ser copiado

- `static long currentTimeMillis()`

Esse método retorna a diferença, medida em milissegundos, entre a hora atual e a meia-noite, Hora Universal, em 1º de janeiro de 1970.

Retorna: a hora atual em milissegundos.

- `static void exit(int status)`

Esse método encerra o programa.

Parâmetros:
> `status` - *status* de saída. Um código diferente de zero indica término anormal.

- `static final InputStream in`

Esse objeto é o fluxo de "entrada padrão". A leitura deste fluxo tipicamente lê a entrada de teclado.

- `static final PrintStream out`

Esse objeto é o fluxo de "saída padrão". Imprimir neste fluxo tipicamente envia a saída para a janela da console.

Classe `java.lang.Throwable`

Essa é a superclasse de exceções e erros.

- `Throwable()`

    Constrói uma `Throwable` sem mensagem detalhada.

- `void printStackTrace()`

    Esse método imprime um rastreamento da pilha para fluxo de "erro padrão". O rastreamento da pilha contém um impressão deste objeto e de todas as chamadas que estavam pendentes no momento em que ele foi criado.

Pacote `java.math`

Classe `java.math.BigDecimal`

- `BigDecimal(String value)`

    Constrói um número em ponto flutuante de precisão arbitrária a partir dos dígitos do *string* dado.

    Parâmetros:

        `value` – um *string* que representa o número em ponto flutuante

- `BigDecimal add(BigDecimal other)`
- `BigDecimal subtract(BigDecimal other)`
- `BigDecimal multiply(BigDecimal other)`
- `BigDecimal divide(BigDecimal other, int roundingMode)`

    Esses métodos retornam um `BigDecimal` cujo valor é a soma, diferença, produto ou quociente deste número com outro.

    Parâmetros:

        `other` – o outro número

        `roundingMode` – o modo de arredondamento a ser aplicado à divisão (use `BigDecimal.ROUND_HALF_EVEN` para cálculos de uso geral)

    Retorna: o resultado da operação aritmética.

Classe `java.math.BigInteger`

- `BigInteger(String value)`

    Esse método constrói um inteiro de precisão arbitrária a partir dos dígitos do *string* dado.

    Parâmetros:

        `value` – um *string* que representa um inteiro de precisão arbitrária

- `BigInteger add(BigInteger other)`
- `BigInteger subtract(BigInteger other)`
- `BigInteger multiply(BigInteger other)`
- `BigInteger divide(BigInteger other)`
- `BigInteger mod(BigInteger other)`

    Esses métodos retornam um `BigInteger` cujo valor é a soma, diferença, produto, quociente ou resto deste número com o outro.

    Parâmetros:

        `other` – o outro número

    Retorna: o resultado da operação aritmética.

Pacote `java.text`
Classe `java.text.NumberFormat`

- `String format(double x)`

  Esse método formata um número de acordo com as regras de formatação deste objeto.

  Parâmetros:

  x – o número a ser formatado

  Retorna: um *string* que representa x.

- `static NumberFormat getCurrencyInstance()`

  Esse método retorna um formatador de moedas, o qual formata números com o símbolo da moeda e um número fixo de dígitos depois da vírgula.

- `static NumberFormat getNumberInstance()`

  Esse método retorna um formatador de números, o qual formata números com separadores decimais e um número de dígitos selecionado pelo usuário depois da vírgula.

- `void setMaximumFractionDigits(int digits)`

  Esse método retorna o número máximo de casas depois da vírgula a usar ao formatar números. Os números serão arredondados se tiverem mais casas.

  Parâmetros:

  digits – o número máximo de dígitos a usar

- `void setMinimumFractionDigits(int digits)`

  Esse método configura o número mínimo de casas depois da vírgula a usar ao formatar números. Os números formatados são preenchidos com zeros se tiverem menos dígitos.

  Parâmetros:

  digits – o número mínimo de dígitos a usar

Pacote `java.util`
Classe `java.util.ArrayList`

- `ArrayList()`

  Constrói uma lista de *array* vazia.

- `boolean add(Object element)`

  Esse método anexa um elemento no final desta lista de *array*.

  Parâmetros:

  element – o elemento a acrescentar

  Retorna: `true`. Esse método retorna um valor porque ele sobrescreve um método da interface `List`.

- `void add(int index, Object element)`

  Esse método insere um elemento nesta lista de *array*.

  Parâmetros:

  index – a posição de inserção

  element – o elemento a inserir

- `void copyInto(Object[] array)`

  Esse método copia os componentes desta lista de *array* para um *array*. O *array* deve ser suficientemente grande para armazenar todos os objetos desta lista de *array*.

Parâmetros:
    `array` – o *array* para o qual os componentes são copiados
- `Object get(int index)`
Esse método obtém o elemento da posição especificada nessa lista de *array*.
Parâmetros:
    `index` – a posição do elemento a retornar
Retorna: o elemento solicitado.
- `Object remove(int index)`
Esse método remove o elemento da posição especificada dessa lista de *array* e o retorna.
Parâmetros:
    `index` – a posição do elemento a remover
Retorna: o elemento removido.
- `Object set(int index, Object element)`
Esse método substitui o elemento da posição especificada dessa lista de *array*.
Parâmetros:
    `index` – a posição do elemento a substituir
    `element` – o elemento a ser armazenado na posição especificada
Retorna: o elemento que havia antes na posição especificada
- `int size()`
Esse método retorna o número de elementos nesta lista de *array*.
Retorna: o número de elementos nesta lista de *array*.

Classe `java.util.Arrays`

- `static int binarySearch(Object[] a, Object key)`
Esse método pesquisa o *array* especificado em busca do objeto especificado usando o algoritmo de pesquisa binária. Os elementos do *array* têm de implementar a interface `Comparable`. O *array* tem de estar classificado em ordem ascendente.
Parâmetros:
    `a` – o *array* a ser pesquisado
    `key` – o valor a ser pesquisado
Retorna: a posição da chave de pesquisa, se ela estiver contida na lista. Caso contrário, –*index* – 1, onde *index* é a posição onde o elemento pode ser inserido.
- `static void sort(Object[] a)`
Esse método classifica o *array* de objetos especificado em ordem ascendente. Os elementos do *array* têm de implementar a interface `Comparable`.
Parâmetros:
    `a` – o array a ser classificado

Interface `java.util.Collection`

- `boolean add(Object element)`
Esse método acrescenta um elemento a essa coleção.
Parâmetros:
    `element` – o elemento a acrescentar

Retorna: `true` se acrescentar o elemento alterar a coleção.
- `boolean contains(Object element)`
  Esse método verifica se determinado elemento está presente nessa coleção.
  Parâmetros:
    `element` – o elemento a localizar
  Retorna: `true` se o elemento estiver contido na coleção.
- `Iterator iterator()`
  Esse método retorna um iterador que pode ser usado para percorrer os elementos dessa coleção.
  Retorna: um objeto de uma classe que implementa a interface `Iterator`.
- `boolean remove(Object element)`
  Esse método remove um elemento desta coleção.
  Parâmetros:
    `element` – o elemento a remover
  Retorna: `true` se remover o elemento alterar a coleção.
- `int size()`
  Esse método retorna o número de elementos dessa coleção.
  Retorna: o número de elementos desta coleção.

Classe `java.util.EventObject`

- `Object getSource()`
  Esse método retorna uma referência ao objeto sobre o qual esse evento inicialmente ocorreu.
  Retorna: a origem deste evento.

Interface `java.util.Iterator`

- `boolean hasNext()`
  Esse método verifica se o iterador ultrapassou o fim da lista.
  Retorna: `true` se o iterador ainda não ultrapassou o fim da lista.
- `Object next()`
  Esse método move o iterador para o próximo elemento da lista encadeada. Esse método dispara uma exceção se o iterador tiver ultrapassado o fim da lista.
  Retorna: o objeto próximo.
- `void remove()`
  Esse método remove o elemento que foi retornado pela última chamada a `next` ou `previous`. Esse método dispara uma exceção se ocorreu uma operação `add` ou `remove` após a última chamada a `next` ou `previous`.

Interface `java.util.List`

- `ListIterator listIterator()`
  Esse método obtém um iterador para visitar os elementos desta lista.
  Retorna: um iterador que aponta para o primeiro elemento dessa lista.

Interface `java.util.ListIterator`

Os objetos que implementam essa interface são criados pelos métodos `listIterator` das classes de lista.

- `void add(Object element)`

  Esse método acrescenta um elemento depois da posição do iterador e move o iterador para depois do novo elemento.

  Parâmetros:

      `element` – o elemento a ser acrescentado

- `boolean hasPrevious()`

  Esse método verifica se o iterador está antes do primeiro elemento da lista.

  Retorna: `true` se o iterador não estiver antes do primeiro elemento da lista.

- `Object previous()`

  Esse método move o iterador para o elemento anterior na lista encadeada. Esse método dispara uma exceção se o iterador estiver antes do primeiro elemento da lista.

  Retorna: o objeto que acabou de ser visitado.

Classe `java.util.LinkedList`

- `void addFirst(Object element)`
- `void addLast(Object element)`

  Esses métodos acrescentam um elemento antes do primeiro ou após o último elemento dessa lista.

  Parâmetros:

      `element` – o elemento a ser acrescentado

- `Object getFirst()`
- `Object getLast()`

  Esses métodos retornam uma referência ao elemento especificado dessa lista.

  Retorna: o primeiro ou o último elemento.

- `Object removeFirst()`
- `Object removeLast()`

  Esses métodos removem o elemento especificado dessa lista.

  Retorna: uma referência ao elemento removido.

Classe `java.util.Random`

- `Random()`

  Constrói um novo gerador de números aleatórios.

- `double nextDouble()`

  Esse método retorna o próximo número pseudoaleatório em ponto flutuante, uniformemente distribuído entre 0.0 (inclusive) e 1.0 (exclusive) obtido da seqüência do gerador de números aleatórios.

  Retorna: o próximo número em ponto flutuante pseudoaleatório.

- `int nextInt(int n)`

  Esse método retorna o próximo inteiro pseudoaleatório, uniformemente distribuído entre 0 (inclusive) e o valor especificado (exclusive) obtido da seqüência do gerador de números aleatórios.

Parâmetros:
   n – o número de valores a partir dos quais pegar um
Retorna: o próximo inteiro pseudoaleatório.

Classe `java.util.StringTokenizer`

- `StringTokenizer(String s)`
  Constrói um tokenizador de *strings* que quebra o *string* especificado em *tokens*. Os *tokens* são delimitados por espaço em branco.
  Parâmetros:
     s – o *string* a quebrar em *tokens*
- `int countTokens()`
  Esse método conta o número de *tokens* no *string* que está sendo processado por esse tokenizador.
  Retorna: a contagem dos *tokens*.
     `boolean hasMoreTokens()`
  Esse método verifica se todos os *tokens* no *string* que está sendo processado por esse tokenizador foram visitados pelo `nextToken()`.
  Retorna: `true` se mais *tokens* estão disponíveis.
- `String nextToken()`
  Esse método avança e retorna o próximo *token* do *string* que está sendo processado por esse tokenizador.
  Retorna: um *string* que contém o *token* que acabou de ser visitado.

Pacote `java.util.logging`

Classe `java.util.logging.Level`

- `static final int ALL`
  Esse valor indica registro em um *log* de todas as mensagens.
- `static final int INFO`
  Esse valor indica registro em um *log* informativo.
- `static final int NONE`
  Esse valor indica registro em um *log* de nenhuma mensagem.

Classe `java.util.logging.Logger`

- `static Logger getLogger(String id)`
  Esse método obtém a conexão para um ID dado. Use o ID `"global"` para obter a *conexão* global *default*
  Parâmetros:
     id – o identificador da conexão tal como `"global"` ou `"com.minhaempresa.meumodulo"`
  Retorna: a *conexão* com o identificador dado.
- `void info(String message)`
  Esse método conecta uma mensagem informativa.

Parâmetros:
> message – a mensagem a logar
- void setLevel(Level aLevel)
Esse método configura o nível de registro em *log*. Mensagens de registro em *log* com severidade inferior ao nível atual são ignoradas.
Parâmetros:
> aLevel – o nível mínimo para registrar em *log* mensagens

Pacote javax.swing

Classe javax.swing.AbstractButton

- void addActionListener(ActionListener listener)
Esse método adiciona um escutador de ações ao botão.
Parâmetros:
> listener – o escutador de ações a ser adicionado.
- boolean isSelected()
Esse método retorna o estado de seleção do botão.
Retorna: true se o botão estiver selecionado.
- void setSelected(boolean state)
Esse método configura o estado de seleção do botão. Atualiza o botão mas não dispara um evento de ação.
Parâmetros:
> state – true para selecionar, false para remover a seleção

Classe javax.swing.ButtonGroup

- void add(AbstractButton button)
Esse método adiciona o botão ao grupo.
Parâmetros:
> button – o botão a adicionar

Classe javax.swing.ImageIcon

- ImageIcon(String filename)
Constrói um ícone de imagem a partir do arquivo gráfico especificado.
Parâmetros:
> filename – um *string* que especifica um nome de arquivo

Class javax.swing.JApplet

- Container getContentPane()
Esse método retorna o painel de conteúdo desse *applet*.
Retorna: o painel de conteúdo.

Classe `javax.swing.JCheckBox`

- `JCheckBox(String text)`
  Constrói uma caixa de seleção, com o texto dado, inicialmente não-selecionado. Use o método `setSelected()` para selecionar a caixa; veja a classe `javax.swing.AbstractButton` .
  Parâmetros:
      `text` – o texto exibido ao lado da caixa de seleção

Classe `javax.swing.JComboBox`

- `JComboBox()`
  Constrói uma caixa de combinação sem itens.
- `void addItem(Object item)`
  Esse método acrescenta um item à lista de itens dessa caixa de combinação.
  Parâmetros:
      `item` – o item a acrescentar
- `Object getSelectedItem()`
  Este método obtém o item atualmente selecionado nessa caixa de combinação.
  Retorna: o item atualmente selecionado.
- `boolean isEditable()`
  Esse método verifica se a caixa de combinação é editável. Uma caixa de combinação editável permite ao usuário digitar no campo de texto da caixa de combinação.
  Retorna: `true` se a caixa de combinação for editável.
- `void setEditable(boolean state)`
  Esse método é usado para tornar a caixa de combinação editável ou não.
  Parâmetros:
      `state` – `true` para tornar editável, `false` para desabilitar a edição

Classe `javax.swing.JComponent`

- `protected void paintComponent(Graphics g)`
  Sobrescreva este método para desenhar a superfície de um componente. Seu método precisa chamar `super.paintComponent(g)`.
  Parâmetros:
      `g` – o contexto gráfico usado para desenhar
- `void setBorder(Border b)`
  Esse método configura a borda deste componente.
  Parâmetros:
      `b` – a borda para circundar esse componente
- `void setFont(Font f)`
  Configura a fonte usada para o texto nesse componente.
  Parâmetros:
      `f` – a fonte

Classe javax.swing.JFileChooser
- JFileChooser()
  Constrói um selecionador de arquivos.
- File getSelectedFile()
  Esse método obtém o arquivo selecionado a partir desse selecionador de arquivos.
  Retorna: o arquivo selecionado.
- int showOpenDialog(Component parent)
  Esse método exibe um diálogo de seleção de arquivo do tipo "Open File" (abrir arquivo).
  Parâmetros:
      parent – o componente pai ou null
  Retorna: o estado de retorno desse selecionador de arquivos após ter sido fechado pelo usuário: ou APPROVE_OPTION ou CANCEL_OPTION. Se APPROVE_OPTION for retornado, chame getSelectedFile() nesse selecionador de arquivos para obter o arquivo.
- int showSaveDialog(Component parent)
  Esse método exibe um diálogo de seleção de arquivo do tipo "Save File" (salvar arquivo).
  Parâmetros:
      parent – o componente pai ou null
  Retorna: o estado de retorno do selecionador de arquivos após ter sido fechado pelo usuário: ou APPROVE_OPTION ou CANCEL_OPTION.

Classe javax.swing.JFrame
- static final int EXIT_ON_CLOSE
  Esse valor indica que quando o usuário fecha este *frame*, a aplicação deve ser terminada.
- Container getContentPane()
  Esse método retorna o painel de conteúdo desse *frame*.
  Retorna: o painel de conteúdo.
- void setContentPane(Container pane)
  Esse método configura o painel de conteúdo desse *frame* para um novo contêiner.
  Parâmetros:
      pane – o novo painel de conteúdo
- void setDefaultCloseOperation(int operation)
  Esse método configura a ação *default* para fechar o *frame*.
  Parâmetros:
      operation – a operação de fechamento desejada. Escolha entre DO_NOTHING_ON_CLOSE (não fazer nada ao fechar), HIDE_ON_CLOSE (esconder ao fechar) (o *default*), DISPOSE_ON_CLOSE (dispor ao fechar) ou EXIT_ON_CLOSE (sair ao fechar)
- void setJMenuBar(JMenuBar mb)
  Esse método configura a barra de menu para esse *frame*.
  Parâmetros:
      mb – a barra de menu. Se mb for null, então a barra de menu atual é removida.

Classe `javax.swing.JLabel`

- `JLabel(String text,int alignment)`

  Esse contêiner cria uma instância `JLabel` com o texto especificado e alinhamento horizontal.

  Parâmetros:

  > `text` – o texto a ser exibido pelo rótulo
  >
  > `alignment` – um entre: `SwingConstants.LEFT`, `SwingConstants.CENTER`, ou `SwingConstants.RIGHT`

Classe `javax.swing.JMenu`

- `JMenu()`

  Constrói um menu sem itens.

- `JMenuItem add(JMenuItem menuItem)`

  Esse método anexa um item de menu no final deste menu.

  Parâmetros:

  > `menuItem` – o item de menu a ser acrescentado

  Retorna: o item de menu que foi acrescentado.

Classe `javax.swing.JMenuBar`

- `JMenuBar()`

  Constrói uma barra de menu sem menus.

- `JMenu add(JMenu menu)`

  Esse método anexa um menu ao final desta barra de menu.

  Parâmetros:

  > `menu` – o menu a ser acrescentado

  Retorna: o menu que foi acrescentado.

Classe `javax.swing.JMenuItem`

- `JMenuItem(String text)`

  Constrói um item de menu.

  Parâmetros:

  > `text` – o texto que irá aparecer no item de menu

Classe `javax.swing.JOptionPane`

- `static String showInputDialog(Object prompt)`

  Esse método cria um diálogo modal de entrada, que exibe um *prompt* e aguarda que o usuário insira uma entrada em um campo de texto, evitando que o usuário faça qualquer outra coisa neste programa.

  Parâmetros:

  > `prompt` – o *prompt* a exibir

  Retorna: o *string* que o usuário digitou.

- `static void showMessageDialog(Component parent,Object message)`

Esse método gera um diálogo de confirmação que exibe uma mensagem e aguarda que o usuário a confirme.

Parâmetros:
    `parent` – o componente pai ou `null`
    `message` – a mensagem a exibir

Classe `javax.swing.JPanel`

Essa classe é um componente sem enfeites. Pode ser usado como um contêiner invisível para outros componentes. Uma subclasse pode implementar seu próprio método `paintComponent`.

Classe `javax.swing.JRadioButton`

- `JRadioButton(String text)`

  Constrói um botão de opção com o texto dado, que inicialmente está não-selecionado. Use o método `setSelected()` para selecioná-lo; veja a classe `javax.swing.AbstractButton`.

  Parâmetros:
      `text` – o *string* exibido ao lado do botão de opção

Classe `javax.swing.JSlider`

- `JSlider(int min, int max, int value)`

  Esse construtor cria um controle deslizante horizontal usando o mínimo, o máximo e o valor especificado.

  Parâmetros:
      `min` – o menor valor possível do controle deslizante
      `max` – o maior valor possível do controle deslizante
      `value` – o valor inicial do controle deslizante

- `void addChangeListener(ChangeListener listener)`

  Esse método acrescenta um escutador de mudanças ao controle deslizante.

  Parâmetros:
      `listener` – o escutador de mudanças a acrescentar

- `int getValue()`

  Esse método retorna o valor do controle deslizante.

  Retorna: o valor atual do controle deslizante.

Classe `javax.swing.JTextArea`

- `JTextArea()`

  Constrói uma área de texto vazia.

- `JTextArea(int columns)`

  Constrói uma área de texto vazia com o número especificado de linhas e colunas.

  Parâmetros:
      `rows` – o número de linhas
      `columns` – o número colunas

Classe `javax.swing.JTextField`

- `JTextField()`
  Constrói um campo de texto vazio.
- `JTextField(int columns)`
  Constrói um campo de texto vazio com o número especificado de colunas.
  Parâmetros:
  `columns` – o número de colunas
- `void addActionListener(ActionListener listener)`
  Esse método acrescenta um escutador de ação para ser notificado quando o usuário pressionar a tecla Enter nesse campo de texto.
  Parâmetros:
  `listener` – o escutador de ações

Classe `javax.swing.Timer`

- `Timer(int millis, ActionListener listener)`
  Esse construtor constrói um temporizador que notifica um escutador de ações sempre que passar um intervalo de tempo.
  Parâmetros:
  `millis` – o tempo em milissegundos entre notificações do temporizador
  `listener` – o objeto a ser notificado quando tiver transcorrido o intervalo de tempo
- `void start()`
  Esse método inicia o temporizador. Uma vez que o temporizador tenha iniciado, ele começa a notificar seu escutador.
- `void stop()`
  Esse método pára o temporizador. Uma vez que o temporizador tenha parado, ele não notifica mais seu escutador.

Pacote `javax.swing.border`

Classe `javax.swing.border.EtchedBorder`

- `EtchedBorder()`
  Esse construtor cria uma borda de baixo relevo.

Classe `javax.swing.border.TitledBorder`

- `TitledBorder(Border b, String title)`
  Esse construtor cria uma borda com título que acrescenta um título a uma borda dada.
  Parâmetros:
  `b` – a borda à qual o título é acrescentado
  `title` – o título que a borda deve exibir

Pacote `javax.swing.event`

Classe `javax.swing.event.ChangeEvent`

O controle deslizante emite eventos de mudança quando é ajustado.

Classe `javax.swing.event.ChangeListener`

- `void stateChanged(ChangeEvent e)`
  Esse evento é chamado quando a fonte do evento muda de estado.
  Parâmetros:
   `e` – um evento de mudança

Pacote `javax.swing.text`

Classe `javax.swing.text.JTextComponent`

- `String getText()`
  Esse método retorna o texto contido nesse componente de texto.
  Retorna: o texto.
- `boolean isEditable()`
  Esse método verifica se esse componente texto é editável.
  Retorna: `true` se o componente for editável.
- `void setEditable(boolean state)`
  Esse método é usado para tornar esse componente de texto editável ou não.
  Parâmetros:
   `state` – `true` torna editável, `false` torna não-editável
- `void setText(String text)`
  Esse método configura o texto desse componente de texto para o texto especificado. Se o texto estiver vazio, o texto antigo é excluído.
  Parâmetros:
   `text` – o novo texto a ser configurado

Apêndice A3

Os Subconjuntos Basic Latin e Latin-1 do Unicode

Tabela 1

Subconjunto Basic Latin (ASCII) do Unicode

Caractere	Código	Decimal	Caractere	Código	Decimal	Caractere	Código	Decimal
			0	'\u0030'	48	@	'\u0040'	64
!	'\u0021'	33	1	'\u0031'	49	A	'\u0041'	65
"	'\u0022'	34	2	'\u0032'	50	B	'\u0042'	66
#	'\u0023'	35	3	'\u0033'	51	C	'\u0043'	67
$	'\u0024'	36	4	'\u0034'	52	D	'\u0044'	68
%	'\u0025'	37	5	'\u0035'	53	E	'\u0045'	69
&	'\u0026'	38	6	'\u0036'	54	F	'\u0046'	70
'	'\u0027'	39	7	'\u0037'	55	G	'\u0047'	71
(	'\u0028'	40	8	'\u0038'	56	H	'\u0048'	72
)	'\u0029'	41	9	'\u0039'	57	I	'\u0049'	73
*	'\u002A'	42	:	'\u003A'	58	J	'\u004A'	74
+	'\u002B'	43	;	'\u003B'	59	K	'\u004B'	75
,	'\u002C'	44	<	'\u003C'	60	L	'\u004C'	76
-	'\u002D'	45	=	'\u003D'	61	M	'\u004D'	77
.	'\u002E'	46	>	'\u003E'	62	N	'\u004E'	78
/	'\u002F'	47	?	'\u003F'	63	O	'\u004F'	79

(*continua*)

Tabela 1 (continuação)
Subconjunto Basic Latin (ASCII) do Unicode

Caractere	Código	Decimal
P	'\u0050'	80
Q	'\u0051'	81
R	'\u0052'	82
S	'\u0053'	83
T	'\u0054'	84
U	'\u0055'	85
V	'\u0056'	86
W	'\u0057'	87
X	'\u0058'	88
Y	'\u0059'	89
Z	'\u005A'	90
[	'\u005B'	91
\	'\u005C'	92
]	'\u005D'	93
^	'\u005E'	94
_	'\u005F'	95

Caractere	Código	Decimal
`	'\u0060'	96
a	'\u0061'	97
b	'\u0062'	98
c	'\u0063'	99
d	'\u0064'	100
e	'\u0065'	101
f	'\u0066'	102
g	'\u0067'	103
h	'\u0068'	104
i	'\u0069'	105
j	'\u006A'	106
k	'\u006B'	107
l	'\u006C'	108
m	'\u006D'	109
n	'\u006E'	110
o	'\u006F'	111

Caractere	Código	Decimal
p	'\u0070'	112
q	'\u0071'	113
r	'\u0072'	114
s	'\u0073'	115
t	'\u0074'	116
u	'\u0075'	117
v	'\u0076'	118
w	'\u0077'	119
x	'\u0078'	120
y	'\u0079'	121
z	'\u007A'	122
{	'\u007B'	123
|	'\u007C'	124
}	'\u007D'	125
~	'\u007E'	126

Tabela 2
Alguns Caracteres de Controle

Caractere	Código	Decimal
Espaço	' '	32
Nova linha	'\n'	10
Retorno	'\r'	13
Tabulação	'\t'	9

Tabela 3
Subconjunto Latin-1 do Unicode

Caractere	Código	Decimal
¡	'\u00A1'	161
¢	'\u00A2'	162
£	'\u00A3'	163
¤	'\u00A4'	164
¥	'\u00A5'	165
¦	'\u00A6'	166
§	'\u00A7'	167
¨	'\u00A8'	168
©	'\u00A9'	169
ª	'\u00AA'	170
«	'\u00AB'	171
¬	'\u00AC'	172
-	'\u00AD'	173
®	'\u00AE'	174
¯	'\u00AF'	175
°	'\u00B0'	176
±	'\u00B1'	177
²	'\u00B2'	178
³	'\u00B3'	179
´	'\u00B4'	180
µ	'\u00B5'	181
¶	'\u00B6'	182
·	'\u00B7'	183
¸	'\u00B8'	184
¹	'\u00B9'	185
º	'\u00BA'	186
»	'\u00BB'	187
¼	'\u00BC'	188
½	'\u00BD'	189
¾	'\u00BE'	190
¿	'\u00BF'	191

Caractere	Código	Decimal
À	'\u00C0'	192
Á	'\u00C1'	193
Â	'\u00C2'	194
Ã	'\u00C3'	195
Ä	'\u00C4'	196
Å	'\u00C5'	197
Æ	'\u00C6'	198
Ç	'\u00C7'	199
È	'\u00C8'	200
É	'\u00C9'	201
Ê	'\u00CA'	202
Ë	'\u00CB'	203
Ì	'\u00CC'	204
Í	'\u00CD'	205
Î	'\u00CE'	206
Ï	'\u00CF'	207
Ð	'\u00D0'	208
Ñ	'\u00D1'	209
Ò	'\u00D2'	210
Ó	'\u00D3'	211
Ô	'\u00D4'	212
Õ	'\u00D5'	213
Ö	'\u00D6'	214
×	'\u00D7'	215
Ø	'\u00D8'	216
Ù	'\u00D9'	217
Ú	'\u00DA'	218
Û	'\u00DB'	219
Ü	'\u00DC'	220
Ý	'\u00DD'	221
Þ	'\u00DE'	222
ß	'\u00DF'	223

Caractere	Código	Decimal
à	'\u00E0'	224
á	'\u00E1'	225
â	'\u00E2'	226
ã	'\u00E3'	227
ä	'\u00E4'	228
å	'\u00E5'	229
æ	'\u00E6'	230
ç	'\u00E7'	231
è	'\u00E8'	232
é	'\u00E9'	233
ê	'\u00EA'	234
ë	'\u00EB'	235
ì	'\u00EC'	236
í	'\u00ED'	237
î	'\u00EE'	238
ï	'\u00EF'	239
ð	'\u00F0'	240
ñ	'\u00F1'	241
ò	'\u00F2'	242
ó	'\u00F3'	243
ô	'\u00F4'	244
õ	'\u00F5'	245
ö	'\u00F6'	246
÷	'\u00F7'	247
ø	'\u00F8'	248
ù	'\u00F9'	249
ú	'\u00FA'	250
û	'\u00FB'	251
ü	'\u00FC'	252
ý	'\u00FD'	253
þ	'\u00FE'	254
ÿ	'\u00FF'	255

Apêndice A4

Glossário

Abrir um arquivo Preparar um arquivo para leitura ou gravação.

Abstração Processo de localizar o conjunto de recursos essenciais de um bloco de construção de um programa, como uma classe.

Acesso aleatório Capacidade de acessar qualquer valor diretamente sem ter de ler os valores que o precedem.

Acesso seqüencial Acessar os valores um após o outro sem pular nenhum.

Acoplamento Grau no qual as classes estão relacionadas umas às outras por dependência.

Adaptador de evento Classe que implementa uma interface escutadora de eventos definindo todos os métodos para não fazer nada.

Agregação Relacionamento "tem-um" entre classes.

Algoritmo Especificação não-ambígua (executável e que tem um término) de uma maneira de resolver um problema.

API (*application programming interface*) Biblioteca de funções para se construir programas.

Applet Programa gráfico Java que é executado dentro de um navegador Web ou de um *applet viewer*.

Argumento Parâmetro real em uma chamada de método, ou um dos valores combinados por um operador.

Arquivo Seqüência de *bytes* armazenada em disco.

Arquivo binário Arquivo no qual os valores são armazenados em sua representação binária e não podem ser lidos como texto.

Arquivo de texto Arquivo no qual os valores são armazenados em sua representação textual.

Arquivo-fonte Arquivo que contém instruções de uma linguagem de programação como Java.

Array Coleção de valores do mesmo tipo armazenados em posições de memória contíguas, cada uma delas podendo ser acessada através de um índice inteiro.

Array **abstrato** Seqüência ordenada de itens que pode ser eficientemente acessada aleatoriamente através de um índice inteiro.

Array **bidimensional** Arranjo bidimensional de elementos no qual um elemento é especificado por um índice de linha e um de coluna.

Array **parcialmente preenchido** Array que não está totalmente preenchido, juntamente com uma variável acompanhante que indica o número de elementos que realmente estão armazenados.

ArrayList Classe Java que implementa um *array* de objetos que cresce dinamicamente.

Arrays paralelos Arrays do mesmo comprimento, nos quais os elementos correspondentes estão logicamente relacionados.

Árvore balanceada Árvore na qual cada sub árvore tem a propriedade de que o número de descendentes à esquerda é aproximadamente igual ao número de descendentes à direita.

Árvore binária Árvore na qual cada nodo tem no máximo dois nodos-filho.

Árvore binária de pesquisa Árvore binária na qual cada sub árvore tem a propriedade de que todos os descendentes do lado esquerdo são menores do que o valor armazenado na raiz, e todos os descendentes do lado direito são maiores.

Assertiva Afirmação de que certa condição é mantida em determinada localização do programa.

Assinatura de método Nome de um método e os tipos de seus parâmetros.

Associação Relacionamento entre duas classes no qual se pode navegar dos objetos de uma classe para os objetos da outra classe, geralmente seguindo referências a objetos.

Associatividade de operadores Regra que define em que ordem operadores de mesma precedência são executados. Por exemplo, em Java o operador - é associativo à esquerda, porque a - b - c é interpretado como (a - b) - c; e = é associativo à direita, porque a = b = c é interpretado como a = (b = c).

Atribuição Colocar um novo valor em uma variável.

Banco de dados relacional Repositório de dados que armazena informações em tabelas e recupera os dados como resultado de consultas que são formuladas em termos de relacionamentos entre tabelas.

Biblioteca Conjunto de classes pré-compiladas que podem ser incluídas nos programas.

Bit Dígito binário, a menor unidade de informação, tendo dois valores possíveis: 0 e 1. Um elemento de dados consistindo de *n bits* tem 2^n valores possíveis.

Bloco Grupo de instruções entre chaves { }.

Bloco aninhado Bloco contido dentro de outro bloco.

Bloco `try` Bloco de instruções que contém cláusulas de processamento de exceções. O bloco `try` contém pelo menos uma cláusula `catch` ou `finally`.

Botão de opção Componente de interface com o usuário que pode ser usado para selecionar uma entre diversas opções.

Buffer Local de armazenamento temporário para manter valores que foram gerados (por exemplo, caracteres digitados pelo usuário) e estão aguardando para serem consumidos (por exemplo, ler uma linha por vez).

Byte Número composto por oito *bits*. Basicamente todos os computadores atualmente fabricados usam um *byte* como a menor unidade de armazenamento na memória.

Bytecode Instruções para a máquina virtual Java.

Caixa de combinação (*combo box*) Componente de interface com o usuário que combina um campo de texto com uma lista suspensa de seleções.

Caixa de marcação (*check box*) Componente da interface com o usuário que pode ser usada para uma seleção binária.

Campo de instância Variável definida em uma classe para a qual todo objeto da classe tem seu próprio valor.

Campo de texto Componente de interface com o usuário que permite ao usuário fornecer uma entrada de texto.

Campo estático Variável definida em uma classe que tem apenas um valor para a classe inteira, o qual pode ser acessado e mudado por qualquer método dessa classe.

Caractere de escape Caractere no texto que não é tomado literalmente mas tem um significado especial quando combinado com o(s) caractere(s) que o seguem. O caractere \ é um caractere de escape em *strings* Java.

Caractere de tabulação O caractere `'\t'`, que empurra o próximo caractere da linha para a próxima de um conjunto de posições fixas, conhecidas como paradas de tabulação.

Cartão CRC Cartão de índice que representa uma classe, listando suas responsabilidades e suas classes colaboradoras.

Caso de teste limite Caso de teste envolvendo valores que estão na fronteira externa do conjunto de valores válidos. Por exemplo, se a expectativa em relação a uma função for de que ela funcione para todos os inteiros não-negativos, então 0 é um caso de teste limite.

Caso de teste negativo Caso de teste que se espera que falhe. Por exemplo, ao testar um programa que acha a raiz quadrada, uma tentativa de calcular a raiz quadrada de –1 é um caso de teste negativo.

Caso de teste positivo Caso de teste que se espera que o método trate corretamente.

Chamada por valor Mecanismo de chamada de método no qual o método recebe uma cópia do conteúdo de uma variável fornecida como parâmetro real. Java só usa chamada por valor. Se um tipo de variável de parâmetro é uma classe, seu valor é uma referência a objeto, de modo que o método pode alterar aquele objeto mas não pode fazer com que a variável de parâmetro se refira a um objeto diferente.

Chamado por referência Mecanismo de chamada de método no qual o método recebe a localização na memória de uma variável fornecida como parâmetro real. A chamada por referência habilita o método a mudar o conteúdo da variável original de modo que a mudança permanece válida depois do método retornar.

Ciclo de vida do *software* Todas as atividades relacionadas à criação e manutenção do *software* desde a análise inicial até a obsolescência.

Classe Tipo de dado definido pelo programador.

Classe abstrata Classe que não pode ser instanciada.

Classe de evento Classe que contém informações sobre um evento, como por exemplo sua fonte.

Classe imutável Classe sem um método alterador (método "set").

Classe interna Classe definida dentro de outra classe.

Classificação por intercalação Algoritmo de classificação que primeiramente classifica duas metades de uma estrutura de dados e então intercala os *subarrays* classificados.

Classificação por seleção Algoritmo de classificação no qual o menor elemento é repetidamente encontrado e removido até que não reste nenhum elemento.

Cláusula `catch` Parte de um bloco `try` que é executada quando uma exceção correspondente é disparada por qualquer instrução no bloco `try`.

Cláusula `finally` Parte de um bloco `try` que é executada a despeito de como o bloco `try` seja terminado.

Clonagem Fazer uma cópia de um objeto cujo estado possa ser modificado independentemente do objeto original.

Cobertura do teste Instruções de um programa que são executadas em um conjunto de casos de teste.

Código de máquina Instruções que podem ser executadas diretamente pela CPU.

Coerção Converter explicitamente um valor de um tipo para um tipo diferente. Por exemplo, a coerção de um número em ponto flutuante `x` para um inteiro é expressa em Java pela notação de coerção `(int)x`.

Coesão Uma classe é coesa se seus recursos suportam uma abstração simples.

Coleta de lixo Retomada automática de memória ocupada por objetos que não mais estão sendo referenciados.

Colisão de nomes Acidentalmente usar o mesmo nome para indicar dois recursos de programa de uma forma que não possa ser resolvida pelo compilador.

Comando Unidade sintática em um programa. Em Java, um comando pode ser simples, composto ou um bloco.

Comando `break` Comando que termina um laço ou um comando `switch`.

Comando composto Comando como `if` ou `while` que é composto de diversas partes tal como uma condição e um corpo.

Comando `goto` Comando que transfere o controle para alguma outra instrução marcada com um rótulo. Java não possui um comando `goto`.

Comando simples Comando constituído apenas de uma expressão.

Comentário Explicação para ajudar as pessoas a entender uma seção de um programa; é ignorada pelo compilador.

Comentário de documentação Comentário em um arquivo fonte que pode ser automaticamente extraído para dentro da documentação do programa por um programa como *javadoc*.

Compilador Programa que traduz código de linguagem de alto-nível (tal como Java) para instruções de máquina (tal como *bytecode* para a máquina virtual Java).

Componente de interface com o usuário Bloco de construção de uma interface gráfica com o usuário, tal como um botão ou um campo de texto. Os componentes de interface com o usuário são usados para apresentar informações ao usuário e permitir ao usuário inserir informações para o programa.

Concatenação Colocar um *string* após o outro para formar um novo *string*.

Constante Valor que não pode ser alterado pelo programa. Em Java, as constantes são definidas com a palavra-chave `final`.

Construção Configurar um objeto recentemente alocado para um estado inicial.

Construtor Método que inicializa um objeto recentemente instanciado.

Construtor *default* Construtor que é invocado sem parâmetros.

Contêiner Componente da interface com o usuário que pode conter outros componentes e apresentá-los juntos ao usuário. Também, uma estrutura de dados, tal como uma lista, que pode conter uma coleção de objetos e apresentá-los individualmente a um programa.

Contexto gráfico Classe por meio da qual o programador pode fazer aparecer formas ou mapas de *bits* (imagens) em uma janela da tela.

CPU (ou UCP–Unidade Central de Processamento) A parte do computador que executa as instruções de máquina.

Dependência Relacionamento de "uso" entre classes, no qual uma classe necessita de serviços fornecidos por outra classe.

Depurador Programa que permite ao usuário executar um outro programa, um ou alguns passos por vez, parar a execução, e inspecionar as variáveis para analisá-lo a procura de *bugs*.

Descarregar um fluxo Enviar todos os caracteres que ainda estão contidos no *buffer* para seu destino.

Diretório Estrutura em um disco que pode conter arquivos ou outros diretórios; também chamado de pasta.

Disparar uma exceção Indicar a existência de uma condição anormal terminando o fluxo de controle normal de um programa e transferindo o controle para a cláusula `catch` correspondente.

Divisão de inteiros Toma-se o quociente de dois inteiros, descartando-se o resto. Em Java o símbolo / indica divisão de inteiros se ambos os argumentos forem inteiros. Por exemplo, 11/4 é 2, não 2.75.

Efeito colateral Efeito de um método, diferente de retornar um valor.

Encapsulamento Ocultação de detalhes de implementação.

Entrada *bufferizada* Entrada coletada em lotes, por exemplo, uma linha por vez.

Erro "por um" Erro de programação comum no qual um valor é maior ou menor, em um, do que ele deveria ser.

Erro de arredondamento Erro introduzido pelo fato de que o computador só armazena um número finito de dígitos de um número em ponto flutuante.

Erro de limites Tentar acessar um elemento de um *array* que está fora de intervalo válido.

Erro de lógica Erro em um programa sintaticamente correto que faz com que ele aja diferentemente de sua especificação.

Erro de sintaxe Instrução que não segue as regras da linguagem de programação e é rejeitada pelo compilador.
Erro em tempo de compilação Erro detectado quando um programa é compilado.
Erro em tempo de execução → **Erro de lógica**
Escopo Parte de um programa na qual uma variável está definida.
Escutador de evento Objeto que é notificado por uma fonte de evento quando ocorre um evento.
Espaço em branco Qualquer seqüência de espaços, tabulação e caracteres de nova linha.
Especificador throws Indica os tipos das exceções verificadas que um método pode disparar.
Exceção Classe que sinaliza uma condição que evita que o programa continue normalmente. Quando ocorre uma condição assim, um objeto da classe Exception é disparado.
Exceção não-verificada Exceção que o compilador não verifica.
Exceção verificada Exceção que o compilador verifica. Todas as exceções verificadas devem ser declaradas ou capturadas.
Expressão Construção sintática constituída de constantes, variáveis, chamadas a métodos e operadores que os combinam.
Expressão regular *String* que define um conjunto de *strings* correspondentes de acordo com o conteúdo deles. Cada parte de uma expressão regular pode ser um caractere específico solicitado; um caractere de um conjunto de caracteres permitidos tais como [abc], que podem ser um intervalo como [a-z]; qualquer caractere que não seja parte de um conjunto de caracteres proibidos, tais como [0-9]; uma repetição de uma ou mais correspondências, tais como [0-9]+, ou zero ou mais, tais como [ACGT]*; uma alternativa de um conjunto de alternativas tais como and|et|und; ou várias outras possibilidades. Por exemplo, "[A-Za-z]*[0-9]+" corresponde a "Cloud9" ou "007" mas não "Jack".
Extensão A última parte do nome de um arquivo, a qual especifica o tipo do arquivo. Por exemplo, a extensão .java indica um arquivo Java.
Fila Coleção de itens com recuperação FIFO.
Fim do arquivo (*End-of-file*) Condição que é verdadeira quando todos os caracteres de um arquivo tenham sido lidos. Observe que não há nenhum caractere especial "fim do arquivo". Ao compor um arquivo a partir do teclado, você talvez precise teclar um caractere especial para avisar o sistema operacional para terminar o arquivo, mas esse caractere não é parte do arquivo.
Fluxo Abstração de uma seqüência de *bytes* da qual dados podem ser lidos ou gravados.
Fonte Conjunto de formas de caracteres em determinado estilo e tamanho.
Fonte de evento Objeto que pode notificar outras classes a respeito de eventos.
Frame Janela com uma borda e uma barra de título.
Gerenciador de leiaute Classe que arranja componentes de interface com o usuário dentro de um contêiner.
Gravadora Na biblioteca de entrada/saída de Java, uma classe para a qual se pode enviar caracteres.
grep Programa de pesquisa "*generalized regular expression pattern*" (padrão generalizado de expressão regular), útil para encontrar todos os *strings* que correspondem a um padrão em um conjunto de arquivos.
GUI (*graphical user interface*) A interface com o usuário na qual o usuário fornece entradas por meio de componentes gráficos como botões, menus e campos de texto.
Herança Relacionamento "é-um" entre uma superclasse mais geral e uma subclasse mais especializada.
HTML (**Hypertext Markup Language**) Linguagem na qual as páginas Web são descritas.
IDE (*integrated development environment*) Ambiente integrado de desenvolvimento que inclui um editor, um compilador e um depurador.
Implementar uma interface Implementar uma classe que define todos os métodos especificados na interface.
Inicialização Configurar uma variável para um valor bem definido quando ela é criada.

Instância de uma classe Objeto cujo tipo é essa classe.
Instanciação de uma classe Construção de um objeto dessa classe.
Inteiro Número que não pode ter parte fracionária.
Interface Tipo sem variáveis de instância, apenas métodos abstratos e constantes.
Internet Coleção mundial de redes, equipamentos roteadores e computadores que usam um conjunto comum de protocolos, os quais definem como os participantes interagem uns com os outros.
Interpretador Programa que lê um conjunto de códigos e executa os comandos especificados por eles. A máquina virtual Java é um interpretador que lê e executa *bytecode* Java.
Iterador Objeto que pode inspecionar todos os elementos de um contêiner tal como uma lista encadeada.
Janela de observação Janela em um depurador que mostra os valores atuais de variáveis selecionadas.
javadoc Gerador de documentação do Java SDK. Extrai os comentários de documentação dos arquivos-fonte Java e gera um conjunto de arquivos HTML vinculados.
Laço (*Loop*) Seqüência de instruções que são executadas repetidamente.
Laço e meio Laço cuja decisão de término não está no início nem no fim.
Laço invariante Comando sobre o estado do programa que é preservado quando os comandos do laço são executados uma vez.
Leiaute de grade (*Grid layout*) Esquema de gerenciamento de leiaute no qual os componentes são dispostos em uma grade bidimensional.
Leiaute de borda (*Border layout*) Esquema de gerenciamento de leiaute no qual os componentes são colocados no centro ou em uma das quatro bordas de seu contêiner.
Leiaute de fluxo (*Flow layout*) Esquema de gerenciamento de leiaute no qual os componentes são dispostos da esquerda para a direita.
Leitora Na biblioteca de entrada/saída de Java, uma classe a partir da qual se pode ler caracteres.
Linha de comando Linha onde o usuário digita para iniciar um programa em DOS ou UNIX ou uma janela de comando em Windows. Consiste no nome do programa seguido por quaisquer argumentos necessários.
Lista abstrata Seqüência ordenada de itens que pode ser percorrida seqüencialmente e que permite a inserção e a retirada eficiente de elementos em qualquer posição.
Lista duplamente encadeada Lista encadeada na qual cada *link* possui uma referência tanto para o *link* que o precede como para o que o sucede.
Lista encadeada Estrutura de dados que consegue conter um número arbitrário de objetos, cada um dos quais armazenado em um objeto elo, que contém um apontador para o próximo elo.
Máquina de Turing Modelo muito simples de computação que é usado em computação teórica para explorar a computabilidade de problemas.
Máquina virtual Programa que simula uma CPU, o qual pode ser implementado eficientemente em uma variedade de máquinas reais. Um dado programa em *bytecode* Java pode ser executado por qualquer máquina virtual Java, independentemente de qual CPU é usada para executar a própria máquina virtual.
Mensagem de rastreamento Mensagem que é impressa durante a execução do programa com intenções de depuração.
Método Seqüência de comandos que tem um nome, pode ter parâmetros formais, e pode retornar um valor. Um método pode ser invocado qualquer número de vezes com valores de parâmetros diferentes.
Método abstrato Método com nome, tipos de parâmetros e tipo de retorno, mas sem uma implementação.
Método de acesso Método que acessa um objeto mas não o modifica.
Método de alteração (Método "set") Método que muda o estado de um objeto.
Método de instância Método com um parâmetro implícito; isto é, um método que é invocado na instância de uma classe.
Método estático Método sem parâmetros implícitos.

Método `main` Primeiro método chamado quando uma aplicação Java é executada.

Método predicado Método que retorna um valor booleano.

Método recursivo Método que pode chamar a si mesmo com valores cada vez mais simples. Ele tem de tratar os valores mais simples sem chamar a si mesmo.

Modelo em cascata Modelo seqüencial de processo de desenvolvimento de *software*, consistindo em análise, projeto, implementação, teste e implantação.

Modelo em espiral Modelo iterativo de processo de desenvolvimento de *software* no qual o projeto e a implementação são repetidos.

Nome qualificado Nome que é tornado não-ambíguo porque inicia com o nome do pacote.

Notação de ponto Notação *objeto.método(parâmetros)* ou *objeto.campo* usada para invocar um método ou acessar um campo.

Notação O Notação $g(n) = O(f(n))$, que indica que a função g cresce a uma taxa limitada pela taxa de crescimento da função f com respeito a n. Por exemplo, $10n^2 + 100n - 1000 = O(n^2)$.

Nova linha O caractere `'\n'`, que indica o fim de uma linha.

Número em ponto flutuante Um número que pode ter uma parte fracionária.

Número mágico Número que aparece num programa sem nenhuma explicação.

Números de Fibonacci Seqüência de números 1, 1, 2, 3, 5, 8, 13, . . ., na qual cada termo é a soma de seus dois predecessores.

Objeto Valor de um tipo de classe.

Operador Símbolo que indica uma operação matemática ou lógica, como + ou &&.

Operador binário Operador que aceita dois argumentos, por exemplo + em $x + y$.

Operador lógico Operador que pode ser aplicado a valores booleanos. Java possui três operadores lógicos: &&, || e !.

Operador `new` Operador que aloca novos objetos.

Operador pós-fixado Operador unário que é escrito depois de seu argumento.

Operador pré-fixado Operador unário que é escrito antes de seu argumento.

Operador ternário Operador com três argumentos. Java tem um operador ternário, `a ? b : c`.

Operador unário Operador de um único argumento.

Oráculo Programa que prevê como outro programa deve agir.

Ordenação lexicográfica Ordena *strings* na mesma ordem do dicionário, pulando todos os caracteres que corresponderem e comparando os primeiros caracteres que não correspondem de ambos os *strings*. Por exemplo, "*orbit*" vem antes de "*orchid*" em ordem lexicográfica. Observe que em Java, diferentemente do dicionário, a ordenação é sensível a maiúsculas/minúsculas: Z vem antes de a.

Pacote Coleção de classes relacionadas. O comando `import` é usado para acessar uma ou mais classes de um pacote.

Painel Componente de interface com o usuário sem aparência visual. Pode ser usado para agrupar outros componentes, ou como a superclasse de um componente que define um método para desenho.

Painel de conteúdo Parte de um *frame* Swing que contém os componentes da interface com o usuário do *frame*.

Palavra reservada Palavra que tem um significado especial em uma linguagem de programação e portanto não pode ser usada como nome pelo programador.

Palavra-chave `void` Palavra-chave que não indica nenhum tipo ou indica um tipo desconhecido.

Parâmetro Item de informação que é especificado a um método quando este é chamado. Por exemplo, na chamada `System.out.println("Hello,World!")`, os parâmetros são o parâmetro implícito `System.out` e o parâmetro explícito `"Hello,World!"`.

Parâmetro explícito Parâmetro de um método diferente do objeto em que o método é invocado.

Parâmetro formal Variável de uma definição de método; é inicializada com um valor de parâmetro real quando o método é chamado.

Parâmetro implícito Objeto sobre o qual um método é invocado. Por exemplo, na chamada `x.f(y)`, o objeto `x` é o parâmetro implícito do método `f`.

Parâmetro real Expressão fornecida pelo chamador a um parâmetro formal de um método.

Passagem de parâmetros Especificar expressões para serem valores de parâmetros reais para um método quando ele for chamado.

Passo-a-passo Executar um prograna no depurador, uma instrução por vez.

Pasta → Diretório

Pesquisa binária Algoritmo rápido para localizar um valor em um *array* classificado. A cada passo reduz a pesquisa à metade do *array*.

Pesquisa linear Pesquisar um contêiner (tal como um *array* ou uma lista) em busca de um objeto, inspecionando um elemento por vez.

Pilha Estrutura de dados com recuperação LIFO. Os elementos podem ser acrescentados e removidos apenas em uma posição, chamada de topo da pilha.

Pilha de chamadas Conjunto ordenado de todos os métodos que foram chamados mas ainda não terminaram, iniciando com o método atual e terminando com `main`.

Pilha de execução Estrutura de dados que armazena as variáveis locais de todos os métodos chamados enquanto o programa está em execução.

Polimorfismo Selecionar um método entre diversos métodos que têm o mesmo nome, baseado nos tipos reais dos parâmetros implícitos.

Ponteiro de arquivo Posição do próximo *byte* a ser lido ou gravado dentro de um arquivo de acesso aleatório. Pode ser movido de forma a acessar qualquer *byte* no arquivo.

Ponto de interrupção (*Break point*) Ponto em um programa, especificado em um depurador, no qual ele pára de executar o programa e deixa o usuário inspecionar o estado do programa.

Precedência de operador Regra que define qual operador é avaliado primeiro. Por exemplo, em Java o operador `&&` tem precedência mais alta do que o operador `||`. Portanto `a || b && c` é interpretado como `a || (b && c)`.

Pré-condição Condição que tem de ser verdadeira quando o método for chamado, se for para o método funcionar corretamente.

Programa de console Programa Java que não tem uma janela gráfica. O programa de console lê entradas do teclado e direciona a saída para a tela do terminal.

Programação extrema Metodologia de desenvolvimento que visa à simplicidade pela remoção da estrutura formal e concentrando-se nas melhores práticas.

Programação visual Programar organizando elementos gráficos em um formulário, configurando o comportamento do programa através da escolha de propriedades para esses elementos e da escrita de apenas uma pequena quantidade de código de "cola" para vinculá-los.

Projeto Coleção de arquivos-fonte e suas dependências.

Projeto orientado a objetos Projetar um programa pela descoberta de objetos, suas propriedades e seus relacionamentos.

Prompt *String* que solicita ao usuário para fornecer uma entrada.

Quicksort Algoritmo de classificação, geralmente rápido, que toma um elemento, chamado de pivô, particiona a seqüência em elementos menores e elementos maiores do que o pivô e depois classifica recursivamente as subseqüências.

RAM (*random-access memory* ou memória de acesso aleatório) Circuitos eletrônicos em um computador que podem armazenar código e dados de programas que estão sendo executados.

Rastreamento de pilha Impressão da pilha de chamadas que lista todas as chamadas de método pendentes.

Recursão mútua Métodos colaboradores que se chamam mutuamente.

Recurso privado Recurso acessível apenas a métodos da mesma classe ou de uma classe interna.

Recurso protegido Recurso acessível a uma classe, suas classes internas, suas subclasses e a outras classes do mesmo pacote.

Recurso público Recurso acessível a todas as classes.

Redirecionamento Vincular a entrada ou a saída de um programa a um arquivo, em vez de a um teclado ou tela.

Referência a objetos Valor que indica a localização de um objeto na memória. Em Java, uma variável cujo tipo é uma classe contém uma referência a um objeto dessa classe.

Referência *null* Referência que não se refere a nenhum objeto.

Registrar em *log* Enviar, para um arquivo ou janela, mensagens que monitorem o progresso de um programa.

Script* de *shell Arquivo que contém comandos para a execução de programas e manipulação de arquivos. A digitação do nome do arquivo de *script* de *shell* na linha de comando faz com que esses comandos sejam executados.

SDK (Software Development Kit) Coleção de ferramentas para o desenvolvimento de *software*.

Sensível a maiúscula/minúscula Distingue caracteres maiúsculos de minúsculos.

Sentinela Valor na entrada que não deve ser usado como valor de entrada real, e sim para sinalizar o fim da entrada.

Serialização Processo de salvar um objeto, e todos os objetos que ele referencia, para um fluxo.

Shell Parte de um sistema operacional no qual o usuário digita linhas de comando para executar programas e manipular arquivos.

Sintaxe Regras que definem como se deve formar instruções em determinada linguagem de programação.

Sistema operacional *Software* que dispara programas aplicativos e fornece serviços (como um sistema de arquivos) para esses programas.

Sobrecarga Dar mais de um significado a um nome de método.

Sobrescrever Redefinir um método em uma subclasse.

Sombreamento Ocultar uma variável definindo outra com o mesmo nome.

String Seqüência de caracteres.

Stub Método sem funcionalidade ou com funcionalidade mínima.

Subclasse Classe que herda variáveis e métodos de uma superclasse, mas acrescenta variáveis de instância, métodos ou redefine métodos.

Suíte de testes Conjunto de casos de teste para um programa.

Superclasse Classe geral da qual uma classe mais especializada (uma subclasse) herda.

Swing Ferramenta Java para implementar interfaces gráficas com o usuário.

TAD (tipo abstrato de dados) Especificação das operações fundamentais que caracterizam um tipo de dado, sem fornecer uma implementação.

Testador Programa que chama uma função que precisa ser testada, fornecendo parâmetros e analisando o valor de retorno da função.

Teste da caixa-preta Testar um método sem conhecer sua implementação.

Teste de caixa-branca Funções de teste que levam em conta suas implementações, em contraste com o teste de caixa-preta; por exemplo, selecionando casos de teste limite e garantindo que todos os ramos do código são cobertos por algum caso de teste.

Teste de regressão Manter casos de teste antigos e testar toda revisão de um programa com eles.

Teste de unidade Teste de um método sozinho, isolado do resto do programa.

Thread Unidade de programa que é executada independentemente de outras partes do programa.

Tipo *booleano* Tipo com dois valores possíveis: `true` e `false`.

Tipo primitivo Em Java, um tipo numérico ou booleano.

Token Seqüência de caracteres consecutivos obtidos de uma fonte de entrada que permanecem juntos com o objetivo de analisar a entrada. Por exemplo, um *token* pode ser uma seqüência de caracteres diferentes de espaço em branco.

Tratador de exceções Seqüência de instruções que recebe o controle quando uma exceção de determinado tipo foi disparada e capturada.

Unicode Código-padrão que atribui valores de código consistindo em dois *bytes* para representar caracteres usados em todo o mundo em *scripts*. Java armazena todos os caracteres como valores Unicode.

URL (Uniform Resource Locator) Ponteiro para um recurso de informações (tal como uma página Web ou uma imagem) na World Wide Web.

Valor de retorno Valor retornado por um método por meio de um comando `return`.

Variável Símbolo em um programa que identifica uma localização de armazenamento que pode conter diferentes valores.

Variável local Variável cujo escopo é um bloco.

Variável não-inicializada Variável que não foi configurada para um valor determinado. Em Java, usar uma variável local não inicializada é erro de sintaxe.

Vinculação antecipada Escolher, em tempo de compilação, um método entre diversos métodos de mesmo nome mas com tipos de parâmetro diferentes.

Vinculação tardia Escolher, em tempo de execução, um método entre diversos métodos de mesmo nome sobre objetos pertencentes a subclasses da mesma superclasse.

Índice

*Os números de página em negrito se referem a termos encontrados nos quadros das margens ao longo do texto, as quais contêm os conceitos-chave de cada capítulo.

Abstração, **62-63**
Abstract Windowing Toolkit (AWT), 142, 377
Acesso aleatório, 556-563, **557-558**
    memória (RAM), 19-20
Acesso de pacote, **420-421**, 421-422
Acesso privado, **420-421**
    campos de instância, **57-58**
Acesso protegido, **420-422**, 422-423
Acesso público, **420-421**
Acesso seqüencial, **557-558**
Acoplamento de classes, 268-272. *Veja também* Dependências entre classes
`ActionListener`, **378-379**
Adaptadores de eventos, 376-377
Agregação, 581-583
Alfabeto Thai, 120
Alfabetos internacionais, 118-121
Algoritmos
    classificação por intercalação, 659-666, **660-661**, **664-665**
    classificação por seleção, **651-652**, 652-659, **659-660**
    criptografia, 548-551
    pesquisa binária, 651, **670-673**, 671-672
    quicksort, 666-670
Ambiente de execução Java, 142-145
Ambiente integrado, 28-30
`and (&&)`, 204, 206-207
    confundindo com *or* (| |) , 206

Aplicações
    console, 133-134, **135**
    gráficas, 133-134, **135**, **389-390**
`applet`, **137-138**
Applets, 133, **134-136**
    com sinal, 135-136
    confiáveis, 135-136
    convertendo *frames* em, 455-456
    definição, 26
    e HTML, 139-141
    e navegadores Web, 134-136
    para formas gráficas, 143-145
    parâmetros de, 162-164
    privilégios de segurança de, 135-136
    simples, 139-143
Áreas do leiaute de borda
    `CENTER`, **447-448**
    `EAST`, **447-448**
    `NORTH`, **447-448**
    `SOUTH`, **447-448**
    `WEST`, **447-448**
Argumentos da linha de comando, 550-553
Ariane, incidente com o foguete, 536-537
Armazenamento, 19-21
    de dados, 541-542
    primário, **19-20**
    secundário, **19-20**
ARPAnet, 138-139
Arquivos
    dando nome a, 28-29

definição, 28-29
diálogos, 545-546
entradas de teste, **314-316**
extensões de, 28-29
gerenciamento de, 363
ponteiro, **557-558**
Arquivos de lote, 321-323
Arquivos-fonte, Java, 711-713
Array abstrato, **698**
`arraycopy`, **497-498**
ArrayLists, **486**
   armazenando valores de tipos primitivos, **493-494**
   cálculo do valor máximo, **490-491**
   cálculo do valor mínimo, **490-491**
   classes empacotadoras, **493-494**
   contagem de valores, **489-490**
   índice do elemento, **486**
   intervalo de números de posição, **486**
   localizando um valor, **489-490**
   recuperando um elemento de, **486**
Arrays
   acessando, 493-495, **494-495**
   algoritmos de listas simples, 489-493
   alocando de um *array* maior, **500-501**
   armazenando números, 493-494
   bidimensionais, **505-506**, 506-509
   `clone`, **496-497**
   copiando, **496-498**, 498-500
   declarando, 493-495
   definição, **493-494**
   descobrindo o número de elementos, **495**
   evitando *arrays* paralelos, **504-505**
   inicialização de, **496-497**
   `length`, **495**
   listas, 486-490, 698-700
   não-inicializados, 496
   paralelos, 504-506
   parcialmente preenchidos, **499-500**, 500-503
   `System.arraycopy`, **497-498**
`Arrays`, **664-665**
ASCII (American Standard Code for
   Information Interchange), 118-120
Assertivas, **324-325**, 325-326
Associação, 579-583
Atalhos de teclado, 66-68
Atribuição
   combinando com aritmética, 91-93
   e igualdade, 91-93
   operador, 90-91
Auto-recuo, 186-187

Babbage, Charles, 665-668
Backups, **30-31**, 31-32
Barramento, 21-22

Barras de códigos postais, 307-308
Barras de menu, 466
Barras invertidas, 36-37
   em nomes de arquivos, 543-544
Beans. *Veja* JavaBeans
Biblioteca, 26-27, 40
Blocos `try`, **527**, 528, **529**
Boole, George, 203-204
`boolean`
   como tipo primitivo, 274
   `false`, **203-204**
   operadores, **204**
   `true`, **203-204**
   variável, **207-208**
Botões de opção, **455-456**, 456-458, **458-459**
   `ButtonGroup` e, **456-457**
Botões, múltiplos, 381-385
Branches, nested, 197-200
`break`, 239-241
`BufferedReader`, **115-117**, 117-119, 241-242, **544-545**
Buffers de *strings*, 236-237
Buffon, Comte Georges-Louis Leclerc de, 250-251
Bugs, 38-39
`ButtonGroup`, **456-457**
`byte`, **542-543**
Bytecode, **40**
Bytes, 541-542

Caixa automático, exemplo de, 594-611
Caixas de combinação, **455-459**
Caixas de seleção, **457-460**
Cálculo, 105-109
Caminhos para arquivos de classes, **295-296**
Campos, comprimento dos, **495**
Campos de instância, **57-58**, 58-59, 76, 289-290, 406-412, 429-430
   de parâmetros implícitos, **76**, **289-290**
   sombreamento, **289-290**
Campos estáticos, **282-283**, 283-287
Caracteres, 118-119
   em *string*, **244**
Casos de teste de limites, **318**
CD-ROM, 19-21
Chamada por referência, 275-276
Chamada por valor, 275-276
`char`, **118-119**, **542-543**
`charAt`, **244**
Chaves, leiaute das, 183-186
Chip, 18-19
Classe imutável, **272-273**
Classe interna, **352-353**, 355-356, **358-359**, 373-374, 697
   acessando variáveis locais, **359-360**

ÍNDICE **769**

escutadoras de eventos como, **373-374**
Classes, 32-33, 46-47
   abstração, **62-63**
   abstratas, 418-419, **419-420**
   acoplamento de, 268-272, **270-271**
   agrupadas em pacotes, **50-51**, **291-292**
   anônimas, 356
   `Arrays`, **664-665**
   `BufferedReader`, **544-545**
   caminho para o arquivo, **295-296**
   candidatas, 577-578
   coesão de, 268-272
   `Collections`, **674-675**
   como fábricas de objetos, **46-47**
   construtor, **59**
   convertendo entre tipos de interface e, **347-348**
   definindo, 53-56
   dependência, **269-271**
   descobrindo, 576-579
   documentando, **63-64**
   `Ellipse2D.Double`, **143-145**
   empacotadoras, **493-494**
   `Error`, **521, 523**
   escolha de, 267-269
   escutadoras, 369-371, 383-386
   estendendo, **402-403**
   eventos, **369-370**
   `FileInputStream`, **541-542**
   `FileOutputStream`, **541-542**
   `FileReader`, **541-542**
   `FileWriter`, **541-542**
   fonte de eventos, **369-370**
   `Graphics2D`, **141-142**
   implementando, **45-46**, 67-74
   importando, **50-51**
   imutáveis, **272-273**
   interface, **45-46**, **268-269**
   internas, **352-353**, 355, 356, **358-359**, 373-374, 697
   invariantes, 280-281
   `Line2D.Double`, **143-145**
   localização das, 295-298
   `Math`, **99-100**
   `NumberFormat`, 112-113
   `Object`, **402-403**
   objetivo, **267-268**
   painel, **443-444**
   `PrintWriter`, **544-545**
   projetando, 70-74
   projetando interfaces públicas de, 60-63
   `Reader`, 542-543
   `Rectangle2D.Double`, **143-145**
   `RectangleApplet`, 139-143

relacionamento "é um", **579**
relacionamento "tem um", **579**
relacionamento de "uso", **579-580**
relacionamentos entre, 579-581
retângulo, 46-47
`RuntimeException`, **521, 523**
`String`, **110-111**
`StringTokenizer`, **243-244**
teste, **54-56**, 55-57, 73-74, **311-312**
utilitárias, 268-269
Classificação, 651-660
   de dados reais, 672-677
   por intercalação, 659-666, **660-661, 664-665**
   por inserção, 679-680
   por seleção, **651-652**, 652-659, **659-660**
      animação gráfica da, 680-681
Cláusula `catch`, **527**
`clone`, **428**, 429-433, **496-497**
Código
   comum, fatorando, 103, **382-383**
   de máquina, 23-26, **24-25**
   "espaguete", 225-228
   reutilização de, 393-394, **403**
Código-fonte, 40
Coerção, **104-405, 347-348**
Coesão, de classes, **268-269**, 269-272
`Collections`, **674-675**
Comandos, 34
   bloco de, **182-183**, 183-184
   compostos, 183-185
   `for`, **227-228**
   `if`, **181-182**, 182-185
   para execução de métodos, **53-54**
   `return`, **54-56**
   simples, 183-185
   `switch`, 193-195
   `throw`, **520-521**
   `try`, **527**, 528, **529**
   `while`, **220-221**
Comentar, 63-67
Comentários, 35-36
   documentação, **63-66**
Compact disc read-only memory.Veja CD-ROM
`Comparable`, **673-674**
Comparações, seqüências de, 191-194
Comparando
   informações visuais e numéricas, 163-167
   números em ponto-flutuante, 187-189
   objetos, 190-191
   strings, 188-189
`Comparator`, **673-674**
`compareTo`, **188-189**
Compilação, 39-40

Compilador, **25-26**, 26
  localizando, 28-29
Computadores
  anatomia dos, 18-24
  definição, **18**
Computadores pessoais, 298-300
Comunicação entre processos, 363
Concatenação, 58-59
Condições, efeitos colaterais das, 190-191
Constantes, 94-98
  denominadas, **94**
  em interfaces, 348-349
Construção, 47-48
Construção, parâmetros de, 47-48
Construtores, **59**, 56-61
  chamando de outro construtor, 76-78, 291-292
  chamando, 70-71
  determinando, 72-73
  inicialização de referências a objetos em, 75
  subclasse, 412-414
  superclasse, **413-414**
Contêiners
  componentes de interface com o usuário e, **447-448**
  gerenciador de leiaute, **447-448**
`continue` 239-241
Controle de acesso, **420-421**, 421-422
Coordenadas em *pixels*, **168-169**
Cores, 145-146
Corpo do método `main`, 34
Correio eletrônico, 138-139
CPU (unidade central de processamento), **18-19**
  cartões CRC, **577-578**, 578-579, 582-584
  instruções de máquina e, **23-24**
Criptografia, 545-551

Dados da console, leitura, 241-243
Dados de exemplo, 167-168
De Morgan, Augustus, 207-208
De Morgan, lei de, **206-207**, 207-208
Decisões, 181-218
  comparando valores, 186-191
  complexas, **191-192**
  e comandos `if`, 181-185
Dependências entre classes, **269-271**. *Veja também*
  Acoplamento de classes
  minimizando, **270-271**, **344-345**
Depuração, 311-339-340
  procedimentos, 333-336
  sessão exemplo, 328-333
Depurador, 38-39, **325-326**, 326-329
  "dividir-para-conquistar", **334-335**
  passo-a-passo, **326-328**
  pontos de quebra, **326-327**
  uso do, **332-333**

Desenho. *Veja* Gráficos
Desvios aninhados, 197-200
Diagramas de objeto *versus* diagramas de classe, 269-271
Diálogos modais, 162-163
Dijkstra, Edsger, 227-228
Diretórios. *Veja* Pastas
Disco rígido, 19-21
Divisão (/), 99-100
Documentação
  comentários, **63-66**, **588-589**
  descrevendo classes, 71-72
  descrevendo métodos, 71-72
Documentação da API, **471-472**
`drawString`, **145-146**

Eckert, J. Presper, 21-22
Editando a linha de comando, 56-57
Editor, **39**
  copiar e colar em, 194-196
Efeitos colaterais, 190-191, **272-273**, 273-274
`Ellipse2D.Double`, **143-145**
`else` ascilante, 201-203
Encapsulamento, **57-58**
ENIAC (Electronic Numerical Integrator and Computer), 21-23
Entrada
  leitura, 113-115
  processando, 236-239, **237-238**, 371-382
  quebrando linhas em palavras, **243-244**
  redirecionamento da, **242-243**, 243-244
  teste, lendo de arquivos, **314-316**
Entrada de *mouse*, 371-377
Entrada na console, 115-119
`equals`, **188-189**, 189, **426-427**, 427-428
`Error`, **521**, 523
Erros, 37-39
  de compilação, 37-38
  de lógica, **37-38**, 38-39
  de ortografia, 38-39
  de sintaxe, **37-38**
  em tempo de execução, 37-39
  "por um", 223-224, **224-225**
Escopo
  de membros de classe, 288-289
  de variáveis, 232-233, 287, **287-288**, **358-359**
Escutador, **356-357**
  de eventos, 356-357
  de *mouse*, **369-370**, **371**, 371-372
  de objetos, **369-370**, 388-389
Espaço em branco, 102-103, 715-717
Especificadores de acesso, 53, 57-58
Estações de trabalho, 195-196
Estado, **57-58**

Eventos, **356-357**, 369-372
  de classes, **369-370**, 371
  escutador de, **356-357**, **369-370**, **373-374**
  fatorar tratadores semelhantes, **382-383**
  fonte de, **369-370**, 371
  interface com o usuário, **369-370**
  notificação de, **369-370**
Exceções
  captura de, 526-528
  disparo de, 114, 519-520, **520-521**, 521-523
  hierarquia de classes das, 522
  não-verificadas, **521, 523**
  suprimir, 528-529
  tipos, projeto de, 526-527
  tratamento das, exemplo, 530-536
  verificadas, **521, 523**, 523-526, **528**
`Exception`, **526-527**
`exit`, **114**
Experimento da agulha de Buffon, 250-255
Expressões booleanas, 203-209
Expressões regulares, 291
Extensões padrão, 377-378

Fatorar código comum, 103
  tratadores de eventos, **382-383**
Filas, **701-702**, 702-704
`File`, **545**
`FileInputStream`, **541-542**
`FileOutputStream`, **541-542**
`FileReader`, **541-542**
`FileWriter`, **541-542**
`final`, **94**, **359-360**
`finally`, **529**, 529-530
Fluxos, **541-542**, 553-556
Fontes, 145-149, 363-363
  ascendente, 147-149
  descendente, 147-149
  descrevendo, **147-148**
  nome de face, 147-148
  tamanho em pontos, 147-149
`for`, **227-228**, 228-232, 714-715
  contagem de iterações, **246**
Freqüências das letras, 567-568
Funções
  aritméticas, 97-101
  matemáticas, 97-101

`get`, **486**
Gráficos
  acrescentando a aplicações Java, 441-447
  desenhando formas, 143-145, 151-159, **152-153**, **441-442**
  escolhendo unidades para, 173-175
  estado 141-142
  formas complexas, **151-152**
  implementando, 158-161
  transformações de contexto, 171-174
`Graphics2D`, **141-142**, 142-143
Gravadores, **541-542**

Herança, **402-403**, **405-406**, 441-447
  `clone`, 429-433
  customizando *frames*, 449-455
  definição, 402-403
  hierarquias, 405-408
  reutilização de código, **403**
  sintaxe, 405
  `toString`, 425-426
HTML (Hypertext Markup Language), **135-136**, 136-139
HTTP (Hypertext Transfer Protocol), 137-138
Hyperlinks, 66-67

`if`, **181-182**, 182-185, 714-715
Imagens manipuladas, 159-160
Implementações, de classes, **45-46**
`import`, **293-294**
Importação de
  classes, **50-51**, 52-53
  pacotes, **293-294**
Impressão, 363-363
  de faturas, 583-595
Índice, **486**
Inicialização tardia, 206-207
Inicializações de campos, 286-287-287
`instanceof`, **348**
Instruções de máquina, 23-25
`int`, **86-87**
Inteiros
  divisão de, 99-100
  faixa de, 88-90
  tipo de dado, 86-88
Intel Pentium, 23-25
Inteligência artificial (IA), 208-210
Interface da linha de comando, 56-57
Interfaces com o usuário, 299-300
  componentes, 133, 441-442, **447-448**, **471-472**
  eventos, **369-370**
Interfaces de escutadores de eventos, 369-370
Interfaces gráficas com o usuário (GUIs)
  gerenciamento de leiaute em, 463-466
  opções do usuário em, 455-463
Interfaces, **342-343**, 343-349
  `Comparable`, **673-674**
  convertendo entre tipos de classe e, **347-348**
  de classes, **45-46**, **268-269**
  escutadora de eventos, **369-370**
  `Map`, **715-716**
  realizando, **343-344**
  `Serializable`, **553-554**

Internet, 138-139
Intervalo, testando o fim do, 233-234
Invariantes da classe, 280-281
Iteração, 219-222
    contagem, 245, **246**
    para listas, 684-688
Iterador de lista, **684-685**, 685-688

Janela de shell, 28-29
Janelas de *frames*, **389-390**, 390-391
Java
    arquivos-fonte, 711-713
    biblioteca, 26-27, **27-28**
    classes, **32-33**, 712-713
    comentários, **34**
    compilador, 25-26
    constantes, 713-715
    convenções para atribuição de nomes, 715-716
    fluxo de controle, 714-715
    interpretador, **40**
    introdução, **26**, **26-27**
    máquina virtual, **23-24**
    métodos, **32-33**, 712-713
    orientações para a codificação, 711-717
    plug-ins de navegador para, 142-145
    portabilidade, 26-28
    segurança, 26-28
    sensibilidade a maiúsculas/minúsculas, **31-32**
    sintaxe dos comentários, 35-36
    valores de tipos primitivos *versus* referências a objetos, 120-122
    variáveis, 713-715
JavaBeans, **478-479**
javadoc, 64-67, **588-589**
JButton, **378-379**
JFileChooser, **545**
JFrame, **379-380**, **449-450**
JLabel, **377-378**
Jogo da vida, 515-517
JPanel, **378-379**, **441-442**
JScrollPane, **391-392**
JTextArea, **390-391**
JTextField, **377-378**

Laço de teste editar-compilar, 40-41
"Laço e meio", problema do, 239-240
Laços
    aninhados, **234-235**, 235-236
    contando de iterações, **246**
    do, 224-226
    for, **227-228**, 228-232
    implementação de, 246-248
    infinitos, 222-224
    invariantes, 255-257

    limites, **245**
    para processamento de entradas, **237-238**
    while, **220-221**, 221-223
Leiaute, **447-448**
    de borda, **447-449**
    de chaves, 183-186
    de fluxo, **447-449**
    de grade, **447-449**
    gerenciamento de, **447-448**, 448-450, 463-466
    instável, evitando, 93-94
Leitores, **541-542**
length, **495**
Limites
    erros, 488-489
    simétricos *versus* assimétricos, **245**
Limites de laço assimétricos, **245**
Limites simétricos, **245**
Line2D.Double, **143-145**
Linguagem *assembly*, **24-25**
    como linguagem de alto nível, **25-26**
Linguagem de programação Ada, 666-668
Linguagem de *scripts*, 432-434
Linguagens de alto nível, **25-26**
Linguagens de programação, 25-26, 393-395
Links, 138-139
Listas abstratas, **698**
Listas encadeadas, **683-684**
    acessando elementos, **684-685**
    implementando, 687-697
    iterador de lista, **684-685**
    modificando, **690-691**
    usando, 683-688
Log, registro em, 323-325
Login, efetuando, 27-29
long, **557-558**

main, **34**, 454-456
Mainframes, 77-79
Map, **715-716**
Máquina Analítica, 666-667
Máquina diferencial, 665-666
Marcas (HTML), 135-139
Math, **99-100**
Mauchly, John, 21-22
measure, 350-354
Memória virtual, 363-363
Menus suspensos, **466**, 467-472
Métodos, 33, **45-46**
    abstratos, **418-419**, 419-420
    arraycopy, **497-498**
    assinatura de, 406-408
    chamando, **34**, 76-77
    charAt, **244**

clone, **428**, 429-433, **496-497**
compareTo, **188-189**
corpo de, 53, 54-56
da superclasse, **410**
dando nome, 71-72
de acessores, **271-272**, 272-273
de classe, 280-283
definição, **53-54**
documentando, **63-66**
Double.parseDouble, **111-112**
drawString, **145-146**
efeitos colaterais, **272-273**
equals, **188-189**, 189, **426-427**, 427-428, **724-725**
estáticos, 103-104, **280-281**, 281-283
final, 420-421
get, **486**
herança de, 406-408
implementando, 72-74
Java, 712-713
main, **34**, 454-456
matemáticos, 100-101
measure, 350-354
modificadores, **271-272**, 272-273
paint, **141-142**, 441-442
paintComponent, **441-442**, 442-443
parâmetros de, **53-54**, **61-62**, 75-77, **76**
parseInt, **111-112**
pow, **99-100**
pré-condições, **277-278**
predicados, **203-204**
print, **544-545**
println, **544-545**
read, **542-543**
readLine, **116-117**, **544-545**
recursivos, 626-628
repaint, **374-375**
round, **105-106**
showInputDialog, 113
sobrecarregados, **61-62**
sobrescrevendo, 406-408
sobrescritos, **403**
sort, **673-674**
sqrt, **99-100**
substring, **111-112**
toString, 109-110, 402-403, **423-424**, 424-426
valor de retorno, **54-56**, **64-66**
vinculando, **349-350**
Minicomputadores, 195-196
Modelo em cascata, desenvolvimento de *software*, **572-573**
Modelo em espiral, **572-574**

Mouse, atalhos de teclado para, 66-68
Multitarefa, 363-363

Navegadores Web, 134-136, 138-139, 142-145
Nomes
    construtor, **59**
    convenções de Java, 715-716
    de pacotes, 294-295, **295-296**
    não-qualificados, **288-289**
    qualificados, **288-289**
    sobrecarregados, **61-62**, 62-64
Notação-O, **658-659**
null, **190-191**
Números
    aleatórios, 250-255
        em simulações, **250-251**
    binários, 108-111
    como tipos primitivos, 274
    de triângulos, 619-623
    em ponto flutuante, **187-188**, 188-189
    mágicos, 97-98
    pseudo-aleatórios, 252-253
    tipos de, 85-90

Object, **402-403**
Objetos, 34, 45, **45-46**, 46-50
    anônimos, 356
    campos de instância, **57-58**, 76
    classes como fábricas de, **46-47**
    clonando, **428**
    comparando, 190-191, **426-427**
    Comparator, **673-674**
    construção de, 45-49
    construtores, **59**
    de estratégia, 351-352
    descrevendo do estado dos, **423-424**
    em *ArrayList*, **486**
    encapsulamento, **57-58**
    endereço armazenado em variável de objeto, **48-49**
    estado, **57-58**
    estratégia, 351-352
    fluxos, **553**, 553-556, 563
    implementação de, 45-46
    interfaces com, 45-46
    referência a, **49-50**, **275-276**
    variáveis, **48-50**, 50-52
Operador de seleção, 183-185
Operador new, **46-47**, **56-60**
Operadores
    !, **204, 206-207**
    %, **98-99**
    &&, **204, 206-207**

-, **91-93**
/, **98-99**
||, **204, 206-207**
+, **110-111**
++, **91-93**
==, **187-188, 190**
atribuição, 90-91
booleanos, **204**, 205-207
`instanceof`, **348**
lógicos, 204
new, **46-47, 56-60**
relacionais, 186-188, 206
Operadores relacionais, 186-188
or (||), 204, 206-207
    confundindo com *and* (&&), 206
Oráculos, **319-320**

Pacotes, **50-51, 291-292**
    atribuindo nomes a, 294-295, **295-296**
    default, 292-293
    importando, 293-295
    `java.applet`, 715
    `java.awt`, 715-726
    `java.awt.event`, 725-727
    `java.awt.font`, 726-728
    `java.awt.geom`, 727-729
    `java.io`, 728-735
    `java.lang`, **50-51**, 734-741
    `java.math`, 740-741
    `java.text`, 741-742
    `java.util`, 741-747
    `java.util.logging`, 746-747
    `javax.swing`, 747-753
    `javax.swing.border`, 752-753
    `javax.swing.event`, 752-753
    `javax.swing.text`, 753
    organizando classes relacionadas em, 291-294
    programando com, 297-298
Padronização em programação, 703-705
Painéis
    classes, **443-444**
    tamanho preferido, 442-443
Painel de conteúdo, 379-380
`paint`, **141-142**, 441-442
`paintComponent`, **441-442**
Palavras reservadas, 49-50
Palíndromos, 628-633
parâmetro `args`, **551-552**
Parâmetros explícitos, 75-76
Parâmetros implícitos, 75-77, **76, 271-272, 288-289**
Parâmetros, 34, **53-54, 61-62**
    `args`, **551-552**
    comentários de documentação para, **64-66**

de *applets*, 162-164
de métodos, 53-54, 75-77
implícitos, **76, 271-272, 288-289**
tipo primitivo, **274**, 275
variáveis, 276-278
Parênteses desbalanceados, 100-102
`parseDouble`, **111-112**
`parseInt`, **111-112**
Pascal (linguagem), 26
Passo-a-passo, **325-328**
Pastas, 28-30
Pentium, 18-19
    bug de ponto flutuante em, 90-91
Permutações, 623-628
Pesquisa, 669-671
    binária, 651, **670-673**, 671-672
    de dados reais, 672-677
    e substituição global, 290-291
    linear, **669-670**, 670-671
Pilhas, **700-701**, 701-702
Pilha de chamadas, 626-628
Pipes, 248-251
Pixels, definição, 167-168
Placas-mãe, 21-22
Planilhas, 298-300
Playfair Cifra, 568-569
Plug-ins, 142-145
Polimorfismo, 348-349, **349-350**
Ponto-e-vírgulas, 232-234
    omitindo, 35-36
Pontos-de-quebra, **325-327**
Pós-condições, 277-280
`pow`, **99-100**
Precisão de números em ponto-flutuante, 88-90
Pré-condições, **277-278**, 278-280
`print`, **544-545**
`println`, **544-545**
`PrintWriter`, **544-545**
Privilégios de segurança, 135-136
Problema da parada, 643-646
Processador SPARC, 23-25
Programa de reserva de assentos em avião, 615-616
Programa *finger*, 503-504
Programação
    como arte *versus* ciência, 610-612
    defensiva, 38-39
    definição, 18-19
    extrema, **574-575**, 575-576
    visual, 477-479
Programadores
    papel dos, **18**
    produtividade dos, 575-577

Programas
  AccountTest.java, 415-416
  Address.java, 594-595
  ArrayUtil.java, 653-654
  ATM.java, 602-603
  ATMSimulation.java, 601-602
  Bank.java, 608-609
  BankAccount.java, 68, 416
  BankAccountTest.java, 70-71
  BankData.java, 560-561
  BankDataTest.java, 559-560
  BinarySearcher.java, 670-671
  ButtonApplet.java, 379-380, 383-384
  carregando, 363-363
  CheckingAccount.java, 416-417
  ChoiceFrame.java, 458-460
  ChoiceTest.java, 458-460
  Coin.java, 535-536
  Crypt.java, 552-553
  Customer.java, 610
  DataSet.java, 352-353, 501-502
  DataSetTest.java, 344-345, 353-354, 502-503
  definição, 18
  Encryptor.java, 546-547
  EncryptorTest.java, 547-548
  Evaluator.java, 635-636
  EvaluatorTest.java, 638
  ExpressionTokenizer.java, 637-638
  FibLoop.java, 641
  FibTest.java, 638
  FibTrace.java, 639
  FrameTest.java, 390-391
  Greeter.java, 56-60
  GreeterTest.java, 56-60
  Hello.java, 31-32
  Invoice.java, 590-591
  InvoiceTest.java, 590-591
  Item.java, 592-593
  KeyPad.java, 606-607
  LinearSearcher.java, 669-670
  LinearSearchTest.java, 670
  LinkedList.java, 692-693
  ListIterator.java, 696-697
  ListTest.java, 686-687
  Measurer.java, 354
  MenuFrame.java, 468
  MenuTest.java, 467
  MergeSorter.java, 660-661
  MergeSortTest.java, 662-663
  MouseApplet.java, 375-376
  MoveTest.java, 51-52
  PermutationGenerator.java, 625-626
  PermutationGeneratorTest.java, 623-624
  Product.java, 593-594
  Purse.java, 95-96, 488-489, 491-492, 533-534, 675-676
  PurseTest.java, 532-533, 554-555
  RectangleFrame.java, 451-452
  RectanglePanel.java, 444-445, 453-454, 470-471
  RectangleTest.java, 443-444, 451-452
  RootApproximatorTest5.java, 317-318
  SavingsAccount.java, 417-418
  SelectionSorter.java, 652-653
  SelectionSortTimer.java, 656-657
  SliderFrame.java, 475-476
  SliderTest.java, 474-476
  StopWatch.java, 654-655
  TextAreaTest.java, 391-393
  TicTacToe.java, 506-507
  TicTacToeTest.java, 507-508
  TimerTest.java, 357-60
  Triangle.java, 621-622
  TriangleTest.java, 622-623
Protótipos, 574-575
Prova, técnicas de, 256-258
`public`, 346-347

Quadrados mágicos, 514-515

Rastreamentos
  de pilhas, **323-324**
  de programas, **322-323**, 323-326
Rational Unified Process, 574-575
`read`, **542-543**
`readLine`, **116-117**, **544-545**
Realizando, interfaces, **343-344**
  herança diferente de, **402-403**
`Rectangle`, 46-51
`Rectangle2D.Double`, **143-145**
Recuo, 185-187, 715-717
Recursão, **620-622**, **631-632**, **642-643**
  definição, 619
  eficiência da, 638-643
  infinita, 622-624
  métodos auxiliares, 631-633
  mútua, **632-633**, 633-638
  palíndromos e, 628-633
Rede, 363
Redes, 19-21
Redes Locais (LANs), 138-139
Redes remotas (WANs), 138-139
Referência
  a objeto, **49-50**, **275-276**
  convertendo de subclasse para superclasse, **413-414**
`this`, **76**, **288-290**

Regressão, teste de, **320-321**, 321-322
Relatórios de exceções, 114-116
`repaint`, **374-375**, 376-377
Requisitos, documentos de, 571-572
`return`, **54-56**
`round`, **105-106**
`run`, **746-748**, **751-752**
`RuntimeException`, **521**, **523**, **526-527**

Saída
    redireção da, **242-243**, 243-244
    testando, 318-320
Saída padrão, 34
Salvando o trabalho, 29-31
Script chinês, 119-120
Scripts de shell, 321-323
Sensibilidade a maiúscula/minúscula, 31-32, 39
Seqüências de escape, 36-38
`Serializable`, **553-554**
Serialização, 553-554
    objetos geométricos, 555-557
Servidor Web, 134-135
Servidores, 138-139
`showInputDialog`, **113**
Símbolo do ponto (.), 294-295
Simulações, **250-251**, 251-255
Sistema operacional, 298-300, 361-363
Sobrecarga, **61-62**, 62-64
Software
    ciclo de vida do, **571-572**, 572-576
    desenvolvimento, modelo em cascata, **572-573**
    desenvolvimento, modelo em espiral, **572-574**
    processo formal para o desenvolvimento de, 571-572
    programação extrema, **574-575**
    projeto, 571-572
Sombreamento, **289-290**, 290-291
`sort`, **673-674**
`sqrt`, **99-100**
`String`, **110-111**
Strings, **35**, 110-113
    acessando a caracteres, **244**
    comparando, 188-189
    concatenação de, 58-59, **110-111**
    percorrendo caracteres em, 244-245
    quebrando em palavras, **243-244**
    substrings, 111-113
    tokenização de, 243-244
    vazios, 110-111
`StringTokenizer`, **243-244**
Subclasses, 405-406
    acessando a campos de superclasses, **409-410**
    construção de, 412-414

convertendo em superclasse, 413-419
definindo, **402-403**
`JFrame`, **449-450**
métodos para, 406-408
referência a, **413-414**
`substring`, **111-112**
Suítes de teste, **320-321**
Sun Microsystems, 26
`super`, **410**, **413-414**
Superclasses, **402-403**, 405-406
    construtor, 413-414
    convertendo em subclasse, 413-419
    definição, 402-403
    método, **410**, 410-413
    `object`, 422-424
    referência a, **413-414**
Swing, 377
    `ActionListener`, **378-379**
    documentação, 471-478
    `JButton`, **378-379**
    `JFrame`, **379-380**
    `JLabel`, **377-378**
    `JPanel`, **378-379**
    `JScrollPane`, **391-392**
    `JTextArea`, **390-391**
    `JTextField`, **377-378**
`switch`, 193-195
`System.in`, **115-116**
`System.out`, 34

Tabelas, impressão usando laços aninhados, **234-235**
Tabulações, 185-187
Técnica "dividir-para-conquistar", **334-335**
Temporizador, eventos de, **356-357**, 357-362
Testando classes, **54-56**, 55-57
Teste. *Veja também* Depuração
    abrangência, 320-322
    assertivas, **324-325**
    casos-limite, **318**
    cobertura, **320-321**
    da caixa-branca, **320-321**
    da caixa-preta, **320-321**
    de regressão, **320-321**, 321-322
    interativo, **54-56**
    oráculos, **319-320**
    programas, rastreamentos de, **322-323**
    repetindo, **314-316**
Teste, casos de, 200-201
    avaliação dos, 318
    calculando, **167-168**
    positivos, 317-318
Testes de unidades, **311-312**, 312-318

Testes positivos, 317-318
Texto de entrada
   lendo, 159-163
   processando e, 377-382
Texto, campos de, 377
Texto, componentes de, 390-393
Texto, lendo e gravando arquivos de, 544-545
Texto, posicionamento de, 147-152
Therac-38-39, 335-337
this, **76**, **288-290**
Thread, **746-747**
Threads, 114
throw, **520-521**
throws, **116-117**, **523-525**
Tipo de retorno, 53, 53-54
Tipos
   boolean, 203-204
   conversão de, 104-106
   convertendo entre, 347-348
Tipos de dados, 698-701
   abstratos, **698**
   inteiros, 86-88
   números, 85-90
   strings, 110-113
Tipos primitivos, parâmetros, **274**
Tokens, 243-244
toString, **423-424**, 424-426
Transformações de coordenadas, 167-172
Tratamento de eventos
   classes, 387-389
   passos, 386-389
Turing, Alan, 643-644

UML (Unified Modeling Language) diagramas, **580-581**, 582-584, 587-588
Unicode, 37-38, 119-121
   subconjuntos Latin e Latin-1 de, 754-756
Unidade central de processamento (CPU), 18-19, 21-24

Unidades de testes, **311-312**
UNIX, 56-57
URL (Universal Resource Locator), 137-138
Usuários, múltiplos, 363-363

Valores de retorno, **54-56**, **64-66**
Variáveis
   atribuindo nomes às, 57-58, 87-89
   booleanas, **207-208**, 208-209
   de objeto, **48-50**, 50-52, **120-121**
   definição, 25-26
   e constantes, 713-715
   escopo das, 232-233, 287, **287-288**, **358-359**
   escopo sobreposto, 288-290
   inicialização, 49-50, 73-75
   inspecionando, **325-326**, **334-335**
   locais, **287-288**
   numéricas, **120-121**
   tempo de vida das, 73-75
Variáveis
   não-inicializadas, 52
   tipos de, 57-58, 73-75
Variáveis de instância, determinando, 72-73
Variáveis locais
   acesso a partir de métodos de classes internas, **359-360**
   escopo, **287-288**
   sombreamento, 289-290
Vinculação antecipada, **349-350**
Vinculação tardia, **349-350**
Visualizador de *applet*, **140-141**

wait, **762-763**
while, **220-221**, 221-223
Windows, 363-363
   frame, **389-390**
World Wide Web (WWW), 138-139
Worm, Internet, 503-505
WYSIWYG, visualização, 137-138

Crédito das fotos

Capítulo 1

Página 20: Cortesia de Intel Corporation.
Página 21: Cortesia de Seagate Technology, Inc.
Página 22: Cortesia de Intel Corporation.
Página 22: Cortesia de Sperry Univac, uma divisão de Sperry Corporation.

Capítulo 2

Página 78: Cortesia de International Business Machines Corporation.

Capítulo 4

Página 159: Cortesia de SAS Institute, Inc.
Página 160 (superior): Cortesia de AutoDesk, Inc.
Página 160 (inferior): M. Tcherevkoff/The Image Bank.

Capítulo 5

Página 196: Cortesia de Digital Equipment Corporation, Corporate Photo Library.
Página 197: © Sun Microsystems.
Página 203: © 1997 por Sidney Harris.

Capítulo 8

Página 333: Naval Surface Weapons Center, Dhalgren, VA.

Capítulo 14

Página 537 (centro, direita, esquerda): AP/Wide World Photos.

Capítulo 17

Página 644: Science Photo Library/Photo Researchers.

Capítulo 18
Página 667: Foto por Robert Godfrey. Cortesia de International Business Machines Corporation. O uso não-autorizado não é permitido.

Capítulo 19
Página 702: AP/Wide World Photos.